我的第1本办公技能书

一、同步素材文件　　二、同步结果文件

素材文件方便读者学习时同步练习使用，结果文件供读者参考

第1章 第2章 第3章 第4章 第5章 第6章 第7章 第8章 第9章 第10章 第11章 第12章
第13章 第14章 第15章 第16章 第19章 第20章 第21章 第22章 第23章 第24章 第25章

四、同步PPT课件

同步的PPT教学课件，方便教师教学使用，全程再现Word、Excel、PPT 2016功能讲解

第1篇：第1章 初识Word、Excel和PPT 2016
第2篇：第2章 Word文档内容的录入与编辑
第2篇：第3章 Word文档的格式设置
第2篇：第4章 Word模板、样式和主题的应用
第2篇：第5章 Word文档的图文混排
第2篇：第6章 Word中表格的创建与编辑
第2篇：第7章 Word长文档的轻松处理
第2篇：第8章 Word信封与邮件合并
第2篇：第9章 Word文档的审阅、批注与保护
第3篇：第10章 Excel表格数据的录入、编辑与格式设置
第3篇：第11章 单元格、行列与工作表的管理
第3篇：第12章 Excel公式的应用
第3篇：第13章 Excel函数的应用
第3篇：第14章 Excel表格数据的管理与汇总
第3篇：第15章 Excel数据的图表展示和分析
第3篇：第16章 Excel数据的透视分析
第4篇：第17章 优秀PPT的设计原则及相关要素
第4篇：第18章 PPT幻灯片的设计与布局
第4篇：第19章 PPT幻灯片的编辑与制作
第4篇：第20章 在PPT中添加对象丰富幻灯片内容
第4篇：第21章 在PPT中添加链接和动画效果实现交互
第4篇：第22章 PPT的放映、共享和输出
第5篇：第23章 实战应用：制作述职报告
第5篇：第24章 实战应用：制作新员工入职培训
第5篇：第25章 实战应用：制作宣传推广方案

一、如何学好用好Word、Excel、PPT视频教程

(一)如何学好用好Word视频教程

1.1 Word最佳学习方法
1.2 用好Word的十大误区
1.3 Word技能全面提升的十大技法

(二)如何学好用好Excel视频教程

2.1 Excel最佳学习方法
2.2 用好Excel的8个习惯
2.3 Excel八大偷懒技法

(三)如何学好用好PPT视频教程

3.1 PPT的最佳学习方法
3.2 如何让PPT讲故事
3.3 如何让PPT更有逻辑
3.4 如何让PPT高大上
3.5 如何避免每次从零开始排版

Word、Excel、PPT 2016 超强学习套餐

Part 1 本书同步资源

三、同步视频教学

长达13小时的与书同步视频教程，精心策划了“基础篇、Word应用篇、Excel应用篇、PPT应用篇、办公实战篇”，共5篇25章内容

- 291个“实战”案例
- 85个“妙招技法”
- 3个大型的“办公实战”

Part 2 超值赠送资源

二、500个高效办公模板

1.200个Word 办公模板

- 60个行政与文秘应用模板
- 68个人力资源管理模板
- 32个财务管理模板
- 22个市场营销管理模板
- 18个其他常用模板

2.200个Excel办公模板

- 19个行政与文秘应用模板
- 24个人力资源管理模板
- 29个财务管理模板
- 86个市场营销管理模板
- 42个其他常用模板

3.100个PPT模板

- 12个商务通用模板
- 9个品牌宣讲模板
- 21个教育培训模板
- 21个计划总结模板
- 6个婚庆生活模板
- 14个毕业答辩模板
- 17个综合案例模板

三、4小时 Windows 7视频教程

- 第1集 Windows 7的安装、升级与卸载
- 第2集 Windows 7的基本操作
- 第3集 Windows 7的文件操作与资源管理
- 第4集 Windows 7的个性化设置
- 第5集 Windows 7的软硬件管理
- 第6集 Windows 7用户账户配置及管理
- 第7集 Windows 7的网络连接与配置
- 第8集 用Windows 7的IE浏览器畅游互联网
- 第9集 Windows 7的多媒体与娱乐功能
- 第10集 Windows 7中相关小程序的使用
- 第11集 Windows 7系统的日常维护与优化
- 第12集 Windows 7系统的安全防护措施
- 第13集 Windows 7虚拟系统的安装与应用

四、9小时 Windows 10视频教程

- 第1课 Windows 10快速入门
- 第2课 系统的个性化设置操作
- 第3课 轻松学会电脑打字
- 第4课 电脑中的文件管理操作
- 第5课 软件的安装与管理
- 第6课 电脑网络的连接与配置
- 第7课 网上冲浪的基本操作
- 第8课 便利的网络生活
- 第9课 影音娱乐
- 第10课 电脑的优化与维护
- 第11课 系统资源的备份与还原

Part 3 职场高效人士必学

一、5分钟教你学会番茄工作法（精华版）

- 第1节 拖延症反复发作，让番茄拯救你的一天
- 第2节 你的番茄工作法为什么没效果？
- 第3节 番茄工作法的辅助利器

二、5分钟教你学会番茄工作法（学习版）

- 第1节 没有谁在追我，而我追的只有时间
- 第2节 五分钟，让我教你学会番茄工作法
- 第3节 意外总在不经意中到来
- 第4节 要放弃了吗？请再坚持一下！
- 第5节 习惯已在不知不觉中养成
- 第6节 我已达到目的，你已学会工作

三、10招精通超级时间整理术视频教程

- 招数01 零散时间法——合理利用零散碎片时间
- 招数02 日程表法——有效的番茄工作法
- 招数03 重点关注法——每天五个重要事件
- 招数04 转化法——思路转化+焦虑转化
- 招数05 奖励法——奖励是个神奇的东西
- 招数06 合作法——团队的力量无穷大
- 招数07 效率法——效率是永恒的话题
- 招数08 因人制宜法——了解自己，用好自己
- 招数09 约束法——不知不觉才是时间真正的杀手
- 招数10 反问法——常问自己“时间去哪儿了？”

四、高效办公电子书

Word/Excel/PPT 2016 三合一完全自学教程

凤凰高新教育 编著

内 容 提 要

Office是职场中应用最广泛的办公软件，其中Word、Excel、PPT又是Office办公套件中使用频率最高、使用者最多、功能最强大的商务办公组件。本书以最新版本Office 2016软件为平台，从办公人员的工作需求出发，配合大量典型案例，全面地讲解Word、Excel、PPT在文秘、人事、统计、财务、市场营销等多个领域中的应用，帮助读者轻松高效地完成各项办公事务！

本书以“完全精通Word、Excel、PPT”为出发点，以“学好用好Word、Excel、PPT”为目标来安排内容，全书共5篇，分为25章。第1篇为基础篇（第1章），本篇中先带领读者进入Word、Excel和PPT的世界，学习和掌握一些Word、Excel和PPT的基本操作和共通操作应用技能，让读者快速入门；第2篇为Word应用篇（第2~9章），Word 2016是Office 2016中的一个核心组件，其优秀的文字处理与布局排版功能，得到广大用户的认可和接受，在本篇中将用8章来讲解Word的常用、实用和高效的必要操作知识，带领大家进入Word的世界，感受其独特魅力；第3篇为Excel应用篇（第10~16章），Excel 2016是一款专业的表格制作和数据处理软件，本篇介绍Excel 2016电子表格数据的录入与编辑，Excel公式与函数，Excel图表与数据透视表，Excel的数据管理与分析等内容，教会读者如何使用Excel快速完成数据统计和分析；第4篇为PPT应用篇（第17~22章），PowerPoint 2016是用于制作和演示幻灯片的软件，在商务职场中被广泛地应用，但要想通过PowerPoint制作出优秀的PPT，不仅需要掌握PowerPoint软件的基础操作知识，还需要掌握一些设计知识，如排版、布局和配色等，本篇将对PPT幻灯片制作与设计的相关知识进行讲解；第5篇为办公实战篇（第23~25章），本篇通过列举职场中的商务办公典型案例，系统并详细地教会读者如何使用Word、Excel和PowerPoint 3个组件，综合应用来完成一项复杂的工作。

本书既适用于被大堆办公文件搞得头昏眼花的办公室小白，因为不能完成工作，经常熬夜加班、被领导批评的加班族，也适合才毕业或即将毕业走向工作岗位的广大毕业生，还可以作为广大职业院校、计算机培训班的教学参考用书。

图书在版编目(CIP)数据

Word/Excel/PPT 2016三合一完全自学教程 / 凤凰高新教育编著. —北京：北京大学出版社，2017.10
ISBN 978-7-301-28717-0

Ⅰ. ①W… Ⅱ. ①凤… Ⅲ. ①办公自动化—应用软件 Ⅳ. ①TP317.1

中国版本图书馆CIP数据核字(2017)第219106号

书　　名 Word/Excel/PPT 2016三合一完全自学教程
WORD/EXCEL/PPT 2016 SAN HE YI WANQUAN ZIXUE JIAOCHENG

著作责任者 凤凰高新教育　编著

责任编辑 尹毅

标准书号 ISBN 978-7-301-28717-0

出版发行 北京大学出版社

地　　址 北京市海淀区成府路205号　100871

网　　址 http://www.pup.cn　　新浪微博: @北京大学出版社

电子信箱 pup7@pup.cn

电　　话 邮购部62752015　发行部62750672　编辑部62580653

印 刷 者 北京大学印刷厂

经 销 者 新华书店

889毫米×1194毫米　16开本　28.5印张　615千字
2017年10月第1版　2019年2月第5次印刷

印　　数 15351–7350册

定　　价 99.00元

前　言

如果你是一个文档小白，仅仅会用一点 Word；

如果你是一个表格菜鸟，只会简单的 Excel 表格制作和计算；

如果你已熟练使用 PowerPoint，但总觉得制作的 PPT 不理想，缺少吸引力；

如果你是即将走入职场的毕业生，对 Word、Excel、PPT 了解很少，缺乏足够的编辑和设计技巧，希望全面提升操作技能；

最后，如果想轻松搞定日常工作，成为职场达人，想升职加薪、又不加班的上班族。

那么本书是您最佳的选择！

让我们来告诉你如何成为你所期望的职场达人！

当进入职场时，你才发现原来 Word 并不是打字速度快就可以了，Excel 的使用好像也比老师讲得复杂多了，就连之前认为最简单的 PPT 都不那么简单了。没错，当今我们已经进入了计算机办公时代，熟知办公软件的相关知识技能已经是现代入职的一个必备条件，然而经数据调查显示，现如今大部分的职场人对于 Word、Excel、PPT 2016 办公软件的了解还不及五分之一，所以在面临工作时，很多人是用了事倍功半的时间。

“时间”是人类最宝贵的财富。针对这种情况，我们策划并编写了本书，旨在帮助那些有追求、有梦想，但又苦于技能欠缺的刚入职或在职人员。

本书虽说适合初学者，但即便你是一个职场老手，这本书一样能让你大呼“开卷有益”。无论你是公司一线的普通白领，还是管理级别的金领人士；无论你是在行政文秘、人力资源、财务会计、市场销售、教育培训行业领域，还是在其他岗位的职场工作者，通过本书的学习都会让你提升职场竞争力。这本书将帮助你解决如下问题。

（1）快速掌握 Word、Excel、PPT 2016 最新版本的基本功能操作。

（2）快速拓展 Word 2016 文档编排的思维方法。

（3）全面掌握 Excel 2016 数据处理与统计分析的方法、技巧。

（4）汲取 PPT 2016 演示文稿的设计和编排创意方法、理念及相关技能。

（5）学会 Word、Excel、PPT 2016 组件协同高效办公技能。

本书不但告诉你怎样做，还要告诉你为什么这样做才最快、最好、最规范！要学会与精通 Word、Excel、PPT 2016，这本书就够了！

本书特色与特点

（1）讲解最新技术，内容常用、实用。本书遵循“常用、实用”的原则，以 Word、Excel、PPT 2016 版本为写作标准，在书中还标识出 Word、Excel、PPT 2016 的相关“新功能”及“重点”知识。并且结合日常办公应用的实际需求，全书安排了 291 个“实战”案例、85 个“妙招技法”、3 个大型的“办公实战项目”，系统地讲解 Word、Excel、PPT 2016 的办公应用技能与实战操作。

（2）图解操作步骤，一看即懂、一学就会。为了让读者更易学习和理解，本书采用“思路引导 + 图解操作”的写作方式进行讲解。而且，在步骤讲述中以“❶、❷、❸……”的方式分解出操作小步骤，并在图上进行对应标识，非常方便读者学习掌握。只要按照书中讲述的方法去练习，就可以做出与书同样的效果。另外，为了解决读者在自学过程中可能遇到的问题，我们在书中设置了“技术看板”板块，解释在应用中出现的或在操作过程中可能会遇到的一些生僻且重要的技术术语；另外，我们还添加了“技能拓展”板块，其目的是让大家学会解决同样问题的不同思路，从而达到举一反三的效果。

（3）技能操作 + 实用技巧 + 办公实战＝应用大全

本书充分考虑到读者“学以致用”的原则，在全书内容安排上，以“完全精通 Word、Excel、PPT”为出发点，以“学好用好 Word、Excel、PPT”为目标来安排内容，全书共 5 篇，分为 25 章。

第 1 篇为基础篇（第 1 章），本篇中先带领读者进入 Word、Excel 和 PPT 的世界，学习和掌握一些 Word、Excel 和 PPT 的基本操作和共通操作应用技能，让读者快速入门。

第 2 篇为 Word 应用篇（第 2~9 章），Word 2016 是 Office 2016 中的一个核心组件，其优秀的文字处理与布局排版功能，得到广大用户的认可和接受。在本篇中将用 8 章来讲解的 Word 的常用、实用和高效的必要操作知识，带领大家进入 Word 的世界，感受其独特魅力。

第 3 篇为 Excel 应用篇（第 10~16 章），Excel 2016 是一款专业的表格制作和数据处理软件。本篇介绍了 Excel 2016 电子表格数据的录入与编辑，Excel 公式与函数，Excel 图表与数据透视表，Excel 的数据管理与分析等内容，教会读者如何使用 Excel 快速完成数据统计和分析。

第 4 篇为 PPT 应用篇（第 17~22 章），PowerPoint 2016 是用于制作和演示幻灯片的软件，在商务职场中被广泛地应用。但要想通过 PowerPoint 制作出优秀的 PPT，不仅需要掌握 PowerPoint 软件的基础操作知识，还需要掌握一些设计知识，如排版、布局和配色等，本篇将对 PPT 幻灯片制作与设计的相关知识进行讲解。

第 5 篇为办公实战篇（第 23~25 章），本篇通过列举职场中的商务办公典型案例，系统并详细地教会读者如何使用 Word、Excel 和 PowerPoint 3 个组件，综合应用来完成一项复杂的工作。

丰富的教学光盘，让您物超所值，学习更轻松

本书配套光盘内容丰富、实用，全是干货，赠送了实用的办公模板、教学视频，让读者花一本书的钱，得到多本书的超值学习内容。光盘中的内容包括如下几个方面。

（1）同步素材文件。本书中所有章节实例的素材文件。全部收录在光盘中的"\素材文件\第*章\"文件夹中。读者在学习时，可以参考图书讲解内容，打开对应的素材文件进行同步操作练习。

（2）同步结果文件。本书中所有章节实例的最终效果文件。全部收录在光盘中的"\结果文件\第*章\"文件夹中。读者在学习时，可以打开结果文件，查看其实例效果，为自己在学习中的练习操作提供帮助。

（3）同步视频教学文件。本书为读者提供了长达 13 小时与书同步的视频教程。读者可以通过相关的视频播放软件（Windows Media Player、暴风影音等）打开每章中的视频文件进行学习，就像看电视一样轻松学会。

（4）赠送同步的 PPT 课件。光盘中赠送与书中内容全部同步的 PPT 教学课件，非常方便教师教学使用。

（5）赠送"Windows 7 系统操作与应用"的视频教程，共 13 集 220 分钟，让读者轻松掌握最常用的 Windows 7 系统。

（6）赠送"Windows 10 系统操作与应用"的视频教程，时间长达 9 小时的多媒体教程，让读者轻松掌握微软最新的 Windows 10 系统的应用。

（7）赠送商务办公实用模板：200 个 Word 办公模板、200 个 Excel 办公模板、100 个 PPT 商务办公模板，实战中的典型案例，不必再花时间和心血去搜集，拿来即用。

（8）赠送高效办公电子书："微信高手技巧手册""QQ 高手技巧手册""手机办公 10 招就够"电子书，教会读者移动办公诀窍。

（9）赠送"如何学好、用好 Word"视频教程，时间长达 48 分钟，给读者分享 Word 专家学习与应用经验，内容包括：① Word 的最佳学习方法；②新手学 Word 的十大误区；③全面提升 Word 应用技能的十大技法。

（10）赠送"如何学好、用好 Excel"视频教程，时间长达 63 分钟，给读者分享 Excel 专家学习与应用经验，内容包括：① Excel 的最佳学习方法；②用好 Excel 的八个习惯；③ Excel 的八大偷懒技法。

（11）赠送"如何学好、用好 PPT"视频教程，时间长达 103 分钟，给读者分享 PPT 专家学习与应用经验，内容包括：① PPT 的最佳学习方法；②如何让 PPT 讲故事；③如何让 PPT 更有逻辑；④如何让 PPT"高大上"；⑤如何避免每次从零开始排版。

（12）赠送"5 分钟学会番茄工作法"讲解视频。教会读者在职场之中高效地工作、轻松地应对职场那些事儿，真正做到"不加班，只加薪"！

（13）赠送"10 招精通超级时间整理术"讲解视频。专家传授 10 招时间整理术，教会读者如何整理时间、有效利用时间。无论是职场，还是生活，都要学会时间整理。这是因为"时间"是人类最宝贵的财富，只有合理整理时间，充分利用时间，才能让您的人生价值最大化。

温馨提示：附赠光盘的学习资源，也可以使用微信扫描下方二维码关注公众号获取，输入代码Bs793xP4，可获取下载地址及密码。

官方微信公众账号

另外，本书还赠送了读者一本《高效人士效率倍增手册》，教授一些日常办公中的管理技巧，真正做到“早做完，不加班”！

本书不是单纯的一本 IT 技能办公书，而是一本职场综合技能传教的实用书籍！

本书可作为需要使用 Word、Excel、PPT 软件处理日常办公事务的文秘、人事、财务、销售、市场营销、统计等专业人员的案头参考书，也可作为大中专职业院校、计算机培训班的相关专业教材参考用书。

创作者说

本书由凤凰高新教育策划并组织编写。全书由一线办公专家和多位 MVP（微软全球最有价值专家）教师合作编写，他们具有丰富的 Word、Excel、PPT 软件应用技巧和办公实战经验，对于他们的辛苦付出在此表示衷心的感谢！同时，由于计算机技术发展非常迅速，书中疏漏和不足之处在所难免，敬请广大读者及专家指正。

若您在学习过程中产生疑问或有任何建议，可以通过 E-mail 或 QQ 群与我们联系。

投稿信箱：pup7@pup.cn

读者信箱：2751801073@qq.com

读者交流 QQ 群：218192911（办公之家）、363300209

编　者

目　录

第 1 篇　基础篇

Office 系列套件不仅被人熟知，同时，也被广泛地应用在商务办公中，特别是在无纸化办公的今天，使用率和普及率不断提高。其中 Word、Excel 和 PPT 备受推崇，因为它们可应用在各个不同的行业领域中，没有明显行业领域“门槛”的限制，同时，也容易学习和掌握。在本篇中先带领大家进入 Word、Excel 和 PPT 的世界，学习和掌握一些 Office 的通用和基础的操作技能。

第 2 篇　Word 应用篇

Word 2016 是 Office 2016 中的一个核心组件，作为 Office 组件的“排头兵”，不仅仅是因为习惯上的称谓，更是因为其优秀的文字处理与布局排版功能，得到广大的用户的认可和接受。在本篇中将用 8 章来讲解 Word 的常用、实用和高效的必要操作知识，带领读者进入 Word 的世界，感受其独特魅力。

第 2 章 ▶ Word 文档内容的录入与编辑 ······ 14

第 3 章 ▶ Word 文档的格式设置 ······ 28

第 4 章 ▶ Word 模板、样式和主题的应用 ······ 50

第3篇 Excel应用

Excel 2016 是一款专业的表格制作和数据处理软件。用户可使用它对数据进行计算、管理和统计分析。其中，公式和函数是数据计算的利器，条件规则、排序、分类汇总是数据管理的法宝，迷你图、图表和数据透视图表是分析数据的高效手段。同时，用户还能借助于数据验证对普通数据进行限制和拦截。当然，还有很多其他通用操作能够有效地对数据进行高效处理和设置，由于篇幅有限，这里就不逐一介绍。要想获得更多、更详细和更精彩的 Excel 操作知识，可进入本篇的知识学习。

第 15 章 Excel 数据的图表展示和分析 ······250

第 16 章 Excel 数据的透视分析 ······267

第 4 篇 PPT 应用

PowerPoint 2016 是用于制作和演示幻灯片的软件，被广泛应用到多个办公领域中。但要想通过 PowerPoint 制作出优秀的 PPT，不仅需要掌握 PowerPoint 软件的基础操作知识，还需要掌握一些设计知识，如排版、布局和配色等。本篇将对 PPT 幻灯片制作与设计的相关知识进行讲解。

第 5 篇　办公实战

为了更好地理解和掌握 Word、Excel 和 PPT 2016 的基本知识和技巧，在接下来的几章中分别制作几个较为完整的实用案例，通过整个制作过程，帮读者实现举一反三的效果，让读者轻松使用 Word、Excel 和 PPT 高效办公。

Office 系列套件不仅被人熟知，同时，也被广泛地应用在商务办公中，特别是在无纸化办公的今天，使用率和普及率不断提高。其中 Word、Excel 和 PPT 备受推崇，因为它们可应用在各个不同的行业领域中，没有明显行业领域“门槛”的限制，同时，也容易学习和掌握。在本篇中先带领大家进入 Word、Excel 和 PPT 的世界，学习和掌握一些 Office 的通用和基础的操作技能。

第1章 初识 Word、Excel 和 PPT 2016

- Word、Excel、PPT 能做什么？ Office 2016 新增了哪些功能？
- 不会打印文档？
- 你会使用 Office 帮助功能来解答疑问吗？
- 怎样将 Word、Excel、PPT 文件转换为 PDF 文档？

本章将通过介绍 Word、Excel 和 PPT 的基本功能和用途，以及 Office 2016 新增功来学习 Office 2016 的相关基础操作，认真学习本章内容，读者不仅能找到以上问题的答案，还会给今后的学习、工作带来极大的便利。

1.1 Word、Excel 和 PPT 2016 简介

在对 Word、Excel 和 PPT 进行正式学习前，读者可以先了解这 3 款软件大体可用于哪些领域，特别是办公中的应用领域，从而为后面的学习指明方向。

1.1.1 Word 的应用领域

Word 是一款专业的文档制作软件，在商务办公中可应用的范围特别广，如宣传推广、行政文秘、人事等方面。图 1-1 所示的是使用 Word 制作的文档。

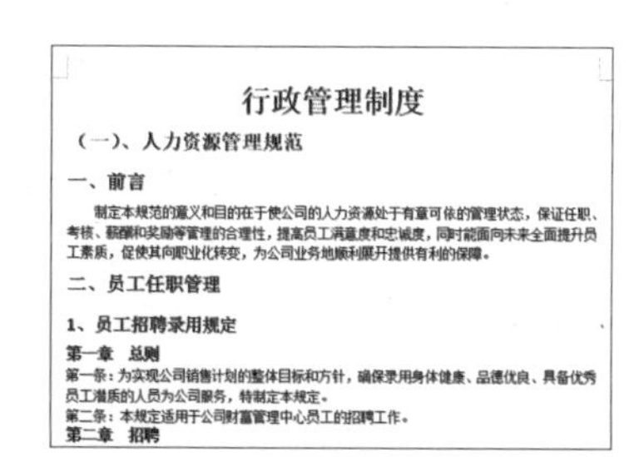

行政管理制度

（一）、人力资源管理规范

一、前言

制定本规范的意义和目的在于使公司的人力资源处于有章可依的管理状态，保证任职、考核、薪酬和奖励等管理的合理性，提高员工满意度和忠诚度，同时能面向未来全面提升员工素质，促使其向职业化转变，为公司业务地顺利展开提供有利的保障。

二、员工任职管理

1、员工招聘录用规定

第一章　总则

第一条：为实现公司销售计划的整体目标和方针，确保录用身体健康、品德优良、具备优秀员工潜质的人员为公司服务，特制定本规定。

第二条：本规定适用于公司财富管理中心员工的招聘工作。

第二章　招聘

图 1-1

1.1.2 Excel 的应用领域

在企业信息化的时代，Excel 软件广泛应用于许多行业领域，如人事、行政、财务、营销、生产、仓库和统计策划等。图 1-2 所示的是使用 Excel 制作的行业领域表格。

应聘人员考试成绩

姓名	笔试	电脑硬件	网络	编程技巧	心理测试	沟通能力
潘小莲	56	65	63	64	58	85
刘燕	75	53	68	62	64	64
邹晓琳	52	58	75	72	37	53
陈志鹏	64	76	85	64	59	64
李亮	61	83	92	59	72	51
孙宏伟	85	54	71	52	83	73
王强	47	71	73	54	84	77
毕沈	53	62	84	64	71	84
胡斌	64	67	65	68	56	64
曾丹丹	68	42	68	79	68	42
沈杨亮	73	51	71	81	71	67
平均分						

生产日报表

产品型号	预定产量	本日产量 预计	本日产量 实际	累计产量	耗费时间 本日
HC-QW1S25	620	100	122	421	9.00
HC-QW1S75	840	220	180	644	8.50
HC-WE3V07	750	120	85	512	8.50
HJ-BXO	200	20	24	50	7.00
HJ-BDE01	120	5	6	78	7.50
ST-SSWM2	50	2	3	15	9.00
ST-QWM6C	20	1	1	10	9.50
BJ-DFQY3	450	100	65	220	9.00
XD-RMDZ5	60	3	1	10	10.50
XE-PRENZ	5	1	1	5	12.00
ZPW-VVER065	100	10	12	45	10.00
ZSM-VPOC02	280	15	25	75	7.50
QYYD-DFXTL32	500	60	62	360	9.00

图 1-2

1.1.3 PPT 的应用领域

PPT 逐渐成为人们生活、工作中的重要组成部分，尤其在总结报告、培训教学、宣传推广、项目竞标等领域被广泛使用，如图 1-3 所示。

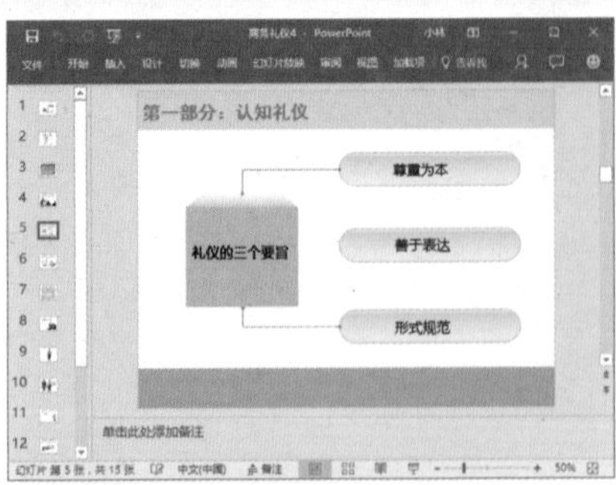

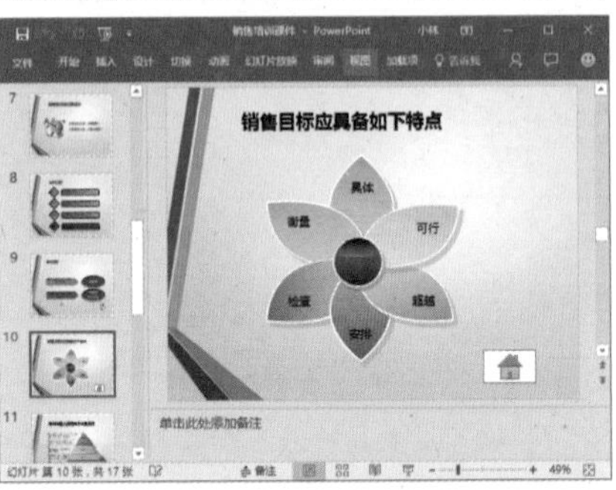

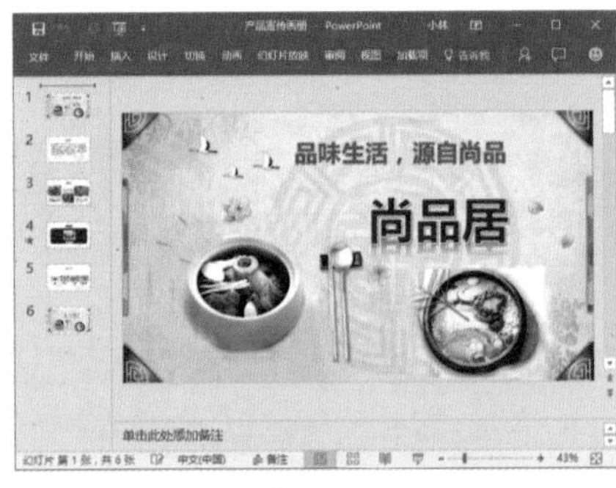

图 1-3

1.2 Word、Excel 和 PPT 2016 新增功能

随着最新版本 Office 2016 的推出，迎来了办公时代的新潮流。Word、Excel 和 PPT 不仅配合 Windows 10 做出了一些改变，且本身也新增了一些特色功能，下面对这些新增功能进行简单介绍。

★ 新功能 1.2.1 配合 Windows 10 的改变

微软在 Windows 10 上针对触控操作有了很多改进，而 Office 2016 也随之进行了适配。可以说，Office 2016 是针对 Windows 10 环境从零全新开发的通用应用平台（Universal App），无论从界面、功能还是应用上，都和 Windows 10 保持着高度一致。

此外，Office 2016 在计算机、平板电脑、手机等各种设备上的用户体验是完全一致的，尤其针对手机、平板电脑触摸操作进行了全方位的优化，并保留了 Ribbon 界面元素，是第一个可以真正用于手机的 Office 办公软件。

★ 新功能 1.2.2 便利的组件进入界面

启动 Office 2016 组件后，可以看到打开的主界面充满了浓厚的 Windows 风格，图 1-4 所示的是启动 Word 2016 后的效果。

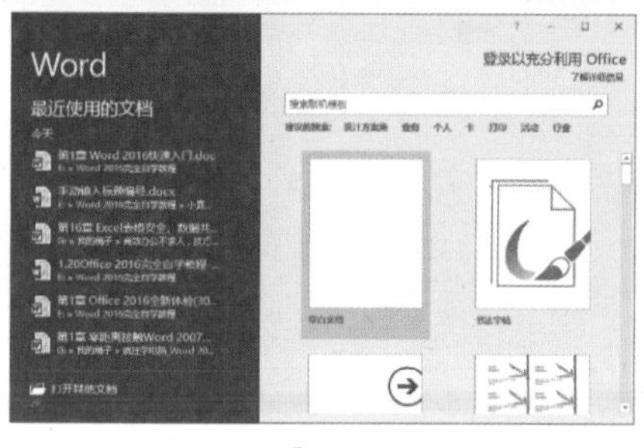

图 1-4

从图 1-4 中可以看出，左侧是最近使用的文件列表，右侧更大的区域则是罗列了各种类型文件的模板供用户直接选择，这种设计更符合普通用户的使用习惯。

★ 新功能 1.2.3 主题色彩新增彩色

Office 2016 的主题色彩包括 4 种主题，分别是彩色、深灰色、黑色、白色，其中彩色和黑色是新增加的，而彩色是默认的主题颜色。图 1-5 所示的是 Word 2016 在设置为不同主题色彩下的效果。

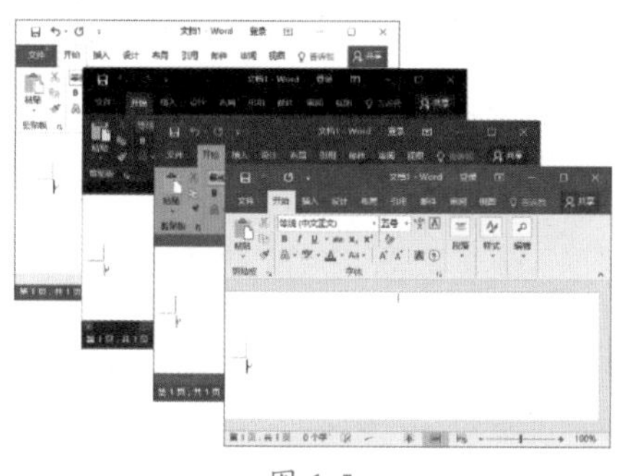

图 1-5

★ 新功能 1.2.4 界面扁平化新增触摸模式

Office 2016 主界面与之前的变化并不大，对于用户来说都非常熟悉，而功能区上的图标和文字与整体的风格更加协调，依然充满了浓厚的 Windows 风格，同时将扁平化的设计进一步加重，按钮、复选框都彻底扁了。

Office 2016 为了与 Windows 10 相适配，在顶部的快速访问工具栏中增加了一个手指标志按钮，用于鼠标模式和触摸模式的直接切换，不同的界面显示效果略有不同。

图 1-6 所示为 Excel 2016 新增的触摸模式，可以发现触摸模式下选项栏的字体间隔更大，更利于使用手指直接操作。而在鼠标模式下选项栏则更窄，字体间距也小，显得更加紧凑，为编辑区域节省了更多的空间，更利于阅读。

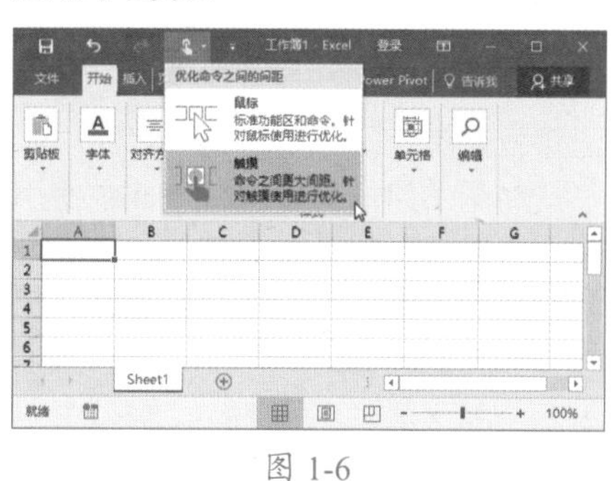

图 1-6

★ 新功能 1.2.5 Clippy 助手回归——【Tell Me】搜索栏

十多年前，如果读者用过 Office，一定会记得那个【大眼夹】——Clippy 助手，如图 1-7 所示。它虽然以小助手的身份出现，但是使用得并不多，显得非常多余，所以在 Word 2007 中便取消了该功能。

图 1-7

在 Word 2016 中，微软带来了 Clippy 的升级版——Tell Me。Tell Me 是全新的 Office 助手，它就是选项卡右侧新增的那个输入框，如图 1-8 所示。Tell Me 看着简单，但却非常实用，它提供了一种全新的命令查找方式，非常智能。例如，用户在使用 Word 的过程中，Tell Me 可以提供多种不同的帮助，如添加批注、更改表格的外观等，或者是解决其他故障问题。

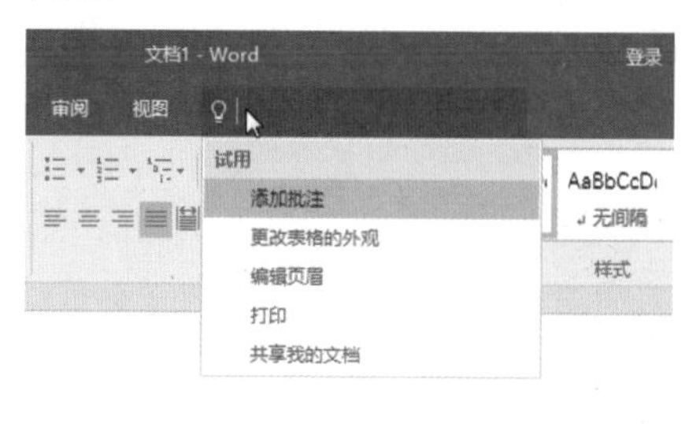

图 1-8

★ 新功能 1.2.6 手写公式

在以往的版本中，用户既可以插入公式，也可以手动输入一组自定义公式，但是自定义公式需要经过很多步骤才能完成，因而影响了工作效率。但在 Office 2016 中增加了一个相当强大而又实用的功能——墨迹公式，使用这个功能可以快速地在编辑区域手写输入数学公式，并能够将这些公式转换为系统可识别的文本格式，如图 1-9 所示。

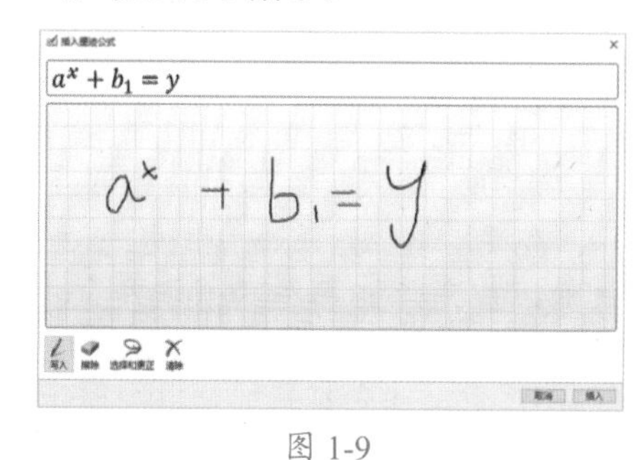

图 1-9

★ 新功能 1.2.7 简化文件分享操作

Office 2016 将共享功能和 OneDrive 进行了整合，在【文件】菜单的【共享】界面中，用户可以直接将文件保存到 OneDrive 中，然后邀请其他用户一起来查看、编辑文档。除了 OneDrive 之外，用户还可以通过电子邮件、联机演示或发布微博的方式共享给他人。如图 1-10 所示的是 PPT 的共享界面。此外，读者还可以通过【打开】界面，直接打开 OneDrive 下的文件。由此可以看出，在 Office 2016 中，微软对于 OneDrive 的整合已经到了非常人性化的地步。

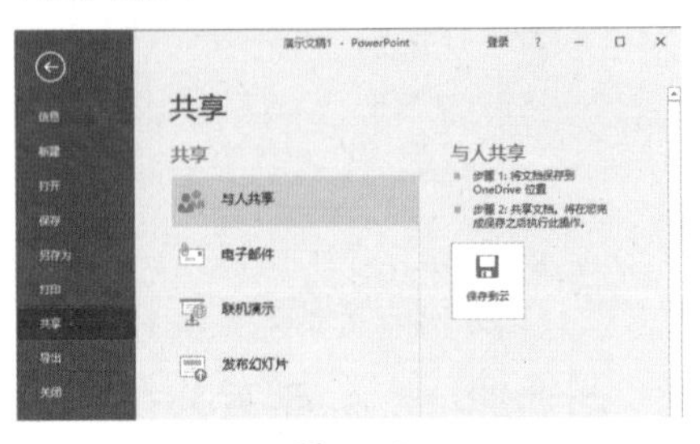

图 1-10

★ 新功能 1.2.8 智能查找功能

微软在 Office 2016 中加入了与 Bing（必应）搜索紧密结合的【Insights for Office】功能，用户无须在浏览器中进行搜索，可直接调用搜索引擎在在线资源中智能查找相关内容。

该功能是由 Bing 搜索提供的支持，用户可以在【审阅】选项卡的【见解】组中找到该功能按钮。

为了便于用户使用【Insights for Office】功能，微软还将其整合到了右键菜单中。若要在组建中查看或搜索内容，只需在任何单词或短语上右击，并在弹出的快捷菜单中选择【智能查找】命令。

如图 1-11 所示，在 Excel 中使用智能查找功能搜索【矢量】的含义。同时，Excel 中会显示出【见解】任务窗格，其中显示为你提供的这个单词或短语的相关信息，如图 1-12 所示。

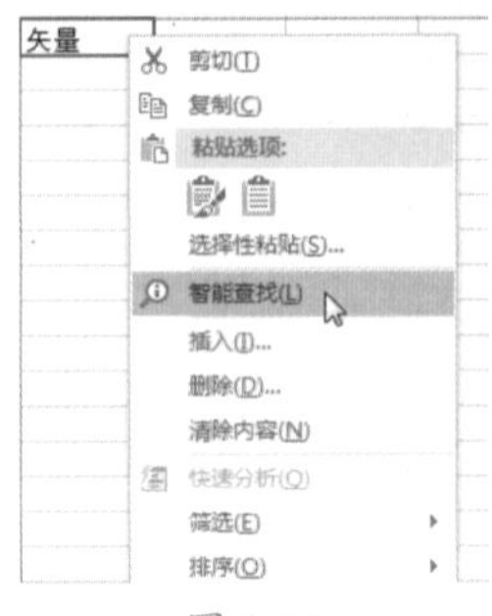

图 1-11

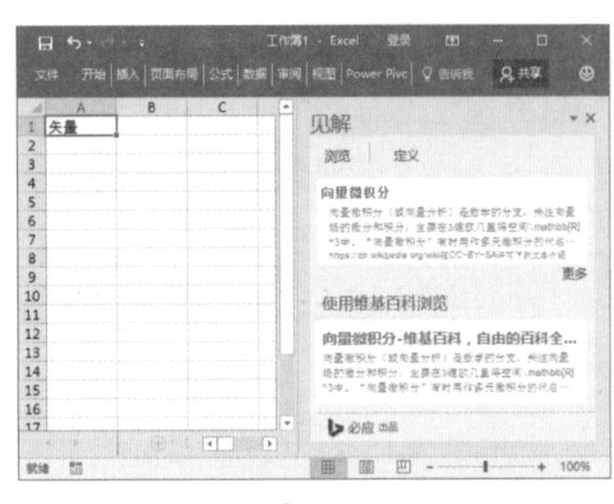

图 1-12

1.3 掌握 Word、Excel 和 PPT 2016 文件管理

深度学习 Word、Excel 和 PPT 2016 前，读者需要先了解这 3 款软件的管理操作，如打开、新建、保存等，这些操作都是一些入门的基础知识。

1.3.1 认识 Word、Excel 和 PPT 2016 界面

在使用 Word、Excel 和 PPT 2016 之前，首先需要熟悉其操作界面。这里以 Word 2016 为例，启动 Word 2016 之后，首先打开的窗口中显示了最近使用的文档和程序自带的模板缩略图预览，此时按下【Enter】键或【Esc】键即可跳转到空白文档界面，这就是要进行文档编辑的工作界面，如图 1-13 所示。该界面主要由标题栏、【文件】选项卡、功能区、导航窗格、文档编辑区、状态栏和视图栏 7 个部分组成。

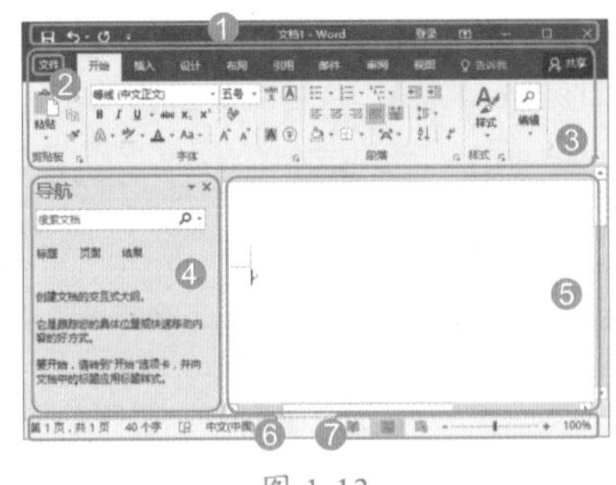

图 1-13

❶ 标题栏，❷【文件】选项卡，❸ 功能区，❹ 导航窗格，❺ 文档编辑区，❻ 状态栏，❼ 视图栏。

1. 标题栏

标题栏位于窗口的最上方，从左到右依次为快速访问工具栏、正在操作的文档的名称、程序的名称、【登录】按钮、【功能区显示选项】按钮和窗口控制按钮。

- 快速访问工具栏：用于显示常用的工具按钮，默认显示的按钮有【保存】、【撤销】和【重复】3 个按钮，单击这些按钮可执行相应的操作，用户还可根据需要手动将其他常用工具按钮添加到快速访问工具栏中。
- 【登录】按钮：单击该按钮，可登录 Microsoft 账户。
- 【功能区显示选项】按钮：单击该按钮，会弹出一个下拉菜单，通过该菜单，可对功能区的显示方式进行设置。
- 窗口控制按钮：从左到右依次为

【最小化】按钮一、【最大化】按钮口/【向下还原】按钮和【关闭】按钮×，用于对文档窗口大小和关闭进行相应的控制。

2. 【文件】选项卡

选择【文件】选项卡，可打开【文件】下拉菜单，其中包括【新建】【打开】【保存】等常用命令。

3. 功能区

功能区中集合了各种重要功能，清晰可见，是 Word 的控制中心。默认情况下，功能区包括【开始】【插入】【设计】【布局】【引用】【邮件】【审阅】和【视图】8 个选项卡，选择某个选项卡即可将其展开。此外，当在文档中选中图片、艺术字、文本框或表格等对象时，功能区中会显示与所选对象设置相关的选项卡。例如，在文档中选中表格后，功能区中会显示【表格工具 / 设计】和【表格工具 / 布局】两个选项卡。

每个选项卡由多个组组成。例如，【开始】选项卡由【剪贴板】【字体】【段落】【样式】和【编辑】5 个组组成。有些组的右下角有一个小图标，称为【功能扩展】按钮，将鼠标指针指向该按钮时，可预览对应的对话框或窗格，单击该按钮，可弹出对应的对话框或窗格。

各个组又将执行指定类型任务时可能用到的所有命令放到一起，并在执行任务期间一直处于显示状态，保证可以随时使用。例如，【字体】组中显示了【字体】【字号】【加粗】等命令按钮，这些命令按钮用于对文本内容设置相应的字符格式。

4. 导航窗格

默认情况下，Word 2016 的操作界面显示了导航窗格，在导航窗格的搜索框中输入内容，程序会自动在当前文档中进行搜索。

在导航窗格中有【标题】【页面】和【结果】3 个选项卡，选择某个选项卡，可切换到相对应的页面。其中，【标题】页面显示的是当前文档的标题，【页面】页面中是以缩略图的形式显示当前文档的每页内容，【结果】页面中非常直观地显示搜索结果。

5. 文档编辑区

文档编辑区位于窗口中央，默认情况下以白色显示，是输入文字、编辑文本和处理图片的工作区域，并在该区域中向用户显示文档内容。

当文档内容超出窗口的显示范围时，编辑区右侧和底端会分别显示垂直与水平滚动条，拖动滚动条中的滚动块，或者单击滚动条两端的小三角按钮，编辑区中显示的区域会随之滚动，从而可以查看到其他内容。

6. 状态栏

状态栏用于显示文档编辑的状态信息，默认显示了文档当前页数、总页数、字数、文档检错结果、输入法状态等信息，根据需要，用户可自定义状态栏中要显示的信息。

7. 视图栏

视图栏包括视图切换按钮和显示比例调节工具 100%。视图切换按钮用于切换当前文档的视图方式，显示比例调节工具用于调节和显示当前文档的显示比例。

1.3.2 新建 Word、Excel 和 PPT 2016 文件

新建 Word、Excel 和 PPT 文件，在 2016 版本中都可以通过新建界面来轻松实现，其方法为：选择【文件】选项卡，进入 Backstage 界面，在【新建】界面中单击相应的按钮，如图 1-14 所示（这里以 PPT 为例）。

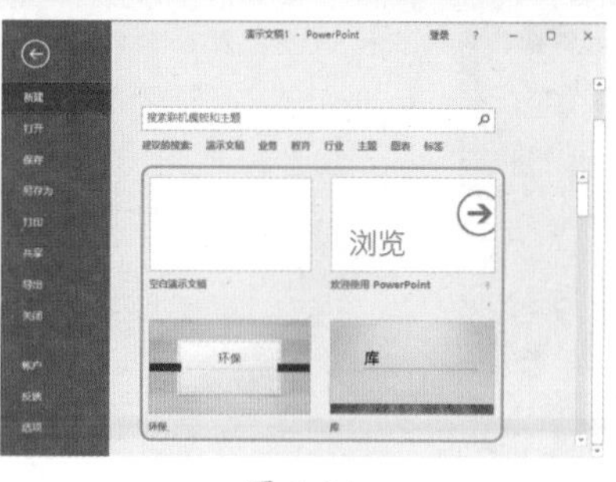

图 1-14

技术看板

用户若要直接新建空白的 Word/Excel/PPT 文件，直接按【Ctrl+N】组合键即可。

1.3.3 保存 Word、Excel 和 PPT 文件

实例门类	软件功能
教学视频	光盘\视频\第 1 章\1.3.3.mp4

在编辑 Word、Excel 和 PPT 文件的过程中，保存文件是非常重要的一个操作，尤其是新建文档，只有执行保存操作后才能存储到计算机硬盘或云端固定位置中，从而方便以后进行阅读和再次编辑。下面以保存 Word 文件为例，具体操作步骤如下。

Step01 在要保存的新建文档中，按【Ctrl+S】组合键，或者单击快速访问工具栏中的【保存】按钮，如图 1-15 所示。

图 1-15

Step02 进入【另存为】界面，在中间窗格中双击【这台电脑】图标，如图 1-16 所示。

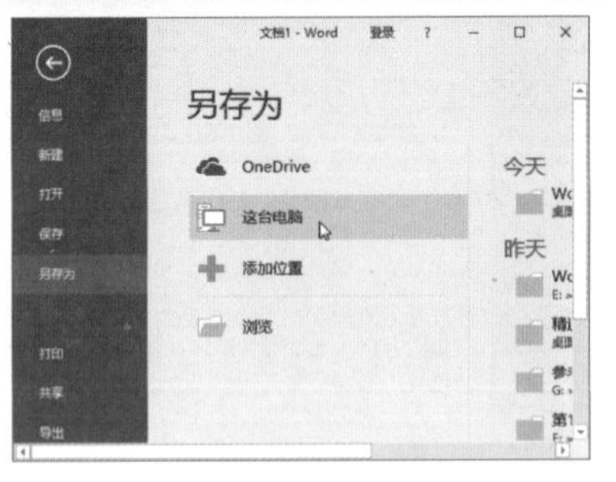

图 1-16

Step03 打开【另存为】对话框，❶ 设置文档的存放位置，❷ 输入文件名称，❸ 选择文件保存类型，❹ 单击【保存】按钮，即可保存当前文档，如图 1-17 所示。

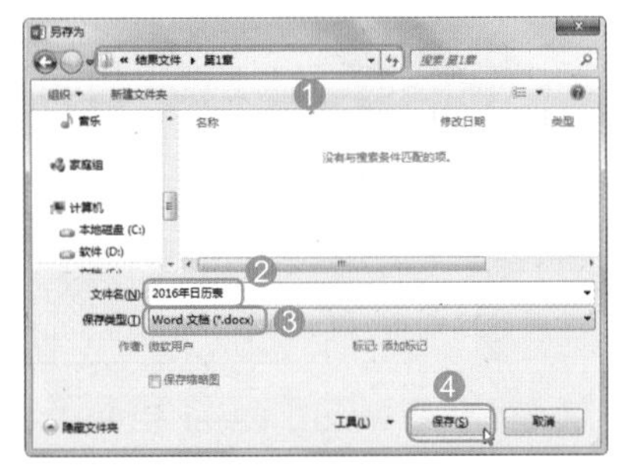
图 1-17

技能拓展——原有文档的保存

对原有文档进行编辑后，直接按下【Ctrl+S】组合键，或者单击快速访问工具栏中的【保存】按钮进行保存。

如果需要将文档以新文件名保存或保存到新的路径，可按下【F12】键，或者在【文件】菜单项中选择【另存为】命令，在打开的【另存为】对话框中重新设置文档的保存名称、保存位置或保存类型等参数，然后单击【保存】按钮。

1.3.4 打开 Word、Excel 和 PPT 文件

实例门类	软件功能
教学视频	光盘\视频\第 1 章\1.3.4.mp4

若要对计算机中已有的文件进行编辑，首先需要先将其打开。一般来说，先进入该文档的存放路径，再双击 Word/Excel 或是 PPT 文档图标，即可将其打开。此外，还可通过【打开】命令打开文档，这里以 Word 为例，具体操作步骤如下。

Step01 在 Word 窗口中选择【文件】选项卡，❶ 在左侧窗格中选择【打开】选项卡，❷ 在中间窗格双击【这台电脑】图标，如图 1-18 所示。

图 1-18

Step02 打开【打开】对话框，❶ 进入文档存放的位置，❷ 在列表框中选择需要打开的文档，❸ 单击【打开】按钮即可，如图 1-19 所示。

图 1-19

技能拓展——一次性打开多个文档

在【打开】对话框中，按住【Shift】键或【Ctrl】键的同时选择多个文件，然后单击【打开】按钮，可同时打开选择的多个文档。

1.3.5 关闭 Word、Excel 和 PPT 文件

对文件进行了各种编辑操作并保存后，如果确认不再对文档进行任何操作，可将其关闭，以减少所占用的系统内存。关闭文档的方法有以下几种。

- 在要关闭的文档中，单击右上角的【关闭】按钮。
- 在要关闭的文档中，打开【文件】菜单项，然后单击左侧窗格的【关闭】命令。
- 在要关闭的文档中，按下【Alt+F4】组合键。

关闭 Word、Excel 和 PPT 文件时，若没有对各种编辑操作进行保存，则执行关闭操作后，系统会打开如图 1-20 所示的提示框询问用户是否对文件所做的修改进行保存（这里是 Word 文档的提示询问是否保存对话框），此时可进行如下操作。

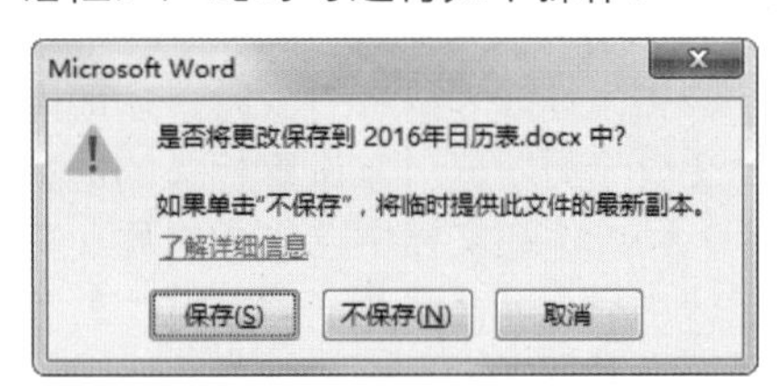

图 1-20

- 单击【保存】按钮，可保存当前文档，同时关闭该文档。
- 单击【不保存】按钮，将直接关闭文档，且不会对当前文档进行保存，即文档中所做的更改都会被放弃。
- 单击【取消】按钮，将关闭该提示框并返回文档，此时用户可根据实际需要进行相应的编辑。

1.3.6 保护 Word、Excel 和 PPT 文件

实例门类	软件功能
教学视频	光盘\视频\第 1 章\1.3.6.mp4

要让制作的 Word、Excel 和 PPT 文件不随意被他人打开或修改编辑等，可为其设置一个带有密码的打开保护。这样，只有输入正确的密码后，才能打开文件进行查看和编辑。

例如，以“财务报告”演示文稿设置密码保护为例，其具体操作步骤如下。

Step 01 打开“光盘 \ 素材文件 \ 第 1 章 \ 财务报告 .pptx”文件，选择【文件】选项卡进入 Backstage 界面，❶ 选择【信息】选项卡，❷ 然后单击【保护演示文稿】按钮，❸ 在弹出的下拉菜单中选择【用密码进行加密】选项，如图 1-21 所示。

图 1-21

Step 02 ❶ 打开【加密文档】对话框，在【密码】文本框中输入设置的密码，如输入【0123456789】，❷ 单击【确定】按钮，如图 1-22 所示。

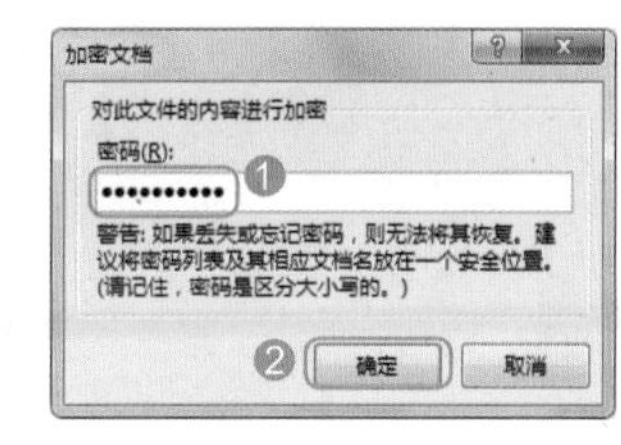

图 1-22

Step 03 ❶ 打开【确认密码】对话框，在【重新输入密码】文本框中输入前面设置的密码【0123456789】，❷ 单击【确定】按钮，如图 1-23 所示。

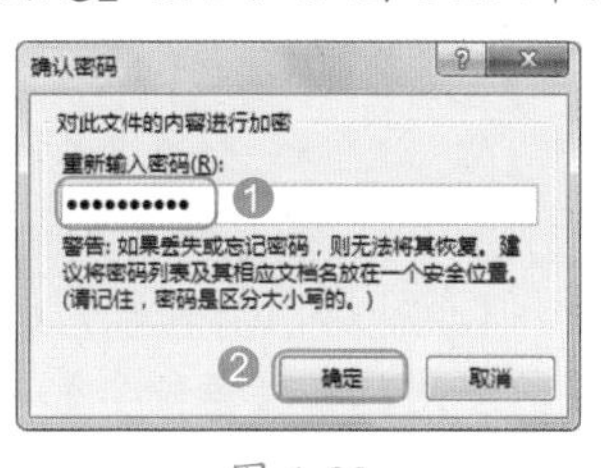

图 1-23

技术看板

重新输入的密码必须与前面设置的密码一致。

Step 04 即可完成演示文稿的加密，保存并关闭演示文稿，再次打开演示文稿时，会打开【密码】对话框，❶ 在【密码】文本框中输入正确的密码【0123456789】，❷ 单击【确定】按钮后，才能打开该演示文稿，如图 1-24 所示。

图 1-24

1.4 自定义 Office 工作界面

在使用 Office 之前，读者可以根据自己的使用习惯，来打造一个符合自己心意的工作环境，从而提高工作舒适度和效能。在本节中统一以组建 Word 定义工作界面为例来进行讲解。

1.4.1 在快速访问工具栏中添加或删除按钮

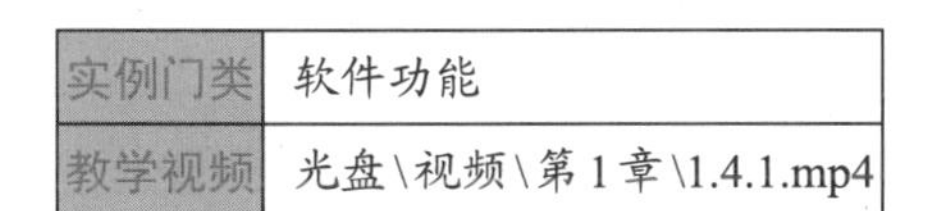

实例门类	软件功能
教学视频	光盘 \ 视频 \ 第 1 章 \1.4.1.mp4

快速访问工具栏用于显示常用的工具按钮，默认显示的按钮有【保存】、【撤销】和【重复】3 个命令按钮，用户可以根据操作习惯，将其他常用的按钮添加到快速访问工具栏。

快速访问工具栏的右侧有一个下拉按钮，单击该按钮，会弹出一个下拉菜单，该菜单中提供了一些常用的操作按钮，用户可快速将其添加到快速访问工具栏。例如，要将【触摸 / 鼠标模式】按钮添加到快速访问工具栏，具体操作步骤如下。

在快速访问工具栏中，❶ 单击右侧的下拉按钮，❷ 在弹出的下拉菜单中选择【触摸 / 鼠标模式】选项，如图 1-25 所示。

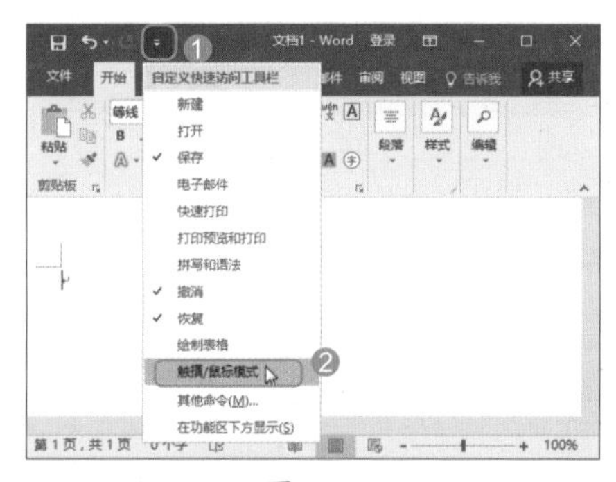

图 1-25

技能拓展——删除快速访问工具栏中的按钮

若要将快速访问工具栏中的命令按钮删除，可在其上右击，在弹出的快捷菜单中选择【从快速访问工具栏删除】命令。

1.4.2 实战：添加功能区中的命令按钮

实例门类	软件功能
教学视频	光盘 \ 视频 \ 第 1 章 \1.4.2.mp4

快速访问工具栏中的下拉菜单中提供的按钮数量毕竟有限，如果希望

添加更多的按钮，可将功能区中的按钮添加到快速访问工具栏，具体操作步骤如下。

Step01 ❶ 在功能区的目标按钮上右击，如【字体】组中的【字体颜色】按钮 A ▾，❷ 在弹出的快捷菜单中选择【添加到快速访问工具栏】命令，如图 1-26 所示。

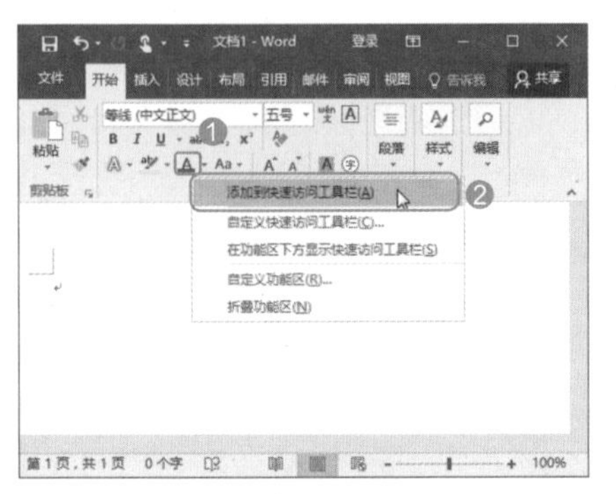

图 1-26

Step02 此时，【字体颜色】按钮 A ▾ 添加到了快速访问工具栏，效果如图 1-27 所示。

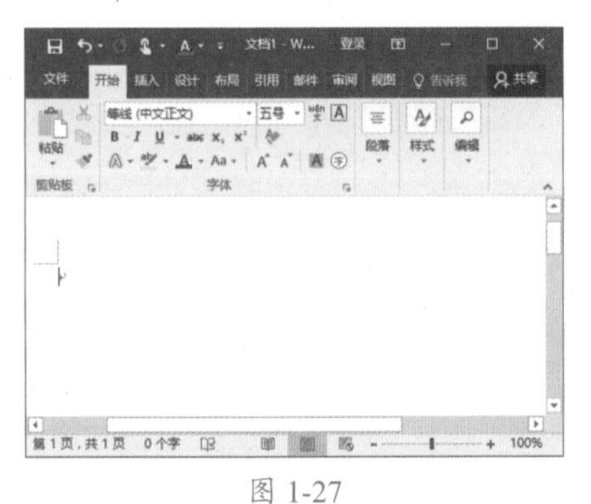

图 1-27

1.4.3 添加不在功能区中的命令按钮

实例门类	软件功能
教学视频	光盘\视频\第 1 章\1.4.3.mp4

如果需要添加的按钮不在功能区中，则可通过【选项】对话框进行设置，具体操作步骤如下。

Step01 选择【文件】选项卡进入 Backstage 界面，选择【选项】选项，如图 1-28 所示。

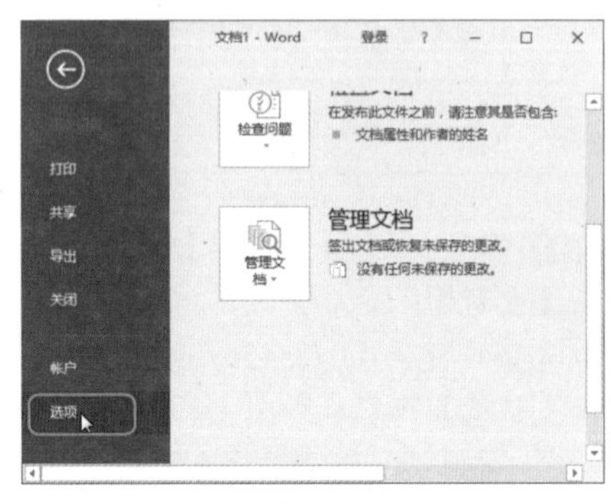

图 1-28

Step02 打开【Word 选项】对话框，❶ 切换到【快速访问工具栏】选项卡，❷ 在【从下列位置选择命令】下拉列表中选择命令的来源位置，本操作中选择【不在功能区中的命令】选项，❸ 在下拉列表框中选择需要添加的命令，如选择【文本框转换为图文框】命令，❹ 单击【添加】按钮，将所选命令添加到了右侧列表框，❺ 单击【确定】按钮即可，如图 1-29 所示。

图 1-29

1.4.4 显示或隐藏功能区

在制作或编辑文件过程中用户可根据实际情况对功能区进行隐藏和显示。下面分别进行介绍。

- 隐藏功能区：单击功能区域右下角的【折叠功能区】按钮 ^，或者在功能区上右击，在弹出的快捷菜单中选择【折叠功能区】命令，如图 1-30 所示。

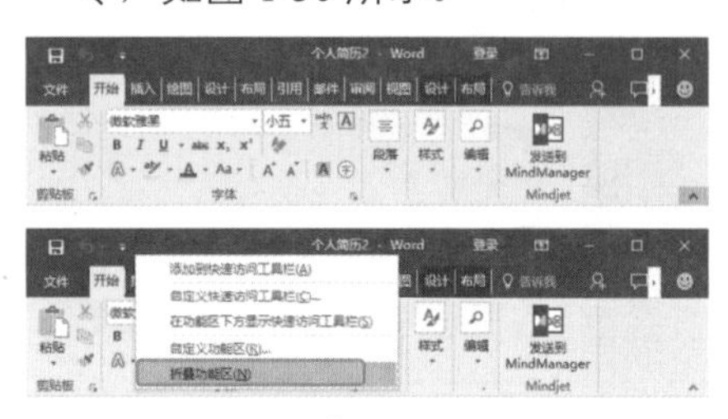

图 1-30

- 显示功能区：折叠功能区后要将功能重新显示出来，可直接在任一选项卡上右击，在弹出的快捷菜单中选择【折叠功能】命令，即可将折叠 / 隐藏功能区重新显示出来，如图 1-31 所示。

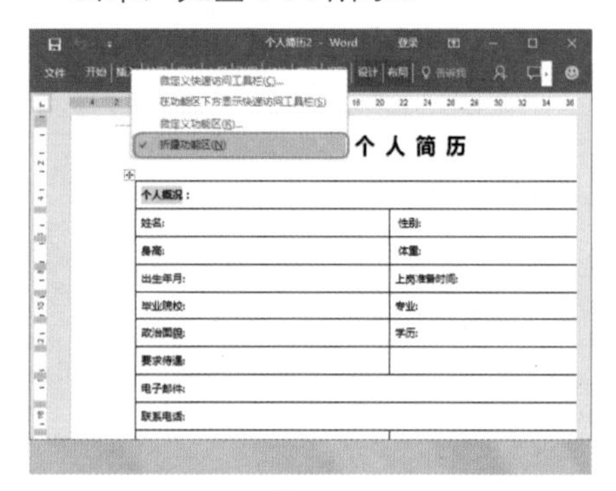

图 1-31

1.5 打印文件

无纸办公已成为一种潮流，但在一些正式的应用场合，仍然需要将文档内容打印到纸张上，接下来本节将分别介绍 Word、Excel 和 PPT 的常用打印操作。

1.5.1 实战：打印 Word 文档

实例门类	软件功能
教学视频	光盘\视频\第1章\1.5.1.mp4

要将文档打印输出，方法较为简单，大部分操作都基本相同。下面介绍两种常用到的文档打印操作。

1. 打印当前文档

要将整个文档全部打印出来，可直接选择【文件】选项卡，进入 Backstage 界面，❶ 选择【打印】选项卡，❷ 在【设置】组中设置打印范围为【打印所有页】，❸ 设置打印份数，❹ 单击【打印】按钮，如图 1-32 所示。

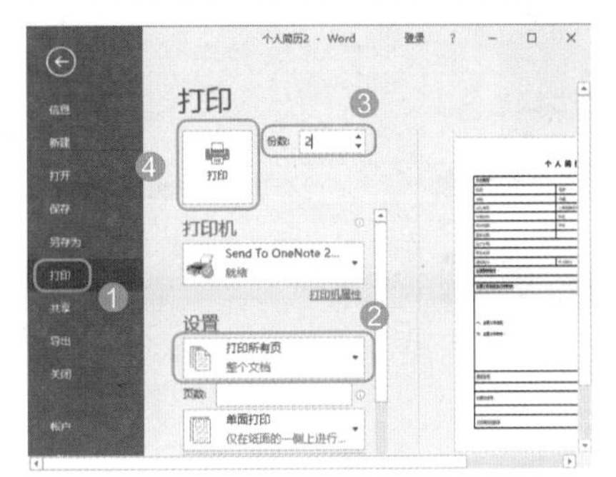

图 1-32

2. 打印指定的页面内容

在打印文档时，有时可能只需要打印部分页码的内容，其操作步骤如下。❶ 在【打印】界面的【设置】组设置打印范围为【自定义打印范围】，❷ 在【页码】文本框中输入要打印的页码范围，❸ 单击【打印】按钮进行打印即可，如图 1-33 所示。

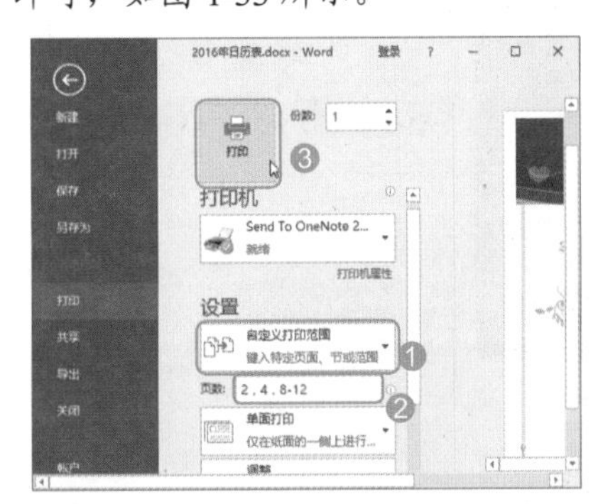

图 1-33

技能拓展——打印当前页

在要打印的文档中，进入【文件】选项卡的【打印】界面，在右侧窗格的预览界面中，通过单击◂或▸按钮来切换到需要打印的页面，然后在中间窗格的【设置】栏下第一个下拉列表中选择【打印当前页面】选项，然后单击【打印】按钮。

3. 只打印选中的内容

打印文档时，除了以“页”为单位打印整页内容外，还可以打印选中的内容，它们可以是文本内容、图片、表格、图表等不同类型的内容。例如，只打印选择的内容，具体操作步骤如下。

Step 01 在要打印的文档中，选择要打印的指定内容，如图 1-34 所示。

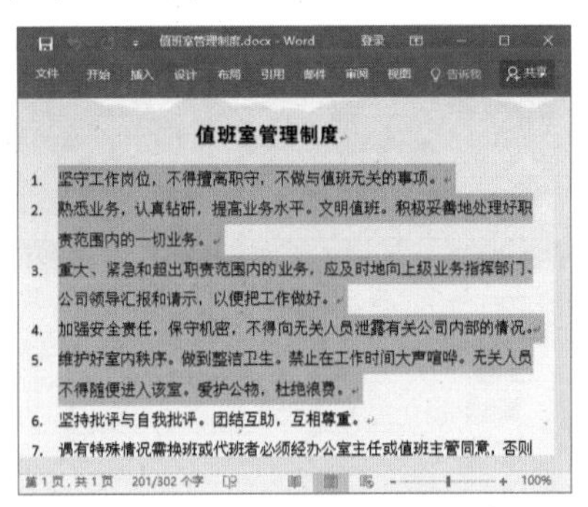

图 1-34

Step 02 ❶ 在【打印】界面的【设置】组设置打印范围为【打印所选内容】选项，❷ 单击【打印】按钮，只打印文档中选择的内容，如图 1-35 所示。

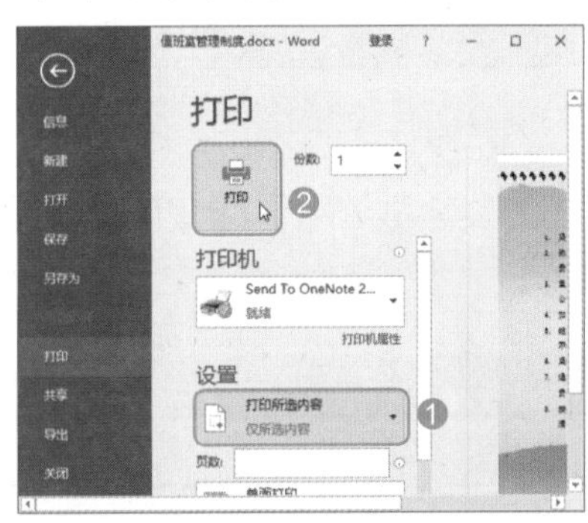

图 1-35

1.5.2 实战：打印 Excel 表格

实例门类	软件功能
教学视频	光盘\视频\第1章\1.5.2.mp4

尽管无纸化办公越来越成为一种趋势，但许多时候制作的表格打印输出才是最终目的，本节就来介绍一下打印的相关操作。

1. 打印每一页都有表头

在 Excel 工作表中，第一行或前几行通常存放着各个字段的名称，如【客户资料表】中的【客户姓名】【服务账号】【公司名称】等，这行数据称为标题行（标题列以此类推）。

当工作表的数据占据着多页时，在打印表格时直接打印出来的就只有第一页存在标题行或标题列了，使得查看其他页中的数据时不太方便。为了查阅的方便，需要将行标题或列标题打印在每页上面。例如，要在【科技计划项目】工作簿中打印标题第 2 行，具体操作步骤如下。

Step 01 打开“光盘\素材文件\第1章\科技计划项目.xlsx”文件，选择【页面布局】选项卡【页面设置】组中的【打印标题】按钮，如图 1-36 所示。

图 1-36

Step 02 打开【页面设置】对话框的【工作表】选项卡，单击【打印标题】栏中【顶端标题行】参数框右边的【引用】按钮，如图 1-37 所示。

图 1-37

Step03 ❶ 在工作表中拖动鼠标指针选择需要重复打印的行标题，这里选择第 2 行，❷ 单击折叠对话框中的【引用】按钮，如图 1-38 所示。

图 1-38

Step04 返回【页面设置】对话框中单击【打印预览】按钮，如图 1-39 所示。

图 1-39

Step05 Excel 进入打印预览模式，可以查看到设置打印标题行后的效果，单击下方的【下一页】按钮，可以依次查看每页的打印效果，用户会发现在每页内容的顶部都显示了设置的标题行内容，最后单击【打印】按钮，如图 1-40 所示。

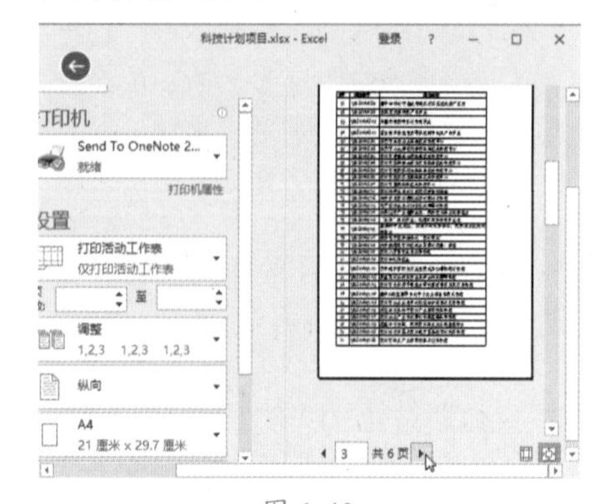
图 1-40

2. 行列号和网格线

在默认的打印模式下，表格中的行列号（也就是行号和列标）和网格线不会被打印出来。在实际工作中若是需要将他们打印出来，其操作步骤如下。

打开【页面设置】对话框，❶ 选中【行号列标】和【网格线】复选框，❷ 单击【打印】按钮，如图 1-41 所示。

图 1-41

1.5.3 实战：打印 PPT 演示文稿

实例门类	软件功能
教学视频	光盘\视频\第 1 章\1.5.3.mp4

PPT 演示文稿的打印，较为常用的操作包括省墨打印和同一页打印多张幻灯片。

1. PPT 省墨打印

演示文稿的省墨打印，其实就是将文稿以灰度的方式打印，这样既不会太影响传阅，同时还能省墨。其操作步骤如下。

打开目标演示文稿，❶ 在【打印】界面的【设置】组单击【颜色】下拉按钮，❷ 在弹出的下拉列表中选择“灰度”选项，❸ 单击【打印】按钮，如图 1-42 所示。

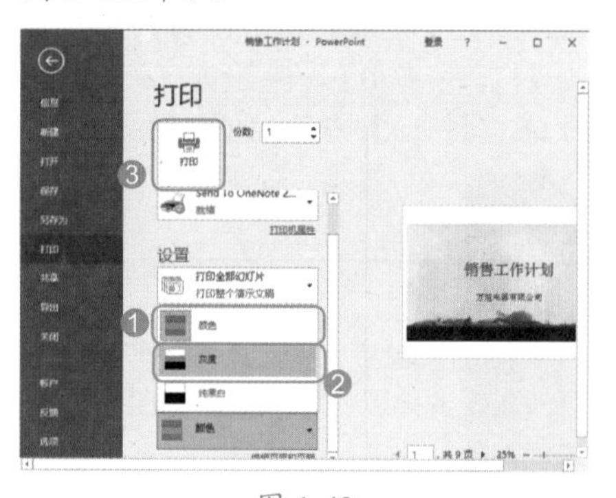
图 1-42

2. 同一页打印多张幻灯片

要在一张纸上打印多张幻灯片，其操作步骤如下。

❶ 在【打印】界面的【设置】组单击【整页幻灯片】下拉按钮，❷ 在弹出的下拉列表中选择相应的多页打印选项，最后单击【打印】按钮，如图 1-43 所示。

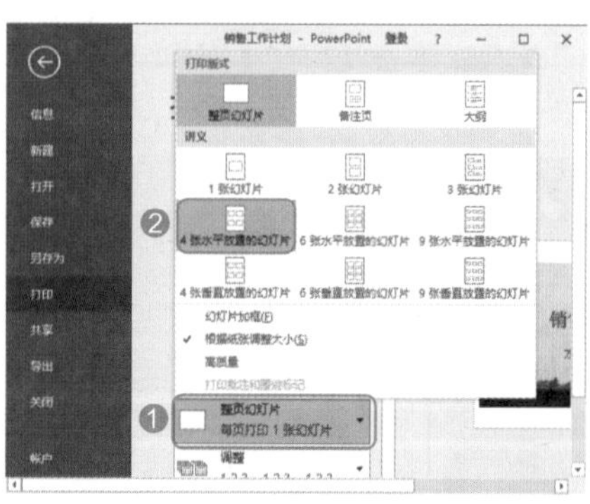
图 1-43

1.6 使用帮助

在学习和使用 Word、Excel 和 PPT 的过程中，对于一些不会或是不熟悉的功能，除了查阅相关工具书外，还可以直接使用“帮助”功能。

1.6.1 实战：使用关键字搜索帮助

实例门类	软件功能
教学视频	光盘\视频\第 1 章\1.6.1.mp4

Office 提供的联机帮助是最权威、最系统的，也是最好用的 Office 知识的学习资源之一。这里以 Word 2016 为例，具体操作步骤如下。

Step01 在 Word 2016 窗口中，打开【文件】菜单项，单击右上角的【帮助】按钮?（或按【F1】键），如图 1-44 所示。

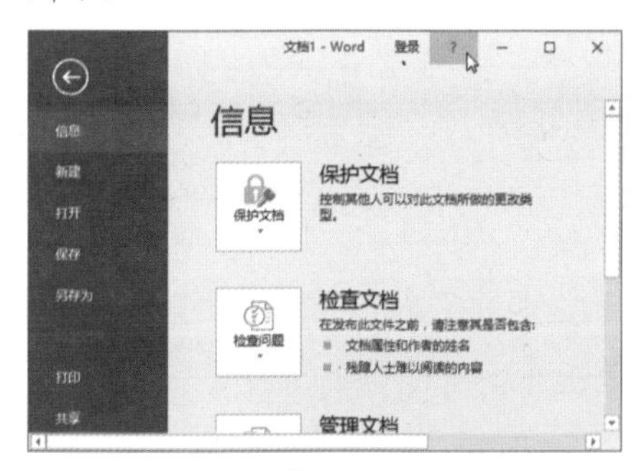

图 1-44

Step02 打开【Word 2016 帮助】窗口，❶ 在搜索框中输入要搜索的关键字，如输入【使用模板创建文档】，❷ 单击【搜索】按钮，如图 1-45 所示。

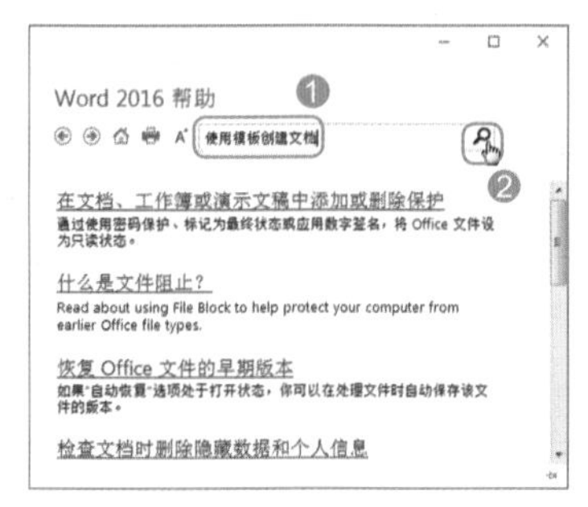

图 1-45

Step03 接下来在打开的窗口中将显示出所有搜索到的相关信息列表，单击需要查看的超链接，如图 1-46 所示。

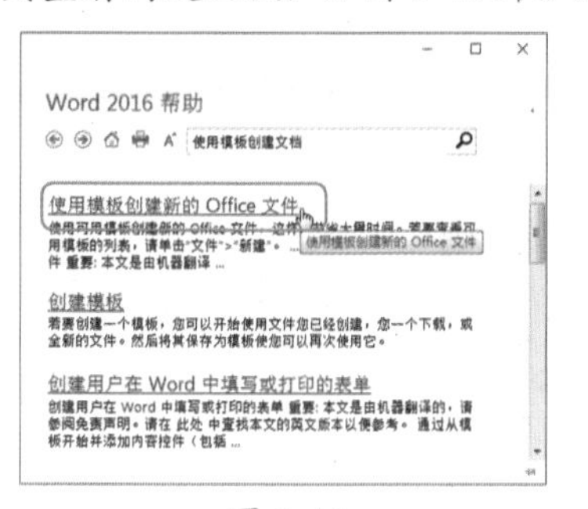

图 1-46

Step04 在接下来打开的页面中，将查看到具体的内容，查看完毕后单击【关闭】按钮，关闭【Word 2016 帮助】窗口，如图 1-47 所示。

图 1-47

★ 新功能 1.6.2 实战：Word 2016 的辅助新功能

实例门类	软件功能
教学视频	光盘\视频\第 1 章\1.6.2.mp4

除了传统方法进行帮助信息获取外，用户还可以通过【Tell Me】搜索框来获取，以 Word 2016 为例，具体操作步骤如下。

Step01 ❶ 在【Tell Me】搜索框中输入关键字，如输入【批注】，❷ 在弹出的下拉菜单中显示了相关操作命令及帮助链接，选择某个操作命令可执行相应的操作，本操作中选择【获取有关“批注”的帮助】命令，如图 1-48 所示。

图 1-48

Step02 在打开的【Word 2016 帮助】窗口中显示与【批注】有关的帮助信息，单击需要查看的超链接，如图 1-49 所示。

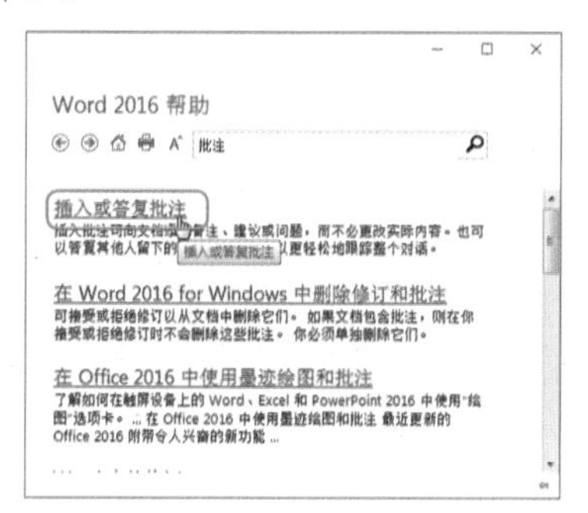

图 1-49

Step03 在接下来打开的页面中，将查看到具体的内容，查看完毕后单击【关闭】按钮，关闭【Word 2016 帮助】窗口，如图 1-50 所示。

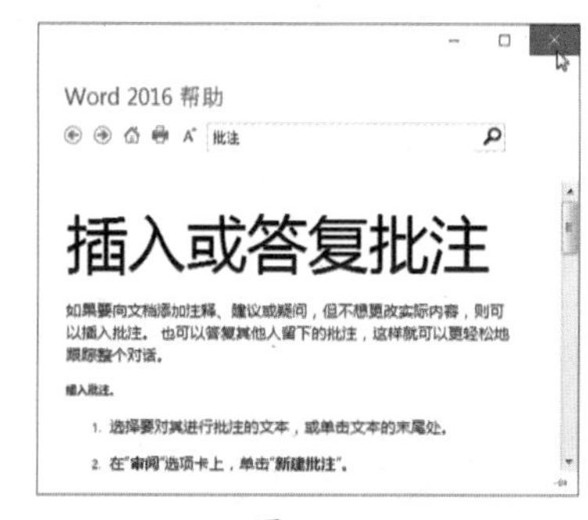

图 1-50

妙招技法

通过前面知识的学习，相信读者已经熟悉了 Word、Excel 和 PPT 2016 的相关基础知识。下面结合本章内容，给大家介绍一些实用技巧。

技巧 01：如何修复意外损坏的文件

教学视频	光盘\视频\第 1 章\技巧 01.mp4

Office 文件意外受到损坏，如跳版、乱码等，用户可对其进行修复，这里以 Word 2016 为例，其具体操作步骤如下。

打开【打开】对话框，❶ 选择需要修复的目标文档，❷ 单击【打开】按钮右侧的下拉按钮▾，❸ 在弹出的下拉菜单中选择【打开并修复】命令，如图 1-51 所示。

图 1-51

技巧 02：怎样设置文档自动保存时间让系统每隔指定时长自动保存

教学视频	光盘\视频\第 1 章\技巧 02.mp4

Office 提供了自动保存功能，每隔一段时间自动保存文档，最大限度地避免了因为停电、死机等意外情况导致当前编辑的内容丢失。默认情况下，Office 会每隔 10 分钟自动保存文档，用户可以根据需要改变这个时间间隔，这里以 Word 2016 为例，具体操作步骤如下。

Step 01 打开【文件】菜单项，选择【选项】选项，如图 1-52 所示。

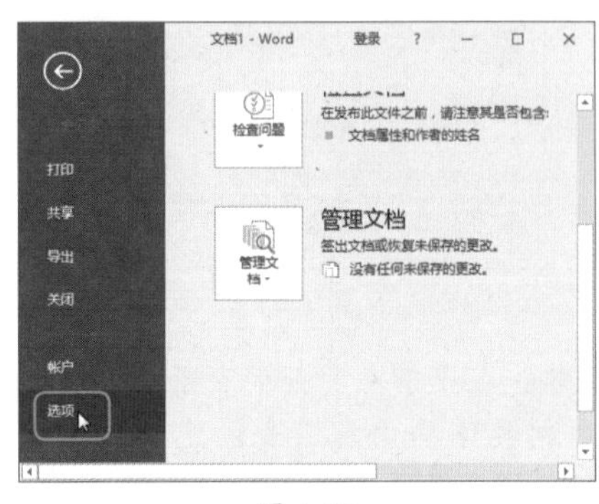

图 1-52

Step 02 打开【Word 选项】对话框，❶ 切换到【保存】选项卡，❷ 在【保存文档】栏中，【保存自动恢复信息时间间隔】复选框默认为选中状态，在右侧的微调框中设置自动保存的时间间隔，❸ 单击【确定】按钮即可，如图 1-53 所示。

图 1-53

技巧 03：如何设置最近访问文件的个数

教学视频	光盘\视频\第 1 章\技巧 03.mp4

使用 Office 2016 时，无论是在启动过程中，还是在【打开】选项卡中都显示有最近使用的文档，通过单击文档图标，可快速打开这些文档。

默认情况下，Office 只能记录最近打开过的 25 个文档，用户可以通过设置来改变 Office 记录的文档数量，这里以 Word 2016 为例，具体操作步骤如下。

打开【Word 选项】对话框，❶ 切换到【高级】选项卡，❷ 在【显示】栏中，通过【显示此数目的“最近使用的文档”】微调框设置文档显示数目，❸ 设置完成后单击【确定】按钮即可，如图 1-54 所示。

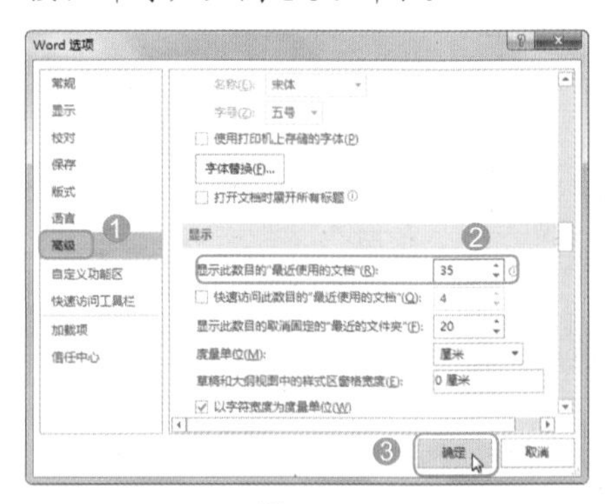

图 1-54

技巧 04：如何将 Word/Excel/PPT 文件转换为 PDF 文件

教学视频	光盘\视频\第 1 章\技巧 04.mp4

完成 Word/Excel/PPT 文件的编辑后，还可将其转换为 PDF 格式的文档。保存 PDF 文件后，不仅方便查看，还能防止其他用户随意修改内容。

例如，要通过导出功能将 Word 文档转换为 PDF 文件，具体操作步骤如下。

Step 01 打开“光盘\素材文件\第 1 章\2016 年日历表.docx”文件，❶ 在 Backstage 界面中选择【导出】选项卡，❷ 在中间窗格双击【创建 PDF/XPS 文档】图标，如图 1-55 所示。

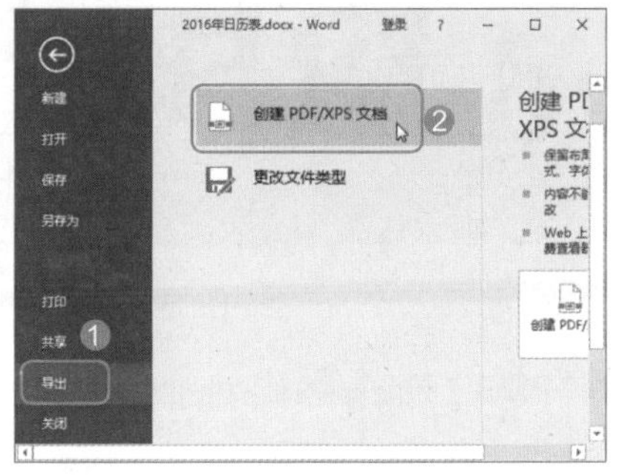

图 1-55

Step02 打开【发布为 PDF 或 XPS】对话框，❶ 设置文件的保存路径，❷ 输入文件的保存名称，❸ 单击【发布】按钮，即可将当前 Word 文档转换为 PDF 文件，如图 1-56 所示。

图 1-56

技能拓展——将 Office 文件保存为 PDF 文件

除了导出的方法将 Word/Excel/PPT 文件转换为 PDF 文件外，用户还可以打开【另存为】对话框，在【保存类型】下拉列表中选择【PDF（*.pdf）】选项，然后设置存放位置、保存名称等参数，最后保存即可。

本章小结

本章主要讲解了 Office 2016 的一些入门知识，主要包括 Word、Excel 和 PPT 的应用领域，Word、Excel 和 PPT 新增功能，设置 Word、Excel 和 PPT 操作环境，Word、Excel 和 PPT 文件的基本操作、打印等内容。通过本章内容的学习，希望读者能对 Word、Excel 和 PPT 2016 及整个 Office 2016 有更进一步的了解，并能熟练掌握 Office 文件的新建、打开及打印等一些基础操作技能。

第2篇 Word应用

Word 2016 是 Office 2016 中的一个核心组件，作为 Office 组件的“排头兵”，不仅仅是因为习惯上的称谓，更是因为其优秀的文字处理与布局排版功能，得到广大的用户的认可和接受。在本篇中将用 8 章来讲解 Word 的常用、实用和高效的必要操作知识，带领读者进入 Word 的世界，感受其独特魅力。

第2章 Word 文档内容的录入与编辑

- 文档的排版基本原则你知道吗？
- 特殊内容不知道怎么录入？
- 你还在逐字逐句地敲键盘？想提高录入效率吗？
- 想快速找到相应的文本吗？想一次性将某些相同的文本替换为其他文本吗？

在日常学习与工作中，人们经常会接触文档的录入与编辑工作，如果你还不是很清楚，没关系！本章将介绍 word 排版、录入、编辑与查找替换的相关知识与特殊技能，认真学习本章，相信你会有不少的收获。

2.1 掌握 Word 文档排版原则

常言道，无规矩不成方圆，排版亦如此。要想高效地排版出精致的文档，我们必须遵循五大原则：紧凑对比原则、统一原则、对齐原则、自动化原则、重复使用原则。

2.1.1 紧凑对比原则

在 Word 排版中，要想页面内容错落有致，具有视觉上的协调性，就需要遵循紧凑对比原则。

顾名思义，紧凑是指将相关元素有组织地放在一起，从而使页面中的内容看起来更加清晰，整个页面更具结构化；对比是指让页面中的不同元素有鲜明的差别效果，以便突出重点内容，有效吸引读者的注意。

例如，图 2-1 中，所有内容的格式几乎是千篇一律，看上去十分紧密，很难看出各段内容之间是否存在着联系，而且大大降低了阅读趣味。

Word 有什么用途

提起 Word，许多用户都会认为使用 Word 只能制作一些类似会议通知的简单文档，或者类似访客登记表的简单表格，但实际上，Word 提供了不同类型排版任务的多种功能，既可以制作编写文字类的简单文档，也可以制作图、文、表混排的复杂文档，甚至是批量制作名片、邀请函、奖状等特色文档。

编写文字类的简单文档

Word 最简单、最常见的用途就是编写文字类的文档，如公司规章制度、会议通知等。这类文档结构比较简单，通常只包含文字，不含图片、表格等其他内容，因此在排版上也是最基础、最简单的操作。例如，用 Word 制作的公司规章制度如图 1-1 所示。

制作图、文、表混排的复杂文档

使用 Word 制作文档时，还可以制作宣传海报、招聘简章等图文并茂的文档，这类文档一般包含了文字、表格、图片等多种类型的内容，如图 1-4 所示。

制作各类特色文档

在实际应用中，Word 还能制作各类特色文档，如制作信函和标签、制作数学试卷、制作小型折页手册、制作名片、制作奖状等。例如，使用 Word 制作的名片，如图 1-5 所示。

图 2-1

为了使文档内容结构清晰，页面内容引人注目，我们可以根据紧凑对比原则，适当调整段落之间的间距（段落间距的设置方法请参考本书第 3 章的内容），并对不同元素设置不同的字体、字号或加粗等格式（字体、字号等格式的设置方法请参考本书第 3 章的内容）。为了突出显示大标题内容，我们还设置了段落底纹效果（关于底纹的设置方法请参考本书第 3 章的内容），设置后的效果如图 2-2 所示。

Word 有什么用途

提起 Word，许多用户都会认为使用 Word 只能制作一些类似会议通知的简单文档，或者类似访客登记表的简单表格，但实际上，Word 提供了不同类型排版任务的多种功能，既可以制作编写文字类的简单文档，也可以制作图、文、表混排的复杂文档，甚至是批量制作名片、邀请函、奖状等特色文档。

编写文字类的简单文档

Word 最简单、最常见的用途就是编写文字类的文档，如公司规章制度、会议通知等。这类文档结构比较简单，通常只包含文字，不含图片、表格等其他内容，因此在排版上也是最基础、最简单的操作。例如，用 Word 制作的公司规章制度如图 1-1 所示。

制作图、文、表混排的复杂文档

使用 Word 制作文档时，还可以制作宣传海报、招聘简章等图文并茂的文档，这类文档一般包含了文字、表格、图片等多种类型的内容，如图 1-4 所示。

制作各类特色文档

在实际应用中，Word 还能制作各类特色文档，如制作信函和标签、制作数学试卷、制作小型折页手册、制作名片、制作奖状等。例如，使用 Word 制作的名片，如图 1-5 所示。

图 2-2

2.1.2 统一原则

当页面中某个元素重复出现多次，为了强调页面的统一性，以及增强页面的趣味性和专业性，可以根据统一原则，对该元素统一设置字体、颜色、大小、形状或图片等修饰。

例如，在图 2-2 的内容基础上，通过统一原则，在各标题的前端插入一个相同的符号（插入符号的方法请参考本书第 2 章的内容），并为它们添加下画线（下画线的设置方法请参考本书第 3 章的内容），完成设置后，增强了各标题之间的统一性，以及视觉效果，如图 2-3 所示。

Word 有什么用途

提起 Word，许多用户都会认为使用 Word 只能制作一些类似会议通知的简单文档，或者类似访客登记表的简单表格，但实际上，Word 提供了不同类型排版任务的多种功能，既可以制作编写文字类的简单文档，也可以制作图、文、表混排的复杂文档，甚至是批量制作名片、邀请函、奖状等特色文档。

- **编写文字类的简单文档**

Word 最简单、最常见的用途就是编写文字类的文档，如公司规章制度、会议通知等。这类文档结构比较简单，通常只包含文字，不含图片、表格等其他内容，因此在排版上也是最基础、最简单的操作。例如，用 Word 制作的公司规章制度如图 1-1 所示。

- **制作图、文、表混排的复杂文档**

使用 Word 制作文档时，还可以制作宣传海报、招聘简章等图文并茂的文档，这类文档一般包含了文字、表格、图片等多种类型的内容，如图 1-4 所示。

- **制作各类特色文档**

在实际应用中，Word 还能制作各类特色文档，如制作信函和标签、制作数学试卷、制作小型折页手册、制作名片、制作奖状等。例如，使用 Word 制作的名片，如图 1-5 所示。

2-3

2.1.3 对齐原则

页面上的任何元素不是随意安放的，而是要错落有致。根据对齐原则，页面上的每个元素都应该与其他元素建立某种视觉联系，从而形成一个清爽的外观。

例如，在图 2-4 中，我们为不同元素设置了合理的段落对齐方式（段落对齐方式的设置请参考本书的第 3 章内容），从而形成一种视觉联系。

通知

兹定于 2017 年 7 月 6 日上午 10 点整，在 XX 酒店 5 楼 502 室召开 XX 工作会议，布置重要工作，敬请准时出席。

XX 协会

2017 年 7 月 1 日

图 2-4

要建立视觉联系，不仅仅局限于设置段落对齐方式，还可以通过设置段落缩进来实现。例如，在图 2-5 中，我们通过制表位设置了悬挂缩进，从而使内容更具有清晰的条理性。

第 1 条 为更好的保管好库存物资，服务生产，加速企业的资金周转，最大限度的降低生产费用，特制定此制度。

第 2 条 根据企业生产需求和厂房布局，合理的规划仓库的位置。仓库管理人员要强化经济责任意识，科学的分工，不断提高仓库管理水平。

第 3 条 物资入库时，应提前检验物资的合格状况，不合格的物资应单独放置；仓库管理员应对入库物资进行验收，发现问题时，应及时向主管部门汇报。

第 4 条 合格物资的入库，应填写《入库单》详细填写物资的名称、规格型号、数量、入库时间、是否检验等，同时在库存保管账上录入并结余。

图 2-5

2.1.4 自动化原则

在对大型文档进行排版时，自动化原则尤为重要。对于一些可能发生变化的内容，我们最好合理运用 Word 的自动化功能进行处理，以便这些内容发生变化时，Word 可以自动更新，避免了用户手动逐个进行修改的烦琐。

在使用自动化原则的过程中，比较常见的情况主要包括页码、自动编号、目录、题注、交叉引用等功能。

例如，使用 Word 的页码功能，可以自动为文档页面编号，当文档页面发生增减时，不必忧心编号的混乱，Word 会自动进行更新调整；使用 Word 提供的自动编号功能，可以使标题编号自动化，这样就不必担心由于标题数量的增减或标题位置的调整而手动修改与之对应的编号；使用 Word 提供的目录功能可以生成自动目录，当文档标题内容或标题所在页码发生变化时，可以通过 Word 进行同步更新，而不需要去手动更改。

2.1.5 重复使用原则

在处理大型文档时，遵循重复使用原则，可以让你的排版工作省时、省力。

对于重复使用原则，主要体现在样式和模板等功能上。例如，当需要对各元素内容分别使用不同的格式，则通过样式功能，可以轻松实现；当有大量文档需要使用相同的版面设置、样式等元素，则可以事先建立一个模板，此后基于该模板创建新文档后，这些新建的文档就会拥有完全相同的版面设置，以及相同的样式，此时只需在此基础之上稍加修改，即可快速编辑出不一样的文档。

2.2 录入文档内容

要使用 Word 编辑文档，就需要先录入各种文档内容，如录入普通的文本内容、录入特殊符号、录入大写中文数字等。掌握 Word 文档内容的录入方法，是编辑各种格式文档的前提。

2.2.1 实战：输入通知文本内容

实例门类	软件功能
教学视频	光盘\视频\第 2 章\2.2.1.mp4

在 Word 文档中定位好鼠标光标插入点，就可以输入文本内容了。例如，在新建的“放假通知”文档中输入2016劳动节的放假通知文本内容，具体操作步骤如下。

Step 01 新建一个名为“放假通知”的文档，切换到合适的汉字输入法，输入需要的内容，如图 2-6 所示。

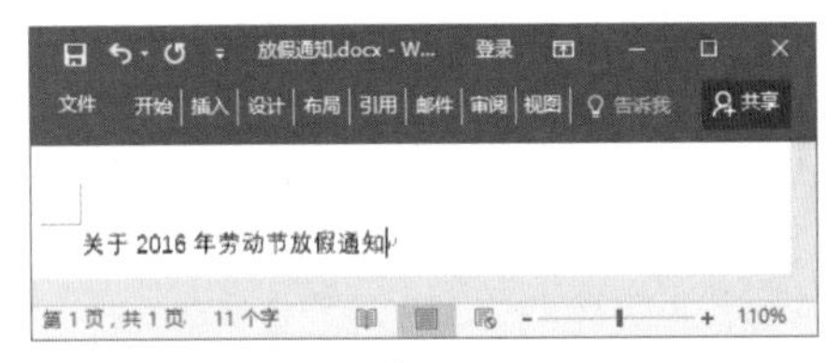

图 2-6

Step 02 ❶ 完成输入后按【Enter】键换行，输入第二行的内容，❷ 用同样的方法，继续输入其他文档内容，完成后的效果如图 2-7 所示。

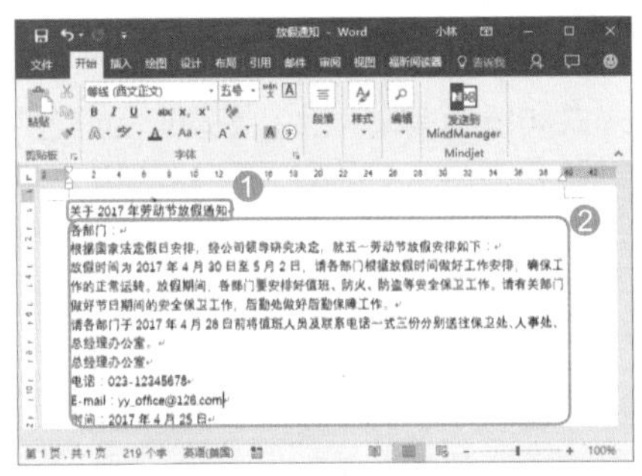

图 2-7

2.2.2 实战：在通知中插入符号

实例门类	软件功能
教学视频	光盘\视频\第 2 章\2.2.2.mp4

在输入文档内容的过程中，除了输入普通的文本之外，还可输入一些特殊文本，如“*”“&”“✋”“◑”等符号。有些符号能够通过键盘直接输入，如“*”“&”等，但有的符号不能直接输入，如“✋”“◑”等，这时可通过插入符号的方法进行输入。例如，在“放假通知 1”文档中插入“☙”，具体操作步骤如下。

Step 01 在“放假通知 1.docx”文档中，❶ 将鼠标光标插入点定位在需要插入符号的位置，❷ 切换到【插入】选项卡，❸ 在【符号】组中单击【符号】按钮，❹ 在弹出的下拉列表中选择【其他符号】命令，如图 2-8 所示。

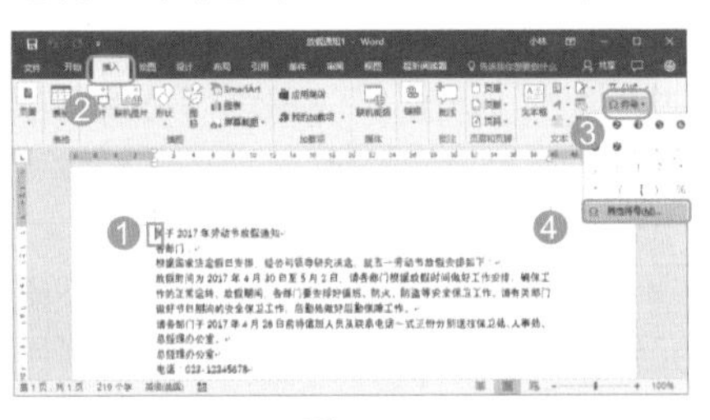

图 2-8

Step 02 打开【符号】对话框，❶ 在【字体】下拉列表框中选择字体集，如选择【Wingdings】选项，❷ 在下拉列表框中选择要插入的符号，如【☙】，❸ 单击【插入】按钮，❹ 此时对话框中原来的【取消】按钮变为【关闭】按钮，单击该按钮关闭对话框，如图 2-9 所示。

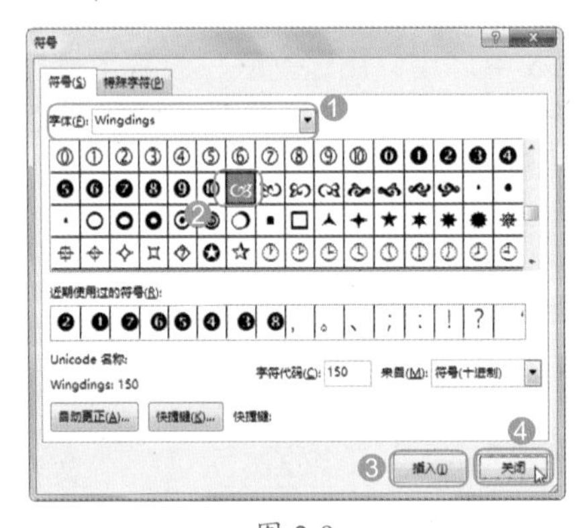

图 2-9

Step 03 返回文档，可看见鼠标光标所在位置插入了符号“☙”，如图 2-10 所示。

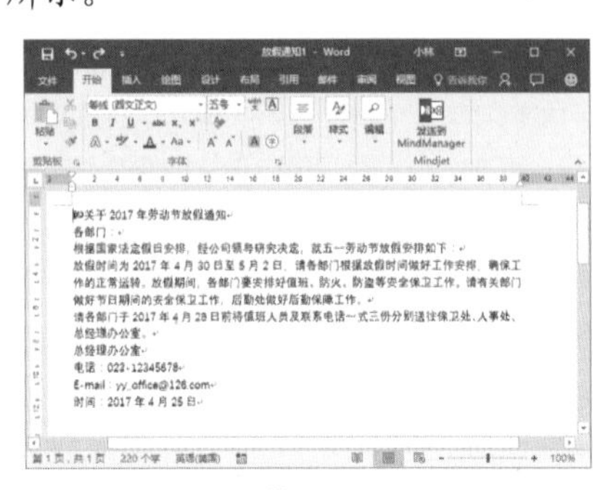

图 2-10

Step 04 用同样的方法，在“通知”文本之后插入符号【❧】，效果如图 2-11 所示。

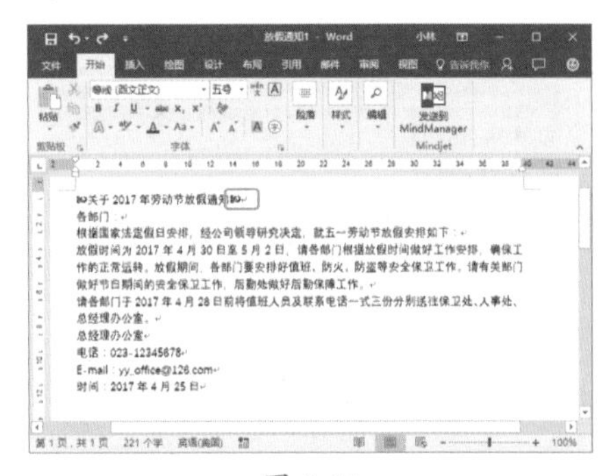

图 2-11

> **技术看板**
>
> 在【符号】对话框中，【符号】选项卡用于插入字体中所带有的特殊符号；【特殊字符】选项卡用于插入文档中常用的特殊符号，其中的符号与字体无关。

2.2.3 实战：在通知中插入当前日期

实例门类	软件功能
教学视频	光盘\视频\第 2 章\2.2.3.mp4

要在文档中插入当前日期，可直接借助于输入法来快速实现。例如，在“放假通知2”文档中输入当前日期，具体操作步骤如下。

Step01 打开“光盘\素材文件\第2章\放假通知2.docx”文件，将鼠标光标插入点定位在需要插入日期的位置，❶ 切换到QQ输入法中，按【s】键和【j】键，❷ 在出现的搜索栏中选择需要的日期时间，如图2-12所示。

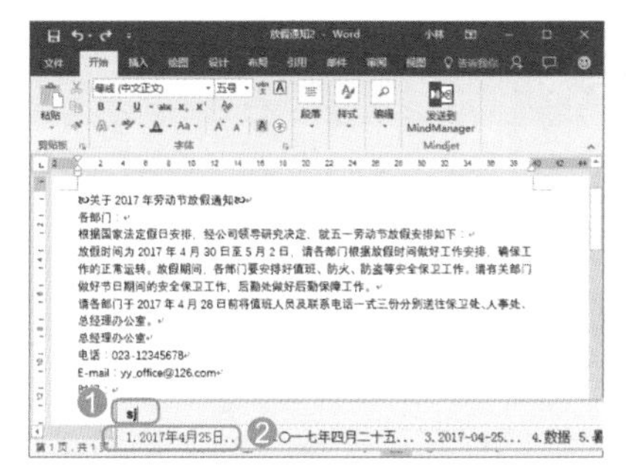

图 2-12

Step02 将文本插入点定位在输入的日期时间最后的位置，按【Backspace】键将其时间部分删除，如图2-13所示。

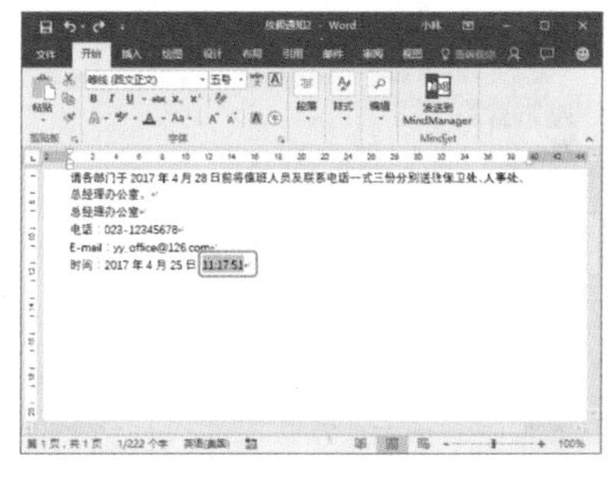

图 2-13

★ 重点 2.2.4 实战：从文件中导入文本

实例门类	软件功能
教学视频	光盘\视频\第2章\2.2.4.mp4

若要输入的内容已经存在于某个文档中，那么用户可以将该文档中的内容直接导入当前文档，从而提高文档的输入效率。将现有文件内容导入到当前文档的具体操作步骤如下。

Step01 打开“光盘\素材文件\第2章\名酒介绍.docx”文件，❶ 将鼠标光标插入点定位到需要输入内容的位置，❷ 切换到【插入】选项卡，❸ 在【文本】组单击【对象】按钮右侧的下拉按钮，❹ 在弹出的的下拉列表中选择【文件中的文字】选项，如图2-14所示。

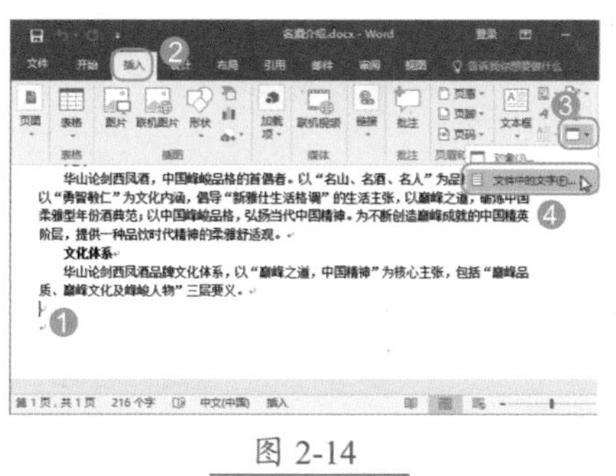

图 2-14

Step02 打开【插入文件】对话框，❶ 选择包含要导入内容的文件，本例中选择“名酒介绍——郎酒.docx”文档，❷ 单击【插入】按钮，如图2-15所示。

图 2-15

Step03 返回文档，即可将“名酒介绍——郎酒.docx”文档中的内容导入到“名酒介绍.docx”文档中，效果如图2-16所示。

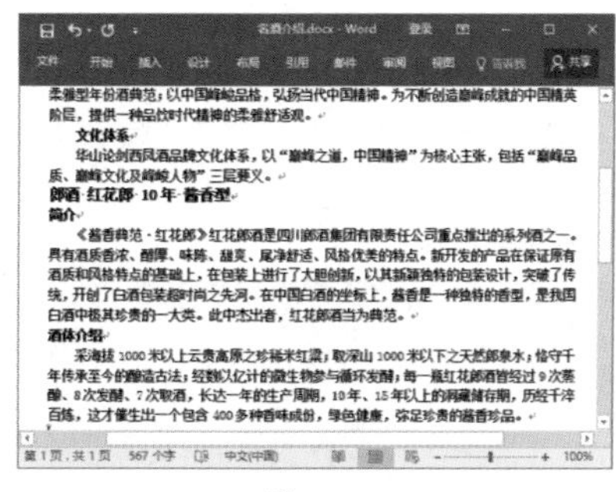

图 2-16

技术看板

除了Word文件外，用户还可以将文本文件、XML文件、RTF文件等不同类型文件中的文字导入Word文档中。

2.2.5 实战：选择性粘贴网页内容

实例门类	软件功能
教学视频	光盘\视频\第2章\2.2.5.mp4

在编辑文档的过程中，复制/粘贴是使用频率较高的操作。在执行粘贴操作时，可以使用Word提供的“选择性粘贴”功能实现更灵活的粘贴操作，如实现无格式粘贴（即只保留原文本内容），甚至还可以将文本或表格转换为图片格式等。

例如，在复制网页内容时，如果直接执行粘贴操作，不仅文本格式很多，而且还有图片，甚至会出现一些隐藏的内容。如果只需要复制网页上的文本内容，则可通过选择性粘贴来实现，具体操作步骤如下。

Step01 在网页上选择目标内容后按【Ctrl+C】组合键进行复制操作，如图2-17所示。

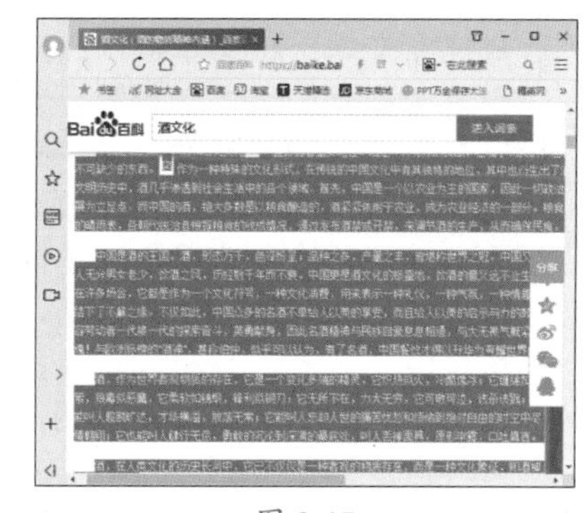

图 2-17

Step02 新建一名称为“复制网页内容”的空白文档，❶ 在【剪贴板】组中单击【粘贴】按钮下方的下拉按钮，❷ 在弹出的下拉列表中选择粘贴方式，本例中选择【只保留文本】选项，如图 2-18 所示。

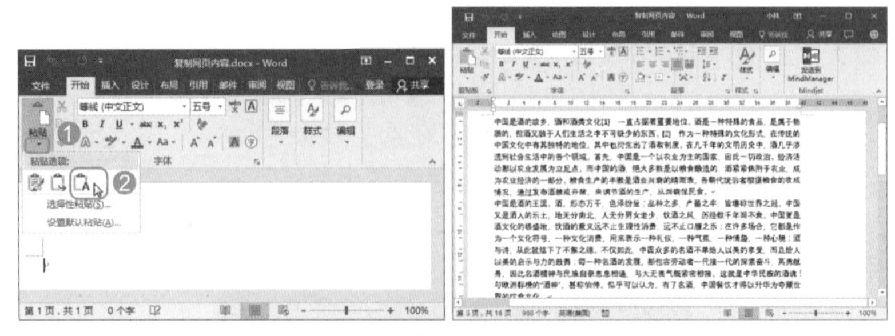

图 2-18

2.3 编辑文本

在文档中输入好文本后，可能会根据需要对文本进行一些编辑操作，主要包括通过复制文本快速输入相同内容、移动文本的位置、删除多余的文本等，接下来将详细介绍文本的编辑操作。

2.3.1 实战：选择文本

实例门类	软件功能
教学视频	光盘\视频\第 2 章\2.3.1.mp4

选择文本是文档操作中最基础的操作之一，是对文本进行其他操作和设置的一个先决条件。下面就介绍一些常用高效的选择文本方法。

1．通过鼠标选择文本

通过鼠标选择文本时，根据选择文本内容的多少，可将选择文本分为以下几种情况。

- 选择任意文本：将文本插入点定位到需要选择的文本起始处，然后按住鼠标左键不放并拖动，直至需要选择的文本结尾处释放鼠标即可选择文本（选择的文本内容将以灰色背景底纹突出显示），如图 2-19 所示。
- 选择词组：双击要选择的词组，即可将其选择，如图 2-20 所示。
- 选择一行：将鼠标指针指向某行左边的空白处，即“选定栏”，当指针呈形状时，单击即可选择该行的全部文本，如图 2-21 所示。

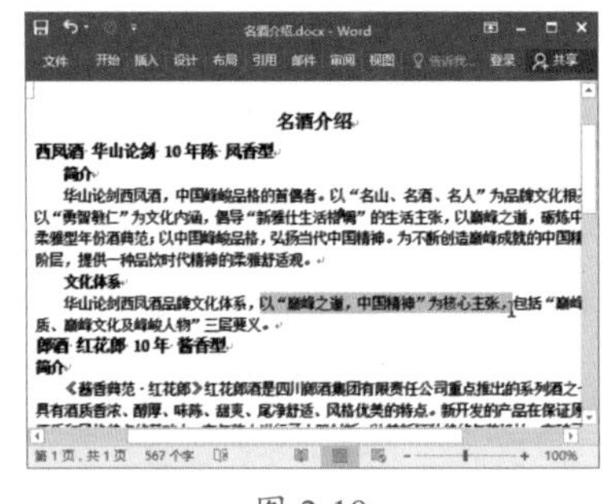

图 2-19

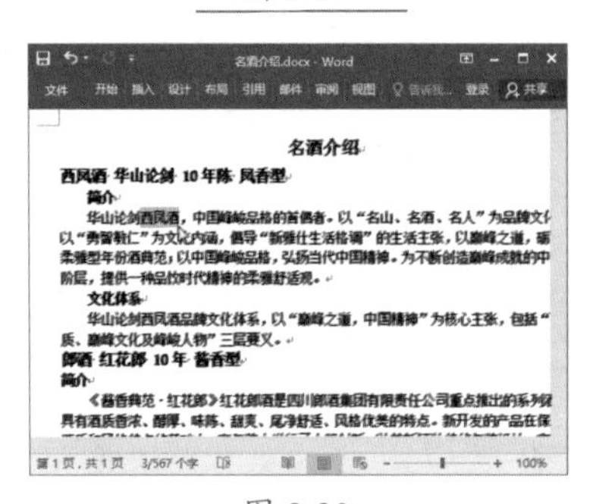

图 2-20

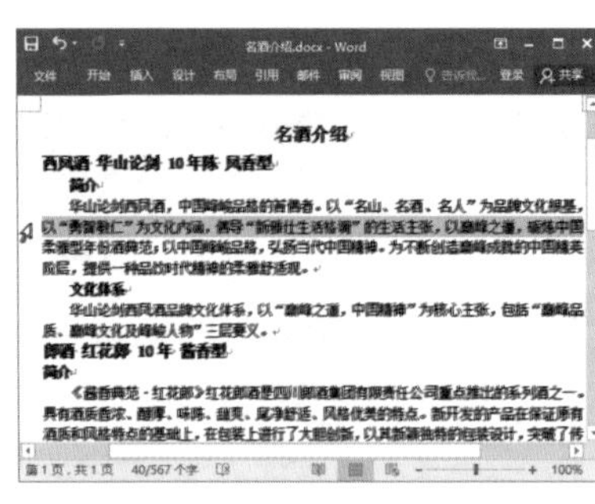

图 2-21

- 选择多行：将鼠标指针指向左边的空白处，当指针呈形状时，按住鼠标左键不放并向下或向上拖动，到文本目标处释放鼠标，即可实现多行选择，如图 2-22 所示。

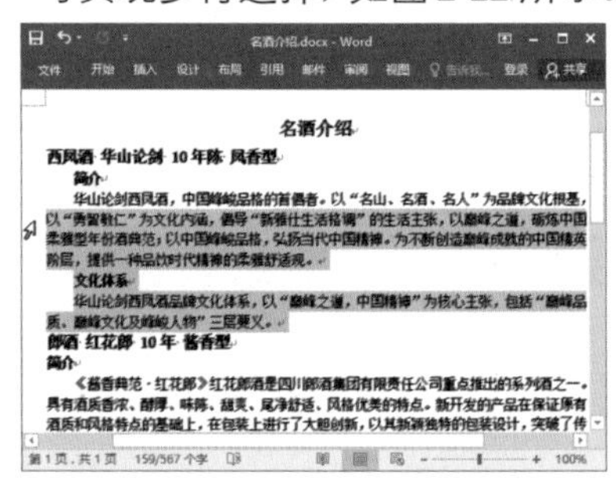

图 2-22

- 选择段落：将鼠标指针指向某段落左边的空白处，当指针呈形状时，双击鼠标左键即可选中当前段落，如图 2-23 所示。

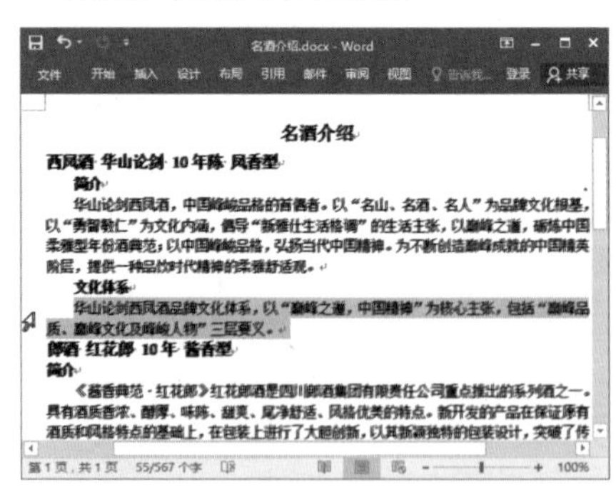

图 2-23

技能拓展——选择段落的其他方法

选择段落时，将鼠标光标插入点定位到某段落的任意位置并连续单击 3 次也可选择该段落。

➥ 选择整篇文档：将鼠标指针指向编辑区左边的空白处，当指针呈 形状时，连续单击 3 次可选中整篇文档。

技能拓展——通过功能区选择整篇文档

在【开始】选项卡的【编辑】组中单击【选择】按钮，在弹出的下拉列表中选择【全选】选项，也可选中整篇文档。

2. 通过键盘选择文本

键盘是计算机的重要输入设备，用户可以通过相应的按键快速选择目标文本。

➥【Shift+ →】：选择文本插入点所在位置右侧的一个或多个字符。
➥【Shift+ ←】：选择文本插入点所在位置左侧的一个或多个字符。
➥【Shift+ ↑】：选择文本插入点所在位置至上一行对应位置处的文本。
➥【Shift+ ↓】：选择文本插入点所在位置至下一行对应位置处的文本。
➥【Shift+Home】：选择文本插入点所在位置至行首的文本。
➥【Shift+End】：选择文本插入点所在位置至行尾的文本。
➥【Ctrl+A】：选择整篇文档。
➥【Ctrl+ Shift+ →】：选择文本插入点所在位置右侧的单字或词组。
➥【Ctrl+ Shift+ ←】：选择文本插入点所在位置左侧的单字或词组。
➥【Ctrl+ Shift+ ↑】：与【Shift+Home】组合键的作用相同。
➥【Ctrl+ Shift+ ↓】：与【Shift+End】组合键的作用相同。
➥【Ctrl+Shift+Home】：选择文本插入点所在位置至文档开头的文本。
➥【Ctrl+ Shift+ End】：选择文本插入点所在位置至文档结尾的文本。
➥【F8】键：第 1 次按下【F8】键，将打开文本选择模式；第 2 次按下【F8】键，可以选择文本所在位置右侧的短语；第 3 次按下【F8】键，可以选择鼠标光标插入点所在位置的整句话；第 4 次按下【F8】键，可以选择鼠标光标插入点所在位置的整个段落；第 5 次按下【F8】键，可以选中整篇文档。

技能拓展——退出文本选择模式

在 Word 中按下【F8】键后，便会打开文本选择模式，若要退出该模式，按下【Esc】键即可。

3. 鼠标与键盘的结合使用

将鼠标与键盘结合使用，可以进行特殊文本的选择，如选择分散文本、垂直文本等。

➥ 选择一句话：按【Ctrl】键的同时，单击需要选择的句中任意位置，即可选择该句，如图 2-24 所示。

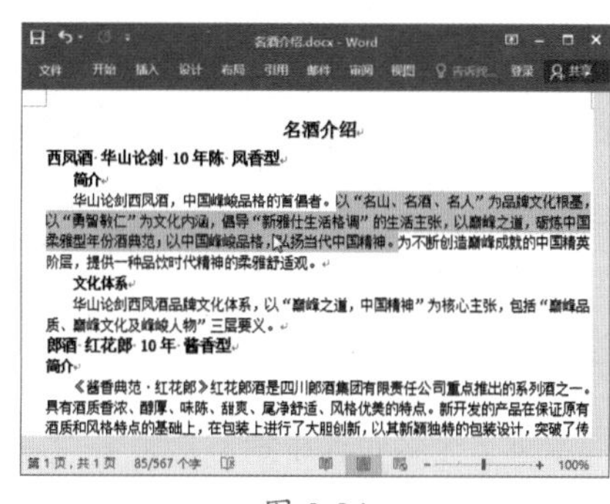

图 2-24

➥ 选择连续区域的文本：将鼠标光标插入点定位到需要选择的文本起始处，按住【Shift】键不放，单击要选择文本的结束位置，可实现连续区域文本的选择，如图 2-25 所示。

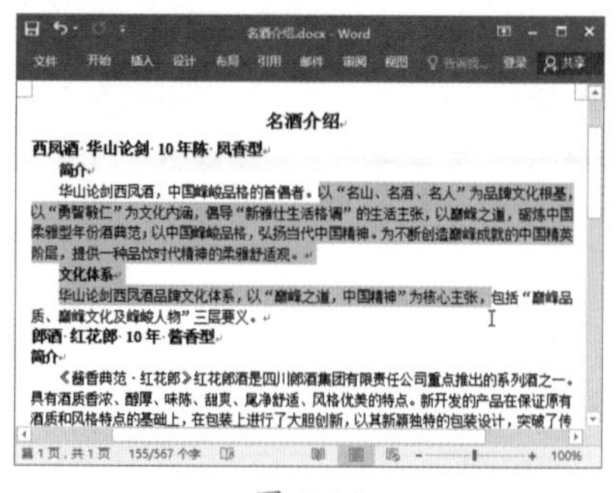

图 2-25

➥ 选择分散文本：先拖动鼠标选择第一个文本区域，再按住【Ctrl】键不放，然后拖动鼠标选择其他不相邻的文本，选择完成后释放【Ctrl】键，即可完成分散文本的选择操作，如图 2-26 所示。

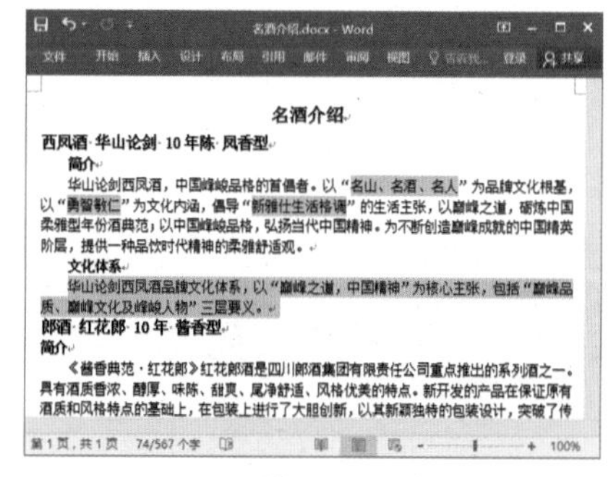

图 2-26

➥ 选择垂直文本：按住【Alt】键不放，然后按住鼠标左键拖动出一块矩形区域，选择完成后释放【Alt】键和鼠标，即可完成垂直文本的选择，如图 2-27 所示。

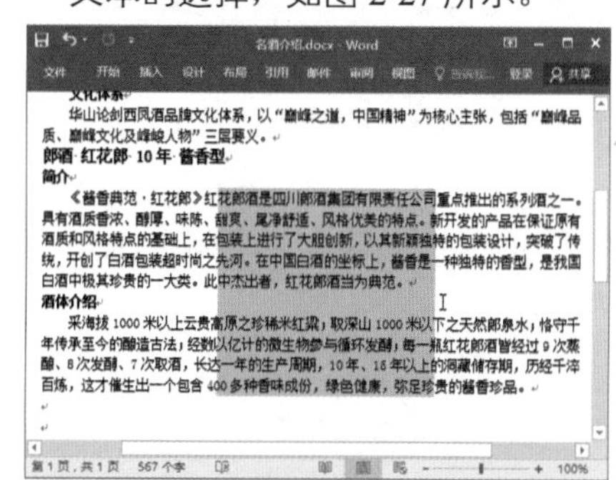

图 2-27

技术看板

鼠标与【Shift】键结合时，选择连续的多行、多段等；鼠标与【Ctrl】键结合时，可以选择不连续的多行、多段等。例如，要选择不连续的多个段落，先选择一段文本，然后按住【Ctrl】键不放，再依次选择其他需要选择的段落。

2.3.2 实战：删除文本

实例门类	软件功能
教学视频	光盘\视频\第2章\2.3.2.mp4

当输入错误或多余的内容时，可将其删除掉，具体操作步骤如下。

Step 01 在目标文档中，选择需要删除的文本内容，如图 2-28 所示。

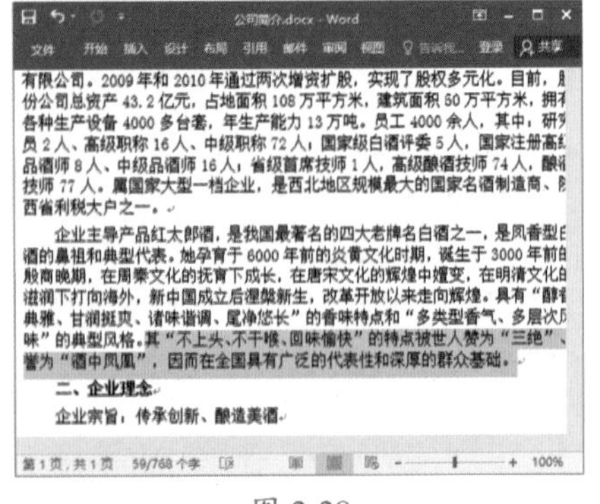

图 2-28

Step 02 按下【Delete】或【Backspace】键，即可将所选文本删除，效果如图 2-29 所示。

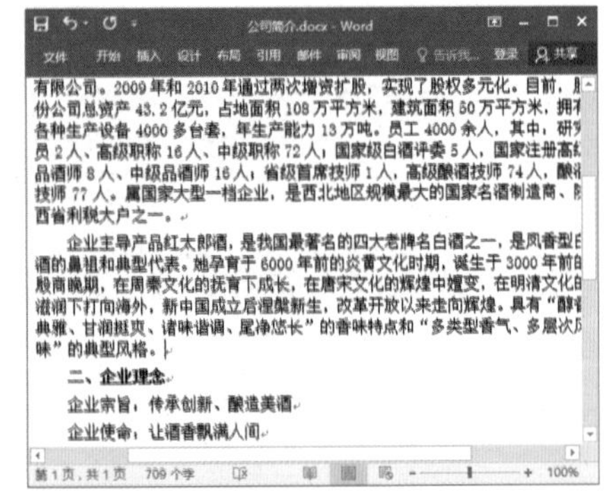

图 2-29

除了上述方法外，还可以通过以下几种方法删除文本内容。

- 按【Backspace】键，可以删除鼠标光标插入点前一个字符。
- 按【Delete】键，可以删除鼠标光标插入点后一个字符。
- 按【Ctrl+Backspace】组合键，可以删除鼠标光标插入点前一个单词或短语。
- 按【Ctrl+Delete】组合键，可以删除鼠标光标插入点后一个单词或短语。

2.3.3 实战：复制和移动公司简介文本

实例门类	软件功能
教学视频	光盘\视频\第2章\2.3.3.mp4

对于文档中已有的文本，要再次输入，用户可直接复制。对于位置要变化的文本，用户可直接移动，而不用先删除，再在目标位置输入。下面分别介绍复制和移动文本的方法。

1. 复制公司简介文本

当要输入的内容与已有内容相同或相似时，可通过复制 / 粘贴操作加快文本的编辑速度，从而提高工作效率。

对于初学者来说，通过功能区对文本进行复制操作是首要选择。通过功能区进行文本复制的具体操作步骤如下。

Step 01 打开"光盘\素材文件\第2章\公司简介.docx"文件，❶ 选择需要复制的文本，❷ 在【剪贴板】组中单击【复制】按钮，如图 2-30 所示。

Step 02 ❶ 将文本插入点定位到需要粘贴文本的目标位置，❷ 单击【剪贴板】组中的【粘贴】按钮粘贴文本，如图 2-31 所示。

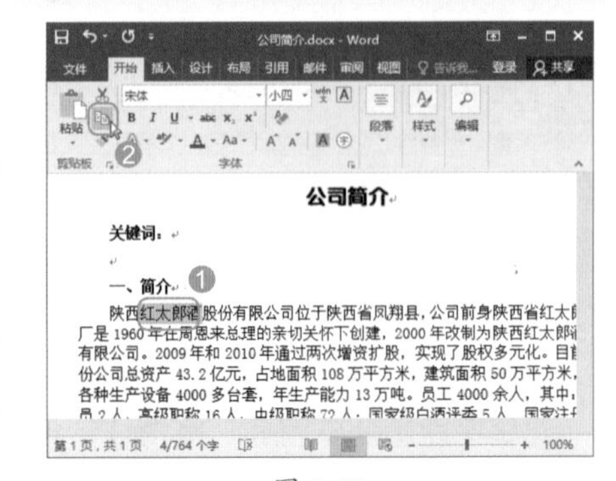

图 2-30

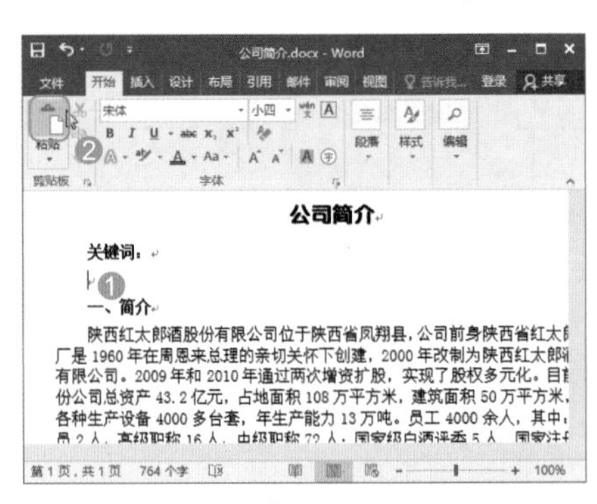

图 2-31

技术看板

如果要将复制的文本对象粘贴到其他文档中，则应先打开文档，再执行粘贴操作。

Step 03 通过上述操作后，所选内容复制到了目标位置，效果如图 2-32 所示。

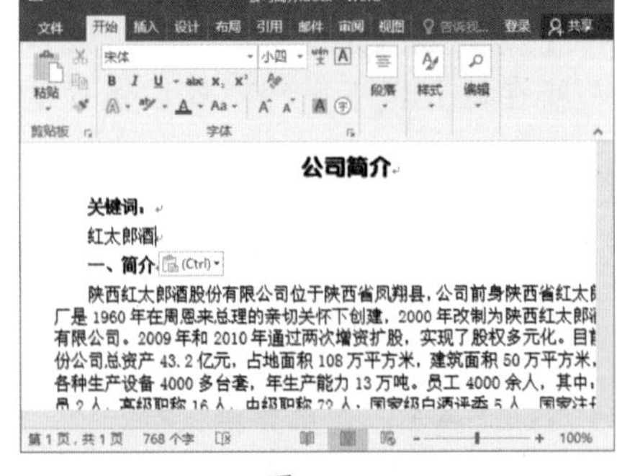

图 2-32

技能拓展——通过快捷键执行复制/粘贴操作

选择文本后，按下【Ctrl+C】组合键，可快速对所选文本进行复制操作；将鼠标光标插入点定位在要输入相同内容的位置后，按下【Ctrl+V】组合键，可快速实现粘贴操作。

2. 移动公司简介文本

在编辑文档的过程中，如果需要将某个词语或段落移动到其他位置，可通过剪切/粘贴操作来完成。通过剪切/粘贴操作移动文本位置的具体操作步骤如下。

Step01 打开“光盘\素材文件\第 2 章\公司简介 1.docx”文件，❶ 选择需要移动的文本内容，❷ 在【开始】选项卡的【剪贴板】组中单击【剪切】按钮，如图 2-33 所示。

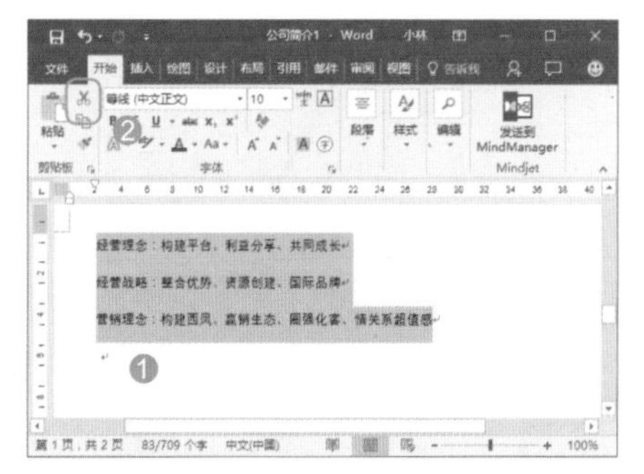

图 2-33

技能拓展——通过快捷键执行剪切操作

选择文本后按下【Ctrl+X】组合键，可快速执行剪切操作。

Step02 ❶ 将文本插入点定位到要移动的目标位置，❷ 单击【剪贴板】组中的【粘贴】按钮，如图 2-34 所示。

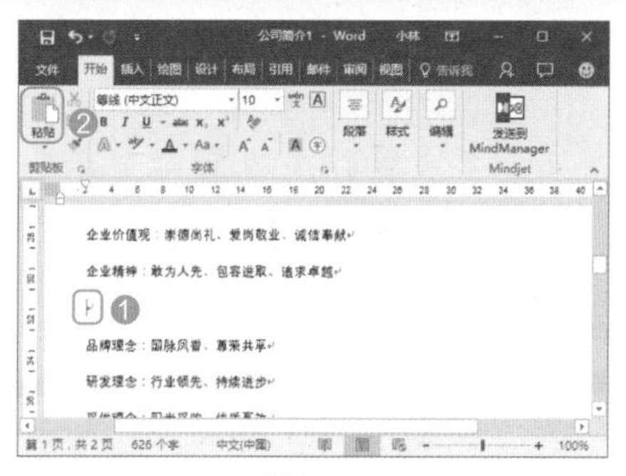

图 2-34

技能拓展——通过拖动鼠标复制或移动文本

对文本进行复制或移动操作时，当目标位置与文本所在的原位置在同一屏幕显示范围内时，通过拖动鼠标的方式可快速实现文本的复制、移动操作。

选择文本后按住鼠标左键不放并拖动，当拖动至目标位置后释放鼠标，可实现文本的移动操作。在拖动过程中，若同时按住【Ctrl】键，可实现文本的复制操作。

Step03 执行以上操作后，目标文本就被移动到了新的位置，效果如图 2-35 所示。

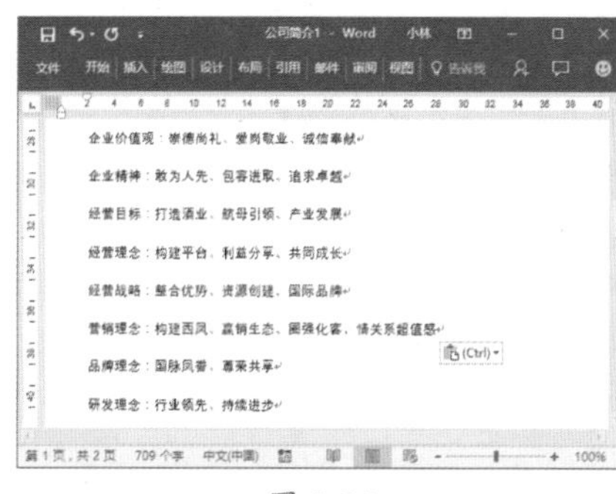

图 2-35

2.3.4 撤销、恢复与重复操作

实例门类	软件功能
教学视频	光盘\视频\第 2 章\2.3.4.mp4

在编辑文档的过程中，Word 会自动记录执行过的操作，当执行了错误操作时，可通过“撤销”功能来撤销当前操作，从而恢复到误操作之前的状态。当错误地撤销了某些操作时，可以通过“恢复”功能取消之前撤销的操作，使文档恢复到撤销操作前的状态。此外，用户还可以利用“重复”功能来重复执行上一步操作，从而节省时间和精力，达到提高编辑文档效率。

1. 撤销操作

在编辑文档的过程中，当出现一些误操作时，可利用 Word 提供的“撤销”功能来执行撤销操作，其方法有以下几种。

- 单击快速访问工具栏上的【撤销】按钮，可以撤销上一步操作，继续单击该按钮，可撤销多步操作，直到没有可撤销的操作为止。
- 按下【Ctrl+Z】组合键，可以撤销上一步操作，继续按下该组合键可撤销多步操作。
- 单击【撤销】按钮右侧的下拉按钮，在弹出的下拉列表中可以选择撤销到某一指定的操作，如图 2-36 所示。

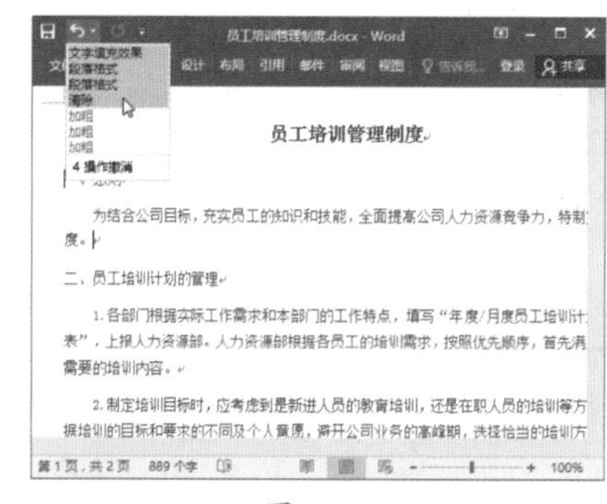

图 2-36

2. 恢复操作

当撤销某一操作后，可以通过以下几种方法取消之前的撤销操作。

- 单击快速访问工具栏中的【恢复】按钮，可以恢复被撤销的上一步操作，继续单击该按钮，可恢复被撤销的多步操作。

➥ 按【Ctrl+Y】组合键，可以恢复被撤销的上一步操作，继续按下该组合键可恢复被撤销的多步操作。

技术看板

恢复操作与撤销操作是相辅相成的，只有在执行了撤销操作的时候，才能激活【恢复】按钮，进而执行恢复被撤销的操作。

3. 重复操作

在没有进行任何撤销操作的情况下，【恢复】按钮会显示为【重复】按钮，单击【重复】按钮或按下【F4】键，可重复上一步操作。

例如，在文档中选择某一文本对象，按【Ctrl+B】组合键，将其设置为加粗效果后，此时选择其他文本对象，直接单击【重复】按钮，即可将选择的文本直接设置为加粗效果。

2.4 查找和替换文档内容

Word 的查找和替换功能非常强大，是用户在编辑文档过程中频繁使用的一项功能。使用查找功能，可以在文档中快速定位到指定的内容中，使用替换功能可以将文档中的指定内容修改为新内容。结合使用查找和替换功能，可以提高文本的编辑效率。

2.4.1 实战：查找和替换文本

实例门类	软件功能
教学视频	光盘\视频\第 2 章\2.4.1.mp4

查找替换功能主要用于修改文档中的指定文本内容。特别是要对文档中多处指定内容进行查找和替换。例如，将在“公司概况”文档中的【红太郎酒】文本统一替换为【语凤酒】文本，具体操作步骤如下。

Step 01 打开“光盘\素材文件\第 2 章\公司简介.docx”文件，❶ 将文本插入点定位在文档的起始处，❷ 在【导航】窗格中单击搜索框右侧的下拉按钮▾，❸ 在弹出的下拉列表中选择【替换】选项，如图 2-37 所示。

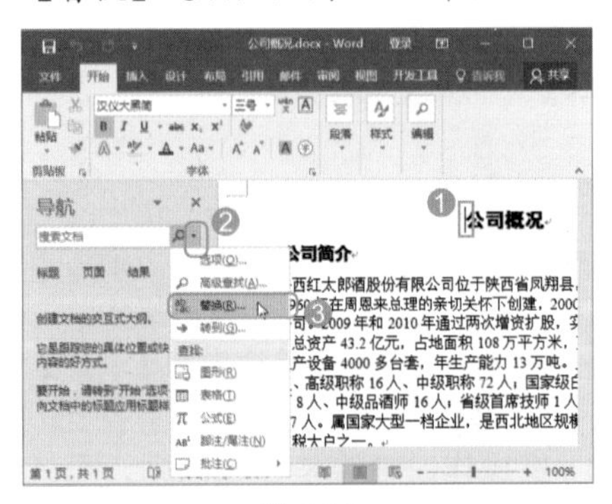

图 2-37

技能拓展——查找指定文本

若只需查找到指定文本，可直接在【导航】窗格的搜索框中输入目标内容。

Step 02 打开【查找和替换】对话框，❶ 在【查找内容】文本框中输入要查找的内容，本例中输入【红太郎酒】，❷ 在【替换为】文本框中输入要替换的内容，本例中输入【语凤酒】，❸ 单击【全部替换】按钮，如图 2-38 所示。

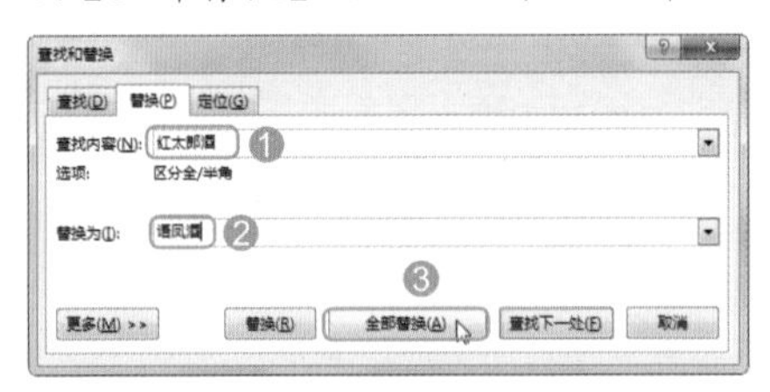

图 2-38

技能拓展——快速定位到【替换】选项卡

在要进行替换内容的文档中，按下【Ctrl+H】组合键，可快速打开【查找和替换】对话框，并自动定位在【替换】选项卡。

Step 03 Word 将对文档中所有【红太郎酒】一词进行替换操作，完成替换后，在弹出的提示框中单击【确定】按钮，如图 2-39 所示。

图 2-39

Step 04 返回【查找和替换】对话框，单击【关闭】按钮关闭该对话框，如图 2-40 所示。

图 2-40

Step 05 返回文档，即可查看替换后的效果，如图 2-41 所示。

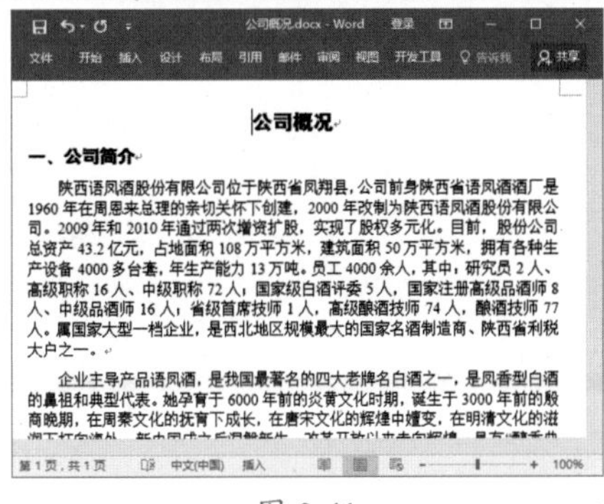

图 2-41

★ 重点 2.4.2 实战：查找和替换格式

实例门类	软件功能
教学视频	光盘\视频\第 2 章\2.4.2.mp4

使用查找和替换功能，不仅可以对文本内容进行查找替换，还可以查找替换字符格式和段落格式。例如，在“名酒介绍 1”文档中统一替换“华山论剑”的字体，具体操作步骤如下。

Step01 打开“光盘\素材文件\第 2 章\名酒介绍 1.docx”文件，❶ 将文本插入点定位在文档的起始处，❷ 在【导航】窗格中单击搜索框右侧的下拉按钮▾，❸ 在弹出的下拉列表中选择【替换】选项（或是直接按【Ctrl+H】组合键），如图 2-42 所示。

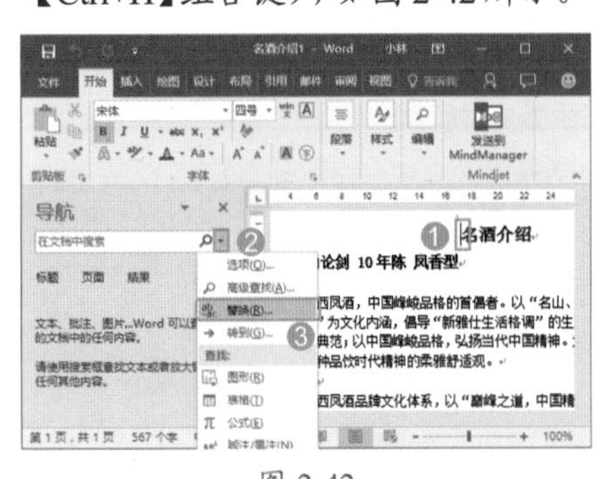

图 2-42

Step02 打开【查找和替换】对话框，自动定位在【替换】选项卡，通过单击【更多】按钮展开对话框。❶ 在【查找内容】文本框中输入查找内容【华山论剑】，❷ 将光标插入点定位在【替换为】文本框，❸ 单击【格式】按钮，❹ 在弹出的菜单中选择【字体】命令，如图 2-43 所示。

图 2-43

技能拓展——统一替换相同格式

若要将文档中指定格式统一替换，只需让【查找内容】文本框为空，不输入任何文本或对象。

Step03 ❶ 在打开的【替换字体】对话框中设置需要的字体格式，❷ 完成设置后单击【确定】按钮，如图 2-44 所示。

图 2-44

Step04 返回【查找和替换】对话框，【替换为】文本框下方显示了要为指定内容设置的格式参数，确认无误后单击【全部替换】按钮，如图 2-45 所示。

图 2-45

Step05 Word 将按照设置的查找和替换条件进行查找替换，完成替换后，在弹出的提示框中单击【确定】按钮，如图 2-46 所示。

图 2-46

Step06 返回【查找和替换】对话框，单击【关闭】按钮关闭该对话框，如图 2-47 所示。

图 2-47

Step07 返回文档，即可查看替换后的效果，如图 2-48 所示。

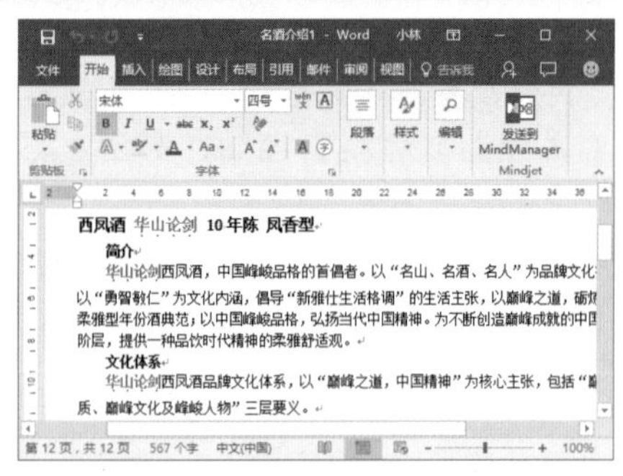

图 2-48

技术看板

在本操作中，虽然没有在【替换为】文本框中输入任何内容，但是在【替换为】文本框中设置了格式，所以不影响格式的替换操作。如果没有在【替换为】文本框中输入内容，也没有设置格式，那么执行替换操作后，将会删除文档中与查找内容相匹配的内容。

2.4.3 实战：将文本替换为图片

实例门类	软件功能
教学视频	光盘\视频\第 2 章\2.4.3.mp4

查找和替换不仅可以用于文本或格式，同时也可将其用在文本和图片的替换上，当然是将指定文本替换为图片，具体操作步骤如下。

Step01 打开“光盘\素材文件\第 2 章\步骤图片.docx”文件，选择需要使用的图片，按【Ctrl+C】组合键进行复制，如图 2-49 所示。

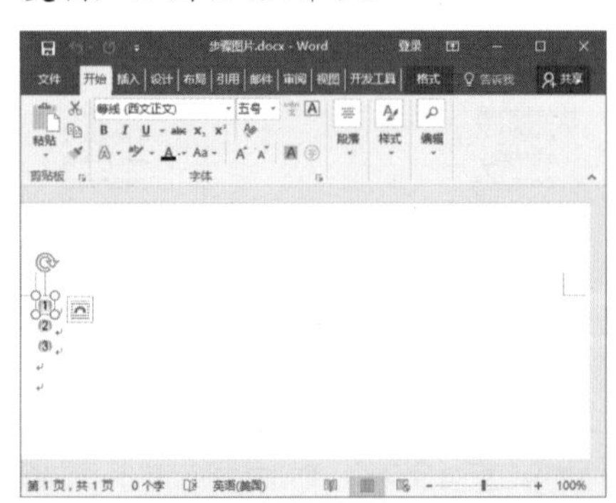

图 2-49

Step02 打开“光盘\素材文件\第 2 章\文本替换为图片.docx”文件，❶ 将光标插入点定位在文档的起始处，❷ 在【导航】窗格中单击搜索框右侧的下拉按钮▾，❸ 在弹出的下拉列表中选择【替换】选项，如图 2-50 所示。

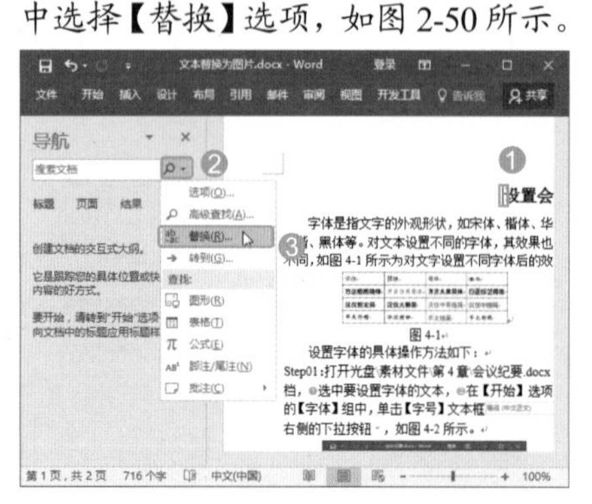

图 2-50

Step03 打开【查找和替换】对话框，单击【更多】按钮展开对话框。❶ 在【查找内容】文本框中输入查找内容，本例中输入【Step01】，❷ 将光标插入点定位在【替换为】文本框，❸ 单击【特殊格式】按钮，如图 2-51 所示。

图 2-51

Step04 在弹出的菜单中选择【“剪贴板”内容】选项，如图 2-52 所示。

Step05 将查找条件和替换条件设置完成后，单击【全部替换】按钮，如图 2-53 所示。

Step06 Word 将按照设置的查找和替换条件进行查找替换，完成替换后，在弹出的提示框中单击【确定】按钮，如图 2-54 所示。

图 2-52

图 2-53

图 2-54

Step07 返回【查找和替换】对话框，单击【关闭】按钮关闭该对话框，如图 2-55 所示。

图 2-55

Step 08 返回文档，可发现所有的文本【Step01】替换成了之前复制的图片，如图 2-56 所示。

Step 09 参照上述操作方法，将“文本替换为图片.docx”文档中的文本“Step02”“Step03”分别替换为“步骤图片.docx”文档中的图片②、③，最终效果如图 2-57 所示。

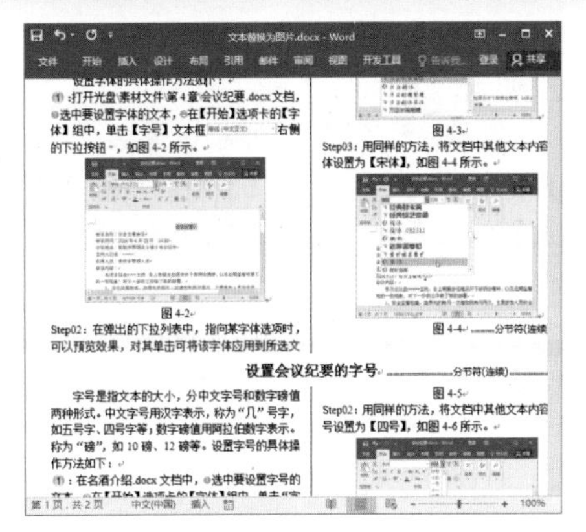

图 2-56

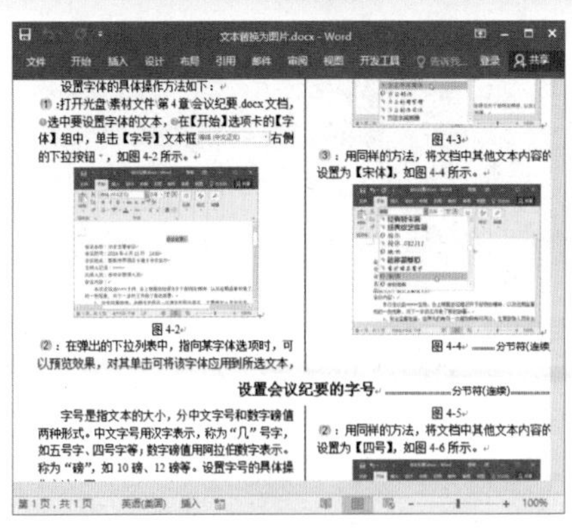

图 2-57

妙招技法

通过前面知识的学习，相信读者已经掌握了如何输入与编辑文档内容。下面结合本章内容，给大家介绍一些实用技巧。

技巧 01：防止输入英文时句首字母自动变大写

教学视频	光盘\视频\第 2 章\技巧 01.mp4

默认情况下，在文档中输入英文后按【Enter】键进行换行时，英文第一个单词的首字母会自动变为大写，如果希望在文档中输入的英文总是小写形式的，则需要通过设置防止句首字母自动变大写，具体操作步骤如下。

Step 01 打开【Word 选项】对话框，❶ 切换到【校对】选项卡，❷ 在【自动更正选项】栏中单击【自动更正选项】按钮，如图 2-58 所示。

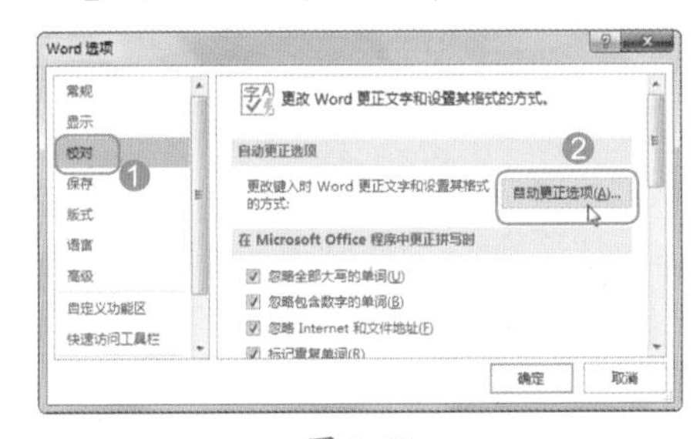

图 2-58

Step 02 打开【自动更正】对话框，❶ 切换到【自动更正】选项卡，❷ 取消选中【句首字母大写】复选框，❸ 单击【确定】按钮，返回【Word 选项】对话框中，直接单击【确定】按钮，如图 2-59 所示

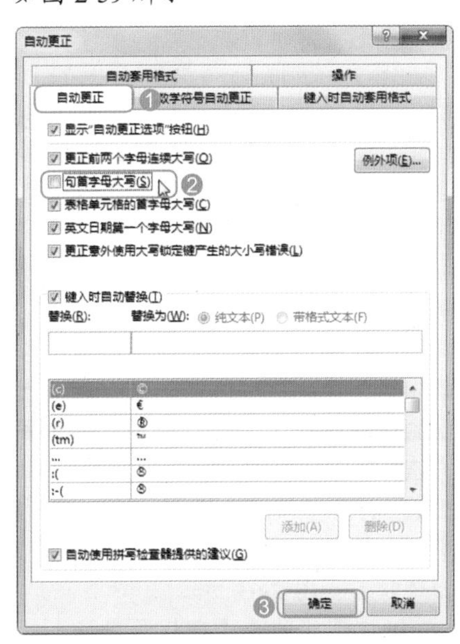

图 2-59

技巧 02：通过即点即输在任意位置输入文本

教学视频	光盘\视频\第 2 章\技巧 02.mp4

用户在编辑文档时，有时需要在某个空白区域输入内容，最常见的做法是通过按【Enter】键或【Space】键的方法将光标插入点定位到指定位置，再输入内容。这种操作方法是有一定局限性的，特别是当排版出现变化时，需要反复修改文档，非常烦琐且不方便。

为了能够准确又快捷地定位光标插入点，实现在文档空白区域的指定位置输入内容，可以使用 Word 提供的“即点即输”功能，具体操作步骤如下。

Step 01 打开“光盘\素材文件\第 2 章\即点即输.docx”文档，在要输入文本的任意空白位置双击，如图 2-60 所示。

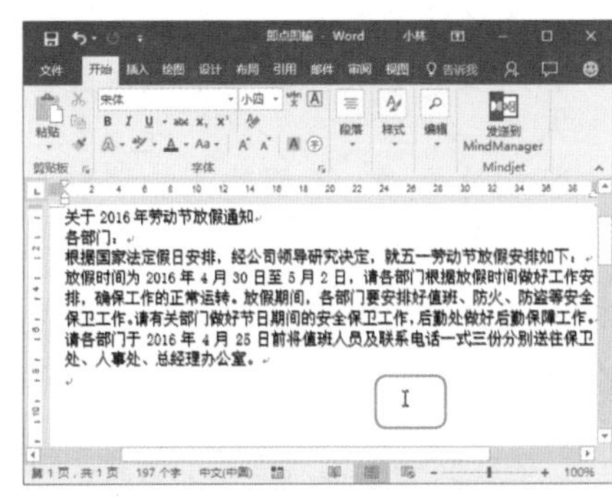

图 2-60

技术看板

在多栏方式、大纲视图及项目符号和编号的后面，无法使用“即点即输”功能。

Step02 光标插入点将定位在双击的位置，直接输入文本内容即可，如图 2-61 所示。

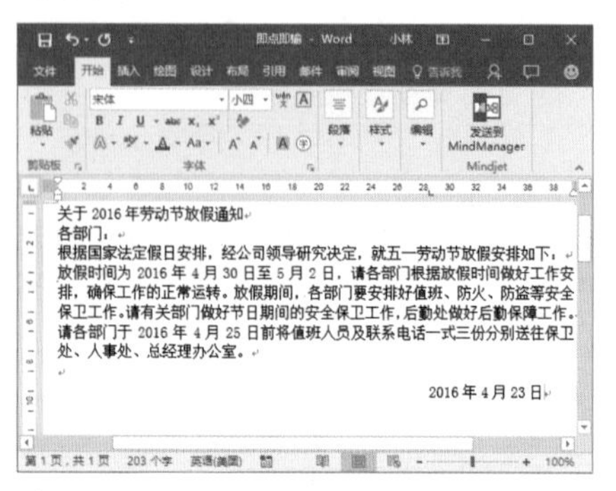

图 2-61

技巧 03：快速输入常用货币和商标符号

在输入文本内容时，很多符号都可通过【符号】对话框输入，为了提高输入速度，有些货币和商标符号是可以通过快捷键输入的。

- 人民币符号￥：在中文输入法状态下，按下【Shift + 4】组合键输入。
- 美元符号 $：在英文输入状态下，按下【Shift + 4】组合键输入。
- 欧元符号€：不受输入法限制，按下【Ctrl+Alt+E】组合键输入。
- 商标符号™：不受输入法限制，按下【Ctrl+Alt+T】组合键输入。
- 注册商标符号 ®：不受输入法限制，按下【Ctrl+Alt+R】组合键输入。
- 版权符号 ©：不受输入法限制，按下【Ctrl+Alt+C】组合键输入。

技巧 04：如何快速地输入常用公式

要在文档中输入常用的公式，可直接通过选择下拉列表选项的方式快速调用，其操作步骤如下。

❶ 将文本插入点定位在目标位置；❷ 单击【插入】选项卡中的【公式】下拉按钮，❸ 在下拉列表框中选择相应公式选项，如这里选择【勾股定理】选项，如图 2-62 所示。

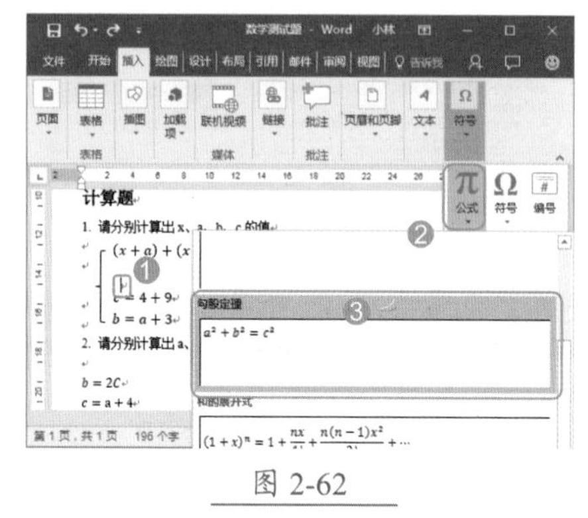

图 2-62

技巧 05：批量删除重复段落

教学视频	光盘\视频\第 2 章\技巧 05.mp4

由于复制 / 粘贴操作或其他原因，可能会导致文档中存在很多重复段落。如果手动分辨并删除重复段落，将会是一件非常复杂的工作，尤其是大型文档更加烦琐。这时，用户可以使用替换功能，将复杂的工作简单化。

按照操作习惯，只保留下重复段落中第一次出现的段落，对于后面出现的重复段落全部删除掉，具体步骤方法如下。

Step01 打开“光盘\素材文件\第 12 章\批量删除重复内容 .docx”文件，初始效果如图 2-63 所示。

Step02 打开并展开【查找和替换】对话框，❶ 在【搜索选项】栏中选中【使用通配符】复选框，❷ 在【查找内容】文本框中输入查找代码【(<[!^13]*^13)(*)\1】，❸ 在【替换为】文本框中输入替换代码【\1\2】，❹ 反复单击【全部替换】按钮，直到没有可替换的内容为止，如图 2-64 所示。

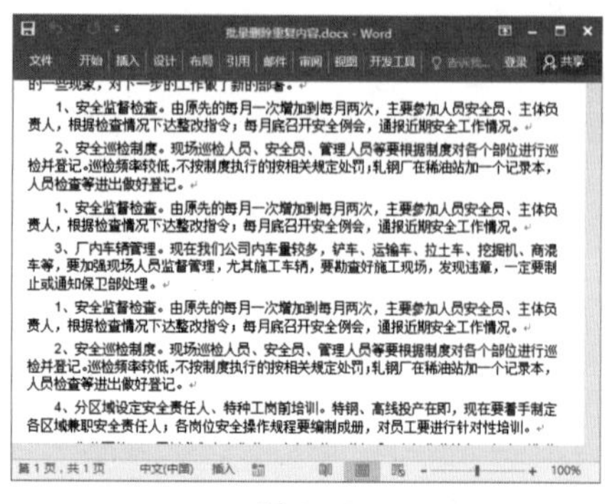

图 2-63

图 2-64

Step03 返回文档，可看到所有重复段落都删除掉了，且只保留了第一次出现的段落，如图 2-65 所示。

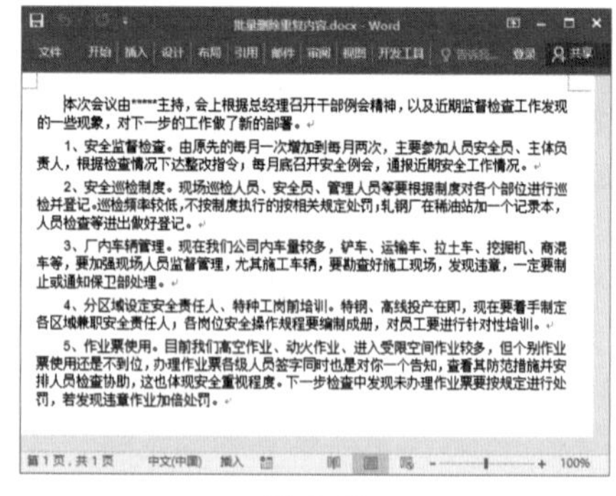

图 2-65

技术看板

代码解析：查找代码由 3 个部分组成，第一部分 (<[!^13]*^13) 是一个表达式，用于查找非段落标记开头的第一个段落。第二部分 (*) 也是一个表达式，用于查找第一个查找段落之后的任意内容，\1 表示重复第一个表达式，即查找由 (<[!^13]*^13) 代码找到的第一个段落。替换代码 \1\2，表示将找到的内容替换为【查找内容】文本框的前两部分，即删除【查找内容】文本框中由 \1 查找到的重复内容。

本章小结

本章主要讲解了如何在 Word 文档中输入与编辑内容，主要包括输入文本、选择文本、移动文本、复制文本、删除文本，以及查找和替换等知识。通过本章内容的学习，希望读者能够融会贯通，并高效地输入和编辑各种文档内容。

第3章 Word 文档的格式设置

- 文本之间的间距怎样进行拓宽或收窄？
- 内容太紧凑，怎么将段与段之间的距离调大一些？
- 手动编号太累，有更好的办法吗？
- 还在为奇、偶页的不同页眉页脚的问题困扰吗？
- 文档中的水印还不知道怎样添加设置吗？

要制作出一篇美观的文档，学会格式设置非常重要，本章就将带领读者了解 word 文档中的字体、段落及页面设置等格式的制作技巧，认真学习本章的内容，读者会得到以上问题的答案。

3.1 设置字符格式

要想自己的文档从众多的文档中脱颖而出，就必须对其精雕细琢，通过对文本设置各种格式，如设置字体、字号、字体颜色、下画线及字符间距等，从而让文档变得更加生动。

★ 重点 3.1.1 设置会议纪要文本的字体格式

实例门类	软件功能
教学视频	光盘\视频\第 3 章\3.1.1.mp4

对文档的字体格式设置是最基本的文档美化和规范操作，其中包括字体、字号、字体颜色。下面分别进行讲解。

1. 设置会议纪要的字体

字体是指文字的外观形状，如宋体、楷体、华文行楷、黑体等。对文本设置不同的字体，其效果也就不同。图 3-1 所示为对文字设置不同字体后的效果。

宋体	黑体	楷体	隶书
方正粗圆简体	方正仿宋简体	方正大黑简体	方正综艺简体
汉仪粗宋简	汉仪大黑简	汉仪中等线简	汉仪中圆简
华文行楷	华文隶书	华文细黑	华文新魏

图 3-1

设置字体的具体操作步骤如下。

Step01 打开"光盘\素材文件\第 3 章\会议纪要 .docx"文件，❶ 选择要设置字体的文本，❷ 在【开始】选项卡的【字体】组中单击【字体】文本框 等线 (中文正文) 右侧的下拉按钮，如图 3-2 所示。

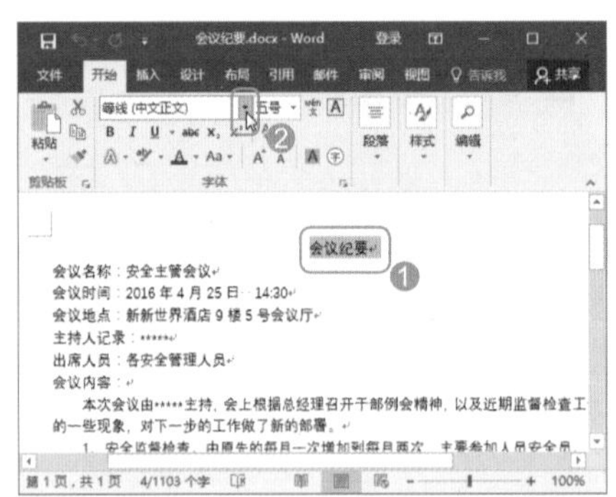

图 3-2

技能拓展——关闭实时预览

Word 提供了实时预览功能，通过该功能，对文字、段落或图片等对象设置格式时，只要在功能区中指向需要设置的格式，文档中的对象就会显示为所指格式，从而非常直观地预览到设置后的效果。如果不需要启用实时预览功能，可以将其关闭，方法为：打开【Word 选项】对话框，在【常规】选项的【用户界面选项】栏中，取消选中【启用实施预览】复选框即可。

Step02 在弹出的下拉列表中（鼠标指针指向某字体选项时，可以预览效果）选择相应的字体格式选项，如这里选择【方正书宋简体】选项，如图 3-3 所示。

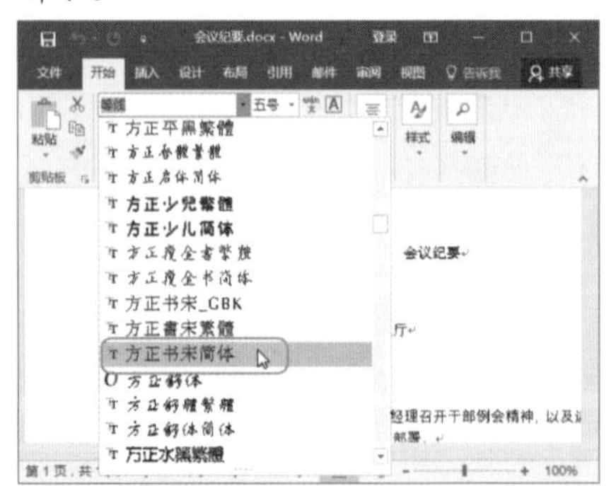

图 3-3

Step03 用同样的方法，将文档中其他文本内容的字体设置为【宋体】，如

图 3-4 所示。

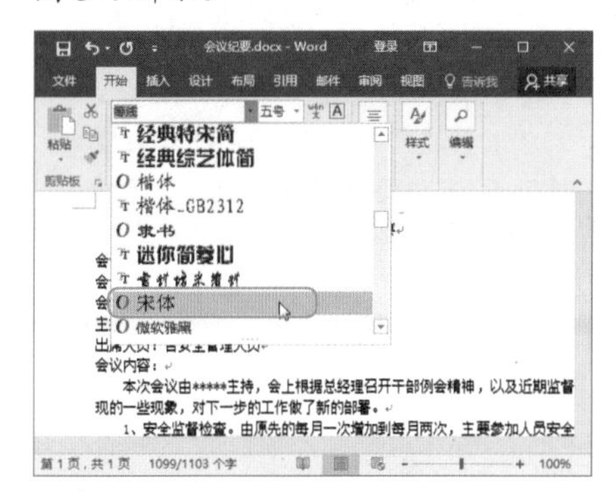

图 3-4

2. 设置会议纪要的字号

字号是指文本的大小，分中文字号和数字磅值两种形式。中文字号用汉字表示，称为“几”号字，如五号字、四号字等；数字磅值用阿拉伯数字表示，称为“磅”，如 10 磅、12 磅等。

设置字号的具体操作步骤如下。

Step01 在“会议纪要.docx”文档中，❶选择要设置字号的文本，❷在【开始】选项卡的【字体】组中，单击【字号】文本框 五号 右侧的下拉按钮，❸在弹出的下拉列表中选择需要的字号，这里选择【小二】选项，如图 3-5 所示。

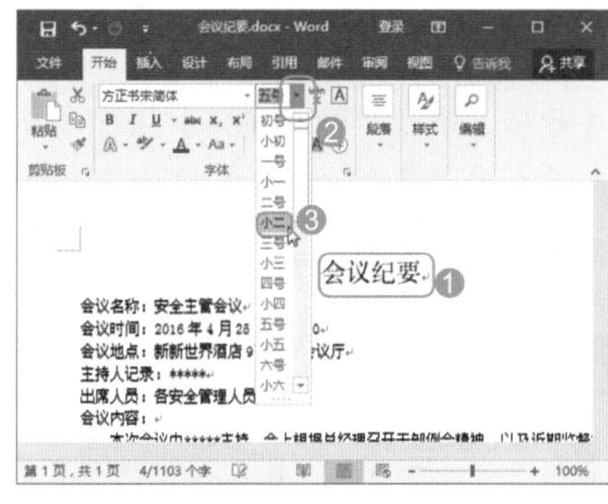

图 3-5

Step02 用同样的方法，将文档中其他文本内容的字号设置为【四号】，如图 3-6 所示。

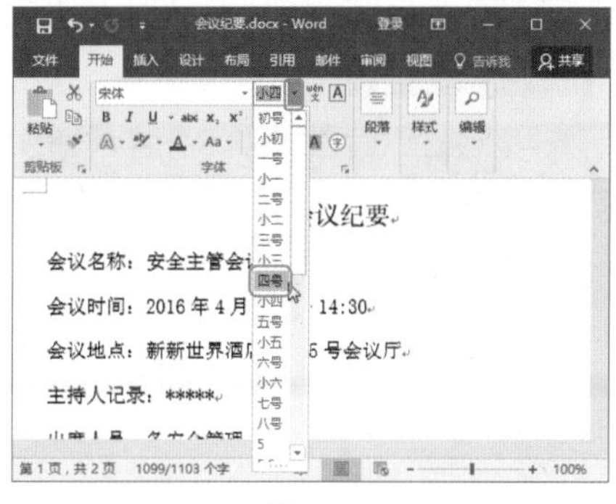

图 3-6

技能拓展——快速改变字号大小

选择文本内容后，按下【Ctrl+Shift+>】组合键，或者单击【字体】组中的【增大字号】按钮，可以快速放大字号；按下【Ctrl+Shift+<】组合键，或者单击【字体】组中的【减小字号】按钮，可以快速缩小字号。

3. 设置会议纪要的字体颜色

字体颜色是指文字的显示色彩，如红色、蓝色等。编辑文档时，对文本内容设置不同的颜色，不仅可以起到强调区分的作用，还能达到美化文档的目的。设置字体颜色的具体操作步骤如下。

Step01 在“会议纪要.docx”文档中，❶选择要设置字体颜色的文本，❷在【开始】选项卡的【字体】组中单击【字体颜色】按钮 右侧的下拉按钮，❸在弹出的下拉列表中选择需要的颜色，这里选择【橙色，个性色 2，深色 25%】选项，如图 3-7 所示。

Step02 用同样的方法，对其他文本内容设置相应的颜色即可，效果如图 3-8 所示。

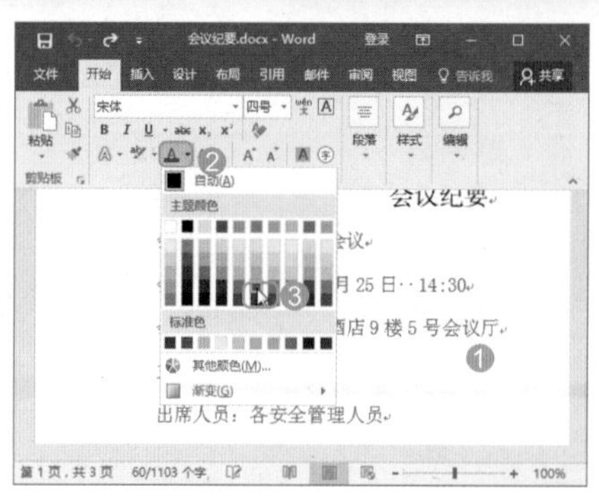

图 3-7

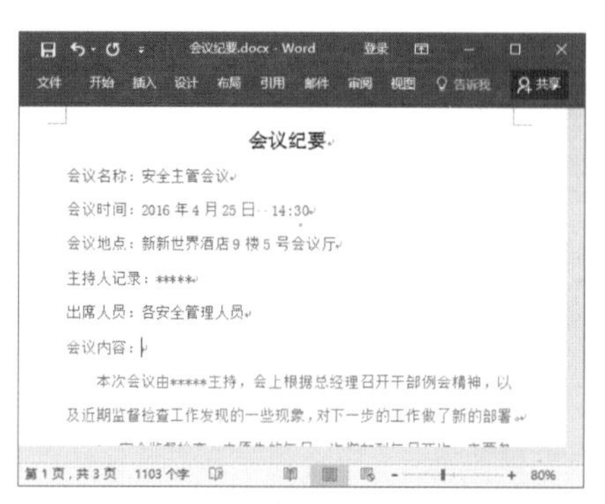

图 3-8

技术看板

在【字体颜色】下拉列表中，若单击【其他颜色】按钮，可在弹出的【颜色】对话框中自定义字体颜色；若选中【渐变】复选框，在弹出的级联列表中，将以所选文本的颜色为基准对该文本设置渐变色。

4. 设置会议纪要的文本效果

Word 提供了许多华丽的文字特效，用户只需通过简单的操作就可以让平凡普通的文本变得生动活泼，具体操作步骤如下。

在“会议纪要.docx”文档中，选择需要设置文本效果的文本内容，在【开始】选项卡的【字体】组中，单击【文本效果和版式】按钮，在弹出的下拉列表中提供了多种文本效果样式，选择需要的文本效果样式即可，如图 3-9 所示。

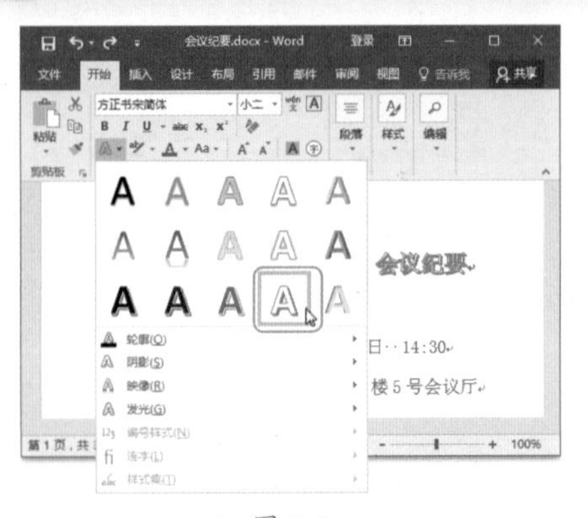

图 3-9

技能拓展——自定义文本效果样式

设置文本效果时，若下拉列表中没需要的文本效果样式，用户可以自定义文本效果样式，具体操作方法为：选择要设置文本效果的文本内容，单击【文本效果和版式】按钮，在弹出的下拉列表中通过选择【轮廓】【阴影】【映像】或【发光】选项，来设置相对应的效果参数即可。

3.1.2 实战：设置会议纪要文本的字体效果

实例门类	软件功能
教学视频	光盘\视频\第 3 章\3.1.2.mp4

文档的字体效果大概包括加粗、倾斜、下画线、删除线底纹等。它们设置的方法基本相似。下面就以加粗、倾斜和下画线为例进行讲解。

1. 设置会议纪要的加粗效果

为了强调重要内容，可以对其设置加粗效果，因为它可以让文本的笔画线条看起来更粗一些。设置加粗效果的具体操作步骤如下。

Step 01 在“会议纪要 .docx”文档中，❶ 选择要设置加粗效果的文本，❷ 在【开始】选项卡的【字体】组中单击【加粗】按钮 **B**，如图 3-10 所示。

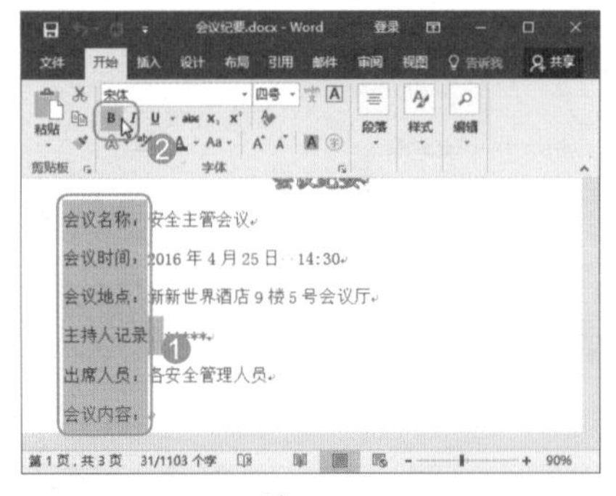

图 3-10

Step 02 所选文本内容即可呈加粗效果显示，如图 3-11 所示。

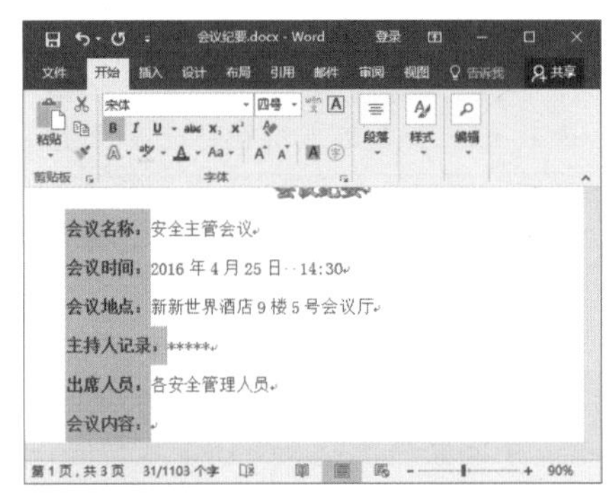

图 3-11

2. 设置会议纪要的倾斜效果

设置文本格式时，对重要内容设置倾斜效果，也可起到强调的作用。设置倾斜效果的具体操作步骤如下。

Step 01 在“会议纪要 .docx”文档中，❶ 选择要设置倾斜效果的文本，❷ 在【开始】选项卡的【字体】组中单击【倾斜】按钮 *I*，如图 3-12 所示。

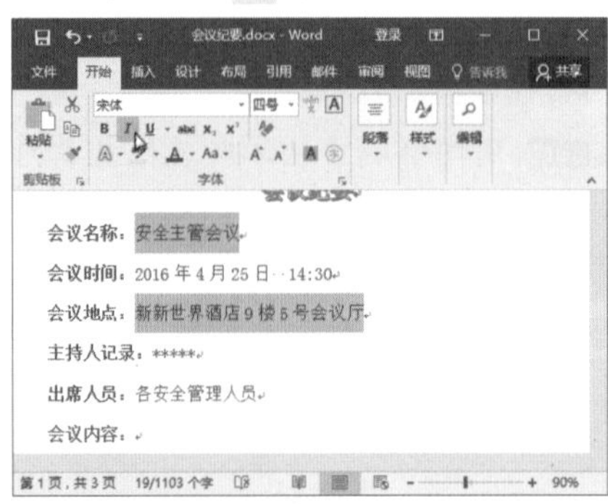

图 3-12

技能拓展——快速设置加粗和倾斜效果

选择文本内容后，按【Ctrl+B】和【Ctrl+I】组合键，可快速对文本分别进行加粗和倾斜效果。

Step 02 所选文本内容即可呈倾斜效果显示，如图 3-13 所示。

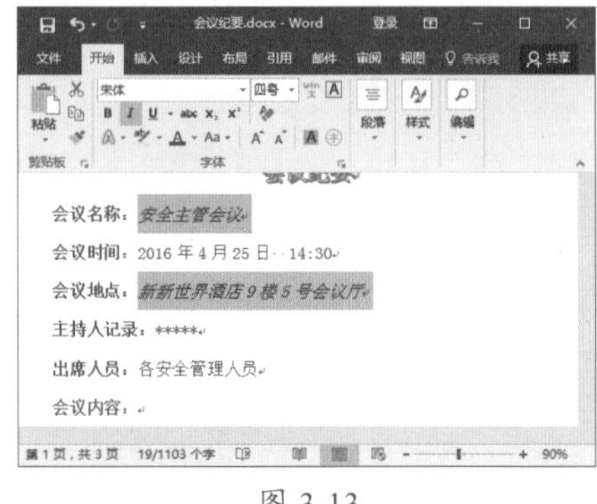

图 3-13

3. 实战：设置会议纪要的下画线

人们在查阅书籍、报纸或文件等纸质文档时，通常会在重点词句的下方添加一条下画线以示强调。其实，在 Word 文档中同样可以为重点词句添加下画线，并且还可以为添加的下画线设置颜色，具体操作步骤如下。

Step 01 在“会议纪要 .docx”文档中，❶ 选择需要添加下画线的文本，❷ 在【开始】选项卡的【字体】组中，单击【下画线】按钮 U 右侧的下拉按钮，❸ 在弹出的下拉列表中选择需要的下画线样式，如图 3-14 所示。

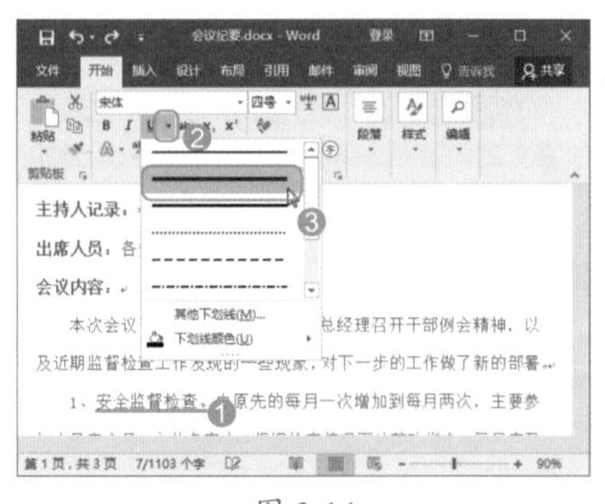

图 3-14

Step 02 保持文本的选中状态，❶ 单击【下画线】按钮 U 右侧的下拉按钮，❷ 在弹出的下拉列表中选择【下画线颜色】选项，❸ 在弹出的级联列表中选择需要的下画线颜色，如图 3-15 所示。

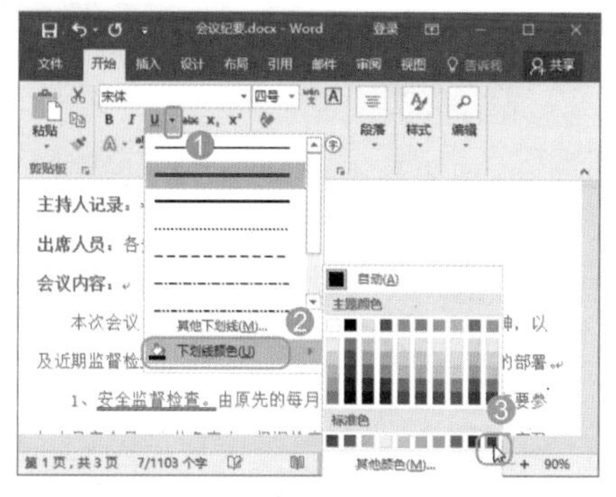

图 3-15

技能拓展——快速添加下画线

选择文本内容后，按下【Ctrl+U】组合键，可快速对该文本添加单横线样式的下画线，下画线颜色为文本当前正在使用的字体颜色。

★ 重点 3.1.3 实战：为数学试题设置下标和上标

实例门类	软件功能
教学视频	光盘\视频\第 3 章\3.1.3.mp4

在编辑诸如数学试题这样的文档时，经常会需要输入“x1y1”“ab2”这样的数据，这就涉及设置上标或下标的方法，具体操作步骤如下。

Step 01 打开“光盘\素材文件\第 3 章\数学试题 .docx”文件，❶ 选择要设置为上标的文本，❷ 在【开始】选项卡的【字体】组中单击【上标】按钮 x^2，如图 3-16 所示。

Step 02 ❶ 选择要设置为下标的文本，❷ 在【字体】组中单击【下标】按钮 x_2，如图 3-17 所示。

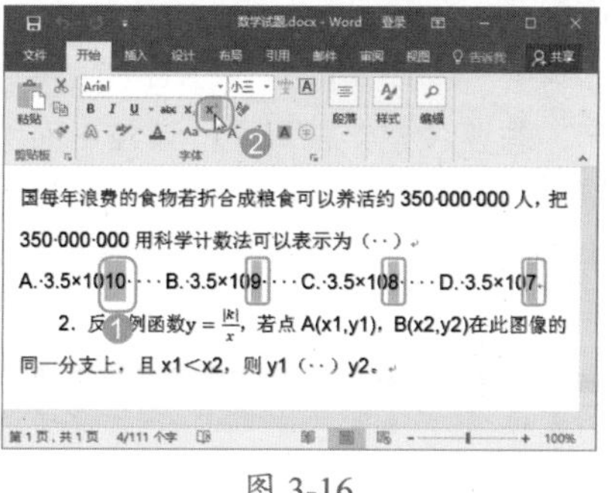

图 3-16

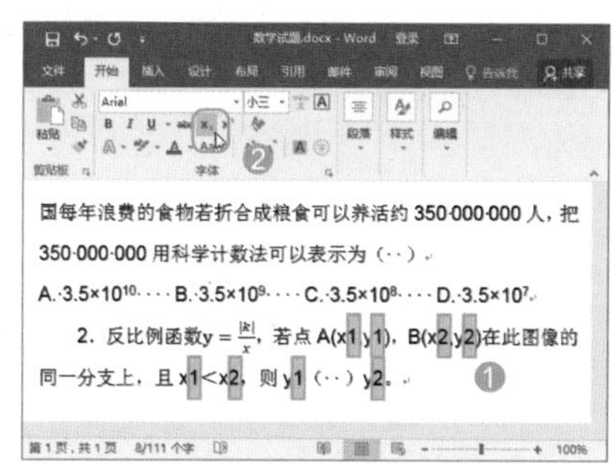

图 3-17

Step 03 完成上标和下标的设置，效果如图 3-18 所示。

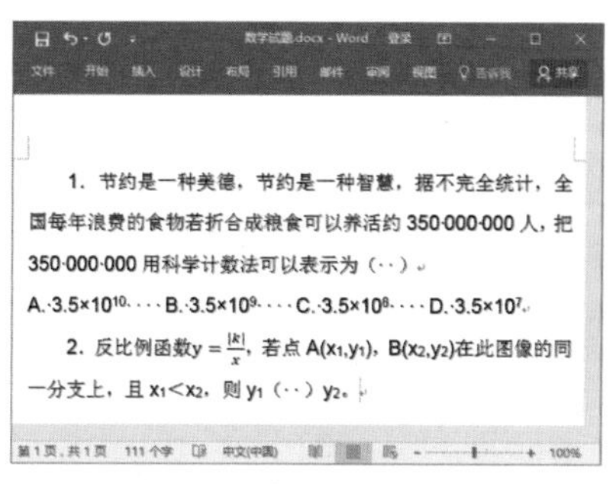

图 3-18

技能拓展——快速设置上标、下标

选择文本内容后，按下【Ctrl+Shift+=】组合键可将其设置为上标；按下【Ctrl+=】组合键可将其设置为下标。

★ 重点 3.1.4 实战：设置会议纪要的字符缩放、间距与位置

实例门类	软件功能
教学视频	光盘\视频\第 3 章\3.1.4.mp4

排版文档时，为了让版面更加美观，有时还需要设置字符的缩放和间距效果，以及字符的摆放位置，接下来一一为读者进行演示。

1. 设置会议纪要的缩放大小

字符的缩放是指缩放字符的横向大小，默认为 100%，根据操作需要，可以进行调整，具体操作步骤如下。

Step 01 打开“光盘\素材文件\第 3 章\会议纪要 1.docx”文件，❶ 选择需要设置缩放大小的文字，❷ 在【开始】选项卡的【字体】组中单击【功能扩展】按钮，如图 3-19 所示。

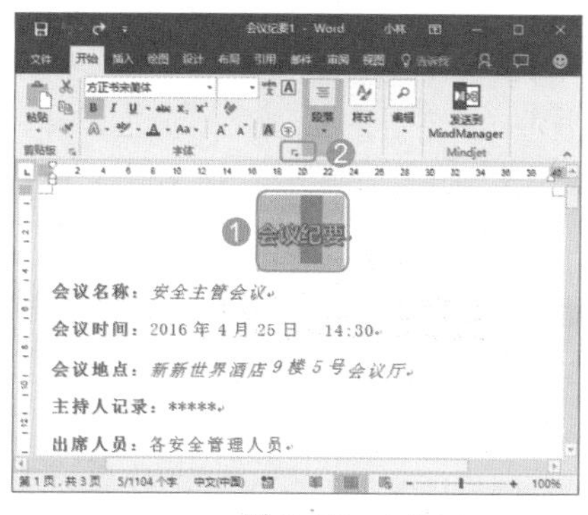

图 3-19

技能拓展——快速打开【字体】对话框

在 Word 文档中选择文本内容后，按下【Ctrl+D】组合键，可快速打开【字体】对话框。

Step 02 打开【字体】对话框，❶ 切换到【高级】选项卡，❷ 在【缩放】下拉列表中选择需要的缩放比例，或者直接在文本框中输入需要的比例大小，本例中输入【180%】，然后单击【确定】按钮，如图 3-20 所示。

图 3-20

Step03 返回文档，即可查看设置后的效果，如图 3-21 所示。

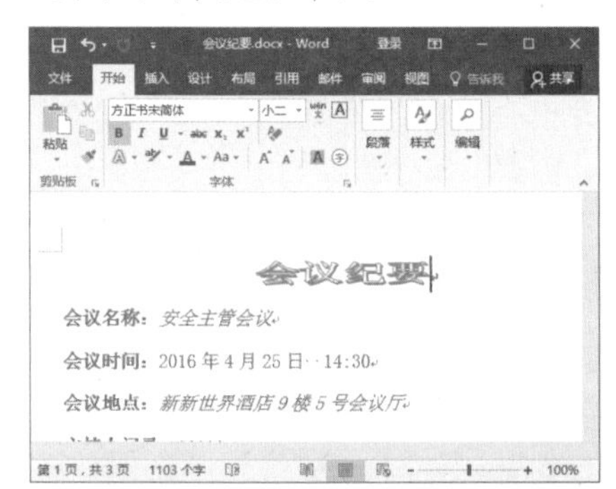

图 3-21

技能拓展——通过功能区设置字符缩放大小

除了上述操作方法外，用户还可以通过功能区设置字符的缩放大小，方法为：选择文本内容后，在【开始】选项卡的【段落】组中单击【中文版式】按钮，在弹出的下拉列表中选择【字符缩放】选项，在弹出的级联列表中选择需要的缩放比例即可。

2. 设置会议纪要的字符间距

字符间距就是指字符间的距离，通过调整字符间距可以使文字排列得更紧凑或更疏散。Word 提供了“标准”“加宽”和“紧缩”3 种字符间距方式，其中默认以“标准”间距显示，若要调整字符间距，可按下面的操作步骤实现。

Step01 打开“光盘\素材文件\第 3 章\会议纪要 2.docx”文件，❶ 选择需要设置字符间距的文字，❷ 在【开始】选项卡【字体】组中单击【功能扩展】按钮，如图 3-22 所示。

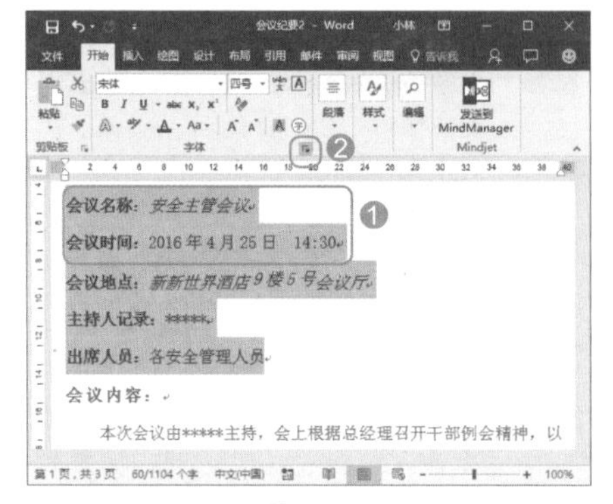

图 3-22

Step02 打开【字体】对话框，❶ 切换到【高级】选项卡，❷ 在【间距】下拉列表中选择间距类型，本例选择【加宽】选项，在右侧的【磅值】微调框中设置间距大小，❸ 设置完成后单击【确定】按钮，如图 3-23 所示。

图 3-23

Step03 返回文档，即可查看设置后的效果，如图 3-24 所示。

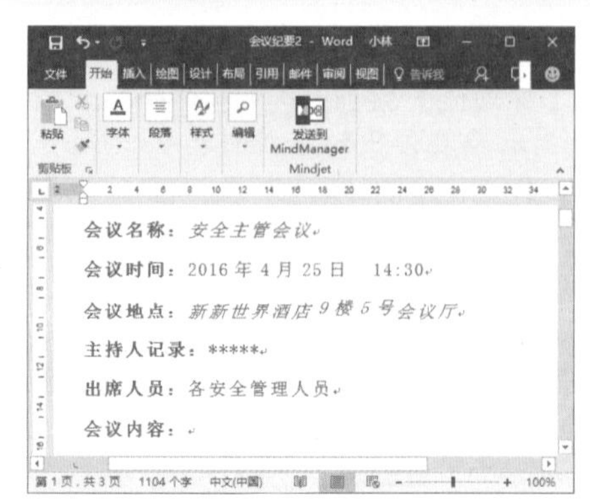

图 3-24

3. 设置会议纪要的字符位置

通过调整字符位置，可以设置字符在垂直方向的相对位置。Word 提供了标准、提升、降低 3 种选择，默认为“标准”，若要调整位置，可按下面的操作步骤实现。

Step01 打开“光盘\素材文件\第 3 章\会议纪要 3.docx”文件，❶ 选择需要设置位置的文本，❷ 在【开始】选项卡的【字体】组中单击【功能扩展】按钮，如图 3-25 所示。

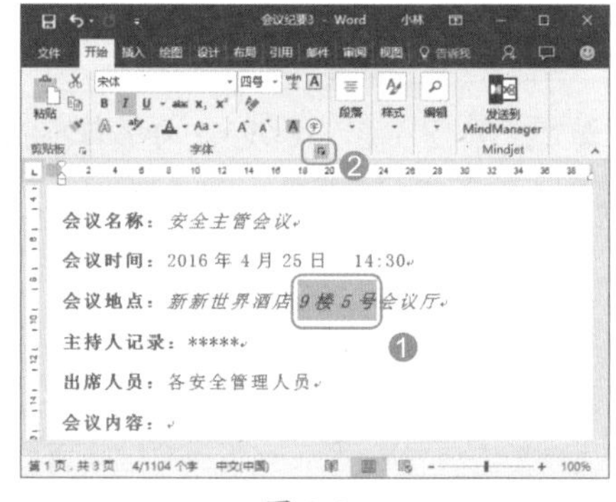

图 3-25

Step02 打开【字体】对话框，❶ 切换到【高级】选项卡，❷ 在【位置】下拉列表中选择位置类型，本例选择【提升】选项，在右侧的【磅值】微调框中设置磅值大小，设置完成后单击【确定】按钮，如图 3-26 所示。

Step03 返回文档，即可查看设置后的效果，如图 3-27 所示。

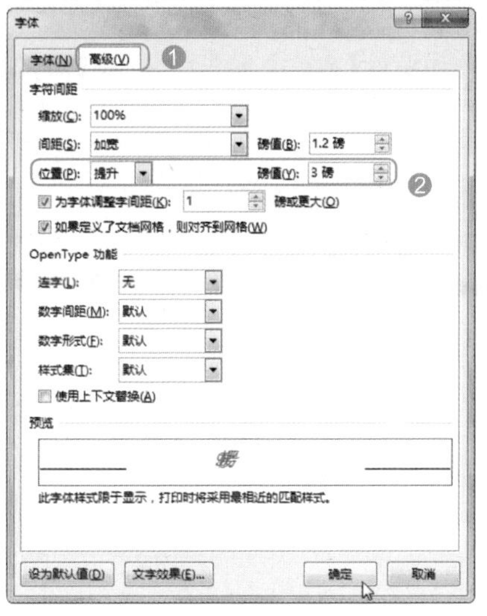

图 3-26

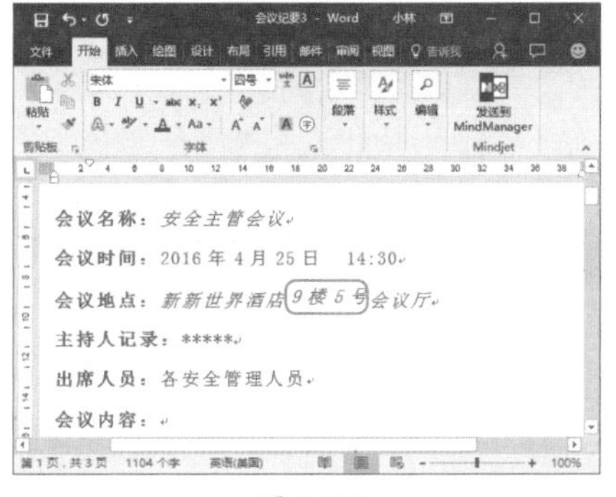

图 3-27

★ 重点 3.1.5 设置会议纪要文本的突出显示

实例门类	软件功能
教学视频	光盘\视频\第 3 章\3.1.5.mp4

在编辑文档时，对于一些特别重要的内容，或者是存在问题的内容，可以通过“突出显示”功能对它们进行颜色标记，使其在文档中显得特别醒目。

1. 设置会议纪要文本的突出显示

在 Word 文档中，使用“突出显示”功能来对重要文本进行标记后，文字看上去就像是用荧光笔做了标记一样，从而使文本更加醒目。设置文本突出显示的具体操作步骤如下。

Step 01 打开“光盘\素材文件\第 3 章\会议纪要 4.docx”文件，❶ 选择需要突出显示的文本，❷ 在【开始】选项卡的【字体】组中，单击【以不同颜色突出显示文本】按钮右侧的下拉按钮，❸ 在弹出的下拉列表中选择需要的颜色，如图 3-28 所示。

图 3-28

Step 02 用同样的方法，对其他内容设置颜色标记，效果如图 3-29 所示。

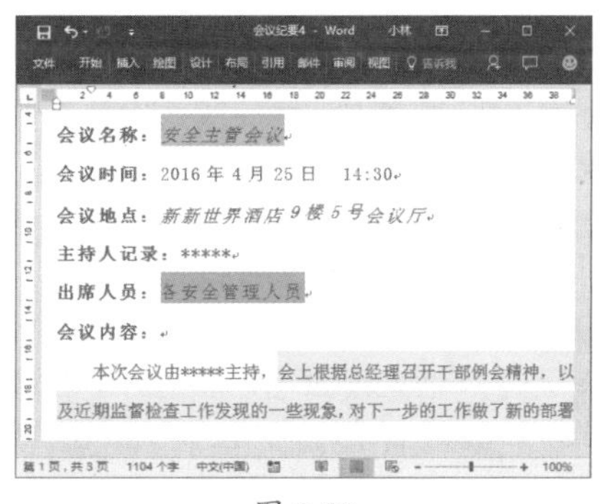

图 3-29

技能拓展——选择文本前设置突出显示

设置突出显示时，还可以先选择颜色，再选择需要设置突出显示的文本，具体操作方法为：单击【以不同颜色突出显示文本】按钮右侧的下拉按钮，在弹出的下拉列表中选择需要的颜色，鼠标指针将呈形状，表示此时处于突出显示设置状态，按住鼠标左键并拖动，依次选择需要设置突出显示的文本即可。当不再需要设置突出显示时，按下【Esc】键，即可退出突出显示设置状态。

2. 取消会议纪要的突出显示

设置突出显示后，如果不再需要颜色标记，可进行清除操作，其操作步骤如下。

在目标文档中，选择已经设置突出显示的文本，❶ 单击【以不同颜色突出显示文本】按钮右侧的下拉按钮，❷ 在弹出的下拉列表中选择【无颜色】选项即可，如图 3-30 所示。

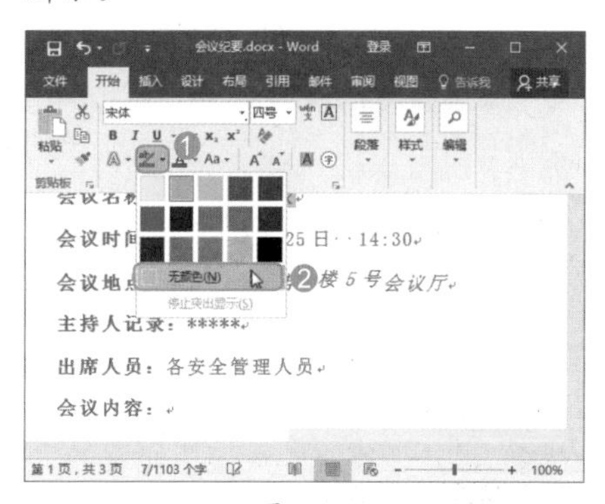

图 3-30

技能拓展——快速取消突出显示

选择已经设置了突出显示的文本，直接单击【以不同颜色突出显示文本】按钮，可以快速取消突出显示。

★ 重点 3.1.6 设置会议纪要文本的字符边框和底纹

实例门类	软件功能
教学视频	光盘\视频\第 3 章\3.1.6.mp4

除了前面介绍的一些格式设置，用户还可以对文本设置边框和底纹。接下来将分别进行讲解，以便让用户可以采用更多的方式来设置文档样式。

1. 设置会议纪要的字符边框

对文档进行排版时，还可对文本设置边框效果，从而让文档更加美观，而且还能突出重点内容。为文本设置边框的具体操作步骤如下。

Step01 打开"光盘\素材文件\第3章\会议纪要5.docx"文件，❶ 选择要设置边框效果的文本，❷ 在【开始】选项卡的【段落】组中，单击【边框】按钮右侧的下拉按钮，❸ 在弹出的下拉列表中选择【边框和底纹】选项，如图3-31所示。

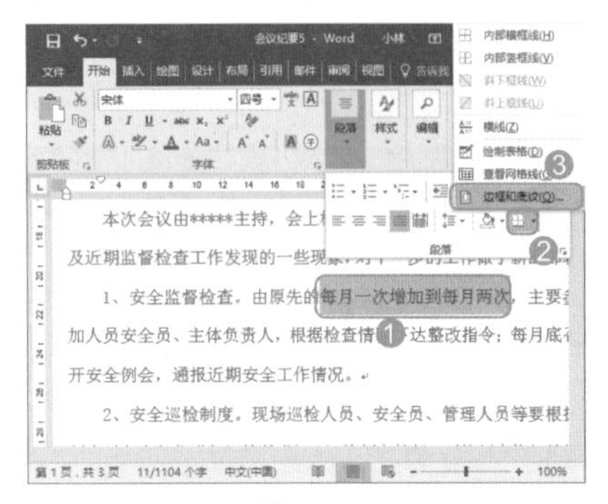

图3-31

Step02 打开【边框和底纹】对话框，❶ 在【边框】选项卡中的【设置】栏中选择边框类型，❷ 在【样式】列表框中选择边框的样式，❸ 在【颜色】下拉列表中选择边框的颜色，❹ 在【宽度】下拉列表中设置边框的粗细，❺ 在【应用于】下拉列表中选择【文字】选项，❻ 单击【确定】按钮，如图3-32所示。

图3-32

Step03 返回文档，即可查看设置的边框效果，如图3-33所示。

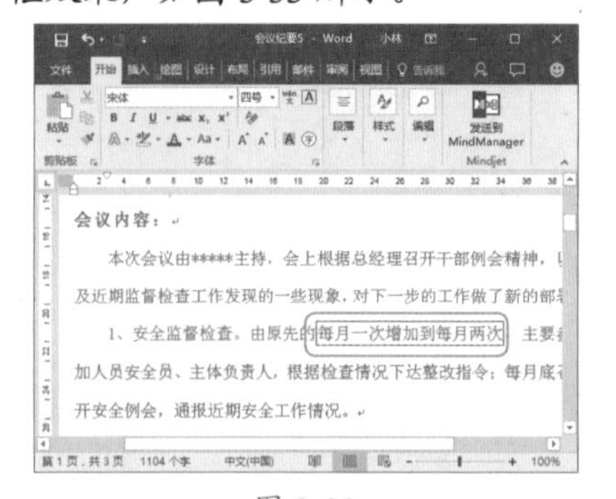

图3-33

技术看板

设置好边框的样式、颜色等参数后，还可在【预览】栏中通过单击相关按钮，对相应的框线进行取消或显示操作。

2. 设置会议纪要的字符底纹

除了设置边框效果外，还可对文本设置底纹效果，以达到美化、强调的作用。为文本设置底纹效果的具体操作步骤如下。

Step01 在"会议纪要5.docx"文档中，❶ 选择要设置底纹效果的文本，❷ 在【开始】选项卡的【段落】组中，单击【边框】按钮右侧的下拉按钮，❸ 在弹出的下拉列表中选择【边框和底纹】选项，如图3-34所示。

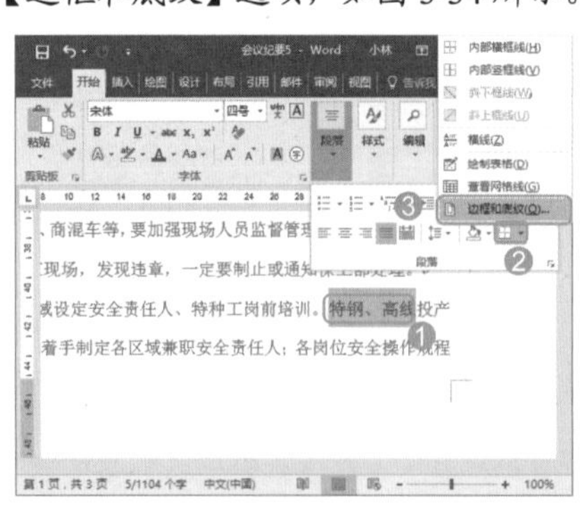

图3-34

Step02 打开【边框和底纹】对话框，❶ 切换到【底纹】选项卡，❷ 在【填充】下拉列表中选择底纹颜色，❸ 在【应用于】下拉列表中选择【文字】选项，❹ 单击【确定】按钮，如图3-35所示。

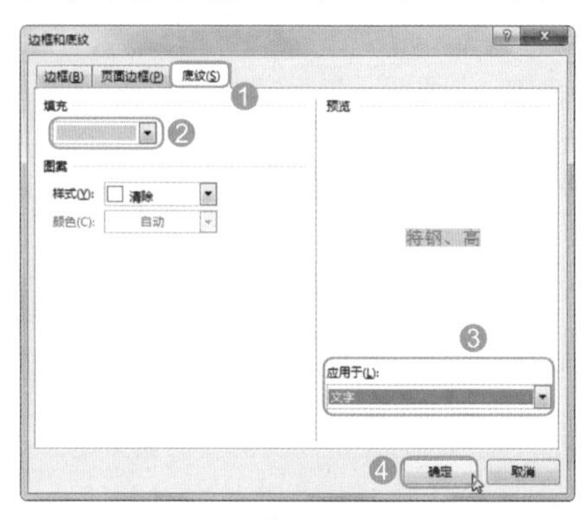

图3-35

技能拓展——丰富底纹效果

设置底纹效果时，为了丰富底纹效果，用户还可以在【图案】下拉列表中选择填充图案，在【颜色】下拉列表中选择图案的填充颜色。

Step03 返回文档，即可查看设置的底纹效果，如图3-36所示。

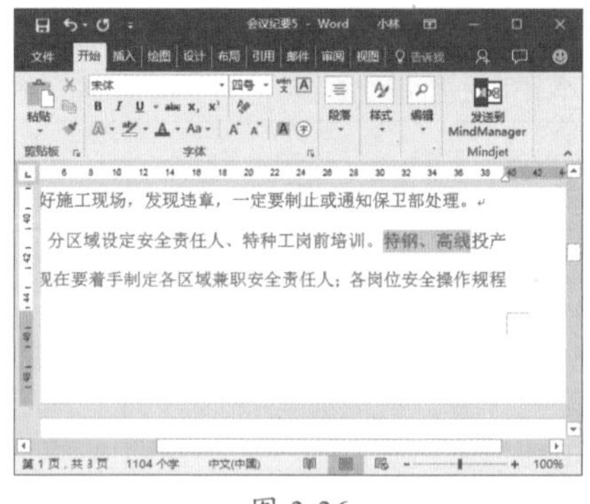

图3-36

3.2 设置段落格式

如果把设置字体格式比作对文档的精雕细琢、打磨粉饰，那么段落格式的设置就是对文档格局的调控。两者的有机结合能让整个文档更加规范和美观。

★ 重点 3.2.1 实战：设置“员工薪酬方案”的段落对齐方式

实例门类	软件功能
教学视频	光盘\视频\第 3 章\3.2.1.mp4

对齐方式是指段落在页面上的分布规则，其规则主要有水平对齐和垂直对齐两种。

1. 水平对齐方式

水平对齐方式是最常设置的段落格式之一。当用户要对段落设置对齐方式时，通常是指设置水平对齐方式。水平对齐方式主要包括左对齐、居中、右对齐、两端对齐和分散对齐 5 种，其含义介绍如下。

- 左对齐：段落以页面左侧为基准对齐排列。
- 居中：段落以页面中间为基准对齐排列。
- 右对齐：段落以页面右侧为基准对齐排列。
- 两端对齐：段落的每行在页面中首尾对齐。当各行之间的字体大小不同时，Word 会自动调整字符间距。
- 分散对齐：与两端对齐相似，将段落在页面中分散对齐排列，并根据需要自动调整字符间距。与两端对齐相比较，最大的区别在于对段落最后一行的处理方式，当段落最后一行包含大量空白时，分散对齐会在最后一行文本之间调整字符间距，从而自动填满页面。

5 种对齐方式的效果如图 3-37 所示，从上到下依次为左对齐、居中对齐、右对齐、两端对齐、分散对齐。

设置段落水平对齐方式的具体操作步骤如下。

Step 01 打开“光盘\素材文件\第 3 章\企业员工薪酬方案 .docx”文件，❶ 选择需要设置对齐方式的段落，❷ 在【开始】选项卡的【段落】组中单击【居中】按钮，如图 3-38 所示。

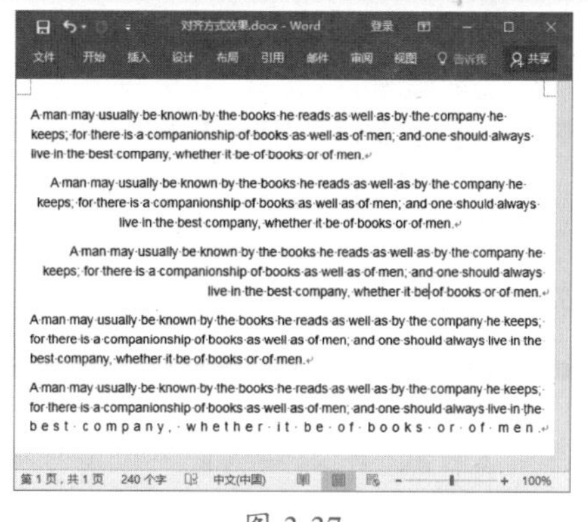

图 3-37

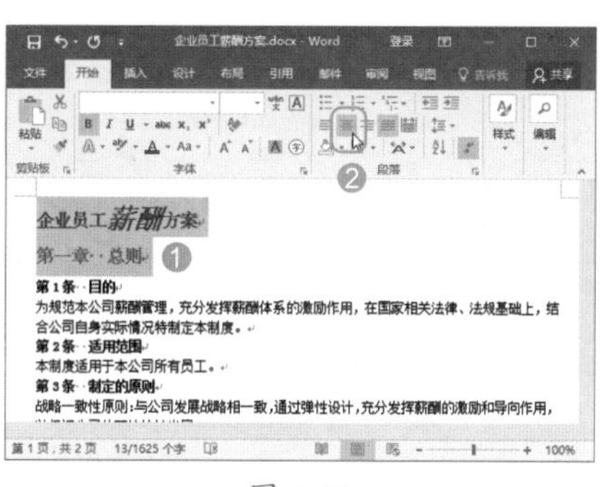

图 3-38

Step 02 此时，所选段落将以【居中】对齐方式进行显示，效果如图 3-39 所示。

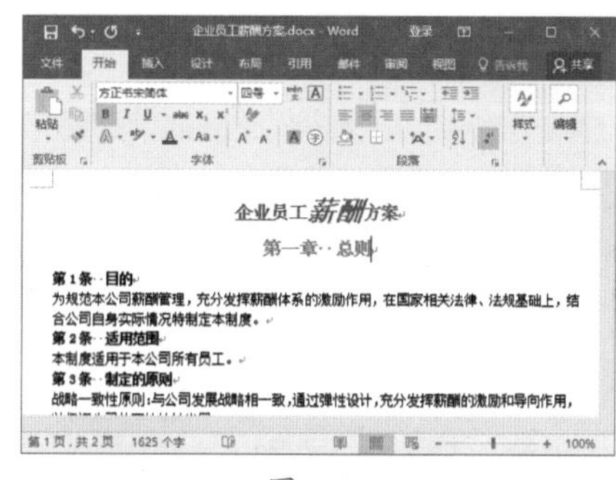

图 3-39

> **技能拓展——快速设置段落对齐方式**
>
> 选择段落后，按下【Ctrl+L】组合键可设置【左对齐】对齐方式，按下【Ctrl+E】组合键可设置【居中】对齐方式，按下【Ctrl+R】组合键可设置【右对齐】对齐方式，按下【Ctrl+J】组合键可设置【两端对齐】对齐方式，按下【Ctrl+Shift+J】组合键可设置【分散对齐】对齐方式。

Step 03 用同样的方式，对其他段落设置相应的对齐方式即可。

2. 垂直对齐方式

当段落中存在不同字号的文字，或者存在嵌入式图片时，对其设置垂直对齐方式，可以控制这些对象的相对位置。段落的垂直对齐方式主要包括顶端对齐、居中、基线对齐、底端对齐和自动设置 5 种。设置垂直对齐方式的具体操作步骤如下。

Step 01 在“企业员工薪酬方案 .docx”文档中，❶ 将文本插入点定位在需要设置垂直对齐方式的段落中，❷ 在【开始】选项卡的【段落】组中单击【功能扩展】按钮，如图 3-40 所示。

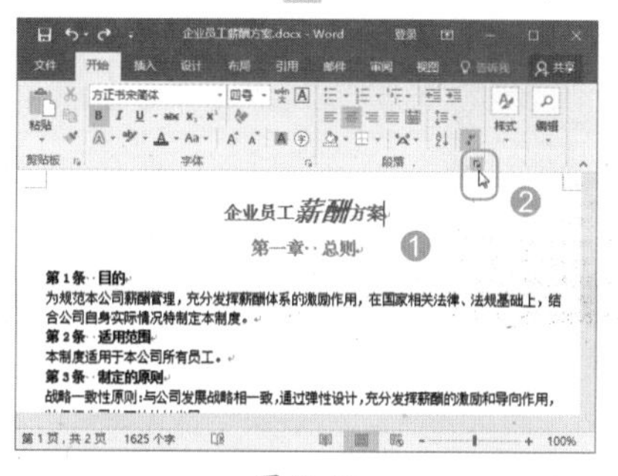

图 3-40

Step 02 打开【段落】对话框，❶ 切换到【中文版式】选项卡，❷ 在【文本对齐方式】下拉列表中选择需要的垂直对齐方式，如选择【居中】选项，❸ 单击【确定】按钮，如图 3-41 所示。

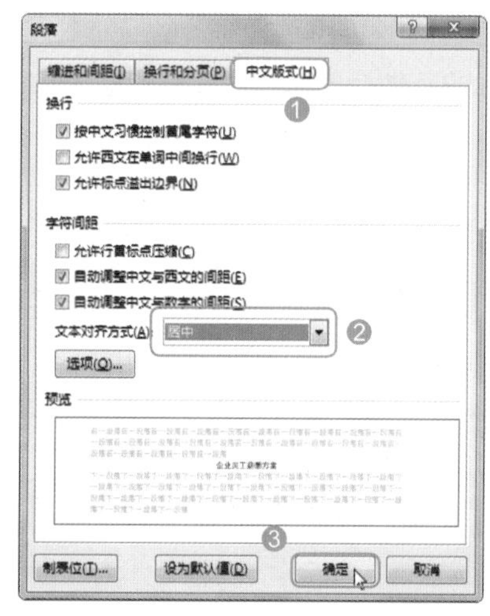

图 3-41

Step03 返回文档，即可查看设置后的效果，如图 3-42 所示。

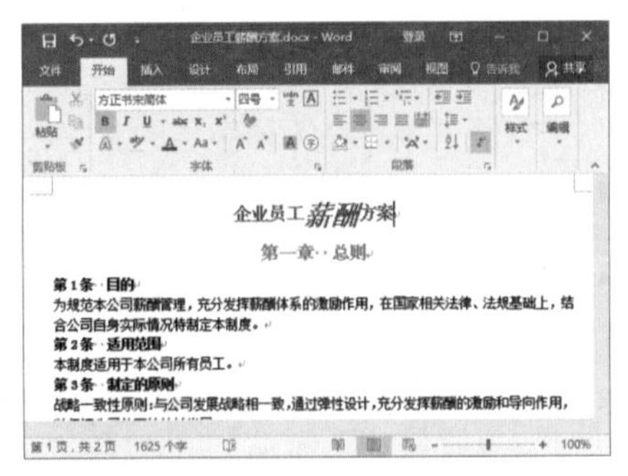

图 3-42

★ 重点 3.2.2 设置“员工薪酬方案”的段落缩进

实例门类	软件功能
教学视频	光盘\视频\第 3 章\3.2.2.mp4

为了增强文档的层次感，提高可阅读性，可以对段落设置合适的缩进。段落的缩进方式有左缩进、右缩进、首行缩进和悬挂缩进 4 种，其含义介绍如下。

- 左缩进：指整个段落左边界距离页面左侧的缩进量。
- 右缩进：指整个段落右边界距离页面右侧的缩进量。
- 首行缩进：指段落首行第 1 个字符的起始位置距离页面左侧的缩进量。
- 悬挂缩进：指段落中除首行以外的其他行距离页面左侧的缩进量。

4 种缩进方式的效果如图 3-43 所示，从上到下依次为左缩进、右缩进、首行缩进、悬挂缩进。

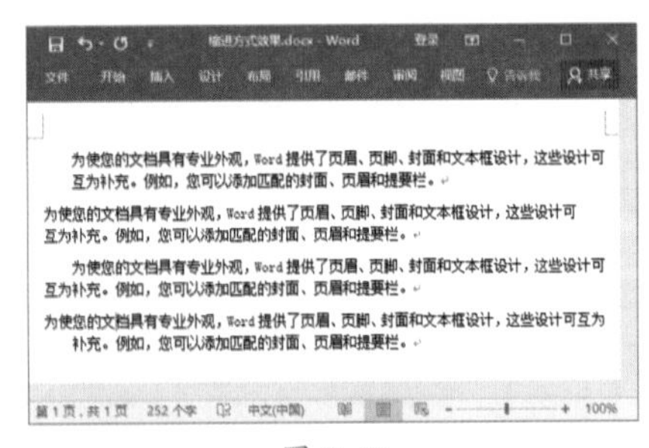

图 3-43

1. 通过段落对话框设置

对段落进行缩进，最为常用的方法之一就是通过“段落”对话框来实现。例如，要对段落设置首行缩进 2 字符，具体操作步骤如下。

Step01 在“企业员工薪酬方案 .docx”文档中，❶ 选择需要设置缩进的段落，❷ 在【开始】选项卡的【段落】组中单击【功能扩展】按钮，如图 3-44 所示。

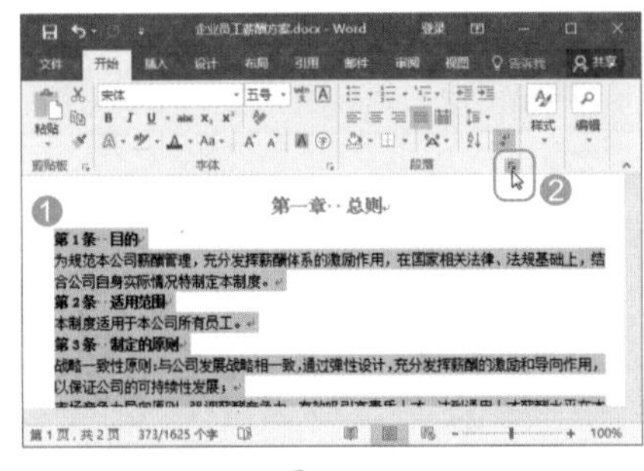

图 3-44

Step02 打开【段落】对话框，❶ 在【缩进】栏的【特殊格式】下拉列表中选择【首行缩进】选项，❷ 在右侧的【缩进值】微调框设置【2 字符】，❸ 单击【确定】按钮，如图 3-45 所示。

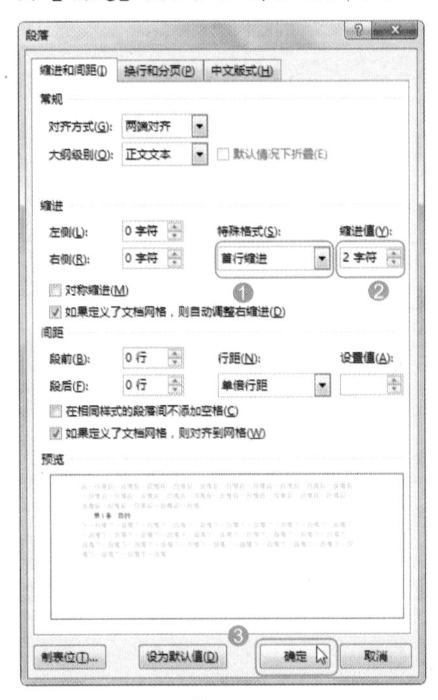

图 3-45

Step03 返回文档，即可查看设置后的效果，如图 3-46 所示。

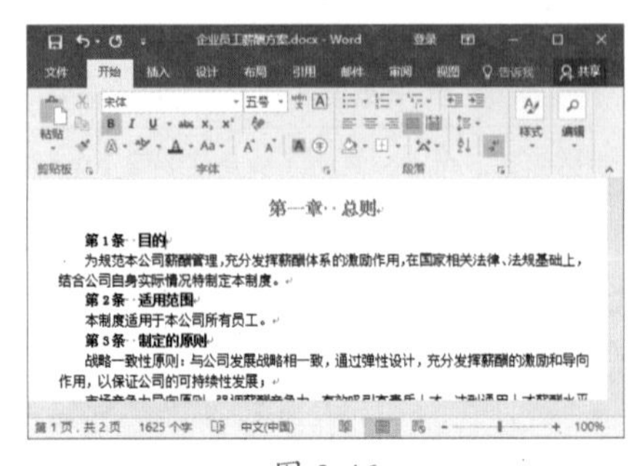

图 3-46

2. 使用标尺在员工薪酬方案中设置段落缩进

对段落进行缩进的另一种方法是通过拖动标尺滑块来实现。例如，要对段落设置首行缩进 2 字符，具体操作步骤如下。

Step01 在“企业员工薪酬方案 .docx”文档中，先将标尺显示出来，❶ 选择需要设置缩进的段落，❷ 在标尺上拖动【首行缩进】滑块▽，如图 3-47 所示。

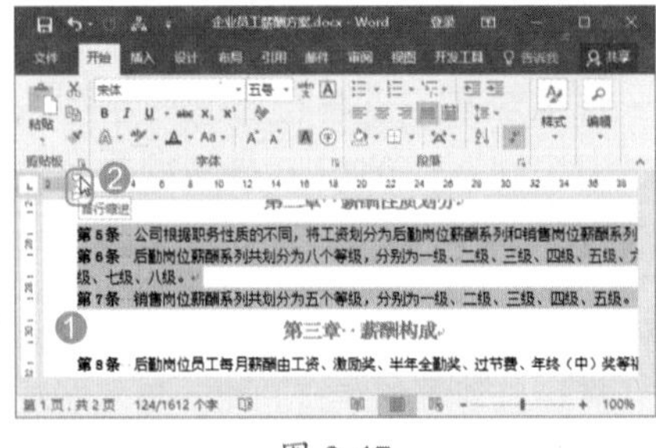

图 3-47

Step02 拖动到合适的缩进位置后释放鼠标即可，设置后的效果如图 3-48 所示。

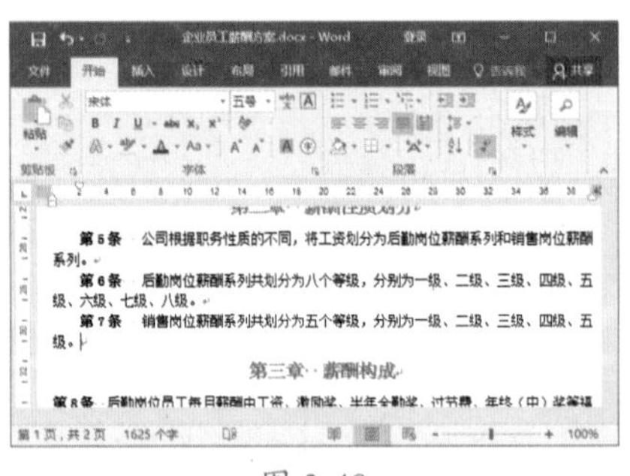

图 3-48

Step03 采用同样的方法，对其他需要设置缩进的段落进行设置即可。

技术看板

通过标尺设置缩进虽然很快捷、方便，但是精确度不够，如果排版要求非常精确，那么建议用户使用【段落】对话框来设置。

★ 重点 3.2.3 实战：设置“员工薪酬方案”的段落间距

实例门类	软件功能
教学视频	光盘\视频\第 3 章\3.2.3.mp4

正所谓距离产生美，那么对于文档也是同样的道理。对文档设置适当的间距或行距，不仅可以使文档看起来疏密有致，还能提高阅读舒适性。

段落间距是指相邻两个段落之间的距离，本节就先讲解段落间距的设置方法，具体操作步骤如下。

Step 01 在“企业员工薪酬方案.docx”文档中，❶ 选择需要设置间距的段落，❷ 在【开始】选项卡的【段落】组中单击【功能扩展】按钮，如图 3-49 所示。

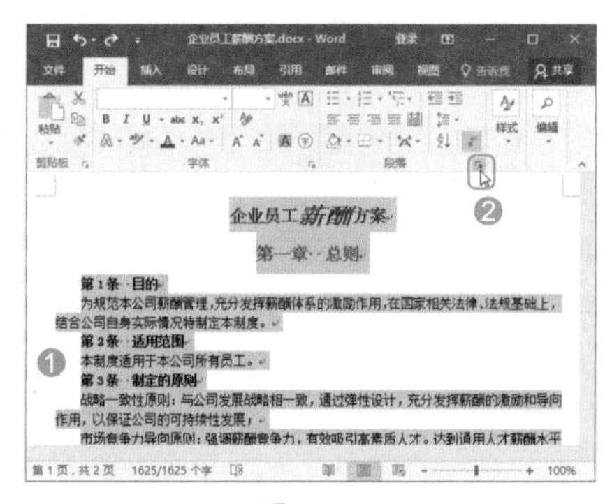

图 3-49

Step 02 打开【段落】对话框，❶ 在【间距】栏中通过【段前】微调框可以设置段前距离，通过【段后】微调框可以设置段后距离，本例中将设置段前 0.5 行、段后 0.5 行，❷ 单击【确定】按钮，如图 3-50 所示。

Step 03 返回文档，即可查看设置后的效果，如图 3-51 所示。

图 3-50

技能拓展——让文字不再与网格对齐

对文档进行页面设置时，如果指定了文档网格，则文字就会自动和网格对齐。为了使文档排版更精确美观，对段落设置格式时，建议在【段落】对话框中取消选中【如果定义了文档网格，则对齐到网格】复选框。

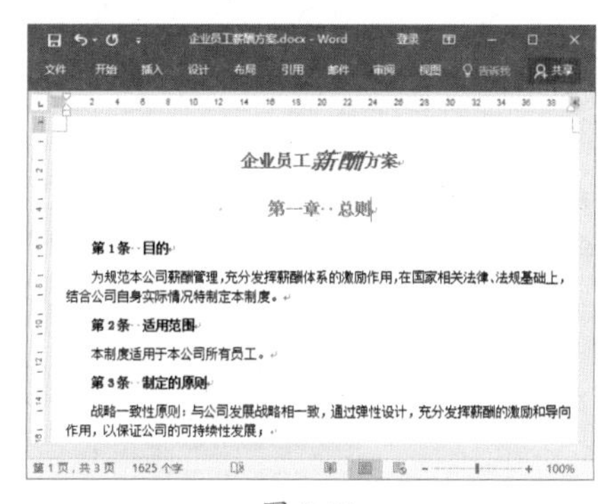

图 3-51

技能拓展——通过功能区设置段落间距

除了通过【段落】对话框设置段落间距外，用户还可以通过功能区设置段落间距，具体方法为：选择需要设置间距的段落，切换到【布局】选项卡，在【段落】组的【间距】栏中，分别通过【段前】微调框和【段后】微调框进行设置即可。

★ 重点 3.2.4 实战：设置“员工薪酬方案”的段落行距

实例门类	软件功能
教学视频	光盘\视频\第 3 章\3.2.4.mp4

行距是指段落中行与行之间的距离。设置行距的方法有两种，一是通过功能区的【行和段落间距】按钮设置；二是通过【段落】对话框中的【行距】下拉列表设置，用户可自行选择。例如，要通过功能区设置行距，具体操作步骤如下。

在“企业员工薪酬方案.docx”文档中，❶ 选择需要设置行距的段落，❷ 在【开始】选项卡的【段落】组中单击【行和段落间距】按钮，❸ 在弹出的下拉列表中选择需要的行距选项即可（在下拉列表中，这些数值表示的是每行字体高度的倍数），这里选择【1.15】选项，如图 3-52 所示。

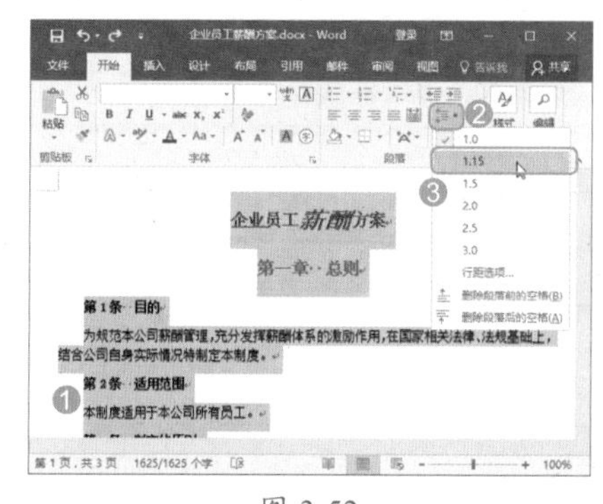

图 3-52

★ 重点 3.2.5 为“企业员工薪酬方案”添加项目符号

实例门类	软件功能
教学视频	光盘\视频\第 3 章\3.2.5.mp4

对于文档中具有并列关系的内容而言，通常包含了多条信息，用户可以为它们添加项目符号，从而让这些内容的结构更清晰，也更具可读性。添加项目符号的具体操作步骤如下。

Step01 在“企业员工薪酬方案.docx”文档中，❶ 选择需要添加项目符号的段落，❷ 在【开始】选项卡的【段落】组中，单击【项目符号】按钮右侧的下拉按钮，❸ 在弹出的下拉列表中选择需要的项目符号样式，如图3-53所示。

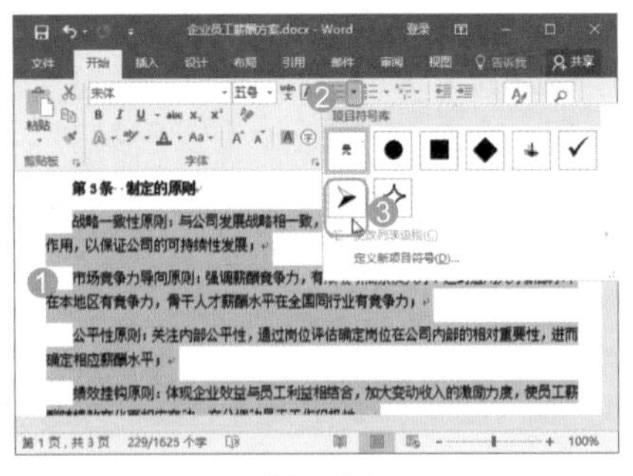

图 3-53

Step02 应用项目符号后的效果如图3-54所示。

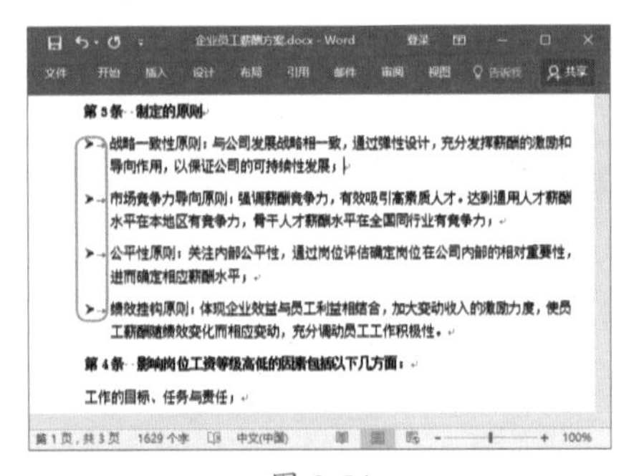

图 3-54

技能拓展——取消添加的自动编号

在含有项目符号的段落中，按下【Enter】键换到下一段时，会在下一段自动添加相同样式的项目符号，此时若直接按下【BackSpace】键或再次按下【Enter】键，即可取消自动添加项目符号。

3.2.6 实战：为“企业员工薪酬方案”设置个性化项目符号

实例门类	软件功能
教学视频	光盘\视频\第3章\3.2.6.mp4

除了使用Word内置的项目符号外，用户还可以将喜欢的符号设置为项目符号，具体操作步骤如下。

Step01 在“企业员工薪酬方案.docx”文档中，❶ 选择需要添加项目符号的段落，❷ 在【开始】选项卡的【段落】组中，单击【项目符号】按钮右侧的下拉按钮，❸ 在弹出的下拉列表中选择【定义新项目符号】选项，如图3-55所示。

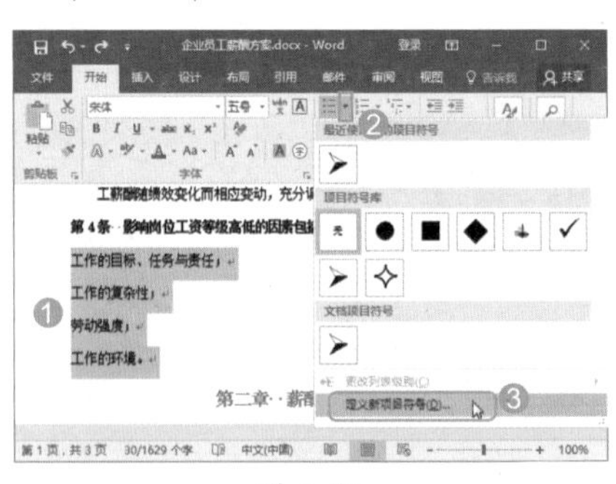

图 3-55

Step02 打开【定义新项目符号】对话框，单击【符号】按钮，如图3-56所示。

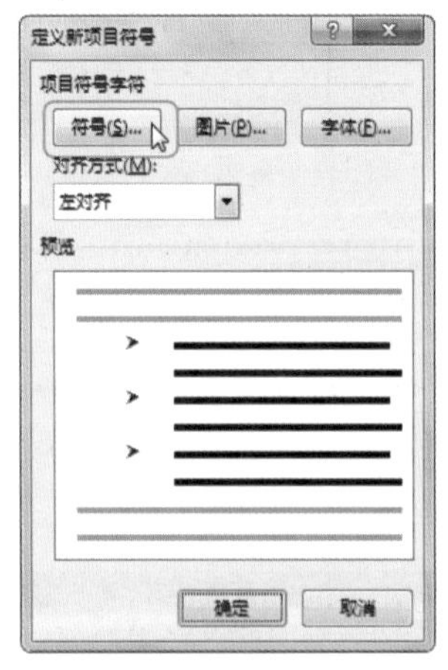

图 3-56

Step03 ❶ 在打开的【符号】对话框中选择需要的符号，❷ 单击【确定】按钮，如图3-57所示。

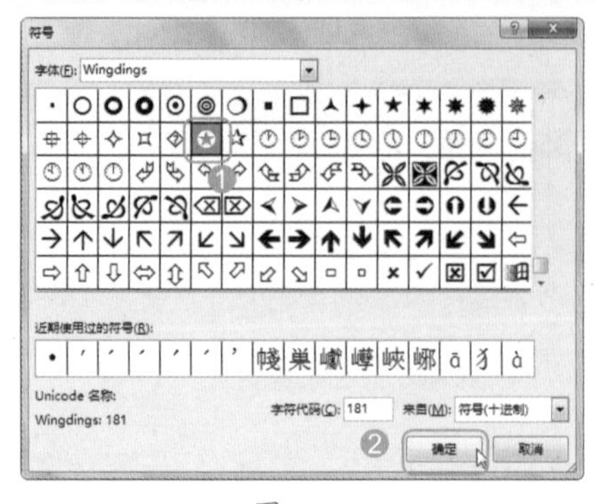

图 3-57

Step04 返回【定义新项目符号】对话框，在【预览】栏中可以预览所设置的效果，单击【确定】按钮，如图3-58所示。

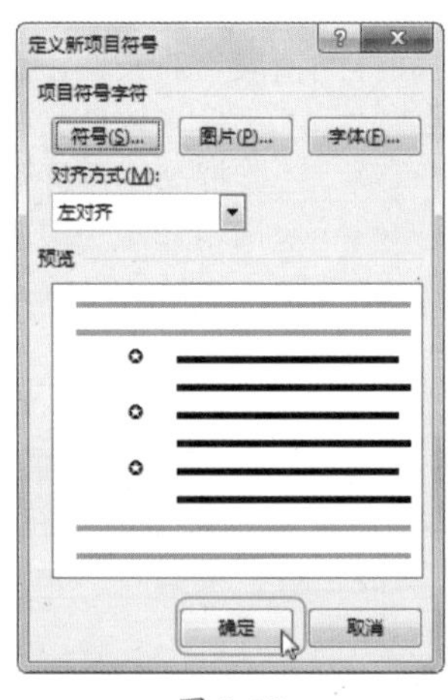

图 3-58

技能拓展——使用图片作为项目符号

根据操作需要，用户还可以将图片设置为项目符号，操作方法为：选择需要设置项目符号的段落，打开【定义新项目符号】对话框，单击【图片】按钮，在打开的【插入图片】窗口中，选择计算机中的图片或网络图片来设置为项目符号即可。

Step05 返回文档，保持段落的选中状态，❶ 单击【项目符号】按钮右侧的下拉按钮，❷ 在弹出的下拉列表中选择之前设置的符号样式，此时，所选段落即可应用该样式，如图3-59

所示。

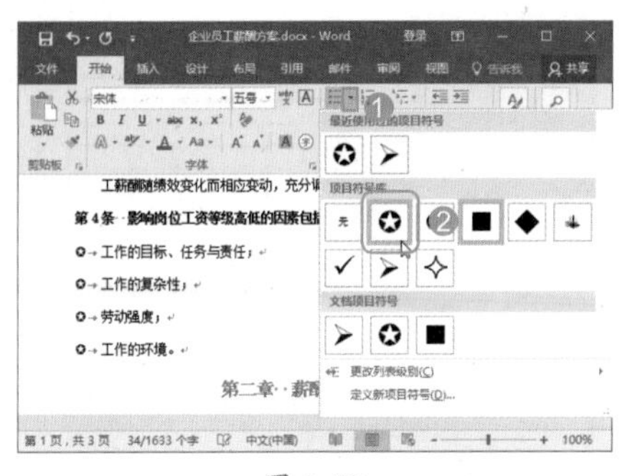

图 3-59

技术看板

为段落设置自定义样式的项目符号时，若段落设置了缩进，则需要执行第 5 步操作；若段落没有设置缩进，则不需要执行第 5 步操作。

★ 重点 3.2.7 实战：为“企业员工薪酬方案”添加编号

实例门类	软件功能
教学视频	光盘\视频\第 3 章\3.2.7.mp4

在制作规章制度、管理条例等方面的文档时，除了使用项目符号外，用户还可以使用编号来组织内容，从而使文档层次分明、条理清晰。

1. 为企业员工薪酬方案添加编号

若要对已经输入好的段落添加编号，可通过【段落】组中的【编号】按钮实现，具体操作步骤如下。

Step 01 在“企业员工薪酬方案.docx”文档中，❶选择需要添加编号的段落，❷在【开始】选项卡的【段落】组中单击【编号】按钮右侧的下拉按钮，❸在弹出的下拉列表中选择需要的编号样式，如图 3-60 所示。

Step 02 应用了编号后的效果如图 3-61 所示。

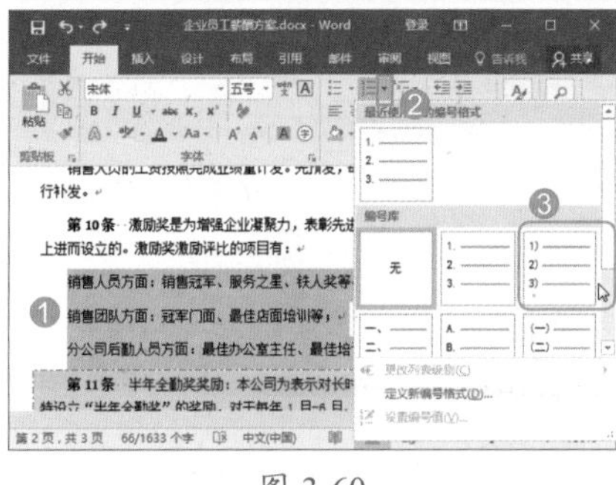

图 3-60

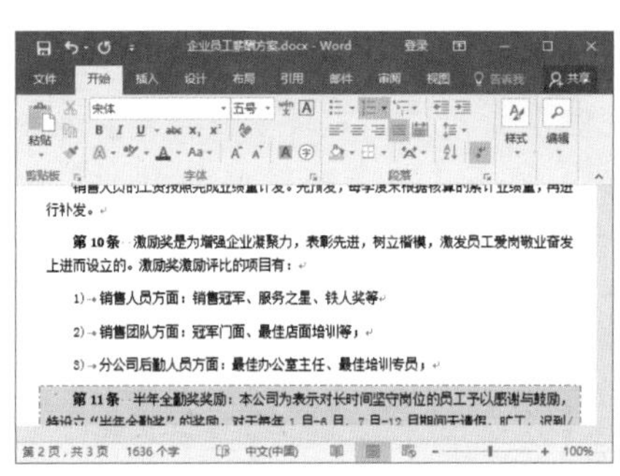

图 3-61

2. 为出差管理制度使用多级列表

对于含有多个层次的段落，为了能清晰地体现层次结构，可对其添加多级列表。添加多级列表的操作步骤如下。

Step 01 打开“光盘\素材文件\第 3 章\员工出差管理制度.docx”文件，❶选择需要添加列表的段落，❷在【开始】选项卡的【段落】组中单击【多级列表】按钮，❸在弹出的下拉列表中选择需要的列表样式，如图 3-62 所示。

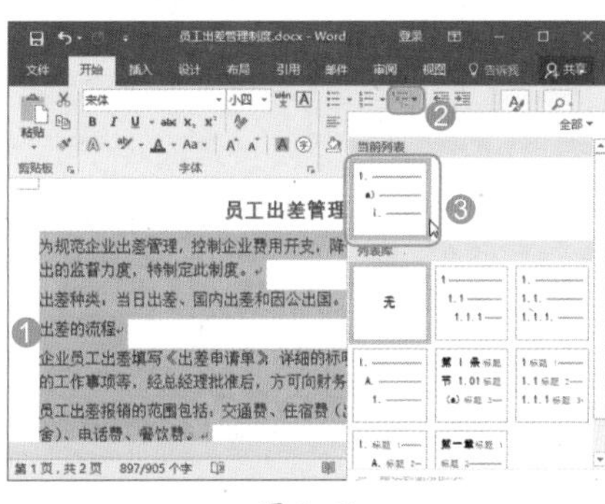

图 3-62

Step 02 此时所有段落的编号级别为 1 级，效果如图 3-63 所示。

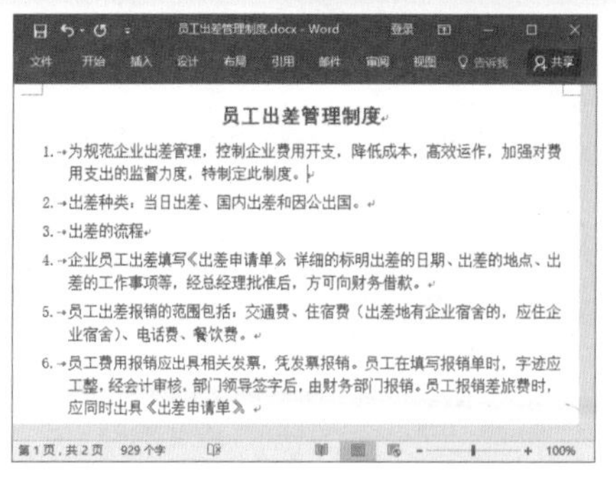

图 3-63

Step 03 ❶选择需要调整级别的段落，❷单击【多级列表】按钮，❸在弹出的下拉列表中依次选择【更改列表级别】→【2 级】选项，如图 3-64 所示。

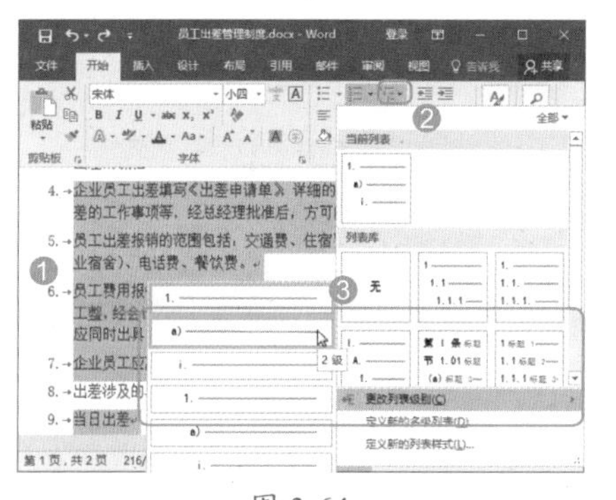

图 3-64

Step 04 此时，所选段落的级别调整为【2 级】，其他段落的编号依次发生变化，如图 3-65 所示。

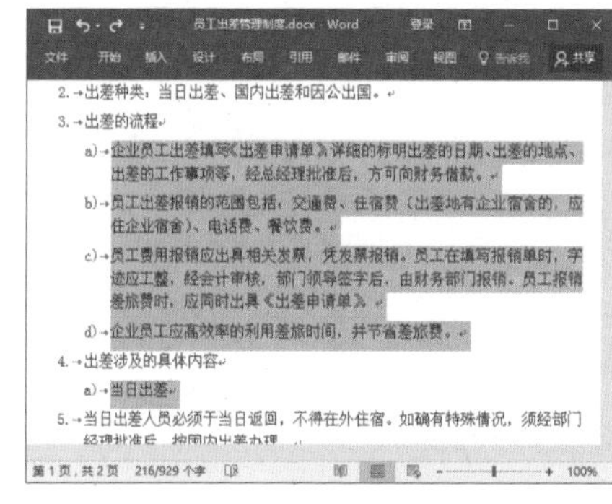

图 3-65

Step 05 ❶选择需要调整级别的段落，❷单击【多级列表】按钮，❸在弹出的下拉列表中依次选择【更改列表级别】→【3 级】选项，如图 3-66 所示。

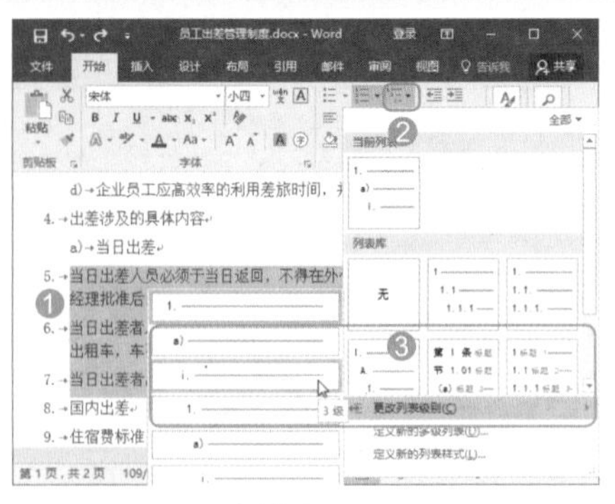

图 3-66

Step06 此时，所选段落的级别调整为【3 级】，其他段落的编号依次发生变化，如图 3-67 所示。

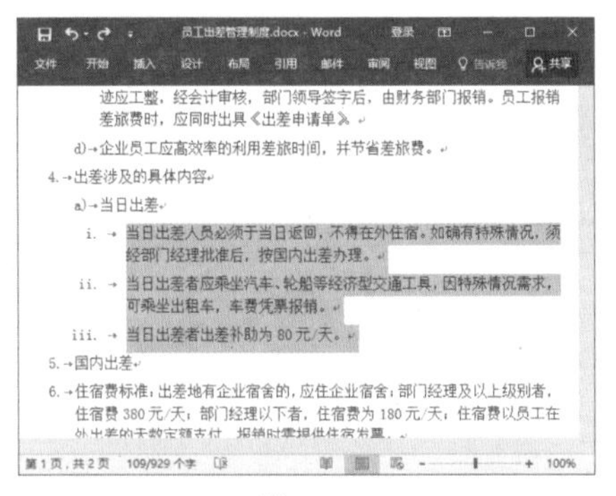

图 3-67

Step07 按照上述操作方法，对其他段落调整编号级别即可。

技能拓展——使用快捷键调整列表级别

将文本插入点定位在编号与文本之间，按下【Tab】键，可以降低一个列表级别；按下【Shift+Tab】组合键，可以提高一个列表级别。

3. 为文书管理制度自定义多级列表

除了使用内置的列表样式外，用户还可以定义新的多级列表样式，具体操作步骤如下。

Step01 打开“光盘\素材文件\第 3 章\文书管理制度.docx”文件，❶ 选择需要添加列表的段落，❷ 在【开始】选项卡的【段落】组中单击【多级列表】按钮，❸ 在弹出的下拉列表中选择【定义新的多级列表】选项，如图 3-68 所示。

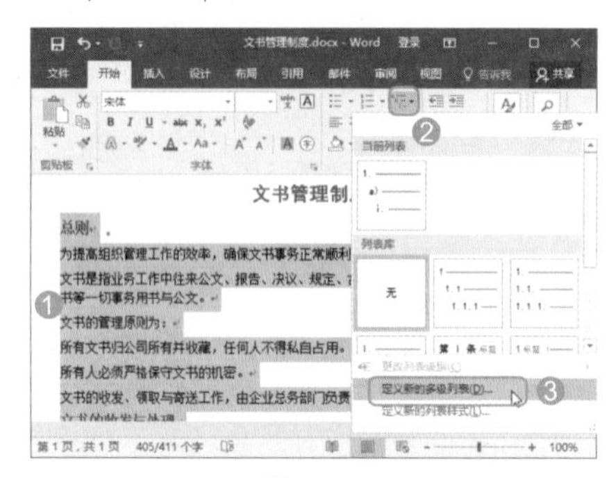

图 3-68

Step02 打开【定义新多级列表】对话框，❶ 在【单击要修改的级别】列表框中选择【1】选项，❷ 在【此级别的编号样式】下拉列表中选择该级别的编号样式，如选择【一、二、三(简)…】选项，❸ 在【输入编号的格式】文本框中将显示【一】字样，在【一】的前面输入【第】，在【一】的后面输入【条：】，如图 3-69 所示。

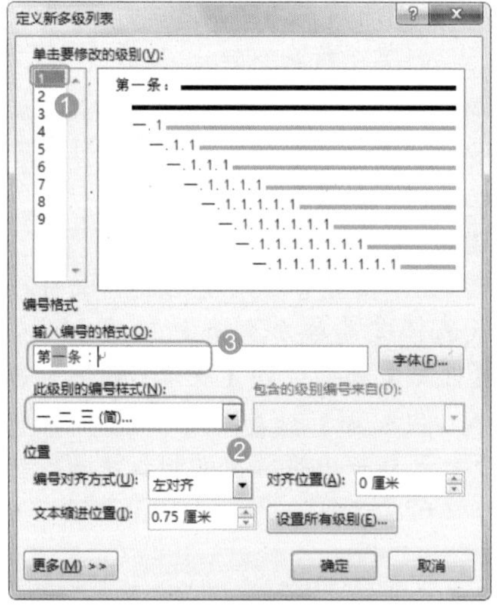

图 3-69

Step03 ❶ 在【单击要修改的级别】列表框中选择【2】选项，❷ 在【此级别的编号样式】下拉列表中选择该级别的编号样式，此时【输入编号的格式】文本框中显示为【一.I】，如图 3-70 所示。

Step04 在【输入编号的格式】文本框中，将【一.】删除掉，如图 3-71 所示。

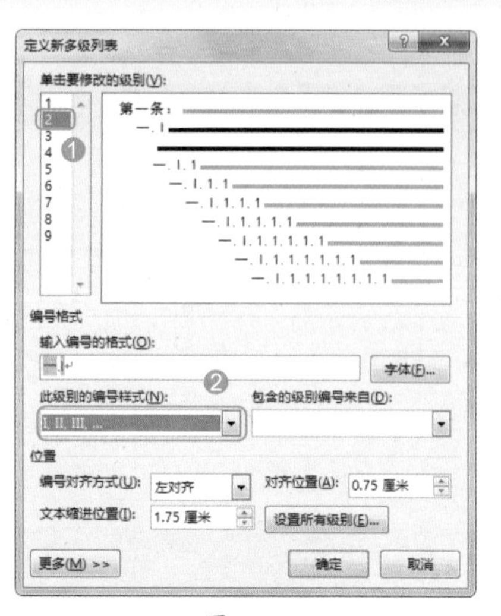

图 3-70

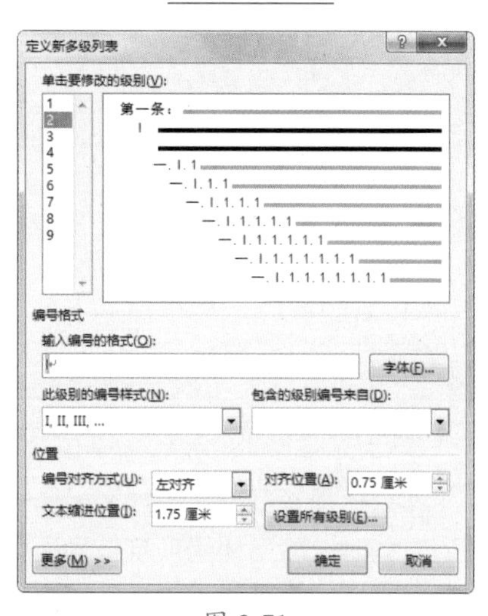

图 3-71

Step05 ❶ 在【单击要修改的级别】列表框中选择【3】选项，❷ 在【此级别的编号样式】下拉列表中选择该级别的编号样式，此时【输入编号的格式】文本框中显示为【一.I.1】，如图 3-72 所示。

Step06 ❶ 在【输入编号的格式】文本框中，将【一.I】删除掉，❷ 本例中所选段落仅有 3 个级别，因而只设置前 3 个级别的样式即可，相应级别的格式设置完成后，可以通过预览框进行预览，若确定当前样式，则单击【确定】按钮，如图 3-73 所示。

Step07 返回文档，所选段落的编号级别都为 1 级，调整段落的列表级别，调整后的效果如图 3-74 所示。

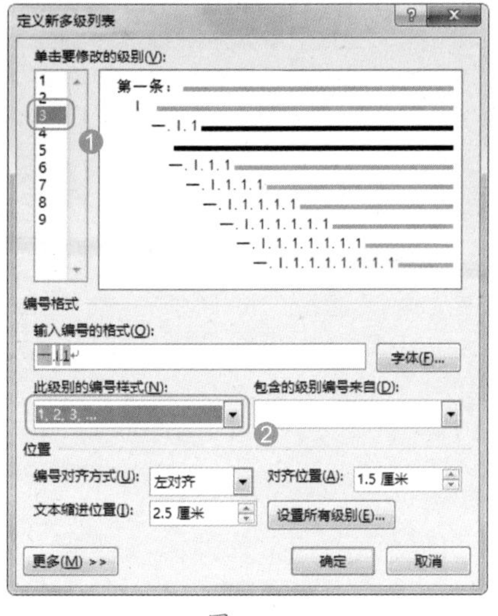

图 3-72

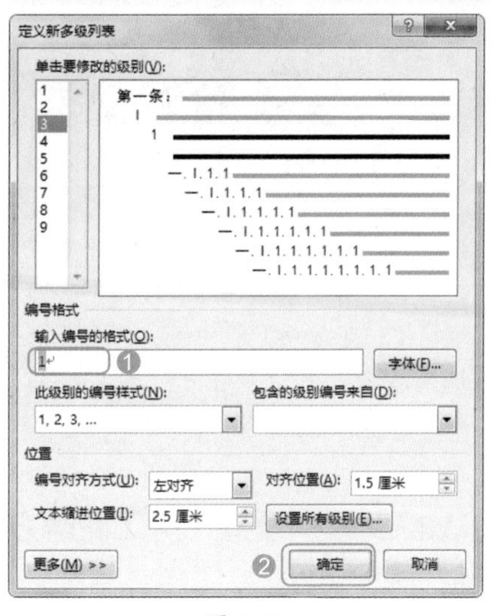

图 3-73

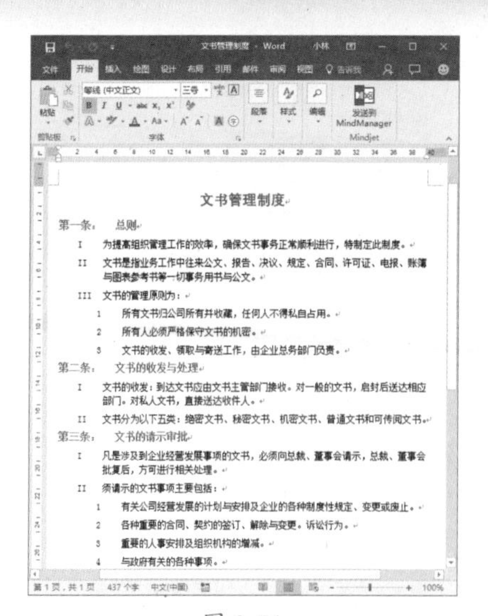

图 3-74

3.3 设置页面格式

无论对文档进行哪种样式的排版，所有操作都是在页面中完成的，页面直接决定了版面中内容的多少及摆放位置。在排版过程中，用户可以使用默认的页面设置，也可以根据需要对页面进行设置，主要包括纸张大小、纸张方向、页边距等。为了保证版式的整洁，一般建议在排版文档之前先设置好页面。

3.3.1 实战：设置“员工薪酬方案”开本大小

实例门类	软件功能
教学视频	光盘\视频\第 3 章\3.3.1.mp4

进行页面设置时，通常是先确定页面的大小，即开本大小（纸张大小）。在设置开本大小前，先了解“开本”和“印张”两个基本概念。

开本是指以整张纸为计算单位，将一整张纸裁切和折叠多少个均等的小张就称其为多少开本。例如，整张纸经过一次对折后为对开，经过二次对折后为 4 开，经过 3 次对折后为 8 开，经过 4 次对折后为 16 开，以此类推。为了便于计算，可以使用公式 2^n 来计算开本大小，其中 n 表示对折的此次。

印张是指整张纸的一个印刷面，每个印刷面包含指定数量的书页，书页的数量由开本决定。例如，一本书以 32 开来印刷，一共使用了 15 个印张，那么这本书的页数就是 32×15=480 页。反之，根据一本书的总页数和开本大小可以计算出需要使用的印张数。例如，一本 16 开 360 页的书，需要的印张数为 360÷16=22.5 个印张。

Word 提供了内置纸张大小供用户快速选择，用户也可以根据需要自定义设置，具体操作步骤如下。

Step 01 打开“光盘\素材文件\第 3 章\员工薪酬方案.docx”文件，❶ 切换到【布局】选项卡，❷ 在【页面设置】组中单击【功能扩展】按钮，如图 3-75 所示。

技能拓展——通过功能区设置纸张大小

在【页面设置】组中，单击【纸张大小】按钮，在弹出的下拉列表中可快速选择需要的纸张大小。

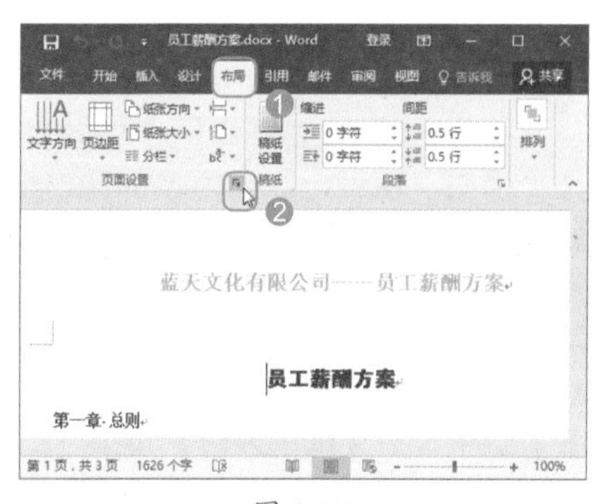

图 3-75

Step 02 打开【页面设置】对话框，❶ 切换到【纸张】选项卡，❷ 在【纸张大小】下拉列表中选择需要的纸张大小，如选择【16 开】选项，❸ 单击【确定】按钮即可，如图 3-76 所示。

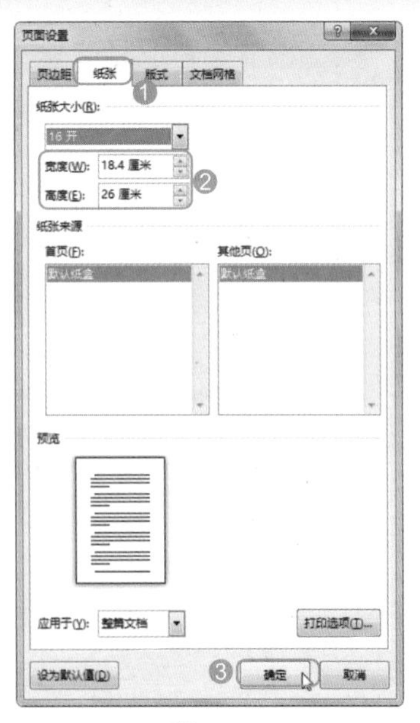

图 3-76

3.3.2 实战：设置“员工薪酬方案”纸张方向

实例门类	软件功能
教学视频	光盘\视频\第3章\3.3.2.mp4

纸张的方向主要包括“纵向”与“横向”两种，纵向为Word文档的默认方向，根据需要，用户可以设置纸张方向，具体操作步骤如下。

在员工薪酬方案.docx文档中，切换到【布局】选项卡，在【页面设置】组中单击【纸张方向】按钮，在弹出的下拉列表中选择需要的纸张方向即可，本例中选择【横向】选项，如图3-77所示。

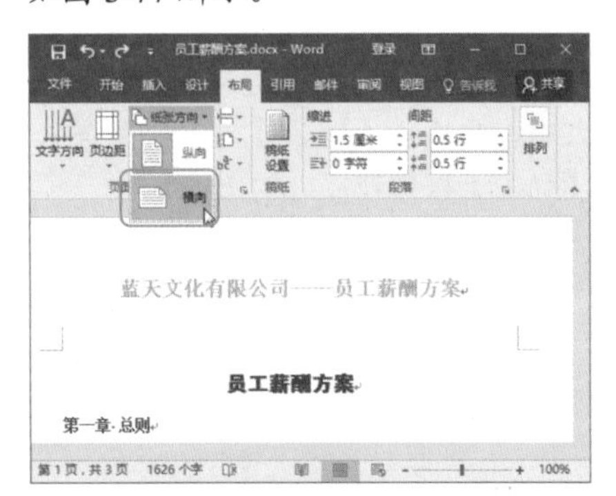

图 3-77

技能拓展——通过对话框设置纸张方向

除了通过功能区设置纸张方向外，还可通过【页面设置】对话框设置纸张方向，方法为：打开【页面设置】对话框，在【页边距】选项卡的【纸张方向】栏中，选择需要的纸张方向，然后单击【确定】按钮即可。

3.3.3 实战：设置“员工薪酬方案”版心大小

实例门类	软件功能
教学视频	光盘\视频\第3章\3.3.3.mp4

确定了纸张大小和纸张方向后，便可设置版心大小了。版心的大小决定了可以在一页中输入的内容量，而版心大小由页面大小和页边距大小决定。

简单地讲，版心的大小可以用下面的公式计算得到：

版心的宽度 = 纸张宽度 − 左边距 − 右边距

版心的高度 = 纸张高度 − 上边距 − 下边距

所以，在确定了页面的纸张大小后，只需要设定好页边距大小，即可完成对版心大小的设置。设置页边距大小的操作步骤如下。

Step 01 在“员工薪酬方案.docx”文档中，❶切换到【布局】选项卡，❷在【页面设置】组中单击【功能扩展】按钮，如图3-78所示。

Step 02 打开【页面设置】对话框，❶切换到【页边距】选项卡，❷在【页边距】栏中通过【上】【下】【左】【右】微调框设置相应的值，❸完成设置后单击【确定】按钮，如图3-79所示。

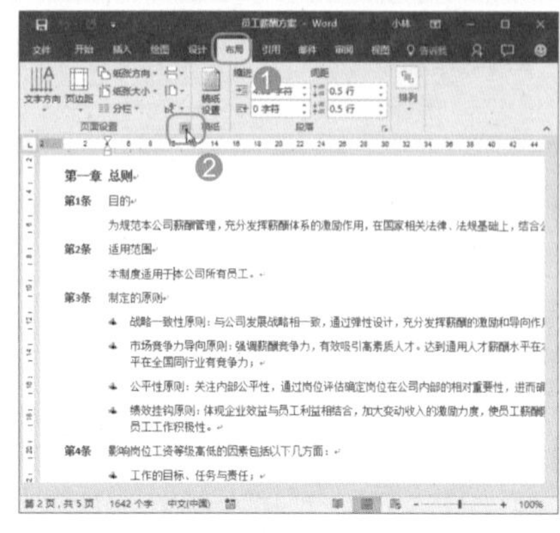

图 3-78

图 3-79

★ 重点 3.3.4 实战：为文档添加页眉、页脚内容

实例门类	软件功能
教学视频	光盘\视频\第3章\3.3.4.mp4

页眉、页脚分别位于文档的最上方和最下方，编排文档时，在页眉和页脚处输入文本或插入图形，如页码、公司名称、书稿名称、日期或公司徽标等，可以对文档起到美化点缀的作用。下面介绍几种常见的添加页眉、页脚的方法。

1. 为“公司简介”文档添加内置页眉、页脚内容

Word 提供了多种样式的页眉、页脚，用户可以根据实际需要进行选择，具体操作步骤如下。

Step01 打开“光盘\素材文件\第 3 章\公司简介.docx”文件，❶ 切换到【插入】选项卡，❷ 单击【页眉和页脚】组中的【页眉】按钮，❸ 在弹出的下拉列表中选择所需的页眉样式，如图 3-80 所示。

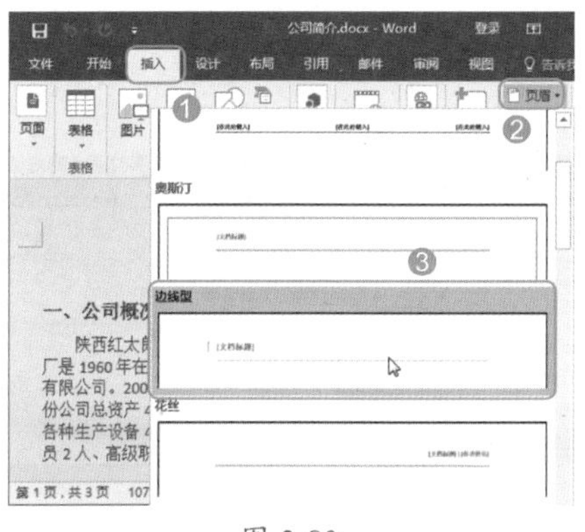

图 3-80

Step02 所选样式的页眉将添加到页面顶端，同时文档自动进入页眉编辑区，❶ 通过单击占位符或在段落标记处输入并编辑页眉内容，❷ 完成页眉内容的编辑后，在【页眉和页脚工具/设计】选项卡的【导航】组中单击【转至页脚】按钮，如图 3-81 所示。

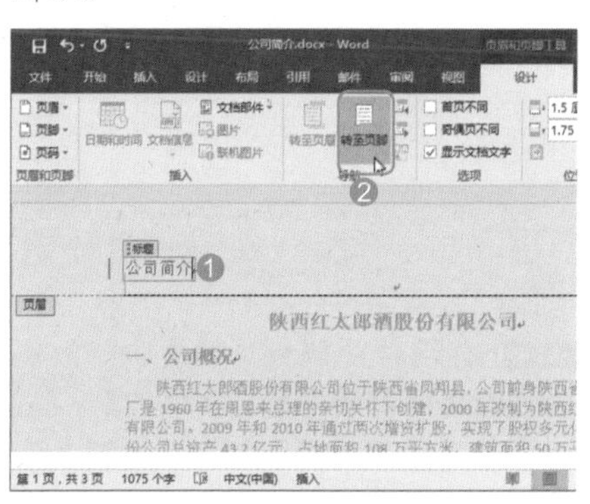

图 3-81

Step03 自动转至当前页的页脚，此时，页脚为空白样式，如果要更改其样式，❶ 在【页眉和页脚工具/设计】选项卡的【页眉和页脚】组中单击【页脚】按钮，❷ 在弹出的下拉列表中选择需要的页脚样式，如图 3-82 所示。

技术看板

编辑页眉页脚时，在【页眉和页脚工具/设计】选项卡的【插入】组中，通过单击相应的按钮，可在页眉/页脚中插入图片、剪贴画等对象，以及插入作者、文件路径等文档信息。

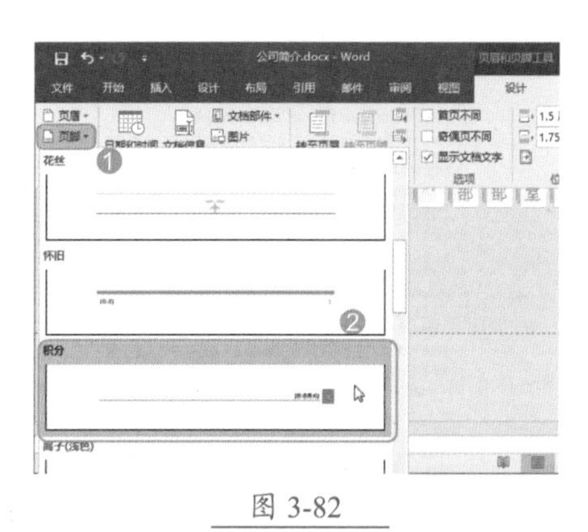

图 3-82

Step04 ❶ 通过单击占位符或在段落标记处输入并编辑页脚内容，❷ 完成页脚内容的编辑后，在【页眉和页脚工具/设计】选项卡的【关闭】组中单击【关闭页眉和页脚】按钮，如图 3-83 所示。

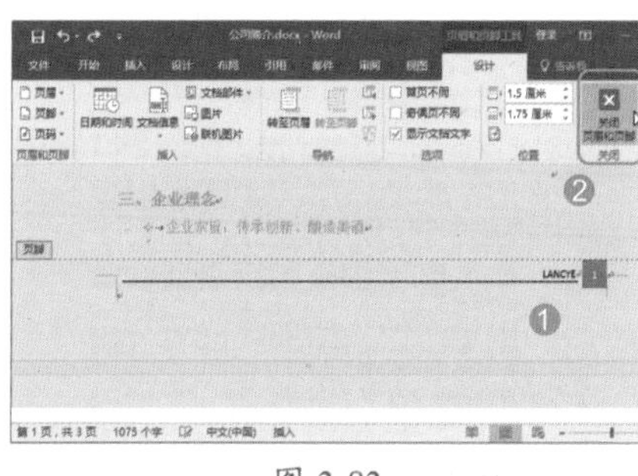

图 3-83

Step05 退出页眉/页脚编辑状态，即可看到设置了页眉页脚后的效果，如图 3-84 所示。

技能拓展——自定义页眉页脚

编辑页眉、页脚时，还可自定义页眉、页脚，方法为：双击页眉或页脚，即文档上方或下方的页边距，进入页眉、页脚编辑区，此时根据需要直接编辑页眉、页脚内容。

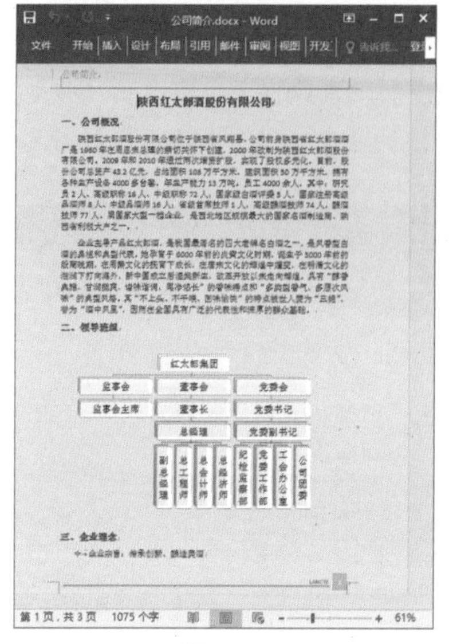

图 3-84

2. 为“人力资源部 2017 年工作计划”的首页创建不同的页眉和页脚

Word 提供了“首页不同”功能，通过该功能，可以单独为首页设置不同的页眉、页脚效果，具体操作步骤如下。

Step01 打开“光盘\素材文件\第 3 章\人力资源部 2017 年工作计划.docx”文件，双击页眉或页脚进入编辑状态，❶ 切换到【页眉和页脚工具/设计】选项卡，❷ 选中【选项】组中的【首页不同】复选框，❸ 在首页页眉中编辑页眉内容，❹ 单击【导航】组中的【转至页脚】按钮，如图 3-85 所示。

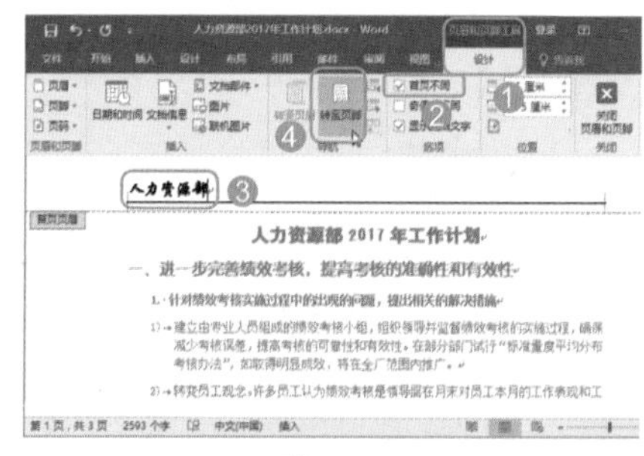

图 3-85

技术看板

编辑页眉、页脚内容时，依然可以对文本对象设置字体、段落等格式，其操作方法与正文相同。

Step 02 自动转至当前页的页脚，❶ 编辑首页的页脚内容，❷ 单击【导航】组中的【下一节】按钮，如图 3-86 所示。

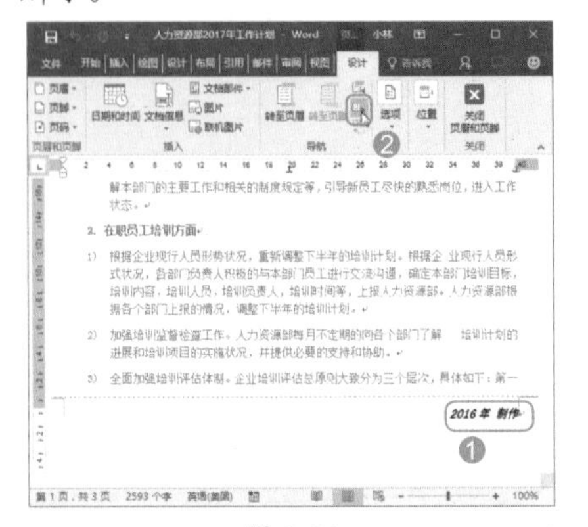

图 3-86

Step 03 跳转到第 2 页的页脚，编辑页脚内容（本例中插入的页码：❶ 单击“页码”下拉按钮，❷ 选择【页面底端】→【普通数字 3】选项），❸ 单击【导航】组中的【转至页眉】按钮，如图 3-87 所示。

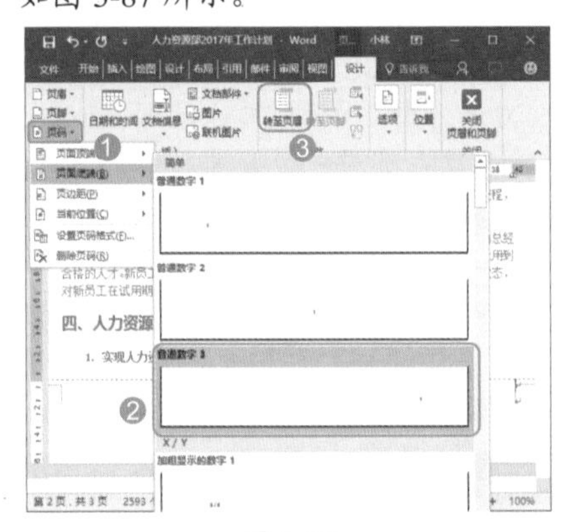

图 3-87

Step 04 自动转至当前页的页眉，❶ 编辑页眉内容，❷ 在【关闭】组中单击【关闭页眉和页脚】按钮，如图 3-88 所示。

Step 05 退出页眉、页脚编辑状态，首页和其他任意一页的页眉、页脚效果分别如图 3-89 和图 3-90 所示。

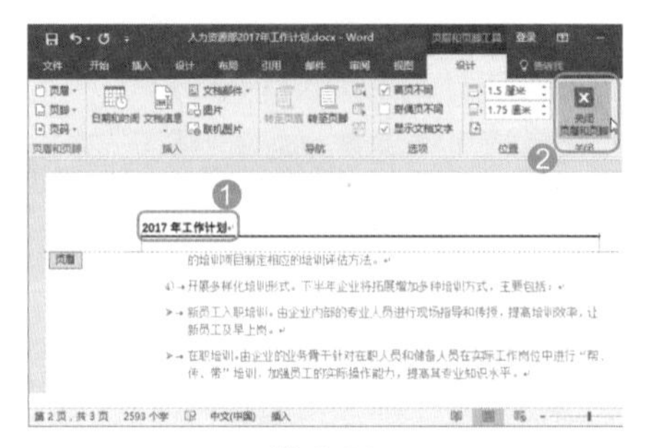

图 3-88

人力资源部

人力资源部 2017 年工作计划

一、进一步完善绩效考核，提高考核的准确性和有效性

1. 针对绩效考核实施过程中的出现的问题，提出相关的解决措施

1) 建立由专业人员组成的绩效考核小组，组织领导并监督绩效考核的实施过程，确保减少考核误差，提高考核的可靠性和有效性。在部分部门试行“标准差度平均分布考核办法”，如取得明显成效，将在全厂范围内推广。

2) 转变员工观念，许多员工认为绩效考核是领导层在月末对员工本月的工作表现和工作业绩进行管理的行为，是单向性的领导和控制。通过绩效考核方面的宣传和培训，要让员工了解到，通过绩效考核能够加强员工和领导层的沟通互动，能够提升自身的能力，对个人的职业规划有良好的推动作用。

3) 建立绩效考核的投诉机制，员工如果对领导层的考核结果存在异议，可以向绩效考核小组提出申诉，由绩效考核小组进行复核、调节，以保证考核的客观公正性。

2. 加强部门考核

1) 实施绩效考核培训，使各个部门的领导层和员工了解绩效考核系统，使考核者掌握绩效考核的方法和技巧，在考核的工作中能够准确的应用。

2) 根据各个部门的工作计划及相关指标完成情况，对部门绩效进行考核，将部门考核结果和员工的绩效考核结果相结合，最终确定员工的绩效工资。

二、进一步做好培训工作，使其具有针对性和实用性

1. 新员工入职培训方面

1) 新员工人数将达到 10 人，由人力资源部负责组织一期正式的入职培训，主要发放相关的材料，介绍岗位情况、企业文化、相关制度等情况，完成新员工的岗前引导工作。

2) 部门派专人负责新员工的职前培训，带领新员工熟悉本部门，介绍本部门同事、讲解本部门的主要工作和相关的制度规定等，引导新员工尽快的熟悉岗位，进入工作状态。

2. 在职员工培训方面

1) 根据企业现行人员形势状况，重新调整下半年的培训计划，根据企业现行人员形式状况，各部门负责人积极的与本部门员工进行交流沟通，确定本部门培训目标、培训内容、培训人员、培训负责人、培训时间等，上报人力资源部，人力资源部根据各个部门上报的情况，调整下半年的培训计划。

2) 加强培训监督检查工作，人力资源部每月不定期的向各个部门了解培训计划的进展和培训项目的实施状况，并提供必要的支持和协助。

3) 全面加强培训评估体制，企业培训评估总原则大致分为三个层次，具体如下：第一个评估层次为学习过程的行为表现，第二个评估层次为培训结束后的测试成绩，第三个评估层次为实际工作中的运用程度。人力资源部协助各个部门针对各部门不同

2016 年 制作

图 3-89

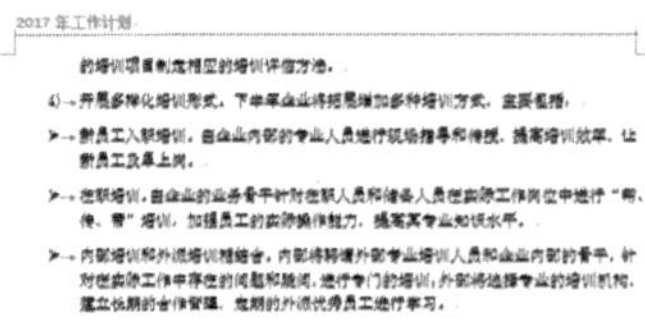

2017 年工作计划

的培训项目制定相应的培训评估方法。

4) 开展多样化培训形式，下半年企业将拓展增加多种培训方式，主要包括：

➢ 新员工入职培训，由企业内部的专业人员进行现场指导和传授，提高培训效率，让新员工及早上岗。

➢ 在职培训，由企业的业务骨干针对在职人员和储备人员在实际工作岗位中进行“帮、传、带”培训，加强员工的实际操作能力，提高其专业知识水平。

➢ 内部培训和外派培训相结合，内部将聘请外部专业培训人员和企业内部的骨干，针对在实际工作中存在的问题和疑问，进行专门的培训；外部将选择专业的培训机构，建立长期的合作管理，定期的外派优秀员工进行学习。

➢ 交流学习，在企业内部，各个部门之间，定期的开展相互交流学习，促进各个部门之间的沟通，彼此熟悉相关的工作流程，以便在现实工作中更好的配合。在企业的外部，不定期的组织优秀的员工到同行业企业考察，学习和借鉴其他企业的先进的技术和经验。

➢ 鼓励员工自我提高，鼓励员工在业余时间利用互联网、企业图书馆等增长自身的业务知识，提高自身的业务水平；鼓励员工继续深造，自主创新，对员工所取得的成果，企业予以承认并进行奖励。

5) 建立部门经理培训责任化机制，在培训工作中，部门经理应该在其中扮演好“催化剂”的角色，鼓励、引导本部门员工的发展，与部门员工共同制定切实可行的培训计划，为部门员工提供一个能够发挥员工个人潜能的平台和工作环境，定期反馈给人力资源部部门员工绩效表现。

3. 管理层进修方面

作为部门的主导力量，部门经理、项目负责人引导着本部门的发展方向，他们业务水平的高低直接决定着本部门的兴衰成败，甚至影响企业的发展，2013 年下半年组织各部门管理人员分批外派进修。

三、完成招聘工作的目标，保证所聘人员质量

1. 招聘方面：拓宽招聘渠道，有计划有目的的组织招聘工作，制定详细的招聘流程，为企业选聘优秀人才。

2. 录用方面：完善人员考核录用程序，除笔试外和面试外，增加会议制面试，由总经理，人力资源部经理，部门经理共同参加面试考核工作，提高面试效率，确保为企业录用到合格的人才。新员工试用期间，由部门经理不定期的和新员工沟通交流，随时了解员工状态，对新员工在试用期的表现做出相关评估。

四、人力资源管理的强化

1. 实现人力资源管理的制度化，保证人力资源管理的科学性。

1) 在人事任用方面、员工培训方面、薪酬考核方面等建立相应的规章制度，并在实施的过程中不断的完善，使各个方面都能够“有法可依，有法必依，执法必严，违法必究”，并协助各个部门组织员工学习企业规章制度，提高员工的规范化意识。

3

图 3-90

3. 为产品介绍的奇、偶页创建不同的页眉和页脚

在实际应用中，有时还需要为奇、偶页创建不同的页眉和页脚，这需要通过 Word 提供的“奇偶页不同”功能实现，具体操作步骤如下。

Step 01 打开“光盘\素材文件\第 3 章\产品介绍 .docx”文件，双击页眉或页脚进入编辑状态，❶ 切换到【页眉和页脚工具 / 设计】选项卡，❷ 选中【选项】组中的【奇偶页不同】复选框，❸ 在奇数页页眉中编辑页眉内容，❹ 单击【导航】组中的【转至页脚】按钮，如图 3-91 所示。

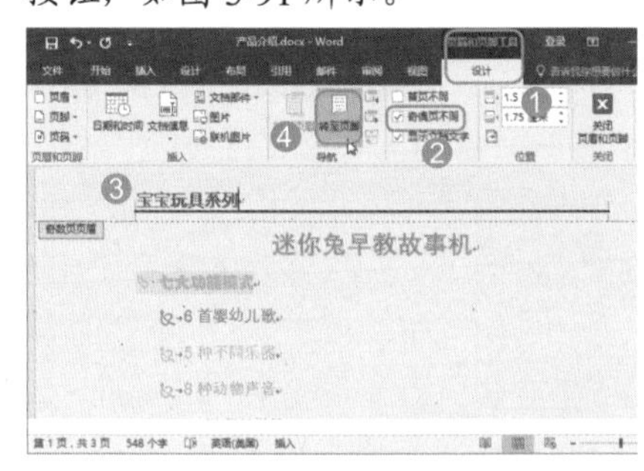

图 3-91

Step 02 自动转至当前页的页脚，❶ 编辑奇数页的页脚内容，❷ 单击【导航】组中的【下一节】按钮，如图 3-92 所示。

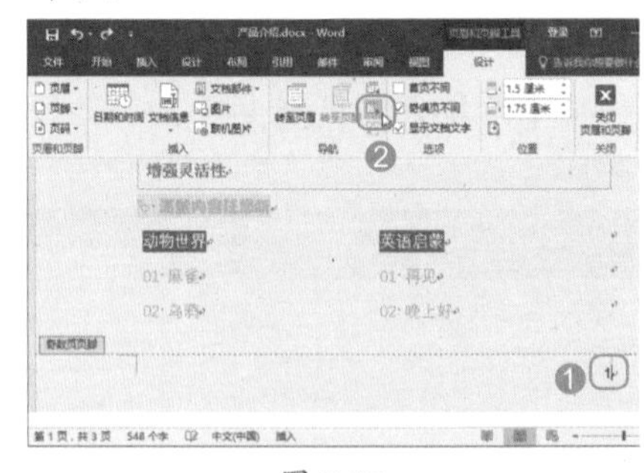

图 3-92

Step 03 自动转至偶数页的页脚，❶ 编辑偶数页的页脚内容，❷ 单击【导航】组中的【转至页眉】按钮，如图 3-93 所示。

Step 04 自动转至当前页的页眉，❶ 编辑偶数页的页眉内容，❷ 在【关闭】组中单击【关闭页眉和页脚】按钮，如图 3-94 所示。

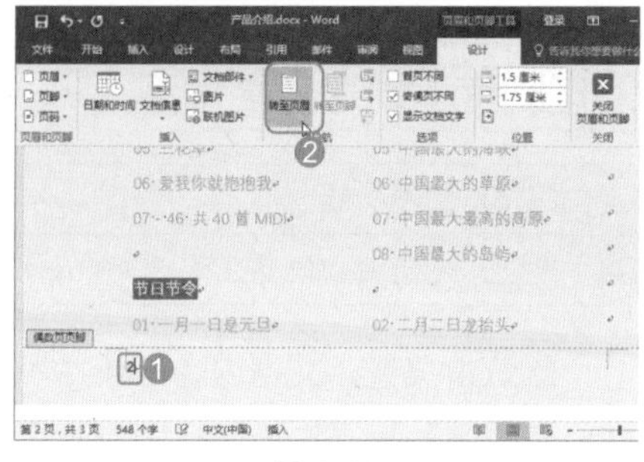

图 3-93

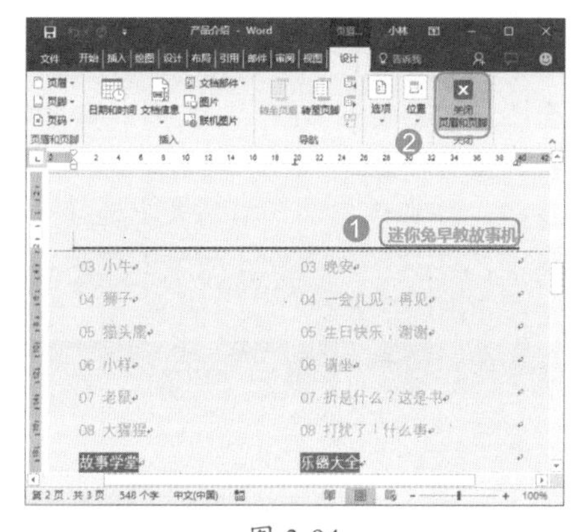

图 3-94

Step 05 退出页眉、页脚编辑状态，奇数页和偶数页的页眉、页脚效果分别如图 3-95 和图 3-96 所示。

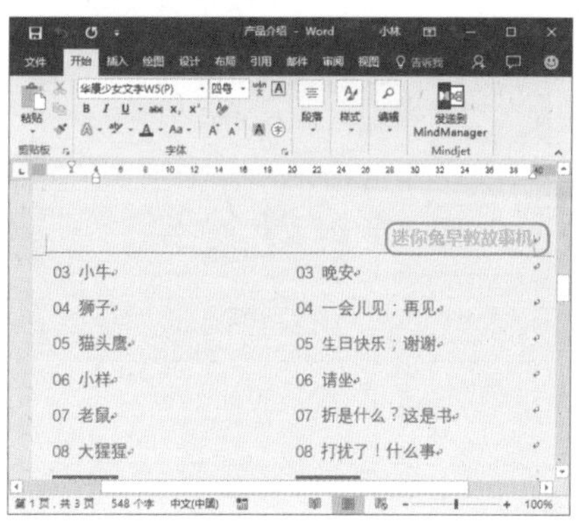

图 3-95

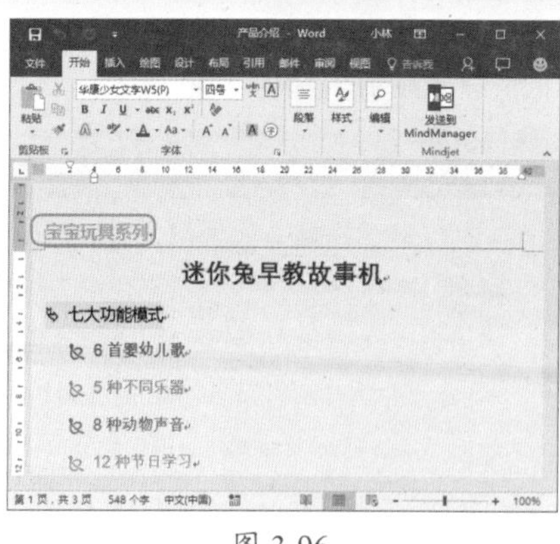

图 3-96

3.4 设置特殊格式

在设置段落格式时，还遇到一些比较常用的特殊格式，如首字下沉、双行合一、纵横混排等。那么，这些格式又是怎么设置的呢？下面就来一一介绍。

★ 重点 3.4.1　实战：设置首字下沉

实例门类	软件功能
教学视频	光盘\视频\第 3 章\3.4.1.mp4

首字下沉是一种段落修饰，是将文档中第一段第一个字放大并占几行显示，这种格式在报刊、杂志中比较常见。设置首字下沉的具体操作步骤如下。

Step 01 打开“光盘\素材文件\第 3 章\企业宣言.docx”文件，❶ 将文本插入点定位在要设置首字下沉的段落中，❷ 切换到【插入】选项卡，❸ 单击【文本】组中的【首字下沉】按钮，❹ 在弹出的下拉列表中选择【首字下沉选项】选项，如图 3-97 所示。

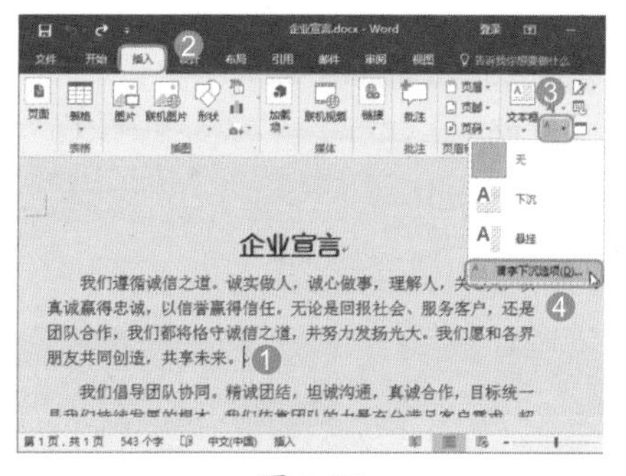

图 3-97

> **技术看板**
>
> 在下拉列表中若直接选择【下沉】选项，Word 将按默认设置对当前段落设置首字下沉格式。

Step 02 打开【首字下沉】对话框，❶ 在【位置】栏中选择【下沉】选项，❷ 在【选项】栏中设置首字的字体、下沉行数等参数，❸ 设置完成后单击【确定】按钮，如图 3-98 所示。

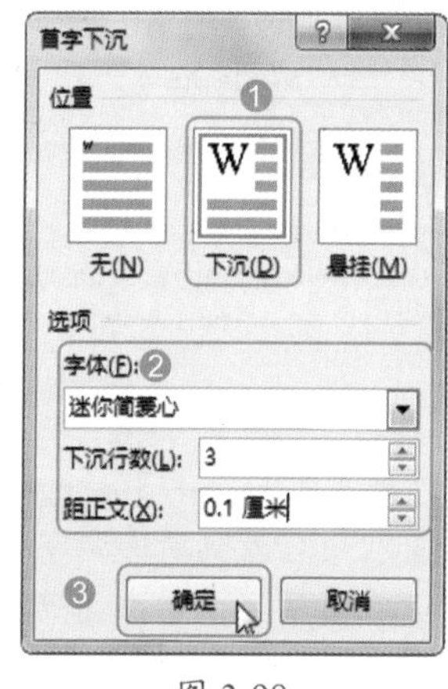

图 3-98

Step03 返回文档，即可看到设置首字下沉后的效果，如图 3-99 所示。

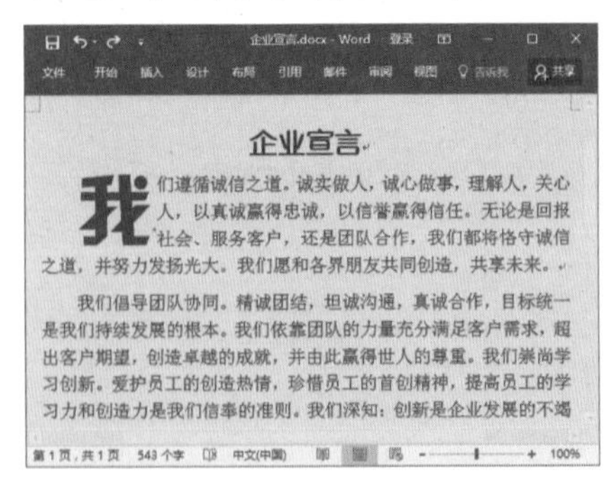

图 3-99

★ 重点 3.4.2 实战：双行合一

实例门类	软件功能
教学视频	光盘\视频\第 3 章\3.4.2.mp4

双行合一是 Word 的一个特色功能，通过该功能，可以轻松地制作出两行合并成一行的效果。

Step01 打开“光盘\素材文件\第 3 章\聘任通知.docx”文件，❶ 选中【董事长办公室总经理办公室】文本，❷ 在【开始】选项卡的【段落】组中，单击【中文版式】按钮，❸ 在弹出的下拉列表中选择【双行合一】选项，如图 3-100 所示。

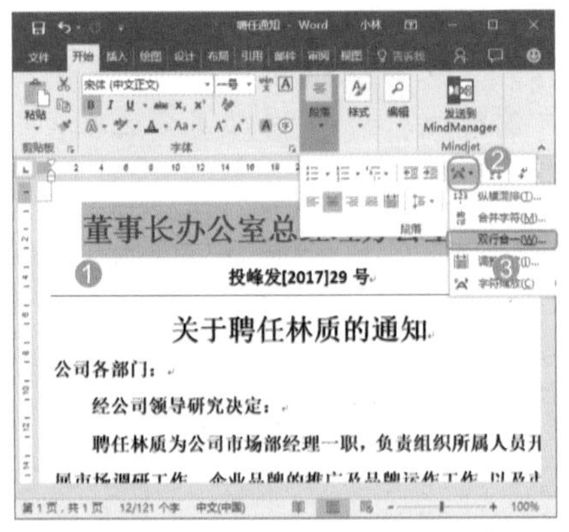

图 3-100

Step02 打开【双行合一】对话框，在【预览】栏中可看到所选文字按字数平均分布在了两行，单击【确定】按钮，如图 3-101 所示。

图 3-101

技能拓展——设置带括号的双行合一效果

如果希望制作带括号的双行合一效果，则在【双行合一】对话框中选中【带括号】复选框，然后在【括号样式】下拉列表中选择需要的括号样式即可。

Step03 返回文档，即可查看到目标文本双行合一的效果，如图 3-102 所示。

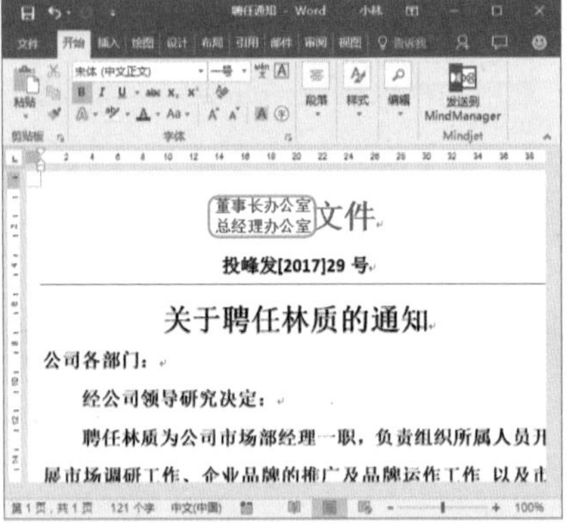

图 3-102

技能拓展——取消双行合一效果

对文档中的文字设置了双行合一的效果后，如果需要取消该效果，可先选中设置了双行合一效果的文本对象，打开【双行合一】对话框，单击【删除】按钮即可。

★ 重点 3.4.3 实战：为“会议管理制度”创建分栏排版

实例门类	软件功能
教学视频	光盘\视频\第 3 章\3.4.3.mp4

默认情况下，文档内容呈单栏排列，若希望文档分栏排版，则可利用 Word 的分栏功能实现，具体操作步骤如下。

Step01 打开“光盘\素材文件\第 3 章\会议管理制度.docx”文件，❶ 切换到【布局】选项卡，❷ 单击【分栏】按钮，❸ 在弹出的下拉列表中选择分栏方式选项，如选择【两栏】选项，如图 3-103 所示。

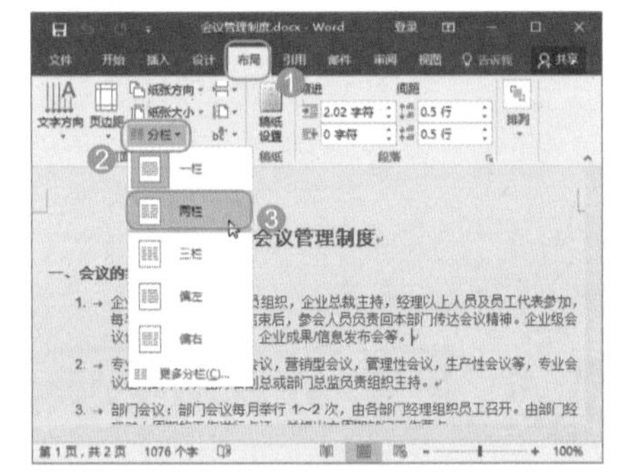

图 3-103

Step02 此时，Word 将按默认设置对文档进行双栏排版，如图 3-104 所示。

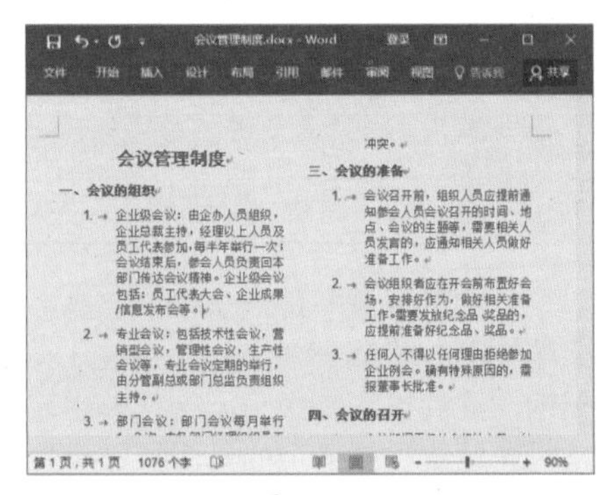

图 3-104

技能拓展——添加栏分隔线

对文档进行分栏排版时，为了让分栏效果更加明显，可以将分隔线显示出来，具体操作方法为：单击【页面设置】组中的【分栏】按钮，在弹出的下拉列表中选择【更多分栏】命令，在打开的【分栏】对话框中选中【分隔线】复选框，最后单击【确定】按钮即可（要取消栏的分隔线，只需选中目标文本后，在【分栏】对话框中取消选中【分隔线】复选框，单击【确定】按钮）。

3.4.4 实战：为“考勤管理制度”添加水印效果

实例门类	软件功能
教学视频	光盘\视频\第 3 章\3.4.4.mp4

水印是指将文本或图片以水印的方式设置为页面背景，其中文字水印多用于说明文件的属性，通常用作提醒功能，而图片水印则大多用于修饰文档。

对于文字水印而言，Word 提供了几种文字水印样式，用户只需切换到【设计】选项卡，单击【页面背景】组中的【水印】按钮，在弹出的下拉列表中选择需要的水印样式，如图 3-105 所示。

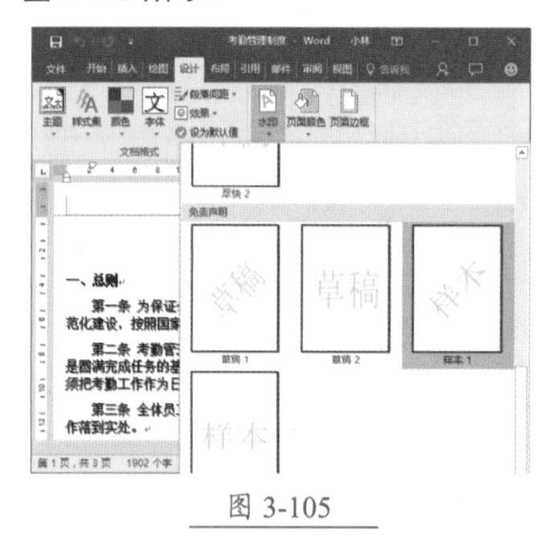

图 3-105

技能拓展——删除水印

在设置了水印的文档中，如果要删除水印，在【页面背景】组中单击【水印】按钮，在弹出的下拉列表中选择【删除水印】选项即可。

但在编排商务办公文档时，Word 提供的文字水印样式并不能满足用户的需求，此时就需要自定义文字水印，具体操作步骤如下。

Step 01 打开“光盘\素材文件\第 3 章\考勤管理制度.docx”文件，❶ 切换到【设计】选项卡，❷ 单击【页面背景】组中的【水印】按钮，❸ 在弹出的下拉列表中选择【自定义水印】命令，打开【水印】对话框，如图 3-106 所示。

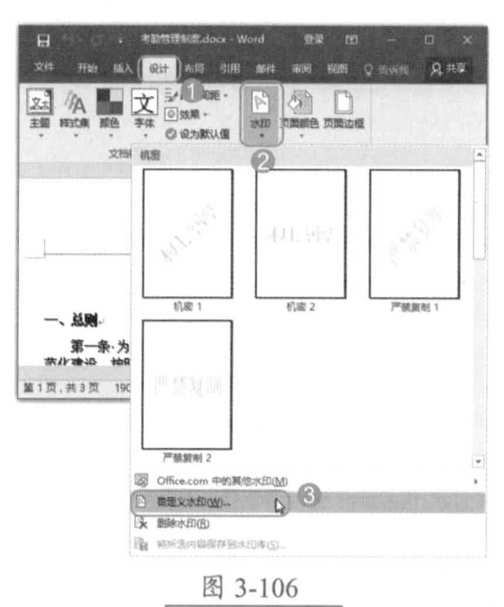

图 3-106

Step 02 ❶ 选中【文字水印】单选按钮，❷ 在【文字】文本框中输入水印内容，❸ 根据需要对文字水印设置字体、字号等参数，❹ 完成设置后，单击【确定】按钮，如图 3-107 所示。

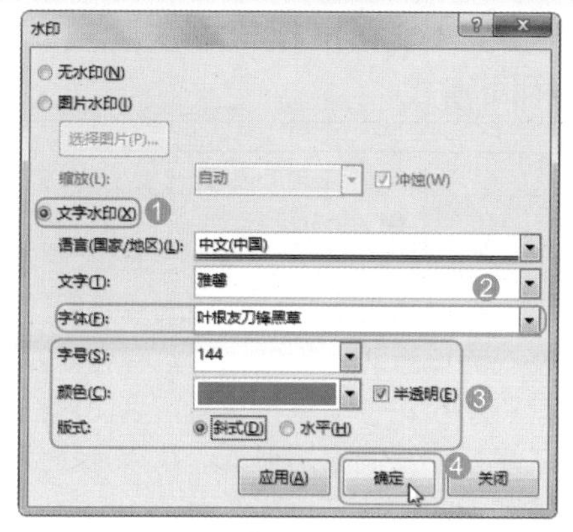

图 3-107

Step 03 返回文档，即可查看设置后的效果，如图 3-108 所示。

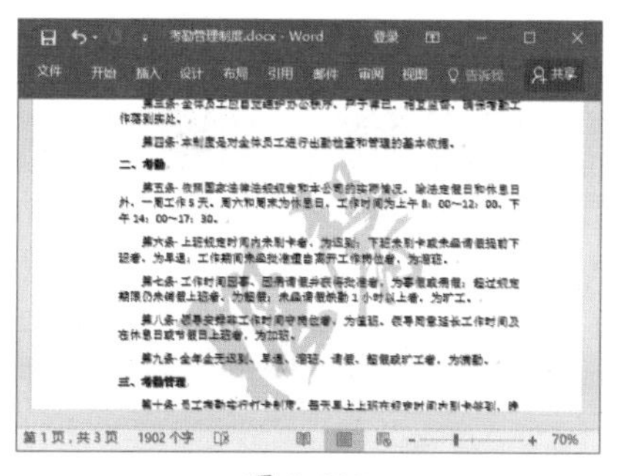

图 3-108

技能拓展——设置图片水印

为了让文档页面看起来更加美观，用户还可以设计图片样式的水印，具体操作方法为：打开【水印】对话框后选中【图片水印】单选按钮，单击【选择图片】按钮，在弹出的【插入图片】页面中单击【浏览】按钮，弹出【插入图片】对话框，选择需要作为水印的图片，单击【插入】按钮，返回【水印】对话框，设置图片的缩放比例等参数，完成设置后单击【确定】按钮即可。

妙招技法

通过前面知识的学习，相信读者已经掌握了文本格式、段落格式、页面格式及特殊格式的相关设置方法。下面结合本章内容，给大家介绍一些实用技巧。

技巧 01：利用格式刷快速复制相同格式

教学视频	光盘\视频\第 3 章\技巧 01.mp4

在对文档进行字体格式或是段落格式等设置时，若文档中已存在，用户不用再次手动进行设置，可使用格式刷快速复制应用格式。具体操作步骤如下。

❶选择目标文本或段落文本，❷单击【开始】选项卡【剪贴板】组中的【格式刷】按钮复制格式，然后选择要应用格式的目标文本或段落文本，如图 3-109 所示。

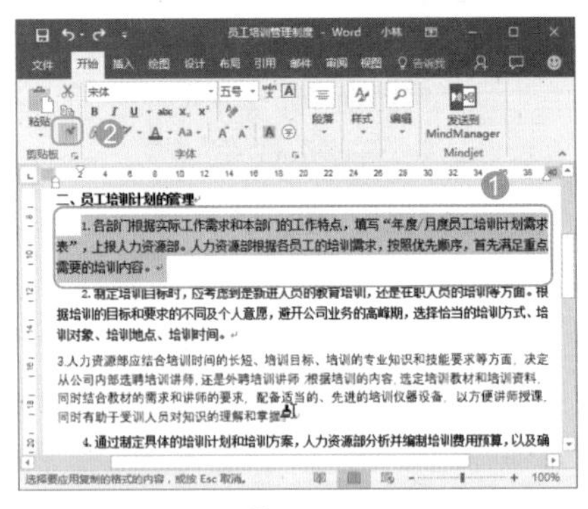

图 3-109

技巧 02：如何防止输入的数字自动转换为编号

教学视频	光盘\视频\第 3 章\技巧 02.mp4

默认情况下，在以下两种情况时，Word 会自动对其进行编号列表。

➥ 在段落开始输入类似“1.”“（1）”“①”等编号格式的字符时，按下空格键或【Tab】键。
➥ 在以“1.”“（1）”“①”或“a. ”等编号格式的字符开始的段落中，按下【Enter】键换到下一段时。

这是因为 Word 提供了自动编号功能，如果希望防止输入的数字自动转换为编号，可设置 Word 的自动更正功能，具体操作步骤如下。

Step 01 打开【Word 选项】对话框，❶切换到【校对】选项卡，❷在【自动更正选项】栏中单击【自动更正选项】按钮，如图 3-110 所示。

图 3-110

Step 02 打开【自动更正】对话框，❶切换到【键入时自动套用格式】选项卡，❷在【键入时自动应用】栏中取消选中【自动编号列表】复选框，❸单击【确定】按钮，返回【Word 选项】对话框，单击【确定】按钮即可，如图 3-111 所示。

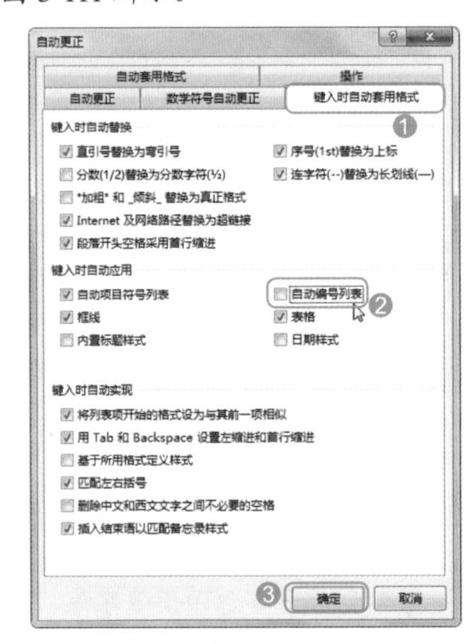

图 3-111

技巧 03：防止将插入的图标自动转换为项目符号

教学视频	光盘\视频\第 3 章\技巧 03.mp4

默认情况下，在段落开始插入了一个图标，在图标右侧输入一些内容后按【Enter】键进行换行，Word 会自动将图标转换为项目符号，如图 3-112 所示。

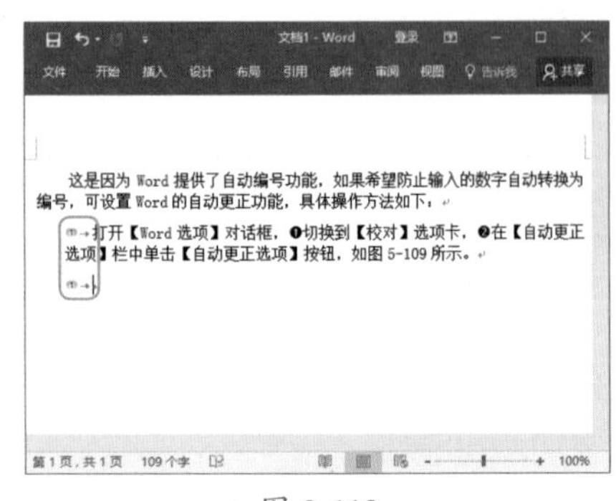

图 3-112

之所以出现这样的情况，是因为 Word 提供了自动项目符号功能，为了解决该问题，可设置 Word 的自动更正功能，具体操作步骤如下。

打开【自动更正】对话框，切换到【键入时自动套用格式】选项卡，在【键入时自动应用】栏中取消选中【自动项目符号列表】复选框，然后单击【确定】按钮即可，如图 3-113 所示。

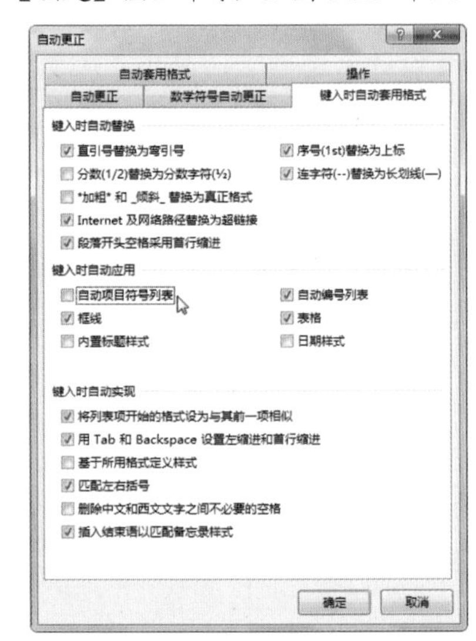

图 3-113

技巧 04：如何一次性清除所有格式

教学视频	光盘\视频\第 3 章\技巧 04.mp4

要清除指定文本内容的所有格式，不用手动逐一进行相应格式的清除，只需简单一步就能轻松实现。其具体操作步骤如下。

❶选择目标文本内容，❷单击【开始】选项卡【剪贴板】组中的【清除所有格式】按钮，如图 3-114 所示。

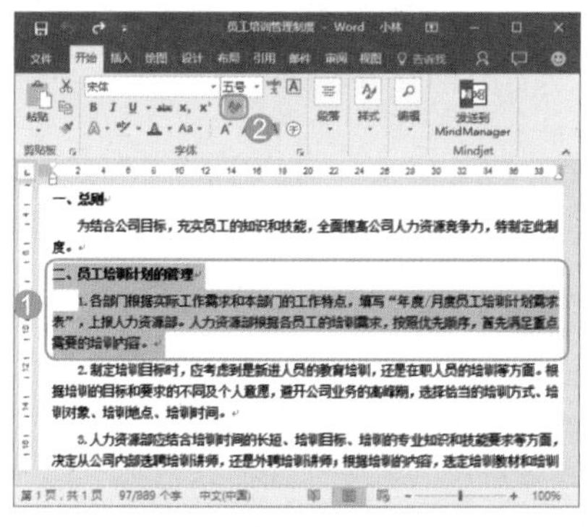

图 3-114

技巧 05：如何清除页眉中的横线

教学视频	光盘\视频\第 3 章\技巧 05.mp4

在文档中添加页眉后，页眉里面有时会出现一条多余的横线，且无法通过【Delete】键删除，此时可以通过隐藏边框线的方法实现，具体操作步骤如下。

在"人事档案管理制度.docx"文档中，双击页眉/页脚处，进入页眉/页脚编辑状态，在页眉区中选中多余横线所在的段落，切换到【开始】选项卡，在【段落】组中单击【边框】按钮右侧的下拉按钮，在弹出的下拉列表中选择【无框线】选项即可，如图 3-115 所示。

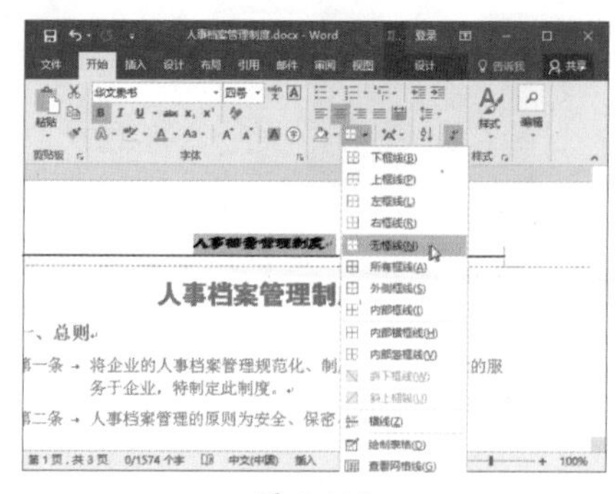

图 3-115

本章小结

本章主要讲解了 Word 文档格式设置的设置方法，主要包括设置字符、段落、页面及特殊格式的设置。通过本章的深入学习，用户能轻松制作出专业、规范的文档。

Word 模板、样式和主题的应用

- ➥ 模板是怎样创建的？
- ➥ 可以对模板文件设置密码保护吗？
- ➥ 样式能做什么？如何创建样式？
- ➥ 如何有效管理样式？
- ➥ 样式集是什么？
- ➥ 主题是什么？

本章将为读者介绍如何使用样式，以及更深一步了解模板、样式、样式集与主题的使用，从而获得更加高效地设置和编排文档的技能和方法。针对以上问题，相信在学习过程中，读者也将一一得到答案。

4.1 模板的创建和使用

要快速创建出指定样式文档或是批量制作相同、相似的文档，较为简洁和快速的方式之一是通过模板的创建和使用。下面就分别介绍模板的创建和使用方法。

★ 重点 4.1.1 创建报告模板

实例门类	软件功能
教学视频	光盘\视频\第 4 章\4.1.1.mp4

模板的创建过程非常简单，只需先创建一个普通文档，然后在该文档中设置页面版式、创建样式等操作，最后保存为模板文件类型即可。图 4-1 所示为创建模板的流程图。

图 4-1

通过图 4-1 中的流程图不难发现，创建模板的过程与创建普通文档并无太大区别，最主要的区别在于保存文件时的格式不同。模板具有特殊的文件格式，Word 2003 模板的文件扩展名为 dot，Word 2007 及 Word 更高版本的模板文件的扩展名为 dotx 或 dotm。dotx 为不包含 VBA 代码的模板，dotm 模板可以包含 VBA 代码。

同时，用户可通过模板文件的图标来区分模板是否可以包含 VBA 代码。图标上带有叹号的模板文件，如图 4-2（左）所示，表示可以包含 VBA 代码；反之，如图 4-2（右）所示，表示不可以包含 VBA 代码。

图 4-2

创建模板的具体操作步骤如下。

Step 01 新建一篇普通空白文档，并在该文档中设置相应的内容，设置后的效果如图 4-3 所示。

技能拓展——模板与普通文档的区别

模板与普通文档主要有两个方面区别：一是从扩展名来看，Word 模板的文件扩展名是 dot、dotx 或 dotm，普通的 Word 文档的文件扩展名是 doc、docx 或 docm。通俗地理解，扩展名的第 3 个字母是 t，则是模板文档；扩展名的第 3 个字母是 c，则是普通文档。二是从本质上讲，模板和普通文档都是 Word 文件，但是模板用于批量生成与模板具有相同格式的数个普通文档，普通文档则是实实在在供用户直接使用的文档。简而言之，Word 模板相当于模具，而 Word 文档相当于通过模具批量生产出来的产品。

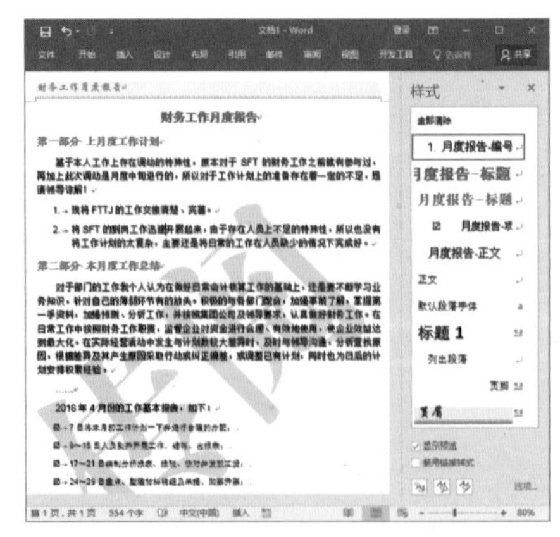

图 4-3

Step02 按【F12】键，打开【另存为】对话框，❶ 在【保存类型】下拉列表中选择模板的文件类型，本例中选择【启用宏的 Word 模板 (*.dotm)】，❷ 此时保存路径将自动设置为模板的存放路径，直接在【文件名】文本框中输入模板的文件名，❸ 单击【保存】按钮即可，如图 4-4 所示。

图 4-4

技术看板

保存模板文件时，选择了模板类型后，保存路径会自动定位到模板的存放位置，如果不需要将当前模板保存到指定的存放位置，可以在【另存为】对话框中重新选择存放位置。

★ 新功能 4.1.2 基于模板创建文档

实例门类	软件功能
教学视频	光盘\视频\第 4 章\4.1.2.mp4

模板创建后，用户就可以基于模板创建任意数量的文档了，具体操作步骤如下。

Step01 选择【文件】选项卡进入 Backstage 界面，❶ 选择【新建】选项卡，❷ 在右侧窗格中将看到【特色】和【个人】两个类别，选择【个人】类别，如图 4-5 所示。

Step02 在【个人】类别界面中将看到自己创建的模板，单击该模板图标，如图 4-6 所示。

Step03 即可基于所选模板创建新文档，如图 4-7 所示。

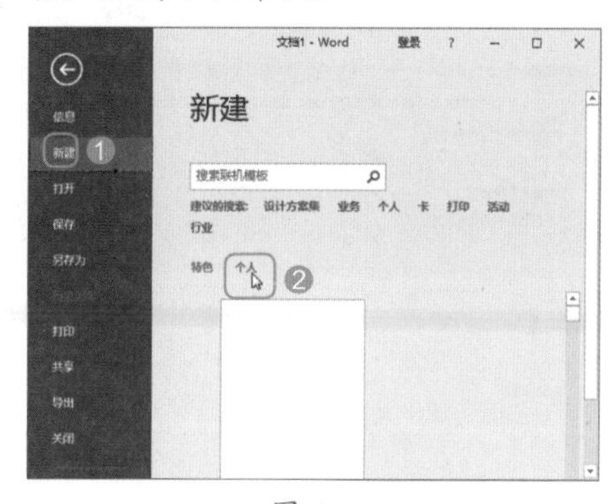

图 4-5

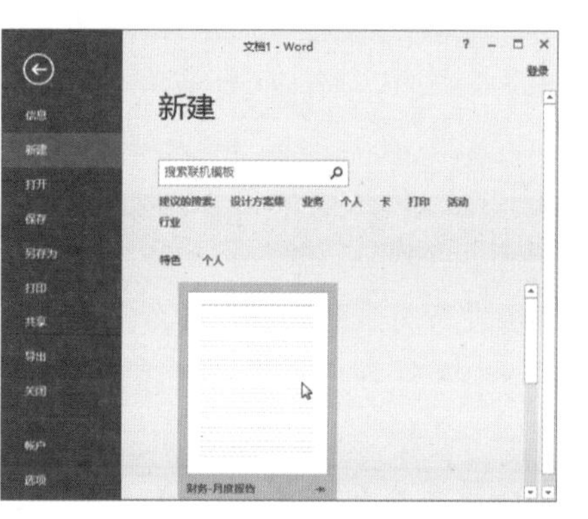

图 4-6

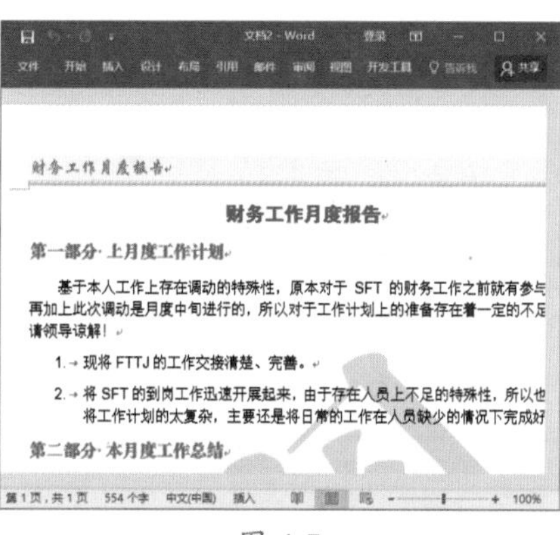

图 4-7

★ 新功能 4.1.3 直接使用模板中的样式

实例门类	软件功能
教学视频	光盘\视频\第 4 章\4.1.3.mp4

在编辑文档时，如果需要使用某个模板中的样式，不仅可以通过复制样式的方法实现，还可以按照下面的操作步骤实现。

Step01 新建一个名称为“使用模板中的样式”的空白文档，❶ 切换到【开发工具】选项卡，❷ 单击【模板】组中的【文档模板】按钮，如图 4-8 所示。

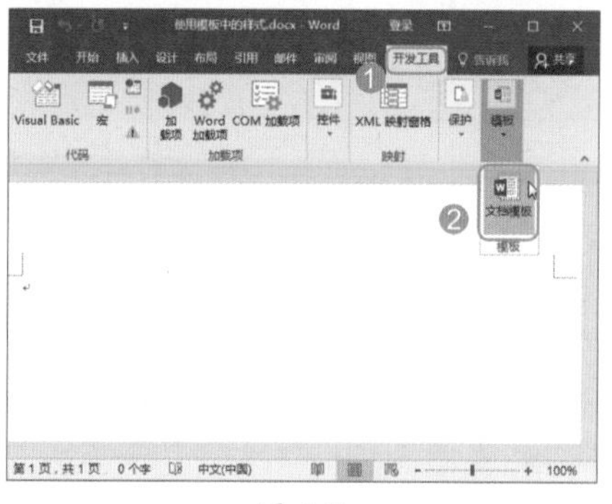

图 4-8

Step02 打开【模板和加载项】对话框，在【模板】选项卡的【文档模板】栏中单击【选用】按钮，如图 4-9 所示。

图 4-9

Step03 ❶ 在打开的【选用模板】对话框中选择需要的模板，这里选择【人力 - 月度报告】模板，❷ 单击【打开】按钮，如图 4-10 所示。

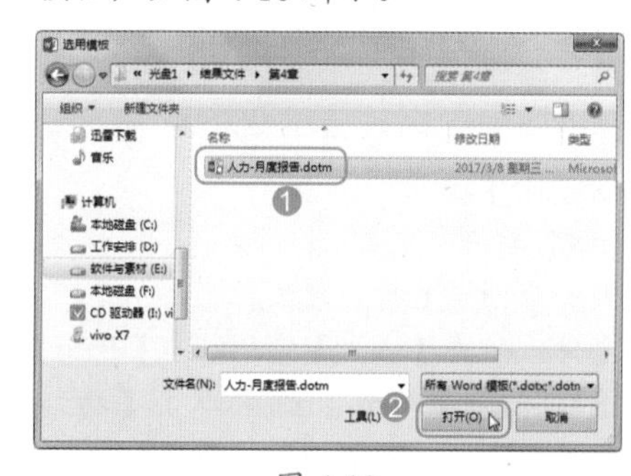

图 4-10

技术看板

在【共用模板及加载项】栏的列表框中，对于不再需要使用的模板，可以先选择该模板，然后单击【删除】按钮将其删除。

Step04 返回【模板和加载项】对话框，此时在【文本模板】文本框中将显示添加的模板文件名和路径，❶ 选中【自动更新文档样式】复选框，❷ 单击【确定】按钮，如图 4-11 所示。

Step05 返回文档，即可将所选模板中的样式添加到文档中，如图 4-12 所示。

图 4-11

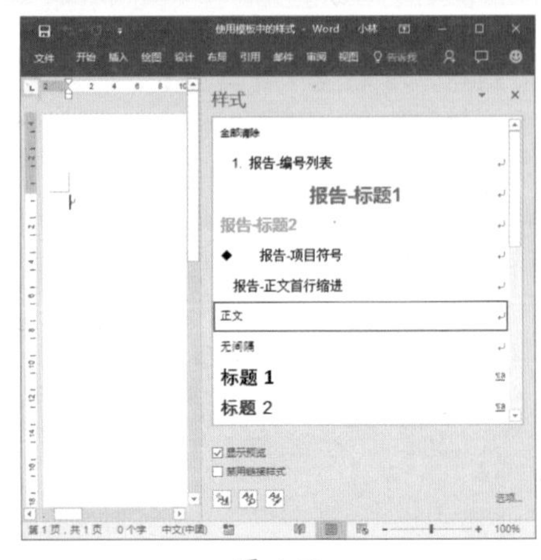

图 4-12

4.2 模板的管理

为了更好地使用模板，用户可以对模板进行有效的管理，如分类存放模板、加密模板文件及共享模板中的样式等，接下来将分别进行讲解。

★ 重点 4.2.1 实战：将样式的修改结果保存到模板中

实例门类	软件功能
教学视频	光盘\视频\第 4 章\4.2.1.mp4

基于某个模板创建文档后，对文档中的某个样式进行了修改，如果希望以后基于该模板创建新文档时直接使用这个新样式，则可以将文档中的修改结果保存到模板中。

例如，基于模板文件“人力 - 月度报告 .dotm”创建了一个“人力资源部 6 月月度工作报告 .docx”文档，现将“人力资源部 6 月月度工作报告 .docx”中的样式“报告 - 标题 2”进行了更改，希望修改结果保存到模板“人力 - 月度报告 .dotm”中，具体操作步骤如下。

Step01 打开“光盘\素材文件\第 4 章\人力资源部 6 月月度工作报告 .docx”文件，❶ 在【样式】窗格（在【开始】选项卡的【样式】组中单击【功能扩展】按钮 将其打开）中的【报告 - 标题 2】样式选项上右击，❷ 在弹出的快捷菜单中选择【修改】命令，如图 4-13 所示。

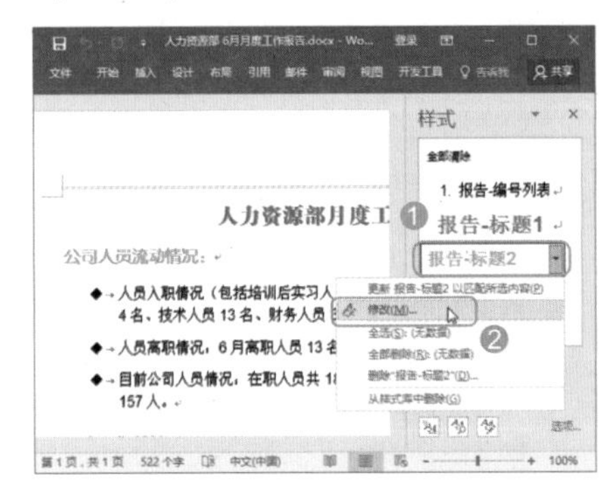

图 4-13

Step02 打开【修改样式】对话框，❶ 对样式格式参数进行修改，本例中将字体颜色更改为【绿色】，❷ 选中【基于该模板的新文档】单选按钮，❸ 单击【确定】按钮，如图 4-14 所示。

Step03 返回文档，单击快速访问工具栏中的【保存】按钮 进行保存，如图 4-15 所示。

Step04 此时，在打开的提示框中询问【是否也保存对文档模板的更改】，单击【是】按钮，如图 4-16 所示。

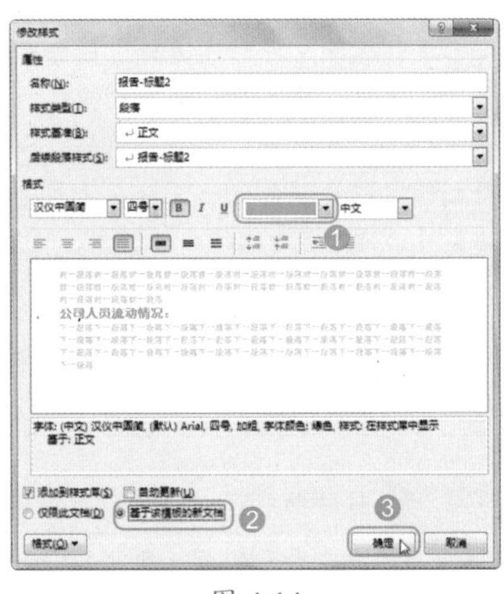

图 4-14

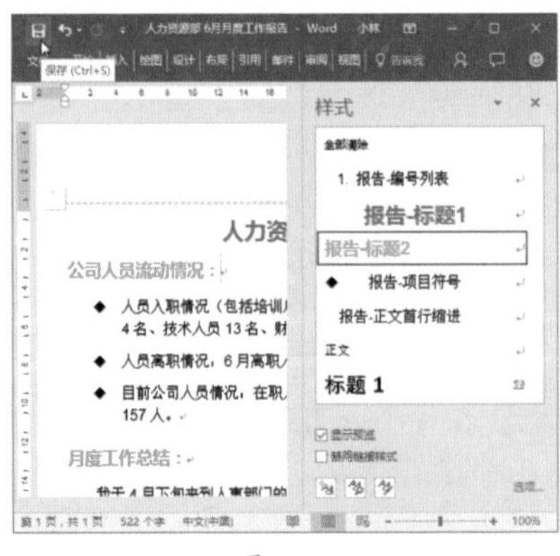

图 4-15

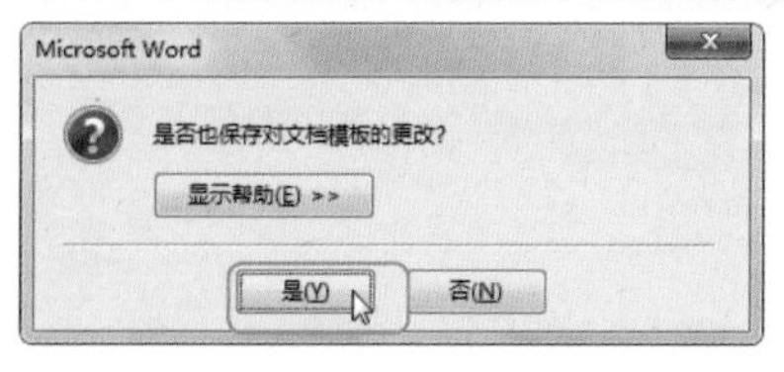

图 4-16

Step05 打开文档使用的模板“人力 - 月度报告 .dotm”，此时可发现该模板中的样式也得到了即时更新，如图 4-17 所示。

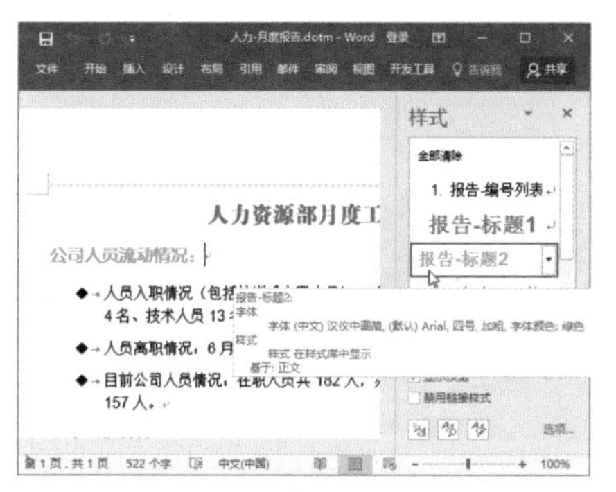

图 4-17

★ 重点 4.2.2　实战：将模板文件分类存放

实例门类	软件功能
教学视频	光盘 \ 视频 \ 第 4 章 \4.2.2.mp4

当创建的模板越来越多时，会发现在基于模板新建文档时，很难快速找到需要的那个模板。为了方便使用模板，用户可以像文件夹组织文件那样对模板进行分类存放，从而提高使用模板的效率。分类存放模板的具体操作步骤如下。

Step01 打开资源管理器，进入模板文件的存放路径，然后按照用途或其他方式对模板进行类别的划分，并确定类别的名称，如图 4-18 所示。

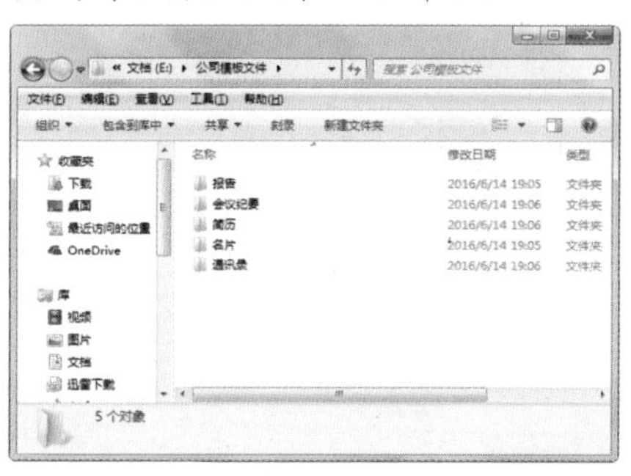

图 4-18

技术看板

在为模板分类时，如果创建了空文件夹，则在【个人】类别下不会显示该类别。

Step02 完成上述操作后，启动 Word 程序，基于自定义模板创建新文档时，在【新建】界面中选择【个人】类别，此时可看到表示模板类别的多个文件夹图标，它们的名称对应于之前创建的多个文件夹的名称，如图 4-19 所示。

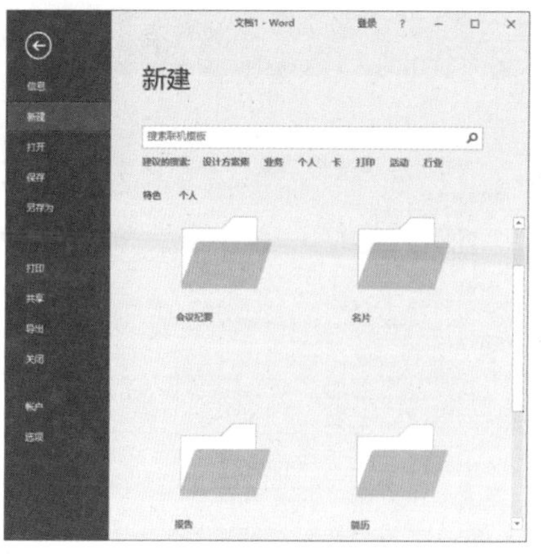

图 4-19

Step03 单击某个文件夹图标，即可进入其中并看到该类别下的模板，如图 4-20 所示，双击指定模板图标，即可基于该模板创建新文档。

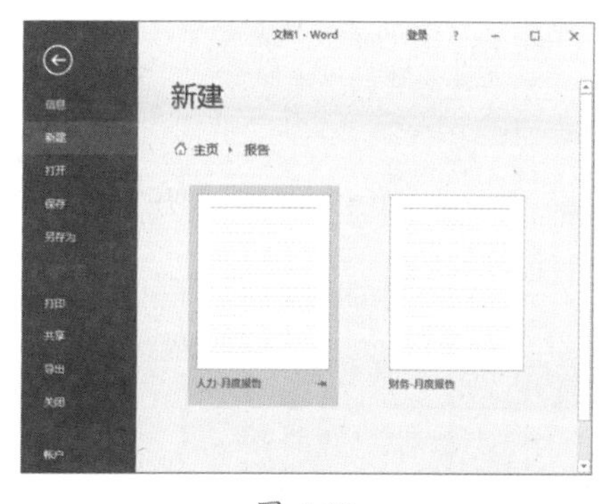

图 4-20

4.3 样式的创建和使用

在编辑长文档或要求具有统一格式风格的文档时，通常需要对多个段落设置相同的文本格式，无论逐一设置还是通过格式刷复制格式，都会显得非常烦琐，此时可通过样式进行排版，以减少工作量，从而提高工作效率。

4.3.1 实战：在总结中应用样式

实例门类	软件功能
教学视频	光盘 \ 视频 \ 第 4 章 \4.3.1.mp4

Word 提供有许多内置的样式，用户可直接使用内置样式来排版文档。要使用【样式】窗格来格式化文本，可按下面的操作步骤实现。

Step01 打开“光盘 \ 素材文件 \ 第 4 章 \ 2016 年一季度工作总结 .docx”文件，❶ 选择要应用样式的段落，❷ 在【样式】窗格中选择需要的样式，如图 4-21 所示。

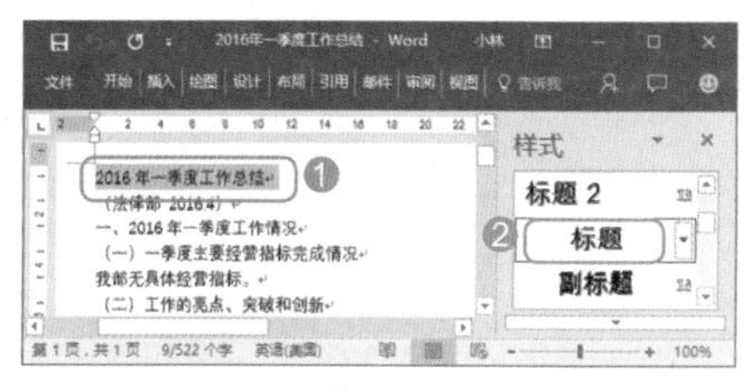

图 4-21

第 1 篇
第 2 篇
第 3 篇
第 4 篇
第 5 篇

Step 02 此时，该样式即可应用到所选段落中，效果如图 4-22 所示。

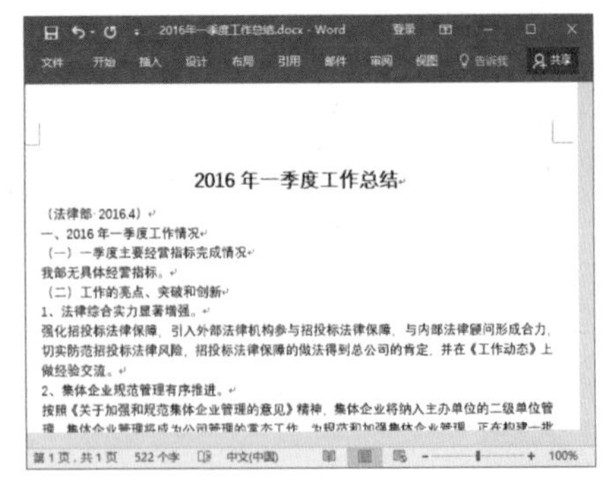

图 4-22

技能拓展——使用样式库格式化文本

除了【样式】窗格外，还可通过样式库来使用内置样式格式化文本，其方法为：选择目标内容，在【开始】选项卡的【样式】组中，在列表框中选择需要的样式即可。

★ 重点 4.3.2 实战：为工作总结新建样式

实例门类	软件功能
教学视频	光盘\视频\第 4 章\4.3.2.mp4

除了直接应用系统中自带的样式外，用户可以根据实际需要新建样式。下面通过具体实例讲解新建样式的相关操作，具体操作步骤如下。

Step 01 在“2016 年一季度工作总结.docx”文档中，将文本插入点定位到需要应用样式的段落中，在【样式】窗格中单击【新建样式】按钮，如图 4-23 所示。

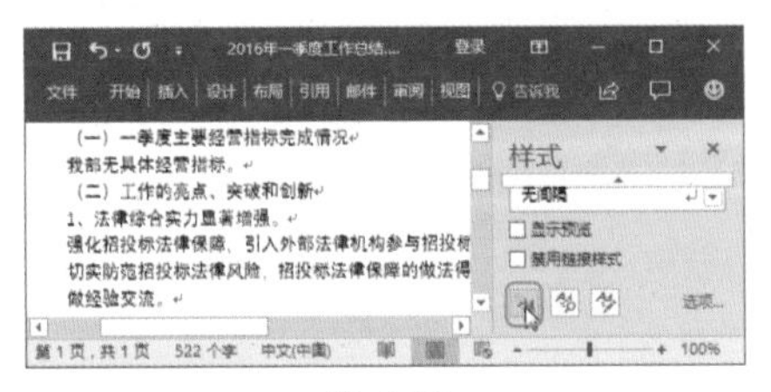

图 4-23

Step 02 打开【根据格式设置创建新样式】对话框，❶ 在【属性】栏中设置样式的名称、样式类型等参数，❷ 单击【格式】按钮，❸ 在弹出的菜单中选择【字体】命令，如图 4-24 所示。

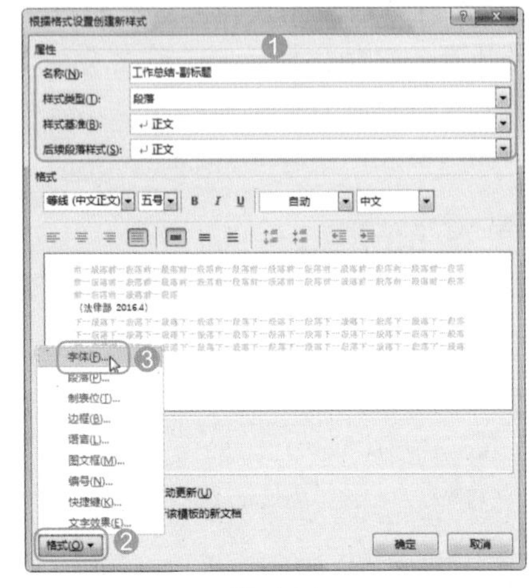

图 4-24

Step 03 ❶ 在打开的【字体】对话框中设置字体格式参数，❷ 完成设置后单击【确定】按钮，如图 4-25 所示。

图 4-25

Step 04 返回【根据格式设置创建新样式】对话框中，❶ 单击【格式】按钮，❷ 在弹出的菜单中选择【段落】命令，如图 4-26 所示。

Step 05 ❶ 在打开的【段落】对话框中设置段落格式，❷ 完成设置后单击【确定】按钮，如图 4-27 所示。

图 4-26

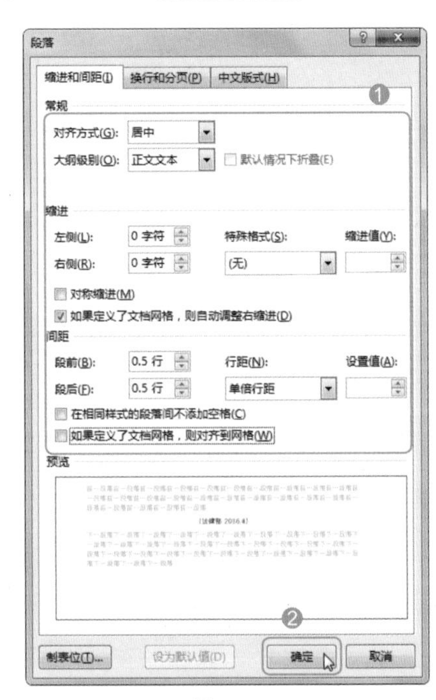

图 4-27

Step 06 返回【根据格式设置创建新样式】对话框中，单击【确定】按钮，如图 4-28 所示。

Step 07 返回文档，即可看见当前段落应用了新建的样式【工作总结 - 副标题】，如图 4-29 所示。

Step 08 参照前面所讲知识，新建一个名为【工作总结 - 标题 2】的新样式，并应用到相关段落，如图 4-30 所示。

Step 09 用同样的方法，新建一个名为【工作总结 - 标题 3】的新样式，并应用到相关段落，如图 4-31 所示。

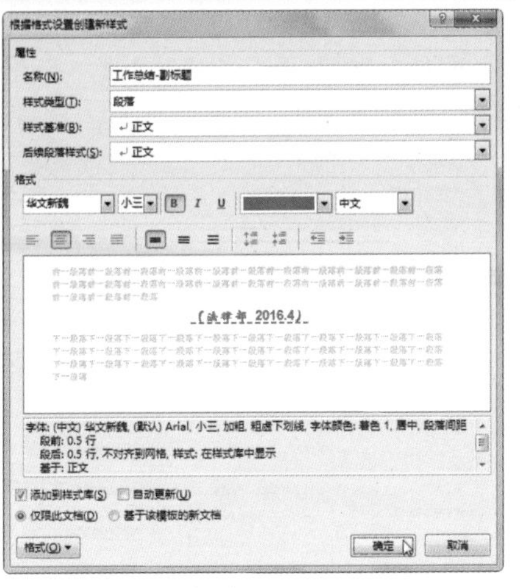

图 4-28

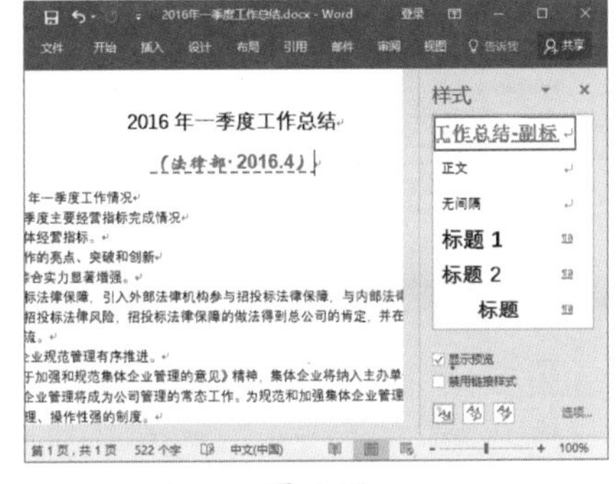

图 4-29

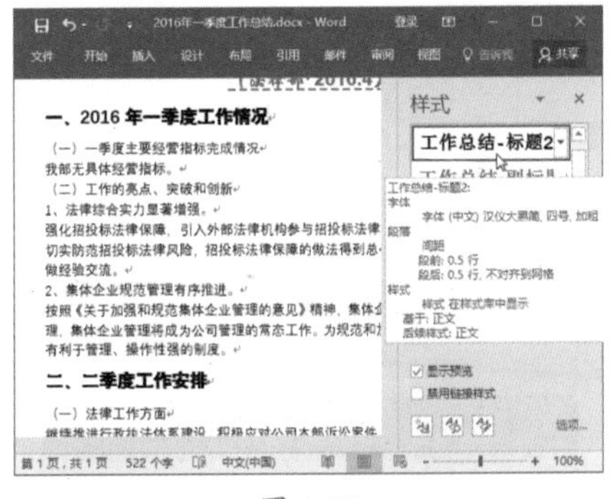

图 4-30

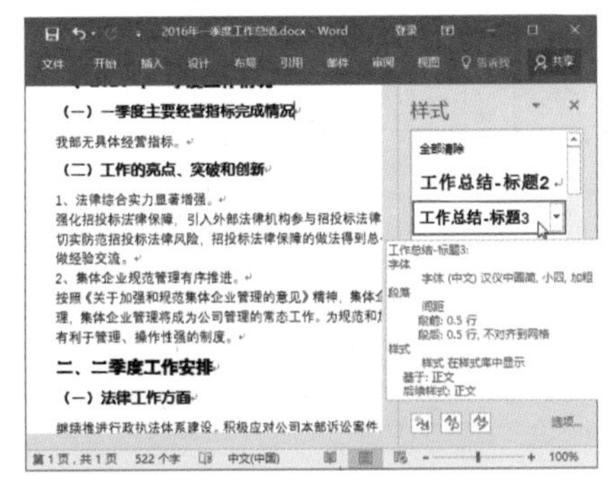

图 4-31

Step 10 用同样的方法，新建一个名为【工作总结 - 标题 4】的新样式，并应用到相关段落，如图 4-32 所示。

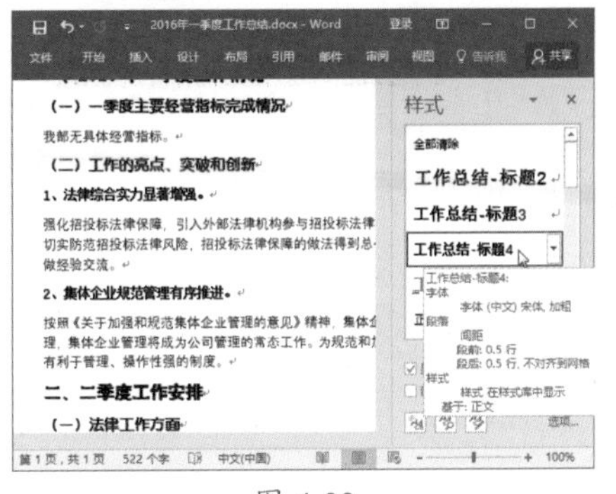

图 4-32

Step 11 用同样的方法，新建一个名为【工作总结 - 正文首行缩进 2 字符】的新样式，并应用到相关段落，如图 4-33 所示。至此，完成了对“2016 年一季度工作总结 .docx”文档的样式创建工作。

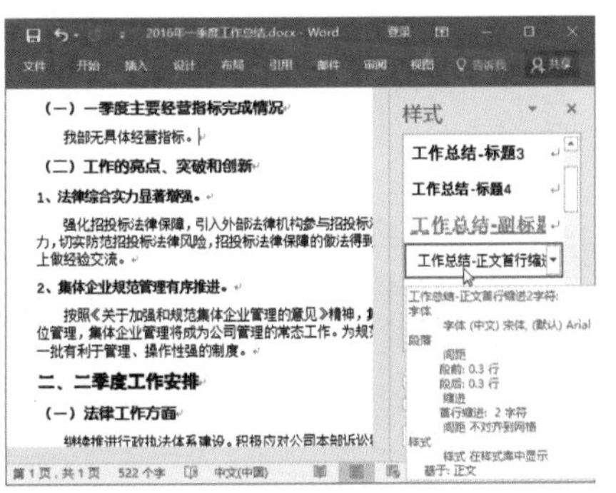

图 4-33

技能拓展——基于现有内容的格式创建新样式

如果文档中某个内容所具有的格式符合要求，可直接将该内容中包含的格式提取出来创建新样式，方法为：将文本插入点定位到包含符合要求格式的段落内，在【样式】窗格中单击【新建样式】按钮，在弹出的【根据格式设置创建新样式】对话框中显示了该段落的格式参数，确认无误后，直接在【名称】文本框中输入样式名称，然后单击【确定】按钮即可。

4.3.3 实战：通过样式来选择相同格式的文本

实例门类	软件功能
教学视频	光盘\视频\第 4 章\4.3.3.mp4

对文档中的多处内容应用同一样式后，可以通过样式快速选择这些内容，具体操作步骤如下。

Step 01 在“2016 年一季度工作总结 .docx”文档中，❶ 在【样式】窗格中的目标样式选项上右击，如选择【工作总结 - 标题 2】选项，❷ 在弹出的快捷菜单中选择【选择所有 2 个实例】命令（其中，【2】表示当前文档中应用该样式的实例个数），如图 4-34 所示。

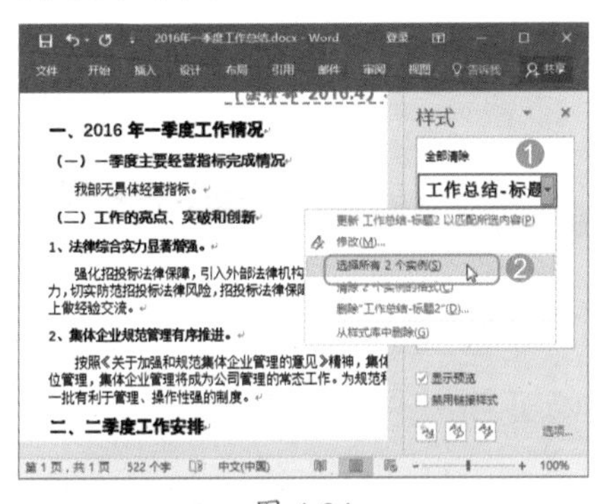

图 4-34

Step 02 此时，文档中应用了【工作总结 - 标题 2】样式的所有内容呈选中状态，如图 4-35 所示。

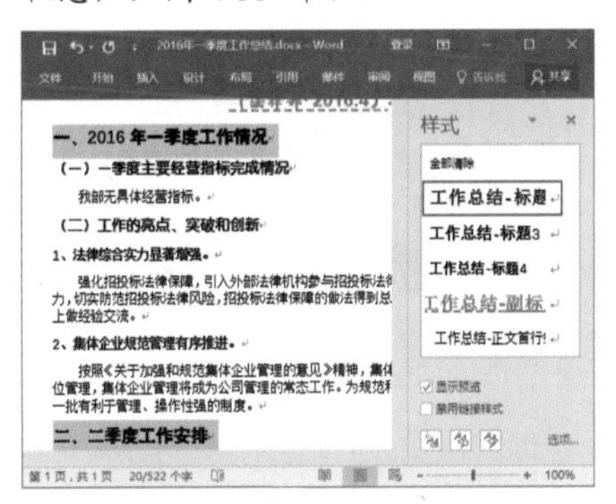

图 4-35

技术看板

通过样式批量选择文本后，可以很方便地对这些文本重新应用其他样式，或者进行复制、删除等操作。

★ 重点 4.3.4 实战：在书稿中将多级列表与样式关联

实例门类	软件功能
教学视频	光盘\视频\第4章\4.3.4.mp4

在第3章内容中讲解了多级列表的使用。在实际应用中，用户还可以将多级列表与样式关联在一起，这样就可以让多级列表具有样式中包含的字体和段落格式。同时，使用这些样式为文档内容设置格式时，文档中的内容也会自动应用样式中包含的多级列表编号。

技术看板

需要注意的是，与多级列表关联的样式必须是Word内置的样式，用户手动创建的样式无法与多级列表相关联。

大多情况下，多级列表与样式关联主要用于来设置标题格式，具体操作步骤如下。

Step 01 打开“光盘\素材文件\第4章\书稿.docx”文件，❶ 在【开始】选项卡的【段落】组中单击【多级列表】按钮，❷ 在弹出的下拉列表中选择【定义新的多级列表】选项，如图4-36所示。

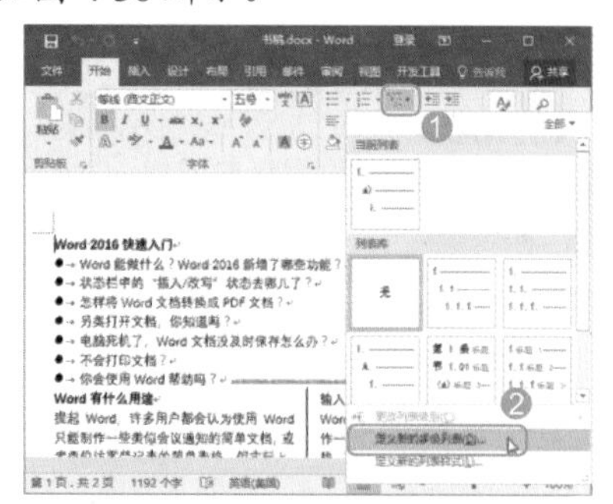

图 4-36

Step 02 打开【定义新多级列表】对话框，单击【更多】按钮，如图4-37所示。

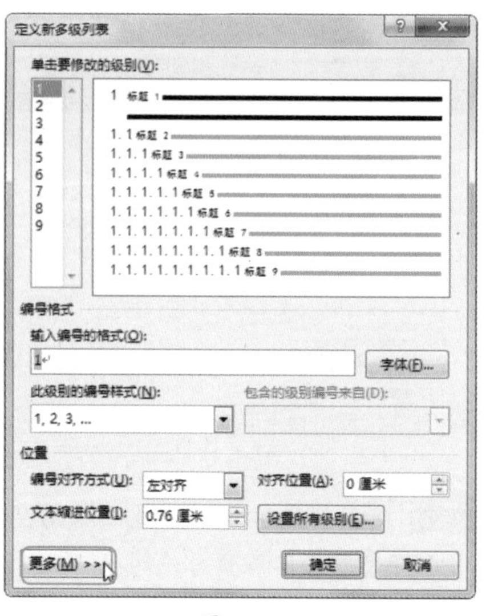

图 4-37

Step 03 展开【定义新多级列表】对话框，❶ 在【单击要修改的级别】列表框中选择【1】选项，❷ 在【此级别的编号样式】下拉列表中选择该级别的编号样式，❸ 在【输入编号的格式】文本框中，在【1】的前面输入【第】，在【1】的后面输入【章】，❹ 在【将级别链接到样式】下拉列表中选择与当前编号关联的样式，如本例中选择链接样式为【标题1】，如图4-38所示。

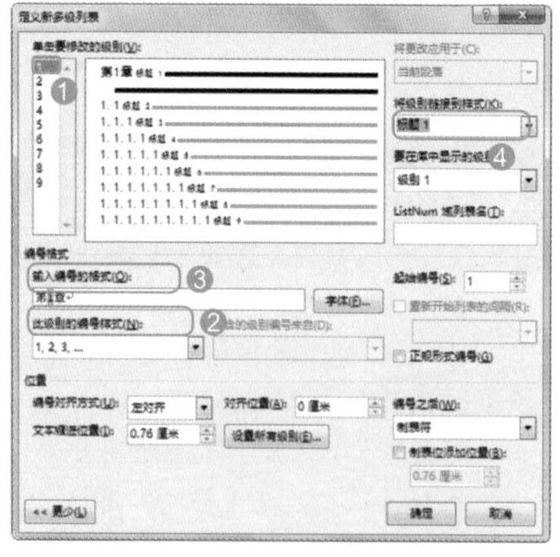

图 4-38

Step 04 参照上述方法，设置2级编号样式，并与【标题2】相关联，如图4-39所示。

Step 05 参照上述方法，设置3级编号样式，并与【标题3】相关联，完成设置后，单击【确定】按钮，如图4-40所示。

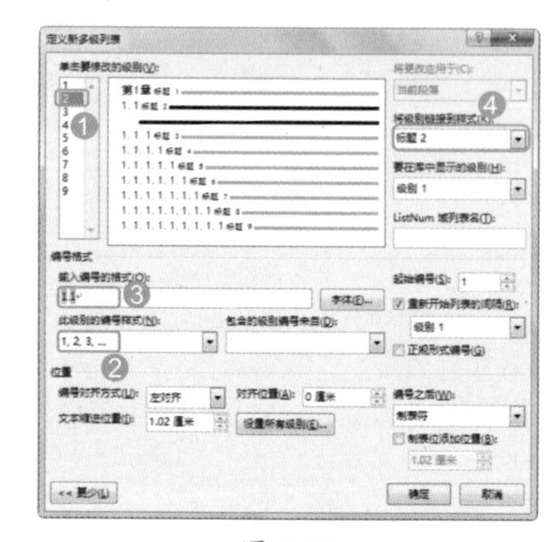

图 4-39

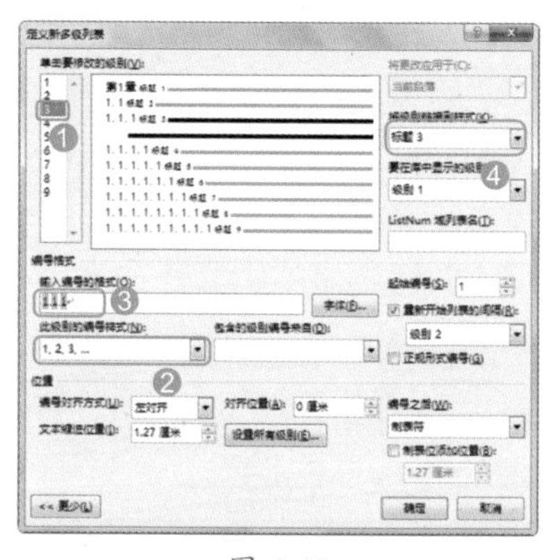

图 4-40

Step 06 返回文档，在【样式】窗格中可以看到，在建立了关联的样式名称中会显示对应的编号，将这些样式应用到相应的标题中即可，如图4-41所示。

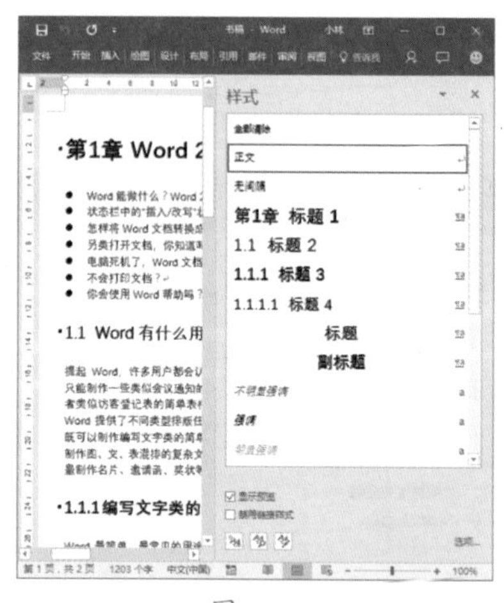

图 4-41

4.4 样式的管理

在文档中创建样式后，还可对样式进行合理的管理操作，如重命名样式、修改样式、显示或隐藏样式等操作，接下来将分别对这些操作进行讲解。

4.4.1 实战：重命名工作总结中的样式

实例门类	软件功能
教学视频	光盘\视频\第 4 章\4.4.1.mp4

为了方便使用样式来排版文档，样式名称通常表示该样式的作用。若样式名称不能体现出相应的作用，则可以对样式进行重新命名，具体操作方法如下。

Step01 在“2016 年一季度工作总结 .docx”文档中，❶ 在【样式】窗格中使用鼠标右键单击需要重命名的样式，❷ 在弹出的快捷菜单中选择【修改】命令，如图 4-42 所示。

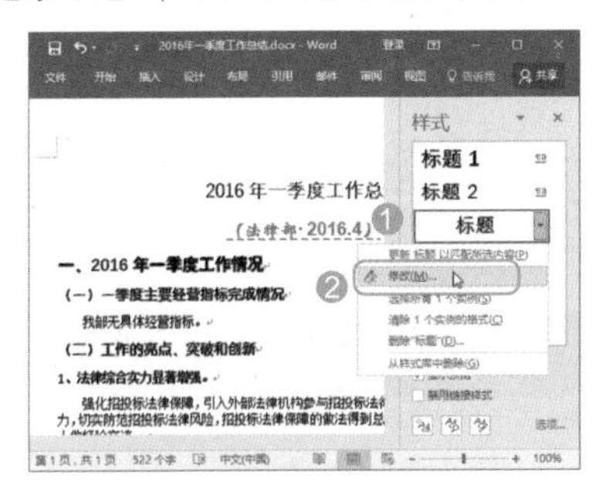

图 4-42

Step02 打开【修改样式】对话框，❶ 在【名称】文本框中输入样式新名称，❷ 单击【确定】按钮，如图 4-43 所示。

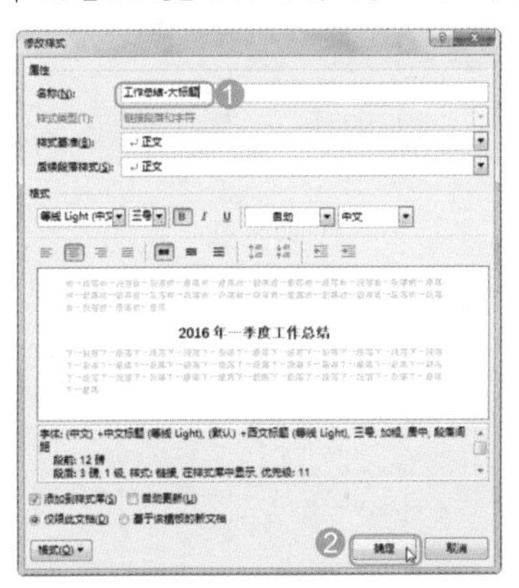

图 4-43

4.4.2 实战：删除文档中多余样式

实例门类	软件功能
教学视频	光盘\视频\第 4 章\4.4.2.mp4

对于文档中多余的样式，可以将其删除，以便更好地应用样式。删除样式的具体操作步骤如下。

Step01 在要编辑的文档中，❶ 在【样式】窗格中右击需要删除的样式，❷ 在弹出的快捷菜单中选择【删除……】命令，如图 4-44 所示。

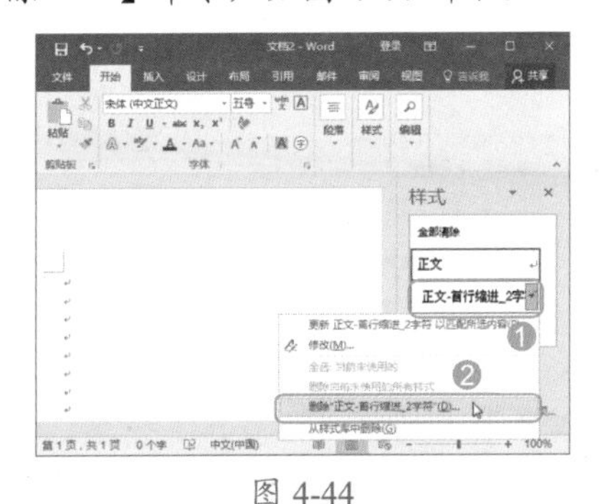

图 4-44

Step02 打开提示框询问是否要删除，单击【是】按钮，如图 4-45 所示。

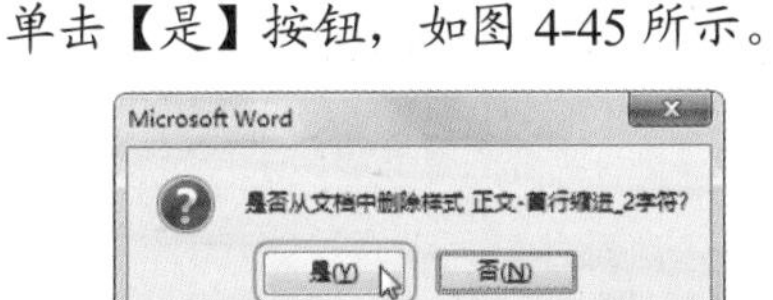

图 4-45

技术看板

删除样式时，Word 的内置样式是无法删除的。另外，在新建样式时，若样式基准选择的是除了【正文】以外的其他内置样式，则删除方法略有不同。例如，新建样式时，选择的样式基准为【无间隔】，则在删除该样式时，需要在快捷菜单中选择【还原为无间隔】命令。

4.4.3 实战：显示或隐藏工作总结中的样式

实例门类	软件功能
教学视频	光盘\视频\第 4 章\4.4.3.mp4

在删除文档中的样式时，会发现无法删除内置样式。那么对于不需要的内置样式，可以将其隐藏起来，从而使【样式】窗格清爽整洁，以提高样式的使用效率。隐藏样式的具体操作步骤如下。

Step01 在“2016 年一季度工作总结 .docx”文档中，单击【样式】窗格中的【管理样式】按钮，如图 4-46 所示。

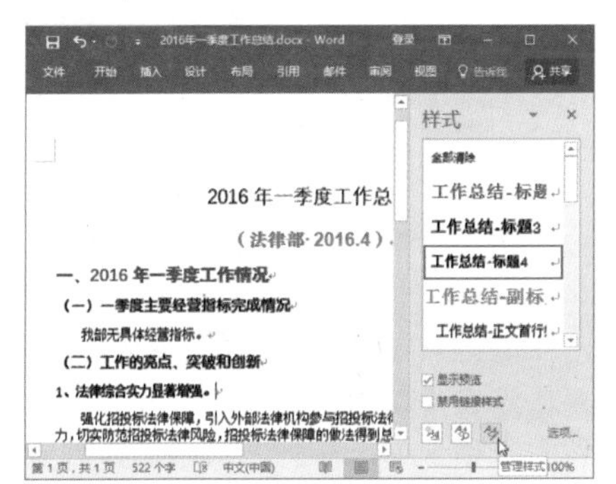

图 4-46

Step02 打开【管理样式】对话框，❶ 切换到【推荐】选项卡，❷ 在列表框中选择需要隐藏的样式，❸ 在【设置查看推荐的样式时是否显示该样式】栏中单击【隐藏】按钮，如图 4-47 所示。

Step03 此时，设置隐藏后的样式会显示为灰色，且还会出现【始终隐藏】字样，完成设置后单击【确定】按钮保存设置即可，如图 4-48 所示。

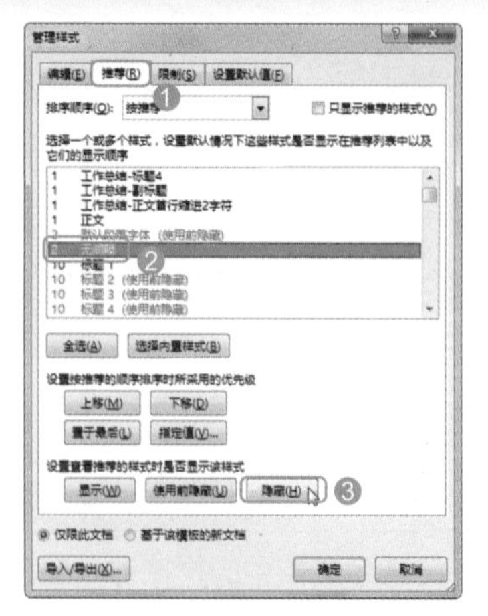

图 4-47

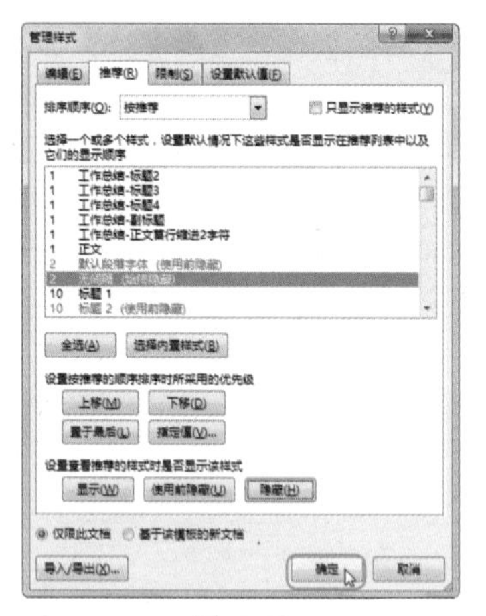

图 4-48

隐藏样式后，若要将其显示出来，则在【管理样式】对话框的【推荐】选项卡中，在列表框中选择需要显示的样式，然后单击【显示】按钮即可，如图 4-49 所示。

图 4-49

4.4.4 实战：样式检查器的使用

实例门类	软件功能
教学视频	光盘\视频\第 4 章\4.4.4.mp4

若要非常清晰地查看某内容的全部格式，并能对应用两种不同格式的文本进行比较，则可以通过 Word 提供的样式检查器实现，具体操作步骤如下。

Step01 在“2016 年一季度工作总结.docx”文档中，单击【样式】窗格中的【样式检查器】按钮，如图 4-50 所示。

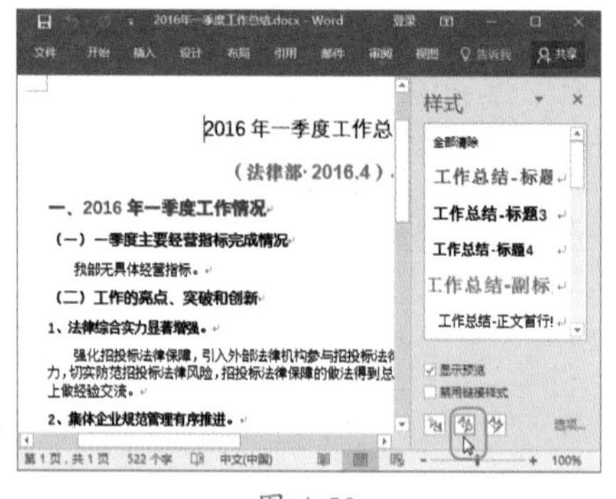

图 4-50

Step02 打开【样式检查器】窗格，单击【显示格式】按钮，如图 4-51 所示。

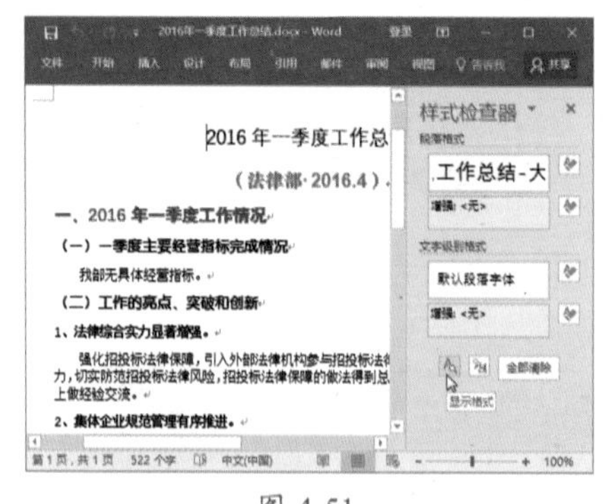

图 4-51

Step03 打开【显示格式】窗格，将光标插入点定位到需要查看格式详情的段落中，即可在【显示格式】窗格中显示当前段落的所有格式，如图 4-52 所示。

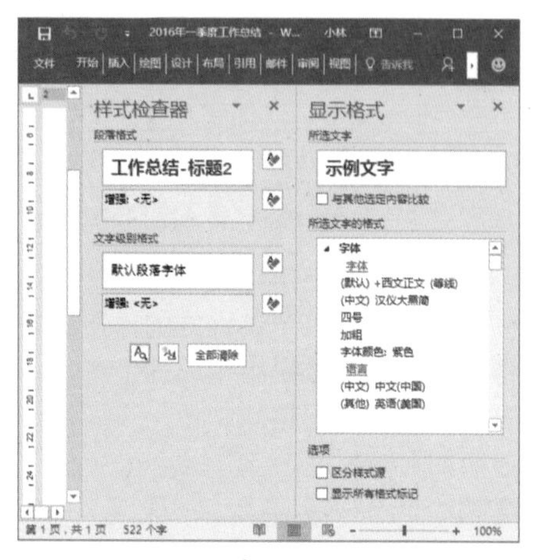

图 4-52

Step04 若要对应用了两种不同格式的文本进行比较，❶ 则在【显示格式】窗格中选中【与其他选定内容比较】复选框，❷ 将文本插入点定位到需要比较格式的段落中，此时【显示格式】窗格中将显示两处文本内容的格式区别，如图 4-53 所示。

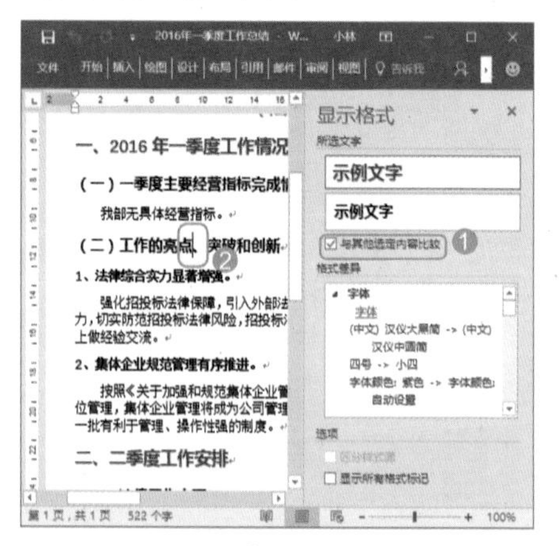

图 4-53

4.5 样式集与主题的使用

样式集与主题都是统一改变文档格式的工具，只是它们针对的格式类型有所不同。使用样式集，可以改变文档的字体格式和段落格式；使用主题，可以改变文档的字体、颜色及图形图像的效果（这里所说的图形图像的效果是指图形对象的填充色、边框色，以及阴影、发光等特效）。

4.5.1 实战：使用样式集设置“公司简介”格式

实例门类	软件功能
教学视频	光盘\视频\第 4 章\4.5.1.mp4

Word 2016 提供了多套样式集，每套样式集都提供了成套的内置样式，分别用于设置文档标题、副标题等文本的格式。在排版文档的过程中，可以先选择需要的样式集，再使用内置样式或新建样式排版文档，具体操作步骤如下。

Step 01 打开“光盘\素材文件\第 4 章\公司简介 .docx”文件，❶ 切换到【设计】选项卡，❷ 在【文档格式】组的列表框中选择需要的样式集，如图 4-54 所示。

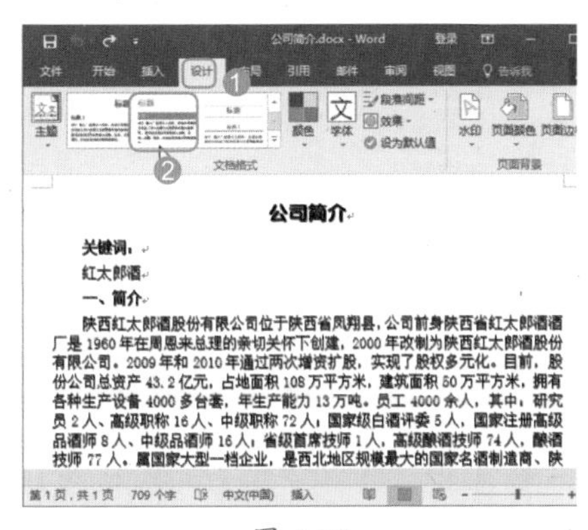

图 4-54

Step 02 确定样式集后，此时可以通过内置样式来排版文档内容，排版后的效果如图 4-55 所示。

技术看板

将文档格式调整好后，若再重新选择样式集，则文档中内容的格式也会发生相应的变化。

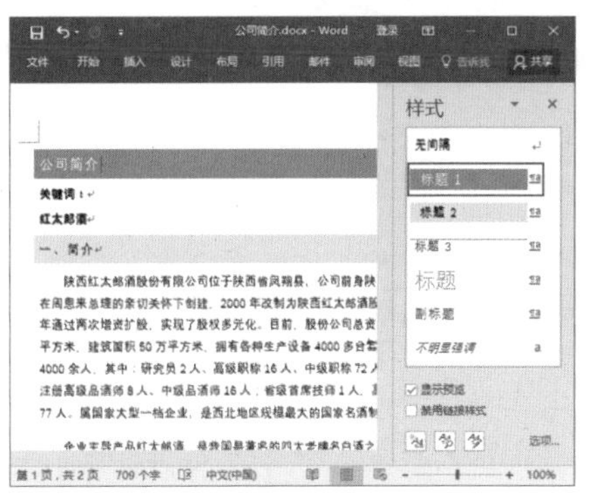

图 4-55

4.5.2 实战：使用主题改变“公司简介”外观

实例门类	软件功能
教学视频	光盘\视频\第 4 章\4.5.2.mp4

主题是将不同的字体、颜色、形状效果组合在一起，形成多种不同的界面设计方案。使用主题可以快速改变整个文档的外观，其具体的操作步骤如下。

Step 01 在“公司简介 .docx”文档中，❶ 切换都【设计】选项卡，❷ 单击【文档格式】组中的【主题】按钮，❸ 在弹出的下拉列表中选择需要的主题即可，如图 4-56 所示。

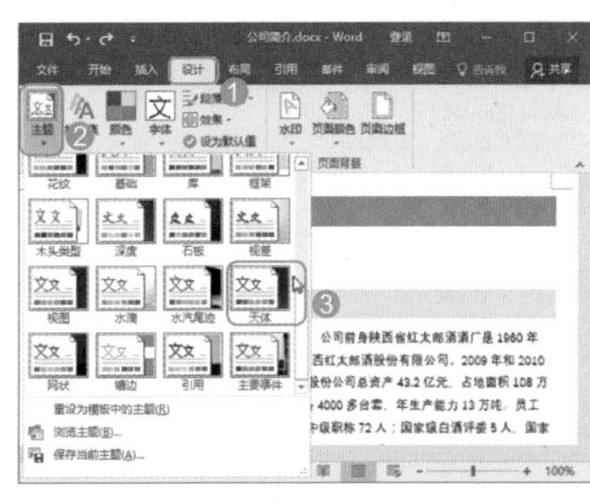

图 4-56

Step 02 应用所选主题后，文档中的风格发生改变，如图 4-57 所示。

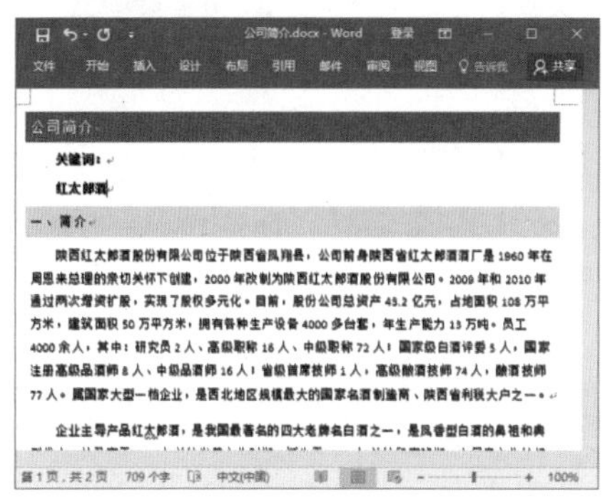

图 4-57

选择一种主题方案后，还可在此基础之上选择不同的主题字体、主题颜色或主题效果，从而搭配出不同外观风格的文档。

- 设置主题字体：在【设计】选项卡的【文档格式】组中，单击【字体】按钮，在弹出的下拉列表中选择需要的主题字体即可，如图 4-58 所示。

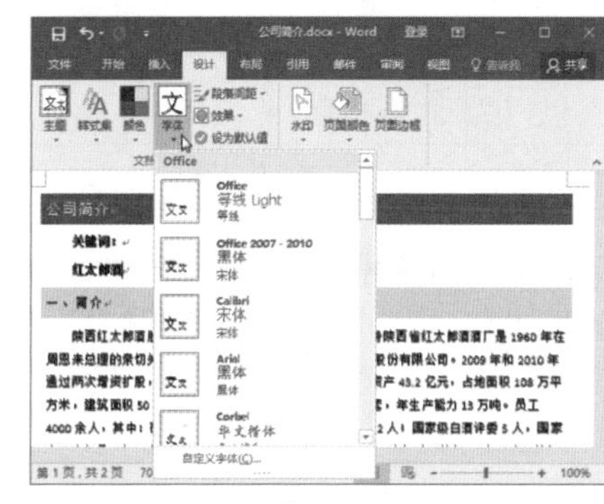

图 4-58

- 设置主题颜色：在【设计】选项卡的【文档格式】组中，单击【颜色】按钮，在弹出的下拉列表中选择需要的主题颜色即可，如图 4-59 所示。
- 设置主题效果：在【设计】选项

卡的【文档格式】组中，单击【效果】按钮，在弹出的下拉列表中选择需要的主题效果即可，如图 4-60 所示。

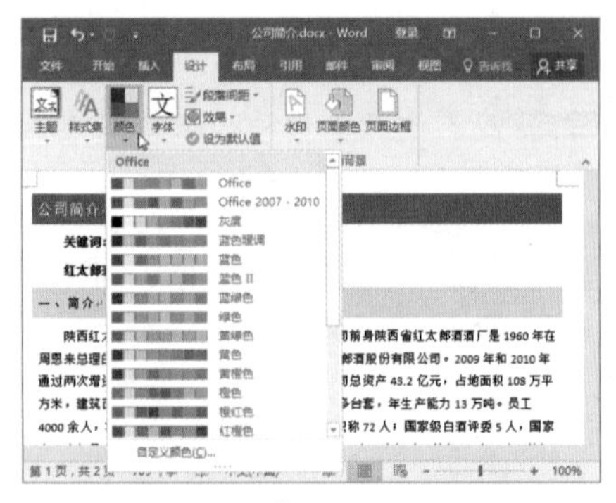

图 4-59

图 4-60

★ 重点 4.5.3 实战：自定义主题字体和颜色

实例门类	软件功能
教学视频	光盘\视频\第 4 章\4.5.3.mp4

系统内置的主题，用户不仅可以直接进行调用，同时，还可以对其主题字体和主题颜色进行设置，从而更符合实际的需要。

1. 自定义主题字体

除了使用 Word 内置的主题字体外，用户还可根据操作需要自定义主题字体，具体操作步骤如下。

Step 01 ❶ 切换到【设计】选项卡，❷ 单击【文档格式】组中的【字体】按钮，❸ 在弹出的下拉列表中选择【自定义字体】选项，如图 4-61 所示。

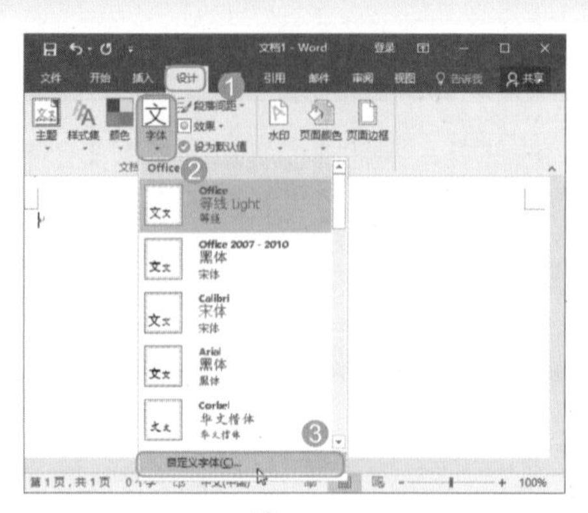

图 4-61

Step 02 打开【新建主题字体】对话框，❶ 在【名称】文本框中输入新建主题字体的名称，❷ 在【西文】栏中分别设置标题文本和正文文本的西文字体，❸ 在【中文】栏中分别设置标题文本和正文文本的中文字体，❹ 完成设置后单击【保存】按钮，如图 4-62 所示。

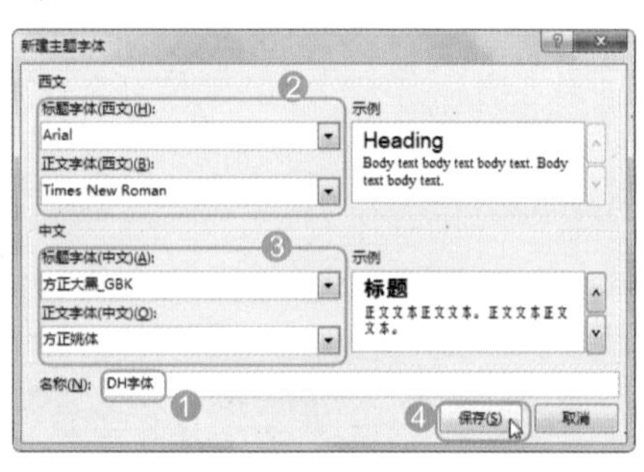

图 4-62

Step 03 新建的主题字体将被保存到主题字体库中，打开主题字体列表时，在【自定义】栏中可看到新建的主题字体，单击该主题字体，可将其应用到当前文档中，如图 4-63 所示。

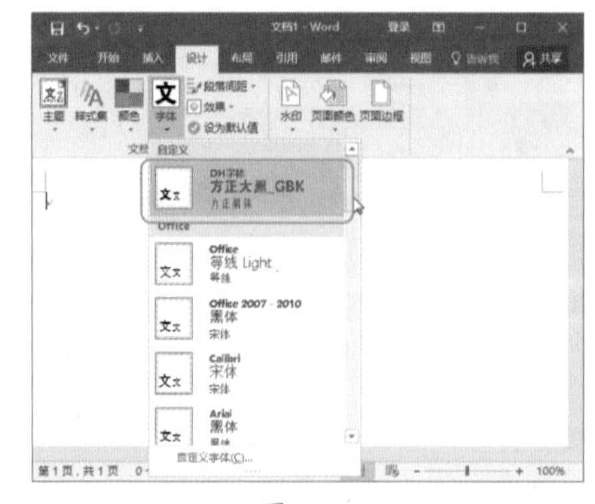

图 4-63

技能拓展——修改主题字体

新建主题字体后，如果对有些参数设置不满意，可以进行修改。打开主题字体列表，在【自定义】栏中右击需要修改的主题字体，在弹出的快捷菜单中选择【编辑】命令，在打开的【编辑主题字体】对话框中进行相应设置，最后单击“确定”按钮即可。

2. 自定义主题颜色

除了使用 Word 内置的主题颜色外，用户还可根据操作需要自定义主题颜色，具体操作步骤如下。

Step 01 ❶ 切换到【设计】选项卡，❷ 单击【文档格式】组中的【颜色】按钮，❸ 在弹出的下拉列表中选择【自定义颜色】命令，如图 4-64 所示。

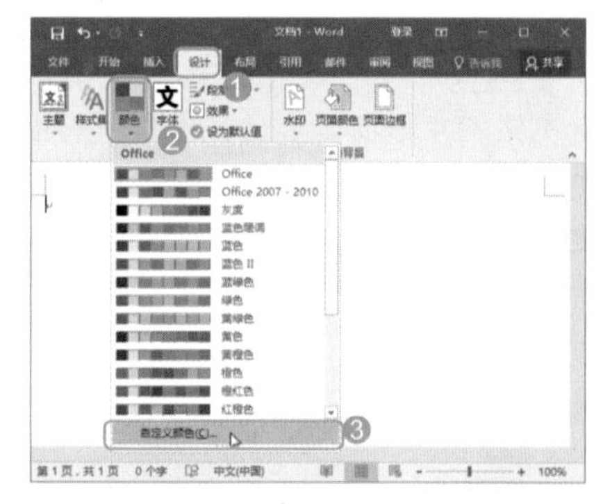

图 4-64

Step 02 打开【新建主题颜色】对话框，❶ 在【名称】文本框中输入新建主题颜色的名称，❷ 在【主题颜色】栏中自定义各个项目的颜色，❸ 完成设置后单击【保存】按钮，如图 4-65 所示。

Step 03 新建的主题颜色将被保存到主题颜色库中，打开主题颜色列表时，在【自定义】栏中可看到新建的主题颜色，单击该主题颜色，可将其应用到当前文档中，如图 4-66 所示。

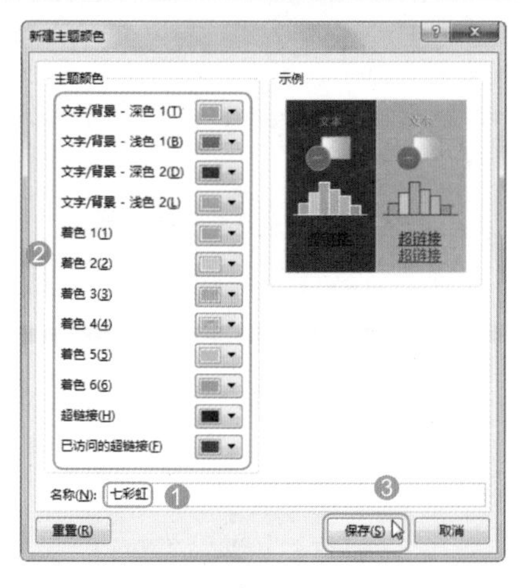

图 4-65

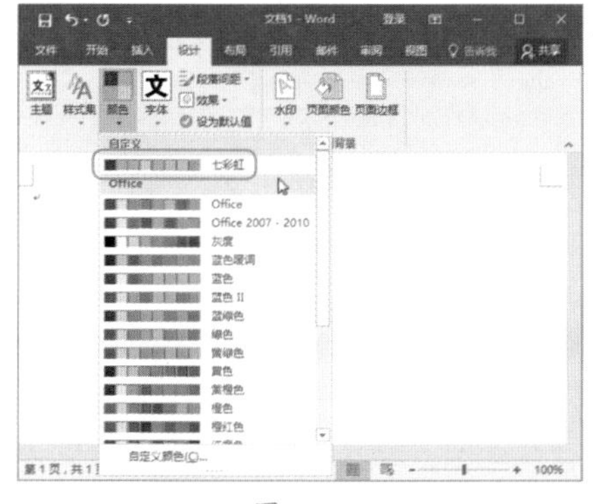

图 4-66

4.5.4 实战：保存自定义主题

实例门类	软件功能
教学视频	光盘\视频\第 4 章\4.5.4.mp4

在 Word 中用户可将当前文档的自定义主题样式保存为新主题，以方便再次调用，从而提高工作效率。保存新主题的操作步骤如下。

Step01 ❶ 切换到【设计】选项卡，❷ 单击【文档格式】组中的【主题】按钮，❸ 在弹出的下拉列表中选择【保存当前主题】命令，如图 4-67 所示。

图 4-67

Step02 打开【保存当前主题】对话框，保存位置会自动定位到【Document Themes】文件夹中，该文件夹是存放 Office 主题的默认位置，❶ 直接在【文件名】文本框中输入新主题的名称，❷ 单击【保存】按钮，如图 4-68 所示。

Step03 新主题将被保存到主题库中，打开主题列表，在【自定义】栏中可看到新主题，单击该主题，可将其应用到当前文档中，如图 4-69 所示。

图 4-68

技术看板

在【Document Themes】文件夹中，包含了 3 个子文件夹，其中，【Theme Fonts】文件夹用于存放自定义主题字体，【Theme Colors】文件夹用于存放自定义主题颜色，【Theme Effects】文件夹用于存放自定义主题效果。

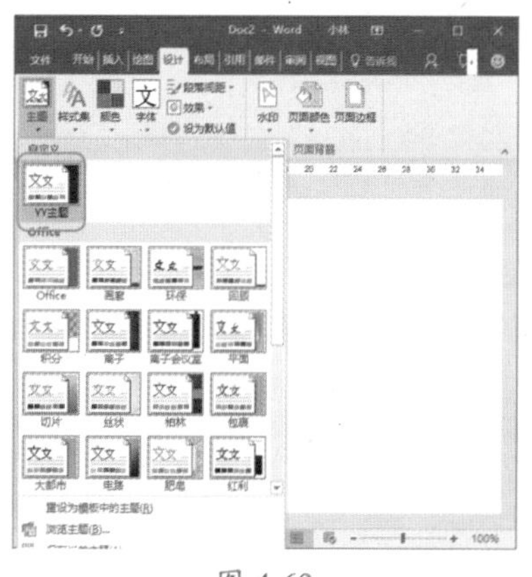

图 4-69

妙招技法

通过前面知识的学习，相信读者已经学会了如何使用模板、样式、样式集与主题来设置和编排文档。下面结合本章内容，给大家介绍一些实用技巧。

技巧 01：如何保护样式不被修改

教学视频	光盘\视频\第 4 章\技巧 01.mp4

在文档中新建样式后，若要将文档发送给其他用户查看，但不希望别人修改新建的样式，此时，可以启动强制保护，防止其他用户修改。

Step01 打开“光盘\素材文件\第 4 章\员工培训管理制度.docx”文件，单击【样式】窗格中的【管理样式】按钮，如图 4-70 所示。

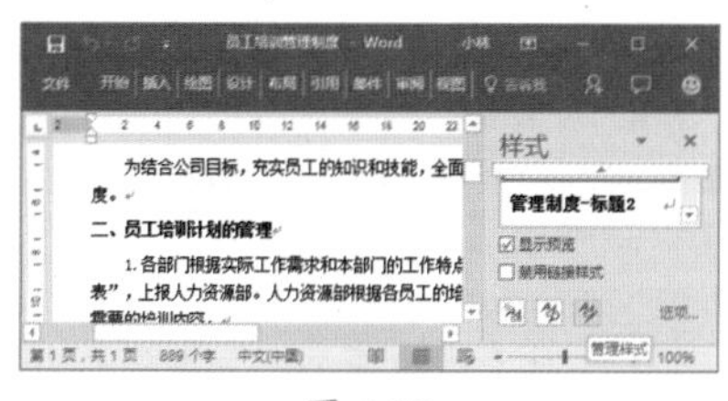

图 4-70

Step02 打开【管理样式】对话框，❶ 切换到【限制】选项卡，❷ 在列表框中选择需要保护的一个或多个样式（按住【Ctrl】键不放，依次选择需要保护的样式），❸ 选中【仅限对允许的样式进行格式设置】复选框，❹ 单击【限制】按钮，如图 4-71 所示。

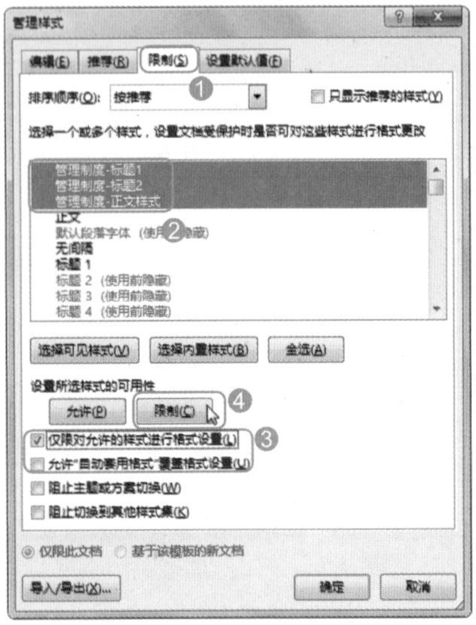

图 4-71

Step03 此时，所选样式的前面会添加带锁标记，单击【确定】按钮，如图 4-72 所示。

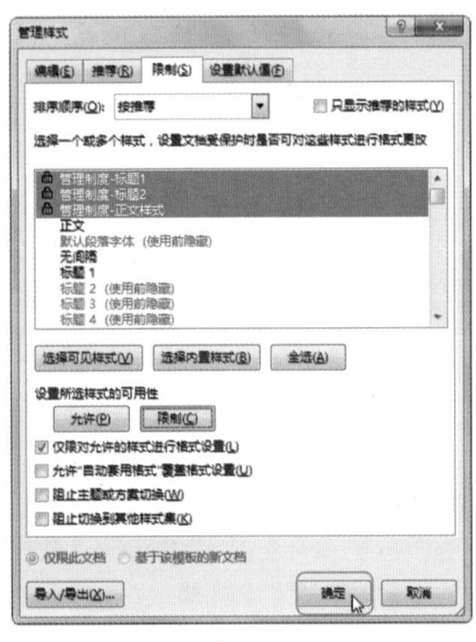

图 4-72

Step04 打开【启动强制保护】对话框，❶ 设置密码，❷ 单击【确定】按钮即可，如图 4-73 所示。

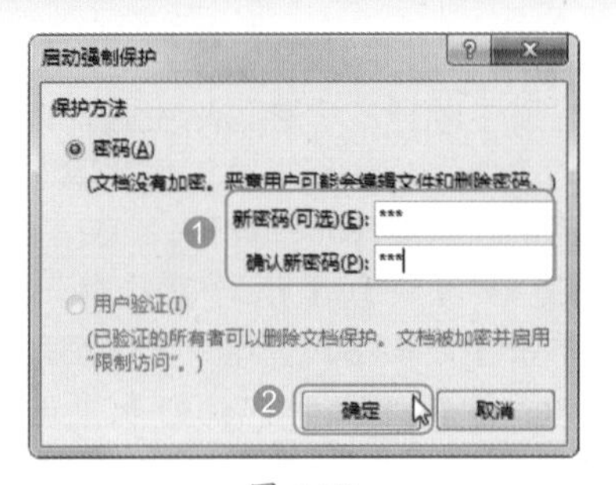

图 4-73

技巧 02：设置样式的显示方式

教学视频	光盘\视频\第 4 章\技巧 02.mp4

在使用【样式】窗格中的样式排版文档时，有时候会发现该窗格中显示了很多用不上的样式。为了更好地使用【样式】窗格，可以设置【样式】窗格中的样式显示方式，具体操作步骤如下。

Step01 在“员工培训管理制度.docx”文档中，单击【样式】窗格中的【选项】链接，如图 4-74 所示。

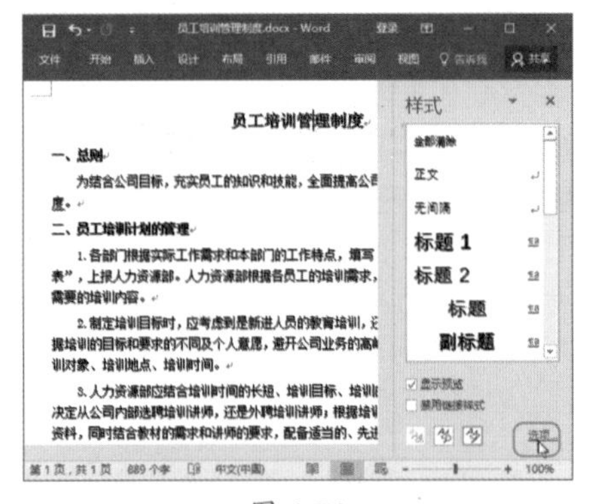

图 4-74

技能拓展——设置样式的排序方式

根据操作需要，还可对【样式】窗格中的样式进行排序操作，方法为：打开【样式窗格选项】对话框，在【选择列表的排序方式】下拉列表中选择需要的排序方式即可。

Step02 打开【样式窗格选项】对话框，❶ 在【选择要显示的样式】下拉列表中选择样式显示方式（一般推荐选择【当前文档中的样式】选项），❷ 然后单击【确定】按钮即可，如图 4-75 所示。

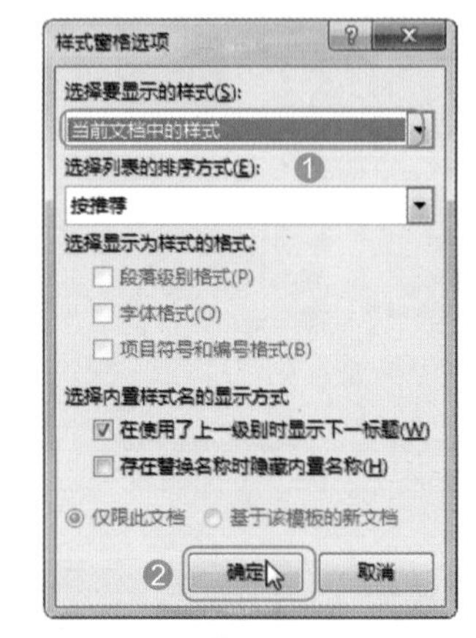

图 4-75

技巧 03：将字体嵌入文件

教学视频	光盘\视频\第 4 章\技巧 03.mp4

当计算机中安装了一些非系统默认的字体，并在文档中设置字符格式或新建样式时使用了这些字体，而在其他没有安装这些字体的计算机中打开该文档时，就会出现显示不正常的问题。

为了解决这问题，可以将字体嵌入到文件中，具体操作步骤如下。

打开【Word 选项】对话框，❶ 切换到【保存】选项卡，❷ 在【共享该文档时保留保真度】栏中选中【将字体嵌入文件】复选框，❸ 单击【确定】按钮即可，如图 4-76 所示。

图 4-76

技巧 04：设置默认的样式集和主题

教学视频	光盘\视频\第 4 章\技巧 04.mp4

如果用户需要长期使用某一样式集和主题，可以将它们设置为默认值。设置默认的样式集和主题后，此后新建空白 Word 文档时，将直接使用该样式集和主题。设置默认样式集和主题的具体操作步骤如下。

Step 01 新建一篇空白文档，切换到【设计】选项卡，然后设置好需要使用的样式集和主题。

Step 02 在【设计】选项卡的【文档格式】组中单击【设为默认值】按钮，如图 4-77 所示。

图 4-77

Step 03 打开提示框询问是否要将当前样式集和主题设置为默认值，单击【是】按钮确认即可，如图 4-78 所示。

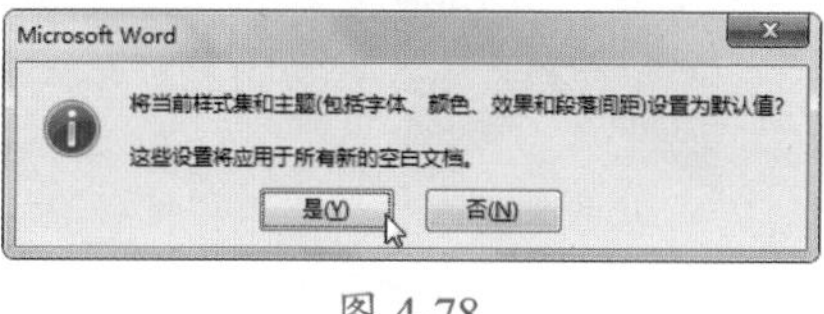

图 4-78

本章小结

本章主要讲解了使用模板、样式、样式集与主题来排版美化文档，主要包括模板和样式的创建、使用和管理，以及样式集与主题的使用等内容。通过本章内容的学习，相信读者的排版能力会得到提升，从而能够制作出版面更加美观的文档。

第5章 Word 文档的图文混排

- 文档中的图片可以随意放置吗？
- 在文档中的图片必须是有背景的吗？
- 怎样让文本出现在形状中？
- 怎样活用艺术字？
- 什么是 SmartArt 图形？ SmartArt 图形能做什么？

通常为了使文档更美观，常常会使用图文混排的方式，但想要制作好图文混排的文档，是要掌握一些相关技能的，本章将通过对图文混排中的图片及艺术字的相关处理来讲解如何运用图文混排。通过本章的学习，读者不仅可以解决上面的问题，还会发现很多有趣、好用和实用的知识技能。

5.1 应用形状元素

Word 中自带七大类形状图形，其中包括常用到的矩形类、箭头类、流程类和基本形状类等，用户可根据实际设计需要进行使用，以达到丰富文档内容或是制作个性化文档的目的。

★ 重点 5.1.1 实战：在宣传单中插入形状

实例门类	软件功能
教学视频	光盘\视频\第 5 章\5.1.1.mp4

插入形状是使用形状的第一步，也是形状设置和调整及文本添加的首要条件。下面通过的在母亲节宣传单中插入圆角矩形为例，其具体操作步骤如下。

Step01 打开“光盘\素材文件\第 5 章\感恩母亲节 .docx”文件，❶ 切换到【插入】选项卡，❷ 单击【插图】组中的【形状】按钮，❸ 在弹出的下拉列表中选择需要的形状，如这里选择【剪去对角的矩形】选项，如图 5-1 所示。

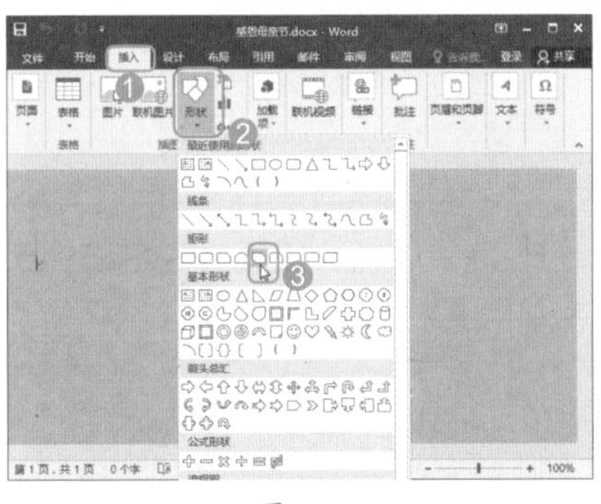

图 5-1

Step02 此时鼠标指针变成【+】形状，在目标位置按住鼠标左键不放，拖动鼠标指针进行绘制，如图 5-2 所示。

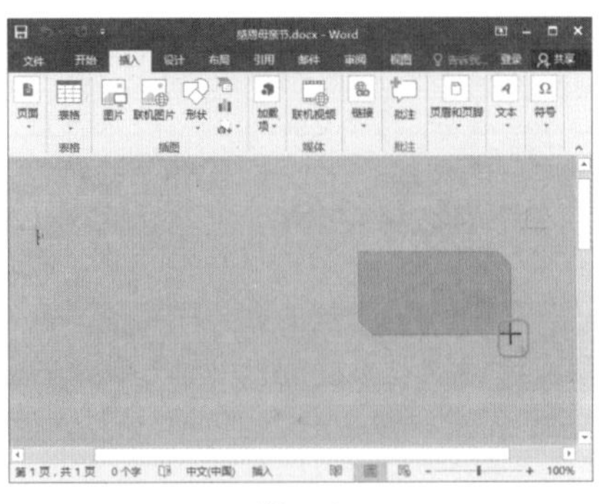

图 5-2

Step03 当绘制到合适大小时释放鼠标，即可完成绘制，如图 5-3 所示。

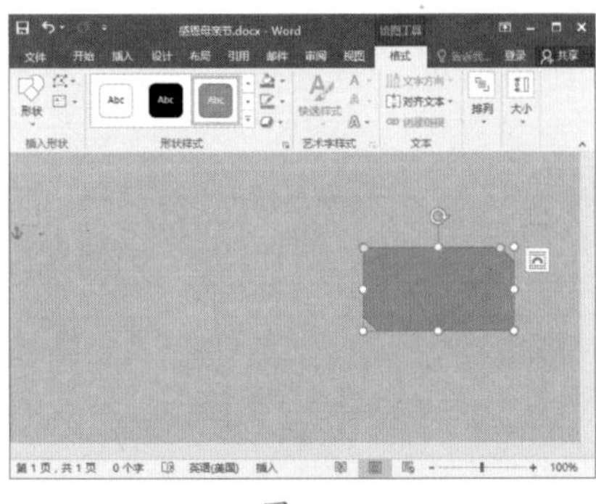

图 5-3

5.1.2 在宣传单中更改形状

实例门类	软件功能
教学视频	光盘\视频\第 5 章\5.1.2.mp4

在文档中绘制形状后，可以随时改变它们的形状。例如，要将母亲节促销宣传单中绘制的圆角矩形更改为云形，具体操作步骤如下。

Step01 在“感恩母亲节 .docx”文档中，❶ 选择形状，❷ 切换到【绘图工具 / 格式】选项卡，❸ 在【插入形状】组中单击【编辑形状】按钮，❹ 在弹出的下拉列表中依次选择【更改形状】→【云形】选项，如图 5-4 所示。

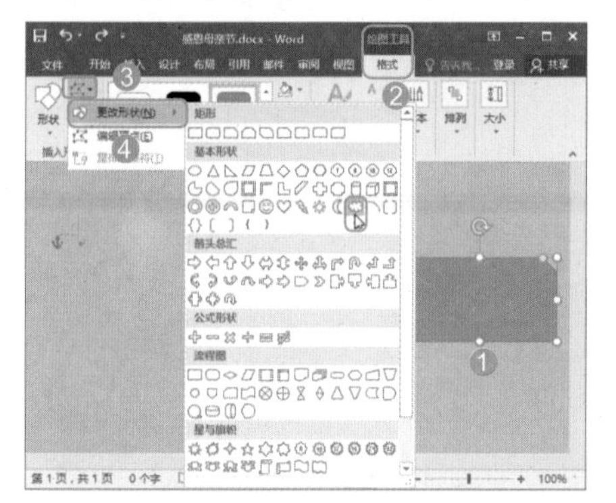

图 5-4

Step 02 通过上述操作后，所选形状即可更改为云形，如图 5-5 所示。

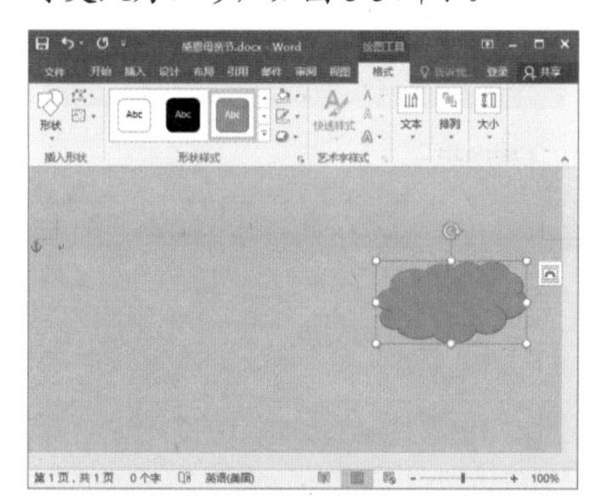

图 5-5

★ 重点 5.1.3 实战：为宣传单中的形状添加文字

实例门类	软件功能
教学视频	光盘\视频\第 5 章\5.1.3.mp4

插入的形状中是不包含任何文字内容的，需要用户手动进行添加，具体操作步骤如下。

Step 01 在"感恩母亲节.docx"文档中，❶ 在形状上右击，❷ 在弹出的快捷菜单中选择【添加文字】命令，如图 5-6 所示。

Step 02 形状中将出现文本插入点，此时可直接输入文字内容，如图 5-7 所示。

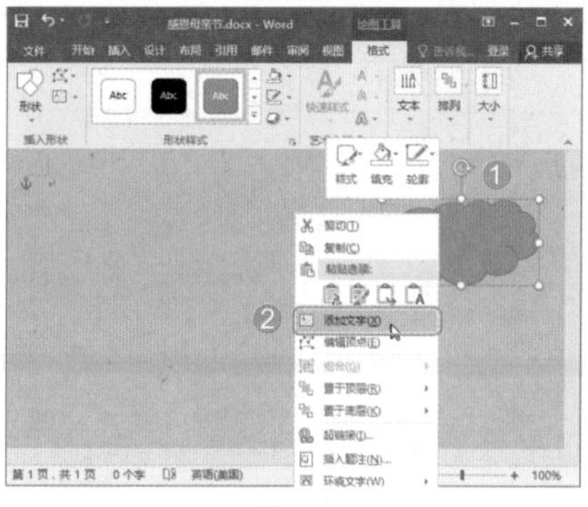

图 5-6

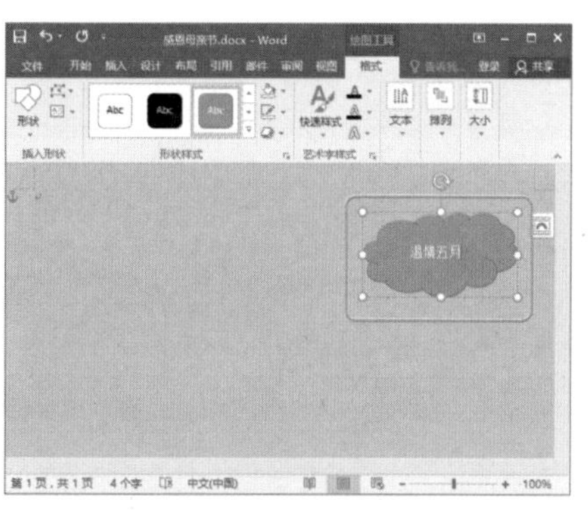

图 5-7

5.1.4 调整形状大小和角度

插入形状后，用户还可以调整形状的大小和角度，其方法和图片的调整相似，所以，此处只进行简单的介绍。

- 使用鼠标调整：选择形状，形状四周会出现控制点，将鼠标指针指向控制点，当指针变成双向箭头时，按下鼠标左键并任意拖动，即可改变形状的大小；将鼠标指针指向旋转手柄，鼠标指针将显示为，此时按下鼠标左键进行拖动，可以旋转形状。
- 使用功能区：选择形状，切换到【绘图工具 / 格式】选项卡，在【大小】组中可以设置形状的大小，在【排列】组中单击【旋转】按钮，在弹出的下拉列表中可以选择形状的旋转角度。
- 使用对话框：选择形状，切换到【绘图工具 / 格式】选项卡，在【大小】组中单击【功能扩展】按钮，打开【布局】对话框，在【大小】选项卡中可以设置形状大小和旋转度数。

技术看板

使用鼠标调整形状的大小时，按住【Shift】键的同时再拖动形状，可等比例缩放形状大小。

此外，形状大小和角度的调整方法，同样适用于文本框、艺术字编辑框的调整，后面的相关知识讲解中将不再赘述。

5.1.5 实战：让流程图形状以指定方式对齐

实例门类	软件功能
教学视频	光盘\视频\第 5 章\5.1.5.mp4

要让文档中的多个形状以指定方式对齐，如左对齐、右对齐、顶端对齐等，可直接通过对齐选项快速实现。如下面让招聘流程图中部分形状右对齐，以让整个招聘流程图更加规范整齐。

Step 01 打开"光盘\素材文件\第 5 章\招聘流程图.docx"文件，❶ 按住【Ctrl】键同时，选择目标形状，❷ 选择【绘图工具 / 格式】选项卡，❸ 单击【对齐】下拉按钮，选择相应的对齐方式选项，如这里选择【左对齐】选项，如图 5-8 所示。

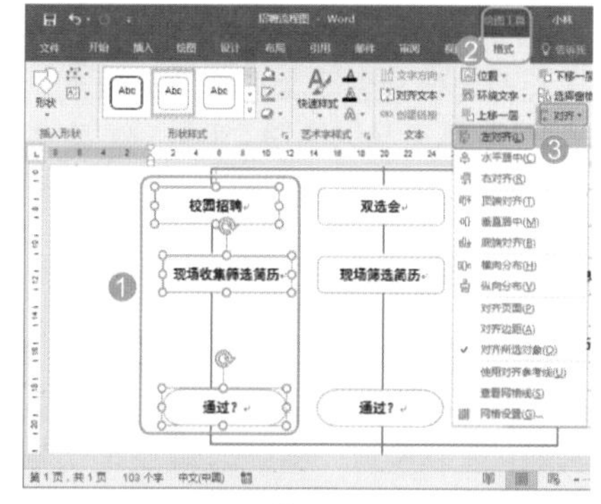

图 5-8

Step02 系统自动将选择的形状以指定方式对齐，效果如图 5-9 所示。

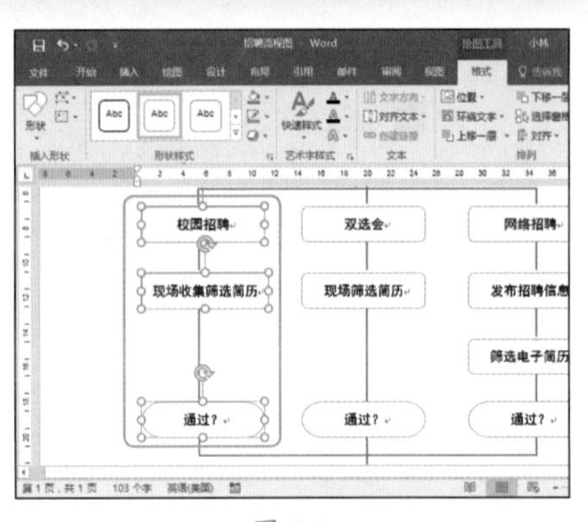

图 5-9

5.2 应用图片元素

在制作产品说明书、企业内刊及公司宣传册等之类的文档时，可以通过 Word 的图片编辑功能插入图片，从而使文档图文并茂，给阅读者带来精美、直观的视觉冲击。

★ 重点 5.2.1 实战：插入图片

实例门类	软件功能
教学视频	光盘\视频\第 5 章\5.2.1.mp4

在文档中插入图片最常用的 3 种途经：插入本机上的图片、插入联机图片和插入屏幕截图。用户可根据实际需要进行选择。下面分别介绍这 3 种插入图片的操作方法。

1. 在产品介绍中插入计算机中的图片

在制作文档的过程中，用户可以插入计算机中收藏的图片，以配合文档内容或美化文档。插入图片的具体操作步骤如下。

Step01 打开“光盘\素材文件\第 5 章\产品介绍.docx”文件，❶ 将文本插入点定位到需要插入图片的位置，❷ 切换到【插入】选项卡，❸ 单击【插图】组中的【图片】按钮，如图 5-10 所示。

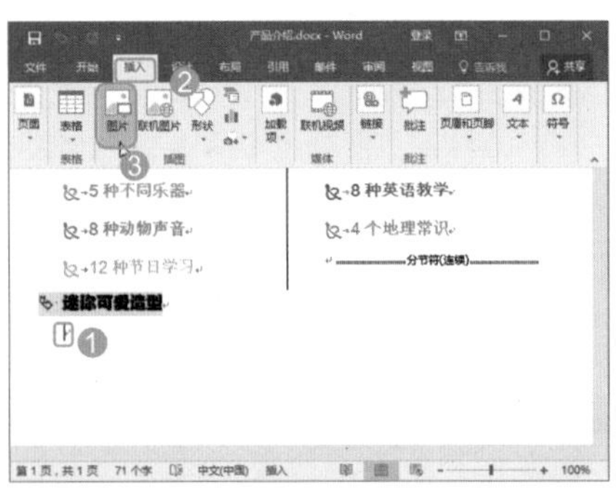

图 5-10

Step02 打开【插入图片】对话框，❶ 选择需要插入的图片，❷ 单击【插入】按钮，如图 5-11 所示。

图 5-11

Step03 返回文档，选择的图片即可插入到文本插入点所在位置，如图 5-12 所示。

图 5-12

技术看板

Word 的图片功能非常强大，可以支持很多图片格式，如 jpg、jpeg、wmf、png、bmp、gif、tif、eps、wpg 等。

2. 实战：在感谢信中插入联机图片

Word 2016 提供了联机图片功能，通过该功能，用户可以从各种联机来源中查找和插入图片。插入联机图片的具体操作步骤如下。

Step01 打开“光盘\素材文件\第 5 章\感谢信.docx”文件，❶ 将文本插入点定位到需要插入图片的位置，❷ 切换到【插入】选项卡，❸ 单击【插图】组中的【联机图片】按钮，如图 5-13 所示。

Step02 打开【插入图片】页面，❶ 在文本框中输入需要的图片类型，如输入【花边】，❷ 单击【搜索】按钮，如图 5-14 所示。

Step03 开始搜索图片，❶ 在搜索结果中选择需要插入的图片，❷ 单击【插入】按钮，如图 5-15 所示。

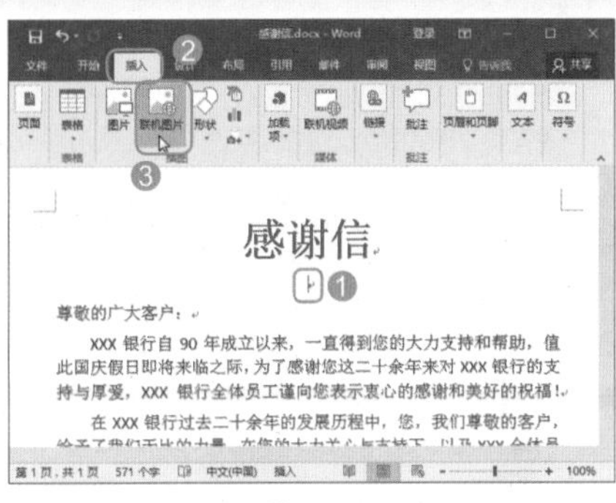
图 5-13

图 5-14

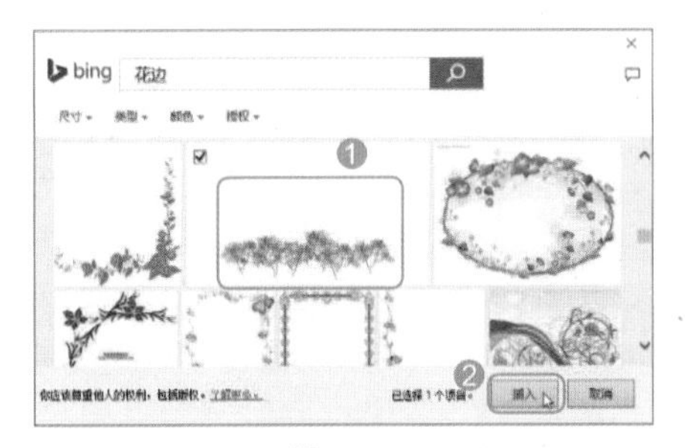
图 5-15

Step04 返回文档，选择的图片即可插入到文本插入点所在位置，如图 5-16 所示。

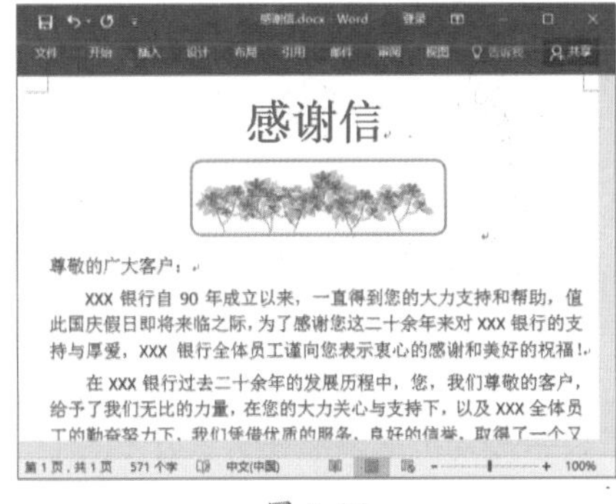
图 5-16

3. 实战：插入屏幕截图

从 Word 2010 开始新增了屏幕截图功能，通过该功能，可以快速截取屏幕图像，并直接插入文档中。

➥ 截取活动窗口：Word 的“屏幕截图”功能会智能监视活动窗口（打开且没有最小化的窗口），可以很方便地截取活动窗口的图片并插入到当前文档中，其操作步骤如下。

❶ 将文本插入点定位在要插入图片的位置，❷ 切换到【插入】选项卡，❸ 单击【插图】组中的【屏幕截图】按钮，❹ 在弹出的下拉列表的【可用的视窗】栏中，将以缩略图的形式显示当前所有活动窗口，单击要插入的活动窗口图，如图 5-17 所示。

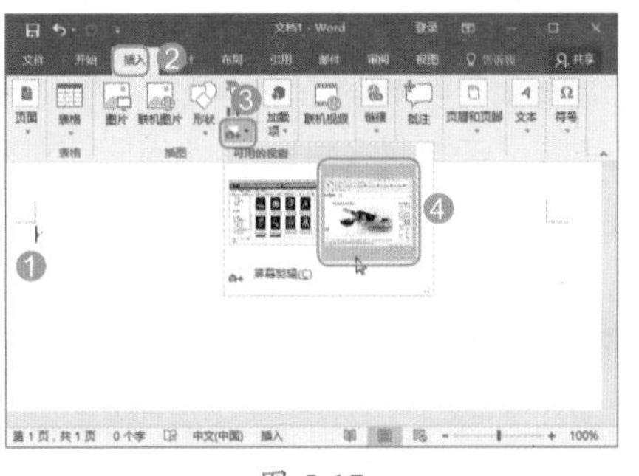
图 5-17

➥ 截取屏幕区域：使用 Word 2016 的截取屏幕区域功能，可以截取计算机屏幕上的任意图片，并将其插入文档中，其操作步骤如下。

❶ 单击【插图】组中的【屏幕截图】按钮，❷ 在弹出的下拉列表中选择【屏幕剪辑】选项，当前文档窗口自动缩小，整个屏幕将朦胧显示，按住鼠标左键不放，拖动鼠标指针选择截取区域，然后释放鼠标，如图 5-18 所示。

图 5-18

技术看板

截取屏幕区域时，选择【屏幕剪辑】选项后，屏幕中显示的内容是打开当前文档之前所打开的窗口或对象。

进入屏幕剪辑状态后，如果又不想截图了，按下【Esc】键退出截图状态即可。

★ 重点 5.2.2 实战：裁剪图片

实例门类	软件功能
教学视频	光盘\视频\第 5 章\5.2.2.mp4

Word 提供了裁剪功能，通过该功能，可以非常方便地对图片进行裁剪操作，具体操作步骤如下。

Step01 打开“光盘\素材文件\第 5 章\裁剪图片.docx”文件，❶ 选择图片，❷ 切换到【图片工具 / 格式】选项卡，❸ 单击【大小】组中的【裁剪】按钮，如图 5-19 所示。

图 5-19

Step02 此时图片将呈可裁剪状态，鼠标指针指向图片的某个裁剪标志时即可进行操作，如图 5-20 所示。

技能拓展——退出裁剪状态

图片呈可裁剪状态时，按下【Esc】键可退出裁剪状态。

图 5-20

Step03 鼠标指针呈裁剪状态时，拖动鼠标即可进行裁剪，如图 5-21 所示。

图 5-21

Step04 当拖动至需要的位置时释放鼠标，此时阴影部分表示将要被剪掉的部分，确认无误后按【Enter】键确认即可，如图 5-22 所示。

图 5-22

技能拓展——放弃当前裁剪

图片处于裁剪状态时，拖动鼠标选择好要裁剪掉的部分后，若要放弃当前裁剪，按下【Ctrl+Z】组合键即可。

Step05 完成裁剪后的效果如图 5-23 所示。

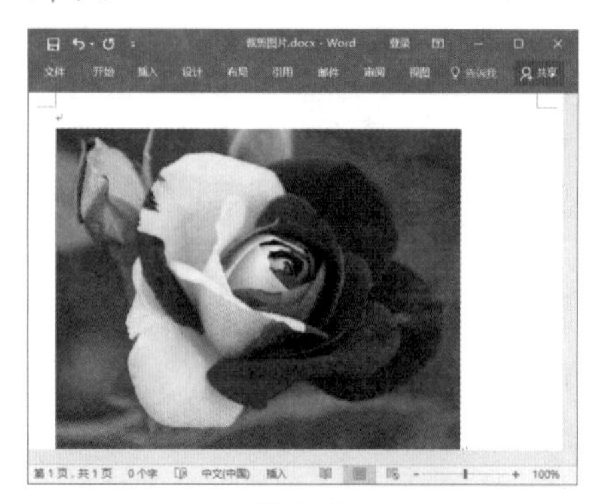

图 5-23

技术看板

在 Word 2010 以上的版本中，选择要裁剪的图片后，单击【裁剪】按钮下方的下拉按钮，在弹出的下拉列表中还提供了【裁剪为形状】和【纵横比】两种裁剪方式，通过这两种方式，可直接选择预设好的裁剪方案。

5.2.3 实战：调整图片大小和角度

实例门类	软件功能
教学视频	光盘\视频\第 5 章\5.2.3.mp4

在文档中插入图片后，首先需要调整图片大小，以避免图片过大而占据太多的文档空间。为了满足各种排版需要，用户还可以通过旋转图片的方式随意调整图片的角度。

1. 使用鼠标调整图片大小和角度

使用鼠标来调整图片大小和角度，既快速又便捷，所以许多用户都会习惯性使用鼠标来调整图片大小和角度。

- 调整图片大小：选中图片，图片四周会出现控制点，将鼠标指针停放在控制点上，当指针变成双向箭头时，按下鼠标左键并任意拖动，即可改变图片的大小（拖动时，鼠标指针显示为【十】形状），如图 5-24 所示。

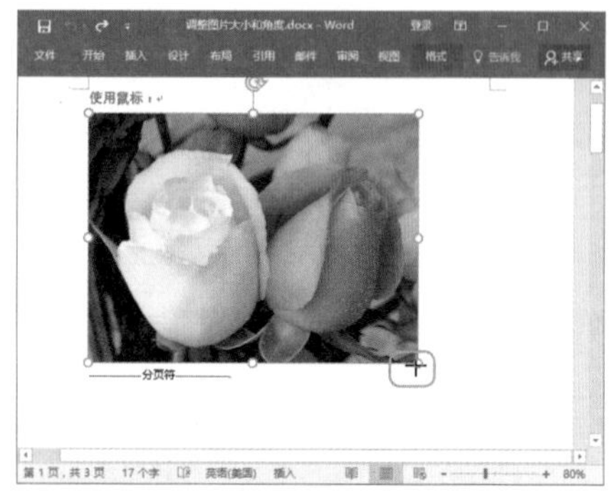

图 5-24

技术看板

若拖动图片 4 个角上的控制点，则图片会按等比例缩放大小；若拖动图片 4 条边中线处的控制点，则只会改变图片的高度或宽度。

- 调整图片角度：选择图片，将鼠标指针指向旋转手柄，鼠标指针显示为形状，此时按下鼠标左键并进行拖动，可以旋转该图片，旋转时，鼠标指针显示为形状，如图 5-25 所示，当拖动到合适角度后释放鼠标。

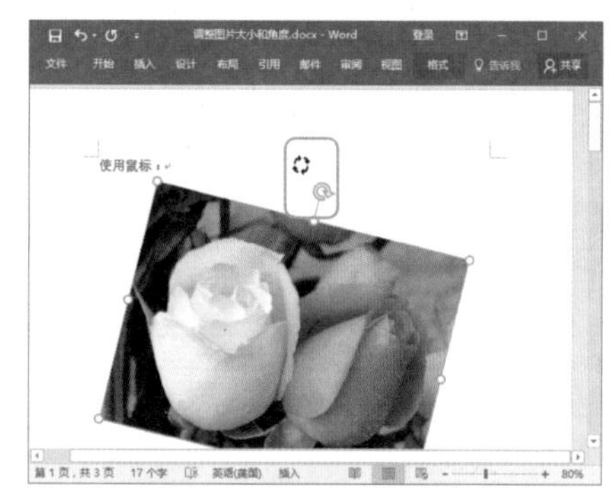

图 5-25

2. 通过功能区调整图片大小和角度

如果希望调整更为精确的图片大小和角度，可通过功能区实现。

- 调整图片大小：❶ 选择图片，❷ 切换到【图片工具 / 格式】选项卡，

❸ 在【大小】组中设置高度和宽度值，如图 5-26 所示。

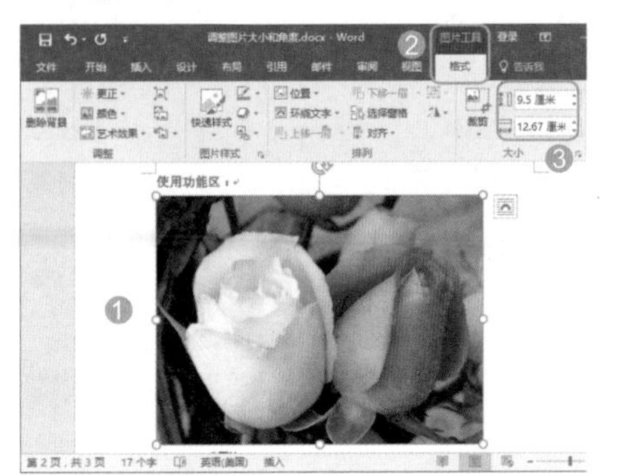

图 5-26

➥ 调整图片角度：❶ 选择图片，切换到【图片工具 / 格式】选项卡，❷ 在【排列】组中单击【旋转】按钮，❸ 在弹出的下拉列表中选择需要的旋转角度，如图 5-27 所示。

图 5-27

3. 通过对话框调整图片大小和角度

要精确调整图片大小和角度，还可通过对话框来设置，具体操作步骤如下。

Step01 ❶ 选择图片，❷ 切换到【图片工具 / 格式】选项卡，❸ 在【大小】组中单击【功能扩展】按钮，如图 5-28 所示。

Step02 打开【布局】对话框，❶ 在【大小】选项卡的【高度】栏中设置图片高度值，此时【宽度】栏中的值会自动进行调整，❷ 在【旋转】栏中设置旋转度数，❸ 设置完成后单击【确定】按钮，如图 5-29 所示。

图 5-28

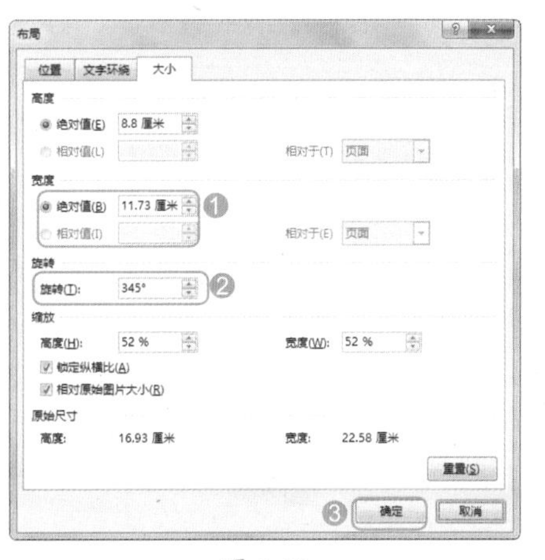

图 5-29

Step03 返回文档，即可查看设置后的效果，如图 5-30 所示。

图 5-30

技术看板

在【布局】对话框的【大小】选项卡中，【锁定纵横比】复选框默认为选中状态，所以通过功能区或对话框调整图片大小时，无论是高度还是宽度的值发生改变，另外一个值便会按图片的比例自动更正；反之，若取消选中【锁定纵横比】复选框，则调整图片大小时，图片不会按照比例进行自动更正。

5.2.4 实战：在产品介绍中删除图片背景

实例门类	软件功能
教学视频	光盘\视频\第 5 章\5.2.4.mp4

在编辑图片时，还可通过 Word 提供的“删除背景”功能删除图片背景，具体操作步骤如下。

Step01 在“产品介绍 .docx”文档中，❶ 选择图片，❷ 切换到【图片工具 / 格式】选项卡，❸ 单击【调整】组中的【删除背景】按钮，如图 5-31 所示。

图 5-31

Step02 图片将处于删除背景编辑状态，❶ 单击【标记要保留的区域】按钮，然后在图片中单击要保留的区域，❷ 单击【保留更改】按钮，如图 5-32 所示。

技术看板

对于一些较为规则的图片，用户只需调整图片上出现的背景删除区域控制框，即可轻松控制背景的删除区域。

Step03 图片的背景将被删掉了，效果如图 5-33 所示。

图 5-32

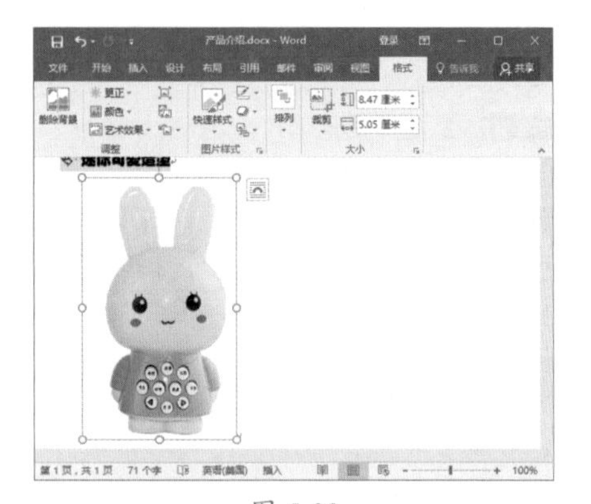

图 5-33

5.2.5 实战：在宣传单中应用图片样式

实例门类	软件功能
教学视频	光盘\视频\第 5 章\5.2.5.mp4

从 Word 2007 开始，为插入的图片提供了多种内置样式，这些内置样式主要由阴影、映像、发光等效果元素创建的混合效果。通过内置样式，用户可以快速为图片设置外观样式，具体操作步骤如下。

Step01 打开“光盘\素材文件\第 5 章\宣传单.docx”文件，❶ 选择目标图片，❷ 切换到【图片工具/格式】选项卡，❸ 在图片样式组的列表框中选择需要的样式，如图 5-34 所示。

Step02 系统自动为目标图片套用选择的图片样式，效果如图 5-35 所示。

图 5-34

图 5-35

★ 重点 5.2.6 实战：在宣传单中设置图片环绕方式

实例门类	软件功能
教学视频	光盘\视频\第 5 章\5.2.6.mp4

Word 提供了嵌入型、四周型、紧密型、穿越型、上下型、衬于文字下方和浮于文字上方 7 种文字环绕方式，不同的环绕方式可为阅读者带来不一样的视觉感受。

在文档中插入的图片的默认版式为嵌入型，该版式类型的图片的行为方式与文字相同，若将图片插入包含文字的段落中，该行的行高将以图片的高度为准。若将图片设置为“嵌入型”以外的任意一种环绕方式，图片将以不同形式与文字结合在一起，从而实现各种排版效果。

下面以在婚纱团购宣传文档中设置图片的“四周型”环绕方式为例，其具体操作步骤如下。

Step01 在“宣传单.docx”文档中，❶ 选择图片，❷ 切换到【图片工具/格式】选项卡，❸ 在【排列】组中单击【环绕文字】按钮，❹ 在弹出的下拉列表中选择需要的环绕方式，如选择【四周型】选项，如图 5-36 所示。

图 5-36

Step02 对图片设置了【嵌入型】以外的环绕方式后，可任意拖动图片调整其位置，调整位置后的效果如图 5-37 所示。

图 5-37

技能拓展——图片与指定段落同步移动

对图片设置了【嵌入型】以外的环绕方式后，选择图片，图片附近的段落左侧会显示锁定标记⚓，表示当前图片的位置依赖于该标记右侧的段落。当移动图片所依附段落的位置时，图片会随着一起移动，而移动其他没有依附关系的段落时，图片不会移动。

如果想要改变图片依附的段落，则使用鼠标拖动锁定标记⚓到目标段落左侧即可。

除了上述操作方法外，还可通过以下两种方式设置图片的环绕方式。

➥ 在图片上右击，在弹出的快捷菜单中选择【环绕文字】命令，在弹出的级联菜单中选择需要的环绕方式即可，如图 5-38 所示。

图 5-38

➥ 选中图片，图片右上角会自动显示【布局选项】按钮，单击该按钮，可在打开的【布局选项】窗格中选择需要的环绕方式，如图 5-39 所示。

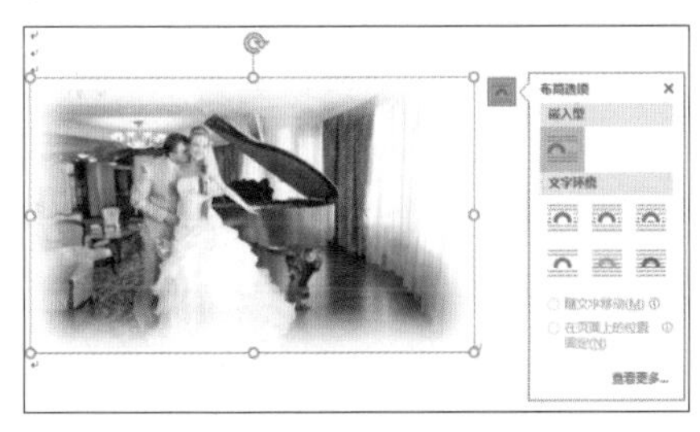

图 5-39

5.2.7 实战：设置图片效果

实例门类	软件功能
教学视频	光盘\视频\第 5 章\5.2.7.mp4

在 Word 中插入图片后，用户可以对其设置阴影、映像、柔化边缘等效果，以达到美化图片的目的。这些效果的设置方法相似。下面以为图片设置 5 磅的柔化边缘效果为例，具体操作步骤如下。

Step 01 在“宣传单 .docx”文档中，选中图片，❶ 切换到【图片工具 / 格式】选项卡，❷ 单击【图片样式】组中的【图片效果】按钮，❸ 在弹出的下拉列表中依次选择【柔化边缘】→【5 磅】选项，如图 5-40 所示。

图 5-40

Step 02 在文档中即可查看到应用 5 磅柔滑边缘的图片效果，如图 5-41 所示。

图 5-41

技能拓展——快速还原图片

对图片进行大小调整、裁剪、删除背景或样式应用和设置后，若要撤销这些操作，可选中图片，切换到【图片工具 / 格式】选项卡，在【调整】组中单击【重设图片】按钮右侧的下拉按钮，在弹出的下拉列表中选择【重设图片】选项，将保留设置的大小，清除其余的全部格式；或是选择【重设图片和大小】选项，清除图片所有设置的格式，并还原图片的原始尺寸。

5.3 应用艺术字元素

要在文档中制作出各种醒目或个性的独立文本，使用艺术字是最为快速和实用的选择。因为 Word 中不仅有内置的艺术字样式，同时，还能根据实际需要进行调整、更换和设置。

★ 重点 5.3.1 实战：在宣传单中插入艺术字

实例门类	软件功能
教学视频	光盘\视频\第 5 章\5.3.1.mp4

艺术字与形状都是 Word 程序中内置的对象，用户在使用它之前，需将其进行插入调用，具体操作步骤如下。

Step01 打开“光盘\素材文件\第 5 章\感恩母亲节 .docx”文件，❶ 切换到【插入】选项卡，❷ 单击【文本】组中的【艺术字】按钮，❸ 在弹出的下拉列表中选择需要的艺术字样式，如图 5-42 所示。

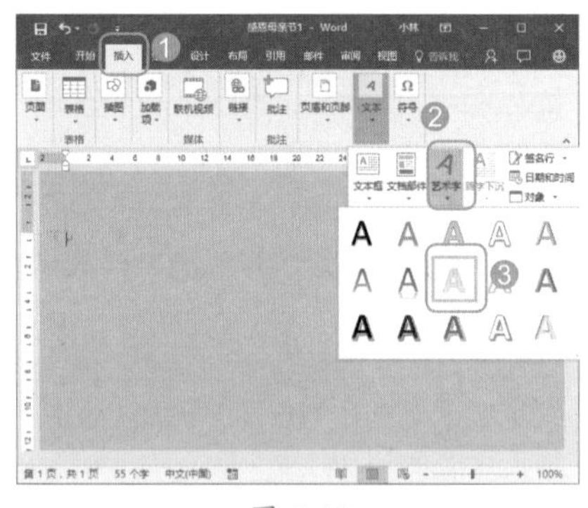

图 5-42

Step02 在文档的文本插入点所在位置将出现一个艺术字编辑框，占位符【请在此放置您的文字】为选中状态，如图 5-43 所示。

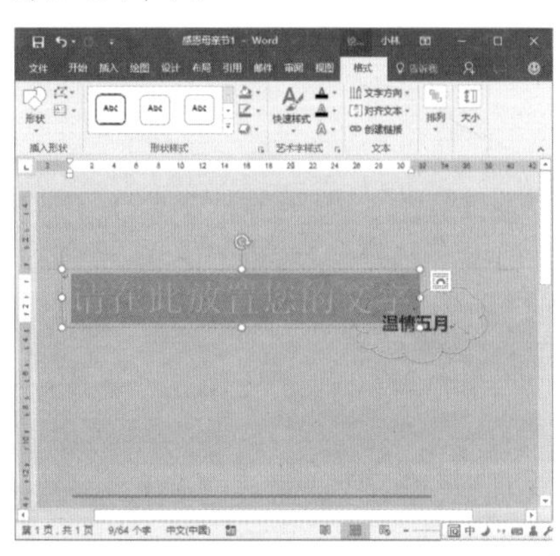

图 5-43

Step03 按【Delete】键删除占位符，输入艺术字内容，如这里输入【感恩母亲节】，并对其设置字体格式，然后将艺术字拖动到合适位置，完成设置后的效果如图 5-44 所示。

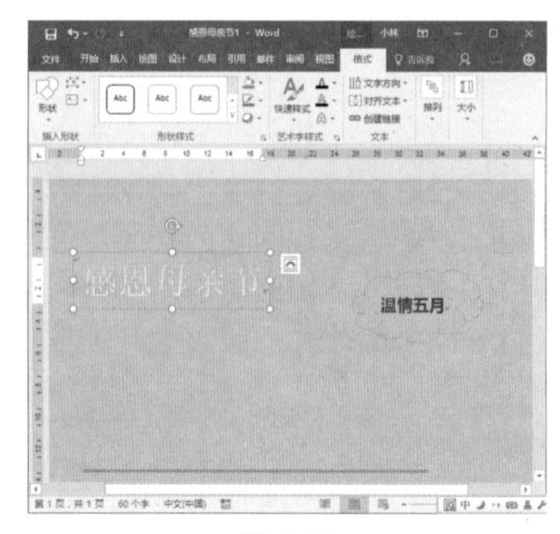

图 5-44

技能拓展——更改艺术字样式

插入艺术字后，若对选择的样式不满意，可以进行更改，方法为：选择艺术字，切换到【绘图工具 / 格式】选项卡，在【艺术字样式】组的列表框中重新选择需要的样式即可。

★ 重点 5.3.2 实战：在宣传单中更改艺术字样式

实例门类	软件功能
教学视频	光盘\视频\第 5 章\5.3.2.mp4

插入艺术字后，根据个人需要，还可在【绘图工具 / 格式】选项卡中的【艺术字样式】组中，通过相关功能对艺术字的外观进行调整，具体操作步骤如下。

Step01 打开“光盘\素材文件\第 5 章\感恩母亲节 1.docx”文件，❶ 选中艺术字，❷ 切换到【绘图工具 / 格式】选项卡，❸ 在【艺术字样式】组中单击【文本填充】按钮右侧的下拉按钮，❹ 在弹出的下拉列表中选择文本的填充颜色，如图 5-45 所示。

Step02 保持艺术字的选中状态，❶ 在【艺术字样式】组中单击【文本轮廓】按钮右侧的下拉按钮，❷ 在弹出的下拉列表中选择艺术字的轮廓颜色，如图 5-46 所示。

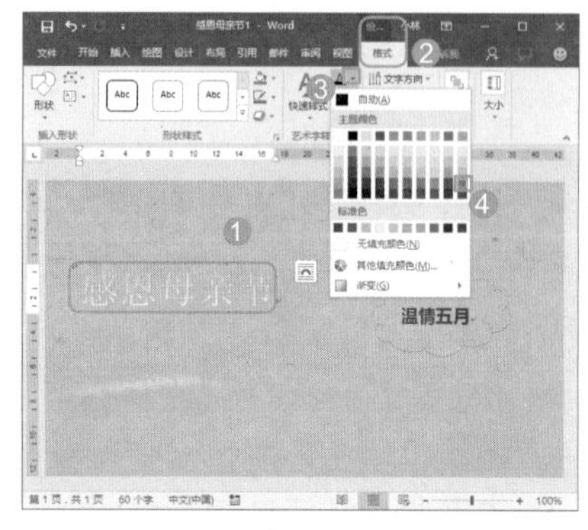

图 5-45

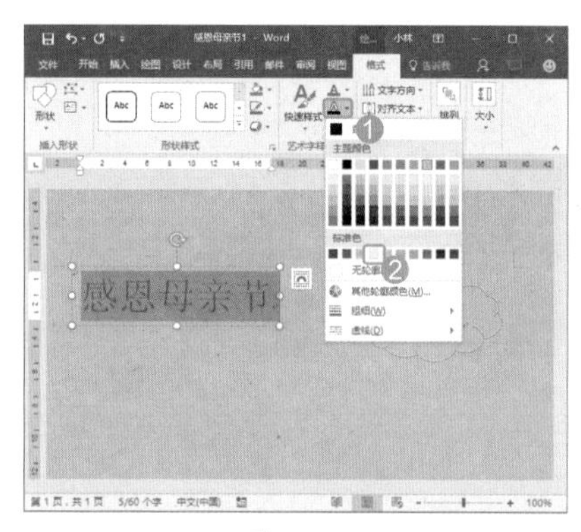

图 5-46

Step03 保持艺术字的选中状态，❶ 在【艺术字样式】组中单击【文本效果】按钮，❷ 在弹出的下拉列表中选择需要设置的效果，如选择【阴影】选项，❸ 在弹出的级联列表中选择需要的阴影样式，如图 5-47 所示。

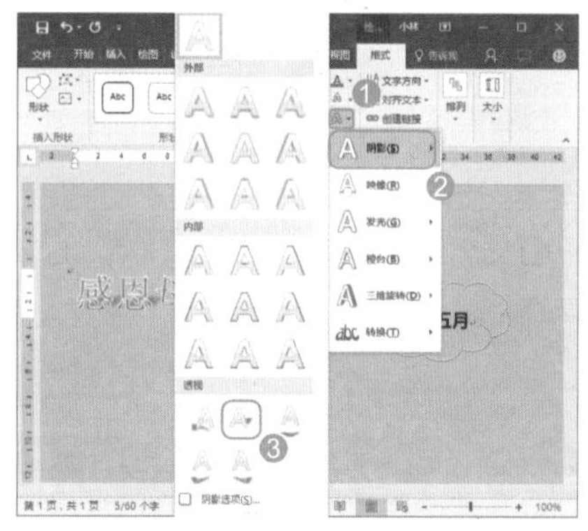

图 5-47

Step04 ❶ 在【艺术字样式】组中单击【文本效果】按钮，❷ 在弹出的下拉列表中选择需要设置的效果，如选择【转换】选项，❸ 在弹出的级联列表中选择需要的转换样式，如图 5-48 所示。

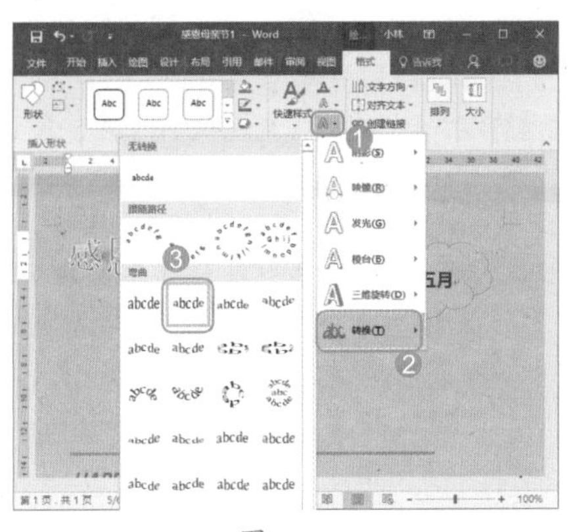

图 5-48

Step 05 至此，完成了对艺术字外观的设置，最终效果如图 5-49 所示。

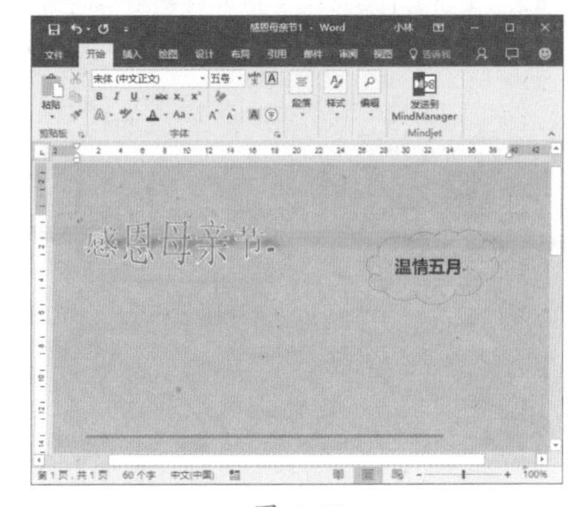

图 5-49

5.4 应用文本框元素

在 Word 中文本框是指一种可移动、可调大小的文字或图形容器。使用文本框，用户可以在一页上放置数个文字块，或者使文字按与文档中其他文字不同的方向排列，以实现文本的位置和方向的自由安排。

5.4.1 实战：在宣传单中插入文本框

实例门类	软件功能
教学视频	光盘\视频\第 5 章\5.4.1.mp4

在编辑与排版文档时，文本框是最常使用的对象之一。若要在文档的任意位置插入文本，一般是通过插入文本框的方法实现。Word 提供了多种内置样式的文本框，用户可直接插入使用，具体操作步骤如下。

Step 01 打开“光盘\素材文件\第 5 章\感恩母亲节 2.docx”文件，❶ 切换到【插入】选项卡，❷ 单击【文本】组中的【文本框】按钮，❸ 在弹出的下拉列表中选择需要的文本框样式，如图 5-50 所示。

Step 02 所选样式的文本框将自动插入到文档中，根据操作需要，选中文本框并拖动以调整至合适的位置，效果如图 5-51 所示。

Step 03 删除文本框中原有的文本内容，然后输入文字内容，并对其设置字体格式和段落格式，设置后的效果如图 5-52 所示。

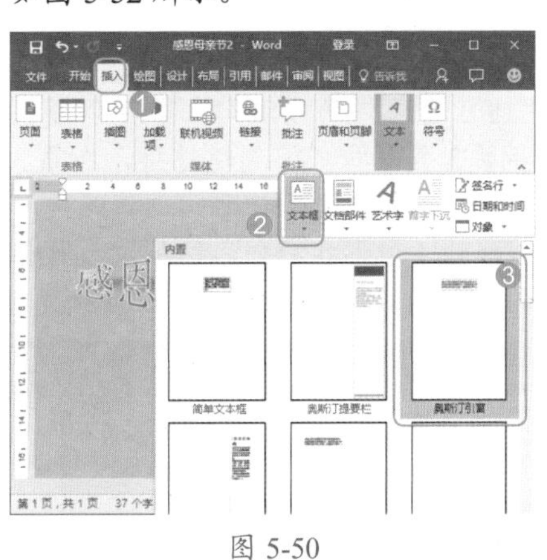

图 5-50

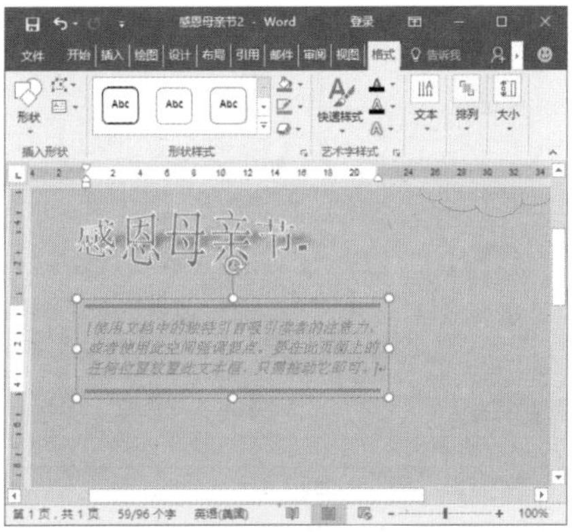

图 5-51

图 5-52

技能拓展——绘制文本框

插入内置文本框时，不同的文本框样式带有不同的格式。如果需要插入没有任何内容提示和格式设置的空白文本框，可手动绘制文本框，方法为：在【插入】选项卡的【文本】组中，单击【文本框】按钮，在弹出的下拉列表中若选择【绘制文本框】选项，可手动在文档中绘制横排文本框；若选择【绘制竖排文本框】选项，可在文档中手动绘制竖排文本框。

Step04 通过拖动鼠标的方式，调整文本框的大小，调整后的效果如图 5-53 所示。

图 5-53

★ 重点 5.4.2 实战：宣传板中的文字在文本框中流动

实例门类	软件功能
教学视频	光盘\视频\第 5 章\5.4.2.mp4

在对文本框的大小有限制的情况下，如果要放置到文本框中的内容过多时，则一个文本框可能无法完全显示这些内容。这时，用户可以创建多个文本框，然后将它们链接起来，链接之后的多个文本框中的内容可以连续显示。

例如，某微店要制作产品宣传板，宣传板是通过绘制形状而制成的，设计过程中，希望将宣传内容分配到 4 个宣传板上，且要求这 4 个宣传板的内容是连续的，这时可以通过文本框的链接功能进行制作，具体操作步骤如下。

Step01 打开“光盘\素材文件\第 5 章\微店产品宣传板 .docx”文件，❶ 选择第 1 个形状，❷ 切换到【绘图工具 / 格式】，❸ 单击【文本】组中的【创建链接】按钮，如图 5-54 所示。

Step02 此时，鼠标指针变为形状，将鼠标指针移动到第 2 个形状上时，鼠标指针变为形状，在第 1 个形状和第 2 个形状之间单击创建链接，把第 1 个形状中多余的文本内容“倒”入第 2 个形状中，如图 5-55 所示。

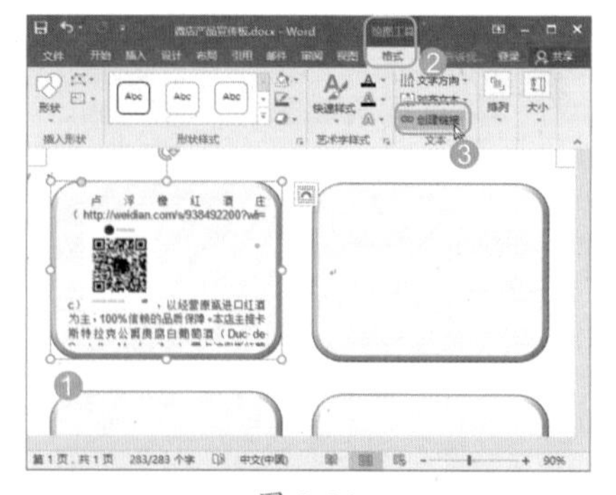

图 5-54

图 5-55

Step03 用同样的方法，在第 2 个形状和第 3 个形状之间创建链接，在第 3 个形状和第 4 个形状之间创建链接，最终让 4 个形状完全容纳和显示所有的文本内容，效果如图 5-56 所示。

图 5-56

5.4.3 实战：设置文本框底纹和边框

实例门类	软件功能
教学视频	光盘\视频\第 5 章\5.4.3.mp4

绘制的文本框通常都有默认的底纹和边框样式，用户可根据实际需要进行取消或设置。下面是在母亲节宣传促销单中设置的文本框底纹和边框，其具体操作步骤如下。

Step01 打开“光盘\素材文件\第 5 章\感恩母亲节 3.docx”文件，❶ 选择目标文本框，切换到【绘图工具 / 格式】选项卡，❷ 单击【形状样式】组中的【形状填充】下拉按钮，❸ 在弹出的下拉列表中选择相应的底纹样式选项，这里选择【无填充颜色】选项，如图 5-57 所示。

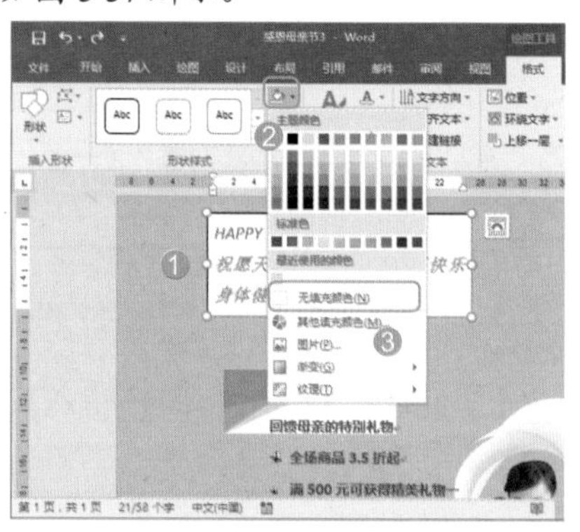

图 5-57

Step02 ❶ 单击【形状样式】组中的【形状填充】下拉按钮，❷ 在弹出的下拉列表中选择相应的边框样式选项，这里选择【虚线】→【长画线 - 点】选项，如图 5-58 所示。

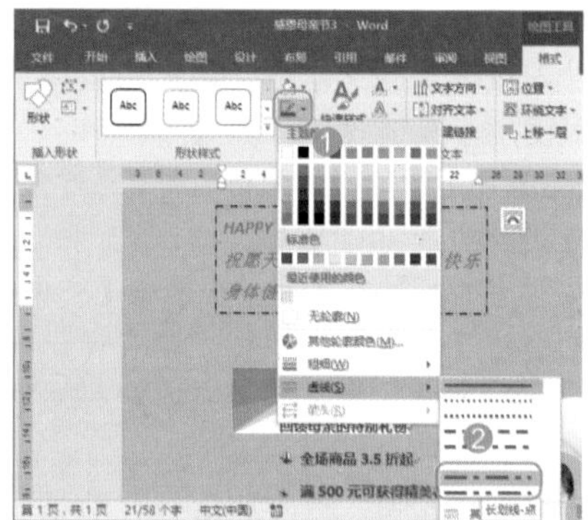

图 5-58

技术看板

Word 中形状样式的边框和底纹样式设置与文本框的边框和底纹样式设置的方法一致。

5.5 应用 SmartArt 图形

SmartArt 图形直译为智能图形，能较为直观地展示各种关系，如上下级关系、层次关系、流程关系等。用户可在文档中直接进行应用，然后添加相应的说明文字，来直接、有效地传达自己的观点和信息。

5.5.1 实战：在“公司概况”中插入 SmartArt 图形

实例门类	软件功能
教学视频	光盘\视频\第 5 章\5.5.1.mp4

编辑文档时，如果需要通过图形结构来传达信息，便可通过插入 SmartArt 图形轻松解决问题，具体操作步骤如下。

Step 01 打开“光盘\素材文件\第 5 章\公司概况 .docx”文件，❶ 将文本插入点定位到要插入 SmartArt 图形的位置，❷ 切换到【插入】选项卡，❸ 单击【插图】组中的【SmartArt】按钮，如图 5-59 所示。

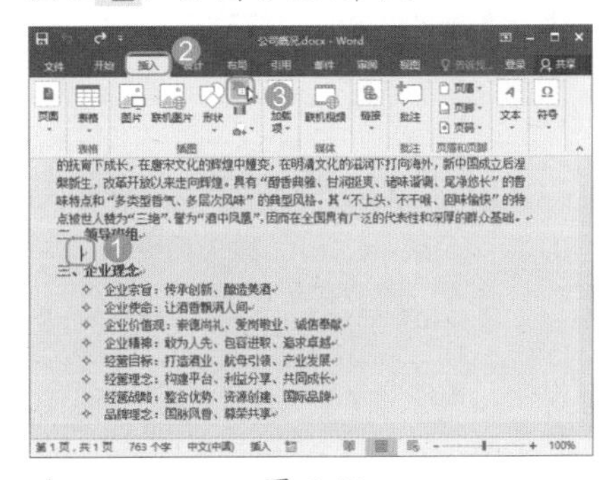

图 5-59

Step 02 打开【选择 SmartArt 图形】对话框，❶ 在左侧列表框中选择图形类型，本例中选择【层次结构】选项，❷ 在右侧列表框中选择具体的图形布局，❸ 单击【确定】按钮，如图 5-60 所示。

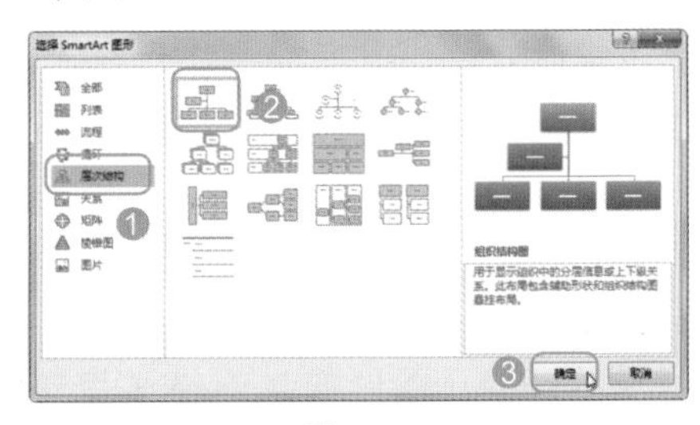

图 5-60

Step 03 所选样式的 SmartArt 图形将插入到文档中，选中图形，其四周会出现控制点，将鼠标指针指向这些控制点，当鼠标指针呈双向箭头时，拖动鼠标可调整其大小，调整后的效果如图 5-61 所示。

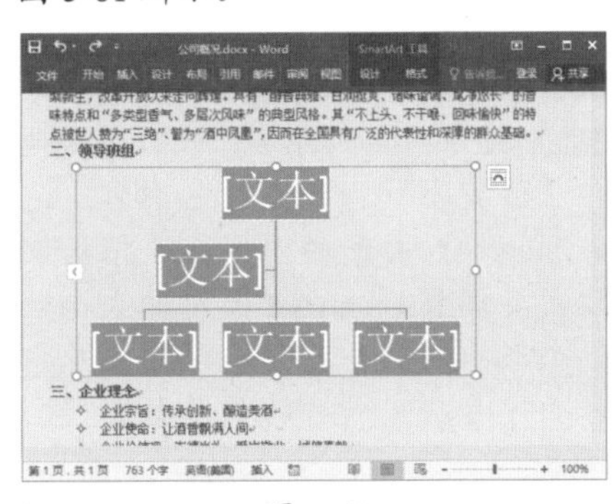

图 5-61

Step 04 将文本插入点定位在某个形状内，【文本】字样的占位符将自动删除，此时可输入并编辑文本内容，完成输入后的效果如图 5-62 所示。

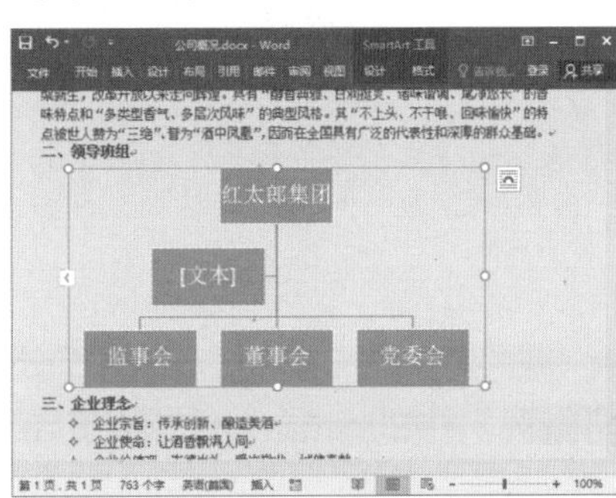

图 5-62

技术看板

选择 SmartArt 图形后，其左侧有一个三角按钮，在其上单击，可在打开的【在此处键入文字】窗格中输入文本内容。

Step 05 选中“红太郎集团”下方的形状，按【Delete】键将其删除，最终效果如图 5-63 所示。

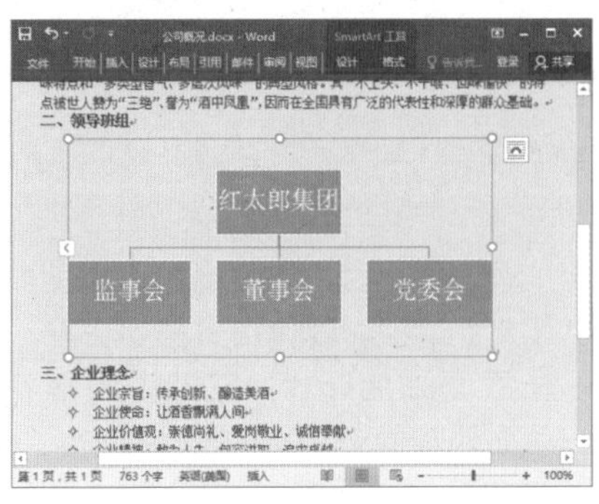

图 5-63

技能拓展——更改 SmartArt 图形的布局

插入 SmartArt 图形后，如果对选择的布局不满意，可以随时更改布局。选中 SmartArt 图形，切换到【SmartArt 工具 / 设计】选项卡，在【版式】组的列表框中可以选择同类型下的其他布局方式。若需要选择 SmartArt 图形的其他类型的布局，则单击列表框右侧的按钮，在弹出的下拉列表中选择【其他布局】选项，在弹出的【选择 SmartArt 图形】对话框中进行选择即可。

★ 重点 5.5.2 实战：在“公司概况”中添加 SmartArt 图形形状

实例门类	软件功能
教学视频	光盘\视频\第 5 章\5.5.2.mp4

当 SmartArt 图形中包含的形状数目过少时，可以在相应位置添加形状。选中某个形状，切换到【SmartArt 工具 / 设计】选项卡，在【创建图形】组中单击【添加形状】按钮右侧的下拉按钮，在弹出的下拉列表中选择需要的形状，如图 5-64 所示。

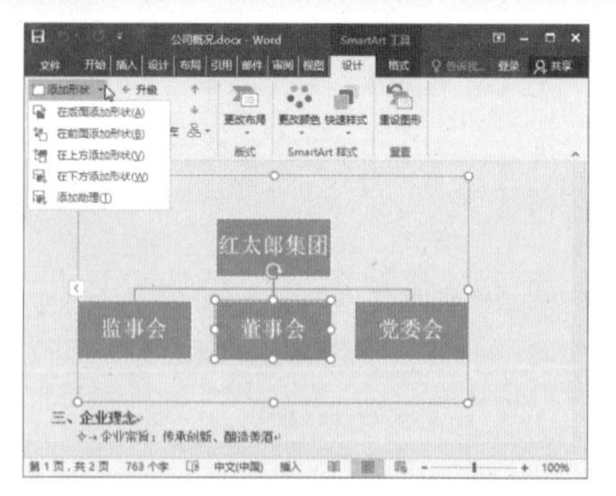

图 5-64

添加形状时，在弹出的下拉列表中有 5 个选项，其作用分别如下。

- 在后面添加形状：在选中的形状后面添加同一级别的形状。
- 在前面添加形状：在选中的形状前面添加同一级别的形状。
- 在上方添加形状：在选中的形状上方添加形状，且所选形状降低一个级别。
- 在下方添加形状：在选中的形状下方添加形状，且低于所选形状一个级别。
- 添加助理：为所选形状添加一个助理，且比所选形状低一个级别。

例如，要在 5.51 小节中创建的 SmartArt 图形中添加形状，具体操作步骤如下。

Step 01 在“公司概况 .docx”文档中，❶ 选择【监事会】形状，❷ 切换到【SmartArt 工具 / 设计】选项卡，❸ 在【创建图形】组中单击【添加形状】按钮右侧的下拉按钮 ▾，❹ 在弹出的下拉列表中选择【在下方添加形状】选项，如图 5-65 所示。

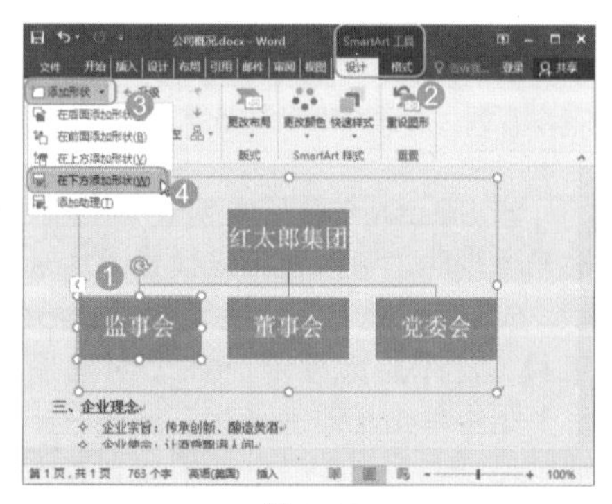

图 5-65

Step 02【监事会】下方将新增一个形状，在其中输入文本内容，如图 5-66 所示。

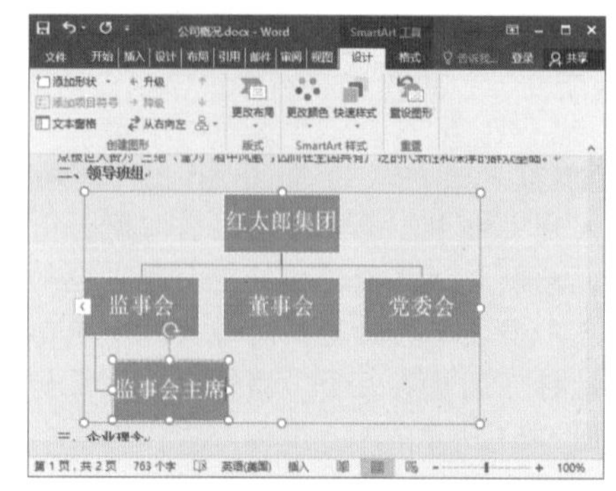

图 5-66

Step 03 按照同样的方法，依次在其他相应位置添加形状并输入内容。完善 SmartArt 图形的内容后，根据实际需要调整 SmartArt 图形的大小、各个形状的大小，以及设置文本内容的字号，完成后的效果如图 5-67 所示。

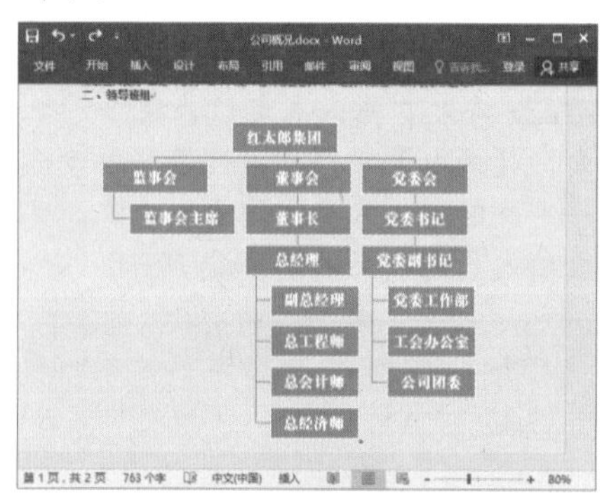

图 5-67

★ 重点 5.5.3 实战：调整“公司概况”中的 SmartArt 图形布局

实例门类	软件功能
教学视频	光盘 \ 视频 \ 第 5 章 \5.5.3.mp4

调整 SmartArt 的结构，主要是针对 SmartArt 图形内部包含的形状在级别和数量方面的调整。

像层次结构这种类型的 SmartArt 图形，其内部包含的形状具有上级、下级之分，因此就涉及形状级别的调整，如将高级别形状降级，或者将低级别形状升级。

❶ 选择需要调整级别的形状，切换到【SmartArt 工具 / 设计】选项卡，❷ 在【创建图形】组中单击【升级】按钮可提升级别，单击【降级】按钮可降低级别，如图 5-68 所示。

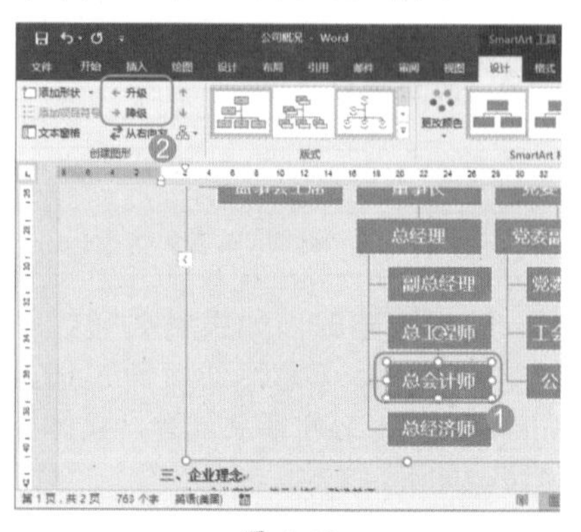

图 5-68

用户若要将整个 SmartArt 图进行水平翻转，可选择整个 SmartArt 图形，在【创建图形】组中单击【从右向左】按钮，如图 5-69 所示。

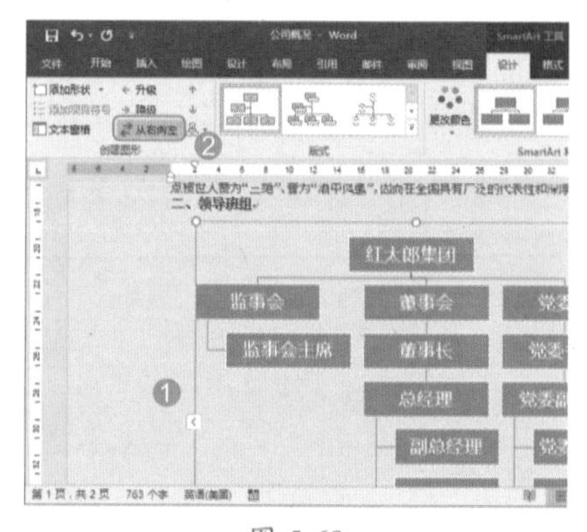

图 5-69

★ 重点 5.5.4 实战：更改“公司概况”中的 SmartArt 图形色彩方案

实例门类	软件功能
教学视频	光盘 \ 视频 \ 第 5 章 \5.5.4.mp4

Word 为 SmartArt 图形提供了多种颜色和样式供用户选择，从而快速实现对 SmartArt 图形的美化操作。美化 SmartArt 图形的具体操作步骤如下。

Step01 在"公司概况.docx"文档中，❶选中 SmartArt 图形，❷切换到【SmartArt 工具/设计】选项卡，❸在【SmartArt 样式】组的列表框中选择需要的 SmartArt 样式，如图 5-70 所示。

Step02 保持 SmartArt 图形的选中状态，❶在【SmartArt 样式】组中单击【更改颜色】按钮，❷在弹出的下拉列表中选择需要的图形颜色，如图 5-71 所示。

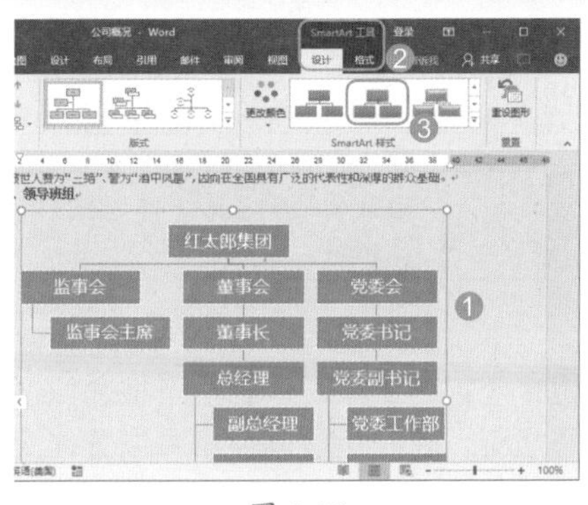

图 5-70

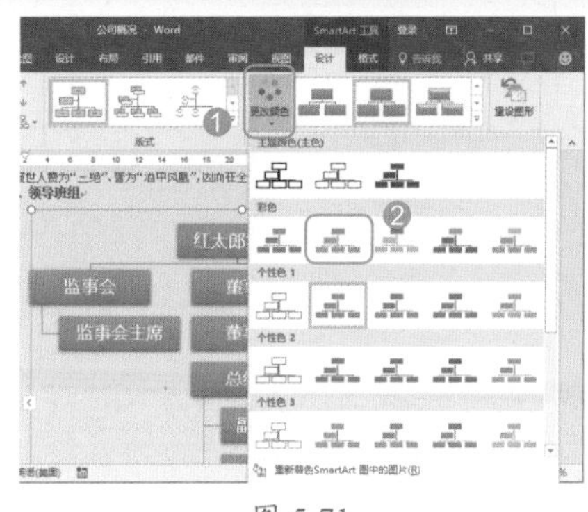

图 5-71

妙招技法

通过前面知识的学习，相信读者已经掌握了如何在文档中插入并编辑各种图形对象。下面结合本章内容，给大家介绍一些实用技巧。

技巧 01：将图片转换为 SmartArt 图形

教学视频	光盘\视频\第 5 章\技巧 01.mp4

从 Word 2010 开始，可以直接将图片直接转换为 SmartArt 图形。其具体操作步骤如下。

Step01 打开"光盘\素材文件\第 5 章\图片转换为 SmartArt 图形.docx"文件，❶选中图片，❷切换到【图片工具/格式】选项卡，❸单击【图片样式】组中的【图片版式】按钮，❹在弹出的下拉列表中选择一种 SmartArt 图形选项，如图 5-72 所示。

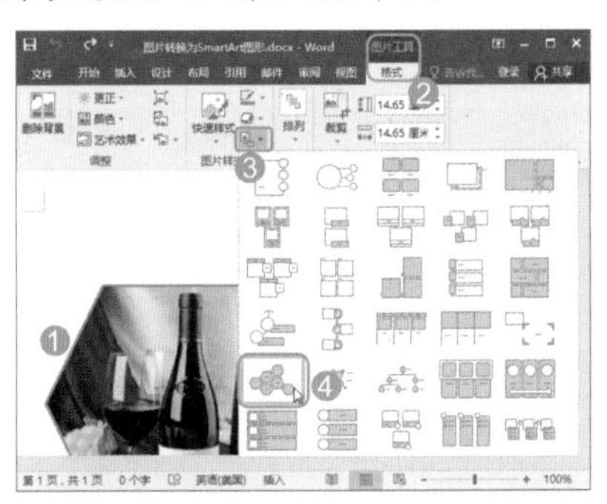

图 5-72

Step02 图片将转换为所选布局的 SmartArt 图形，在文本编辑框中输入文本内容，效果如图 5-73 所示。

图 5-73

> **技术看板**
>
> 在转换时，如果图片的环绕方式为"嵌入型"，则一次只能转换一张图片。如果为其他环绕方式，则可以一次性转换多张。

技巧 02：保留格式的情况下更换文档中图片

教学视频	光盘\视频\第 5 章\技巧 02.mp4

在文档中插入图片后，对图片的大小、外观、环绕方式等参数进行了设置，此时如果觉得图片并不适合文档内容，那么就需要更换图片。许多用户最常用的方法便是先选择该图片，然后按【Delete】键进行删除，最后重新插入并编辑图片。为了提高工作效率，可以通过 Word 提供的更换图片功能，在不改变原有图片大小和外观的情况下快速更改图片，具体操作步骤如下。

Step01 打开"光盘\素材文件\第 5 章\企业简介.docx"文件，❶选中图片，❷切换到【图片工具/格式】选项卡，❸单击【调整】组中的【更改图片】按钮，如图 5-74 所示。

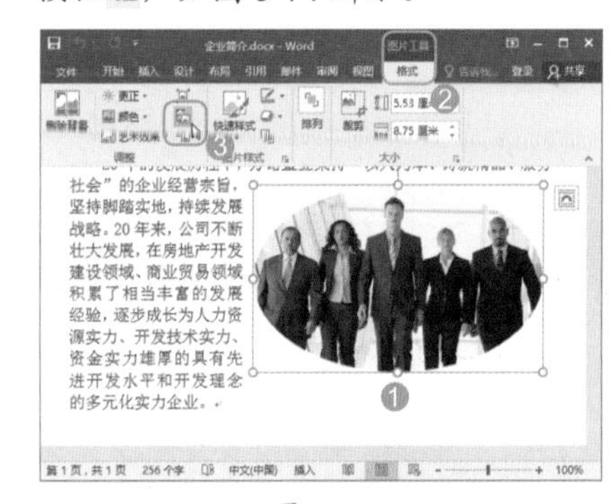

图 5-74

Step02 打开【插入图片】页面，单击【浏览】按钮，如图 5-75 所示。

Step03 ❶在打开的【插入图片】对话框中选择新图片，❷单击【插入】按

钮，如图 5-76 所示。

图 5-75

图 5-76

Step 04 返回文档，即可看到选择的新图片替换了原有图片，并保留了原有图片设置的特性，如图 5-77 所示。

图 5-77

技巧 03：将多个零散图形组合到一起

教学视频	光盘 \ 视频 \ 第 5 章 \ 技巧 03.mp4

当文档中有多个相关联或相对位置固定的对象时，用户可将它们进行组合，以防止段落及相对位置的变化，具体操作步骤如下。

打开“光盘 \ 素材文件 \ 第 5 章 \ 产品介绍 2.docx”文件，选择需要组合的图形，在任意一对象上右击，在弹出的快捷菜单中选择【组合】→【组合】命令，如图 5-78 所示。

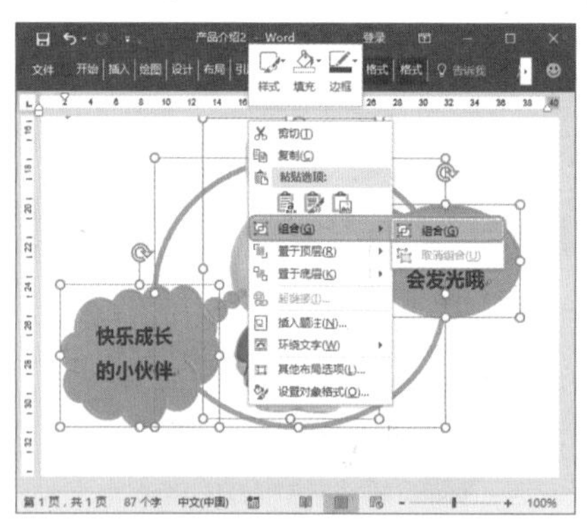

图 5-78

技术看板

在文档中要选择多个对象，可按【Ctrl】键的同时，依次选择目标对象。

技巧 04：快速为普通文本添加艺术字样式

教学视频	光盘 \ 视频 \ 第 5 章 \ 技巧 04.mp4

要为文档中普通文本引用艺术字样式，通过传统方法很难实现，不过在 Word 2016 中可一步到位，具体操作步骤如下。

在“产品介绍 2.docx”文档中，选中目标文本，❶ 单击【开始】选项卡中的【文本效果和版式】按钮，❷ 在弹出的下拉列表中选择需要的艺术字样式，如图 5-79 所示。

图 5-79

本章小结

本章主要讲解了各种图形对象在 Word 文档中的应用，主要包括图片的插入与编辑，形状、文本框、艺术字的插入与编辑，SmartArt 图形的插入与编辑等内容。通过本章知识的学习和案例练习，相信读者已经熟练掌握了各种对象的编辑，并能够制作出各种图文并茂的文档。

第6章 Word 中表格的创建与编辑

- ➥ 创建表格的方法，你知道几种？
- ➥ 单元格中的斜线表头怎样制作？
- ➥ 在大型表格中，如何让表头显示在每页上？
- ➥ 不会对表格中的数据进行计算？
- ➥ 如何对表格中的数据进行排序？

表格在 Word 中的使用非常频繁，它不仅能简化文字表述的冗杂，还能使排版更美观，所以掌握表格的创建与编辑技巧是相当重要的。学习本章内容，读者不仅可以找到上面这些问题的答案，同时还能了解到如何使用 Word 来创建并设置表格，以及通过 Word 来筛选表格中的相关数据。

6.1 创建表格

表格是将文字信息进行归纳和整理，通过条理化的方式呈现给读者，相比一大篇的文字，这种方式更易被读者接受。若要想通过表格处理文字信息，就需要先创建表格。创建表格的方法有很多种，用户可以通过 Word 提供的插入表格功能创建表格，也可以手动绘制表格，甚至还可以将输入好的文本转换为表格，灵活掌握这些方法，便可随心所欲创建自己需要的表格。

★ 重点 6.1.1 实战：快速插入表格

实例门类	软件功能
教学视频	光盘\视频\第 6 章\6.1.1.mp4

Word 提供了虚拟表格功能，通过该功能，可快速在文档中插入表格。例如，要插入一个 4 列 6 行的表格，具体操作步骤如下。

Step 01 打开"光盘\素材文件\第 6 章\创建表格 .docx"文件，❶ 将文本插入点定位到需要插入表格的位置，❷ 切换到【插入】选项卡，❸ 单击【表格】组中的【表格】按钮，在弹出的下拉列表中的【插入表格】栏中提供了一个 10 列 8 行的虚拟表格，如图 6-1 所示。

Step 02 在虚拟表格中拖动鼠标选择表格的行列值。例如，将鼠标指针指向坐标为 5 列、6 行的单元格，鼠标前的区域将呈选中状态，并显示为橙色，选择表格区域时，虚拟表格的上方会显示"5×6 表格"之类的提示文字，表示鼠标指针划过的表格范围，也意味着即将创建的表格大小。与此同时，文档中将模拟出所选表格的大小，但并没有将其真正意义上插入文档中，如图 6-2 所示。

Step 03 单击即可在文档中插入一个 5 列 6 行的表格，如图 6-3 所示。

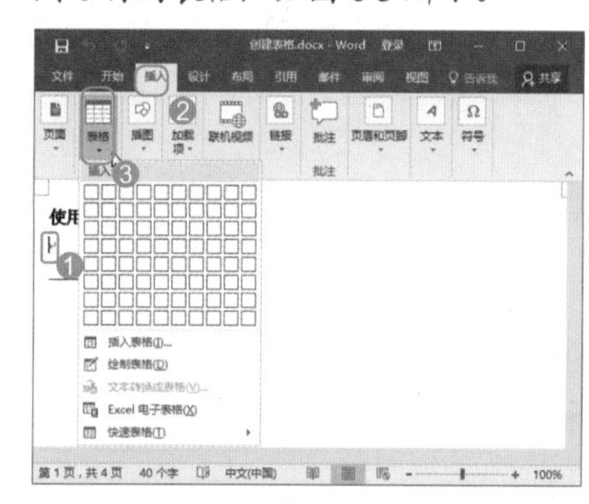

图 6-1

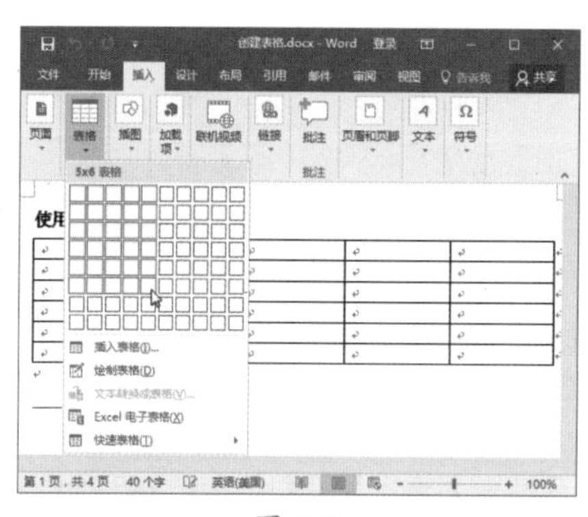

图 6-2

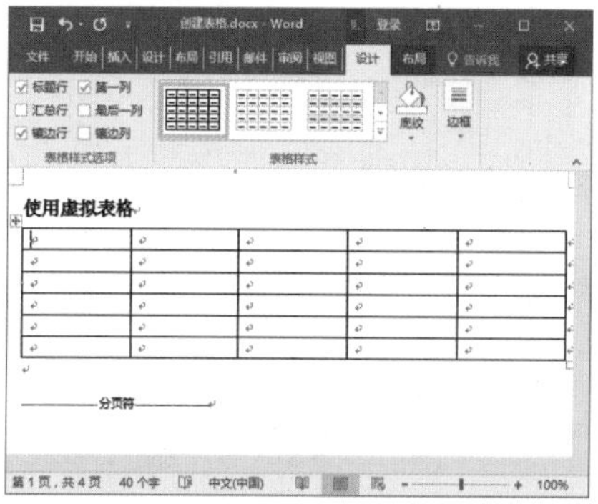

图 6-3

★ 重点 6.1.2 实战：精确插入指定行列表格

实例门类	软件功能
教学视频	光盘\视频\第6章\6.1.2.mp4

使用虚拟表格，最大只能创建10列8行的表格，同时，不方便用户插入指定行列数的表格，这时可通过【插入表格】对话框来轻松实现，具体操作步骤如下。

Step 01 在“创建表格.docx”文档中，❶将文本插入点定位到需要插入表格的位置，❷切换到【插入】选项卡，❸单击【表格】组中的【表格】按钮，❹在弹出的下拉列表中选择【插入表格】选项，如图6-4所示。

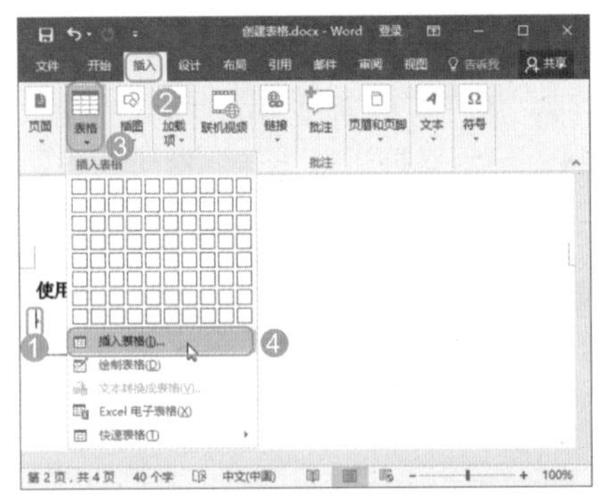

图 6-4

Step 02 打开【插入表格】对话框，❶分别在【列数】和【行数】微调框中设置表格的列数和行数，❷设置好后单击【确定】按钮，如图6-5所示。

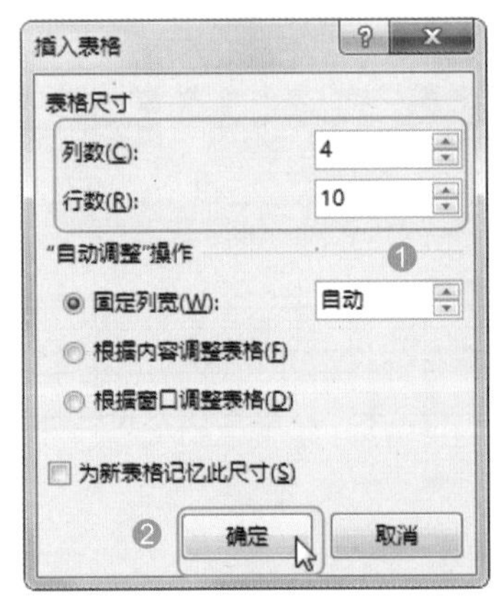

图 6-5

Step 03 返回文档，即可看到文档中插入了指定行列数的表格，如图6-6所示。

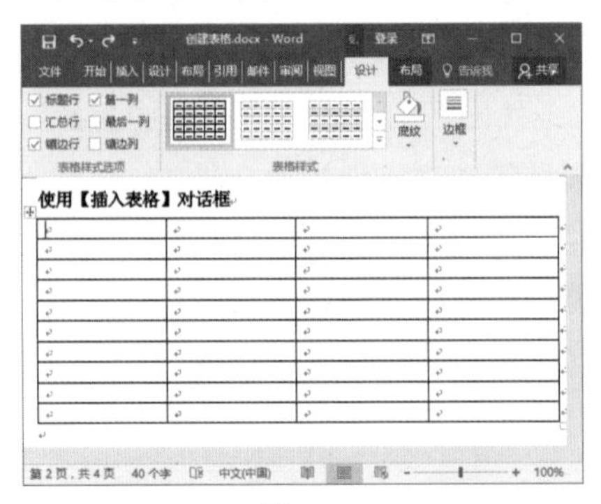

图 6-6

在【插入表格】对话框的【“自动调整”操作】栏中有3个单选按钮，其作用介绍如下。

- 固定列宽：表格的宽度是固定的，表格大小不会随文档版心的宽度或表格内容的多少而自动调整，表格的列宽以“厘米”为单位。当单元格中的内容过多时，会自动进行换行。
- 根据内容调整表格：表格大小会根据表格内容的多少而自动调整。若选择该单选按钮，则创建的初始表格会缩小至最小状态。
- 根据窗口调整表格：插入表格的总宽度与文档版心相同，当调整页面的左、右页边距时，表格的总宽度会随之改变。

技能拓展——重复使用同一表格尺寸

在【插入表格】对话框中设置好表格大小参数后，若选中【为新表格记忆此尺寸】复选框，则再次打开【插入表格】对话框时，该对话框中会自动显示之前设置的尺寸参数。

★ 重点 6.1.3 实战：插入内置样式表格

实例门类	软件功能
教学视频	光盘\视频\第6章\6.1.3.mp4

Word提供了“快速表格”功能，该功能提供了一些内置样式的表格，用户可以根据要创建的表格外观来选择相同或相似的样式，然后在此基础之上修改表格，从而提高了表格的创建和编辑速度。使用“快速表格”功能创建表格的具体操作步骤如下。

Step 01 在“创建表格.docx”文档中，❶将文本插入点定位到需要插入表格的位置，❷切换到【插入】选项卡，❸单击【表格】组中的【表格】按钮，❹在弹出的下拉列表中选择【快速表格】选项，❺在弹出的级联列表中选择需要的表格样式，如图6-7所示。

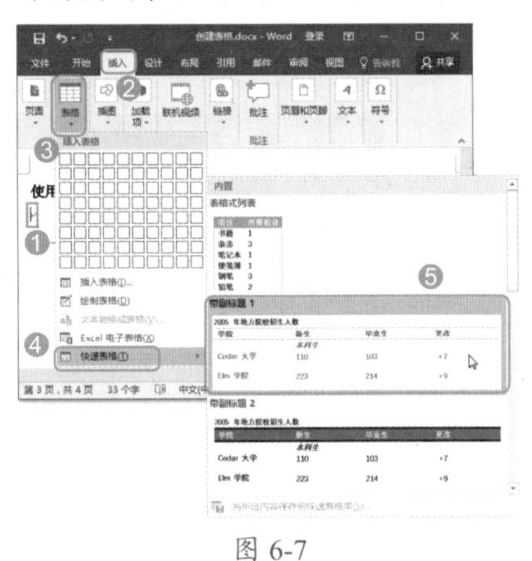

图 6-7

Step 02 通过上述操作后，即可在文档中插入所选样式的表格，如图6-8所示。

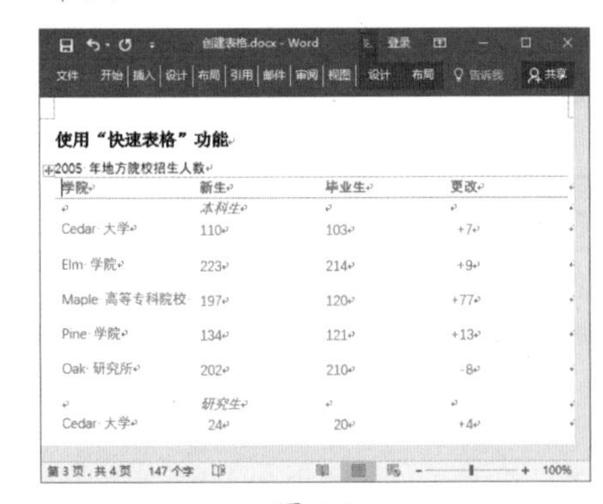

图 6-8

6.2 编辑表格

插入表格后，还涉及表格的一些基本操作，如选择操作区域、设置行高与列宽、插入行或列、删除行或列、合并与拆分单元格等，本节将分别进行讲解。

★ 重点 6.2.1 实战：选择表格区域

实例门类	软件功能
教学视频	光盘\视频\第 6 章\6.2.1.mp4

无论是要对整个表格进行操作，还是要对表格中的部分区域进行操作，在操作前都需要先选择它们。根据选择元素的不同，其选择方法也不同。

1. 选择单元格

单元格的选择主要分为选择单个单元格、选择连续的多个单元格、选择分散的多个单元格 3 种情况，选择方法如下。

➥ 选择单个单元格：将鼠标指针指向某单元格的左侧，待指针呈黑色箭头形状时，单击即可选择该单元格。

➥ 选择连续的多个单元格：将鼠标指针指向某个单元格的左侧，当指针呈黑色箭头形状时，按住鼠标左键并拖动，拖动的起始位置到终止位置之间的单元格将被选择，如图 6-9 所示。

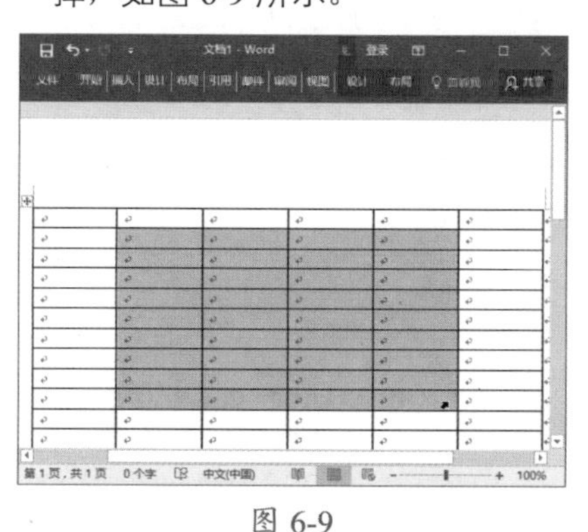

图 6-9

➥ 选择分散的多个单元格：选择第一个要选择的单元格后按住【Ctrl】键不放，然后依次选择其他分散的单元格即可，如图 6-10 所示。

技能拓展——配合【Shift】键选择连续的多个单元格

选择连续的多个单元格区域时，还可通过【Shift】键实现，方法为：先选择第一个单元格，然后按住【Shift】键不放，同时单击另一个单元格，此时这两个单元格包含范围内的所有单元格将被选择。

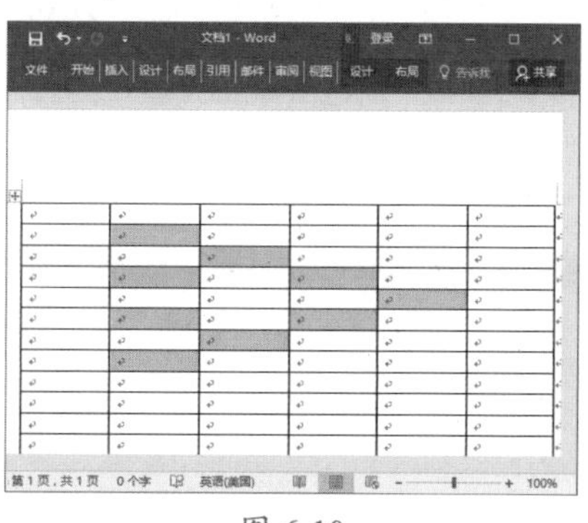

图 6-10

2. 选择行

行的选择主要分为选择一行、选择连续的多行、选择分散的多行 3 种情况，选择方法如下。

➥ 选择一行：将鼠标指针指向某行的左侧，指针即呈白色箭头形状时，单击即可选择该行，如图 6-11 所示。

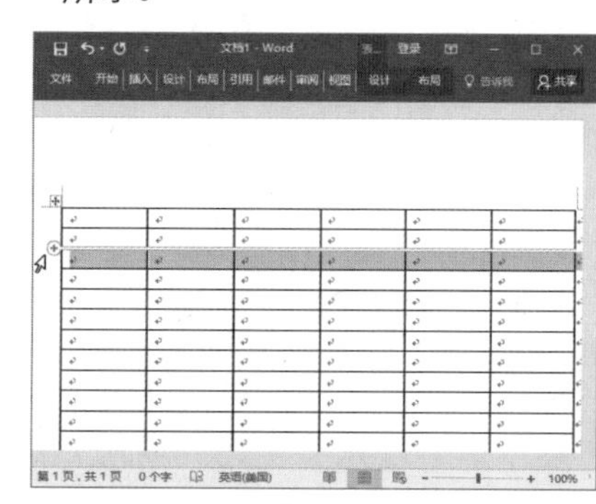

图 6-11

➥ 选择连续的多行：将鼠标指针指向某行的左侧，当指针呈白色箭头形状时，按住鼠标左键不放并向上或向下拖动，即可选择连续的多行，如图 6-12 所示。

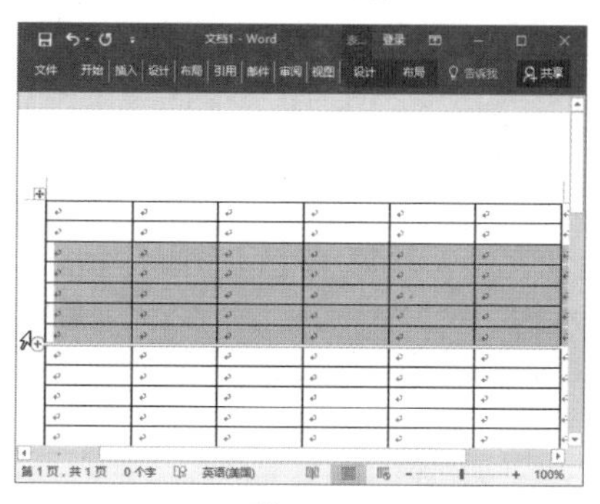

图 6-12

➥ 选择分散的多行：将鼠标指针指向某行的左侧，当指针呈白色箭头形状时，按住【Ctrl】键不放，然后依次单击要选择的行的左侧即可，如图 6-13 所示。

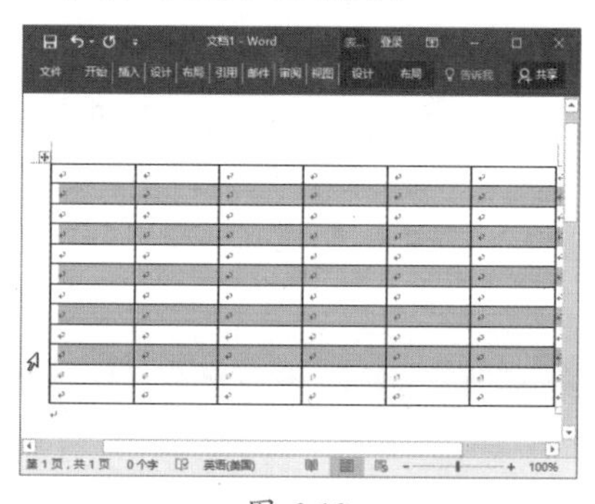

图 6-13

3. 选择列

列的选择主要分为选择一列、选择连续的多列、选择分散的多列 3 种情况，选择方法如下。

➥ 选择一列：将鼠标指针指向某列的上边，当指针呈黑色箭头形状时，单击即可选择该列，如图 6-14 所示。

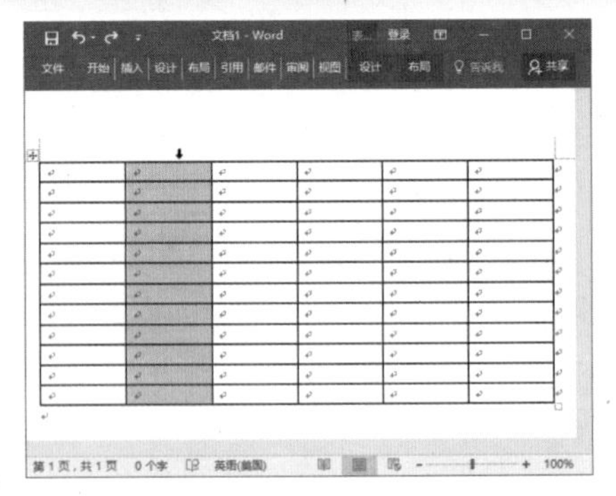

图 6-14

➥ 选择连续的多列：将鼠标指针指向某列的上边，当指针呈黑色箭头⬇形状时，按住鼠标左键不放并向左或向右拖动，即可选择连续的多列，如图 6-15 所示。

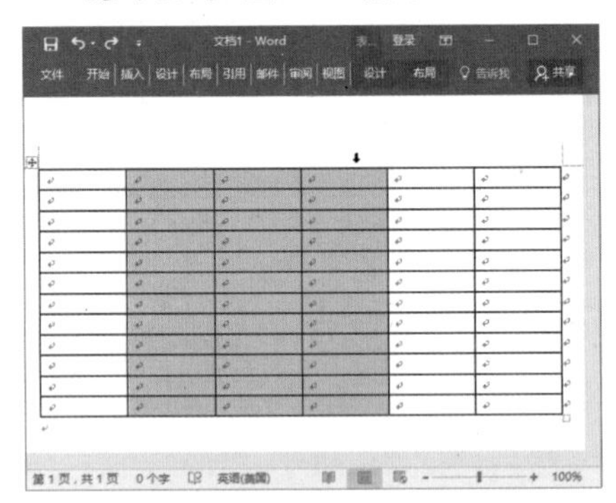

图 6-15

➥ 选择分散的多列：将鼠标指针指向某列的上边，当指针呈黑色箭头⬇形状时，按住【Ctrl】键不放，然后依次单击要选择的列的上方即可，如图 6-16 所示。

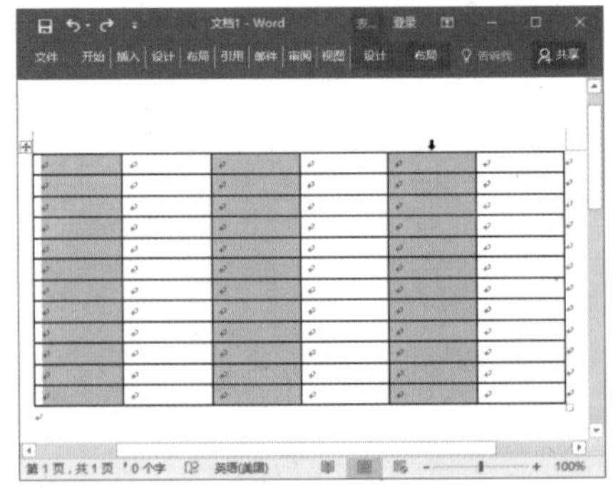

图 6-16

4. 选择整个表格

选择整个表格的方法非常简单，只需将文本插入点定位在表格内，表格左上角会出现⊞标志，右下角会出现□标志，单击任意一个标志，都可选择整个表格，如图 6-17 所示。

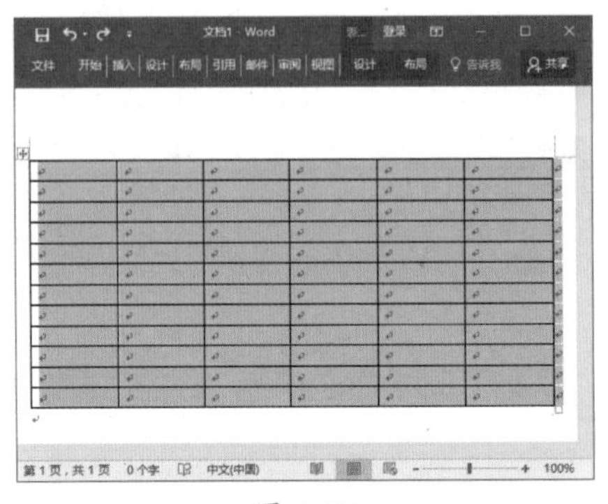

图 6-17

技能拓展——通过功能区选择操作区域

除了上述介绍的方法外，用户还可通过功能区选择操作区域。将文本插入点定位在某单元格内，切换到【表格工具 / 布局】选项卡，在【表】组中单击【选择】按钮，在弹出的下拉列表中单击某个选项可实现相应的选择操作。

★ 重点 6.2.2 实战：在“总结报告”中绘制斜线表头

实例门类	软件功能
教学视频	光盘 \ 视频 \ 第 6 章 \6.2.2.mp4

斜线表头是比较常见的一种表格操作，其位置一般在第一行的第一列。绘制斜线表头的具体操作步骤如下。

Step 01 打开“光盘 \ 素材文件 \ 第 6 章 \ 展销会总结报告 .docx”文件，❶ 选择要绘制斜线表头的单元格，❷ 切换到【表格工具 / 设计】选项卡，在【边框】组中单击【边框】按钮下方的下拉按钮▾，❸ 在弹出的下拉列表中选择【斜下框线】选项，如图 6-18 所示。

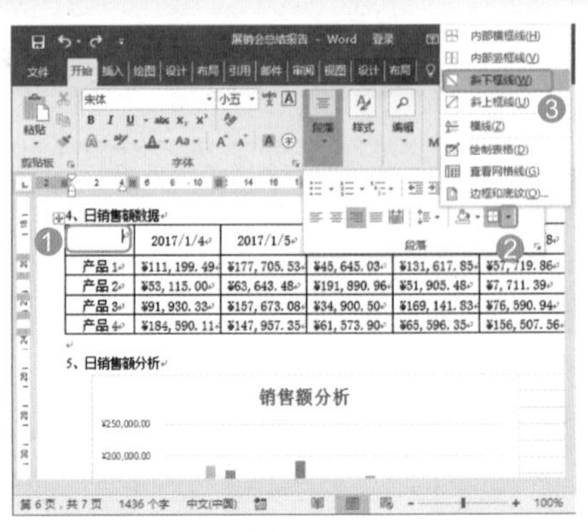

图 6-18

Step 02 绘制好斜线表头后，在其中输入相应的内容，并设置好对齐方式即可，效果如图 6-19 所示。

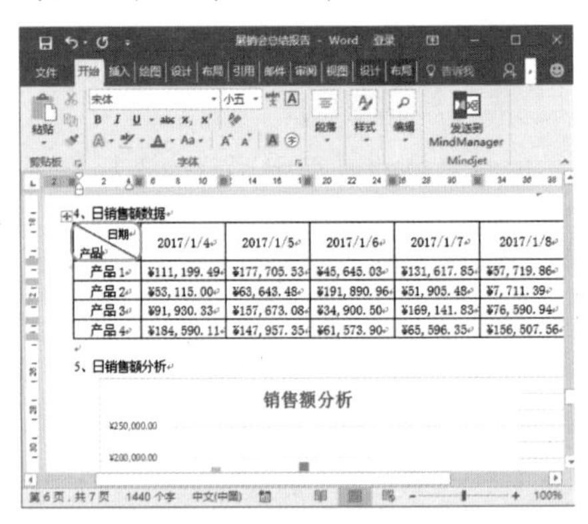

图 6-19

技术看板

斜线表头中，由于有两个表头同时存在，因此在输入表头内容时，需按【Enter】键进行分行，同时分别设置左、右对齐方式。

★ 重点 6.2.3 实战：插入单元格、行或列

实例门类	软件功能
教学视频	光盘 \ 视频 \ 第 6 章 \6.2.3.mp4

当插入表格的单元格或行列不够用时，用户可根据需要进行插入。

1. 插入单元格

插入单元格是表格中会经常用到

的操作，下面通过一实例进行讲解。其具体操作步骤如下。

Step01 打开“光盘\素材文件\第 6 章\插入单元格、行或列 .docx”文件，❶ 将文本插入点定位到某个单元格，❷ 切换到【表格工具 / 布局】选项卡，❸ 单击【行和列】组中的【功能扩展】按钮，如图 6-20 所示。

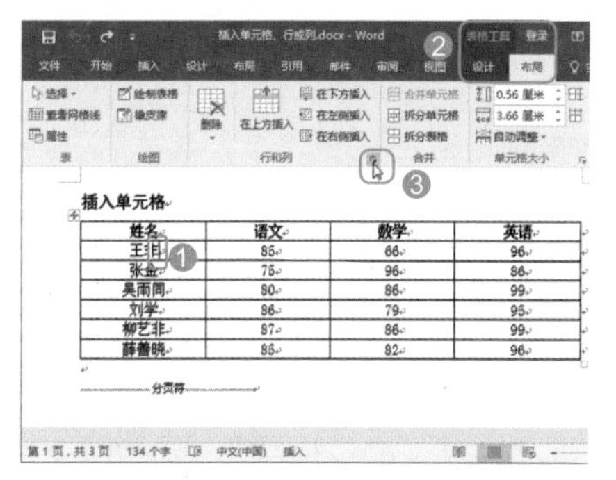

图 6-20

Step02 打开【插入单元格】对话框，❶ 选择新插入单元格放置位置，如这里选中【活动单元格下移】单选按钮，❷ 单击【确定】按钮，如图 6-21 所示。

图 6-21

Step03 返回文档，即可看到当前单元格的上方插入一个新单元格，如图 6-22 所示。

图 6-22

2. 插入行

当表格中没有额外的空行或空列来输入新内容时，就需要插入行或列。其中，插入行的具体操作步骤如下。

Step01 在“插入单元格、行或列 .docx”文档中，❶ 将文本插入点定位在某个单元格，❷ 切换到【表格工具 / 布局】选项卡，❸ 在【行和列】组中，选择相对于当前单元格将要插入的新行的位置，Word 提供了【在上方插入】和【在下方插入】两种方式，本例中单击【在上方插入】按钮，如图 6-23 所示。

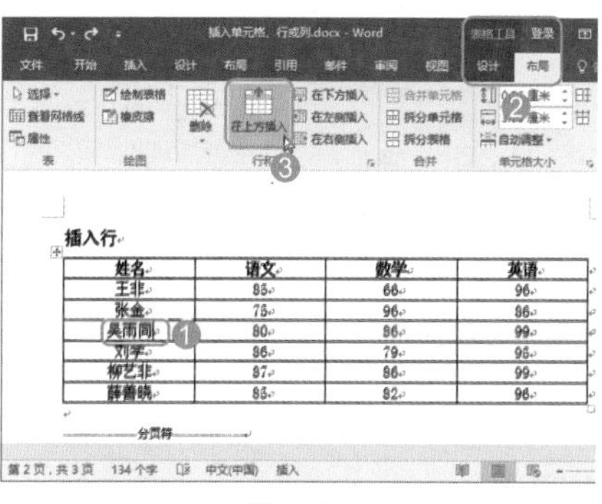

图 6-23

Step02 通过上述操作后，当前单元格所在行的上方将插入一个新行，如图 6-24 所示。

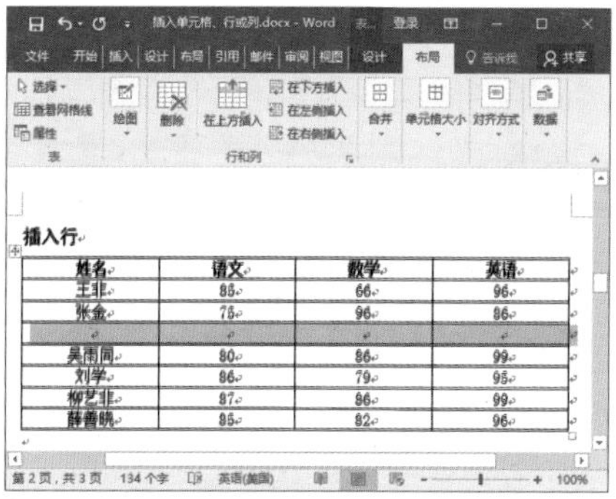

图 6-24

除了上述操作方法之外，还可通过以下几种方式插入新行。

- 将文本插入点定位在某行最后一个单元格的外边，按下【Enter】键，即可在该行的下方添加一个新行。
- 将文本插入点定位在表格最后一个单元格内，若单元格内有内容，则将文本插入点定位在文字末尾，然后按下【Tab】键，即可在表格底端插入一个新行。
- 在表格的左侧，将鼠标指针指向行与行之间的边界线时，将显示⊕标记，单击⊕标记，即可在该标记的下方添加一个新行。

3. 插入列

要在表格中插入新列，其操作步骤如下。

Step01 在“插入单元格、行或列 .docx”文档中，❶ 将文本插入点定位在某个单元格，❷ 切换到【表格工具 / 布局】选项卡，❸ 单击【行和列】组中，选择相对于当前单元格将要插入的新列的位置，Word 提供了【在左侧插入】和【在右侧插入】两种方式，本例中单击【在右侧插入】按钮，如图 6-25 所示。

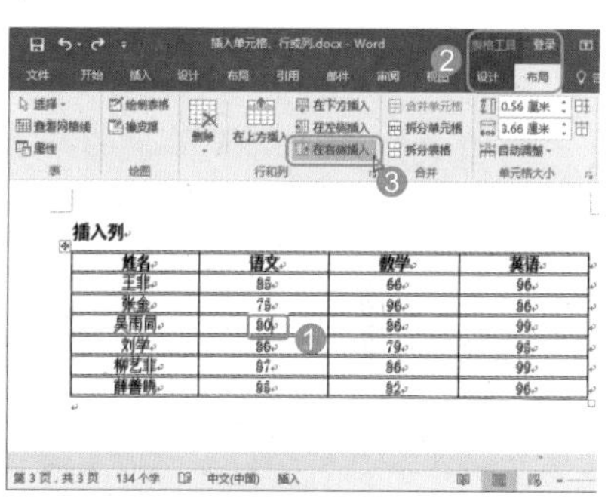

图 6-25

Step02 通过上述操作后，当前单元格所在列的右侧将插入一个新列，如图 6-26 所示。

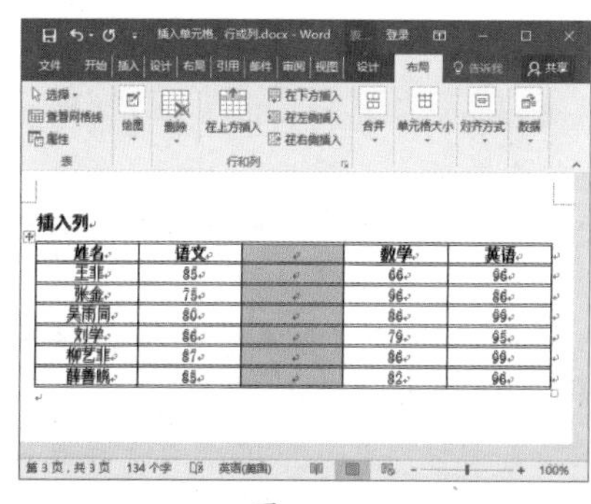

图 6-26

此外，在表格的顶端，将鼠标指针指向列与列的边界线时，将显示⊕标记，单击⊕标记，即可在该标记的右侧添加一个新列。

技能拓展——快速插入多行或多列

如果需要插入大量的新行或新列，可一次性插入多行或多列。一次性插入多行或多列的操作方法相似，下面就以一次性插入多行为例进行讲解。例如，要插入 3 个新行，则先选中连续的 3 行，然后在【表格工具 / 布局】选项卡的【行和列】组中单击【在下方插入】按钮，即可在所选对象的最后一行的下方插入 3 个新行。

6.2.4 实战：删除单元格、行或列

实例门类	软件功能
教学视频	光盘\视频\第 6 章\6.2.4.mp4

编辑表格时，对于多余的行或列，可以将其删除掉，从而使表格更加整洁。

1. 删除单元格

对于表格中不需要或是多余的单元格，用户可将其直接删除。其具体操作步骤如下。

Step01 打开“光盘\素材文件\第 6 章\删除单元格、行或列 .docx”文件，❶ 选择需要删除的单元格，❷ 切换到【表格工具 / 布局】选项卡，❸ 单击【行和列】组中的【删除】按钮，❹ 在弹出的下拉列表中选择【删除单元格】选项，如图 6-27 所示。

Step02 打开【删除单元格】对话框，❶ 选择删除当前单元格后其右侧或下方单元格的移动方式，Word 提供了【右侧单元格左移】和【下方单元格上移】两种方式，如选中【右侧单元格左移】单选按钮，❷ 单击【确定】按钮，如图 6-28 所示。

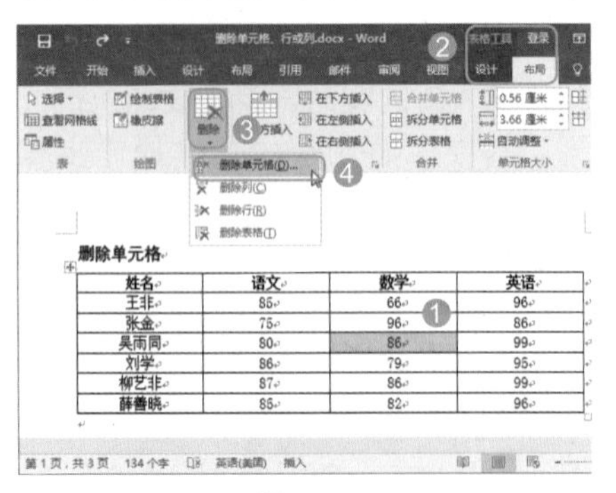

图 6-27

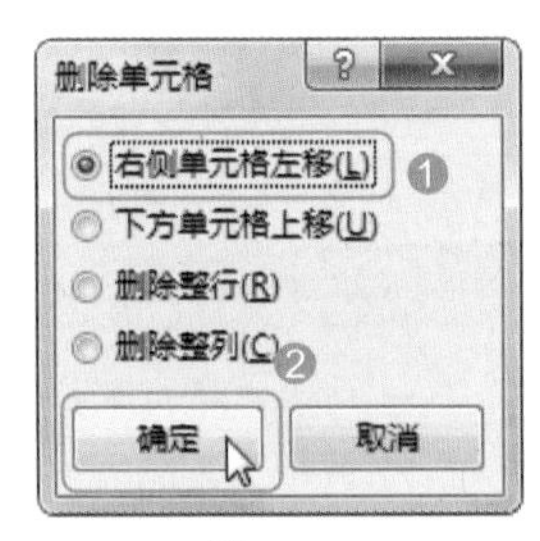

图 6-28

Step03 返回文档，即可发现当前单元格已被删除，与此同时，该单元格右侧的所有单元格均向左移动了，如图 6-29 所示。

图 6-29

2. 删除行

要想将不需要的行删除掉，可按下面的操作步骤实现。

Step01 在“删除单元格、行或列 .docx”文档中，❶ 选择要删除的行，❷ 切换到【表格工具 / 布局】选项卡，❸ 单击【行和列】组中的【删除】按钮，❹ 在弹出的下拉列表中选择【删除行】选项，如图 6-30 所示。

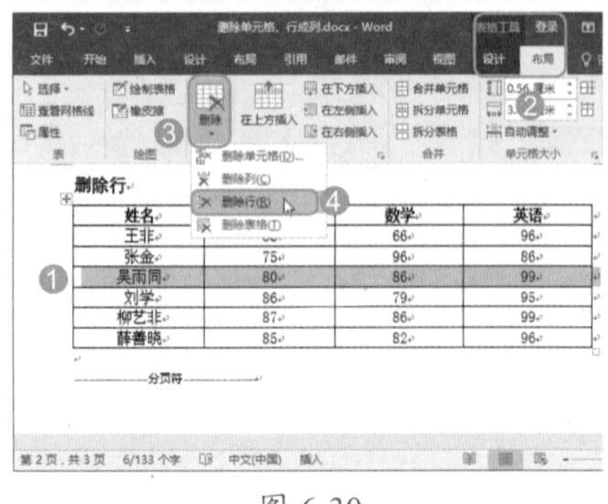

图 6-30

Step02 通过上述操作后，所选的行即可被删除掉，如图 6-31 所示。

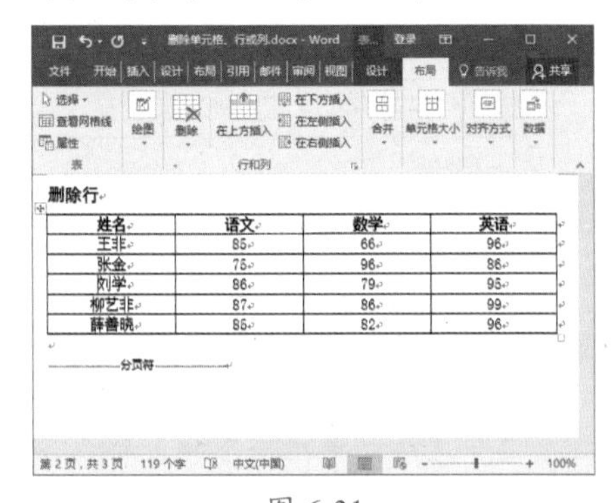

图 6-31

除了上述操作方式外，还可通过以下几种方式删除行。

- 选中要删除的行并右击，在弹出的快捷菜单中选择【删除行】命令即可。
- 选择要删除的行，按【Backspace】键快速将其删除。

3. 删除列

要想将不需要的列删除掉，可按下面的操作步骤实现。

Step01 在“删除单元格、行或列 .docx”文档中，❶ 选择要删除的列，❷ 切换到【表格工具 / 布局】选项卡，❸ 单击【行和列】组中的【删除】按钮，❹ 在弹出的下拉列表中选择【删除列】选项，如图 6-32 所示。

Step02 通过上述操作后，所选的列即可被删除掉，如图 6-33 所示。

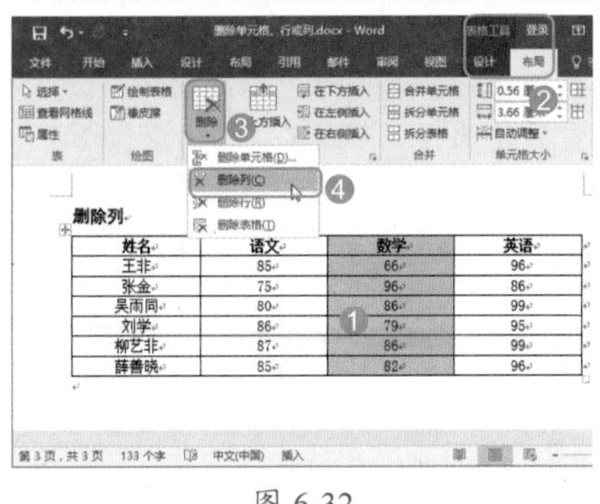

图 6-32

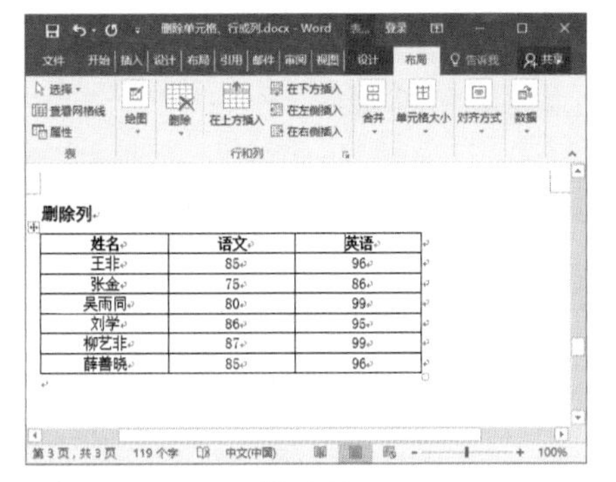

图 6-33

除了上述操作方式外，还可通过以下几种方式删除列。

- 选择要删除的列并右击，在弹出的快捷菜单中选择【删除列】命令即可。
- 选择要删除的列，按【Backspace】键快速将其删除。

★ 重点 6.2.5 实战：合并和拆分单元格

实例门类	软件功能
教学视频	光盘\视频\第6章\6.2.5.mp4

1. 合并设备信息表中的单元格

合并单元格是指对同一个表格内的多个单元格进行合并操作，以便容纳更多内容，或者满足表格结构上的需要。合并单元格的具体操作步骤如下。

Step01 打开"光盘\素材文件\第6章\设备信息.docx"文件，❶ 选择需要合并的多个单元格，❷ 切换到【表格工具/布局】选项卡，❸ 单击【合并】组中的【合并单元格】按钮，如图 6-34 所示。

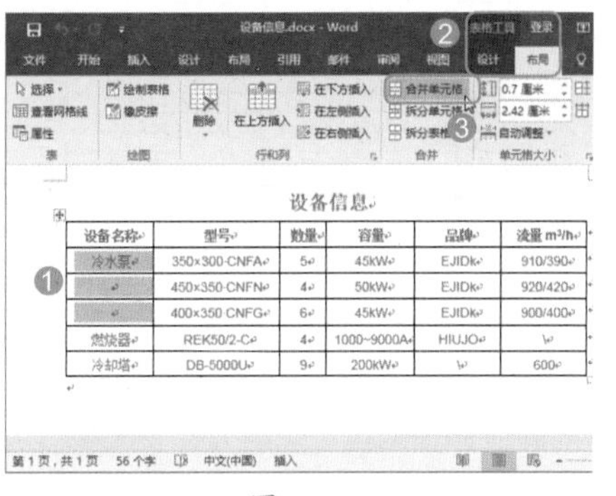

图 6-34

Step02 系统自动将目标单元格合并成一个单元格，如图 6-35 所示。

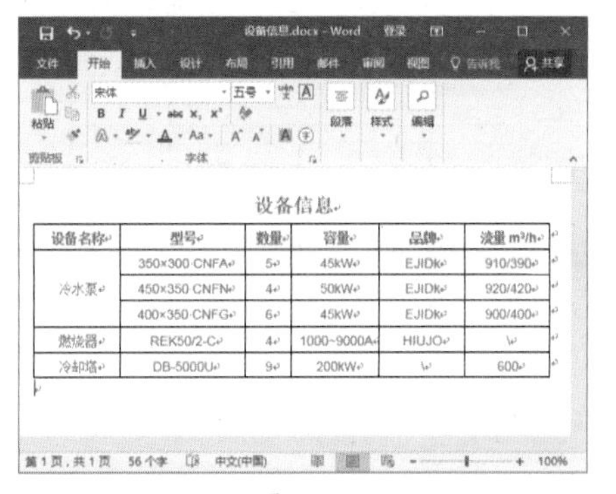

图 6-35

2. 拆分税收税率明细表中的单元格

在表格的实际应用中，为了满足内容的输入，将一个单元格拆分成多个单元格也是常有的事。拆分单元格的具体操作步骤如下。

Step01 打开"光盘\素材文件\第6章\税收税率明细表.docx"文件，❶ 选中需要进行拆分的单元格，❷ 切换到【表格工具/布局】选项卡，❸ 单击【合并】组中的【拆分单元格】按钮，如图 6-36 所示。

Step02 打开【拆分单元格】对话框，❶ 设置需要拆分的列数和行数，❷ 单击【确定】按钮，如图 6-37 所示。

Step03 所选单元格将拆分成所设置的列数和行数，如图 6-38 所示。

Step04 参照上述操作方法，对第3行第4列的单元格进行拆分，完成拆分后，在空白单元格中输入相应的内容，最终效果如图 6-39 所示。

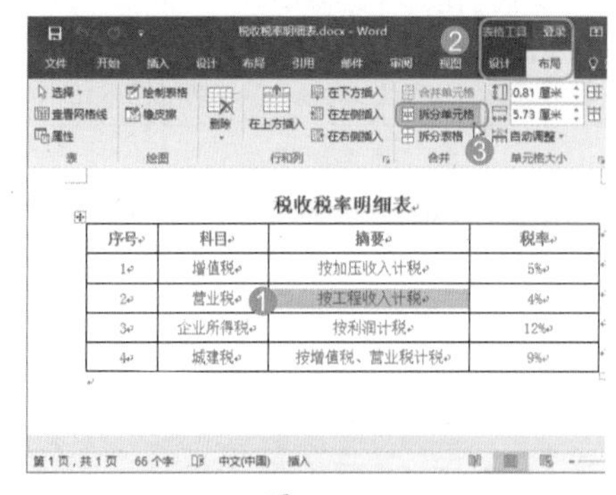

图 6-36

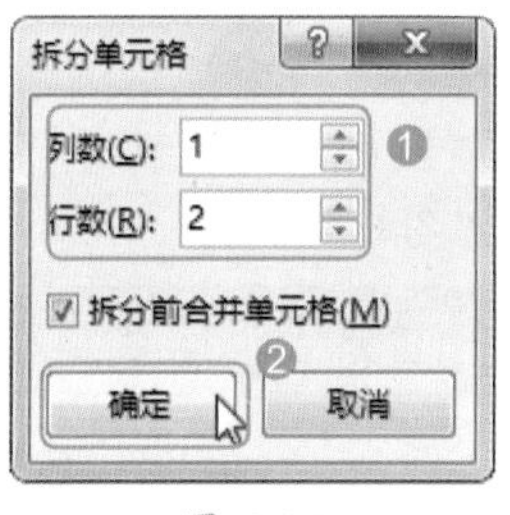

图 6-37

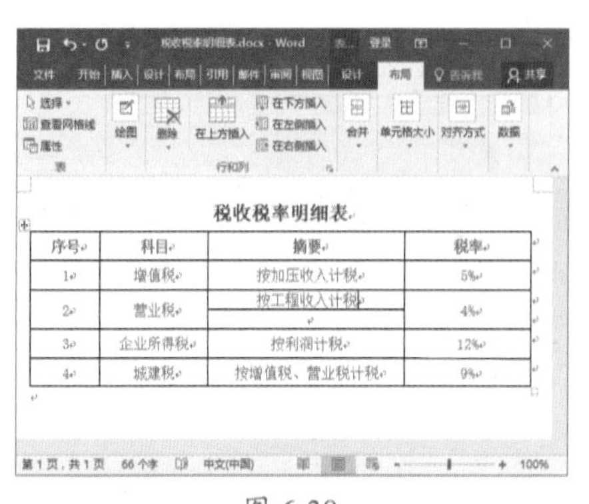

图 6-38

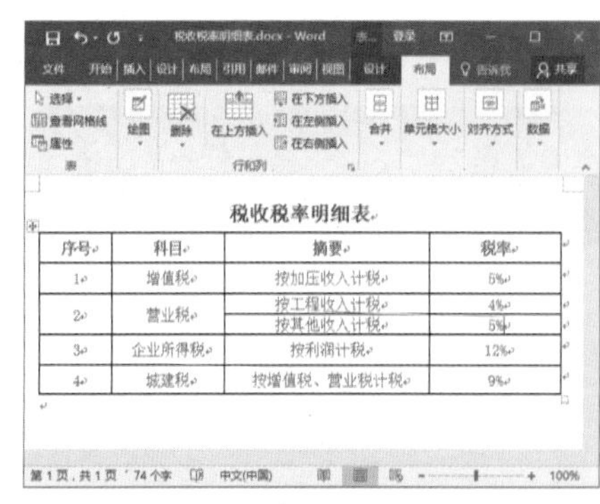

图 6-39

★ 重点 6.2.6 实战：调整表格行高与列宽

实例门类	软件功能
教学视频	光盘\视频\第6章\6.2.6.mp4

1. 使用鼠标调整

在设置行高或列宽时，拖动鼠标可以快速调整行高与列宽。

➥ 设置行高：打开“光盘\素材文件\第6章\设置表格行高与列宽.docx”文件，鼠标指针指向行与行之间，当指针呈÷形状时，按下鼠标左键并拖动，表格中将出现虚线，当虚线到达合适位置时释放鼠标，即可实现行高的调整，如图6-40所示。

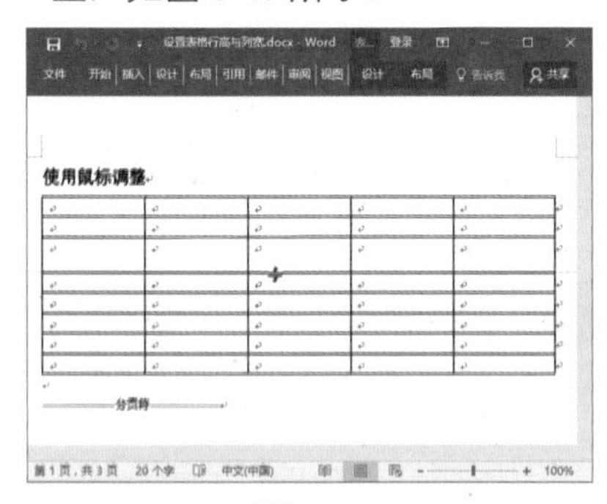

图 6-40

➥ 设置列宽：在“设置表格行高与列宽.docx”文档中，将鼠标指针指向列与列之间，当指针呈╢形状时，按下鼠标左键并拖动，当出现的虚线到达合适位置时释放鼠标，即可实现列宽的调整，如图6-41所示。

技能拓展——只设置某个单元格的宽度

一般情况下，调整列宽时，都会同时改变该列中所有单元格的宽度，如果只想改变一列中某个单元格的宽度，则可以先选中该单元格，然后按住鼠标左键拖动单元格左右两侧的边框线，即可只改变该单元格的宽度，如图6-42所示。

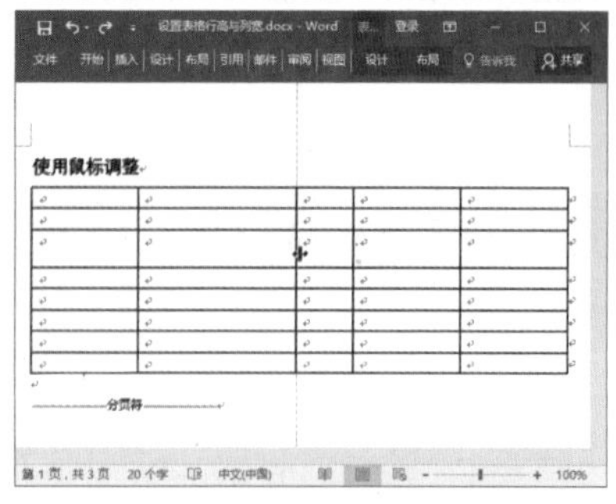

图 6-41

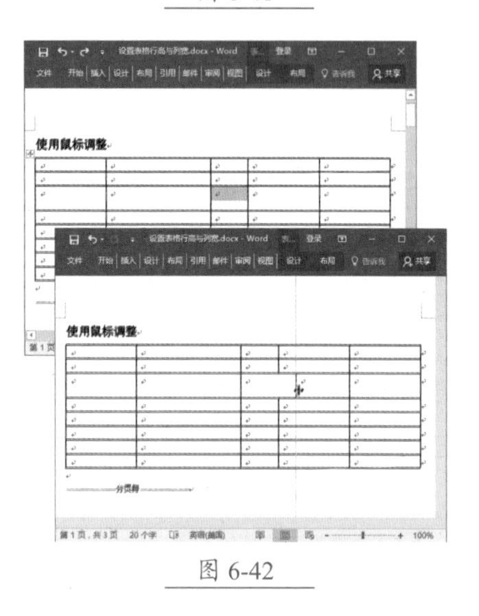

图 6-42

2. 使用对话框调整

如果需要精确设置行高与列宽，则可以通过【表格属性】对话框来实现，具体操作步骤如下。

Step 01 在“设置表格行高与列宽.docx”文档中，❶ 将文本插入点定位到要调整的行或列中的任意单元格中，❷ 切换到【表格工具/布局】选项卡，❸ 单击【单元格大小】组中的【功能扩展】按钮，如图6-43所示。

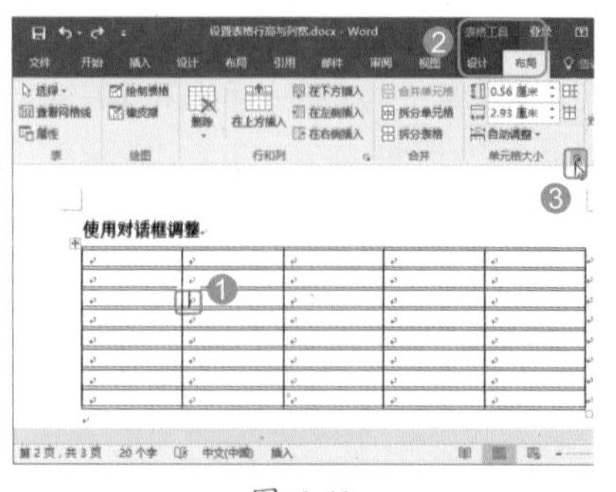

图 6-43

Step 02 打开【表格属性】对话框，❶ 切换到【行】选项卡，❷ 选中【指定高度】复选框，然后在右侧的微调框中设置当前单元格所在行的行高，❸ 设置完成后单击“确定”按钮即可，如图6-44所示。

图 6-44

Step 03 ❶ 切换到【列】选项卡，❷ 在【指定宽度】微调框中设置当前单元格所在列的列宽，❸ 完成设置后单击【确定】按钮即可，如图6-45所示。

图 6-45

3. 均分行高和列宽

为了使表格美观整洁，通常希望表格中的所有行等高、所有列等宽。若表格中的行高或列宽参差不齐，则可以使用 Word 提供的功能快速均分多个行的行高或多个列的列宽，具体操作步骤如下。

Step01 在“设置表格行高与列宽.docx”文档中，❶ 将文本插入点定位在表格内，❷ 切换到【表格工具 / 布局】选项卡，❸ 单击【单元格大小】组中的【分布行】按钮，如图 6-46 所示。

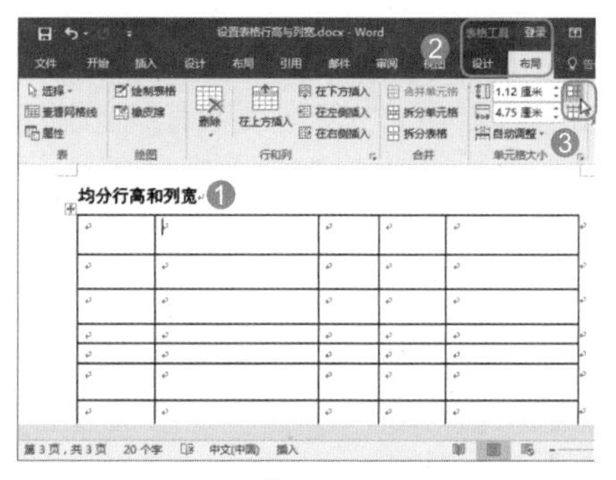

图 6-46

Step02 此时，表格中的所有行高将自动进行平均分布，如图 6-47 所示。

Step03 在【表格工具 / 布局】选项卡的【单元格大小】组中单击【分布列】按钮，如图 6-48 所示。

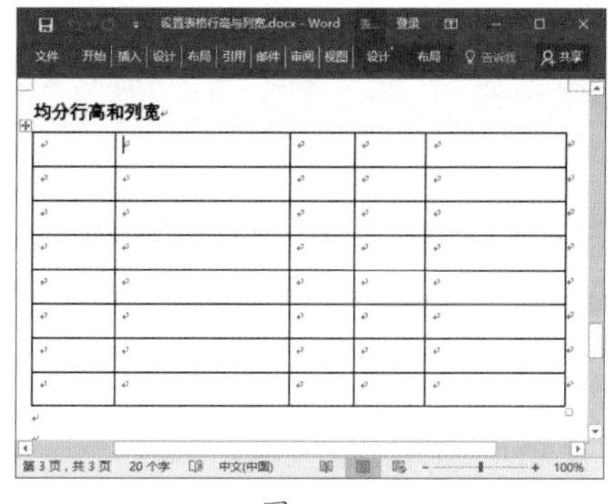

图 6-47

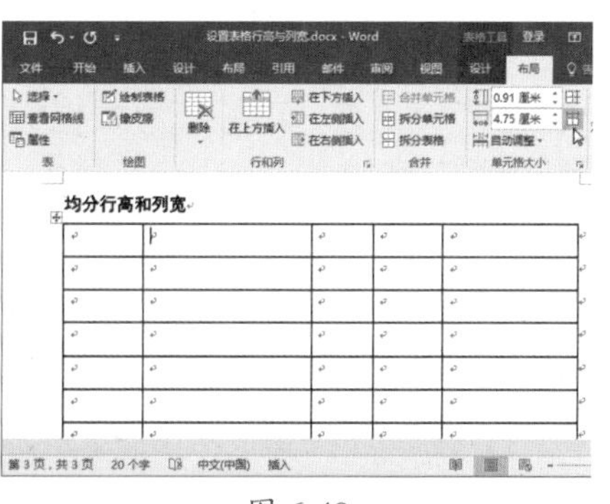

图 6-48

Step04 此时，表格中的所有列宽将自动进行平均分布，如图 6-49 所示。

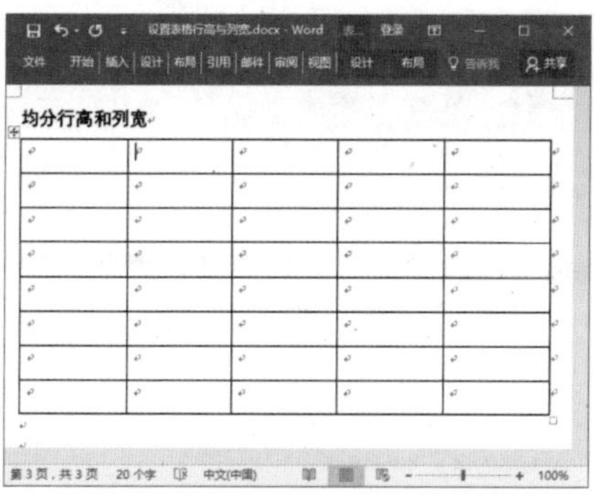

图 6-49

6.3 设置表格格式

插入表格后，要想使表格更加赏心悦目，仅仅对表格内容设置字体格式是远远不够的，还需要对其设置样式、边框或底纹等格式。

6.3.1 实战：在“付款通知单”中设置表格对齐方式

实例门类	软件功能
教学视频	光盘\视频\第 6 章\6.3.1.mp4

默认情况下，表格的对齐方式为左对齐。如果需要更改对齐方式，可按下面的操作步骤实现。

Step01 打开“光盘\素材文件\第 6 章\付款通知单.docx”文件，❶ 将文本插入点定位到表格内，❷ 切换到【表格工具 / 布局】选项卡，❸ 单击【表】组中的【属性】按钮，如图 6-50 所示。

图 6-50

Step02 打开【表格属性】对话框，❶ 切换到【表格】选项卡，❷ 在【对齐方式】栏中选择需要的对齐方式，如选择【居中】选项，单击【确定】按钮，如图 6-51 所示。

图 6-51

Step03 返回文档，即可看到当前表格以居中对齐方式进行显示，如图 6-52 所示。

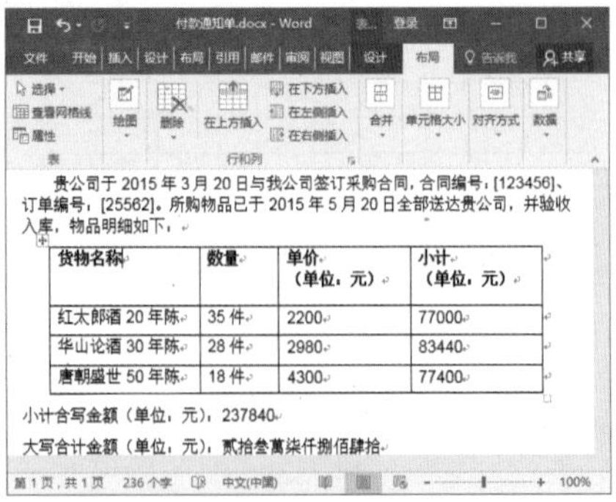

图 6-52

★ 重点 6.3.2 实战：使用表样式美化考核表

实例门类	软件功能
教学视频	光盘\视频\第 6 章\6.3.2.mp4

Word 为表格提供了多种内置样式，通过这些样式，可快速达到美化表格的目的。应用表样式的操作步骤如下。

Step01 打开“光盘\素材文件\第 6 章\新进员工考核表 .docx”文件，❶ 将文本插入点定位在表格内，❷ 切换到【表格工具 / 设计】选项卡，❸ 在【表格样式】组的列表框中选择需要的表样式，如图 6-53 所示。

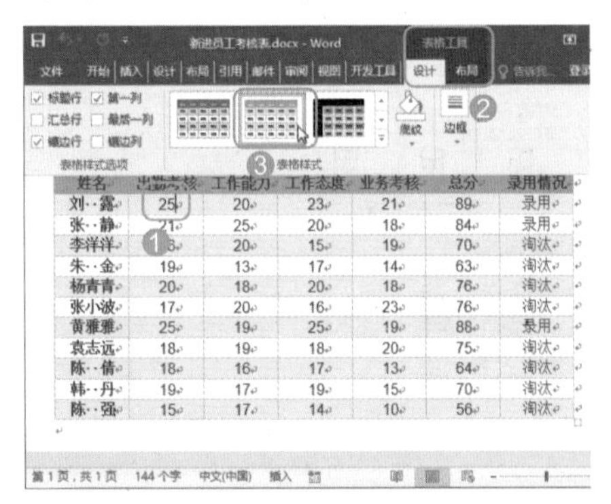

图 6-53

Step02 应用表样式后的效果如图 6-54 所示。

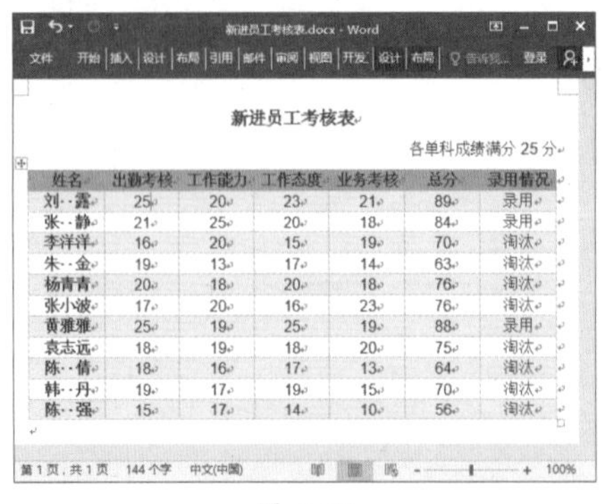

图 6-54

★ 重点 6.3.3 实战：为表格设置边框与底纹

实例门类	软件功能
教学视频	光盘\视频\第 6 章\6.3.3.mp4

默认情况下，表格使用的是粗细相同的黑色边框线。在制作表格时，是可以对表格的边框线颜色、粗细等参数进行设置的。另外，表格底纹是指为表格中的单元格设置一种颜色或图案。在制作表格时，许多用户喜欢为表格的标题行设置一种底纹颜色，以便区别于表格中的其他行。为表格设置边框与底纹的操作步骤如下。

Step01 打开“光盘\素材文件\第 6 章\设备信息 1.docx”文件，❶ 选中表格，❷ 切换到【表格工具 / 设计】选项卡，❸ 在【边框】组中单击【功能扩展】按钮 ，如图 6-55 所示。

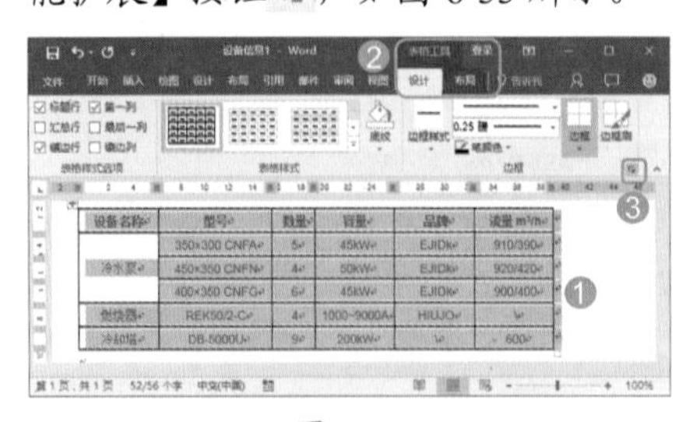

图 6-55

技术看板

选择表格或单元格后，在【表格工具 / 设计】选项卡的【边框】组中，单击【边框】按钮下方的下拉按钮 ，在弹出的下拉列表中可快速为所选对象设置需要的边框线。

Step02 打开【边框和底纹】对话框，❶ 在【样式】列表框中选择边框样式，❷ 在【颜色】下拉列表中选择边框颜色，❸ 在【预览】栏中通过单击相关按钮，设置需要使用当前格式的边框线，本例中选择上框线，如图 6-56 所示。

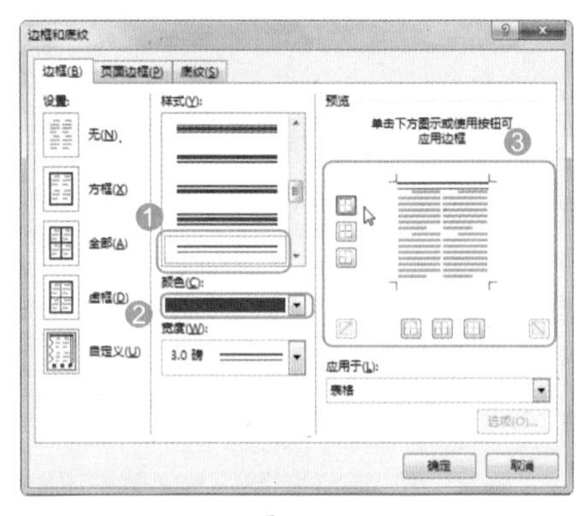

图 6-56

Step03 ❶ 在【样式】列表框中选择边框样式，❷ 在【颜色】下拉列表中选择边框颜色，❸ 在【预览】栏中通过单击相关按钮，设置需要使用当前格式的边框线，本例中选择下框线，如图 6-57 所示。

图 6-57

Step 04 ❶ 在【样式】列表框中选择边框样式，❷ 在【颜色】下拉列表中选择边框颜色，❸ 在【宽度】下拉列表中选择边框粗细，❹ 在【预览】栏中通过单击相关按钮，设置需要使用当前格式的边框线，本例中选择内部横框线和内部竖框线，❺ 完成设置后单击【确定】按钮，如图 6-58 所示。

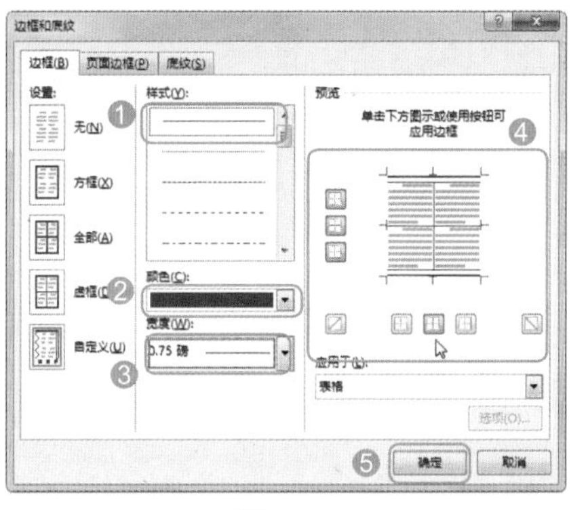

图 6-58

Step 05 返回表格，❶ 选择需要设置底纹的单元格，❷ 在【表格工具 / 设计】选项卡的【表格样式】组中，❸ 单击【底纹】按钮下方的下拉按钮 ▾，❹ 在弹出的下拉列表中选择需要的底纹颜色即可，如图 6-59 所示。

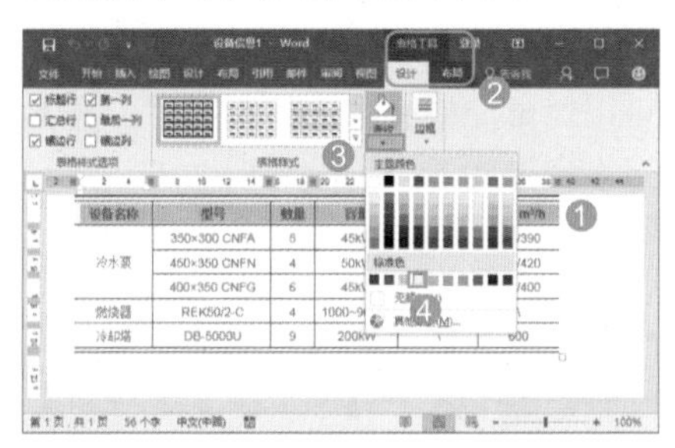

图 6-59

技能拓展——设置图案式表格底纹

如果需要设置图案式表格底纹，可先选中要设置底纹的单元格，然后打开【边框和底纹】对话框，切换到【底纹】选项卡，在【图案】栏中设置图案样式和图案颜色即可。

★ 重点 6.3.4 实战：为“产品销售清单”设置表头跨页

实例门类	软件功能
教学视频	光盘\视频\第 6 章\6.3.4.mp4

默认情况下，同一表格占用多个页面时，表头（即标题行）只在首页显示，而其他页面均不显示，在一定程度上影响数据的查看。

此时，用户可通过简单设置，让标题行跨页重复显示，具体操作步骤如下。

Step 01 打开“光盘\素材文件\第 6 章\产品销售清单.docx”文件，❶ 选中标题行，❷ 切换到【表格工具 / 布局】选项卡，❸ 单击【表】组中的【属性】按钮，如图 6-60 所示。

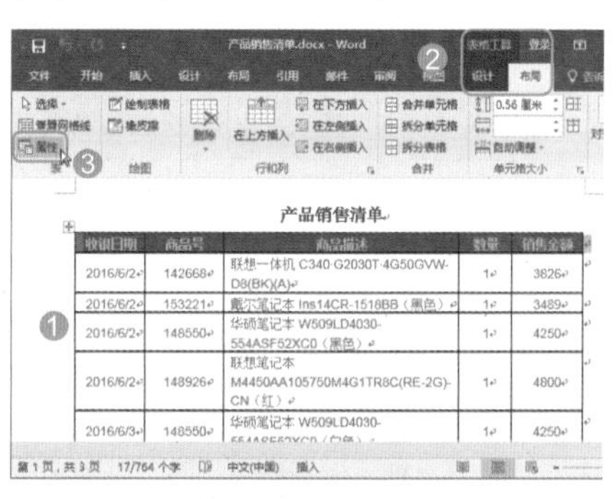

图 6-60

Step 02 打开【表格属性】对话框，❶ 切换到【行】选项卡，❷ 选中【在各页顶端以标题行形式重复出现】复选框，❸ 单击【确定】按钮，如图 6-61 所示。

图 6-61

Step 03 返回文档，即可看到标题行跨页重复显示，图 6-62 所示为表格第 2 页的显示效果。

图 6-62

技能拓展——通过功能区设置标题行跨页显示

在表格中选择标题行后，切换到【表格工具 / 布局】选项卡，单击【数据】组中的【重复标题行】按钮，即可快速实现标题行跨页重复显示。

6.3.5 实战：防止利润表中的内容跨页断行

实例门类	软件功能
教学视频	光盘\视频\第 6 章\6.3.5.mp4

在同一页面中，当表格最后一行的内容超过单元格高度时，会在下一页以另一行的形式出现，从而导致同一单元格的内容被拆分到不同的页面上，影响表格的美观及阅读效果，如图 6-63 所示。

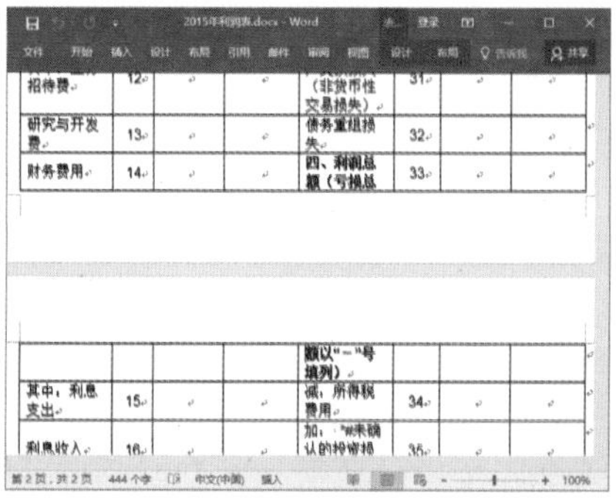

图 6-63

针对这样的情况，用户需要通过设置，以防止表格跨页断行，具体操作步骤如下。

Step 01 打开“光盘\素材文件\第 6 章\2015 年利润表.docx”文件，❶ 选中表格，❷ 切换到【表格工具 / 布局】选项卡，❸ 单击【表】组中的【属性】按钮，如图 6-64 所示。

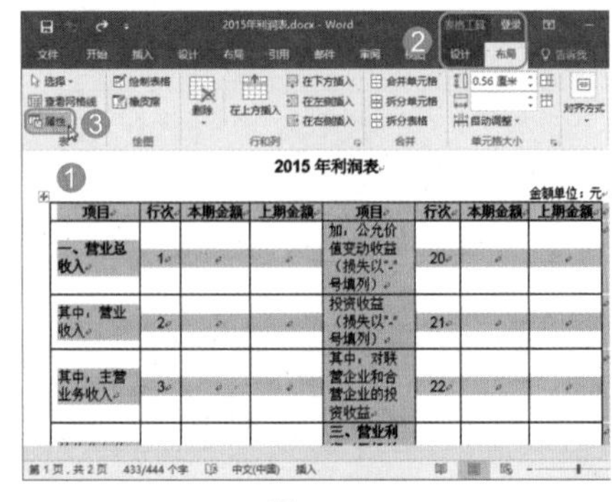

图 6-64

Step 02 打开【表格属性】对话框，❶ 切换到【行】选项卡，❷ 取消选中【允许跨页断行】复选框，然后单击【确定】按钮，如图 6-65 所示。

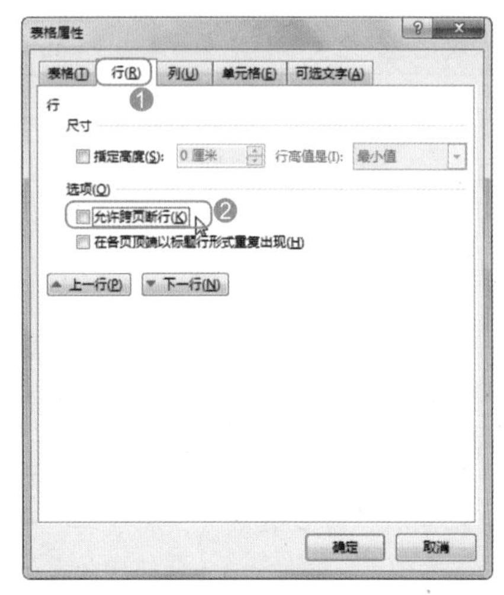

图 6-65

Step 03 完成后的效果如图 6-66 所示。

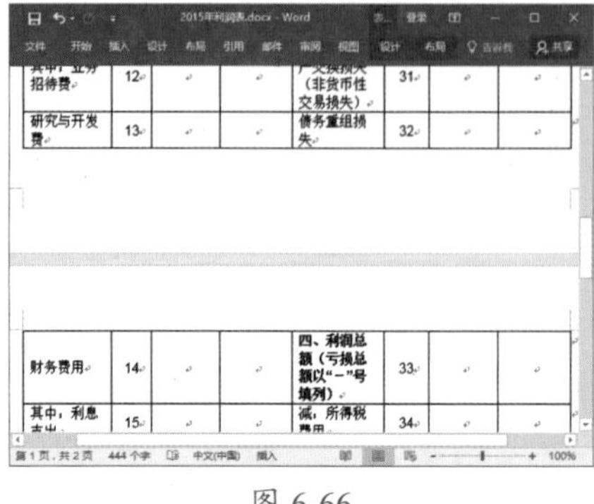

图 6-66

6.4 表格中数据的简单处理

在 Word 文档中，用户不仅可以通过表格来表达文字内容，还可以对表格中的数据进行运算、排序等操作，下面将分别进行讲解。

★ 重点 6.4.1 实战：计算“销售业绩表”中的数据

实例门类	软件功能
教学视频	光盘\视频\第 6 章\6.4.1.mp4

Word 提供了 SUM、AVERAGE、MAX、MIN、IF 等常用函数，通过这些函数，可以对表格中的数据进行计算。

1. 单元格命名规则

对表格数据进行运算之前，需要先了解 Word 对单元格的命名规则，以便在编写计算公式时对单元格进行准确的引用。在 Word 表格中，单元格的命名与 Excel 中对单元格的命名相同，以“列编号 + 行编号”的形式对单元格进行命名。图 6-67 所示为单元格命名方式。

	A	B	C	D	
1	A1	B1	C1	D1	…
2	A2	B2	C2	D2	…
3	A3	B3	C3	D3	…
4	A4	B4	C4	D4	…
5	A5	B5	C5	D5	…
	⋮	⋮	⋮	⋮	

图 6-67

若表格中有合并单元格，则该单元格以左上角单元格的地址进行命名，表格中其他单元格的命名不受合并单元格的影响。图 6-68 所示为有合并单元格的命名方式。

	A	B	C	D	E	F	
1	A1	B1		D1	E1		…
2	A2	B2	C2	D2	E2	F2	…
3	A3	B3	C3	D3	E3	F3	…
4	A4	B4	C4		E4	F4	…
5	A5	B5			E5	F5	…
6	A6	B6			E6	F6	…
7	A7		C7	D7	E7	F7	…
	⋮	⋮	⋮	⋮	⋮	⋮	

图 6-68

2. 计算数据

了解了单元格的命名规则后，就可以对单元格数据进行运算了，具体操作步骤如下。

Step 01 打开“光盘\素材文件\第 6 章\销售业绩表.docx”文件，❶ 将文本插入点定位在需要显示运算结果的单元格，❷ 切换到【表格工具 / 布局】选项卡，❸ 单击【数据】组中的【公式】按钮，如图 6-69 所示。

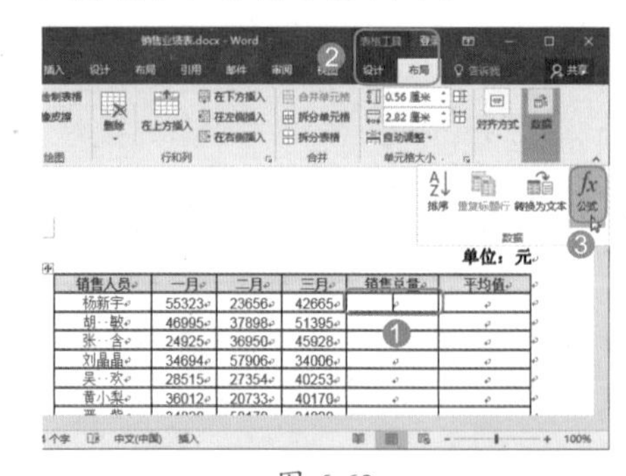

图 6-69

Step02 打开【公式】对话框，❶ 在【公式】文本框内输入运算公式，当前单元格的公式应为【=SUM(B2:D2)】（其中，【SUM】为求和函数），❷ 根据需要，可以在【编号格式】下拉列表中为计算结果选择一种数字格式，或者在【编号格式】文本框中自定义输入编号格式，本例中输入【¥0】，❸ 完成设置后单击【确定】按钮，如图 6-70 所示。

图 6-70

Step03 返回文档，即可看到当前单元格的运算结果，如图 6-71 所示。

图 6-71

Step04 用同样的方法，使用【SUM】函数计算出其他销售人员的销售总量，效果如图 6-72 所示。

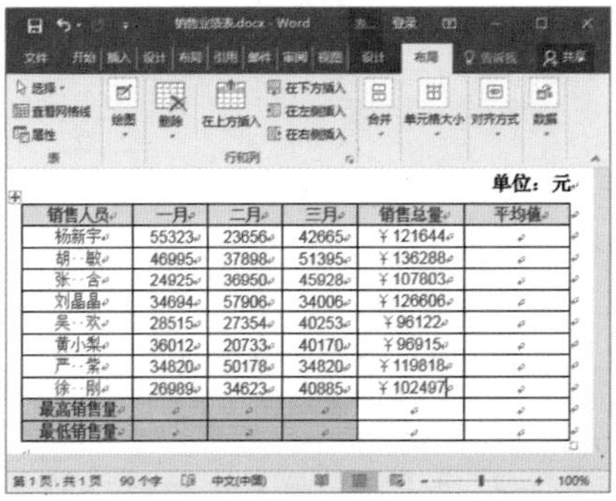

图 6-72

Step05 ❶ 将文本插入点定位在需要显示运算结果的单元格，❷ 单击【数据】组中的【公式】按钮，如图 6-73 所示。

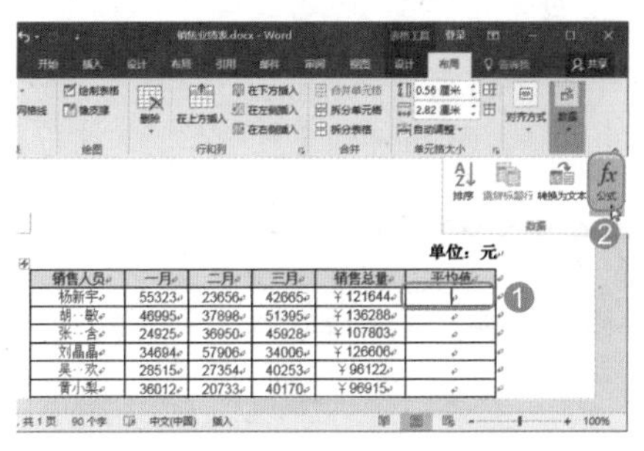

图 6-73

Step06 打开【公式】对话框，❶ 在【公式】文本框内输入运算公式，当前单元格的公式应为【=AVERAGE(B2:D2)】（其中，【AVERAGE】为求平均值函数），❷ 在【编号格式】文本框中为计算结果设置数字格式，本例中输入【¥0.00】，❸ 完成设置后单击【确定】按钮，如图 6-74 所示。

图 6-74

Step07 返回文档，即可看到当前单元格的运算结果，如图 6-75 所示。

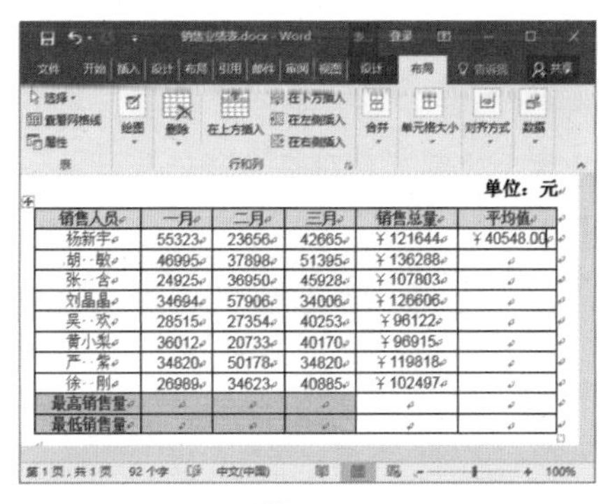

图 6-75

Step08 用同样的方法，使用【AVERAGE】函数计算出其他销售人员的平均销量，如图 6-76 所示。

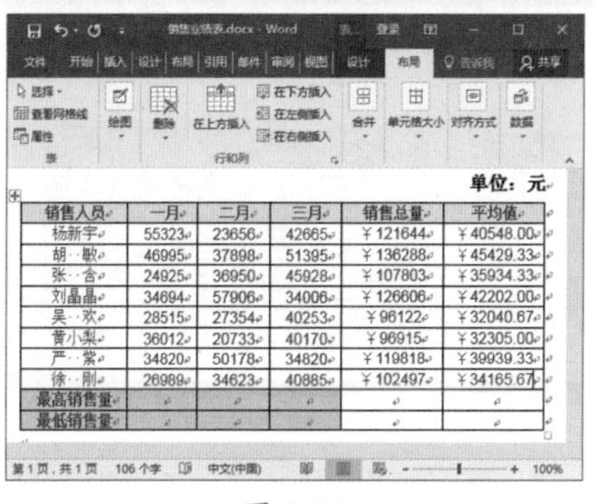

图 6-76

Step09 ❶ 将文本插入点定位在需要显示运算结果的单元格，❷ 单击【数据】组中的【公式】按钮，如图 6-77 所示。

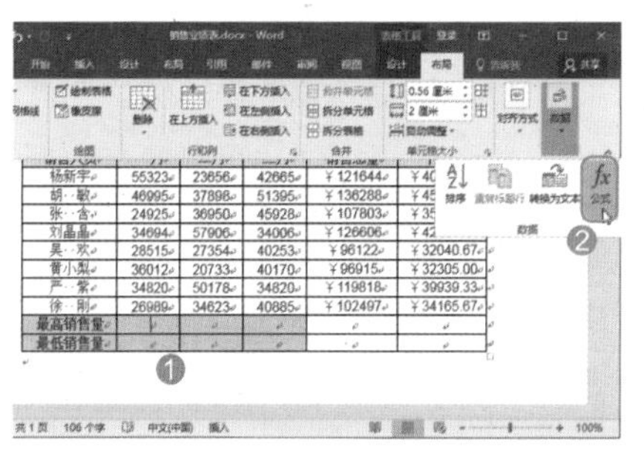

图 6-77

Step10 打开【公式】对话框，❶ 在【公式】文本框内输入运算公式，当前单元格的公式应为【=MAX(B2:B9)】（其中，【MAX】为最大值函数），❷ 单击【确定】按钮，如图 6-78 所示。

图 6-78

Step11 返回文档，即可看到当前单元格的运算结果，如图 6-79 所示。

技术看板

【MIN】函数用于计算最小值，使用方法与【MAX】函数的使用方法相同，如本例中一月份的最低销售的计算公式为【=MIN(B2:B9)】。

图 6-79

Step 12 用同样的方法，使用【MAX】函数计算出其他月份的最高销售量，如图 6-80 所示。

图 6-80

Step 13 参照上述操作方法，使用【MIN】函数计算出每个月份的最低销售量，如图 6-81 所示。

图 6-81

6.4.2 实战：对“员工培训成绩表”中的数据进行排序

实例门类	软件功能
教学视频	光盘\视频\第 6 章\6.4.2.mp4

为了能直观地显示数据，可以对表格进行排序操作，具体操作步骤如下。

Step 01 打开“光盘\素材文件\第 6 章\员工培训成绩表.docx”文件，❶ 选中表格，❷ 切换到【表格工具/布局】选项卡，❸ 单击【数据】组中的【排序】按钮，如图 6-82 所示。

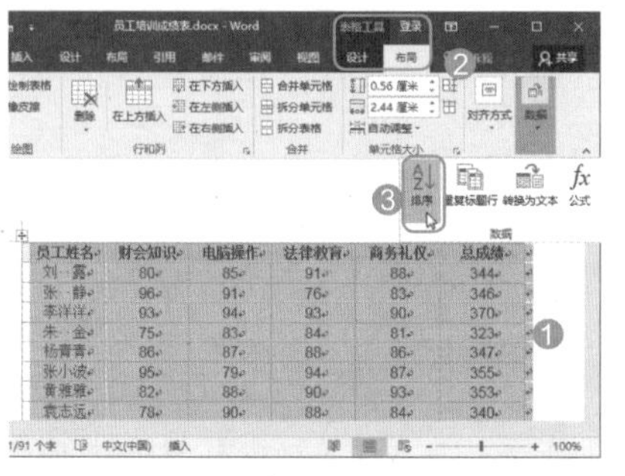

图 6-82

Step 02 打开【排序】对话框，❶ 在【主要关键字】栏中设置排序依据，❷ 选择排序方式，如选中【降序】单选按钮，❸ 单击【确定】按钮，如图 6-83 所示。

图 6-83

Step 03 返回文档，当前表格中的数据将按上述设置的排序参数进行排序，如图 6-84 所示。

员工姓名	财会知识	电脑操作	法律教育	商务礼仪	总成绩
李洋洋	93	94	93	90	370
张小波	95	79	94	87	355
黄雅雅	82	88	90	93	353
杨青青	86	87	88	86	347
张 静	96	91	76	83	346
刘 露	80	85	91	88	344
陈 倩	88	81	77	95	341
袁志远	78	90	88	84	340
朱 金	75	83	84	81	323

图 6-84

★ 重点 6.4.3 实战：筛选符合条件的数据记录

实例门类	软件功能
教学视频	光盘\视频\第 6 章\6.4.3.mp4

在 Word 中，可以通过插入数据库功能对表格数据进行筛选，以提取符合条件的数据。

例如，图 6-85 所示为“光盘\素材文件\第 6 章\员工培训成绩表.docx”文档中的数据。

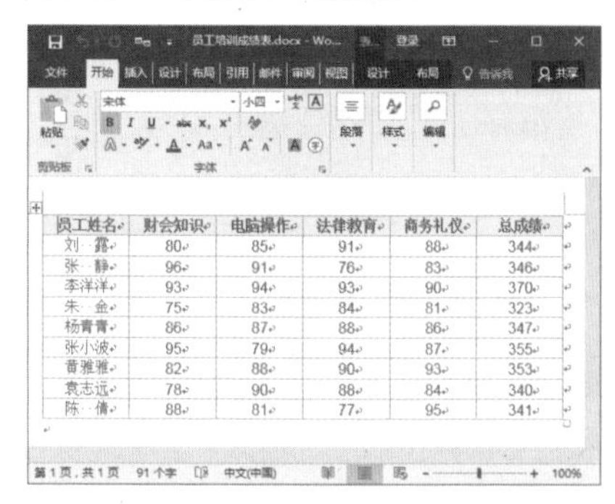

员工姓名	财会知识	电脑操作	法律教育	商务礼仪	总成绩
刘 露	80	85	91	88	344
张 静	96	91	76	83	346
李洋洋	93	94	93	90	370
朱 金	75	83	84	81	323
杨青青	86	87	88	86	347
张小波	95	79	94	87	355
黄雅雅	82	88	90	93	353
袁志远	78	90	88	84	340
陈 倩	88	81	77	95	341

图 6-85

现在，要将总成绩在 350 分以上的数据筛选出来，具体操作步骤如下。

Step 01 参照本书 1.4.1 小节所讲知识，将【插入数据库】按钮添加到快速访问工具栏。

Step 02 新建一篇名称为“筛选‘员工培训成绩表’数据”的空白文档，单击快速访问工具栏中的【插入数据库】按钮，如图 6-86 所示。

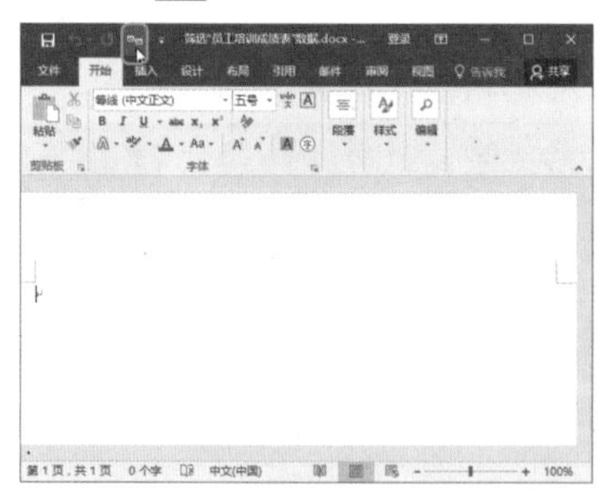

图 6-86

Step 03 打开【数据库】对话框，单击【数据源】栏中的【获取数据】按钮，如图 6-87 所示。

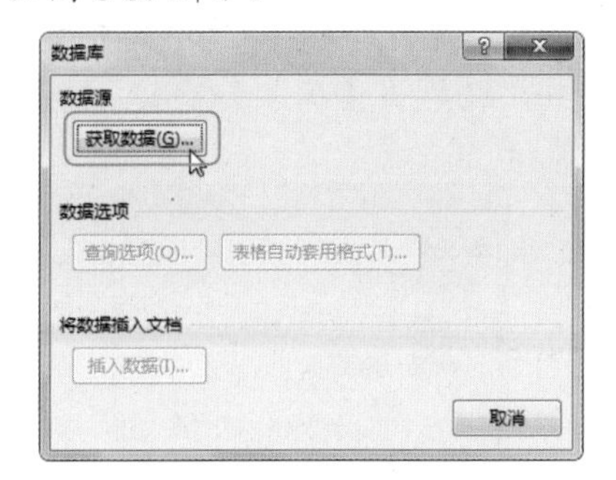

图 6-87

Step04 打开【获取数据源】对话框，❶ 选择数据源文件，❷ 单击【打开】按钮，如图 6-88 所示。

图 6-88

Step05 返回【数据库】对话框，单击【数据选项】栏中的【查询选项】按钮，如图 6-89 所示。

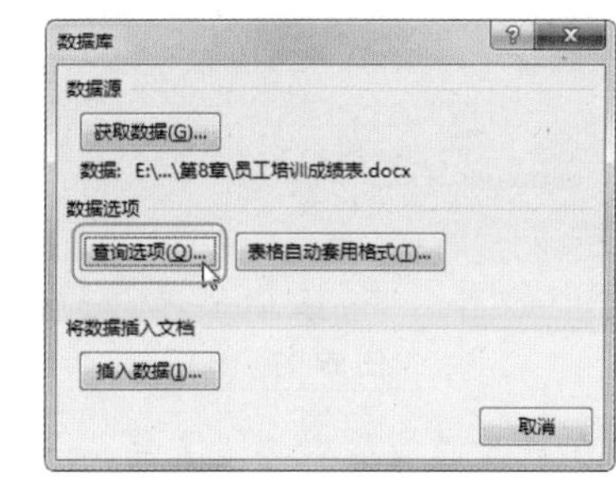

图 6-89

Step06 打开【查询选项】对话框，❶ 设置筛选条件，❷ 单击【确定】按钮，如图 6-90 所示。

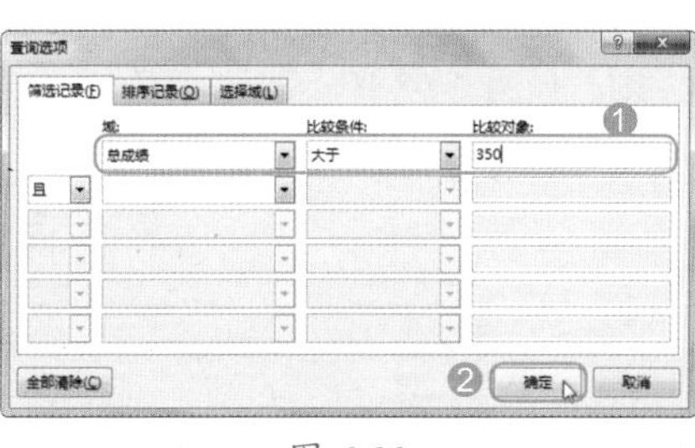

图 6-90

Step07 返回【数据库】对话框，在【将数据插入文档】栏中单击【插入数据】按钮，如图 6-91 所示。

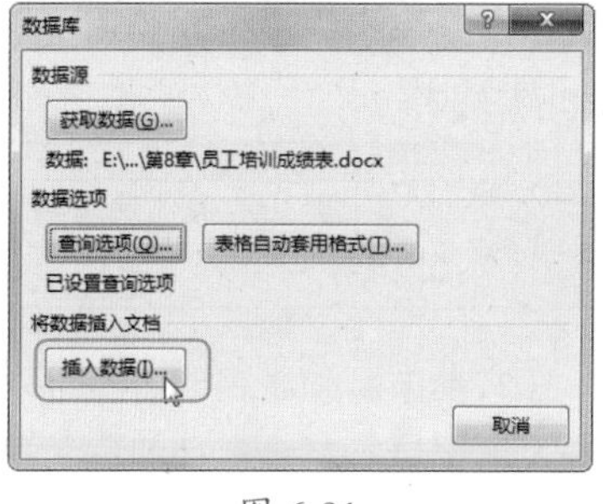

图 6-91

Step08 打开【插入数据】对话框，❶ 选中【全部】单选按钮，❷ 单击【确定】按钮，如图 6-92 所示。

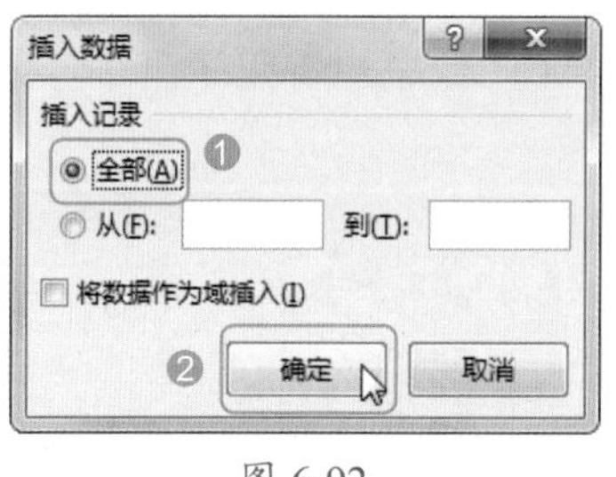

图 6-92

Step09 此时，Word 会将符合筛选条件的数据筛选出来，并将结果显示在文档中，如图 6-93 所示。

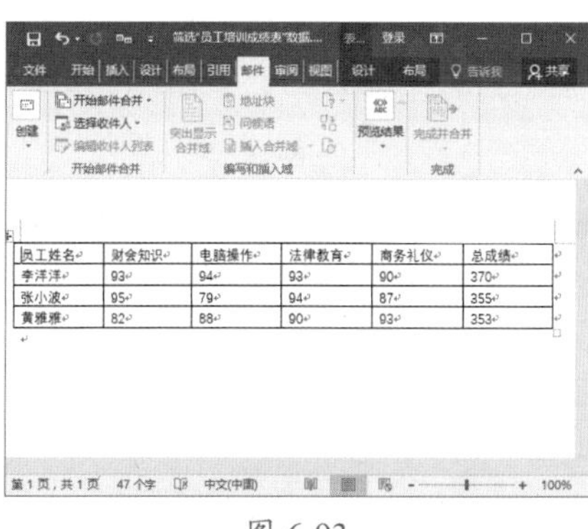

员工姓名	财会知识	电脑操作	法律教育	商务礼仪	总成绩
李洋洋	93	94	93	90	370
张小波	95	79	94	87	355
黄雅雅	82	88	90	93	353

图 6-93

妙招技法

通过前面知识的学习，相信读者已经掌握了 Word 文档中表格的使用方法了。下面结合本章内容，给大家介绍一些实用技巧。

技巧 01：在表格中使用编号

教学视频	光盘\视频\第 6 章\技巧 01.mp4

在输入表格数据时，若要输入连续的编号内容，可使用 Word 的编号功能进行自动编号，以避免手动输入编号的烦琐。

在表格中使用自动编号的操作步骤如下。

打开"光盘\素材文件\第 6 章\员工考核标准.docx"文件，选择需要输入编号的单元格，❶ 在【开始】选项卡的【段落】组中单击【编号】按钮 右侧的下拉按钮 ，❷ 在弹出的下拉列表中选择需要的编号样式，如图 6-94 所示。

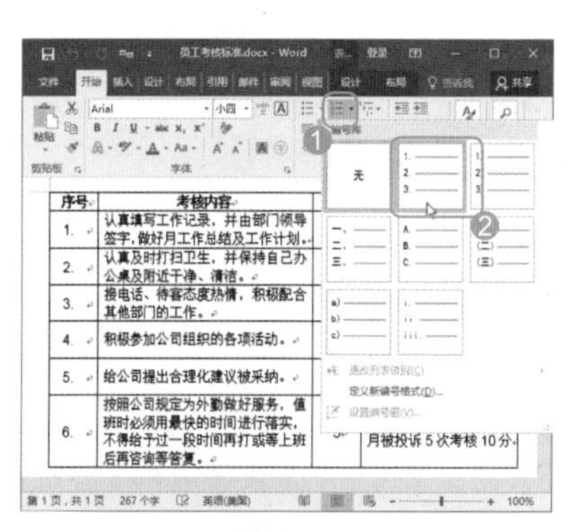

图 6-94

技巧 02：利用文本文件中的文本创建表格

教学视频	光盘\视频\第 6 章\技巧 02.mp4

在文档中制作表格时，还可以从文本文件中导入数据，从而提高输入速度。

图 6-95 所示为文本文件中的数据，这些数据均使用了逗号作为分隔符。

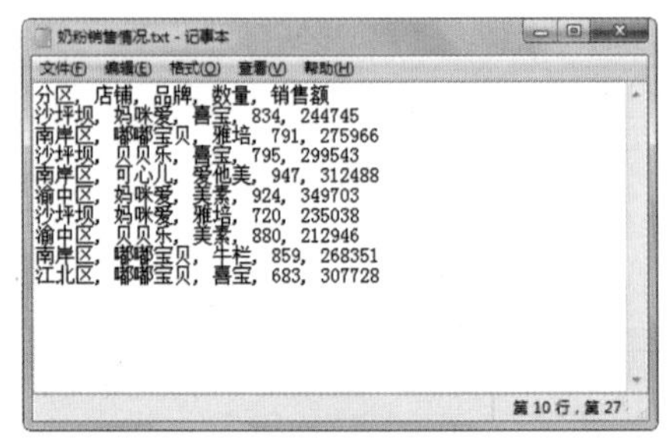
奶粉销售情况.txt - 记事本

分区，店铺，品牌，数量，销售额
沙坪坝，妈咪爱，喜宝，834，244745
南岸区，嘟嘟宝贝，雅培，791，275966
沙坪坝，贝贝乐，喜宝，795，299543
南岸区，可心儿，爱他美，947，312488
渝中区，妈咪爱，美素，924，349703
沙坪坝，妈咪爱，雅培，720，235038
渝中区，贝贝乐，美素，880，212946
南岸区，嘟嘟宝贝，牛栏，859，268351
江北区，嘟嘟宝贝，喜宝，683，307728

图 6-95

现在要将图 6-95 中的数据导入到 Word 文档并生成表格，操作步骤如下。

Step01 参照本书 1.4.1 小节所讲知识，将【插入数据库】按钮添加到快速访问工具栏。

Step02 新建一篇名为“导入文本文件数据生成表格”的空白文档，单击快速访问工具栏中的【插入数据库】按钮，如图 6-96 所示。

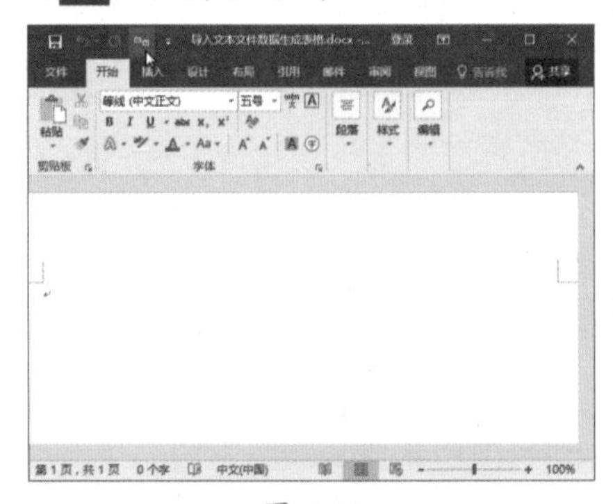

图 6-96

Step03 打开【数据库】对话框，单击【数据源】栏中的【获取数据】按钮，如图 6-97 所示。

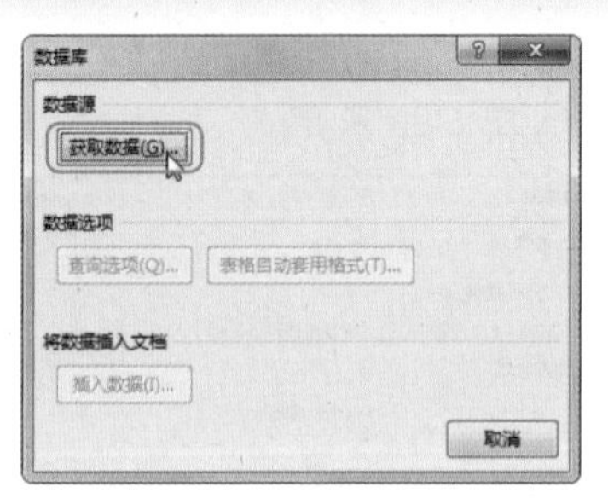

图 6-97

Step04 打开【获取数据源】对话框，❶选择数据源文件，如选择【奶粉销售情况.txt】文件，❷单击【打开】按钮，如图 6-98 所示。

图 6-98

Step05 打开【文件转换】对话框，单击【确定】按钮，如图 6-99 所示。

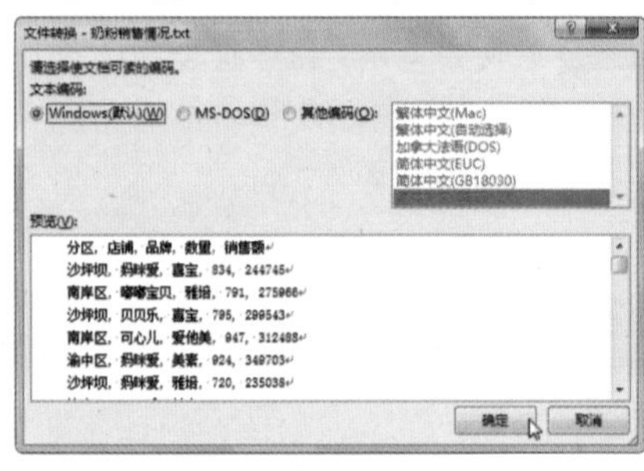

图 6-99

Step06 返回【数据库】对话框，在【将数据插入文档】栏中单击【插入数据】按钮，如图 6-100 所示。

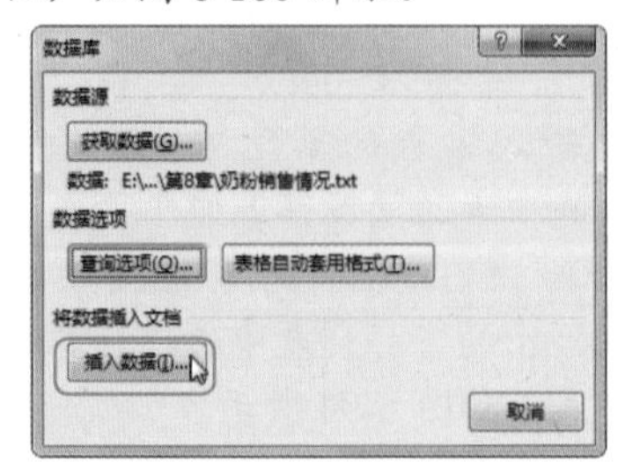

图 6-100

Step07 打开【插入数据】对话框，❶在【插入记录】栏中选中【全部】单选按钮，❷单击【确定】按钮，如图 6-101 所示。

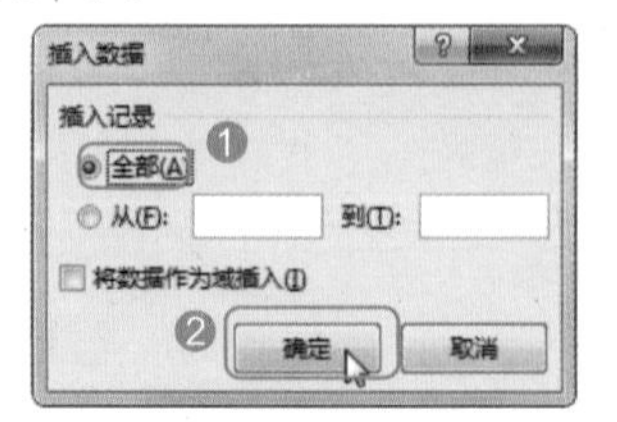

图 6-101

Step08 返回文档，即可看到通过文本文件数据创建的表格，如图 6-102 所示。

分区	店铺	品牌	数量	销售额
沙坪坝	妈咪爱	喜宝	834	244745
南岸区	嘟嘟宝贝	雅培	791	275966
沙坪坝	贝贝乐	喜宝	795	299543
南岸区	可心儿	爱他美	947	312488
渝中区	妈咪爱	美素	924	349703
沙坪坝	妈咪爱	雅培	720	235038
渝中区	贝贝乐	美素	880	212946
南岸区	嘟嘟宝贝	牛栏	859	268351
江北区	嘟嘟宝贝	喜宝	683	307728

图 6-102

技巧 03：将表格和文本进行互换

教学视频	光盘\视频\第 6 章\技巧 03.mp4

要将文档中的表格转换为文本，非常简便，只需进行简单的两步操作即可，其具体操作步骤如下。

Step01 打开“光盘\素材文件\第 6 章\总结报告 2.docx”文件，❶选中整个表格，❷切换到【表格工具/布局】选项卡，❸单击【数据】组中的【转换为文本】按钮，如图 6-103 所示。

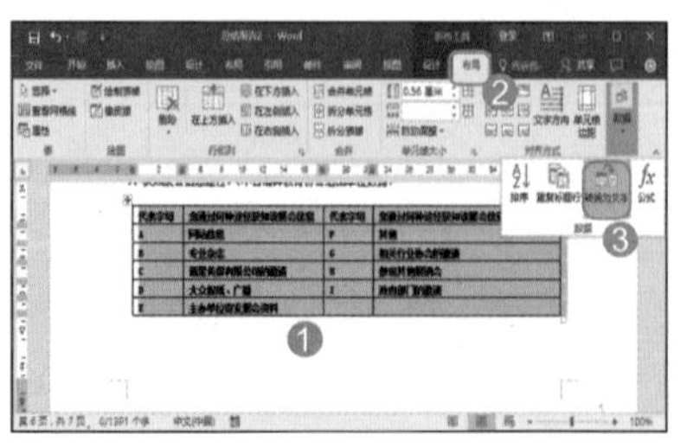

图 6-103

Step02 打开【表格转换成文本】对话框，❶ 选中相应的文字分隔符单选按钮，❷ 单击【确定】按钮，如图 6-104 所示。

图 6-104

Step03 系统自动将表格转换为文本，效果如图 6-105 所示。

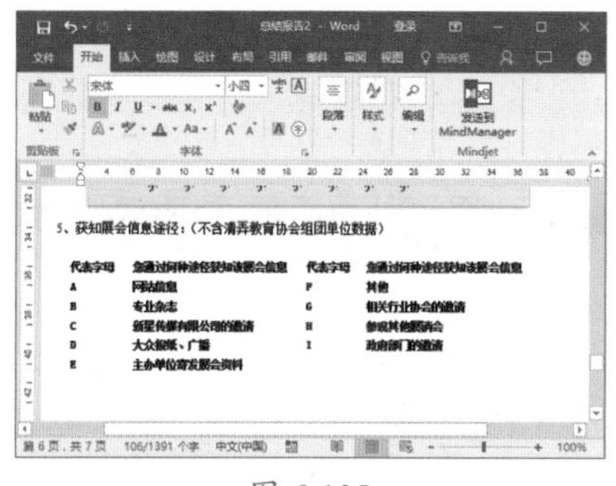

图 6-105

要将文档中的文本转换为表格，具体操作步骤如下。❶ 在选择目标文本后，❷ 单击【插入】选项卡中的【表格】按钮，❸ 在弹出的下拉列表中选择【文本转换成表格】命令，如图 6-106 所示。❹ 在打开的【文字转换成表格】对话框中进行相应的设置，❺ 单击【确定】按钮，如图 6-107 所示。

图 6-106

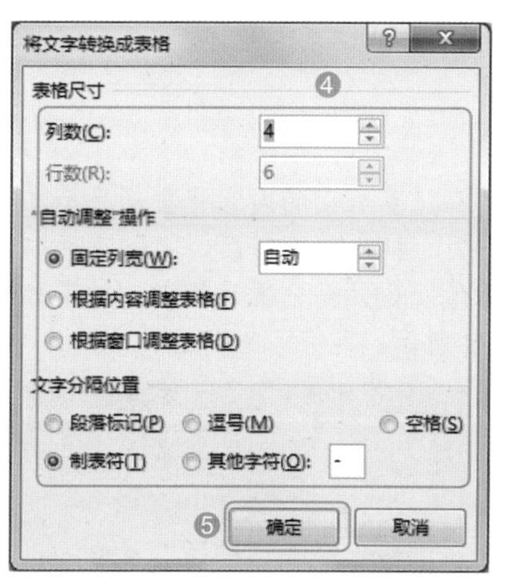

图 6-107

技巧 04：如何让表格宽度与页面宽度保持相同

教学视频	光盘 \ 视频 \ 第 6 章 \ 技巧 04.mp4

要让文档中的表格能与页面宽度相同，铺满页面，充实文档内容。还能防止表格宽度超出页面宽度，超出版心，导致打印不全。用户可按如下操作步骤进行设置。

打开"光盘 \ 素材文件 \ 第 6 章 \ 培训机构职责 .docx"文件，❶ 选中整个表格，❷ 单击【表格工具 / 布局】选项卡中的【自动调整】下拉按钮，❸ 在弹出的下拉列表中选择【根据窗口自动调整表格】选项，如图 6-108 所示。

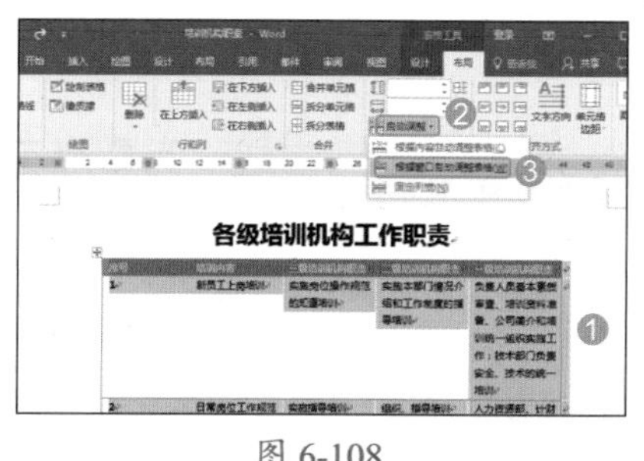

图 6-108

本章小结

本章的重点在于 Word 文档中插入与编辑表格，主要包括创建表格、表格的基本操作、设置表格格式、表格与文本相互转换、处理表格数据等内容。通过本章内容的学习，希望大家能够灵活自如地在 Word 中使用表格。

第7章 Word 长文档的轻松处理

- 知道在文档中如何进行分节、分页吗？
- 如何为图、表添加题注？
- 图表目录又该如何创建？
- 目录格式该怎样设置？
- 索引有什么作用？如何创建？

想要快速创建目录与索引吗？学习本章内容，相信读者不仅能掌握目录与索引的创建，同时还可以学会如何快速对文档进行分页、分节，为图或表添加题注以及脚注、尾注的灵活使用。

7.1 设置分页与分节

编排格式较复杂的 Word 文档时，分页、分节是两个必不可少的功能，所有读者都有必要了解分页、分节的区别，以及如何进行分页、分节操作。

★ 重点 7.1.1 实战：为季度工作总结设置分页

实例门类	软件功能
教学视频	光盘\视频\第 7 章\7.1.1.mp4

当一页的内容没有填满并需要换到下一页，或者需要将一页的内容分成多页显示时，通常用户会通过按【Enter】键的方式输入空行，直到换到下一页为止。但是，一旦当内容有增减，则需要反复去调整空行的数量。

此时，用户可以通过插入分页符进行强制分页，从而轻松解决问题。插入分页符的具体操作步骤如下。

Step 01 打开“光盘\素材文件\第 7 章\2016 年一季度工作总结 .docx”文件，❶ 将文本插入点定位到需要分页的位置，❷ 切换到【布局】选项卡，❸ 单击【页面设置】组中的【分隔符】按钮，❹ 弹出下拉列表，在【分页符】栏中选择【分页符】选项，如图 7-1 所示。

Step 02 通过上述操作后，文本插入点所在位置后面的内容将自动显示在下一页。插入分页符后，上一页的内容结尾处会显示分页符标记，效果如图 7-2 所示。

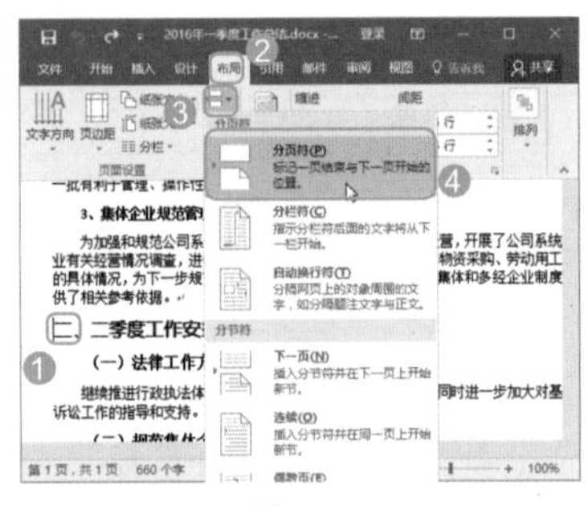

图 7-1

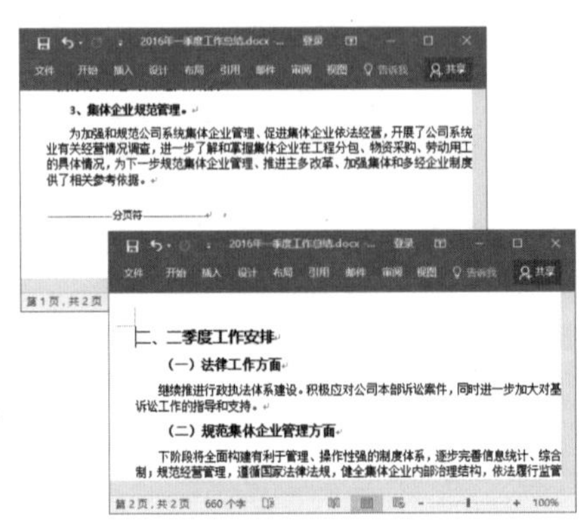

图 7-2

> **技术看板**
>
> 在下拉列表的【分页符】栏中有【分页符】【分栏符】和【手动换行符】3 个选项，除了本例中介绍的【分页符】外，另外两个选项的含义分别介绍如下。
>
> 分栏符：在文档分栏状态下，使用分栏符可强行设置内容开始分栏显示的位置，强行将分栏符之后的内容移至另一栏。如果文档未分栏，其效果与分页符相同。
>
> 手动换行符：表示从该处强制换行，并显示换行标记↓。

除了上述操作方法外，还可通过以下两种方式插入分页符。

- 将文本插入点定位到需要分页的位置，切换到【插入】选项卡，然后单击【页面】组中的【分页】按钮即可。
- 将文本插入点定位到需要分页的位置，按【Ctrl+Enter】组合键即可。

7.1.2 实战：为季度工作总结设置分节

实例门类	软件功能
教学视频	光盘\视频\第 7 章\7.1.2.mp4

在 Word 排版中，“节”是一个非常重要的概念，这个“节”并非书籍中的“章节”，而是文档格式化的最大单位，通俗地理解，“节”是指排版格式（包括页眉、页脚、页面设置等）要应用的范围。默认情况下，Word 将整个文档视为一个“节”，所以对文档的页面设置、页眉设置等格式是应用于整篇文档的。若要在不同的页码范围设置不同的格式（例如，第 1 页采用纵向纸张方向，第 2~7 页采用横向纸张方向），只需插入分节符对文档进行分节，然后单独为每“节”设置格式即可。

插入分节符的具体操作步骤如下。

Step01 在“2016 年一季度工作总结 .docx”文档中，❶ 将文本插入点定位到需要插入分节符的位置，❷ 切换到【布局】选项卡，❸ 单击【页面设置】组中的【分隔符】按钮，❹ 弹出下拉列表，在【分节符】栏中选择【下一页】选项，如图 7-3 所示。

Step02 通过上述操作后，将在文本插入点所在位置插入分节符并在下一页开始新节。插入分节符后，上一页的内容结尾处会显示分节符标记，如图 7-4 所示。

图 7-3

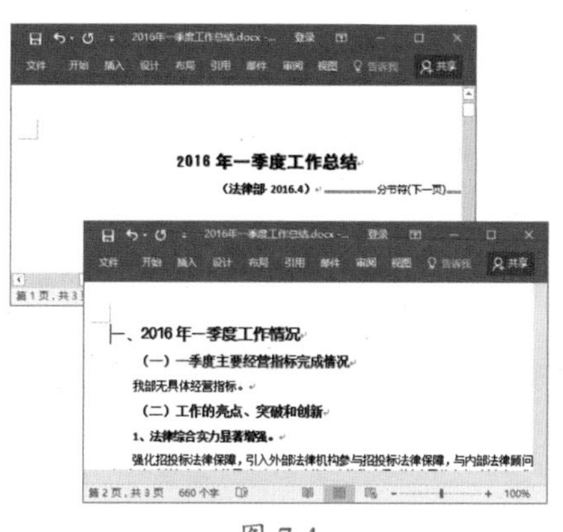

图 7-4

插入分节符时，在【分节符】栏中有 4 个选项，分别是【下一页】【连续】【偶数页】【奇数页】，选择不同的选项，可插入不同的分节符，在排版时，使用最为频繁的分节符是【下一页】。除了本例中介绍的【下一页】外，其他选项介绍如下。

- 连续：插入点后的内容可作新的格式或部分版面设置，但其内容不转到下一页显示，是从插入点所在位置换行开始显示。对文档混合分栏时，就会使用到该分节符。
- 偶数页：插入点所在位置以后的内容将会转到下一个偶数页上，Word 会自动在两个偶数页之间空出一页。
- 奇数页：插入点所在位置以后的内容将会转到下一个奇数页上，Word 会自动在两个奇数页之间空出一页。

技能拓展——分页符与分节符的区别

分页符与分节符最大的区别在于页眉、页脚与页面设置，分页符只是纯粹的分页，前后还是同一节，且不会影响前后内容的格式设置；而分节符是对文档内容进行分节，可以是同一页中不同节，也可以在分节的同时跳转到下一页，分节后，可以为单独的某个节设置不同的版面格式。

7.2 使用题注、脚注和尾注

题注是用于为文档中大量图片表格对象添加自动编号的“利器”；脚注和尾注是为文档中指定词句添加解释说明的“法宝”。同时，“法宝”和“利器”使用较为简便，容易掌握，能极大提高用户处理类似问题的效率和速度。

★ 重点 7.2.1 实战：在“公司简介”中为表格自动添加题注

实例门类	软件功能
教学视频	光盘\视频\第 7 章\7.2.1.mp4

为表格添加题注的方法与为图片添加题注基本相同。这里以为表格添加题注为例，具体操作步骤如下。

Step01 打开“光盘\素材文件\第 7 章\公司简介 .docx”文件，❶ 选择需要添加题注的表格，❷ 切换到【引用】选项卡，❸ 单击【题注】组中的【插入题注】按钮，如图 7-5 所示。

Step02 打开【题注】对话框，单击【新建标签】按钮，如图 7-6 所示。

Step03 打开【新建标签】对话框，❶ 在【标签】文本框中输入【表】，

❷ 单击【确定】按钮，如图 7-7 所示。

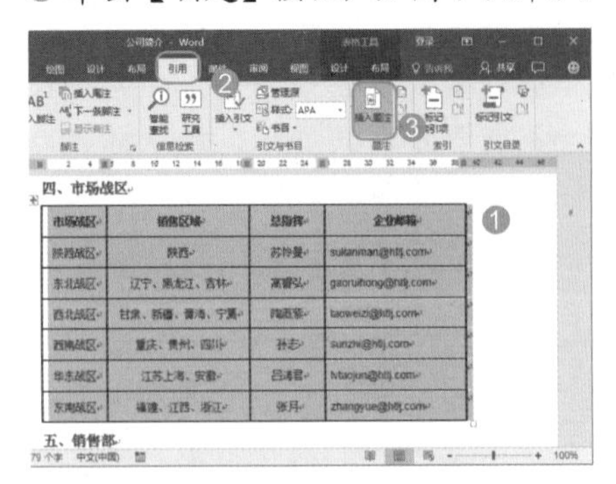

图 7-5

图 7-6

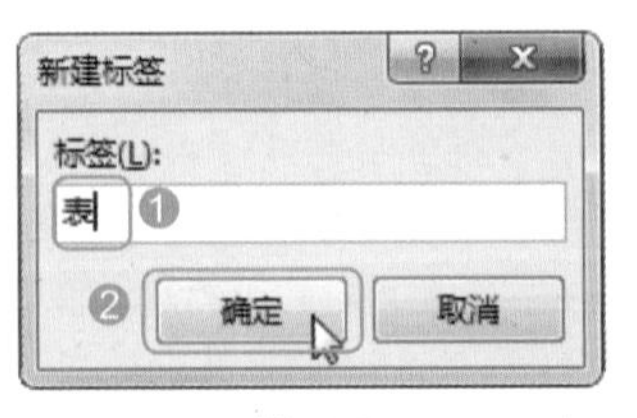

图 7-7

Step04 返回【题注】对话框，刚才新建的标签【表】将自动设置为题注标签，同时题注标签后面自动生成了题注编号。❶ 在【位置】下拉列表中选择【所选项目上方】选项，❷ 单击【确定】按钮，如图 7-8 所示。

图 7-8

技术看板

若创建了错误标签，可以在【标签】下拉列表中选择该标签，然后单击【删除标签】按钮将其删除。

Step05 返回文档，所选表格的上方插入了一个题注，如图 7-9 所示。用这样的方法，分别为文档中其他表格添加题注即可。

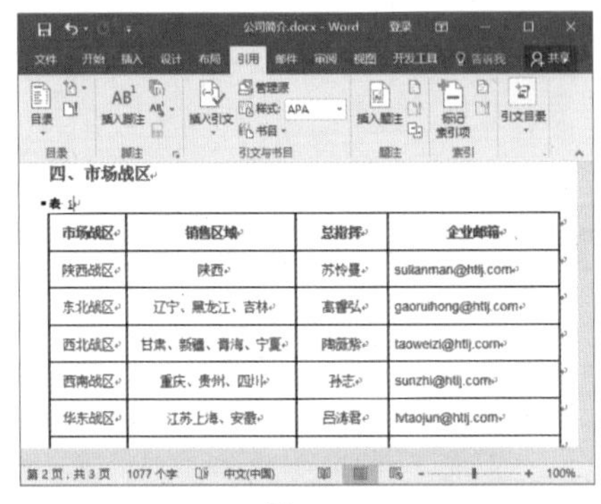

图 7-9

技术看板

在文档中为表格（或图片）添加题注后，在文档中新插入的表格（或图片），系统会自动为其添加题注。

★ 重点 7.2.2 实战：为“书稿”中的图片添加包含章节编号的题注

实例门类	软件功能
教学视频	光盘\视频\第 7 章\7.2.2.mp4

按照前面所讲的方法，创建的题注中的编号只包含一个数字，表示与题注关联的对象在文档中的序号。对于复杂文档而言，可能希望为对象创建包含章节号的题注，这种题注的编号包含两个数字，第一个数字表示对象在文档中所属章节的编号，第二个数字表示对象所属章节中的序号。例如，文档中第 1 章的第 2 张图片，可以表示为“图 1-2”；再如，文档中第 1.2 节的第 2 张图片，可以表示为“图 1.2-2”。

例如，在“书稿 .docx”文档中，用户已经为标题应用了关联多级列表的内置标题样式，效果如图 7-10 所示。

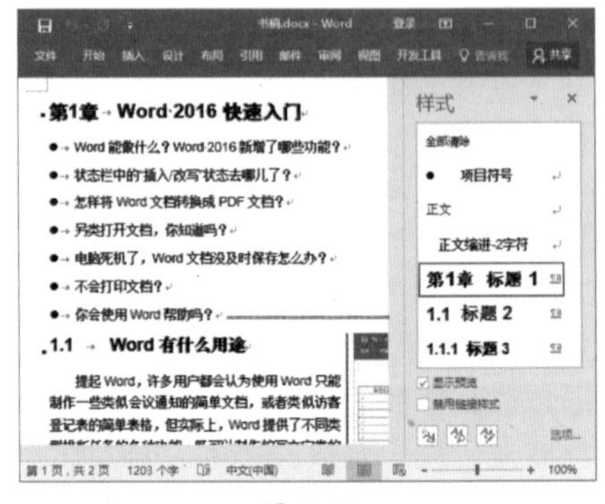

图 7-10

下面以为图片添加包含章编号的题注为例，讲解具体操作步骤。

Step01 打开“光盘\素材文件\第 7 章\书稿 .docx”文件，❶ 选择需要添加题注的图片，❷ 切换到【引用】选项卡，❸ 单击【题注】组中的【插入题注】按钮，如图 7-11 所示。

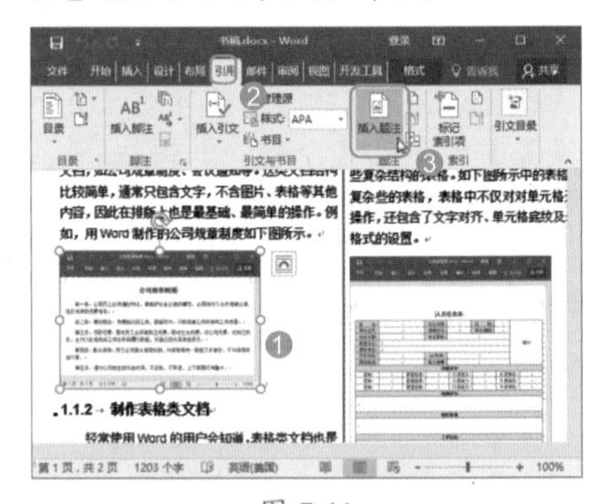

图 7-11

Step02 打开【题注】对话框，单击【新建标签】按钮，如图 7-12 所示。

Step03 打开【新建标签】对话框，❶ 在【标签】文本框中输入【图】，❷ 单击【确定】按钮，如图 7-13 所示。

Step04 返回【题注】对话框，单击【编号】按钮，如图 7-14 所示。

Step05 弹出【题注编号】对话框，❶ 选中【包含章节号】复选框，❷ 在【章节起始样式】下拉列表中选择要作为题注编号中第 1 个数字的样式，本例中选择【标题 1】选项，❸ 在【使用分隔符】下拉列表中选择分隔符样式，❹ 单击【确定】按钮，如图 7-15 所示。

图 7-12

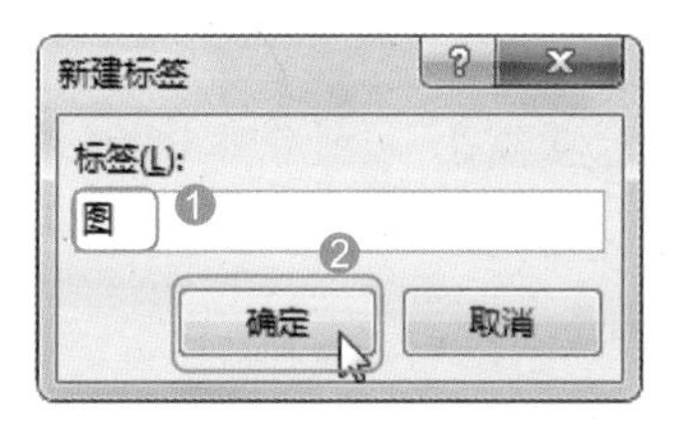

图 7-13

图 7-14

图 7-15

Step 06 返回【题注】对话框，可以看到题注编号由两个数字组成，单击【确定】按钮，如图 7-16 所示。

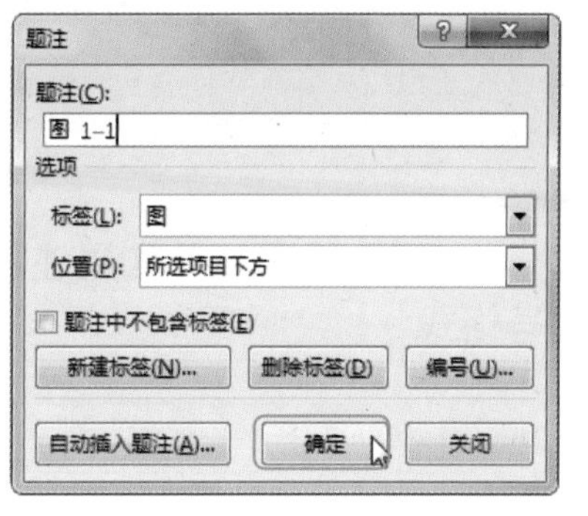

图 7-16

Step 07 返回文档，所选图片的下方插入了一个包含章编号的题注，如图 7-17 所示。

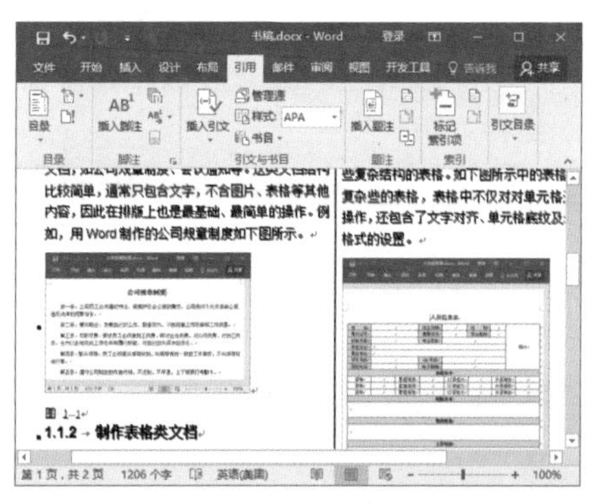

图 7-17

Step 08 用这样的方法，分别为文档中其他图片添加题注即可，最终效果如图 7-18 所示。

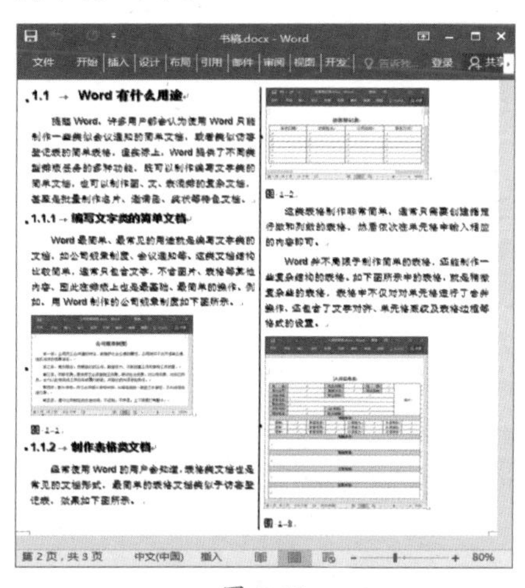

图 7-18

7.2.3 实战：为诗词鉴赏添加脚注和尾注

实例门类	软件功能
教学视频	光盘\视频\第 7 章\7.2.3.mp4

编辑文档时，当需要对某处内容添加注释信息时，可通过插入脚注和尾注的方法实现。同时，Word 会根据脚注和尾注在文档中的位置自动调整顺序和编号。添加脚注和尾注的具体操作步骤如下。

Step 01 打开“光盘\素材文件\第 7 章\诗词鉴赏——客至.docx”文件，❶ 将文本插入点定位到目标位置（也就是需要插入脚注的位置），❷ 切换到【引用】选项卡，❸ 单击【脚注】组中的【插入脚注】按钮，如图 7-19 所示。

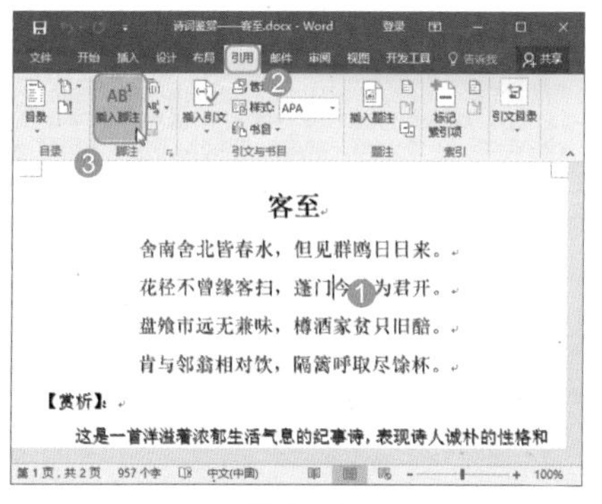

图 7-19

Step 02 Word 将自动跳转到该页面的底端，直接输入脚注内容即可，如图 7-20 所示。

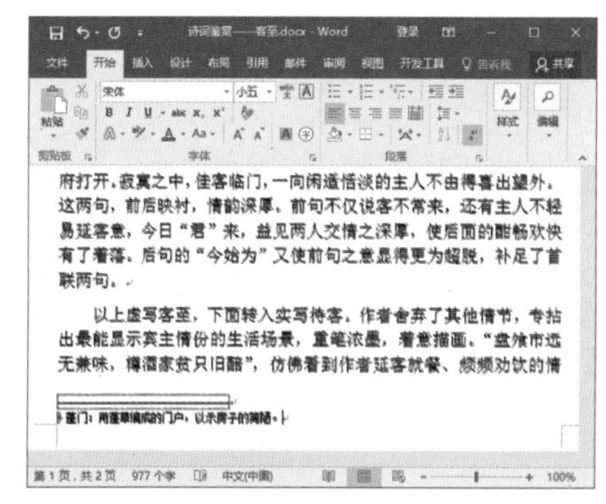

图 7-20

Step03 ❶ 将文本插入点定位在需要插入尾注的位置，❷ 单击【脚注】组中的【插入尾注】按钮，如图 7-21 所示。

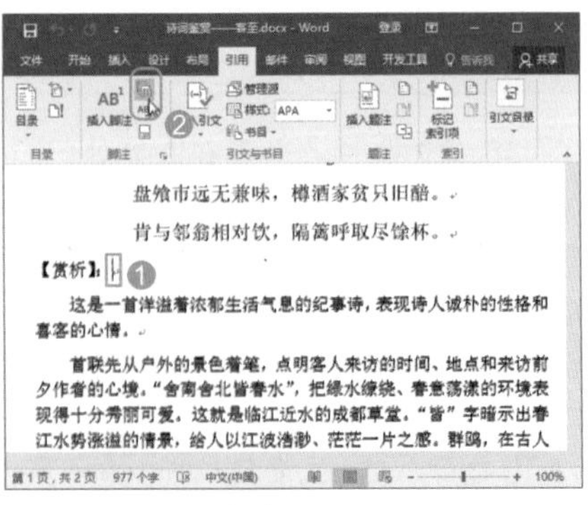

图 7-21

Step04 Word 将自动跳转到文档的末尾位置，直接输入尾注内容即可，如图 7-22 所示。

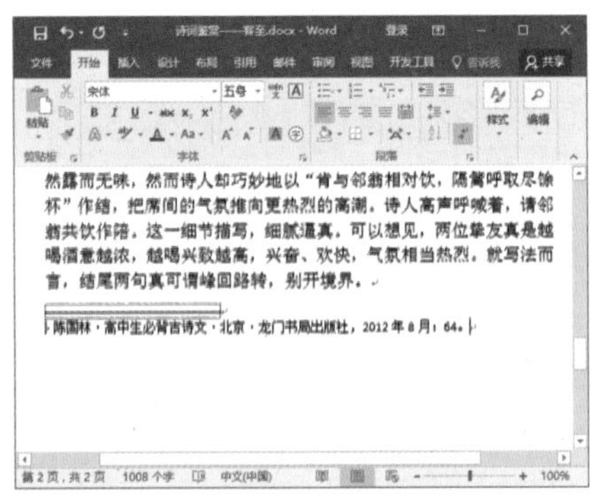

图 7-22

Step05 输入完成后，将鼠标指针指向插入尾注的文本位置，将自动出现尾注文本提示，如图 7-23 所示。

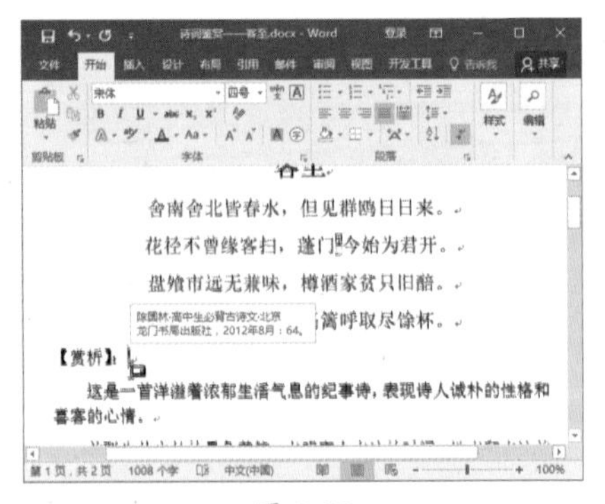

图 7-23

技能拓展——删除脚注和尾注

在文档中插入脚注或尾注后，若要删除它们，只需在目标位置选择引用标记，按【Delete】键即可。

7.2.4 实战：设置脚注和尾注的编号格式

实例门类	软件功能
教学视频	光盘\视频\第 7 章\7.2.4.mp4

默认情况下，脚注的编号形式为“1,2,3…”，尾注的编号形式为“i,ii,iii…”，根据操作需要，用户可以更改脚注/尾注的编号形式。例如，要更改脚注的编号形式，具体操作步骤如下。

Step01 在“诗词鉴赏——客至.docx”文档中，❶ 切换到【引用】选项卡，❷ 单击【脚注】组中的【功能扩展】按钮，如图 7-24 所示。

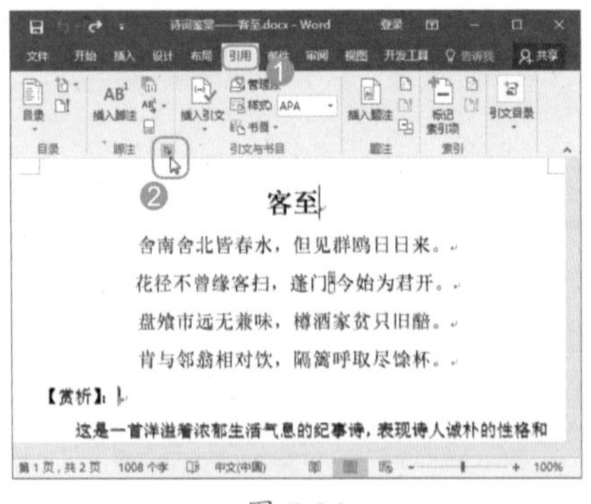

图 7-24

Step02 打开【脚注和尾注】对话框，❶ 在【位置】栏中选中【脚注】单选按钮 ❷ 在【编号格式】下拉列表中选择需要的编号样式，❸ 单击【应用】按钮，如图 7-25 所示。

技术看板

要设置尾注格式，在【脚注和尾注】对话框需选中【尾注】单选按钮。

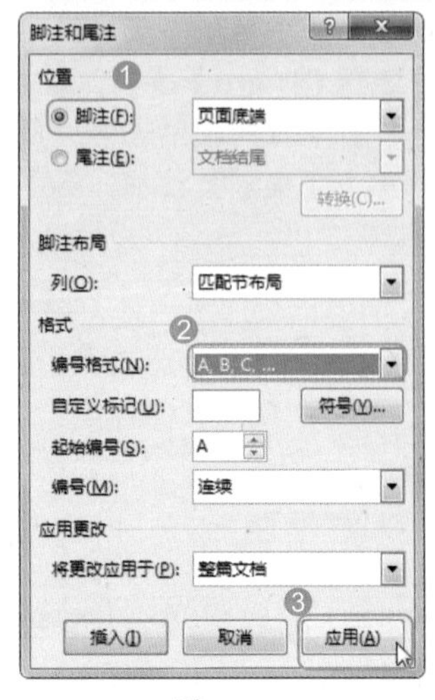

图 7-25

Step03 返回文档，脚注的编号格式即可更改为所选样式，如图 7-26 所示。

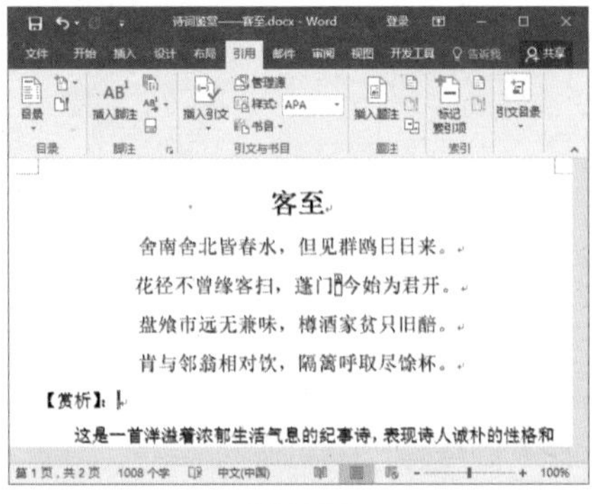

图 7-26

7.2.5 实战：脚注与尾注互相转换

实例门类	软件功能
教学视频	光盘\视频\第 7 章\7.2.5.mp4

在文档中插入脚注或尾注之后，还可随时在脚注与尾注之间转换，即将脚注转换为尾注，或者将尾注转换为脚注，具体操作步骤如下。

Step01 在要编辑的文档中，打开【脚注和尾注】对话框，单击【转换】按钮，如图 7-27 所示。

Step02 打开【转换注释】对话框，❶ 根据需要选择转换方式，如选中【脚注全部转换成尾注】单选按钮，❷ 单击【确定】按钮，如图 7-28 所示。

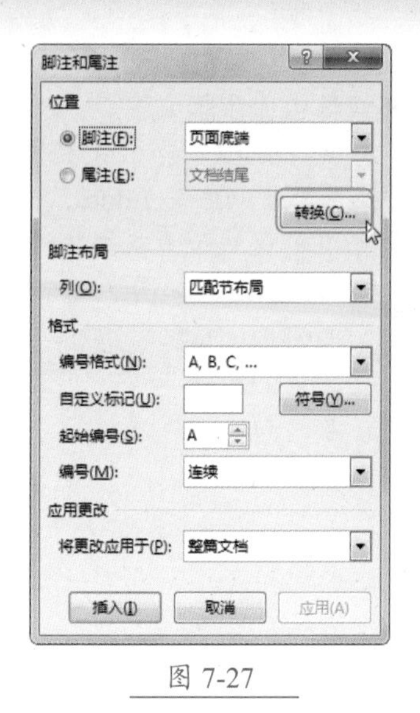

图 7-27

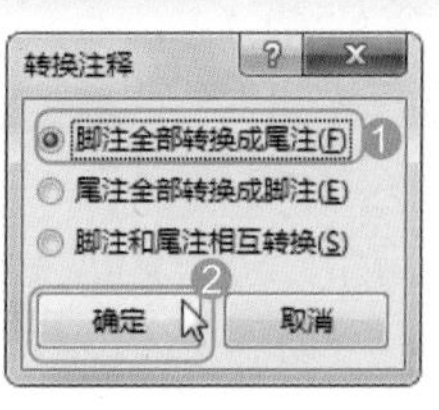

图 7-28

Step03 返回【脚注和尾注】对话框，单击【关闭】按钮关闭该对话框即可，如图 7-29 所示。

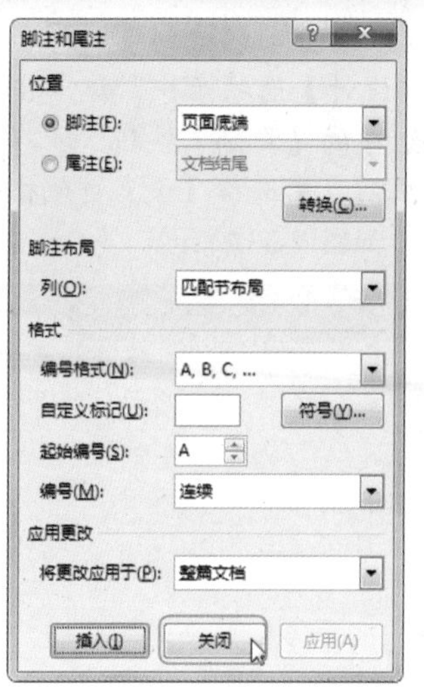

图 7-29

7.3 插入页码

对于长文档而言，特别是需要打印输出的长文档，插入页码是标识内容顺序最有效的方法。同时，用户还可以根据文档整体风格，设置页码的格式。

7.3.1 实战：在“企业员工薪酬方案”中插入页码

实例门类	软件功能
教学视频	光盘\视频\第 7 章\7.3.1.mp4

对文档进行排版时，页码是必不可少的。在 Word 中，可以将页码插入到页面顶端、页面底端、页边距等位置。

例如，要在页面底端插入页码，具体操作步骤如下。

Step01 打开“光盘\素材文件\第 7 章\企业员工薪酬方案.docx”文件，❶ 切换到【插入】选项卡，❷ 单击【页眉和页脚】组中的【页码】按钮，❸ 在弹出的下拉列表中选择【页面底端】选项，❹ 在弹出的级联列表中选择需要的页码样式，如图 7-30 所示。

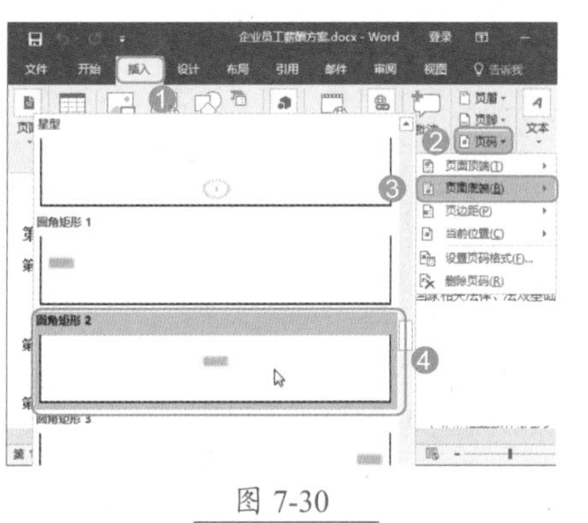

图 7-30

Step02 系统自动将所选样式的页码插入到页面底端，效果如图 7-31 所示。

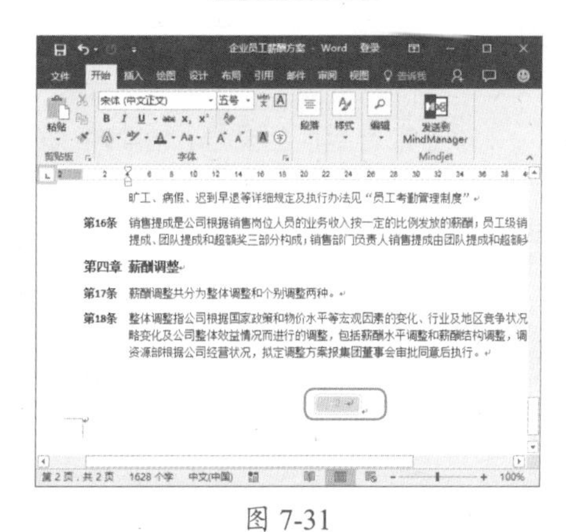

图 7-31

7.3.2 实战：设置页码格式

实例门类	软件功能
教学视频	光盘\视频\第 7 章\7.3.2.mp4

用户不仅可以手动插入页码，同时，还能设置页码格式（或样式），让其更加符合文档实际需要和自己的心意，具体操作步骤如下。

Step01 在“企业员工薪酬方案.docx”文档中，在页码所在的区域位置双击，进入页眉/页脚编辑状态，如图 7-32 所示。

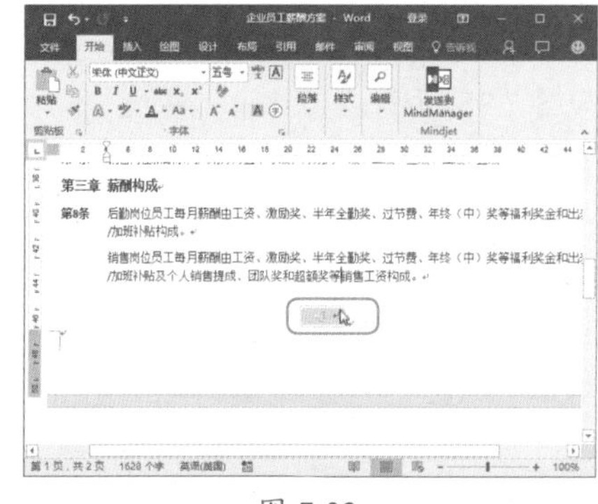

图 7-32

Step 02 系统自动切换到【页眉和页脚工具 / 设计】选项卡中，❶ 单击【页码】组中的【页码】按钮，❷ 在弹出的下拉列表中选择【设置页码格式】选项，如图 7-33 所示。

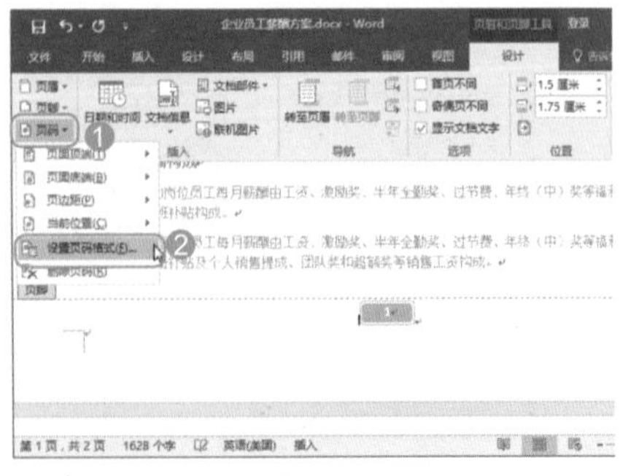

图 7-33

Step 03 打开【页码格式】对话框，❶ 在【编号格式】下拉列表中可以选择需要的编号格式，❷ 单击【确定】按钮，如图 7-34 所示。

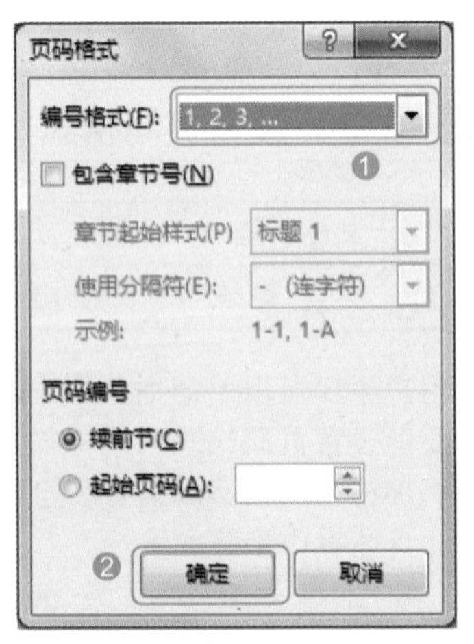

图 7-34

Step 04 返回 Word 文档，在【页眉和页脚工具 / 设计】选项卡的【关闭】组中单击【关闭页眉和页脚】按钮，如图 7-35 所示。

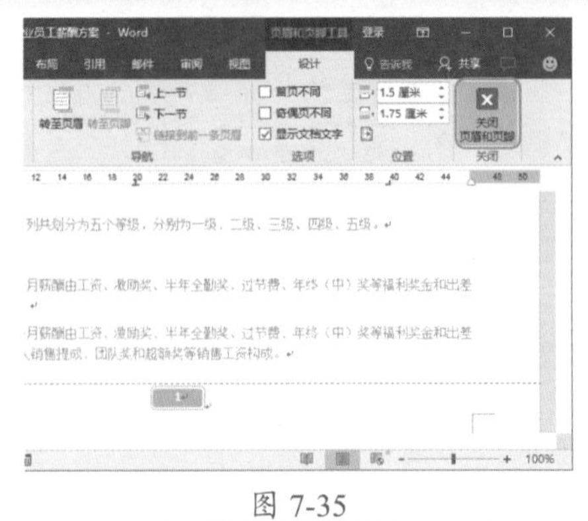

图 7-35

技能拓展——设置页码的起始值

插入页码后，根据操作需要，还可以设置页码的起始值。对于没有分节的文档，打开【页码格式】对话框后，在【页码编号】栏中选择【起始页码】选项，然后直接在右侧的微调框中设置起始页码。

对于设置了分节的文档，打开【页码格式】对话框后，在【页码编号】栏中若选择【续前节】选项，则页码与上一节相接；若选择【起始页码】选项，则可以自定义当前节的起始页码。

7.3.3 ★ 重点 实战：让薪酬方案的首页不显示页码

实例门类	软件功能
教学视频	光盘 \ 视频 \ 第 7 章 \7.3.3.mp4

对于带有封面的文档，在其中插入页码后，封面都会有相应的页码，但这不符合实际的使用情况，这时用户可让首页页码不显示，并让其隐藏，其具体操作步骤如下。

Step 01 打开“光盘 \ 素材文件 \ 第 7 章 \ 企业员工薪酬方案 1.docx”文件，在页码所在的区域位置双击，进入页眉 / 页脚编辑状态，如图 7-36 所示。

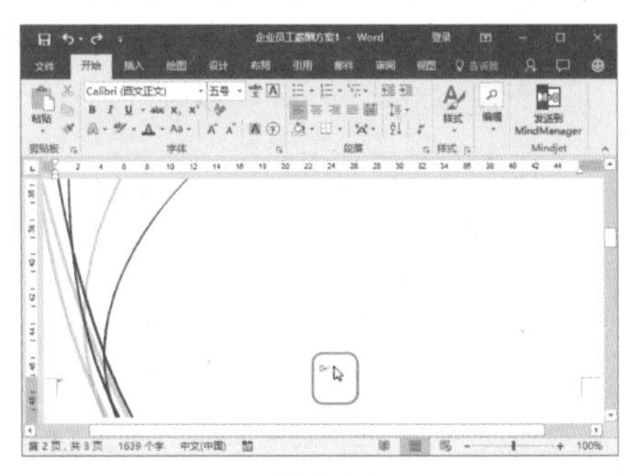

图 7-36

Step 02 自动切换到【页眉和页脚工具 / 设计】选项卡中选中【首页不同】复选框，系统自动将首页的页码隐藏，如图 7-37 所示。

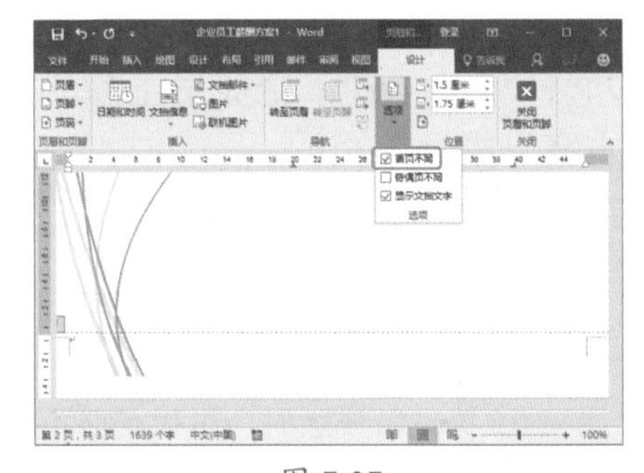

图 7-37

7.4 创建和管理目录

目录是指文档中标题的列表，通过目录，用户可以浏览文档中讨论的主题，从而大概了解整个文档的结构，同时也便于用户快速跳转到指定标题对应的页面中，在长文档中特别适用。下面将会对目录的创建和管理进行讲解。

★ 重点 7.4.1 实战：在“论文”中创建正文标题目录

实例门类	软件功能
教学视频	光盘\视频\第 7 章\7.4.1.mp4

在文档中插入目录最简洁有效的方法，是直接插入系统中自带的正文标题目录，具体操作步骤如下。

Step 01 打开“光盘\素材文件\第 7 章\论文.docx”文件，将文本插入点定位在需要插入目录的位置，❶ 切换到【引用】选项卡，❷ 单击【目录】组中的【目录】按钮，❸ 在弹出的下拉列表中选择需要的目录样式，如图 7-38 所示。

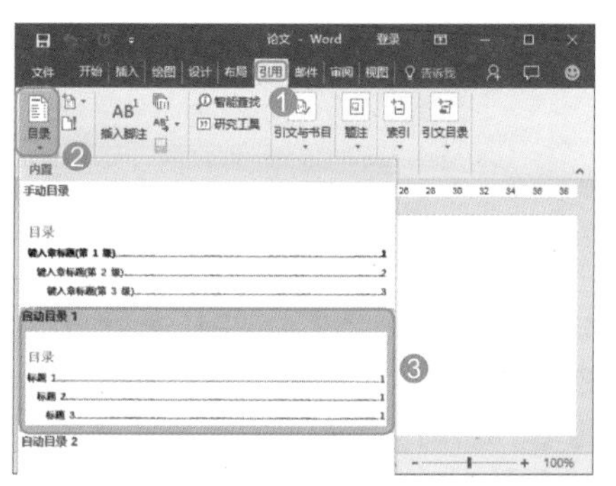

图 7-38

Step 02 所选样式的目录即可插入文本插入点所在位置，如图 7-39 所示。

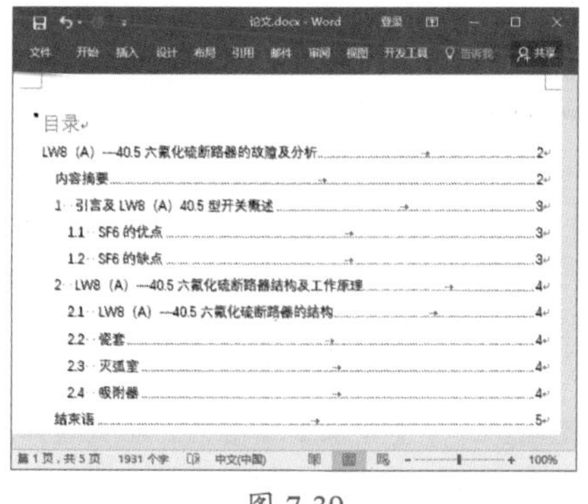

图 7-39

技术看板

在选择目录样式时，若选择【手动目录】选项，则会在文本插入点所在位置插入一个目录模板，此时需要用户手动设置目录中的内容，这种方式效率非常低，建议用户不要选择【手动目录】选项。

7.4.2 实战：为文档创建图表目录

实例门类	软件功能
教学视频	光盘\视频\第 7 章\7.4.2.mp4

除了为文档中正文标题创建目录外，用户还可以为文档中的图片、表格或图表等对象创建专属于它们的图表目录，从而便于用户从目录中快速浏览和定位指定的图片、表格或图表。

1. 使用题注样式创建图表目录

如果为图片或表格添加了题注（关于题注的添加方法请参考 7.2 节中的内容），则可以直接利用题注样式为它们创建图表目录。

例如，要为文档中的图片创建一个图表目录，具体操作步骤如下。

Step 01 打开“光盘\素材文件\第 7 章\书稿 1.docx”文件，❶ 将文本插入点定位到目标位置，也就是图表目录放置的实际位置，❷ 切换到【引用】选项卡，❸ 单击【题注】组中的【插入表目录】按钮，打开【图表目录】对话框，如图 7-40 所示。

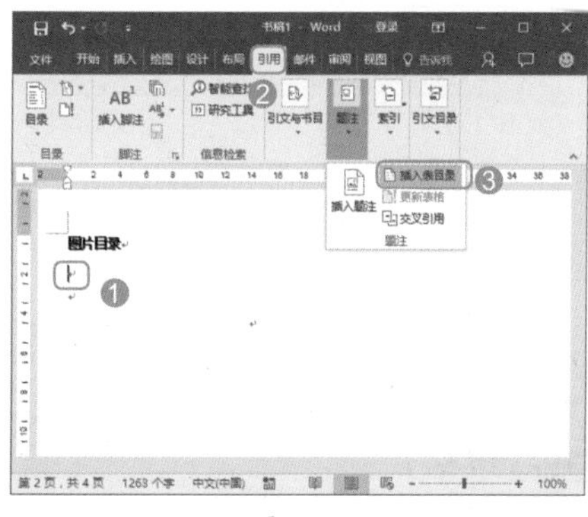

图 7-40

Step 02 ❶ 在【题注标签】下拉列表中选择图片使用的题注标签，❷ 单击【确定】按钮，如图 7-41 所示。

图 7-41

Step 03 返回文档，即可看到光标所在位置创建了一个图表目录，如图 7-42 所示。

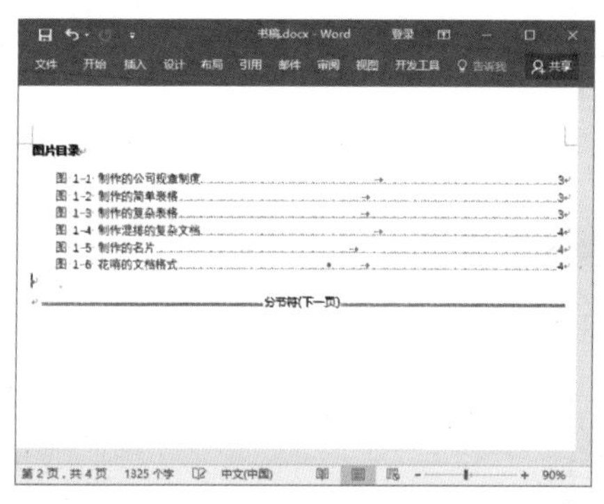

图 7-42

2. 利用样式创建图表目录

除了使用题注样式外，用户还可以其他任意样式为图片或表格等对象创建图表目录，创建思路如图 7-43 所示。

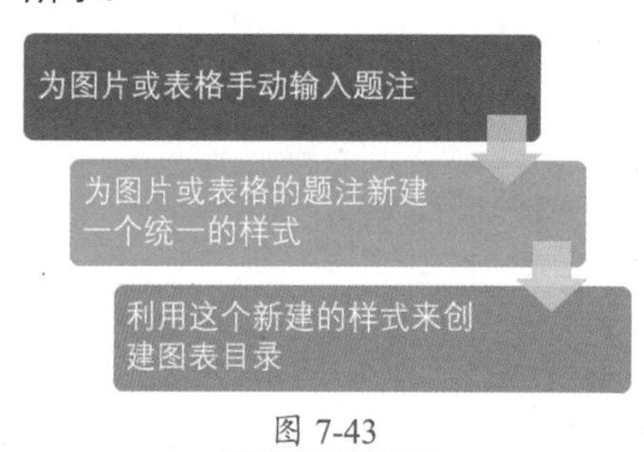

图 7-43

例如，要利用除了题注以外的其他任意样式为表格创建图表目录，具体操作步骤如下。

Step01 打开“光盘\素材文件\第7章\公司简介1.docx”文件，已经为表格手动输入了题注，并新建了一个名为【表标签】的样式，如图7-44所示。

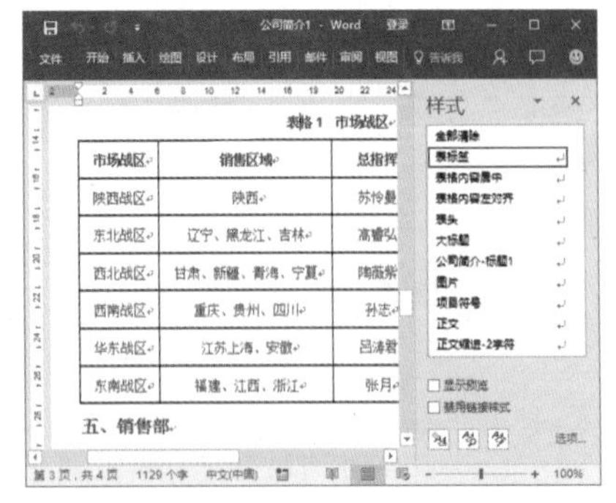

图 7-44

Step02 ❶将光标插入点定位到需要插入图表目录的位置，❷切换到【引用】选项卡，❸单击【题注】组中的【插入表目录】按钮，如图7-45所示。

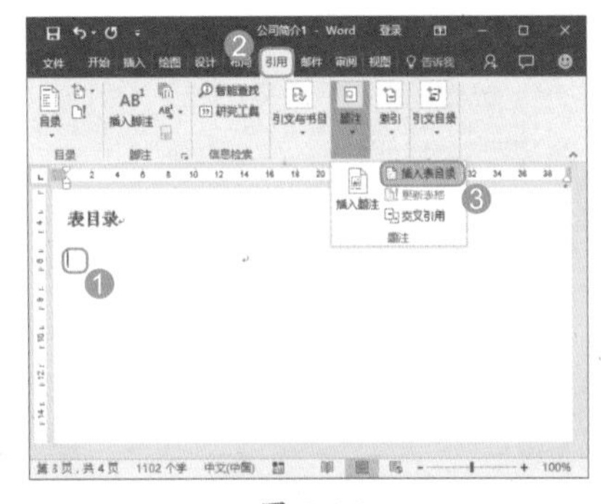

图 7-45

Step03 打开【图表目录】对话框，单击【选项】按钮，如图7-46所示。

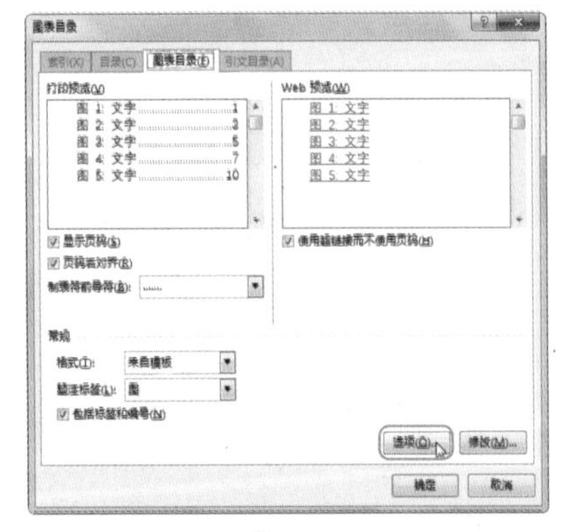

图 7-46

Step04 打开【图表目录选项】对话框，❶选中【样式】复选框，❷在右侧的下拉列表中选择题注所使用的样式【表标签】，❸单击【确定】按钮，如图7-47所示。

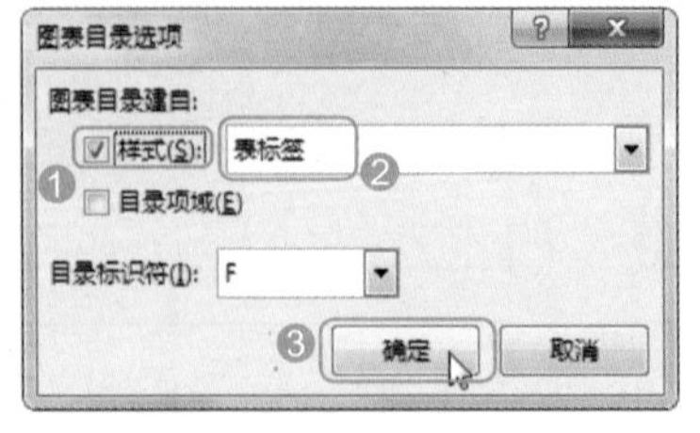

图 7-47

Step05 返回【图表目录】对话框，单击【确定】按钮，如图7-48所示。

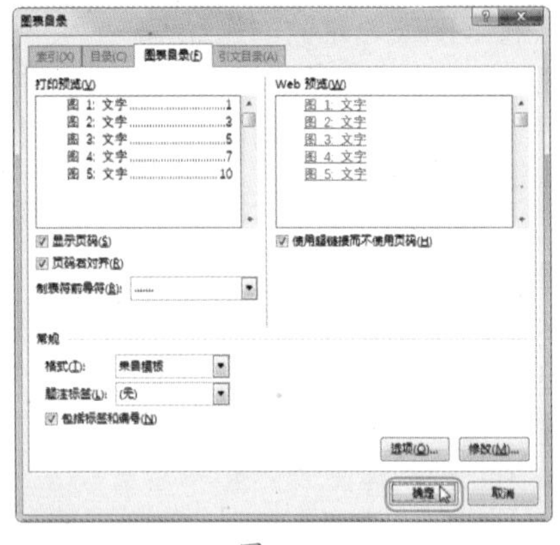

图 7-48

Step06 返回文档，即可看到在文本插入点所在位置插入了一个图表目录，如图7-49所示。

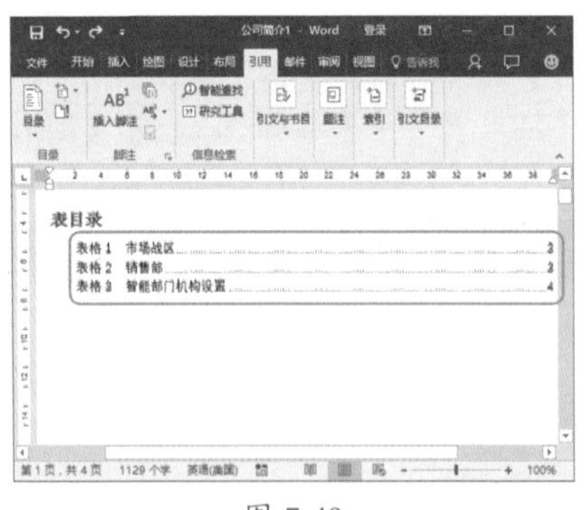

图 7-49

★ 重点 7.4.3 实战：设置策划书目录格式

实例门类	软件功能
教学视频	光盘\视频\第7章\7.4.3.mp4

无论是创建目录前，还是创建目录后，都可以修改目录的外观。由于Word中的目录一共包含了9个级别，因此Word使用了“目录1”~“目录9”这9个样式来分别管理9个级别的目录标题的格式。

例如，要设置正文标题目录的格式，具体操作步骤如下。

Step01 打开“光盘\素材文件\第7章\旅游景区项目策划书.docx”文件，目录的原始效果如图7-50所示。

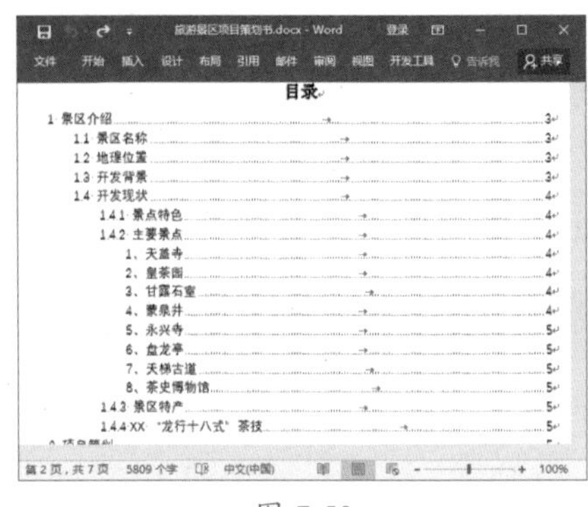

图 7-50

Step02 ❶切换到【引用】选项卡，❷单击【目录】组中的【目录】按钮，❸在弹出的下拉列表中选择【自定义目录】选项，如图7-51所示。

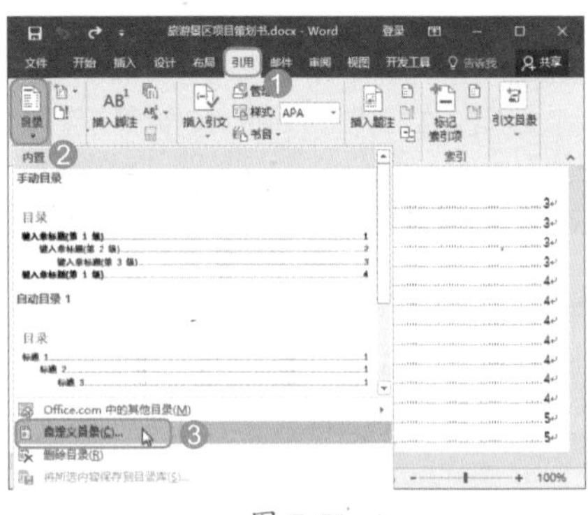

图 7-51

Step03 打开【目录】对话框，单击【修改】按钮，如图7-52所示。

Step04 打开【样式】对话框，在【样式】列表框中列出了每一级目录所使用的样式，❶选择需要修改的目录样式，❷单击【修改】按钮，如图7-53所示。

图 7-52

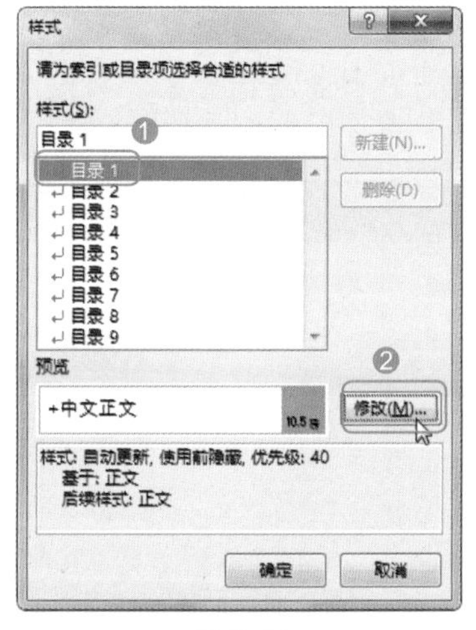

图 7-53

Step 05 打开【修改样式】对话框，❶ 设置需要的格式（其方法可参考本书第 4 章的内容），❷ 完成设置后单击【确定】按钮，如图 7-54 所示。

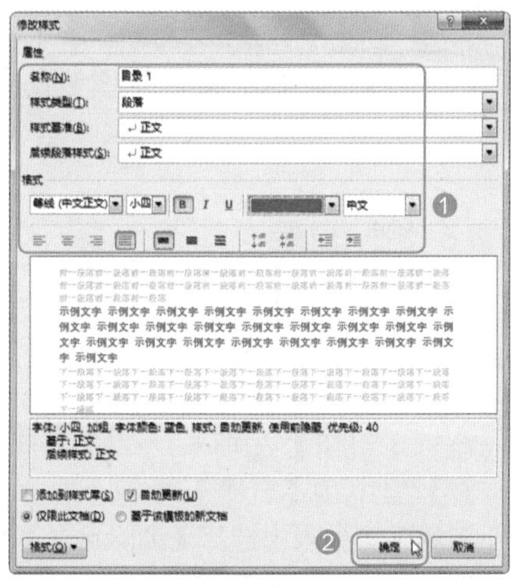

图 7-54

Step 06 返回【样式】对话框，参照上述方法，依次为其他目录样式进行修改。本例中的目录有 4 级，根据操作需要，可以对"目录 1"～"目录 4"这几个样式进行修改，完成修改后单击【确定】按钮，如图 7-55 所示。

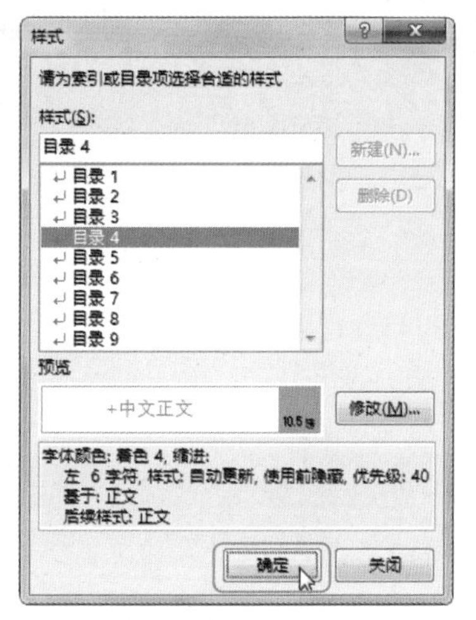

图 7-55

Step 07 返回【目录】对话框，单击【确定】按钮，如图 7-56 所示。

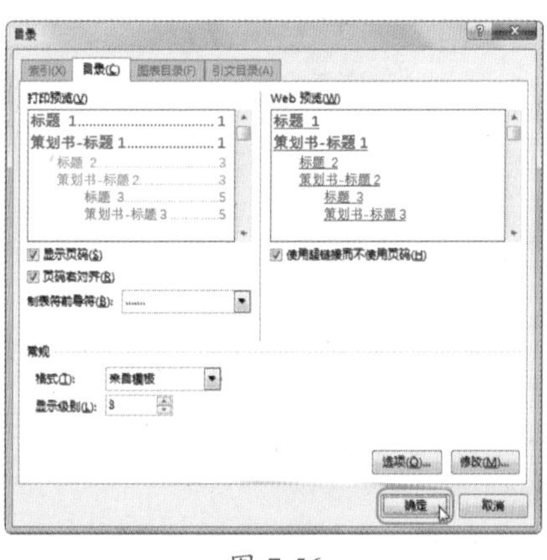

图 7-56

Step 08 打开提示框询问是否替换目录，因为本例中是对已有目录设置格式，所以单击【取消】按钮，如图 7-57 所示。

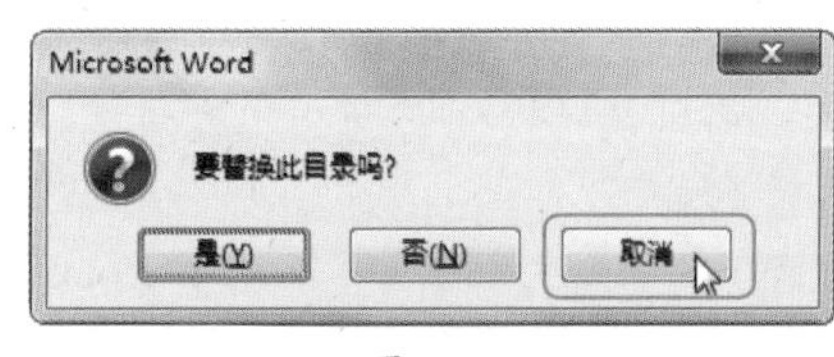

图 7-57

Step 09 返回文档，可发现目录的外观发生改变，如图 7-58 所示。

图 7-58

技能拓展——设置图表目录的格式

要设置图表目录格式，可在【图表目录】对话框中，❶ 单击【修改】按钮，在打开的【样式】对话框中，❷ 单击【修改】按钮，如图 7-59 所示，在打开的【修改样式】对话框中设置需要的格式即可。

图 7-59

★ 重点 7.4.4 更新目录

当文档标题发生了改动，如更改了标题内容、改变了标题的位置、新增或删除了标题等，为了让目录与文档保持一致，只需对目录内容执行更新操作即可。更新目录的方法主要有以下几种。

➥ 将文本插入点定位在目录内，单击鼠标右键，在弹出的快捷菜单中选择【更新域】命令，如图 7-60 所示。

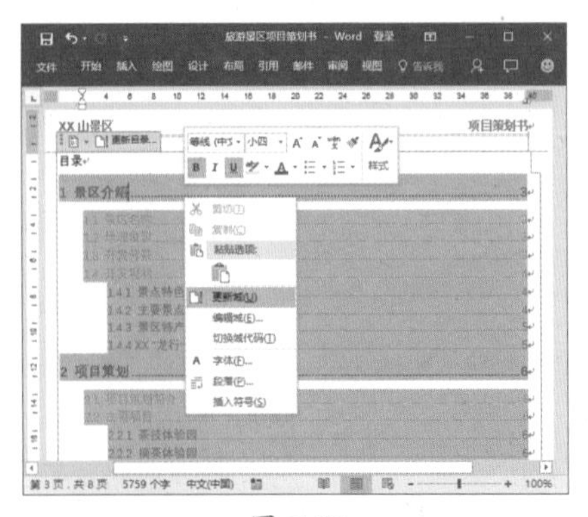

图 7-60

➥ 将文本插入点定位在目录内，切换到【引用】选项卡，单击【目录】组中的【更新目录】按钮，如图 7-61 所示。

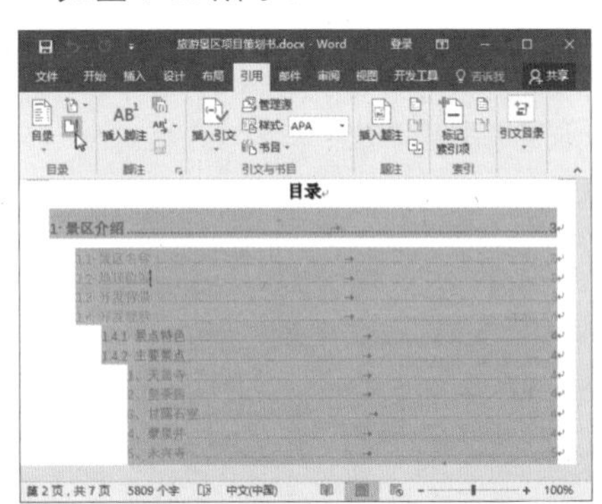

图 7-61

➥ 将文本插入点定位在目录内，按【F9】键。

无论用哪种方法更新目录，都会打开【更新目录】对话框，如图 7-62 所示。

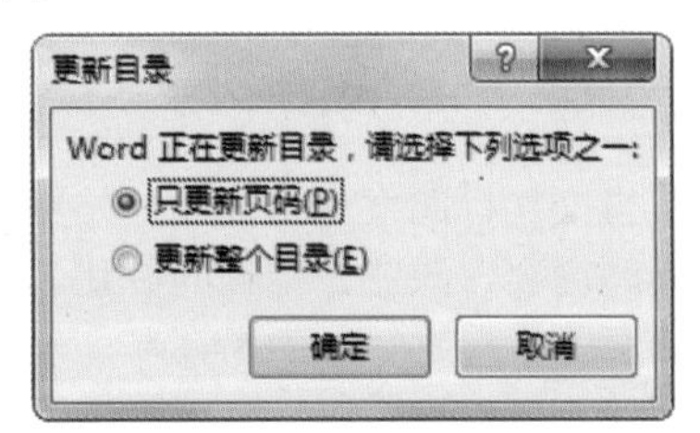

图 7-62

在【更新目录】对话框中，可以进行以下两种操作。

➥ 如果只需要更新目录中的页码，则选中【只更新页码】单选按钮即可。

➥ 如果需要更新目录中的标题和页码，则选中【更新整个目录】单选按钮即可。

技能拓展——预置样式目录的其他更新方法

如果是使用预置样式创建的目录，还可以按这样的方式更新目录，将文本插入点定位在目录内，激活目录外边框，然后单击【更新目录】按钮即可，如图 7-63 所示。

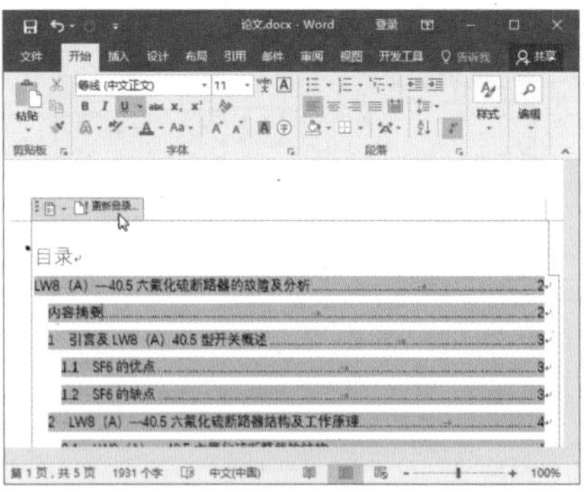

图 7-63

★ 重点 7.4.5 实战：将策划书目录转换为普通文本

实例门类	软件功能
教学视频	光盘\视频\第 7 章\7.4.5.mp4

只要不是手动创建的目录，一般都具有自动更新功能。当将文本插入点定位在目录内时，目录中会自动显示灰色的域底纹。如果确定文档中的目录不会再做任何改动，还可以将目录转换为普通文本格式，从而避免目录被意外更新，或者出现一些错误提示。将目录转换为普通文本的具体操作步骤如下。

Step 01 在“旅游景区项目策划书.docx”文档中，选中整个目录，如图 7-64 所示。

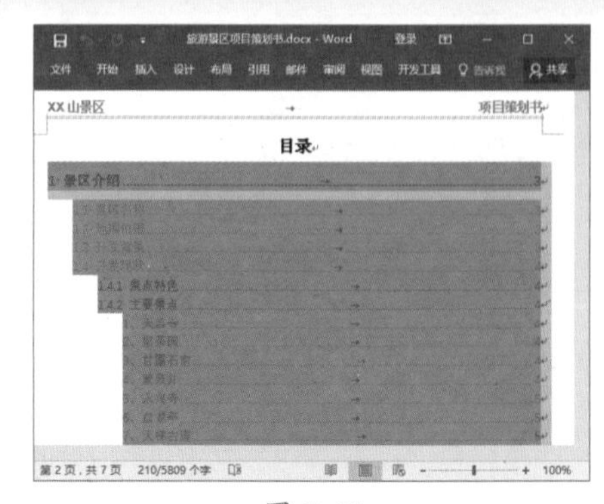

图 7-64

Step 02 按【Ctrl+Shift+F9】组合键，此时将文本插入点定位在目录内，目录中不再显示灰色的域底纹，表示此时已经是普通文本，如图 7-65 所示。

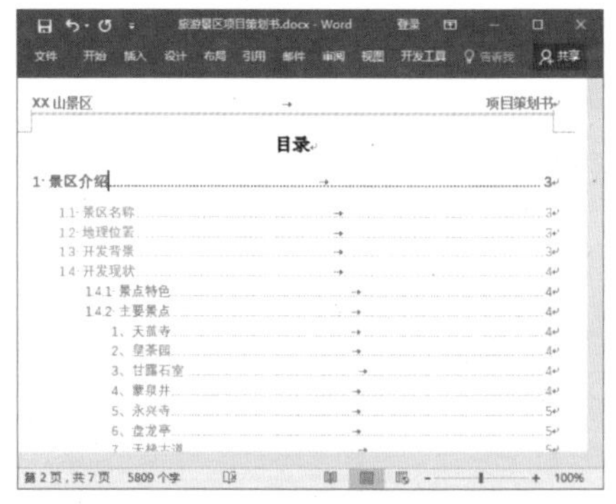

图 7-65

技能拓展——快速选择整个目录

对于较长的目录，可将文本插入点定位到目录开始处，即第一个字符的左侧，按【Delete】键，即可自动选择整个目录。

7.4.6 删除目录

对于不再需要的目录，可以将其删除，其方法有以下几种。

➥ 将文本插入点定位在目录内，切换到【引用】选项卡，单击【目录】组中的【目录】按钮，在弹出的下拉列表中选择【删除目录】选项即可，如图 7-66 所示。

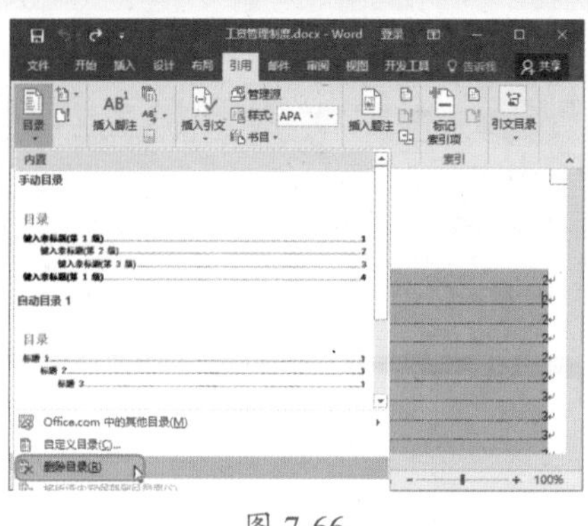
图 7-66

➥ 选择整个目录，按【Delete】键即可删除。

➥ 如果是使用预置样式创建的目录，将文本插入点定位在目录内，会激活目录外边框，单击【目录】按钮，在弹出的下拉列表中选择【删除目录】选项即可，如图 7-67 所示。

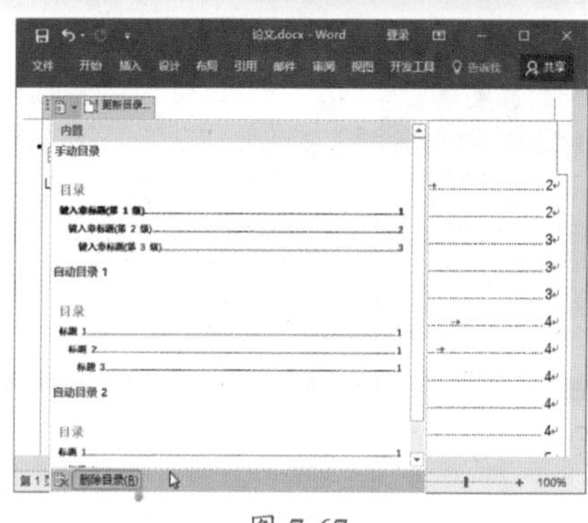
图 7-67

7.5 创建和管理索引

通常情况下，在一些专业性较强的书籍的最后部分，会提供一份索引。索引是将书中所有重要的词语按照指定方式排列而形成的列表，同时给出了每个词语在书中出现的所有位置对应的页码，它可以方便用户快速找到某个词语在书中的位置，这对大型文档或书籍而言非常重要。下面就讲解创建和管理索引的实用方法。

7.5.1 实战：为分析报告创建索引

实例门类	软件功能
教学视频	光盘\视频\第 7 章\7.5.1.mp4

手动标记索引项是创建索引最简单、最直观的方法，先在文档中将要出现在索引中的每个词语手动标记出来，以便 Word 在创建索引时能够识别这些标记过的内容。

通过手动标记索引项创建索引的具体操作步骤如下。

Step 01 打开"光盘\素材文件\第 7 章\污水处理分析报告.docx"文件，❶ 切换到【引用】选项卡，❷ 单击【索引】组中的【标记索引项】按钮，如图 7-68 所示。

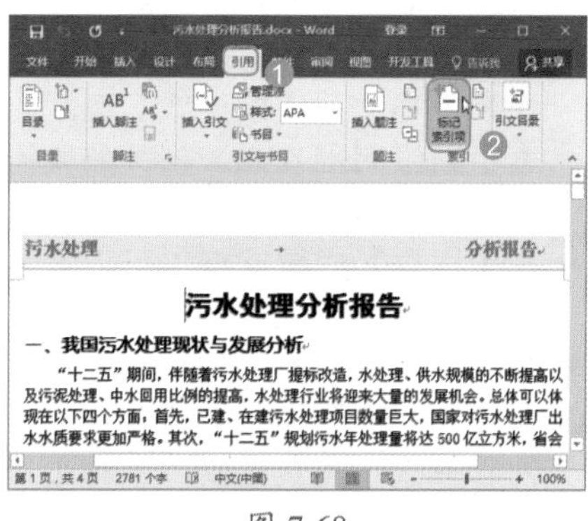
图 7-68

Step 02 打开【标记索引项】对话框，将文本插入点定位在文档中，选择要添加到索引中的内容，如图 7-69 所示。

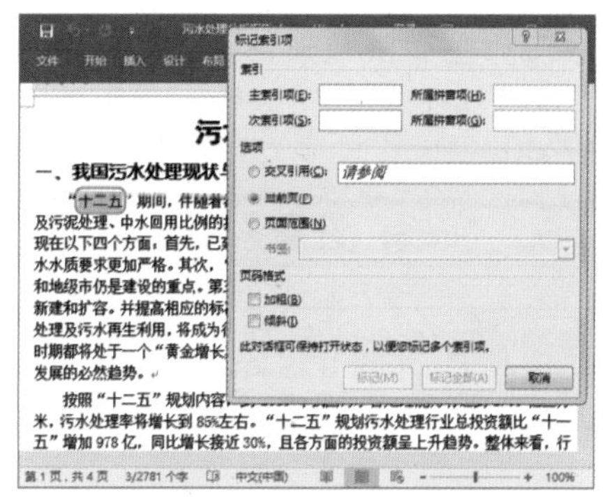
图 7-69

Step 03 切换到【标记索引项】对话框，刚才选择的内容自动添加到【主索引项】文本框中，如果要将该词语在文档中的所有出现位置都标记出来，则单击【标记全部】按钮，如图 7-70 所示。

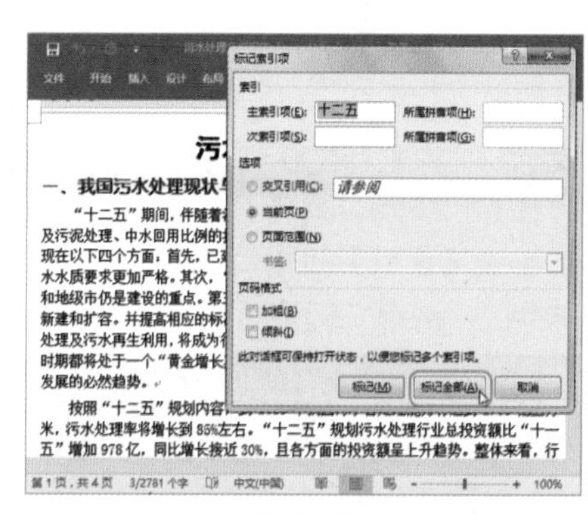
图 7-70

技术看板

如果某个词语在同一段中出现多次，则只将这个词语在该段落中出现的第一个位置标记出来。

Step 04 标记后，Word 便会在该词语的右侧显示 XE 域代码，如图 7-71 所示。

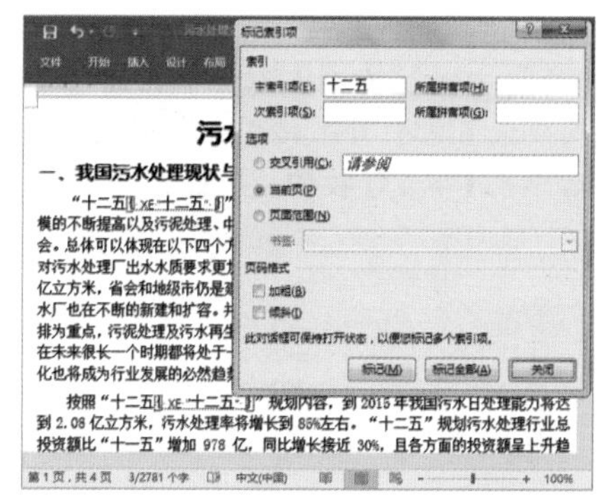
图 7-71

Step 05 用同样的方法，为其他要添加到索引中的内容进行标记，完成标记后单击【关闭】按钮关闭【标记索引项】对话框，如图 7-72 所示。

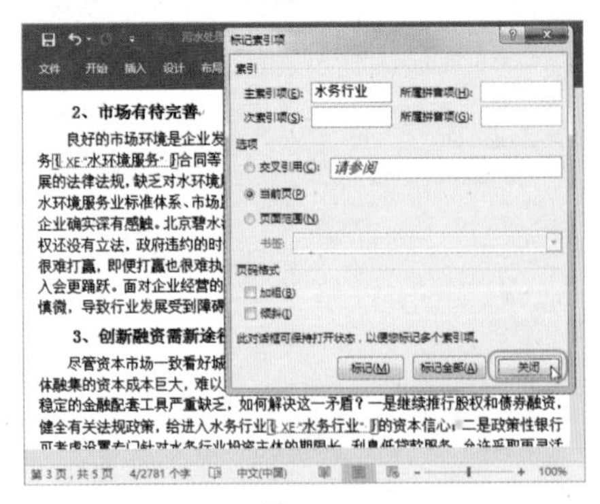

图 7-72

技术看板

当标记的词语中包含有英文冒号时，需要在【主索引项】文本框中的冒号左侧手动输入一个反斜杠“\”，否则 Word 会将冒号之后的内容指定为次索引项。

Step06 ❶ 将光标定位到需要插入索引的位置，❷ 切换到【引用】选项卡，❸ 单击【索引】组中的【插入索引】按钮，如图 7-73 所示。

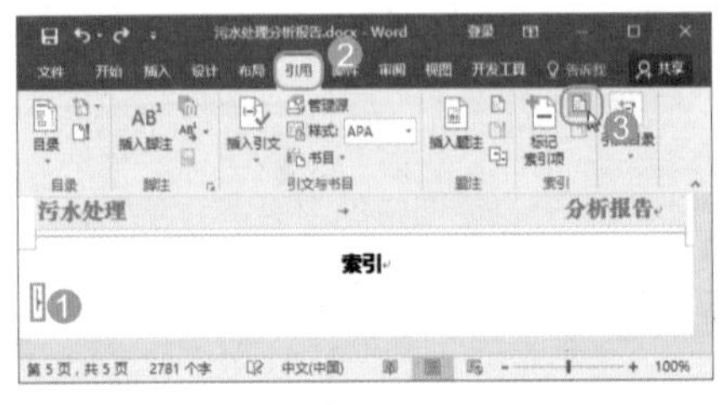

图 7-73

Step07 打开【索引】对话框，❶ 根据需要设置索引目录格式，❷ 完成设置后单击【确定】按钮，如图 7-74 所示。

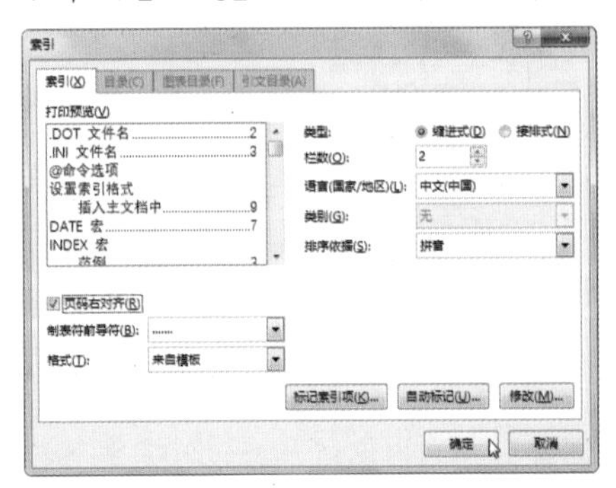

图 7-74

Step08 返回文档，即可看到当前位置插入了一个索引目录，如图 7-75 所示。

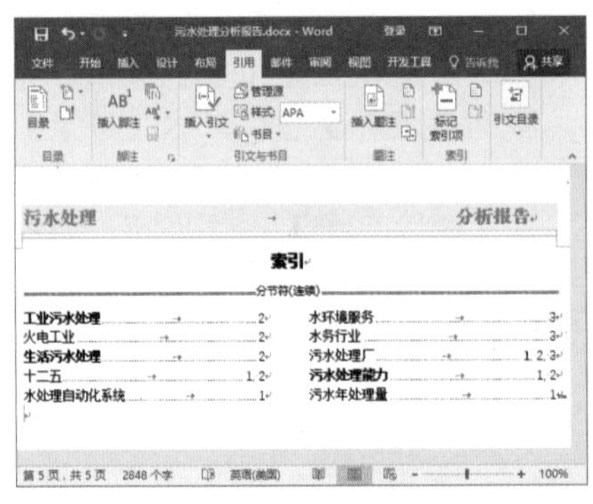

图 7-75

在【索引】对话框中设置索引目录格式时，可以进行以下设置。

- 在【类型】栏中设置索引的布局类型，用于选择多级索引的排列方式，【缩进式】类型的索引类似多级目录，不同级别的索引呈现缩进格式；【接排式】类型的索引则没有层次感，相关的索引在一行中连续排列。
- 在【栏数】栏微调框中可以设置索引的分栏栏数。
- 在【排序依据】下拉列表中可以设置索引中词语的排序依据，有两种方式供用户选择，一种是按笔画多少排序，另一种是按每个词语第一个字的拼音首字母排序。
- 通过选中或取消选中【页面右对齐】复选框，可以设置索引的页码显示方式。

7.5.2 实战：设置索引的格式

实例门类	软件功能
教学视频	光盘\视频\第 7 章\7.5.2.mp4

与修改目录外观的方法相似，用户也可以在创建索引之前或之后设置索引的外观。例如，要对已经创建好的索引设置外观，具体操作步骤如下。

Step01 在“VBA 代码编辑器（VBE）.docx”文档中，索引的原始效果如图 7-76 所示。

图 7-76

Step02 ❶ 切换到【引用】选项卡，❷ 单击【索引】组中的【插入索引】按钮，如图 7-77 所示。

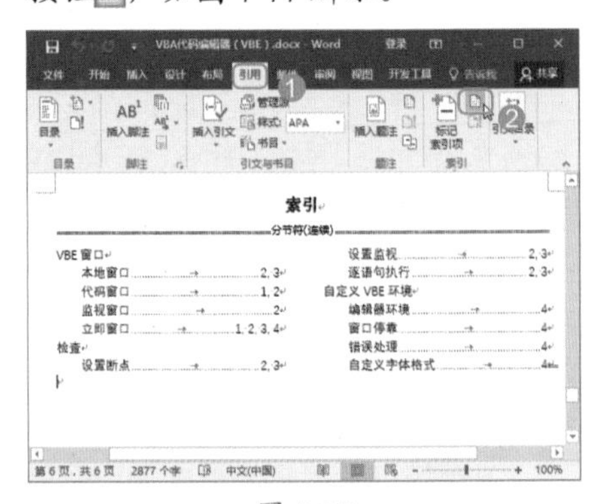

图 7-77

Step03 打开【索引】对话框，单击【修改】按钮，如图 7-78 所示。

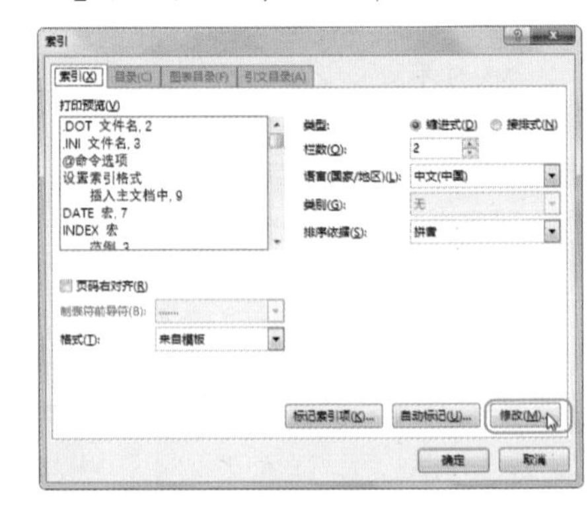

图 7-78

Step04 打开【样式】对话框，在【样式】列表框中列出了每一级索引所使用的样式，❶ 选择需要修改的索引样式，❷ 单击【修改】按钮，如图 7-79 所示。

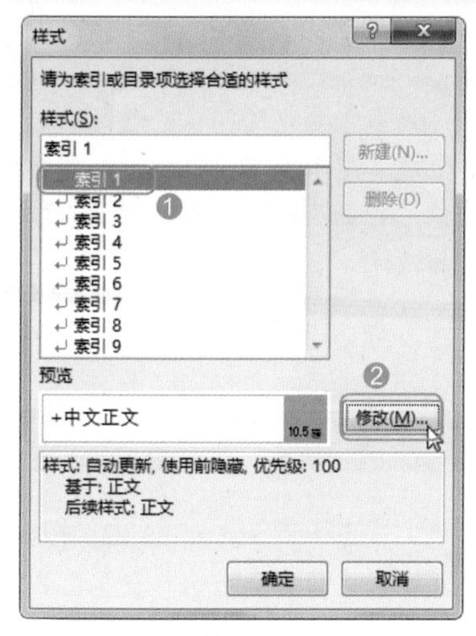

图 7-79

Step05 打开【修改样式】对话框，设置需要的格式（其方法可参考本书第 4 章的内容）完成设置后单击【确定】按钮，如图 7-80 所示。

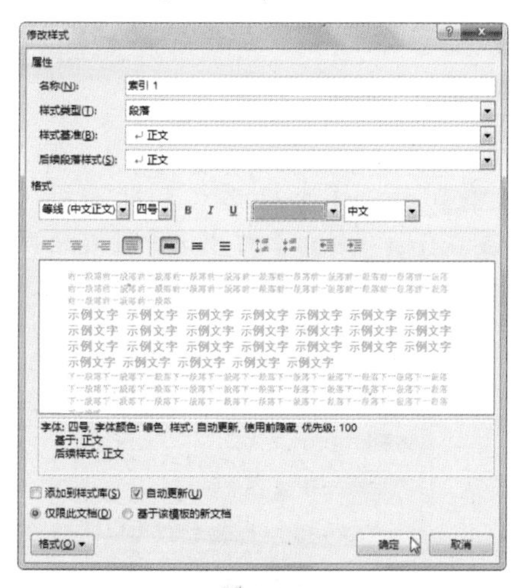

图 7-80

Step06 返回【样式】对话框，参照上述方法，依次为其他索引样式进行修改。本例中的索引有 2 级，根据操作需要，只需对“索引 1”“索引 2”这两个样式进行修改，完成修改后单击【确定】按钮，如图 7-81 所示。

Step07 返回【索引】对话框，单击【确定】按钮，如图 7-82 所示。

Step08 打开提示框询问是否替换索引，因为本例中是对已有索引设置格式，所以单击【取消】按钮，如图 7-83 所示。

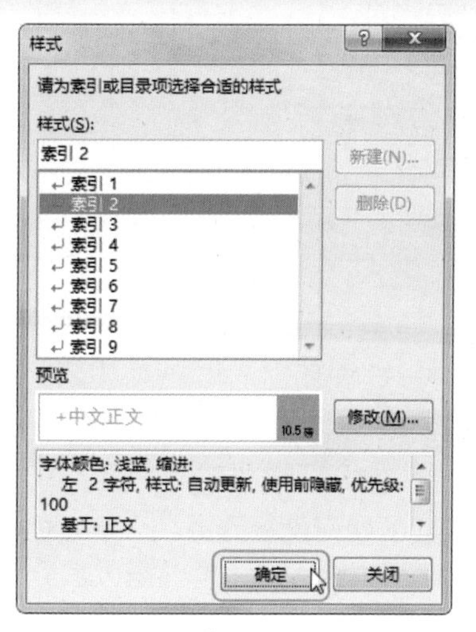

图 7-81

图 7-82

图 7-83

Step09 返回文档，可发现索引的外观发生改变，如图 7-84 所示。

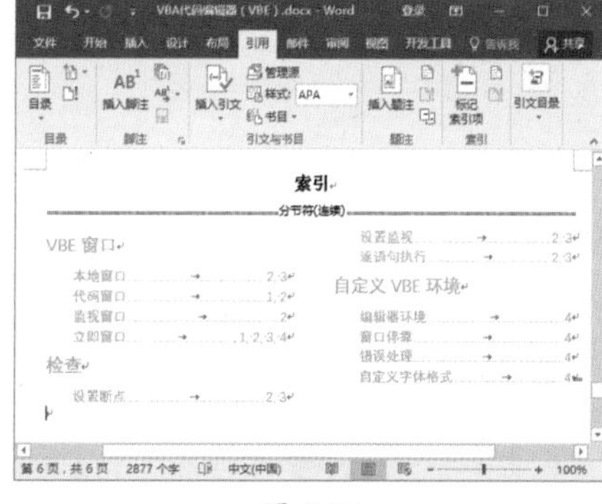

图 7-84

7.5.3 更新索引

当文档中的内容发生变化时，为了让索引与文档保持一致，需要对索引进行更新，其方法有以下几种。

➥ 将文本插入点定位在索引内，单击鼠标右键，在弹出的快捷菜单中选择【更新域】命令，如图 7-85 所示。

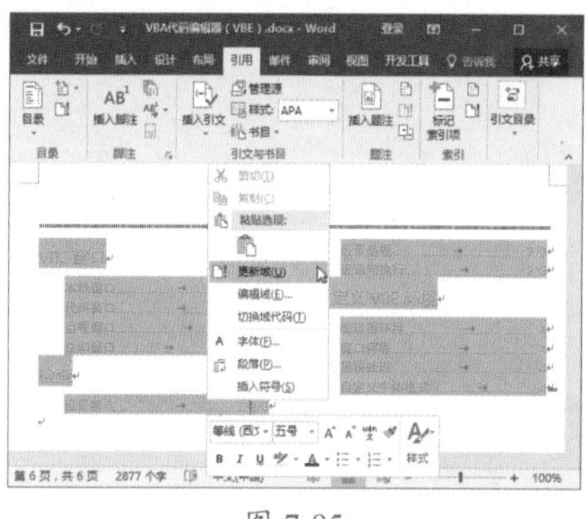

图 7-85

➥ 将文本插入点定位在索引内，切换到【引用】选项卡，单击【索引】组中的【更新索引】按钮，如图 7-86 所示。

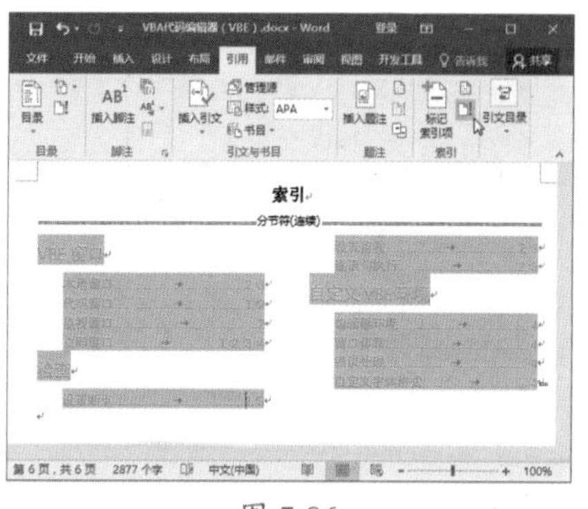

图 7-86

➥ 将文本插入点定位在索引内，按【F9】键。

7.5.4 删除索引

对于不再需要的索引项，可以将其删除，其方法有以下几种。

➥ 删除单个索引项：在文档中选中需要删除的某个 XE 域代码，按【Delete】键即可。

➥ 删除所有索引项：如果文档中只

第1篇
第2篇
第3篇
第4篇
第5篇

有 XE 域代码，那么可以使用替换功能快速删除全部索引项。按【Ctrl+H】组合键，在英文输入状态下，在【查找内容】文本框中输入【^d】，【替换为】文本框内留空，然后单击【全部替换】按钮即可，如图 7-87 所示。

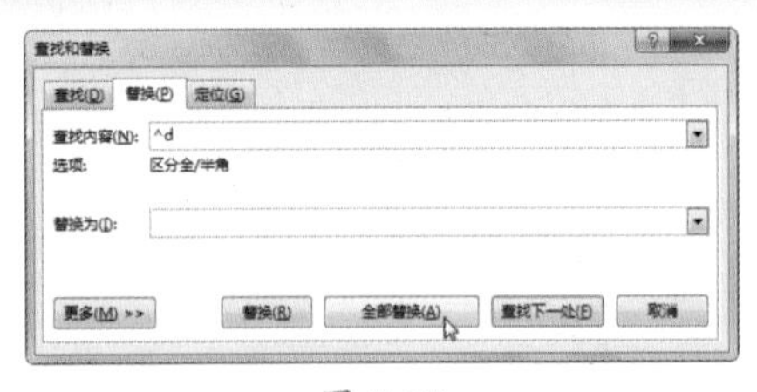

图 7-87

技术看板

如果文档中除了 XE 域之外还有其他域，则不建议用户使用全部替换功能进行删除，以避免删除了不该删除的域。

妙招技法

通过前面知识的学习，相信读者已经学会了如何设置分页、分节，如何使用题注、尾注和脚注，如何插入和设置页码，以及如何创建与管理目录、索引了。下面结合本章内容，给大家介绍一些实用技巧。

技巧 01：从第 *N* 页开始插入页码

教学视频	光盘\视频\第 7 章\技巧 01.mp4

在编辑论文之类的文档时，经常会将第 1 页作为目录页，第 2 页作为摘要页，第 3 页开始编辑正文内容，因此就需要从第 3 页开始编排页码。像这样的情况，可通过分节来实现，具体操作步骤如下。

Step01 打开“光盘\素材文件\第 7 章\电算会计发展分析.docx”文件，❶ 将文本插入点定位在第 3 页页首，❷ 切换到【布局】选项卡，❸ 单击【页面设置】组中的【分隔符】按钮，❹ 在弹出的下拉列表中选择【下一页】选项，如图 7-88 所示。

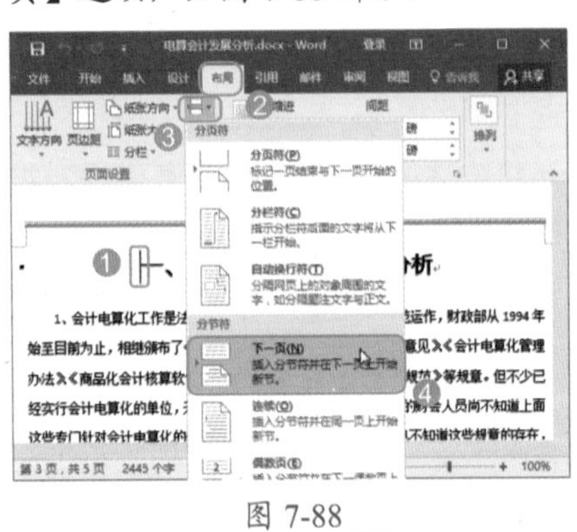

图 7-88

Step02 在第 3 页中，双击页眉 / 页脚处，进入页眉 / 页脚编辑状态，❶ 将文本插入点定位在页脚处，❷ 切换到【页眉和页脚工具 / 设计】选项卡，❸ 单击【导航】组中的【链接到前一条页眉】按钮，断开同前一节的链接，如图 7-89 所示。

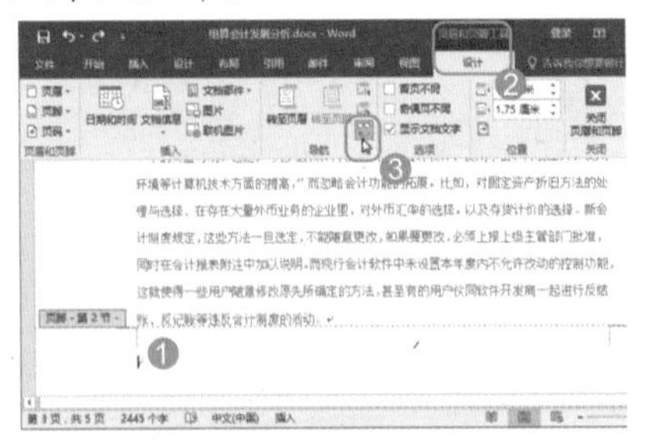

图 7-89

Step03 ❶ 单击【页眉和页脚】组中的【页码】按钮，❷ 在弹出的下拉列表中依次选择【当前位置】→【普通数字】选项，如图 7-90 所示。

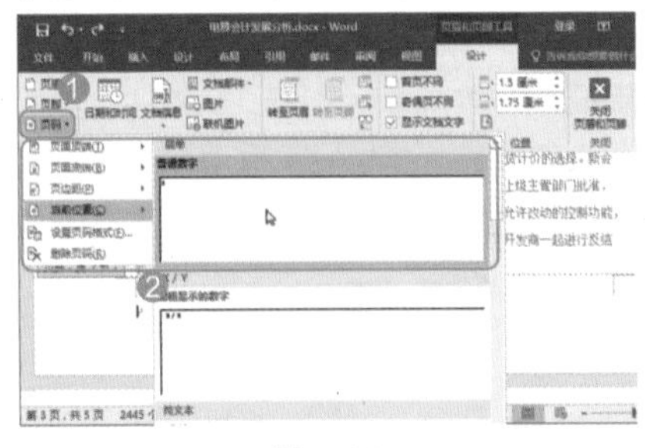

图 7-90

Step04 系统自动在当前位置插入所选样式的页码，❶ 单击【页眉和页脚】组中的【页码】按钮，❷ 在弹出的下拉列表中选择【设置页码格式】选项，如图 7-91 所示。

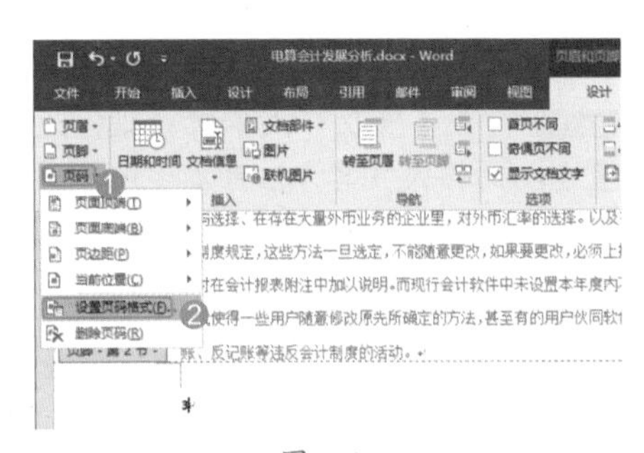

图 7-91

Step05 打开【页码格式】对话框，❶ 在【页码编号】栏中选中【起始页码】单选按钮，并将值设置为【1】，❷ 单击【确定】按钮，如图 7-92 所示。

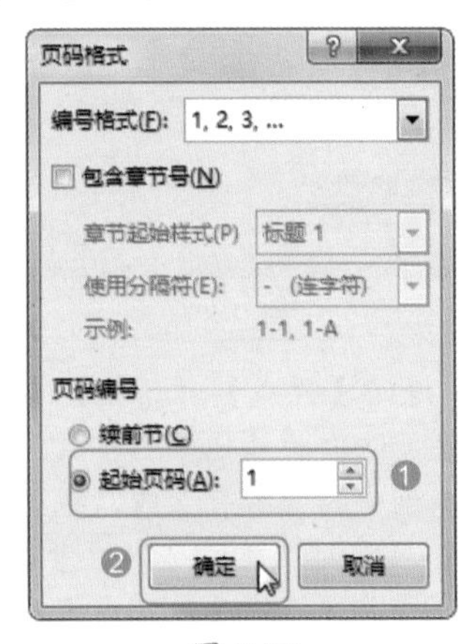

图 7-92

技巧 02：如何使目录页码对齐

在文档中创建目录后，有时发现目标标题右侧的页码没有右对齐，如图 7-93 所示。

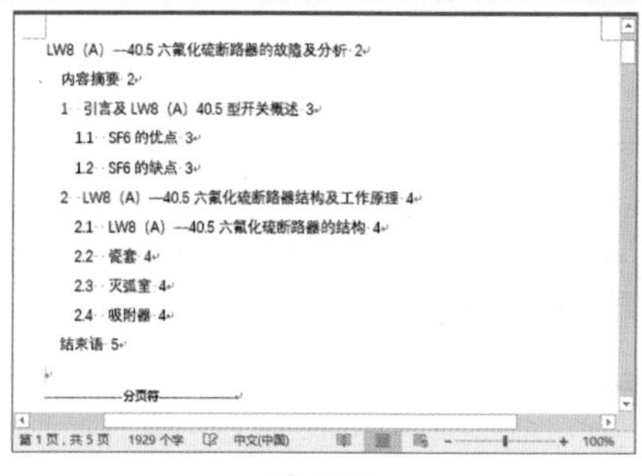

图 7-93

要解决这一问题，则直接打开【目录】对话框，确保选中【页码右对齐】复选框，然后单击【确定】按钮，在打开的提示框中单击【是】按钮，使新建目录替换旧目录即可。

如果依然没有解决到问题，则打开【目录】对话框，❶ 在【常规】栏的【格式】下拉列表中选择【正式】选项，❷ 单击【确定】按钮即可，如图 7-94 所示。

图 7-94

技巧 03：轻松解决目录中出现的“未找到目录项”问题

在更新文档中的目录时，有时会出现“未找到目录项”这样的提示，这是因为创建目录时的文档标题在后来被意外删除了。此时，可以通过以下两种方式解决问题。

- 找回或重新输入原来的文档标题。
- 重新创建目录。

技巧 04：创建自定义级别目录

教学视频	光盘\视频\第 7 章\技巧 04.mp4

除了使用内置目录样式外，用户还可以通过自定义的方式创建目录。自定义创建目录具有很大的灵活性，用户可以根据实际需要设置目录中包含的标题级别、设置目录的页码显示方式，以设置制表符前导符等。自定义创建目录的具体操作步骤如下。

Step 01 打开“光盘\素材文件\第 7 章\旅游景区项目策划书 1.docx”文件，将文本插入点定位在需要插入目录的位置，❶ 切换到【引用】选项卡，❷ 单击【目录】组中的【目录】按钮，❸ 在弹出的下拉列表中选择【自定义目录】选项，如图 7-95 所示。

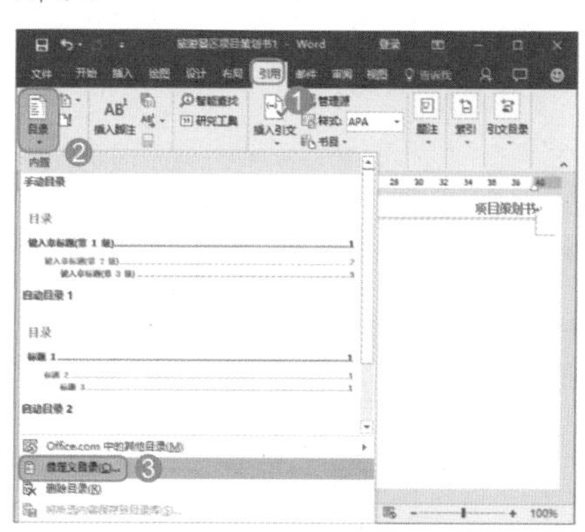

图 7-95

Step 02 打开【目录】对话框，❶ 在【制表符前导符】下拉列表中选择需要的前导符样式，❷ 在【常规】栏的【格式】下拉列表中选择目录格式，❸ 在【显示级别】微调框中指定创建目录的级数，❹ 完成设置后单击【确定】按钮，如图 7-96 所示。

Step 03 返回文档，文本插入点所在位置即可插入目录，如图 7-97 所示。按下【Ctrl】键，再单击某条目录，可快速跳转到对应的目录位置。

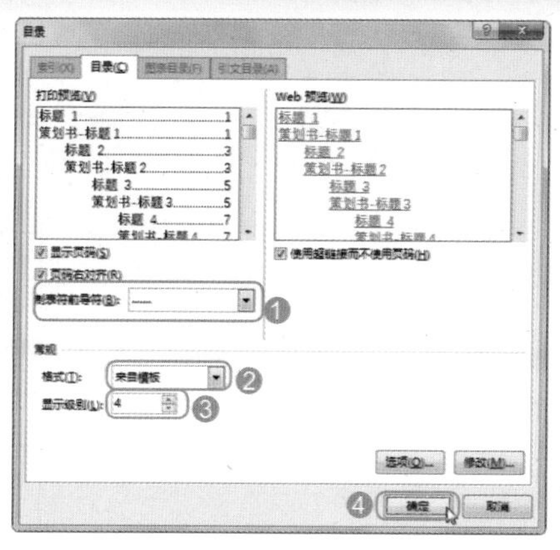

图 7-96

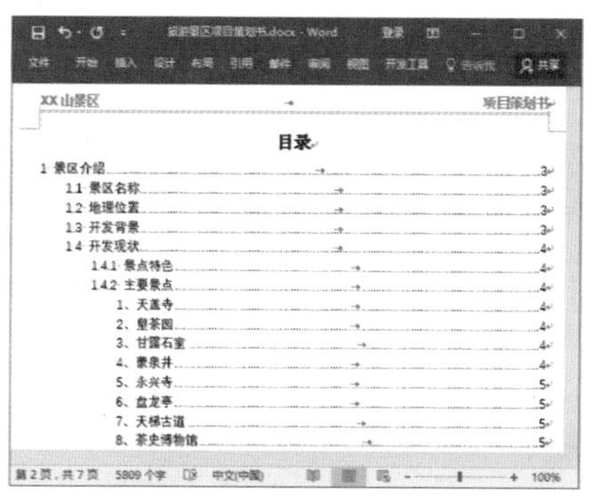

图 7-97

技巧 05：解决已标记的索引项没有出现在索引中的问题

在文档中标记索引项后，如果在创建索引时没有显示出来，那么需要进行以下几项内容的检查。

- 检查是否使用冒号将主索引项和次索引项分隔开了。
- 如果索引是基于书签创建的，请检查书签是否仍然存在并有效。
- 如果在主控文档中创建索引，必须确保所有子文档都已经展开。
- 在创建索引时，如果是手动输入的 Index 域代码及相关的一些开关，请检查这些开关的语法是否正确。

在 Word 文档中创建索引时，实际上是自动插入了 Index 域代码，在图 7-98 中，列出了一些 Index 域包含的常用开关及说明。

开关	说明
\b	使用书签指定文档中要创建索引的内容范围
\c	指定索引的栏数，其后输入表示栏数的数字，并用英文双引号括起来
\d	指定序列与页码之间的分隔符，其后输入需要的分隔符号，并用英文双引号括起来
\e	指定索引项与页码之间的分隔符，其后输入需要的分隔符号，并用英文双引号括起来
\f	只使用指定的词条类型来创建索引
\g	指定在页码范围内使用的分隔符，其后输入需要的分隔符号，并用英文双引号括起来
\h	指定索引中各字母之间的距离
\k	指定交叉引用和其他条目之间的分隔符，其后输入需要的分隔符号，并用英文双引号括起来
\l	指定多页引用页码之间的分隔符，其后输入需要的分隔符号，并用英文双引号括起来
\p	将索引限制为指定的字母
\r	将次索引项移入主索引项所在的行中
\s	包括用页码引用的序列号
\y	为多音索引项启用确定拼音功能
\z	指定 Word 创建索引的语言标识符

图 7-98

本章小结

本章主要讲解了长文档的处理方法，其中最主要知识点包括题注、脚注、尾注的使用，以及页码的插入、目录与索引的使用和管理等。通过本章内容的学习，希望读者能够灵活运用这些功能，从而能全面把控长文档的处理方法。

Word 信封与邮件合并

- 如何使单个信封制作更加快速和符合规范？
- 让外部数据作为邮件合并的数据源，要采取哪些步骤？
- 外部哪些数据可作为邮件合并数据源？

通过本章知识的学习，读者不仅能知道上述问题的答案，还能了解邮件合并更深的知识内容。

8.1 制作信封

虽然现在许多办公室都配置了打印机，但大部分打印机都不能直接将邮政编码、收件人、寄件人打印至信封的正确位置。Word 提供了信封制作功能，可以帮助用户快速制作和打印信封。

8.1.1 实战：使用向导制作信封

实例门类	软件功能
教学视频	光盘\视频\第 8 章\8.1.1.mp4

虽然信封上的内容并不多，但是项目却不少，主要分收件人信息和发件人信息，这些信息包括姓名、邮政编码和地址。如果手动制作信封，既费时费力，而且尺寸也不容易符合邮政规范，特别是批量制作时。这时，用户可使用 Word 提供的信封制作功能。

1. 制作单个信封

使用信封向导制作单个信封，非常简单，只需按向导对话框进行设置即可，具体操作步骤如下。

Step 01 ❶ 在 Word 窗口中切换到【邮件】选项卡，❷ 单击【创建】组中的【中文信封】按钮，如图 8-1 所示。

Step 02 打开【信封制作向导】对话框，单击【下一步】按钮，如图 8-2 所示。

Step 03 进入【选择信封样式】界面，❶ 在【信封样式】下拉列表中选择一种信封样式，❷ 单击【下一步】按钮，如图 8-3 所示。

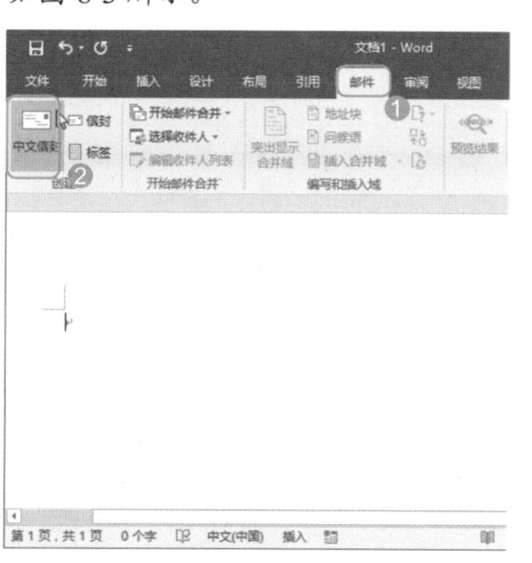

图 8-1

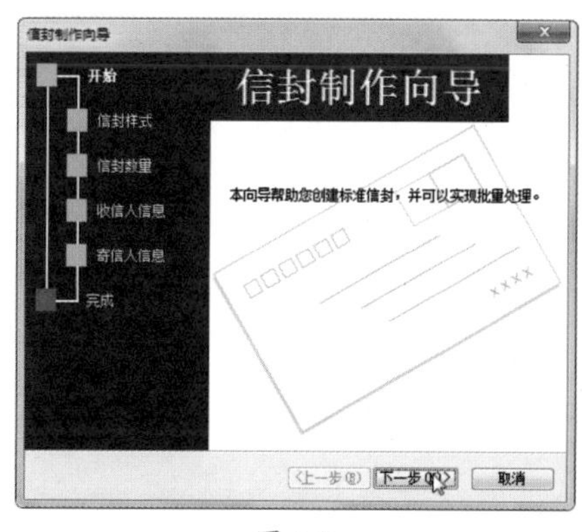

图 8-2

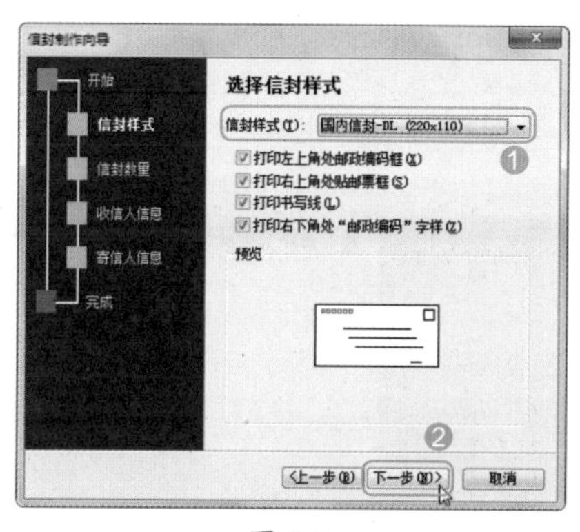

图 8-3

Step 04 进入【选择生成信封的方式和数量】界面，❶ 选中【键入收信人信息，生成单个信封】单选按钮，❷ 单击【下一步】按钮，如图 8-4 所示。

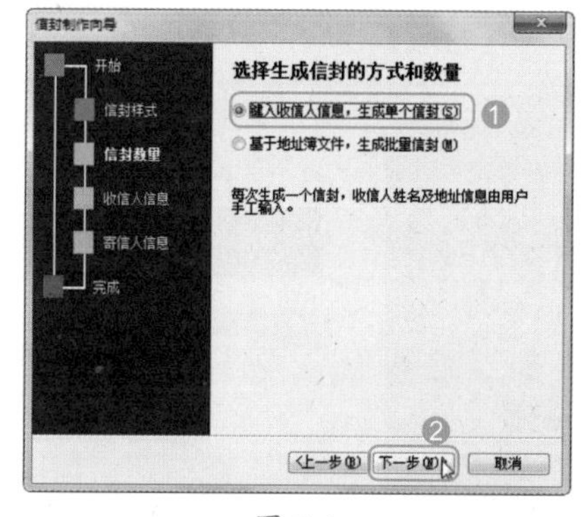

图 8-4

Step05 进入【输入收信人信息】界面，❶ 输入收信人的姓名、称谓、单位、地址、邮编等信息，❷ 单击【下一步】按钮，如图 8-5 所示。

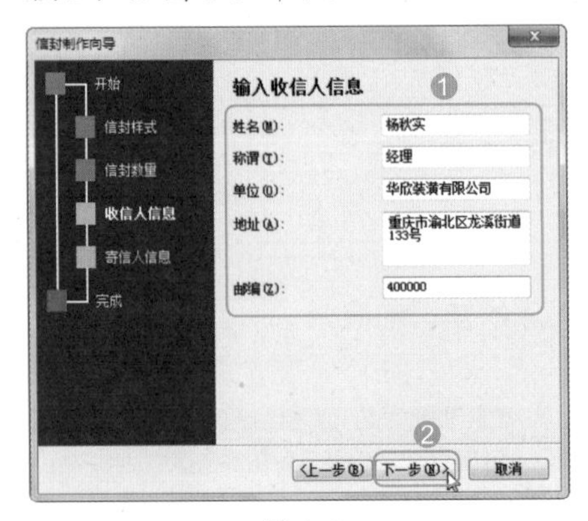

图 8-5

Step06 进入【输入寄信人信息】界面，❶ 输入寄信人的姓名、单位、地址、邮编等信息，❷ 单击【下一步】按钮，如图 8-6 所示。

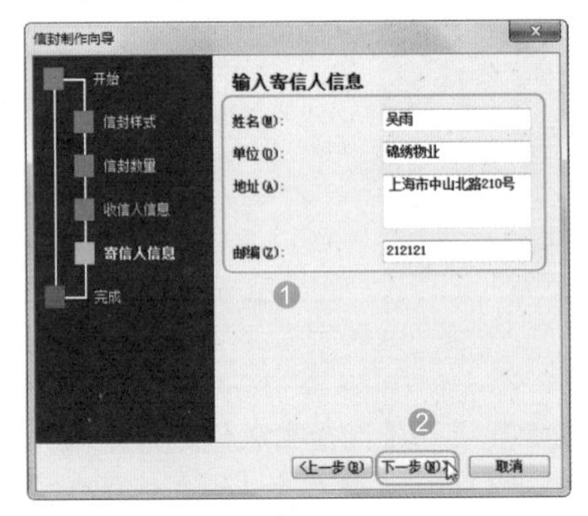

图 8-6

Step07 进入【信封制作向导】界面，单击【完成】按钮，如图 8-7 所示。

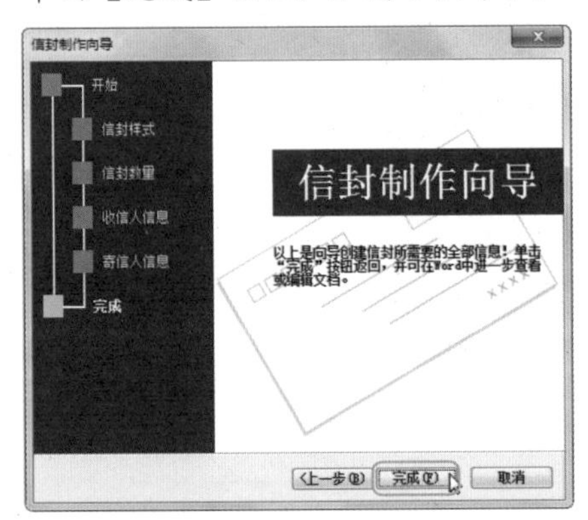

图 8-7

技术看板

根据【信封制作向导】对话框制作信封时，并不是一定要输入收件人信息和寄件人信息，也可以将信封制作好后，在相应的位置再输入对应的信息。

Step08 Word 将自动新建一篇文档，并根据设置的信息创建了一个信封，如图 8-8 所示。

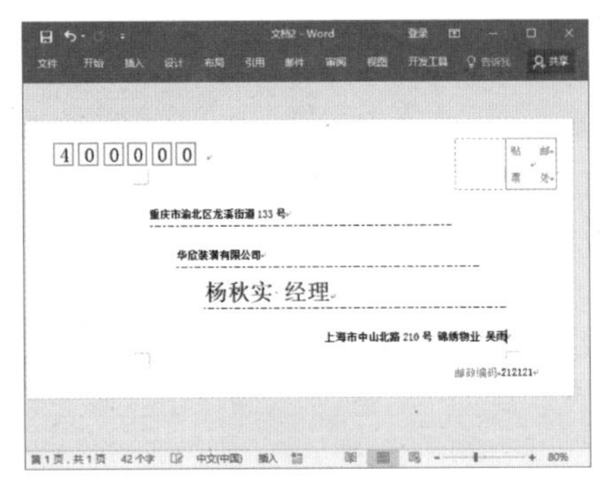

图 8-8

2. 批量制作信封

通过信封制作向导，还可以导入通信录中的联系人地址，批量制作出已经填写好各项信息的多个信封，从而提高工作效率。使用向导批量制作信封的具体操作步骤如下。

Step01 通过 Excel 制作一个通信录，如图 8-9 所示。

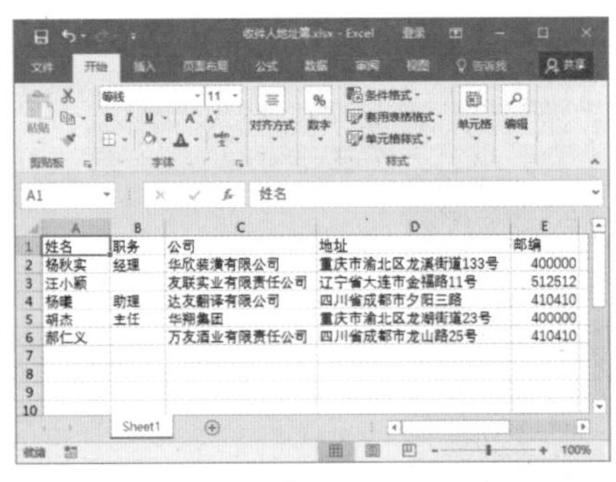

姓名	职务	公司	地址	邮编
杨秋实	经理	华欣装潢有限公司	重庆市渝北区龙溪街道133号	400000
汪小颖		友联实业有限责任公司	辽宁省大连市金福路11号	512512
杨曦	助理	达友翻译有限公司	四川省成都市夕阳三路	410410
胡杰	主任	华翔集团	重庆市渝北区龙湖街道23号	400000
郝仁义		万友酒业有限责任公司	四川省成都市龙山路25号	410410

图 8-9

技术看板

制作通信录时，对于收件人的职务，可以不输入，即留空。

Step02 ❶ 在 Word 窗口中切换到【邮件】选项卡，❷ 单击【创建】组中的【中文信封】按钮，如图 8-10 所示。

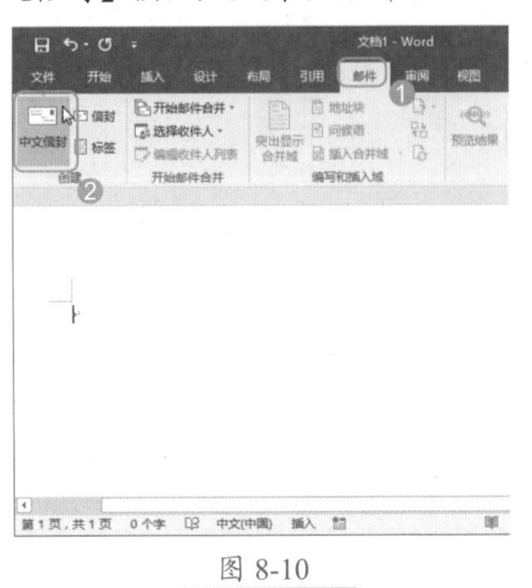

图 8-10

Step03 打开【信封制作向导】对话框，单击【下一步】按钮，如图 8-11 所示。

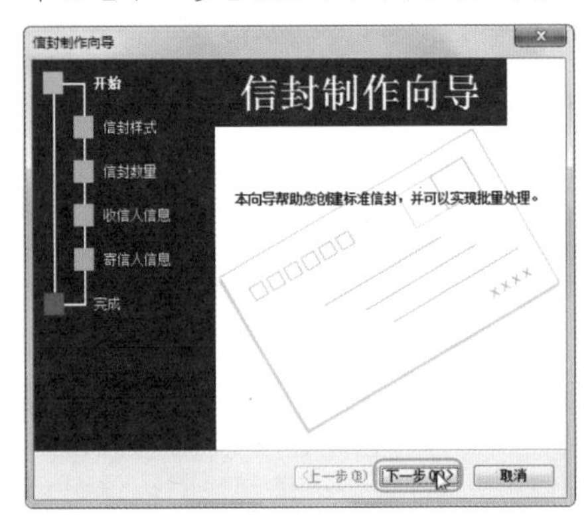

图 8-11

Step04 进入【选择信封样式】界面，❶ 在【信封样式】下拉列表中选择一种信封样式，❷ 单击【下一步】按钮，如图 8-12 所示。

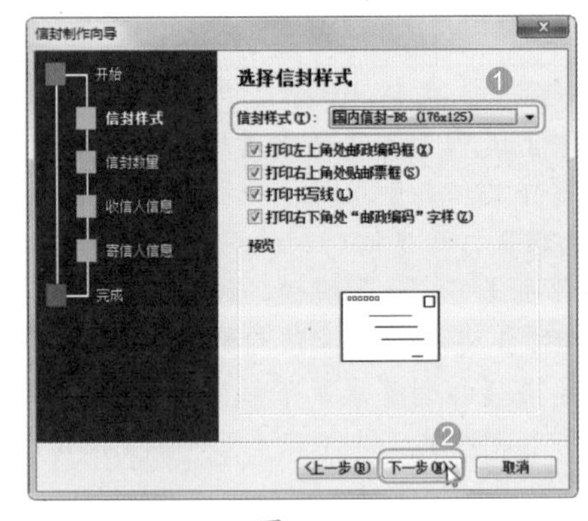

图 8-12

Step 05 进入【选择生成信封的方式和数量】界面，❶ 选中【基于地址簿文件，生成批量信封】单选按钮，❷ 单击【下一步】按钮，如图 8-13 所示。

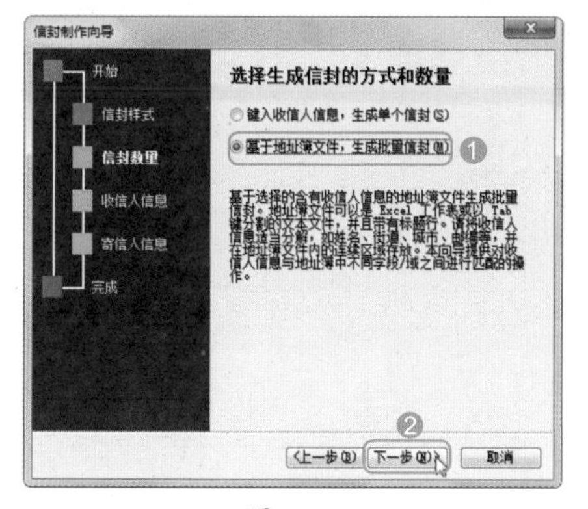

图 8-13

Step 06 进入【从文件中获取并匹配收信人信息】界面，单击【选择地址簿】按钮，如图 8-14 所示。

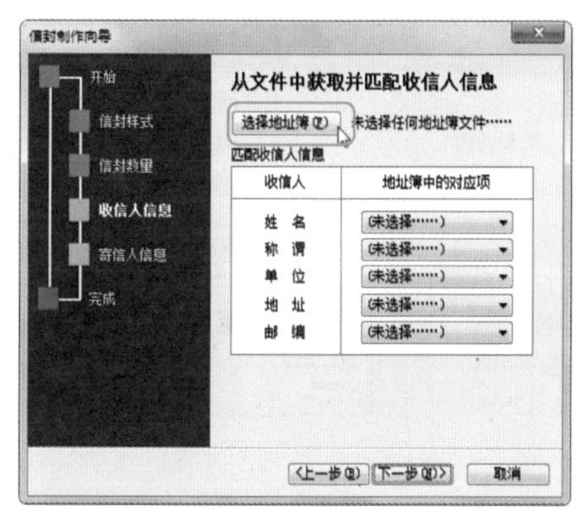

图 8-14

Step 07 打开【打开】对话框，❶ 选择纯文本或 Excel 格式的文件，本例中选择 Excel 格式的文件，❷ 单击【打开】按钮，如图 8-15 所示。

图 8-15

Step 08 返回【从文件中获取并匹配收信人信息】界面，❶ 在【匹配收信人信息】栏中，为收信人信息匹配对应的字段，❷ 单击【下一步】按钮，如图 8-16 所示。

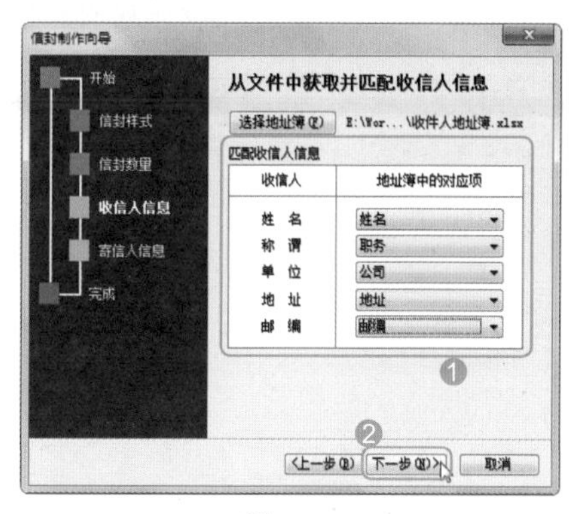

图 8-16

Step 09 进入【输入寄信人信息】界面，❶ 输入寄信人的姓名、单位、地址、邮编等信息，❷ 单击【下一步】按钮，如图 8-17 所示。

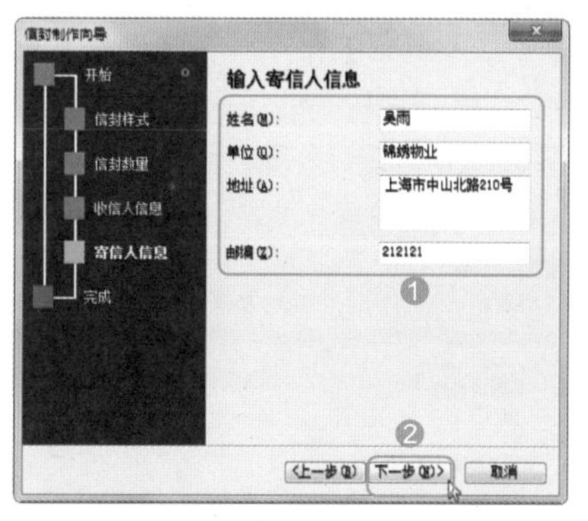

图 8-17

Step 10 进入【信封制作向导】界面，单击【完成】按钮，如图 8-18 所示。

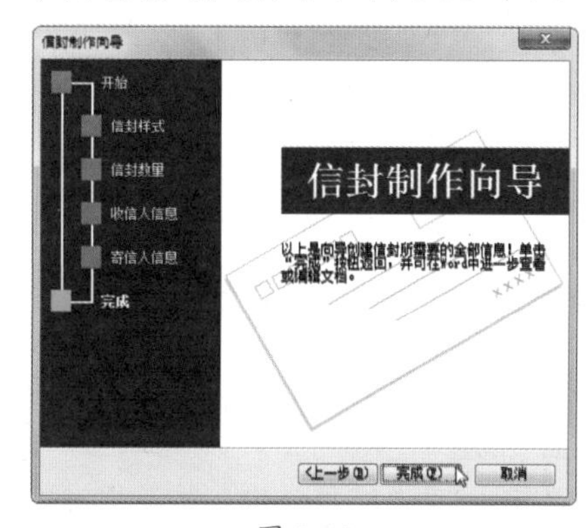

图 8-18

Step 11 Word 将自动新建一篇文档，并根据设置的信息批量生成信封。图 8-19 所示为其中的两个信封。

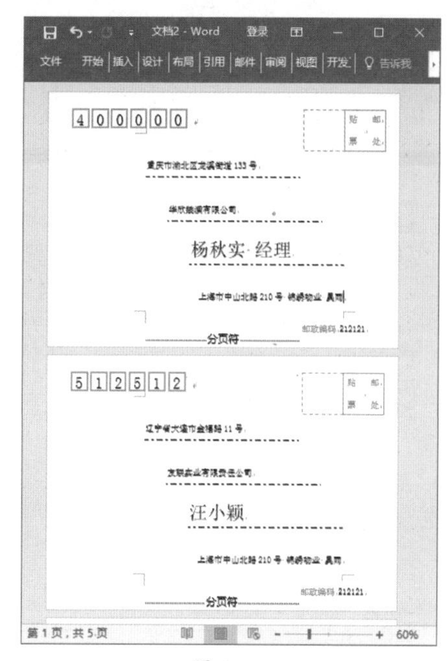

图 8-19

8.1.2 实战：制作自定义的信封

实例门类	软件功能
教学视频	光盘\视频\第 8 章\8.1.2.mp4

根据操作需要，用户还可以自定义制作信封，具体操作步骤如下。

Step 01 新建一篇名为“制作自定义的信封”的空白文档，❶ 切换到【邮件】选项卡，❷ 单击【创建】组中的【信封】按钮，如图 8-20 所示。

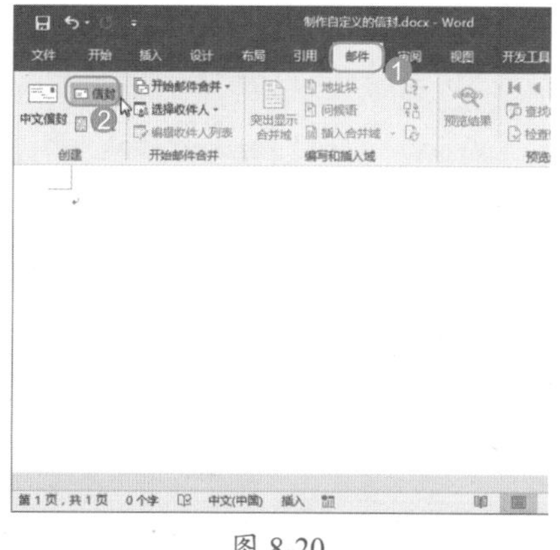

图 8-20

Step02 打开【信封和标签】对话框，❶ 在【信封】选项卡的【收信人地址】文本框中输入收信人的信息，❷ 在【寄信人地址】文本框中输入寄信人的信息，❸ 单击【选项】按钮，如图 8-21 所示。

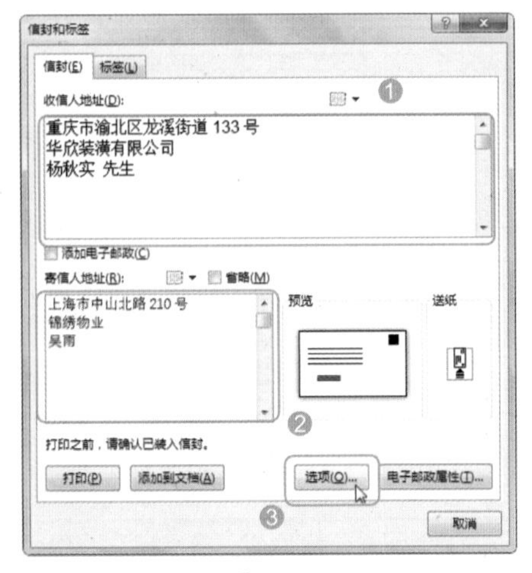

图 8-21

Step03 打开【信封选项】对话框，❶ 在【信封尺寸】下拉列表中可以选择信封的尺寸大小，❷ 在【收信人地址】栏中可以设置收信人地址距页面左边和上边的距离，❸ 在【寄信人地址】栏中可以设置寄信人地址距页面左边和上边的距离，❹ 在【收信人地址】栏中单击【字体】按钮，如图 8-22 所示。

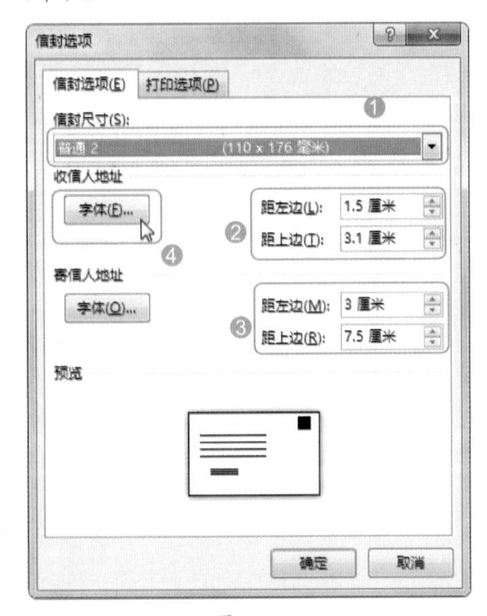

图 8-22

Step04 ❶ 在打开的【收信人地址】对话框中，可以设置收信人地址的字体格式，❷ 完成设置后单击【确定】按钮，如图 8-23 所示。

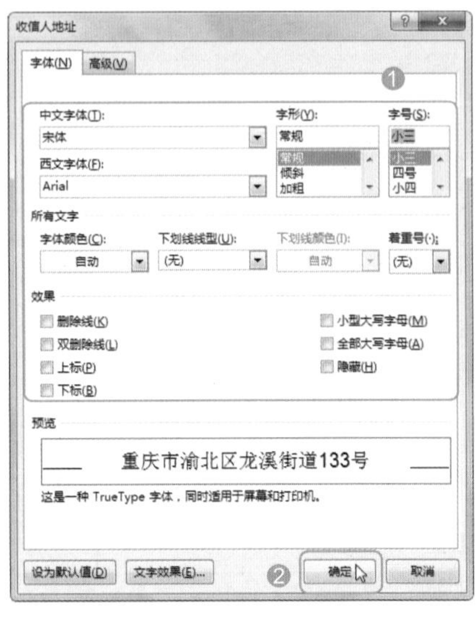

图 8-23

Step05 返回【信封选项】对话框，在【寄信人地址】栏中单击【字体】按钮，如图 8-24 所示。

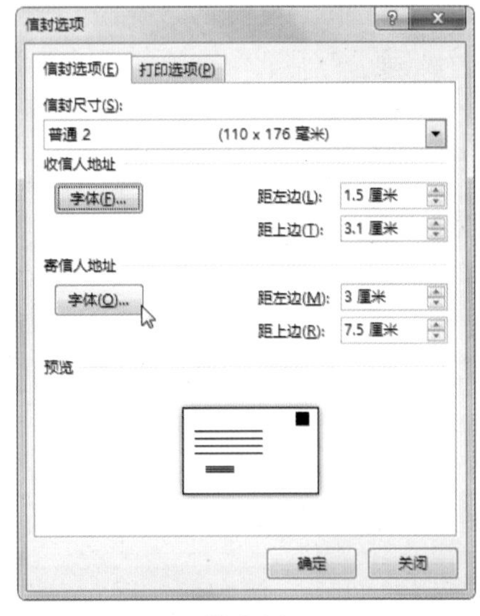

图 8-24

Step06 ❶ 在打开的【寄信人地址】对话框中，可以设置寄信人地址的字体格式，❷ 完成设置后单击【确定】按钮，如图 8-25 所示。

Step07 返回【信封选项】对话框，单击【确定】按钮，如图 8-26 所示。

图 8-25

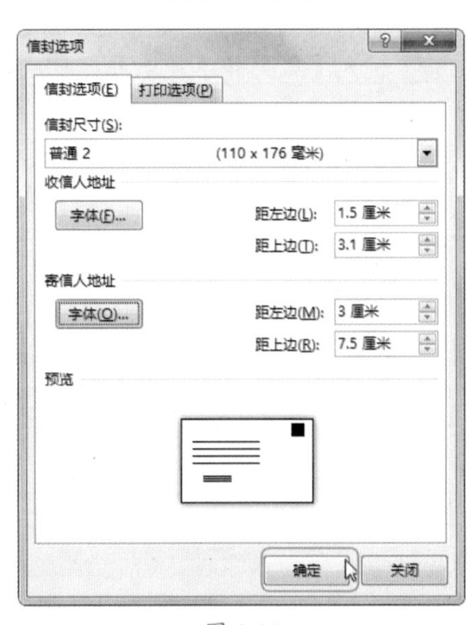

图 8-26

Step08 返回【信封和标签】对话框，单击【添加到文档】按钮，如图 8-27 所示。

Step09 打开提示框询问是否要将新的寄信人地址保存为默认的寄信人地址，用户可以根据需要自行选择，本例中不需要保存，所以单击【否】按钮，如图 8-28 所示。

Step10 返回文档，即可看到自定义创建的信封效果，如图 8-29 所示。

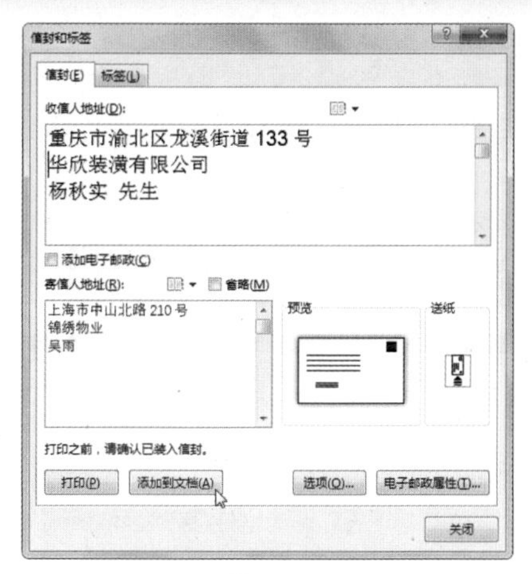

图 8-27

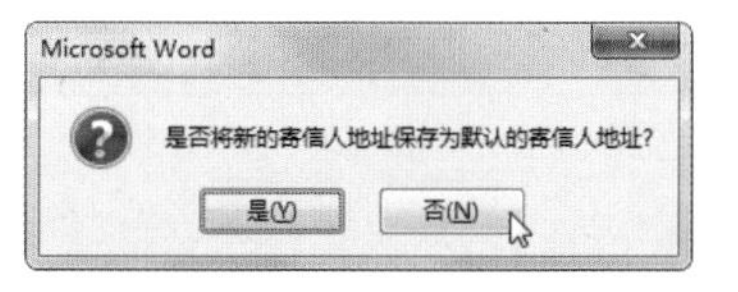

图 8-28

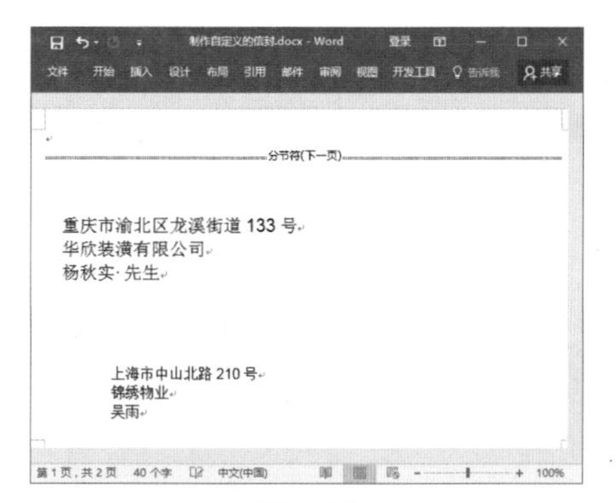

图 8-29

8.1.3 实战：**制作标签**

实例门类	软件功能
教学视频	光盘\视频\第 8 章\8.1.3.mp4

在日常工作中，标签是使用较多的元素。比如，当要用简单的几个关键词或一个简短的句子来表明物品的信息时，就需要使用到标签。利用 Word，用户可以非常轻松地完成标签的批量制作，具体操作步骤如下。

Step 01 ❶ 在 Word 窗口中切换到【邮件】选项卡，❷ 单击【创建】组中的【标签】按钮，如图 8-30 所示。

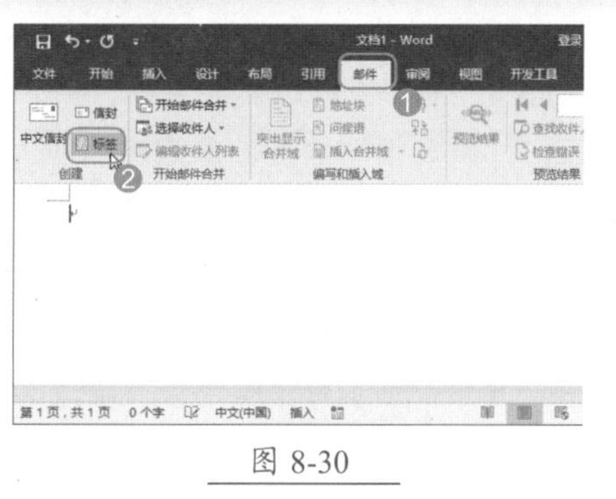

图 8-30

Step 02 打开【信封和标签】对话框，默认定位到【标签】选项卡，❶ 在【地址】文本框中输入要创建的标签内容，❷ 单击【选项】按钮，如图 8-31 所示。

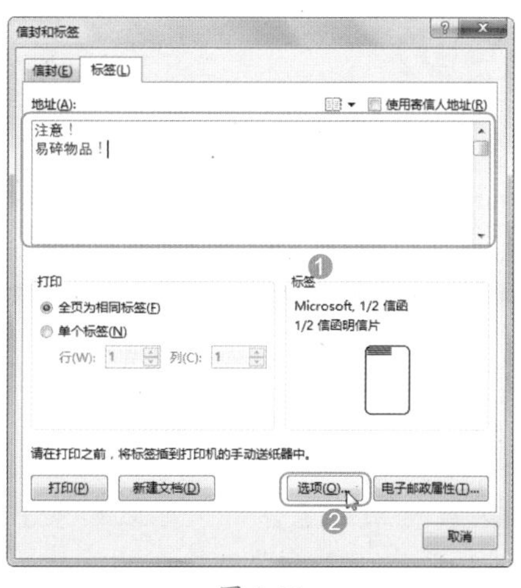

图 8-31

Step 03 打开【标签选项】对话框，❶ 在【标签供应商】下拉列表中选择供应商，❷ 在【产品编号】列表框中选择一种标签样式，❸ 选择好后在右侧的【标签信息】栏中可以查看当前标签的尺寸信息，确认无误后单击【确定】按钮，如图 8-32 所示。

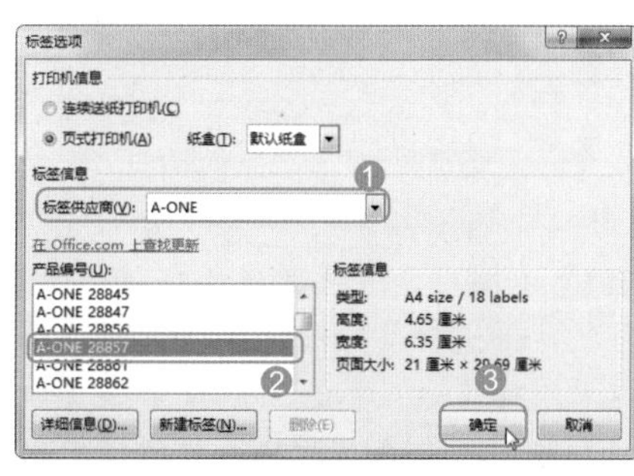

图 8-32

Step 04 返回【信封和标签】对话框，单击【新建文档】按钮，如图 8-33 所示。

图 8-33

Step 05 Word 将新建一篇文档，并根据所设置的信息创建标签，初始效果如图 8-34 所示。

图 8-34

Step 06 根据个人需要，对标签设置格式进行美化，最终效果如图 8-35 所示。

图 8-35

8.2 合并邮件

在日常办公中，通常会有许多数据表，如果要根据这些数据信息制作大量文档，如名片、奖状、工资条、通知书、准考证等，便可通过邮件合并功能，轻松、准确、快速地完成这些重复性工作。

8.2.1 实战：在“面试通知书”中创建合并数据

实例门类	软件功能
教学视频	光盘\视频\第8章\8.2.1.mp4

在邮件合并前，需要预先设定或指定收件人信息，若是没有现成的收件人列表信息，就需要用户手动进行输入创建。例如，在“面试通知书”文档中输入收件人列表并将其保存为“面试人员信息”的列表文件，具体操作步骤如下。

Step 01 打开“光盘\素材文件\第8章\面试通知书.docx”文件，❶ 选择【邮件】选项卡，❷ 单击【选择收件人】下拉按钮，❸ 在弹出的下拉列表中选择【键入新列表】命令，如图8-36所示。

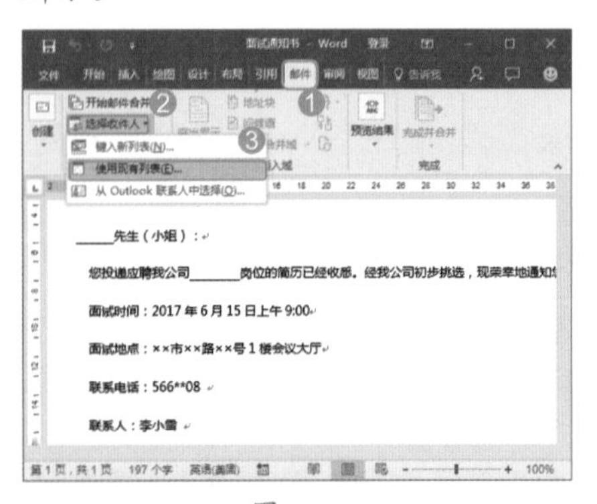

图 8-36

Step 02 打开【新建地址列表】对话框，单击【自定义列】按钮，如图8-37所示。

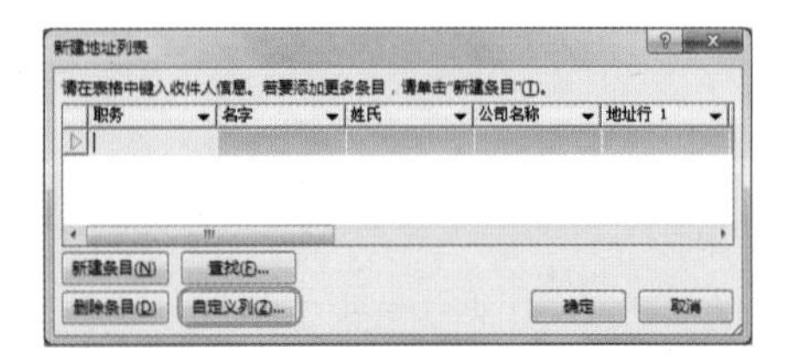

图 8-37

Step 03 打开【自定义地址列表】对话框，❶ 单击【添加】按钮，❷ 在打开的【添加域】对话框中输入字段名称，这里输入【姓名】，❸ 单击【确定】按钮，如图8-38所示。

图 8-38

Step 04 返回到【自定义地址列表】对话框中，❶ 选择新添加的字段，❷ 单击【上移】按钮，如图8-39所示。

图 8-39

Step 05 以同样的方法新建【应聘岗位】字段，❶ 选择要删除的字段选项，如这里选择【姓氏】选项，❷ 单击【删除】按钮，❸ 在打开提示对话框中单击【是】按钮，如图8-40所示。

图 8-40

Step 06 以同样的方法删除其他字段选项，单击【确定】按钮，最终效果如图8-41所示。

图 8-41

Step 07 返回到【新建地址列表】对话框中，❶ 输入收件人信息（按【Table】键快速新建新条目），❷ 单击【确定】按钮，如图8-42所示。

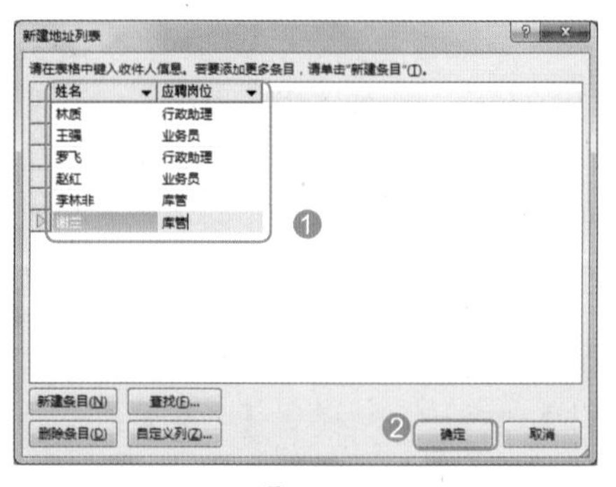

图 8-42

Step 08 打开【保存通讯录】对话框，❶ 选择保存位置，❷ 在【文件名】文本框中输入保存名称，❸ 单击【保存】按钮，如图 8-43 所示。

图 8-43

★ 重点 8.2.2 实战：在“面试通知书”中导入合并数据

实例门类	软件功能
教学视频	光盘\视频\第 8 章\8.2.2.mp4

在邮件合并中，用户可直接调用事先已准备的联系人列表，从而真正地实现邮件批量合并的目的。下面将以准备的收件人信息（它包含在 TXT 文件中）导入面试通知书中作为合并数据为例，具体操作步骤如下。

Step 01 在“面试通知书.docx”文档中，❶ 单击“开始邮件合并”组中的【选择收件人】下拉按钮，❷ 在弹出的下拉列表中选择【使用现有列表】命令，如图 8-44 所示。

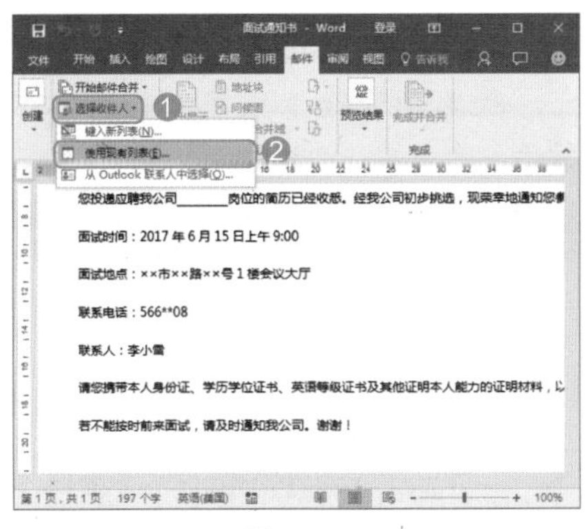

图 8-44

Step 02 打开【选取数据源】对话框，❶ 选择联系人列表文件保存的位置，❷ 选择保存有联系人列表数据的文件，这里选择【收件人信息】选项，❸ 单击【打开】按钮，如图 8-45 所示。

图 8-45

技术看板

作为邮件合并的外部数据，有 3 种文件类型：TXT 文件、Excel 文件和 Access 文件。用户手动创建的收件人信息，在保存时系统会自动将其保存为 Access 文件。

Step 03 打开【文件转换 - 收件人信息】对话框，直接单击【确定】按钮，如图 8-46 所示。

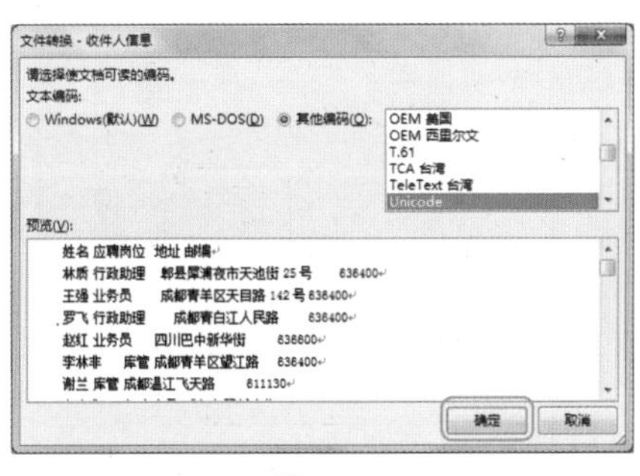

图 8-46

★ 重点 8.2.3 实战：在“面试通知书”中插入合并域

实例门类	软件功能
教学视频	光盘\视频\第 8 章\8.2.3.mp4

数据导入文档中只是将相应的数据信息准备到位，仍然需要用户手动将对应字段数据插入对应位置，也就是插入合并域。

Step 01 在“面试通知书.docx”文档中，❶ 将文本插入点定位到需要插入姓名的位置，❷ 在【编写和插入域】组中，单击【插入合并域】按钮右侧的下拉按钮 ▾，❸ 在弹出的下拉列表中选择【姓名】选项，如图 8-47 所示。

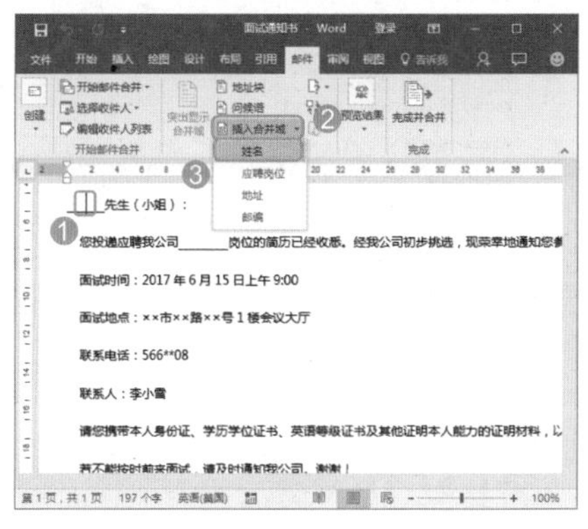

图 8-47

Step 02 ❶ 将文本插入点定位在需要插入应聘岗位的位置，❷ 在【编写和插入域】组中，单击【插入合并域】按钮右侧的下拉按钮 ▾，❸ 在弹出的下拉列表中选择【应聘岗位】选项，如图 8-48 所示。

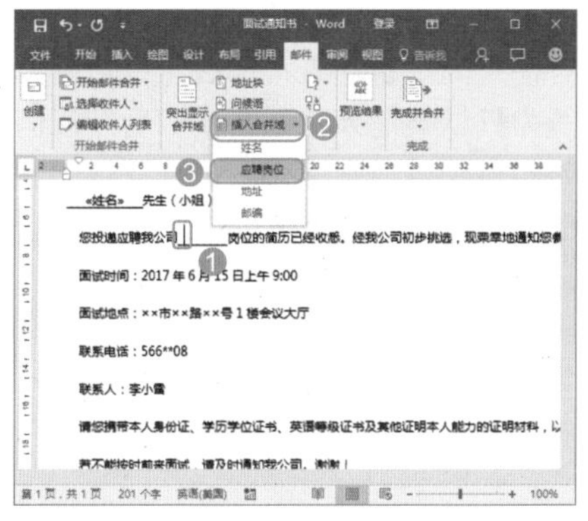

图 8-48

Step 03 插入合并域后，就可以生成合并文档了。❶ 在【完成】组中单击【完成并合并】按钮，❷ 在弹出的下拉列表中选择【编辑单个文档】选项，如图 8-49 所示。

Step 04 打开【合并到新文档】对话框，❶ 选中【全部】单选按钮，❷ 单击【确定】按钮，如图 8-50 所示。

Step 05 Word 将新建一个文档显示合并记录，这些合并记录分别独自占用一页。图 8-51 所示为第 1 页的合并记录，显示了其中一位应聘者的应聘通知书。

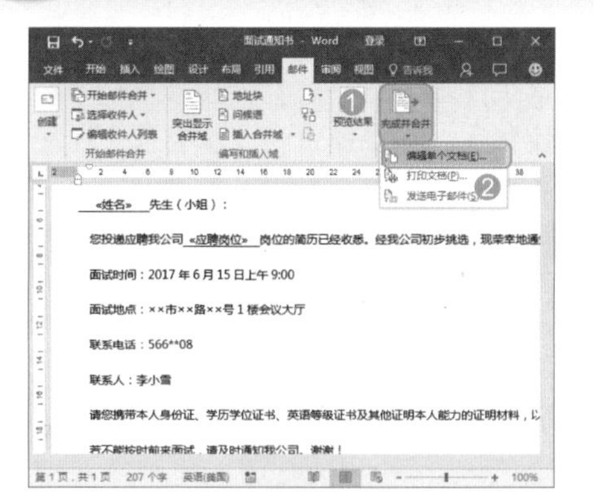

图 8-49

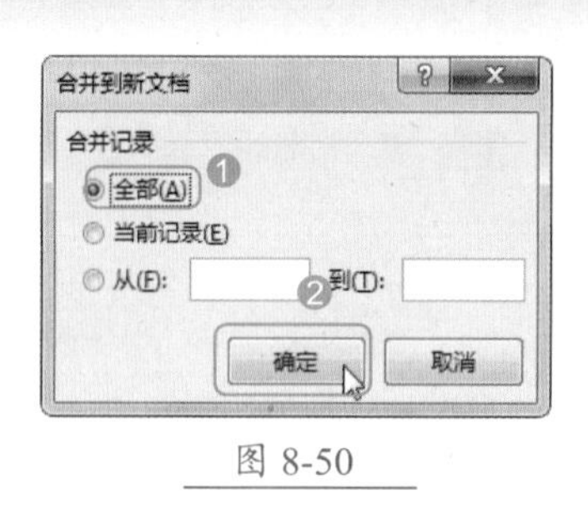

图 8-50

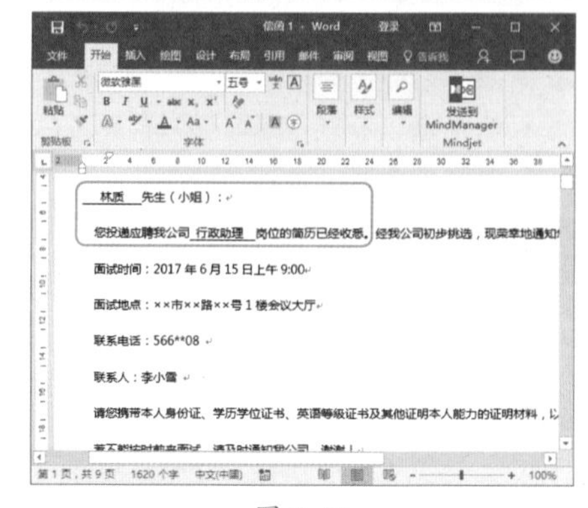

图 8-51

妙招技法

通过前面知识的学习，相信读者已经掌握了信封的制作，以及批量制作各类特色文档。下面结合本章内容，给大家介绍一些实用技巧。

技巧 01：设置默认的寄信人

教学视频	光盘\视频\第 8 章\技巧 01.mp4

在制作自定义的信封时，如果始终使用同一寄信人，那么可以将其设置为默认寄信人，以方便以后创建信封时自动填写寄信人。设置默认的寄信人的具体操作步骤如下。

打开【Word 选项】对话框，❶ 切换到【高级】选项卡，❷ 在【常规】栏的【通讯地址】文本框中输入寄信人信息，❸ 单击【确定】按钮即可，如图 8-52 所示。

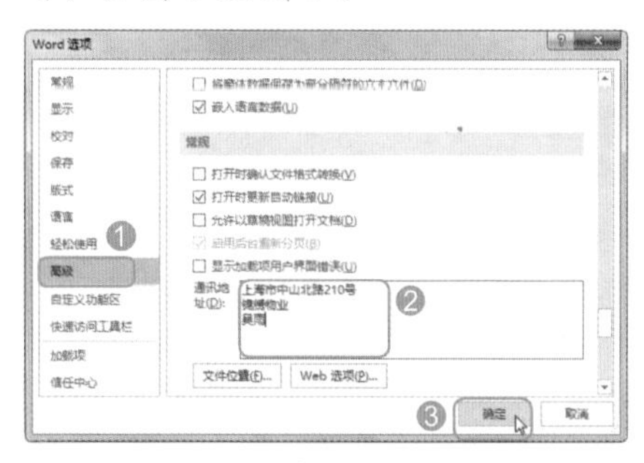

图 8-52

通过上述设置后，以后在创建自定义的信封时，在打开的【信封和标签】对话框中，【寄信人地址】文本框中将自动填写寄信人信息，如图 8-53 所示。

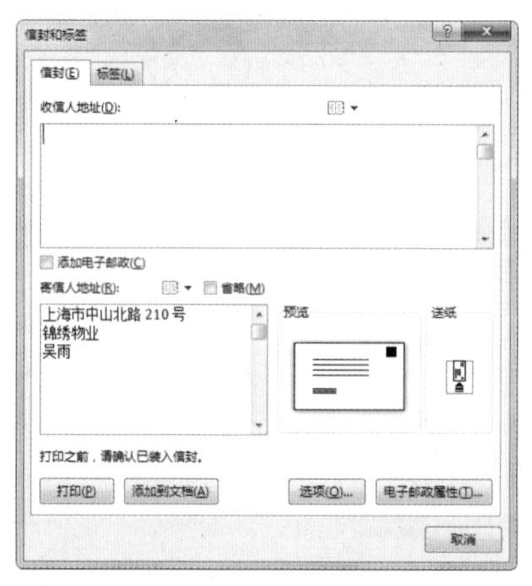

图 8-53

技巧 02：在邮件合并中预览结果

教学视频	光盘\视频\第 8 章\技巧 02.mp4

通过邮件合并功能批量制作各类特色文档时，可以在合并生成文档前先预览合并结果，具体操作步骤如下。

Step01 打开“光盘\素材文件\第 8 章\准考证.docx”文件，在主文档中插入合并域后，在【邮件】选项卡【预览结果】组中单击【预览结果】按钮，如图 8-54 所示。

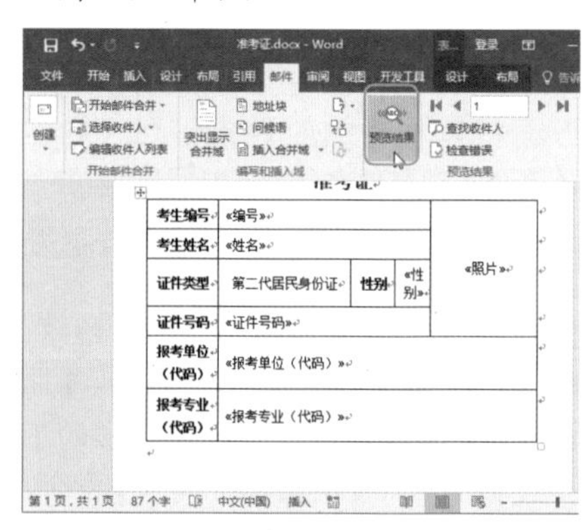

图 8-54

Step02 插入的合并域将显示为实际内容，从而预览数据效果，如图 8-55 所示。

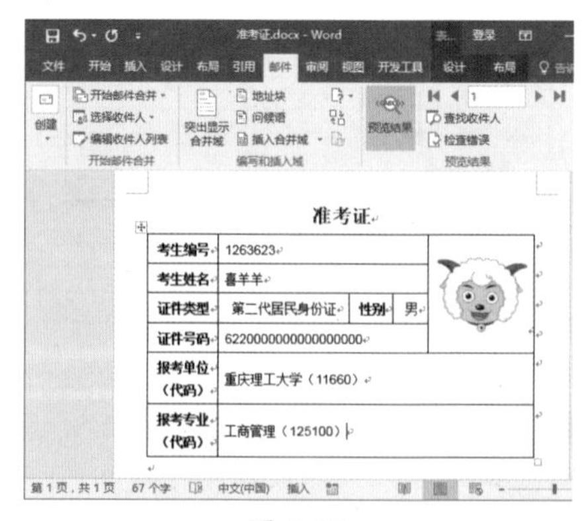

图 8-55

Step03 在【预览结果】组中，通过单击【上一记录】按钮◀或【下一记录】按钮▶，可切换显示其他数据信息（完成预览后，再次单击【预览结果】按钮，即可取消预览）。

技巧 03：合并指定部分记录

教学视频	光盘\视频\第 8 章\技巧 03.mp4

在邮件合并过程中，有时只希望合并部分记录而非所有部分记录，用户可以根据实际情况，筛选数据记录，其具体操作步骤如下。

Step01 打开"光盘\素材文件\第 8 章\工资条 .docx、员工工资表 .xlsx"文件。将员工工资表作为邮件合并的收件人列表，在【邮件】选项卡【开始邮件合并】组中单击【编辑收件人列表】按钮，如图 8-56 所示。

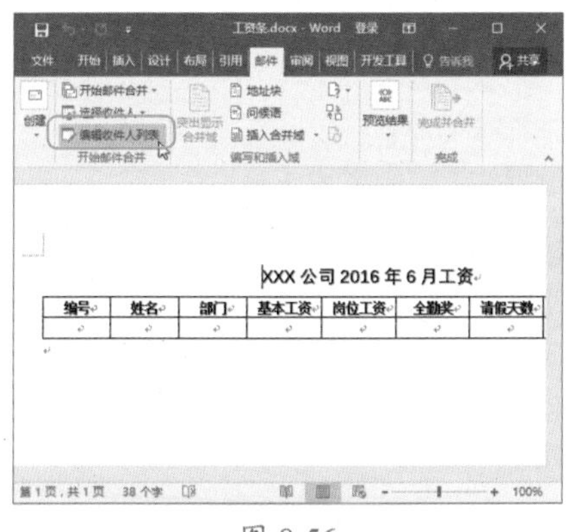

图 8-56

技能拓展——自定义筛选记录

如果希望更加灵活地设置筛选条件，可在【邮件合并收件人】对话框中的【调整收件人列表】栏中单击【筛选】链接，在弹出的【筛选和排序】对话框中自定义筛选条件即可。

Step02 打开【邮件合并收件人】对话框，此时就可以筛选需要的记录了。❶ 在本操作中，需要筛选部门为"市场部"的记录，则单击【部门】栏右侧的下拉按钮▼，❷ 在弹出的下拉列表中选择【市场部】选项，如图 8-57 所示。

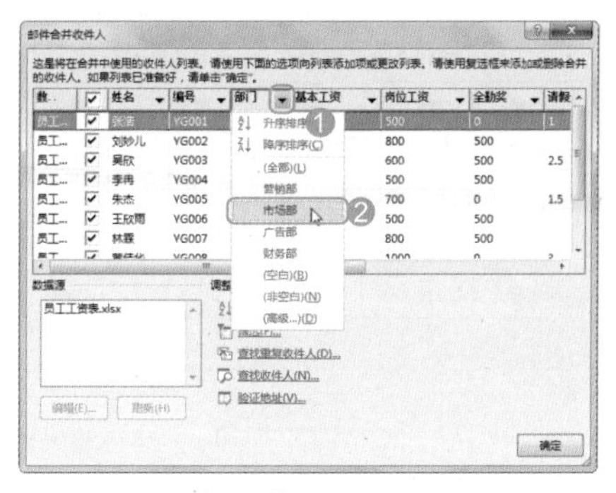

图 8-57

Step03 此时，列表框中将只显示了【部门】为【市场部】的记录，且【部门】栏右侧的下拉按钮显示为▽，表示【部门】为当前筛选依据，如图 8-58 所示。

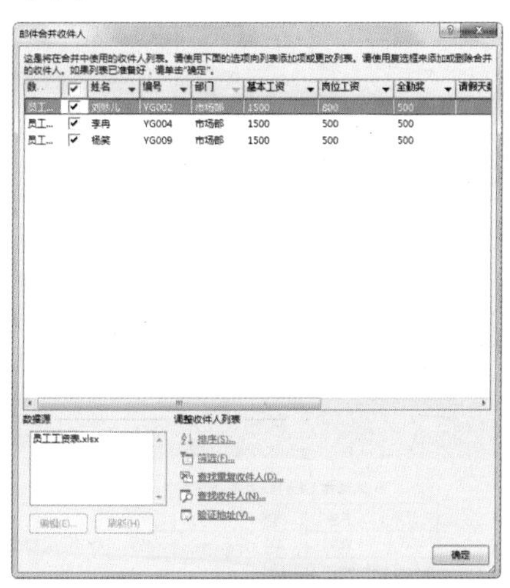

图 8-58

技术看板

筛选记录后，若要清除筛选，即将所有记录显示出来，则单击筛选依据右侧的▽按钮，在弹出的下拉列表中选择【（全部）】选项即可。

Step04 筛选好记录后单击【确定】按钮，返回主文档，然后插入合并域并生成合并文档即可，具体操作参考前面知识，此处就不再赘述了，效果如图 8-59 所示。

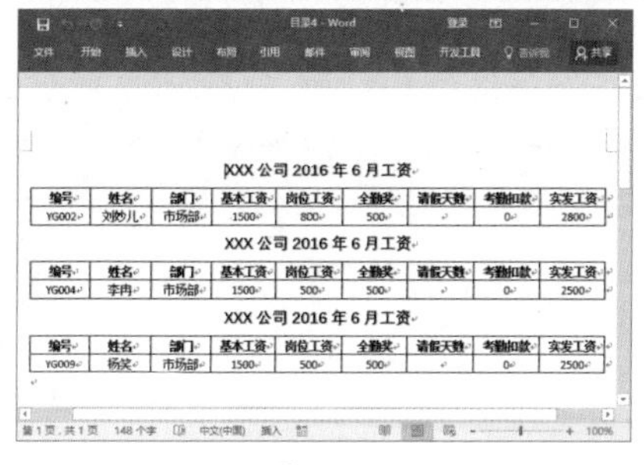

图 8-59

技巧 04：解决合并记录跨页断行的问题

教学视频	光盘\视频\第 8 章\技巧 04.mp4

通过邮件合并功能创建工资条、成绩单等类型的文档时，当超过一页时，可能会发生断行问题，即标题行位于上一页，数据行位于下一页，如图 8-60 所示。

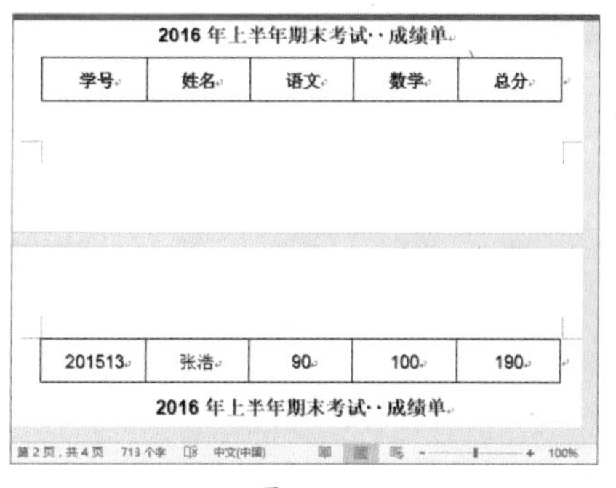

图 8-60

要解决这一问题，需要选择"信函"文档类型进行制作，并配合使用"下一记录"规则，具体操作步骤如下。

Step01 将"光盘\素材文件\第 8 章\成绩单 .docx"文件作为主文档，"学生成绩表 .xlsx"文件作为数据源，并在主文档中，将邮件合并的文档类型设置为"信函"。插入合并域后，复制主文档中的内容并进行粘贴，贴满一整页即可，如图 8-61 所示。

Step02 ❶ 将文本插入点定位在第一条记录与第二条记录之间，❷ 在【编写和插入域】组中单击【规则】按

钮，❸ 在弹出的下拉列表中选择【下一条记录】选项，如图 8-62 所示。

图 8-61

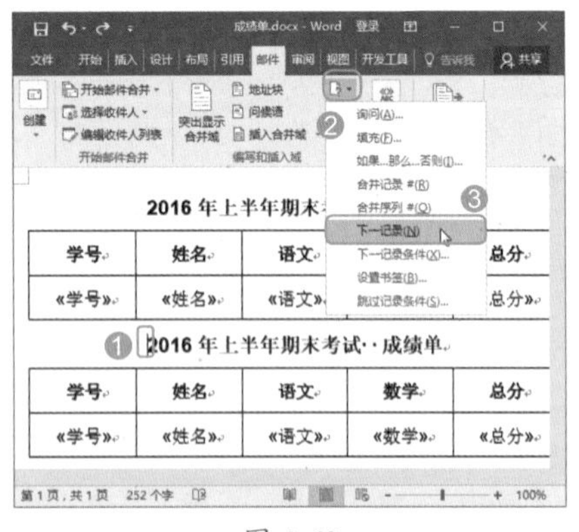

图 8-62

Step03 两条记录之间即可插入【《下一条记录》】域代码，如图 8-63 所示。

Step04 用这样的方法，在之后的记录之间均插入一个【《下一条记录》】域代码，如图 8-64 所示。

Step05 通过上述设置后，在生成的合并文档中，各项记录会以连续的形式在一页中显示，而且也不会再出现跨页断行的情况，如图 8-65 所示。

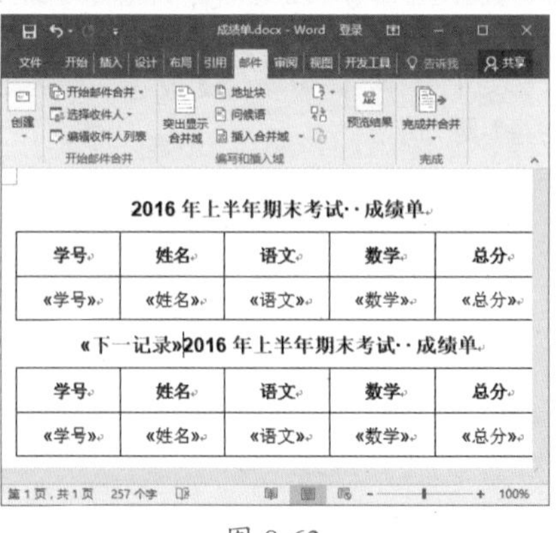

图 8-63

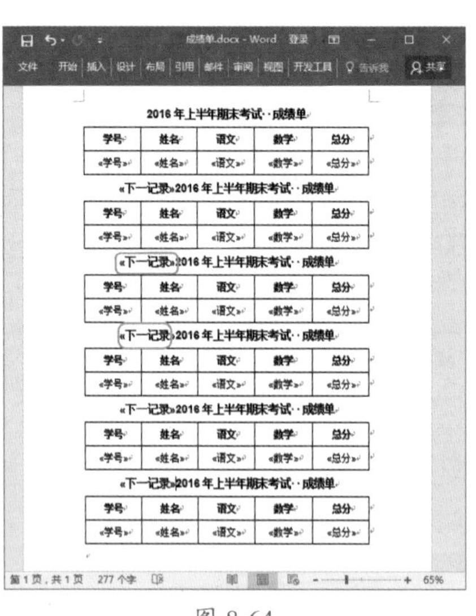

图 8-64

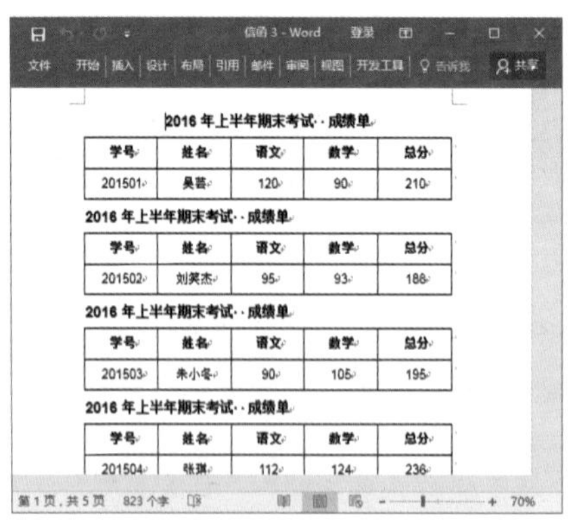

图 8-65

技巧 05：自动检查邮件合并错误

教学视频	光盘\视频\第 8 章\技巧 05.mp4

在进行邮件合并时，为了避免发生错误，用户可以使用内置的自动检查错误功能来检查错误，具体操作步骤如下。

Step01 在"面试通知书.docx"文档中，单击【邮件】选项卡【预览结果】组中的【检查错误】按钮，如图 8-66 所示。

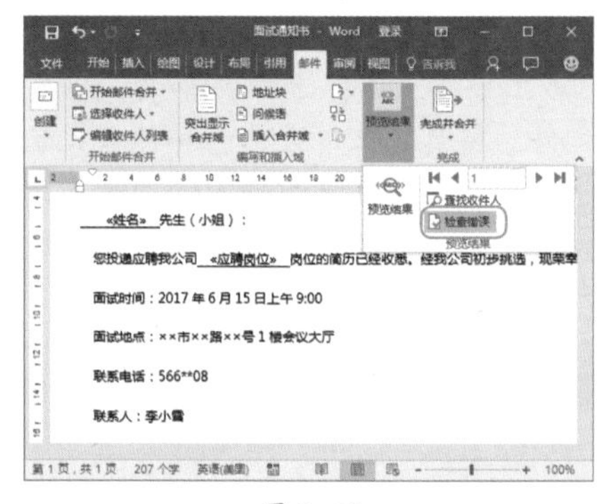

图 8-66

Step02 打开【检查并报告错误】对话框，选中相应错误检测单选按钮，❶ 如选中【合并途中不暂停，在新文档中报告错误】单选按钮，❷ 单击【确定】按钮，如图 8-67 所示。

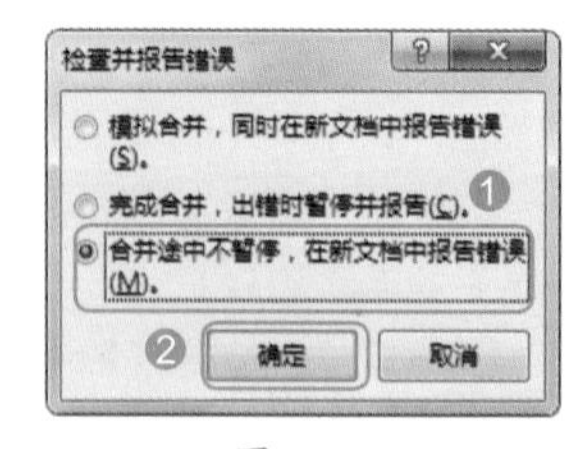

图 8-67

本章小结

本章主要讲解了信封与邮件合并的相关操作，并通过一些具体实例来讲解邮件合并功能在实际工作中的应用。希望读者在学习过程中能够举一反三，从而高效、批量地制作出各种特色文档。

Word 文档的审阅、批注与保护

- 如何快速统计文档中的页数与字数？
- 怎样才能在文档中显示修改痕迹？
- 你知道批注有什么作用吗？
- 精确比较两个文档的不同之处，你还在手动比较吗？
- 将重要文档采取保护措施，你会怎么做？

上述问题看似纷繁复杂，实际其核心只有两点：审阅与保护。通过本章知识的学习，读者一定能够得到满意的答案，同时还会获得一些意想不到的收获。

9.1 文档的检查

对文档完成了编辑工作后，根据操作需要，可以进行有效的校对工作，如检查文档中的拼写和语法错误、统计文档的页数与字数等。

9.1.1 实战：检查“公司简介”的拼写和语法错误

实例门类	软件功能
教学视频	光盘\视频\第9章\9.1.1.mp4

在编辑文档的过程中，难免会发生拼写与语法错误，如果逐一进行检查，不仅枯燥乏味，还会影响工作质量与速度。此时，通过 Word 的“拼写和语法”功能，可快速完成文档的检查，具体操作步骤如下。

Step01 打开“光盘\素材文件\第9章\公司简介.docx”文件，❶ 将文本插入点定位到文档的开始处，❷ 切换到【审阅】选项卡，❸ 单击【校对】组中的【拼写和语法】按钮，如图 9-1 所示。

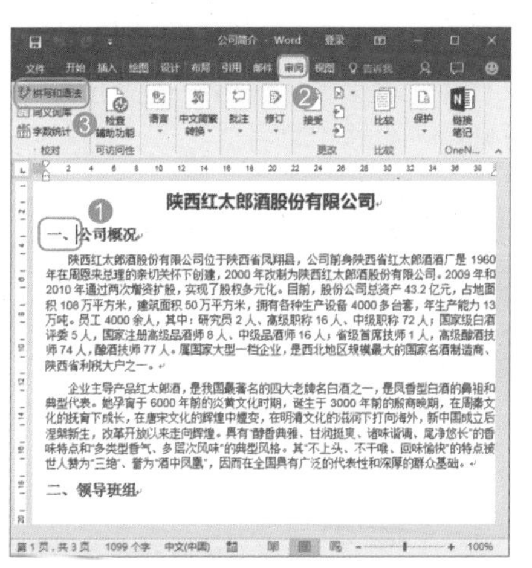

图 9-1

Step02 Word 将从文档开始处自动进行检查，当遇到拼写或语法错误时，会在自动打开的【语法】窗格中显示错误原因，同时会在文档中自动选中错误内容，如果认为内容没有错误，则单击【忽略】按钮忽略当前校对，如图 9-2 所示。

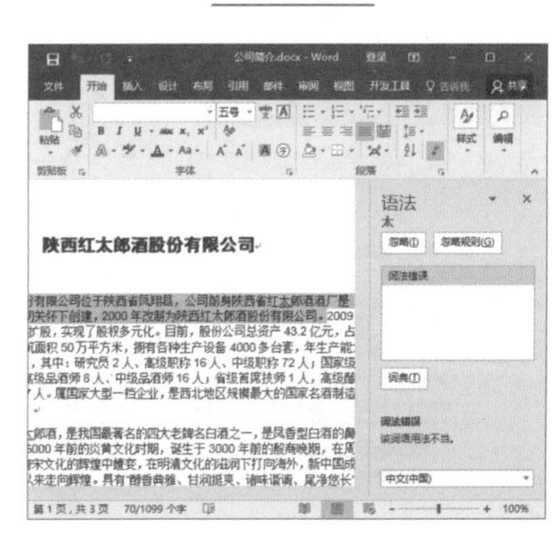

图 9-2

Step03 Word 将继续进行检查，当遇到拼写或语法错误时，根据实际情况进行忽略操作，或者在 Word 文档中进行修改操作。完成检查后，打开提示框进行提示，单击【确定】按钮，如图 9-3 所示。

图 9-3

技术看板

当遇到拼写或语法错误时，在 Word 文档中进行修改操作后，需要在【语法】窗格中单击【忽略】按钮，Word 才会继续向前进行检查。

当遇到拼写或语法错误时，在【语法】窗格中单击【忽略规则】按钮，可忽略当前错误在文档中出现的所有位置。

9.1.2 实战：统计“公司简介”的页数与字数

实例门类	软件功能
教学视频	光盘\视频\第 9 章\9.1.2.mp4

默认情况下，在编辑文档时，Word 窗口的状态栏中会实时显示文档页码信息及总字数，如果需要了解更详细的字数信息，可通过字数统计功能进行查看，具体操作步骤如下。

Step01 在“公司简介.docx”文档中，❶ 选择【审阅】选项卡，❷ 单击【校对】组中的【字数统计】按钮，如图 9-4 所示。

Step02 打开【字数统计】对话框，将显示当前文档的页数、字数、字符数等信息，单击【关闭】按钮，如图 9-5 所示。

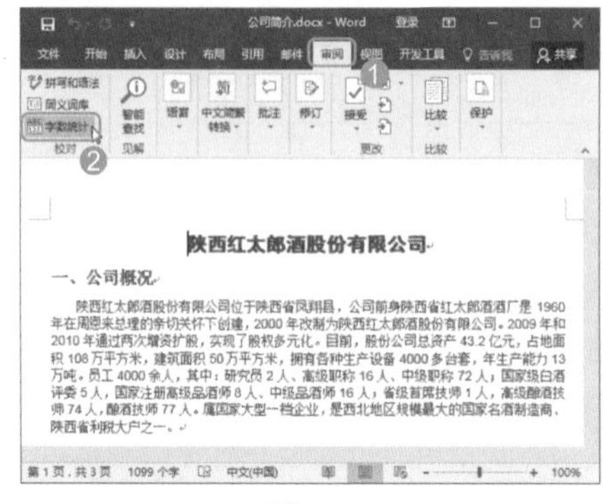

图 9-4

技能拓展——统计部分内容的页数与字数

若要统计文档部分内容的页码与字数信息，只需选择要统计字数信息的文本内容，单击【字数统计】按钮，在打开的【字数统计】对话框中即可查看到。

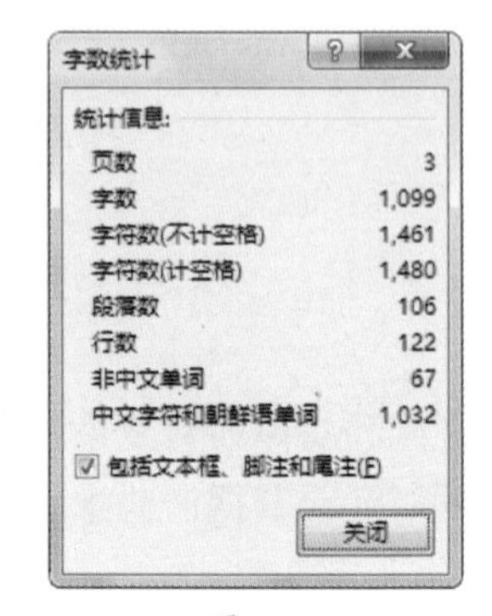

图 9-5

9.2 文档的修订

在编辑会议发言稿之类的文档时，文档由作者编辑完成后，一般还需要审阅者进行审阅，再由作者根据审阅者提供的修改建议进行修改，通过这样的反复修改，最后才能定稿，接下来就讲解文档的修订方法。

9.2.1 实战：修订调查报告

实例门类	软件功能
教学视频	光盘\视频\第 9 章\9.2.1.mp4

审阅者在审阅文档时，如果需要对文档内容进行修改，建议先打开修订功能。打开修订功能后，文档中将会显示所有修改痕迹，以便文档编辑者查看审阅者对文档所做的修改。修订文档的具体操作步骤如下。

Step01 打开“光盘\素材文件\第 9 章\市场调查报告.docx”文件，❶ 切换到【审阅】选项卡，❷ 在【修订】组中单击【修订】按钮下方的下拉按钮▾，❸ 在弹出的下拉列表中选择【修订】选项，如图 9-6 所示。

图 9-6

Step02 系统自动进入修订状态，对文档进行各种编辑后，系统会在被编辑区域的边缘附近显示一条红线，该红线用于指示修订的位置，如图 9-7 所示。

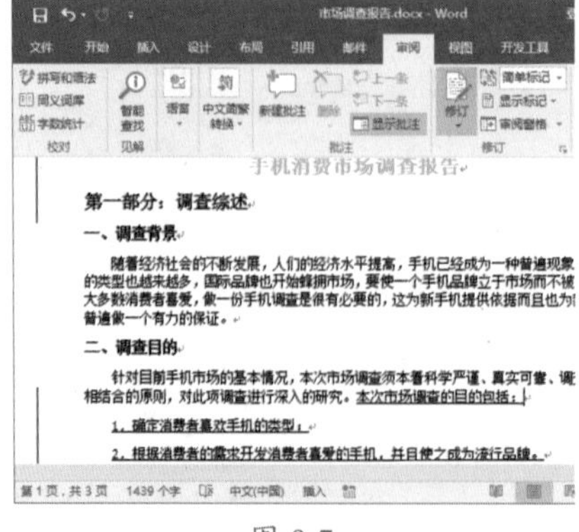

图 9-7

技能拓展——取消修订状态

打开修订功能后，【修订】按钮呈选中状态。如果需要关闭修订功能，则单击【修订】按钮下方的下拉按钮▾，在弹出的下拉列表中选择【修订】选项即可。

9.2.2 实战：设置调查报告的修订显示状态

实例门类	软件功能
教学视频	光盘\视频\第 9 章\9.2.2.mp4

Word 2016 为修订提供了 4 种显示状态，分别是简单标记、所有标记、无标记、原始状态，在不同的状态下，修订以不同的形式进行显示。

- 简单标记：在文档中显示为修改后的状态，但会在编辑过的区域左边显示一条红线，这条红线表示附近区域有修订。

- 所有标记：在文档中显示所有修改痕迹。
- 无标记：在文档中隐藏所有修订标记，并显示为修改后的状态。
- 原始状态：在文档中没有任何修订标记，并显示为修改前的状态，即以原始形式显示文档。

默认情况下，Word 以简单标记显示修订内容，根据操作需要，用户可以随时更改修订的显示状态。为了便于查看文档中的修改情况，一般建议将修订的显示状态设置为所有标记，具体操作步骤如下。

Step01 在“市场调查报告 .docx”文档中，在【审阅】选项卡【修订】组的下拉列表中选择【所有标记】选项，如图 9-8 所示。

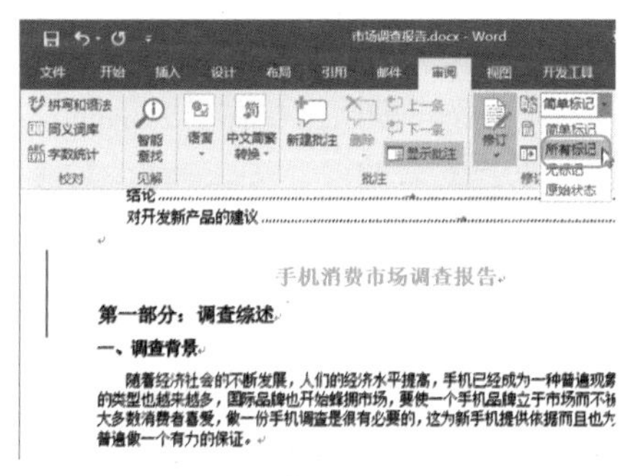

图 9-8

Step02 此时，用户可以非常清楚地看到对文档所做的所有修改，如图 9-9 所示。

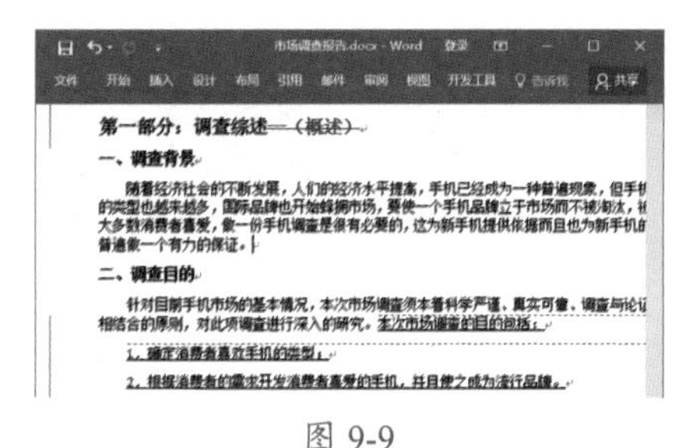

图 9-9

9.2.3 实战：设置修订格式

实例门类	软件功能
教学视频	光盘\视频\第 9 章\9.2.3.mp4

在文档处于修订状态下时，对文档所做的编辑将以不同的标记或颜色进行区分显示，根据操作需要，用户还可以自定义设置这些标记或颜色，具体操作步骤如下。

Step01 打开任一文档，❶ 切换到【审阅】选项卡，❷ 在【修订】组中单击【功能扩展】按钮，如图 9-10 所示。

图 9-10

Step02 打开【修订选项】对话框，单击【高级选项】按钮，如图 9-11 所示。

图 9-11

Step03 打开【高级修订选项】对话框，❶ 在各个选项区域中进行相应的设置，❷ 完成设置后单击【确定】按钮即可，如图 9-12 所示。

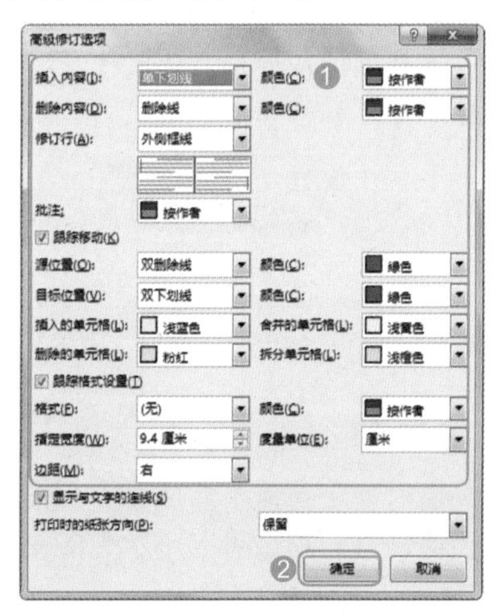

图 9-12

> **技术看板**
>
> 对文档进行修订时，如果将已经带有插入标记的内容删除掉，则该文本会直接消失，不被标记为删除状态。这是因为只有原始内容被删除时，才会出现修订标记。

在【高级修订选项】对话框中，其中【跟踪移动】复选框是针对段落的移动，当移动段落时，Word 会进行跟踪显示；【跟踪格式设置】复选框是针对文字或段落格式的更改，当格式发生变化时，会在窗口右侧的标记区中显示格式变化的参数。

★ 重点 9.2.4 实战：对策划书接受与拒绝修订

实例门类	软件功能
教学视频	光盘\视频\第 9 章\9.2.4.mp4

对文档进行修订后，文档编辑者可对修订做出接受或拒绝操作。若接受修订，则文档会保存为审阅者修改后的状态；若拒绝修订，则文档会保存为修改前的状态。

根据个人操作需要，可以逐条接受或拒绝修订，也可以直接一次性接受或拒绝所有修订。

1. 逐条接受或拒绝修订

如果要逐条接受或拒绝修订，可按下面的操作步骤实现。

Step01 打开“光盘\素材文件\第 9 章\旅游景区项目策划书 .docx”文件，❶ 将文本插入点定位在某条修订中，❷ 切换到【审阅】选项卡，❸ 若要拒绝修订，则单击【拒绝】按钮右侧的下拉按钮，❹ 在弹出的下拉列表中选择【拒绝更改】选项，如图 9-13 所示。

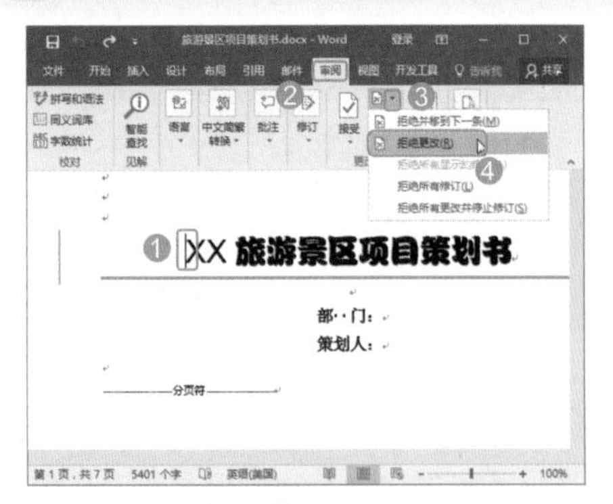

图 9-13

技术看板

单击【审阅】选项卡【拒绝】按钮右侧的下拉按钮，在弹出的下拉列表中，若选择【拒绝并移到下一条】选项，当前修订即可被拒绝，与此同时，文本插入点自动定位到下一条修订中。

Step02 当前修订被拒绝，同时修订标记消失，在【更改】组中单击【下一条】按钮，如图 9-14 所示。

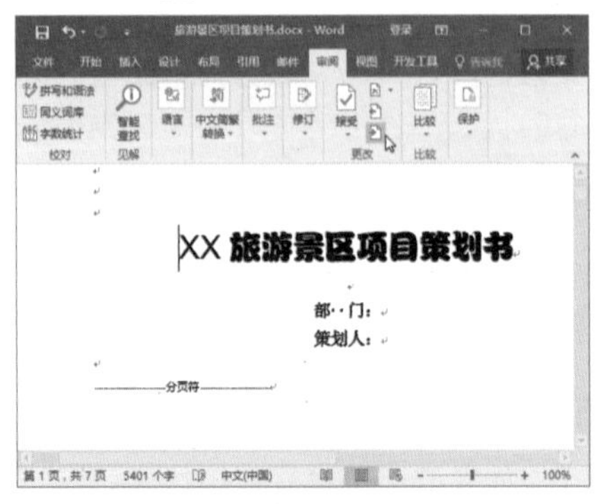

图 9-14

技术看板

在【更改】组中，若单击【上一条】按钮，则 Word 将查找并选中上一条修订。

Step03 Word 将查找并选中下一条修订，❶ 若要接受修订，则在【更改】组中单击【接受】按钮下方的下拉按钮，❷ 在弹出的下拉列表中选择【接受此修订】选项，如图 9-15 所示。

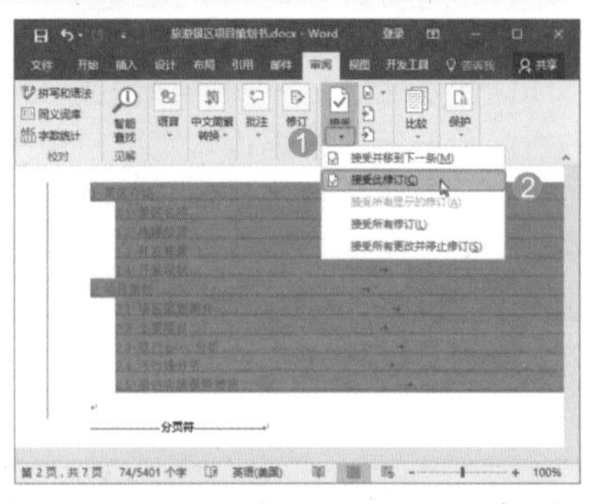

图 9-15

技术看板

在【接受】下拉列表中，若选择【接受并移到下一条】选项，当前修订即可被接受，与此同时，文本插入点自动定位到下一条修订中。

Step04 当前修订即可被接受，同时修订标记消失，如图 9-16 所示。

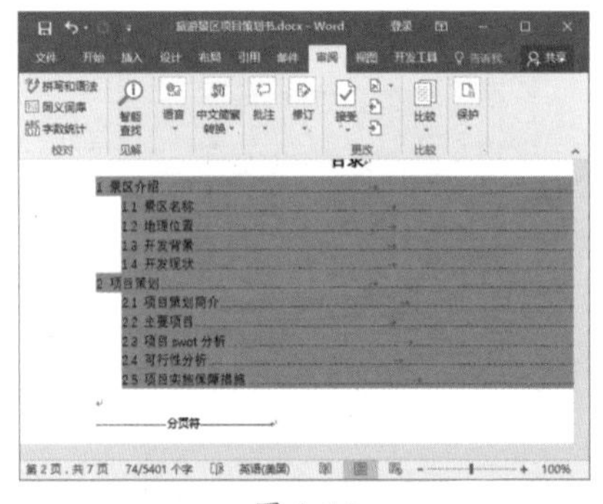

图 9-16

Step05 参照上述操作方法，对文档中的修订进行接受或拒绝操作即可，完成所有修订的接受/拒绝操作后，会弹出提示框进行提示，单击【确定】按钮即可，如图 9-17 所示。

图 9-17

2. 接受或拒绝全部修订

有时读者可能不需要去逐一接受或拒绝修订，那么可以一次性接受或拒绝文档中所有修订。

- 接受所有修订：如果需要接受审阅者的全部修订，❶ 单击【接受】按钮下方的下拉按钮，❷ 在弹出的下拉列表中选择【接受所有修订】选项即可，如图 9-18 所示。

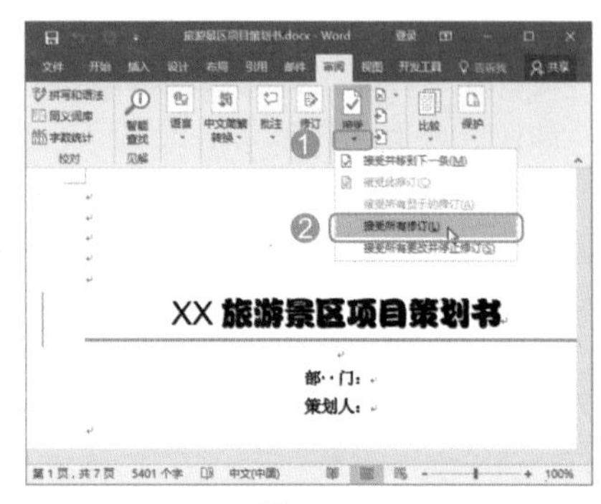

图 9-18

- 拒绝所有修订：如果需要拒绝审阅者的全部修订，❶ 单击【拒绝】按钮右侧的下拉按钮，❷ 在弹出的下拉列表中选择【拒绝所有修订】选项即可，如图 9-19 所示。

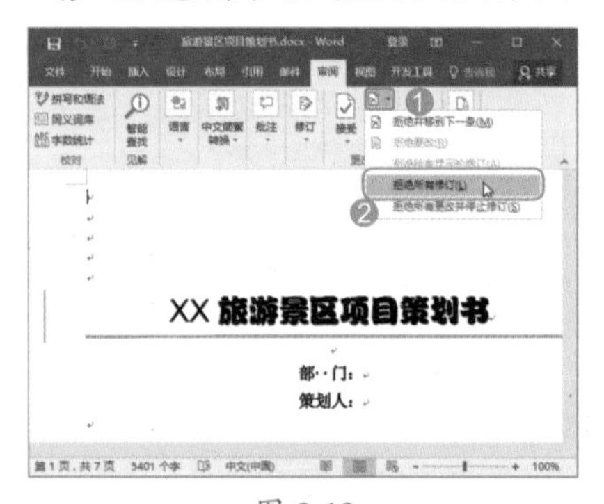

图 9-19

技术看板

若要拒绝或接受所有显示的修订，只需在【接受】或【拒绝】下拉列表中选择【接受所有显示修订】选项或【拒绝所有显示修订】选项（这两条选项只有在存在多个审阅者并进行审阅者筛选后，才会呈现可选择状态）。

9.3 批注的应用

修订是跟踪文档变化最有效的手段，通过该功能，审阅者可以直接对文稿进行修改。但是，当需要对文稿提出建议时，就需要通过批注功能来实现。

★ 新功能 9.3.1 实战：在“市场调查报告”中新建批注

实例门类	软件功能
教学视频	光盘\视频\第9章\9.3.1.mp4

批注是作者与审阅者的沟通渠道，审阅者在修改他人文档时，通过插入批注，可以将自己的建议插入文档中，以供作者参考。其具体操作步骤如下。

Step 01 在“市场调查报告.docx”文档中，❶ 选择需要添加批注的文本，❷ 切换到【审阅】选项卡，单击【批注】组中的【新建批注】按钮，如图9-20所示。

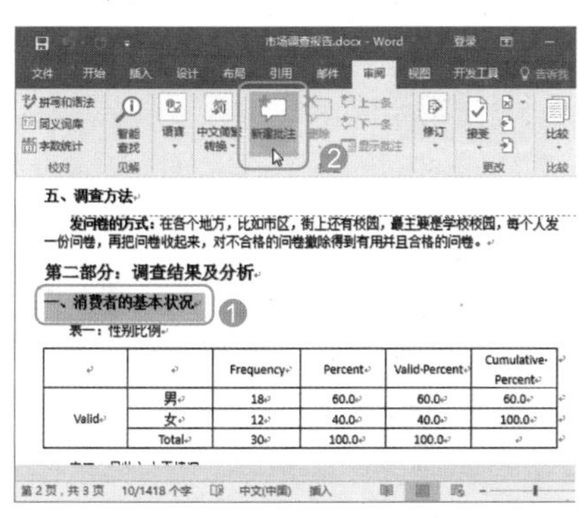

图 9-20

Step 02 窗口右侧将出现一个批注框，在批注框中输入自己的见解或建议即可，如图9-21所示。

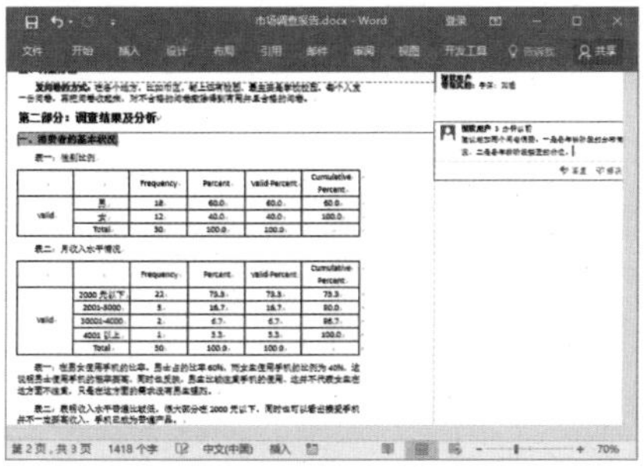

图 9-21

技术看板

需要大家注意的是，在【阅读】视图中只能显示已创建的批注，无法新建批注。

9.3.2 设置批注和修订的显示方式

Word为批注和修订提供了3种显示方式，分别是在批注框中显示修订、以嵌入方式显示所有修订、仅在批注框中显示批注和格式。

- 在批注框中显示修订：选择此方式时，所有批注和修订将以批注框的形式显示在标记区中，如图9-22所示。

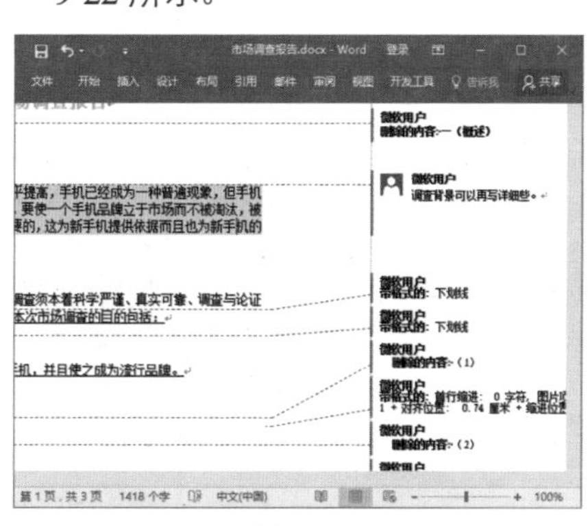

图 9-22

- 以嵌入方式显示所有修订：所有批注与修订将以嵌入的形式显示，如图9-23所示。

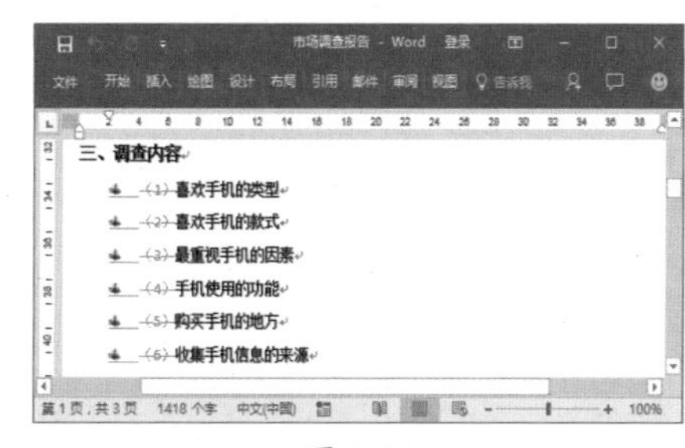

图 9-23

- 仅在批注框中显示批注和格式：标记区中将以批注框的形式显示批注和格式更改，而其他修订会以嵌入的形式显示在文档中，如图9-24所示。

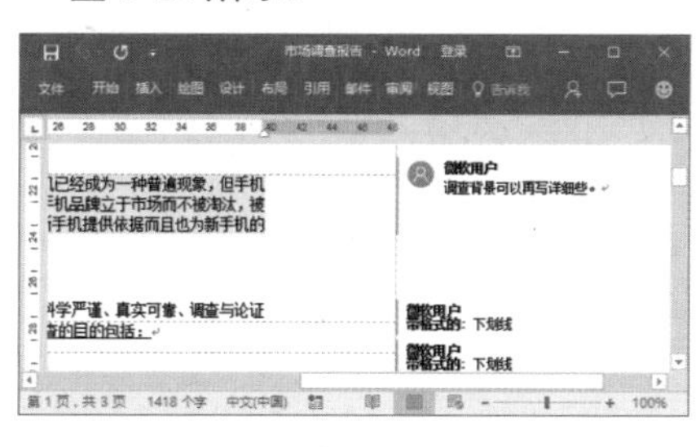

图 9-24

默认情况下，Word文档中是以仅在批注框中显示批注和格式的方式显示批注和修订，用户可自行更改，具体操作步骤如下。

❶ 切换到【审阅】选项卡，❷ 在【修订】组中单击【显示标记】按钮，❸ 在弹出的下拉列表中选择【批注框】选项，❹ 在弹出的级联列表中选择需要的方式，如图9-25所示。

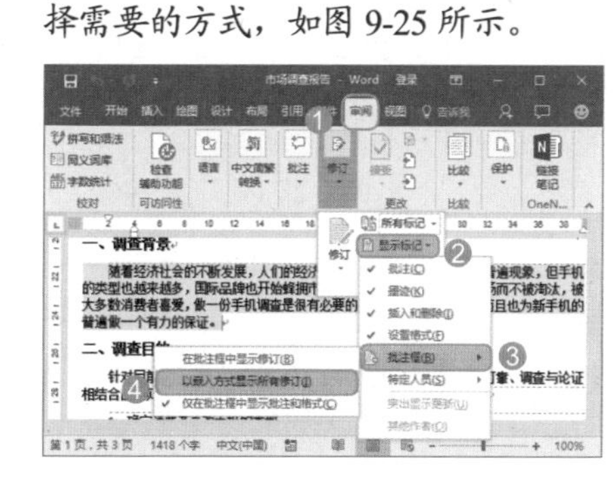

图 9-25

★ 新功能 9.3.3 实战：答复批注

实例门类	软件功能
教学视频	光盘\视频\第9章\9.3.3.mp4

当审阅者在文档中使用了批注

时，作者还可以对批注做出答复，从而使审阅者与作者之间的沟通非常轻松。答复批注的具体操作步骤如下。

Step 01 在“市场调查报告.docx”文档中，❶ 将文本插入点定位到需要进行答复的批注内，❷ 单击【答复】按钮，如图 9-26 所示。

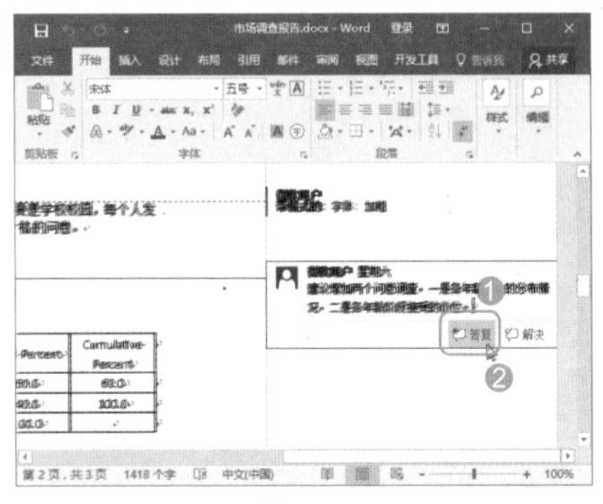

图 9-26

Step 02 在出现的回复栏中直接输入答复内容即可，如图 9-27 所示。

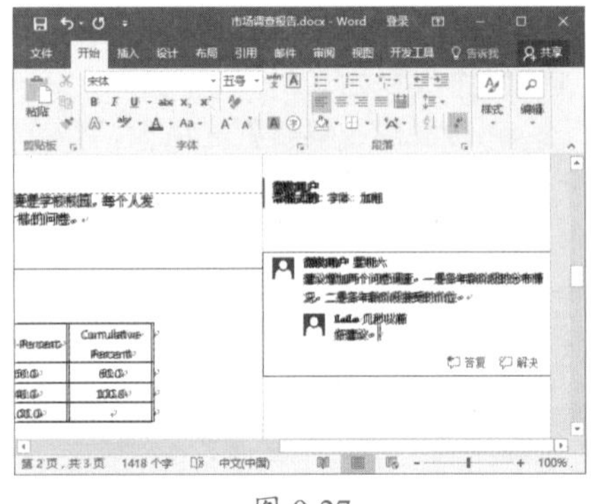

图 9-27

技能拓展——解决批注

当某个批注中提出的问题已经得到解决，可以在该标注中单击【解决】按钮，将其设置为已解决状态。若要激活该标注，则单击【重新打开】按钮即可。

9.3.4 删除批注

如果不再需要批注内容，可通过下面的方法将其删除。

➥ 右击需要删除的批注，在弹出的快捷菜单中选择【删除批注】命令即可，如图 9-28 所示。

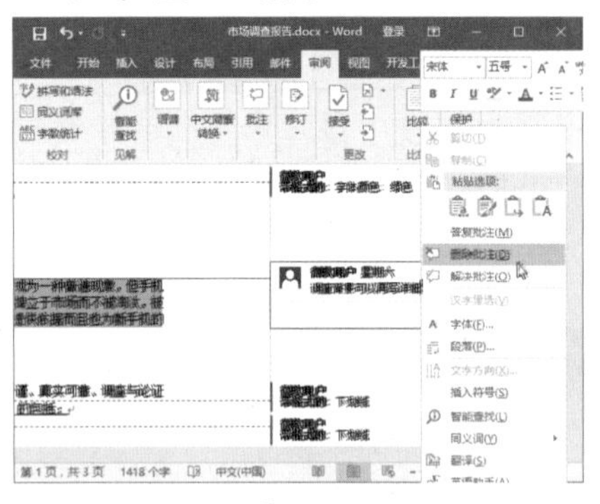

图 9-28

➥ 将文本插入点定位在要删除的批注中，切换到【审阅】选项卡，❶ 在【批注】组中单击【删除】按钮下方的下拉按钮 ▾，❷ 在弹出的下拉列表中选择【删除】选项即可，如图 9-29 所示。

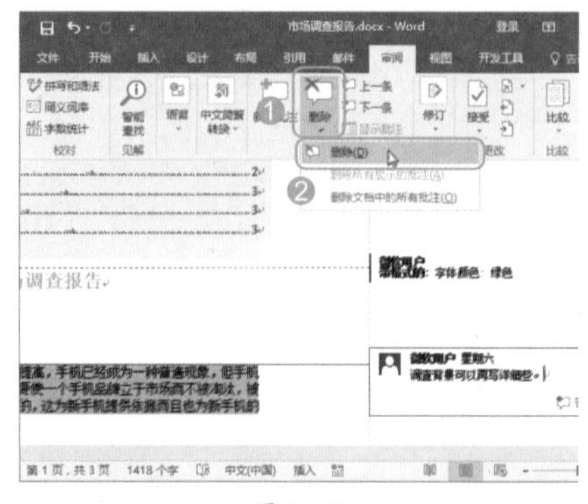

图 9-29

技能拓展——删除文档中所有批注

在要删除批注的文档中，切换到【审阅】选项卡，❶ 在【批注】组中单击【删除】按钮下方的下拉按钮 ▾，❷ 在弹出的下拉列表中选择【删除文档中的所有批注】选项，可以一次性删除文档中的所有批注，如图 9-30 所示。

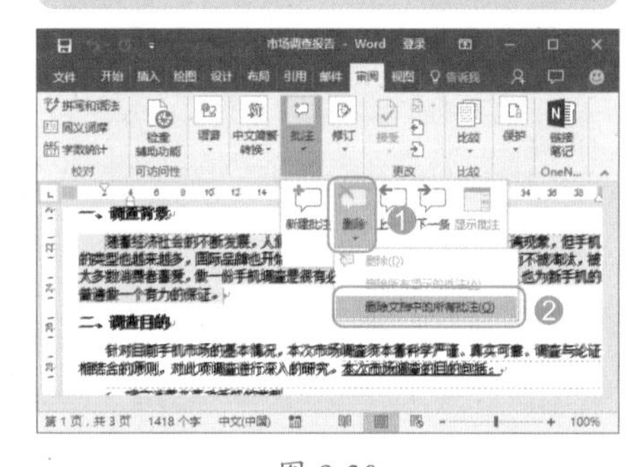

图 9-30

9.4 文档的合并与比较

通过 Word 提供的合并比较功能，用户可以很方便地对两篇文档进行比较，从而快速找到差异之处，接下来将进行详细讲解。

9.4.1 实战：合并“公司简介”中的多个修订文档

实例门类	软件功能
教学视频	光盘\视频\第 9 章\9.4.1.mp4

合并文档并不是将几个不同的文档合并在一起，而是将多个审阅者对同一个文档所做的修订合并在一起。合并文档的具体操作步骤如下。

Step 01 打开“光盘\素材文件\第 9 章\公司简介.docx”文件，❶ 切换到【审阅】选项卡，❷ 在【比较】组中单击【比较】按钮，❸ 在弹出的下拉列表中选择【合并】选项，如图 9-31 所示。

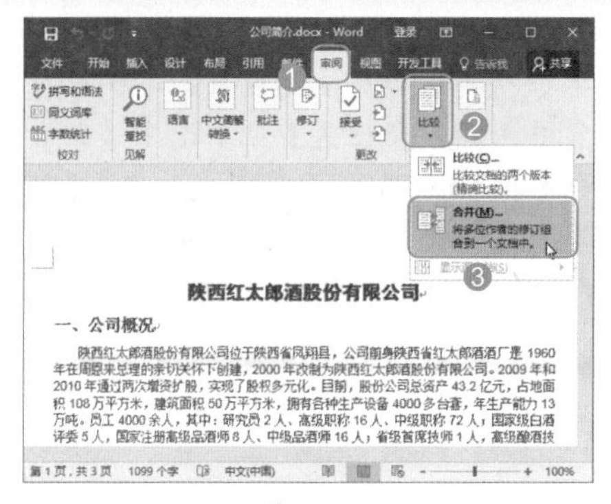
图 9-31

Step 02 打开【合并文档】对话框，在【原文档】栏中单击【文件】按钮，如图 9-32 所示。

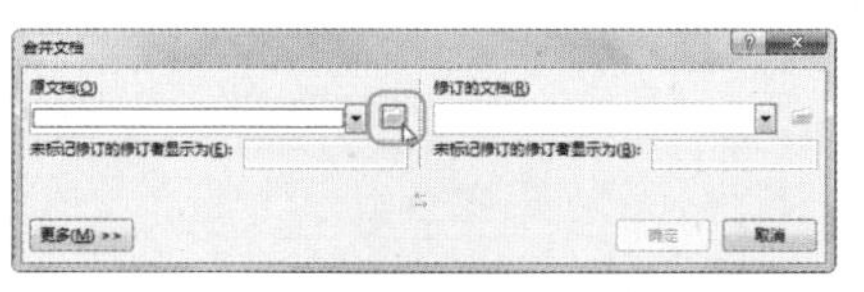
图 9-32

Step 03 打开【打开】对话框，❶ 选择原始文档，❷ 单击【打开】按钮，如图 9-33 所示。

图 9-33

Step 04 返回【合并文档】对话框，在【修订的文档】栏中单击【文件】按钮，如图 9-34 所示。

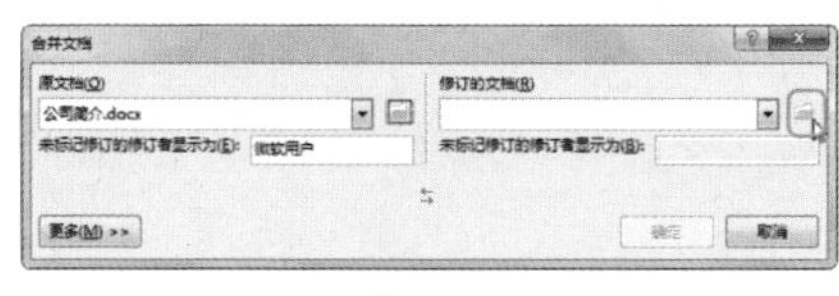
图 9-34

Step 05 打开【打开】对话框，❶ 选择第一份修订文档，❷ 单击【打开】按钮，如图 9-35 所示。

图 9-35

Step 06 返回【合并文档】对话框，单击【更多】按钮，如图 9-36 所示。

图 9-36

Step 07 ❶ 展开【合并文档】对话框，根据需要进行相应的设置，本例中在【修订的显示位置】栏中选中【原文档】单选按钮，❷ 设置完成后单击【确定】按钮，如图 9-37 所示。

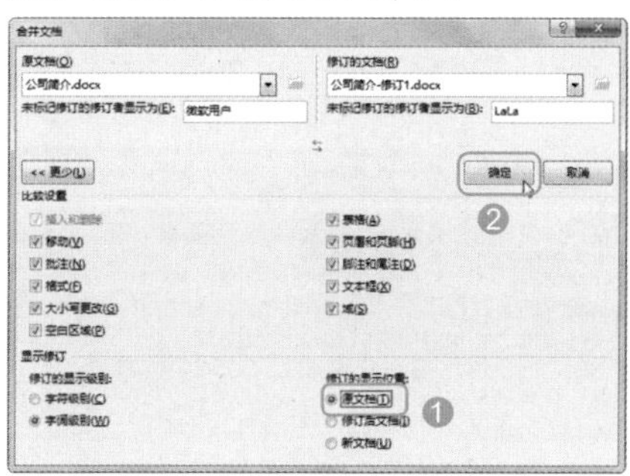
图 9-37

Step 08 Word 将会对原始文档和第一份修订文档进行合并操作，并在原文档窗口中显示合并效果，如图 9-38 所示。

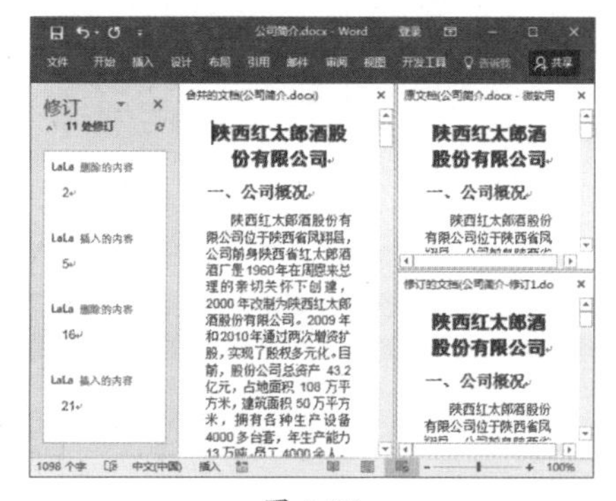
图 9-38

Step 09 按【Ctrl+S】组合键保存文档，重复前面的操作，通过【合并文档】对话框依次将其他审阅者的修订文档合并进来。在合并第二份及之后的修订文档时，会打开提示框询问用户要保留的格式修订，用户根据需要进行选择，然后单击【继续合并】按钮进行合并即可，如图 9-39 所示。

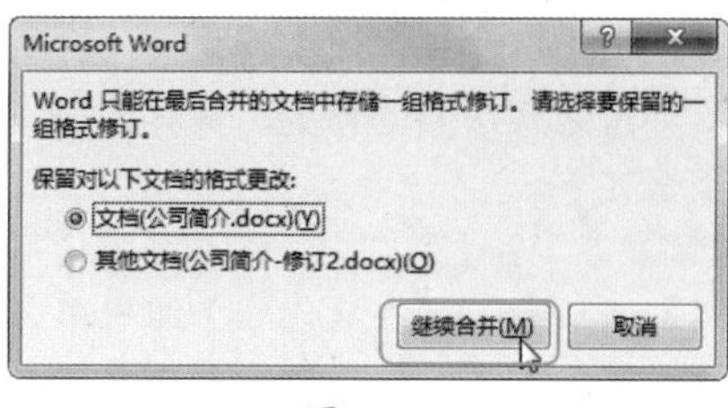

图 9-39

技术看板

在【合并文档】对话框的【修订的显示位置】栏中，若选择【原文档】选项，则将把合并结果显示在原文档中；若选择【修订后文档】选项，则会将合并结果显示在修订的文档中；若选择【新文档】选项，则会自动新建一个空白文档，用来保存合并结果。

若选择【新文档】选项，则需要先保存合并结果，并将这个保存的合并结果作为原始文档，再合并下一位审阅者的修订文档。

Step 10 在合并修订后的文档中，可以查看到所有审阅者的修订，将鼠标指针指向某条修订时，还会显示审阅者的信息，如图 9-40 所示。

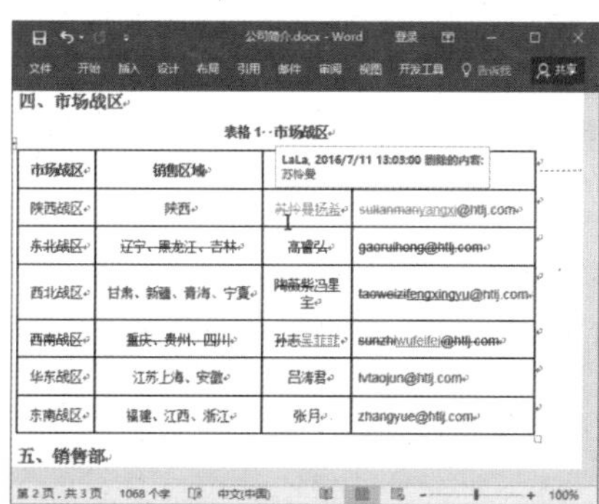
图 9-40

9.4.2 实战：比较文档

实例门类	软件功能
教学视频	光盘\视频\第 9 章\9.4.2.mp4

对于没有启动修订功能的文档，可以通过比较文档功能对原始文档与修改后的文档进行比较，从而自动生成一个修订文档，以实现文档作者与审阅者之间沟通的目的，其具体操作步骤如下。

Step01 在 Word 窗口中，❶ 切换到【审阅】选项卡，❷ 在【比较】组中单击【比较】按钮，❸ 在弹出的下拉列表中选择【比较】选项，打开【比较文档】对话框，如图 9-41 所示。

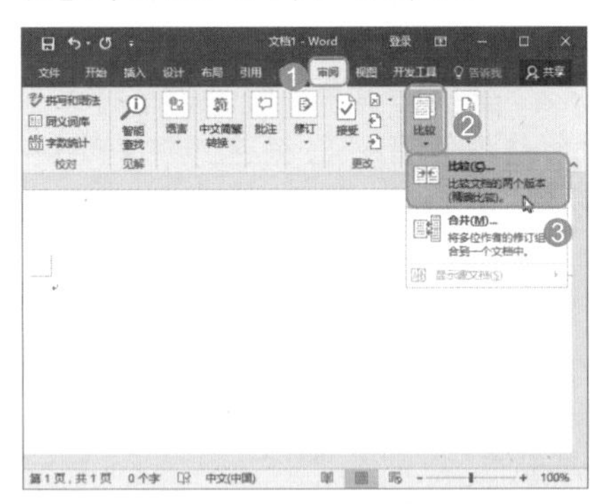

图 9-41

Step02 在【原文档】栏中单击【文件】按钮，打开【打开】对话框，如图 9-42 所示。

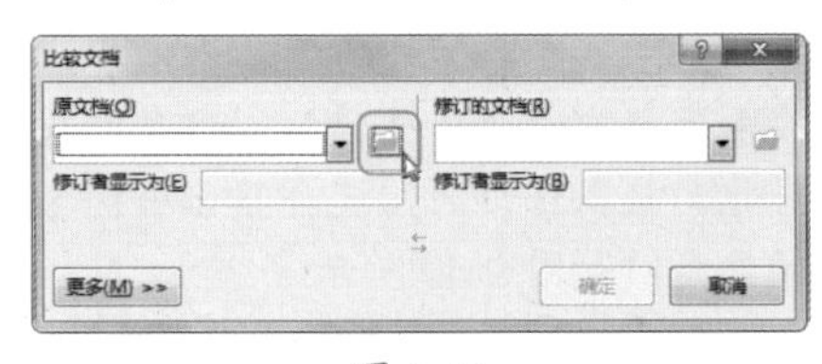

图 9-42

Step03 ❶ 选择原始文档，❷ 单击【打开】按钮，如图 9-43 所示。

图 9-43

Step04 返回【比较文档】对话框，在【修订的文档】栏中单击【文件】按钮，如图 9-44 所示。

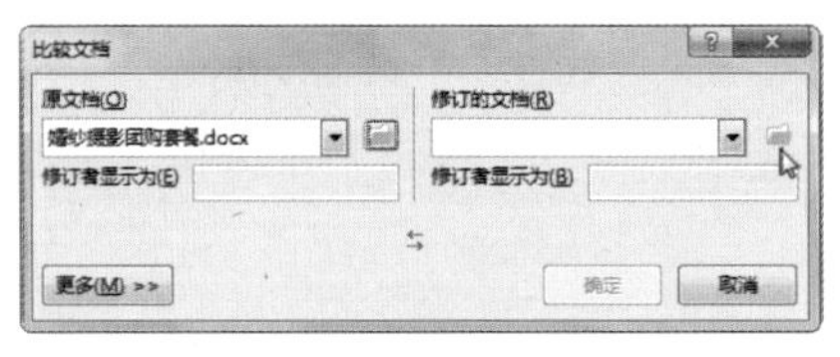

图 9-44

Step05 打开【打开】对话框，❶ 选择修改后的文档，❷ 单击【打开】按钮，如图 9-45 所示。

图 9-45

Step06 返回【比较文档】对话框，单击【更多】按钮，如图 9-46 所示。

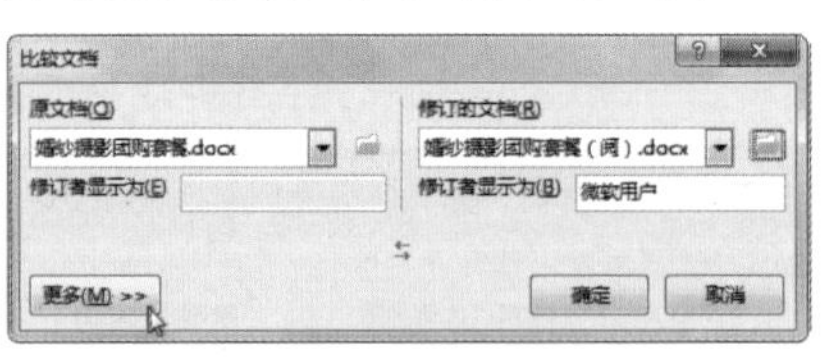

图 9-46

Step07 ❶ 展开【比较文档】对话框，根据需要进行相应的设置，本例中在【修订的显示位置】栏中选中【新文档】单选按钮，❷ 设置完成后单击【确定】按钮，如图 9-47 所示。

图 9-47

Step08 Word 将自动新建一个空白文档，并在新建的文档窗口中显示比较结果，如图 9-48 所示。

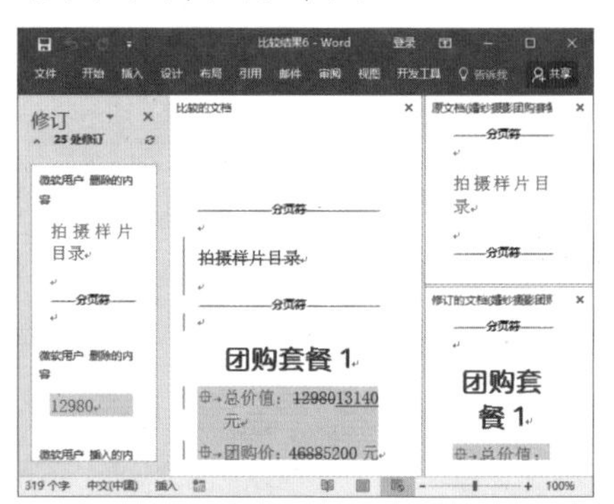

图 9-48

9.5 文档保护

编辑文档时，对于重要的文档，为了防止他人随意查看或编辑文档，用户可以对文档设置相应的保护，如设置格式修改权限、设置编辑权限、设置打开文档的密码。

★ 重点 9.5.1 实战：设置分析报告的格式修改权限

实例门类	软件功能
教学视频	光盘\视频\第 9 章\9.5.1.mp4

如果允许用户对文档的内容进行编辑，但是不允许修改格式，则可以设置格式修改权限，具体操作步骤如下。

Step 01 打开“光盘\素材文件\第 9 章\财务报表分析报告 .docx”文件，❶ 切换到【审阅】选项卡，❷ 在【保护】组中单击【限制编辑】按钮，如图 9-49 所示。

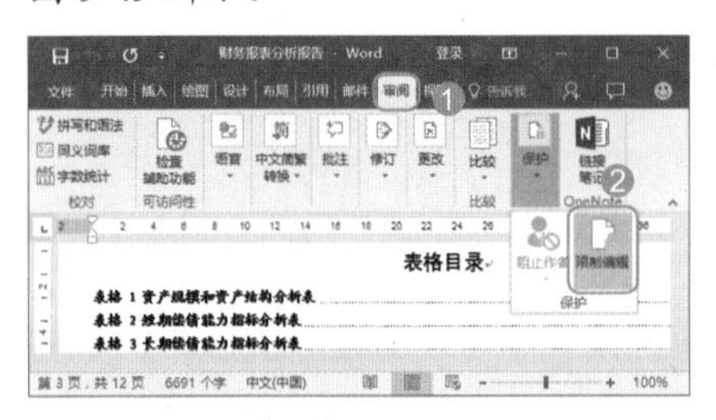

图 9-49

Step 02 打开【限制编辑】窗格，在【格式化限制】栏中选中【限制对选定的样式设置格式】复选框，如图 9-50 所示。

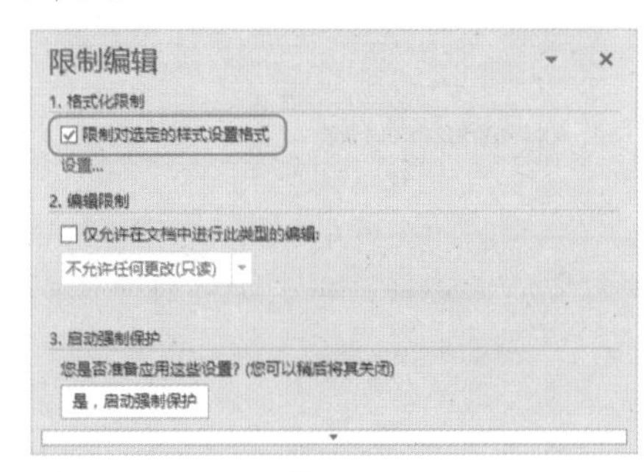

图 9-50

Step 03 在【启动强制保护】栏中单击【是，启动强制保护】按钮，如图 9-51 所示。

Step 04 打开【启动强制保护】对话框，❶ 设置保护密码，❷ 单击【确定】按钮，如图 9-52 所示。

Step 05 返回文档，此时用户仅仅可以使用部分样式格式化文本，如在【开始】选项卡中可以看到大部分按钮都呈不可使用状态，如图 9-53 所示。

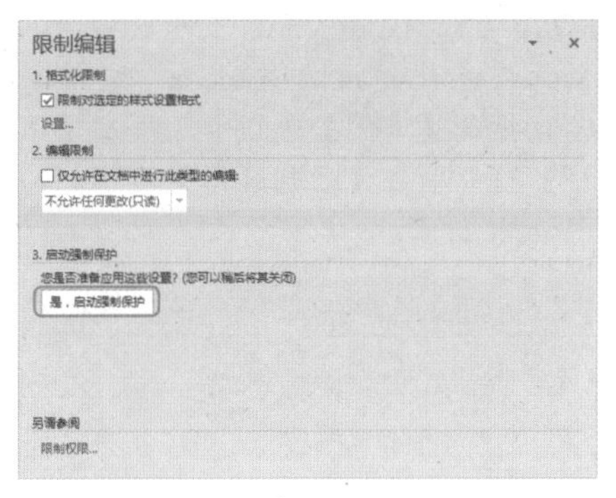

图 9-51

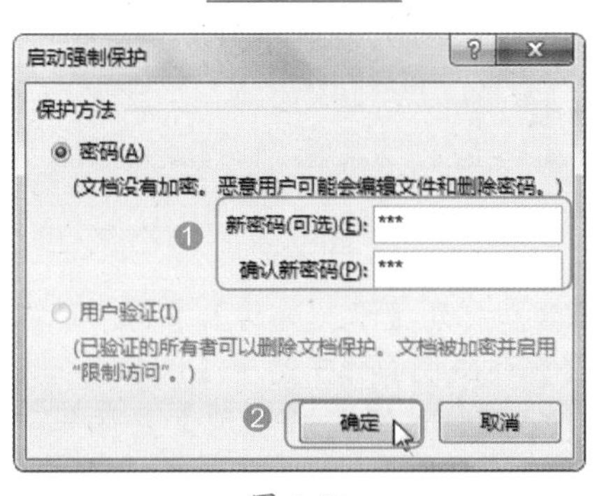

图 9-52

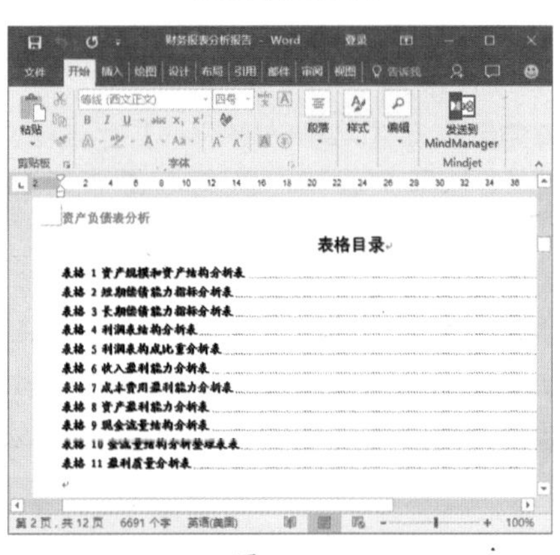

图 9-53

技能拓展——取消格式修改权限

若要取消格式修改权限，则打开【限制编辑】窗格，单击【停止保护】按钮，在弹出的【取消保护文档】对话框中输入之前设置的密码，然后单击【确定】按钮即可。

★ 重点 9.5.2 实战：设置分析报告的编辑权限

实例门类	软件功能
教学视频	光盘\视频\第 9 章\9.5.2.mp4

如果只允许其他用户查看文档，但不允许对文档进行任何编辑操作，则可以设置编辑权限，具体操作步骤如下。

Step 01 打开“光盘\素材文件\第 9 章\污水处理分析报告 .docx”文件，❶ 切换到【审阅】选项卡，❷ 在【保护】组中单击【限制编辑】按钮，如图 9-54 所示。

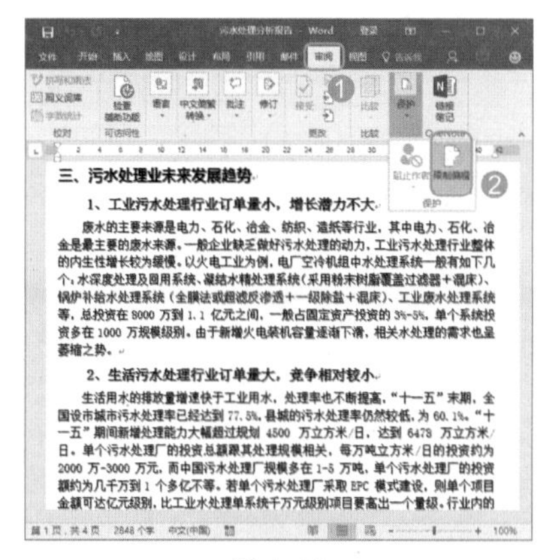

图 9-54

Step 02 打开【限制编辑】窗格，❶ 在【编辑限制】栏中选中【仅允许在文档中进行此类型的编辑】复选框，❷ 在下面的下拉列表中选择【不允许任何更改（只读）】选项，❸ 在【启动强制保护】栏中单击【是，启动强制保护】按钮，如图 9-55 所示。

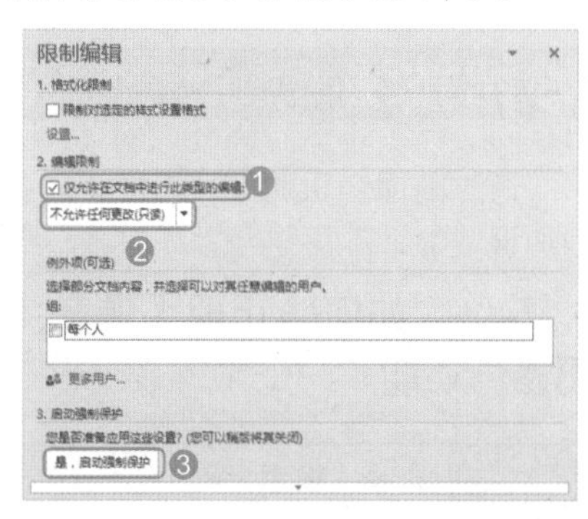

图 9-55

Step03 打开【启动强制保护】对话框，❶ 设置保护密码，❷ 单击【确定】按钮，如图 9-56 所示。

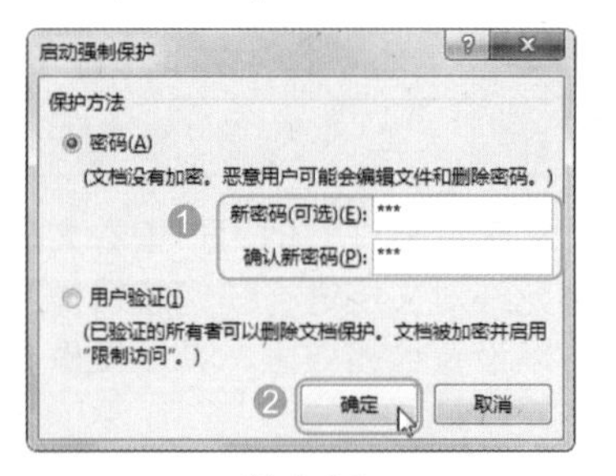

图 9-56

Step04 返回文档，此时无论进行什么操作，状态栏都会出现【由于所选内容已被锁定，您无法进行此更改】的提示信息，如图 9-57 所示。

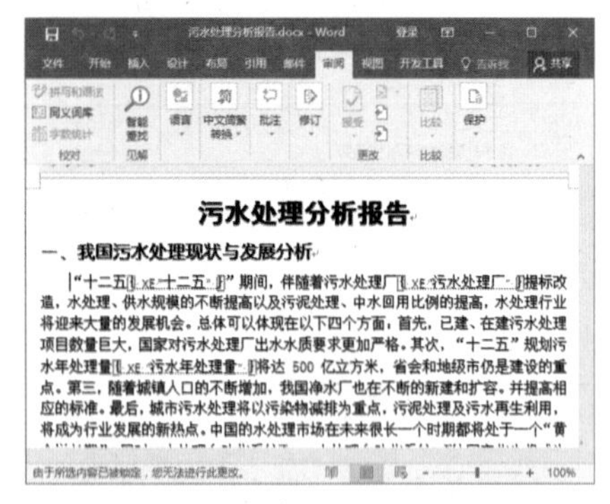

图 9-57

★ 重点 9.5.3 实战：设置建设方案的修订权限

实例门类	软件功能
教学视频	光盘\视频\第 9 章\9.5.3.mp4

如果允许其他用户对文档进行编辑操作，但是又希望查看编辑痕迹，则可以设置修订权限，具体操作步骤如下。

Step01 打开"光盘\素材文件\第 9 章\企业信息化建设方案.docx"文件，❶ 切换到【审阅】选项卡，❷ 在【保护】组中单击【限制编辑】按钮，如图 9-58 所示。

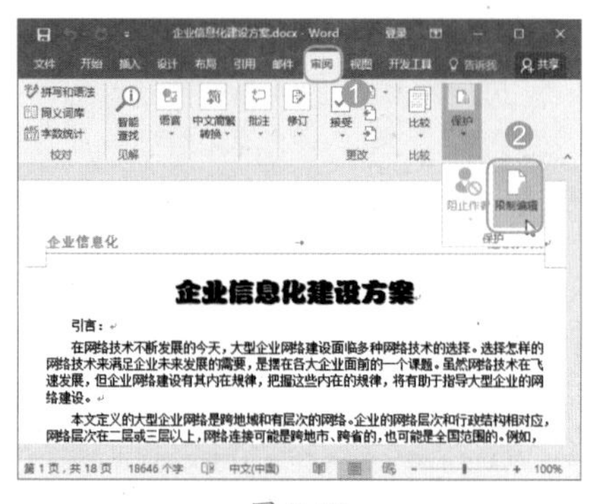

图 9-58

Step02 打开【限制编辑】窗格，❶ 在【编辑限制】栏中选中【仅允许在文档中进行此类型的编辑】复选框，❷ 在下面的下拉列表中选择【修订】选项，❸ 在【启动强制保护】栏中单击【是，启动强制保护】按钮，如图 9-59 所示。

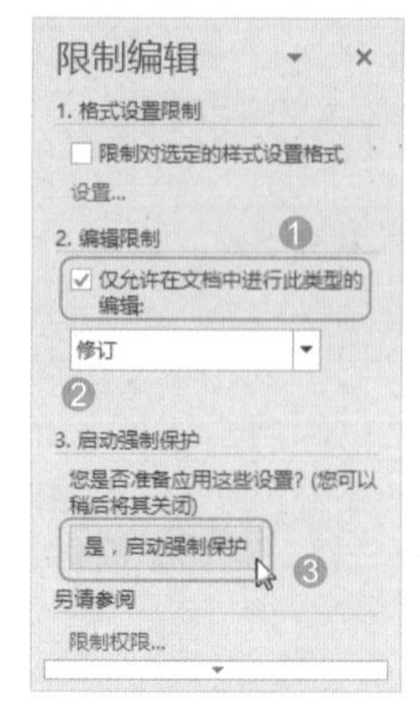

图 9-59

Step03 打开【启动强制保护】对话框，❶ 设置保护密码，❷ 单击【确定】按钮，如图 9-60 所示。

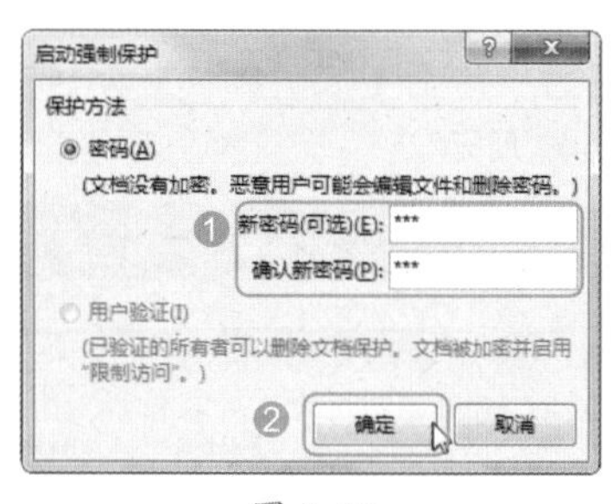

图 9-60

Step04 返回文档，此后若对其进行编辑，文档会自动进入修订状态，即任何修改都会做出修订标记，如图 9-61 所示。

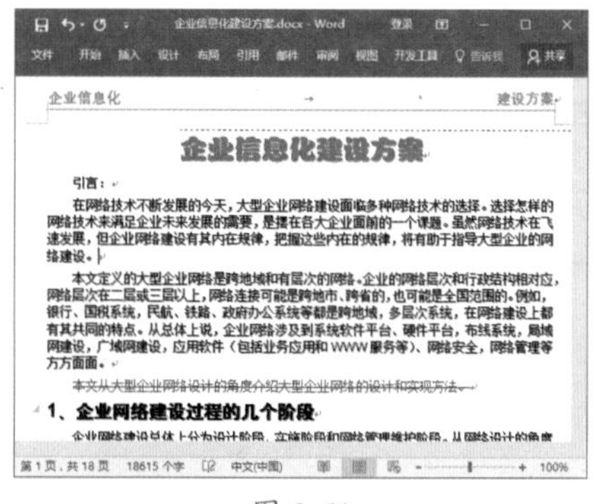

图 9-61

妙招技法

通过前面知识的学习，相信读者已经掌握了如何对文档进行审阅与保护，以及在文档中进行意见和建议批注的添加和设置等。下面结合本章内容，给大家介绍一些实用技巧。

技巧 01：如何防止他人随意关闭修订功能

教学视频	光盘\视频\第 9 章\技巧 01.mp4

文档中的修订功能，在默认情况下所有使用者都可以关闭（其方法为：单击【修订】按钮下方的下拉按钮，在弹出的下拉列表中选择【修订】选项）为了防止他人随意关闭修订功能，为审阅工作带来不便，用户可使用锁定修订功能将修订功能锁定，具体操作步骤如下。

Step01 在"市场调查报告.docx"文档中，❶ 切换到【审阅】选项卡，

❷ 在【修订】组中单击【修订】按钮下方的下拉按钮▾，❸ 在弹出的下拉列表中选择【锁定修订】选项，如图 9-62 所示。

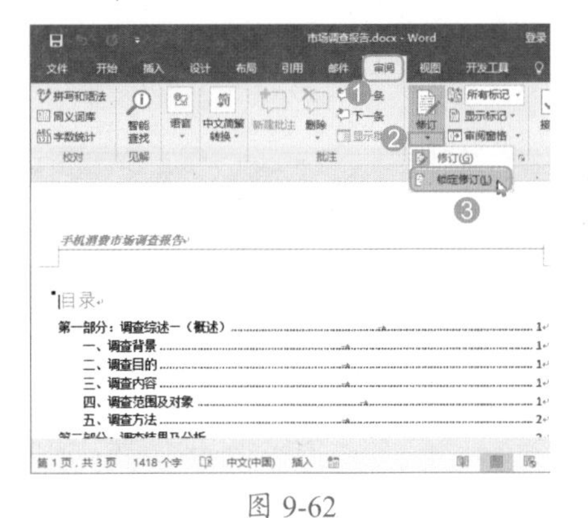

图 9-62

Step02 打开【锁定跟踪】对话框，❶ 设置密码，❷ 单击【确定】按钮即可，如图 9-63 所示。

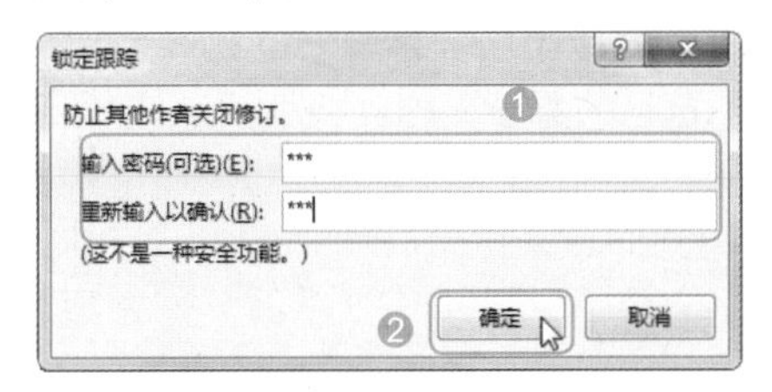

图 9-63

技能拓展——解除锁定

设置锁定修订后，此后若需要关闭修订，则需要先解除锁定。单击【修订】按钮下方的下拉按钮▾，在弹出的下拉列表中选择【锁定修订】选项，在弹出的【解除锁定跟踪】对话框中输入事先设置的密码，然后单击【确定】按钮，即可解除锁定。

技巧 02：怎样更改审阅者的称谓

教学视频	光盘\视频\第 9 章\技巧 02.mp4

在文档中插入批注后，批注框中会显示审阅者的名字。此外，对文档做出修订后，将鼠标指针指向某条修订，会在弹出的指示框中显示审阅者的名字。

根据操作需要，用户可以修改审阅者的名字，具体操作方法为：打开【Word 选项】对话框，在【常规】选项卡的【对 Microsoft Office 进行个性化设置】栏中，设置用户名及其缩写，然后单击【确定】按钮即可，如图 9-64 所示。

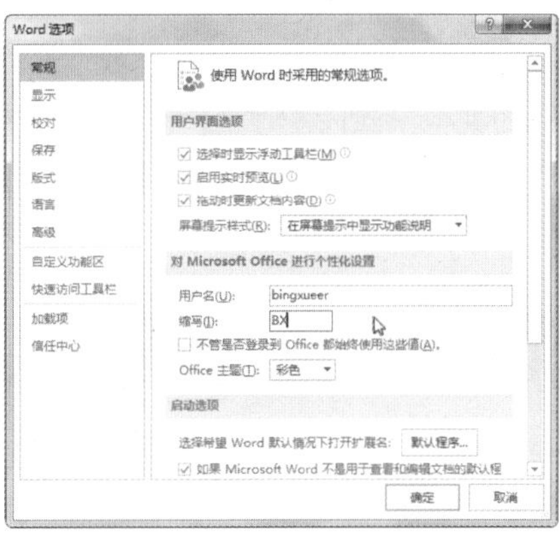

图 9-64

技巧 03：批量删除指定审阅者插入的批注

教学视频	光盘\视频\第 9 章\技巧 03.mp4

在审阅文档时，有时会有多个审阅者在文档中插入批注，如果只需要删除某个审阅者插入的批注，可按下面的操作步骤实现。

Step01 打开“光盘\素材文件\第 9 章\档案管理制度.docx”的文件，❶ 切换到【审阅】选项卡，❷ 在【修订】组中单击【显示标记】按钮，❸ 在弹出的下拉列表中选择【特定人员】选项，❹ 在弹出的级联列表中设置需要显示的审阅者，本例中只需要显示【LAN】的批注，因此取消选中【yangxue】复选框，如图 9-65 所示。

Step02 此时文档中将只显示审阅者“LAN”的批注，❶ 在【批注】组中单击【删除】按钮下方的下拉按钮▾，❷ 在弹出的下拉列表中选择【删除所有显示的批注】选项，如图 9-66 所示，即可删除审阅者“LAN”插入的所有批注。

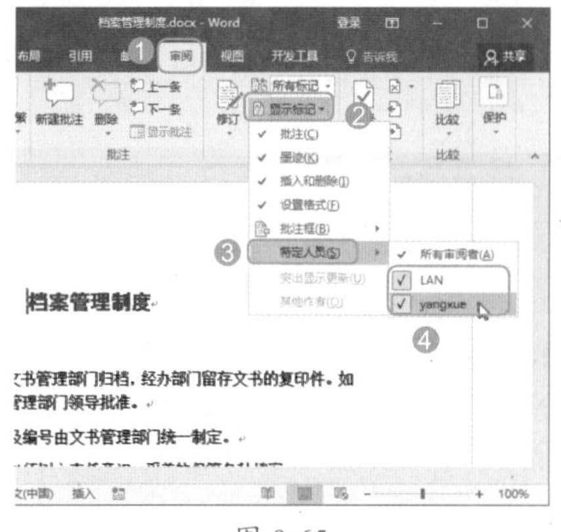

图 9-65

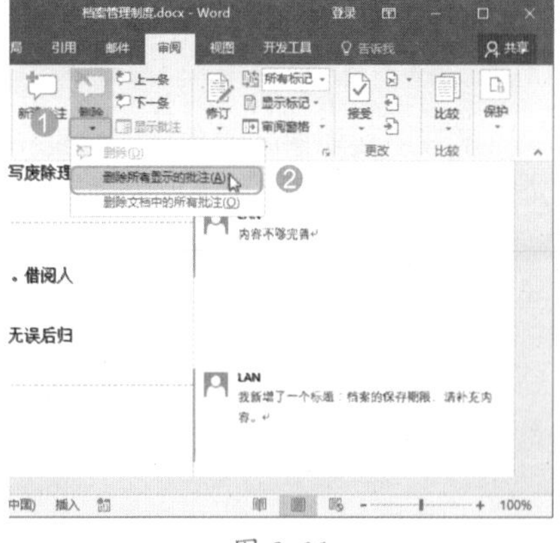

图 9-66

技巧 04：使用审阅窗格查看批注和修订

教学视频	光盘\视频\第 9 章\技巧 04.mp4

查看文档中的批注和修订，通过审阅窗格也是可以的，具体操作步骤如下。

Step01 在“市场调查报告.docx”文档中，❶ 切换到【审阅】选项卡，❷ 在【修订】组中单击【审阅窗格】按钮右侧的下拉按钮▾，❸ 在弹出的下拉列表中提供了【垂直审阅窗格】和【水平审阅窗格】两种形式，用户可自由选择，这里选择【水平审阅窗格】，如图 9-67 所示。

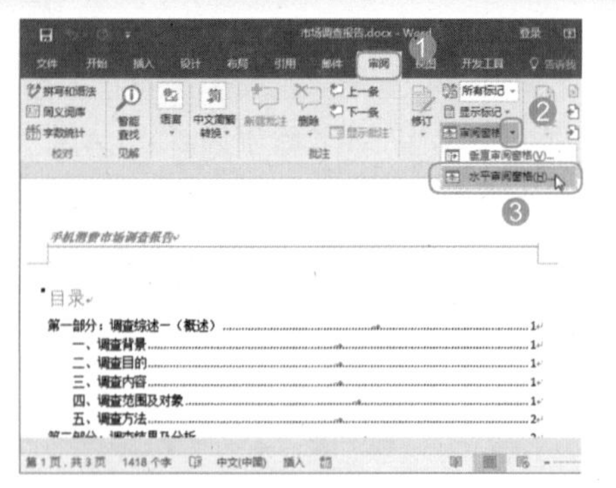

图 9-67

Step02 此时，在窗口下方的审阅窗格中可查看文档中的批注与修订，如图 9-68 所示。

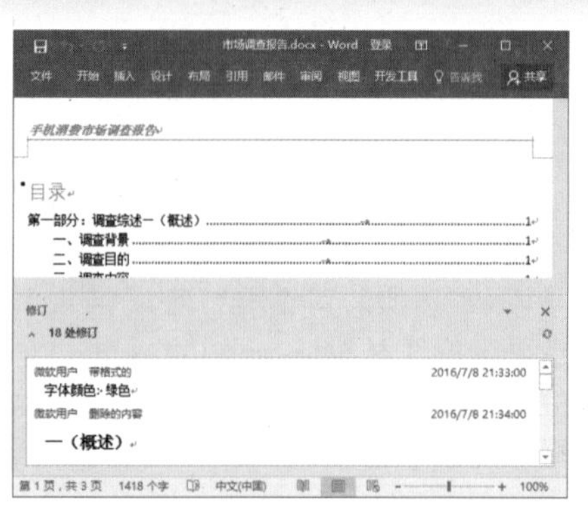

图 9-68

Step03 在审阅窗格中将文本插入点定位到某条批注或修订中，文档中也会自动跳转到相应的位置，如图 9-69 所示。

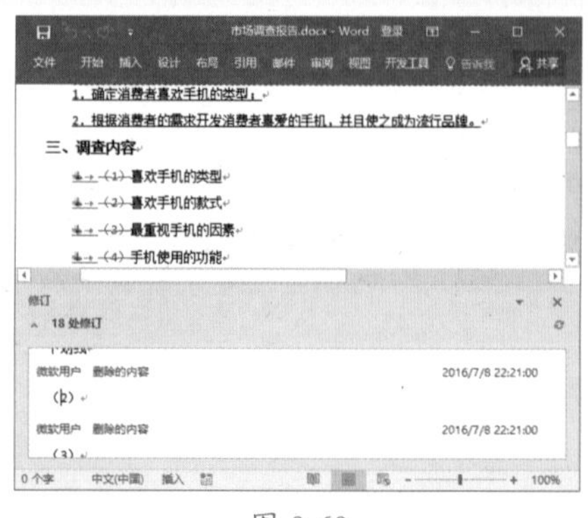

图 9-69

本章小结

本章主要讲解了如何审阅与保护文档，主要包括文档的检查、文档的修订、批注的应用、合并与比较文档、保护文档等内容。通过本章内容的学习，读者不仅能够规范审阅、修订文档，还能保护自己的重要文档。

第3篇 Excel应用

Excel 2016 是一款专业的表格制作和数据处理软件。用户可使用它对数据进行计算、管理和统计分析。其中，公式和函数是数据计算的利器，条件规则、排序、分类汇总是数据管理的法宝，迷你图、图表和数据透视图表是分析数据的高效手段。同时，用户还能借助于数据验证对普通数据进行限制和拦截。当然，还有很多其他通用操作能够有效地对数据进行高效处理和设置，由于篇幅有限，这里就不逐一介绍。要想获得更多、更详细和更精彩的 Excel 操作知识，可进入本篇的知识学习。

第10章 Excel 表格数据的录入、编辑与格式设置

- 表格数据的行或列位置输入错误了，需要重新删除这些数据添加上其他数据吗？
- 部分单元格或单元格区域中的数据相同，有什么方法可以快速输入吗？
- 想快速找到相应的数据吗？
- 想一次性将某些相同的数据替换为其他数据吗？
- 想知道又快又好的美化表格方法吗？

本章将通过对数据录入与编辑、单元格格式及表格样式的设置的知识学习，介绍 Excel 最基础的操作。

10.1 录入数据

在 Excel 中，数据是用户保存的重要信息，同时它也是体现表格内容的基本元素。用户在编辑 Excel 电子表格时，首先需要设计表格的整体框架，然后根据构思录入各种表格内容。在 Excel 表格中可以输入多种类型的数据内容，如文本、数值、日期和时间、百分数等，不同类型的数据在输入时需要使用不同的方法，本节就来介绍如何输入不同类型的数据。

10.1.1 在费用统计表中输入文本

实例门类	软件功能
教学视频	光盘\视频\第 10 章\10.1.1.mp4

文本是 Excel 中最简单的数据类型，它主要包括字母、汉字和字符串。在表格中输入文本可以用来说明表格中的其他数据。其主要常用方法有以下 3 种。

（1）选择单元格输入：选择需要输入文本的单元格，然后直接输入文本，完成后按【Enter】键或单击其他单元格即可。

（2）双击单元格输入：双击需要输入文本的单元格，将文本插入点定位在该单元格中，然后在单元格中输入文本，完成后按【Enter】键或单击其他单元格即可。

（3）通过编辑栏输入：选择需要输入文本的单元格，然后在编辑栏中输入文本，单元格中会自动显示在编辑栏中输入的文本，表示该单元格中输入了文本内容，完成后单击编辑栏中的【输入】按钮，或者单击其他单元格即可。

例如，要输入医疗费用统计表的内容，具体操作步骤如下。

Step 01 ❶ 新建一个空白工作簿，并以【医疗费用统计表】为名称进行保存，❷ 在 A1 单元格上双击，将文本插入点定位在 A1 单元格中，切换到合适的输入法并输入文本【日期】，如图 10-1 所示。

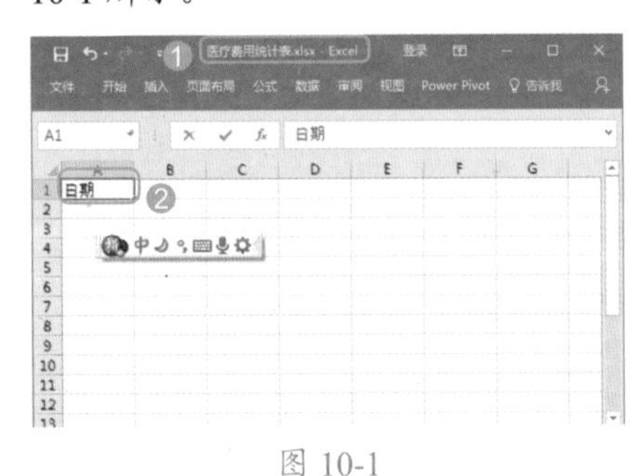

图 10-1

Step 02 ❶ 按【Tab】键完成文本的输入，系统将自动选择 B1 单元格，❷ 将文本插入点定位在编辑栏中，并输入文本【员工编号】，❸ 单击编辑栏中的【输入】按钮 ✓，如图 10-2 所示。

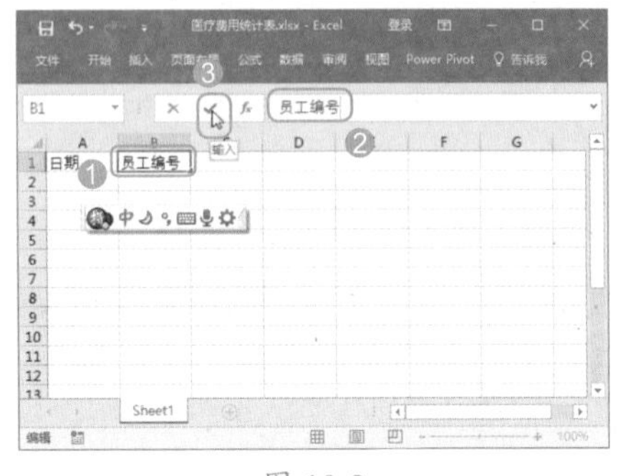

图 10-2

技术看板

在单元格中输入文本后，若按【Tab】键，将结束文本的输入并选择单元格右侧的单元格；若按【Enter】键，将结束文本的输入并选择单元格下方的单元格；若按【Ctrl+Enter】组合键，将结束文本的输入并继续选择输入文本的单元格。

Step 03 以同样的方法输入其他的文本数据，如图 10-3 所示。

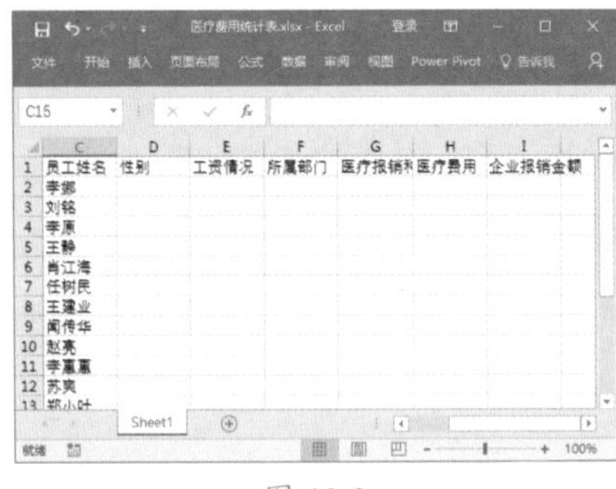

图 10-3

技能拓展——输入文本型数值

在单元格中输入常规数据的方法与输入普通文本的方法相同。不过，如果要在表格中输入以【0】开始的数据，如 001、002 等，按照普通的输入方法输入后将得不到需要的结果，例如，直接输入编号【001】，按【Enter】键后数据将自动变为【1】。

在 Excel 中，当输入数值的位数超过 12 位时，Excel 会自动以科学记数格式显示输入的数值，如【5.13029E+11】；而且，当输入数值的位数超过 15 位（不含 15 位）时，Excel 会自动将 15 位以后的数字全部转换为【0】。

在输入这类数据时，为了能正确显示输入的数值，用户可以在输入具体的数据前先输入英文状态下的单引号【'】，让 Excel 将其理解为文本格式的数据。

10.1.2 实战：在费用统计表中输入日期和时间

实例门类	软件功能
教学视频	光盘\视频\第 10 章\10.1.2.mp4

在 Excel 表格中输入日期数据时，需要按【年 - 月 - 日】格式或【年 / 月 / 日】格式输入。默认情况下，输入的日期数据包含年、月、日时，都将以【× 年 /× 月 /× 日】格式显示；输入的日期数据只包含月、日时，都将以【×× 月 ×× 日】格式显示。如果需要输入其他格式的日期数据，则需要通过【设置单元格格式】对话框中的【数字】选项卡进行设置。

在工作表中有时还需要输入时间型数据，其输入格式与日期型数据相同。如果只需要普通的时间格式数据，直接在单元格中按照【× 时 :× 分 :× 秒】格式输入即可。如果需要设置为其他的时间格式，如 00:00PM，则需要在【设置单元格格式】对话框中进行格式设置。

例如，要在“医疗费用统计表”中输入日期和时间型数据，具体操作步骤如下。

Step01 选择 A2 单元格，输入【2016-6-20】，如图 10-4 所示。

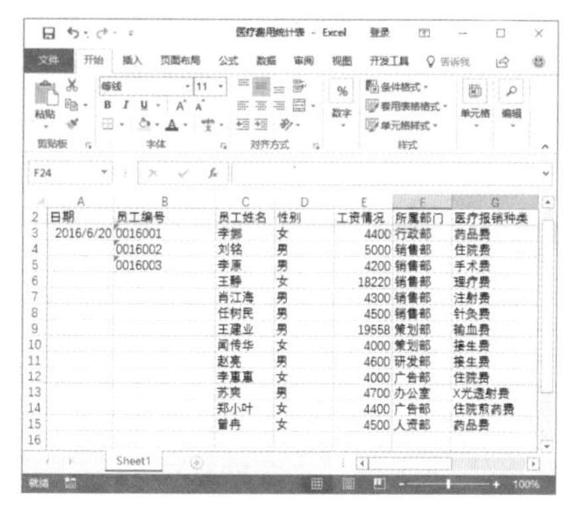

图 10-4

Step02 ❶ 按【Enter】键完成日期数据的输入，可以看到输入的日期自动以【年 / 月 / 日】格式显示，❷ 使用相同的方法继续输入其他单元格中的日期数据，❸ 选择第一行单元格，❹ 单击【开始】选项卡【单元格】组中的【插入】按钮，如图 10-5 所示。

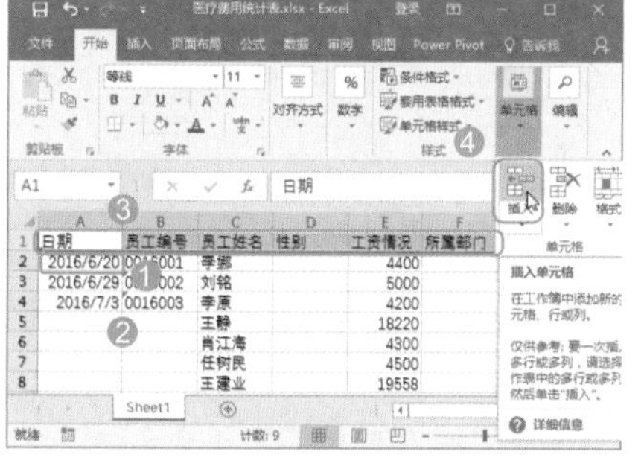

图 10-5

Step03 经过上步操作，可在最上方插入一行空白单元格。❶ 在 A1 单元格中输入文本【制表时间】，❷ 选择 B1 单元格并输入【8-31 17:25】，如图 10-6 所示。

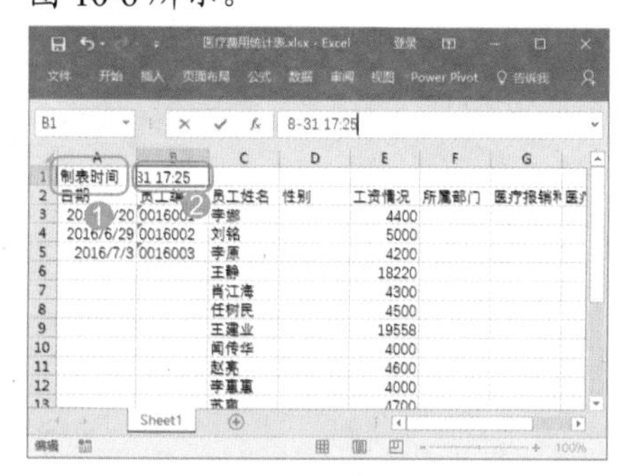

图 10-6

Step04 按【Enter】键完成时间数据的输入，可以看到输入的时间自动套用了系统当时的年份数据，显示为【2016/8/31 17:25】，效果如图 10-7 所示。

图 10-7

10.1.3 实战：在业绩管理中输入分数

实例门类	软件功能
教学视频	光盘 \ 视频 \ 第 10 章 \10.1.3.mp4

在表格中若是直接输入分数样式，系统会自动将其转换为日期，这时，需要用户现将单元格类型转换为分数类型，其具体操作步骤如下。

Step01 打开“光盘 \ 素材文件 \ 第 10 章 \ 业绩管理 .docx”文件，❶ 选择目标单元格区域，❷ 单击【数字】组中的下拉列表按钮，在弹出的下拉列表中选择【分数】选项，然后在表格中输入需要的分数，如图 10-8 所示。

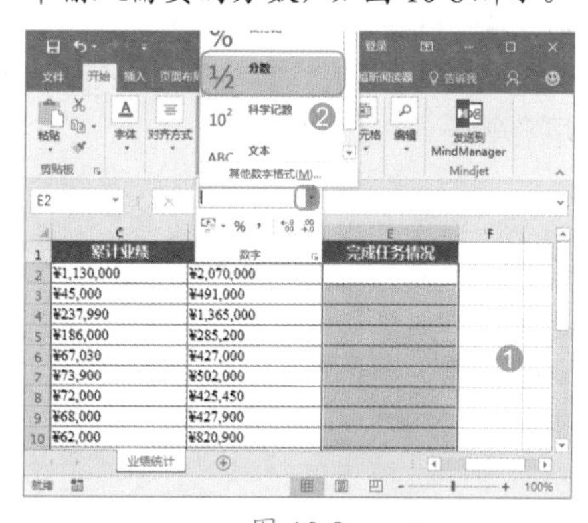

图 10-8

Step02 在表格中手动输入分数的效果如图 10-9 所示。

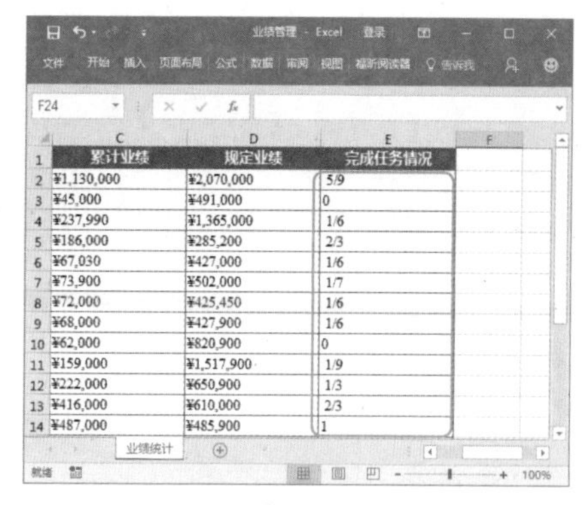

图 10-9

★ 重点 10.1.4 实战：在费用统计表中连续的单元格区域内填充相同的数据

实例门类	软件功能
教学视频	光盘 \ 视频 \ 第 10 章 \10.1.4.mp4

在 Excel 中为单元格填充相同的数据时，如果需要填充相同数据的单元格不相邻，就只能通过 10.1.3 节中介绍的方法来快速输入。若需要填充相同数据的单元格是连续的区域时，则可以通过以下 3 种方法进行填充。

（1）通过鼠标左键拖动控制柄填充：在起始单元格中输入需要填充的数据，然后将鼠标指针移到该单元格的右下角，当鼠标指针变为“+”形状（常常称为填充控制柄）时按住鼠标左键不放并拖动控制柄到目标单元格中，释放鼠标，即可快速在起始单元格和目标单元格之间的单元格中填充相应的数据。

（2）通过鼠标右键拖动控制柄填充：在起始单元格中输入需要填充的数据，用鼠标右键拖动控制柄到目标单元格中，释放鼠标右键，在弹出的快捷菜单中选择【复制单元格】命令即可。

（3）单击按钮填充：在起始单元格中输入需要填充的数据，然后选择需要填充相同数据的多个单元格

（包括起始单元格），在【开始】选项卡的【编辑】组中单击【填充】按钮，在弹出的下拉菜单中选择【向下】【向右】【向上】【向左】命令，分别在选择的多个单元格中根据不同方向的第一个单元格数据进行填充。

以上 3 种方法中，使用控制柄填充数据是最方便，也是最快捷的方法。下面就用拖动控制柄的方法为“医疗费用统计表”中连续的单元格区域填充部门内容，具体操作步骤如下。

Step01 ❶ 在 F 列的相关单元格中输入部门内容，❷ 选择 F4 单元格，并将鼠标指针移至该单元格的右下角，此时鼠标指针将变为“+”形状，如图 10-10 所示。

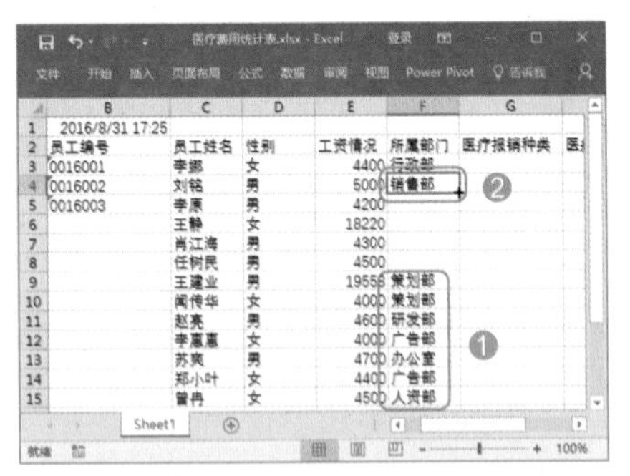

图 10-10

Step02 拖动鼠标指针到 F8 单元格，如图 10-11 所示。

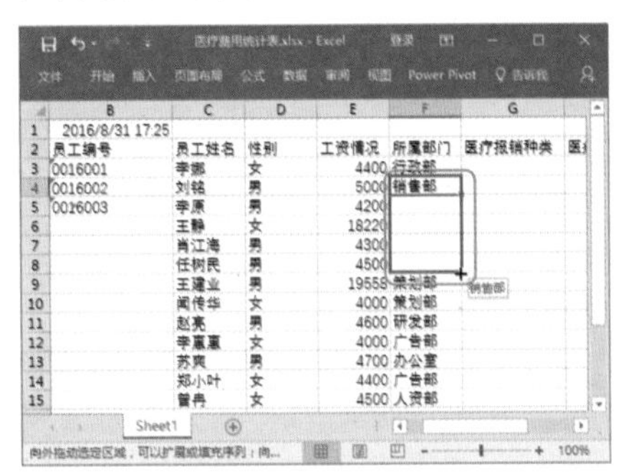

图 10-11

Step03 释放鼠标后可以看到 F5:F8 单元格区域内都填充了 F4 单元格中相同的内容，效果如图 10-12 所示。

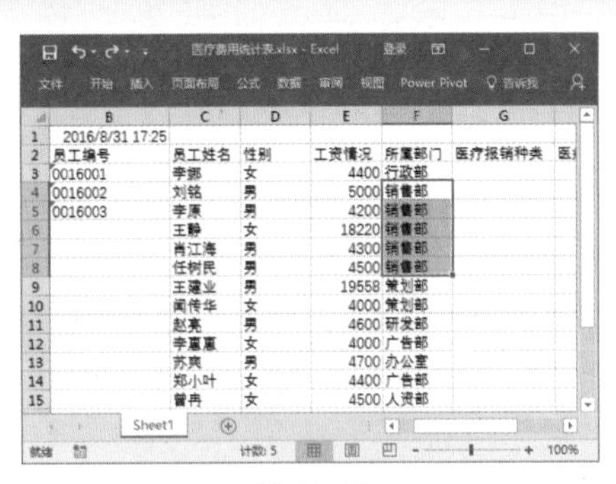

图 10-12

★ 重点 10.1.5 实战：填充规律数据

实例门类	软件功能
教学视频	光盘\视频\第 10 章\10.1.5.mp4

在 Excel 工作表中输入数据时，经常需要输入一些有规律的数据，如等差或等比的有序数据。对于这些数据，可以使用 Excel 提供的快速填充数据功能将具有规律的数据填充到相应的单元格中。快速填充该类数据主要可以通过以下 3 种方法来实现。

（1）通过鼠标左键拖动控制柄填充：在第一个单元格中输入起始值，然后在第二个单元格中输入与起始值成等差或等比性质的第二个数字（在要填充的前两个单元格内输入数据，目的是为了让 Excel 识别到规律）。再选择这两个单元格，将鼠标指针移到选区右下角的控制柄上，当其变成“+”形状时，按住鼠标左键不放并拖动到需要的位置，释放鼠标即可填充等差或等比数据。

（2）通过鼠标右键拖动控制柄填充：首先在起始的两个或多个连续单元格中输入与第一个单元格成等差或等比性质的数字。再选择这些单元格，用鼠标右键拖动控制柄到目标单元格中，释放鼠标右键，在弹出的快捷菜单中选择【填充序列】【等差序列】或【等比序列】命令即可填充需要的有序数据。

（3）通过对话框填充：在起始单元格中输入需要填充的数据，然后选择需要填充序列数据的多个单元格（包括起始单元格），在【开始】选项卡的【编辑】组中单击【填充】按钮，在弹出的下拉菜单中选择【序列】命令。在打开的对话框中可以设置填充的详细参数，如填充数据的位置、类型、日期单位和步长值等，单击【确定】按钮即可按照设置的参数填充相应的序列。

例如，要使用填充功能在“医疗费用统计表”中填充等差序列编号和日期，具体操作步骤如下。

Step01 ❶ 选择 B5 单元格，❷ 将鼠标指针移至该单元格的右下角，当其变为“+”形状时向下拖动至 B15 单元格，如图 10-13 所示。

图 10-13

Step02 ❶ 释放鼠标后可以看到 B5:B15 单元格区域内自动填充了等差为 1 的数据序列。❷ 选择 A5:A15 单元格区域，❸ 单击【开始】选项卡【填充】按钮，❹ 在弹出的下拉菜单中选择【序列】命令，如图 10-14 所示。

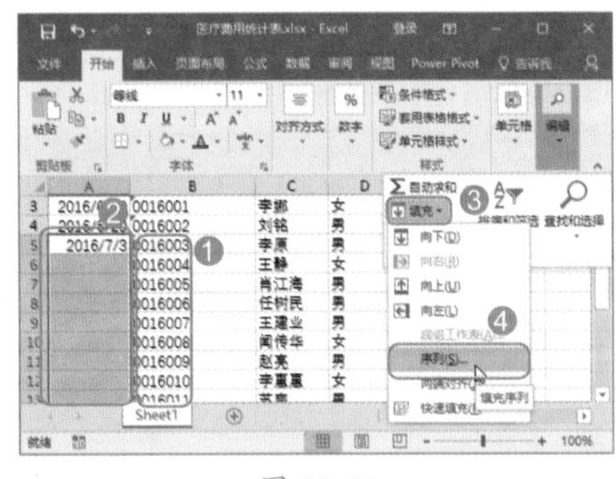

图 10-14

Step03 打开【序列】对话框，❶ 在【类型】栏中选中【日期】单选按钮，❷ 在【日期单位】栏中选中【工作日】单选按钮，❸ 在【步长值】数值框中输入【4】，❹ 单击【确定】按钮，如图 10-15 所示。

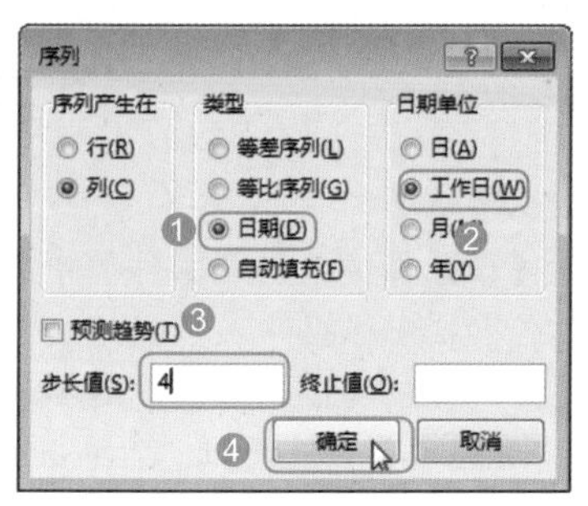

图 10-15

Step 04 经过以上操作，Excel 会自动在选择的单元格区域中按照设置的参数填充差距为 4 个工作日的等差时间序列，如图 10-16 所示。

图 10-16

技能拓展——通过【自动填充选项】下拉列表中的命令来设置填充数据的方式

默认情况下，通过拖动控制柄填充的数据是根据选择的起始两个单元格中的数据进行填充的等差序列数据，如果只选择了一个单元格作为起始单元格，则通过拖动控制柄填充的数据为复制的相同数据。也就是说，通过控制柄填充数据时，有时并不能按照预先所设想的规律来填充数据，此时用户可以单击填充数据后单元格区域右下角出现的【自动填充选项】按钮，在弹出的下拉列表中选中相应的单选按钮来设置数据的填充方式。

（1）选中【复制单元格】单选按钮，可在控制柄拖动填充的单元格中重复填充起始单元格中的内容。

（2）选中【填充序列】单选按钮，可在控制柄拖动填充的单元格中根据起始单元格中的内容填充等差序列数据内容。

（3）选中【仅填充格式】单选按钮，可在控制柄拖动填充的单元格中复制起始单元格中数据的格式，并不填充内容。

（4）选中【不带格式填充】单选按钮，可在控制柄拖动填充的单元格中重复填充起始单元格中不包含格式的数据内容。

（5）这里需要特别说明一下【快速填充】单选按钮，选中该单选按钮，系统会根据选择的数据识别出相应的模式，一次性输入剩余的数据。它是在当工作表中已经输入了参照内容时使用的，能完成更为出色的序列填充方式。

10.1.6 快速填充

“快速填充”功能是 Excel 2013 后推出的新功能，它主要有以下 5 种模式。

- 字段匹配：在单元格中输入相邻数据列表中与当前单元格位于同一行的某个单元格中的内容，然后在向下快速填充时会自动按照这个对应字段的整列顺序来进行匹配式填充。填充前后的对比效果如图 10-17 和图 10-18 所示。
- 根据字符位置进行拆分：在单元格当中输入的不是数据列表中某个单元格的完整内容，而只是其中字符串当中的一部分字符，那么 Excel 会依据这部分字符在整个字符串当中所处的位置，在向下填充的过程中按照这个位置规律自动拆分其他同列单元格的字符串，生成相应的填充内容，效果如图 10-19~ 图 10-22 所示。

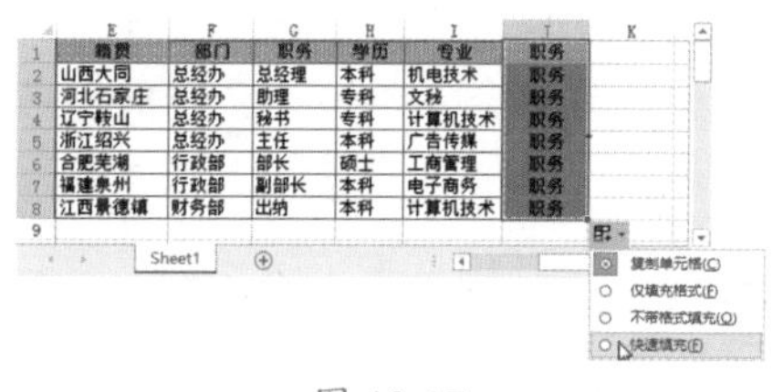

图 10-17

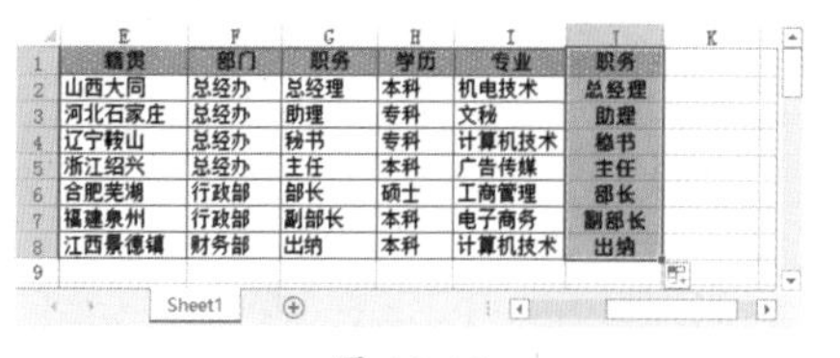

图 10-18

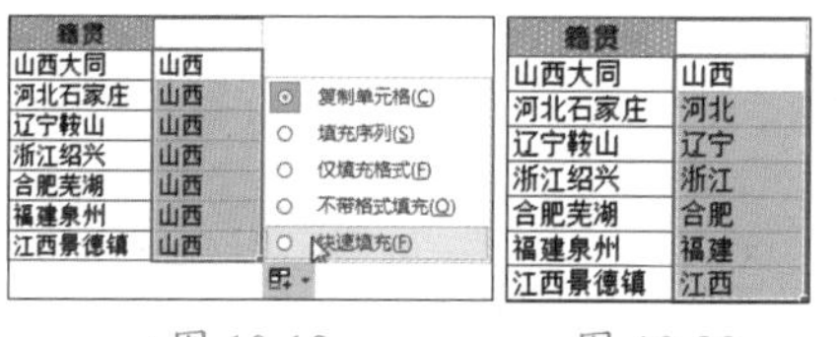

图 10-19　图 10-20

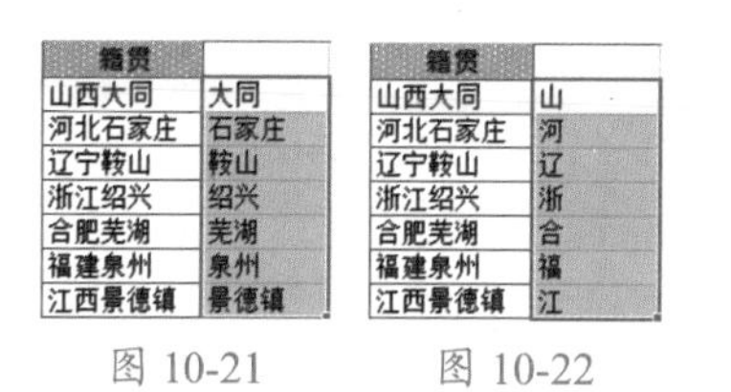

图 10-21　图 10-22

- 根据分隔符进行拆分：如果原始数据当中包含分隔符，那么在快速填充的拆分过程中也会智能地根据分隔符的位置，提取其中的相应部分进行拆分，效果如图 10-23~ 图 10-26 所示。

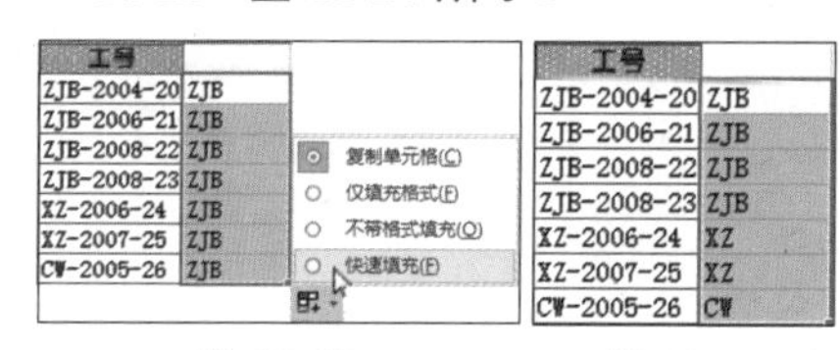

图 10-23　图 10-24

工号	
ZJB-2004-20	2004
ZJB-2006-21	2006
ZJB-2008-22	2008
ZJB-2008-23	2008
XZ-2006-24	2006
XZ-2007-25	2007
CW-2005-26	2005

图 10-25

工号	
ZJB-2004-20	20
ZJB-2006-21	21
ZJB-2008-22	22
ZJB-2008-23	23
XZ-2006-24	24
XZ-2007-25	25
CW-2005-26	26

图 10-26

- 根据日期进行拆分：如果输入的内容只是日期当中的某一部分，如只有月份，Excel 也会智能地将其他单元格中的相应组成部分提取出来生成填充内容，效果如图 10-27~ 图 10-30 所示。

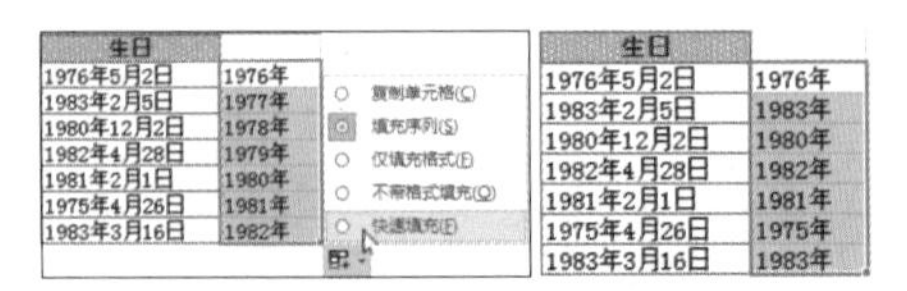

图 10-27　　图 10-28

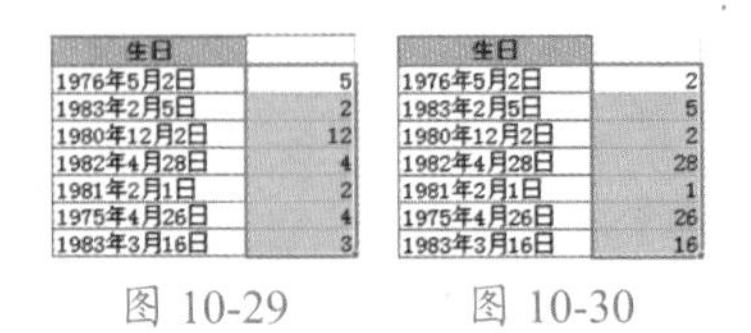

图 10-29　　图 10-30

- 字段合并：在单元格中输入的内容如果是相邻数据区域中同一行的多个单元格内容所组成的字符串，在快速填充中也会依照这个规律，合并其他相应单元格来生成填充内容，效果如图 10-31 和图 10-32 所示。

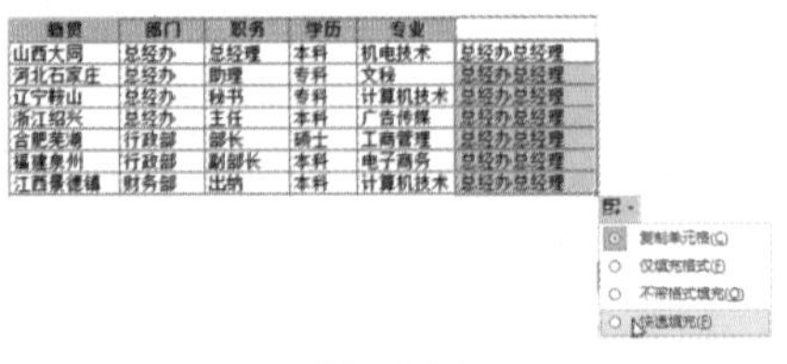

图 10-31

籍贯	部门	职务	学历	专业	
山西大同	总经办	总经理	本科	机电技术	总经办总经理
河北石家庄	总经办	助理	专科	文秘	总经办助理
辽宁鞍山	总经办	秘书	专科	计算机技术	总经办秘书
浙江绍兴	总经办	主任	本科	广告传媒	总经办主任
合肥芜湖	行政部	部长	硕士	工商管理	行政部部长
福建泉州	行政部	副部长	本科	电子商务	行政部副部长
江西景德镇	财务部	出纳	本科	计算机技术	财务部出纳

图 10-32

★ 重点 10.1.7 实战：导入外部数据

实例门类	软件功能
教学视频	光盘\视频\第 10 章\10.1.7.mp4

Excel 表格中的数据不仅可以手动进行录入，还可以将其他程序中已有的数据，如 Access 文件、文本文件及网页中的数据等导入到表格中。

1. 从 Access 获取产品订单数据

Microsoft Office Access 程序是 Office 软件中常用的另一个组件。一般情况下，用户会在 Access 数据库中存储数据，但使用 Excel 来分析数据、绘制图表和分析结果。因此，经常需要将 Access 数据库中的数据导入 Excel 中，其具体操作步骤如下。

Step 01 ❶ 新建一个空白工作簿，选择 A1 单元格作为存放 Access 数据库中数据的单元格，❷ 单击【数据】选项卡【获取外部数据】组中的【自 Access】按钮，如图 10-33 所示。

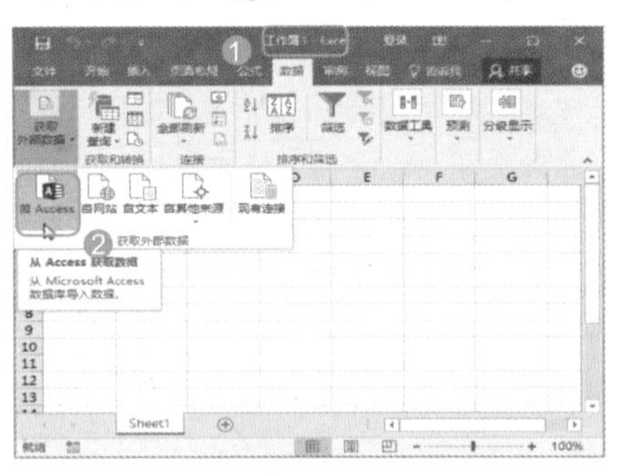

图 10-33

Step 02 打开【选取数据源】对话框，❶ 选择目标数据库文件的保存位置，❷ 在中间的列表框中选择需要打开的文件，❸ 单击【打开】按钮，如图 10-34 所示。

图 10-34

Step 03 打开【选择表格】对话框，❶ 选择要打开的数据表，这里选择【供应商】选项，❷ 单击【确定】按钮，如图 10-35 所示。

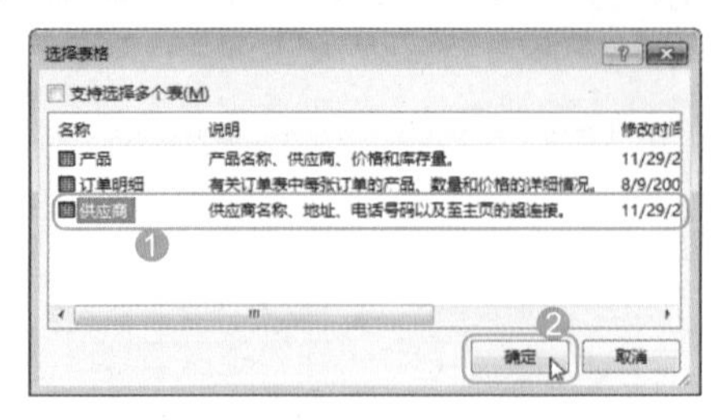

图 10-35

Step 04 打开【导入数据】对话框，❶ 在【请选择该数据在工作簿中的显示方式】栏中根据导入数据的类型和需要选择相应的显示方式，这里选中【数据透视表】单选按钮，❷ 单击【属性】按钮，如图 10-36 所示。

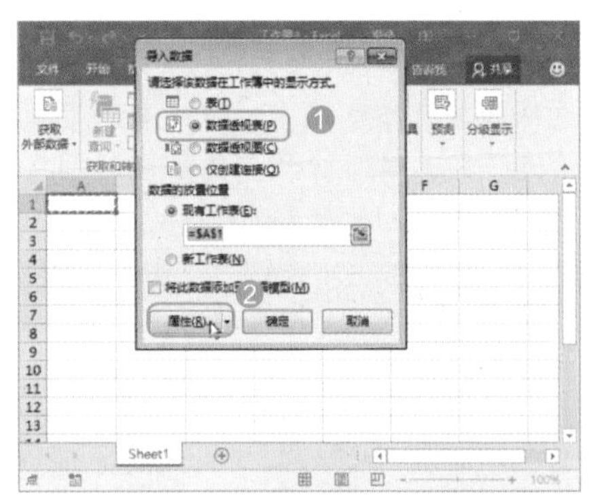

图 10-36

技术看板

在【导入数据】对话框中的【请选择该数据在工作簿中的显示方式】栏中选中【表】单选按钮，可将外部数据创建一张表，方便进行简单排序和筛选；选中【数据透视表】单选按钮，可创建数据透视表，方便通过聚合及合计数据来汇总大量数据；选中【数据透视图】单选按钮可创建数据透视图，以方便用可视方式汇总数据；若要将所选连接存储在工作簿中以供以后使用，需要选中【仅创建连接】单选按钮。

在【数据的放置位置】栏中选中【现有工作表】单选按钮，可将数据返回到选择的位置；选中【新工作表】单选按钮，可将数据返回到新工作表的第一个单元格。

Step05 打开【连接属性】对话框，为导入的数据设置名称、查询定义、刷新控件、OLAP服务器格式设置和布局选项等，❶ 选中【刷新频率】复选框，并在其后的数值框中输入【180】，❷ 选中【打开文件时刷新数据】复选框，❸ 单击【确定】按钮，如图10-37所示。

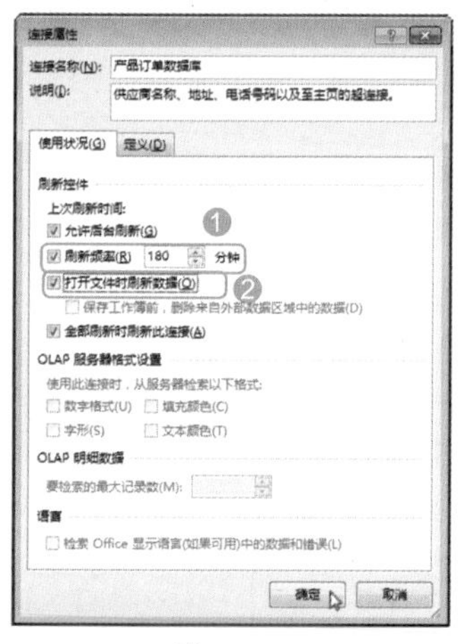

图 10-37

Step06 返回【导入数据】对话框，单击【确定】按钮，如图10-38所示。

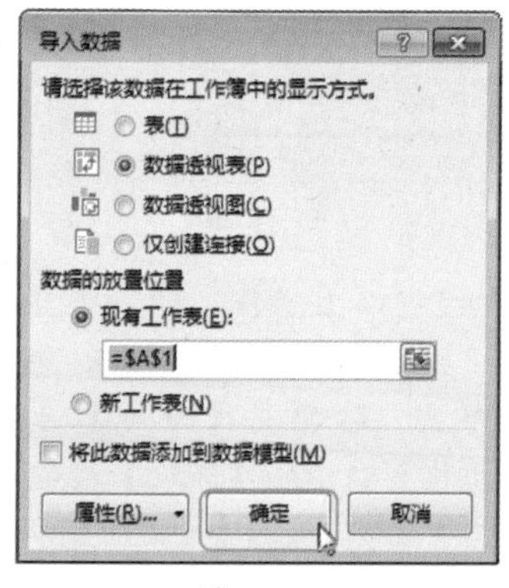

图 10-38

Step07 返回Excel界面中即可查看到创建了一个空白数据透视表，❶ 在【数据透视表字段】任务窗格的列表框中选中【城市】【地址】【公司名称】【供应商ID】和【联系人姓名】复选框，❷ 将【行】列表框中的【城市】选项移动到【筛选】列表框中，即可得到需要的数据透视表效果，如图10-39所示。❸ 以【产品订单数据透视表】为名称保存当前Excel文件。

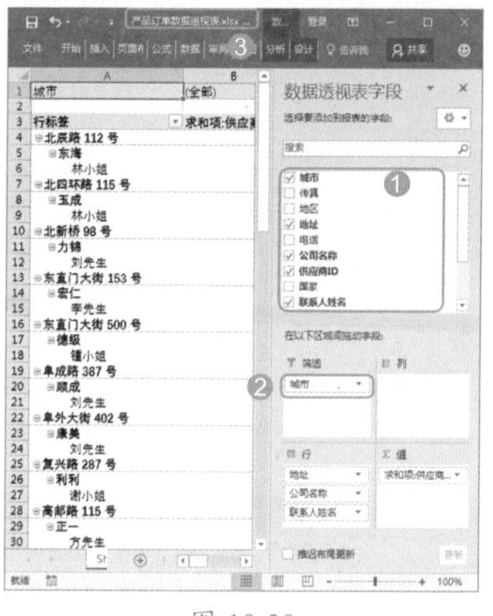

图 10-39

2. 从文本中获取联系方式数据

在Excel中，用户可以打开文本文件，Excel也支持导入外部文本文件中的格式化文本内容。这类文本内容的每个数据项之间一般会以空格、逗号、分号、Tab键等作为分隔符，然后根据文本文件的分隔符将数据导入相应的单元格。通过导入数据的方法可以很方便地使用外部文本数据，避免了手动输入文本的麻烦。

下面使用【自文本】命令的方法将【联系方式】文本文件中的数据导入Excel中，具体操作步骤如下。

Step01 ❶ 新建一个空白工作簿，选择A1单元格，❷ 单击【数据】选项卡【获取外部数据】组中的【自文本】按钮，如图10-40所示。

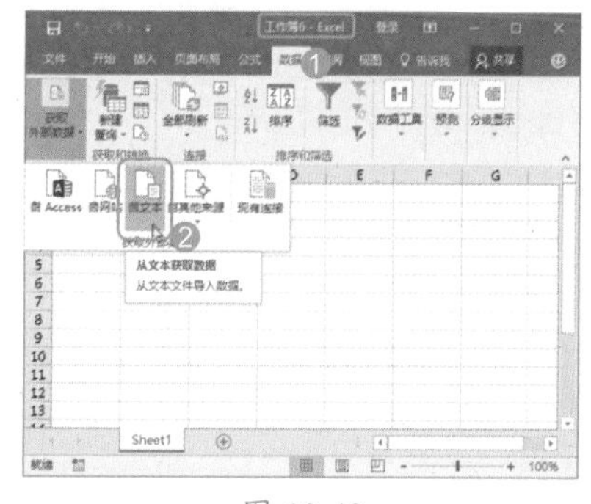

图 10-40

Step02 打开【导入文本文件】对话框，❶ 选择文本文件存放的路径，❷ 选择需要导入的文件，这里选择【联系方式】文件，❸ 单击【导入】按钮，如图10-41所示。

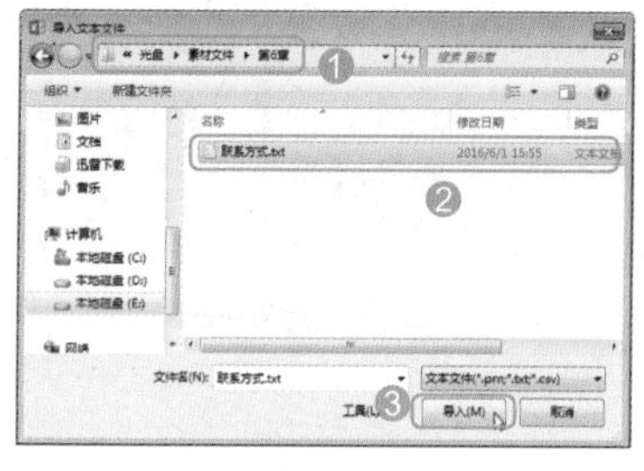

图 10-41

Step03 打开【文本导入向导-第1步，共3步】对话框，❶ 设置原始数据类型，这里在【导入起始行】数值框中输入【3】，其他选项保持默认设置，❷ 单击【下一步】按钮，如图10-42所示。

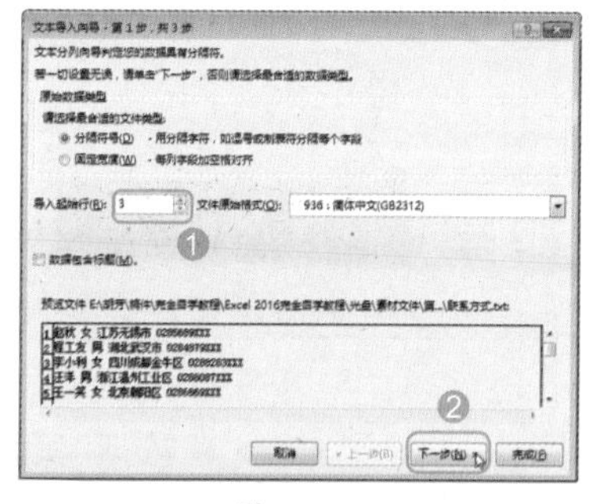

图 10-42

Step04 打开【文本导入向导-第2步，共3步】对话框，❶ 选择文本数据的分隔符号，这里选中【空格】复选框，❷ 单击【下一步】按钮，如图10-43所示。

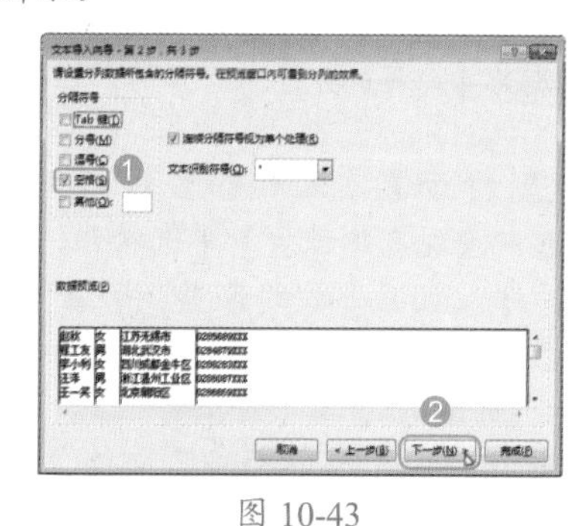

图 10-43

技术看板

在导入文本时，选择分隔符号需

要根据文本文件中的符号类型进行选择。对话框中提供了 Tab 键、分号、逗号及空格等分隔符号以供选择，如果在提供的类型中没有相应的符号，可以在【其他】文本框中输入，然后再进行导入操作。用户可以在【数据预览】栏中查看分隔的效果。

Step05 打开【文本导入向导 - 第 3 步，共 3 步】对话框，设置各列数据的类型，这里 ❶ 在【数据预览】栏中选择最后一列数据，❷ 选中【文本】单选按钮，❸ 单击【完成】按钮完成文本向导的设置，如图 10-44 所示。

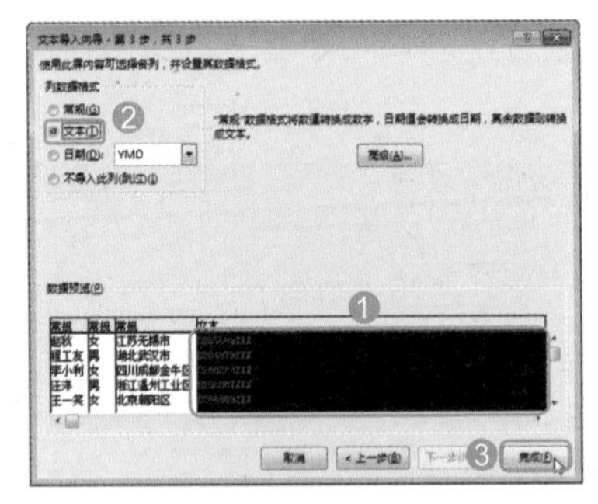

图 10-44

技术看板

默认情况下，所有数据都会设置为【常规】格式，该数据格式可以将数值转换为数字格式，日期值转换为日期格式，其余数据转换为文本格式。如果导入的数据长度大于或等于 11 位时，为了数据的准确性，要选择导入类型为【文本】类型。

Step06 打开【导入数据】对话框，❶ 选中【现有工作表】单选按钮，并选择导入数据存放的位置，如 A1 单元格，❷ 单击【确定】按钮，如图 10-45 所示。

Step07 返回 Excel 界面中即可查看到导入的外部文本数据，如图 10-46 所示。进行查看和编辑后，以【联系方式】为名称保存当前 Excel 文件。

图 10-45

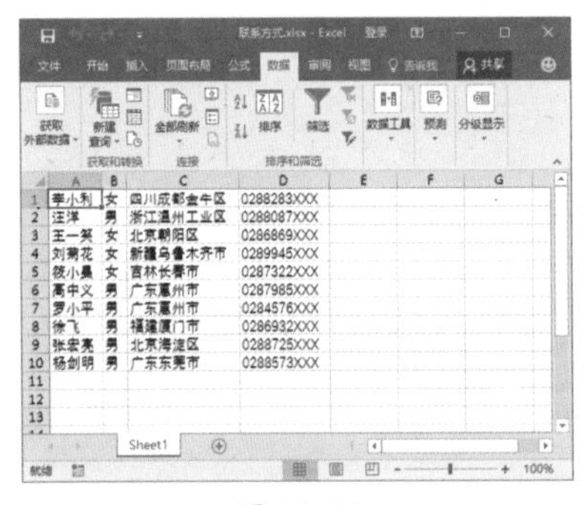

图 10-46

3. 将公司网站数据导入工作表

如果用户需要将某个网站的数据导入Excel工作表中，可以使用【打开】对话框来打开指定的网站，将其数据导入 Excel 工作表中，也可以使用【插入对象】命令将网站数据嵌入到表格中，还可以单击【数据】选项卡中的【自网站】按钮来实现。

例如，要导入公司最近上架的新书，具体操作步骤如下。

Step01 ❶ 新建一个空白工作簿，选择 A1 单元格，❷ 单击【数据】选项卡【获取外部数据】组中的【自网站】按钮，如图 10-47 所示。

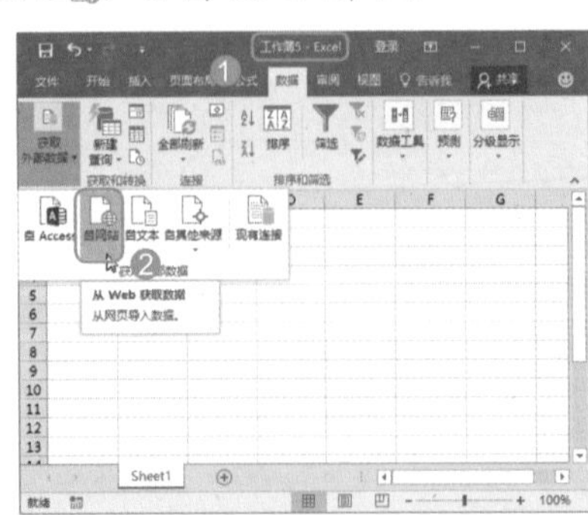

图 10-47

Step02 打开【新建 Web 查询】对话框，❶ 在地址栏中输入要导入网页内容的所在网址，这里输入目标网址，❷ 单击右侧的【转到】按钮切换到该网页，❸ 单击【导入】按钮，如图 10-48 所示。

图 10-48

Step03 打开【导入数据】对话框，❶ 选中【现有工作表】单选按钮，并选择存放导入数据的位置，如 A1 单元格，❷ 单击【确定】按钮，如图 10-49 所示。

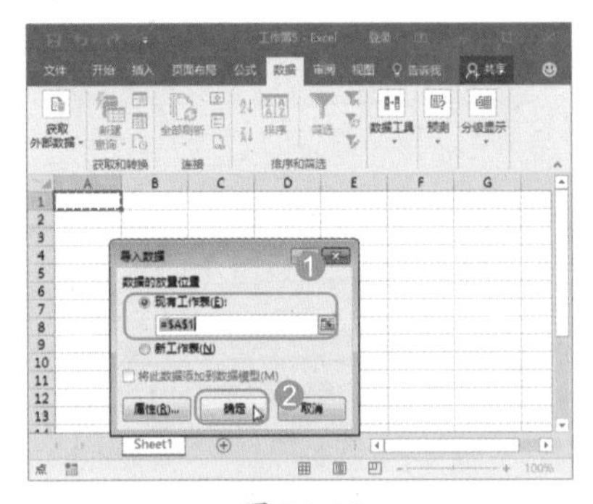

图 10-49

Step04 经过以上操作，即可将当前网页中的数据导入工作表中。❶ 选择多余的数据，❷ 单击【开始】选项卡【单元格】组中的【删除】按钮，删除这些数据，❸ 以【最近上架新书】为名称保存该工作簿，如图 10-50 所示。

图 10-50

10.2 录入有效性数据

一般工作表中的表头就能确定某列单元格的数据内容大致有哪些，或者数值限定在哪个范围内，为了保证表格中输入的数据都是有效的，可以提前设置单元格的数据验证功能。设置数据有效性后，不仅可以减少输入错误的概率，保证数据的准确性，提高工作效率，还可以圈释无效数据。

★ 重点 10.2.1 实战：为考核表和申请表设置数据有效性的条件

实例门类	软件功能
教学视频	光盘\视频\第 10 章\10.2.1.mp4

在编辑工作表时，通过数据验证功能，可以建立一定的规则来限制向单元格中输入的内容，从而避免输入的数据是无效的。这在一些有特殊要求的表格中非常有用，如在共享工作簿中设置数据有效性时，可以确保所有人员输入的数据都准确无误且保持一致。下面将一些常用和实用数据验证功能进行讲解。

1. 设置单元格数值（小数）输入范围

在 Excel 工作表中编辑内容时，为了确保数值输入的准确性，可以设置单元格中数值的输入范围。

例如，在“卫生工作考核表”中需要设置各项评判标准的分数取值范围，要求只能输入的数值为 -5 ～ 5，总得分为小于 100 的数值，具体操作步骤如下。

Step 01 打开“光盘\素材文件\第 10 章\卫生工作考核表.xlsx”文件，❶ 选择要设置数值输入范围的 C3:C26 单元格区域，❷ 单击【数据】选项卡【数据工具】组中的【数据验证】按钮，如图 10-51 所示。

Step 02 打开【数据验证】对话框，❶ 在【允许】下拉列表框中选择【小数】选项，❷ 在【数据】下拉列表框中选择【介于】选项，❸ 在【最小值】参数框中输入单元格中允许输入的最小限度值【-5】，❹ 在【最大值】参数框中输入单元格中允许输入的最大限度值【5】，❺ 单击【确定】按钮，如图 10-52 所示。

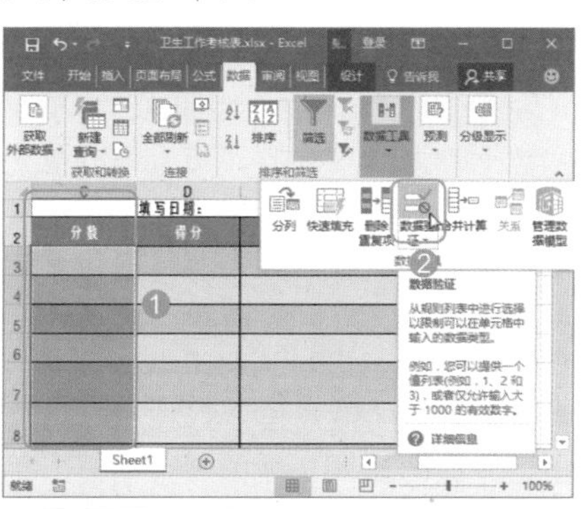

图 10-51

图 10-52

> **技术看板**
>
> 如果在【数据】下拉列表框中选择【等于】选项，表示输入的内容必须为设置的数据。在列表中同样可以选择【不等于】【大于】【小于】【大于或等于】【小于或等于】等选项，再设置数值的输入范围。

Step 03 经过上步操作后，就完成了对所选区域的数据输入范围的设置。在该区域输入范围外的数据时，将打开提示对话框，如图 10-53 所示，单击【取消】按钮或【关闭】按钮后输入的不符合范围的数据会自动消失。

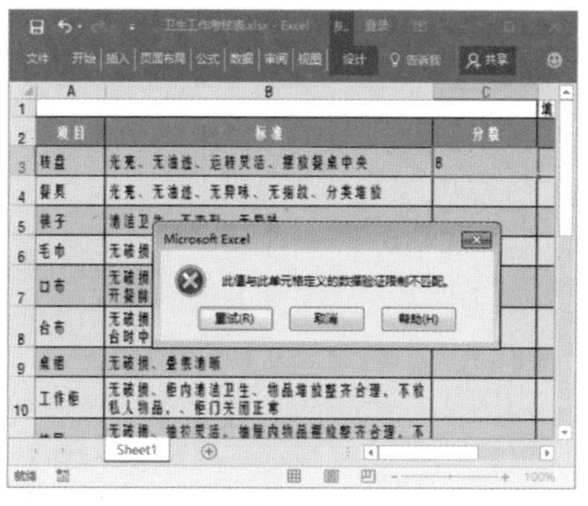

图 10-53

Step 04 ❶ 选择要设置数值输入范围的 D3:D26 单元格区域，❷ 单击【数据工具】组中的【数据验证】按钮，如图 10-54 所示。

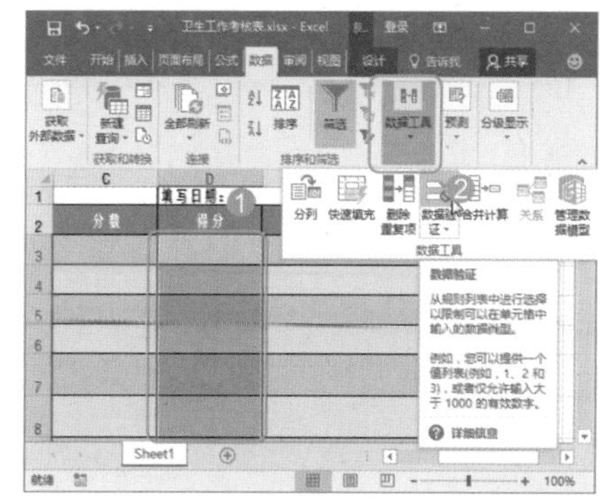

图 10-54

Step 05 打开【数据验证】对话框，❶ 在【允许】下拉列表框中选择【小数】选项，❷ 在【数据】下拉列表框中选择【小于或等于】选项，❸ 在【最大值】参数框中输入单元格中允许输入的最大限度值【100】，❹ 单击【确定】按钮，如图 10-55 所示。

图 10-55

2. 设置单元格数值（整数）输入范围

在 Excel 中编辑表格内容时，某些情况下（如在设置年龄数据时）还需要设置整数的取值范围。其设置方法与小数取值范围的设置方法基本相同。

例如，在“实习申请表”中需要设置输入年龄为整数，且始终大于 1，具体操作步骤如下。

Step 01 打开“光盘\素材文件\第 10 章\实习申请表.xlsx”文件，❶ 选择要设置数值输入范围的 C25:C27 单元格区域，❷ 单击【数据验证】按钮，如图 10-56 所示。

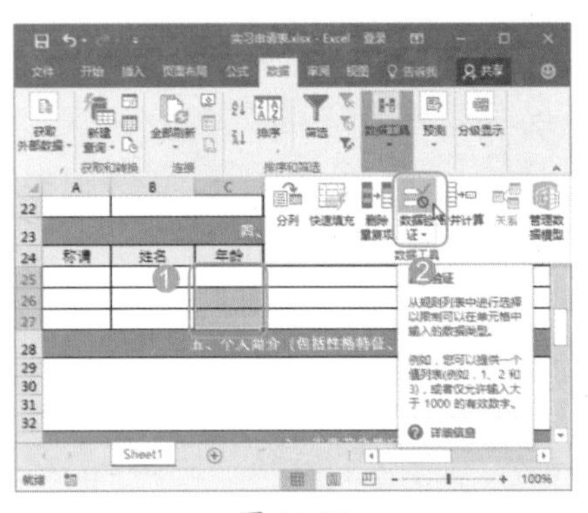

图 10-56

Step 02 打开【数据验证】对话框，❶ 在【允许】下拉列表框中选择【整数】选项，❷ 在【数据】下拉列表框中选择【大于或等于】选项，❸ 在【最小值】参数框中输入单元格中允许输入的最小限度值【1】，❹ 单击【确定】按钮，如图 10-57 所示。

图 10-57

3. 设置单元格文本的输入长度

在工作表中编辑数据时，为了增强数据输入的准确性，可以限制单元格文本输入的长度，当输入了超过或低于设置的长度时，系统将提示无法输入。

例如，要限制“实习申请表”中身份证号码的输入长度为 18 个字节，电话号码的输入长度为 8 个字节，手机号码的输入长度为 11 个字节，进行个人介绍的文本不得超过 200 个字节，具体操作步骤如下。

Step 01 在“实习申请表.xlsx”工作簿中，❶ 选择要设置文本长度的 D4 单元格，❷ 单击【数据工具】组中的【数据验证】按钮，如图 10-58 所示。

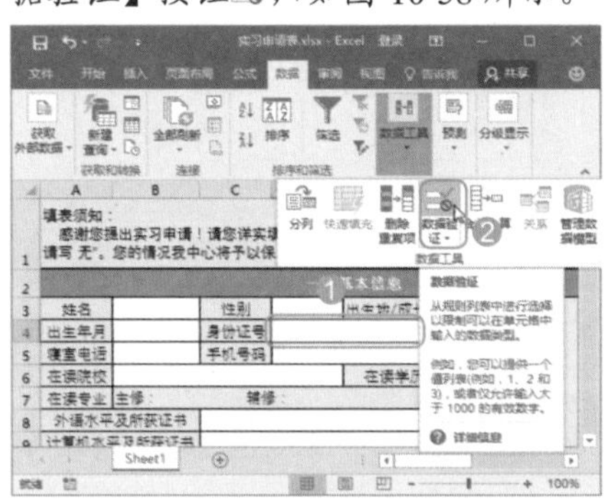

图 10-58

Step 02 打开【数据验证】对话框，❶ 在【允许】下拉列表框中选择【文本长度】选项，❷ 在【数据】下拉列表框中选择【等于】选项，❸ 在【长度】参数框中输入单元格中允许输入的文本长度值【18】，❹ 单击【确定】按钮，如图 10-59 所示。

图 10-59

技术看板

在设置单元格输入的文本长度时，是以字节为单位统计的。如果需要对文字进行统计，则每个文字要算两个字节。如果在【数据】下拉列表框中选择【等于】选项，表示输入的内容必须和设置的文本长度相等。还可以在列表框中选择【介于】【不等于】【大于】【小于】【大于或等于】【小于或等于】等选项后，再设置长度值。

Step 03 此时如果在 D4 单元格中输入了低于或超出限制范围长度的文本，再按【Enter】键时将打开提示对话框提示输入错误，如图 10-60 所示。

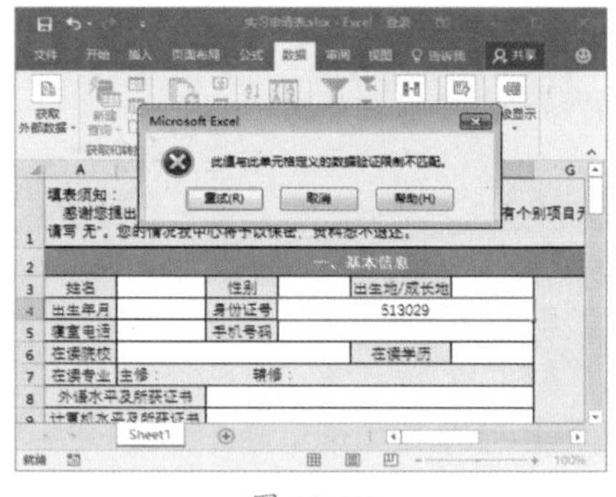

图 10-60

Step 04 以同样的方法设置 B5、D5、A29 单元格的文本限制长度。

4. 设置单元格中准确的日期范围

在工作表中输入日期时，为了保证输入的日期是合法且有效的，可以通过设置数据验证的方法对日期的有效性条件进行设置。

例如，要通过限制“实习申请表”中填写的出生日期输入范围，确定申请人员的年龄为20~35岁，具体操作步骤如下。

Step01 ❶选择要设置日期范围的B4单元格，❷单击【数据】选项卡【数据工具】组中的【数据验证】按钮，如图10-61所示。

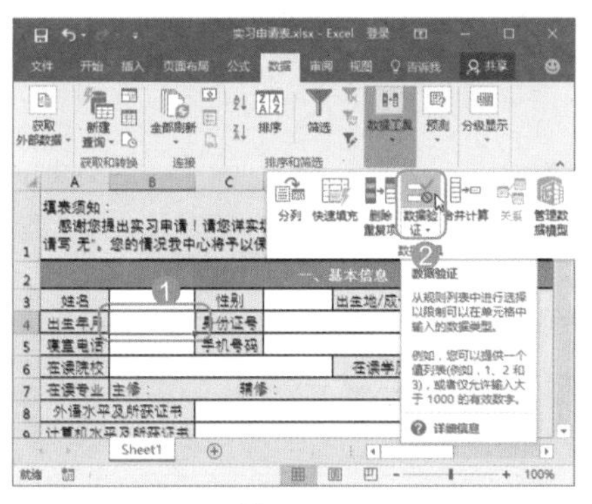

图 10-61

Step02 打开【数据验证】对话框，❶在【允许】下拉列表框中选择【日期】选项，❷在【数据】下拉列表框中选择【介于】选项，❸在【开始日期】参数框中输入单元格中允许输入的最早日期【1982-1-1】，❹在【结束日期】参数框中输入单元格中允许输入的最晚日期【1997-1-1】，❺单击【确定】按钮，如图10-62所示。

图 10-62

5. 制作单元格选择序列

在Excel中，可以通过设置数据有效性的方法为单元格设置选择序列，这样在输入数据时就无须手动输入了，只需单击单元格右侧的下拉按钮，从弹出的下拉列表中选择内容快速完成输入。

例如，要为“实习申请表”中的多处设置单元格选择序列，具体操作步骤如下。

Step01 ❶选择要设置输入序列的D3单元格，❷单击【数据】选项卡【数据工具】组中的【数据验证】按钮，如图10-63所示。

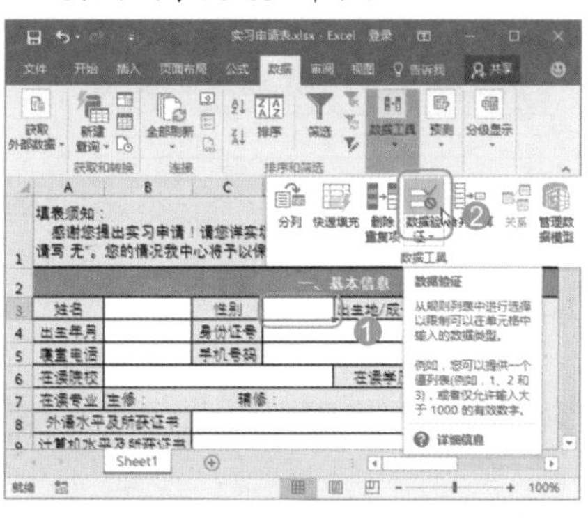

图 10-63

Step02 打开【数据验证】对话框，❶在【允许】下拉列表框中选择【序列】选项，❷在【来源】参数框中输入该单元格中允许输入的各种数据，且各数据之间用半角的逗号【,】隔开，这里输入【男,女】，❸单击【确定】按钮，如图10-64所示。

图 10-64

技术看板

设置序列的数据有效性时，可以先在表格空白单元格中输入要引用的序列，然后在【数据验证】对话框的【来源】参数框中通过引用单元格来设置序列。

Step03 经过以上操作后，单击工作表中设置了序列的单元格时，单元格右侧将显示一个下拉按钮，单击该按钮，在弹出的下拉列表中提供了该单元格允许输入的序列，如图10-65所示，用户从中选择所需的内容即可快速填充数据。

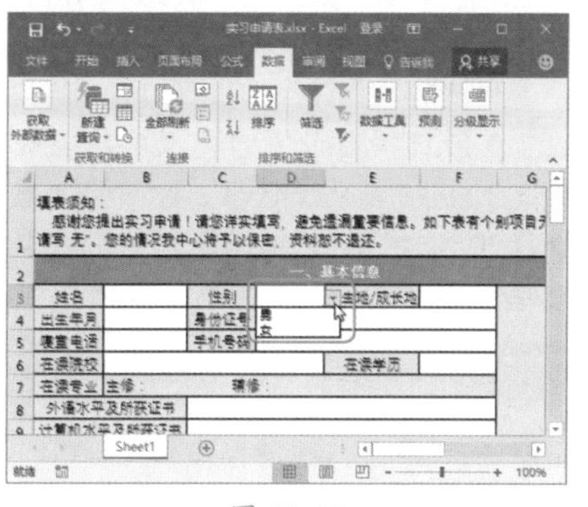

图 10-65

Step04 ❶选择要设置输入序列的F6单元格，❷单击【数据验证】按钮，如图10-66所示。

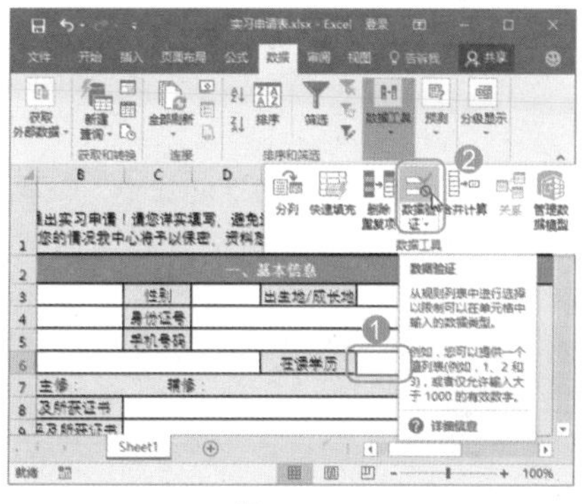

图 10-66

Step05 打开【数据验证】对话框，❶在【允许】下拉列表框中选择【序列】选项，❷在【来源】参数框中输入【专科,本科,硕士研究生,博士研究生】，❸单击【确定】按钮，如图10-67所示。

图 10-67

6. 设置只能在单元格中输入数字

遇到复杂的数据有效性设置时，就需要结合公式来进行设置了。例如，在“实习申请表”中输入数据时，为了避免输入错误，要限制在班级成绩排名部分的单元格中只能输入数字而不能输入其他内容，具体操作步骤如下。

Step 01 ❶ 选择要设置自定义数据验证的 G12:G15 单元格区域，❷ 单击【数据】选项卡【数据工具】组中的【数据验证】按钮，如图 10-68 所示。

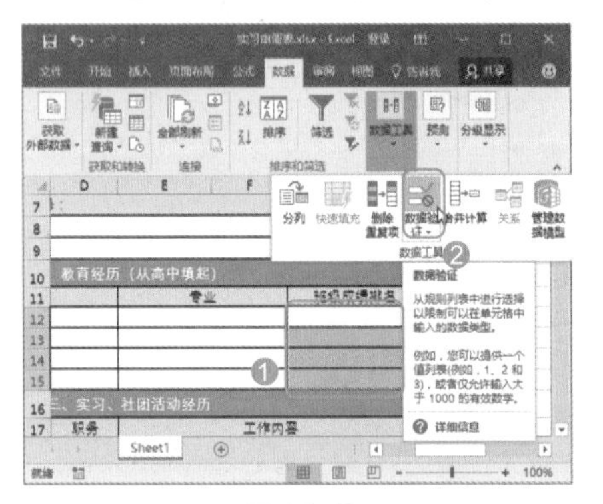

图 10-68

Step 02 打开【数据验证】对话框，❶ 在【允许】下拉列表框中选择【自定义】选项，❷ 在【公式】参数框中输入公式【=ISNUMBER(G12)】，❸ 单击【确定】按钮，如图 10-69 所示。

图 10-69

技术看板

本例在【公式】参数框中输入 ISNUMBER（）函数的目是用于测试输入的内容是否为数值，G12 是指选择单元格区域的第一个活动单元格。

Step 03 经过以上操作后，在设置了有效性的区域内如果输入除数字以外的其他内容就会出现错误提示的警告，如图 10-70 所示。

图 10-70

技术看板

当在设置了数据有效性的单元格中输入无效数据时，在打开的提示对话框中，单击【重试】按钮可返回工作表中重新输入，单击【取消】按钮将取消输入内容的操作，单击【帮助】按钮可打开【Excel 帮助】窗口。

★ 重点 10.2.2 实战：为申请表设置数据输入提示信息

实例门类	软件功能
教学视频	光盘\视频\第 10 章\10.2.2.mp4

在工作表中编辑数据时，使用数据验证功能还可以为单元格设置输入提示信息，提醒在输入单元格信息时应该输入的内容，提高数据输入的准确性。例如，要为“实习申请表”的部分单元格设置提示信息，具体操作步骤如下。

Step 01 ❶ 选择要设置数据输入提示信息的 D5 单元格，❷ 单击【数据】选项卡【数据工具】组中的【数据验证】按钮，如图 10-71 所示。

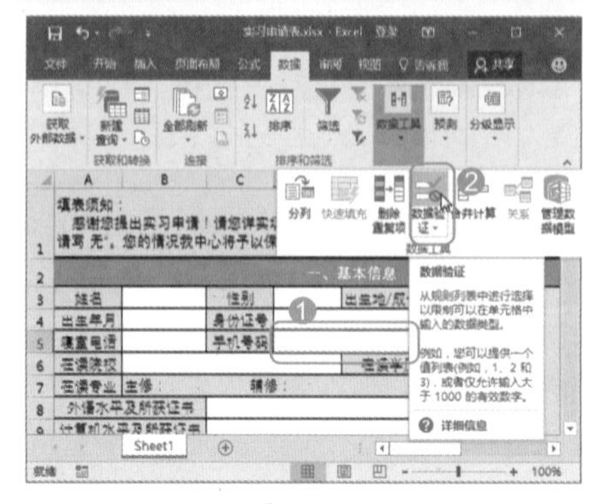

图 10-71

Step 02 打开【数据验证】对话框，❶ 选择【输入信息】选项卡，❷ 在【标题】文本框中输入提示信息的标题，❸ 在【输入信息】文本框中输入具体的提示信息，❹ 单击【确定】按钮，如图 10-72 所示。

图 10-72

Step 03 返回工作表中，当选择设置了提示信息的 D5 单元格时，将在单元格旁显示设置的文字提示信息，效果如图 10-73 所示。

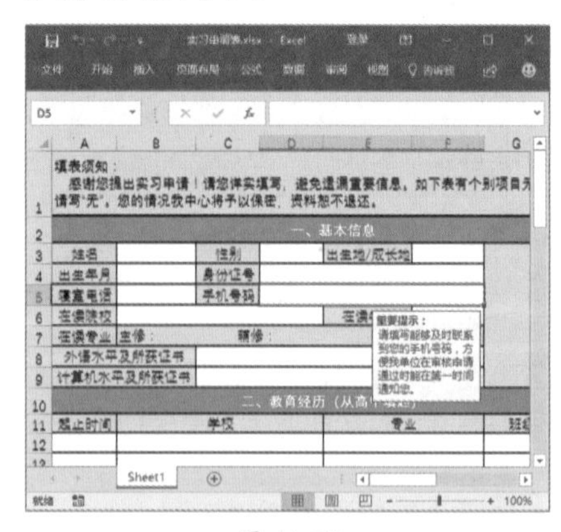

图 10-73

技能拓展——设置出错警告信息

当在设置了数据有效性的单元格中输入了错误的数据时，系统将提示警告信息，其方法为：选择要设置数据输入出错警告信息的B4单元格，打开【数据验证】对话框，❶ 选择【出错警告】选项卡，❷ 在【样式】下拉列表框中选择当单元格数据输入错误时要显示的警告样式，这里选择【停止】选项，❸ 在【标题】文本框中输入警告信息的标题，❹ 在【错误信息】文本框中输入具体的错误原因用于提示，❺ 单击【确定】按钮，如图10-74所示。

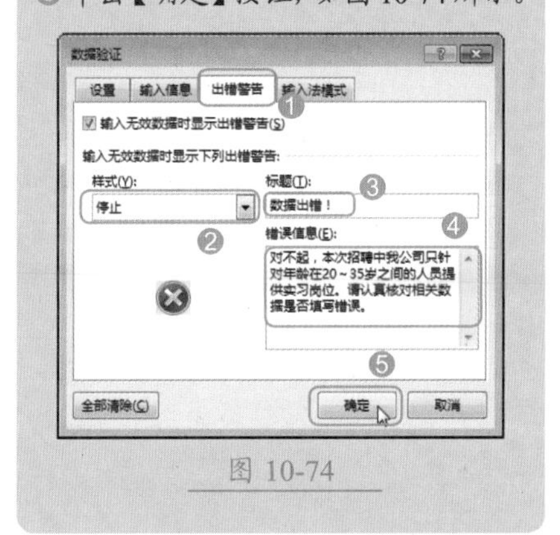

图 10-74

10.2.3 实战：圈释服务登记表中无效的数据

实例门类	软件功能
教学视频	光盘\视频\第10章\10.2.3.mp4

在包含大量数据的工作表中，可以通过设置数据有效性区分有效数据和无效数据，对于无效数据还可以通过设置数据验证的方法将其圈释出来。

例如，要将“康复训练服务登记表”中时间较早的那些记录标记出来，具体操作步骤如下。

Step 01 打开“光盘\素材文件\第10章\康复训练服务登记表.xlsx”文件，❶ 选择要设置数据有效性的A2:A37单元格区域，❷ 单击【数据】选项卡【数据工具】组中的【数据验证】按钮，如图10-75所示。

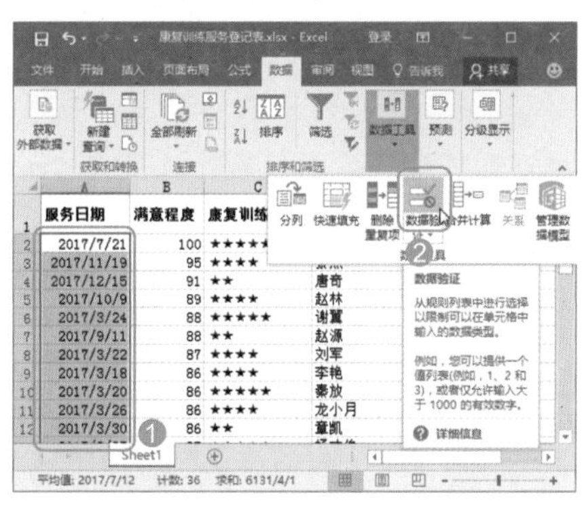

图 10-75

Step 02 打开【数据验证】对话框，❶ 选择【设置】选项卡，❷ 在【允许】下拉列表框中选择【日期】选项，❸ 在【数据】下拉列表框中选择【介于】选项，❹ 在【开始日期】和【结束日期】参数框中分别输入单元格区域中允许输入的最早日期【2017/6/1】和允许输入的最晚日期【2017/12/31】，❺ 单击【确定】按钮，如图10-76所示。

图 10-76

Step 03 ❶ 单击【数据验证】按钮下方的下拉按钮，❷ 在弹出的下拉列表中选择【圈释无效数据】选项，如图10-77所示。

图 10-77

Step 04 经过上步操作后，将用红色标记圈释出表格中的无效数据（要取消圈释，可再次单击【数据验证】按钮下方的下拉按钮，在弹出的下拉列表中选择【清除验证标识圈】选项），效果如图10-78所示。

图 10-78

10.3 编辑数据

在表格数据输入过程中最好适时进行检查，如果发现数据输入有误，或者某些内容不符合要求时，可以再次进行编辑，包括插入、复制、移动、删除、合并单元格，以及修改或删除单元格数据等。单元格的相关操作用户已经在前面讲解了，这里主要介绍单元格中数据的编辑方法，包括修改、查找/替换、删除数据。

10.3.1 修改表格中的数据

表格数据在输入过程中，难免会存在输入错误的情况，尤其在数据量比较大的表格中。此时，用户可以像在日常生活中使用橡皮擦一样将工作表中错误的数据修改正确。修改表格数据主要有以下 3 种方法。

（1）选择单元格修改：选择单元格后，直接在单元格中输入新的数据进行修改。这种方法适合需要对单元格中的数据全部进行修改的情况。

（2）在单元格中定位文本插入点进行修改：双击单元格，将文本插入点定位到该单元格中，然后选择单元格中的数据，并输入新的数据，按【Enter】键后即可修改该单元格的数据。这种方法既适合将单元格中的数据全部进行修改，也适合修改单元格中的部分数据。

（3）在编辑栏中修改：在选择单元格后，在编辑栏中输入数据进行修改。这种方法不仅适合将单元格中的数据全部进行修改，也适合修改单元格中部分数据的情况。

技能拓展——删除数据后重新输入

要修改表格中的数据，还可以先将单元格中的数据全部删除（选择目标单元格，按【Delete】键），然后输入新的数据。

10.3.2 复制和移动数据

对于表格中相同的数据，用户可直接进行复制（选择源数据单元格按【Ctrl+C】组合键复制，然后选择目标单元格，按【Ctrl+V】组合键粘贴）；对于要移动位置的数据单元格，用户可按如下操作步骤进行。

选择目标单元格，将鼠标指针移到单元格边框上，当鼠标指针变成✥形状时，按住鼠标左键不放将其拖动到目标位置，然后释放鼠标，如图 10-79 所示。

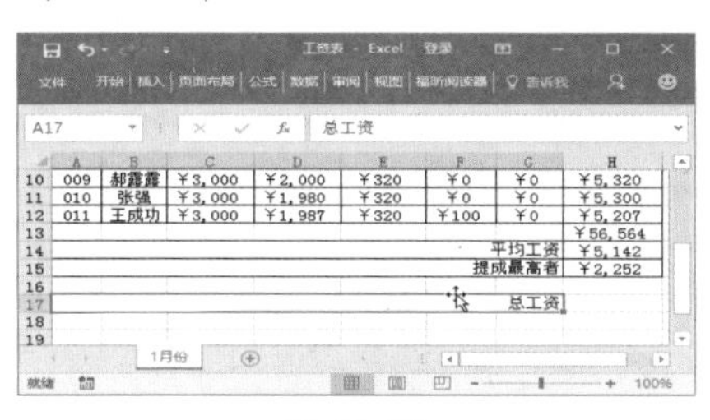

图 10-79

技能拓展——通过剪切进行数据移动

除了通过整个单元格位置的移动来实现数据的移动外，用户还可以选择目标单元格后按【Ctrl+X】组合键剪切数据，然后选择要移动到的单元格，按【Ctrl+V】组合键粘贴。

10.3.3 查找和替换数据

在 Excel 中进行查找和替换数据的方法与在 Word 中进行查找和替换数据的操作方法基本相同，具体操作步骤如下。

用户可直接按【Ctrl+F】组合键打开【查找和替换】对话框，系统自动切换到【查找】选项卡中，❶ 用户只需在【查找内容】文本框中输入要查找的内容，❷ 单击【查找全部】或【查找下一个】按钮进行全部查找或逐个查找即可，如图 10-80 所示。

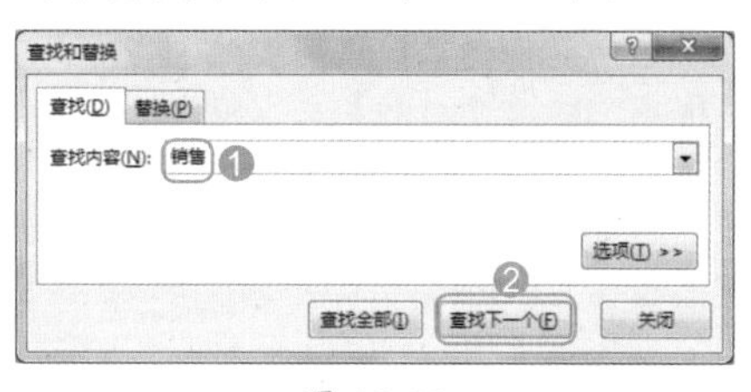

图 10-80

要查找和替换工作簿中的数据，可直接按【Ctrl+H】组合键，打开【查找和替换】对话框（系统自动切换到【替换】选项卡中），具体操作步骤如下。

❶ 分别在【查找内容】和【替换为】文本框中输入替换内容和被替换为内容，❷ 单击【替换】或【全部替换】按钮，如图 10-81 所示。

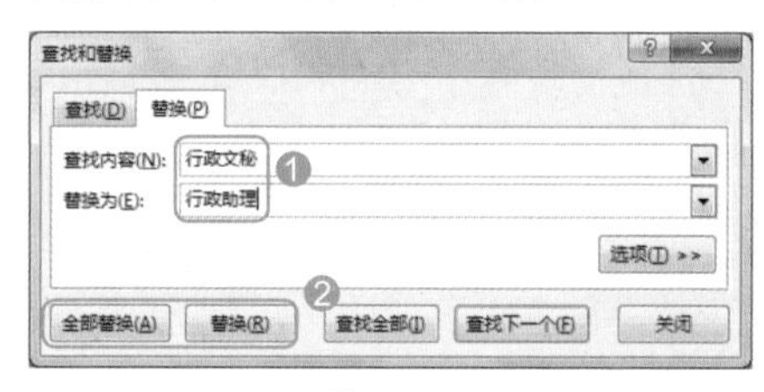

图 10-81

10.4 设置单元格格式

Excel 2016 默认状态下制作的工作表具有相同的文字格式和对齐方式，没有边框和底纹效果。为了让制作的表格更加美观和适于交流，可以为其设置适当的单元格格式，包括为单元格设置文字格式、数字格式、对齐方式，还可以为其添加边框和底纹。

★ 重点 10.4.1 实战：设置应付账款分析表中的文字格式

实例门类	软件功能
教学视频	光盘\视频\第 10 章\10.4.1.mp4

Excel 2016 中输入的文字字体默认为等线体，字号为 11 号。为了使表格数据更清晰、整体效果更美观，可以为单元格中的文字设置字体格式，包括对文字的字体、字号、字形和颜色进行调整。

在 Excel 2016 中为单元格设置文字格式，可以在【字体】组中进行设置，也可以通过【设置单元格格式】对话框进行设置。

1. 在【字体】组中设置文字格式

在 Excel 中为单元格数据设置文字格式，也可以像在 Word 中设置字体格式一样。如图 10-82 所示，在【字体】组中就能够方便地设置文字的字体、字号、颜色、加粗、斜体和下画线等常用字体格式。通过该方法设置字体也是最常用、最快捷的方法。

图 10-82

首先选择需要设置文字格式的单元格、单元格区域、文本或字符。然后在【开始】选项卡【字体】组中选择相应的选项或单击相应的按钮即可执行相应的操作。各选项和按钮的具体功能介绍如下。

- 【字体】下拉列表框 等线 ：单击该下拉列表框右侧的下拉按钮，在弹出的下拉列表中可以选择所需的字体。
- 【字号】下拉列表框 11 ：在该下拉列表框中可以选择所需的字号。
- 【加粗】按钮 B：单击该按钮，可将所选的字符加粗显示，再次单击该按钮又可取消字符的加粗显示。
- 【倾斜】按钮 I：单击该按钮，可将所选的字符倾斜显示，再次单击该按钮又可取消字符的倾斜显示。
- 【下画线】按钮 U ：单击该按钮，可为选择的字符添加下画线效果。单击该按钮右侧的下拉按钮，在弹出的下拉列表中还可选择【双下画线】选项，为所选字符添加双下画线效果。
- 【增大字号】按钮 A：单击该按钮将根据字符列表中排列的字号大小依次增大所选字符的字号。
- 【减小字号】按钮 A：单击该按钮将根据字符列表中排列的字号大小依次减小所选字符的字号。
- 【字体颜色】按钮 A：单击该按钮，可自动为所选字符应用当前颜色。若单击该按钮右侧的下拉按钮，将弹出如图 10-83 所示的下拉列表，在其中可以设置字体填充的颜色。也可以选择【其他颜色】选项，在弹出如图 10-84 所示的【颜色】对话框中设置需要的颜色。

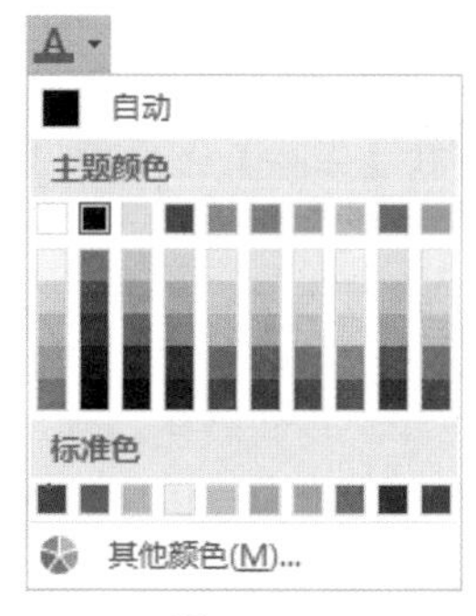

图 10-83

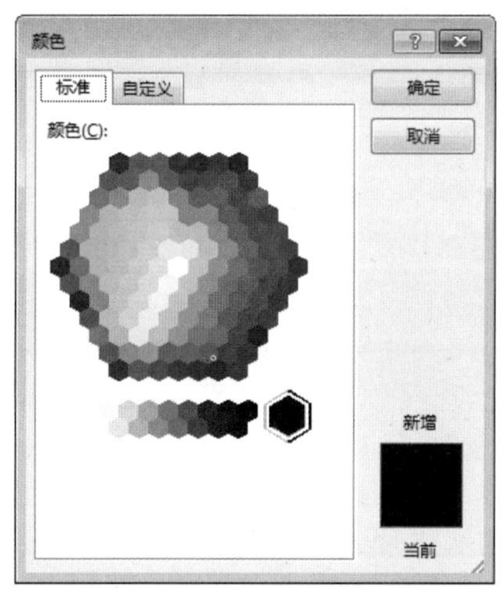

图 10-84

下面通过【字体】组中的选项和按钮为【应付账款分析】工作簿的表头设置合适的文字格式，具体操作步骤如下。

Step 01 打开"光盘\素材文件\第 10 章\应付账款分析.xlsx"文件，❶ 选择 A1:J2 单元格区域，❷ 单击【开始】选项卡【字体】组中的【字体】下拉列表框右侧的下拉按钮，❸ 在弹出的下拉列表中选择需要的字体，如选择【黑体】选项，如图 10-85 所示。

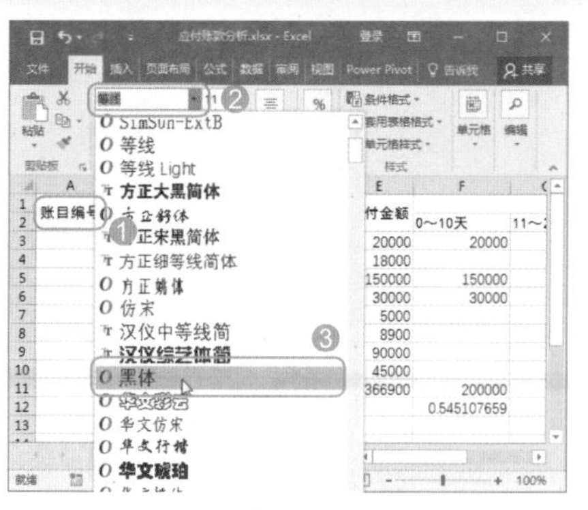

图 10-85

Step 02 单击【字体】组中的【加粗】按钮 B，如图 10-86 所示。

图 10-86

Step 03 ❶ 单击【字体颜色】按钮右侧的下拉按钮 ，❷ 在弹出的下拉列表中选择需要的颜色，如选择【蓝色，个性色 1，深色 25%】选项，如图 10-87 所示。

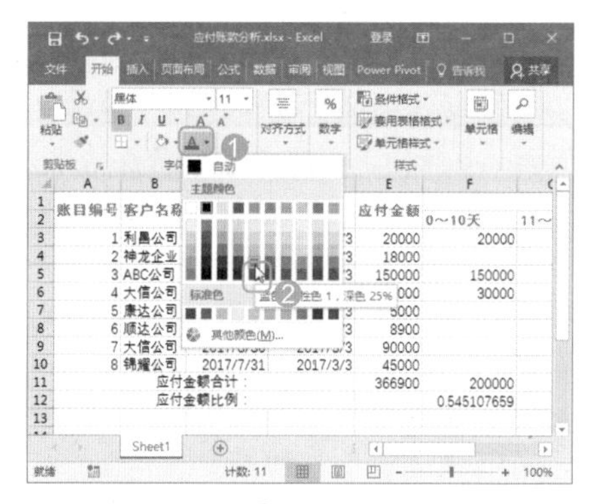

图 10-87

Step 04 ❶ 选择 F2:J2 单元格区域，❷ 单击【字号】下拉列表框右侧的下拉按钮，❸ 在弹出的下拉列表中选择【10】选项，如图 10-88 所示。

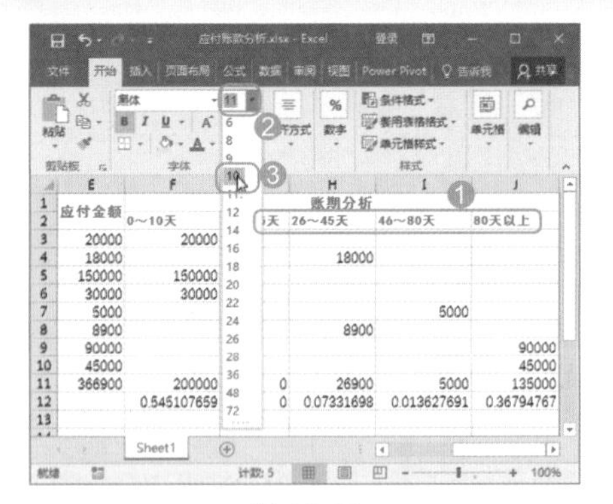

图 10-88

技术看板

对于表格内的数据，原则上不应当使用粗体，以免喧宾夺主，但也有特例。例如，在设置表格标题（表头）的字体格式时，一般使用加粗效果就会更好。另外，当数据稀疏时，可以将其设置为【黑体】，起到强调的作用。

2. 通过对话框设置

用户还可以通过【设置单元格格式】对话框来设置文字格式，只需单击【开始】选项卡【字体】组右下角的【对话框启动器】按钮，即可打开【设置单元格格式】对话框。在该对话框的【字体】选项卡中可以设置字体、字形、字号、下画线、字体颜色和一些特殊效果等。

通过【设置单元格格式】对话框设置文字格式的方法主要用于设置删除线、上标和下标等文字的特殊效果。

例如，要为"应付账款分析"工作簿中的部分单元格设置特殊的文字格式，具体操作步骤如下。

Step 01 ❶ 选择 A11:D12 单元格区域，❷ 单击【开始】选项卡【字体】组右下角的【对话框启动器】按钮，打开【设置单元格格式】对话框，如图 10-89 所示。

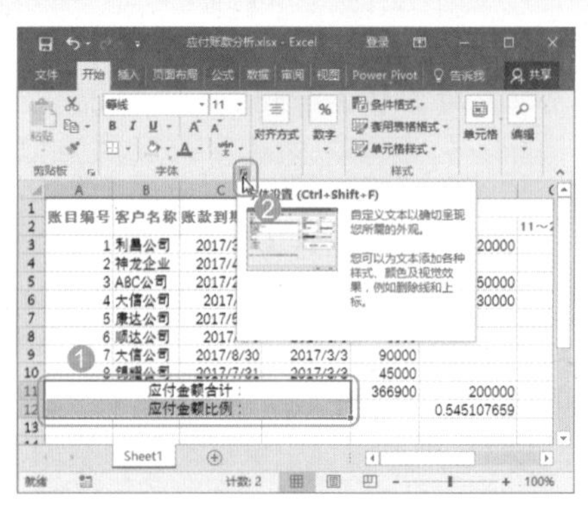

图 10-89

Step 02 ❶ 在【字体】选项卡的【字形】列表框中选择【加粗】选项，❷ 在【下画线】下拉列表框中选择【会计用单下画线】选项，❸ 在【颜色】下拉列表框中选择需要的颜色，❹ 单击【确定】按钮，如图 10-90 所示。

图 10-90

Step 03 返回工作表，即可看到为所选单元格设置的字体格式效果，如图 10-91 所示。

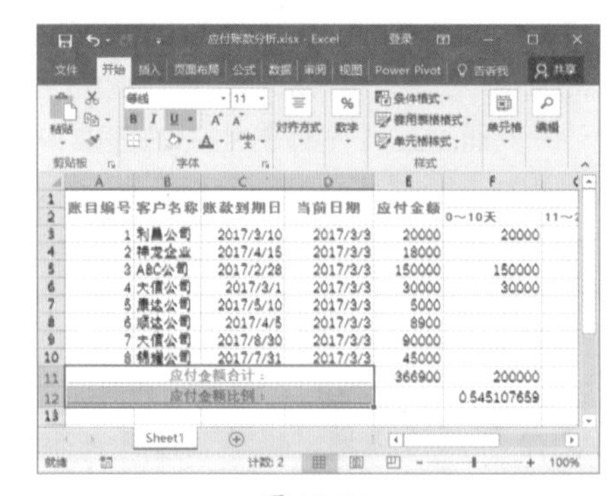

图 10-91

★ 重点 10.4.2 实战：设置应付账款分析表中的数字格式

实例门类	软件功能
教学视频	光盘\视频\第 10 章\10.4.2.mp4

在单元格中输入数据后，Excel 会自动识别数据类型并应用相应的数字格式。在实际生活中常常遇到日期、货币等特殊格式的数据，例如，要区别输入的货币数据与其他普通数据，需要在货币数字前加上货币符号，如人民币符号【￥】，或者要让输入的当前日期显示为【2016 年 12 月 20 日】等。在 Excel 2016 中要让数据显示为需要的形式，就需要设置数字格式了，如常规格式、货币格式、会计专用格式、日期格式和分数格式等。

在 Excel 2016 中为单元格设置数字格式，可以在【开始】选项卡的【数字】组中进行设置，也可以通过【设置单元格格式】对话框进行设置。例如，要为"应付账款分析"工作簿中的相关数据设置数字格式，具体操作步骤如下。

Step 01 ❶ 选择 A3:A10 单元格区域，❷ 单击【开始】选项卡【数字】组右下角的【对话框启动器】按钮，如图 10-92 所示。

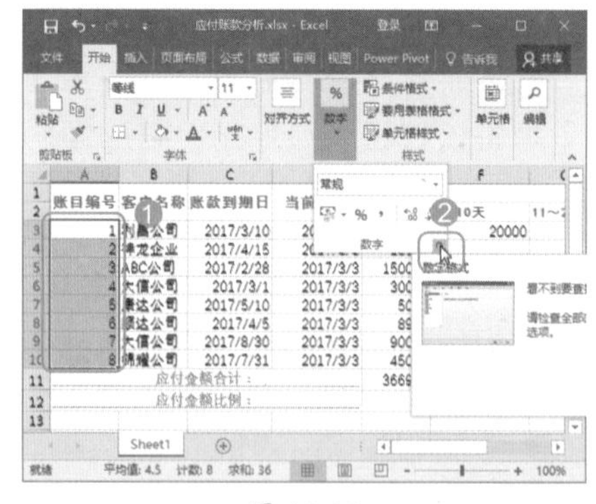

图 10-92

Step 02 打开【设置单元格格式】对话框，❶ 在【数字】选项卡的【分类】列表框中选择【自定义】选项，❷ 在【类型】文本框中输入需要自定义的格式，如输入【0000】，❸ 单击【确定】按钮，如图 10-93 所示。

图 10-93

技术看板

利用 Excel 提供的自定义数据类型的功能，用户还可以自定义各种格式的数据。下面来讲解一下在【类型】文本框中经常输入的各代码的用途。

- 【#】：数字占位符。只显示有意义的零而不显示无意义的零。小数点后的数字若大于【#】的数量，则按【#】的位数四舍五入。如输入代码【###.##】，则 12.3 将显示为 12.30;12.3456 显示为 12.35。
- 【0】：数字占位符。如果单元格的内容大于占位符的数量，则显示实际数字；如果小于占位符的数量，则用 0 补足。例如，输入代码【00.000】，则 123.14 显示为 123.140；1.1 显示为 01.100。
- 【*】：重复下一次字符，直到充满列宽。例如，输入代码【@*-】，则 ABC 显示为【ABC---------】。
- 【，】：千位分隔符。例如，输入代码【#,###】，则 32000 显示为 32,000。

Step 03 经过上步操作，即可让所选单元格区域内的数字显示为 0001、0002……❶ 选择 C3:C10 单元格区域，❷ 单击【开始】选项卡【数字】组右下角的【对话框启动器】按钮，如图 10-94 所示。

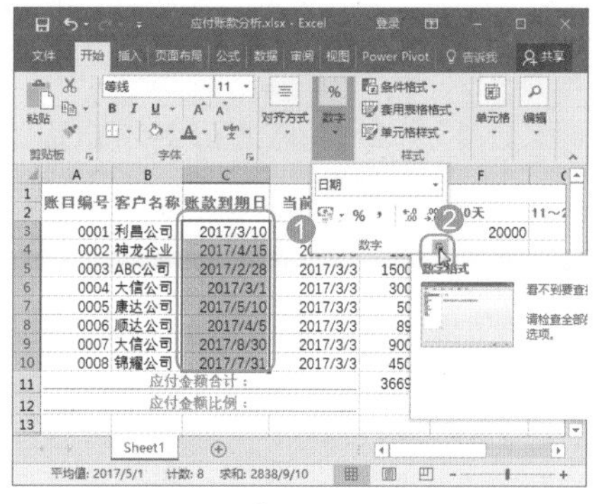

图 10-94

Step 04 打开【设置单元格格式】对话框，❶ 在【数字】选项卡中选择【日期】选项，❷ 选择需要的日期格式，❸ 单击【确定】按钮，如图 10-95 所示。

图 10-95

Step 05 经过上步操作，即可为所选单元格区域设置相应的时间样式，❶ 选择 D3:D10 单元格区域，❷ 在【开始】选项卡【数字】组中的【数字格式】下拉列表框中选择【长日期】选项，如图 10-96 所示。

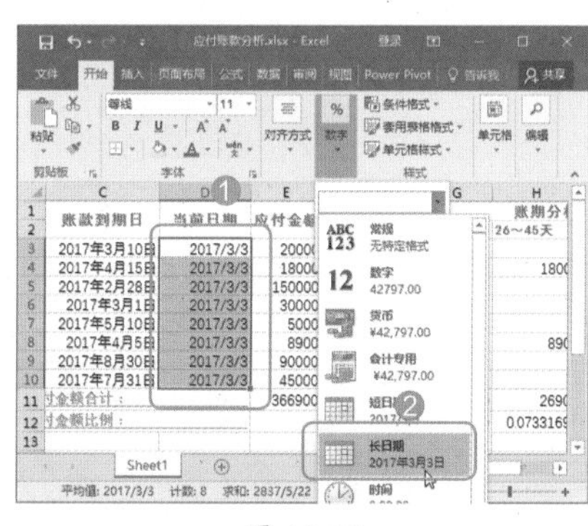

图 10-96

Step 06 经过上步操作，也可以为所选单元格区域设置相应的时间样式。❶ 选择 E3:J11 单元格区域，❷ 在【数字】组中的【数字格式】下拉列表框中选择【货币】选项，如图 10-97 所示。

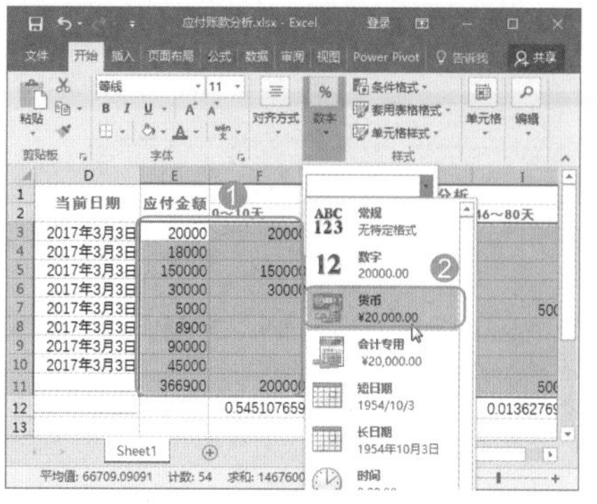

图 10-97

技能拓展——快速设置千位分隔符

单击【数字】组中的【千位分隔样式】按钮 ，，可以为所选单元格区域中的数据添加千位分隔符。

Step 07 经过上步操作，即可为所选单元格区域设置货币样式，且每个数据均包含两位小数。连续两次单击【数字】组中的【减少小数位数】按钮 ，如图 10-98 所示。

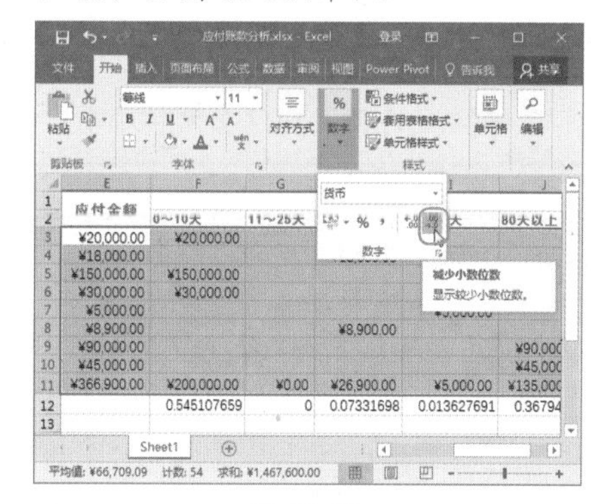

图 10-98

Step 08 经过上步操作，即可让所选单元格区域中的数据显示为整数。❶ 选择 F12:J12 单元格区域，❷ 单击【数字】组中的【百分比样式】按钮 %，如图 10-99 所示。

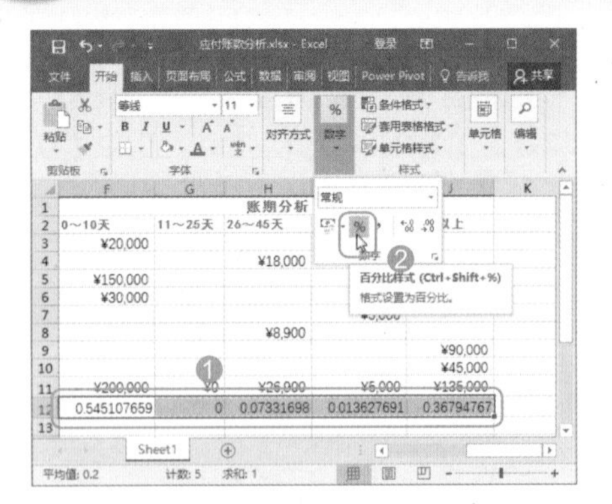

图 10-99

Step09 经过上步操作，即可让所选单元格区域的数据显示为百分比样式。❶按【Ctrl+1】组合键快速打开【设置单元格格式】对话框，❷在右侧的【小数位数】数值框中输入【2】，❸单击【确定】按钮，如图 10-100 所示。

图 10-100

Step10 经过上步操作，即可统一所选单元格区域的数据均包含两位小数，如图 10-101 所示。

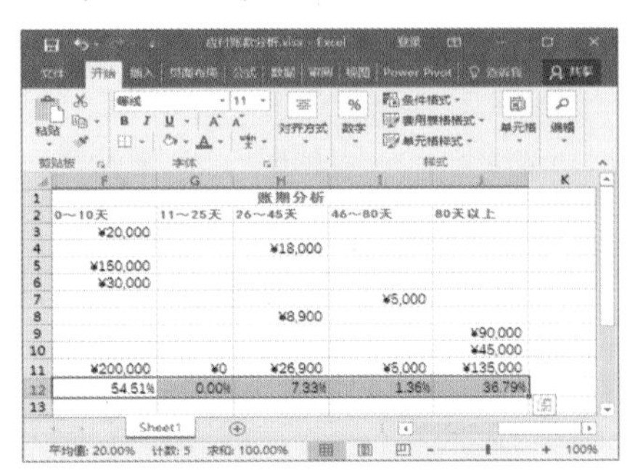

图 10-101

★ 重点 10.4.3 实战：设置应付账款分析表中的对齐方式

实例门类	软件功能
教学视频	光盘\视频\第 10 章\10.4.3.mp4

默认情况下，在 Excel 中输入的文本显示为左对齐，数据显示为右对齐。为了保证工作表中数据的整齐性，可以为数据重新设置对齐方式。设置对齐方式包括设置文字的对齐方式、文字的方向和自动换行。其设置方法与文字格式的设置方法相似，可以通过在【对齐方式】组中进行设置，也可以在【设置单元格格式】对话框中的【对齐】选项卡中进行设置，下面将分别进行讲解。

1. 在【对齐方式】组中设置

在【开始】选项卡的【对齐方式】组中能够方便地设置单元格数据的水平对齐方式、垂直对齐方式、文字方向、缩进量和自动换行等。通过该方法设置数据的对齐方式是最常用、最快捷的方法。选择需要设置格式的单元格或单元格区域，在【对齐方式】组中单击相应按钮即可执行相应的操作。

下面通过【对齐方式】组中的选项和按钮为“应付账款分析”工作簿设置合适的对齐方式，具体操作步骤如下。

Step01 ❶选择 F2:J2 单元格区域，❷单击【开始】选项卡【对齐方式】组中的【居中】按钮≡，如图 10-102 所示。

图 10-102

Step02 ❶选择 A3:D10 单元格区域，❷单击【对齐方式】组中的【左对齐】按钮≡，如图 10-103 所示，即可让选择的单元格区域中的数据靠左对齐。

图 10-103

Step03 ❶修改 B5 单元格中的数据，❷单击【对齐方式】组中的【自动换行】按钮，如图 10-104 所示。

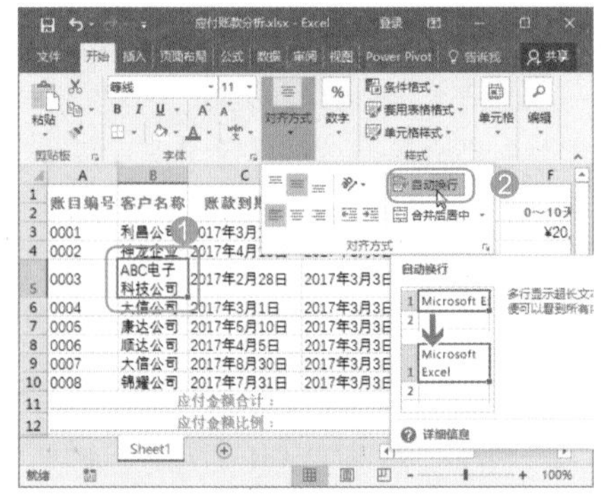

图 10-104

2. 通过对话框设置

通过【设置单元格格式】对话框设置数据对齐方式的方法主要用于需要详细设置水平、垂直对齐方式、旋转方向和缩小字体进行填充的特殊情况。

如图 10-105 所示，在【设置单元格格式】对话框中【对齐】选项卡的【文本对齐方式】栏中可以设置更多单元格中数据在水平和垂直方向上的对齐方式，并且能够设置缩进值；在【方向】栏中可以设置文本具体的旋转角度值，并能在预览框中查看文本旋转后的效果；在【文本控制】栏中选中【自动换行】复选框，可以为单元格中的数据进行自动换行，选中【缩小字体填充】复选框，可以将所选单元格或单元格区域中的字体自动缩小以适应单元格的大小；设置完毕后单击【确定】按钮关闭对话框即可。

图 10-105

10.4.4 实战：为应付账款分析表添加边框和底纹

实例门类	软件功能
教学视频	光盘\视频\第10章\10.4.4.mp4

Excel 2016 在默认状态下，单元格的背景是白色的，边框为无色显示。为了能更好地区分单元格中的数据内容，可以根据需要为其设置适当的边框效果，填充喜欢的底纹。

1. 添加边框

实际上，在打印输出时，默认情况下 Excel 中自带的边线也是不会被打印出来的，因此需要打印输出的表格具有边框，就需要在打印前添加边框。为单元格添加边框后，还可以使制作的表格轮廓更加清晰，让每个单元格中的内容有一个明显的划分。

为单元格添加边框有两种方法，一种是可以单击【开始】选项卡【字体】组中的【边框】按钮 田 右侧的下拉按钮，在弹出的下拉列表中选择为单元格添加的边框样式；另外一种需要在【设置单元格格式】对话框的【边框】选项卡中进行设置。

下面通过设置“应付账款分析”工作簿中的边框效果，举例说明添加边框的具体操作步骤。

Step01 ❶ 选择 A1:J12 单元格区域，❷ 单击【字体】组中的【边框】按钮 田 右侧的下拉按钮，❸ 在弹出的下拉菜单中选择【所有框线】命令，如图 10-106 所示。

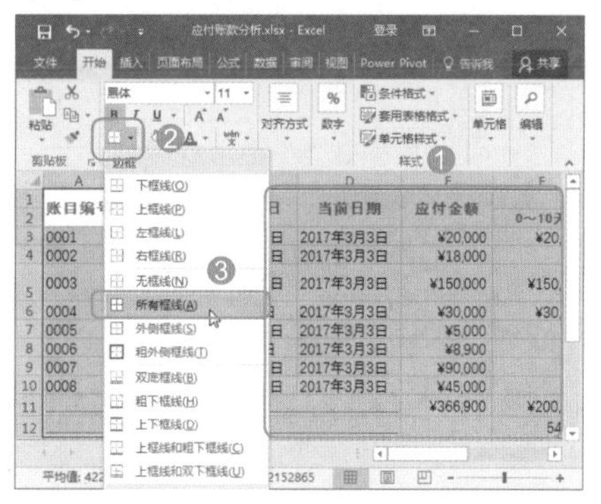

图 10-106

技术看板

在【边框】下拉菜单中不仅能快速设置常见的边框效果，包括设置单元格或单元格区域的单边边框、两边边框及四周的边框。如果不显示单元格的边框，可以选择【无框线】选项。还可以在其中的【绘制边框】栏中设置需要的边框颜色和线型，然后手动绘制需要的边框效果，并可使用【擦除边框】命令擦除多余的边框线条，从而制作出更多元化的边框效果。

Step02 经过上步操作系统自动为所选单元格区域设置边框效果。❶ 选择 A1:J2 单元格区域，❷ 单击【字体】组右下角的【对话框启动器】按钮，如图 10-107 所示。

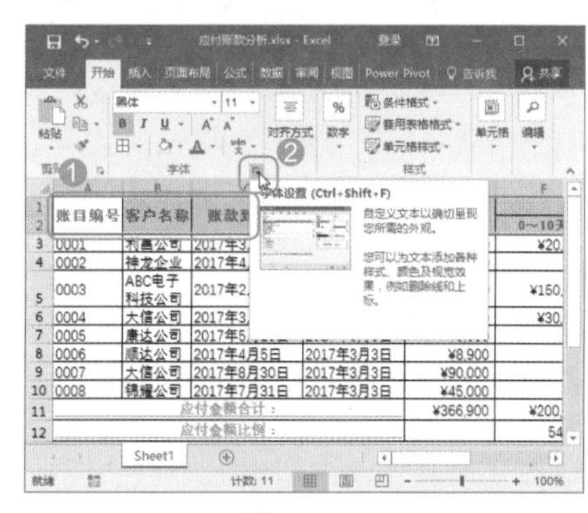

图 10-107

Step03 打开【设置单元格格式】对话框，❶ 选择【边框】选项卡，❷ 在【颜色】下拉列表框中选择【蓝色】选项，❸ 在【样式】列表框中选择【粗线】选项，❹ 单击【预置】栏中的【外边框】按钮，❺ 单击【确定】按钮，如图 10-108 所示。

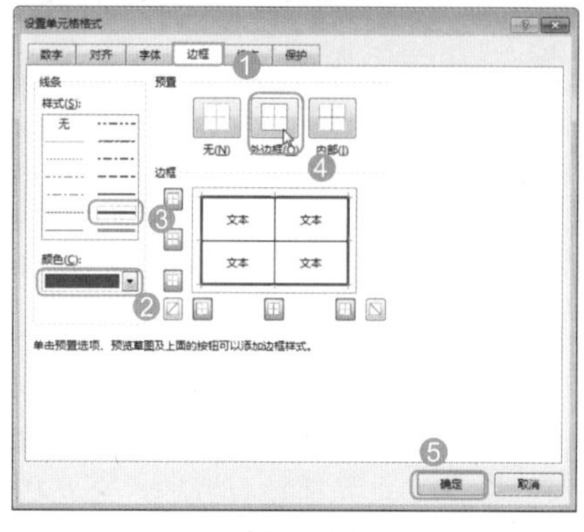

图 10-108

技术看板

在【边框】选项卡的【边框】栏中显示了设置边框后的效果，单击其中的按钮还可单独为单元格中的某一条边添加边框效果。例如，单击按钮可以为单元格添加顶部的边框；单击按钮可以为单元格添加左侧的边框；单击按钮可以为单元格添加斜线等。

Step04 经过上步操作，即可为所选单元格区域设置外边框效果，如图 10-109 所示。

图 10-109

技术看板

表格线宽度会对使用表格的人造成比较大的影响。要搭配使用合适的粗细线。最简便易行的方法就是"细内线＋粗边框"。合理的粗细线结合会让人感觉到表格是你用心设计出来的，会产生一种信任感。另外，如果有大片的小单元格聚集时，表格边线则可考虑采用虚线，以免影响使用者的视线。

2. 设置底纹

在编辑表格的过程中，为单元格设置底纹既能使表格更加美观，又能让表格更具整体感和层次感。为包含重要数据的单元格设置底纹，还可以使其更加醒目，起到提醒的作用。这里所说的设置底纹包括为单元格填充纯色、带填充效果的底纹和带图案的底纹3种。

为单元格填充底纹一般需要通过【设置单元格格式】对话框中的【填充】选项卡进行设置。若只为单元格填充纯色底纹，还可以通过单击【开始/字体】组中的【填充颜色】按钮右侧的下拉按钮，在弹出的下拉列表中选择需要的颜色。

下面以为"应付账款分析"工作表设置底纹为例，详细讲解为单元格设置底纹的方法，具体操作步骤如下。

Step01 ❶ 选择A1:J2单元格区域，❷ 单击【字体】组右下角的【对话框启动器】按钮，如图10-110所示。

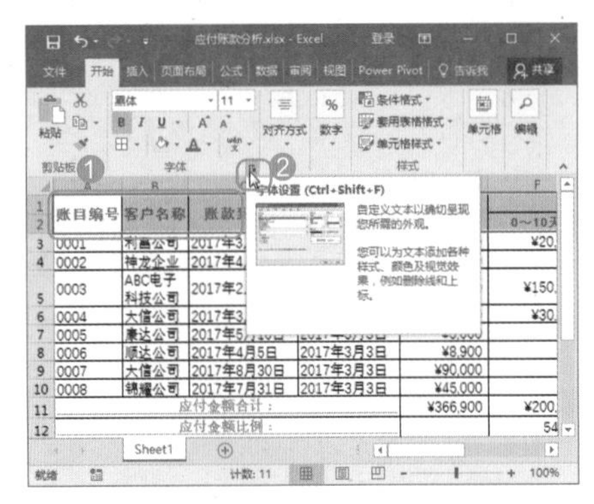

图 10-110

Step02 打开【设置单元格格式】对话框，❶ 选择【填充】选项卡，❷ 在【背景色】栏中选择需要填充的背景颜色，如选择【橙色】选项，❸ 在【图案颜色】下拉列表框中选择图案的颜色，如选择【白色】选项，❹ 在【图案样式】下拉列表框中选择需要填充的背景图案，❺ 单击【确定】按钮关闭对话框，如图10-111所示。

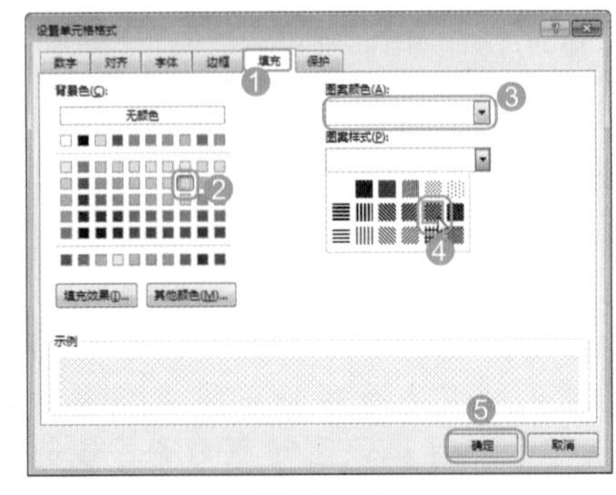

图 10-111

Step03 返回工作界面中即可看到设置的底纹效果。❶ 选择隔行的单元格区域，❷ 单击【开始】选项卡【字体】组中的【填充颜色】按钮，❸ 在弹出的下拉列表中选择需要填充的颜色，为所选单元格区域填充选择的颜色，如图10-112所示。

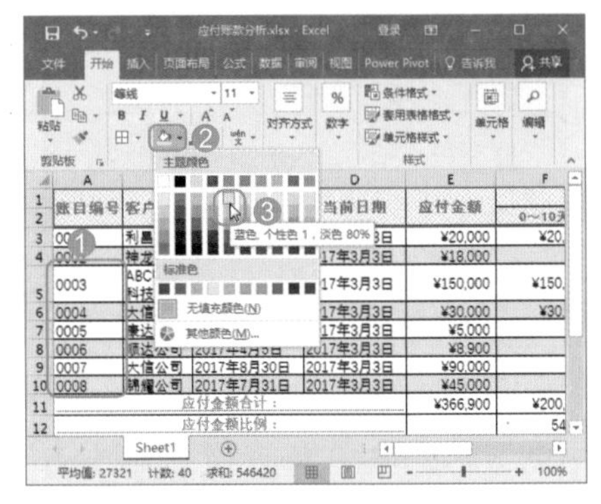

图 10-112

技能拓展——删除单元格中设置的底纹

如果要删除单元格中设置的底纹效果，可以在【填充颜色】下拉列表中选择【无填充颜色】选项，或者在【设置单元格格式】对话框中单击【无颜色】按钮。

10.5 使用单元格样式

Excel 2016提供了一系列单元格样式，它是一整套已为单元格预定义了不同的文字格式、数字格式、对齐方式、边框和底纹效果等样式的格式模板。使用单元格样式可以快速使每一个单元格都具有不同的特点，除此之外，用户还可以根据需要对内置的单元格样式进行修改，或者自定义新单元格样式，创建更具个人特色的表格。

10.5.1 实战：为申购单套用单元格样式

实例门类	软件功能
教学视频	光盘\视频\第10章\10.5.1.mp4

如果用户希望工作表中的相应单元格格式独具特色，却又不想浪费太多的时间进行单元格格式设置，此时便可利用Excel 2016自动套用单元格样式功能直接调用系统中已经设置好的单元格样式，快速地构建带有相应格式特征的表格，这样不仅可以提高工作效率，还可保证单元格格式的质量。

单击【开始】选项卡【样式】组中的【单元格样式】按钮，在弹出的下拉列表中即可看到Excel 2016中提供的多种单元格样式。通常，用户会为表格中的标题单元格套用 Excel 默认提供的【标题】类单元格样式，为文档类的单元格根据情况使用非【标题】类的样式。

例如，要为“办公物品申购单”工作表中的单元格套用单元格样式，具体操作步骤如下。

Step 01 打开“光盘\素材文件\第 10 章\办公物品申购单.xlsx”文件，❶ 选择 A1:I1 单元格区域，❷ 单击【开始】选项卡【样式】组中的【单元格样式】按钮，❸ 在弹出的下拉列表中选择【标题 1】选项，如图 10-113 所示。

图 10-113

Step 02 经过上步操作，即可为所选单元格区域设置标题 1 样式。❶ 选择 A3:I3 单元格区域，❷ 单击【单元格样式】按钮，❸ 在弹出的下拉列表中选择需要的主题单元格样式，如图 10-114 所示。

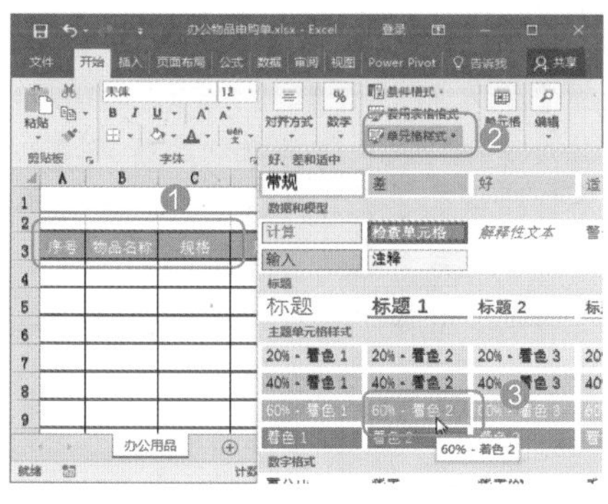

图 10-114

10.5.2 实战：修改与复制单元格样式

实例门类	软件功能
教学视频	光盘\视频\第 10 章\10.5.2.mp4

用户在应用单元格样式后，如果对应用样式中的字体、边框或某一部分样式不满意，还可以对应用的单元格样式进行修改。同时，用户还可以对已经存在的单元格样式进行复制。通过修改或复制单元格样式来创建新的单元格样式比完全从头开始自定义单元格样式更加快捷。下面在“办公用品申购单”工作簿中修改【标题 1】单元格样式，具体操作步骤如下。

Step 01 ❶ 单击【单元格样式】按钮，❷ 在弹出的下拉列表中找到需要修改的单元格样式并在其上右击，❸ 在弹出的快捷菜单中选择【修改】命令，如图 10-115 所示。

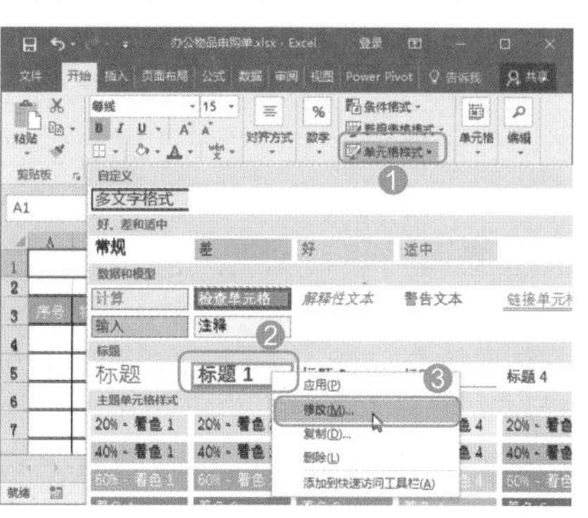

图 10-115

Step 02 打开【样式】对话框，单击【格式】按钮，如图 10-116 所示。

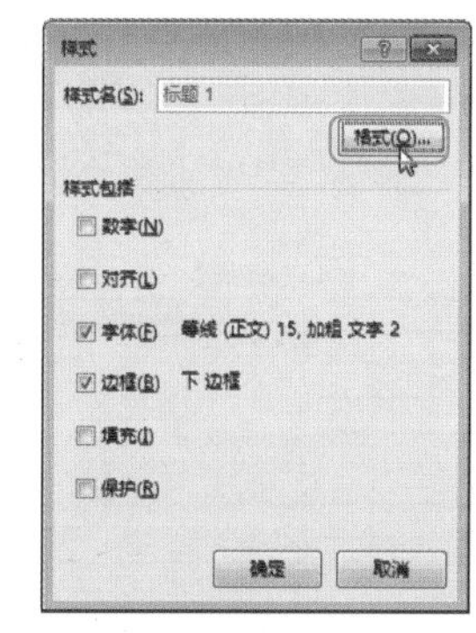

图 10-116

技能拓展——复制单元格样式

要创建现有单元格样式的副本，可在单元格样式名称上右击，然后在弹出的快捷菜单中选择【复制】命令。再在打开的【样式】对话框中为新单元格样式输入适当的名称即可。

Step 03 打开【设置单元格格式】对话框，❶ 选择【字体】选项卡，❷ 在【颜色】下拉列表框中选择【蓝色】选项，如图 10-117 所示。

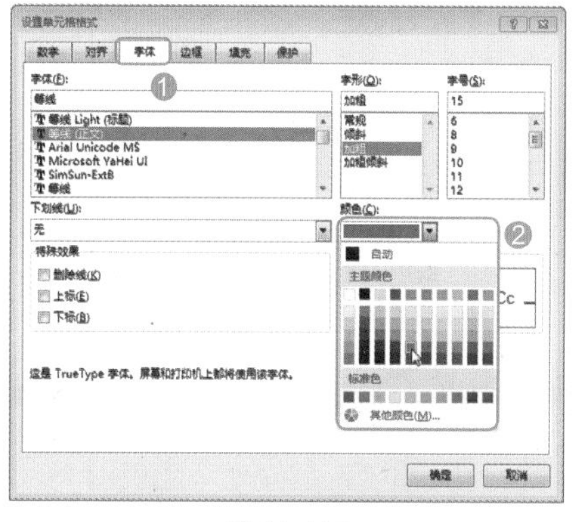

图 10-117

技术看板

在【样式】对话框中的【样式包括】栏中，选中与要包括在单元格样式中的格式相对应的复选框，或者取消选中与不想包括在单元格样式中的格式相对应的复选框，可以快速对单元格格式进行修改。但是这种方法将会对单元格样式中的某一种格式，如文字格式、数字格式、对齐方式、边框或底纹效果等样式进行统一取舍。

Step 04 ❶ 选择【边框】选项卡，❷ 在【颜色】下拉列表框中选择【蓝色】选项，❸ 单击【确定】按钮，如图 10-118 所示。

Step 05 返回【样式】对话框中，直接单击【确定】按钮关闭该对话框，如图 10-119 所示。

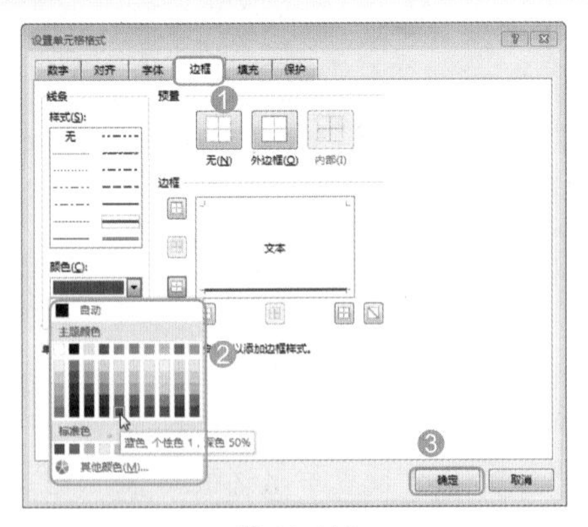

图 10-118

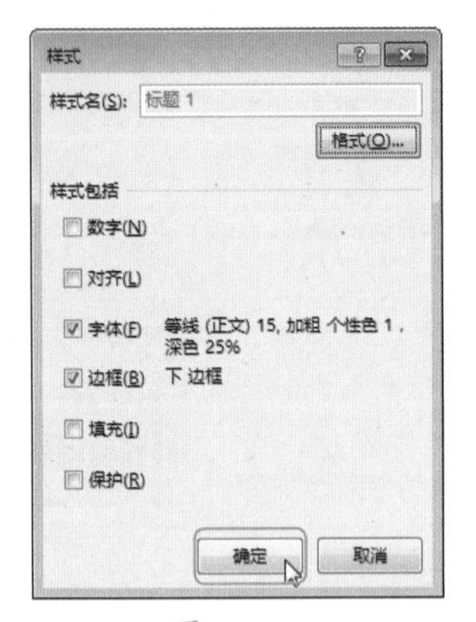

图 10-119

Step 06 返回工作簿中，即可看到已经为表格中曾应用了【标题 1】样式的 A1 单元格应用了新的【标题 1】样式，如图 10-120 所示。

图 10-120

技术看板

修改非 Excel 内置的单元格样式时，用户可以在【样式】对话框的【样式名】文本框中重新输入样式名称。

复制的单元格样式和重命名的单元格样式将添加到【单元格样式】下拉列表的【自定义】栏中。如果不重命名内置单元格样式，该内置单元格样式将随着所做的样式更改而更新。

10.5.3 实战：合并单元格样式

实例门类	软件功能
教学视频	光盘\视频\第 10 章\10.5.3.mp4

创建的或复制到工作簿中的单元格样式只能应用于选择的当前工作簿，如果要使用到其他工作簿中，则可以通过合并样式操作，将一张工作簿中的单元格样式复制到另一张工作簿中。

在 Excel 中合并单元格样式操作需要先打开要合并单元格样式的两个及以上工作簿，然后在【单元格样式】下拉列表中选择【合并样式】命令，再在打开的对话框中根据提示进行操作。

下面将"办公物品申购单"工作簿中创建的【多文字格式】单元格样式合并到【参观申请表】工作簿中，具体操作步骤如下。

Step 01 打开"光盘\素材文件\第 10 章\参观申请表 .xlsx"文件，❶ 单击【开始】选项卡【数字】组中的【单元格样式】按钮，❷ 查看弹出的下拉列表，其中并无【自定义】栏，表示没有创建过单元格样式，然后在该下拉列表中选择【合并样式】命令，如图 10-121 所示。

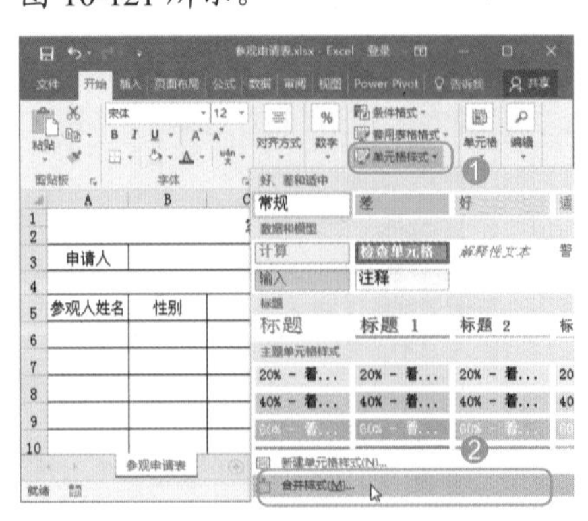

图 10-121

Step 02 打开【合并样式】对话框，❶ 在【合并样式来源】列表框中选择包含要复制的单元格样式的工作簿，这里选择【办公物品申购单】选项，❷ 单击【确定】按钮关闭【合并样式】对话框，如图 10-122 所示，完成单元格样式的合并操作。

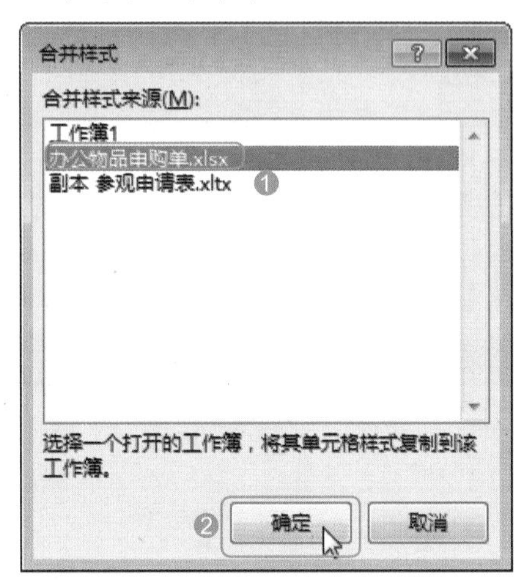

图 10-122

Step 03 打开提示对话框，提示是否需要合并相同名称的样式，这里单击【否】按钮，如图 10-123 所示。

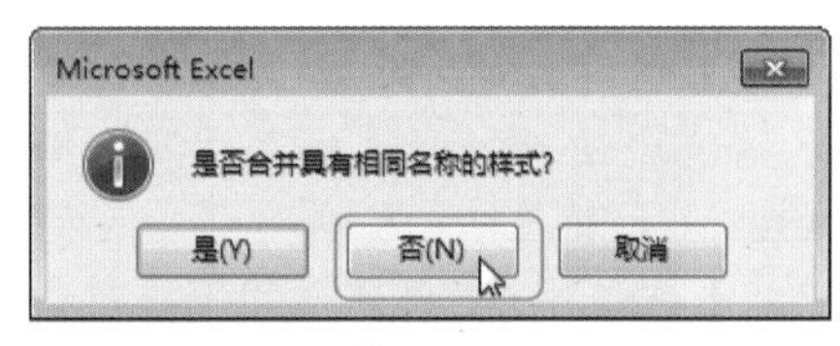

图 10-123

Step 04 返回【参观申请表】工作簿中，❶ 选择 C26:C28 单元格区域，❷ 单击【单元格样式】按钮，❸ 在弹出的下拉列表中即可看到已经将【办公物品申购单】工作簿中自定义的单元格样式合并到该工作簿中了，在【自定义】栏中选择【多文字格式】选项，即可为所选单元格区域应用该单元格样式，如图 10-124 所示。

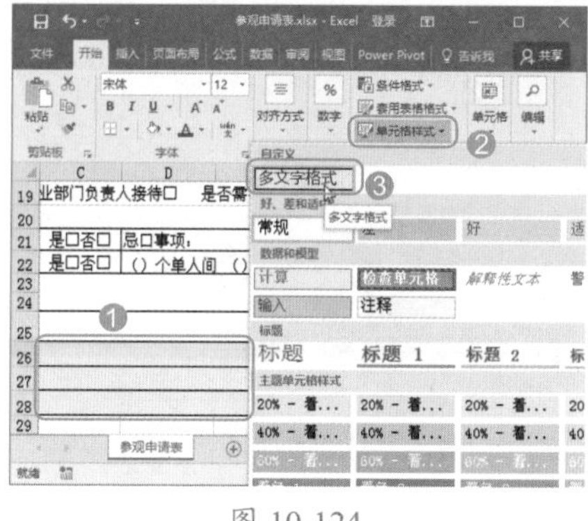

图 10-124

10.5.4 删除单元格样式

如果对创建的单元格样式不再需要了，可以进行删除操作。在单元格样式下拉列表中需要删除的预定义表格样式或自定义单元格样式上右击，在弹出的快捷菜单中选择【删除】命令，即可将该单元格样式从下拉列表中删除，并从应用该单元格样式的所有单元格中删除单元格样式。

技术看板

单元格样式下拉列表中的【常规】单元格样式，即 Excel 内置的单元格样式是不能删除的。

10.6 设置表格样式

Excel 2016 中不仅提供了单元格样式，还提供了许多预定义的表格样式。与单元格样式相同，表格样式也是一套已经定义了不同文字格式、数字格式、对齐方式、边框和底纹效果等样式的格式模板，只是该模板是作用于整个表格的。这样，使用该功能就可以快速对整个数据表格进行美化了。套用表格格式后还可以为表元素进行设计，使其更符合实际需要。如果预定义的表格样式不能满足需要，可以创建并应用自定义的表格样式，下面将逐一讲解其具体操作方法。

★ 重点 10.6.1 实战：为档案表套用表格样式

实例门类	软件功能
教学视频	光盘\视频\第 10 章\10.6.1.mp4

如果需要为整个表格或大部分表格区域设置样式，可以直接使用【套用表格格式】功能。应用 Excel 预定义的表格样式可以为数据表轻松快速地构建带有特定格式特征的表格。

例如，要为“司机档案表”应用预定义的表格样式，具体操作步骤如下。

Step 01 打开“光盘\素材文件\第 10 章\司机档案表.xlsx”文件，❶ 选择表格中的数据单元格区域，❷ 单击【开始】选项卡【样式】组中的【套用表格格式】按钮，❸ 在弹出的下拉列表中选择需要的表格样式，这里选择【表样式中等深浅 2】选项，如图 10-125 所示。

Step 02 打开【套用表格式】对话框，❶ 确认设置单元格区域并取消选中【表包含标题】复选框，❷ 单击【确定】按钮关闭对话框，如图 10-126 所示。

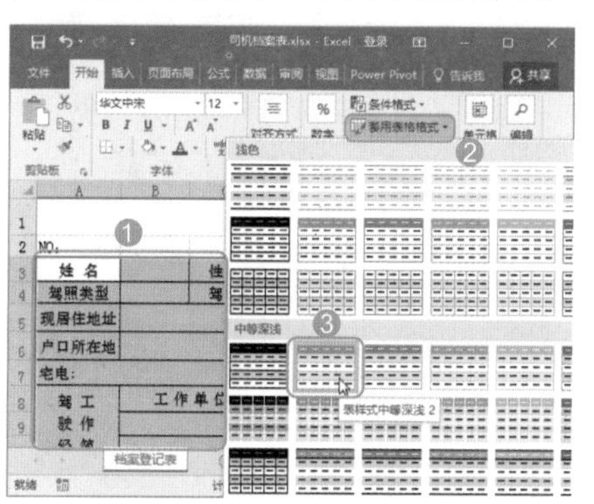

图 10-125

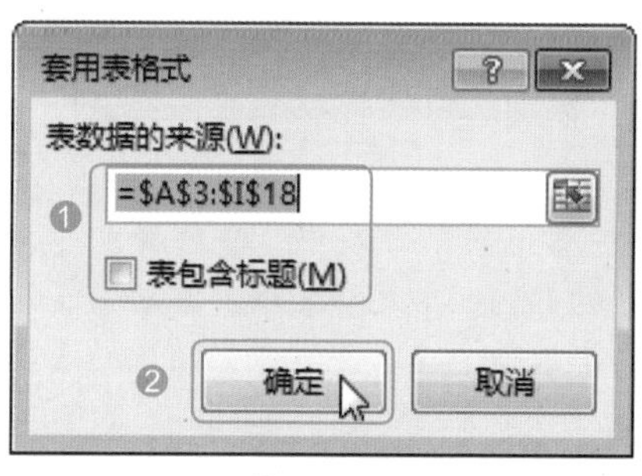

图 10-126

Step 03 返回工作表中，即可看到已经为所选单元格区域套用了选定的表格格式，效果如图 10-127 所示。

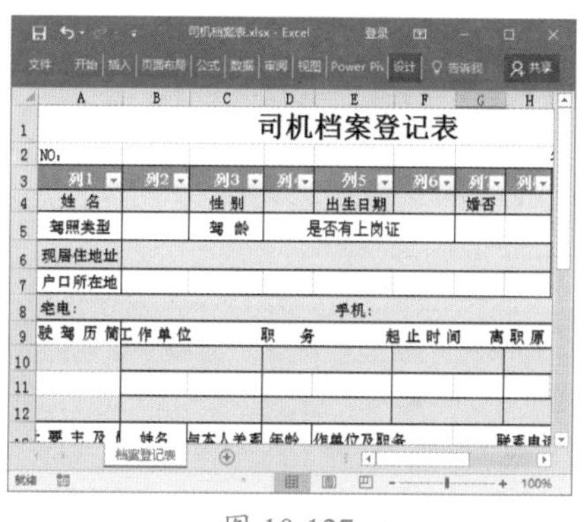

图 10-127

技术看板

一般情况下可以为表格套用颜色间隔的表格格式，如果为表格中的部分单元格设置了填充颜色，或者设置了条件格式，继续套用表格格式时则会选择没有颜色间隔的表格格式。

★ 重点 10.6.2 实战：为档案表设计表格样式

实例门类	软件功能
教学视频	光盘\视频\第 10 章\10.6.2.mp4

套用表格格式之后，表格区域将变为一个特殊的整体区域，且选择该区域中的任意单元格时，将激活【表格工具 设计】选项卡。在该选项卡中可以设置表格区域的名称和大小，在【表格样式选项】组中还可以对表元素（如标题行、汇总行、第一列、最后一列、镶边行和镶边列）设置快速样式……从而对整个表格样式进行细节处理，进一步完善表格格式。

下面为套用表格格式后的“司机档案表”工作表设计适合的表格样式，具体操作步骤如下。

Step 01 ❶ 选择套用表格格式区域中的任意单元格，激活【表格工具 设计】选项卡，❷ 在【表格样式选项】组中取消选中【标题行】复选框，如图 10-128 所示。

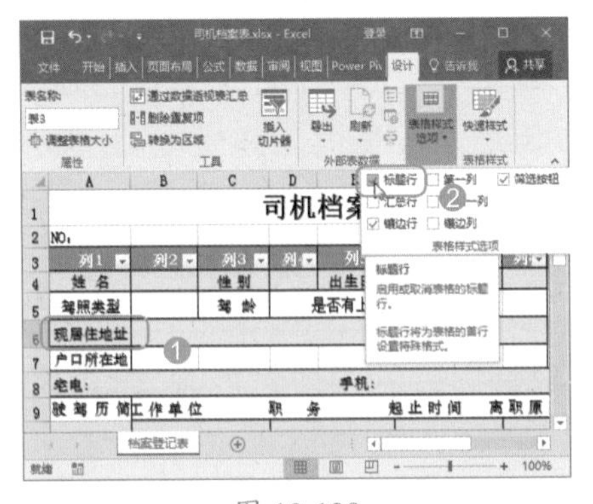

图 10-128

Step 02 经过上步操作后，将隐藏因为套用表格格式而生成的标题行。选中【镶边列】复选框，即可赋予间隔列以不同的填充色，如图 10-129 所示。

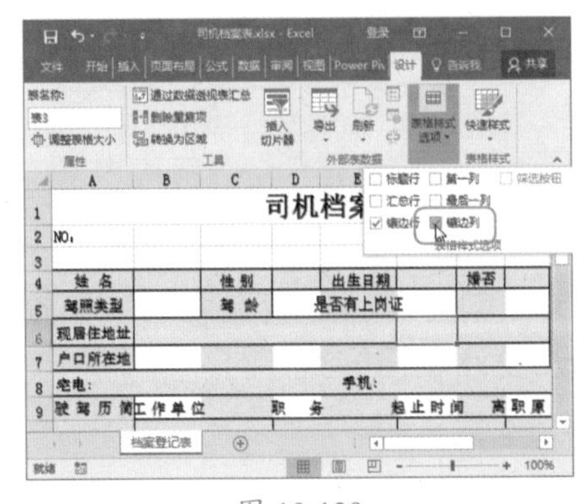

图 10-129

Step 03 设置镶边列效果后，用户更容易发现套用表格格式后，之前合并过的单元格都拆开了，需要重新进行合并。单击【工具】组中的【转换为区域】按钮，如图 10-130 所示。

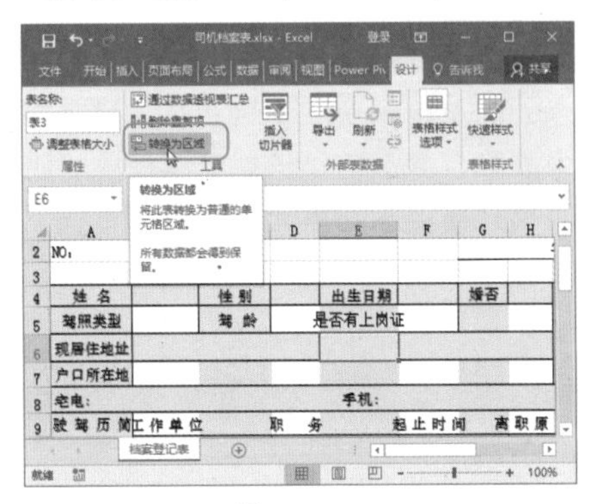

图 10-130

技术看板

套用表格格式之后，表格区域将成为一个特殊的整体区域，当在表格中添加新的数据时，单元格上会自动应用相应的表格样式。如果要将该区域转换为普通区域，可单击【表格工具 设计】选项卡【工具】组中的【转换为区域】按钮，当表格转换为区域之后，其表格样式仍然保留。

Step 04 打开提示对话框，单击【是】按钮，如图 10-131 所示。

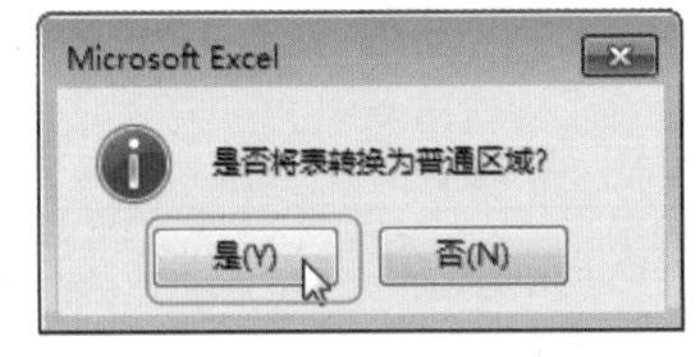

图 10-131

Step 05 返回工作表中，❶ 选择需要合并的 D5:F5 单元格区域，❷ 单击【开始】选项卡【对齐方式】组中的【合并后居中】按钮，如图 10-132 所示。

Step 06 使用相同的方法继续合并表格中的其他单元格，并更改部分单元格的填充颜色，完成后拖动鼠标指针调整第 3 行的高度至合适，最终效果如图 10-133 所示。

图 10-132

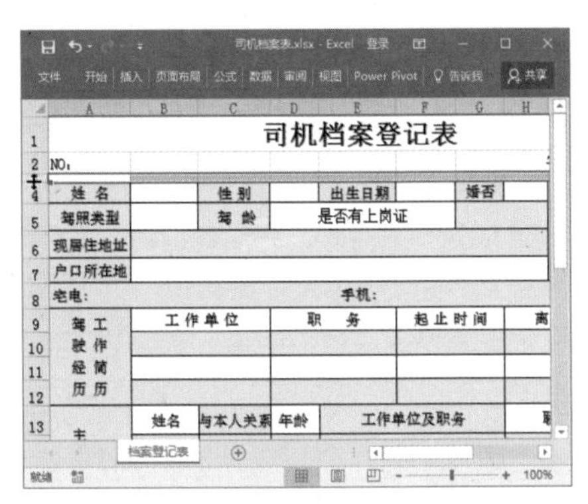

图 10-133

10.6.3 修改与删除表格的样式

实例门类	软件功能
教学视频	光盘\视频\第 10 章\10.6.3.mp4

如果对自定义套用的表格格式不满意，除了可以在【表格工具 设计】选项卡中进行深入的设计外，还可以返回创建的基础设计中进行修改。

若对套用的表格格式彻底不满意，或者不需要进行修饰了，可将应用的表格样式清除。例如，要修改“住宿登记表”中的表格样式，然后将其删除，具体操作步骤如下。

Step 01 打开“光盘\素材文件\第 10 章\住宿登记表.xlsx”文件，❶ 单击【套用表格格式】按钮，❷ 在弹出的下拉列表中找到当前表格所用的表格样式，这里在【自定义】栏中的第二种样式上右击，❸ 在弹出的快捷菜单中选择【修改】命令，如图

10-134 所示。

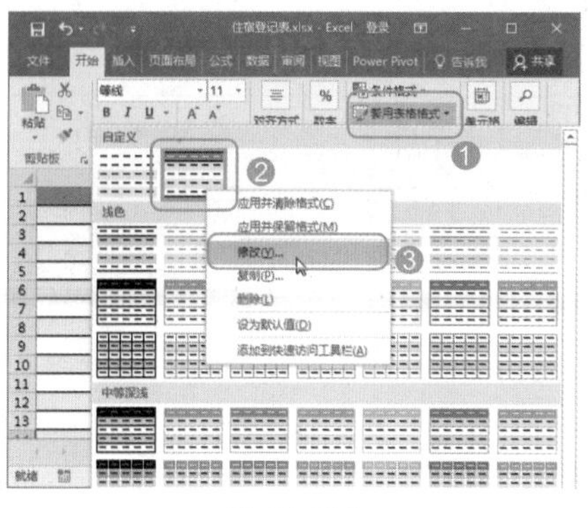

图 10-134

Step02 打开【修改表样式】对话框，❶ 在【表元素】列表框中选择需要修改的表元素，这里选择【标题行】选项，❷ 单击【格式】按钮，如图 10-135 所示。

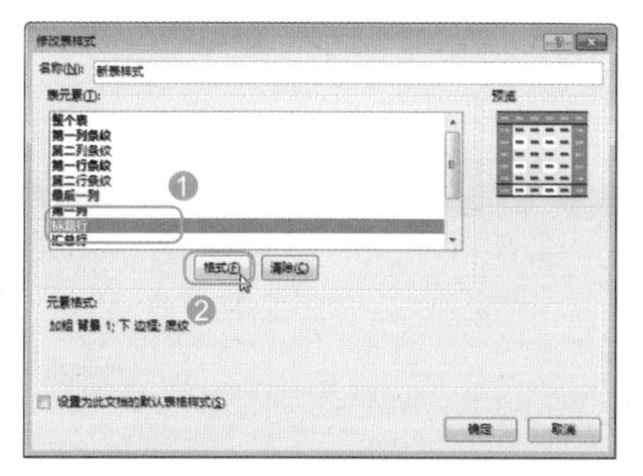

图 10-135

Step03 打开【设置单元格格式】对话框，❶ 选择【字体】选项卡，❷ 在【字形】列表框中选择【加粗】选项，如图 10-136 所示。

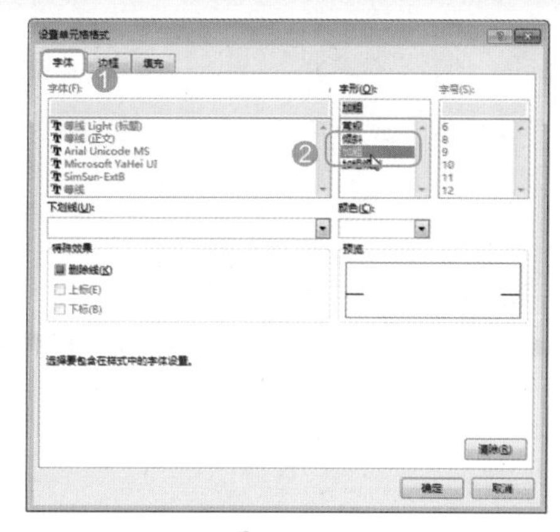

图 10-136

Step04 ❶ 选择【边框】选项卡，❷ 在【颜色】下拉列表中设置颜色为【咖啡色】，❸ 在【样式】列表框中选择【双线】选项，❹ 单击【下边框】按钮，❺ 单击【确定】按钮，如图 10-137 所示。

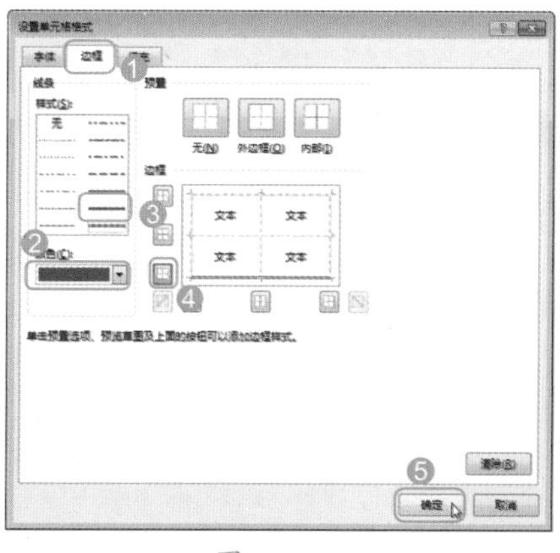

图 10-137

Step05 返回【修改表样式】对话框，单击【确定】按钮，如图 10-138 所示。

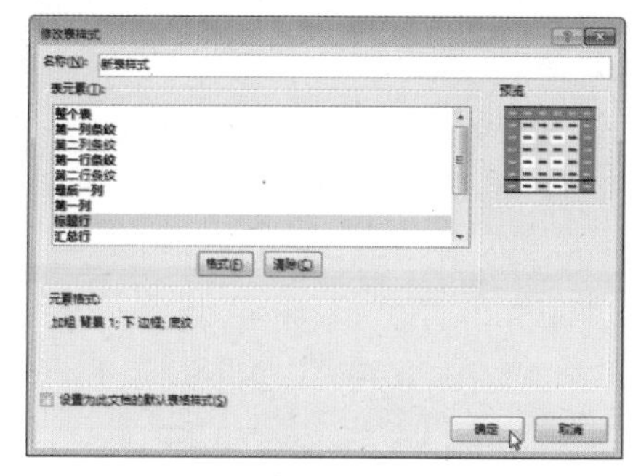

图 10-138

技能拓展——清除表格样式

在【修改表样式】对话框中单击【清除】按钮，可以去除表元素的现有格式。

如果是要清除套用的自定义表格格式，还可以在【套用表格格式】下拉列表中找到套用的表样式，然后在其上右击，在弹出的快捷菜单中选择【删除】命令。

妙招技法

通过前面知识的学习，相信读者已经掌握了数据录入、限制录入、编辑，以及单元格和表格的美化操作。下面结合本章内容，给大家介绍一些实用技巧。

技巧 01：如何让录入的小写数字变成中文大写

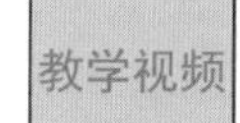

教学视频	光盘\视频\第 10 章\技巧 01.mp4

在表格中输入的数字默认的都是阿拉伯数字，在一些关于财务或金额单据中经常会使用到大写中文字。

例如，在“费用报销单”表格中，要求 C12 单元格中输入的金额数字以中文大写方式显示，具体操作步骤如下。

Step01 打开“光盘\素材文件\第 10 章\费用报销单 .xlsx”文件，选择目标单元格，这里选择 C12 单元格，按【Ctrl+1】组合键，打开【设置单元格格式】对话框，❶ 选择【数字】选项卡，❷ 在【分类】列表框中选择【特殊】选项，❸ 在【类型】列表框中选择【中文大写数字】选项，❹ 单击【确定】按钮，如图 10-139 所示。

图 10-139

Step 02 返回到工作表中，在目标单元格中输入阿拉伯数字，按【Ctrl+Enter】组合键，系统自动将其转换为中文大写数字，如图 10-140 所示。

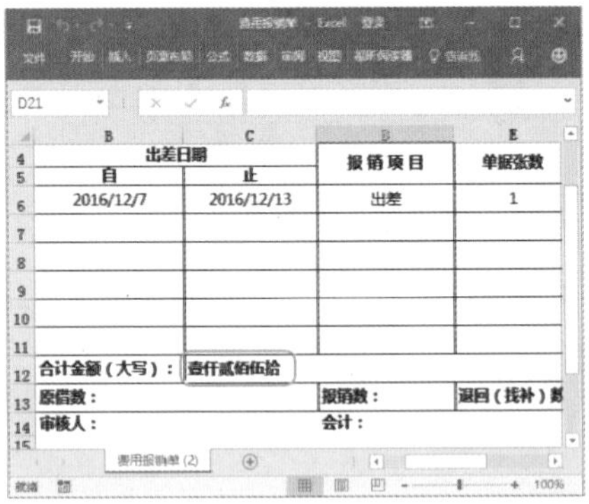

图 10-140

技巧 02：对单元格区域进行行列转置

教学视频	光盘\视频\第 10 章\技巧 02.mp4

在编辑工作表数据时，有时会根据需要对单元格区域进行转置设置，转置就是将原来的行变为列，将原来的列变为行。例如，需要将“销售分析表”中的数据区域进行行列转置，具体操作步骤如下。

Step 01 打开“光盘\素材文件\第 10 章\销售分析表.xlsx”文件，❶ 选择要进行转置的 A1:F8 单元格区域，❷ 单击【开始】选项卡【剪贴板】组中的【复制】按钮，如图 10-141 所示。

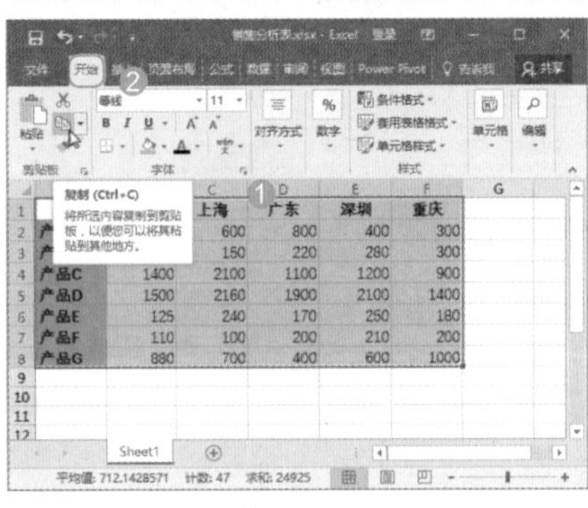

图 10-141

Step 02 ❶ 选择转置后数据保存的目标位置，这里选择 A11 单元格，❷ 单击【剪贴板】组中【粘贴】按钮下方的下拉按钮，❸ 在弹出的下拉列表中单击【转置】按钮，如图 10-142 所示。

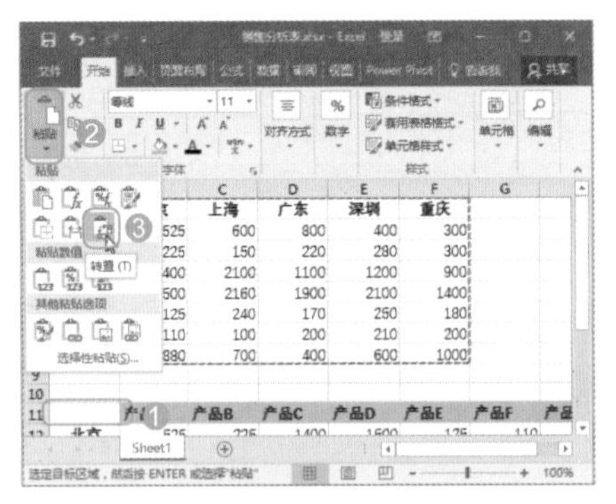

图 10-142

Step 03 经过上步操作后，即可看到转置后的单元格区域，效果如图 10-143 所示。

图 10-143

技术看板

复制数据后，直接单击【粘贴】按钮，会将复制的数据内容和数据格式等全部粘贴到新位置中。

技巧 03：如何一次性将表格中所有数据验证全部清除

教学视频	光盘\视频\第 10 章\技巧 03.mp4

要在表格中一次性清除所有的数据验证，需要先将表格中的所有数据验证定位，然后在执行清除的操作，其具体操作步骤如下。

Step 01 打开“光盘\素材文件\第 10 章\员工信息登记.xlsx”文件，❶ 单击【开始】选项卡【编辑】组中的【查找和选择】下拉按钮，❷ 在弹出的下拉列表中选择【数据验证】选项，如图 10-144 所示。

图 10-144

Step 02 系统定位并选择表格中所有的数据验证单元格区域，单击【数据】选项卡中的【数据验证】按钮，在打开的提示对话框中单击【确定】按钮，如图 10-145 所示。

图 10-145

Step 03 在打开的【数据验证】对话框中，❶ 单击【全部清除】按钮，

❷ 单击【确定】按钮，如图 10-146 所示。

图 10-146

技能拓展——清除指定区域的数据验证

要清除某一列或某一部分的数据验证，而不是所有的数据验证时，可选择该列或指定区域，打开【数据验证】对话框，单击【全部清除】按钮，最后单击【确定】按钮。

技巧 04：如何一次性对多张表格进行相同的样式设置

在统一工作簿中要对多张表格或多张表格中的同一单元格区域进行相同样式的设置，只需要将目标工作表进行组合选择（按住【Ctrl】键，然后依次单击相应的工作表标签），再进行相应的格式设置，最后在任一工作表上右击，在弹出的快捷菜单中选择【取消组合工作表】命令，取消组合工作表恢复到工作表最初的独立状态，如图 10-147 所示。

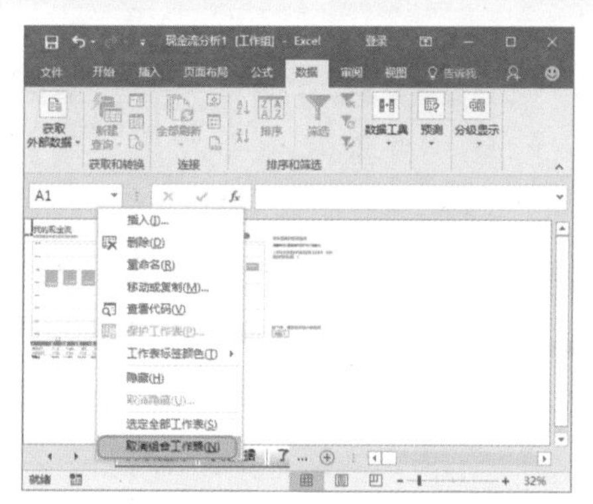

图 10-147

技巧 05：让数据单位自动生成

教学视频	光盘\视频\第 10 章\技巧 05.mp4

表格中的数据默认状况下是没有任何单位的，用户要让数据带有单位，手动输入虽然可以但非常耗费时间，此时使用自定义数据类型技巧是非常高效的。例如，在“模拟运算表”表格中批量为 B5:F5 单元格区域中表示还款期限的数据添加单位“期”，从而让整个表格更利于查阅和信息传递，具体操作步骤如下。

Step 01 打开“光盘\素材文件\第 10 章\模拟运算表 .xlsx”文件，❶ 选择目标单元格区域，并在其上右击，❷ 在弹出的快捷菜单中选择【设置单元格格式】命令，打开【设置单元格格式】对话框，如图 10-148 所示。

Step 02 ❶ 在【分类】列表框中选择【自定义】选项，❷ 在【类型】文本框中接着输入【G/ 通用格式期】，❸ 单击【确定】按钮，如图 10-149 所示。

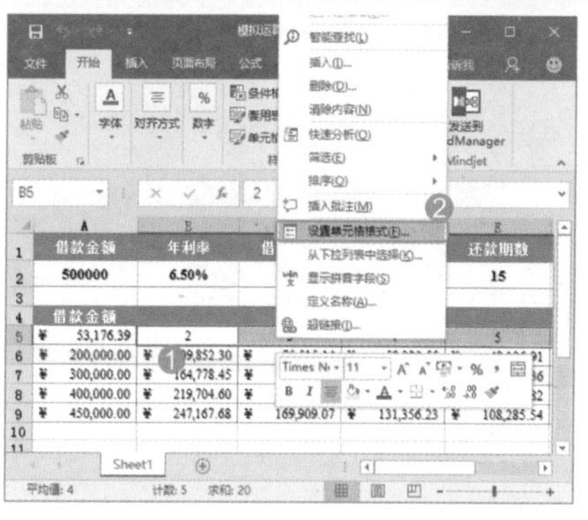

图 10-148

图 10-149

Step 03 返回到工作表中，即可查看到为数据添加单位“期”的效果，如图 10-150 所示。

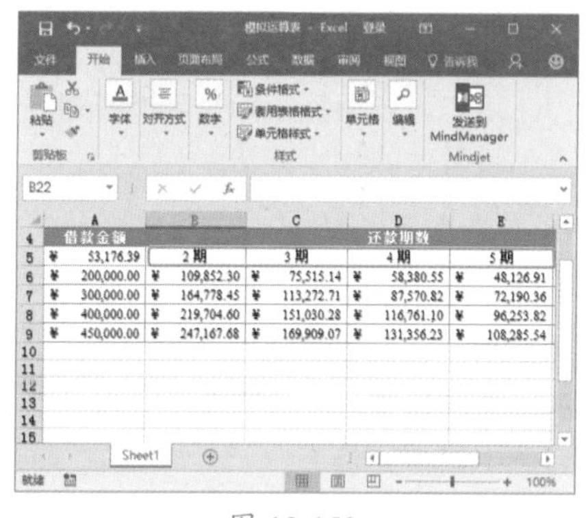

图 10-150

本章小结

通过本章知识的学习和案例练习，相信读者已经掌握了常规表格数据的录入、限制与编辑，以及单元格和表格格式的设置。本章中首先介绍数据的录入与限制，然后是表格数据编辑的常见操作，接着介绍单元格格式的手动设置，最后介绍单元格和表格套用格式等相关操作。在实际制作电子表格的过程中输入、编辑和格式设置操作经常是交错进行的，读者只有对每个功能的操作步骤烂熟于心，才能在实际工作中根据具体情况合理地进行操作，从而提高工作效率。

第11章 单元格、行列与工作表的管理

- 单元格或单元格区域及工作表的选择方式，你知道几种？
- 要制作特殊单元格，你知道该怎样合并单元格吗？
- 指定行列数据不需要显示，该怎样快速实现呢？
- 怎样在 Excel 2016 中插入工作表，应对实际需要的常用方法有几种？
- 如何对工作表进行指定保护？

本章将学习单元格的制作及行列的管理等方面的知识，通过本章的学习，读者不仅会得到这些问题的答案，还会学到更多的工作表基本操作的知识。

11.1 单元格的管理操作

单元格作为工作表中存放数据的最小单位，在 Excel 中编辑数据时经常需要对单元格进行相关的操作，包括单元格的选择、插入、删除、合并与拆分、显示与隐藏单元格等，下面就分别进行介绍。

11.1.1 单元格的选择方法

在 Excel 中制作工作表时，对单元格的操作是必不可少的，因为单元格是工作表中最重要的组成元素。选择单元格和单元格区域的方法有多种，用户可以根据实际需要选择最合适、最有效的操作方法。

1. 选择一个单元格

在 Excel 中，当前选中的单元格被称为【活动单元格】。将鼠标指针移动到需要选择的单元格上，单击即可选中该单元格。

在名称框中输入需要选择的单元格的行号和列标，然后按【Enter】键也可选择对应的单元格。

选择一个单元格后，该单元格将被一个绿色方框包围，在名称框中也会显示该单元格的名称，该单元格的行号和列标都成突出显示状态，如图 11-1 所示。

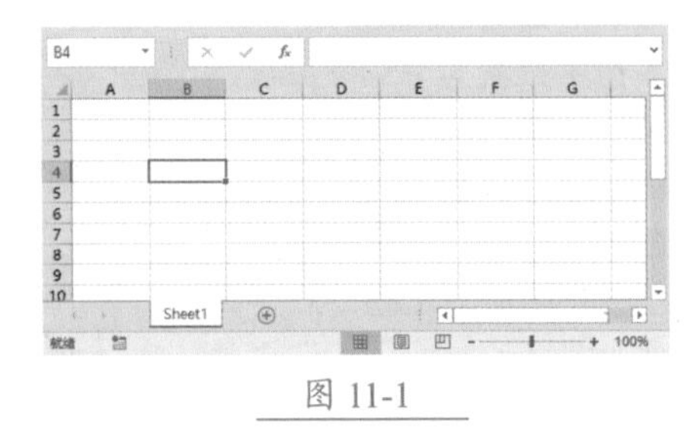

图 11-1

2. 选择相邻的多个单元格（单元格区域）

先选择第一个单元格（所需选择的相邻多个单元格范围左上角的单元格），然后按住鼠标左键不放并拖动到目标单元格（所需选择的相邻多个单元格范围右下角的单元格）。

在选择第一个单元格后，按【Shift】键的同时选择目标单元格即可选择单元格区域。

选择的单元格区域被一个大的绿色方框包围，但在名称框中只会显示出该单元格区域左上侧单元格的名称，如图 11-2 所示。

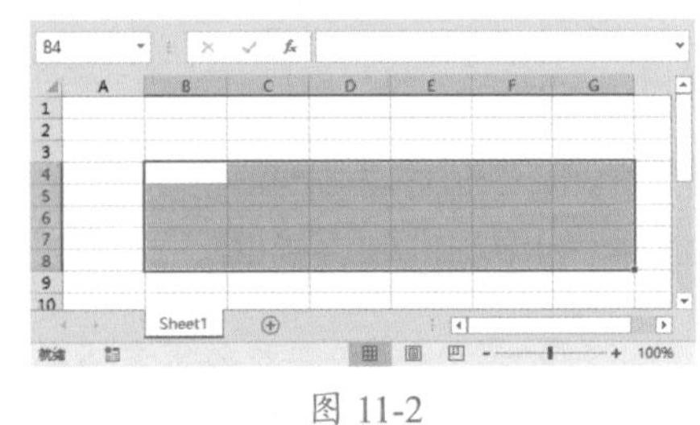

图 11-2

3. 选择不相邻的多个单元格

按【Ctrl】键的同时，依次单击需要选择的单元格或单元格区域，即可选择多个不相邻的单元格，效果如图 11-3 所示。

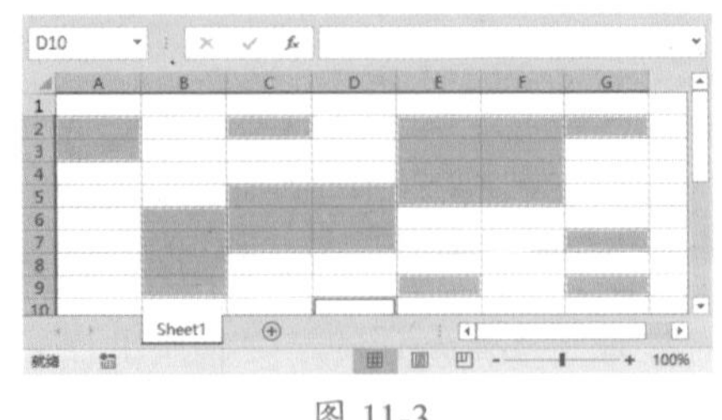

图 11-3

4. 选择多个工作表中的单元格

在 Excel 中，使用【Ctrl】键不

仅可以选择同一张工作表中不相邻的多个单元格，还可以在不同的工作表中选择单元格。先在一张工作表中选择需要的单个或多个单元格，然后按住【Ctrl】键不放，切换到其他工作表中继续选择需要的单元格即可。

企业制作的一个工作簿中常常包含有多张数据结构大致或完全相同的工作表，又经常需要对这些工作表进行同样的操作，此时就可以先选择这多个工作表中的相同单元格区域，然后再对它们统一进行操作来提高工作效率。

要快速选择多个工作表中的相同单元格区域，可以先按住【Ctrl】键选择多个工作表，形成工作组，然后在其中一张工作表中选择需要的单元格区域，这样就同时选择了工作组中每张工作表的该单元格区域，如图11-4所示。

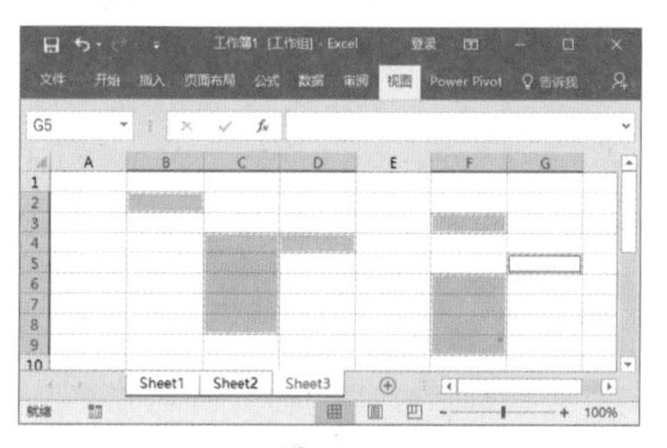

图 11-4

11.1.2 实战：插入与删除单元格

实例门类	软件功能
教学视频	光盘\视频\第11章\11.1.2.mp4

表格中的单元格是相对独立存在的，用户可根据实际需要进行插入和删除，特别是在编辑工作表的过程中。

1. 根据需要添加单元格

在编辑工作表的过程中，有时可能会因为各种原因输漏了数据，如果要在已有数据的单元格中插入新的数据，建议根据情况使用插入单元格的方法使表格内容满足需求。

例如，在“实习申请表”中将内容的位置输入到附近单元格中了，需要通过插入单元格的方法来调整位置，具体操作步骤如下。

Step 01 打开“光盘\素材文件\第11章\实习申请表.xlsx”文件，❶ 选择D6单元格，❷ 单击【开始】选项卡【单元格】组中的【插入】按钮，❸ 在弹出的下拉菜单中选择【插入单元格】命令，如图11-5所示。

图 11-5

Step 02 打开【插入】对话框，❶ 在其中根据插入单元格后当前活动单元格需要移动的方向进行选择，这里选中【活动单元格右移】单选按钮，❷ 单击【确定】按钮，如图11-6所示。

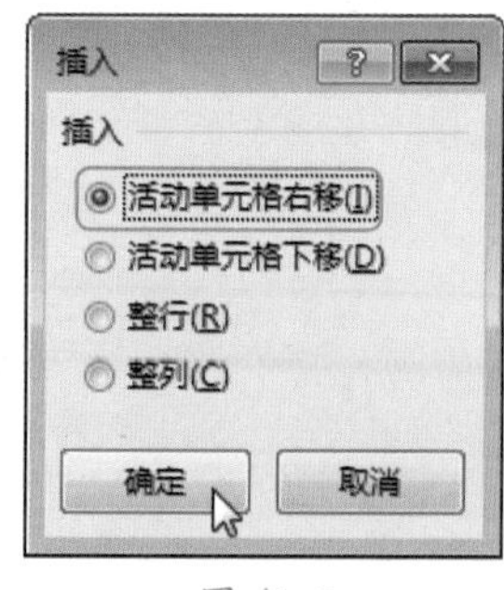

图 11-6

技能拓展——打开【插入】对话框的其他方法

选择单元格或单元格区域后，在其上右击，在弹出的快捷菜单中选择【插入】命令，也可以打开【插入】对话框。

Step 03 经过上步操作，即可在选择的单元格位置前插入一个新的单元格，并将同一行中的其他单元格右移，效果如图11-7所示。

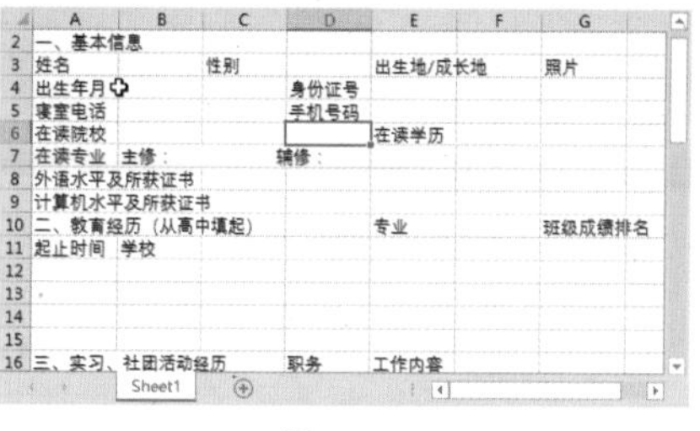

图 11-7

Step 04 ❶ 选择D10:G10单元格区域，❷ 单击【插入】按钮，❸ 在弹出的下拉菜单中选择【插入单元格】命令，如图11-8所示。

图 11-8

Step 05 打开【插入】对话框，❶ 选中【活动单元格下移】单选按钮，❷ 单击【确定】按钮，如图11-9所示。

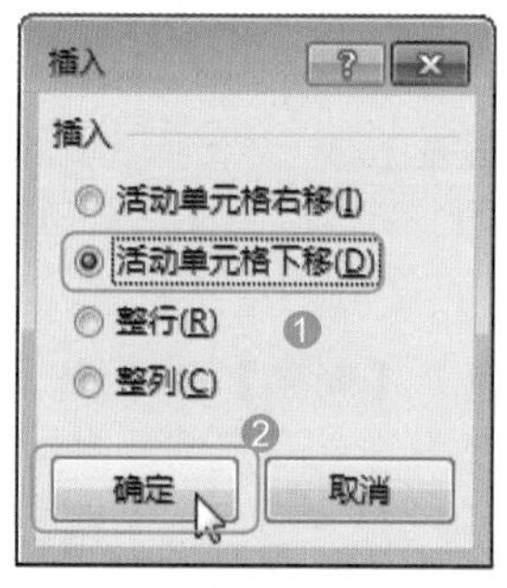

图 11-9

Step 06 经过上步操作，即可在选择的单元格区域上方插入4个新的单元格，并将所选单元格区域下方的单元格下移，效果如图11-10所示。

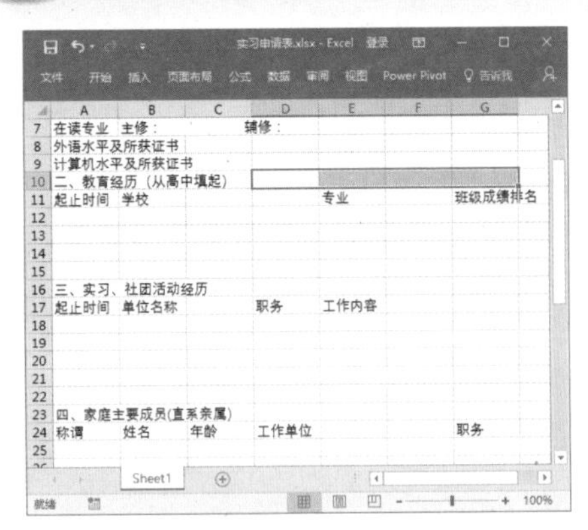

图 11-10

2. 删除多余的单元格

在编辑工作表的过程中，有时不仅需要清除单元格中的部分数据，还希望在删除单元格数据的同时删除对应的单元格位置。例如，要使用删除单元格功能将“实习申请表”中的无用单元格删除，具体操作步骤如下。

Step01 ❶ 选择 C4:C5 单元格区域，❷ 单击【开始】选项卡【单元格】组中【删除】按钮，❸ 在弹出的下拉菜单中选择【删除单元格】命令，如图 11-11 所示。

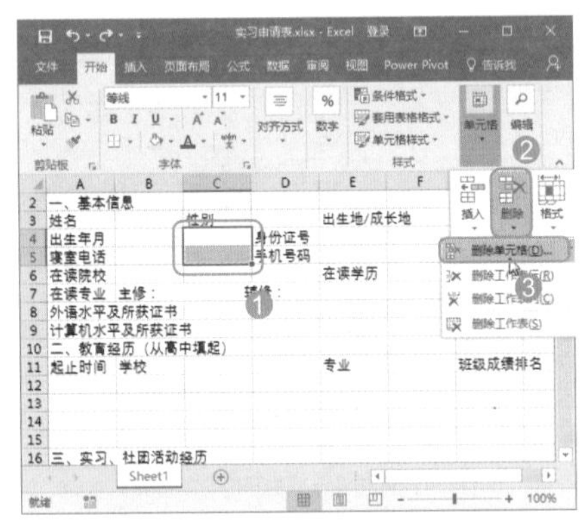

图 11-11

Step02 打开【删除】对话框，❶ 在其中根据删除单元格后需要移动的是行还是列来选择方向，这里选中【右侧单元格左移】单选按钮，❷ 单击【确定】按钮，如图 11-12 所示。

Step03 经过上步操作，即可删除所选的单元格区域，同时右侧的单元格会向左移动，效果如图 11-13 所示。

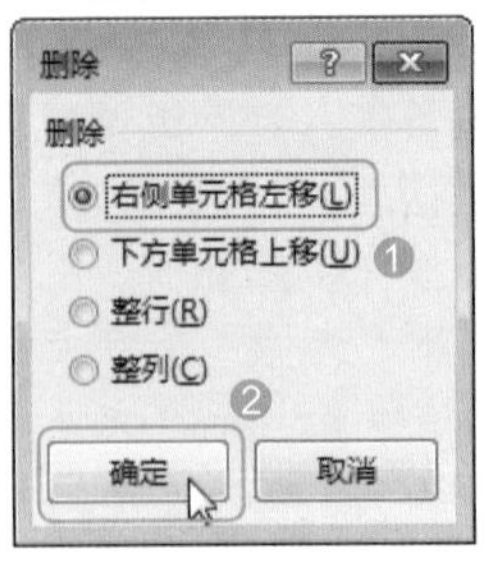

图 11-12

图 11-13

技能拓展——打开【删除】对话框的其他方法

选择单元格或单元格区域后，在其上右击，在弹出的快捷菜单中选择【删除】命令，也可以打开【删除】对话框，如图 11-14 所示。

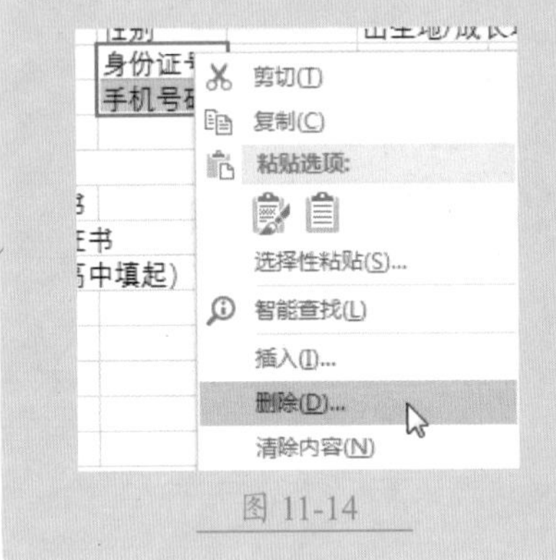

图 11-14

★ 重点 11.1.3 实战：合并申请表中的单元格

实例门类	软件功能
教学视频	光盘\视频\第 11 章\11.1.3.mp4

在制作表格的过程中，为了满足不同的需求，有时候也需要将多个连续的单元格通过合并单元格操作将其合并为一个单元格，如表头。

下面在“实习申请表”中根据需要合并相应的单元格，具体操作步骤如下。

Step01 ❶ 选择需要合并的 A1:H1 单元格区域，❷ 单击【开始】选项卡【对齐方式】组中的【合并后居中】下拉按钮，❸ 在弹出的下拉菜单中选择【合并单元格】命令，如图 11-15 所示。

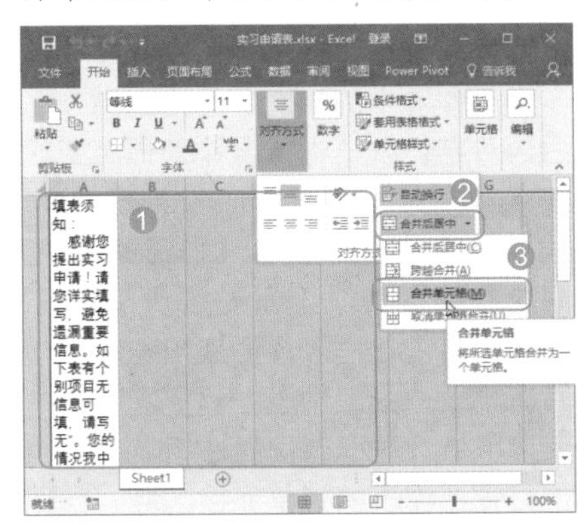

图 11-15

Step02 经过上步操作，即可将原来的 A1:H1 单元格区域合并为一个单元格，且不会改变数据在合并后单元格中的对齐方式。❶ 选择需要合并的 A2:H2 单元格区域，❷ 单击【合并后居中】按钮，如图 11-16 所示。

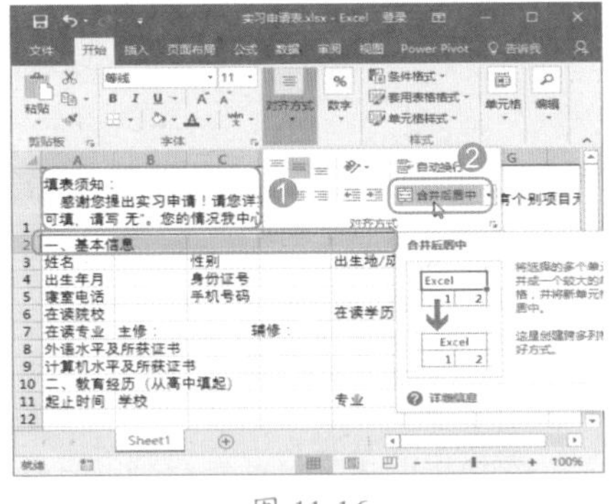

图 11-16

Step03 经过上步操作，即可将原来的 A2:H2 单元格区域合并为一个单元格，且其中的内容会显示在合并后单元格的中部。使用相同的方法继续合并表格中的其他单元格并调整列宽（具体方法参照 11.2.3 节），效果如图 11-17 所示。

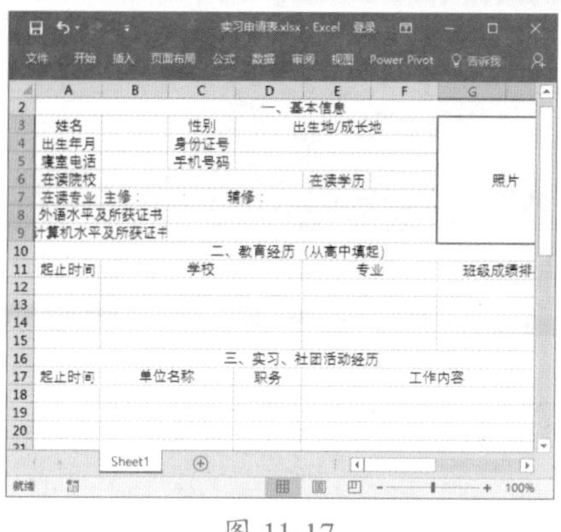

图 11-17

Step04 ❶ 选择需要合并的 B34:H37 单元格区域，❷ 单击【合并后居中】下拉按钮，❸ 在弹出的下拉菜单中选择【跨越合并】命令，如图 11-18 所示。

图 11-18

Step05 经过上步操作，即可将原来的 B34:H37 单元格区域按行的方式进行合并，❶ 使用相同的方法继续跨行合并 B39:H42 单元格区域，❷ 单击【对齐方式】组中的【居中】按钮，如图 11-19 所示。

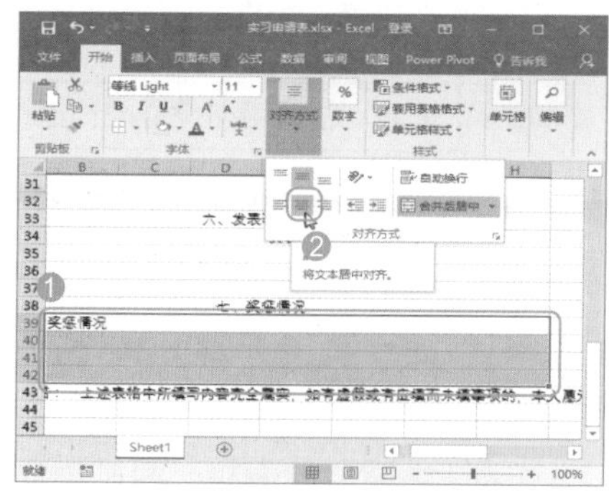

图 11-19

11.2 行与列的管理操作

单元格作为工作表中存放数据的最小单位，在 Excel 中编辑数据时经常需要对单元格进行相关的操作，包括单元格的选择、插入、删除、合并与拆分、显示与隐藏单元格等，下面就分别进行介绍。

11.2.1 单元格的选择方法

要对行或列进行相应的操作，首先选择需要操作的行或列。在 Excel 中选择行或列主要可分为以下 4 种情况。

1. 选择单行或单列

将鼠标指针移动到某一行单元格的行号标签上，当鼠标指针变成➡形状时，单击鼠标即可选择该行单元格。此时，该行的行号标签会改变颜色，该行的所有单元格也会突出显示，以此来表示此行当前处于选中状态，如图 11-20 所示。

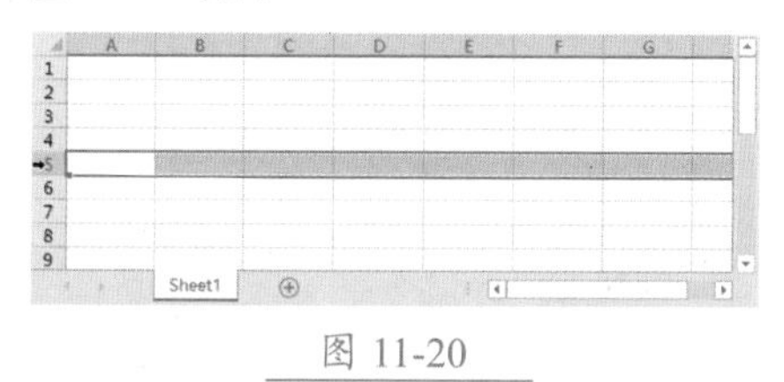

图 11-20

将鼠标指针移动到某一列单元格的列标标签上，当鼠标指针变成⬇形状时，单击即可选择该列单元格，如图 11-21 所示。

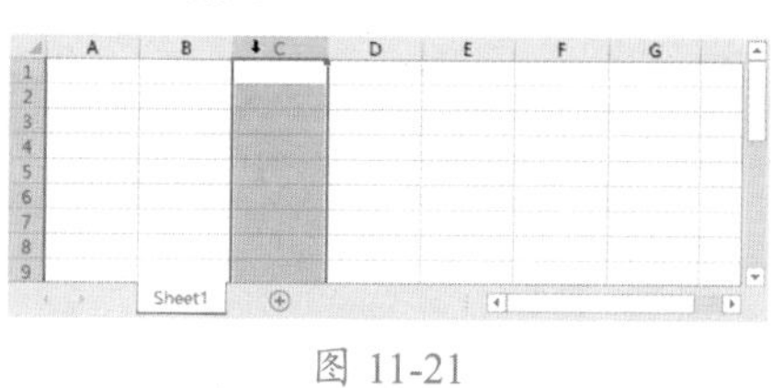

图 11-21

2. 选择相邻连续的多行或多列

单击某行的标签后，按住鼠标左键不放向上或向下拖动，即可选择与此行相邻的连续多行。

选择相邻连续多列的方法与此类似，就是在选择某列标签后按住鼠标左键不放并向左或向右拖动即可。拖动鼠标时，行或列标签旁会出现一个带数字和字母内容的提示框，显示当前选中的区域中包含了多少行或多少列。

3. 选择不相邻的多行或多列

要选择不相邻的多行可以在选择某行后，按住【Ctrl】键不放的同时依次单击其他需要选择的行对应的行标签，直到选择完毕后再松开【Ctrl】键。如果要选择不相邻的多列，方法与此类似，效果如图 11-22 所示。

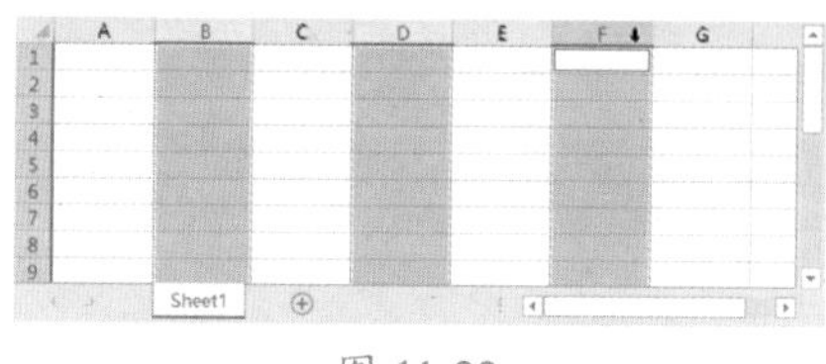

图 11-22

4. 选择表格中所有的行和列

在行标记和列标记的交叉处有一个【全选】按钮，单击该按钮选择工作表中的所有行和列，如图 11-23 所示。按【Ctrl+A】组合键也可选择全部的行和列。

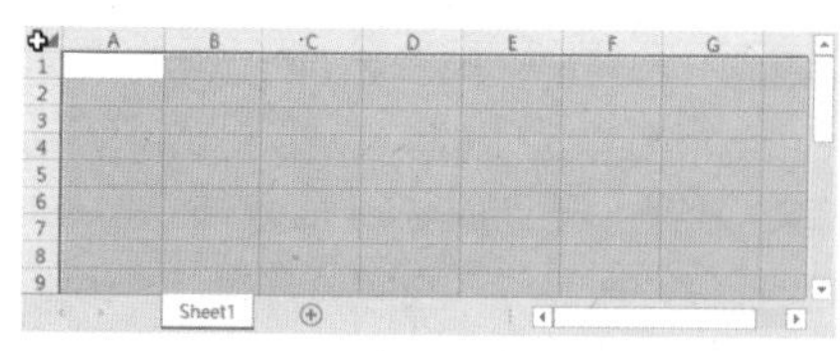

图 11-23

11.2.2 实战：在“员工档案表”中插入和删除行列

实例门类	软件功能
教学视频	光盘\视频\第 11 章\11.2.2.mp4

插入和删除行列是表格编辑中最常见的两个操作，掌握后，用户可在表格中进行指定位置行列的添加和删除。

1. 插入行列

Excel 中建立的表格一般是横向上或竖向上为同一个类别的数据，即同一行或同一列属于相同的字段。所以，如果在编辑工作表的过程中，出现漏输数据的情况，一般会需要在已经有数据的表格中插入一行或一列相同属性的内容。此时，就需要掌握插入行或列的方法了。例如，要在“员工档案表”中插入行和列，具体操作步骤如下。

Step01 打开“光盘\素材文件\第 11 章\员工档案表.xlsx”文件，❶ 选择 G 列单元格，❷ 单击【开始】选项卡【单元格】组中的【插入】按钮，❸ 在弹出的下拉菜单中选择【插入工作表列】命令，如图 11-24 所示。

图 11-24

Step02 经过上步操作，即可在原来的 G 列单元格左侧插入一列空白单元格，效果如图 11-25 所示。

Step03 ❶ 选择第 22~27 行单元格，❷ 单击【插入】按钮，❸ 在弹出的下拉菜单中选择【插入工作表行】命令，如图 11-26 所示。

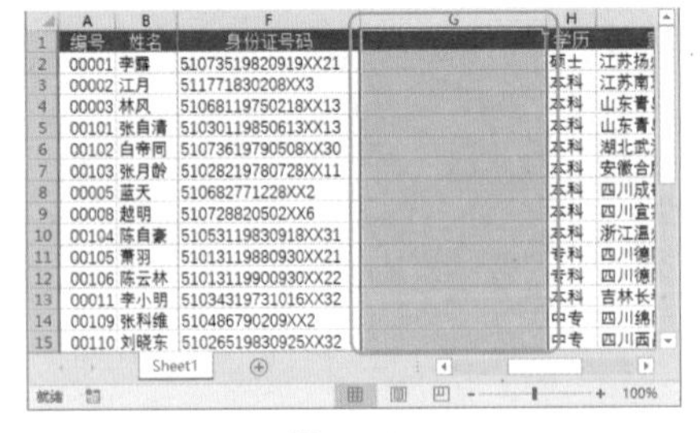

图 11-25

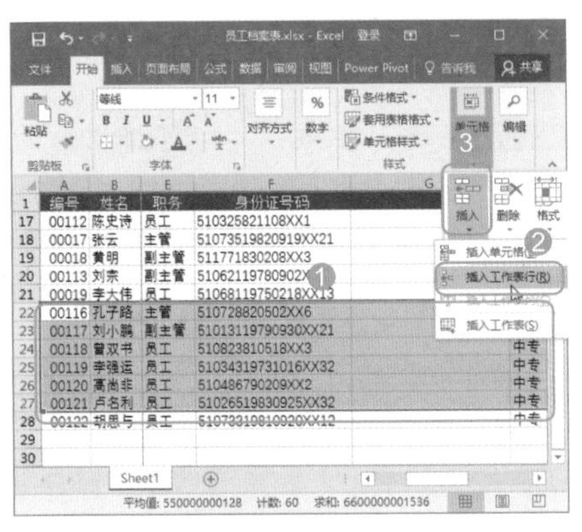

图 11-26

Step04 经过上步操作，即可在所选单元格的上方插入 6 行空白单元格，效果如图 11-27 所示。

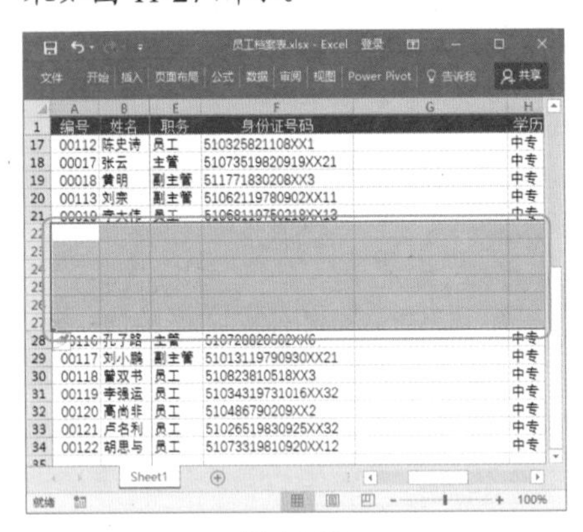

图 11-27

2. 删除行列

如果工作表中有多余的行或列，可以将这些行或列直接删除。选择的行或列被删除之后，工作表会自动填补删除的行或列的位置，不需要进行额外的操作。删除行和列的具体操作步骤如下。

Step01 ❶ 选择 Sheet1 工作表，❷ 选择要删除的 G 列单元格，❸ 单击【开始】选项卡【单元格】组中【删除】按钮，如图 11-28 所示。

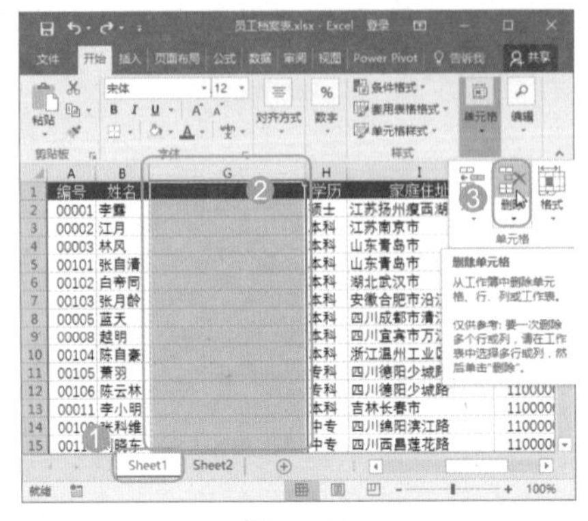

图 11-28

Step02 经过上步操作，即可删除所选的列。❶ 选择要删除的多行，❷ 单击【开始】选项卡【单元格】组中【删除】按钮，❸ 在弹出的下拉菜单中选择【删除工作表行】命令，如图 11-29 所示。

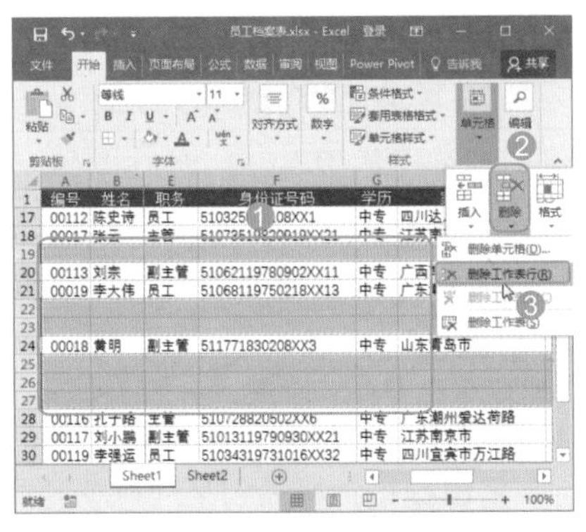

图 11-29

Step03 经过上步操作，即可删除所选的行，效果如图 11-30 所示。

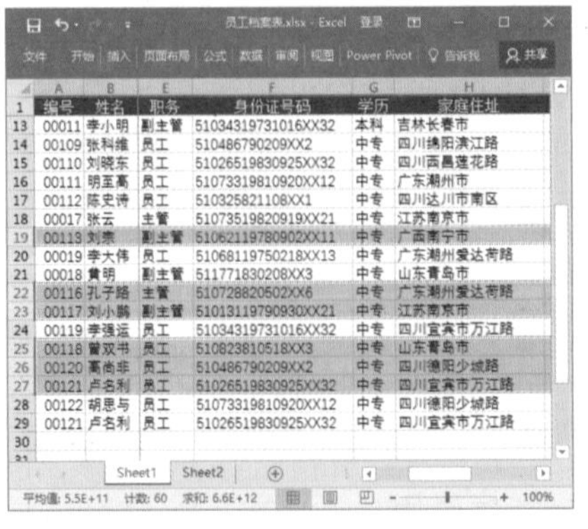

图 11-30

★ 重点 11.2.3 实战：调整“员工档案表”中的行高和列宽

实例门类	软件功能
教学视频	光盘\视频\第11章\11.2.3.mp4

默认情况下，每个单元格的行高与列宽都是固定的，但在实际编辑过程中，有时会在单元格中输入较多内容，导致文本或数据不能完全地显示出来，这时就需要适当调整单元格的行高或列宽了，具体操作步骤如下。

Step 01 ❶ 选择F列单元格，❷ 将鼠标指针移至F列列标和G列列标之间的分隔线处，当鼠标指针变为✛形状时，按住鼠标左键不放进行拖动，如图11-31所示，此时，鼠标指针右上侧将显示出正在调整列的列宽的具体数值，拖动鼠标指针至需要的列宽后释放鼠标即可。

图 11-31

技术看板

拖动鼠标调整行高和列宽是最常用的调整单元格行高和列宽的方法，也是最快捷的方法，但该方法只适用于对行高进行大概调整。

Step 02 ❶ 选择第2~29行，❷ 将鼠标指针移至任意两行的行号之间的分隔线处，当鼠标指针变为✛形状时，按住鼠标左键不放向下拖动，此时鼠标指针右上侧将显示出正在调整行的行高的具体数值，拖动鼠标指针至需要的行高后释放鼠标，如图11-32所示。

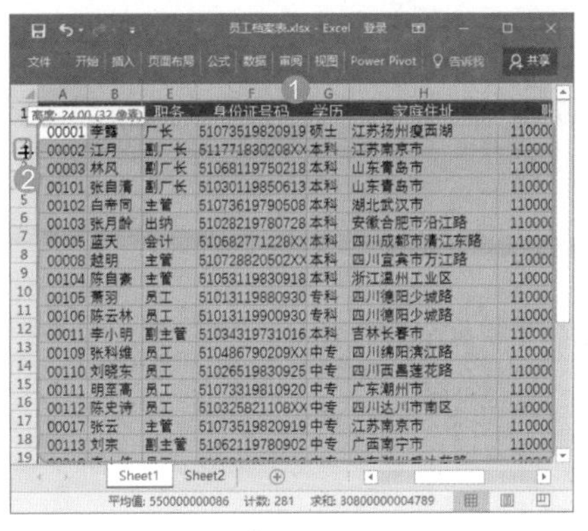

图 11-32

Step 03 经过上步操作，即可调整所选各行的行高。❶ 选择第一行单元格，❷ 单击【开始】选项卡【单元格】组中的【格式】按钮，❸ 在弹出的下拉菜单中选择【行高】命令，如图11-33所示。

图 11-33

Step 04 打开【行高】对话框，❶ 在【行高】文本框中输入精确的数值，❷ 单击【确定】按钮，如图11-34所示。

图 11-34

Step 05 经过上步操作，即可将第一行单元格调整为设置的行高。这种方法适用于精确地调整单元格行高。❶ 选择A~J列单元格，❷ 单击【格式】按钮，❸ 在弹出的下拉菜单中选择【自动调整列宽】命令，如图11-35所示。

图 11-35

Step 06 经过上步操作，Excel将根据单元格中的内容自动调整列宽，使单元格列宽刚好能够将其中的内容显示完整，效果如图11-36所示。

图 11-36

11.2.4 实战：移动“员工档案表”中的行和列

实例门类	软件功能
教学视频	光盘\视频\第11章\11.2.4.mp4

在工作表中输入数据时，如果发现将数据的位置输入错误，不必再重复输入，只需使用Excel提供的移动数据功能来移动单元格中的内容即可。例如，要移动部分员工档案数据“员工在档案表”中的位置，具体操作步骤如下。

Step 01 ❶ 选择需要移动的第19条记

录数据，❷ 按住鼠标左键不放并向下拖动，直到将该行单元格拖动到第 24 行单元格上，如图 11-37 所示。

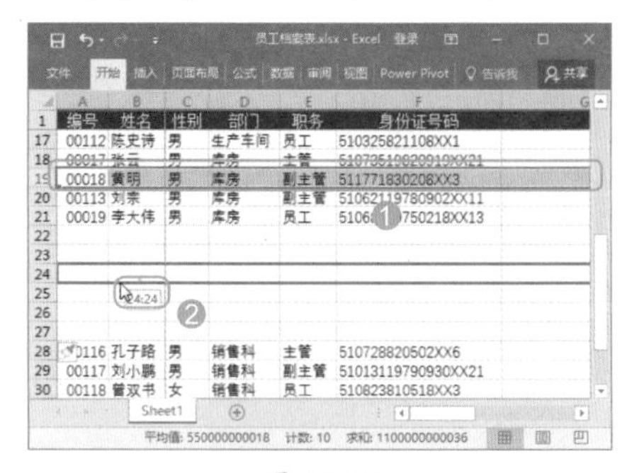

图 11-37

Step02 释放鼠标后，即可看到将第 19 条记录移动到第 24 行单元格上的效果。❶ 选择需要移动的第 31 条记录数据，❷ 单击【开始】选项卡【剪贴板】组中的【剪切】按钮，如图 11-38 所示。

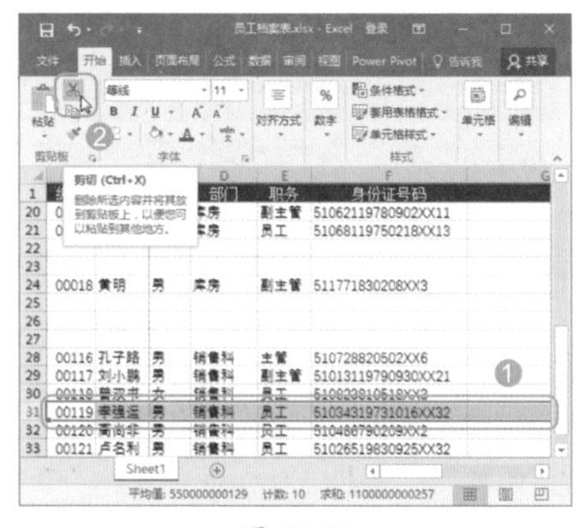

图 11-38

Step03 ❶ 选择第 30 行单元格，并在其上右击，❷ 在弹出的快捷菜单中选择【插入剪切的单元格】命令，如图 11-39 所示。

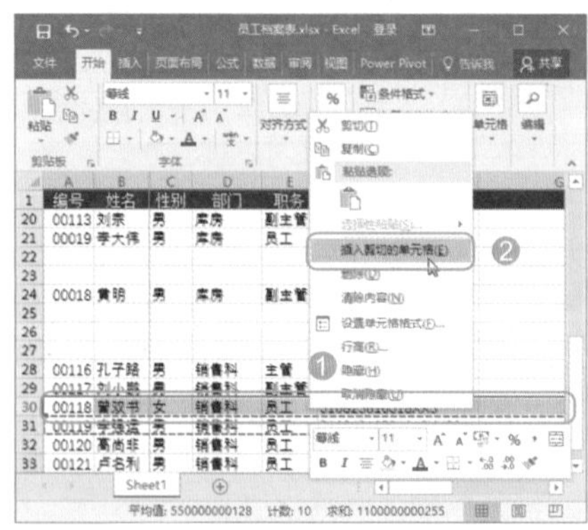

图 11-39

Step04 经过以上操作，即可将第 31 条和第 30 记录对换位置，如图 11-40 所示。

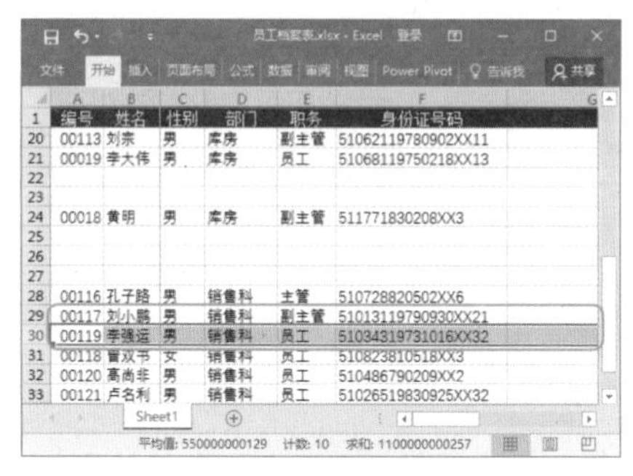

图 11-40

11.2.5 实战：复制“员工档案表”中的行和列

实例门类	软件功能
教学视频	光盘\视频\第 11 章\11.2.5.mp4

如果表格中需要输入相同的数据，或者表格中需要的原始数据事先已经存在其他表格中，为了避免重复劳动，减少二次输入数据可能产生的错误，可以通过复制行和列的方法来进行操作。例如，要在同一个表格中复制某个员工的档案数据，并将所有档案数据复制到其他工作表中，具体操作步骤如下。

Step01 ❶ 选择需要复制的第 33 行单元格，❷ 按住【Ctrl】键的同时向下拖动鼠标指针，直到将其移动到第 36 行单元格上，如图 11-41 所示。

图 11-41

Step02 ❶ 释放鼠标后再释放【Ctrl】键，即可看到将第 33 条记录复制到第 36 行单元格的效果，❷ 全选整个表格，❸ 单击【开始】选项卡【剪贴板】组中的【复制】按钮，❹ 单击 Sheet1 工作表标签右侧的【新建工作表】按钮，如图 11-42 所示。

图 11-42

Step03 选择 Sheet2 工作表中的 A1 单元格，单击【剪贴板】组中的【粘贴】按钮，即可将刚刚复制的 Sheet1 工作表中的数据粘贴到 Sheet2 工作表中，如图 11-43 所示。

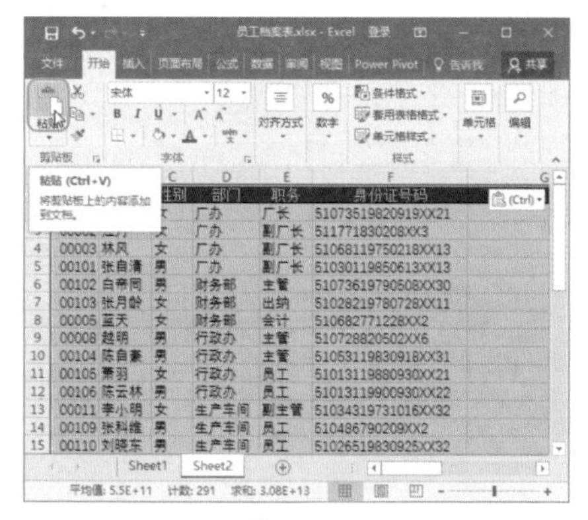

图 11-43

11.2.6 实战：显示与隐藏“员工档案表”中的行和列

实例门类	软件功能
教学视频	光盘\视频\第 11 章\11.2.6.mp4

如果在工作表中有一些重要的数据不想让别人查看，除了前面介绍的方法外，还可以通过隐藏行或列的方法来解决这一问题。当需要查看已经

被隐藏的工作表数据时，再根据需要将其重新显示出来即可。

隐藏单元格与隐藏工作表的方法相同，都需要在【格式】下拉菜单中进行设置，要将隐藏的单元格显示出来，也需要在【格式】下拉菜单中进行设置。例如，要对“员工档案表”中的部分行和列进行隐藏和显示操作，具体步骤如下。

Step 01 ❶选择I列中的任意一个单元格，❷单击【开始】选项卡【单元格】组中的【格式】按钮，❸在弹出的下拉菜单中选择【隐藏和取消隐藏】→【隐藏列】命令，如图 11-44 所示。

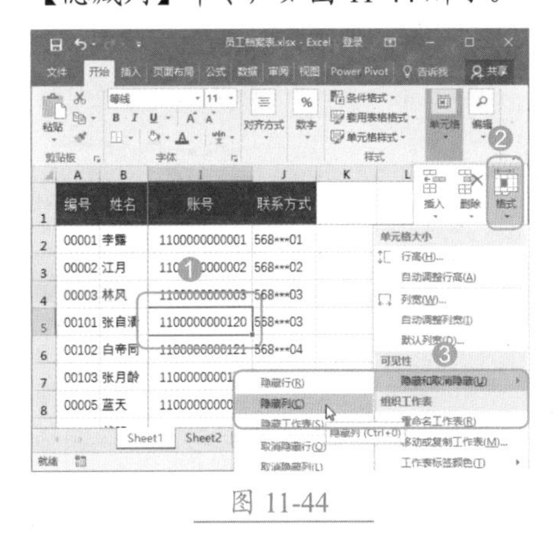

图 11-44

Step 02 经过上步操作后，I 列单元格将隐藏起来，同时 I 列标记上和隐藏的单元格上都会显示为一条直线。❶选择第 2~4 行中的任意三个竖向连续单元格，❷单击【格式】按钮，❸在弹出的下拉菜单中选择【隐藏和取消隐藏】→【隐藏行】命令，如图 11-45 所示。

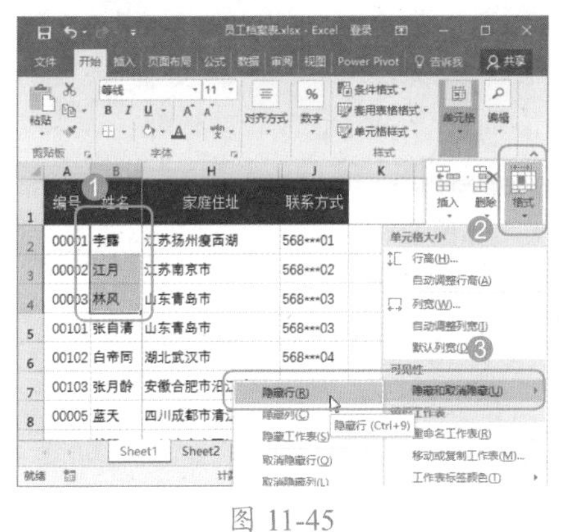

图 11-45

Step 03 经过上步操作后，第 2~4 行单元格将隐藏起来，同时会在其行标记上显示为一条直线，且在隐藏的单元格上也会显示出一条直线，如图 11-46 所示。

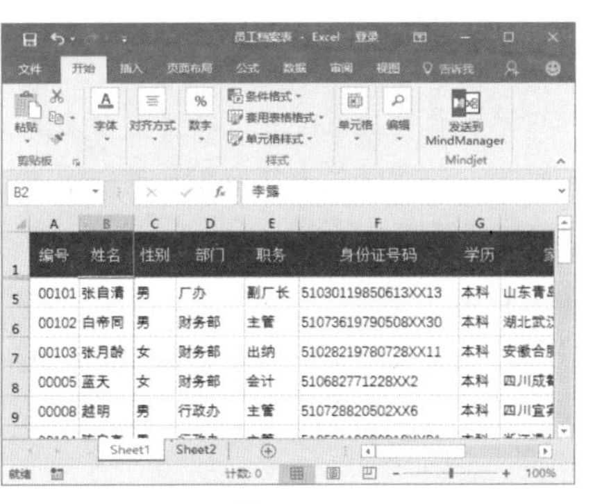

图 11-46

技能拓展——显示隐藏的行或列

选择目标包含隐藏行列的单元格区域，❶单击【格式】按钮，❷在弹出的下拉菜单中选择【隐藏和取消隐藏】选项，❸在弹出的级联菜单中选择相应的取消行或列隐藏的选项，如图 11-47 所示（若表格中有多处需要重新显示出来的行列，可将整张表选择后再执行显示隐藏的操作）。

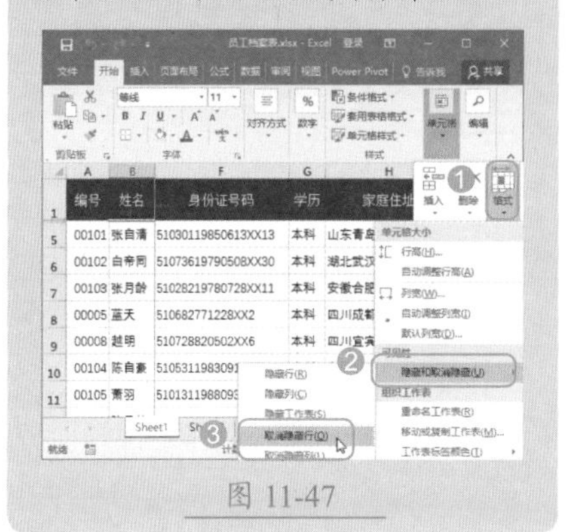

图 11-47

11.3 工作表的操作

Excel 中对工作表的操作也就是对工作表标签的操作，用户可以根据实际需要重命名、插入、选择、删除、移动和复制工作表。

11.3.1 选择工作表

一个 Excel 工作簿中可以包含多张工作表，如果需要同时在几张工作表中进行输入、编辑或设置工作表的格式等操作，首先就需要选择相应的工作表。通过单击 Excel 工作界面底部的工作表标签可以快速选择不同的工作表，选择工作表主要有 4 种不同的方式。

（1）选择一张工作表：移动鼠标指针到需要选择的工作表标签上，单击即可选择该工作表，使之成为当前工作表。被选择的工作表标签以白色为底色显示。如果看不到所需工作表标签，可以单击工作表标签滚动显示按钮 以显示出所需的工作表标签。

（2）选择多张相邻的工作表：选择需要的第一张工作表后，按住【Shift】键的同时单击需要选择的多张相邻工作表的最后一个工作表标签，即可选择这两张工作表和它们之间的所有工作表，如图 11-48 所示。

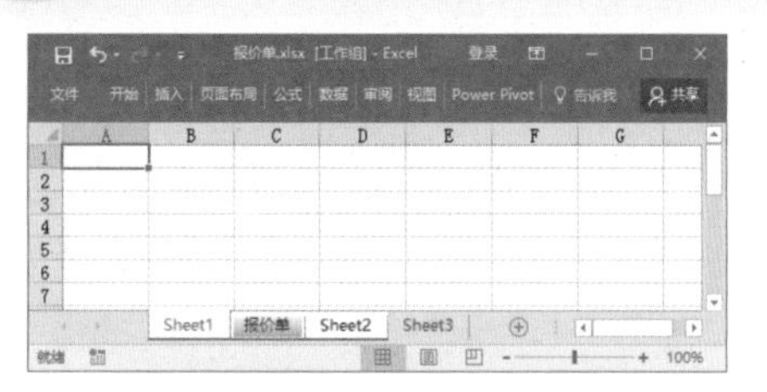
图 11-48

（3）选择多张不相邻的工作表：选择需要的第一张工作表后，按住【Ctrl】键的同时单击其他需要选择的工作表标签，如图 11-49 所示。

图 11-49

（4）选择工作簿中所有工作表：在任意一个工作表标签上右击，在弹出的快捷菜单中选择【选定全部工作表】命令，如图 11-50 所示，即可选择工作簿中的所有工作表。

图 11-50

11.3.2 实战：重命名工作表

实例门类	软件功能
教学视频	光盘\视频\第 11 章\11.3.2.mp4

默认情况下，新建的空白工作簿中包含一个名称为【Sheet1】的工作表，后期插入的新工作表将自动以【Sheet2】【Sheet3】……的顺序依次进行命名。

实际上，Excel 是允许用户为工作表重命名的。为工作表重命名时，最好命名为与工作表中内容相符的名称，以后只通过工作表名称即可判定其中的数据内容，从而方便对数据表进行有效管理。重命名工作表的具体操作步骤如下。

Step01 打开"光盘\素材文件\第 11 章\报价单.xlsx"文件，在要重命名的【Sheet1】工作表标签上双击，让其名称变成可编辑状态，如图 11-51 所示。

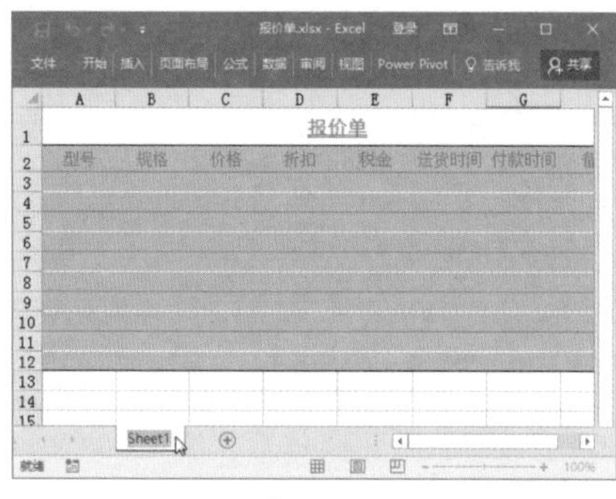
图 11-51

技能拓展——重命名工作表

在要重命名的工作表标签上右击，在弹出的快捷菜单中选择【重命名】命令，也可以让工作表标签名称变为可编辑状态。

Step02 ❶ 直接输入工作表的新名称，如输入【报价单】，❷ 按【Enter】键或单击其他位置完成重命名操作，如图 11-52 所示。

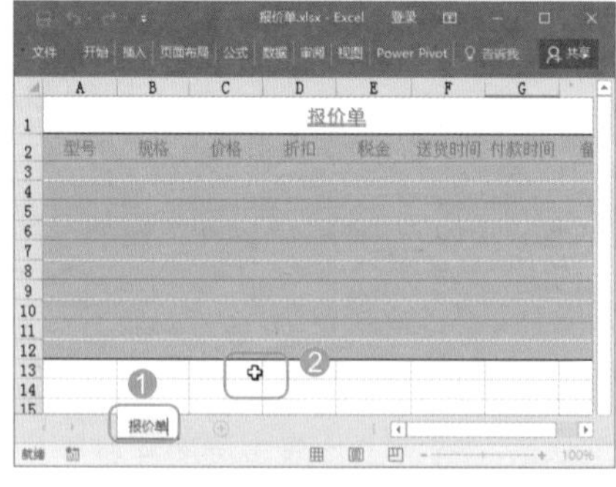
图 11-52

11.3.3 实战：改变工作表标签的颜色

实例门类	软件功能
教学视频	光盘\视频\第 11 章\11.3.3.mp4

在 Excel 中，除可以用重命名的方式来区分同一个工作簿中的工作表外，还可以通过设置工作表标签颜色来区分。例如，要修改【报价单】工作表的标签颜色，具体操作步骤如下。

Step01 ❶ 在【报价单】工作表标签上右击，❷ 在弹出的快捷菜单中选择【工作表标签颜色】→【绿色，个性色 6，深色 50%】选项，如图 11-53 所示。

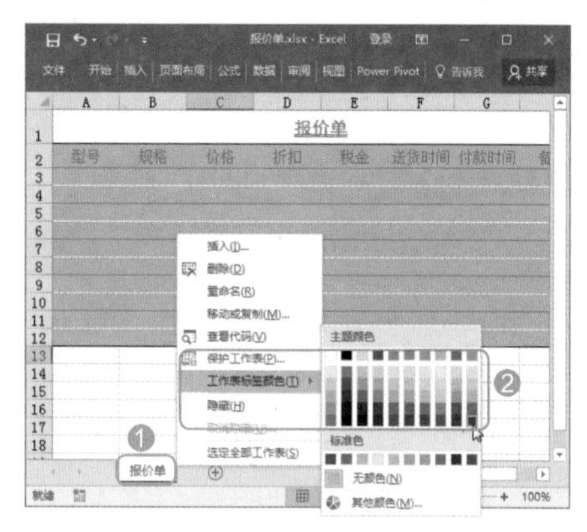
图 11-53

Step02 返回工作表中，可以看到【报价单】工作表标签的颜色已变成深绿色，如图 11-54 所示。

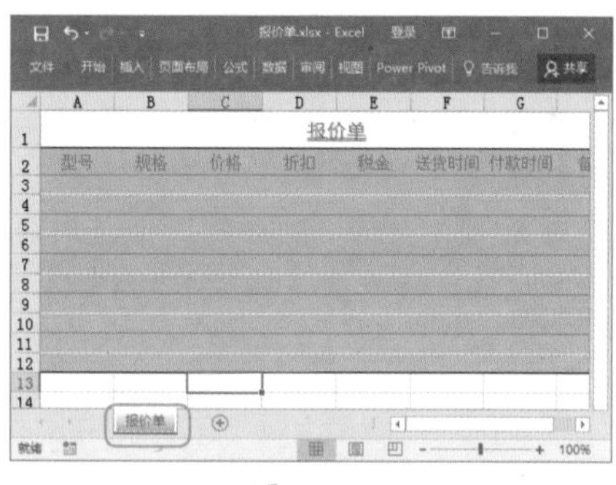
图 11-54

技能拓展——设置工作表标签颜色的其他方法

单击【开始】选项卡【单元格】组中的【格式】按钮，在弹出的下拉菜单中选择【工作表标签颜色】命令也可以设置工作表标签颜色。

在选择颜色的列表中分为【主题颜色】【标准色】【无颜色】和【其

他颜色】4 栏，其中【主题颜色】栏中的第一行为基本色，之后的 5 行颜色由第一行变化而来。

★ 重点 11.3.4 实战：插入和删除工作表

实例门类	软件功能
教学视频	光盘\视频\第 11 章\11.2.4.mp4

工作表是工作簿的重要对象，用户可对其进行插入（或添加）和删除。下面分别进行介绍。

1. 插入工作表

默认情况下，在 Excel 2016 中新建的工作簿中只包含一张工作表。若在编辑数据时发现工作表数量不够，可以根据需要增加新工作表。

在 Excel 2016 中，单击工作表标签右侧的【新工作表】按钮⊕，即可在当前所选工作表标签的右侧插入一张空白工作表，插入的新工作表将以【Sheet2】【Sheet3】……的顺序依次进行命名。除此之外，还可以利用插入功能来插入工作表，具体操作步骤如下。

Step01 ❶ 单击【开始】选项卡【单元格】组中的【插入】按钮，❷ 在弹出的下拉菜单中选择【插入工作表】命令，如图 11-55 所示。

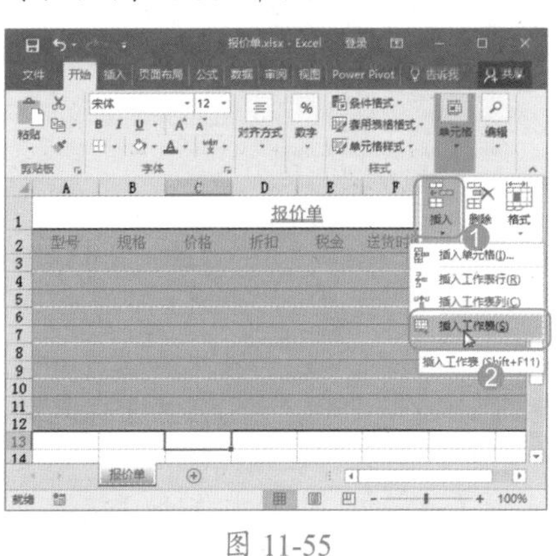

图 11-55

Step02 经过上步操作后，在【报价单】工作表之前插入了一个空白工作表，效果如图 11-56 所示。

图 11-56

2. 删除工作表

在一个工作簿中，如果有多余的工作表或有不需要的工作表，可将其删除，删除工作表主要有以下两种方法。

（1）通过菜单命令：❶ 选择需要删除的工作表，❷ 单击【开始】选项卡【单元格】组中的【删除】按钮，❸ 在弹出的下拉列表中选择【删除工作表】选项，如图 11-57 所示。

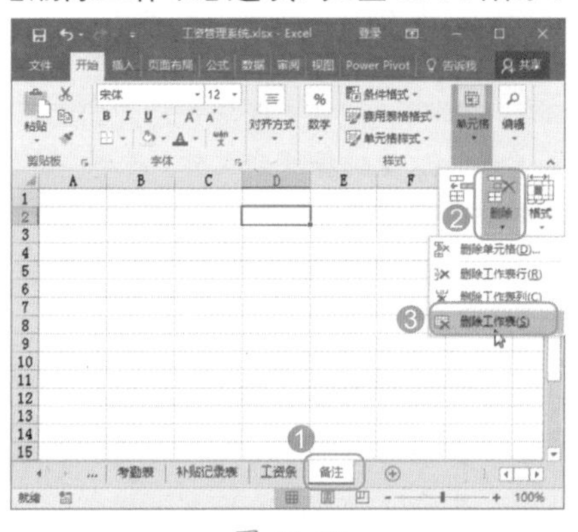

图 11-57

（2）通过快捷菜单命令：在需要删除的工作表的标签上右击，在弹出的快捷菜单中选择【删除】命令，如图 11-58 所示。

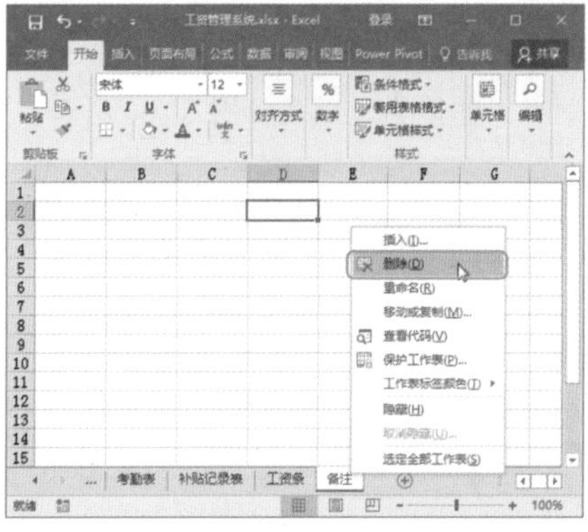

图 11-58

技术看板

删除存放有数据的工作表时，将打开提示对话框，询问是否删除工作表中的数据，单击【删除】按钮。

★ 重点 11.3.5 移动或复制工作表

实例门类	软件功能
教学视频	光盘\视频\第 11 章\11.3.5.mp4

在表格制作过程中，有时需要将一个工作表移动到另一个位置，用户可以根据需要使用 Excel 提供的移动工作表功能进行调整。对于制作相同工作表结构的表格，或者多个工作簿之间需要相同工作表中的数据时，可以使用复制工作表功能来提高工作效率。

工作表的移动和复制有两种实现方法：一种是通过鼠标拖动进行同一个工作簿的移动或复制；另一种是通过快捷菜单命令实现不同工作簿之间的移动和复制。

1. 利用拖动法移动或复制工作表

在同一工作簿中移动和复制工作表主要通过鼠标拖动来完成。通过鼠标拖动的方法是最常用的、也是最简单的方法，具体操作步骤如下。

Step01 打开“光盘\素材文件\第 11 章\工资管理系统.xlsx”文件，❶ 选择需要移动位置的工作表，如选择【补贴记录表】工作表，❷ 按住鼠标左键不放并拖动到该工作表要移动到的位置，如【考勤表】工作表标签的右侧，如图 11-59 所示。

Step02 释放鼠标后，即可将【补贴记录表】工作表移动到【考勤表】工作表的右侧。❶ 选择需要复制的目标工作表，如选择【工资条】工作表，❷ 按住【Ctrl】键的同时拖动鼠标指针移动到该工作表的右侧，如图 11-60 所示。

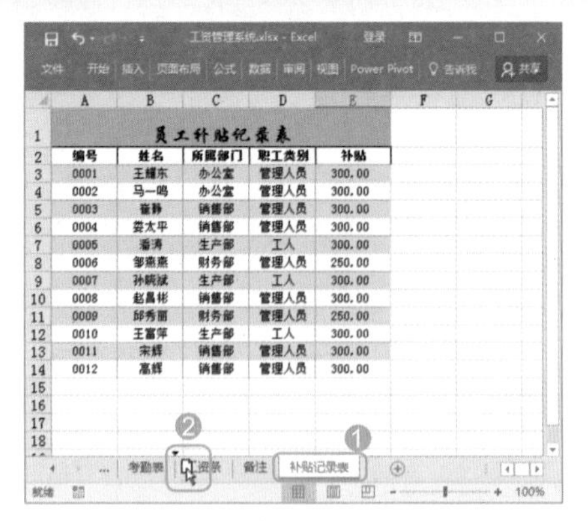

图 11-59

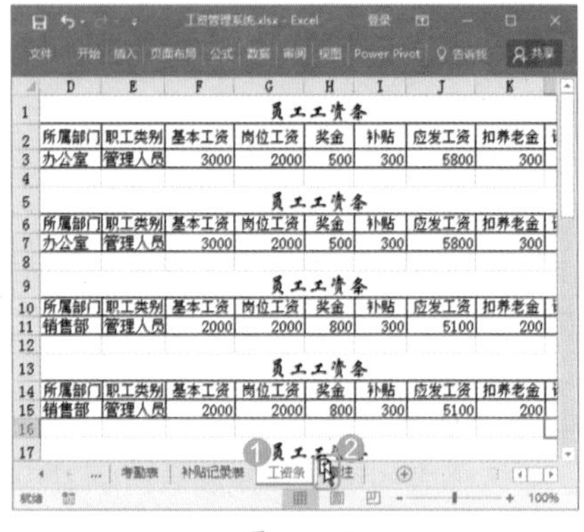

图 11-60

Step 03 释放鼠标后，即可在指定位置复制得到【工资条（2）】工作表，如图 11-61 所示。

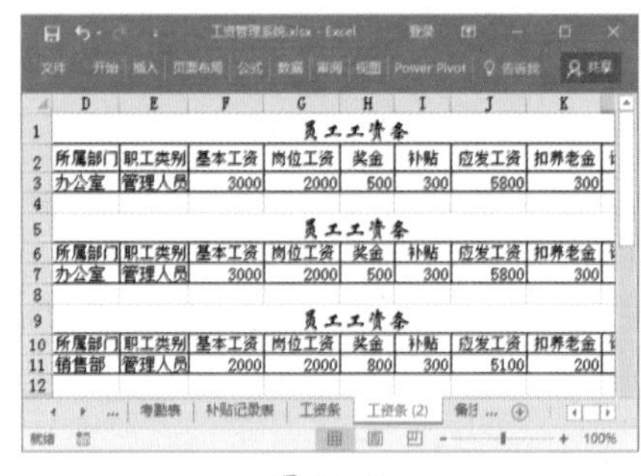

图 11-61

2. 通过菜单命令移动或复制工作表

通过拖动鼠标的方法在同一工作簿中移动或复制工作表是最快捷的，如果需要在不同的工作簿中移动或复制工作表，则需要使用【开始】选项卡【单元格】组中的命令来完成，具体操作步骤如下。

Step 01 ❶ 选择需要移动位置的工作表，如选择【工资条（2）】工作表，❷ 单击【开始】选项卡【单元格】组中的【格式】按钮，❸ 在弹出的下拉菜单中选择【移动或复制工作表】命令，如图 11-62 所示。

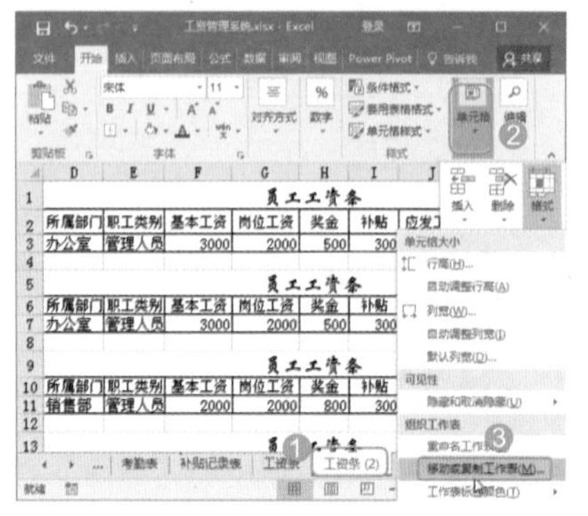

图 11-62

Step 02 打开【移动或复制工作表】对话框，❶ 在【将选定工作表移至工作簿】下拉列表框中选择要移动到的工作簿名称，这里选择【新工作簿】选项，❷ 单击【确定】按钮，如图 11-63 所示。

图 11-63

Step 03 经过上步操作，即可创建一个新工作簿，并将【工资管理系统】工作簿中的【工资条（2）】工作表移动到新工作簿中，效果如图 11-64 所示。

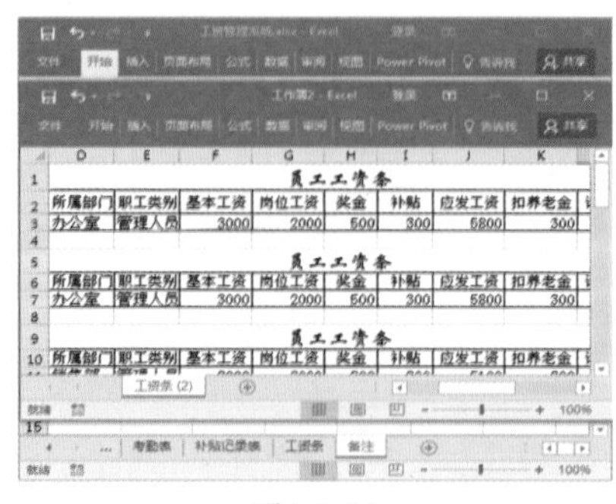

图 11-64

技术看板

在【移动或复制工作表】对话框中，选中【建立副本】复选框，可将选择的工作表复制到目标工作簿中。在【下列选定工作表之前】列表框中还可以选择移动或复制工作表在工作簿中的位置。

★ 重点 11.3.6 实战：保护工作表

实例门类	软件功能
教学视频	光盘\视频\第 11 章\11.3.6.mp4

为了防止其他人员对工作表中的部分数据进行编辑，可以对工作表进行保护。在 Excel 中，对当前工作表设置保护，主要是通过【保护工作表】对话框来设置的，具体操作步骤如下。

Step 01 ❶ 选择需要进行保护的工作表，如选择【考勤表】工作表，❷ 单击【审阅】选项卡【更改】组中的【保护工作表】按钮，打开【保护工作表】对话框，如图 11-65 所示。

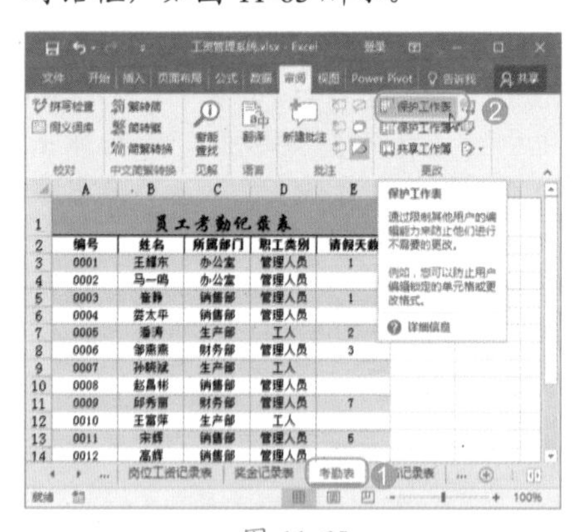

图 11-65

Step 02 ❶ 在文本框中输入密码，如输入【123】，❷ 在列表框中选择允许所有用户对工作表进行的操作，这里选中【选定锁定单元格】和【选定未锁定的单元格】复选框，❸ 单击【确定】按钮，如图 11-66 所示。

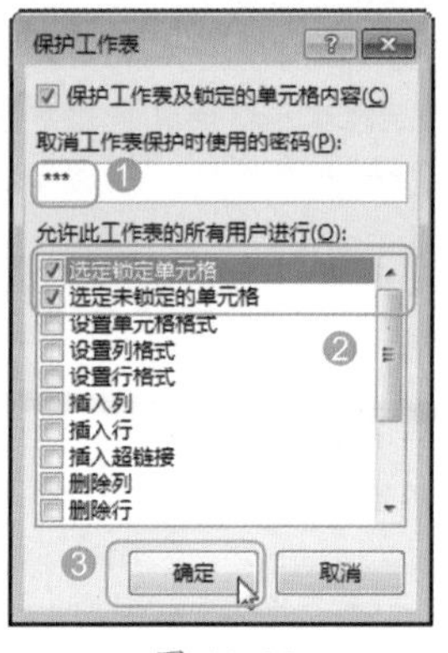

图 11-66

Step03 打开【确认密码】对话框，❶ 在文本框中再次输入设置的密码【123】，❷ 单击【确定】按钮，如图 11-67 所示。

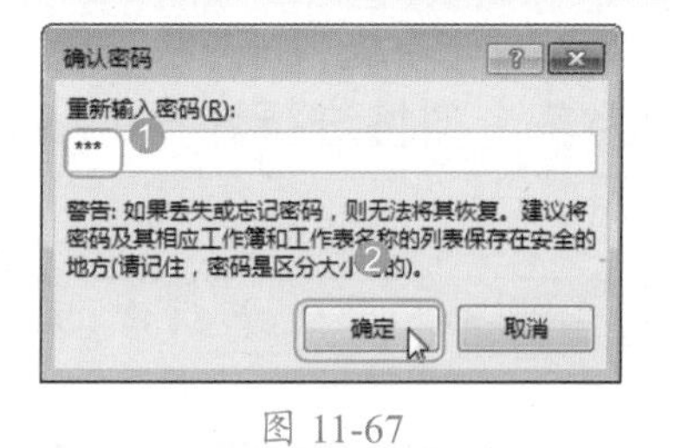

图 11-67

技能拓展——用其他方式打开【保护工作表】对话框

在需要保护的工作表标签上右击，在弹出的快捷菜单中选择【保护工作表】命令，也可以打开【保护工作表】对话框。

技能拓展——撤销工作表的保护

单击【开始】选项卡【单元格】组中的【格式】按钮，在弹出的下拉菜单中选择【撤销工作表保护】命令，可以撤销对工作表的保护。如果设置了密码，则需要在打开的【撤销工作表保护】对话框的【密码】文本框中输入正确密码才能撤销保护。

妙招技法

通过前面知识的学习，相信读者已经掌握了 Excel 2016 单元格、行列和工作表的基本操作了。下面结合本章内容，给大家介绍一些实用技巧。

技巧 01：如何指定单元格区域为可编辑区域

教学视频	光盘\视频\第 11 章\技巧 01.mp4

在表格中要将指定单元格区域设置为可编辑区域，只需借助于【设置单元格格式】对话框和【保护工作表】功能。例如，在“模拟运算表”工作簿中将 A6:A9 单元格区域设置为可编辑区域，其具体操作步骤如下。

Step01 打开“光盘\素材文件\第 11 章\模拟运算表 .xlsx”文件，按【Ctrl+A】组合键选择整张表格，按【Ctrl+1】组合键打开【设置单元格格式】对话框，如图 11-68 所示。

Step02 ❶ 切换到【保护】选项卡，❷ 选中【锁定】复选框，然后单击【确定】按钮，如图 11-69 所示。

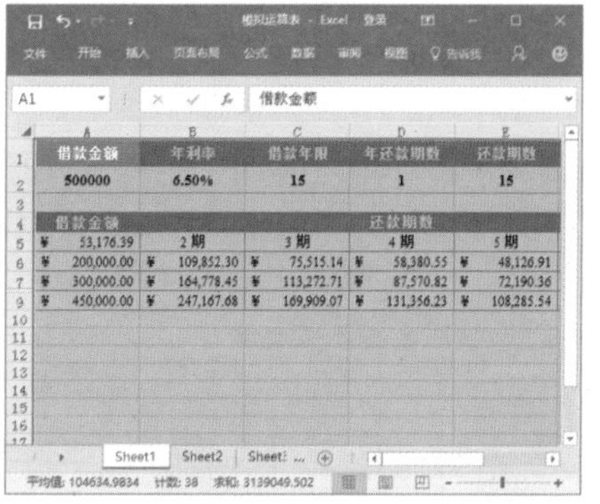

图 11-68

图 11-69

Step03 返回到工作表中选择要设置为可编辑的目标单元格区域，这里选择 A6:A9 单元格区域，按【Ctrl+1】组合键打开【设置单元格格式】对话框，如图 11-70 所示。

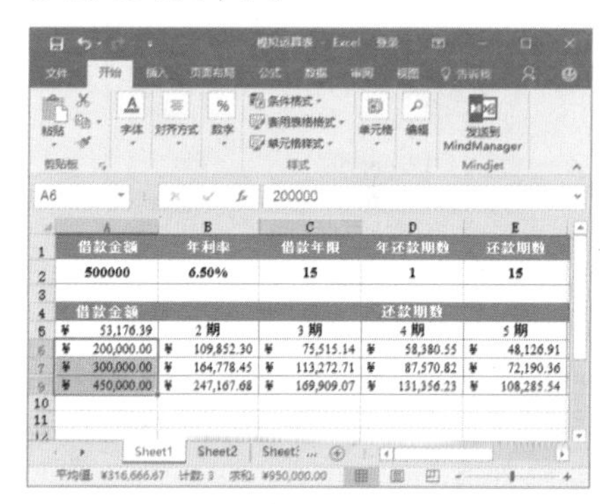

图 11-70

Step04 取消选中【锁定】复选框，然后单击【确定】按钮，如图 11-71 所示。

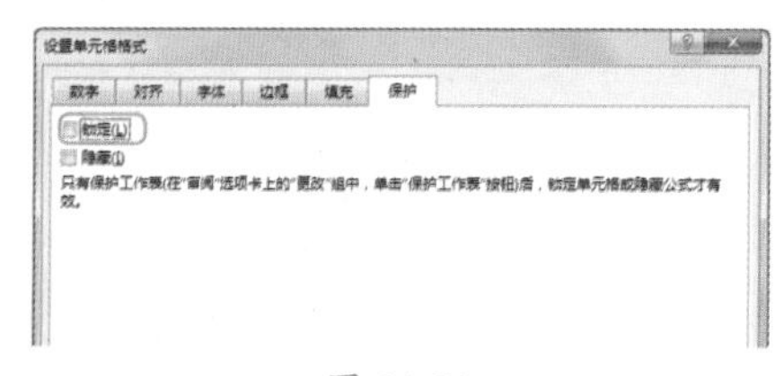

图 11-71

Step05 单击【审阅】选项卡【更改】

组中的【保护工作表】按钮，如图 11-72 所示。

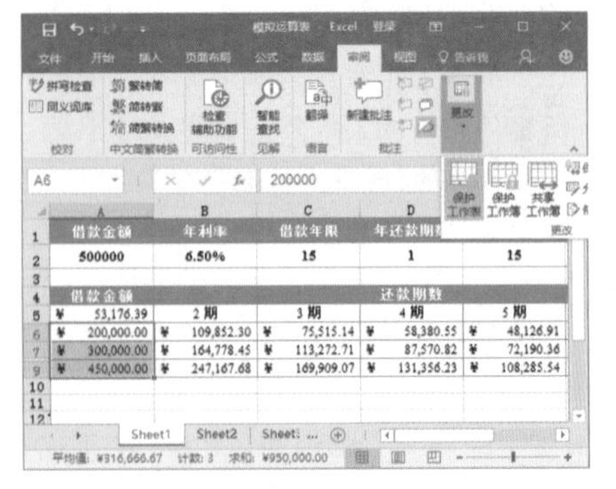

图 11-72

Step 06 在打开的【保护工作表】对话框中直接单击【确定】按钮，进行无密码保护，如图 11-73 所示。

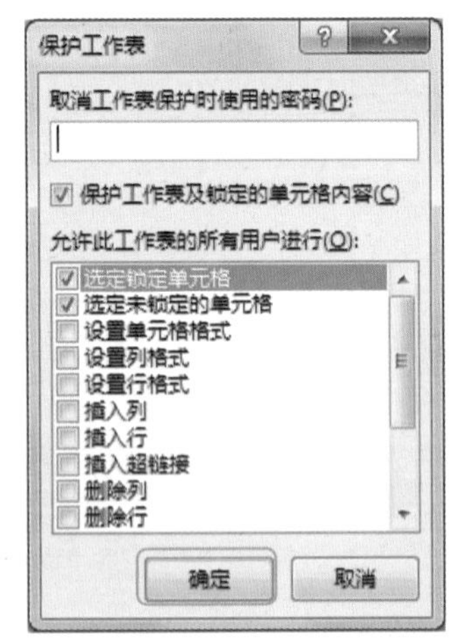

图 11-73

Step 07 在工作表中对可编辑单元格区域以外的单元格进行操作，系统会立即打开单元格收到保护的提示对话框，如图 11-74 所示。

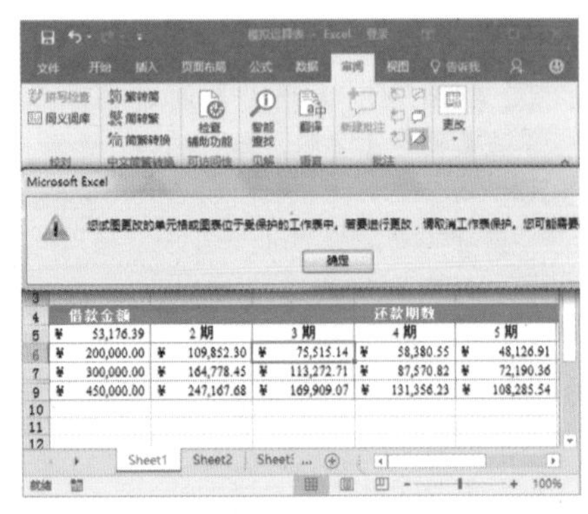

图 11-74

技巧 02：轻松将一张表格拆分为多个窗格进行数据的横纵对照

教学视频	光盘\视频\第 11 章\技巧 02.mp4

当一个工作表中包含的数据太多时，对比查看其中的内容就比较麻烦，此时可以通过拆分工作表的方法将当前的工作表拆分为多个窗格，每个窗格中的工作表都是相同的，并且是完整的。这样在数据量比较大的工作表中，用户也可以很方便地在多个不同的窗格中单独查看同一表格中的数据，有利于在数据量比较大的工作表中查看数据的前后对照关系。

下面将“员工档案表”拆分为 4 个窗格，具体操作步骤如下。

Step 01 打开“光盘\素材文件\第 11 章\员工档案表（16 版）.xlsx”文件，❶ 选择作为窗口拆分中心的单元格，这里选择 C2 单元格，❷ 单击【视图】选项卡【窗口】组中的【拆分】按钮，如图 11-75 所示。

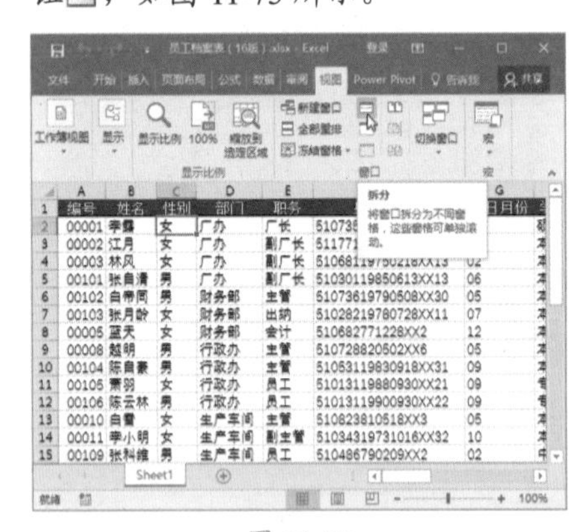

图 11-75

技能拓展——调整拆分窗格的大小

将鼠标指针移动到拆分标志横线上，当其变为形状时，按住鼠标左键不放进行拖动可以调整窗格高度；将鼠标指针移动到拆分标志竖线上，当其变为形状时，按住鼠标左键不放进行拖动可以调整窗格宽度。要取消窗口的拆分方式，可以再次单击【拆分】按钮。

Step 02 系统自动以 C2 单元格为中心，将工作表拆分为 4 个窗格，拖动水平滚动条或垂直滚动条就可以对比查看工作表中的数据了，如图 11-76 所示。

图 11-76

技巧 03：如何让表头和标题行固定显示

教学视频	光盘\视频\第 11 章\技巧 03.mp4

一般表格的最上方数据和最左侧的数据都是用于说明表格数据的一种属性的，当数据量比较大的时候，为了方便用户查看表格的这些特定属性区域，可以通过 Excel 提供的【冻结工作表】功能来冻结需要固定的区域，方便用户在不移动固定区域的情况下，随时查看工作表中距离固定区域较远的数据。

下面将“员工档案表”中已经拆分的窗格进行冻结，具体操作步骤如下。

Step 01 ❶ 单击【视图】选项卡【窗口】组中的【冻结窗格】下拉按钮，❷ 在弹出的下拉菜单中选择【冻结拆分窗格】命令，如图 11-77 所示。

图 11-77

Step02 经过上步操作，系统自动将拆分工作表的表头部分和左侧两列单元格冻结，拖动垂直滚动条和水平滚动条查看工作表中的数据，如图 11-78 所示。

图 11-78

技巧 04：如何设置工作簿的默认张数

教学视频	光盘\视频\第 11 章\技巧 04.mp4

在 Excel 2016 中工作簿默认工作表只有一张，用户若觉得在很多时候不够用，需要手动插入，可通过简单的设置来更改其默认工作表的张数，从而节省时间。例如，要设置工作簿的默认工作表有 3 张，具体操作步骤如下。

打开【Excel 选项】对话框，❶ 选择【常规】选项，❷ 在【新建工作簿时】栏中设置【包含的工作表数】为【3】，❸ 单击【确定】按钮，如图 11-79 所示。

图 11-79

本章小结

通过本章知识的学习和案例练习，相信读者已经掌握好单元格和行列的管理，以及工作表的基本操作。实际上，用户在 Excel 中存储和分析数据都是在工作表中进行的，所以掌握工作表的基本操作尤其重要，要掌握插入新工作表的方法，能根据内容重命名工作表，学会移动和复制工作表来快速转移数据位置或得到数据的副本；对于重要数据要有保护意识，能通过隐藏工作表、保护工作表、加密工作簿等方式来实施保护措施；要掌握对单元格和行列的管理操作，如其中必不可少的选择单元格、插入行列、设置行高列宽，以及重命名和保护等。

第12章 Excel 公式的应用

- 你知道公式都有哪些运算方式吗？它们又是怎样进行计算的？
- 公式的输入与编辑方法和普通数据的相关操作有什么不同？
- 你会使用数组公式实现高级计算吗？
- 如何使用名称简化公式中的引用，并且代入公式简化计算呢？

本章将对 Excel 公式运用的基本知识进行学习，上面这些问题都是公式及运算中的一些基础知识，如果读者对这些基础知识不是很了解，那么就需要认真学习本章内容了。

12.1 公式简介

在 Excel 中，除对数据进行存储和管理外，其最主要的功能在于对数据进行计算与分析。使用公式是 Excel 实现数据计算的重要方式。运用公式可以使各类数据处理工作变得方便。使用 Excel 计算数据之前，本节先来讲解公式的组成、公式中的常用运算符和优先级等知识。

12.1.1 认识公式

Excel 中的公式是存在于单元格中的一种特殊数据，它以字符等号【=】开头，表示单元格输入的是公式，而 Excel 会自动对公式内容进行解析和计算，并显示出最终的结果。

要输入公式计算数据，首先应了解公式的组成部分和意义。Excel 中的公式是对工作表中的数据执行计算的等式。它以等号【=】开始，运用各种运算符号将常量或单元格引用组合起来，形成公式的表达式，如【=A1+B2+C3】，该公式表示将 A1、B2 和 C3 3 个单元格中的数据相加求和。

使用公式计算实际上就是使用数据运算符，通过等式的方式对工作表中的数值、文本、函数等执行计算。公式中的数据可以是直接的数据，称为常量，也可以是间接的数据，如单元格的引用、函数等。具体来说，输入到单元格中的公式可以包含以下 5 种元素中的部分内容，也可以是全部内容。

（1）运算符：运算符是 Excel 公式中的基本元素，它用于指定表达式内执行的计算类型，不同的运算符进行不同的运算。

（2）常量数值：直接输入公式中的数字或文本等各类数据，即不用通过计算的值，如【3.1416】【加班】【2010-1-1】【16:25】等。

（3）括号：括号控制着公式中各表达式的计算顺序。

（4）单元格引用：指定要进行运算的单元格地址，从而方便引用单元格中的数据。

（5）函数：函数是预先编写的公式，它们利用参数按特定的顺序或结构进行计算，可以对一个或多个值进行计算，并返回一个或多个值。

12.1.2 认识公式中的运算符

Excel 中的公式等号【=】后面的内容就是要计算的各元素（即操作数），各操作之间由运算符分隔。运算符是公式中不可缺少的组成元素，它决定了公式中的元素执行的计算类型。

Excel 中除支持普通的数学运算外，还支持多种比较运算和字符串运算等，下面分别为大家介绍在不同类型的运算中可使用的运算符。

1. 算术运算符

算术运算是最常见的运算方式，也就是使用加、减、乘、除等运算符完成基本的数学运算、合并数字及生成数值结果等，是所有类型运算符中使用效率最高的。在 Excel 2016 中可以使用的算术运算符如表 12-1 所示。

表 12-1　算术运算符

算术运算符符号	具体含义	应用示例	运算结果
+（加号）	加法	6+3	9
−（减号）	减法或负数	6−3	3
*（乘号）	乘法	6×3	18
/（除号）	除法	6÷3	2
%（百分号）	百分比	6%	0．06
^（求幂）	求幂（乘方）	6^3	216

2. 比较运算符

在了解比较运算时，首先需要了解两个特殊类型的值，一个是【TRUE】，另一个是【FALSE】，它们分别表示逻辑值【真】和【假】或者理解为【对】和【错】，也称为【布尔值】。例如，假如说 1 是大于 2 的，那么这个说法是错误的，可以使用逻辑值【FALSE】表示。

Excel 中的比较运算主要用于比较值的大小和判断，而比较运算得到的结果就是逻辑值【TRUE】或【FALSE】。要进行比较运算，通常需要运算【大于】【小于】【等号】之类的比较运算符，Excel 2016 中的比较运算符及含义如表 12-2 所示。

> **技术看板**
>
> 【=】符号应用在公式开头，用于表示该单元格内存储的是一个公式，是需要进行计算的，当其应用于公式中时，通常用于表示比较运算，来判断【=】左右两侧的数据是否相等。另外需要注意，任意非 0 的数值如果转换为逻辑值后结果为【TURE】，数值 0 转换为逻辑值后结果为【FALSE】。

表 12-2 比较运算符

比较运算符符号	具体含义	应用示例	运算结果
=（等号）	等于	A1=B1	若单元格 A1 的值等于 B1 的值，则结果为 TRUE，否则为 FALSE
>（大于号）	大于	18 > 10	TRUE
<（小于号）	小于	3.1415 < 3.15	TRUE
>=（大于等于号）	大于或等于	3.1415 >= 3.15	FALSE
<=（小于等于号）	小于或等于	PI() <= 3.14	FALSE
<>（不等于号）	不等于	PI() <> 3.1416	TRUE

> **技术看板**
>
> 比较运算符也适用于文本。如果 A1 单元格中包含 Alpha，A2 单元格中包含 Gamma，则公式【A1 < A2】将返回【TRUE】，因为 Alpha 在字母顺序上排在 Gamma 的前面。

3. 文本连接运算符

在 Excel 中，文本内容也可以进行公式运算，使用【&】符号可以连接一个或多个文本字符串，以生成一个新的文本字符串。需要注意的是，在公式中使用文本内容时，需要为文本内容加上引号（英文状态下的），以表示该内容为文本。例如，要将两组文字【北京】和【水立方】连接为一组文字，可以输入公式【=" 北京 "&" 水立方 "】，最后公式得到的结果为【北京水立方】。

使用文本运算符也可以连接数值，数值可以直接输入，不用再添加引号了。例如，要将两组文字【北京】和【2016】连接为一组文字，可以输入公式【=" 北京 "&2016】，最后公式得到的结果为【北京 2016】。

使用文本运算符还可以连接单元格中的数据。例如，A1 单元格中包含 123，A2 单元格中包含 456，则输入公式【=A1&A2】，Excel 会默认将 A1 和 A2 单元格中的内容连接在一起，即等同于输入【123456】。

> **技术看板**
>
> 从表面上来看，使用文本运算符连接数字得到的结果是文本字符串，但是如果在数学公式中使用这个文本字符串，Excel 会把它看成数值。

4. 引用运算符

引用运算符是与单元格引用一起使用的运算符，用于对单元格进行操作，从而确定用于公式或函数中进行计算的单元格区域。引用运算符主要包括范围运算符、联合运算符和交集运算符，引用运算符包含的具体运算符如表 12-3 所示。

表 12-3 引用运算符

引用运算符符号	具体含义	应用示例	运算结果
:（冒号）	范围运算符，生成指向两个引用之间所有单元格的引用（包括这两个引用）	A1:B3	引用 A1、A2、A3、B1、B2、B3 共 6 个单元格中的数据
,（逗号）	联合运算符，将多个单元格或范围引用合并为一个引用	A1,B3:E3	引用 A1、B3、C3、D3、E3 共 5 个单元格中的数据
（空格）	交集运算符，生成对两个引用中共有的单元格的引用	B3:E4 C1:C5	引用两个单元格区域的交叉单元格，即引用 C3 和 C4 单元格中的数据

5. 括号运算符

除以上用到的运算符外，Excel 公式中常常还会用到括号。在公式中，括号运算符用于改变 Excel 内置的运算符优先次序，从而改变公式的计算顺序。每一个括号运算符都由一个左括号搭配一个右括号组成。在公式中，会优先计算括号运算符中的内容。因此，当需要改变公式求值的顺序时，可以像大家熟悉的日常数学计算一样，使用括号来提升运算级别。例如，需要先计算加法然后再计算除法，可以利用括号来实现，将先计算的部分用括号括起来。例如，在公式【=(A1+1) / 3】中，将先执行【A1+1】运算，再将得到的和除以 3 得出最终结果。

也可以在公式中嵌套括号，嵌套是把括号放在括号中。如果公式包含嵌套的括号，则会先计算最内层的括号，逐级向外。Excel 计算公式中使用的括号与大家平时使用的数学计算式不一样，无论公式多复杂，凡是需要提升运算级别均使用小括号【( )】。

例如，数学公式【=(4+5)×[2+(10-8)÷3]+3】，在 Excel 中的表达式为【=(4+5)*(2+(10-8) / 3)+3】。如果在 Excel 中使用了很多层嵌套括号，相匹配的括号会使用相同的颜色。

技术看板

Excel 公式中要习惯使用括号，即使并不需要括号，也可以添加。因为使用括号可以明确运算次序，使公式更容易阅读。

12.1.3 熟悉公式中运算优先级

运算的优先级就是运算符的先后使用顺序。为了保证公式结果的单一性，Excel 中内置了运算符的优先次序，从而使公式按照这一特定的顺序从左到右计算公式中的各操作数，并得出计算结果。

公式的计算顺序与运算符优先级有关。运算符的优先级决定了当公式中包含多个运算符时，先计算哪一部分，后计算哪一部分。如果在一个公式中包含了多个运算符，Excel 将按表 12-4 所示的次序进行计算。如果一个公式中的多个运算符具有相同的优先顺序（例如，如果一个公式中既有乘号又有除号），Excel 将从左到右进行计算。

表 12-4 Excel 运算符的优先级

优先顺序	运算符	说明
1	:，	引用运算符：冒号，单个空格和逗号
2	—	算术运算符：负号（取得与原值正负号相反的值）
3	%	算术运算符：百分比
4	^	算术运算符：乘幂
5	* 和 /	算术运算符：乘和除

续表

优先顺序	运算符	说明
6	＋和－	算术运算符：加和减
7	&	文本运算符：连接文本
8	=,<,>,<=,>=,<>	比较运算符：比较两个值

技术看板

Excel 中的计算公式与日常使用的数学计算式相比，运算符号有所不同，其中算术运算符中的乘号和除号分别用【*】和【/】符号表示，请注意区别于数学中的 × 和 ÷，比较运算符中的大于等于号、小于等于号、不等于号分别用【>=】【<=】和【<>】符号表示，请注意区别于数学中的≥、≤和≠。

12.2 公式的输入和编辑

在 Excel 中对数据进行计算时，用户可以根据表格的需要来自定义公式进行数据的运算。输入公式后，用户还可以进一步编辑公式，如对输入错误的公式进行修改，通过复制公式，让其他单元格应用相同的公式，还可以删除公式。本节就来介绍公式的使用方法。

★ 重点 12.2.1 实战：在“产品折扣单”中输入公式

实例门类	软件功能
教学视频	光盘\视频\第 12 章\12.2.1.mp4

在工作表中进行数据的计算，首先要输入相应的公式。输入公式的方法与输入文本的方法类似，只需将公式输入到相应的单元格中，即可计算出数据结果。可以在单元格中输入，也可以在编辑栏中输入。但是在输入公式时首先要输入【=】符号作为开头，然后才是公式的表达式。下面在“产品折扣单”工作簿中，通过使用公式计算出普通包装的产品价格，具体操作步骤如下。

Step 01 打开“光盘\素材文件\第 12 章\产品折扣单.xlsx”文件，❶ 选择需要放置计算结果的 G2 单元格，❷ 在编辑栏中输入【=】，❸ 选择 C2 单元格，如图 12-1 所示。

图 12-1

Step 02 经过上步操作，即可引用 C2

单元格中的数据。继续在编辑栏中输入运算符并选择相应的单元格进行引用，输入完成后的表达式效果如图 12-2 所示。

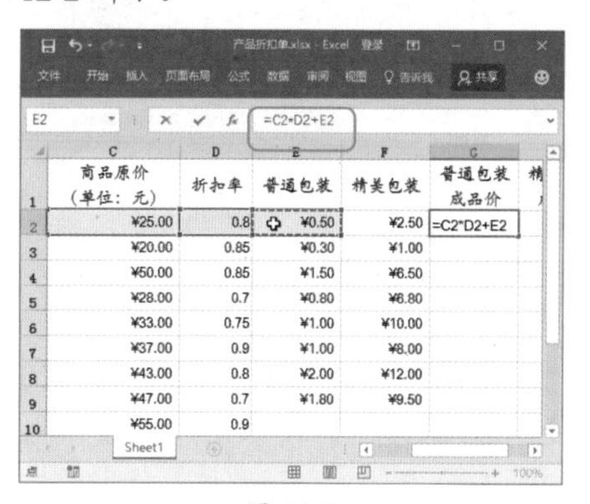

图 12-2

Step03 按【Enter】键确认输入公式，即可在 G2 单元格中计算出公式结果，如图 12-3 所示。

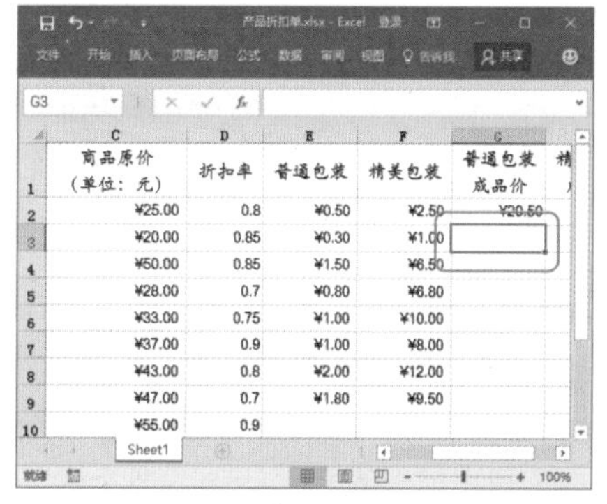

图 12-3

技术看板

输入公式时，被输入单元格地址的单元格将以彩色的边框显示，方便确认输入是否有误，在得出结果后，彩色的边框将消失。而且，在输入公式时可以不区分单元格地址字母的大小写。

★ 重点 12.2.2 实战：修改“产品折扣单”中的公式

实例门类	软件功能
教学视频	光盘\视频\第 12 章\12.2.2.mp4

输入公式时难免出现错误，这时可以重新编辑公式，直接修改公式出错的地方。首先选择需要修改公式的单元格，然后使用修改文本的方法对公式进行修改即可。修改公式需要进入单元格编辑状态进行修改，具体修改方法有两种，一种是直接在单元格中进行修改，另一种是在编辑栏中进行修改。

1. 在单元格中修改公式

双击要修改公式的单元格，让其显示出公式，然后将文本插入点定位到出错的数据处。删除错误的数据并输入正确的数据，再按【Enter】键确认输入。例如，在为“产品折扣单”中输入公式为第一种产品计算成品价时引用了错误的单元格，修改公式的具体操作步骤如下。

Step01 ❶ 双击错误公式所在的 H2 单元格，❷ 显示出公式，选择公式中需要修改的【D2】文本，按【Delete】键将其删除，如图 12-4 所示。

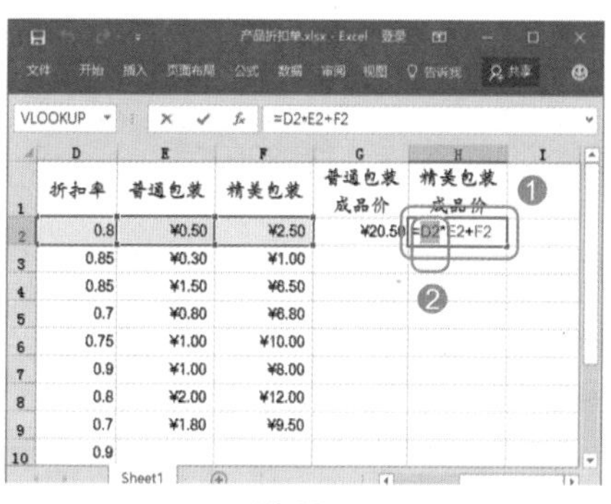

图 12-4

Step02 重新选择 C2 单元格，即可引用 C2 单元格中的数据，如图 12-5 所示。

图 12-5

Step03 经过上步操作，即可将公式中原来的【D2】修改为【C2】，继续将公式中的【E2】修改为【D2】，如图 12-6 所示。

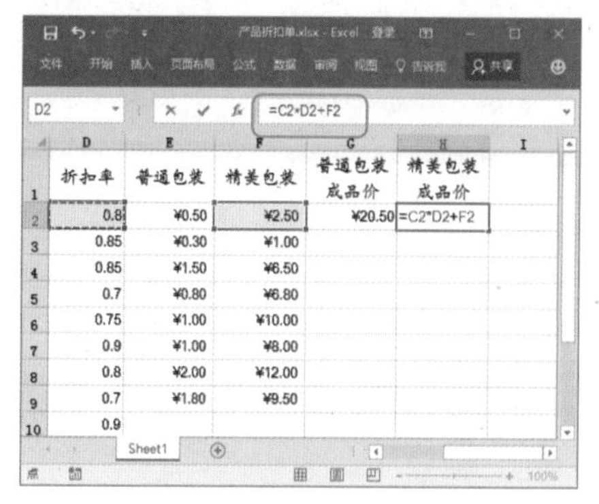

图 12-6

Step04 按【Enter】键确认公式的修改，即可在 H2 单元格中计算出新公式的结果，如图 12-7 所示。

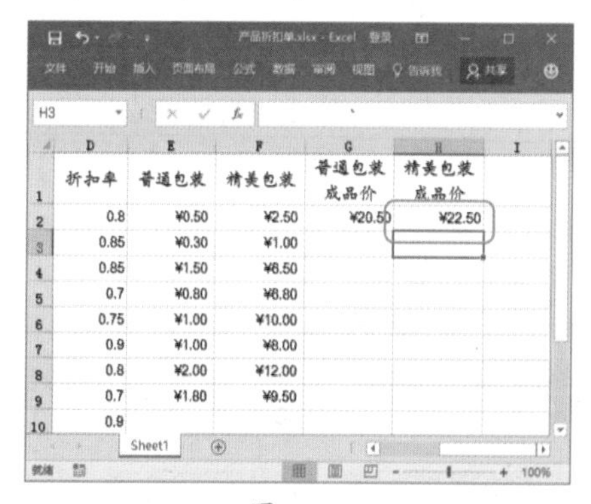

图 12-7

2. 在编辑栏中修改公式

选择要修改公式的单元格，然后在编辑栏中定位文本插入点至需要修改的数据处。删除编辑栏中错误的数据并输入正确的数据，再按【Enter】键确认输入。例如，同样修改前面的错误，也可以按照下面的步骤来修改。

Step01 ❶ 选择错误公式所在的 H2 单元格，❷ 在编辑栏中选择公式中需要修改的【D2】文本，按【Delete】键将其删除，如图 12-8 所示。

Step02 重新选择 C2 单元格，即可引用 C2 单元格中的数据，如图 12-9 所示。

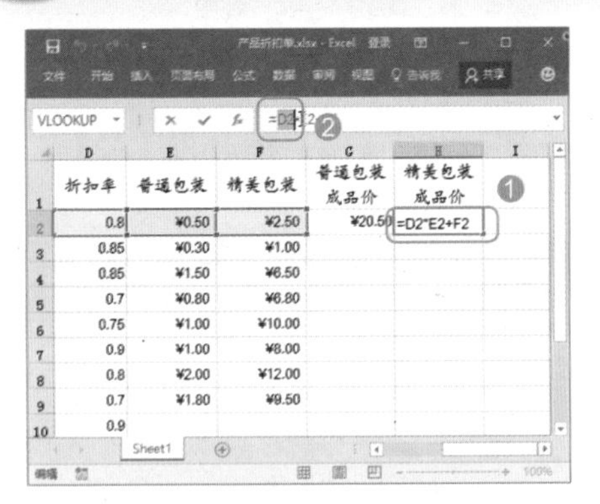

图 12-8

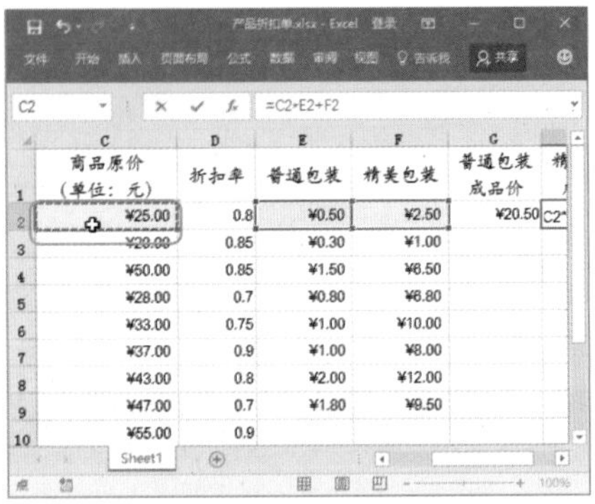

图 12-9

Step03 使用相同的方法将公式中的【E2】修改为【D2】，如图 12-10 所示，按【Enter】键确认公式的修改，即可在 H2 单元格中计算出新公式的结果。

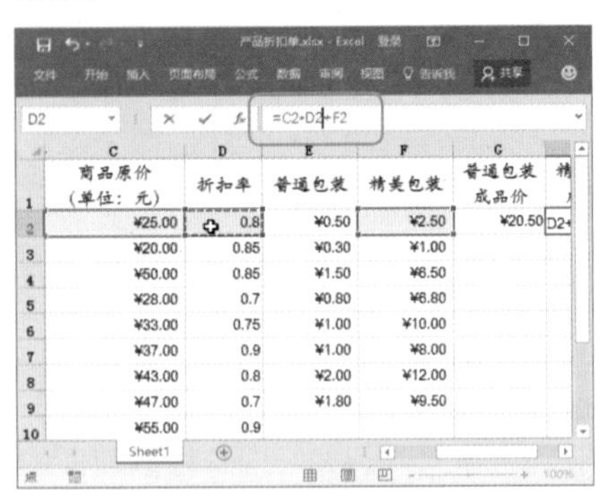

图 12-10

12.2.3 复制“产品折扣单”中的公式

有时需要在一个工作表中使用公式进行一些类似数据的计算，如果在单元格中逐个输入公式进行计算，则会增加计算的工作量。此时复制公式是进行快速计算数据的最佳方法，因为在将公式复制到新的位置后，公式中的相对引用单元格将会自动适应新的位置并计算出新的结果。避免了手动输入公式的麻烦，提高了工作效率。

复制公式的方法与复制或填充数据的方法完全相同，最常用的有以下两种方法。

1. 按快捷键复制

选择需要被复制公式的单元格，按【Ctrl+C】组合键复制单元格，然后选择需要复制相同公式的目标单元格，再按【Ctrl+V】组合键进行粘贴即可。

2. 拖动控制柄复制

选择需要被复制公式的单元格，移动鼠标指针到该单元格的右下角，待鼠标指针变成“+”形状时，按住鼠标左键不放拖动到目标单元格后释放鼠标，即可复制公式到鼠标拖动经过的单元格区域。

12.2.4 实战：删除公式

在 Excel 2016 中，删除单元格中的公式有两种情况，一种情况是不需要单元格中的所有数据了，选择单元格后直接按【Delete】键删除即可；还有一种情况，只是为了删除单元格中的公式，而需要保留公式的计算结果。此时可利用【选择性粘贴】功能将公式结果转化为数值，这样即使改变被引用公式的单元格中的数据，其结果也不会发生变化。

例如，要将“产品折扣单”工作簿中计算数据的公式删除，只保留其计算结果，具体操作步骤如下。

Step01 ❶ 选择 G2:H10 单元格区域，并在其上右击，❷ 在弹出的快捷菜单中选择【复制】命令，如图 12-11 所示。

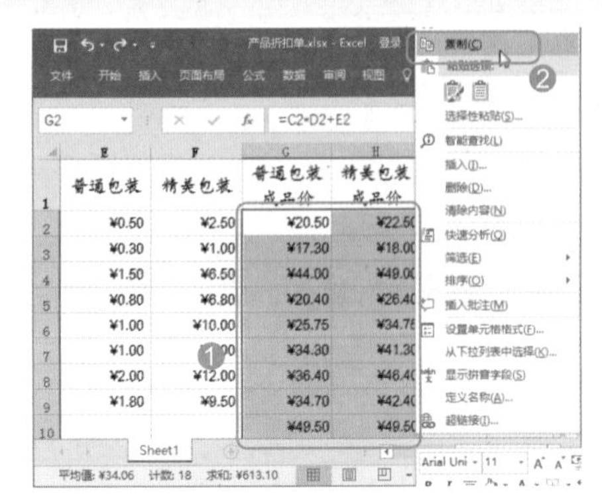

图 12-11

Step02 ❶ 单击【开始】选项卡【剪贴板】组中的【粘贴】按钮，❷ 在弹出的下拉列表的【粘贴数值】栏中选择【值】命令，如图 12-12 所示。

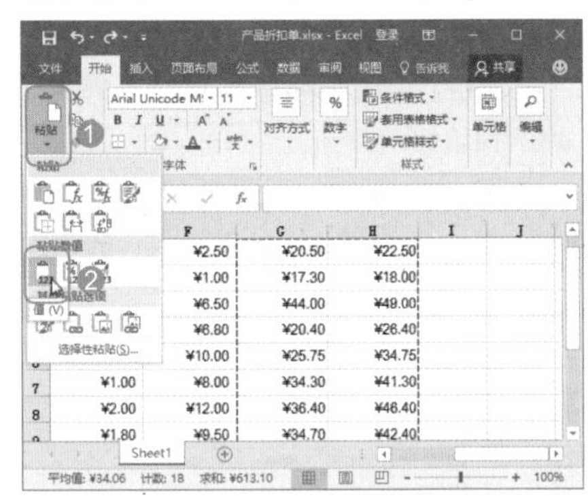

图 12-12

Step03 经过上步操作后，G2:H10 单元格区域中的公式已被删除。选择该单元格区域中的某个单元格后，在编辑栏中只显示对应的数值，如图 12-13 所示。

图 12-13

12.3 使用单元格引用

在 Excel 中，单元格是工作表的最小组成元素，以左上角第一个单元格为原点，向右向下分别为行、列坐标的正方向，由此构成单元格在工作表上所处位置的坐标集合。在公式中使用坐标方式，表示单元格在工作表中的“地址”，实现对存储于单元格中的数据的调用，这种方法称为单元格引用，可以说明 Excel 在何处查找公式中所使用的值或数据。

★ 重点 12.3.1 实战：相对引用、绝对引用和混合引用

实例门类	软件功能
教学视频	光盘\视频\第 12 章\12.3.1.mp4

在公式中的引用具有以下关系：如果 A1 单元格中输入了公式【=B1】，那么 B1 就是 A1 的引用单元格，A1 就是 B1 的从属单元格。从属单元格和引用单元格之间的位置关系称为单元格引用的相对性。

根据表述位置相对性的不同方法，可分为 3 种不同的单元格引用方式，即相对引用、绝对引用和混合引用，它们各自具有不同的含义和作用。下面以 A1 引用样式为例分别介绍相对引用、绝对引用和混合引用的使用方法。

1. 相对引用

相对引用是指引用单元格的相对地址，即从属单元格与引用单元格之间的位置关系是相对的。默认情况下，新公式使用相对引用。

使用 A1 引用样式时，相对引用样式用数字 1、2、3……表示行号，用字母 A、B、C……表示列标，采用【列字母 + 行数字】的格式表示，如 A1、E12 等。如果引用整行或整列，可省去列标或行号，如 1:1 表示第一行；A:A 表示 A 列。

采用相对引用后，当复制公式到其他单元格时，Excel 会保持从属单元格与引用单元格的相对位置不变，即引用的单元格位置会随着单元格复制后的位置发生改变。例如，在 G2 单元格中输入公式【=E2*F2】，如图 12-14 所示。

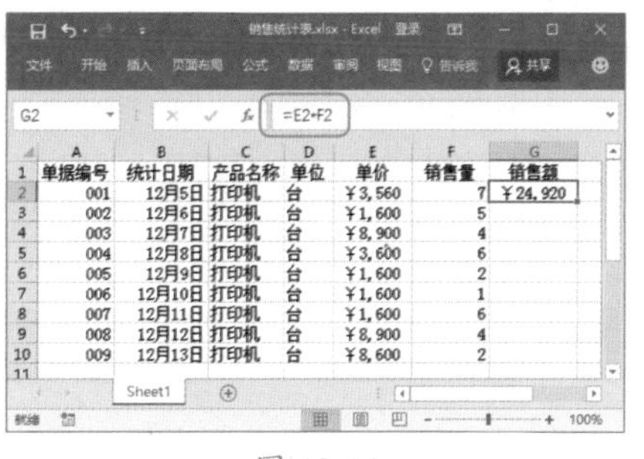

图 12-14

然后将公式复制到下方的 G3 单元格中，则 G3 单元格中的公式会变为【=E3*F3】。这是因为 E2 单元格相对于 G2 单元格来说，是其向左移动了两个单元格的位置，而 F2 单元格相对于 G2 单元格来说，是其向左移动了一个单元格的位置。因此在将公式复制到 G3 单元格时，始终保持引用公式所在的单元格向左移动两个单元格位置的 E3 单元格，和其向左一个单元格位置的 F3 单元格，如图 12-15 所示。

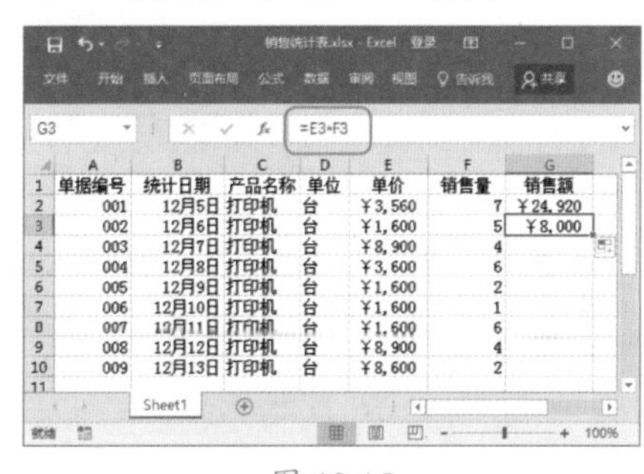

图 12-15

2. 绝对引用

绝对引用和相对引用相对应，是指引用单元格的实际地址，从属单元格与引用单元格之间的位置关系是绝对的。当复制公式到其他单元格时，Excel 会保持公式中所引用单元格的绝对位置不变，结果与包含公式的单元格位置无关。

使用 A1 引用样式时，在相对引用的单元格的列标和行号前分别添加冻结符号【$】便可成为绝对引用。例如，在“水费收取表”中要计算出每户的应缴水费，可以在 C3 单元格中输入公式【=B3*$B$1】，如图 12-16 所示。

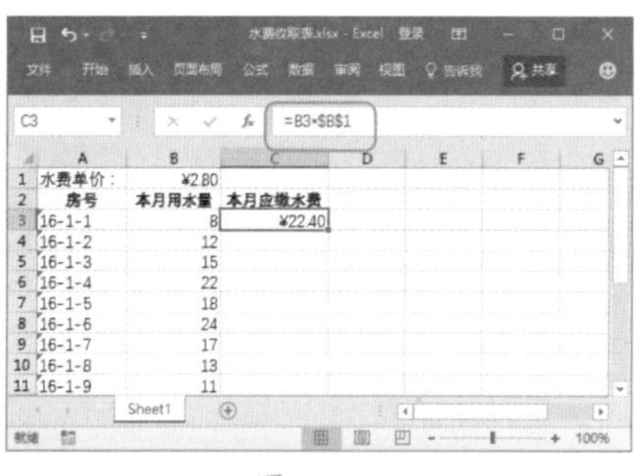

图 12-16

然后将公式复制到下方的 C4 单元格中，则 C4 单元格中的公式会变为【=B4*$B$1】，公式中采用绝对引用的 B1 单元格仍然保持不变，如图 12-17 所示。

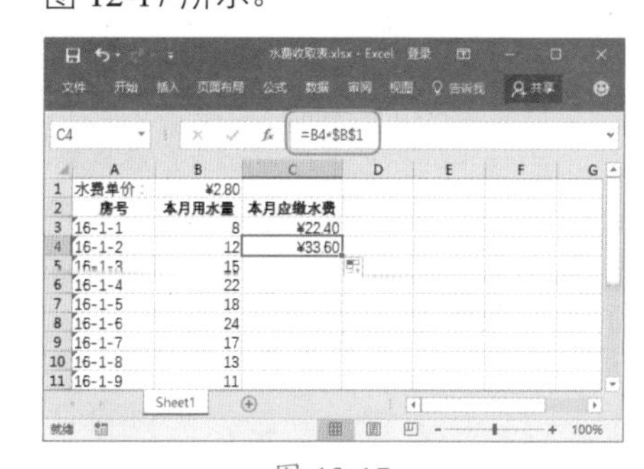

图 12-17

3. 混合引用

混合引用是指相对引用与绝对引用同时存在于一个单元格的地址引用中。混合引用具有两种形式，即绝对列和相对行、绝对行和相对列。绝对引用列采用 $A1、$B1 等形式，绝对引用行采用 A$1、B$1 等形式。

在混合引用中，如果公式所在单元格的位置改变，则绝对引用的部分保持绝对引用的性质，地址保持不变；而相对引用的部分同样保留相对引用的性质，随着单元格的变化而变化。具体应用到绝对引用列中，就是说改变位置后的公式行部分会调整，但是列不会改变；绝对引用行中，则改变位置后的公式列部分会调整，但是行不会改变。

例如，在A1引用样式中，在C3单元格中输入公式【=$A5】，则公式向右复制时始终保持为【=$A5】不变，向下复制时行号将发生变化，即行相对列绝对引用。而在R1C1引用样式中，表示为【=R[2]C1】。

12.3.2 快速切换4种不同的单元格引用类型

在Excel中创建公式时，可能需要在公式中使用不同的单元格引用方式。如果需要在各种引用方式之间不断切换，来确定需要的单元格引用方式时，可按【F4】键快速在相对引用、绝对引用和混合引用之间进行切换。例如，在公式编辑栏中选择需要更改的单元格引用【A1】，然后反复按【F4】键时，就会在【$A$1】【A$1】【$A1】和【A1】之间切换。

12.4 使用数组公式

Excel中数组公式非常有用，可建立产生多值或对一组值而不是单个值进行操作的公式。掌握数组公式的相关技能技巧，当在不能使用工作表函数直接得到结果，又需要对一组或多组数据进行多重计算时，方可大显身手。本节将介绍在Excel 2016中数组公式的使用方法，包括输入和编辑数组、了解数组的计算方式等。

★ 重点 12.4.1 输入数组公式

在Excel中，数组公式的显示是用大括号{}括住以区分普通Excel公式。要使用数组公式进行批量数据的处理，首先要学会建立数组公式的方法，主要有如下两个步骤。

Step 01 选择目标单元格或单元格区域，输入数组的计算公式。

Step 02 按【Ctrl+Shift+Enter】组合键锁定输入的数组公式并确认输入。

其中第2步按【Ctrl+Shift+Enter】组合键结束公式的输入是最关键的，这相当于用户在提示Excel【输入的不是普通公式，是数组公式，需要特殊处理】，此时Excel就不会用常规的逻辑来处理公式了。

如果用户在输入公式后，第2步只按【Enter】键，则输入的只是一个简单的公式，Excel只在选择的单元格区域的第1个单元格位置（选择区域的左上角单元格）显示一个计算结果。

12.4.2 使用数组公式的规则

在输入数组公式时，必须遵循相应的规则，否则，公式将会出错，无法计算出数据的结果。

（1）输入数组公式时，应先选择用来保存计算结果的单元格或区域。如果计算公式将产生多个计算结果，必须选择一个与完成计算时所用区域大小和形状都相同的区域。

（2）数组公式输入完成后，按【Ctrl+Shift+Enter】组合键，这时在公式编辑栏中可以看到Excel在公式的两边加上了{}符号，表示该公式是一个数组公式。需要注意的是，{}符号是由Excel自动加上去的。不用手动输入{}，否则，Excel会认为输入的是一个正文标签，但若是想在公式里直接表示一个数组，就需要输入{}符号将数组的元素括起来。例如，公式【=IF({1,1},D2:D6,C2:C6)】中的数组{1,1}的{}符号就是手动输入的。

（3）在数组公式所涉及的区域中，不能编辑、清除或移动单个单元格，也不能插入或删除其中的任何一个单元格。这是因为数组公式所涉及的单元格区域是一个整体，只能作为一个整体进行操作。例如，只能把整个区域同时删除、清除，而不能只删除或清除其中的一个单元格。

（4）要编辑或清除数组公式，需要选择整个数组公式所涵盖的单元格区域，并激活编辑栏（也可单击数组公式所包括的任意一个单元格，这时数组公式会出现在编辑栏中，它的两边有{}符号，单击编辑栏中的数组公式，它两边的{}符号就会消失），然后在编辑栏中修改数组公式，或者删除数组公式，操作完成后按【Ctrl+Shift+Enter】组合键计算出新的数据结果。

（5）如需将数组公式移动至其他位置，需要先选中整个数组公式所涵盖的单元格范围，然后把整个区域拖放到目标位置，也可通过【剪切】和【粘贴】命令进行数组公式的移动。

（6）对于数组公式的范畴应引起注意，输入数值公式或函数的范围，其大小及外形应该与作为输入数据的范围的大小和外形相同。如果存放结果的范围太小，就看不到所有的运算结果；如果存放结果的范围太大，有些单元格就会出现【#N/A】错误信息。

★ 重点 12.4.3 数组公式的计算方式

实例门类	软件功能
教学视频	光盘\视频\第12章\12.4.3.mp4

为了以后能更好地运用数组公式，用户还需要了解数组公式的计算方式，下面根据数组运算结果的多少，将数组计算分为多单元格联合数组公式的计算和单个单元格数组公式的计算两种分别进行讲解。

1. 多单元格联合数组公式

在 Excel 中使用数组公式可建立产生多值或对应一组值而不是单个值进行操作的公式，其中能产生多个计算结果并在多个单元格中显示出来的单一数组公式，称为【多单元格数组公式】。在数据输入过程中出现统计模式相同，而引用单元格不同的情况时，就可以使用多单元格数组公式来简化计算。需要联合多单元格数组的情况主要有以下几种。

（1）数组与单一数据的运算。

一个数组与一个单一数据进行运算，等同于将数组中的每一个元素均与这个单一数据进行计算，并返回同样大小的数组。

例如，在“年度优秀员工评选表”工作簿中，要为所有员工的当前平均分上累加一个印象分，通过输入数组公式快速计算出员工评选累计分的具体操作步骤如下。

Step 01 打开“光盘\素材文件\第 12 章\年度优秀员工评选表.xlsx”文件，❶ 选择 I2:I12 单元格区域，❷ 在编辑栏中输入公式【=H2:H12+B14】，如图 12-18 所示。

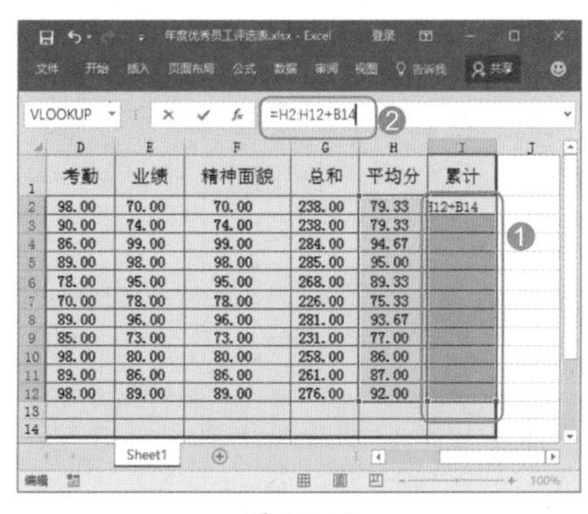

	D	E	F	G	H	I
1	考勤	业绩	精神面貌	总和	平均分	累计
2	98.00	70.00	70.00	238.00	79.33	H12+B14
3	90.00	74.00	74.00	238.00	79.33	
4	86.00	99.00	99.00	284.00	94.67	
5	89.00	98.00	98.00	285.00	95.00	
6	78.00	95.00	95.00	268.00	89.33	
7	70.00	78.00	78.00	226.00	75.33	
8	89.00	96.00	96.00	281.00	93.67	
9	85.00	73.00	73.00	231.00	77.00	
10	98.00	80.00	80.00	258.00	86.00	
11	89.00	86.00	86.00	261.00	87.00	
12	98.00	89.00	89.00	276.00	92.00	

图 12-18

Step 02 按【Ctrl+Shift+Enter】组合键后，可看到编辑栏中的公式变为【{=H2:H12+B14}】，同时会在 I2:I12 单元格区域中显示出计算的数组公式结果，如图 12-19 所示。

	D	E	F	G	H	I
1	考勤	业绩	精神面貌	总和	平均分	累计
2	98.00	70.00	70.00	238.00	79.33	84.33
3	90.00	74.00	74.00	238.00	79.33	84.33
4	86.00	99.00	99.00	284.00	94.67	99.67
5	89.00	98.00	98.00	285.00	95.00	100.00
6	78.00	95.00	95.00	268.00	89.33	94.33
7	70.00	78.00	78.00	226.00	75.33	80.33
8	89.00	96.00	96.00	281.00	93.67	98.67
9	85.00	73.00	73.00	231.00	77.00	82.00
10	98.00	80.00	80.00	258.00	86.00	91.00
11	89.00	86.00	86.00	261.00	87.00	92.00
12	98.00	89.00	89.00	276.00	92.00	97.00

图 12-19

（2）一维横向数组或一维纵向数组之间的计算。

一维横向数组或一维纵向数组之间的运算，也就是单列与单列数组或单行与单行数组之间的运算。

相比数组与单一数据的运算，只是参与运算的数据都会随时变动而已，其实质是两个一维数组对应元素之间进行运算，即第一个数组的第一个元素与第二个数组的第一个元素进行运算，结果作为数组公式结果的第一个元素，然后第一个数组的第二个元素与第二个数组的第二个元素进行运算，结果作为数组公式结果的第二个元素，接着是第三个元素……直到第 *N* 个元素。一维数组之间进行运算后，返回的仍然是一个一维数组，其行、列数与参与运算的行、列数组的行、列数相同。

例如，在“销售统计表”工作簿中，需要计算出各产品的销售额，即让各产品的销售量乘以其销售单价。通过输入数组公式可以快速计算出各产品的销售额，具体操作步骤如下。

Step 01 打开“光盘\素材文件\第 12 章\销售统计表.xlsx”文件，❶ 选择 H3:H11 单元格区域，❷ 在编辑栏中输入数组函数【=F3:F11*G3:G11】，如图 12-20 所示。

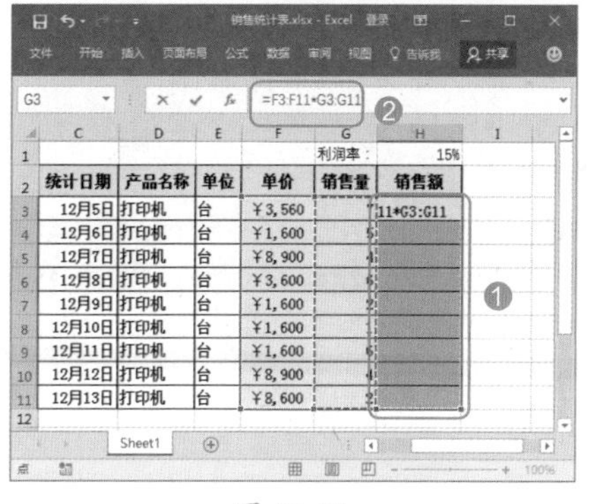

	C	D	E	F	G	H
1					利润率：	15%
2	统计日期	产品名称	单位	单价	销售量	销售额
3	12月5日	打印机	台	￥3,560	7	11*G3:G11
4	12月6日	打印机	台	￥1,600	5	
5	12月7日	打印机	台	￥8,900	4	
6	12月8日	打印机	台	￥3,600	6	
7	12月9日	打印机	台	￥1,600	2	
8	12月10日	打印机	台	￥1,600	1	
9	12月11日	打印机	台	￥1,600	6	
10	12月12日	打印机	台	￥8,900	4	
11	12月13日	打印机	台	￥8,600	2	

图 12-20

Step 02 按【Ctrl+Shift+Enter】组合键，可看到编辑栏中的公式变为【{=F3:F11*G3:G11}】，在 H3:H11 单元格区域中同时显示出计算的数组公式结果，如图 12-21 所示。

	B	C	D	E	F	G	H
1						利润率：	15%
2	单据编号	统计日期	产品名称	单位	单价	销售量	销售额
3	001	12月5日	打印机	台	￥3,560	7	￥24,920
4	002	12月6日	打印机	台	￥1,600	5	￥8,000
5	003	12月7日	打印机	台	￥8,900	4	￥35,600
6	004	12月8日	打印机	台	￥3,600	6	￥21,600
7	005	12月9日	打印机	台	￥1,600	2	￥3,200
8	006	12月10日	打印机	台	￥1,600	1	￥1,600
9	007	12月11日	打印机	台	￥1,600	6	￥9,600
10	008	12月12日	打印机	台	￥8,900	4	￥35,600
11	009	12月13日	打印机	台	￥8,600	2	￥17,200

图 12-21

技术看板

该案例中公式【F3:F11*G3:G11】是两个一维数组相乘，返回一个新的一维数组。该案例如果使用普通公式进行计算，通过复制公式也可以得到需要的结果，但若需要对 100 行甚至更多行数据进行计算，光复制公式也是会比较麻烦的。

（3）一维横向数组与一维纵向数组的计算。

一维横向数组与一维纵向数组进行运算后，将返回一个二维数组，且返回数组的行数同一维纵向数组的行数相同、列数同一维横向数组的列数相同。返回数组中第 *M* 行第 *N* 列的元素是一维纵向数组的第 *M* 个元素和一维横向数组的第 *N* 个元素运算的结果。具体的计算过程可以通过查看一维横向数组与一维纵向数组进行运算后的结果来进行分析。

例如，在“产品合格量统计”工作表中已经将生产的产品数量输入成一组横向数组，并将预计的可能合格率输入成一组纵向数组，需要通过输入数组公式计算每种合格率可能性下不同产品的合格量，具体操作步骤如下。

Step01 打开“光盘\素材文件\第 12 章\产品合格量统计.xlsx”文件，❶ 选择 B2:G11 单元格区域，❷ 在编辑栏中输入公式【=B1:G1*A2:A11】，如图 12-22 所示。

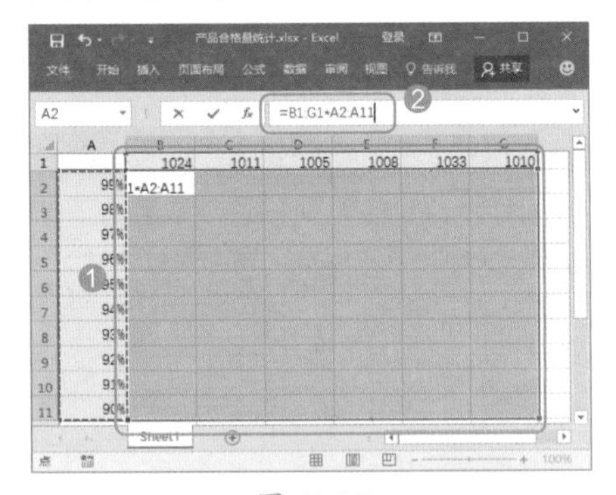

图 12-22

Step02 按【Ctrl+Shift+Enter】组合键后，可看到编辑栏中的公式变为【{=B1:G1*A2:A11}】，在 B2:G11 单元格区域中同时显示出计算的数组公式结果，如图 12-23 所示。

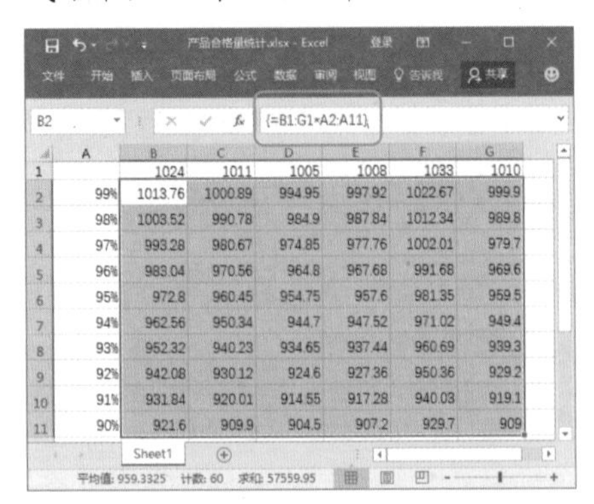

图 12-23

（4）行数（或列数）相同的单列（或单行）数组与多行多列数组的计算。

单列数组的行数与多行多列数组的行数相同时，或者单行数组的列数与多行多列数组的列数相同时，计算规律与一维横向数组或一维纵向数组之间的运算规律大同小异，计算结果将返回一个多行列的数组，其行、列数与参与运算的多行多列数组的行列数相同。单列数组与多行多列数组计算时，返回数组的第 M 行第 N 列的数据等于单列数组的第 M 行的数据与多行多列数组的第 M 行第 N 列的数据的计算结果；单行数组与多行多列数组计算时，返回数组的第 M 行第 N 列的数据等于单行数组的第 N 列的数据与多行多列数组的第 M 行第 N 列的数据的计算结果。

例如，在“生产完成率统计”工作表中已经将某一周预计要达到的生产量输入成一组纵向数组，并将各产品的实际生产数量输入成一个二维数组，需要通过输入数组公式计算每种产品每天的实际完成率，具体操作步骤如下。

Step01 打开“光盘\素材文件\第 12 章\生产完成率统计.xlsx”文件，❶ 合并 B11:G11 单元格区域，并输入相应的文本，❷ 选择 B12:G18 单元格区域，❸ 在编辑栏中输入公式【=B3:G9/A3:A9】，如图 12-24 所示。

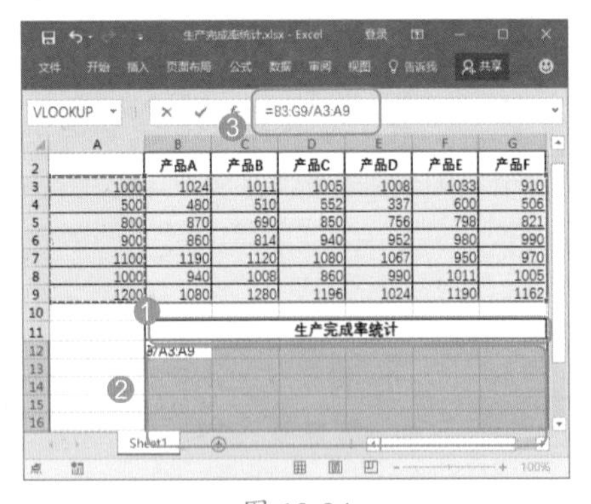

图 12-24

Step02 按【Ctrl+Shift+Enter】组合键后，即可看到编辑栏中的公式变为【{=B3:G9/A3:A9}】，在 B12:G19 单元格区域中同时显示出计算的数组公式结果，如图 12-25 所示。

图 12-25

Step03 ❶ 为整个结果区域设置边框线，❷ 在第 11 行单元格的下方插入一行单元格，并输入相应的文本，❸ 选择 B12:G19 单元格区域，❹ 单击【开始】选项卡【数字】组中的【百分比样式】按钮 %，让计算结果显示为百分比样式，如图 12-26 所示。

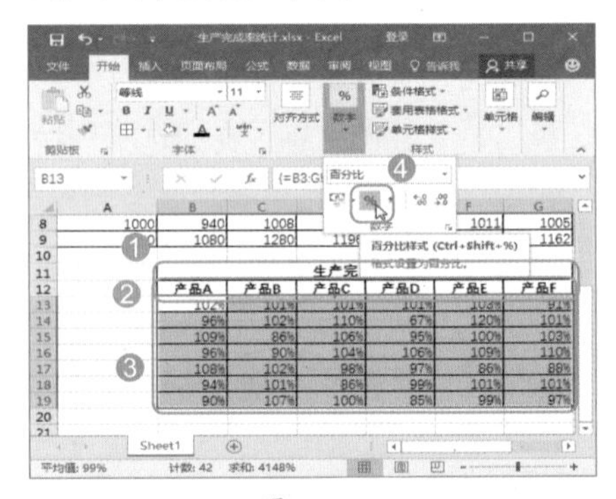

图 12-26

（5）行列数相同的二维数组间的运算。

行列数相同的二维数组之间的运算，将生成一个新的同样大小的二维数组。其计算过程等同于第一个数组的第一行的第一个元素与第二个数组的第一行的第一个元素进行运算，结果为数组公式的结果数组的第一行的第一个元素，接着是第二个元素，第三个元素……直到第 N 个元素。

例如，在“月考平均分统计”工作表中已经将某些同学前 3 次月考的成绩分别统计为一个二维数组，需要通过输入数组公式计算这些同学 3 次考试的每科成绩平均分，具体操作步骤如下。

Step 01 打开"光盘\素材文件\第 12 章\月考平均分统计.xlsx"文件，❶ 选择 B13:D18 单元格区域，❷ 在编辑栏中输入公式【=(B3:D8+G3:I8+L3:N8)/3】，如图 12-27 所示。

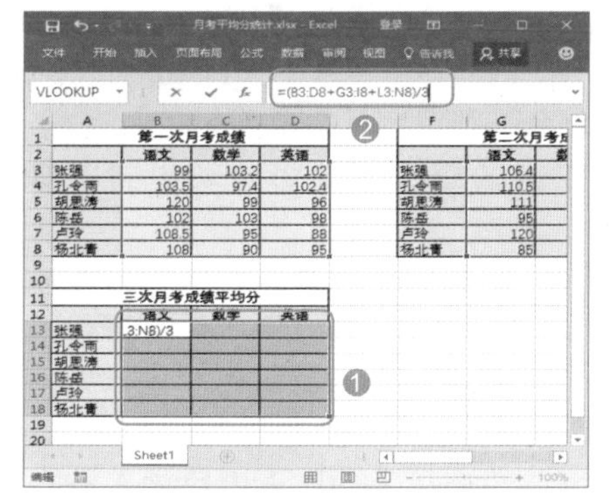

图 12-27

Step 02 按【Ctrl+Shift+Enter】组合键后，即可看到编辑栏中的公式变为【{=(B3:D8+G3:I8+L3:N8)/3}】，在 B13:D18 单元格区域中同时显示出计算的数组公式结果，如图 12-28 所示。

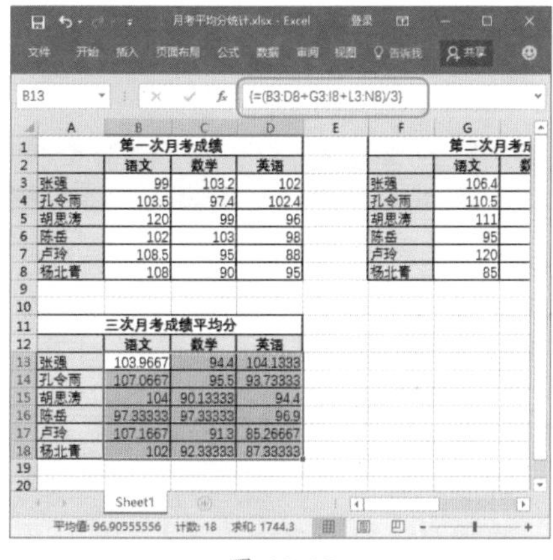

图 12-28

2. 单个单元格数组公式

通过前一小节对数组公式的计算规律的讲解和案例分析后，不难发现，一维数组公式经过运算后，得到的结果可能是一维的，也可能是多维的，存放在不同的单元格区域中。有二维数组参与的公式计算，其结果也是一个二维数组。总之，数组与数组的计算，返回的将是一个新的数组，其行数与参与计算的数组中行数较大的数组的行数相同，列数与参与计算的数组中列数较大的数组的列数相同。

有一个共同点，不知道你发现了没有，前面讲解的数组运算都是普通的公式计算，如果用户将数组公式运用到函数中，结果又会如何？实际上，上面得出的两个结论都会被颠覆。将数组用于函数计算中，计算的结果可能是一个值也可能是一个一维数组或二维数组。

函数的内容将在后面的章节中进行讲解，这里先举一个简单的例子来进行说明。例如，沿用"销售统计表"工作表中的数据，下面使用一个函数来完成对所有产品的总销售利润进行统计，具体操作步骤如下。

Step 01 打开"光盘\素材文件\第 12 章\销售统计表.xlsx"文件，❶ 合并 F13:G13 单元格区域，并输入相应文本，❷ 选择 H13 单元格，❸ 在编辑栏中输入公式【=SUM(F3:F11*G3:G11)*H1】，如图 12-29 所示。

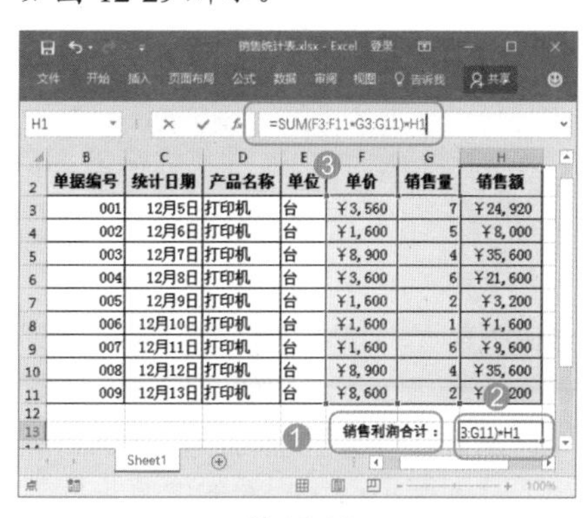

图 12-29

Step 02 按【Ctrl+Shift+Enter】组合键后，即可看到编辑栏中的公式变为【={SUM(F3:F11*G3:G11)*H1}】，在 H13 单元格中同时显示出计算的数组公式结果，如图 12-30 所示。

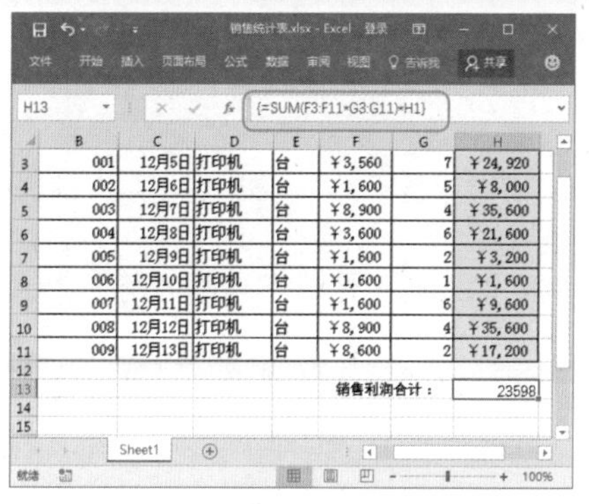

图 12-30

★ 重点 12.4.4 数组的扩充功能

在公式或函数中使用数组时，参与运算的对象或参数应该与第一个数组的维数匹配，也就是说要注意数组行列数的匹配。对于行列数不匹配的数组，在必要时，Excel 会自动将运算对象进行扩展，以符合计算需要的维数。每一个参与运算的数组的行数必须与行数最大的数组的行数相同，列数必须与列数最大的数组的列数相同。

当数组与单一数据进行运算时，如公式【{=H3:H6+15}】中的第一个数组为 1 列 ×4 行，而第二个数据并不是数组，而是一个数值，为了让第二个数值能与第一个数组进行匹配，Excel 会自动将数值扩充成 1 列 ×4 行的数组 {15;15;15;15;15;15}。所以，最后是使用【{=H3:H6+{15;15;15;15;15;15}}】公式进行计算。

又如，一维横向数组与一维纵向数组的计算，如公式【{={10;20;30;40}+{50,60}}】中的第一个数组 {10;20;30;40} 为 4 行 ×1 列，第二个数组 {50,60} 为 1 行 ×2 列，在计算时，Excel 会自动将第一个数组扩充为一个 4 行 ×2 列的数组 {10,10;20,20;30,30;40,40}，也会将第二个数组扩充为一个 4 行 ×2 列的数组 {50,60;50,60;50,60;50,60}，所以，最后是使用【{={10,10;20,20;30,30;40,40}+{50,60;50,60;50,60;50,60}}】公式

进行计算。公式最后返回的数组也是一个 4 行 ×2 列的数组，数组的第 *M* 行第 *N* 列的元素等于扩充后的两个数组的第 *M* 行第 *N* 列的元素的计算结果。

如果行列数均不相同的两个数组进行计算，Excel 仍然会将数组进行扩展，只是在将区域扩展到可以填入比该数组公式大的区域时，已经没有扩大值可以填入单元格内，这样就会出现【#N/A】错误信息。例如，公式【{={1,2;3,4}+{1,2,3}}】的第一个数组为一个 2 行 ×2 列的数组，第二个数组 {1,2,3} 为 1 行 ×3 列，在计算时，Excel 会自动将第一个数组扩充为一个 2 行 ×3 列的数组 {1,2,#N/A;3,4,#N/A}，也会将第二个数组扩充为一个 2 行 ×3 列的数组 {1,2,#/A;1,2,#N/A}，所以，最后是使用【{={1,2,#N/A;3,4,#N/A}+{1,2,#/A;1,2,#N/A}}】公式进行计算。

由此可见，行列数不相同的数组在进行运算后，将返回一个多行多列数组，行数与参与计算的两个数组中行数较大的数组的行数相同，列数与较大的列数的数组相同。且行数大于较小行数数组行数、大于较大列数数组列数的区域的元素均为【#N/A】。有效元素为两个数组中对应数组的计算结果。

12.4.5 编辑数组公式

数组公式的编辑方法与公式基本相同，只是数组包含数个单元格，这些单元格形成一个整体，所以，数组里的任何单元格都不能被单独编辑。如果对数组公式结果中的其中一个单元格的公式进行编辑，系统会提示不能更改数组的某一部分，如图 12-31 所示。

图 12-31

如果需要修改多单元格数组公式，必须先选择整个数组区域。要选择数组公式所占有的全部单元格区域，可以先选择单元格区域中的任意一个单元格，然后按【Ctrl+/】组合键。

编辑数组公式时，在选择数组区域后，将文本插入点定位到编辑栏中，此时数组公式两边的大括号 {} 将消失，表示公式进入编辑状态，在编辑公式后同样需要按【Ctrl+Shift+Enter】组合键锁定数组公式的修改。这样，数组区域中的数组公式将同时被修改。

若要删除原有的多单元格数组公式，可以先选择整个数组区域，然后按【Delete】键删除数组公式的计算结果；或者在编辑栏中删除数组公式，然后按【Ctrl+Shift+Enter】组合键完成编辑；还可以单击【开始】选项卡【编辑】组中的【清除】按钮，在弹出的下拉菜单中选择【全部清除】命令。

12.5 使用名称

Excel 中使用列标加行号的方式虽然能准确定位各单元格或单元格区域的位置，但是并没有体现单元格中数据的相关信息。为了直观表达一个单元格、一组单元格、数值或公式的引用与用途，可以为其定义一个名称。下面介绍名称的概念，以及各种与名称相关的基本操作。

12.5.1 定义名称的作用

在 Excel 中，名称是用户建立的一个易于记忆的标识符，它可以引用单元格、范围、值或公式。使用名称有下列优点。

（1）名称可以增强公式的可读性，使用名称的公式比使用单元格引用位置的公式易于阅读和记忆。例如，公式【= 销量 * 单价】比公式【=F6*D6】更直观，特别适合于提供给非工作表制作者的其他人查看。

（2）一旦定义名称之后，其使用范围通常是在工作簿级的，即可以在同一个工作簿中的任何位置使用。不仅减少了公式出错的可能性，还可以让系统在计算寻址时，能精确到更小的范围而不必用相对的位置来搜寻源及目标单元格。

（3）当改变工作表结构后，可以直接更新某处的引用位置，达到所有使用这个名称的公式都自动更新。

（4）用名称方式定义动态数据列表，可以避免使用很多辅助列，跨表链接时能让公式更清晰。

12.5.2 名称的命名规则

在 Excel 中定义名称时，不是任意字符都可以作为名称的，你或许在定义名称的时候也遇到过 Excel 打开提示对话框，提示【输入的名称无效】，这说明定义没有成功。

名称的定义有一定的规则。具体需要注意以下几点。

（1）名称可以是任意字符与数字的组合，但名称中的第一个字符必须是字母、下画线【_】或反斜线【/】，如【_1HF】。

（2）名称不能与单元格引用相同，如不能定义为【B5】和【C$6】等。也不能以字母【C】【c】【R】或【r】作为名称，因为【R】【C】在 R1C1

单元格引用样式中表示工作表的行、列。

（3）名称中不能包含空格，如果需要由多个部分组成，则可以使用下画线或句点号代替。

（4）不能使用除下画线、句点号和反斜线以外的其他符号，允许用问号【？】，但不能作为名称的开头。例如，定义为【Hjing?】可以，但定义为【?Hjing】就不可以。

（5）名称中的字母不区分大小写。

（6）不能将单元格名称定义为【Print_Titles】和【Print_Area】。因为被定义为【Print_Titles】的区域将成为当前工作表打印的顶端标题行和左端标题行；被定义为【Print_Area】的区域将被设置为工作表的打印区域。

12.5.3 名称的适用范围

Excel 中定义的名称具有一定的适用范围，名称的适用范围定义了使用名称的场所，一般包括当前工作表和当前工作簿。

默认情况下，定义的名称都是工作簿级的，能在工作簿中的任何一张工作表中使用。例如，创建一个【Name】的名称，引用 Sheetl 工作表中的 A1:B7 单元格区域，然后在当前工作簿的所有工作表中都可以直接使用这一名称，这种能够作用于整个工作簿的名称被称为工作簿级名称。

定义的名称在其适用范围内必须唯一，在不同的适用范围内，可以定义相同的名称。若在没有限定的情况下，在适用范围内可以直接应用名称，而超出了范围就需要加上一些元素对名称进行限定。例如，在工作簿中创建一个仅能作用于一张工作表的名称，即工作表级名称，就只能在该工作表中直接使用它，如果要在工作簿中的其他工作表中使用，就必须在该名称的前面加上工作表的名称，表达格式为【工作表名称 + 感叹号 + 名称】，如【Sheet2! 名称】。如果需要引用其他工作簿中的名称时，原则与前面介绍的链接引用其他工作簿中的单元格相同。

★ 重点 12.5.4 实战：在“现金日记账”工作表中定义单元格名称

实例门类	软件功能
教学视频	光盘 \ 视频 \ 第 12 章 \12.5.4.mp4

在公式中引用单元格或单元格区域时，为了让公式更容易理解，便于对公式和数据进行维护，可以为单元格或单元格区域定义名称。这样就可以在公式中直接通过该名称引用相应的单元格或单元格区域。

例如，在“现金日记账”工作表中要统计所有存款的总金额，可以先为这些不连续的单元格区域定义名称为“存款”，然后在公式中直接运用名称来引用单元格，具体操作步骤如下。

Step 01 打开“光盘 \ 素材文件 \ 第 12 章 \ 现金日记账 .xlsx”文件，❶ 按住【Ctrl】键的同时，选择所有包含存款数额的不连续单元格，❷ 单击【公式】选项卡【定义的名称】组中的【定义名称】按钮，❸ 在弹出的下拉列表中选择【定义名称】选项，如图 12-32 所示。

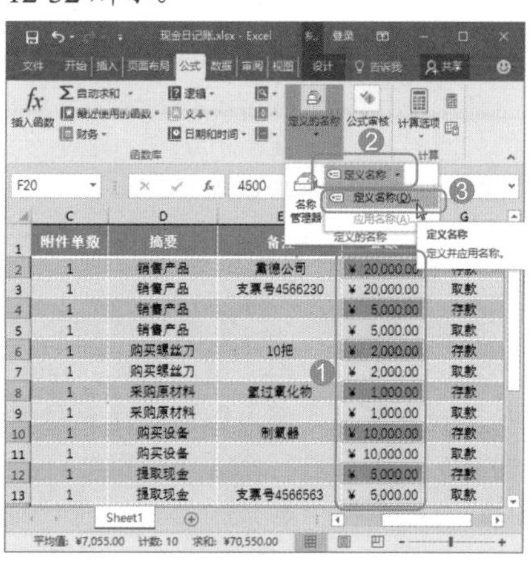

图 12-32

Step 02 打开【新建名称】对话框，❶ 在【名称】文本框中为选择的单元格区域命名，这里输入【存款】，❷ 在【范围】下拉列表框中选择该名称的适用范围，默认选择【工作簿】选项，❸ 单击【确定】按钮，如图 12-33 所示，即可完成单元格区域的命名。

图 12-33

Step 03 ❶ 在 E23 单元格中输入相关文本，❷ 选择 F23 单元格，❸ 在编辑栏中输入公式【= SUM（存款）】，可以看到公式自动引用了定义名称时包含的那些单元格，如图 12-34 所示。

图 12-34

Step 04 按【Enter】键即可快速计算出定义名称为【存款】的不连续单元格中数据的总和，如图 12-35 所示。

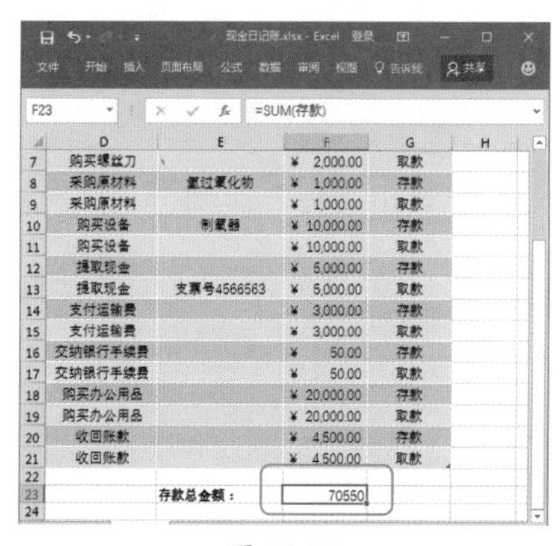

图 12-35

★ 重点 12.5.5 实战：在“销售提成表”中将公式定义为名称

实例门类	软件功能
教学视频	光盘\视频\第 12 章\12.5.5.mp4

Excel 中的名称，并不仅是为单元格或单元格区域提供一个易于阅读的名称这么简单，还可以为公式定义名称。

例如，在“销售提成表”工作簿中将提成公式定义为“提成率”，具体操作步骤如下。

Step01 打开“光盘\素材文件\第 12 章\销售提成表.xlsx”文件，单击【公式】选项卡【定义的名称】组中的【定义名称】按钮，如图 12-36 所示。

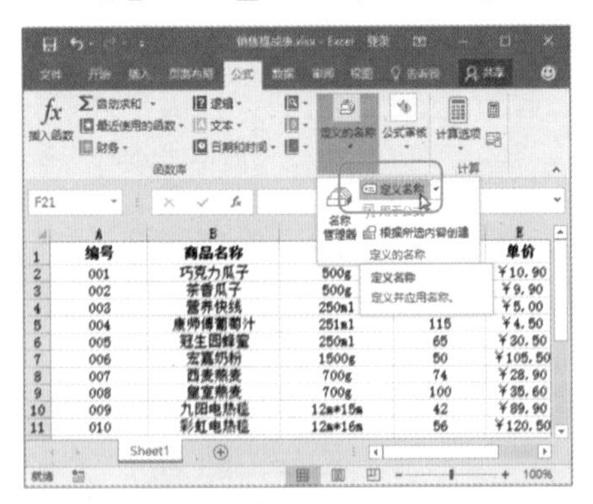

图 12-36

Step02 打开【新建名称】对话框，❶ 在【名称】文本框中输入【提成率】，❷ 在【引用位置】文本框中输入公式【=1%】，❸ 单击【确定】按钮，即可完成公式的名称定义，如图 12-37 所示。

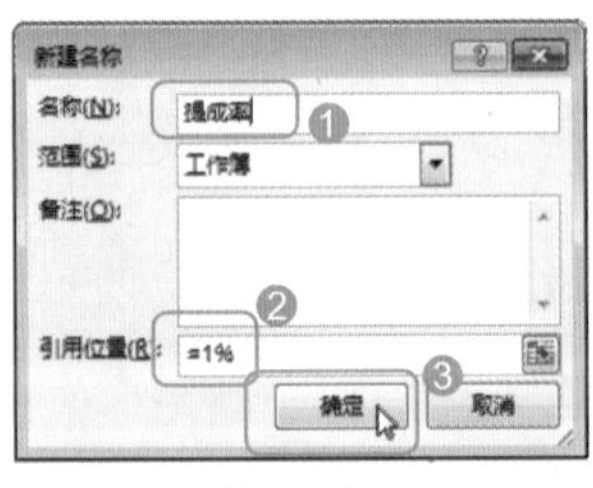

图 12-37

Step03 在 G2 单元格中输入公式【=提成率 *F2】，按【Enter】键即可计算出单元格中数据的值，如图 12-38 所示。

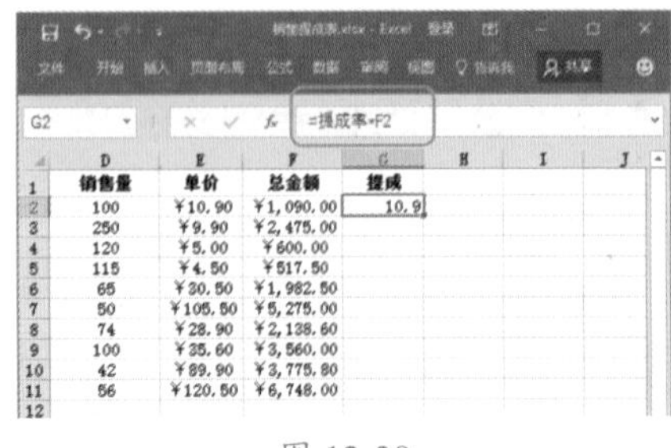

图 12-38

Step04 选择 G2 单元格，拖动填充控制柄至 G11 单元格，计算出所有产品可以提取的获益金额，效果如图 12-39 所示。

图 12-39

★ 重点 12.5.6 实战：在“销售提成表”中管理单元格名称

实例门类	软件功能
教学视频	光盘\视频\第 12 章\12.5.6.mp4

单元格名称是用户创建的，当然，也可对其进行管理，如名称和作用范围的更改、名称的删除等。

1. 修改名称的引用位置

在 Excel 中，如果需要重新编辑已定义名称的引用位置、适用范围和输入的注释等，就可以通过【名称管理器】对话框进行修改了。例如，要通过修改名称中定义的公式，按照 2% 的比例重新计算销售表中的提成数据，具体操作步骤如下。

Step01 单击【公式】选项卡【定义的名称】组中的【名称管理器】按钮，如图 12-40 所示。

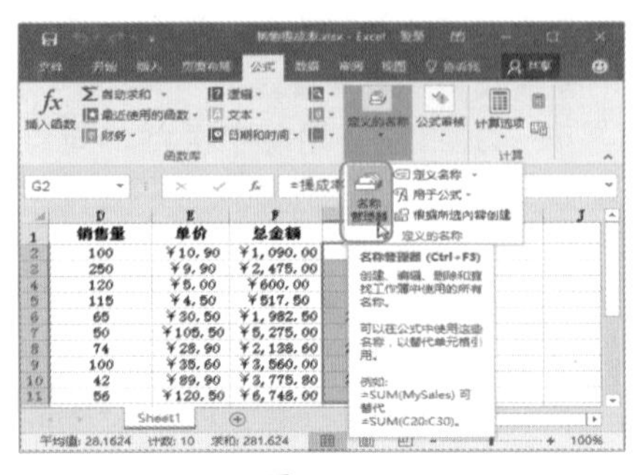

图 12-40

Step02 打开【名称管理器】对话框，❶ 在主窗口中选择需要修改的名称选项，这里选择【提成率】选项，❷ 单击【编辑】按钮，如图 12-41 所示。

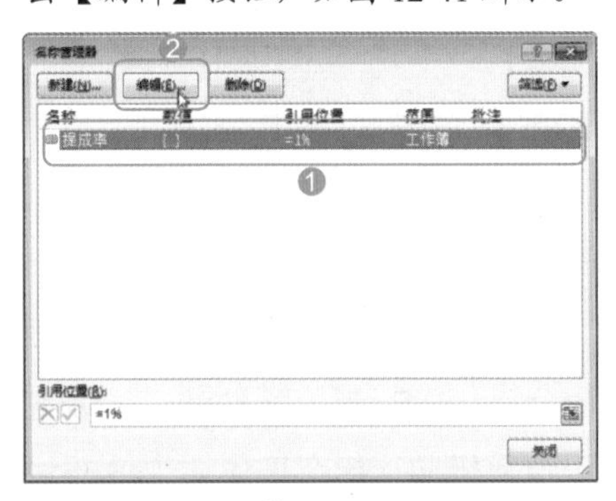

图 12-41

Step03 打开【编辑名称】对话框，❶ 修改【引用位置】参数框中的公式为【=2%】，❷ 单击【确定】按钮，❸ 返回【名称管理器】对话框，单击【关闭】按钮，如图 12-42 所示。

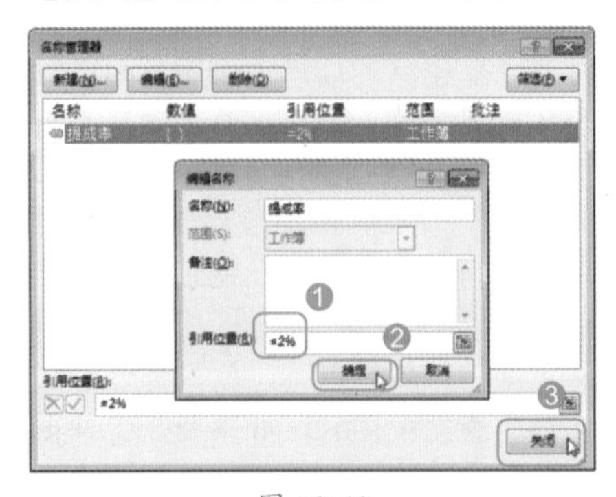

图 12-42

技能拓展——快速修改名称

如果需要修改名称，除可以在【编辑名称】对话框中进行修改外，有些名称还可以在名称框中直接进行修改。

Step 04 经过上步操作后，则所有引用了该名称的公式都将改变计算结果，效果如图 12-43 所示。

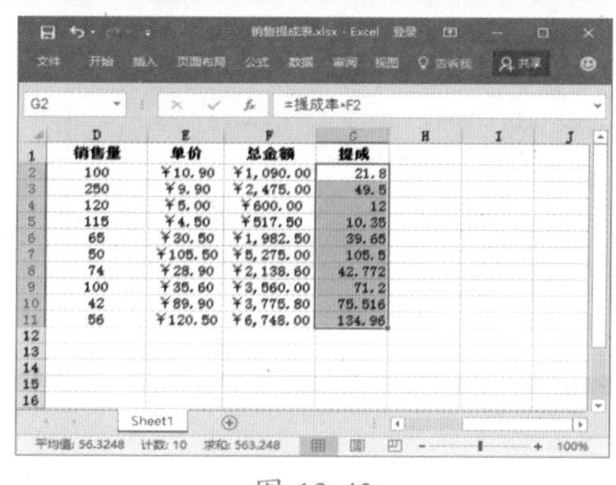

图 12-43

2. 删除名称

对于不需要、多余及错误的单元格名称，用户可将其删除。其方法为：在【名称管理器】对话框的主窗口中选择需要删除的名称，单击【删除】按钮即可将其删除。如果一次性需要删除多个名称，只需在按住【Ctrl】键的同时在主窗口中依次选择这几个名称，再进行删除即可。

12.6 审核公式

公式不仅会导致错误值，而且还会产生某些意外结果。为确保计算的结果正确，减小公式出错的可能性，审核公式是非常重要的一项工作。下面介绍一些常用的审核技巧。

12.6.1 实战：显示水费收取表中应用的公式

实例门类	软件功能
教学视频	光盘\视频\第 12 章\12.6.1.mp4

默认情况下，在单元格中输入公式确认后，单元格直接显示出计算结果。只有在选择单元格后，在编辑栏中才能看到公式的内容。用户可在一些特定的情况下，在单元格中显示公式比显示数值更有利于快速输入数据的实际应用价值。

例如，需要查看“水费收取表”工作簿中的公式是否引用出错，具体操作步骤如下。

Step 01 打开“光盘\素材文件\第 12 章\水费收取表.xlsx”文件，单击【公式】选项卡【公式审核】组中的【显示公式】按钮，如图 12-44 所示。

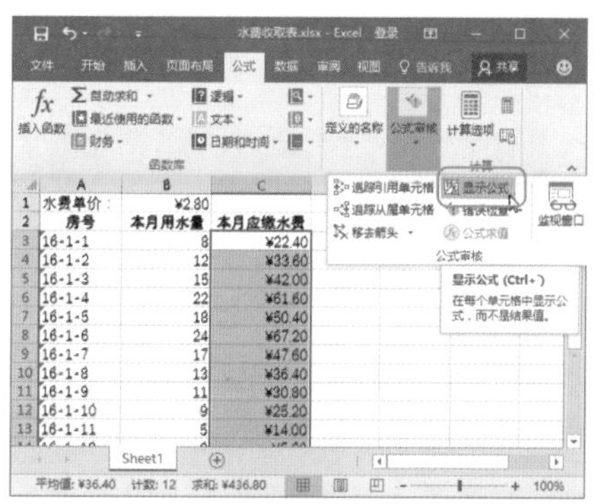

图 12-44

Step 02 经过上步操作后，则工作表中所有的公式都会显示出来（再次单击【显示公式】按钮隐藏公式显示公式计算结果），如图 12-45 所示。

图 12-45

12.6.2 实战：查看工资表中公式的求值过程

实例门类	软件功能
教学视频	光盘\视频\第 12 章\12.6.2.mp4

Excel 2016 中提供了分步查看公式计算结果的功能，当公式中的计算步骤比较多时，使用此功能可以在审核过程中按公式计算的顺序逐步查看公式的计算过程，从而更加方便用户查找出函数的计算过程及错误的查找。

Step 01 打开“光盘\素材文件\第 12 章\工资发放明细表.xlsx”文件，❶ 选择要查看求值过程公式所在的 L3 单元格，❷ 单击【公式】选项卡【公式审核】组中的【公式求值】按钮，如图 12-46 所示。

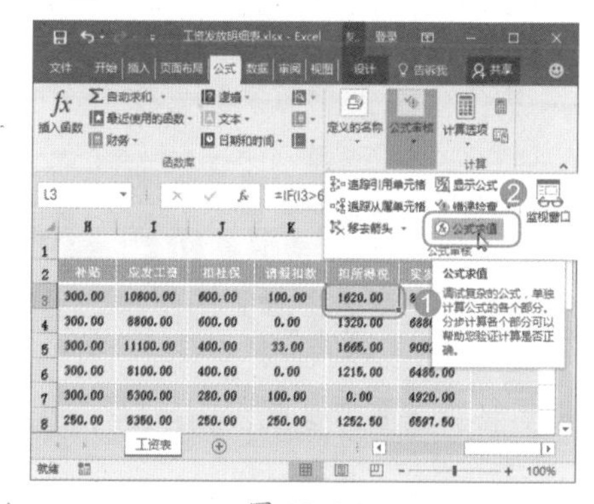

图 12-46

Step 02 打开【公式求值】对话框，在【求值】列表框中显示出了该单元格中的公式，并用下画线标记出第一步要计

算的内容，即引用 I3 单元格中的数值，依次单击【求值】按钮，系统自动显示函数每一步的计算过程，如图 12-47 所示。

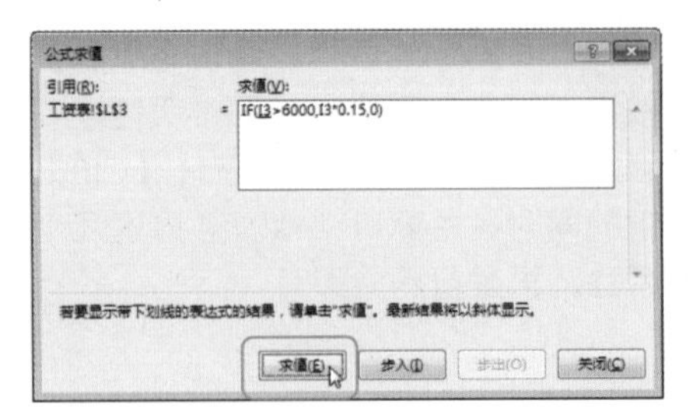

图 12-47

12.6.3 实战：公式错误检查

实例门类	软件功能
教学视频	光盘\视频\第 12 章\12.6.3.mp4

在 Excel 2016 中进行公式的输入时，有时可能由于用户的错误操作或公式函数应用不当，导致公式结果返回错误值，如【#NAME?】【#N/A】等，用户可借助于错误检查公式功能来检查错误。

例如，要检查“销售表”中是否出现公式错误，具体操作步骤如下。

Step 01 打开“光盘\素材文件\第 12 章\销售表.xlsx”文件，单击【公式】选项卡【公式审核】组中的【错误检查】按钮，如图 12-48 所示。

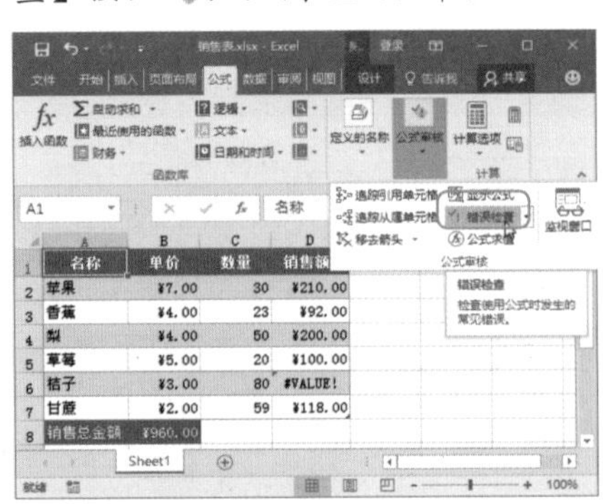

图 12-48

Step 02 打开【错误检查】对话框，在其中显示了检查到的第一处错误，单击【显示计算步骤】按钮，如图 12-49 所示。

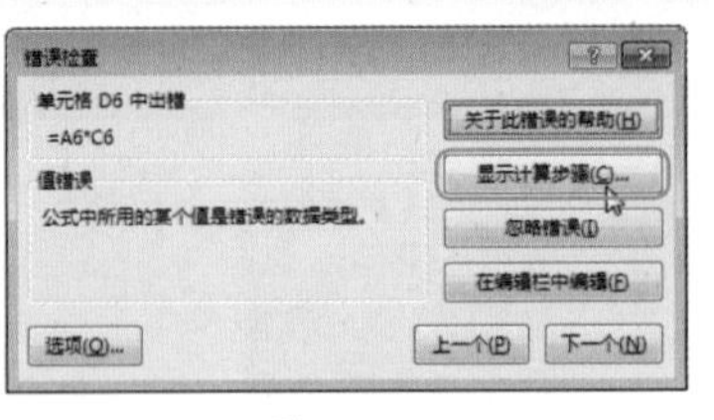

图 12-49

Step 03 打开【公式求值】对话框，在【求值】列表框中查看该错误运用的计算公式及出错位置，单击【关闭】按钮，如图 12-50 所示。

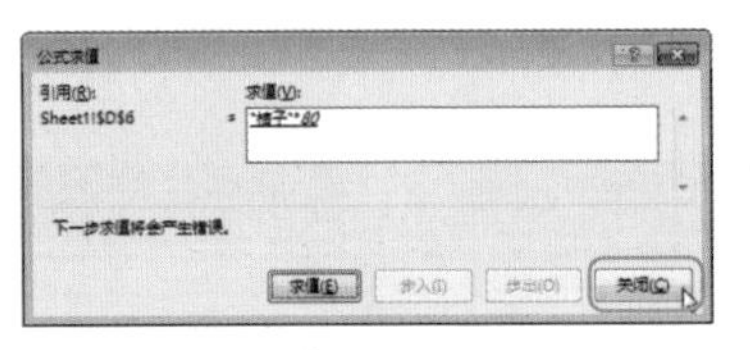

图 12-50

Step 04 返回【错误检查】对话框，单击【在编辑栏中编辑】按钮，如图 12-51 所示。

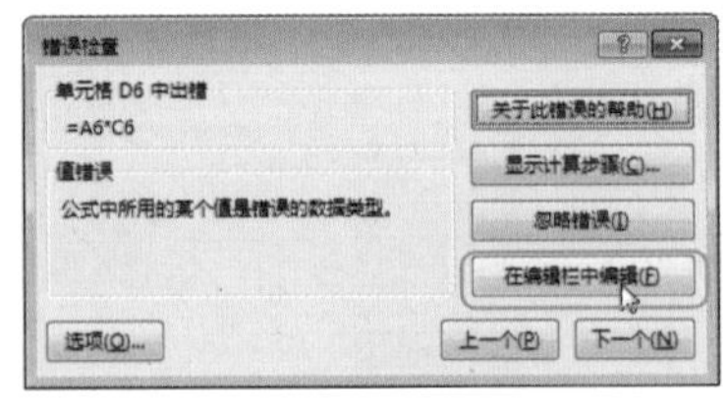

图 12-51

Step 05 经过上步操作，❶ 返回工作表中选择原公式中的【A6】，❷ 单击鼠标左键，重新选择参与计算的 B6 单元格，如图 12-52 所示。

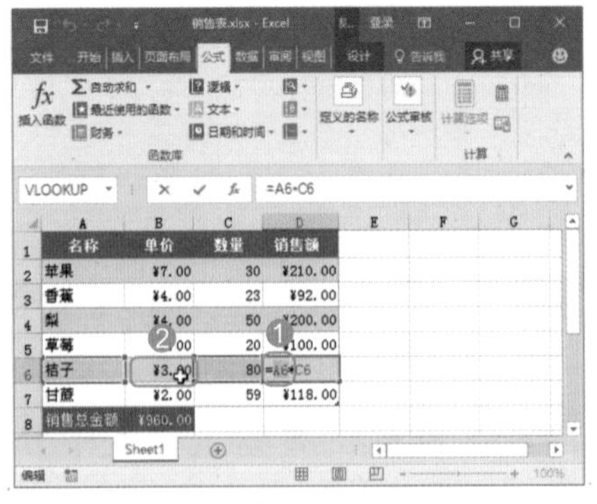

图 12-52

Step 06 本例由于设置了表格样式，系统就自动为套用样式的区域定义了名称，所以公式中的【B6】显示为【[@单价]】。在【错误检查】对话框中单击【继续】按钮，如图 12-53 所示。

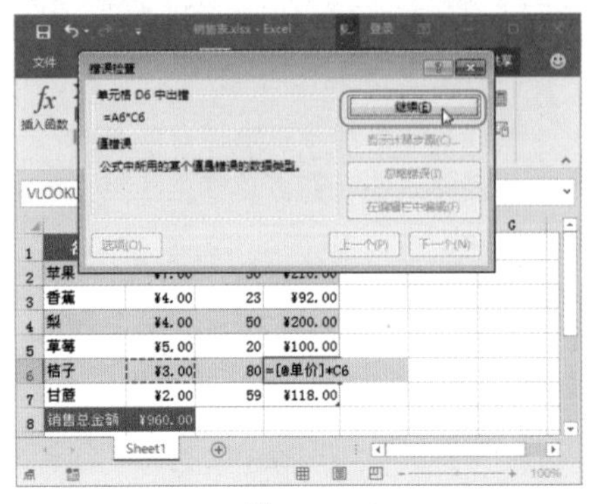

图 12-53

Step 07 同时可以看到出错的单元格运用修改后的公式得出了新结果。并打开提示对话框，提示已经完成错误检查。单击【确定】按钮关闭对话框，如图 12-54 所示。

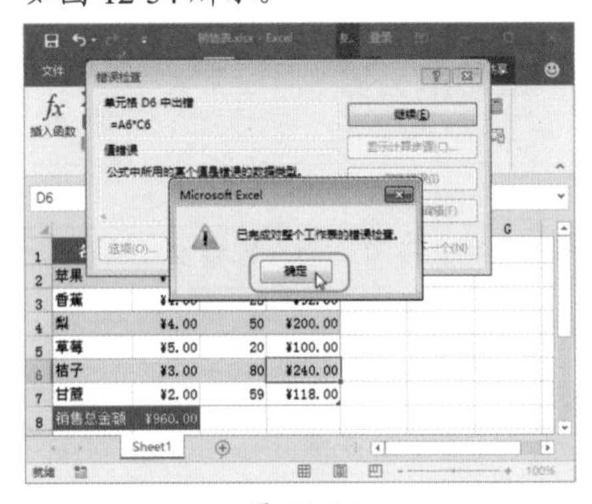

图 12-54

12.6.4 实战：追踪销售表中的单元格引用情况

实例门类	软件功能
教学视频	光盘\视频\第 12 章\12.6.4.mp4

在检查公式是否正确时，通常需要查看公式中引用单元格的位置是否正确，使用 Excel 2016 中的【追踪引用单元格】和【追踪从属单元格】功能，就可以检查公式错误或分析公式中单元格的引用关系了。

例如，要查看“销售表”中计算销售总额的公式引用了哪些单元格，具体操作步骤如下。

Step 01 ❶ 选择计算销售总额的 B8 单

元格，❷单击【公式】选项卡【公式审核】组中的【追踪引用单元格】按钮，如图 12-55 所示。

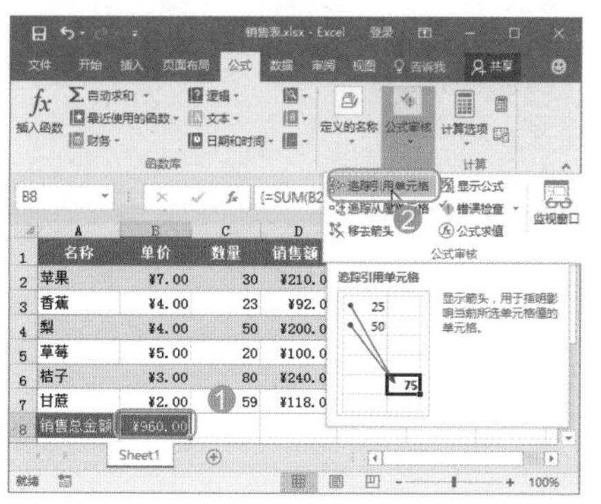

图 12-55

技能拓展——追踪从属单元格

在检查公式时，如果要显示出某个单元格被引用于哪个公式单元格了，可以使用【追踪从属单元格】功能，先选择目标单元格，然后单击【公式】选项卡【公式审核】组中的【追踪从属单元格】按钮。

Step 02 经过上步操作，即可以蓝色箭头符号标识出所选单元格中公式的引用源，如图 12-56 所示。

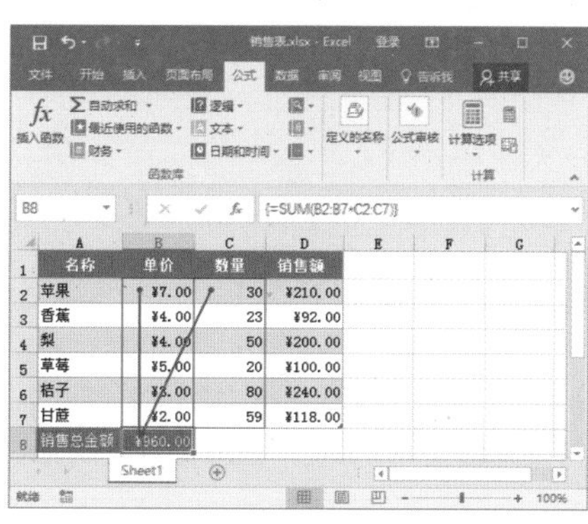

图 12-56

技能拓展——清除追踪箭头

要清除表格中追踪引用箭头和从属箭头，可单击【公式】选项卡【公式审核】组中的【移去箭头】按钮，如图 12-57 所示。

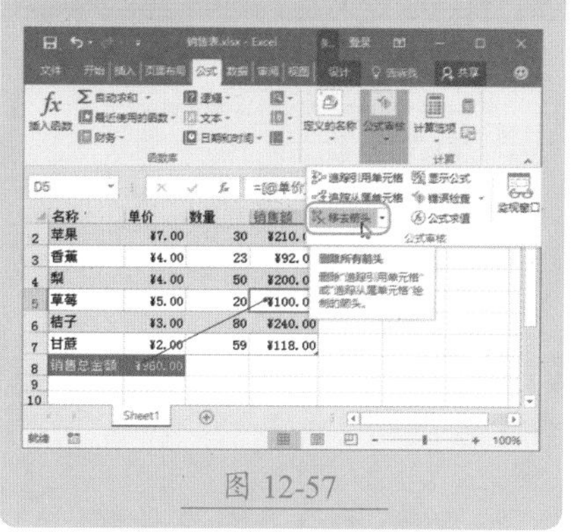

图 12-57

12.7 合并计算数据

在 Excel 中，合并计算就是把两个或两个以上的表格中具有相同区域或相同类型的数据运用相关函数（求和、计算平均值等）进行运算后，再将结果存放到另一个区域中，其核心是公式的简单计算。

★ 重点 12.7.1 实战：将同一张工作表中的业绩数据进行合并计算

实例门类	软件功能
教学视频	光盘\视频\第 12 章\12.7.1.mp4

在合并计算时，如果所有数据在同一张工作表中，那么可以在同一张工作表中进行合并计算。例如，要将“汽车销售表”中的数据根据地区和品牌合并各季度的销量总和，具体操作步骤如下。

Step 01 打开“光盘\素材文件\第 12 章\汽车销售表.xlsx”文件，❶在表格空白位置选择一处作为存放汇总结果的单元格区域，并输入相应的表头名称，选择该单元格区域，❷单击【数据】选项卡【数据工具】组中的【合并计算】按钮，如图 12-58 所示。

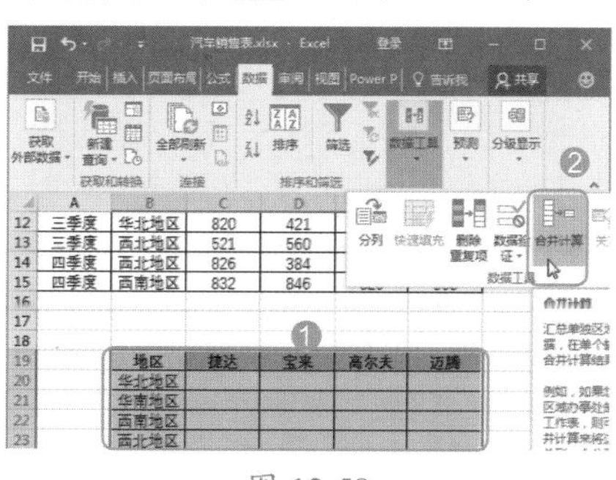

图 12-58

Step 02 打开【合并计算】对话框，❶在【引用位置】参数框中引用原数据表中需要求和的区域，这里选择 B1:F15 单元格区域，❷单击【添加】按钮，添加到下方的【所有引用位置】列表框中，❸选中【首行】和【最左列】复选框，❹单击【确定】按钮，如图 12-59 所示。

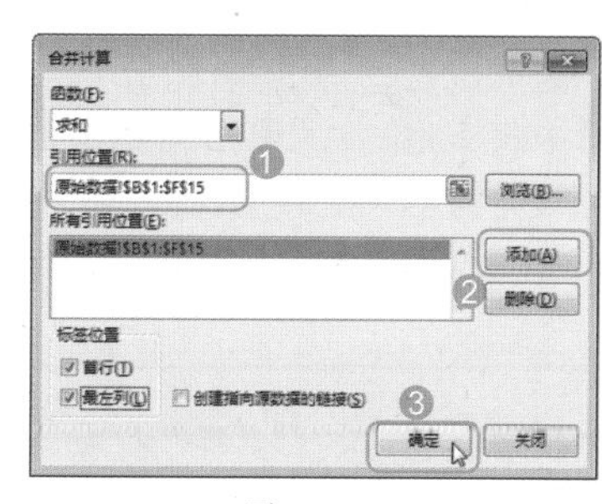

图 12-59

技能拓展——更改合并计算的汇总方式

在对数据进行合并计算时，除了可以用默认的【求和】汇总方式外，还可以将汇总方式更改为其他汇总方式，如【平均值】【计数】等。只需要在对话框的【函数】下拉列表框中选择汇总方式即可。

Step03 经过以上操作，即可计算出不同地区各产品的汇总结果，如图12-60所示。

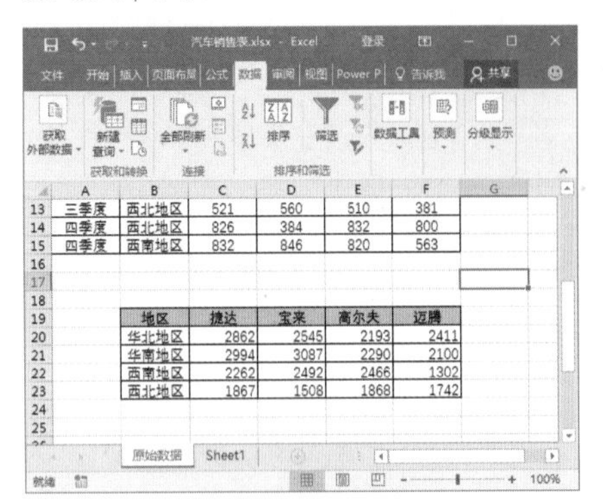

图 12-60

★ 重点 12.7.2 实战：将多张工作表中业绩数据进行合并计算

实例门类	软件功能
教学视频	光盘\视频\第12章\12.7.2.mp4

在合并计算时，如果所有数据分布在多张工作表中，用户只需在放置计算结果的工作表中选择目标位置，然后进行合并计算的操作。

例如，在“季度销量分析”工作簿中将1月、2月和3月销量数据及对应的销售人员数据，合并计算到“一季度”工作表中，其具体操作步骤如下。

Step01 打开“光盘\素材文件\第12章\季度销量分析.xlsx”文件，❶ 切换到【一季度】工作表中，❷ 选择放置合并计算数据的起始单元格，❸ 单击【数据】选项卡【数据工具】组中的【合并计算】按钮，如图12-61所示。

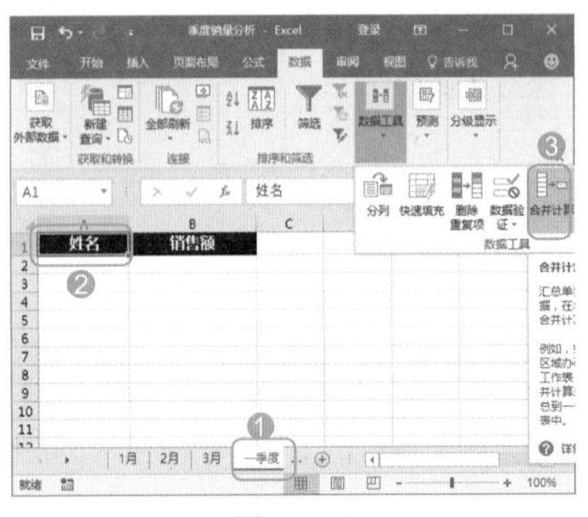

图 12-61

Step02 打开【合并计算】对话框，❶ 选中【首行】和【最左列】复选框，❷ 单击【引用位置】参数框后的【折叠】按钮折叠对话框，如图12-62所示。

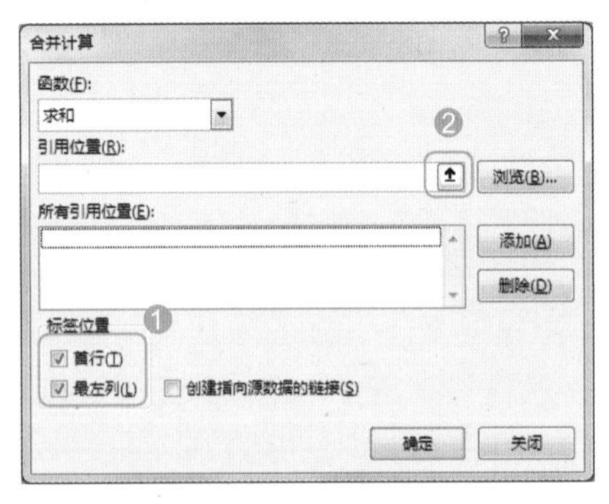

图 12-62

Step03 ❶ 单击【1月】工作表标签，❷ 选择整个数据表格区域，❸ 单击【展开】按钮，如图12-63所示。

Step04 ❶ 单击【添加】按钮，❷ 以同样的方法将其他要参与合并计算的数据添加到引用位置列表框中，❸ 单击【确定】按钮，如图12-64所示。

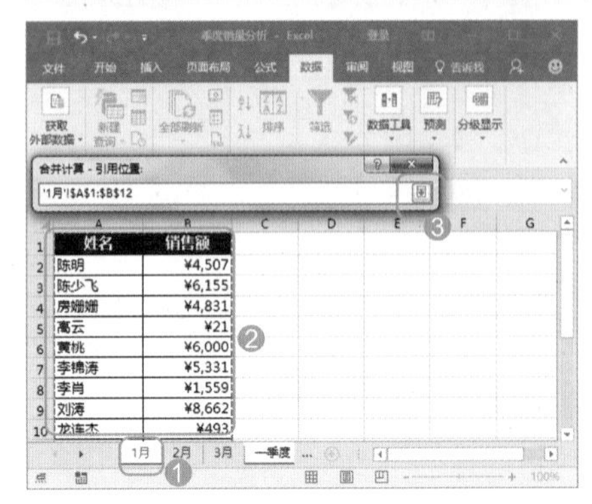

图 12-63

图 12-64

Step05 系统自动切换到【一季度】工作表中并合并计算出结果，如图12-65所示。

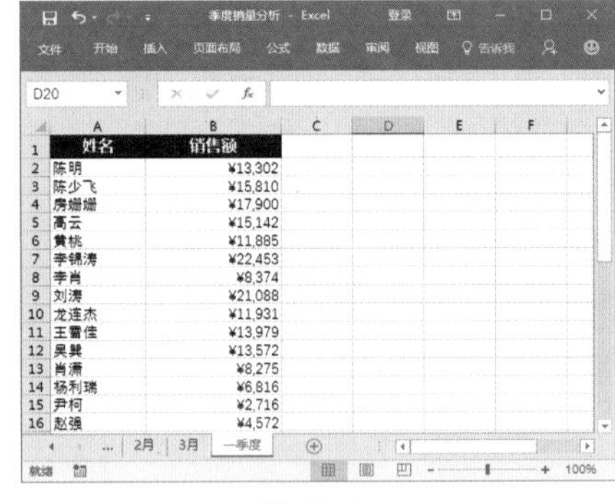

图 12-65

妙招技法

通过前面知识的学习，相信读者已经掌握了公式输入、编辑、审核，以及与之相关的单元格名称和合并计算的基本操作。下面结合本章内容，给大家介绍一些实用技巧。

技巧01：快速对单元格数据统一进行数据简单运算

教学视频	光盘\视频\第12章\技巧01.mp4

在编辑工作表数据时，可以利用【选择性粘贴】命令在粘贴数据的同时对数据区域进行计算。例如，要将“销售表”中的各产品的销售单价快速乘以2，具体操作步骤如下。

Step01 ❶选择一个空白单元格作为辅助单元格，这里选择F2单元格，并输入【2】，❷单击【开始】选项卡【剪贴板】组中的【复制】按钮，将单元格区域数据放入剪贴板中，如图12-66所示。

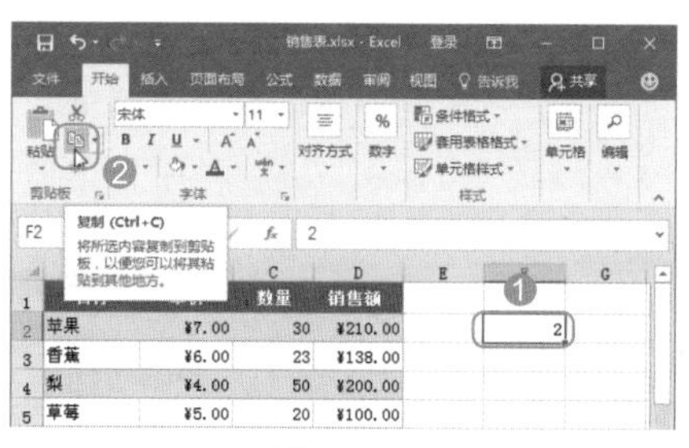

图12-66

Step02 ❶选择要修改数据的B2:B7单元格区域，❷单击【剪贴板】组中的【粘贴】按钮，❸在弹出的下拉菜单中选择【选择性粘贴】命令，如图12-67所示。

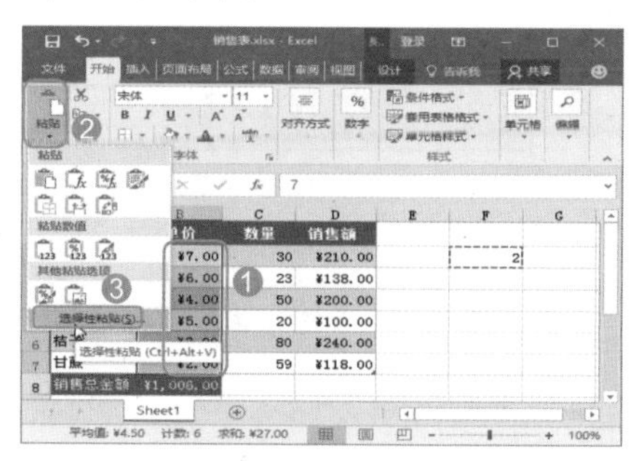

图12-67

Step03 打开【选择性粘贴】对话框，❶在【运算】栏中选中相应的简单计算单选按钮，这里选中【乘】单选按钮，❷单击【确定】按钮，如图12-68所示。

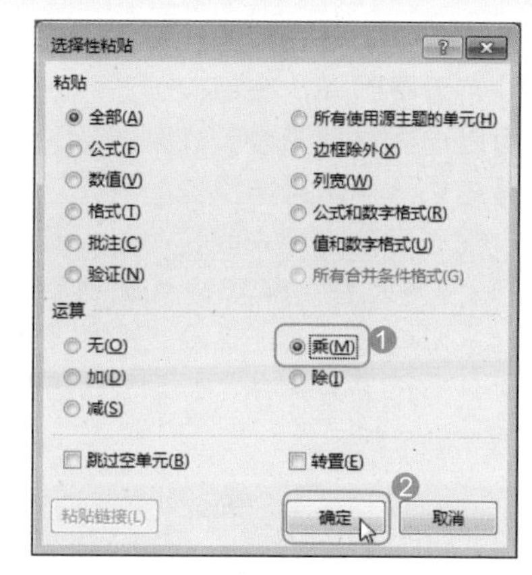

图12-68

Step04 经过以上操作，表格中选择区域的数字都增加了1倍，效果如图12-69所示。

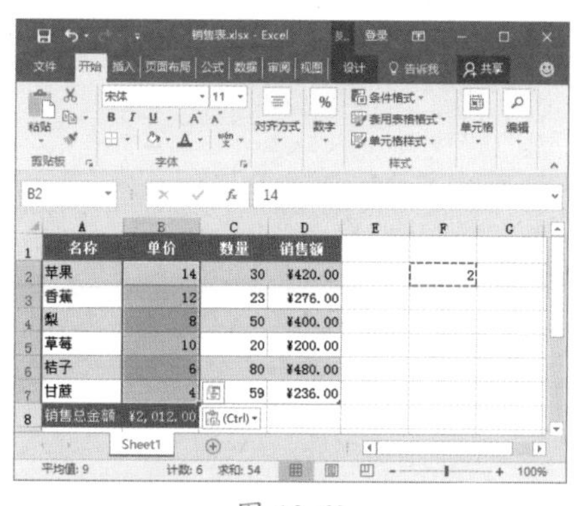

图12-69

技巧02：如何隐藏编辑栏中的公式

教学视频	光盘\视频\第12章\技巧02.mp4

在制作某些表格时，如果不希望让其他人看见表格中包含的公式内容，可以直接将公式计算结果通过复制的方式粘贴为数字，如果还需要利用这些公式来进行计算，就需要对编辑栏中的公式进行隐藏操作了，即要求选择包含公式的单元格时，在公式编辑栏中不显示出公式。例如，要隐藏工资表中所得税的计算公式，具体操作步骤如下。

Step01 ❶选择包含要隐藏公式的单元格区域，这里选择L3:L14单元格区域，❷单击【开始】选项卡【单元格】组中的【格式】按钮，❸在弹出的下拉列表中选择【设置单元格格式】命令，如图12-70所示。

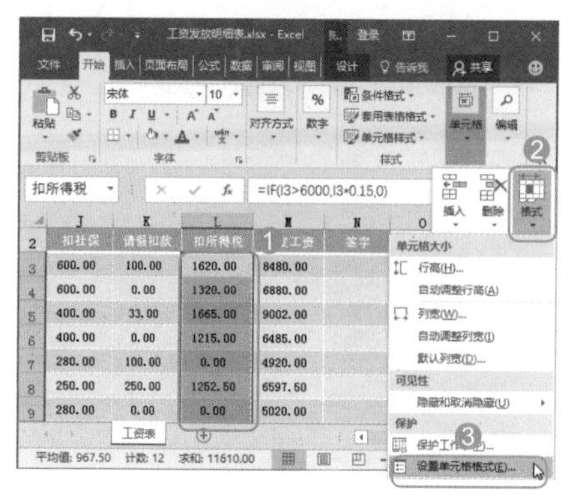

图12-70

Step02 打开【设置单元格格式】对话框，❶选择【保护】选项卡，❷选中【隐藏】复选框，❸单击【确定】按钮，如图12-71所示。

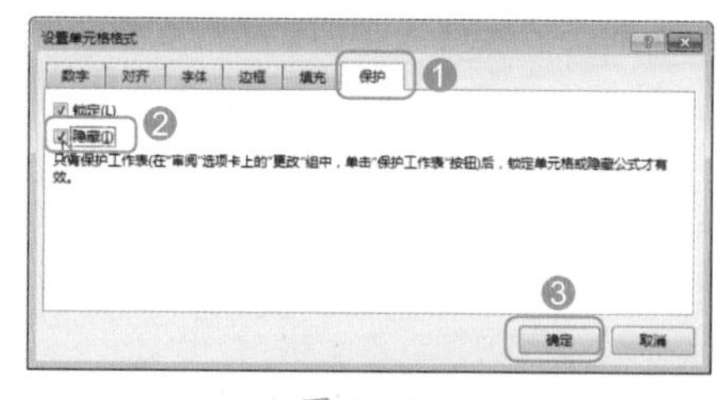

图12-71

Step03 返回Excel表格，❶单击【格式】按钮，❷在弹出的下拉列表中选择【保护工作表】命令，如图12-72所示。

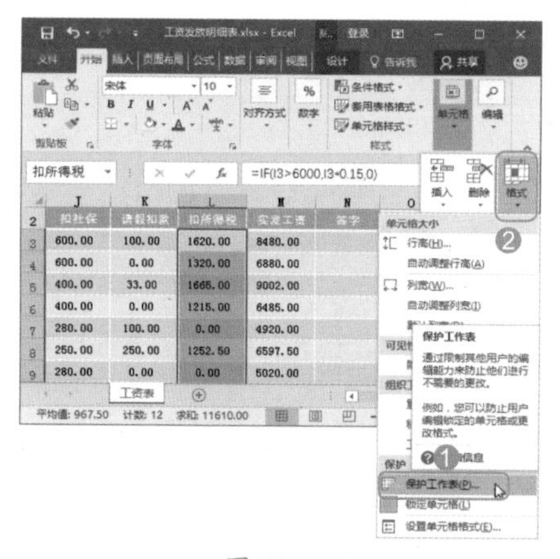

图12-72

Step04 打开【保护工作表】对话框，❶ 选中【保护工作表及锁定的单元格内容】复选框，❷ 单击【确定】按钮对单元格进行保护，如图 12-73 所示。

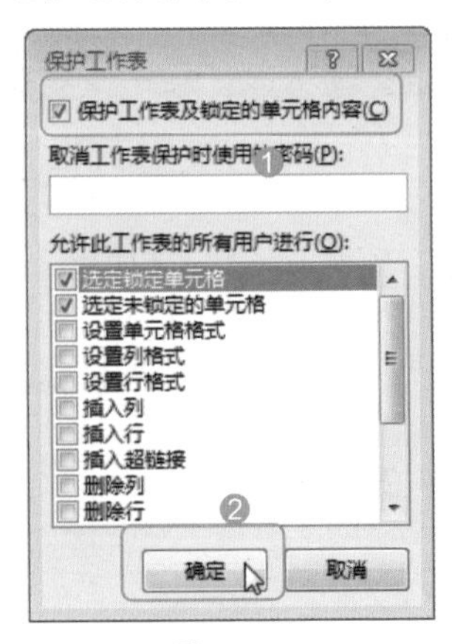

图 12-73

Step05 返回工作表中，选择 L3:L14 单元格区域中的任意单元格，编辑栏中的公式被隐藏了，效果如图 12-74 所示。

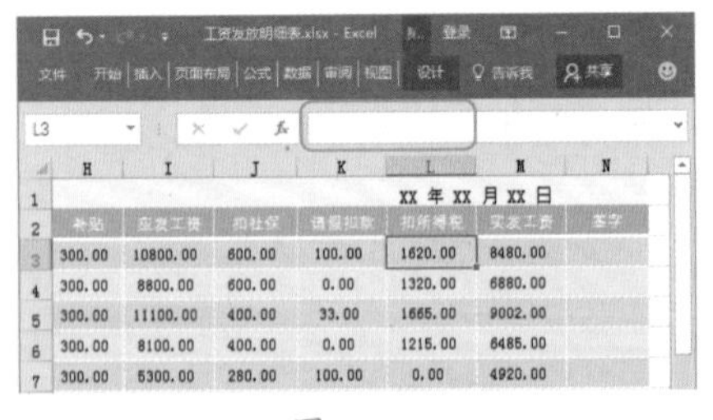
图 12-74

技巧 03：使用快捷键查看公式的部分计算结果

教学视频	光盘\视频\第 12 章\技巧 03.mp4

逐步查看公式中的计算结果，有时非常浪费时间，在审核公式时，用户可以选择性地查看公式某些部分的计算结果，具体操作步骤如下。

❶ 选择包含公式的单元格，这里选择 L3 单元格，❷ 在公式编辑栏中拖动鼠标指针，选择该公式中需要显示出计算结果的部分，如【I3*0.15】，如图 12-75 所示。

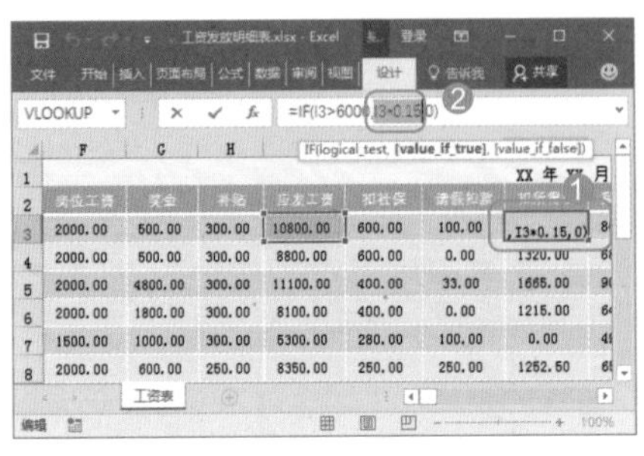
图 12-75

技巧 04：快速指定单元格以列标题为名称

教学视频	光盘\视频\第 12 章\技巧 04.mp4

在定义单元格名称的过程中，若要直接将单元格名称定义为当前单元格区域对应的表头名称，可使用【根据所选内容创建】功能快速实现。

例如，在工资表中要指定每列单元格以列标题为名称，具体操作步骤如下。

Step01 打开"光盘\素材文件\第 12 章\工资发放明细表.xlsx"文件，❶ 选择需要定义名称的单元格区域（包含表头），这里选择 A2:N14 单元格区域，❷ 单击【公式】选项卡【定义的名称】组中的【根据所选内容创建】按钮，如图 12-76 所示。

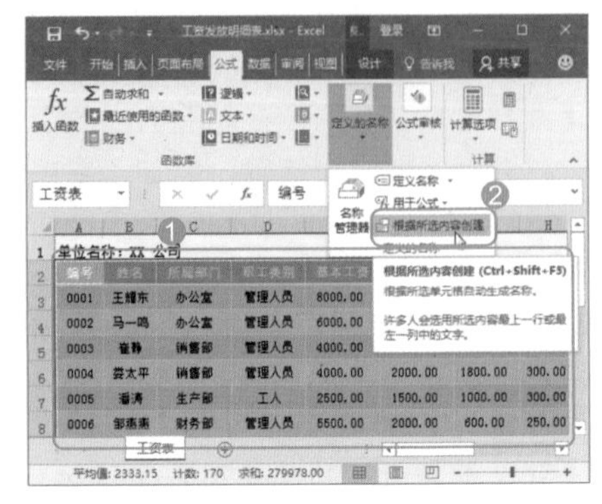
图 12-76

Step02 打开【以选定区域创建名称】对话框，❶ 选择要作为名称的单元格位置，这里选中【首行】复选框，即 A2:N2 单元格区域中的内容，❷ 单击【确定】按钮即可完成区域的名称设置，如图 12-77 所示。即可将 A3:A14 单元格区域定义为【编号】，将 B3:B14 单元格区域定义为【姓名】……

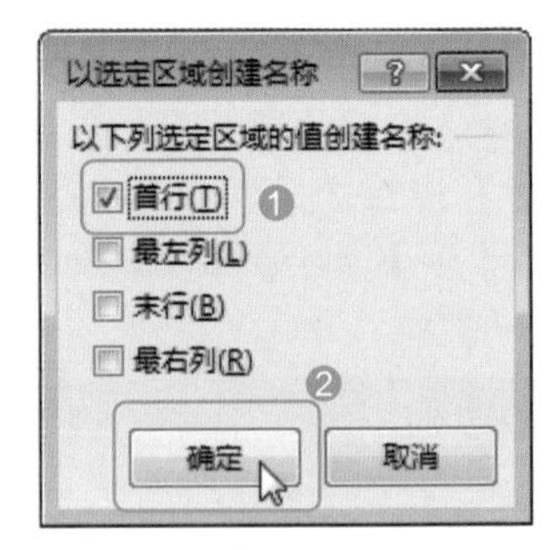

图 12-77

本章小结

通过本章知识的学习和案例练习，相信读者已经掌握了公式的基础应用。本章首先介绍了什么是公式，公式中的运算符号有哪些，它们是怎样进行计算的；然后举例讲解了公式的输入与编辑操作；接着重点介绍了单元格的引用、数组公式和名称的使用；最后讲解了公式的审核，以及与公式相关的合并计算。如果读者熟练掌握这些知识，不仅可以解决实际工作中的问题，同时，还会为后面的函数应用打下基础。

第13章 Excel 函数的应用

- 如何快速对表格数据进行求和、平均值、最大值和最小值？
- 怎样准确无误的查找和返回指定表格数据？
- 想掌握快速统计指定条件的数据吗？
- 日期和时间部分如何快速获取？

本章将会从 Excel 中的 300 多个函数中提取出使用频率较高的办公应用函数进行讲解，认真学习和掌握本章知识后，相信读者能轻松解决以上问题。

13.1 函数简介

Excel 深受用户青睐最主要的原因就是被 Excel 强大的计算功能，而数据计算的依据就是公式和函数。在 Excel 中运用函数可以摆脱烦琐的计算。

13.1.1 函数的结构

Excel 中的函数实际上是一些预先编写好的公式，每一个函数就是一组特定的公式，代表着一个复杂的运算过程。不同的函数有不同的功能，但不论函数有何功能及作用，所有函数均具有相同的特征及特定的格式。

函数作为公式的一种特殊形式存在，一般由【=】符号开始的，右侧也是表达式。不过函数是通过使用一些称为参数的数值以特定的顺序或结构进行计算，不涉及运算符的使用。在 Excel 中，所有函数的语法结构都是相同的，其基本结构为【= 函数名 (参数 1, 参数 2,…)】，如图 13-1 所示，其中各组成部分的含义如下。

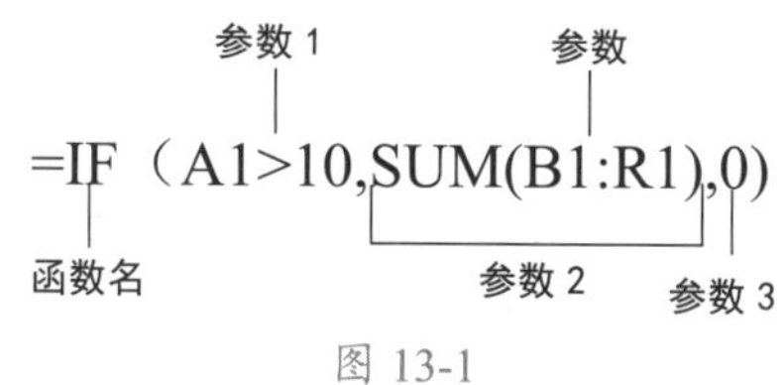

图 13-1

- 【=】符号：函数的结构以【=】符号开始，后面是函数名称和参数。
- 函数名：即函数的名称，代表了函数的计算功能，每个函数都有唯一的函数名，如 SUM 函数表示求和计算、MAX 函数表示求最大值计算。因此要使用不同的方式进行计算应使用不同的函数名。函数名输入时不区分大小写，也就是说函数名中的大小写字母等效。
- 【( )】符号：所有函数都需要使用英文半角状态下的括号【( )】，括号中的内容就是函数的参数。同公式一样，在创建函数时，所有左括号和右括号必须成对出现。括号的配对让一个函数成为完整的个体。
- 函数参数：函数中用来执行操作或计算的值，可以是数字、文本、TRUE 或 FALSE 等逻辑值、数组、错误值或单元格引用，还可以是公式或其他函数，但指定的参数都必须为有效参数值。

不同的函数，由于其计算方式不同，所需要参数的个数、类型也不同。有些可以不带参数，如 NOW()、TODAY()、RAND() 等，有些函数只有一个参数，有些函数有固定数量的参数，有些函数又有数量不确定的参数，还有些函数中的参数是可选的。如果函数需要的参数有多个，则各参数间使用英文字符逗号【,】进行分隔。因此，逗号是解读函数的关键。

技术看板

学习函数的时候，用户可以将每个函数理解为一种封装定义好的系统，只要知道它需要输入些什么，根据哪种规律进行输入，最终可以得到什么结果就行。不必再像公式一样去分析是怎样的一个运算过程。

13.1.2 函数的分类

Excel 2016 中提供了大量的内置函数，这些函数涉及财务、工程、统计、时间、数学等多个领域。要熟练地对这些函数进行运用，首先必须了解函数的总体情况。

根据函数的功能，可将函数划分为 11 个类型。函数在使用过程中，一般是依据这个分类进行定位，然后再选择合适的函数。这 11 种函数分类的具体介绍如下。

（1）财务函数。Excel 中提供了非常丰富的财务函数，使用这些函数，可以完成大部分的财务统计和计算。如 DB 函数可返回固定资产的折旧值，IPMT 可返回投资回报的利息部分等。财务人员如果能够正确、灵活地使用 Excel 进行财务函数的计算，则能大大减轻日常工作中有关指标计算的工作量。

（2）逻辑函数。该类型的函数只有 7 个，用于测试某个条件，总是返回逻辑值 TRUE 或 FALSE。它们与数值的关系为：①在数值运算中，TRUE=1，FALSE=0；②在逻辑判断中，0=FALSE，所有非 0 数值 = TRUE。

（3）文本函数。在公式中处理文本字符串的函数。主要功能包括截取、查找或搜索文本中的某个特殊字符，或提取某些字符，也可以改变文本的编写状态。如 TEXT 函数可将数值转换为文本，LOWER 函数可将文本字符串的所有字母转换成小写形式等。

（4）日期和时间函数。用于分析或处理公式中的日期和时间值。例如，TODAY 函数可以返回当前日期。

（5）查找与引用函数。用于在数据清单或工作表中查询特定的数值，或某个单元格引用的函数。常见的示例是税率表。使用 VLOOKUP 函数可以确定某一收入水平的税率。

（6）数学和三角函数。该类型函数包括很多，主要运用于各种数学计算和三角计算。如 RADIANS 函数可以把角度转换为弧度等。

（7）统计函数。这类函数可以对一定范围内的数据进行统计学分析。例如，可以计算统计数据，如平均值、模数、标准偏差等。

（8）工程函数。这类函数常用于工程应用中。它们可以处理复杂的数字，在不同的计数体系和测量体系之间转换。例如，可以将十进制数转换为二进制数。

（9）多维数据集函数。用于返回多维数据集中的相关信息，如返回多维数据集中成员属性的值。

（10）信息函数。这类函数有助于确定单元格中数据的类型，还可以使单元格在满足一定的条件时返回逻辑值。

（11）数据库函数。用于对存储在数据清单或数据库中的数据进行分析，判断其是否符合某些特定的条件。这类函数在需要汇总符合某一条件的列表中的数据时十分有用。

★ 重点 13.1.3 实战：函数常用的调用方法

实例门类	软件功能
教学视频	光盘\视频\第 13 章\13.1.3.mp4

使用函数计算数据时，必须正确输入相关函数名及其参数，才能得到正确的运算结果。如果用户对所使用的函数很熟悉且对函数所使用的参数类型也比较了解，则可像输入公式一样直接输入函数；若不是特别熟悉，则可通过使用【函数库】组中的功能按钮，或使用 Excel 中的向导功能来创建函数。

1. 使用【函数库】组中的功能按钮插入函数

在 Excel 2016 的【公式】选项卡【函数库】组中分类放置了一些常用函数类别的对应功能按钮，如图 13-2 所示。单击某个函数分类的下拉按钮，在弹出的下拉菜单中即可选择相应类型的函数，即可快速插入函数后进行计算。

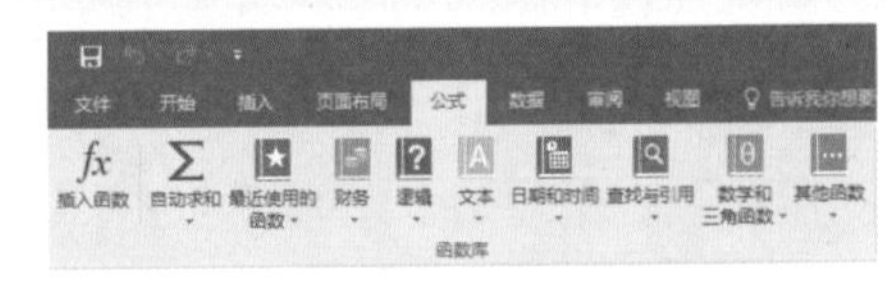

图 13-2

技能拓展——快速选择最近使用的函数

如果要快速插入最近使用的函数，可单击【函数库】组中的【最近使用的函数】按钮，在弹出的下拉菜单中显示了最近使用过的函数，选择相应的函数即可。

2. 使用插入函数向导输入函数

Excel 2016 中提供了 400 多个函数，这些函数覆盖了许多应用领域，每个函数又允许使用多个参数。要记住所有函数的名称、参数及其用法是不太可能的。当用户对函数并不是很了解，如只知道函数的类别，或知道函数的名称，但不知道函数所需要的参数，甚至只知道大概要做的计算目的时，就可以通过【插入函数】对话框根据向导一步步输入需要的函数。

下面在销售业绩表中，通过使用插入函数向导输入函数并计算出第 2 位员工的年销售总额，具体操作步骤如下。

Step 01 打开“光盘\素材文件\第 13 章\销售业绩表.xlsx”文件，❶ 选择 G3 单元格，❷ 单击【公式】选项卡【函数库】组中的【插入函数】按钮 *fx*，如图 13-3 所示。

Step 02 打开【插入函数】对话框，❶ 在【搜索函数】文本框中输入需要搜索的关键字，这里需要寻找求和函数，所以输入【求和】，❷ 单击【转到】按钮，即可搜索与关键字相符的函数，❸ 在【选择函数】列表框中选择这里需要使用的【SUM】选项，❹ 单击【确定】按钮，如图 13-4 所示。

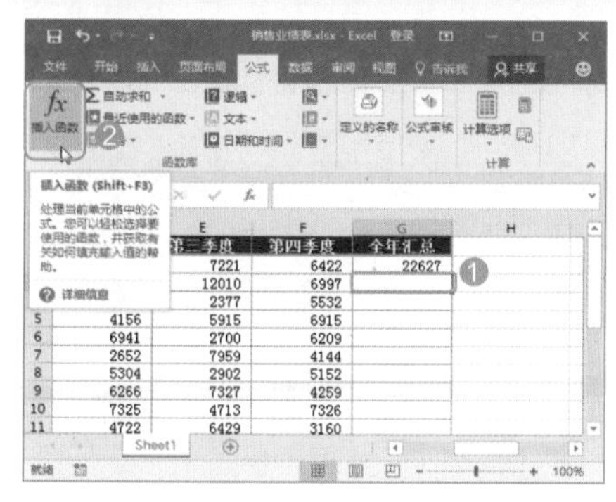

图 13-3

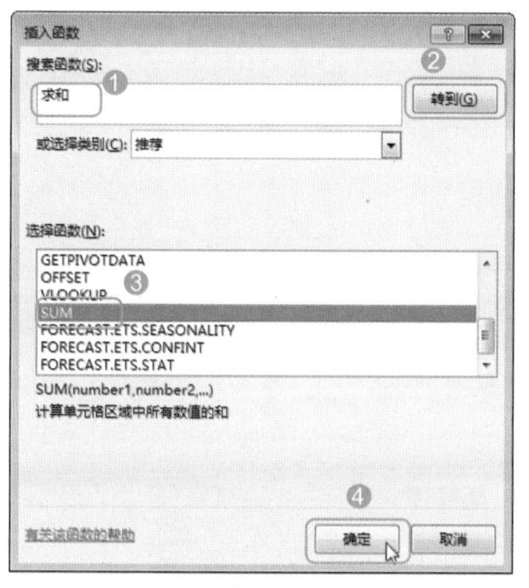

图 13-4

技能拓展——打开【插入函数】对话框

单击【编辑栏】中的【插入函数】按钮 *fx*，或在【函数库】组的函数类别下拉菜单中选择【其他函数】命令，也可打开【插入函数】对话框。在对话框的【或选择类别】下拉列表中可以选择函数类别。

Step 03 打开【函数参数】对话框，单击【Number1】参数框右侧的【折叠】按钮，如图 13-5 所示。

Step 04 经过上述操作将折叠【函数参数】对话框，同时，鼠标指针变为✚形状。❶ 在工作簿中拖动鼠标指针选择需要作为函数参数的单元格即可引用这些单元格的地址，这里选择 C3:F3 单元格区域，❷ 单击折叠对话框右侧的【展开】按钮，如图 13-6 所示。

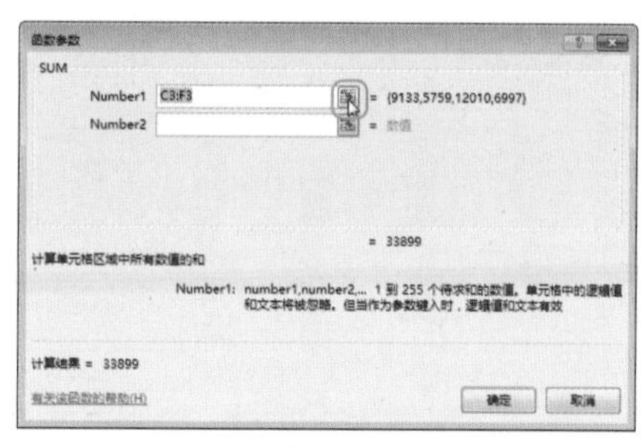

图 13-5

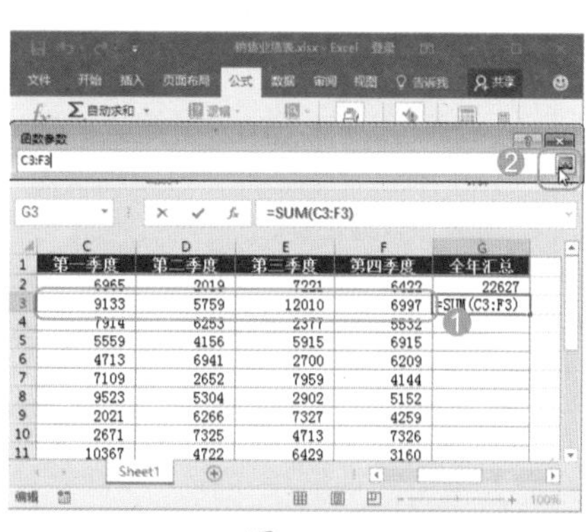

图 13-6

Step 05 返回【函数参数】对话框，单击【确定】按钮，如图 13-7 所示。

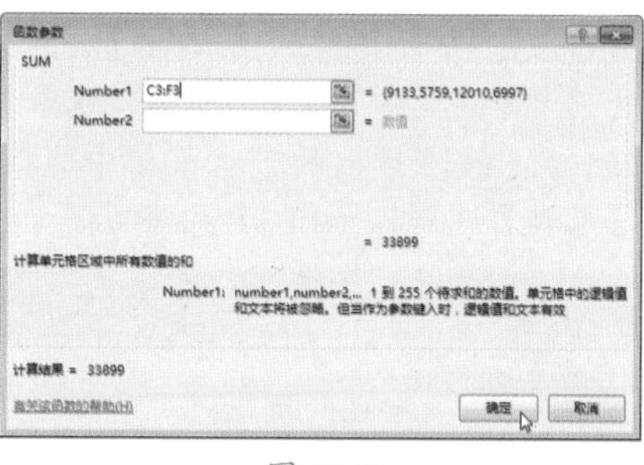

图 13-7

技术看板

本案例系统自动引用的单元格区域与手动设置的区域相同，这里只是介绍一下手动设置的方法，后面的函数应用中不会再详细讲解这些步骤。

Step 06 经过上述操作，即可在 G3 单元格中插入函数【=SUM(C3:F3)】并计算出结果，如图 13-8 所示。

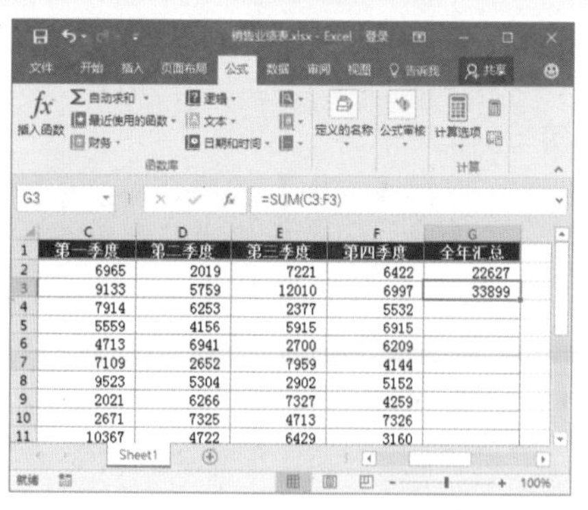

图 13-8

3. 手动输入函数

熟悉函数后，尤其是对 Excel 中常用的函数熟悉后，在输入这些函数时便可以直接在单元格或编辑栏中手动输入函数，这是最常用的一种输入函数的方法，也是最快的输入方法。

手动输入函数的方法与输入公式的方法基本相同，输入相应的函数名和函数参数，完成后按【Enter】键即可。由于 Excel 2016 具有输入记忆功能，当输入【=】和函数名称开头的几个字母后，Excel 会在单元格或编辑栏的下方出现一个下拉列表框，如图 13-9 所示，其中包含了与输入的几个字母相匹配的有效函数、参数和函数说明信息，双击需要的函数即可快速输入该函数，这样不仅可以节省时间还可以避免因记错函数而出现的错误。

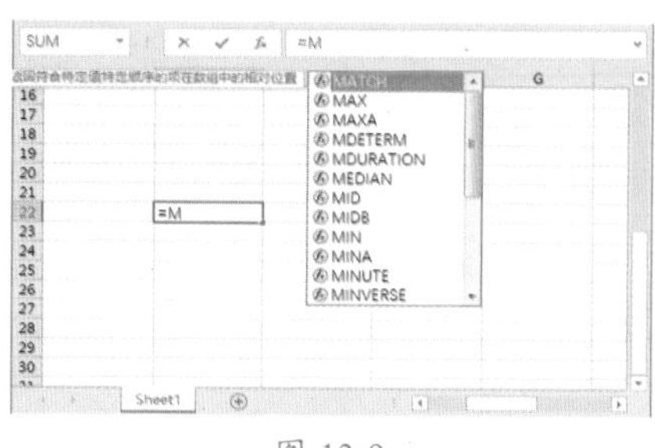

图 13-9

下面通过手动输入函数并填充的方法，计算出其他员工的年销售总额，具体操作步骤如下。

Step01 ❶ 选择 G4 单元格，❷ 在编辑栏中输入公式【=SUM(C4:F4)】，如图 13-10 所示。

Step02 ❶ 按【Enter】键确认函数的输入，即可在 G4 单元格中计算出函数的结果，❷ 向下拖动控制柄至 G15 单元格，即可计算出其他员工的年总销售额，如图 13-11 所示。

图 13-10

图 13-11

13.2 常用函数的使用

Excel 2016 中提供了很多函数，但常用的函数却只有几种。下面讲解几个日常使用比较频繁的函数，如 SUM 函数、AVERAGE 函数、COUNT 函数、MAX 函数、MIN 函数和 IF 函数等。

13.2.1 实战：使用 SUM 函数对数据进行快速求和

实例门类	软件功能
教学视频	光盘\视频\第 13 章\13.2.1.mp4

在进行数据计算处理中，经常会对一些数据进行求和汇总，此时就需要使用 SUM 函数来完成。

语法结构：

SUM(number1,[number2],…)

参　数：

- number1：必需的参数，表示需要相加的第一个数值参数。
- number2：可选参数，表示需要相加的 2~255 个数值参数。

使用 SUM 函数可以对所选单元格或单元格区域进行求和计算。SUM 函数的参数可以是数值，如 SUM(18,20) 表示计算【18+20】，也可以是一个单元格的引用或一个单元格区域的引用，如 SUM(A1:A5) 表示将 A1 单元格至 A5 单元格中的所有数字相加；SUM(A1,A3,A5) 表示将 A1、A3 和 A5 单元格中的数字相加。

SUM 函数实际就是对多个参数求和，简化了大家使用【+】符号来完成求和的过程。

下面在销售业绩表中，通过【函数库】组中的功能按钮输入函数并计算出第一位员工的年销售总额，具体操作步骤如下。

Step01 打开“光盘\素材文件\第 13 章\销售业绩表 1.xlsx”文件，❶ 选择 G3:G15 单元格区域，❷ 单击【公式】选项卡【函数库】组中的【自动求和】按钮∑，❸ 在弹出的下拉菜单中选择【求和】选项，如图 13-12 所示。

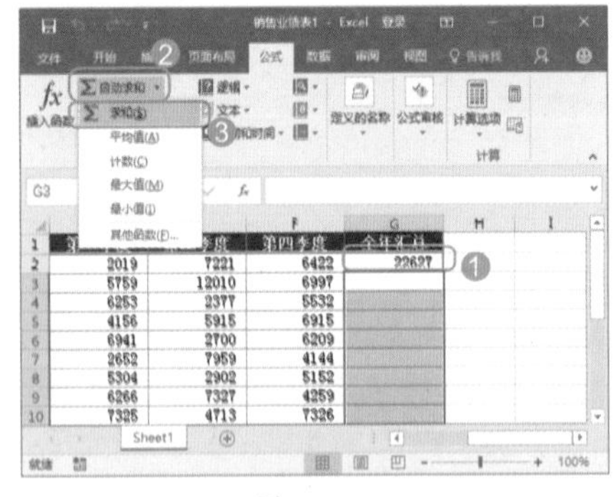

图 13-12

Step02 经过上述操作，系统会根据放置计算结果的单元格选择相邻有数值的单元格区域进行计算，同时，在单元格和编辑栏中可看到插入的函数为【=SUM(C3:F3)】，如图 13-13 所示。

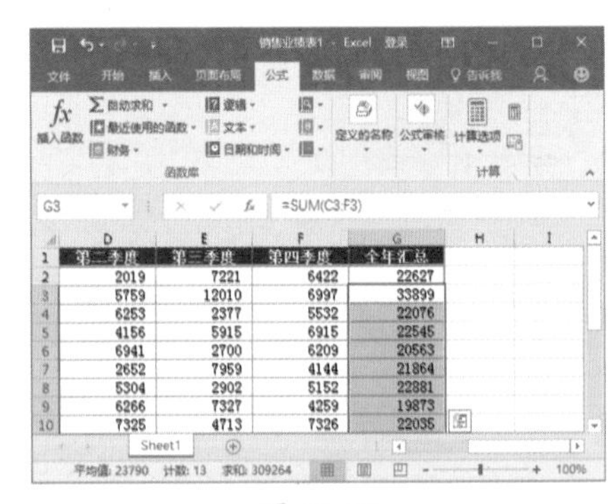

图 13-13

13.2.2 实战：使用 AVERAGE 函数求取一组数字的平均值

实例门类	软件功能
教学视频	光盘\视频\第 13 章\13.2.2.mp4

在进行数据计算处理中，对一部分数据求平均值也是很常用的，此时就可以使用 AVERAGE 函数来完成。

AVERAGE 函数用于返回所选单元格或单元格区域中数据的平均值。

例如，在销售业绩表中要使用 AVERAGE 函数计算各员工的平均销售额，具体操作步骤如下。

Step01 打开“光盘\素材文件\第 13 章\销售业绩表.xlsx”文件，❶ 在

H1单元格中输入相应的文本，❷选择H2单元格，❸单击【公式】选项卡【函数库】组中的【插入函数】按钮fx，如图13-14所示。

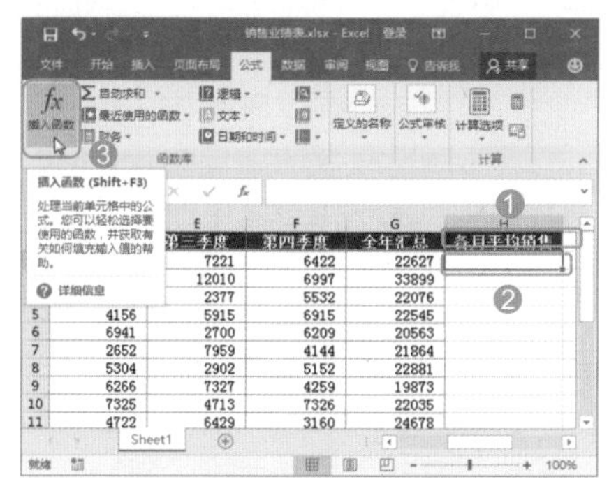

图 13-14

Step02 打开【插入函数】对话框，❶在【搜索函数】文本框中输入需要搜索的关键字【求平均值】，❷单击【转到】按钮，即可搜索与关键字相符的函数。❸在【选择函数】列表框中选择这里需要使用的【AVERAGE】选项，❹单击【确定】按钮，如图13-15所示。

图 13-15

Step03 打开【函数参数】对话框，❶在【Number1】参数框中选择要求和的C2:F2单元格区域，❷单击【确定】按钮，如图13-16所示。

Step04 经过上述操作，即可在H2单元格中插入AVERAGE函数并计算出该员工当年的平均销售额，向下拖动控制柄至H15单元格，即可计算出其他员工的平均销售额，如图13-17所示。

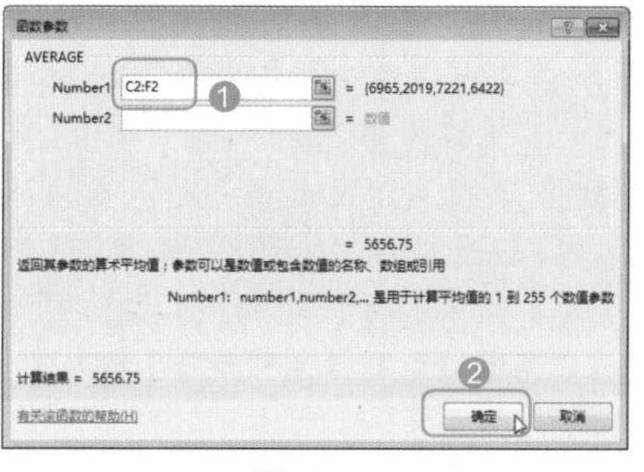

图 13-16

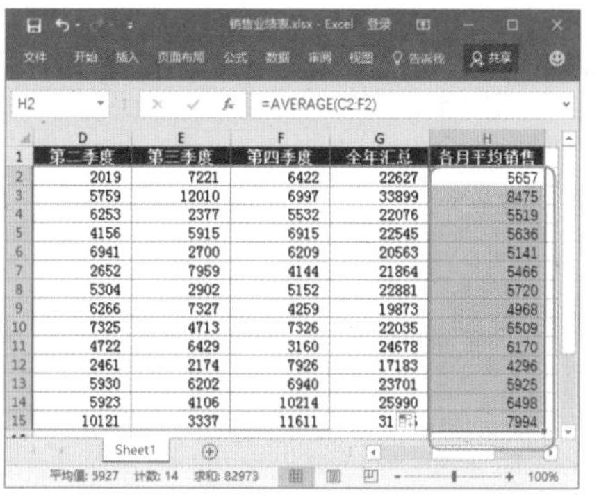

图 13-17

13.2.3 实战：使用COUNT函数统计参数中包含数字的个数

实例门类	软件功能
教学视频	光盘\视频\第13章\13.2.3.mp4

在统计表格中的数据时，经常需要统计单元格区域或数字数组中包含某个数值数据的单元格以及参数列表中数字的个数，此时就可以使用COUNT函数来完成。

语法结构：

COUNT(value1,[value2],...)

参　数：

- value1：必需的参数。表示要计算其中数字的个数的第一个项、单元格引用或区域。
- value2：可选参数。表示要计算其中数字的个数的其他项、单元格引用或区域，最多可包含255个。

技术看板

COUNT函数中的参数可以包含或引用各种类型的数据，但只有数字类型的数据（包括数字、日期、代表数字的文本，如用引号包含起来的数字"1"、逻辑值、直接输入参数列表中代表数字的文本）才会被计算在结果中。如果参数为数组或引用，则只计算数组或引用中数字的个数。不会计算数组或引用中的空单元格、逻辑值、文本或错误值。

例如，要在销售业绩表中使用COUNT函数统计出当前销售人员的数量，具体操作步骤如下。

Step01 ❶在A17单元格中输入相应的文本，❷选择B17单元格，❸单击【函数库】组中的【自动求和】按钮Σ，❹在弹出的下拉菜单中选择【计数】命令，如图13-18所示。

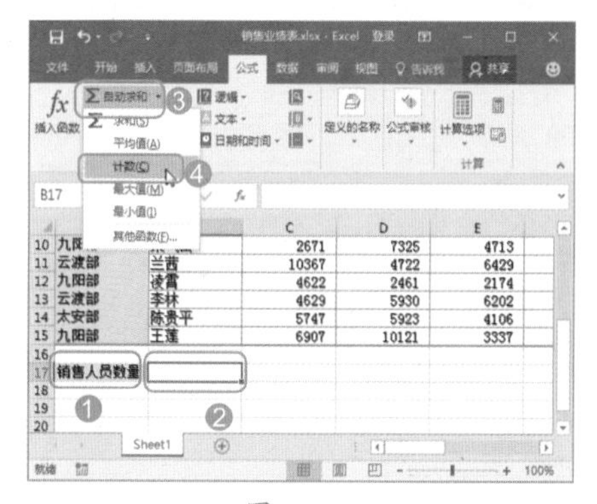

图 13-18

Step02 经过上述操作，即可在单元格中插入COUNT函数，❶将文本插入点定位在公式的括号内，❷拖动鼠标指针选择C2:C15单元格区域作为函数参数引用位置，如图13-19所示。

技术看板

在表格中使用COUNT函数只能计算出含数据的单元格个数，如果需要计算出数据和文本的单元格，需要使用COUNTA函数。

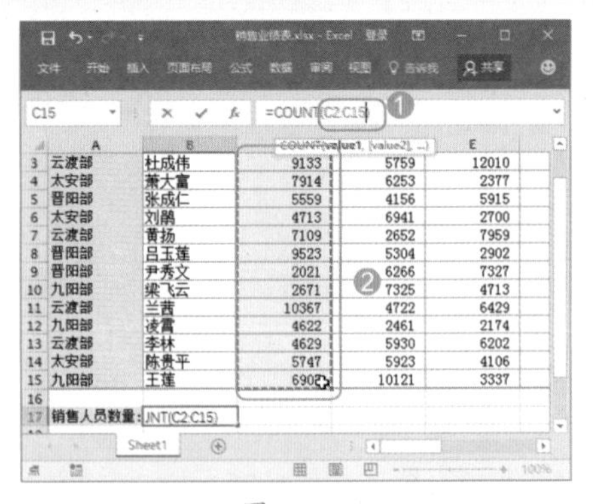

图 13-19

Step 03 按【Enter】键确认函数的输入，即可在该单元格中计算出函数的结果，如图 13-20 所示。

图 13-20

13.2.4 实战：使用 MAX 函数返回一组数字中的最大值

实例门类	软件功能
教学视频	光盘\视频\第 13 章\13.2.4.mp4

在处理数据时若需要返回某一组数据中的最大值，如计算公司中最高的销量、班级中成绩最好的分数等，就可以使用 MAX 函数来完成。

语法结构：

MAX(number1,[number2],...)

参　数：

- number1：必需的参数，表示需要计算最大值的第 1 个参数。
- number2：可选参数，表示需要计算最大值的 2~255 个参数。

例如，要在销售业绩表中使用 MAX 函数计算出季度销售额的最大值，具体操作步骤如下。

Step 01 ❶ 在 A18 单元格中输入相应的文本，❷ 选择 B18 单元格，❸ 单击【函数库】组中的【自动求和】按钮∑，❹ 在弹出的下拉菜单中选择【最大值】命令，如图 13-21 所示。

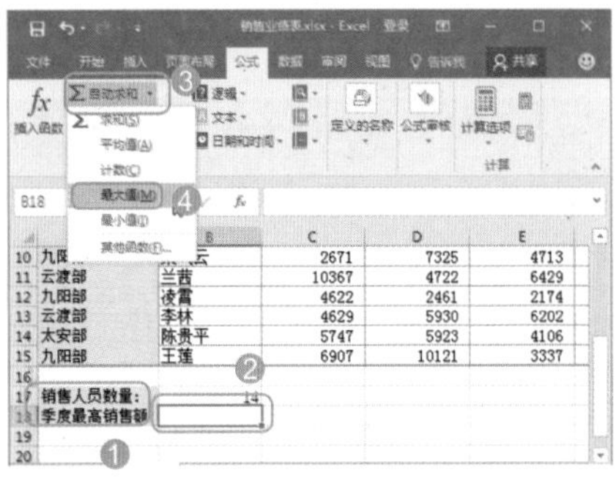

图 13-21

Step 02 经过上述操作，即可在单元格中插入 MAX 函数，拖动鼠标指针重新选择 C2:F15 单元格区域作为函数参数引用位置，如图 13-22 所示。

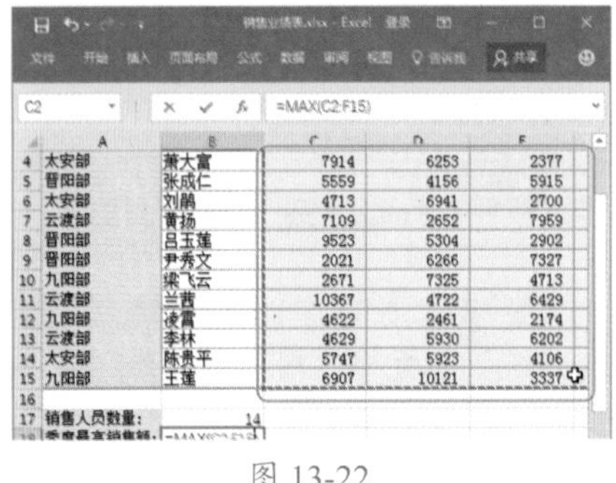

图 13-22

Step 03 按【Enter】键确认函数的输入，即可在该单元格中计算出函数的结果，如图 13-23 所示。

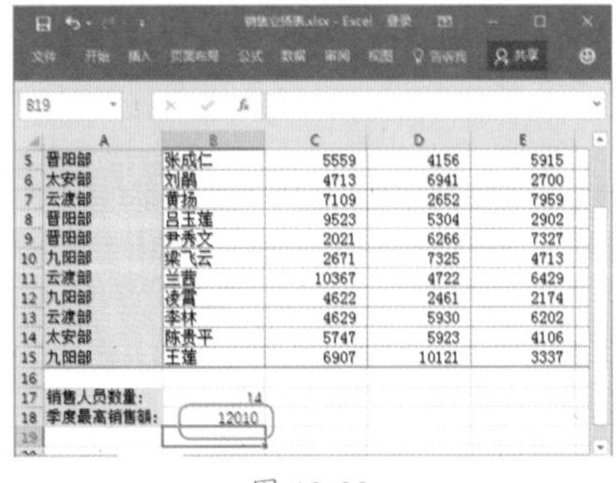

图 13-23

13.2.5 实战：使用 MIN 函数返回一组数字中的最小值

实例门类	软件功能
教学视频	光盘\视频\第 13 章\13.2.5.mp4

与 MAX 函数的功能相反，MIN 函数用于计算一组数值中的最小值。

MIN 函数的使用方法与 MAX 相同，函数参数为要求最小值的数值或单元格引用，多个参数间使用逗号分隔，如果是计算连续单元格区域之和，参数中可直接引用单元格区域。

例如，要在销售业绩表中统计出年度最低的销售额，具体操作步骤如下。

Step 01 ❶ 在 A19 单元格中输入相应的文本，❷ 选择 B19 单元格，❸ 在编辑栏中输入函数【=MIN(G2:G15)】，如图 13-24 所示。

图 13-24

Step 02 按【Enter】键确认函数的输入，即可在该单元格中计算出函数的结果，如图 13-25 所示。

图 13-25

★ 重点 13.2.6 实战：使用 IF 函数根据指定的条件返回不同的结果

实例门类	软件功能
教学视频	光盘\视频\第 13 章\13.2.6.mp4

在遇到因指定的条件不同而需要返回不同结果的计算处理时，可以使用 IF 函数来完成。

语法结构：

IF(logical_test,[value_if_true],[value_if_false])

参 数：

- logical_test：必需的参数，表示计算结果为 TRUE 或 FALSE 的任意值或表达式。
- value_if_true：可选参数，表示 logical_test 为 TRUE 时要返回的值，可以是任意数据。
- value_if_false：可选参数，表示 logical_test 为 FALSE 时要返回的值，也可以是任意数据。

IF 函数是一种常用的条件函数，它能对数值和公式执行条件检测，并根据逻辑计算的真假值返回不同结果。其语法结构可理解为【=IF(条件，真值，假值)】，当【条件】成立时，结果取【真值】，否则取【假值】。

下面在【各产品销售情况分析】工作表中使用 IF 函数来排除公式中除数为 0 的情况，使公式编写更谨慎，具体操作步骤如下。

Step 01 打开“\素材文件\第 13 章\各产品销售情况分析.xlsx”文件，❶ 选择 E2 单元格，❷ 单击编辑栏中的【插入函数】按钮 fx，如图 13-26 所示。

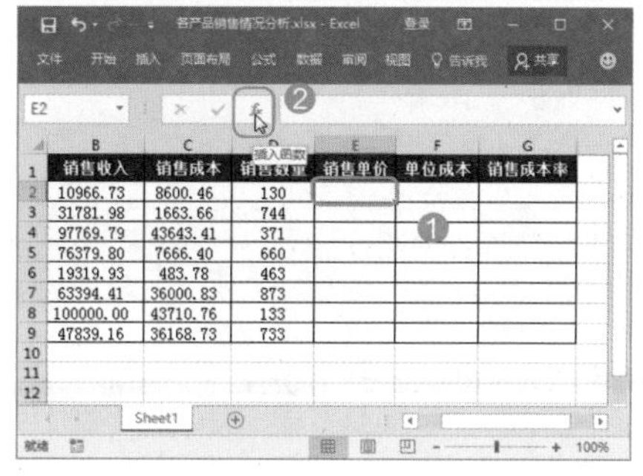

图 13-26

Step 02 打开【插入函数】对话框，❶ 在【选择函数】列表框中选择要使用的【IF】函数，❷ 单击【确定】按钮，如图 13-27 所示。

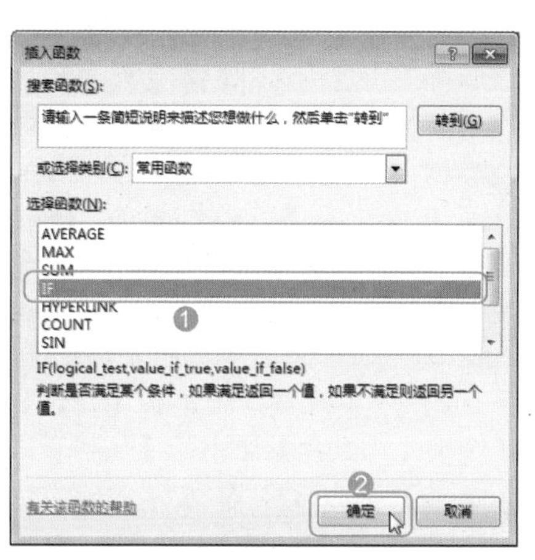

图 13-27

Step 03 打开【函数参数】对话框，❶ 在【logical_test】参数框中输入【D2=0】，❷ 在【value_if_true】参数框中输入【0】，❸ 在【value_if_false】参数框中输入【B2/D2】，❹ 单击【确定】按钮，如图 13-28 所示。

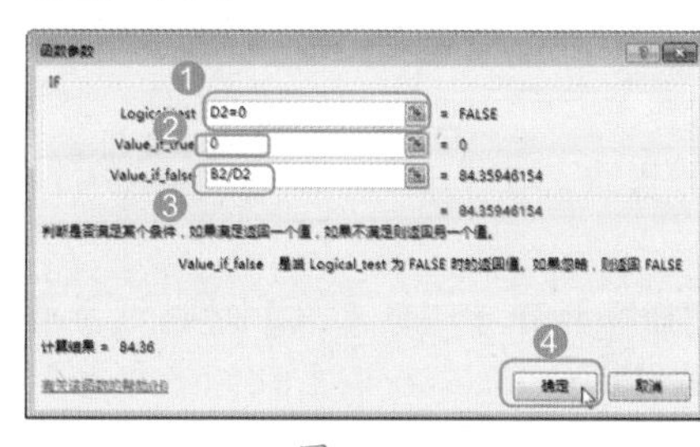

图 13-28

Step 04 经过上述操作，即可计算出相应的结果。❶ 选择 F2 单元格，❷ 单击【函数库】组中的【最近使用的函数】按钮，❸ 在弹出的下拉菜单中选择最近使用的【IF】函数，如图 13-29 所示。

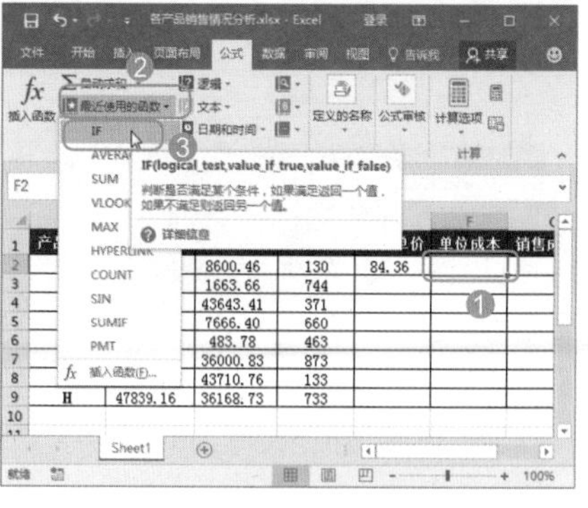

图 13-29

Step 05 打开【函数参数】对话框，❶ 在各参数框中输入如图 13-30 所示的值，❷ 单击【确定】按钮。

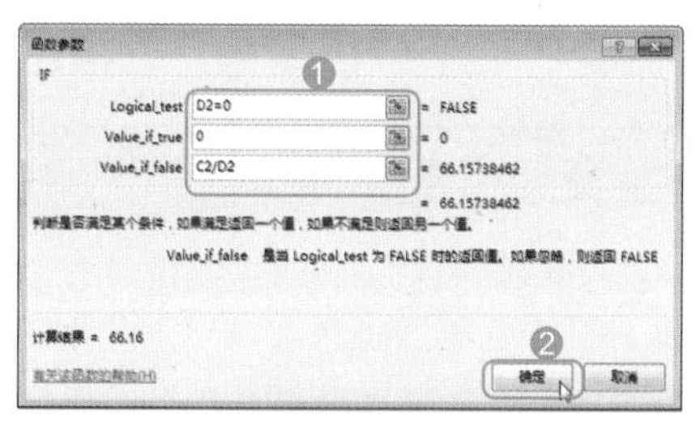

图 13-30

Step 06 经过上述操作，即可计算出相应的结果。❶ 选择 G2 单元格，❷ 在编辑栏中输入需要的公式【=IF(B2=0,0,C2/B2)】，如图 13-31 所示。

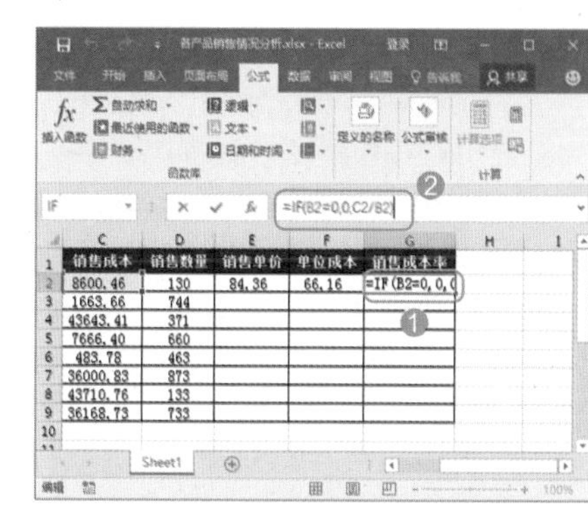

图 13-31

Step 07 按【Enter】键确认函数的输入，即可在 G2 单元格中计算出函数的结果，❶ 选择 E2:G2 单元格区域，❷ 向下拖动控制柄至 G9 单元格，即可计算出其他数据，效果如图 13-32 所示。

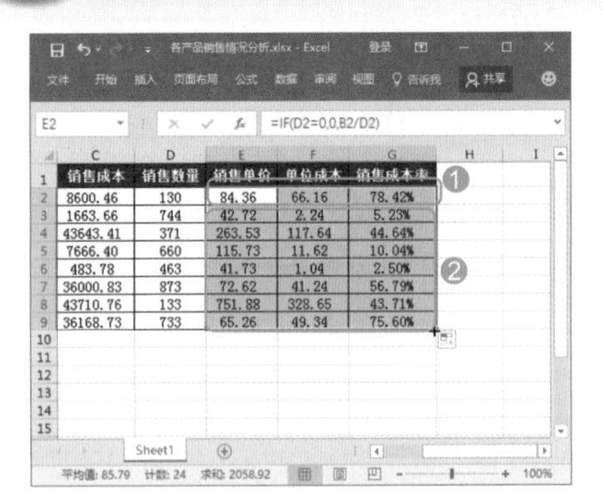

图 13-32

13.2.7 实战：使用 SUMIF 函数按给定条件对指定单元格求和

实例门类	软件功能
教学视频	光盘\视频\第 13 章\13.2.7.mp4

如果需要对工作表中满足某一个条件的单元格数据求和，可以结合使用 SUM 函数和 IF 函数，但此时使用 SUMIF 函数可更快完成计算。

语法结构：

SUMIF (range,criteria,[sum_range])

参　数：

- range：必需的参数，代表用于条件计算的单元格区域。每个区域中的单元格都必须是数字或名称、数组或包含数字的引用。空值和文本值将被忽略。
- criteria：必需的参数，代表用于确定对哪些单元格求和的条件，其形式可以为数字、表达式、单元格引用、文本或函数。
- sum_range：可选参数，代表要求和的实际单元格。当求和区域，即为参数 range 所指定的区域时，可省略参数 sum_range。当参数指定的求和区域与条件判断区域不一致时，求和的实际单元格区域将以 sum_range 参数中左上角的单元格作为起始单元格进行扩展，最终成为包括与 range 参数大小和形状相对应的单元格区域，列举如下表所示。

如果区域是	并且 sum_range 是	则需要求和的实际单元格是
A1:A5	B1:B5	B1:B5
A1:A5	B1:B3	B1:B5
A1:B4	C1:D4	C1:D4
A1:B4	C1:C2	C1:D4

下面在【员工加班记录表】工作簿中分别计算出各部门需要结算的加班费用总和，具体操作步骤如下。

Step 01 打开“光盘\素材文件\第 13 章\员工加班记录表.xlsx”文件，❶ 新建一个工作表并命名为【部门加班费统计】，❷ 在 A1:B7 单元格区域输入所需内容，并进行简单的表格设计，❸ 选择 B3 单元格，❹ 单击【公式】选项卡【函数库】组中的【数字和三角函数】按钮，❺ 在弹出的下拉列表中选择【SUMIF】选项，如图 13-33 所示。

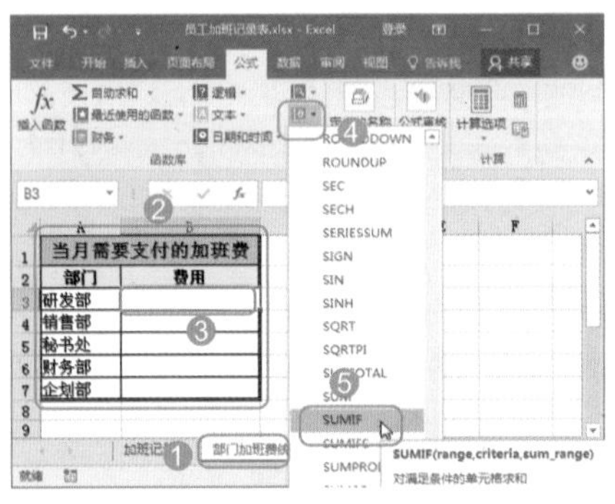

图 13-33

Step 02 打开【函数参数】对话框，单击【Range】参数框右侧的【折叠】按钮，如图 13-34 所示。

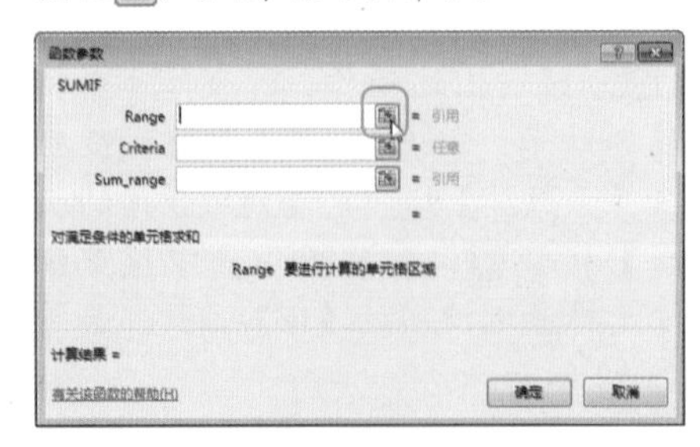

图 13-34

Step 03 返回工作簿，❶ 单击【加班记录表】工作表标签，❷ 选择 D3:D28 单元格区域，❸ 单击折叠对话框右侧的【展开】按钮，如图 13-35 所示。

图 13-35

Step 04 返回【函数参数】对话框，❶ 使用相同的方法继续设置【Criteria】参数框中的内容为【部门加班费统计 !A3】，【Sum_range】参数框中的内容为【加班记录表 !I3:I28】，❷ 单击【确定】按钮，如图 13-36 所示。

图 13-36

Step 05 返回工作簿，在编辑栏中即可看到输入的公式【=SUMIF(加班记录表 !D3:D28, 部门加班费统计 !A3, 加班记录表 !I3:I28)】，❶ 修改公式中的部分单元格引用的引用方式为绝对引用，让公式最终显示为【=SUMIF(加班记录表 !$D$3:$D$28, 部门加班费统计 !A3, 加班记录表 !$I$3:$I$28)】，❷ 向下拖动控制柄至 B7 单元格，即可统计出各部门需要支付的加班费总和，如图 13-37 所示。

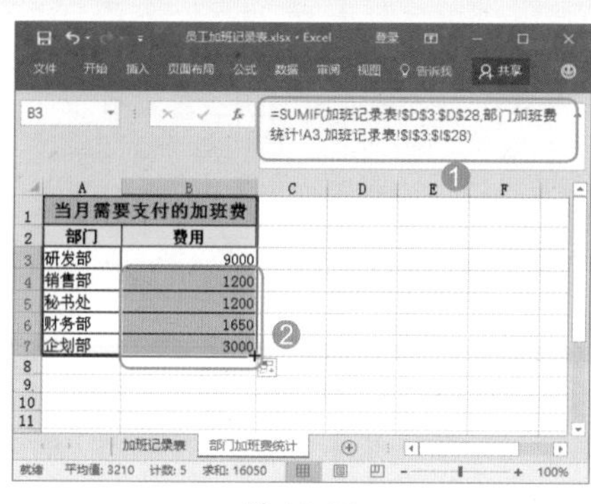

图 13-37

技能拓展——修改函数

在输入函数进行计算后，如果发现函数使用错误，用户可以将其删除，然后重新输入。但若函数中的参数输入错误时，则可以像修改普通数据一样修改函数中的常量参数，如果需要修改单元格引用参数，还可以先选择包含错误函数参数的单元格，然后在编辑栏中选择函数参数部分，此时作为该函数参数的单元格引用将以彩色的边框显示，拖动鼠标指针在工作表中重新选择需要的单元格引用。

13.3 财务函数的应用

Excel 提供了丰富的财务函数，可以将原本复杂的计算过程变得简单，为财务分析提供极大的便利。本节为用户介绍一些常用的财务类函数，实现举一反三的目的。

★ 重点 13.3.1 实战：使用基本财务函数计算简单财务数据

实例门类	软件功能
教学视频	光盘\视频\第 13 章\13.3.1.mp4

Excel 对一些简单的财务运算，较为常用和实用的函数有 4 个，包括 FV、PV、RATE 及 NPER 函数，下面分别进行介绍。

1. 使用 FV 函数计算一笔投资的期值

FV 函数可以在基于固定利率及等额分期付款方式的情况下，计算某项投资的未来值。

语法结构：

FV (rate,nper,pmt,[pv],[type])

参　数：

- rate：必需的参数，表示各期利率。通常用年利表示利率，如果是按月利率，则利率应为 11%/12，如果指定为负数，则返回错误值【#NUM!】。
- nper：必需的参数，表示付款期总数。如果每月支付一次，则 30 年期为 30×12，如果按半年支付一次，则 30 年期为 30×2，如果指定为负数，则返回错误值【#NUM!】。
- pmt：必需的参数，各期所应支付的金额，其数值在整个年金期间保持不变。通常 pmt 包括本金和利息，但不包括其他费用或税款。如果省略 pmt，则必须包括 pv 参数。
- pv：可选参数，表示投资的现值（未来付款现值的累积和），如果省略 pv，则假设其值为 0（零），并且必须包括 pmt 参数。
- type：可选参数，表示期初或期末，0 为期末，1 为期初。

例如，A 公司将 50 万元投资于一个项目，年利率为 8%，投资 10 年后，计算该公司可获得的资金总额。下面使用 FV 函数计算这个普通复利下的终值，具体操作步骤如下。

❶ 新建一个空白工作簿，输入如图 13-28 所示的内容，❷ 在 B5 单元格中输入公式【=FV(B3,B4,,-B2)】，即可计算出该项目投资 10 年后的未来值。

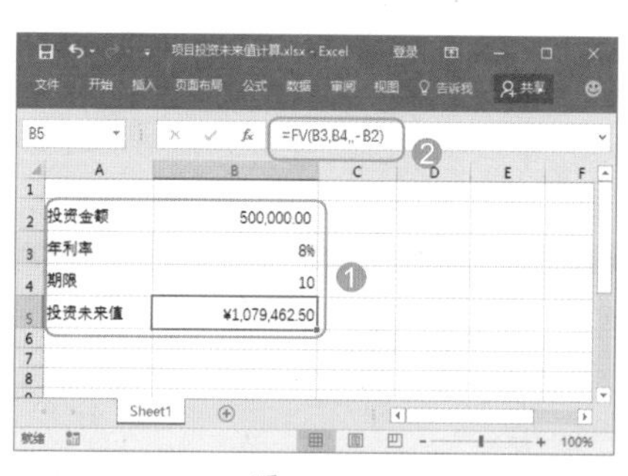

图 13-38

2. 使用 PV 函数计算投资的现值

PV 函数用于计算投资项目的现值。在财务管理中，现值为一系列未来付款的当前值的累积和，在财务概念中，表示的是考虑风险特性后的投资价值。

语法结构：

PV (rate,nper,pmt,[fv],[type])

参　数：

- rate：必需的参数，表示投资各期的利率。做项目投资时，如果不确定利率，会假设一个值。
- nper：必需的参数，表示投资的总期限，即该项投资的付款期总数。
- pmt：必需的参数，表示投资期限内各期所应支付的金额，其

数值在整个年金期间保持不变。如果忽略 pmt，则必须包含 fv 参数。
- fv：可选参数，表示投资项目的未来值，或在最后一次支付后希望得到的现金余额，如果省略 fv，则假设其值为零。如果忽略 fv，则必须包含 pmt 参数。
- type：可选参数，是数字 0 或 1，用以指定投资各期的付款时间是期初还是期末。

在投资评价中，如果要计算一项投资的现金，可以使用 PV 函数来计算。

例如，小陈出国 3 年，请人代付房租，每年租金 10 万，假设银行存款利率为 1.5%，他应该现在存入银行多少钱？具体计算方法如下。

新建一张工作表，输入如图 13-39 所示的内容，在 B5 单元格中输入公式【=PV(B3,B4,-B2,,)】，即可计算出小陈在出国前应该存入银行的现值。

图 13-39

技术看板

由于未来资金与当前资金有不同的价值，使用 PV 函数即可指定未来资金在当前的价值。在该案例中的结果本来为负值，表示这是一笔付款，即支出现金流。为了得到正数结果，所以将公式中的付款数前方添加了【-】符号。

3. 使用 RATE 函数计算年金各期利率

使用 RATE 函数可以计算出年金的各期利率，如未来现金流的利率或贴现率，在利率不明确的情况下可计算出隐含的利率。

语法结构：

RATE (nper,pmt,pv,[fv],[type],[guess])

参　数：

- nper：必需的参数，表示投资的付款期总数。通常用年利表示利率，如果是按月利率，则利率应为 11%/12，如果指定为负数，则返回错误值【#NUM!】。
- pmt：必需的参数，表示各期所应支付的金额，其数值在整个年金期间保持不变。通常 pmt 包括本金和利息，但不包括其他费用或税款。如果省略 pmt，则必须包含 fv 参数。
- pv：必需的参数，为投资的现值（未来付款现值的累积和）。
- fv：可选参数，表示未来值，或在最后一次支付后希望得到的现金余额，如果省略 fv，则假设其值为零。如果忽略 fv，则必须包含 pmt 参数。
- type：可选参数，表示期初或期末，0 为期末，1 为期初。
- guess：可选参数，表示预期利率（估计值），如果省略预期利率，则假设该值为 10%。

例如，C 公司为某个项目投资了 80000 元，按照每月支付 5000 元的方式，16 个月支付完，需要分别计算其中的月投资利率和年投资利率。

Step 01 新建一张工作表，输入如图 13-40 所示的内容，在 B5 单元格中输入公式【=RATE(B4*12,-B3,B2)】，即可计算出该项目的月投资利率。

图 13-40

Step 02 在 B6 单元格中输入公式【=RATE(B4*12,-B3,B2)*12】，即可计算出该项目的年投资利率，如图 13-41 所示。

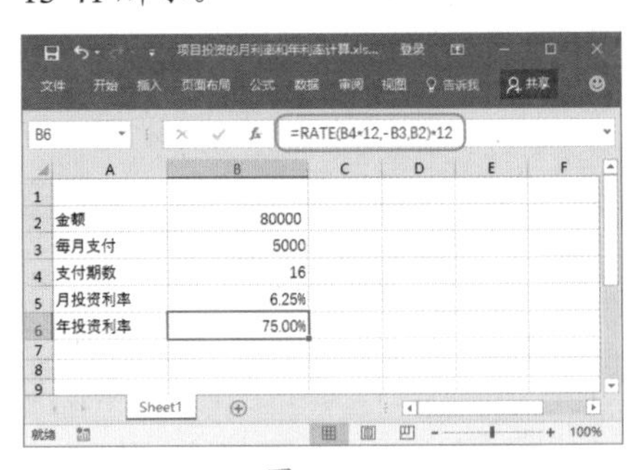

图 13-41

4. 使用 NPER 函数计算还款次数

NPER 函数基于固定利率及等额分期付款方式，返回某项投资的总期数。

语法结构：

NPER (rate,pmt,pv,[fv],[type])

参　数：

- rate：必需的参数，表示各期利率。
- pmt：必需的参数，表示各期所应支付的金额，其数值在整个年金期间保持不变。通常 pmt 包括本金和利息，但不包括其他费用或税款。
- pv：必需的参数，表示投资的现值（未来付款现值的累积和）。
- fv：可选参数，表示未来值，或在最后一次支付后希望得到的现金余额，如果省略 fv，则假设其值为零。如果忽略 fv，则必须包含 pmt 参数。

- type：可选参数，表示期初或期末，0 为期末，1 为期初。

例如，小李需要积攒一笔存款，金额为 60 万元，如果他当前的存款为 3 万元，并计划以后每年存款 5 万元，银行利率为 1.5%，问他需要存款多长时间，才能积攒到需要的金额。具体计算方法如下。

❶ 新建一个空白工作簿，输入如图 13-42 所示的内容，❷ 在 B6 单元格中输入公式【=INT(NPER(B2,-B3,-B4,B5,1))+1】，即可计算出小李积攒该笔存款需要的整数年限。

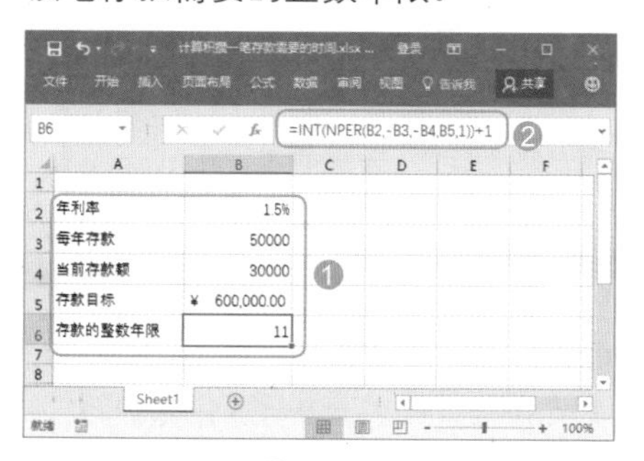

图 13-42

★ 重点 13.3.2 实战：使用本金和利息函数计算指定期限内的本金和利息

实例门类	软件功能
教学视频	光盘\视频\第 13 章\13.3.2.mp4

本金和利息是公司支付方法的重要手段，也是公司日常财务工作的重要部分。在财务管理中，本金和利息常常是十分重要的变量。为了能够方便高效地管理这些变量，处理好财务问题，Excel 提供了计算各种本金和利息的函数，下面分别进行介绍。

1. 使用 PMT 函数计算贷款的每期付款额

PMT 函数用于计算基于固定利率及等额分期付款方式，返回贷款的每期付款额。

语法结构：

PMT(rate,nper,pv,[fv],[type])

参 数：

- rate：必需的参数，代表投资或贷款的各期利率。通常用年利表示利率，如果是按月利率，则利率应为 11%/12，如果指定为负数，则返回错误值【#NUM!】。
- nper：必需的参数，代表总投资期或贷款期，即该项投资或贷款的付款期总数。
- pv：必需的参数，代表从该项投资（或贷款）开始计算时已经入账的款项，或一系列未来付款当前值的累积和。
- fv：可选参数，表示未来值，或在最后一次支付后希望得到的现金余额，如果省略 fv，则假设其值为零。如果忽略 fv，则必须包含 pmt 参数。
- type：可选参数，是一个逻辑值 0 或 1，用以指定付款时间是期初还是期末，0 为期末，1 为期初。

在财务计算中，了解贷款项目的分期付款额，是计算公司项目是否盈利的重要手段。例如，D 公司投资某个项目，向银行贷款 60 万元，贷款年利率为 4.9%，考虑 20 年或 30 年还清，请分析一下两种还款期限中按月偿还和按年偿还的项目还款金额，具体操作步骤如下。

Step 01 新建一个工作簿，输入如图 13-43 所示的内容，在 B8 单元格中输入公式【=PMT(E3/12,C3*12,A3)】，即可计算出该项目贷款 20 年时每月应偿还的金额。

Step 02 在 E8 单元格中输入公式【=PMT(E3,C3,A3)】，即可计算出该项目贷款 20 年时每年应偿还的金额，如图 13-44 所示。

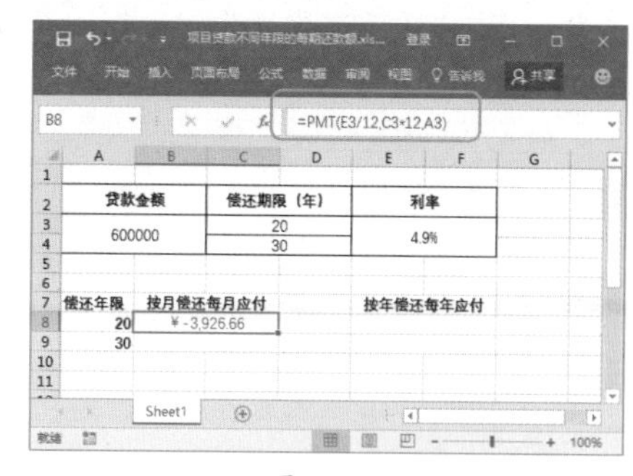

图 13-43

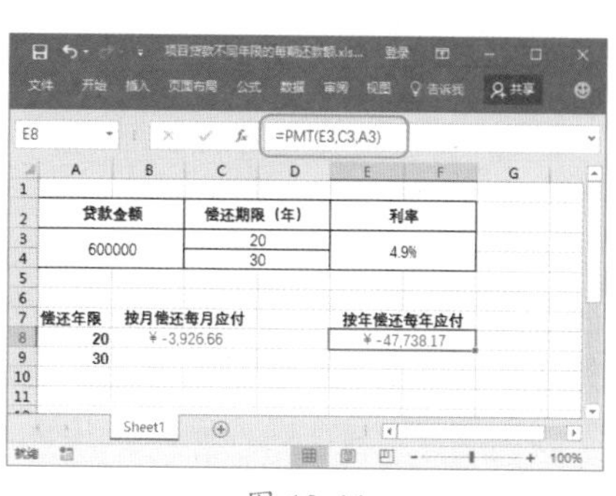

图 13-44

技术看板

使用 PMT 函数返回的支付款项包括本金和利息，但不包括税款、保留支付或某些与贷款有关的费用。

Step 03 在 B9 单元格中输入公式【=PMT(E3/12,C4*12,A3)】，即可计算出该项目贷款 30 年时每月应偿还的金额，如图 13-45 所示。

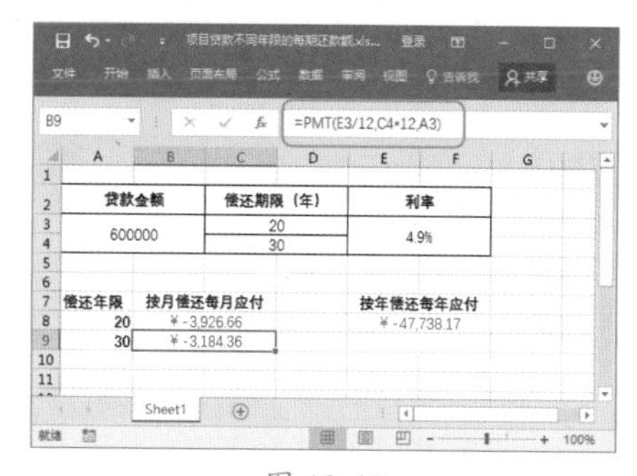

图 13-45

Step 04 在 E9 单元格中输入公式【=PMT(E3,C4,A3)】，即可计算出该项目贷款 30 年时每年应偿还的金额，如图 13-46 所示。

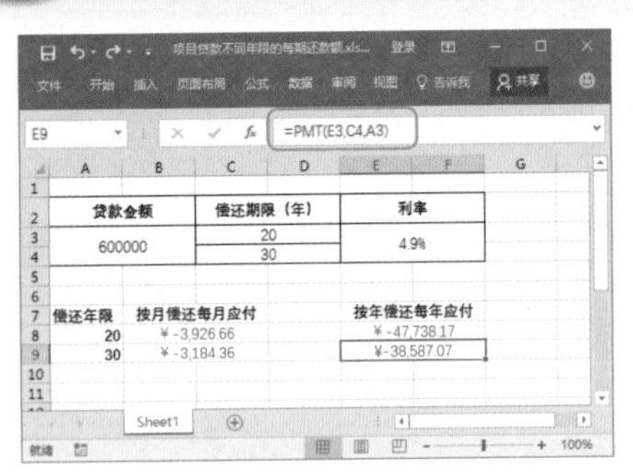

图 13-46

2. 使用 IPMT 函数计算贷款在给定期间内支付的利息

基于固定利率及等额分期付款方式的情况，使用 PMT 函数可以计算贷款的每期付款额。但有时需要知道在还贷过程中，利息部分和本金部分各占多少。如果需要计算该种贷款情况下支付的利息，就需要使用 IPMT 函数。

IPMT（偿还利息部分）函数用于计算在给定时间内对投资的利息偿还额，该投资采用等额分期付款方式，同时利率为固定值。

例如，小陈以等额分期付款方式贷款买了一套房子，需要对各年的偿还贷款利息进行计算，具体操作步骤如下。

Step01 新建一个工作簿，输入如图 13-47 所示的内容，在 C8 单元格中输入公式【=IPMT($E$3,A8,$C$3,$A$3)】，即可计算出该项贷款在第一年需要偿还的利息数额，如图 13-47 所示。

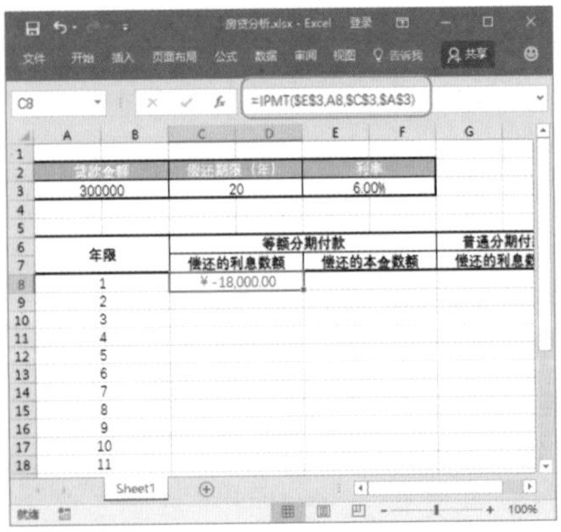

图 13-47

Step02 使用 Excel 的自动填充功能，计算出各年应偿还的利息数额，如图 13-48 所示。

图 13-48

3. 使用 PPMT 函数计算贷款在给定期间内偿还的本金

基于固定利率及等额分期付款方式情况下，还能使用 PPMT 函数计算贷款在给定期间内投资本金的偿还额，从而更清楚确定某还贷的利息 / 本金是如何划分的。

例如，要分析上个案例中房贷每年偿还的本金数额，具体操作步骤如下。

Step01 在 E8 单元格中输入公式【=PPMT($E$3,A8,$C$3,$A$3)】，即可计算出该项贷款在第一年需要偿还的本金数额，如图 13-49 所示。

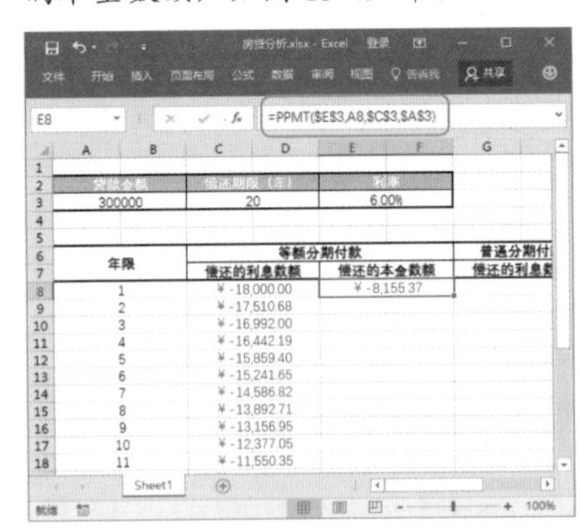

图 13-49

Step02 使用 Excel 的自动填充功能，计算出各年应偿还的本金数额，如图 13-50 所示。

图 13-50

4. 使用 ISPMT 函数计算特定投资期内支付的利息

如果不采用等额分期付款方式，在无担保的普通贷款情况下，贷款的特定投资期内支付的利息可以使用 ISPMT 函数进行计算。

例如，在上个房贷案例中如果要换成普通贷款形式，计算出每年偿还的利息数额，具体操作步骤如下。

Step01 在 G8 单元格中输入公式【=ISPMT($E$3,A8,$C$3,$A$3)】，即可计算出该项贷款在第一年需要偿还的利息数额，如图 13-51 所示。

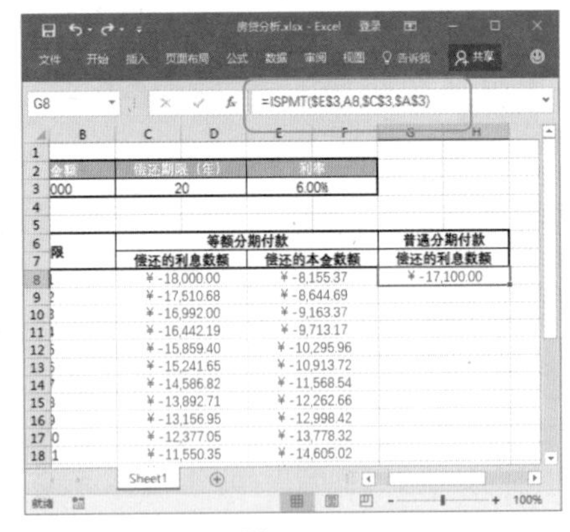

图 13-51

Step02 使用 Excel 的自动填充功能，计算出各年应偿还的利息数额，如图 13-52 所示。

图 13-52

★ 重点 13.3.3 实战：使用投资预算函数计算预算投入

实例门类	软件功能
教学视频	光盘\视频\第 13 章\13.3.3.mp4

在进行投资评价时，经常需要计算一笔投资在复利条件下的现值、未来值和投资回收期等，或等额支付情况下的年金现值、未来值。最常用的投资评价方法包括净现值法、回收期法、内含报酬率法等。这些复杂的计算，可以使用财务函数中的投资评价函数轻松完成，下面分别进行介绍。

1. 通过 FVSCHEDULE 函数使用一系列复利率计算初始本金的未来值

FVSCHEDULE 函数可以基于一系列复利（利率数组）返回本金的未来值，主要用于计算某项投资在变动或可调利率下的未来值。

语法结构：

FVSCHEDULE (principal,schedule)

参　数：

- principal：必需的参数，表示投资的现值。
- schedule：必需的参数，表示要应用的利率数组。

例如，小张今年年初在银行存款 10 万元整，存款利率随时都可能变动，如果根据某投资机构预测的未来 4 年的利率，需要求解该存款在 4 年后的银行存款数额，可通过 FVSCHEDULE 函数进行计算，具体操作方法如下。

新建一个工作簿，输入如图 13-53 所示的内容，在 B8 单元格中输入公式【=FVSCHEDULE(B2,B3:B6)】，即可计算出在预测利率下该笔存款的未来值。

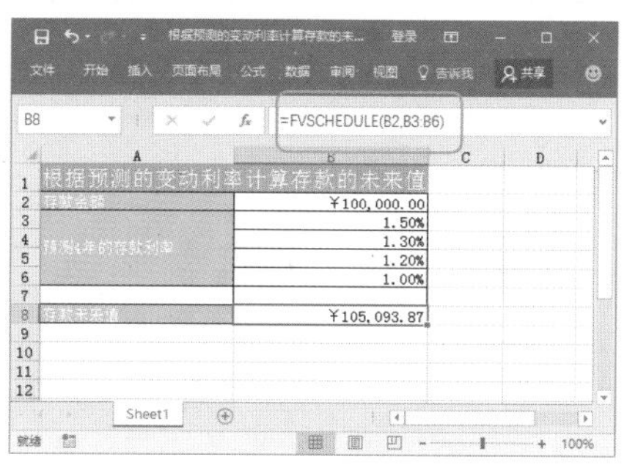

图 13-53

技术看板

schedule 参数的值可以是数字或空白单元格，其他任何值都将在函数 FVSCHEDULE 的运算中产生错误值【#VALUE!】。空白单元格被默认为 0（没有利息）。

2. 基于一系列定期的现金流和贴现率，使用 NPV 函数计算投资的净现值

NPV 函数可以根据投资项目的贴现率和一系列未来支出（负值）和收入（正值），计算投资的净现值，即计算一组定期现金流的净现值。

语法结构：

NPV (rate,value1,[value2],...)

参　数：

- rate：必需的参数，表示投资项目在某期限内的贴现率。
- value1、value2：value1 是必需的参数，后续值是可选参数。这些是代表项目的支出及收入的 1~254 个参数。

例如，E 公司在期初投资金额为 30000 元，同时根据市场预测投资回收现金流。第一年的收益额为 18800 元，第二年的收益额为 26800 元，第三年的收益额为 38430 元，该项目的投资折现率为 6.8%，求解项目在第三年的净现值。具体操作步骤如下。

❶ 新建一个工作簿，输入如图 13-54 所示的内容，❷ 在 B8 单元格中输入公式【=NPV(B1,-B2,B4,B5,B6,)-B2】，即可返回该项目在第三年的净现值。

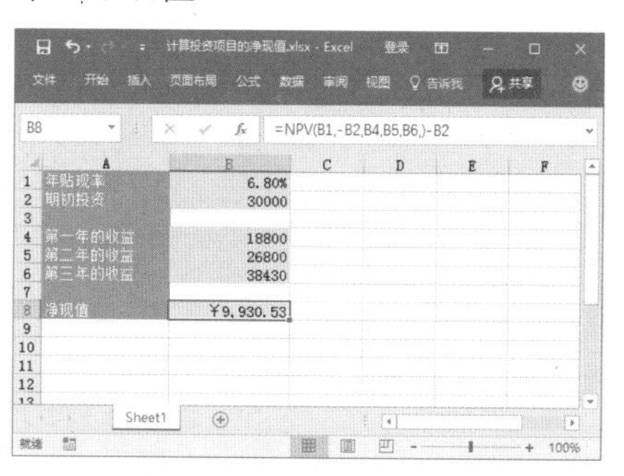

图 13-54

技术看板

NPV 函数与 PV 函数相似，主要差别在于：PV 函数允许现金流在期初或期末开始。与可变的 NPV 的现金流数值不同，PV 的每一笔现金流在整个投资中必须是固定的。而 NPV 函数使用 value1,value2,... 的顺序来解释现金流的顺序。所以务必保证支出和收入的数额按正确的顺序输入。NPV 函数假定投资开始于 value1 现金流所在日期的前一期，并结束于最后一笔现金流的当期。该函数依据未来的现金流进行计算。如果第一笔现金流发生在第一个周期的期初，则第一笔现金必须添加到函数 NPV 的结果中，而不应包含在 values 参数中。

3. 使用 XNPV 函数计算一组未必定期发生的现金流的净现值

运用 XNPV 函数可以很方便地

计算出现金流不定期发生条件下一组现金流的净现值，满足投资决策分析的需要。

语法结构：
XNPV (rate,values,dates)
参　数：
- rate：必需的参数，表示用于计算现金流量的折现率。如果指定负数，则返回错误值【#NUM!】。
- values：必需的参数，表示和 dates 中的支付时间对应的一系列现金流。首期支付是可选的，并与投资开始时的成本或支付有关。如果第一个值是成本或支付，则它必须是负值。所有后续支付都基于 365 天 / 年贴现。数值系列必须至少要包含一个正数和一个负数。
- dates：必需的参数，表示现金流的支付日期表。

例如，E 公司在期初投资金额为 15 万元，投资折现率为 7.2%，并知道该项目的资金支付日期和现金流数目，需要计算该项投资的净现值。此时，可通过 XNPV 函数进行计算，具体操作方法如下。

❶ 新建一张工作表，输入如图 13-55 所示的内容，❷ 在 B11 单元格中输入公式【=XNPV(B1,B4:B9,A4:A9)】，即可计算出该投资项目的净现值。

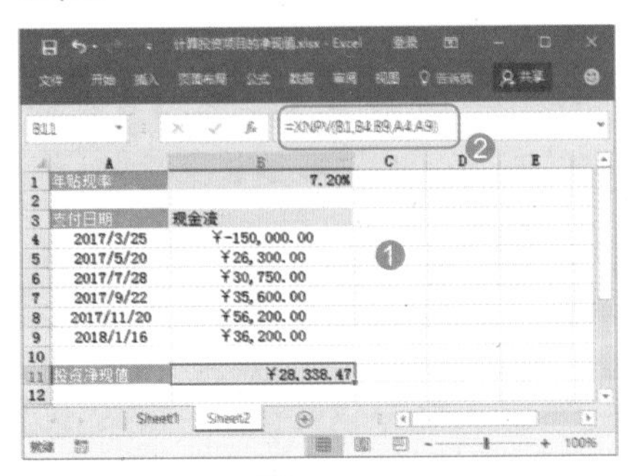

图 13-55

技术看板

在函数 XNPV 中，参数 dates 中的数值将被截尾取整；如果参数 dates 中包含不合法的日期，或先于开始日期，将返回错误值【#VAIUE】；如果参数 values 和 dates 中包含的参数数目不同，函数返回错误值【#NUM!】。

★ 重点 13.3.4 使用收益函数计算内部收益率

实例门类	软件功能
教学视频	光盘 \ 视频 \ 第 13 章 \13.3.4.mp4

在投资和财务管理领域，计算投资的收益率具有重要的意义。因此，为了方便用户分析各种收益率，Excel 提供了多种计算收益率的函数，下面介绍一些常用计算收益率函数的使用技巧。

1. 使用 IRR 函数计算一系列现金流的内部收益率

IRR 函数可以返回由数值代表的一组现金流的内部收益率。这些现金流不必为均衡的，但作为年金，它们必须按固定的间隔产生，如按月或按年。

语法结构：
IRR (values,[guess])
参　数：
- values：必需的参数，表示用于指定计算的资金流量。
- guess：可选参数，表示函数计算结果的估计值。大多数情况下，并不需要设置该参数。省略 guess，则假设它为 0.1(10%)。

例如，F 公司在期初投资金额为 50 万元，回收期是 4 年。现得知第一年的净收入为 308000 元，第二年的净收入为 328000 元，第三年的净收入为 384300 元，第四年的净收入为 521200 元，求解该项目的内部收益率。此时，可通过 IRR 函数进行计算，具体操作步骤如下。

Step 01 ❶ 新建一个工作簿，输入如图 13-56 所示的内容，❷ 在 B7 单元格中输入公式【=IRR(B1:B4)】，得到该项目在投资 3 年后的内部收益率为 44%。

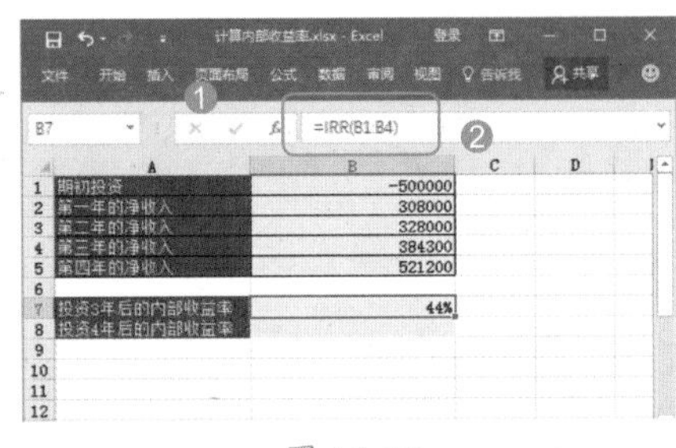

图 13-56

Step 02 在 B8 单元格中输入公式【=IRR(B1:B5)】，得到该项目在投资 4 年后的内部收益率，如图 13-57 所示。

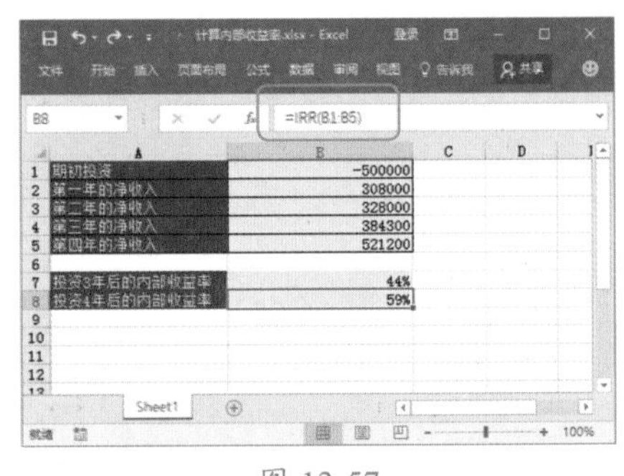

图 13-57

技术看板

在本例中，如果需要计算两年后的内部收益率，需要估计一个值，如输入公式【=IRR(B1:B3, 70%)】。Excel 使用迭代法计算函数 IRR。从 guess 开始，函数 IRR 进行循环计算，直至结果的精度达到 0.00001%。如果函数 IRR 经过 20 次迭代，仍未找到结果，则返回错误值【#NUM!】。此时，可用另一个 guess 值再试一次。

2. 实战：使用 MIRR 函数计算正负现金流在不同利率下支付的内部收益率

MIRR 函数用于计算某一连续期间内现金流的修正内部收益率，该函数同时考虑了投资的成本和现金再投资的收益率。

语法结构：

MIRR (values,finance_rate,reinvest_rate)

参 数：

- values：必需的参数，表示用于指定计算的资金流量。
- finance_rate：必需的参数，表示现金流中资金支付的利率。
- reinvest_rate：必需的参数，表示将现金流再投资的收益率。

例如，在求解上一个案例的过程中，实际上是认为投资的贷款利率和再投资收益率相等。这种情况在实际的财务管理中并不常见。例如，上一个案例中的投资项目经过分析后，若得出贷款利率为 6.8%，而再投资收益率为 8.42%。此时，可通过 MIRR 函数计算修正后的内部收益率，具体操作步骤如下。

Step01 ❶ 复制 Sheet1 工作表，并重命名为【修正后的内部收益率】，❷ 在中间插入几行单元格，并输入贷款利率和数据，❸ 在 B10 单元格中输入公式【=MIRR(B1:B4,B7,B8)】，得到该项目在投资 3 年后的内部收益率为 30%，如图 13-58 所示。

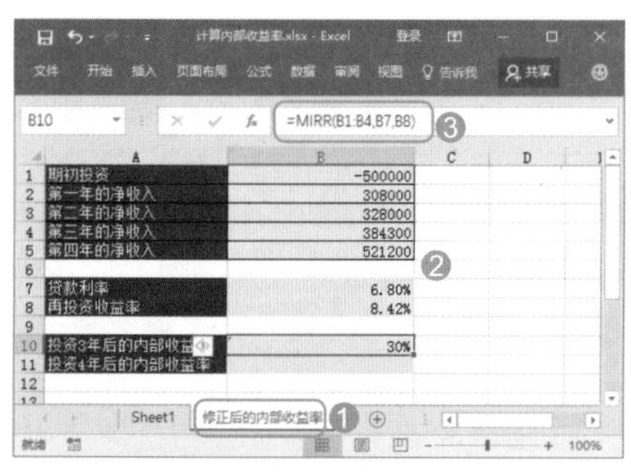

图 13-58

Step02 在 B11 单元格中输入公式【=MIRR(B1:B5,B7,B8)】，得到该项目在投资 4 年后的内部收益率为 36%，如图 13-59 所示。

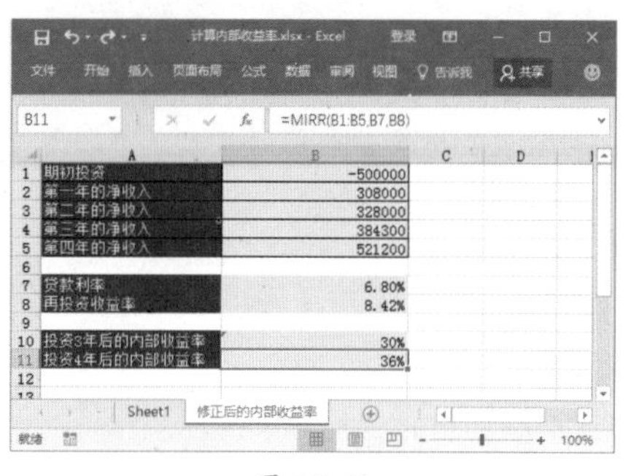

图 13-59

3. 使用 XIRR 函数计算一组未必定期发生的现金流的内部收益率

投资评价中经常采用的另一种方法是内部收益率法。利用 XIRR 函数可以很方便地解决现金流不定期发生条件下的内部收益率的计算，从而满足投资决策分析的需要。

语法结构：

XIRR (values,dates,[guess])

参 数：

- values：必需的参数，表示用于指定计算的资金流量。
- dates：必需的参数，表示现金流的支付日期表。
- guess：可选参数，表示函数计算结果的估计值。大多数情况下，并不需要设置该参数。省略 guess，则假设它为 0.1(10%)。

例如，G 公司有一个投资项目，在预计的现金流不变的条件下，公司具体预测到现金流的日期。但是这些资金回流日期都是不定期的，因此无法使用 IRR 函数进行计算。此时就需要使用 XIRR 函数进行计算，具体操作方法如下。

❶ 新建一个工作簿，输入如图 13-60 所示的内容，❷ 在 B8 单元格中输入公式【=XIRR(B2:B6,A2:A6)】，计算出不定期现金流条件下的内部收益率为 4.43。

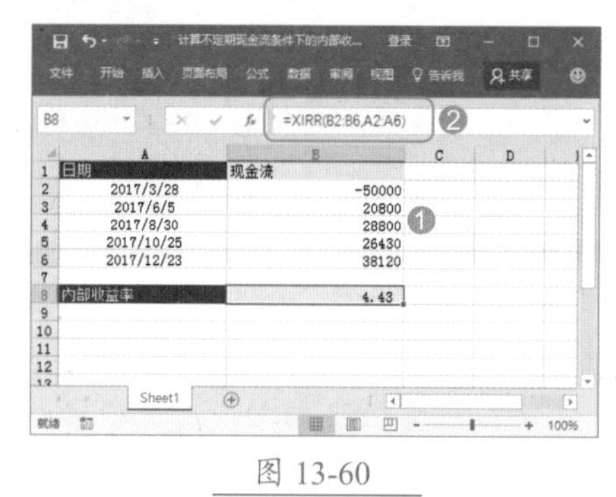

图 13-60

★ 重点 13.3.5 实战：使用折旧函数计算折旧值

实例门类	软件功能
教学视频	光盘\视频\第 13 章\13.3.5.mp4

在公司财务管理中，折旧是固定资产管理的重要组成部分。现行固定资产折旧计算方法中，以价值为计算依据的常用折旧方法包括直线法、年数总和法和双倍余额递减法等。

1. 使用 DB 函数计算一笔资产在给定期间内的折旧值

DB 函数可以使用固定余额递减法，计算一笔资产在给定期间内的折旧值。

语法结构：

DB (cost,salvage,life,period,[month])

参 数：

- cost：必需的参数，表示资产原值。
- salvage：必需的参数，表示资产在使用寿命结束时的残值。
- life：必需的参数，表示资产的折旧期限。
- period：必需的参数，表示需要计算折旧值的期间。
- month：可选参数，表示第一年的月份数，默认数值是 12。

例如，某工厂在今年的 1 月购买了一批新设备，价值为 200 万元，使用年限为 10 年，设备的估计残值为 20 万元。如果对该设备采用【固定余额递减】的方法进行折旧，即可使用 DB 函数计算该设备的折旧值，具体操作步骤如下。

Step01 ❶ 新建一个工作簿，输入如图 13-61 所示的内容，❷ 在 E2 单元格中输入公式【=DB($B$1,$B$2,$B$3,D2,$B$4)】，计算出第一年设备的折旧值。

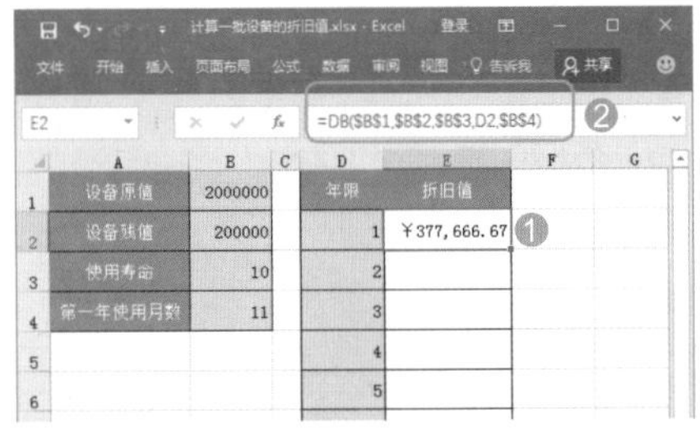

图 13-61

Step02 使用 Excel 的自动填充功能，计算出各年的折旧值，如图 13-62 所示。

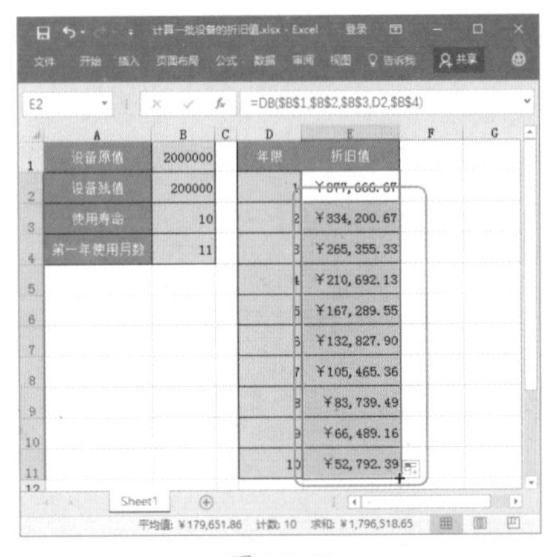

图 13-62

技术看板

第一个周期和最后一个周期的折旧属于特例。对于第一个周期，函数 DB 的计算公式为：cost×rate×month÷12；对于最后一个周期，函数 DB 的计算公式为：((cost−前期折旧总值)×rate×(12−month))÷12。

技能拓展——使用 DDB 函数计算一笔资产在给定期间内的双倍折旧值

在 Excel 中，DDB 函数可以使用双倍（或其他倍数）余额递减法计算一笔资产在给定期间内的折旧值。如果不想使用双倍余额递减法，可以更改余额递减速率，即指定为其他倍数的余额递减。其用法与 DB 的用法基本相同。

2. 实战：使用 SLN 函数计算某项资产在一个期间内的线性折旧值

直线法又称平均年限法，是以固定资产的原价减去预计净残值除以预计使用年限，计算每年的折旧费用的折旧计算方法。

Excel 中，使用 SLN 函数可以计算某项资产在一定期间中的线性折旧值。

语法结构：

SLN (cost,salvage,life)

参 数：

- cost：必需的参数，表示资产原值。
- salvage：必需的参数，表示资产在使用寿命结束时的残值。
- life：必需的参数，表示资产的折旧期限。

例如，同样计算上一个案例中设备的折旧值，如果采用【线性折旧】的方法进行折旧，即可使用 SLN 函数计算该设备每年的折旧值，具体操作方法如下。

❶ 新建一个工作表，并重命名为【SLN】，❷ 输入如图 13-63 所示的内容，❸ 在 B4 单元格中输入公式【=SLN(B1,B2,B3)】，即可计算出该设备每年的折旧值。

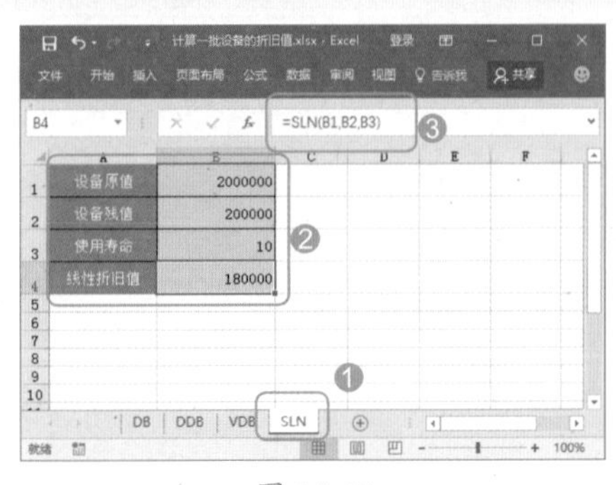

图 13-63

3. 使用 SYD 函数按年限总和折旧法计算的指定期间的折旧值

年数总和法又称年限合计法，是快速折旧的一种方法，它将固定资产的原值减去预计净残值后的净额乘以一个逐年递减的分数计算每年的折旧额，这个分数的分子代表固定资产尚可使用的年数，分母代表使用年限的逐年数字总和。

Excel 中，使用 SYD 函数可以计算某项资产按年限总和折旧法计算的指定期间的折旧值。

语法结构：

SYD (cost,salvage,life,per)

参 数：

- cost：必需的参数，表示资产原值。
- salvage：必需的参数，表示资产在使用寿命结束时的残值。
- life：必需的参数，表示资产的折旧期限。
- per：必需的参数，表示期间，与 life 单位相同。

例如，同样计算上一个案例中设备的折旧值，如果采用【年限总和】的方法进行折旧，即可使用 SYD 函数计算该设备各年的折旧值，具体操作步骤如下。

Step01 ❶ 复制【DB】工作表，并重命名为【SYD】，❷ 删除 E2:E11 单元格区域中的内容，❸ 在 E2 单元格中输入公式【=SYD($B$1,$B$2,$B$3,

D2)】，即可计算出该设备第一年的折旧值，如图 13-64 所示。

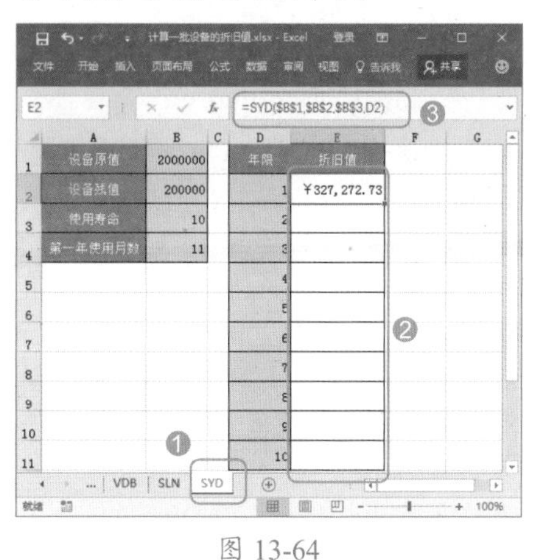

图 13-64

Step 02 使用 Excel 的自动填充功能，计算出各年的折旧值，如图 13-65 所示。

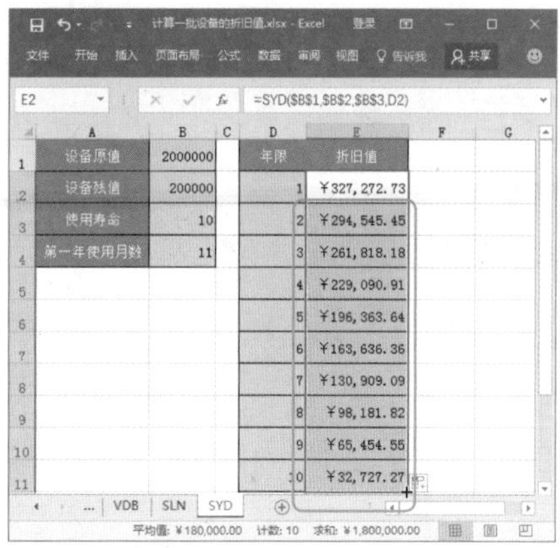

图 13-65

技术看板

本节介绍了 3 种折旧方法对应的折旧函数，用户不难发现，对于同样的资产状况，使用不同的折旧方法将会产生差异非常大的现金流，导致产生不同的财务效果。因此，在公司财务部门，需要针对不同的情况，采用不同的折旧方法。由于篇幅有限，这里不再详细介绍其过程，用户可查看其他有关处理折旧方式问题的方法。

13.4 逻辑函数的应用

Excel 2016 中提供了 5 个用于进行逻辑判断的函数，应用十分广泛，能够将烦琐的公式简单明了化，不仅利于系统识别、判断和返回准确结果，同时也便于用户理解和修改等。

★ 重点 13.4.1 实战：使用逻辑值函数判定是非

实例门类	软件功能
教学视频	光盘\视频\第 13 章\13.4.1.mp4

通过测试某个条件，直接返回逻辑值 TRUE 或 FALSE 的函数只有两个。掌握这两个函数的使用方法，可以使一些计算变得更简便。

1. 使用 TRUE 函数返回逻辑值 TRUE

在某些单元格中如果需要输入【TRUE】，不仅可以直接输入，还可以通过 TRUE 函数返回逻辑值 TRUE。

语法结构：TRUE ()

TRUE 函数是直接返回固定的值，因此不需要设置参数。用户可以直接在单元格或公式中输入值【TRUE】，Excel 会自动将它解释成逻辑值 TRUE，而该类函数的设立主要是为了方便地引入特殊值，也为了能与其他电子表格程序兼容，类似的函数还包括 PI、RAND 等。

2. 使用 FALSE 函数返回逻辑值 FALSE

FALSE 函数与 TRUE 函数的用途非常类似，不同的是该函数返回的是逻辑值 FALSE。

语法结构：FALSE ()

FALSE 函数也不需要设置参数。用户可以直接在单元格或公式中输入值【FALSE】，Excel 会自动将它解释成逻辑值 FALSE。FALSE 函数主要用于检查与其他电子表格程序的兼容性。

例如，要检测某些产品的密度，要求小于 0.1368 的数据返回正确值，否则返回错误值，具体操作步骤如下。

Step 01 打开"光盘\素材文件\第 13 章\抽样检查.xlsx"文件，选择 D2 单元格，输入公式【=IF(B2>$C$2,FALSE(),TRUE())】，按【Enter】键计算出第一个产品的密度达标与否，如图 13-66 所示。

图 13-66

技术看板

本例中直接输入公式【=IF(B2>$C$2,FALSE,TRUE)】，也可以得到相同的结果。

Step 02 使用 Excel 的自动填充功能，判断出其他产品密度是否达标，如图 13-67 所示。

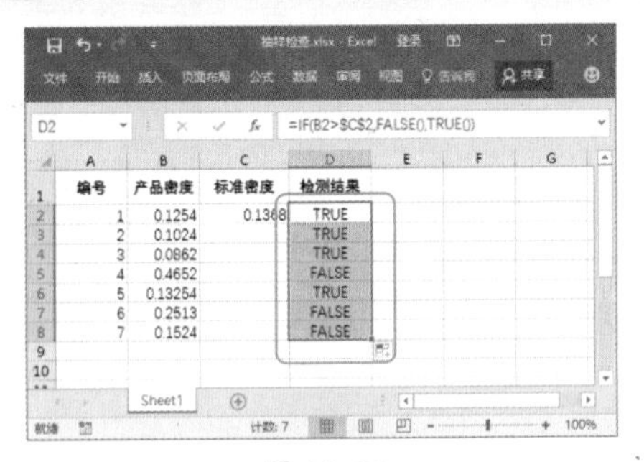

图 13-67

★ 重点 13.4.2 使用交集、并集和求反函数对多条件判定和取反

实例门类	软件功能
教学视频	光盘\视频\第 13 章\13.4.2.mp4

逻辑函数的返回值不一定全部是逻辑值，有时还可以利用它实现逻辑判断。

常用的逻辑关系有 3 种：【与】【或】【非】。在 Excel 中可以理解为求取区域的交集、并集等。下面就介绍交集、并集和求反函数的使用，掌握这些函数后可以简化一些表达式。

1. 使用 AND 函数判断指定的多个条件是否同时成立

当两个或多个条件必须同时成立才判定为真时，称判定与条件的关系为逻辑与关系。AND 函数常用于逻辑与关系运算。

例如，某市规定市民家庭在同时满足下面 3 个条件的情况下，可以购买经济适用住房：

（1）具有市区城市常住户口满 3 年；

（2）无房户或人均住房面积低于 15 平方米的住房困难户；

（3）家庭收入低于当年度市政府公布的家庭低收入标准(35200 元)。

现需要根据上述条件判断填写了申请表的用户中哪些是真正符合购买条件的，具体操作步骤如下。

Step01 打开"光盘\素材文件\第 13 章\审核购买资格.xlsx"文件，选择 F2 单元格，输入公式【=IF(AND(C2>3, D2<15,E2<35200)," 可 申 请 ","")】，按【Enter】键判断第一个申请者是否符合购买条件，如图 13-68 所示。

图 13-68

Step02 使用 Excel 的自动填充功能，判断出其他申请者是否符合购买条件，如图 13-69 所示。

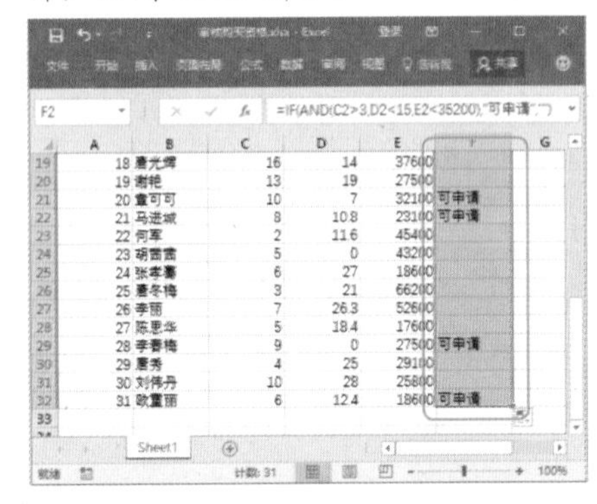

图 13-69

技术看板

在使用 AND 函数时，需要注意以下 3 点。

（1）参数（或作为参数的计算结果）必须是逻辑值 TRUE 或 FALSE，或者结果是包含逻辑值的数组或引用。

（2）如果数组或引用参数中包含文本或空白单元格，则这些值将被忽略。

（3）如果指定的单元格区域未包含逻辑值，则 AND 函数将返回错误值【#VALUE!】。

2. 使用 OR 函数判断指定的任一条件为真，即返回真

当两个或多个条件中只要有一个成立就判定为真时，称判定与条件的关系为逻辑或关系。OR 函数常用于逻辑或关系运算。

Step01 打开"光盘\素材文件\第 13 章\体育成绩登记.xlsx"文件，合并 H1:I1 单元格区域，并输入【记录标准】文本，❶ 在 H2、I2、H3、I3 单元格中分别输入【优秀】【85】【及格】和【60】文本，❷ 选择 F2 单元格，输入公式【=IF(OR(C2>=$I$2, D2>=$I$2,E2>=$I$2)," 优秀 ",IF(OR(C2>=$I$3,D2=$I$3,E2>=$I$3)," 及格 "," 不及格 "))】，按【Enter】键判断第一个参与者成绩的级别，如图 13-70 所示。

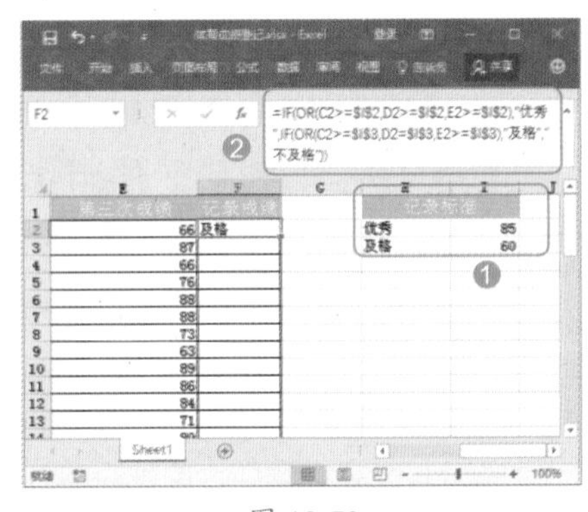

图 13-70

Step02 使用 Excel 的自动填充功能，判断出其他参与者成绩对应的级别，如图 13-71 所示。

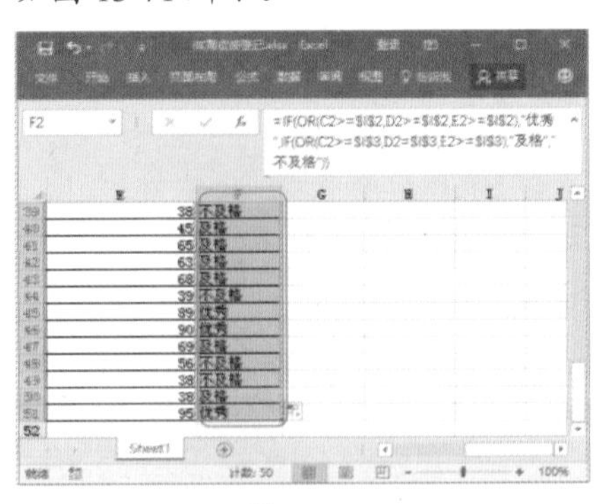

图 13-71

3. 使用 NOT 函数对逻辑值求反

条件只要成立就判定为假时，称判定与条件的关系为逻辑非关系。NOT 函数常用于将逻辑值取反。

例如，在解决上一案例时，有些人的解题思路可能会有所不同，如有的人是通过实际的最高成绩与各级别的要求进行判断的。当实际最高成绩不小于优秀标准时，就记录为【优秀】，否则再次判断最高成绩，如果不小于及格标准，就记录为【及格】，否则记为【不及格】。即首先利用 MAX 函数取得最高成绩，再将最高成绩与优秀标准和及格标准进行比较判断，具体操作步骤如下。

Step01 选择 G2 单元格，输入公式【=IF(NOT(MAX(C2:E2)<$I$2),"优秀",IF(NOT(MAX(C2:E2)<$I$3),"及格","不及格"))】，按【Enter】键判断第一个参与者成绩的级别，如图 13-72 所示。

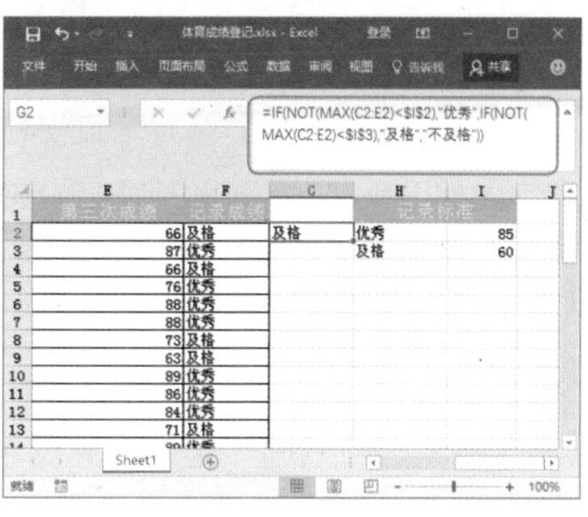

图 13-72

Step02 使用 Excel 的自动填充功能，判断出其他参与者成绩对应的级别，可以发现 F 列和 G 列中的计算结果是相同的，如图 13-73 所示。

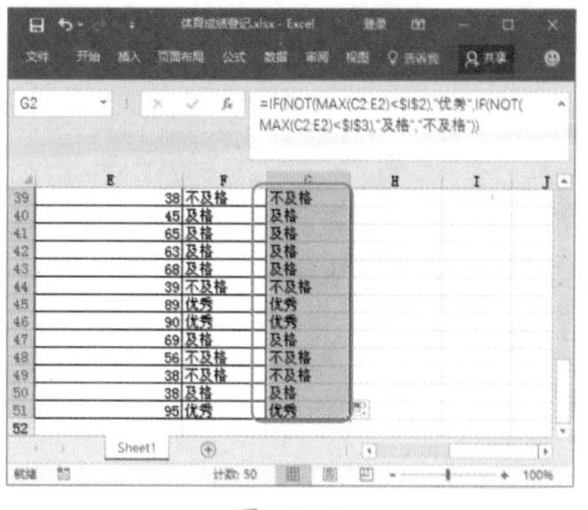

图 13-73

13.5 文本函数的应用

文本函数，顾名思义是处理文本字符串的函数，主要功能包括提取、查找或搜索文本中的某个特殊字符，转换文本格式，也可以获取关于文本的其他信息。

13.5.1 实战：使用字符串编辑函数对字符进行处理

实例门类	软件功能
教学视频	光盘\视频\第 13 章\13.5.1.mp4

在 Excel 中，文本值也称为字符串，它通常由若干个子串构成。在日常工作中，有时需要将某几个单元格的内容合并起来，组成一个新的字符串表达完整的意思，或者需要对几个字符串进行比较。

1. 使用 LEN 函数计算文本中的字符个数

LEN 函数用于计算文本字符串中的字符数。

例如，要设计一个文本发布窗口，要求用户只能在该窗口中输入不超过 60 个的字符，并在输入的同时，提示用户还可以输入的字符个数，具体操作步骤如下。

Step01 新建一个空白工作簿，并设置展示窗口的布局和格式，❶合并 A1:F1 单元格区域，输入【信息框】文本，❷合并 A2:F10 单元格区域，并填充为白色，❸合并 A11:F11 单元格区域，输入【="还可以输入"&(60-LEN(A2)&"个字符")】，如图 13-74 所示。

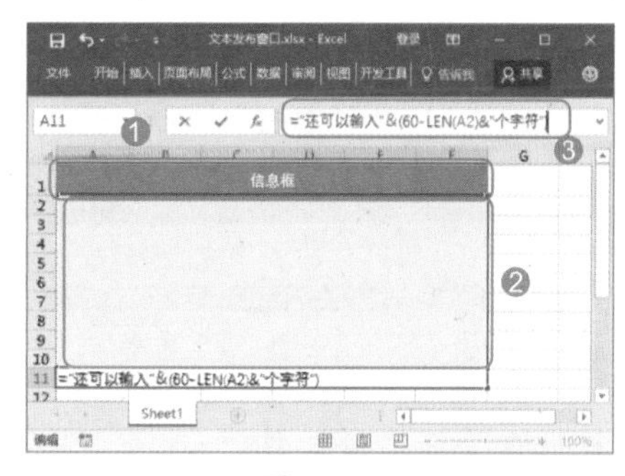

图 13-74

Step02 在 A2 单元格中输入需要发布的信息，即可在 A11 单元格中显示出还可以输入的字符个数，如图 13-75 所示。

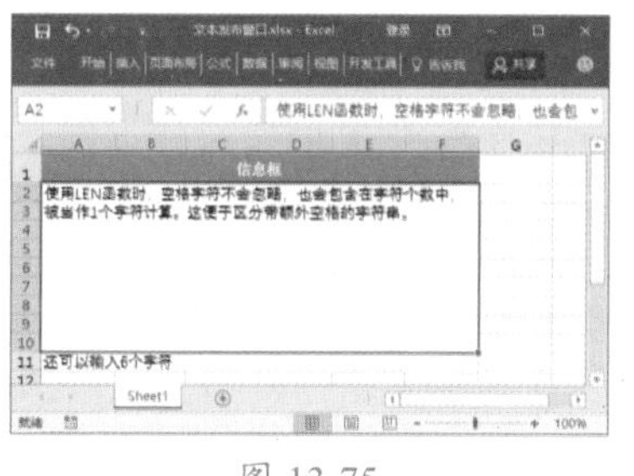

图 13-75

2. 使用 CONCATENATE 函数将多个字符串合并到一处

Excel 中使用【&】符号作为连接符，可连接两个或多个单元格。例如，单元格 A1 中包含文本【你】，单元格 A2 中包含文本【好】，则在单元格 A3 中输入公式【="你"&"好"】，会返回【你好】，如图 13-76 所示。

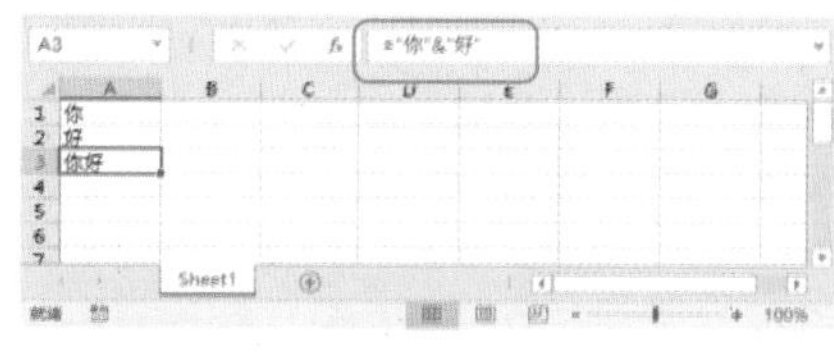

图 13-76

除此之外，使用 CONCATENATE 函数也能实现运算符【&】的功能。CONCATENATE 函数用于合并两个或多个字符串，最多可以将 255 个文本字符串连接成一个文本字符串。连接项可以是文本、数字、单元格引用或这些项的组合。如要连接上面情况中的 A1 和 A2 单元格数据，在 A3 单元格中可输入公式【=CONCATENATE(" 你 "," 好 ")】，返回【你好】，如图 13-77 所示。

图 13-77

13.5.2 实战：使用返回文本内容函数提取指定字符

实例门类	软件功能
教学视频	光盘\视频\第 13 章\13.5.2.mp4

从原有文本中提取并返回一部分用于形成新的文本是常见的文本运算。在使用 Excel 处理数据时，经常会遇到含有汉字、字母、数字的混合型数据，有时需要单独提取出某类型的字符串，或者在同类型的数据中提取出某些子串，如提取身份证号中的出生日期、提取地址中的街道信息等。下面介绍一些常用和实用的文本提取函数。

1. 使用 LEFT 函数从文本左侧起提取指定个数的字符

LEFT 函数能够从文本左侧起提取文本中的第一个或前几个字符。

语法结构：

LEFT (text,[num_chars])

参　数：

- text：必需的参数，包含要提取的字符的文本字符串。
- num_chars：可选参数，用于指定要由 LEFT 提取的字符的数量。因此，该参数的值必须大于或等于零。当省略该参数时，则假设其值为 1。

例如，在员工档案表中包含了员工姓名和家庭住址信息，现在要把员工的姓氏和家庭地址的所属省份内容重新保存在一列单元格中。使用 LEFT 函数即可很快完成这项任务，具体操作步骤如下。

Step01 打开“光盘\素材文件\第 10 章\员工档案表.xlsx”文件，❶ 在 B 列单元格右侧插入一列空白单元格，并输入表头【姓氏】，❷ 选择 C2 单元格，输入公式【=LEFT(B2)】，如图 13-78 所示。

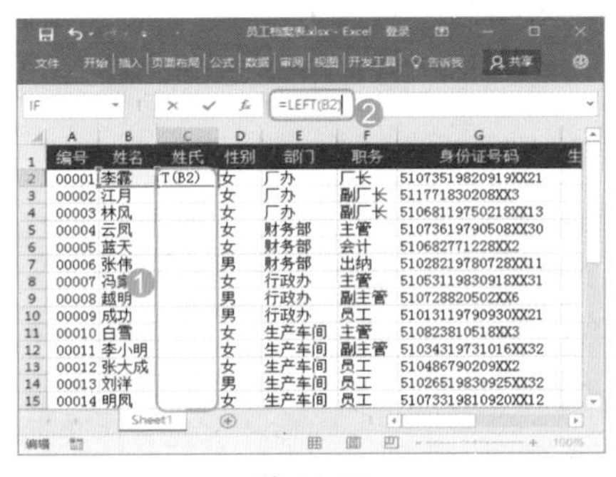

图 13-78

Step02 ❶ 按【Enter】键即可提取该员工的姓氏到单元格中，❷ 使用 Excel 的自动填充功能，提取其他员工的姓氏，如图 13-79 所示。

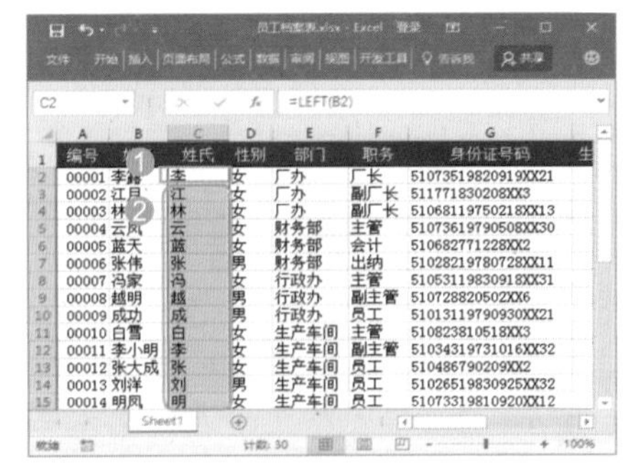

图 13-79

Step03 ❶ 在 K 列单元格左侧插入一列空白单元格，并输入表头【祖籍】，❷ 选择 J2 单元格，输入公式【=LEFT(K2,2)】，如图 13-80 所示。

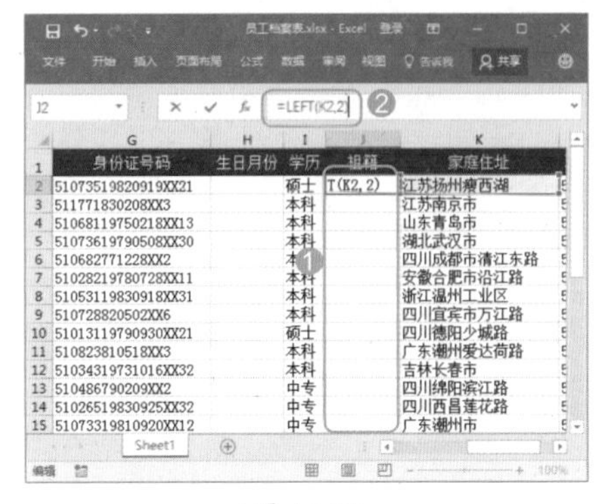

图 13-80

Step04 ❶ 按【Enter】键即可提取该员工家庭住址中的省份内容，❷ 使用 Excel 的自动填充功能，提取其他员工家庭住址的所属省份，如图 13-81 所示。

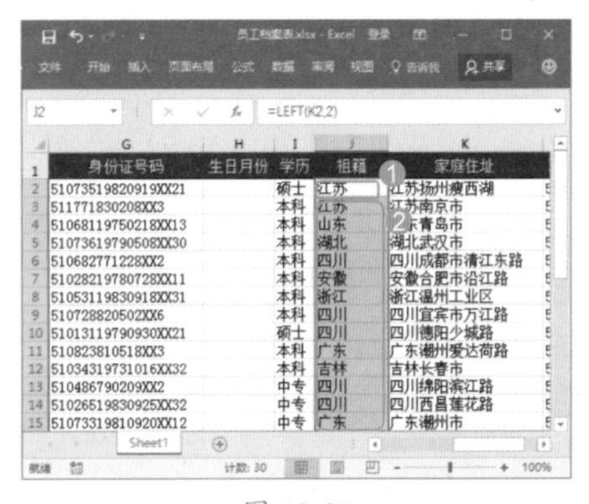

图 13-81

2. 使用 RIGHT 函数从文本右侧起提取指定个数的字符

RIGHT 函数能够从文本右侧起提取文本字符串中最后一个或多个字符。

语法结构：

RIGHT (text,[num_chars])

参　数：

- text：必需的参数，包含要提取字符的文本字符串。
- num_chars：可选参数，指定要由 RIGHT 函数提取的字符的数量。

例如，在产品价目表中的产品型号数据中包含了产品规格大小的信息，而且这些信息位于产品型号数据的倒数 4 位，通过 RIGHT 函数进行提取的具体操作步骤如下。

Step 01 打开“光盘\素材文件\第 10 章\产品价目表.xlsx”文件，❶ 在 C 列单元格右侧插入一列空白单元格，并输入表头【规格（g/支）】，❷ 在 D2 单元格中输入公式【=RIGHT(C2,4)】，按【Enter】键即可提取该产品的规格大小，如图 13-82 所示。

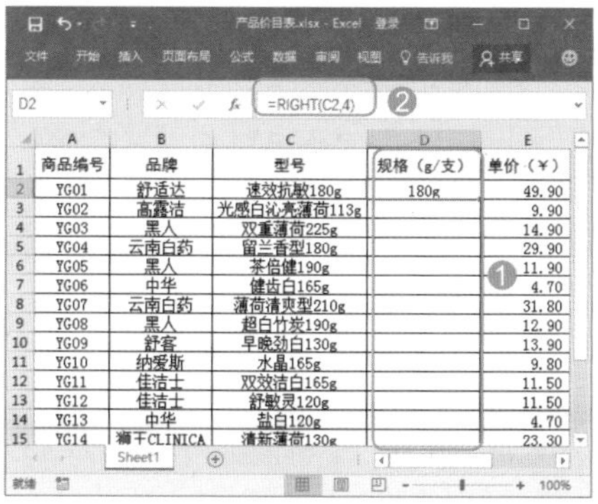

图 13-82

Step 02 使用 Excel 的自动填充功能，继续提取其他产品的规格大小，如图 13-83 所示。

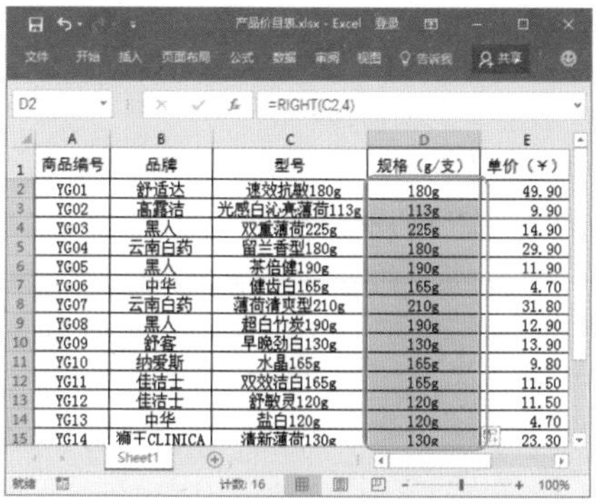

图 13-83

3. 使用 MID 函数从文本指定位置提取指定个数的字符

MID 函数能够从文本指定位置提取指定个数的字符。

语法结构：

MID (text,start_num,num_chars)

参　数：

- text：必需的参数，包含要提取字符的文本字符串。
- start_num：必需的参数，代表文本中要提取的第一个字符的位置。文本中第一个字符的 start_num 为 1，以此类推。
- num_chars：必需的参数，用于指定希望 MID 函数从文本中返回字符的个数。

例如，在员工档案表中提供了身份证号，但没有生日信息，可以根据身份证号自行得到出生月份，具体操作步骤如下。

Step 01 选择 H2 单元格，输入公式【=IF(LEN(G2)=15,MID(G2,9,2),MID(G2,11,2))】，按【Enter】键即可提取该员工的出生月份，如图 13-84 所示。

图 13-84

Step 02 使用 Excel 的自动填充功能，提取其他员工的出生月份，如图 13-85 所示。

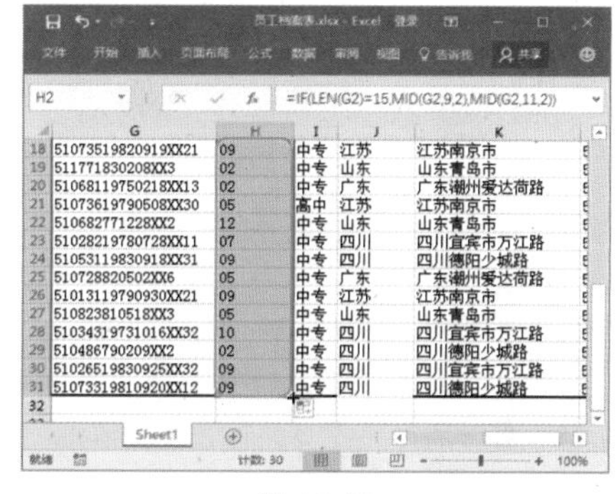

图 13-85

13.5.3 实战：使用文本格式转换函数对字符进行转换

实例门类	软件功能
教学视频	光盘\视频\第 13 章\13.5.3.mp4

处理文本时，有时需要将现有的文本转换为其他形式，如将字符串中的全/半角字符进行转换、大/小写字母进行转换等。掌握转换文本格式函数的基本操作技巧，便可以快速修改表格中某种形式的文本格式了。

1. 使用 TEXT 函数将数字转换为文本

货币格式有很多种，其小数位数也要根据需要而设定。如果能像在【设置单元格格式】对话框中自定义单元格格式那样，可以自定义各种货币的格式，将会方便很多。

Excel 的 TEXT 函数可以将数值转换为文本，并可使用户通过使用特殊格式字符串来指定显示格式。这个函数的价值比较含糊，但在需要以可读性更高的格式显示数字或需要合并数字、文本或符号时，此函数非常有用。

语法结构：

TEXT (value,format_text)

参　数：

- value：必需的参数，表示数值、计算结果为数值的公式，或对包含数值的单元格的引用。
- format_text：必需的参数，表示使用半角双引号括起来作为文本字符串的数字格式，如 "#,##0.00"。如果需要设置为分数或含有小数点的数字格式，就需要在 format_text 参数中包含位占位符、小数点和千位分隔符。

用 0（零）作为小数位数的占位符，如果数字的位数少于格式中零的数量，则显示非有效零；# 占位符与 0 占位符的作用基本相同，但是，如果输入的数字在小数点任意一侧的位数均少于格式中 # 符号的数量时，Excel 不会显示多余的零。如格式仅在小数点左侧含有数字符号【#】，则小于 1 的数字会以小数点开头；? 占位符与 0 占位符的作用也基本相同，但是，对于小数点任一侧的非有效零，Excel 会加上空格，使得小数点在列中对齐；.（句点）占位符在数字中显示小数点；,（逗号）占位符在数字中显示代表千位分隔符。如在表格中输入公式【=TEXT(45.2345,"#.00")】，则可返回【45.23】。

技术看板

TEXT 函数的参数中如果包含有关于货币的符号时，即可替换 DOLLAR 函数。而且 TEXT 函数会更灵活，因为它不限制具体的数字格式。TEXT 函数还可以将数字转换为日期和时间数据类型的文本，如将 format_text 参数设置为“"m/d/yyyy"”，即输入公式【=TEXT(NOW(),"m/d/yyyy")】，可返回“1/24/2011”。

2. 使用 T 函数将参数转换为文本

T 函数用于返回单元格内的值引用的文本。

语法结构：

T (value)

参　数：

value：必需的参数，表示需要进行测试的数值。

例如，在某留言板中，只允许用户提交纯文本的留言内容。在验证用户提交的信息时，如果发现有文本以外的内容，就会提示用户【您只能输入文本信息】。在 Excel 中可以通过 T 函数进行判断，具体操作步骤如下。

Step 01 在单元格 A1 中输入公式【=IF(T(A2)="","您只能输入文本信息","正在提交你的留言")】，如图 13-86 所示。

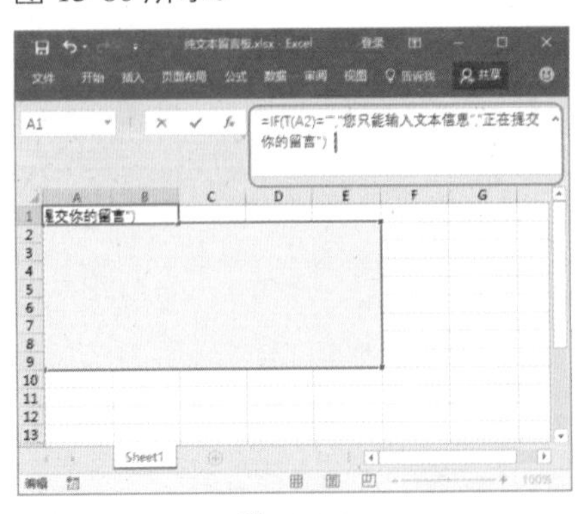

图 13-86

Step 02 经过上述操作后，在 A1 单元格中显示【您只能输入文本信息】的内容。在 A2 单元格中输入数字或逻辑值，这里输入【1234566】，则 A1 单元格中会提示你【您只能输入文本信息】，如图 13-87 所示。

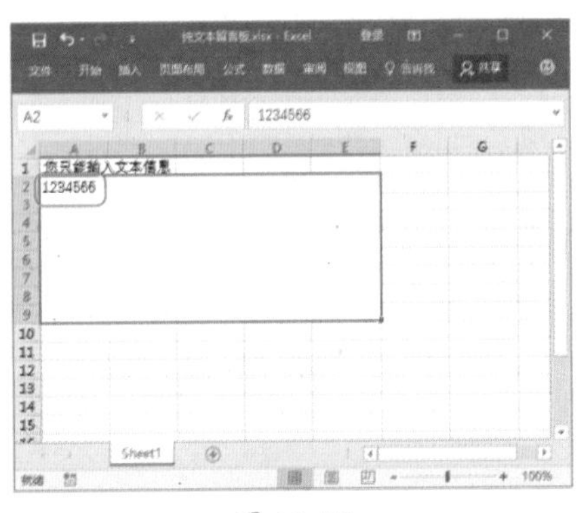

图 13-87

Step 03 在 A2 单元格中输入纯文本，则 A1 单元格中会提示你【正在提交你的留言】，如图 13-88 所示。

技术看板

如果 T 函数的参数中值是文本或引用了文本，将返回值。如果值未引用文本，将返回空文本。通常不需要在公式中使用 T 函数，因为 Excel 可以自动按需要转换数值的类型，该函数主要用于与其他电子表格程序兼容。

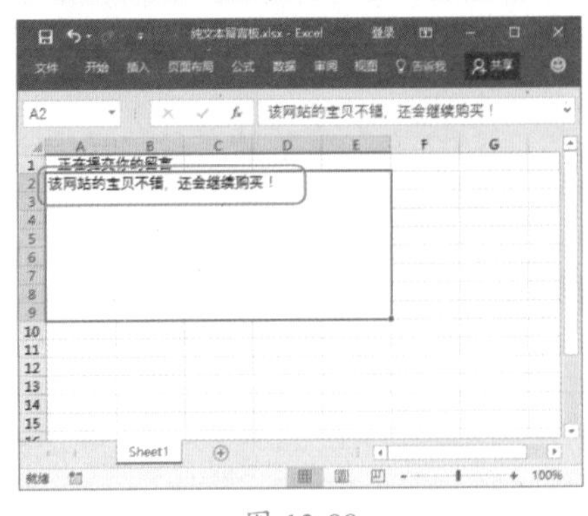

图 13-88

3. 使用 VALUE 函数将文本格式的数字转换为普通数字

在表示一些特殊的数字时，可能为了方便，在输入过程中将这些数字设置成文本格式了，但在一些计算中，文本格式的数字并不能参与运算。此时，可以使用 VALUE 函数快速将文本格式的数字转换为普通数字，再进行运算。

如输入公式【=VALUE(“$1,500”)】，即可返回【1500】。输入公式【=VALUE("14:44:00")-VALUE("9:30:00")】，即会返回【0.218055556】。

13.5.4 实战：使用文本函数查找或替换指定字符

实例门类	软件功能
教学视频	光盘\视频\第 13 章\13.5.4.mp4

在处理文本字符串时，还经常需要对字符串中某个特定的字符或子串进行操作，在不知道其具体位置的情况下，就必须使用文本查找或替换函数来定位和转换。

1. 使用 FIND 函数以字符为单位并区分大小写查找指定字符的位置

FIND 函数可以在第二个文本串中定位第一个文本串，并返回第一个文本串的起始位置的值，该值从第二个文本串的第一个字符算起。

语法结构：
FIND (find_text,within_text,[start_num])
参　数：

- find_text：必需的参数，表示要查找的文本。
- within_text：必需的参数，表示要在其中查找 find_text 的文本。
- start_num：可选参数，表示在 within_text 中开始查找的字符位置，首字符的位置是 1。如果省略 start_num，默认其值为 1。

例如，某大型会议举办前，需要为每位邀请者发送邀请函，公司客服经理在给邀请者发出邀请函后，都会在工作表中做记录，方便后期核实邀请函是否都发送到了邀请者手中。现在需要通过使用 FIND 函数检查受邀请的人员名单是否都包含在统计的人员信息中，具体操作步骤如下。

Step01 打开“光盘\素材文件\第 10 章\会议邀请函发送记录.xlsx”文件，❶分别合并 G2:L2 和 G3:L20 单元格区域，并输入标题和已经发送邀请函的相关数据，❷在 F3 单元格中输入公式【=IF(ISERROR(FIND(B3,$G$3)),"未邀请","已经邀请")】，按【Enter】键即可判断是否已经为该邀请者发送了邀请函，如图 13-89 所示。

图 13-89

Step02 使用 Excel 的自动填充功能，继续判断是否为其他邀请者发送了邀请函，如图 13-90 所示。

图 13-90

2. 使用 REPLACE 函数以字符为单位根据指定位置进行替换

REPLACE 函数可以使用其他文本字符串并根据所指定的位置替换某文本字符串中的部分文本。如果知道替换文本的位置，但不知道该文本，就可以使用该函数。

语法结构：
REPLACE (old_text,start_num,num_chars,new_text)
参　数：

- old_text：必需的参数，表示要替换其部分字符的文本。
- start_num：必需的参数，表示要用 new_text 替换的 old_text 中字符的位置。
- num_chars：必需的参数，表示希望 REPLACE 函数使用 new_text 替换 old_text 中字符的个数。
- new_text：必需的参数，表示将用于替换 old_text 中字符的文本。

例如，在“会议邀请函发送记录”工作簿中，由于在判断时输入的是【已经邀请】文本，不便于阅读，可以通过替换的方法将其替换为容易识别的【√】符号，具体操作步骤如下。

Step01 在 G 列前插入一列新的单元格，在 G3 单元格中输入公式【=IF(EXACT(F3,"已经邀请"),REPLACE(F3,1,4,"√"),F3)】，按【Enter】键即可将工作表中 F3 单元格中的【已经邀请】文本替换为【√】文本，如图 13-91 所示。

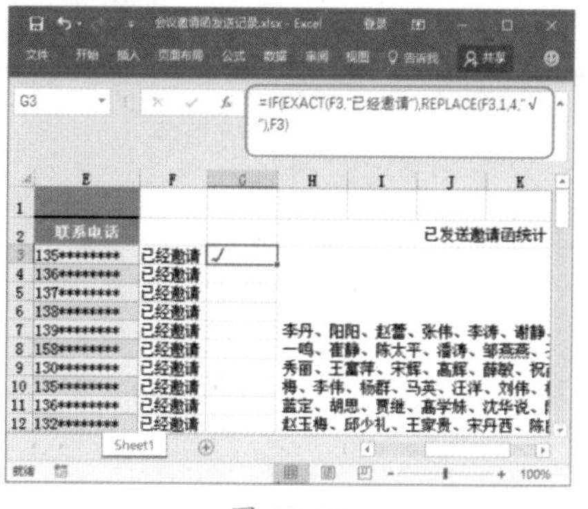

图 13-91

Step02 使用 Excel 的自动填充功能，继续替换 F 列中其他单元格中的【已经邀请】文本为【√】文本，如图 13-92 所示。

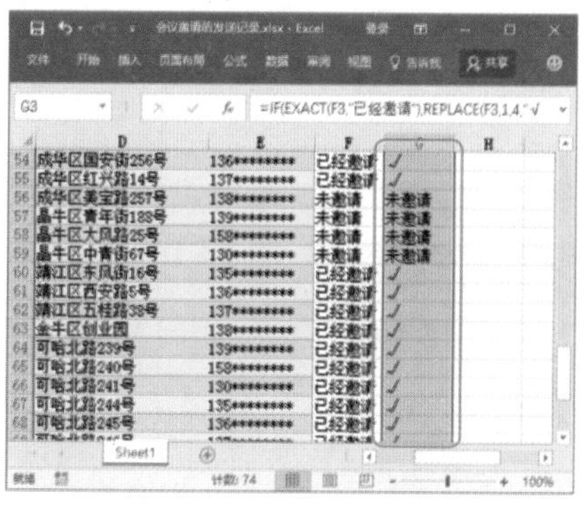
图 13-92

3. 使用 SUBSTITUTE 函数以指定文本进行替换

SUBSTITUTE 函数用于替换字符串中的指定文本。如果知道要替换的字符，但不知道其位置，就可以使用该函数。

语法结构：
SUBSTITUTE (text,old_text,new_text,[instance_num])
参　数：

- text：必需的参数，表示需要替换其中字符的文本，或对含有文本（需要替换其中字符）的单元格的引用。

- old_text：必需的参数，表示需要替换的旧文本。
- new_text：必需的参数，表示用于替换 old_text 的文本。
- instance_num：可选参数，表示用来指定要以 new_text 替换第几次出现的 old_text。如果指定了 instance_num，则只有满足要求的 old_text 被替换；否则会将 text 中出现的每一处 old_text 都更改为 new_text。

在上面的例子中，将【已经邀请】文本替换为【√】符号，使用了比较复杂的查找过程，其实，可以直接输入公式【=SUBSTITUTE(F3,"已经邀请","√")】进行替换。

13.5.5 实战：使用文本删除函数删除指定字符或空格

如果希望使用函数一次性删除同类型的字符，可使用 CLEAN 函数和 TRIM 函数。

1. 使用 CLEAN 函数删除无法打印的字符

CLEAN 函数可以删除文本中的所有非打印字符。

例如，在导入 Excel 工作表的数据时，经常会出现一些莫名其妙的“垃圾”字符，一般为非打印字符。此时就可以使用 CLEAN 函数来帮助规范数据格式。

如要删除图 13-93 中出现在数据文件头部或尾部和无法打印的低级计算机代码，可以在 C5 单元格中输入公式【=CLEAN(C3)】，即可删除 C3 单元格数据前后出现的无法打印的字符。

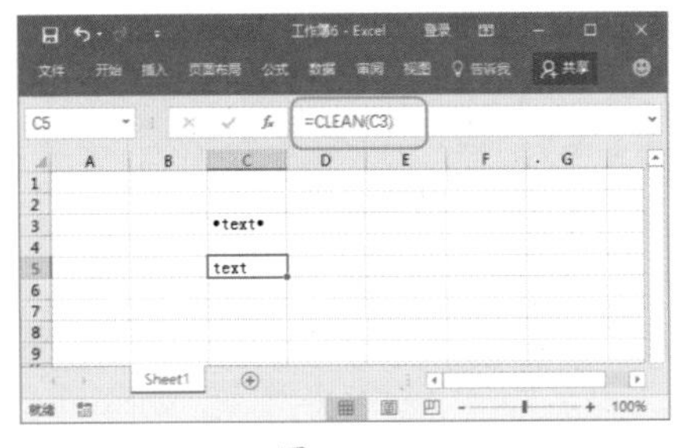

图 13-93

2. 使用 TRIM 函数删除多余的空格

在导入 Excel 工作表的数据时，还经常会从其他应用程序中获取带有不规则空格的文本。此时就可以使用 TRIM 函数删除这些多余的空格。

TRIM 函数除可以删除单词之间的单个空格外，还可以删除文本中的所有空格。例如，要删除图 13-94 的 A 列中多余的空格，具体操作步骤如下：

Step 01 在 B2 单元格中输入公式【=TRIM(A2)】，按【Enter】键即可将 A2 单元格中多余的空格删除，如图 13-94 所示。

图 13-94

Step 02 使用 Excel 的自动填充功能，继续删除 A3、A4、A5 单元格中多余的空格，完成后的效果如图 13-95 所示。

图 13-95

13.6 日期和时间函数的应用

在表格中处理日期和时间时，初学者可能经常会遇到处理失败的情况。为了避免出现错误，除需要掌握为日期和时间设置单元格格式外，还需要掌握日期和时间函数的应用方法。

13.6.1 实战：使用年月日函数快速返回指定的年月日

实例门类	软件功能
教学视频	光盘\视频\第 13 章\13.6.1.mp4

在表格中，有时需要插入当前日期或时间，如果总是通过手动输入，就会很麻烦。为此，Excel 提供了两个用于获取当前系统日期和时间的函数。下面分别进行介绍。

1. 使用 TODAY 函数返回当前日期

Excel 中的日期就是一个数字，更准确地说，是以序列号进行存储的。默认情况下，1900 年 1 月 1 日的序列号是 1，而其他日期的序列号是通过计算自 1900 年 1 月 1 日以来的天数而得到的。例如，2017 年 1 月 1 日距 1900 年 1 月 1 日有 42,736 天，因此这一天的序列号是 42736。正因为 Excel 中采用了这个计算日期的系统，因此，要把日期序列号表示为日期，必须把单元格格式化为日期类型。正因为这个系统，也就可以使用公式来处理日期。

例如，要制作一个项目进度跟踪表，需要计算各项目完成的倒计时天数，具体操作步骤如下。

Step01 打开“光盘\素材文件\第13章\项目进度跟踪表.xlsx”文件，在C2单元格中输入公式【=B2-TODAY()】，计算出A项目距离计划完成项目的天数，默认情况下返回日期格式，如图13-96所示。

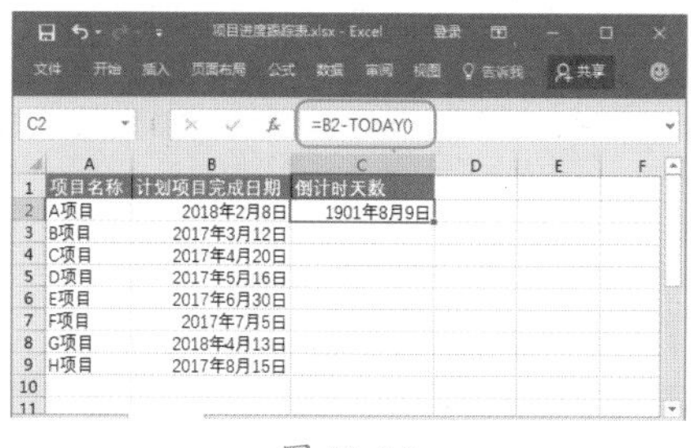

图 13-96

Step02 ❶使用Excel的自动填充功能判断出后续项目距离计划完成项目的天数，❷保持单元格区域的选择状态，在【开始】选项卡【数字】组中的列表框中选择【常规】命令，如图13-97所示。

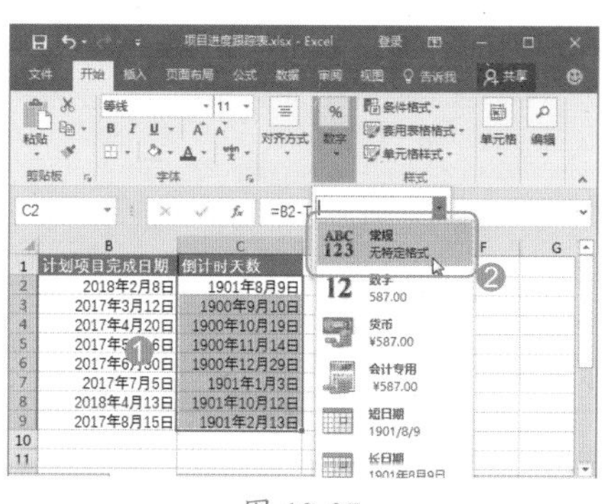

图 13-97

Step03 经过上步操作后，即可看到公式计算后返回的日期格式更改为常规格式，显示为具体的天数了，如图13-98所示。

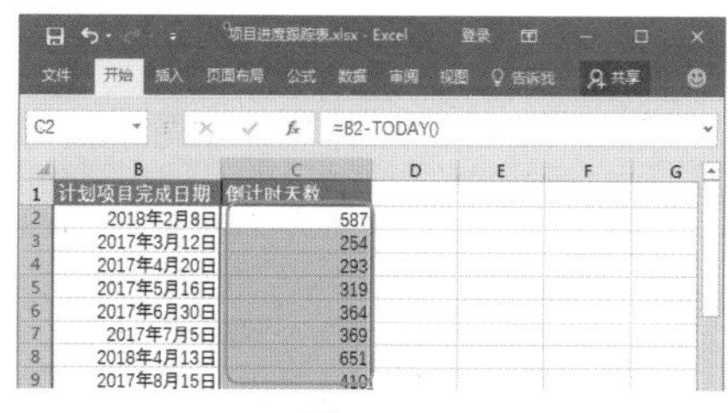

图 13-98

2. 使用NOW函数返回当前的日期和时间

Excel中的时间系统与日期系统类似，也是以序列号进行存储的。它是以午夜12点为0，中午12点为0.5进行平均分配的。当需要在工作表中显示当前日期和时间的序列号，或者需要根据当前日期和时间计算一个值，并在每次打开工作表时更新该值时，使用NOW函数很有用。NOW函数比较简单，也不需要设置任何参数。在返回的序列号中小数点右边的数字表示时间，左边的数字表示日期，如序列号【42552.7273】中的【42552】表示的是日期，即2016年7月1日，【7273】表示的是时间，即17点27分。

13.6.2 实战：返回日期和时间的某个部分

实例门类	软件功能
教学视频	光盘\视频\第13章\13.6.2.mp4

在日常业务处理中，经常需要了解的可能只是具体的年份、月份、日期或时间中的一部分内容，并不需要掌握其具体的全部信息。

1. 使用YEAR函数返回某日期对应的年份

YEAR函数可以返回某日期对应的年份，返回值的范围为1900～9999的整数。

例如，在员工档案表中记录了员工入职的日期数据，需要结合使用YEAR函数和TODAY函数，根据当前系统日期计算出各员工当前的工龄，具体操作步骤如下。

Step01 打开“光盘\素材文件\第13章\员工档案表.xlsx”文件，在J列左侧插入一列空白单元格，输入数据，再在K列左侧插入一列空白单元格，输入内容。选择K2单元格，输入公式【=YEAR(TODAY())-YEAR(J2)】，按【Enter】键计算出结果，如图13-99所示。

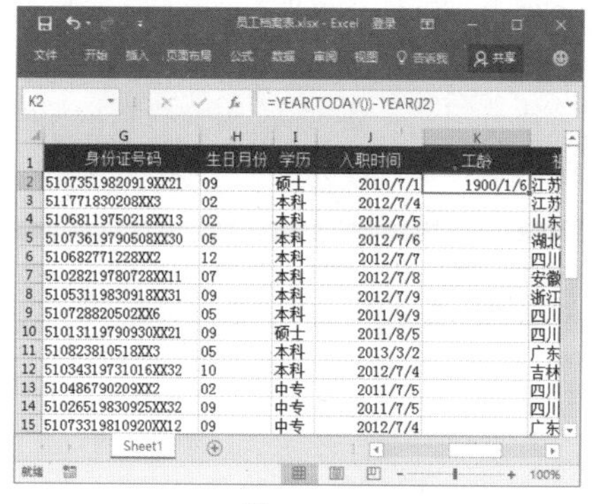

图 13-99

Step02 使用Excel的自动填充功能，填充K2单元格中的公式到K3:K31单元格区域，设置K2:K31单元格区域的单元格格式为【常规】后，即可得到各员工的当前工龄，如图13-100所示。

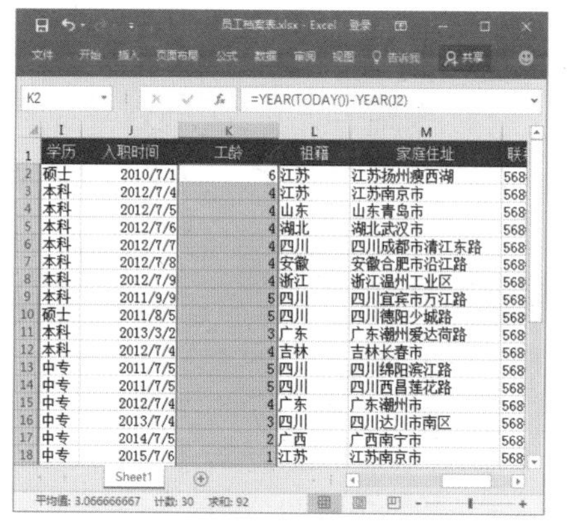

图 13-100

2. 使用MONTH函数返回某日期对应的月份

MONTH函数可以返回以序列号表示的日期中的月份，返回值的范围为1（一月）～12（十二月）的整数。

例如，要判断某年是否为闰年，只要判断该年份中2月的最后一天是否为29日即可。因此，首先使用DATE函数获取该年份中2月第29天的日期值，然后使用MONTH函数进行判断，具体操作方法如下。

打开“光盘\素材文件\第13

章\判断闰年.xlsx”文件，❶ 选择B3单元格，输入公式【=IF(MONTH(DATE(年份,2,29))=2,"闰年","平年")】，按【Enter】键判断出该年份是否为闰年，❷ 使用Excel的自动填充功能，判断出其他年份是否为闰年，如图13-101所示。

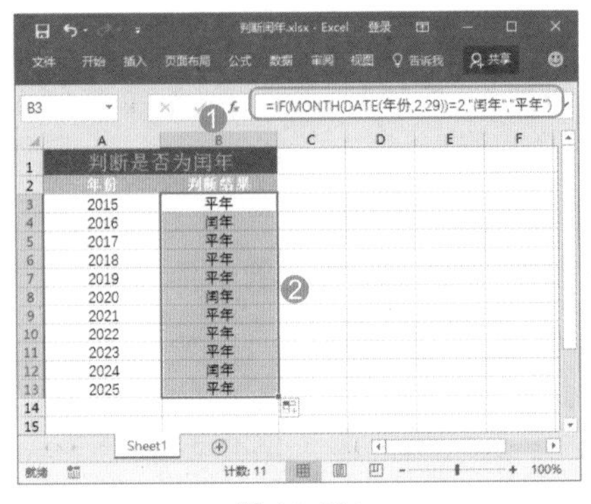

图 13-101

3. 使用DAY函数返回某日期对应当月的天数

在Excel中，不仅能返回某日期对应的年份和月份，还能返回某日期对应的天数。

DAY函数可以返回以序列号表示的某日期的天数，返回值的范围为1～31的整数。

例如，A2单元格中的数据为【2018-2-28】，则通过公式【=DAY(A2)】，即可返回A2单元格中的天数【28】。

4. 使用HOUR函数返回小时数

HOUR函数可以提取时间值的小时数。该函数返回值的范围为0(12:00A.M)～23(11:00P.M)的整数。

语法结构：
HOUR (serial_number)
参　数：
serial_number：必需的参数，为一个时间值，其中包含要查找的小时。

如果要返回当前时间的小时数，可输入公式【=HOUR(NOW())】；如果要返回某个时间值（如A2单元格的值）的小时数，可输入公式【=HOUR(A2)】。

5. 使用MINUTE函数返回分钟数

在Excel中使用MINUTE函数可以提取时间值的分钟数。该函数返回值的范围为0～59的整数。

语法结构：
MINUTE (serial_number)
参　数：
serial_number：必需的参数，是一个包含要查找的分钟数的时间值。

如果要返回当前时间的分钟数，可输入公式【=MINUTE (NOW())】；如果要返回某个时间值（如A2单元格的值）的分钟数，可输入公式【=MINUTE(A2)】。

13.6.3 实战：使用工作日函数返回指定工作日或日期

实例门类	软件功能
教学视频	光盘\视频\第13章\13.6.3.mp4

日期和时间函数不仅可以获取或返回指定日期和时间，同时还可以计算两个日期之间相差多少天、之间有多少个工作日等，下面介绍一些返回指定工作日或日期的函数。

1. 使用DAYS360函数以360天为准计算两个日期间天数

使用DAYS360函数可以按照一年360天的算法（每个月以30天计，一年共计12个月）计算出两个日期之间相差的天数。

语法结构：
DAYS360 (start_date,end_date,[method])
参　数：

- start_date：必需的参数，表示时间段开始的日期。
- end_date：必需的参数，表示时间段结束的日期。
- method：可选参数，是一个逻辑值，用于设置采用哪一种计算方法。当其值为TRUE时，采用欧洲算法。当其值为FALSE或省略时，则采用美国算法。

例如，小胡于2016年8月在银行存入了一笔活期存款，假设存款的年利息是0.15%，在2017年10月25日将其取出，按照每年360天计算，要通过DAYS360函数计算存款时间和可获得的利息，具体操作步骤如下。

Step 01 新建一个空白工作簿，输入相关内容，在C6单元格中输入公式【=DAYS360(B3,C3)】，即可计算出存款时间，如图13-102所示。

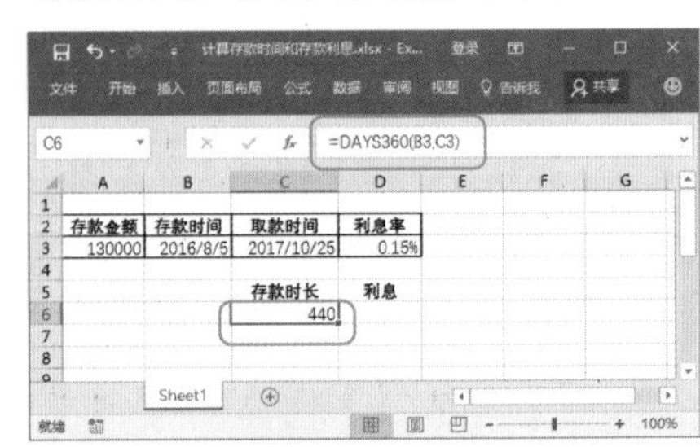

图 13-102

Step 02 在D6单元格中输入公式【=A3*(C6/360)*D3】，即可计算出小胡的存款440天后应获得的利息，如图13-103所示。

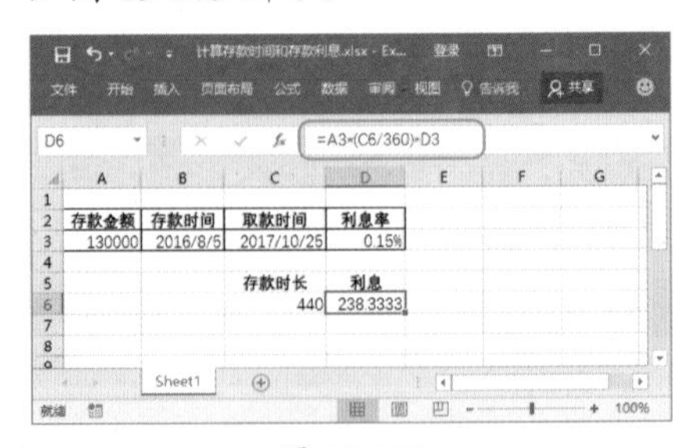

图 13-103

2. 使用 NETWORKDAYS 函数计算日期间所有工作日数

NETWORKDAYS 函数用于返回参数 start_date 和 end_date 之间完整的工作日天数，工作日不包括周末和专门指定的假期。

例如，某公司接到一个项目，需要在短时间内完成，现在需要根据规定的截止日期和可以开始的日期，计算排除应有节假日外的总工作时间，然后展开工作计划，具体操作步骤如下。

Step01 新建一个空白工作簿，输入如图 13-104 所示的相关内容，目的是为了要以此统计出该段日期间的法定放假日期。

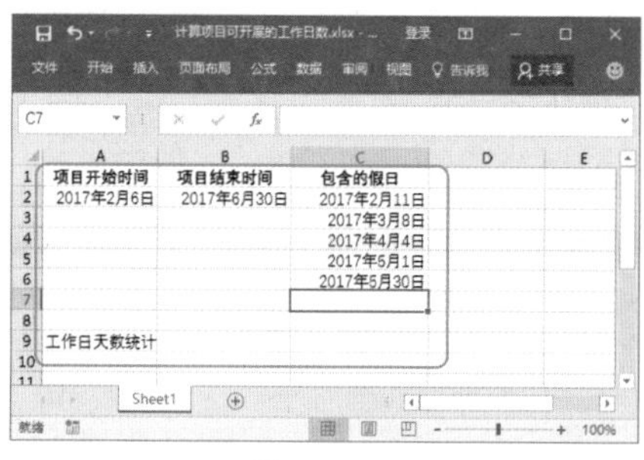

图 13-104

Step02 在 B9 单元格中输入公式【=NETWORKDAYS(A2,B2,C2:C6)】，即可计算出该项目总共可用的工作日时长，如图 13-105 所示。

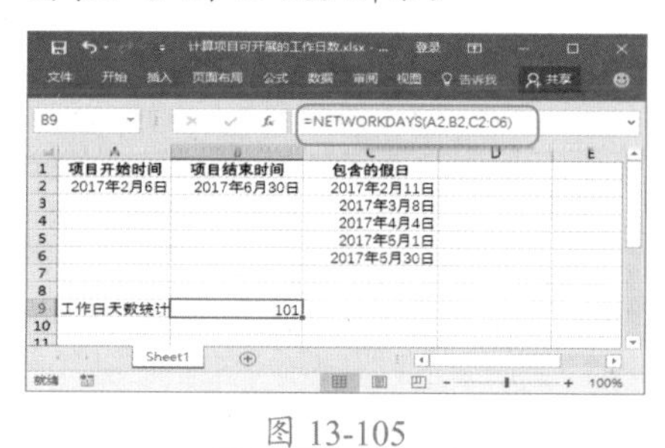

图 13-105

3. 使用 WORKDAY 函数计算指定日期向前或向后数个工作日后的日期

WORKDAY 函数用于返回在某日期（起始日期）之前或之后与该日期相隔指定工作日的某一日期的日期值。

语法结构：
WORKDAY (start_date,days,[holidays])
参　数：
start_date：必需的参数，一个代表开始日期的日期。
days：必需的参数，用于指定相隔的工作日天数（不含周末及节假日）。days 为正值将生成未来日期；为负值生成过去日期。
holidays：可选参数，一个可选列表，其中包含需要从工作日历中排除的一个或多个日期，如各种省 \ 市 \ 自治区和国家 \ 地区的法定假日及非法定假日。

有些工作在开始工作时就根据工作日给出了完成的时间。例如，某个项目从 2017 年 2 月 6 日正式启动，要求项目在 150 个工作日内完成，除去这期间的节假日，使用 WORKDAY 函数便可以计算出项目结束的具体日期，具体操作步骤如下。

Step01 新建一个空白工作簿，输入如图 13-106 所示的相关内容，主要是要以此输入可能完成任务的这段时间内法定放假的日期，可以尽量超出完成日期来统计放假日期。

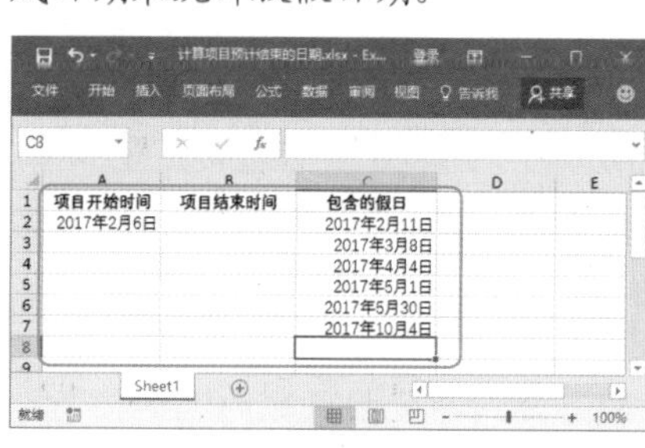

图 13-106

Step02 在 B2 单元格中输入公式【=WORKDAY(A2,150,C2:C7)】，如图 13-107 所示。

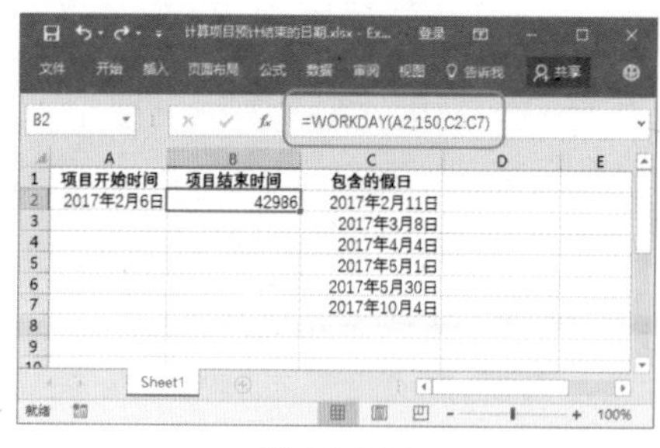

图 13-107

Step03 默认情况下，计算得到的结果显示为日期序列号。在【开始】选项卡【数字】组中的列表框中选择【日期】命令，如图 13-108 所示。

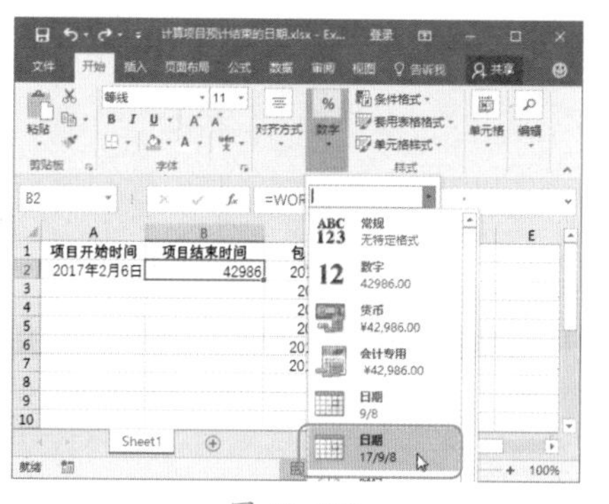

图 13-108

Step04 经过上述操作，即可将计算出的结果转换为日期格式，得到该项目预计最终完成的日期，如图 13-109 所示。

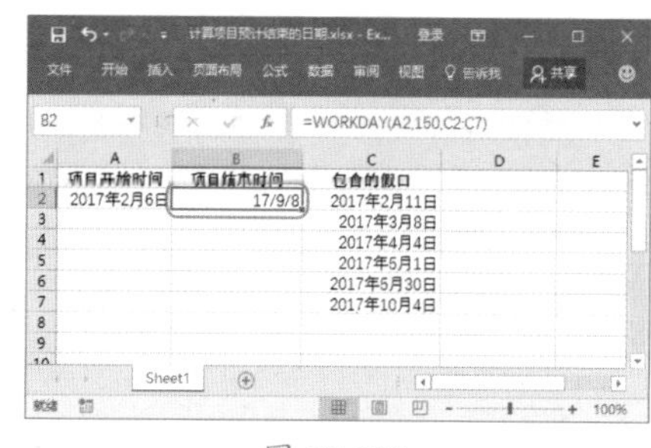

图 13-109

13.7 查找与引用函数的应用

查找与引用是 Excel 提供的一项重要功能，可以帮助用户进行数据精确定位、应用和整理。本节将介绍在办公中使用频率较高的几个查找和引用函数，帮助用户快速精确地对数据进行查找或引用。

13.7.1 实战：使用查找函数对指定数据进行准确查找

实例门类	软件功能
教学视频	光盘\视频\第 13 章\13.7.1.mp4

在日常业务处理中，经常需要根据特定条件查询定位数据或按照特定条件筛选数据。例如，在一列数据中搜索某个特定值首次出现的位置、查找某个值并返回与这个值对应的另一个值、筛选满足条件的数据记录等。

1. 使用 CHOOSE 函数根据序号从列表中选择对应的内容

CHOOSE 函数是一个特别的 Excel 内置函数，它可以根据用户指定的自然数序号返回与其对应的数据值、区域引用或嵌套函数结果。

语法结构：

CHOOSE(index_num,value1,value2…)

参　数：

- index_num：必需的参数，用来指定返回的数值位于列表中的次序，该参数必须为 1～254 之间的数字，或者为公式或对包含 1～254 之间某个数字的单元格的引用。如果 index_num 为小数，在使用前将自动被截尾取整。
- value1,value2：value1 是必需的参数，后续值是可选的参数。value1、value2 等是要返回的数值所在的列表。这些值参数的个数在 1~254 之间，函数 CHOOSE 会基于 index_num，从这些值参数中选择一个数值或一项要执行的操作。

例如，要根据工资表生成工资单，要求格式为每名员工一行数据，员工之间各间隔一空行，下面使用 CHOOSE 函数来实现，具体操作步骤如下。

Step01 打开“光盘\素材文件\第 13 章\工资表.xlsx”文件，❶ 修改 Sheet1 工作表的名称为【工资表】，❷ 新建一个工作表并命名为【工资条】，❸ 选择【工资条】工作表中的 A1 单元格，输入公式【=OFFSET(工资表!$A$1,CHOOSE(MOD(ROW(工资表!A1)-1,3)+1,0,(ROW(工资表!A1)-1)/3+1,65535),COLUMN()-1)&""】，按【Enter】键返回第一个结果，如图 13-110 所示。

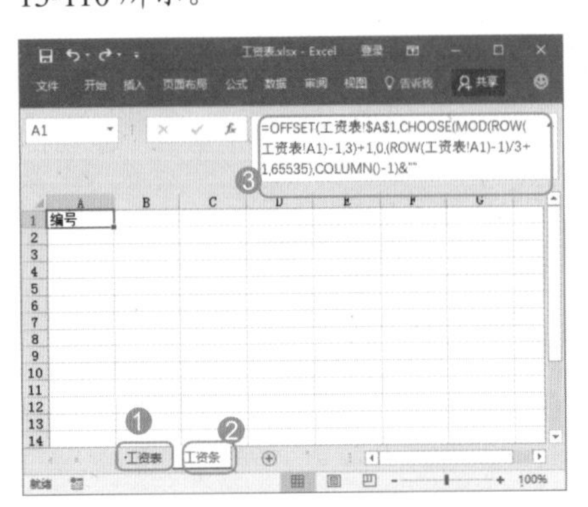

图 13-110

Step02 ❶ 选择 A1 单元格，❷ 使用 Excel 的自动填充功能，横向拖动鼠标指针返回该行的其他数据，如图 13-111 所示。

Step03 保持单元格区域的选择状态，使用 Excel 的自动填充功能，纵向拖动鼠标指针返回其他行的数据，直到将【工资表】工作表中的数据都打印出来为止，效果如图 13-112 所示。

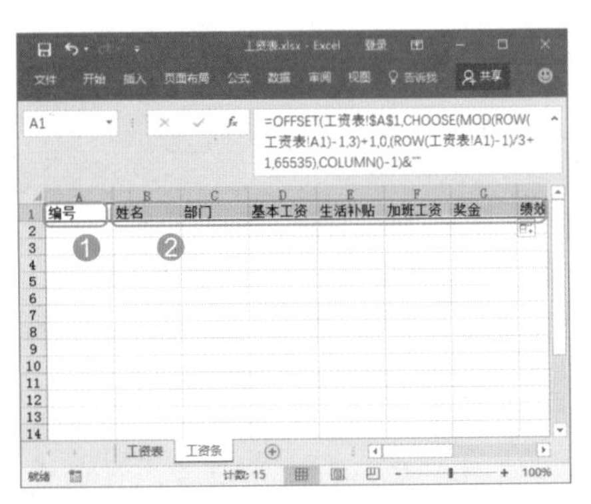

图 13-111

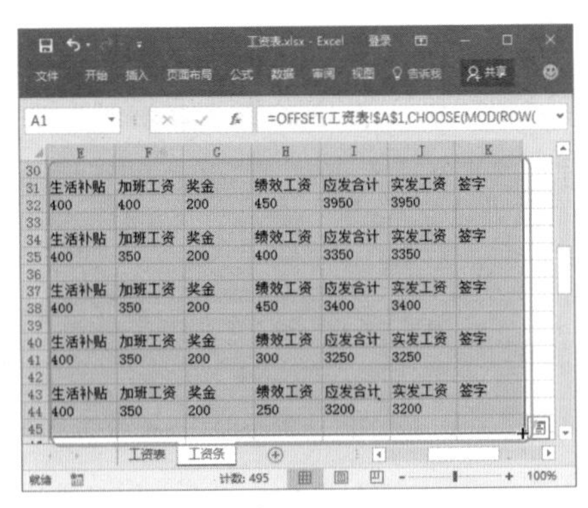

图 13-112

2. 使用 HLOOKUP 函数在区域或数组的行中查找数据

HLOOKUP 函数可以在表格或数值数组的首行沿水平方向查找指定的数值，并由此返回表格或数组中指定行的同一列中的其他数值。

语法结构：

HLOOKUP(lookup_value,table_array,row_index_num,[range_lookup])

参　数：

- lookup_value：必需的参数，用于设定需要在表的第一行中进行查找的值，可以是数值，也可以是文本字符串或引用。

- table_array：必需的参数，用于设置要在其中查找数据的数据表，可以使用区域或区域名称的引用。
- row_index_num：必需的参数，在查找之后要返回的匹配值的行序号。
- range_lookup：可选参数，是一个逻辑值，用于指明函数在查找时是精确匹配，还是近似匹配。如果为 TRUE 或被忽略，则返回一个近似的匹配值（如果没有找到精确匹配值，就返回一个小于查找值的最大值）。如果该参数是 FALSE，函数就查找精确的匹配值。如果这个函数没有找到精确的匹配值，就会返回错误值【#N/A】。0 表示精确匹配值，1 表示近似匹配值。

例如，某公司的上班类型分为多种，不同的类型对应的工资标准也不一样，因此，在计算工资时，需要根据上班类型来统计，用户可以先使用 HLOOKUP 函数将员工的上班类型对应的工资标准查找出来，具体操作步骤如下。

Step 01 打开“光盘\素材文件\第 13 章\工资计算表.xlsx”文件，选择【8 月】工作表中的 E2 单元格，输入公式【=HLOOKUP(C2, 工资标准 !$A$2:$E$3,2,0)*D2】，按【Enter】键计算出该员工当月的工资，如图 13-113 所示。

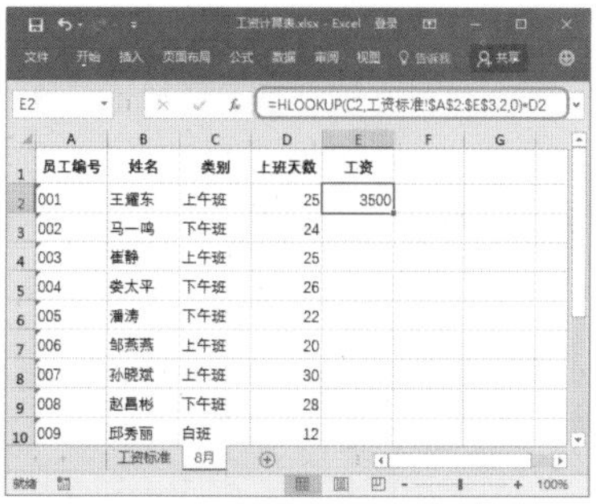

图 13-113

Step 02 使用 Excel 的自动填充功能，计算出其他员工当月的工资，如图 13-114 所示。

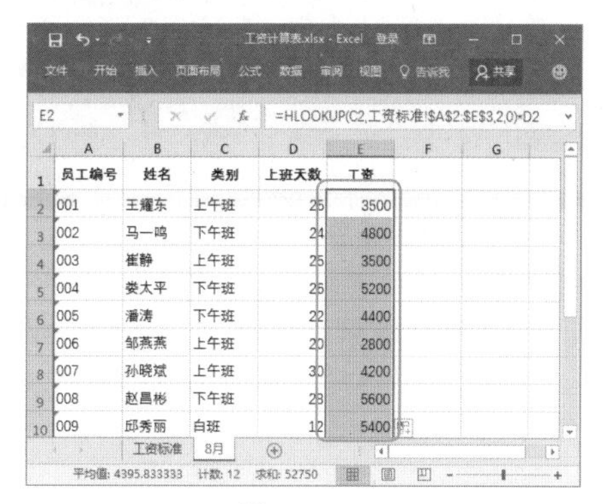

图 13-114

技术看板

对于文本的查找，该函数不区分大小写。如果 lookup_value 参数是文本，它就可以包含通配符 * 和 ?，从而进行模糊查找。如果 row_index_num 参数值小于 1，则返回错误值【#VALUE!】；如果大于 table_array 的行数，则返回错误值【#REF!】。如果 range_lookup 的值为 TRUE，则 table_array 的第一行的数值必须按升序排列，即从左到右为…-2，-1，0，1，2，…，A~Z，FALSE，TRUE；否则，函数将无法给出正确的数值。如果 range_lookup 为 FALSE，则 table_array 不必进行排序。

3. 使用 INDEX 函数以数组或引用形式返回指定位置中的内容

INDEX 函数有数组和引用两种查找形式。用户可根据数据源选择查找方式。下面分别进行简单介绍。

INDEX 函数的数组形式可以返回表格或数组中的元素值，此元素由行序号和列序号的索引值给定。一般情况下，当函数 INDEX 的第一个参数为数组常量时，就使用数组形式。

语法结构：

INDEX (array,row_num,[column_num]);(reference,row_num,[column_num],[area_num])

参　数：

- array：必需的参数，单元格区域或数组常量。
- row_num：必需的参数，代表数组中某行的行号，函数从该行返回数值。如果省略 row_num，则必须有 column_num。
- column_num：可选参数，代表数组中某列的列标，函数从该列返回数值。如果省略 column_num，则必须有 row_num。
- reference：必需的参数，对一个或多个单元格区域的引用，如果为引用输入一个不连续的区域，必须将其用括号括起来。
- area_num：可选参数，用于选择引用中的一个区域。以引用区域中返回 row_num 和 column_num 的交叉区域。选中或输入的第一个区域序号为 1，第二个区域序号为 2，以此类推。如果省略该参数，则函数 INDEX 使用区域 1。

INDEX 函数的引用形式还可以返回指定的行与列交叉处的单元格引用。

语法结构：

INDEX(reference, row_num, [column_num], [area_num])

参　数：

- reference：必需的参数，对一个或多个单元格区域的引用。如果为引用输入一个不连续的区域，必须用括号括起来。
- row_num：必需的参数。引用中某行的行号，函数从该行返回一个引用。

- column_num：可选参数。引用中某列的列标，函数从该列返回一个引用。
- area_num：可选参数。选择引用中的一个区域，以从中返回 row_num 和 column_num 的交叉区域。选中或输入的第一个区域序号为 1，第二个区域序号为 2，以此类推。如果省略 area_num，则 INDEX 使用区域 1。

例如，输入公式【=INDEX((A1:C3,A5:C12),2,4,2)】，则表示从第二个区域【A5:C12】中选择第 4 行和第 2 列的交叉处，即 B8 单元格的内容。

13.7.2 实战：使用引用函数返回指定位置或值

实例门类	软件功能
教学视频	光盘\视频\第 13 章\13.7.2.mp4

通过引用函数可以标识工作表中的单元格或单元格区域，指明公式中所使用的数据的位置，返回引用单元格中的数值和其他属性。

1. 使用 MATCH 函数返回指定内容所在的位置

MATCH 函数可在单元格区域中搜索指定项，然后返回该项在单元格区域中的相对位置。

语法结构：
MATCH (lookup_value,lookup_array,[match_type])
参　数：
- lookup_value：必需的参数，需要在 lookup_array 中查找的值。
- lookup_array：必需的参数，函数要搜索的单元格区域。
- match_type：可选参数，用于指定匹配的类型，即指定 Excel 如何在 lookup_array 中查找 lookup_value 的值。

例如，需要对一组员工的考评成绩排序，然后返回这些员工的排名次序，此时可以结合使用 MATCH 函数和 INDEX 函数来完成，具体操作步骤如下。

Step 01 打开"光盘\素材文件\第 13 章\员工考评成绩.xlsx"文件，❶ 在 H1 单元格中输入文本【排序】，❷ 选择存放计算结果的 H2:H7 单元格区域，❸ 在编辑栏中输入公式【=INDEX($A$2:$A$7,MATCH(LARGE($G$2:$G$7,ROW()-1),$G$2:$G$7,0))】，如图 13-115 所示。

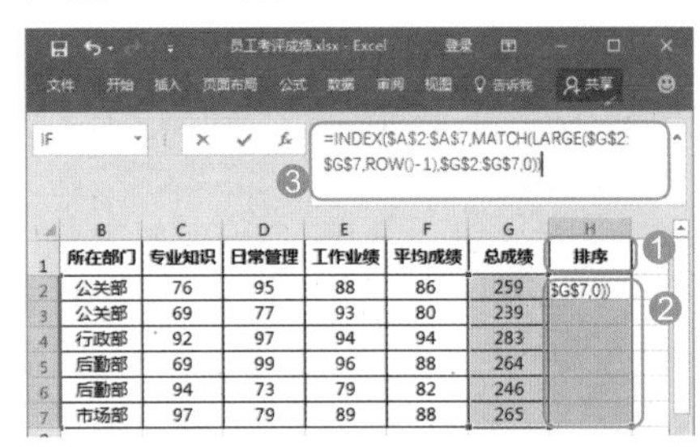

图 13-115

技术看板

LARGE 函数用于返回数据集中的第 k 个最大值。其语法结构为 LARGE (array,k)，其中参数 array 为需要找到第 k 个最大值的数组或数字型数据区域；参数 k 为返回的数据在数组或数据区域里的位置（从大到小）。LARGE 函数计算最大值时忽略逻辑值 TRUE 和 FALSE 以及文本型数字。

Step 02 按【Ctrl+Shift+Enter】组合键确认数组公式的输入，即可根据总成绩从高到低的顺序对员工姓名进行排列，效果如图 13-116 所示。

图 13-116

2. 使用 ADDRESS 函数返回与指定行号和列号对应的单元格地址

单元格地址除选择单元格插入和直接输入外，还可以通过 ADDRESS 函数输入。

语法结构：
ADDRESS (row_num,column_num,[abs_num],[a1],[sheet_text])
参　数：
- row_num：必需的参数，一个数值，指定要在单元格引用中使用的行号。
- column_num：必需的参数，一个数值，指定要在单元格引用中使用的列号。
- abs_num：可选参数，用于指定返回的引用类型，可以取的值为 1～4。当参数 abs_num 取值为 1 或省略时，将返回绝对单元格引用，如 $A$1；取值为 2 时，将返回绝对行号，相对列标类型，如 A$1；取值为 3 时，将返回相对行号，绝对列标类型，如 $A1；取值为 4 时，将返回相对单元格引用，如 A1。
- a1：可选参数，用于指定 A1 或 RIC1 引用样式的逻辑值，如果 a1 为 TRUE 或省略，函数返回 A1 样式的引用，如果 a1 为 FALSE，返回 RIC1 样式的引用。
- sheet_text：可选参数，是一个文本，指定作为外部引用的工作表的名称，如果省略，则不使用任何工作表名。

例如，需要获得第 3 行第 2 列的绝对单元格地址，可输入公式【=ADDRESS(3,2,1)】。

3. 使用 COLUMN 函数返回单元格或单元格区域首列的列号

Excel 中默认情况下以字母的

形式表示列号，如果用户需要知道数据在具体的第几列时，可以使用COLUMN函数返回指定单元格引用的列号。

语法结构：
COLUMN ([reference])
参　数：
reference：为可选参数，表示要返回其列号的单元格或单元格区域。

例如，输入公式【=COLUMN(D3:G11)】，即可返回该单元格区域首列的列号，由于D列为第4列，因此，该函数返回【4】。

4. 使用ROW函数返回单元格或单元格区域首行的行号

既然能返回单元格引用地址中的列号，同样道理，也可以使用函数返回单元格引用地址中的行号。

ROW函数用于返回指定单元格引用的行号。

语法结构：
ROW ([reference])
参　数：
reference：可选参数，表示需要得到其行号的单元格或单元格区域。

例如，输入公式【=ROW(C4:D6)】，即可返回该单元格区域首行的行号【4】。

5. 使用OFFSET函数根据给定的偏移量返回新的引用区域

OFFSET函数以指定的引用为参照系，通过给定偏移量得到新的引用，并可以指定返回的行数或列数。返回的引用可以为一个单元格或单元格区域。实际上，函数并不移动任何单元格或更改选定区域，只是返回一个引用，可用于任何需要将引用作为参数的函数。

语法结构：OFFSET (reference,rows,cols,[height],[width])
参　数：

- reference：必需的参数，代表偏移量参照系的引用区域。reference必须为对单元格或相连单元格区域的引用，否则，OFFSET返回错误值#VALUE!。
- rows：必需的参数，相对于偏移量参照系的左上角单元格，上（下）偏移的行数。如果rows为5，则说明目标引用区域的左上角单元格比reference低5行。行数可为正数（代表在起始引用的下方）或负数（代表在起始引用的上方）。
- cols：必需的参数，相对于偏移量参照系的左上角单元格，左（右）偏移的列数。如果cols为5，则说明目标引用区域的左上角的单元格比reference靠右5列。列数可为正数（代表在起始引用的右边）或负数（代表在起始引用的左边）。
- height：可选参数，表示高度，即所要返回的引用区域的行数。height必须为正数。
- width：可选参数，表示宽度，即所要返回的引用区域的列数。width必须为正数。

在通过拖动填充控制柄复制公式时，如果采用了绝对单元格引用的形式，很多时候是需要偏移公式中的引用区域的，否则将出现错误。如公式【=SUM(OFFSET(C3:E5,-1,0,3,3))】的含义即是对C3:E5单元格区域求和。

技术看板

参数reference必须是单元格或相连单元格区域的引用，否则，将返回错误值【#VALUE!】；参数rows取值为正，则表示向下偏移，取值为负，则表示向上偏移；参数cols取值为正，表示向右偏移，反之，取值为负表示向左偏移；如果省略了height或width，则假设其高度或宽度与reference相同。

6. 使用TRANSPOSE函数转置数据区域的行列位置

TRANSPOSE函数用于返回转置的单元格区域，即将行单元格区域转置成列单元格区域，或将列单元格区域转置成行单元格区域。

语法结构：
TRANSPOSE (array)
参　数：
array：必需的参数，表示需要进行转置的数组或工作表上的单元格区域。所谓数组的转置就是将数组的第一行作为新数组的第一列，数组的第二行作为新数组的第二列，以此类推。

例如，假设需要使用TRANSPOSE函数对产品生产方案表中数据的行列进行转置，具体操作步骤如下。

Step 01 打开"光盘\素材文件\第13章\产品生产方案表.xlsx"文件，❶选择需要存放转置后数据的A8:E12单元格区域，❷在编辑栏中输入公式【=TRANSPOSE(A1:E5)】，如图13-117所示。

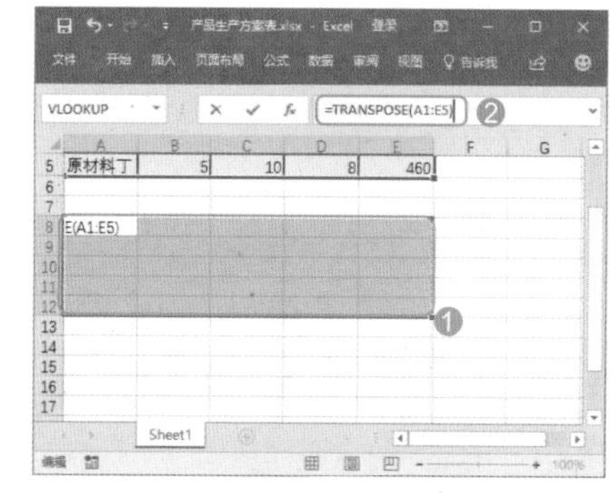

图13-117

Step 02 按【Ctrl+Shift+Enter】组合键确认数组公式的输入，即可将产品名称和原材料进行转置，效果如图 13-118 所示。

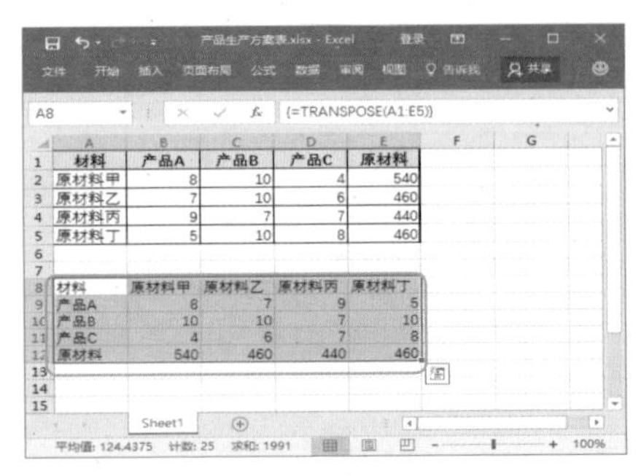

图 13-118

13.7.3 实战：使用查找函数对指定数据进行准确查找

查找与引用函数除了能返回特定的值和引用位置外，还有一类函数能够返回与数量有关的数据。

1. 使用 AREAS 函数返回引用中包含的区域数量

AREAS 函数用于返回引用中包含的区域个数。区域表示连续的单元格区域或某个单元格。

> 语法结构：
> AREAS (reference)
> 参　数：
> reference：必需的参数，代表要计算区域个数的单元格或单元格区域的引用。

例如，输入公式【=AREAS((B5:D11,E5,F2:G4))】，即可返回【3】，表示该引用中包含了 3 个区域。

2. 使用 COLUMNS 函数返回数据区域包含的列数

在 Excel 中不仅能通过函数返回数据区域首列的列号，还能知道数据区域中包含的列数。

COLUMNS 函数用于返回数组或引用的列数。

> 语法结构：
> COLUMNS (array)
> 参　数：
> array：必需的参数，需要得到其列数的数组、数组公式。

例如，输入公式【=COLUMNS(F3:K16)】，即可返回【6】，表示该数据区域中包含 6 列数据。

3. 使用 ROWS 函数返回数据区域包含的行数

在 Excel 中使用 ROWS 函数可以知道数据区域中包含的行数。

> 语法结构：
> ROWS(array)
> 参　数：
> array：必需的参数，需要得到其行数的数组、数组公式。

例如，输入公式【=ROWS(D2:E57)】，即可返回【56】，表示该数据区域中包含 56 行数据。

13.8 数学和三角函数的应用

Excel 2016 中提供的数学和三角函数基本上包含了平时经常使用的各种数学公式和三角函数，使用这些函数，可以完成求和、开方、乘幂、三角函数、角度、弧度、进制转换等各种常见的数学运算和数据舍入功能。同时，在 Excel 的综合应用中，掌握常用的数学函数的应用技巧，对构造数组序列、单元格引用位置变换、日期函数综合应用及文本函数的提取都起着重要作用。

13.8.1 实战：使用常规数学函数进行简单计算

实例门类	软件功能
教学视频	光盘\视频\第 13 章\13.8.1.mp4

在处理实际业务时，经常需要进行各种常规的数学计算，如取绝对值、求和、取余等。Excel 中提供了相应的函数，下面就来学习这些常用的数学计算函数。

1. 使用 ABS 函数计算数字的绝对值

在日常数学计算中，需要将计算的结果始终取正，即求数字的绝对值时，可以使用 ABS 函数来完成。绝对值没有符号。

> 语法结构：
> ABS (number)
> 参　数：
> number：必需的参数，表示计算绝对值的参数。

例如，要计算两棵树相差的高度，将一颗树的高度值存放在 A1 单元格中，另一棵树的高度值存放在 A2 单元格中，则可输入公式【=ABS(A1-A2)】，即可取得两棵树相差的高度。

技术看板

使用 ABS 函数计算的数值始终为正值，该函数常用于需要求解差值的大小，但对差值的方向并不在意。

2. 使用 SIGN 函数获取数值的符号

SIGN 函数用于返回数字的符号。当数字为正数时返回 1，为零时返回 0，为负数时返回 –1。

语法结构：
SIGN (number)
参　数：
number：必需的参数，可以是任意实数。

例如，要根据员工在月初时定的销售任务量，在月底统计时进行对比，刚好完成和超出任务量的表示完成任务，否则未完成任务。继而对未完成任务的人员进行分析，具体还差多少任务量没有完成，具体操作步骤如下。

Step 01 打开“光盘 \ 素材文件 \ 第 13 章 \ 销售情况统计表 .xlsx”文件，在 D2 单元格中输入公式【=IF(SIGN(B2-C2)>=0," 完成任务 "," 未完成任务 ")】，判断出该员工是否完成任务，如图 13-119 所示。

=IF(SIGN(B2-C2)>=0,"完成任务","未完成任务")

姓名	销量	目标	判断结果	目标之差
小陈	35	50	未完成任务	
小张	20	40		
小李	15	30		
小朱	23	12		
小江	18	10		
小刘	20	8		
小卢	10	5		
小吴	16	16		

图 13-119

Step 02 在 E2 单元格中输入公式【=IF(D2=" 未完成任务 ",C2-B2,"")】，判断出该员工与既定的目标任务还相差多少，如图 13-120 所示。

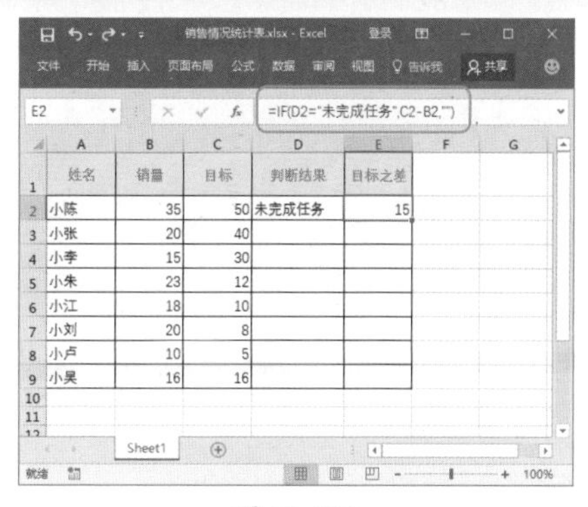

=IF(D2="未完成任务",C2-B2,"")

姓名	销量	目标	判断结果	目标之差
小陈	35	50	未完成任务	15
小张	20	40		
小李	15	30		
小朱	23	12		
小江	18	10		
小刘	20	8		
小卢	10	5		
小吴	16	16		

图 13-120

Step 03 ❶ 选择 D2:E2 单元格区域，❷ 使用 Excel 的自动填充功能，判断出其他员工是否完成任务，若没有完成任务那么继续计算出他实际完成的量与既定的目标任务还相差多少，最终效果如图 13-121 所示。

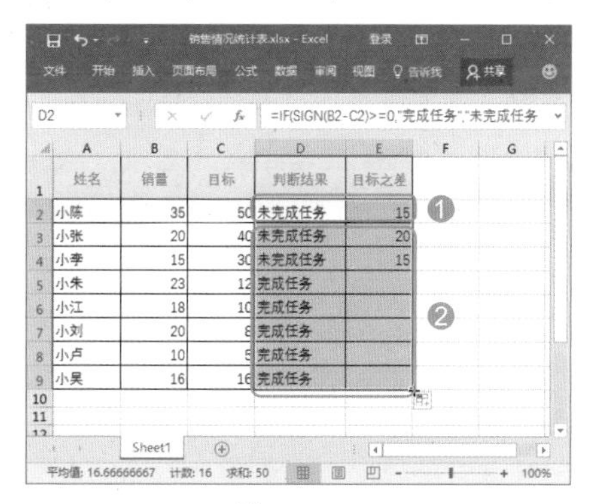

=IF(SIGN(B2-C2)>=0,"完成任务","未完成任务

姓名	销量	目标	判断结果	目标之差
小陈	35	50	未完成任务	15
小张	20	40	未完成任务	20
小李	15	30	未完成任务	15
小朱	23	12	完成任务	
小江	18	10	完成任务	
小刘	20	8	完成任务	
小卢	10	5	完成任务	
小吴	16	16	完成任务	

图 13-121

3. 使用 PRODUCT 函数计算乘积

Excel 中如果需要计算两个数的乘积，可以使用乘法数学运算符（*）来进行。例如，A1 和 A2 单元格中含有数字，需要计算这两个数的乘积，输入公式【=A1*A2】即可。但如果需要计算许多单元格数据的乘积，使用乘法数学运算符就显得有些麻烦，此时，如果使用 PRODUCT 函数来计算函数所有参数的乘积结果就会简便很多。

语法结构：
PRODUCT (number1,[number2],...)
参　数：

- number1：必需的参数，要相乘的第一个数字或区域（工作表上的两个或多个单元格，区域中的单元格可以相邻或不相邻）。
- number2：可选参数，要相乘的其他数字或单元格区域，最多可以使用 255 个参数。

例如，需要计算 A1 和 A2 单元格中数字的乘积，可输入公式【=PRODUCT(A1,A2)】，该公式等同于【=A1*A2】。如果要计算多个单元格区域中数字的乘积，则可输入【=PRODUCT(A1:A5,C1:C3)】类型的公式，该公式等同于【=A1*A2*A3*A4*A5*C1*C2*C3】。

技术看板

如果 PRODUCT 函数的参数为数组或引用，则只有其中的数字将被计算乘积。数组或引用中的空白单元格、逻辑值和文本将被忽略；如果参数为文本或用单元格引用指定文本时，将得到不同的结果。

4. 使用 MOD 函数计算两数相除的余数

在数学运算中计算两个数相除是很常见的运算，此时使用运算符【/】即可，但有时还需要计算两数相除后的余数。

在数学概念中，被除数与除数进行整除运算后的剩余的数值被称为余数，其特征是：如果取绝对值进行比较，余数必定小于除数。在 Excel 中，使用 MOD 函数可以返回两个数相除后的余数，其结果的正负号与除数相同。

语法结构：

MOD (number,divisor)

参　数：

- number：必需的参数，表示被除数。
- divisor：必需的参数，表示除数。如果 divisor 为零，则会返回错误值【#DIV/0!】。

例如，A 运输公司需要搬运一堆重达 70 吨的沙石，而公司调派的运输车每辆只能够装载的重量为 8 吨，问还剩多少沙石不能搬运？下面使用 MOD 函数来运算，具体操作步骤如下。

新建一个空白工作簿，输入如图 13-122 所示的内容，在 C2 单元格中输入公式【=MOD(A2,B2)】，即可计算出还剩余 6 吨沙石没有搬运。

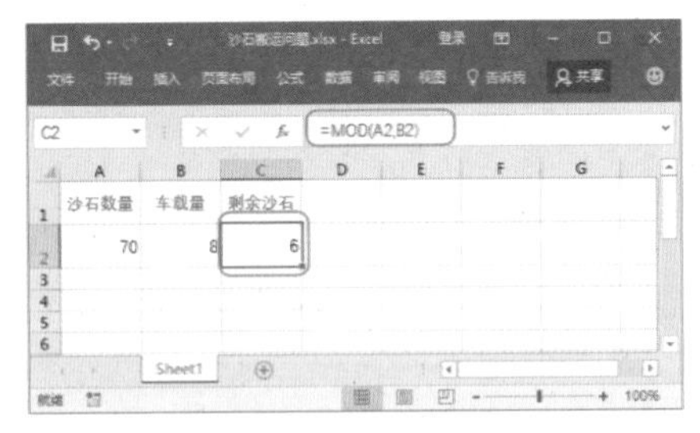

图 13-122

技能拓展——利用 MOD 函数判断一个数的奇偶性

利用余数必定小于除数的原理，当用一个数值对 2 进行取余操作时，结果就只能得到 0 或 1。在实际工作中，可以利用此原理来判断数值的奇偶性。

13.8.2 使用舍入函数对数值进行四舍五入

在日常使用中，四舍五入的取整方法是最常用的、该方法也相对公平、合理一些。在 Excel 中，要将某个数字四舍五入为指定的位数，可使用 ROUND 函数。

语法结构：

ROUND (number,num_digits)

参　数：

- number：必需的参数，要四舍五入的数字。
- num_digits：必需的参数，代表位数，按此位数对 number 参数进行四舍五入。

例如，使用 ROUND 函数对 18.163 进行四舍五入为两位小数，则输入公式【=ROUND(18.163,2)】，返回【18.16】。如果使用 ROUND 函数对 18.163 进行四舍五入为一位小数，则输入【=ROUND(18.163,1)】，返回【18.2】。如果使用 ROUND 函数对 18.163 四舍五入到小数点左侧一位，则输入【=ROUND(18.163,-1)】，返回【20】。

13.8.3 实战：使用取舍函数对数值进行上下取舍

实例门类	软件功能
教学视频	光盘\视频\第 13 章\13.8.3.mp4

在 Excel 中对数据进行向上或向下取舍，较为常用的函数包括 CEILING、INT、FLOOR 等，下面分别进行介绍。

1. 使用 CEILING 函数向上舍入

CEILING 函数用于将数值按条件（significance 的倍数）进行向上（沿绝对值增大的方向）舍入计算。

语法结构：

CEILING (number,significance)

参　数：

- number：必需的参数，要舍入的值。
- significance：必需的参数，代表要舍入到的倍数，是进行舍入的基准条件。

技术看板

如果 CEILING 函数中的参数为非数值型，将返回错误值【#VALUE!】；无论数字符号如何，都按远离 0 的方向向上舍入。如果数字是参数 significance 的倍数，将不进行舍入。

例如，D 公司举办一场活动，需要购买一批饮料和酒水，按照公司的人数，统计出需要的数量，去批发商那里整箱购买，由于每种饮料和酒水所装瓶数不同，现需要使用 CEILING 函数计算装整箱的数量，然后再计算出要购买的具体箱数，具体操作步骤如下。

Step01 ❶ 新建一个空白工作簿，输入如图 13-123 所示的内容，❷ 在 D2 单元格中输入公式【=CEILING(B2,C2)】，即可计算出百事可乐实际需要订购的瓶数。

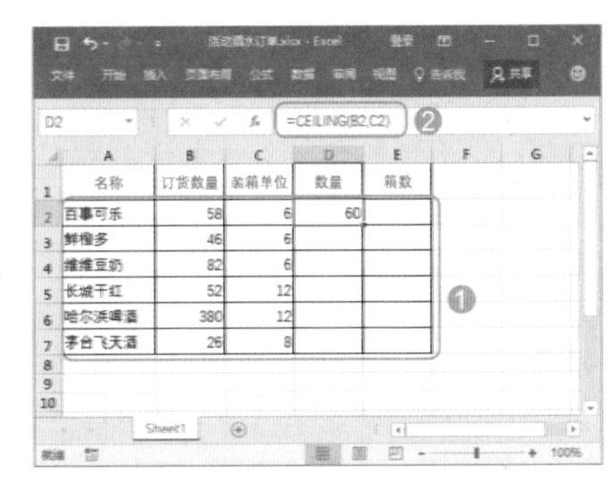

图 13-123

Step02 在 E2 单元格中输入公式【=D2/C2】，即可计算出百事可乐实际需要订购的箱数，如图 13-124 所示。

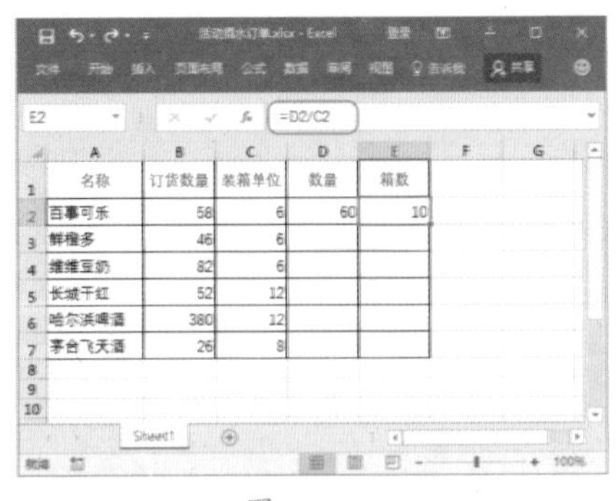

图 13-124

Step03 ❶选择 D2:E2 单元格区域，❷使用 Excel 的自动填充功能，计算出其他酒水需要订购的瓶数和箱数，完成后的效果如图 13-125 所示。

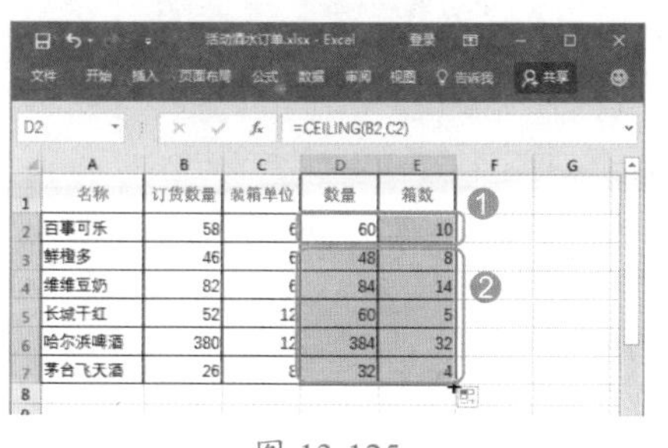

图 13-125

2. 使用 INT 函数返回永远小于原数字的最接近的整数

在 Excel 中，INT 函数与 TRUNC 函数类似，都可以用来返回整数。但是，INT 函数可以依照给定数的小数部分的值，将其向下舍入到最接近的整数。

> 语法结构：
> INT (number)
> 参　数：
> number：必需的参数，需要进行向下舍入取整的实数。

在实际运算中，在对有些数据取整时，不仅是截取小数位后的整数，而需要将数字进行向下舍入计算，即返回永远小于原数字的最接近的整数。INT 函数与 TRUNC 函数在处理正数时结果是相同的，但在处理负数时就明显不同了。

如使用 INT 函数返回 8.965 的整数部分，输入【=INT(8.965)】即可返回【8】。如果使用 INT 函数返回 −8.965 的整数部分，输入【=INT(−8.965)】即可返回【−9】，因为 −9 是较小的数。而使用 TRUNC 函数返回 −8.965 的整数部分，将返回【−8】。

3. 使用 FLOOR 函数按条件向下舍入

FLOOR 函数与 CEILING 函数的功能相反，用于将数值按条件（significance 的倍数）进行向下（沿绝对值减小的方向）舍入计算。

> 语法结构：
> FLOOR (number,significance)
> 参　数：
> ● number：必需的参数，要舍入的数值。
> ● significance：必需的参数，倍数。

例如，重新计算 D 公司举办活动需要购买饮料和酒水的数量，按照向下舍入的方法进行统计，具体操作步骤如下。

Step01 ❶重命名 Sheet1 工作表为【方案一】，❷复制【方案一】工作表，并重命名为【方案二】，删除多余数据，❸在 D2 单元格中输入公式【=FLOOR(B2,C2)】，即可计算出百事可乐实际需要订购的瓶数，同时可以看到计算出的箱数，如图 13-126 所示。

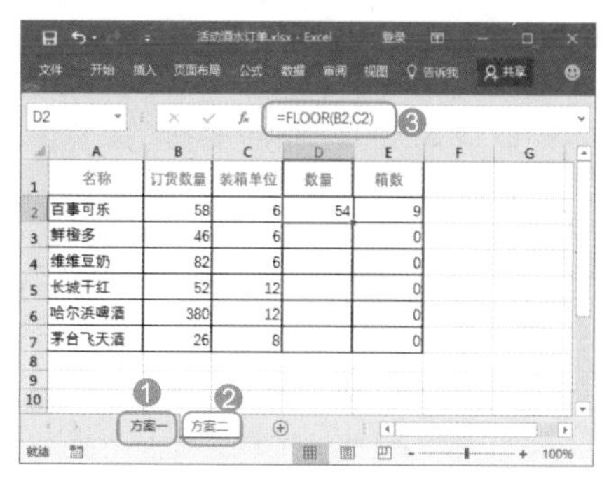

图 13-126

Step02 使用 Excel 的自动填充功能，计算出其他酒水需要订购的瓶数和箱数，如图 13-127 所示。

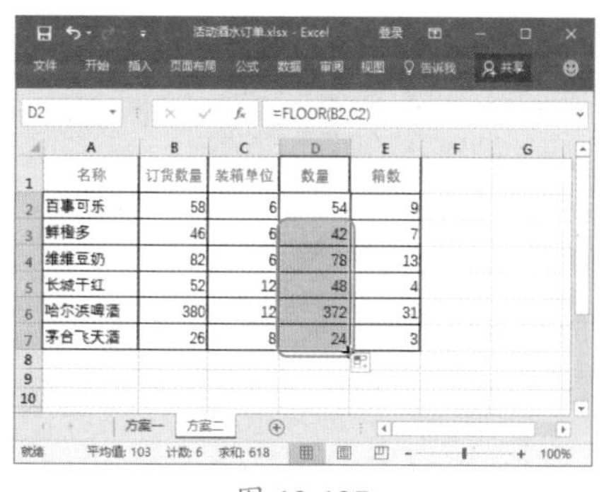

图 13-127

13.9 统计函数的应用

统计类函数是 Excel 中使用频率最高的一类函数，绝大多数报表都离不开它们，从简单的计数与求和，到多区域中多种条件下的计数与求和，此类函数总是能帮助用户解决他们的问题。根据函数的功能，主要可将统计函数分为数理统计函数、分布趋势函数、线性拟合和预测函数、假设检验函数和排位函数。本节将主要介绍其中最常用和有代表性的一些函数。

13.9.1 使用计数函数统计指定单元格个数

实例门类	软件功能
教学视频	光盘\视频\第 13 章\13.9.1.mp4

在 Excel 中要对指定单元格进行个数统计的函数主要有 COUNT（在常用函数中已讲解，这里就不再赘述）、COUNTA、COUNTBLANK、COUNTIF、COUNTIFS 等函数。下面分别进行介绍。

1. 使用 COUNTA 函数计算参数中包含非空值的个数

COUNTA 函数用于计算区域中所有不为空的单元格的个数。

例如，要在员工奖金表中统计出获奖人数，因为没有奖金的人员对应的单元格为空，有奖金人员对应的单元格为获得具体奖金额，所以可以通过 COUNTA 函数统计相应列中的非空单元格个数来得到获奖人数，具体操作步骤如下。

打开"光盘\素材文件\第 13 章\员工奖金表.xlsx"文件，❶ 在 A21 单元格中输入相应的文本，❷ 在 B21 单元格中输入公式【=COUNTA(D2:D19)】，返回结果为【14】，如图 13-128 所示，即统计到该单元格区域中有 14 个单元格非空，也就是说有 14 人获奖。

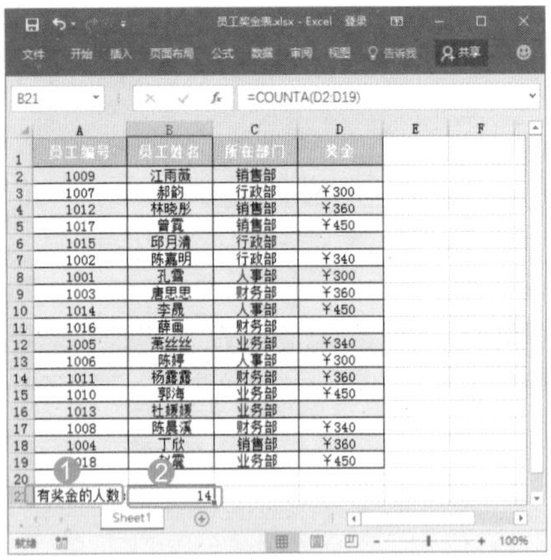

图 13-128

2. 使用 COUNTBLANK 函数计算区域中空白单元格的个数

COUNTBLANK 函数用于计算指定单元格区域中空白单元格的个数。

例如，要在上个案例中统计出没有获奖记录的人数，除了可以使用减法从总人数中减去获奖人数，还可以使用COUNTBLANK 函数进行统计，具体操作步骤如下。

❶ 在 A22 单元格中输入相应的文本，❷ 在 B22 单元格中输入公式【=COUNTBLANK(D2:D19)】，返回结果为【4】，如图 13-129 所示，即统计到该单元格区域中有 4 个空单元格，也就是说有 4 人没有奖金。

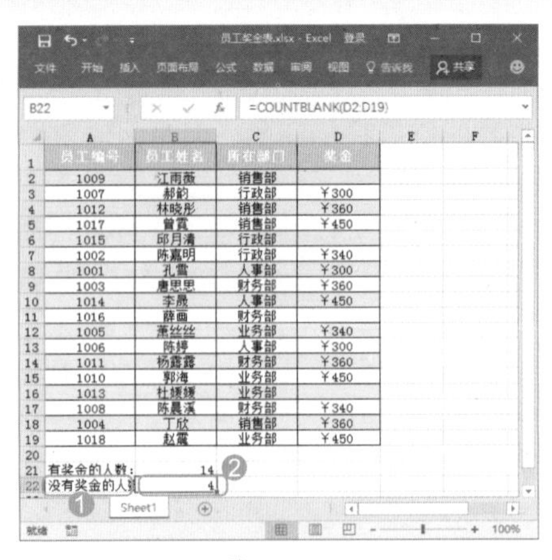

图 13-129

3. 使用 COUNTIF 函数计算满足给定条件的单元格的个数

COUNTIF 函数用于对单元格区域中满足单个指定条件的单元格进行计数。

语法结构：

COUNTIF (range,criteria)

参　数：

- range：必需的参数，要对其进行计数的一个或多个单元格，其中包括数字或名称、数组或包含数字的引用。空值和文本值将被忽略。
- criteria：必需的参数，表示统计的条件，可以是数字、表达式、单元格引用或文本字符串。

例如，要在员工奖金表中为行政部的每位人员补发奖励，首先要统计出该部门的员工人数，进行统一规划。此时就需要使用 COUNTIF 函数进行统计了，具体操作步骤如下。

❶ 在 A23 单元格中输入相应文本，❷ 在 B23 单元格中输入公式【=COUNTIF(C2:C19," 行政部 ")】，按【Enter】键，Excel 将自动统计出 C2:C19 单元格区域中所有符合条件的数据个数，并将最后结果显示出来，如图 13-130 所示。

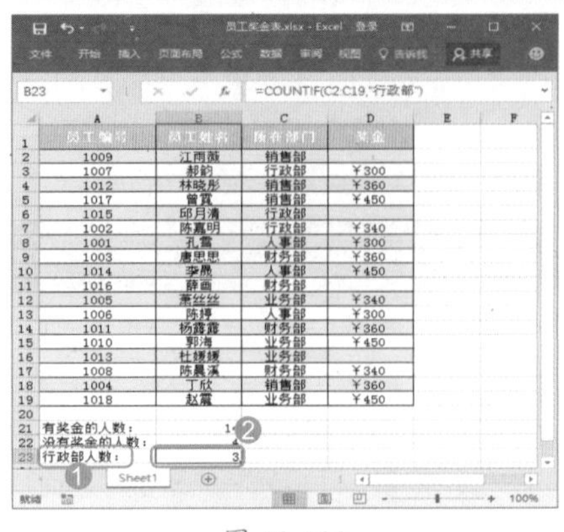

图 13-130

4. 使用 COUNTIFS 函数计算满足多个给定条件的单元格的个数

COUNTIFS 函数用于计算单元格区域中满足多个条件的单元格数目。

语法结构：

COUNTIFS (criteria_range1,criteria1,[criteria_range2,criteria2]…)

参　数：

- criteria_range1：必需的参数，在其中计算关联条件的第一个区域。
- criteria1：必需的参数，条件的形式为数字、表达式、单元格引用或文本，可用来定义将对哪些单元格进行计数。
- criteria_range2,criteria2：可选参数，附加的区域及其关联条件。最多允许 127 个区域 / 条件对。

例如，需要统计某公司入职日期在 2009 年 1 月 1 日前，且籍贯为四川的男员工人数，使用 COUNTIFS 函数进行统计的具体操作步骤如下。

打开"光盘\素材文件\第 13 章\员工档案表 1.xlsx"文件，合并 A18:D18 单元格区域，并输入相应文本，在 E18 单元格中输入公式【=COUNTIFS(B2:B16,"<2009-1-1",D2:D16,"= 男 ",J2:J16,"= 四川 ")】，

按【Enter】键，Excel 自动统计出满足上述3个条件的员工人数，如图 13-131 所示。

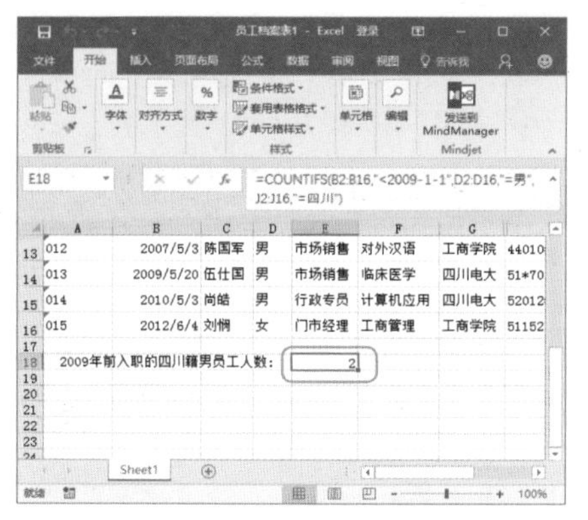

图 13-131

13.9.2 使用多条件求和函数按条件进行求和

实例门类	软件功能
教学视频	光盘\视频\第13章\13.9.2.mp4

SUMIFS 函数用于对区域中满足多个条件的单元格求和。

语法结构：

SUMIFS (sum_range,criteria_range1,criteria1,[criteria_range2,criteria2],...)

参　数：

- sum_range：必需的参数，对一个或多个单元格求和，包括数字或包含数字的名称、区域或单元格引用。忽略空白单元格和文本值。
- criteria_range1：必需的参数，在其中计算关联条件的第一个区域。
- criteria1：必需的参数，条件的形式为数字、表达式、单元格引用或文本，可用来定义将对 criteria_range1 参数中的哪些单元格求和。
- criteria_range2，criteria2：可选参数，附加的区域及其关联条件。

例如，要在电器销售表中统计出大小为6升的商用型洗衣机的当月销量，具体操作步骤如下。

打开“光盘\素材文件\第13章\电器销售表.xlsx”文件，❶ 在 A42 单元格中输入相应文本，❷ 在 B42 单元格中输入公式【=SUMIFS(D2:D40,A2:A40,"=*商用型",B2:B40,"6")】，按【Enter】键，Excel 自动统计出满足上述两个条件的机型销量总和，如图 13-132 所示。

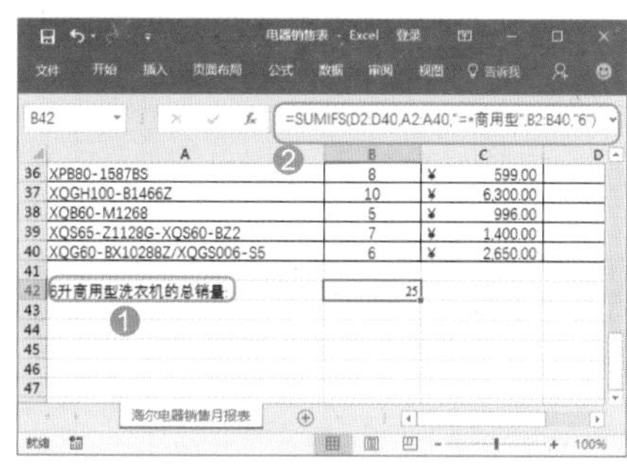

图 13-132

13.9.3 使用条件平均值函数计算给定条件平均值

实例门类	软件功能
教学视频	光盘\视频\第13章\13.9.3.mp4

要对指定数据进行指定方式计算平均值，就不能直接使用 AVERAGE 函数，可使用 AVERAGEA 函数和 AVERAGEIF 函数。

1. 使用 AVERAGEA 函数计算参数中非空值的平均值

AVERAGEA 函数与 AVERAGE 函数的功能都是计算数值的平均值，只是 AVERAGE 函数是计算包含数值单元格的平均值，而 AVERAGEA 函数则是用于计算参数列表中所有非空单元格的平均值（即算术平均值）。

例如，要在员工奖金表中统计出该公司员工领取奖金的平均值，可以使用 AVERAGE 和 AVERAGEA 函数进行两种不同方式的计算，具体操作步骤如下。

Step01 打开“光盘\素材文件\第13章\员工奖金表.xlsx”文件，❶ 复制 Sheet1 工作表，并重命名为 Sheet1(2) ❷ 在 D 列中数据区域部分的空白单元格中输入非数值型数据，这里输入文本型数据【无】，❸ 在 A21 单元格中输入文本【所有员工的奖金平均值】，❹ 在 C21 单元格中输入公式【=AVERAGEA(D2:D19)】，计算出所有员工的奖金平均值约为 287，如图 13-133 所示。

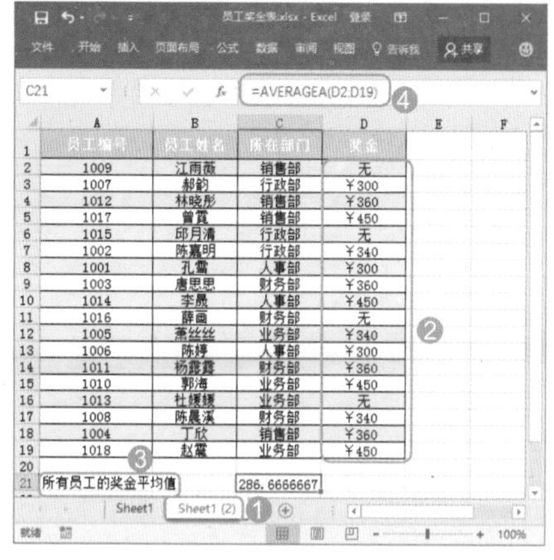

图 13-133

Step02 ❶ 在 A22 单元格中输入文本【所有获奖员工的奖金平均值】，❷ 在 C22 单元格中输入公式【=AVERAGE(D2:D19)】，计算出所有获奖员工的奖金平均值为 369，如图 13-134 所示。

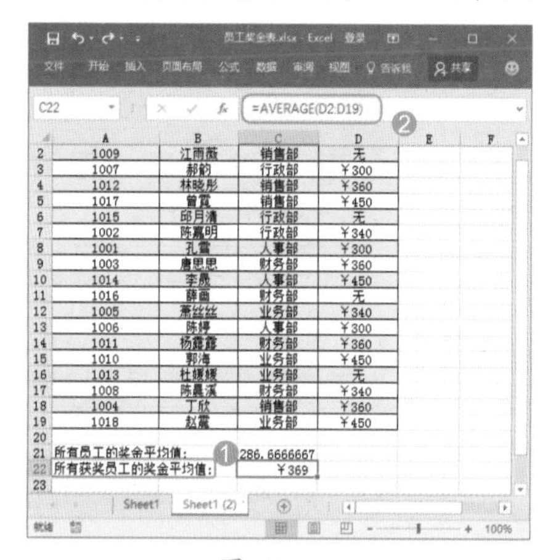

图 13-134

技术看板

从上面的案例中可以发现，针对不是数值类型的单元格，AVERAGE 函数会将其忽略，不参与计算；而 AVERAGEA 函数则将其处理为数值0，然后参与计算。

2. 使用 AVERAGEIF 函数计算满足给定条件的单元格的平均值

AVERAGEIF 函数返回某个区域内满足给定条件的所有单元格的平均值（算术平均值）。

语法结构：
AVERAGEIF(range,criteria,[average_range])
参　数：

- range：必需的参数，要计算平均值的一个或多个单元格，其中包括数字或包含数字的名称、数组或引用。
- criteria：必需的参数，数字、表达式、单元格引用或文本形式的条件，用于定义要对哪些单元格计算平均值。
- verage_range：可选参数，表示要计算平均值的实际单元格集。如果忽略，则使用 range。

例如，要在员工奖金表中计算出各部门获奖人数的平均金额，使用 AVERAGEIF 函数进行计算的具体操作步骤如下。

Step01 ❶ 选择【Sheet1 (2)】工作表，❷ 在 F1:G6 单元格区域中输入统计数据相关的内容，并进行简单的格式设置，❸ 在 G2 单元格中输入公式【=AVERAGEIF(C2:C19,F2,D2:D19)】，计算出销售部的平均获奖金额，如图 13-135 所示。

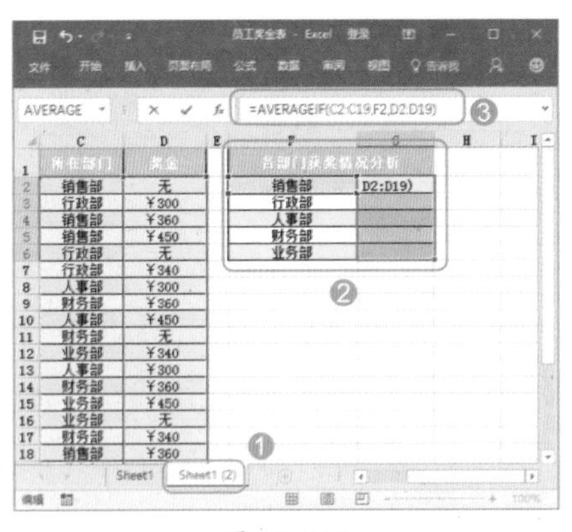

图 13-135

Step02 ❶ 选择 G2 单元格，并向下拖动填充控制柄，计算出其他部门的平均获奖金额，❷ 单击出现的【自动填充选项】按钮，❸ 在弹出的下拉列表中选择【不带格式填充】选项，如图 13-136 所示。

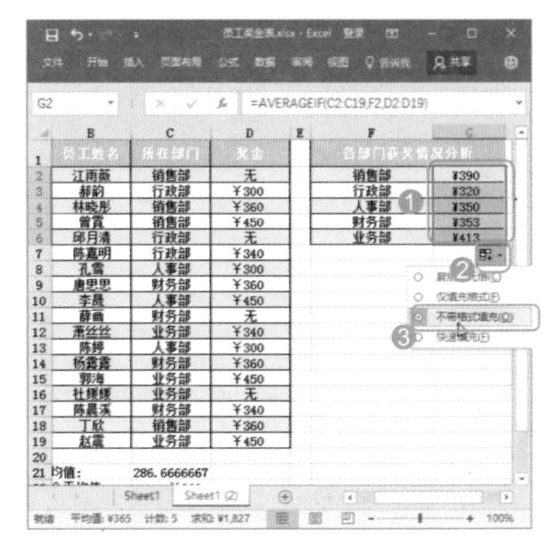

图 13-136

13.10 其他函数的应用

Excel 中的函数还有很多，前面几节中已经讲解了几大类比较常见的函数，下面介绍几个函数作为补充和拓展，帮助用户了解和掌握更多的函数。

13.10.1 使用 IFERROR 函数对错误结果进行处理

实例门类	软件功能
教学视频	光盘\视频\第 13 章\13.10.1.mp4

如果工作表中使用公式计算出现错误值时，使用指定的值替换错误值，就可以使用 IFERROR 函数预先进行指定。

语法结构：
IFERROR (value,value_if_error)
参　数：

- value：必需的参数，用于进行检查是否存在错误的公式。
- value_if_error：必需的参数，用于设置公式的计算结果为错误时要返回的值。

IFERROR 函数常用于捕获和处理公式中的错误。如果判断的公式中没有错误，则会直接返回公式计算的结果。例如，在工作表中输入了一些公式，希望对这些公式进行判断，当公式出现错误值时，显示【公式出错】文本，否则直接计算出结果，具体操作步骤如下。

Step01 打开“光盘\素材文件\第 13 章\检查公式.xlsx”文件，单击【公式】选项卡【公式审核】组中的【显示公式】按钮，使得单元格中的公式直接显示出来，如图 13-137 所示。

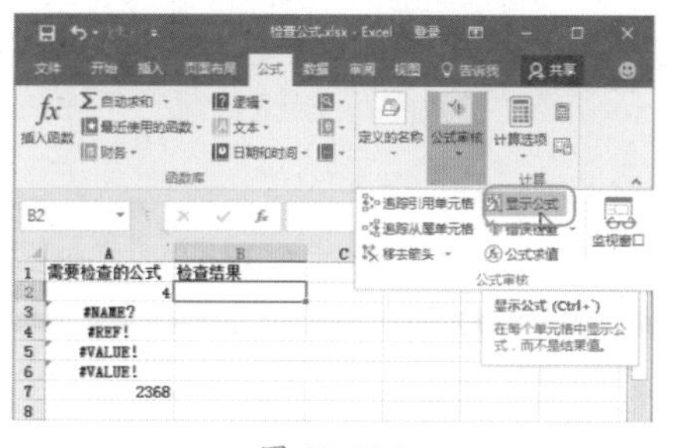

图 13-137

Step02 ❶ 选择 B2 单元格，输入公式【=IFERROR(A2," 公 式 出 错 ")】，按【Enter】键确认公式输入，❷ 使用 Excel 的自动填充功能，将公式填充到 B3:B7 单元格区域，如图 13-138 所示。

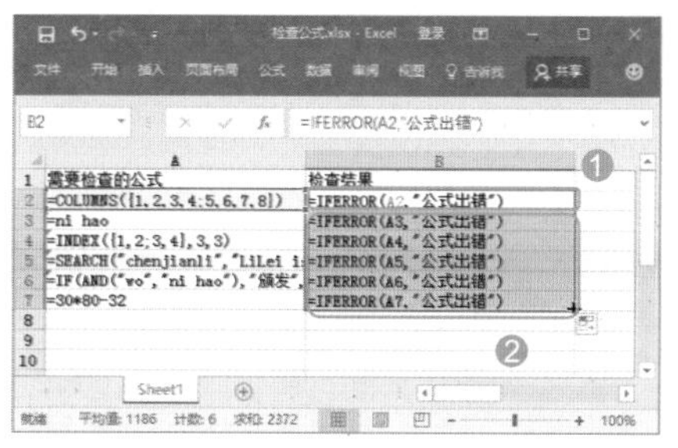

图 13-138

Step03 再次单击【显示公式】按钮，对单元格中的公式进行计算，并得到检查的结果，如图 13-139 所示。

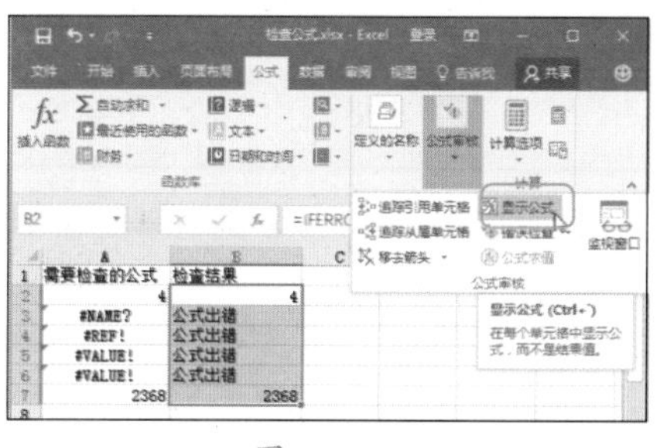

图 13-139

13.10.2 使用 TYPE 函数返回表示值的数据类型的数字

TYPE 函数用于返回数值的类型。在 Excel 中，用户可以使用 TYPE 函数来确定单元格中是否含有公式。TYPE 仅确定结果、显示或值的类型。如果某个值是单元格引用，它所引用的另一个单元格中含有公式，则 TYPE 函数将返回此公式结果值的类型。

语法结构：
TYPE (value)
参　数：
value：必需的参数，表示任意 Excel 数值。当 value 为数字时，TYPE 函数将返回 1；当 value 为文本时，TYPE 函数将返回 2；当 value 为逻辑值时，TYPE 函数将返回 4；当 value 为误差值时，TYPE 函数将返回 16；当 value 为数组时，TYPE 函数将返回 64。

例如，输入公式【=TYPE("Hello")】，将返回【2】，输入公式【=TYPE(8)】，将返回【1】。

13.10.3 使用 N 函数返回转换为数字后的值

N 函数可以将其他类型的变量转换为数值。

语法结构：
N (value)
参　数：
value：必需的参数，表示要转换的值。

下面以列表的形式展示其他类型的数值或变量与对应的 N 函数返回值。

value 参数值与 N 函数对应的返回值

数值或引用	函数 N 的返回值
数字	该数字
日期（Excel 的一种内部日期格式）	该日期的序列号
TRUE	1
FALSE	0
错误值，如 #DIV/0!	错误值
其他值	0

例如，要将日期格式的【2017/6/1】数据转换为数值，可输入公式【=N(2017/6/1)】，返回【336.1666667】。又如，要将文本数据【Hello】转换为数值，可输入公式【=N("Hello")】，返回【0】。

本章小结

本章对 Excel 中常用函数的应用进行讲解，帮助用户掌握在办公中经常使用到的 Excel 中的函数，轻松解决实际工作中遇到的数据计算问题。

第14章 Excel 表格数据的管理与汇总

- 如何让表格中的数据变得井然有序、条理分明？
- 希望完全按自己意愿对表格数据进行筛选吗？
- 希望快速对表格数据进行同类数据的指定汇总吗？
- 需要将指定数据按照指定方式突出显示吗？
- 想用最简单的符号图示化各单元格的值？

上面这些问题，其实是一些数据管理上的问题，也是非常实用和常见的数据管理问题，读者可能会觉得有些难以入手或不明其里，没关系，通过本章内容的学习，相信读者会得到以上问题的答案。

14.1 数据的排序

在表格中，常常需要展示大量的数据和信息，这些信息通常是按照一定的顺序排列，如从高到低、从小到大等，从而符合阅读者的习惯，也让整个表格数据更加有条理、更加整洁。

14.1.1 实战：对业绩数据进行单列排序

实例门类	软件功能
教学视频	光盘\视频\第 14 章\14.1.1.mp4

Excel 中最简单的排序就是按一个条件将数据进行升序或降序的排列，即让工作表中的各项数据根据某一列单元格中的数据大小进行排列。

例如，要让员工业绩表中的数据按当年累计销售总额从高到低的顺序排列，具体操作步骤如下。

Step 01 打开“光盘\素材文件\第 14 章\员工业绩管理表.xlsx”文件，❶ 将 Sheet1 工作表重命名为【数据表】，❷ 复制工作表，并重命名为【累计业绩排名】，❸ 选择要进行排序列（D 列）中的任一单元格，❹ 单击【数据】选项卡【排序和筛选】组中的【降序】按钮，如图 14-1 所示。

图 14-1

技能拓展——让数据升序排列

单击【数据】选项卡【排序和筛选】组中的【升序】按钮，可以让数据以升序排列。

Step 02 经过上步操作，D 列单元格区域中的数据便按照从大到小进行排列了。并且，在排序后会保持同一记录的完整性，如图 14-2 所示。

图 14-2

★ 重点 14.1.2 实战：对员工业绩数据多列排序

实例门类	软件功能
教学视频	光盘\视频\第 14 章\14.1.2.mp4

在对数据进行排序时，经常会遇到多条数据的值相同的情况，此时可以为排序设置次要排序条件，这样就可以在排序过程中，让在主要排序条件下数据相同的值再次根据次要排序条件进行指定排序。

例如，要在“员工业绩管理表”工作簿中，以累计业绩额大小为主要关键字，以员工编号大小为次要关键字，对业绩数据进行排列，具体操作步骤如下。

Step01 ❶ 复制【数据表】，并重命名为【累计业绩排名(2)】，❷ 选择要进行排序的A1:H22单元格区域中任意单元格，❸ 单击【数据】选项卡【排序和筛选】组中的【排序】按钮，如图14-3所示。

图 14-3

技术看板

排序时需要以某个数据进行排列，该数据称为关键字。

Step02 打开【排序】对话框，❶ 在【主要关键字】栏中设置主要关键字为【累计业绩】，排序次序为【降序】，❷ 单击【添加条件】按钮，❸ 在【次要关键字】栏中设置次要关键字为【员工编号】，排序次序为【降序】，❹ 单击【确定】按钮，如图14-4所示。

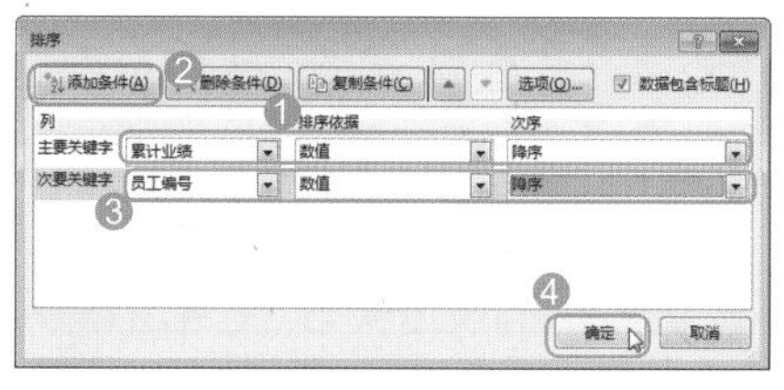

图 14-4

技术看板

在【排序】对话框的【排序依据】栏的下拉列表框中，用户可以选择数值、单元格颜色、字体颜色和单元格图标等作为对数据进行排序的依据；单击【删除条件】按钮，可删除添加的关键字；单击【复制条件】按钮，可复制【排序】对话框下部列表框中选择的已经设置的排序条件，只是通过复制产生的条件都隶属于次要关键字。

Step03 经过上面的操作，表格中的数据会按照累计业绩从大到小进行排列，并且在遇到累计业绩额为相同值时，再次根据员工编号从高到低进行排列，排序后的效果如图14-5所示。

图 14-5

★ 重点 14.1.3 实战：对员工业绩数据自定义排序

实例门类	软件功能
教学视频	光盘\视频\第14章\14.1.3.mp4

除了在表格中对数据进行直接大小或类别进行排序外，用户还可以自定义排序条件，使表格数据完全按照用户的意愿进行排列。

例如，要在员工业绩表中自定义分区顺序，并根据自定义的顺序排列表格数据，具体操作步骤如下。

Step01 ❶ 复制【数据表】，并重命名为【各分区排序】，❷ 选择要进行排序的A1:H22单元格区域中任意单元格，❸ 单击【数据】选项卡【排序和筛选】组中的【排序】按钮，如图14-6所示。

图 14-6

技能拓展——实现数据排序的其他方法

单击【开始】选项卡【编辑】组中的【排序和筛选】按钮，在弹出的下拉菜单中选择【升序】【降序】或【自定义排序】命令，也可以进行数据排序。

Step02 打开【排序】对话框，❶ 在【主要关键字】栏中设置主要关键字为【所属分区】，❷ 在其后的【次序】下拉列表框中选择【自定义序列】选项，如图14-7所示。

图 14-7

Step03 打开【自定义序列】对话框，❶ 在右侧的【输入序列】文本框中输入需要定义的序列，这里输入【一分区，二分区，三分区，四分区】文本，❷ 单击【添加】按钮，将新序列添加到【自定义序列】列表框中，❸ 单击【确定】按钮，如图14-8所示。

Step04 返回【排序】对话框，即可看到【次序】下拉列表框中自动选择了刚刚自定义的排序序列顺序，单击【确

定】按钮，如图 14-9 所示。

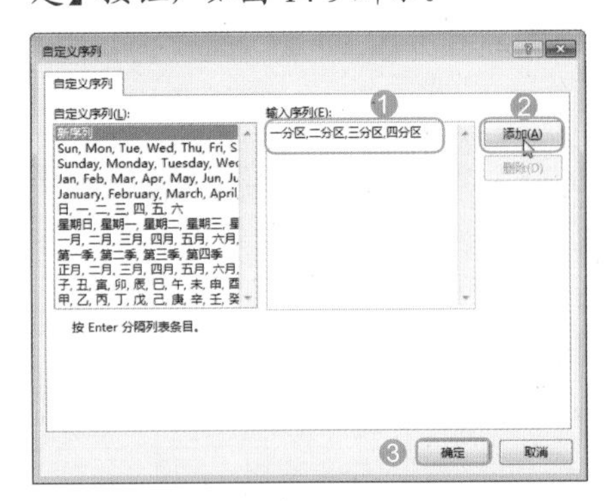

图 14-8

技术看板

对于【自定义序列】对话框中已有的自定义序列项，用户可直接在【自定义序列】列表框中进行选择调用，而无须手动再次输入。

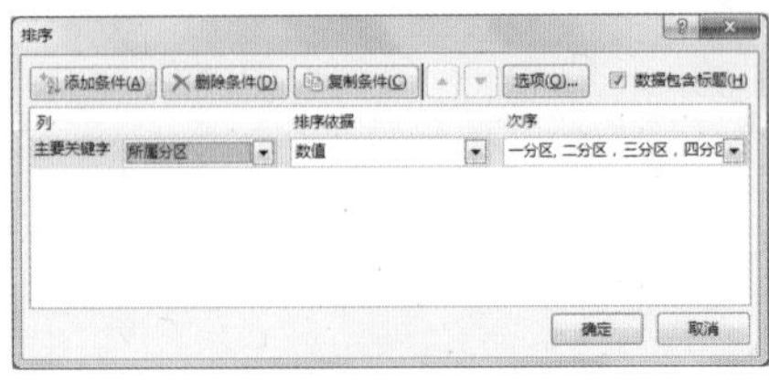

图 14-9

Step 05 经过以上操作，即可让表格中的数据以所属分区为主要关键字，以自定义的【一分区，二分区，三分区，四分区】顺序进行排列，并且该列中相同值的单元格数据会再次根据累积业绩额的大小进行从大到小的排列，排序后的效果如图 14-10 所示。

员工编号	所属分区	员工姓名	累计业绩	第一季度	第二季度
0006	一分区	袁锦辉	¥296,000	¥5,000	¥21,000
0010	一分区	程静	¥171,000	¥35,000	¥19,000
0001	一分区	李海	¥132,900	¥27,000	¥70,000
0016	一分区	周繁	¥83,000	¥4,000	¥64,000
0020	一分区	丁琴	¥74,030	¥21,030	¥10,000
0002	二分区	苏杨	¥825,000	¥250,000	¥290,000
0011	二分区	刘健	¥351,000	¥38,000	¥40,000
0017	二分区	周波	¥149,000	¥25,000	¥80,000
0007	二分区	贺华	¥137,000	¥24,000	¥80,000
0015	二分区	陈永	¥89,000	¥10,000	¥19,000

图 14-10

14.2 数据的筛选

在大量数据中，有时只有一部分数据可以供用户分析和参考，此时，用户可以利用数据筛选功能筛选出有用的数据，然后在这些数据范围内进行进一步的统计或分析。在 Excel 中为用户提供了【自动筛选】【自定义筛选】和【高级筛选】3 种筛选方式，本节就来介绍各功能的具体实现方法。

★ 重点 14.2.1 实战：对员工业绩数据进行自动筛选

实例门类	软件功能
教学视频	光盘\视频\第 14 章\14.2.1.mp4

要快速在众多数据中查找某一个或某一组符合指定条件的数据，并隐藏其他不符合条件的数据，可以使用 Excel 2016 中的数据筛选功能。

例如，要在“员工业绩表”中筛选出【二分区】的数据记录，具体操作步骤如下。

Step 01 ❶ 复制【数据表】工作表，并重命名为【二分区数据】，❷ 选择要进行筛选的 A1:H22 单元格区域中的任一单元格，❸ 单击【数据】选项卡【排序和筛选】组中的【筛选】按钮，如图 14-11 所示。

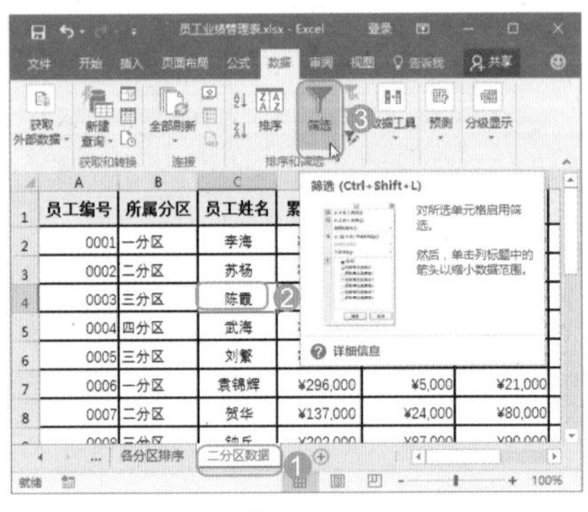

图 14-11

Step 02 经过上步操作，工作表表头字段名的右侧会出现一个下拉按钮。❶ 单击【所属分区】字段右侧的下拉按钮，❷ 在弹出的下拉列表中仅选中【二分区】复选框，❸ 单击【确定】按钮，如图 14-12 所示。

图 14-12

Step 03 经过上述操作，在工作表中将只显示所属分区为【二分区】的相关记录，且【所属分区】字段名右侧的下拉按钮将变成形状，如图 14-13 所示。

图 14-13

14.2.2 实战：筛选出符合多个条件的业绩数据

实例门类	软件功能
教学视频	光盘\视频\第 14 章\14.2.2.mp4

利用自动筛选功能不仅可以根据单个条件进行自动筛选，还可以设置多个条件进行筛选。例如，要在前面筛选结果的基础上再筛选出某些员工的数据，具体操作步骤如下。

Step01 复制【二分区数据】工作表，并重命名为【二分区部分数据】，❶ 单击【员工姓名】字段右侧的下拉按钮，❷ 在弹出的下拉列表中选中【陈永】【刘健】和【周波】复选框，❸ 单击【确定】按钮，如图 14-14 所示。

图 14-14

Step02 经过上述操作，系统筛选出陈永、刘健和周波 3 个人的相关记录，且【员工姓名】字段右侧的下拉按钮也将变成形状，如图 14-15 所示。

图 14-15

★ 重点 14.2.3 实战：自定义筛选员工业绩数据

实例门类	软件功能
教学视频	光盘\视频\第 14 章\14.2.3.mp4

简单筛选数据具有一定的局限性，只能满足简单的数据筛选操作，所以，很多时候需要自定义筛选条件。相比简单筛选，自定义筛选更灵活，自主性也更强。

在 Excel 2016 中，可以对文本、数字、颜色、日期或时间等数据进行自定义筛选。在【筛选】下拉菜单中会根据所选择的需要筛选的单元格数据显示出相应的自定义筛选命令。虽然自定义的筛选类型很多，不过它们的使用方法基本相同，下面以自定义筛选出表格姓【刘】的员工数据信息为例，其具体操作步骤如下。

Step01 ❶ 复制【数据表】工作表，并重命名为【刘氏销售数据】，❷ 选择要进行筛选的 A1:H22 单元格区域中的任意单元格，❸ 单击【数据】选项卡【排序和筛选】组中的【筛选】按钮，❹ 单击【员工姓名】字段右侧的下拉按钮，❺ 在弹出的下拉列表中选择【文本筛选】命令，❻ 在弹出的下级菜单中选择【开头是】命令，如图 14-16 所示。

图 14-16

Step02 打开【自定义自动筛选方式】对话框，❶ 在【开头是】右侧的下拉列表框中根据需要输入筛选条件，这里输入文本【刘】，❷ 单击【确定】按钮，如图 14-17 所示。

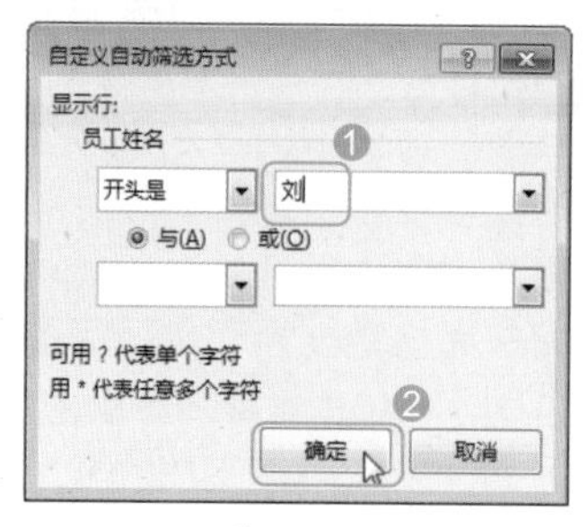

图 14-17

技术看板

【自定义自动筛选方式】对话框中的左侧两个下拉列表框用于选择赋值运算符，右侧两个下拉列表框用于对筛选范围进行约束，选择或输入具体的数值。【与】和【或】单选按钮用于设置相应的运算公式，其中，选中【与】单选按钮后，必须同时满足第一个和第二个条件才能在筛选数据后被保留；选中【或】单选按钮，表示满足第一个条件或者第二个条件中任意一个就可以在筛选数据后被保留。

在【自定义自动筛选方式】对话框中输入筛选条件时，可以使用通配符代替字符或字符串，如可以用【?】符号代表任意单个字符，用【*】符号代表任意多个字符。

Step03 经过上步操作，在工作表中将只显示姓名中由【刘】开头的所有记录，如图 14-18 所示。

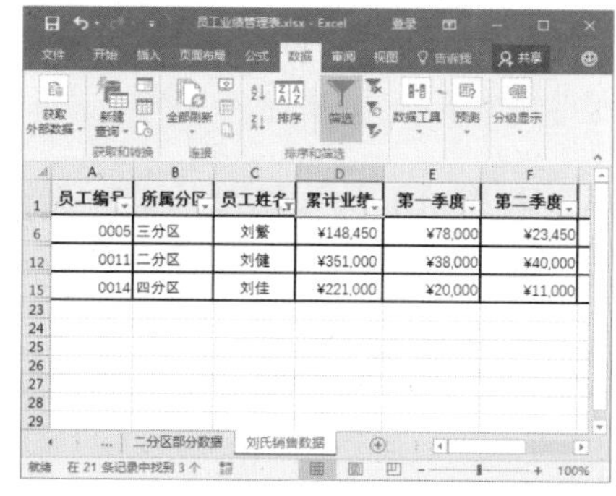

图 14-18

★ 重点 14.2.4 实战：对业绩数据进行高级筛选

实例门类	软件功能
教学视频	光盘\视频\第 14 章\14.2.4.mp4

虽然前面讲解的自定义筛选具有一定的灵活性，但是仍然是针对单列单元格数据中进行的筛选。如果需要对多列单元格数据同时进行筛选，则需要借助于 Excel 的高级筛选功能。

例如，要在“员工业绩表”中筛选出累计业绩超过 200000 元，且各季度业绩超过 20000 元的记录，具体操作步骤如下。

Step 01 ❶ 复制【数据表】工作表，并重命名为【稳定表现者】，❷ 在 K1:O2 单元格区域中输入高级筛选的条件，❸ 单击【排序和筛选】组中的【高级】按钮，如图 14-19 所示。

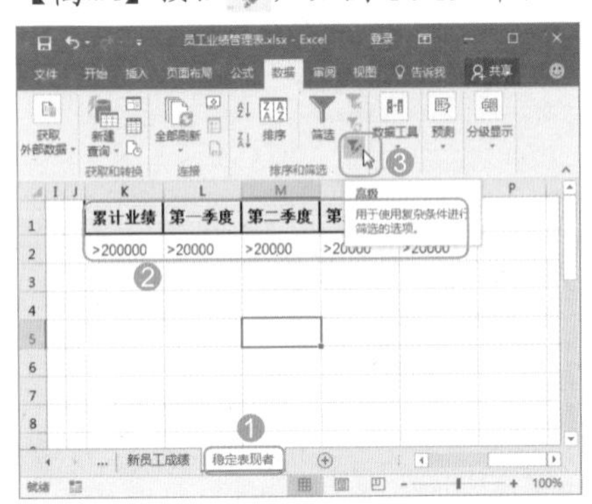

图 14-19

技术看板

进行高级筛选时，作为条件筛选的列标题文本必须放在同一行中，且其中的数据与数据表格中的列标题文本应完全相同。在列标题下方列举条件文本，有多个条件时，各条件为“与”关系的将条件文本并排放在同一行中，为“或”关系的要放在不同行中。

Step 02 打开【高级筛选】对话框，❶ 在【列表区域】文本框中引用数据筛选的 A1:H22 单元格区域，❷ 在【条件区域】文本框中引用筛选条件所在的 K1:O2 单元格区域，❸ 单击【确定】按钮，如图 14-20 所示。

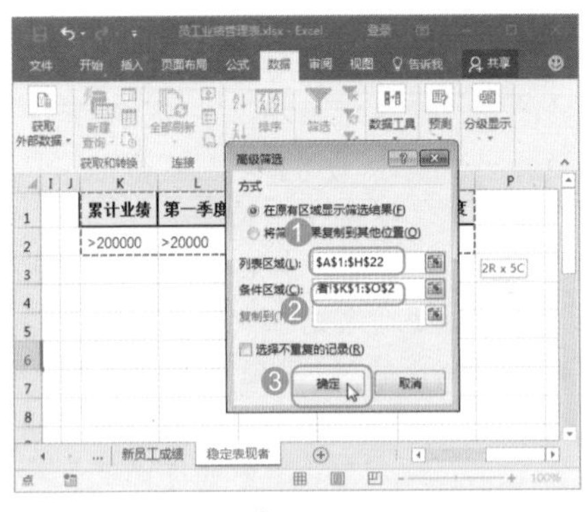

图 14-20

技术看板

在【高级筛选】对话框中选中【在原有区域显示筛选结果】单选按钮，可以在数据原有区域中显示筛选结果；选中【将筛选结果复制到其他位置】单选按钮，可以在激活的【复制到】文本框中设置准备存放筛选结果的单元格区域。

Step 03 经过上述操作，即可筛选出符合条件的数据，如图 14-21 所示。

图 14-21

14.3 数据的分类汇总

要让表格中的数据记录按照指定关键字段和指定计算方式进行汇总，最快速有效的方法就是使用分类汇总。从而便于阅读者快速获取数据类的汇总信息。

★ 重点 14.3.1 实战：在“销售情况分析表”中创建单一分类汇总

实例门类	软件功能
教学视频	光盘\视频\第 14 章\14.3.1.mp4

单项分类汇总只是对数据表格中的字段进行一种计算方式的汇总。

例如，要在“销售情况分析表”工作簿中统计出不同部门的总销售额，具体操作步骤如下。

Step 01 打开“光盘\素材文件\第 14 章\销售情况分析表.xlsx”文件，❶ 复制【数据表】工作表，并重命名为【部门汇总】，❷ 选择作为分类字段【部门】列中的任意单元格，❸ 单击【数据】选项卡【排序和筛选】组中的【升序】按钮，如图 14-22 所示。

图 14-22

技术看板

在创建分类汇总之前，首先应对数据进行排序，其作用是将具有相同关键字的记录表集中在一起，然后再进行分类汇总的操作。

Step02 单击【分级显示】组中的【分类汇总】按钮，如图 14-23 所示。

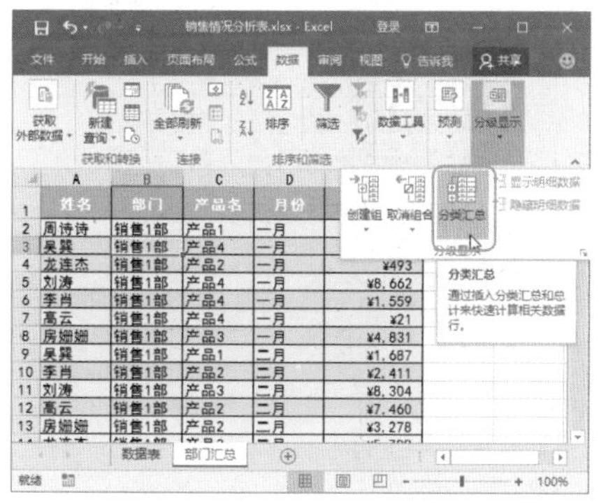

图 14-23

Step03 打开【分类汇总】对话框，❶在【分类字段】下拉列表框中选择要进行分类汇总的字段名称，这里选择【部门】选项，❷在【汇总方式】下拉列表框中选择计算分类汇总的汇总方式，这里选择【求和】选项，❸在【选定汇总项】列表框中选择要进行汇总计算的列，这里选中【销售额】复选框，❹选中【替换当前分类汇总】和【汇总结果显示在数据下方】复选框，❺单击【确定】按钮，如图 14-24 所示。

Step04 经过上步操作，即可创建分类汇总，如图 14-25 所示。可以看到表格中相同部门的销售总额和汇总结果将显示在相应的名称下方，最后还将所有部门的销售额总和进行统计，并显示在工作表的最后一行。

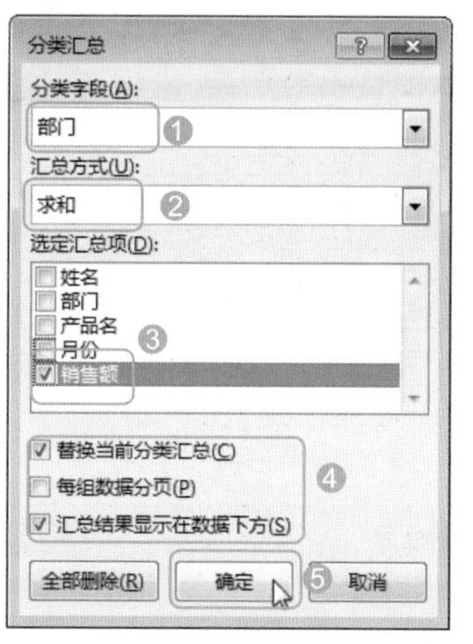

图 14-24

技术看板

如果要按每个分类汇总自动分页，可在【分类汇总】对话框中选中【每组数据分页】复选框；若要指定汇总行位于明细行的下方，可选中【汇总结果显示在数据下方】复选框。

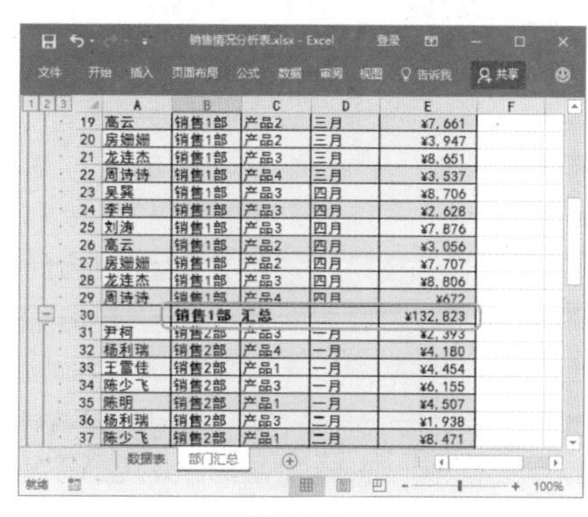

图 14-25

★ 重点 14.3.2 实战：在“销售情况分析表”中创建多重分类汇总

实例门类	软件功能
教学视频	光盘\视频\第 14 章\14.3.2.mp4

进行简单分类汇总之后，若需要对数据进一步细化分析，可以在原有汇总结果的基础上，再次进行分类汇总，形成多重分类汇总(可以是对同一字段进行多种方式的汇总，也可以对不同字段进行汇总)。

例如，要在“销售情况分析表”工作簿中统计出每个月不同部门的总销售额，具体操作步骤如下。

Step01 ❶复制【数据表】工作表，并重命名为【每月各部门汇总】，❷选择包含数据的任意单元格，❸单击【数据】选项卡【排序和筛选】组中的【排序】按钮，如图 14-26 所示。

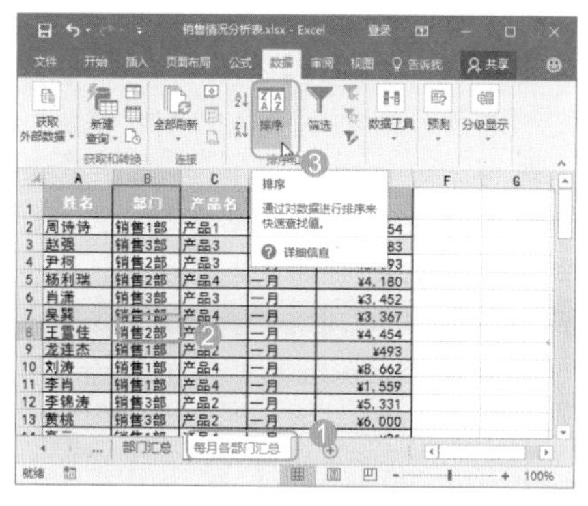

图 14-26

Step02 打开【排序】对话框，❶在【主要关键字】栏中设置分类汇总的主要关键字为【月份】，排序次序为【升序】，❷单击【添加条件】按钮，❸在【次要关键字】栏中设置分类汇总的次要关键字为【部门】，排序次序为【升序】，❹单击【确定】按钮，如图 14-27 所示。

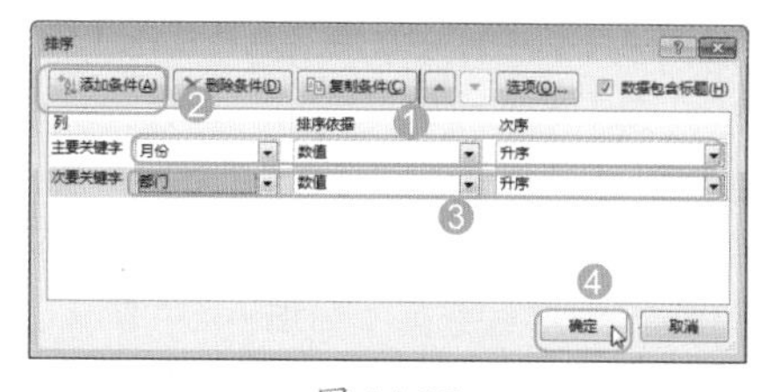

图 14-27

Step03 经过上步操作，即可根据要创建分类汇总的主要关键字和次要关键字进行排序。单击【分级显示】组中的【分类汇总】按钮，如图 14-28 所示。

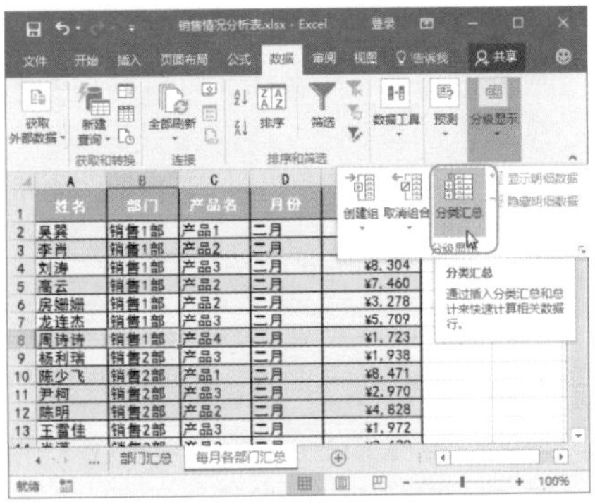

图 14-28

Step04 打开【分类汇总】对话框，❶ 在【分类字段】下拉列表框中选择要进行分类汇总的主要关键字字段名称【月份】，❷ 在【汇总方式】下拉列表框中选择【求和】选项，❸ 在【选定汇总项】列表框中选中【销售额】复选框，❹ 选中【替换当前分类汇总】和【汇总结果显示在数据下方】复选框，❺ 单击【确定】按钮，如图 14-29 所示。

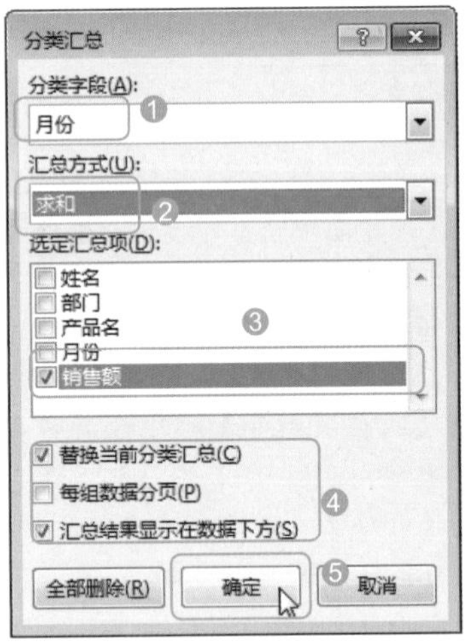

图 14-29

Step05 经过上步操作，即可创建一级分类汇总。单击【分级显示】组中的【分类汇总】按钮，如图 14-30 所示。

Step06 打开【分类汇总】对话框，❶ 在【分类字段】下拉列表框中选择要进行分类汇总的次要关键字字段名称【部门】，❷ 在【汇总方式】下拉列表框中选择【求和】选项，❸ 在【选定汇总项】列表框中选中【销售额】复选框，❹ 取消选中【替换当前分类汇总】复选框，❺ 单击【确定】按钮，如图 14-31 所示。

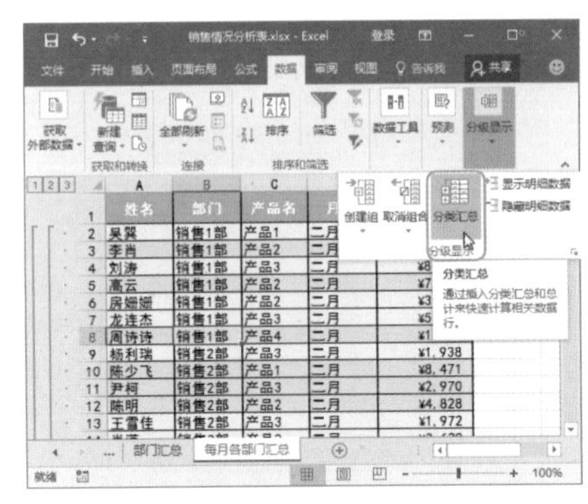

图 14-30

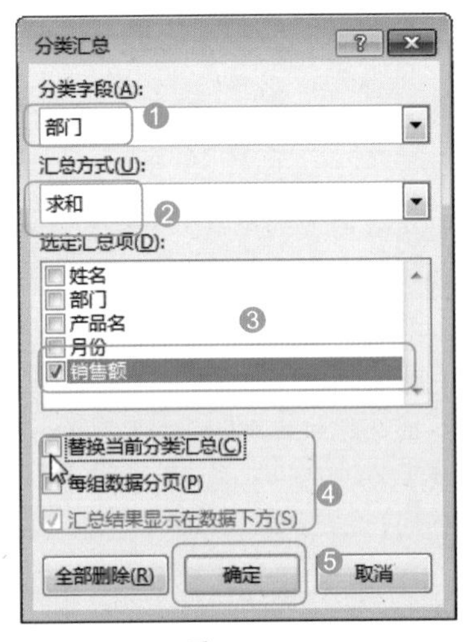

图 14-31

Step07 经过上步操作，即可创建二级分类汇总。可以看到表格中相同级别的相应汇总项的结果将显示在相应的级别后方，同时隶属于一级分类汇总的内部，效果如图 14-32 所示。

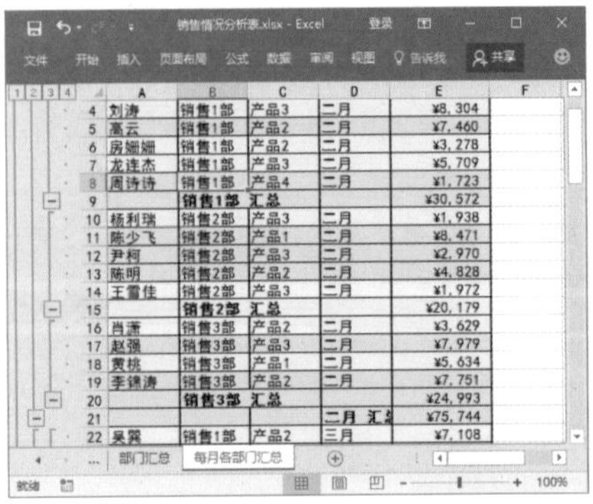

图 14-32

★ 重点 14.3.3 实战：分级显示“销售情况分析表”中的分类汇总数据

实例门类	软件功能
教学视频	光盘\视频\第 14 章\14.3.3.mp4

进行分类汇总后，工作表中的数据将以分级方式显示汇总数据和明细数据，并在工作表的左侧出现1、2、3……用于显示不同级别分类汇总的按钮，单击它们可以显示不同级别的分类汇总。要更详细地查看分类汇总数据，还可以单击工作表左侧的+按钮。例如，要查看分类汇总的数据，具体操作步骤如下。

Step01 单击窗口左侧分级显示栏中的2按钮，如图 14-33 所示。

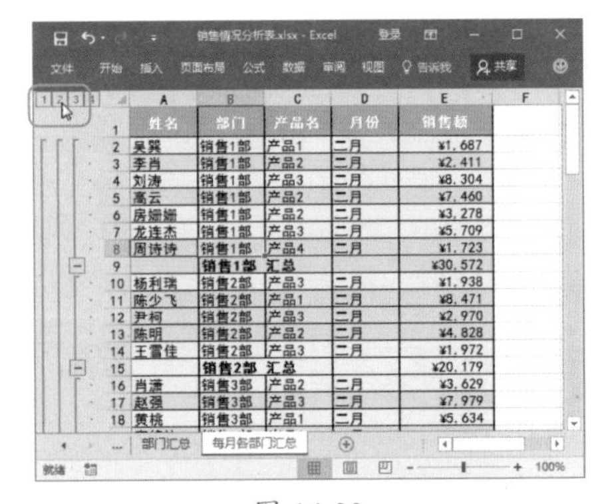

图 14-33

Step02 经过上步操作，将折叠 2 级分类下的所有分类明细数据。单击工作表左侧需要查看明细数据对应分类的+按钮，如图 14-34 所示。

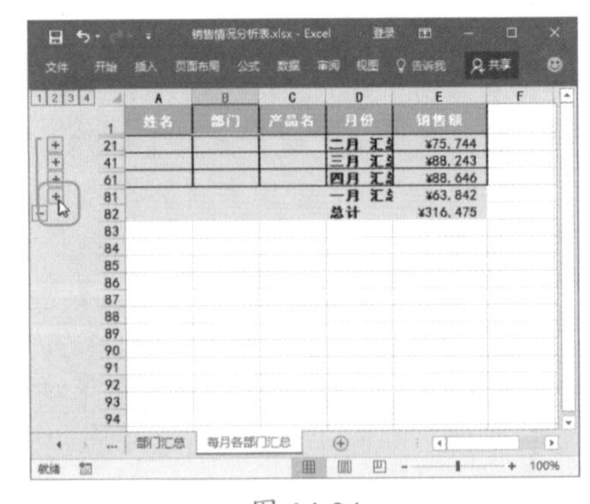

图 14-34

Step 03 经过上步操作，即可展开该分类下的明细数据，同时该按钮变为⊟形状，如图 14-35 所示。

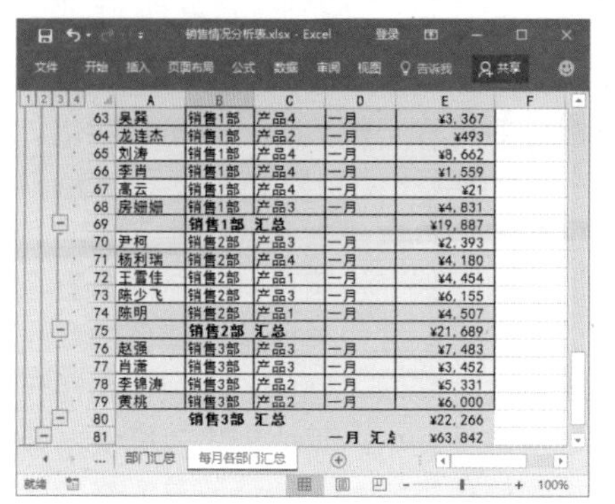

图 14-35

14.3.4 实战：删除“销售情况分析表”中的分类汇总

实例门类	软件功能
教学视频	光盘\视频\第 14 章\14.3.4.mp4

分类汇总查看完毕后，有时还需要删除分类汇总，使数据恢复到分类汇总前的状态。此时可以使用下面的方法来完成，具体操作步骤如下。

Step 01 ❶ 复制【每月各部门汇总】工作表，❷ 单击【数据】选项卡中【分级显示】组中的【分类汇总】按钮，如图 14-36 所示。

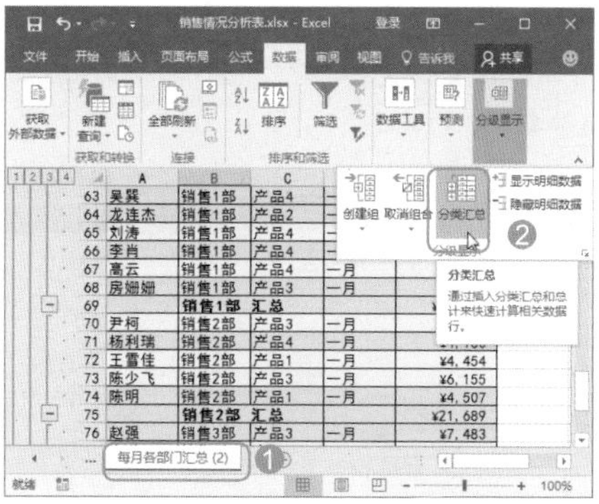

图 14-36

Step 02 打开【分类汇总】对话框，单击【全部删除】按钮，如图 14-37 所示。

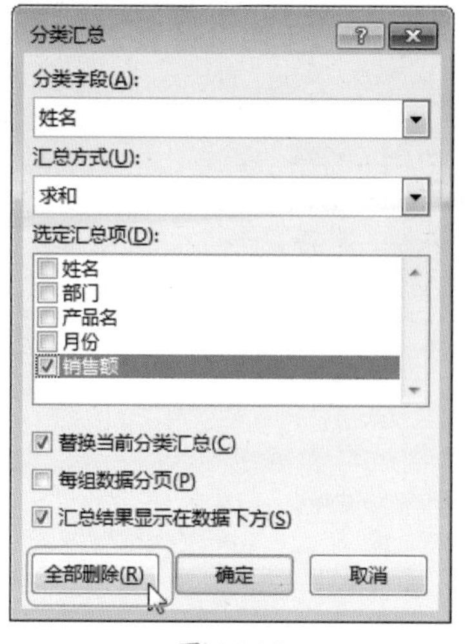

图 14-37

14.4 数据的突出显示

在编辑表格时，用户可以为单元格区域、表格或数据透视表设置条件格式。Excel 2016 提供了非常丰富的条件格式，该功能可以基于设置的条件，并根据单元格内容有选择地自动应用格式，让指定数据单元格以特有方式突出显示。

★ 重点 14.4.1 实战：突出显示超过某个值的销售额数据

实例门类	软件功能
教学视频	光盘\视频\第 14 章\14.4.1.mp4

在对数据表进行统计时，如果要突出显示表格中的一些数据，如大于某个值的数据、小于某个值的数据、等于某个值的数据等，可以使用【条件格式】中的【突出显示单元格规则】选项，基于比较运算符设置特定单元格的格式。

在【突出显示单元格规则】命令的下级子菜单中选择不同的命令，可以实现不同的突出效果，具体介绍如下。

- 【大于】命令：表示将大于某个值的单元格突出显示。
- 【小于】命令：表示将小于某个值的单元格突出显示。
- 【介于】命令：表示将单元格中数据在某个数值范围内的突出显示。
- 【等于】命令：表示将等于某个值的单元格突出显示。
- 【文本包含】命令：可以将单元格中符合设置的文本信息突出显示。
- 【发生日期】命令：可以将单元格中符合设置的日期信息突出显示。
- 【重复值】命令：可以将单元格中重复出现的数据突出显示。

下面，在“员工业绩管理表 1”工作簿的“累计业绩排名”工作表中，在累计业绩排序基础上，对各季度销售额超过 200000 元的单元格进行突出显示，具体操作步骤如下。

Step 01 打开“光盘\素材文件\第 14 章\员工业绩管理表 1.xlsx”文件，❶ 选择【累计业绩排名】工作表，❷ 选择 E2:H22 单元格区域，❸ 单击【开始】选项卡【样式】组中的【条件格式】按钮，❹ 在弹出的下拉菜单中选择【突出显示单元格规则】命令，❺ 在弹出的下级子菜单中选择【大于】命令，如图 14-38 所示。

Step 02 打开【大于】对话框，❶ 在【为大于以下值的单元格设置格式】文本框中输入要作为判断条件的最小数值【￥200,000】，❷ 在【设置为】下拉列表框中选择为符合条件的单元格设置的格式样式，这里选择【浅红填充色深红色文本】选项，❸ 单击【确定】按钮，如图 14-39 所示。

图 14-38

图 14-39

Step03 经过上述操作，即可看到所选单元格区域中值大于 200000 的单元格格式发生了变化，如图 14-40 所示。

员工姓名	累计业绩	第一季度	第二季度	第三季度	第四季度
苏杨	¥825,000	¥250,000	¥290,000	¥250,000	¥35,000
陈亮	¥389,000	¥100,000	¥12,000	¥27,000	¥250,000
宋沛	¥355,900	¥209,000	¥118,000	¥20,000	¥8,900
刘健	¥351,000	¥38,000	¥40,000	¥23,000	¥250,000
苏江	¥322,000	¥100,000	¥170,000	¥29,000	¥23,000
吴都	¥322,000	¥19,000	¥30,000	¥250,000	¥23,000
袁锦辉	¥296,000	¥5,000	¥21,000	¥250,000	¥20,000
刘佳	¥221,000	¥20,000	¥11,000	¥170,000	¥20,000
钟兵	¥202,000	¥87,000	¥90,000	¥21,000	¥4,000

图 14-40

★ 重点 14.4.2 实战：使用数据条显示销售额

实例门类	软件功能
教学视频	光盘\视频\第 14 章\14.4.2.mp4

使用数据条可以查看某个单元格相对于其他单元格的值。数据条的长度代表单元格中的值，数据条越长，表示值越高，反之，则表示值越低。若要在大量数据中分析较高值和较低值时，使用数据条尤为有用。

下面在“员工业绩管理表 1”工作簿的“二分区数据”工作表中，使用数据条来显示二分区各季度的销售额数据，具体操作步骤如下。

Step01 ❶ 选择【二分区数据】工作表，❷ 选择 E3:H18 单元格区域，❸ 单击【开始】选项卡【样式】组中的【条件格式】按钮，❹ 在弹出的下拉菜单中选择【数据条】命令，❺ 在弹出的下级子菜单的【渐变填充】栏中选择【橙色数据条】命令，如图 14-41 所示。

图 14-41

Step02 返回工作簿中即可看到在 E3:H18 单元格区域中根据数值大小填充了不同长短的橙色渐变数据条，如图 14-42 所示。

图 14-42

★ 重点 14.4.3 实战：使用色阶显示销售额数据

实例门类	软件功能
教学视频	光盘\视频\第 14 章\14.4.3.mp4

对数据进行直观分析时，除了使用数据条外，还可以使用色阶按阈值将单元格数据分为多个类别，其中每种颜色代表一个数值范围。

色阶作为一种直观的指示，可以帮助用户了解数据的分布和变化。Excel 中默认使用双色刻度和三色刻度两种色阶方式来设置条件格式。

双色刻度使用两种颜色的渐变来比较某个区域的单元格，颜色的深浅表示值的高低。例如，在绿色和红色的双色刻度中，可以指定较高值单元格的颜色更绿，而较低值单元格的颜色更红。三色刻度使用三种颜色的渐变来比较某个区域的单元格。颜色的深浅表示值的高、中、低。例如，在绿色、黄色和红色的三色刻度中，可以指定较高值单元格的颜色为绿色，中间值单元格的颜色为黄色，而较低值单元格的颜色为红色。

下面在“员工业绩管理表 1”工作簿的“销售较高数据分析”工作表中，使用一种三色刻度来显示累计销售额较高员工的各季度销售额数据，具体操作步骤如下。

Step01 ❶ 选择【销售较高数据分析】工作表，❷ 选择 E3:H22 单元格区域，❸ 单击【条件格式】按钮，❹ 在弹出的下拉菜单中选择【色阶】命令，❺ 在弹出的下级子菜单中选择【绿 - 黄 - 红色阶】命令，如图 14-43 所示。

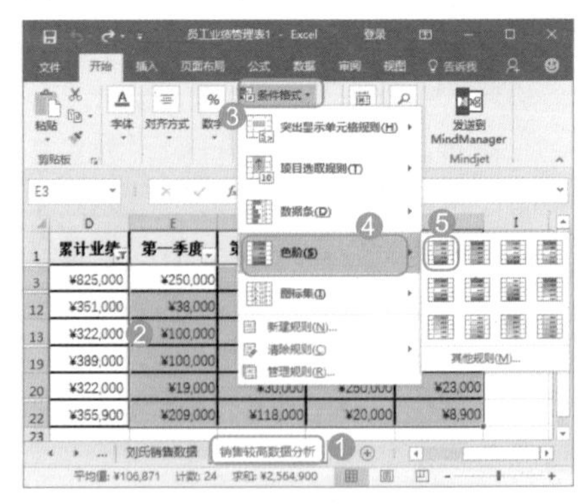
图 14-43

技术看板

在【条件格式】下拉菜单的各子菜单中选择【其他规则】命令，将打开【新建格式规则】对话框，在其中用户可以根据数据需要进行条件格式的自定义设置。

Step02 返回工作簿中即可看到在E3:H22单元格区域中，根据数值大小填充了不同深浅度的红、黄、绿颜色，如图14-44所示。

图 14-44

★ 重点 14.4.4 实战：使用图标集显示季度销售额状态

实例门类	软件功能
教学视频	光盘\视频\第14章\14.4.4.mp4

在Excel 2016中对数据进行格式设置和美化时，为了表现出一组数据中的等级范围，还可以使用图标集对数据进行标识。

图标集中的图标是以不同的形状或颜色来表示数据的大小的。使用图标集可以按阈值将数据分为3～5个类别，每个图标代表一个数值范围。例如，在【三向箭头】图标集中，绿色的上箭头代表较高值，黄色的横向箭头代表中间值，红色的下箭头代表较低值。

下面在“员工业绩管理表1”工作簿的“稳定表现者”工作表中，使用图标集中的【四等级】来标识相应员工的各季度销售额数据的相对大小，具体操作步骤如下。

Step01 选择【稳定表现者】工作表，选择E3:H13单元格区域，❶ 单击【条件格式】按钮，❷ 在弹出的下拉菜单中选择【图标集】命令，❸ 在弹出的下级子菜单的【等级】栏中选择【四等级】命令，如图14-45所示。

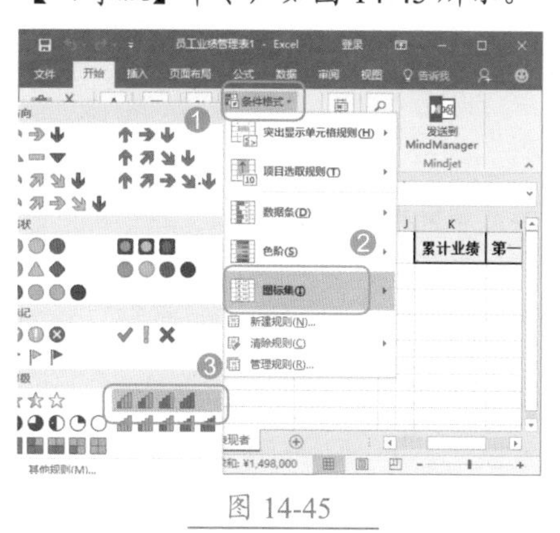

图 14-45

Step02 经过上述操作，即可看到E3:H13单元格区域中根据数值大小分为了4个等级，并为不同等级的单元格数据前添加了不同等级的图标，如图14-46所示。

图 14-46

★ 重点 14.4.5 实战：管理业绩表中的条件格式

实例门类	软件功能
教学视频	光盘\视频\第14章\14.4.5.mp4

Excel 2016表格中可以设置的条件格式数量没有限制，可以指定的条件格式数量只受到计算机内存的限制。为了帮助追踪和管理拥有大量条件格式规则的表格，Excel 2016提供了【条件格式规则管理器】功能，使用该功能可以创建、编辑、清除规则，以及控制规则的优先级。

1. 新建规则

Excel 2016中的条件格式功能允许用户定制条件格式，定义自己的规则或格式。新建条件格式规则需要在【新建格式规则】对话框中进行。

在【新建格式规则】对话框的【选择规则类型】列表框中，用户可选择基于不同的筛选条件设置新的规则，打开的【新建格式规则】对话框内的设置参数也会随之发生改变。

（1）基于值设置单元格格式。

默认打开的【新建格式规则】。对话框的【选择规则类型】列表框中选择的是【基于各自值设置所有单元格的格式】选项。选择该选项可以根据所选单元格区域中的具体值设置单元格格式，要设置何种单元格格式，还需要在【格式样式】下拉列表框中进行选择。

- 设置色阶：如果需要设置个性的双色或三色刻度的色阶条件格式，可在【格式样式】下拉列表框中选择【双色刻度】或【三色刻度】选项，如图14-47所示，然后在下方的【最小值】【最大值】和【中间值】栏中分别设置数据划分的类型、具体值或占比份额、填充颜色。

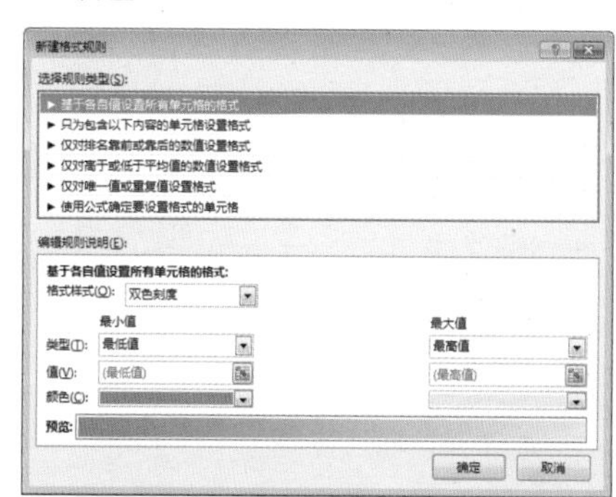

图 14-47

➥ 设置数据条：在基于值设置单元格格式时，如果需要设置个性的数据条，可以在【格式样式】下拉列表框中选择【数据条】选项，如图 14-48 所示。该对话框的具体设置和图 14-47 的方法相同，只是在【条形图外观】栏中需要设置条形图的填充效果和颜色，边框的填充效果和颜色，以及条形图的方向。

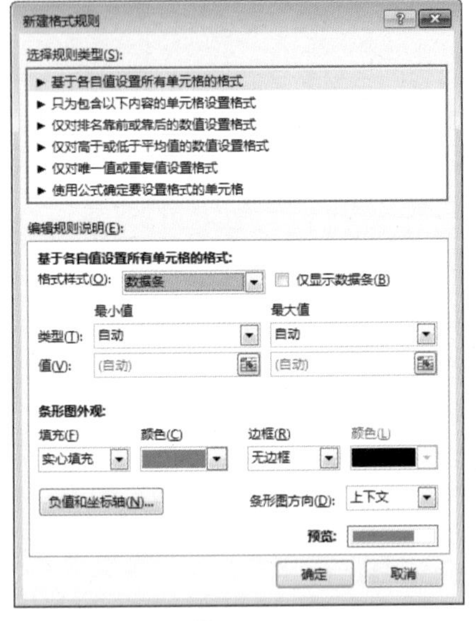

图 14-48

➥ 设置图标集：如果需要设置个性的图标形状和颜色，可以在【格式样式】下拉列表框中选择【图标集】选项，然后在【图标样式】下拉列表框中选择需要的图标集样式，并在下方分别设置各图标代表的数据范围，如图 14-49 所示。

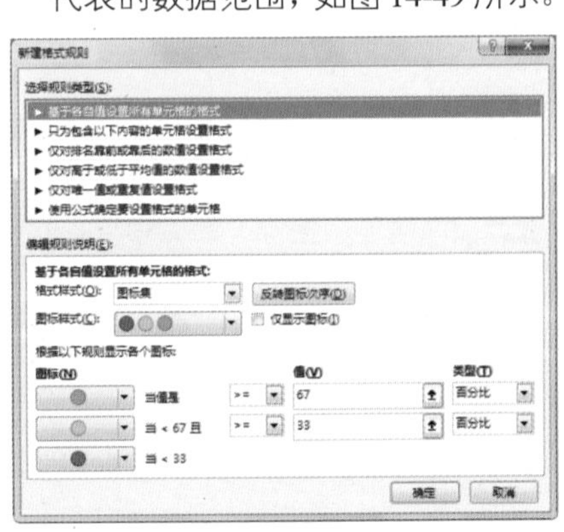

图 14-49

技术看板

基于图标集新建规则，可以选择只对符合条件的单元格显示图标，如对低于临界值的那些单元格显示一个警告图标，对超过临界值的单元格不显示图标。为此，只需在设置条件时单击图标右侧的下拉按钮，在弹出的下拉列表中选择【无单元格图标】命令隐藏图标。

（2）对包含相应内容的单元格设置单元格格式。

如果要为文本数据的单元格区域设置条件格式，可在【新建格式规则】对话框的【选择规则类型】列表框中选择【只为包含以下内容的单元格设置格式】选项，如图 14-50 所示。

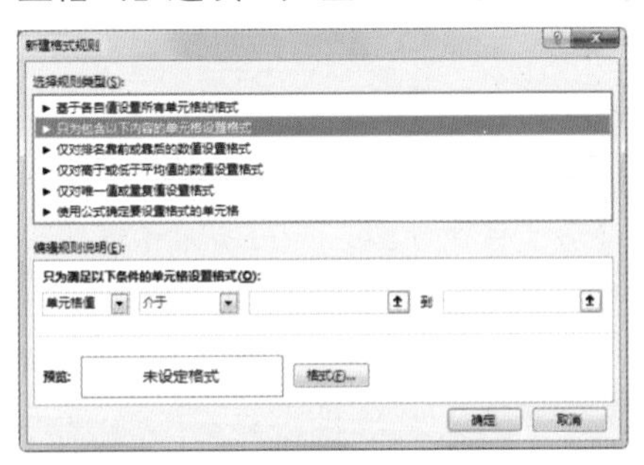

图 14-50

在【编辑规则说明】栏的左侧下拉列表框中可选择按单元格值、特定文本、发生日期、空值、无空值、错误和无错误来设置格式。选择不同选项的具体设置如下。

➥ 【单元格值】：选择该选项，表示要按数字、日期或时间设置格式，然后在中间的下拉列表框中选择比较运算符，在右侧的下拉列表框中输入数字、日期或时间。如依次在后面 3 个下拉列表框中设置【介于】【10】和【200】。

➥ 【特定文本】：选择该选项，表示要按文本设置格式，然后在中间的下拉列表框中选择比较运算符，在右侧的下拉列表框中输入文本。如依次在后面两个下拉列表框中设置【包含】和【Sil】。

➥ 【发生日期】：选择该选项，表示要按日期设置格式，然后在后面的下拉列表框中选择比较的日期，如【昨天】或【下周】。

➥ 【空值】和【无空值】：空值即单元格中不包含任何数据，选择这两个选项，表示要为空值或无空值单元格设置格式。

➥ 【错误】和【无错误】：错误值包括【#####】【#VALUE!】【#DIV/0!】【#NAME?】【#N/A】【#REF!】【#NUM!】和【#NULL!】。选择这两个选项，表示要为包含错误值或无错误值的单元格设置格式。

（3）根据单元格内容排序位置设置单元格格式。

想要扩展项目选取规则，对单元格区域中的数据按照排序方式设置条件格式，可以在【新建格式规则】对话框的【选择规则类型】列表框中选择【仅对排名靠前或靠后的数值设置格式】选项，如图 14-51 所示。

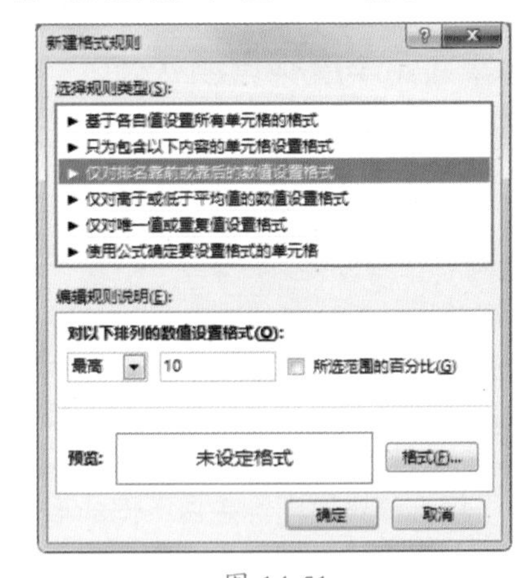

图 14-51

在【编辑规则说明】栏左侧的下拉列表框中可以设置排名靠前或靠后的单元格，而具体的单元格数量则需要在其后的文本框中输入，若选中【所选范围的百分比】复选框，则会根据所选择的单元格总数的百分比进行单元格数量的选择。

（4）根据单元格数据相对于平均值的大小设置单元格格式。

如果需要根据所选单元格区域的平均值来设置条件格式，可以在【新建格式规则】对话框的【选择规则类型】列表框中选择【仅对高于或低于平均值的数值设置格式】选项，如图14-52所示。

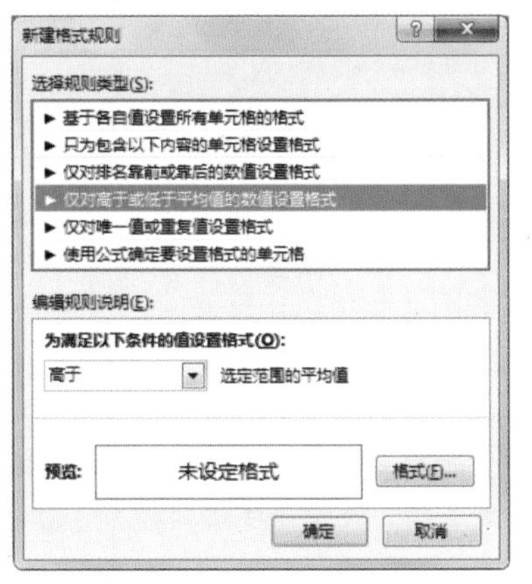

图 14-52

在【编辑规则说明】栏的下拉列表框中可以设置相对于平均值的具体条件是高于、低于、等于或高于、等于或低于，以及各种常见标准偏差。

（5）根据单元格数据是否唯一设置单元格格式。

如果需要根据数据在所选单元格区域中是否唯一来设置条件格式，可以在【新建格式规则】对话框的【选择规则类型】列表框中选择【仅对唯一值或重复值设置格式】选项，如图14-53所示。

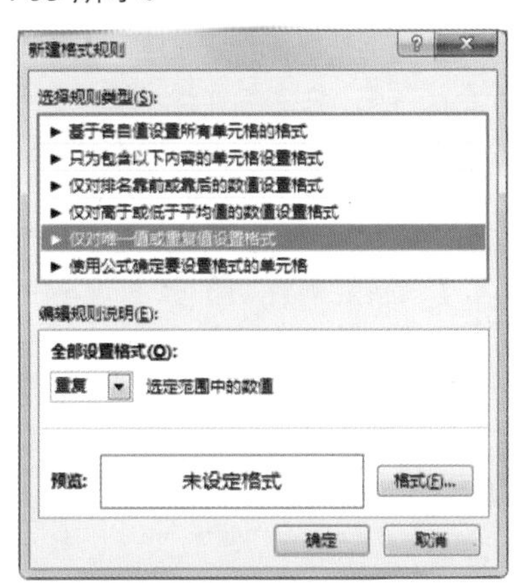

图 14-53

在【编辑规则说明】栏的下拉列表框中可以设置具体是对唯一值还是对重复值进行格式设置。

（6）通过公式完成较复杂条件格式的设置。

其实前面的这些选项都是对Excel提供的条件格式进行扩充设置，如果这些自定义条件格式都不能满足需要，那么就需要在【新建格式规则】对话框的【选择规则类型】列表框中选择【使用公式确定要设置格式的单元格】选项，来完成较复杂的条件设置了，如图14-54所示。

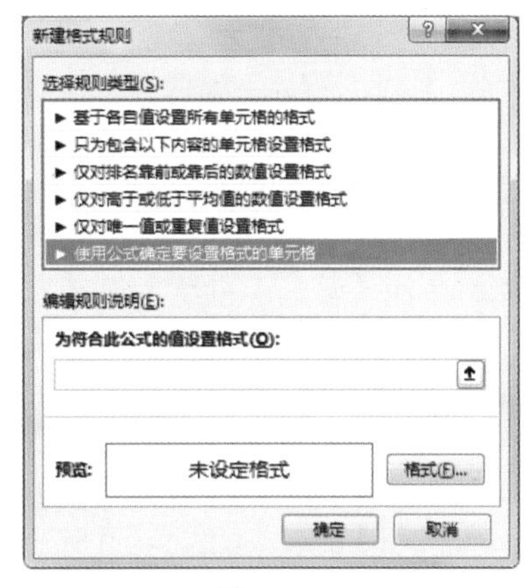

图 14-54

在【编辑规则说明】栏的参数框中输入需要的公式即可。

注意：①与普通公式一样，从等于号开始输入公式。

②系统默认是以选择单元格区域的第一个单元格进行相对引用计算的，也就是说只需要设置好所选单元格区域的第一个单元格的条件，其后的其他单元格系统会自动计算。

通过公式来扩展条件格式的功能很强大，也比较复杂，下面举例说明。

例如，在“员工业绩管理表1”工作簿的“累计业绩排名(2)”工作表中，需要为属于二分区的数据行填充颜色，具体操作步骤如下。

Step 01 选择【累计业绩排名(2)】工作表，❶选择A2:H22单元格区域，❷单击【条件格式】按钮，❸在弹出的下拉菜单中选择【新建规则】命令，如图14-55所示。

图 14-55

Step 02 打开【新建格式规则】对话框，❶在【选择规则类型】列表框中选择【使用公式确定要设置格式的单元格】选项，❷在【编辑规则说明】栏中的【为符合此公式的值设置格式】文本框中输入公式【=$B2="二分区"】，❸单击【格式】按钮，如图14-56所示。

图 14-56

技能拓展——打开【新建格式规则】对话框的其他方法

【条件格式规则管理器】功能综合体现在【条件格式规则管理器】对话框中。在【条件格式】下拉列表中选择【管理规则】命令即可打开【条件格式规则管理器】对话框。单击其中的【新建规则】按钮，可以打开【新建格式规则】对话框。

Step 03 打开【设置单元格格式】对话框，❶选择【填充】选项卡，❷在【背景色】栏中选择需要填充的单元格颜色，这里选择【浅黄色】，❸ 单击【确定】按钮，如图 14-57 所示。

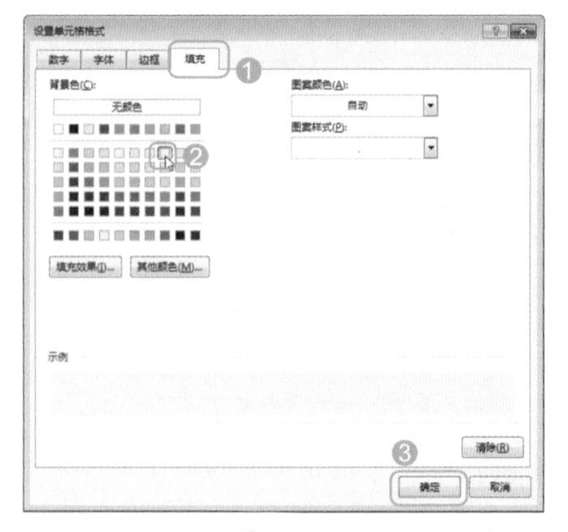

图 14-57

Step 04 返回【新建格式规则】对话框，在【预览】栏中可以查看到设置的单元格格式，单击【确定】按钮，如图 14-58 所示。

图 14-58

Step 05 经过上步操作后，A2:H22 单元格区域中属于二分区的数据行将会以设置的格式突出显示，如图 14-59 所示。

图 14-59

2. 编辑规则

为单元格应用条件格式后，如果感觉不满意，还可以在【条件格式规则管理器】对话框中对其进行编辑。

在【条件格式规则管理器】对话框中可以查看当前所选单元格或当前工作表中应用的条件规则。在【显示其格式规则】下拉列表框中可以选择相应的工作表、表或数据透视表，以显示出需要进行编辑的条件格式。单击【编辑规则】按钮，在打开的【编辑格式规则】对话框中对选择的条件格式进行编辑，编辑方法与新建规则的方法相同。

下面为“新员工成绩”工作表中的数据添加图标集格式，并通过编辑让格式更贴合这里的数据显示，具体操作步骤如下。

Step 01 选择【新员工成绩】工作表中的 E4:H21 单元格区域，❶ 单击【条件格式】按钮，❷ 在弹出的下拉菜单中选择【图标集】命令，❸ 在弹出的下级子菜单的【等级】栏中选择【五象限图】命令，如图 14-60 所示。

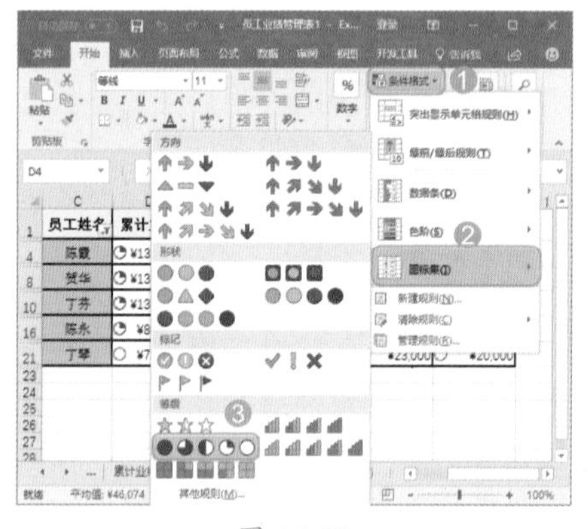

图 14-60

Step 02 经过上步操作，即可根据数值大小在所选单元格区域的数值前添加不同等级的图标，但是由于该区域的数值非常接近，默认的等级区分效果并不明显，所以需要编辑等级的划分。❶ 再次单击【条件格式】按钮，❷ 在弹出的下拉列表中选择【管理规则】命令，如图 14-61 所示。

图 14-61

Step 03 打开【条件格式规则管理器】对话框，由于设置条件格式前没有取消单元格区域的选择状态，所以这里在【显示其格式规则】下拉列表框中自动显示为【当前选择】选项，❶ 在下方的列表框中选择需要编辑的条件格式选项，❷ 单击【编辑规则】按钮，如图 14-62 所示。

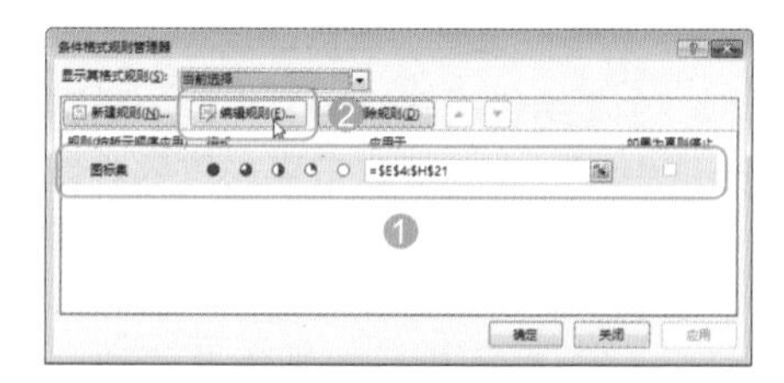

图 14-62

技术看板

若要更改条件格式应用的单元格区域，可以先在【条件格式规则管理器】对话框的列表框中选择该条件格式选项，然后在【应用于】文本框中输入新的单元格区域地址，或单击其后的折叠按钮，返回工作簿中选择新的单元格区域。

Step 04 打开【编辑格式规则】对话框，❶ 在【编辑规则说明】栏中的各图标后设置类型为【数字】，❷ 在各图标后对应的【值】参数框中输入需要作为等级划分界限的数值，❸ 单击【确定】按钮，如图 14-63 所示。

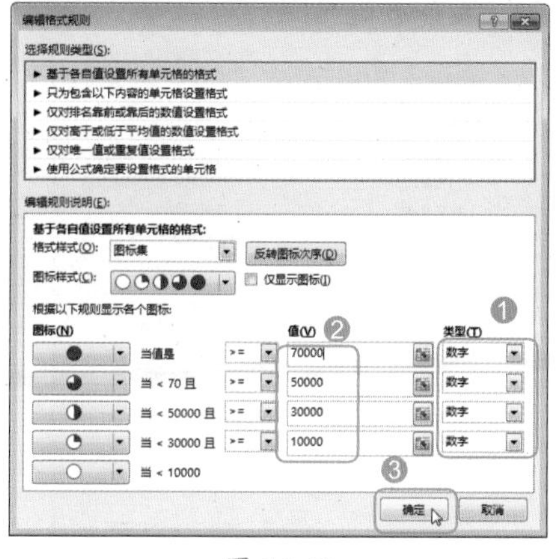

图 14-63

Step05 返回【条件格式规则管理器】对话框，单击【确定】按钮，如图 14-64 所示。

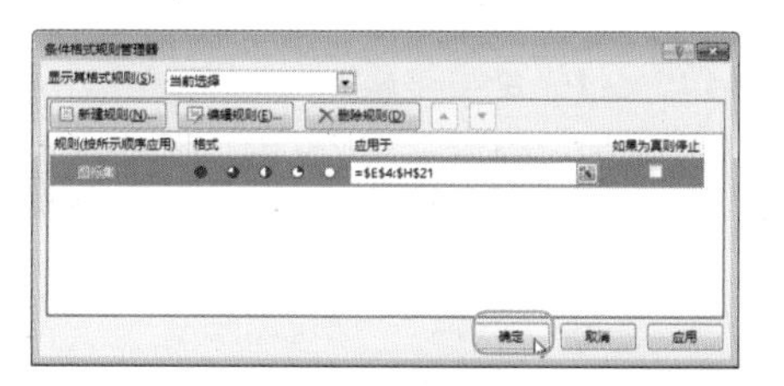

图 14-64

Step06 经过上步操作，返回工作表即可看到 E4:H21 单元格区域中的图标根据新定义的等级划分区间进行了重新显示，效果如图 14-65 所示。

图 14-65

3. 清除规则

如果不需要用条件格式显示数据值，用户还可以清除格式。单击【开始】选项卡【样式】组中的【条件格式】按钮，在弹出的下拉菜单中选择【清除规则】命令，然后在弹出的下级子菜单中选择【清除所选单元格的规则】命令清除所选单元格区域中包含的所有条件规则；或者选择【清除整个工作表的规则】命令，清除该工作表中的所有条件规则；或者选择【清除此数据透视表的规则】命令，清除该数据透视表中设置的条件规则。

也可以在【条件格式规则管理器】对话框的【显示其格式规则】下拉列表框中设置需要清除条件格式的范围，然后单击【删除规则】按钮清除相应的条件规则。

清除条件规则后，原来设置了对应条件格式的单元格都会显示为默认单元格设置。

妙招技法

下面结合本章内容，给大家介绍一些与数据管理相关的实用技巧。

技巧 01：如何将高级筛选结果放置到其他工作表中

教学视频	光盘\视频\第 14 章\技巧 01.mp4

要将高级筛选结果放置到同一工作簿中的其他工作表中，按照常规的方法（直接将“复制到”的位置设置为其他工作表中的单元格地址）无法进行高级筛选，同时，还会报错。此时可采用一个小技巧来完成。例如，要在“业绩明细”工作表中进行高级筛选，并将筛选结果放置到【结果】工作表中，具体操作步骤如下。

Step01 打开“光盘\素材文件\第 14 章\业绩管理.xlsx”文件，❶ 切换到【结果】工作表中，❷ 单击【排序和筛选】工具组中【高级】按钮，如图 14-66 所示。

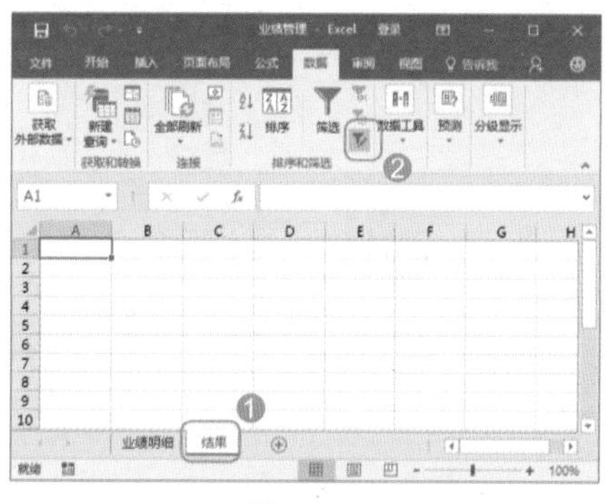

图 14-66

Step02 打开【高级筛选】对话框，❶ 选中【将筛选结果复制到其他位置】单选按钮，❷ 单击【列表区域】文本框后的按钮，如图 14-67 所示。

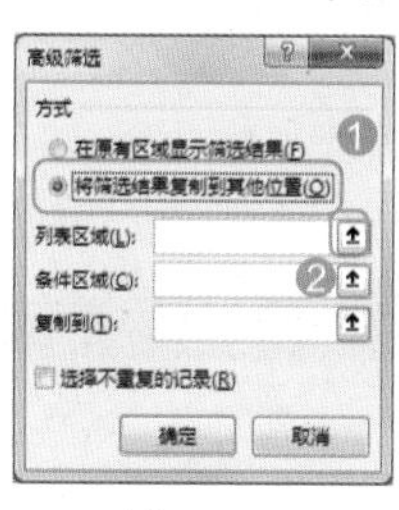

图 14-67

Step03 ❶ 切换到“业绩明细”工作表中，❷ 选择整个数据区域，❸ 单击按钮，如图 14-68 所示。

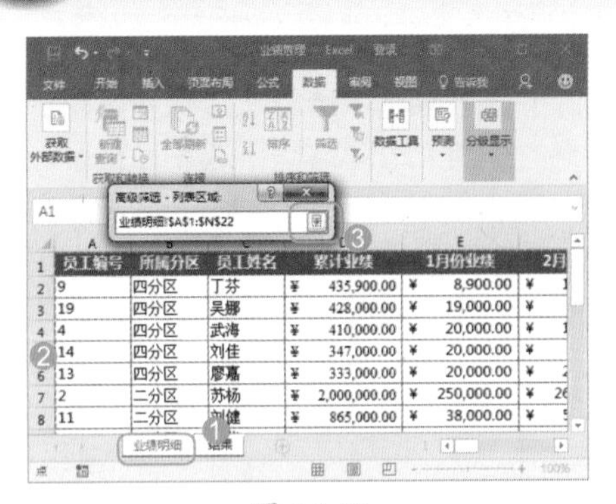

图 14-68

Step04 ❶ 以同样的方法设置【条件区域】，并将筛选数据“复制到”的位置设置为【结果】工作表中的 A1 单元格，❷ 单击【确定】按钮，如图 14-69 所示。

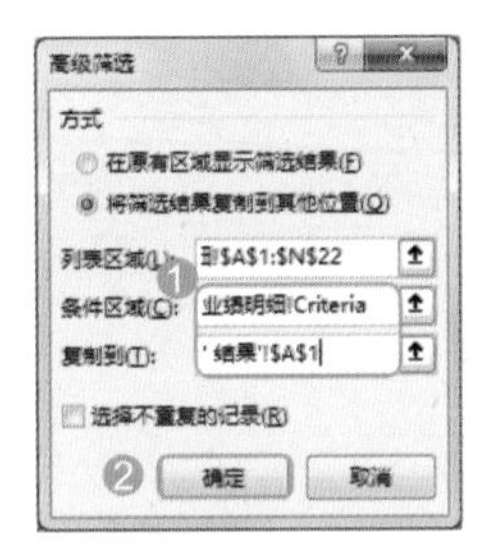

图 14-69

技巧 02：如何一次性筛选出多个“或”关系的数据

要利用高级筛选功能实现“或”关系的条件筛选，关键在于条件区域的设置，也就是“或”关系的设置。通常情况下是将“或”关系字段进行重复，同时，将条件关系分行放置，然后进行高级筛选操作。如图 14-70 是【三分区】或【四分区】的 1、2、3 月份业绩大于 10000、12000 和 23000 的显示。

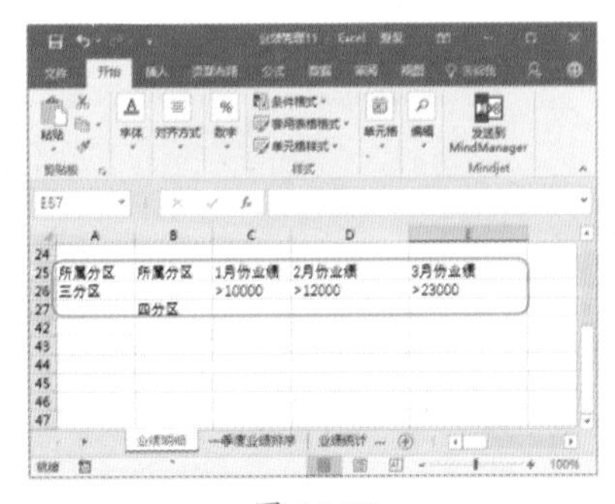

图 14-70

技巧 03：只复制分类汇总的结果

教学视频	光盘\视频\第 14 章\技巧 03.mp4

只复制分类汇总的结果数据，不能直接复制，即使是切换到只有汇总项的显示级别中也不能直接复制，因为系统会将汇总结果数据和汇总明细数据一起复制。此时，可通过对可见单元格进行复制。

例如，对“业绩管理 1”工作簿中的汇总结果进行复制，具体操作步骤如下。

Step01 打开“光盘\素材文件\第 14 章\业绩管理 1.xlsx”文件，单击二级列表按钮 2，如图 14-71 所示。

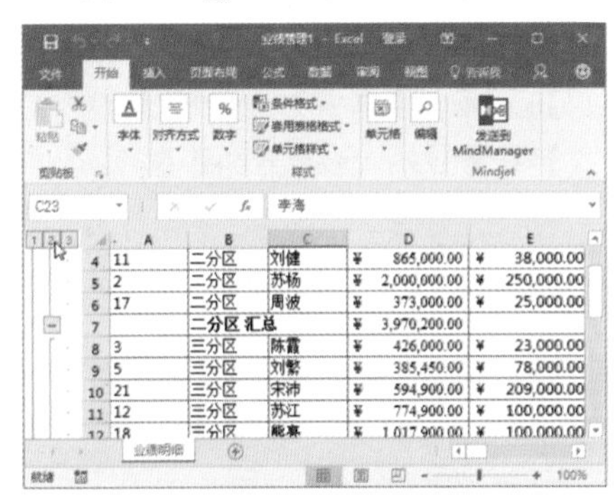

图 14-71

Step02 ❶ 单击【开始】选项卡【编辑】组中的【查找和选择】下拉按钮，❷ 在弹出的下拉菜单中选择【定位条件】命令，如图 14-72 所示。

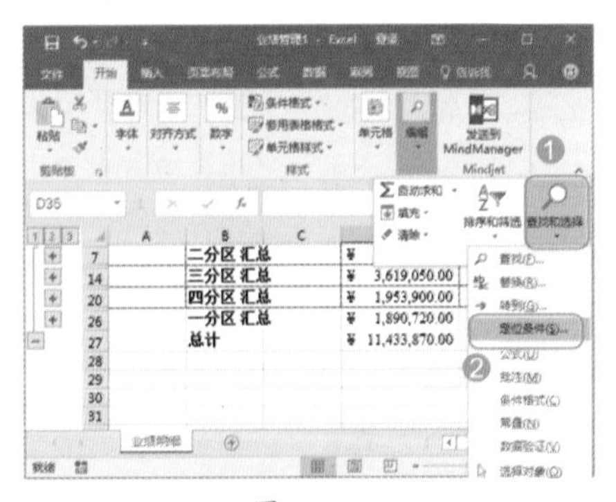

图 14-72

Step03 ❶ 打开【定位条件】对话框，选中【可见单元格】单选按钮，❷ 单击【确定】按钮，如图 14-73 所示。

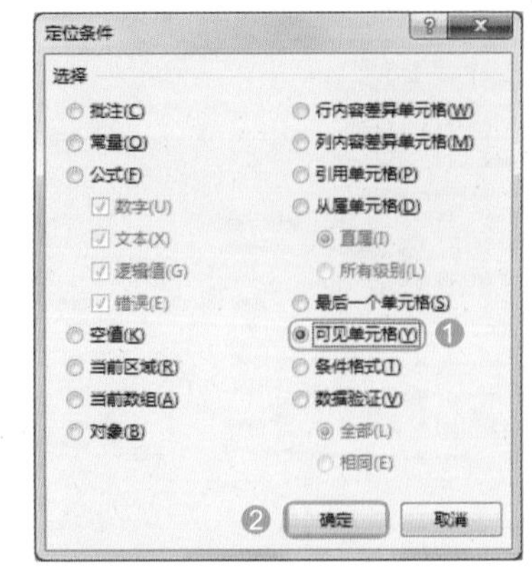

图 14-73

Step04 系统自动将所有可见单元格选择，按【Ctrl+C】组合键复制，新建工作表（或是目标工作表中），按【Ctrl+V】组合键粘贴，如图 14-74 所示。

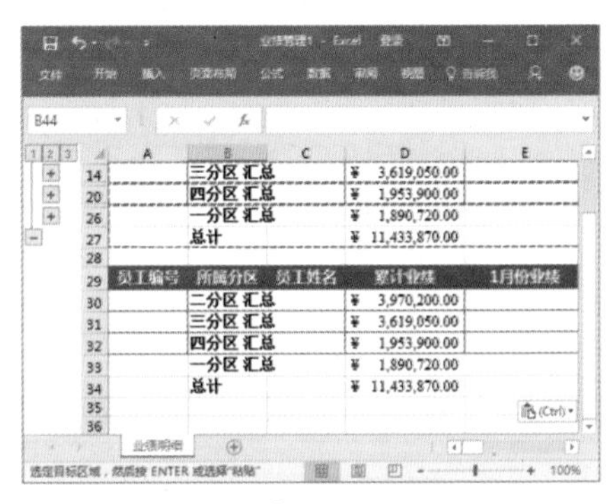

图 14-74

技巧 04：手动对数据进行分组

教学视频	光盘\视频\第 14 章\技巧 04.mp4

分类汇总是对同类数据进行指定方式汇总，所以，它要求汇总数据项必须有多个同类项。对于没有同类项，而要将一些指定数据记录合并到一起，分类汇总就无法实现，这时，用户可手动进行分组。

例如，对“业绩管理 2”工作簿进行手动创建分组，具体操作步骤如下。

Step01 打开“光盘\素材文件\第 14 章\业绩管理 2.xlsx”文件，❶ 选择要进行分组的数据单元格，❷ 切换到

【数据】选项卡，❸单击【分级显示】组中的【创建组】按钮，如图 14-75 所示。

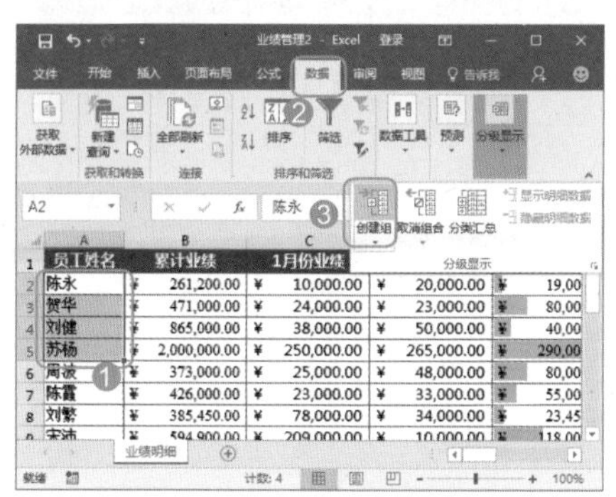

图 14-75

Step02 打开【创建组】对话框，❶选中【行】单选按钮，❷单击【确定】按钮，如图 14-76 所示。

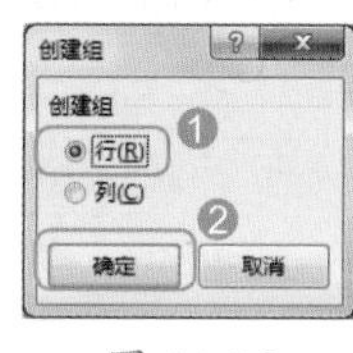

图 14-76

Step03 返回表格，即可查看到手动划分组的效果，如图 14-77 所示。

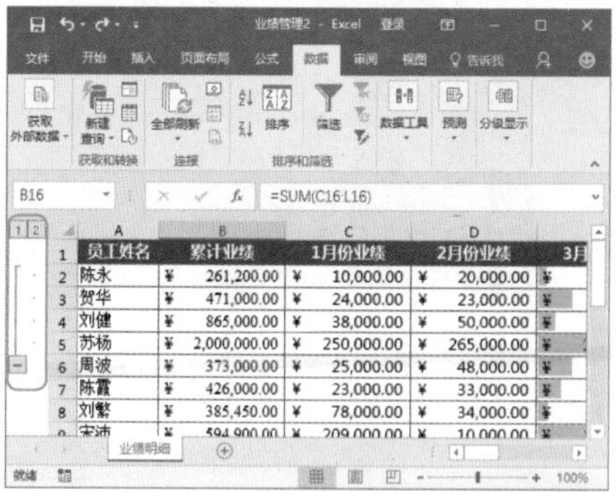

图 14-77

本章小结

学完本章知识读者应该掌握了数据管理的几种高效方法：排序、筛选、分类汇总和条件规则。其中的难点在于多条件排序和高级排序以及数据高级筛选。其他的知识点相对容易学习和掌握，同时操作也较为简单。希望通过本章内容的学习，读者能够熟练使用这些知识对表格数据进行高效、专业和规范的管理。

第15章 Excel 数据的图表展示和分析

- 表格数据太多，难于理解，可以做成图表。
- 默认图表元素过多或不够，需要再加工。
- 图表效果不太好，不会美化，怎么办？
- 你会使用辅助线分析图表数据吗？
- 你知道单元格中的微型图表如何制作吗？
- 如果想让你的迷你图更出彩，可以为其设置样式和颜色。

本章将介绍图表和迷你图的创建、编辑与修改等基本操作，教会读者如何制作出专业有效的图表。

15.1 图表的创建和编辑

图表是在数据的基础上制作出来的，一般数据表中的数据很详细，但是不利于直观地分析问题。所以，如果要针对某一问题进行研究，就要在数据表的基础上创建相应的图表。同时，为了让图表能更直观展示和分析数据，用户需对其进行相应编辑。

15.1.1 实战：在销售数据表中创建图表

实例门类	软件功能
教学视频	光盘\视频\第 15 章\15.1.1.mp4

在 Excel 中创建图表有两种常用方法：使用推荐功能创建和通过插入功能创建。下面分别进行讲解。

1. 使用推荐功能创建图表

在创建图表时，用户若不清楚使用哪种类型图表合适，可使用 Excel 推荐图表功能进行创建。

例如，要为销售表中的数据创建推荐的图表，具体操作步骤如下。

Step01 打开“光盘\素材文件\第 15 章\销售表.xlsx”文件，❶ 选择 A1:A7 和 C1:C7 单元格区域，❷ 单击【插入】选项卡【图表】组中的【推荐的图表】按钮，如图 15-1 示。

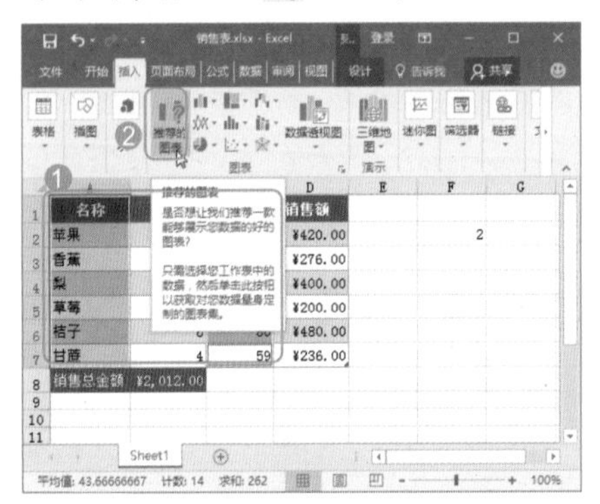

图 15-1

Step02 打开【插入图表】对话框，❶ 在【推荐的图表】选项卡左侧显示了系统根据所选数据推荐的图表类型，选择需要的图表类型，这里选择【饼图】选项，❷ 在右侧即可预览图表效果，对效果满意后单击【确定】按钮，如图 15-2 所示。

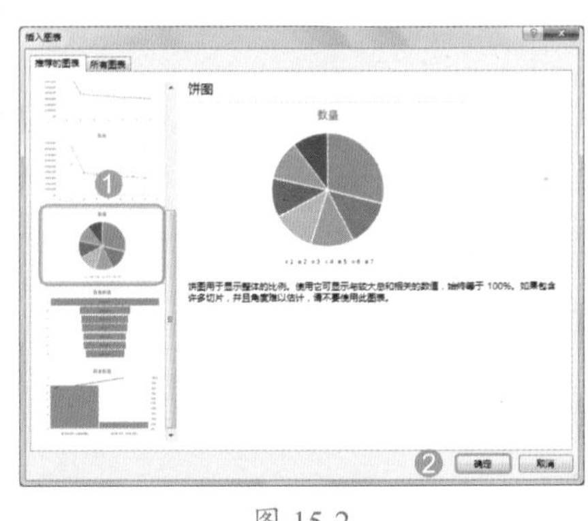

图 15-2

2. 通过插入功能创建图表

若清楚使用什么类型的图表时，可以直接选择相应的图表类型进行创建。在 Excel【插入】选项卡的【图表】组中提供了常用的几种类型。用户只需要选择图表类型就可以完成创建。

例如，要为销售表中的数据创建插入的图表，具体操作步骤如下。

Step01 ❶ 选择 A1:A7 和 D1:D7 单元格区域，❷ 在【插入】选项卡【图表】组中单击相应的图表按钮，这里单击【插入饼图或圆环图】按钮，❸ 在弹出的下拉菜单中选择需要的图表类型选项，这里选择【饼图】选项，如图 15-3 所示。

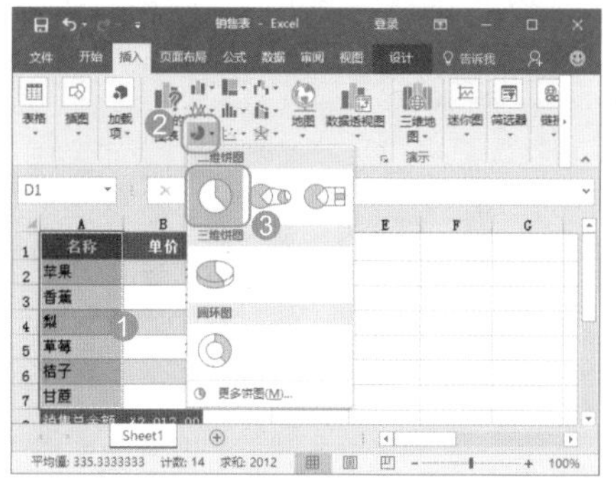

图 15-3

Step02 经过上步操作，即可看到根据选择的数据源和图表样式生成的对应图表，如图 15-4 所示。

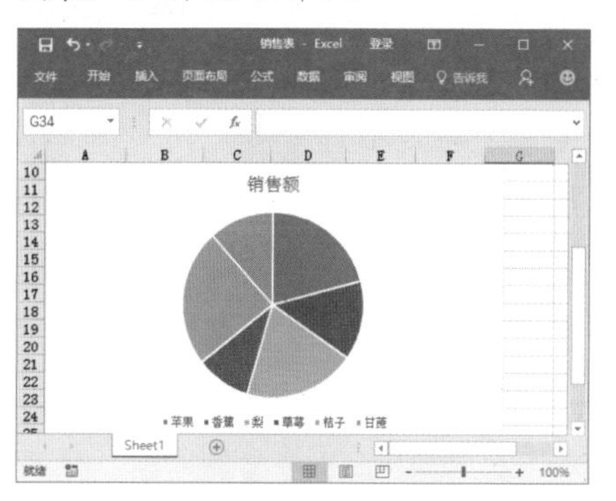

图 15-4

15.1.2 实战：调整成绩统计表中图表的大小

实例门类	软件功能
教学视频	光盘\视频\第 15 章\15.1.2.mp4

有时因为图表中的内容较多，会导致图表中的内容不能完全显示或显示不清楚所要表达的意义，此时可适当调整图表的大小，具体操作步骤如下。

Step01 打开“光盘\素材文件\第 15 章\月考平均分统计 .xlsx”文件，❶ 选择要调整大小的图表，❷ 将鼠标光标移动到图表右下角，按住鼠标左键不放并拖动，即可缩放图表大小，如图 15-5 所示。

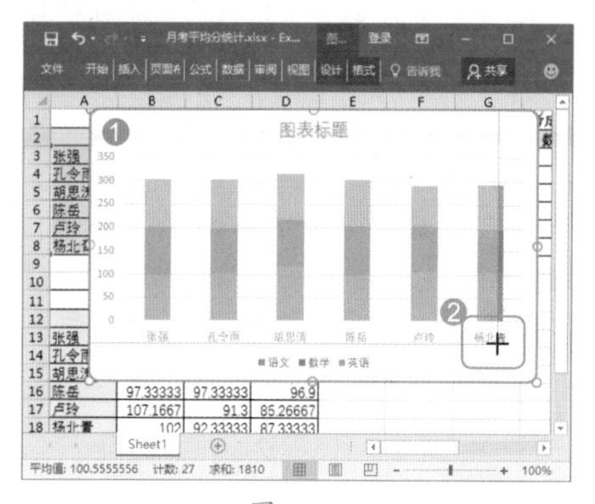

图 15-5

技能拓展——精确调整图表大小

在【图表工具 / 格式】选项卡【大小】组中的【形状高度】或【形状宽度】数值框中输入数值，可以精确设置图表的大小。

技术看板

在调整图表大小时，图表的各组成部分也会随之调整大小。若不满意图表中某个组成部分的大小，也可以选择对应的图表对象，用相同的方法对其大小单独进行调整。

Step02 将图表调整到合适大小后释放鼠标即可，本例改变图表大小后的效果如图 15-6 所示。

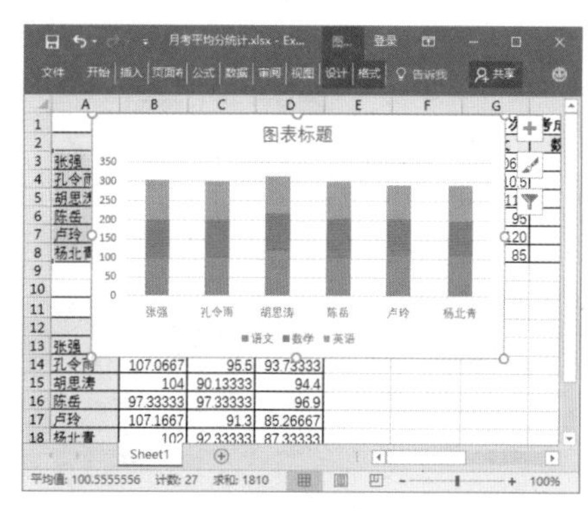

图 15-6

★ 重点 15.1.3 实战：移动成绩统计表中的图表位置

实例门类	软件功能
教学视频	光盘\视频\第 15 章\15.1.3.mp4

默认情况下创建的图表会显示在其数据源的附近，然而这样的设置通常会遮挡工作表中的数据。这时可以将图表移动到工作表中的空白位置。在同一张工作表中移动图表位置可先选择要移动的图表，然后直接通过鼠标进行拖动，将图表移动到适当位置后释放鼠标即可，如图 15-7 所示。

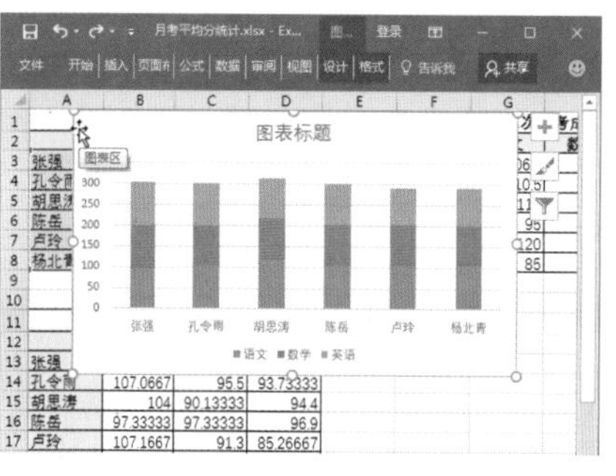

图 15-7

某些时候，为了表达图表数据的重要性或为了能够清楚分析图表中的数据，需要将图表放大并单独制作为一张工作表。针对这个需求，Excel 2016 提供了【移动图表】功能。

将图表单独制作成一张工作表，具体操作步骤如下。

Step01 ❶ 选择图表，❷ 单击【图表工具 / 设计】选项卡【位置】组中的【移动图表】按钮，如图 15-8 所示。

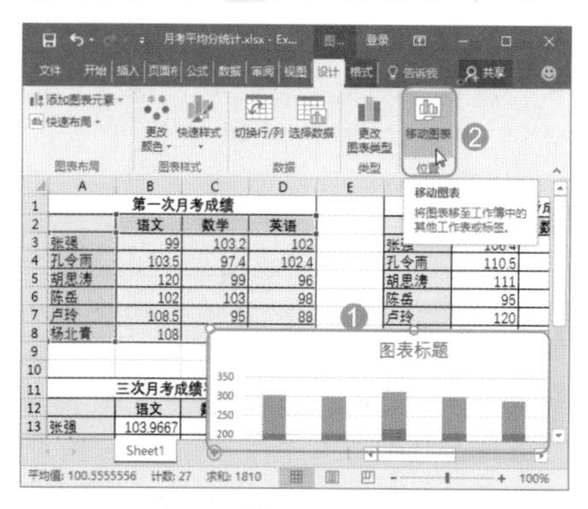

图 15-8

Step02 打开【移动图表】对话框，❶选中【新工作表】单选按钮，❷在其后的文本框中输入移动图表后新建的工作表名称，这里输入【第一次月考成绩图表】，❸单击【确定】按钮，如图15-9所示。

图 15-9

Step03 经过上步操作后，返回工作簿即可看到新建的【第一次月考成绩图表】工作表，而且该图表的大小会根据当前窗口中编辑区的大小自动以全屏显示进行调整，如图15-10所示。

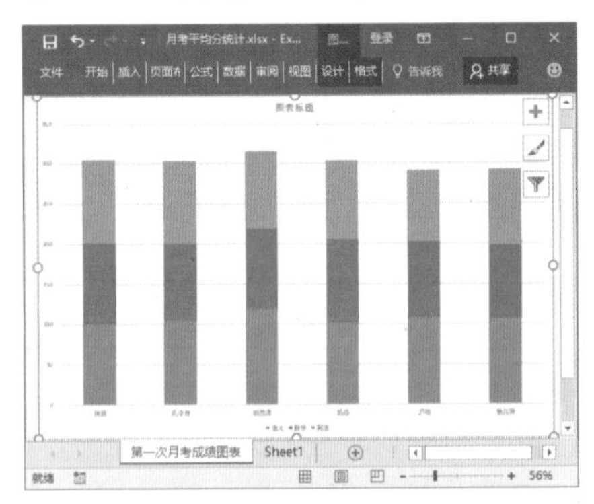

图 15-10

技术看板

当再次通过【移动图表】功能将图表移动到其他普通工作表中时，图表将还原为最初的大小。

★ 重点 15.1.4 实战：更改成绩统计表中图表的数据源

实例门类	软件功能
教学视频	光盘\视频\第15章\15.1.4.mp4

在创建了图表的表格中，图表中的数据与工作表中的数据源是保持动态联系的。当修改工作表中的数据源时，图表中的相关数据系列也会发生相应的变化。如果要像转置表格数据一样交换图表中的纵横坐标，可以使用【切换行/列】命令；如果需要重新选择作为图表数据源的表格数据，可以通过【选择数据源】对话框进行修改。

例如，要通过复制工作表并修改图表数据源的方法来制作其他成绩统计图表，具体操作步骤如下。

Step01 ❶复制【第一次月考成绩图表】工作表，并重命名为【第一次月考各科成绩图表】，❷选择复制得到的图表，❸单击【图表工具/设计】选项卡【数据】组中的【切换行/列】按钮，如图15-11所示。

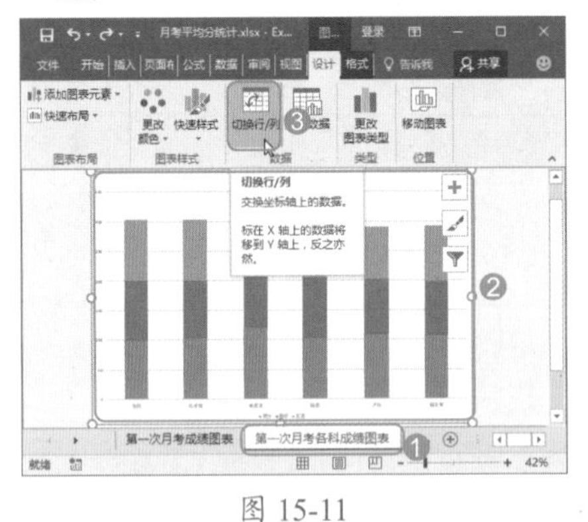

图 15-11

Step02 经过上步操作即可改变图表中数据分类和系列的方向，如图15-12所示。

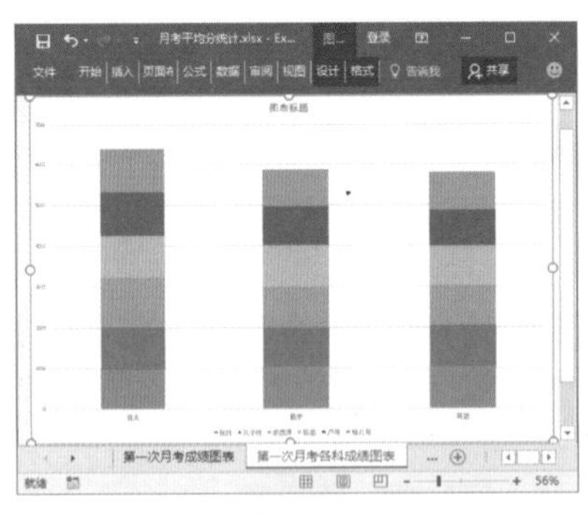

图 15-12

技术看板

默认情况下创建的图表，Excel会自动以每一行作为一个分类，按每一列作为一个系列。

Step03 ❶复制【第一次月考成绩图表】工作表，并重命名为【第二次月考成绩图表】，❷选择复制得到的图表，❸单击【图表工具/设计】选项卡【数据】组中的【选择数据】按钮，如图15-13所示。

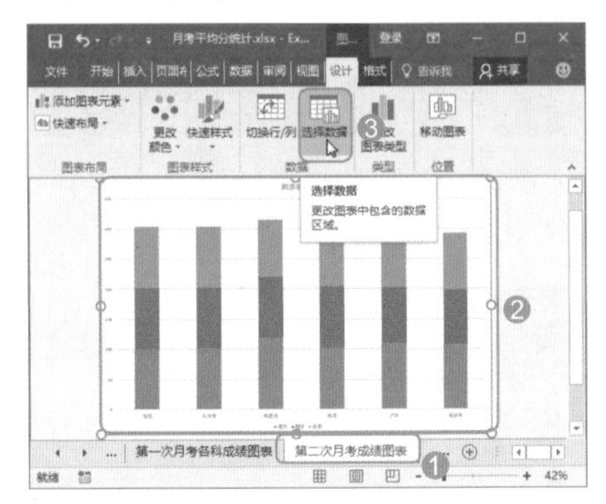

图 15-13

Step04 打开【选择数据源】对话框，单击【图表数据区域】参数框后的【折叠】按钮，如图15-14所示。

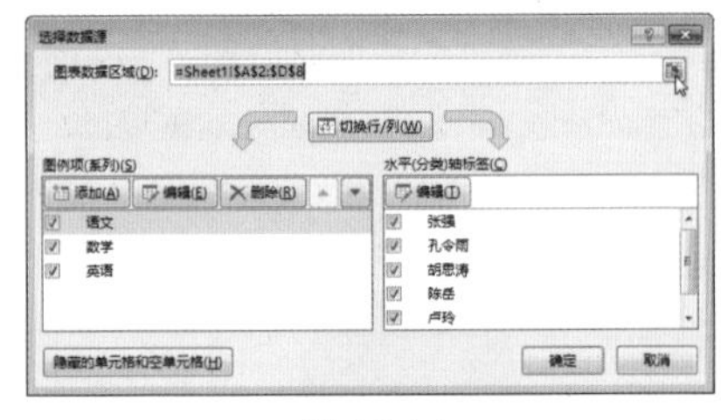

图 15-14

Step05 返回工作簿中，❶选择Sheet1工作表中的F2:I8单元格区域，❷单击【选择数据源】展开对话框中的【展开】按钮，如图15-15所示。

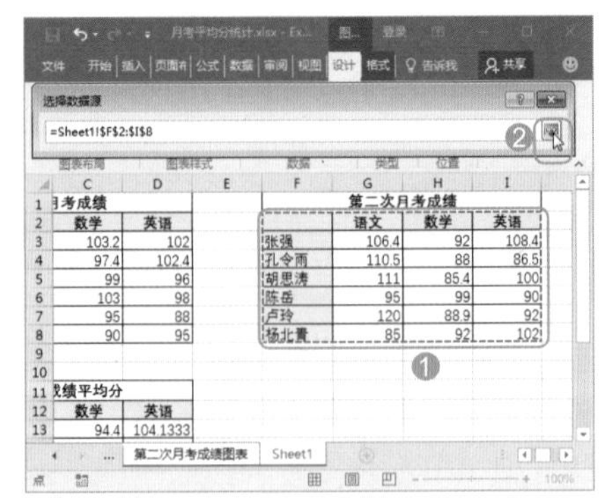

图 15-15

Step06 返回【选择数据源】对话框，单击【确定】按钮，如图15-16所示。

图 15-16

Step 07 经过上述操作，即可在工作簿中查看到修改数据源后的图表效果，如图 15-17 所示，注意观察图表中数据的变化。

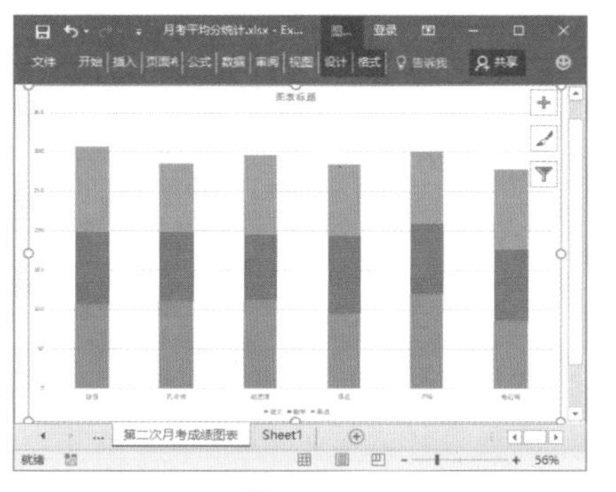

图 15-17

技能拓展——设置图表中要不要显示源数据中的隐藏数据

单击【选择数据源】对话框中的【隐藏的单元格和空单元格】按钮，将打开如图 15-18 所示的【隐藏和空单元格设置】对话框，在其中选中或取消选中【显示隐藏行列中的数据】复选框，即可在图表中显示或隐藏工作表中隐藏行列中的数据。

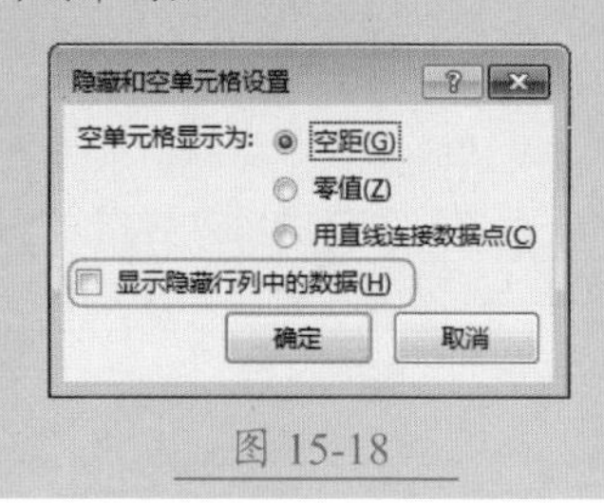

图 15-18

★ 重点 15.1.5 实战：更改销售汇总表中的图表类型

实例门类	软件功能
教学视频	光盘\视频\第 15 章\15.1.5.mp4

如果对图表各类型的使用情况不是很清楚，有可能创建的图表不能够表达出数据的含义。不用担心，创建好的图表依然可以方便地更改图表类型。

当然，用户也可以只修改图表中某个或某些数据系列的图表类型，从而自定义出组合图表。

例如，要通过更改图表类型让销售汇总表中的各产品数据用柱形图表示，将汇总数据用折线图表示，具体操作步骤如下。

Step 01 打开“光盘\素材文件\第 15 章\半年销售额汇总.xlsx”文件，❶ 选择需要更改图表类型的图表，❷ 单击【图表工具 / 设计】选项卡【类型】组中的【更改图表类型】按钮，如图 15-19 所示。

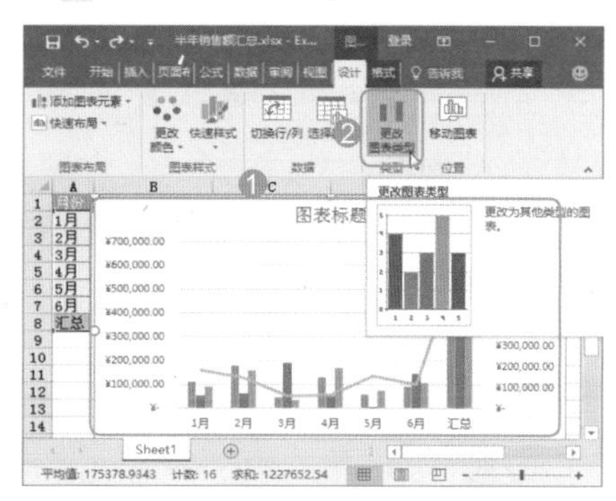

图 15-19

Step 02 打开【更改图表类型】对话框，❶ 选择【所有图表】选项卡，❷ 在左侧列表框中选择【柱形图】选项，❸ 在右侧选择合适的柱形图样式，然后单击【确定】按钮，如图 15-20 所示。

Step 03 经过上述操作，即可将原来的组合图表更改为柱形图表。❶ 选择图表中的【汇总】数据系列，并在其上右击，❷ 在弹出的快捷菜单中选择【更改系列图表类型】命令，如图 15-21 所示。

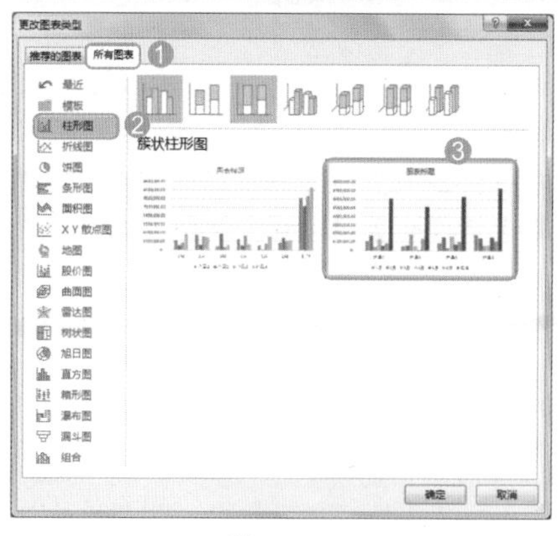

图 15-20

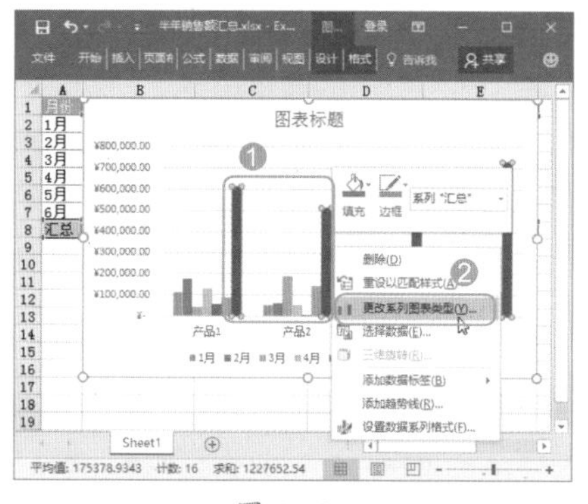

图 15-21

Step 04 打开【更改图表类型】对话框，❶ 选择【所有图表】选项卡，❷ 在左侧列表框中选择【组合】选项，❸ 在右侧上方单击【自定义组合】按钮，❹ 在下方的列表框中设置【汇总】数据系列的图表类型为【折线图】，❺ 选中【汇总】数据系列后的复选框，为该数据系列添加次坐标轴，❻ 单击【确定】按钮，如图 15-22 所示。

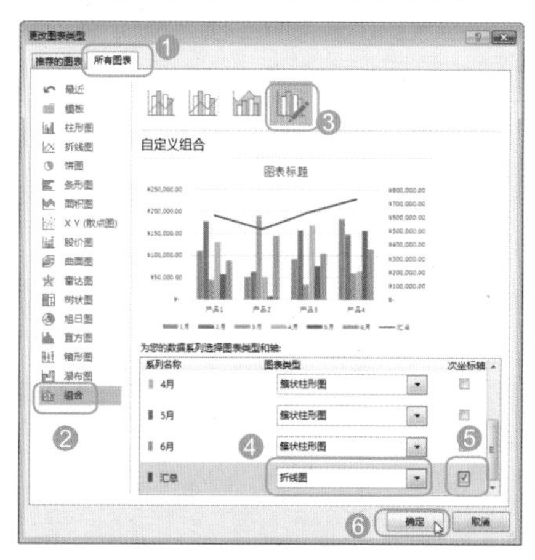

图 15-22

Step05 返回工作表中即可看到已经将【汇总】数据系列从原来的柱形图更改为折线图，效果如图 15-23 所示。

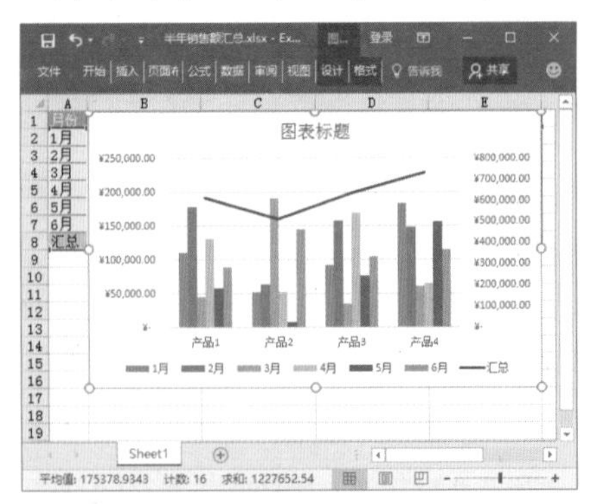

图 15-23

★ 重点 15.1.6 实战：设置销售汇总表中的图表样式

实例门类	软件功能
教学视频	光盘\视频\第 15 章\15.1.6.mp4

创建图表后，可以快速将一个预定义的图表样式应用到图表中，让图表外观更加专业；还可以更改图表的颜色方案，快速更改数据系列采用的颜色；如果需要设置图表中各组成元素的样式，则可以在【图表工具/格式】选项卡中进行自定义设置，包括对图表区中文字的格式、填充颜色、边框颜色、边框样式、阴影及三维格式等进行设置。

例如，要为销售汇总表中的图表设置样式，具体操作步骤如下。

Step01 ❶ 选择图表，❷ 单击【图表工具/设计】选项卡【图表样式】组中的【快速样式】按钮，❸ 在弹出的下拉列表中选择需要应用的图表样式，即可为图表应用所选图表样式，如图 15-24 所示。

Step02 ❶ 单击【图表样式】组中的【更改颜色】按钮，❷ 在弹出的下拉列表中选择要应用的色彩方案，即可改变图表中数据系列的配色，如图 15-25 所示。

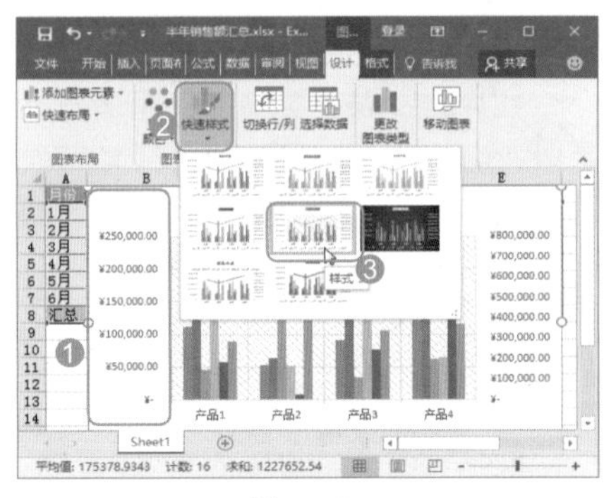

图 15-24

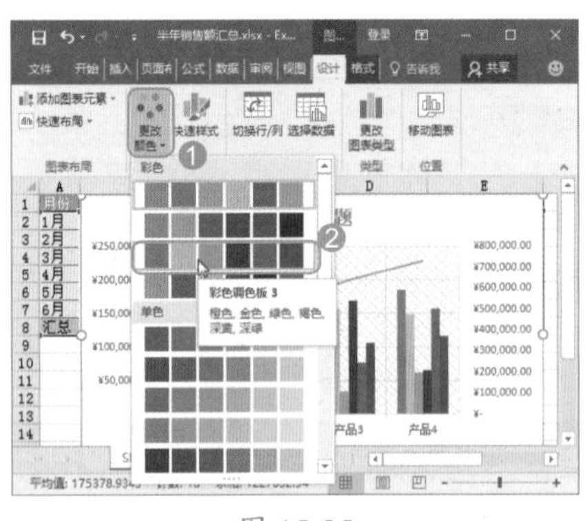

图 15-25

★ 重点 15.1.7 实战：快速调整销售汇总表中图表布局

实例门类	软件功能
教学视频	光盘\视频\第 15 章\15.1.7.mp4

对创建的图表进行合理的布局可以使图表效果更加美观。在 Excel 中创建的图表会采用系统默认的图表布局，实质上，Excel 2016 中提供了 11 种预定义布局样式，使用这些预定义的布局样式可以快速更改图表的布局效果。

例如，使用预定义的布局样式快速改变销售汇总表中图表的布局效果，具体操作步骤如下。

Step01 ❶ 选择图表，❷ 单击【图表工具/设计】选项卡【图表布局】组中的【快速布局】按钮，❸ 在弹出的下拉列表中选择需要的布局样式，这里选择【布局 11】选项，如图 15-26 所示。

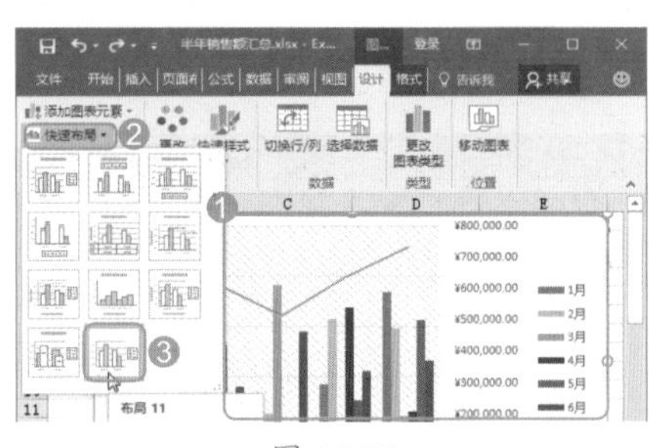

图 15-26

Step02 经过上步操作，即可看到应用新布局样式后的图表效果，如图 15-27 所示。

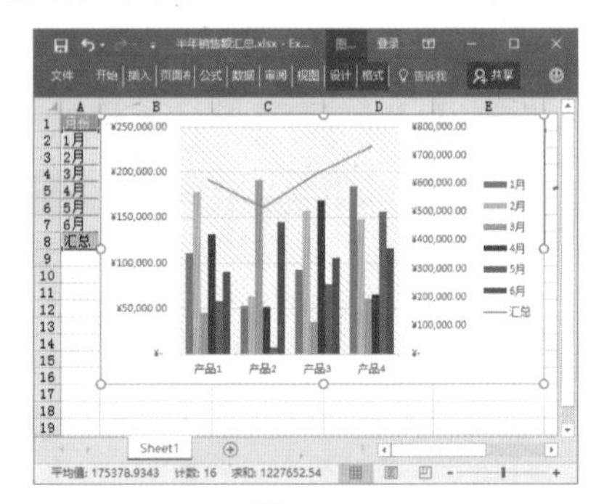

图 15-27

技术看板

自定义的图表布局和图表格式是不能保存的，但可以通过将图表另存为图表模板，这样就可以再次使用自定义布局或图表格式。

15.2 图表的自定义布局

图表制作需要有创意，展现出不同的风格，才能摆脱沉闷，并且吸引更多人的眼球。在 Excel 2016 中，图表中可以显示和隐藏一些图表元素，同时可对图表中的元素位置进行调整，以使图表内容结构更加合理、美观。本节介绍修改图表布局的方法，包括设置图表和坐标轴标题、设置数据标签、设置图表的图例、显示数据表、添加趋势线、误差线等。

15.2.1 实战：设置销售汇总图表的标题

实例门类	软件功能
教学视频	光盘\视频\第 15 章\15.2.1.mp4

在创建图表时，默认会添加一个图表标题，标题的内容是系统根据图表数据源进行自动添加的，或为数据源所在的工作表标题，或为数据源对应的表头名称，如果系统没有识别到合适的名称，就会显示为【图表标题】字样。

设置合适的图表标题，有利于说明整个图表的主要内容。如果系统默认的图表标题不合适，用户也可以通过自定义为图表添加合适的图表标题，使其他用户在只看到图表标题时就能掌握该图表所要表达的大致信息。当然，根据图表的显示效果需要，用户也可以调整标题在图表中的位置，或取消标题的显示。

例如，要为使用快速布局样式后的销售汇总表中的图表添加图表标题，具体操作步骤如下。

Step01 ❶ 选择图表，❷ 单击【图表工具 / 设计】选项卡【图表布局】组中的【添加图表元素】按钮，❸ 在弹出的下拉菜单中选择【图表标题】命令，❹ 在弹出的下级子菜单中选择【居中覆盖】命令，即可在图表中的上部显示出图表标题，如图 15-28 所示。

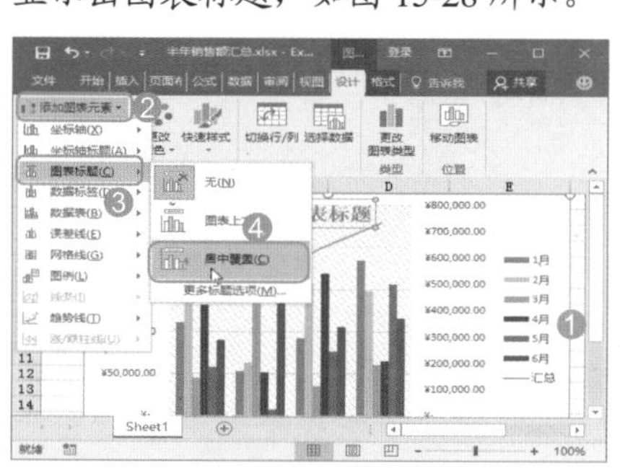

图 15-28

Step02 选择图表标题文本框中出现的默认内容，重新输入合适的图表标题文本，如图 15-29 所示。

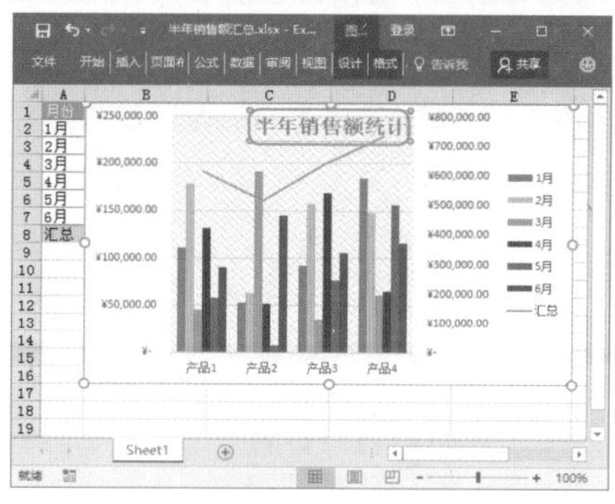

图 15-29

Step03 选择图表标题文本框，将鼠标光标移动到图表标题文本框上，当其变为形状时，按住鼠标左键不放并拖动即可调整标题在图表中的位置，如图 15-30 所示。

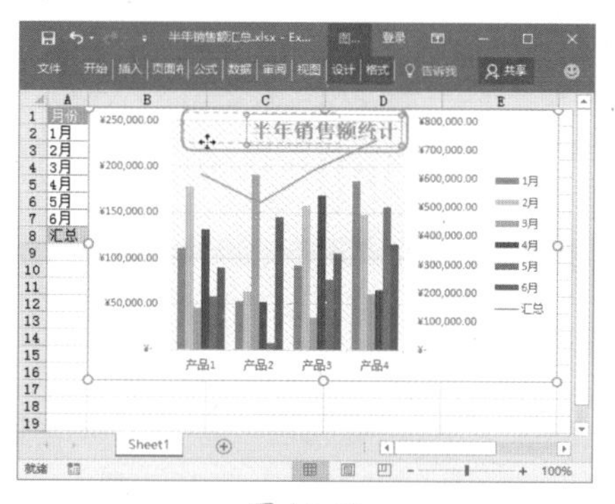

图 15-30

技术看板

在【图表标题】下拉菜单中选择【无】命令，将隐藏图表标题；选择【图表上方】命令，将在图表区的顶部显示图表标题，并调整图表大小；选择【居中覆盖标题】命令，将居中标题覆盖在图表上方，但不调整图表的大小；选择【更多标题选项】命令，将显示出【设置图表标题格式】任务窗格，在其中可以设置图表标题的填充、边框颜色、边框样式、阴影和三维格式等。

15.2.2 实战：设置市场占有率图表的坐标轴标题

实例门类	软件功能
教学视频	光盘\视频\第 15 章\15.2.2.mp4

在 Excel 中，为了更好地说明图表中坐标轴所代表的内容，可以为每个坐标轴添加相应的坐标轴标题，具体操作步骤如下。

Step01 ❶ 选择图表，❷ 单击【图表工具 / 设计】选项卡【图表布局】组中的【添加图表元素】按钮，❸ 在弹出的下拉菜单中选择【坐标轴标题】命令，❹ 在弹出的下级子菜单中选择【主要纵坐标轴】命令，如图 15-31 所示。

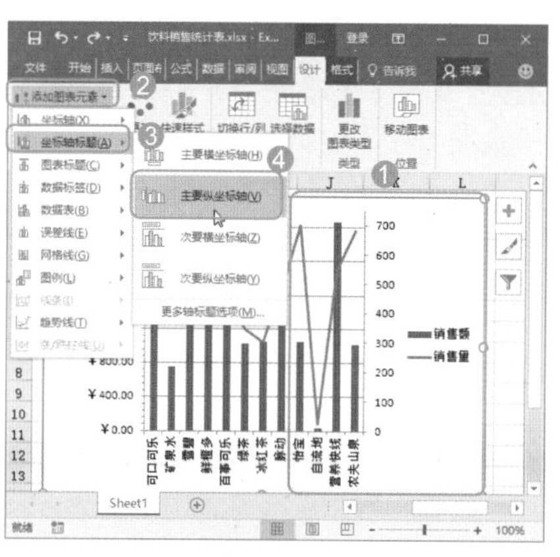

图 15-31

Step02 经过上步操作，将在图表中主要纵坐标轴的左侧显示坐标轴标题文本框，输入相应的内容，如【销售额】，如图 15-32 所示。

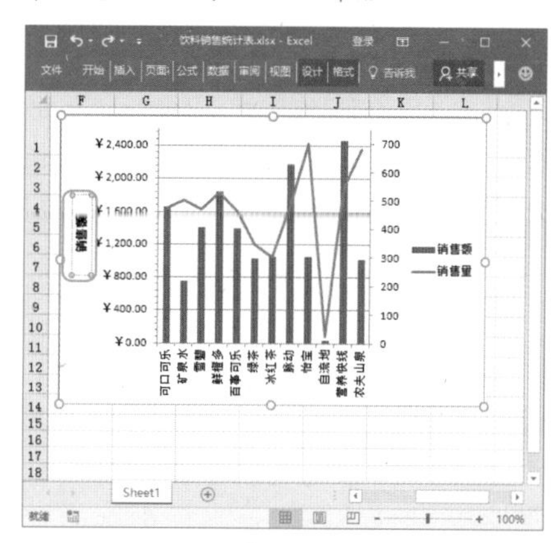

图 15-32

Step03 ❶ 单击【添加图表元素】按钮，❷ 在弹出的下拉菜单中选择【坐标轴标题】命令，❸ 在弹出的下级子菜单中选择【更多轴标题选项】命令，如图 15-33 所示。

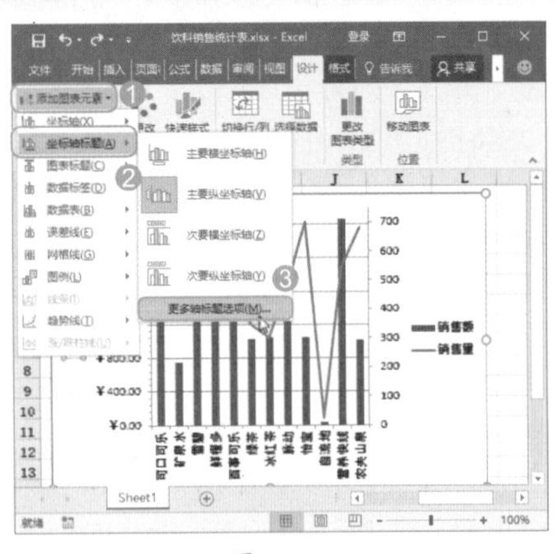

图 15-33

Step 04 显示出【设置坐标轴标题格式】任务窗格，❶ 选择【文本选项】选项卡，❷ 单击【文本框】按钮，❸ 在【文本框】栏中单击【文字方向】列表框右侧的下拉按钮，❹ 在弹出的下拉列表中选择【竖排】选项，如图 15-34 所示。

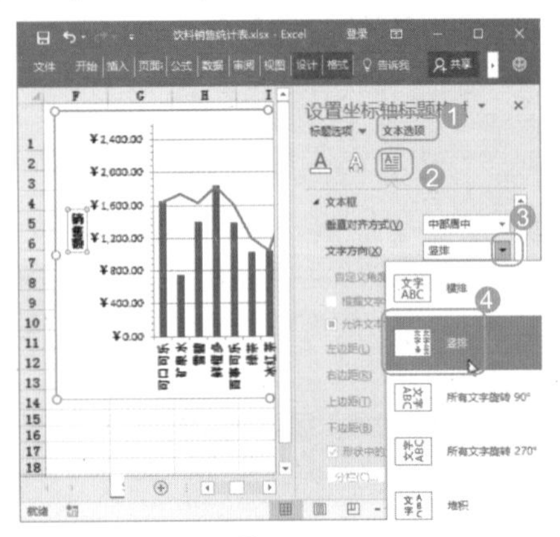

图 15-34

Step 05 经过上步操作，将改变坐标轴标题文字的排版方向。❶ 单击【添加图表元素】按钮，❷ 在弹出的下拉菜单中选择【坐标轴标题】命令，❸ 在弹出的下级子菜单中选择【次要纵坐标轴】命令，即可在图表中次要纵坐标轴的右侧显示坐标轴标题文本框，如图 15-35 所示。

Step 06 ❶ 在坐标轴标题文本框中输入需要的标题文本，如【销量】，❷ 单击【图表工具 / 格式】选项卡【当前所选内容】组中的【设置所选内容格式】按钮，如图 15-36 所示。

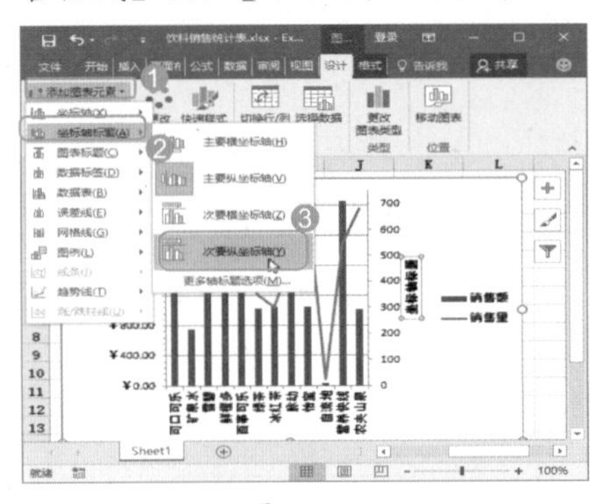

图 15-35

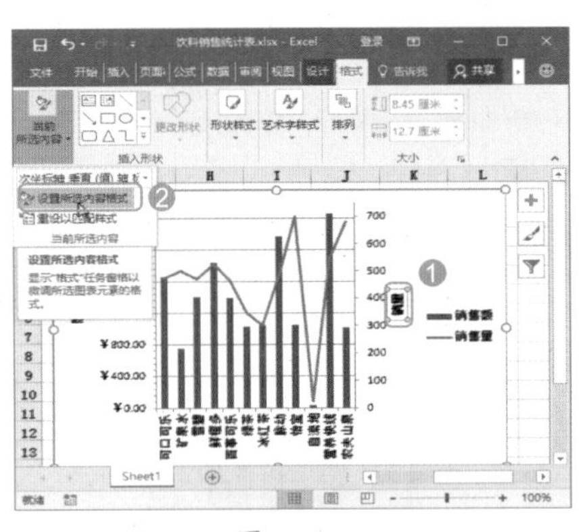

图 15-36

Step 07 显示出【设置坐标轴标题格式】任务窗格，❶ 选择【文本选项】选项卡，❷ 单击【文本框】按钮，❸ 在【文本框】栏中的【文字方向】下拉列表框中选择【竖排】选项，如图 15-37 所示。

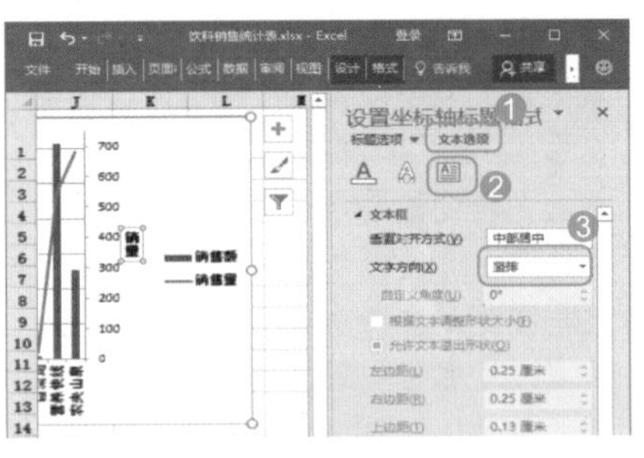

图 15-37

技能拓展——快速隐藏图表中的坐标轴标题

选择图表中的坐标轴标题，按【Delete】键可以快速将其删除。

★ 重点 15.2.3 实战：设置销售图表的数据标签

实例门类	软件功能
教学视频	光盘\视频\第 15 章\15.2.3.mp4

数据标签是图表中用于显示数据点中具体数值的元素，添加数据标签后可以使图表更清楚地表现数据的含义。在图表中可以为一个或多个数据系列进行数据标签的设置。例如，要为销售图表添加数据标签，并设置数据格式为百分比类型，具体操作步骤如下。

Step 01 打开“光盘\素材文件\第 15 章\销售表.xlsx”文件，❶ 选择图表，❷ 单击【添加图表元素】按钮，❸ 在弹出的下拉菜单中选择【数据标签】命令，❹ 在弹出的下级子菜单中选择【最佳匹配】命令，即可在各数据系列的内侧显示出数据标签，如图 15-38 所示。

图 15-38

Step 02 ❶ 单击图表右侧的【图表元素】按钮，❷ 在弹出的下拉菜单中选中【数据标签】右侧的下拉按钮，❸ 在弹出的下级子菜单中选中【更多选项】命令，如图 15-39 所示。

Step 03 显示出【设置数据标签格式】任务窗格，❶ 选择【文本选项】选项卡，❷ 单击【标签选项】按钮，❸ 在【标签包括】栏中选中【类别名称】【百分比】【显示引导线】复选框，即可改变图表中数据标签的格式，如图 15-40 所示。

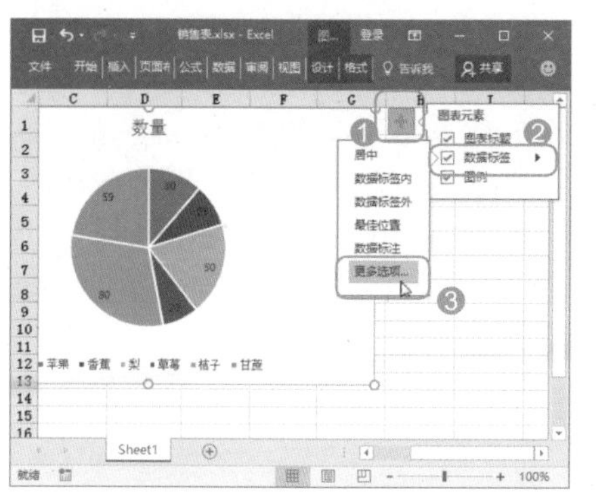

图 15-39

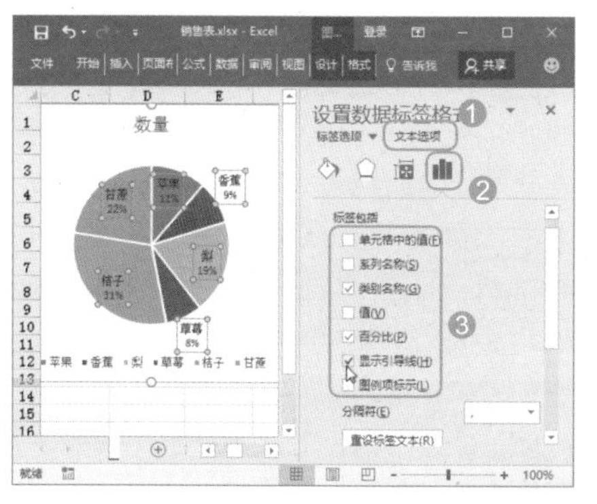

图 15-40

技能拓展——快速添加和删除图表中的数据标签

选择图表中的数据系列后，在其上右击，在弹出的快捷菜单中选择【添加数据标签】命令，也可为图表添加数据标签。若要删除添加的数据标签，还可以先选中数据标签然后按【Delete】键进行删除。

★ 重点 15.2.4 实战：设置销售统计图表的图例

实例门类	软件功能
教学视频	光盘\视频\第 15 章\15.2.4.mp4

创建一个统计图表后，图表中的图例都会根据该图表模板自动地放置在图表的右侧或上端。当然，图例在图表中的位置也可根据需要随时进行调整。例如，要将销售统计图表中原来位于右侧的图例放置到图表的顶部，具体操作步骤如下。

打开“光盘\素材文件\第 15 章\饮料销售统计表.xlsx”文件，❶ 选择图表，❷ 单击【添加图表元素】按钮，❸ 在弹出的下拉菜单中选择【图例】命令，❹ 在弹出的下级子菜单中选择【顶部】命令，即可看到将图例移动到图表顶部的效果，同时图表中的其他组成部分也会重新进行排列，效果如图 15-41 所示。

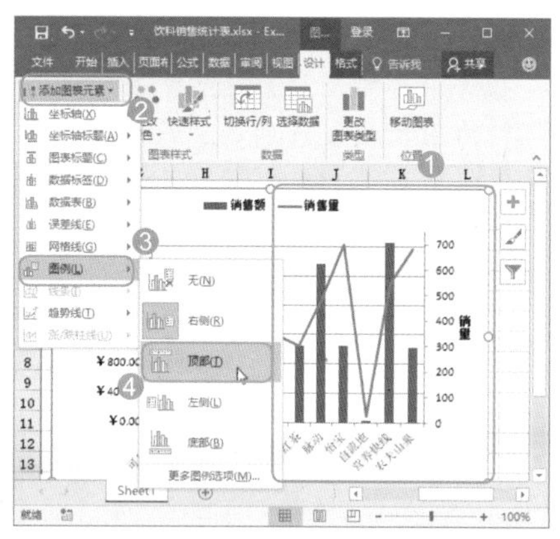

图 15-41

15.2.5 实战：显示成绩统计图表的数据表

实例门类	软件功能
教学视频	光盘\视频\第 15 章\15.2.5.mp4

当图表单独置于一张工作表中时，若将图表打印出来，只会得到图表区域，而没有具体的数据源。若在图表中显示数据表格，则可以在查看图表的同时查看详细的表格数据。例如，要在成绩统计图表中添加数据表，具体操作步骤如下。

Step 01 ❶ 选择图表，❷ 单击【添加图表元素】按钮，❸ 在弹出的下拉菜单中选择【数据表】命令，❹ 在弹出的下级子菜单中选择【显示图例项标示】命令，即可在图表的下方显示出带图例项标示的数据表效果，如图 15-42 所示。

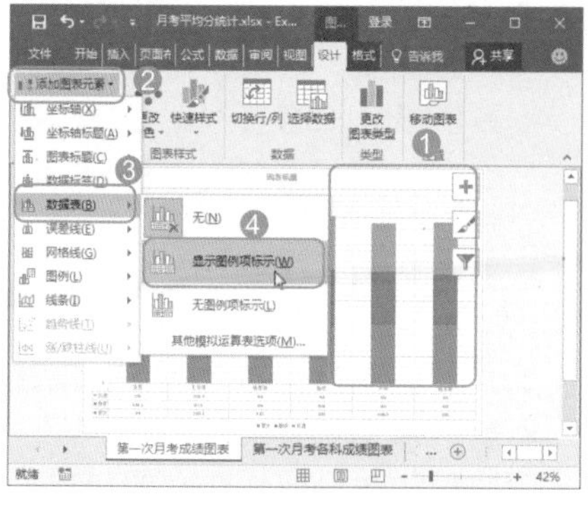

图 15-42

Step 02 ❶ 选择【第二次月考成绩图表】工作表，❷ 选择工作表中的图表，❸ 单击图表右侧的【图表元素】按钮，❹ 在弹出的下拉菜单中选中【数据表】复选框，即可在图表的下方显示出带图例项标示的数据表效果，如图 15-43 所示。

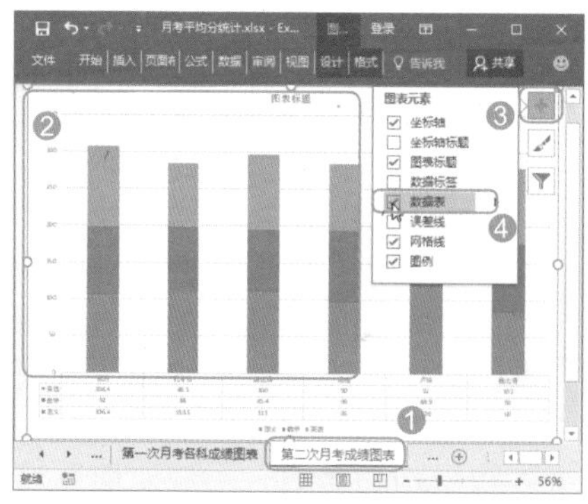

图 15-43

15.2.6 实战：为销售汇总图表添加趋势线

实例门类	软件功能
教学视频	光盘\视频\第 15 章\15.2.6.mp4

趋势线用于问题预测研究，又称为回归分析。在图表中，趋势线是以图形的方式表示数据系列的趋势。Excel 中的趋势线分为线性趋势线、指数趋势线、对数趋势线、多项式趋势线、乘幂趋势线和移动平均趋势线 6 种类型，用户可以根据需要选择趋

势线，从而查看数据的动向。各类趋势线的功能如下。

➥ **线性趋势线**：适用于简单线性数据集的最佳拟合直线。如果数据点构成的图案类似于一条直线，则表明数据是线性的。

➥ **指数趋势线**：是一种曲线，它适用于速度增减越来越快的数据值。如果数据值中含有零或负值，就不能使用指数趋势线。

➥ **对数趋势线**：如果数据的增加或减小速度很快，但又迅速趋近于平稳，那么对数趋势线是最佳的拟合曲线。对数趋势线可以使用正值和负值。

➥ **多项式趋势线**：数据波动较大时适用的曲线。它可用于分析大量数据的偏差。多项式的阶数可由数据波动的次数或曲线中拐点（峰和谷）的个数确定。二阶多项式趋势线通常仅有一个峰或谷。三阶多项式趋势线通常有一个或两个峰或谷。四阶多项式趋势线通常多达 3 个峰或谷。

➥ **乘幂趋势线**：是一种适用于以特定速度增加的数据集的曲线。如果数据中含有零或负数值，就不能创建乘幂趋势线。

➥ **移动平均趋势线**：平滑处理了数据中的微小波动，从而更清晰地显示了图案和趋势。移动平均使用特定数目的数据点（由【周期】选项设置），取其平均值，然后将该平均值作为趋势线中的一个点。

例如，为了更加明确产品的销售情况，需要为销售汇总图表中的产品 1 数据系列添加趋势线，以便能够直观地观察到该系列前 6 个月销售数据的变化趋势，对未来工作的开展进行分析和预测。添加趋势线的具体操作步骤如下。

Step 01 打开“光盘\素材文件\第 15 章\半年销售额汇总.xlsx”文件，❶ 选择表格中的 A1:D7 单元格区域，❷ 单击【插入】选项卡【图表】组中的【推荐的图表】按钮，如图 15-44 所示。

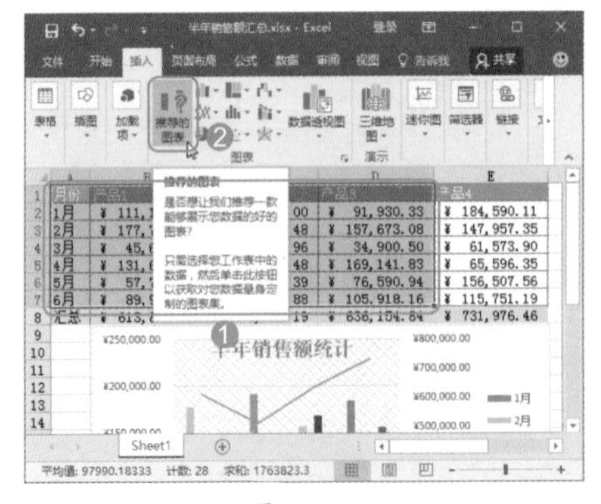

图 15-44

Step 02 打开【插入图表】对话框，❶ 在【推荐的图表】选项卡左侧选择需要的图表类型，如这里选择【簇状柱形图】选项，❷ 单击【确定】按钮，如图 15-45 所示。

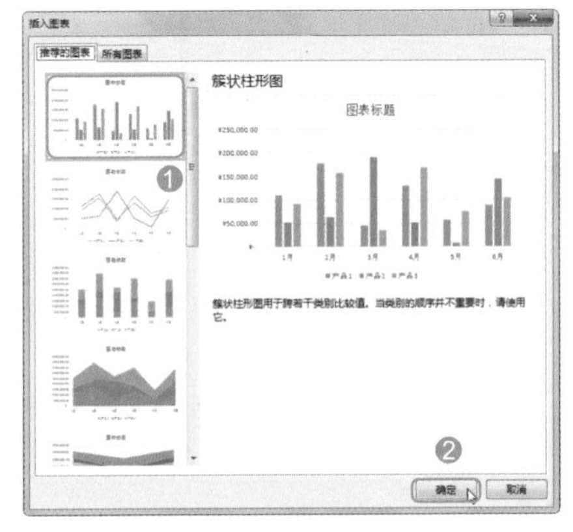

图 15-45

Step 03 经过上述操作，即可根据选择的数据重新创建一个图表。单击【图表工具/设计】选项卡【位置】组中的【移动图表】按钮，如图 15-46 所示。

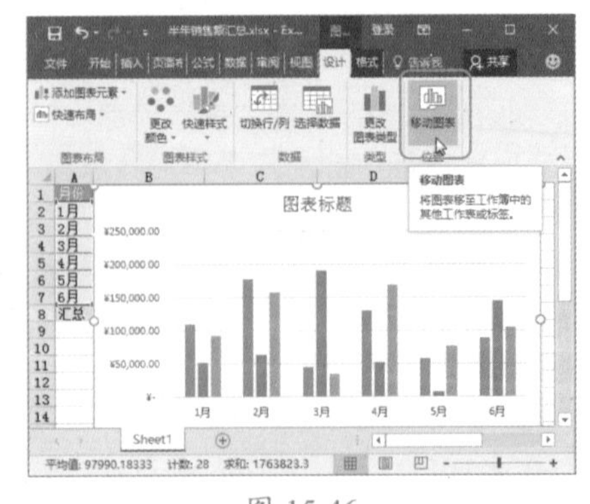

图 15-46

Step 04 打开【移动图表】对话框，❶ 选中【新工作表】单选按钮，❷ 在其后的文本框中输入移动图表后新建的工作表名称，这里输入【销售总体趋势】，❸ 单击【确定】按钮，如图 15-47 所示。

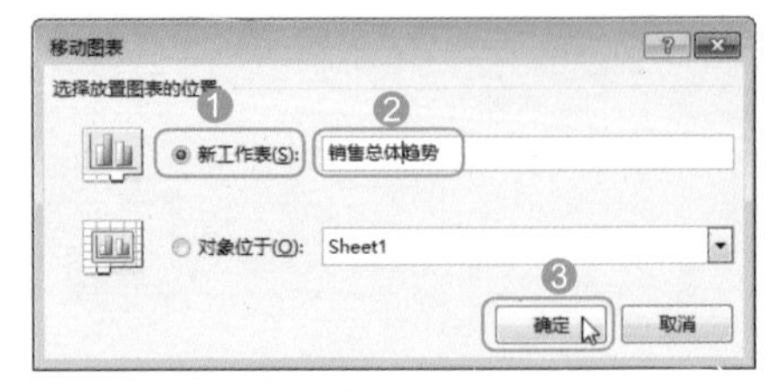

图 15-47

Step 05 ❶ 选择图表中需要添加趋势线的产品 1 数据系列，❷ 单击【添加图表元素】按钮，❸ 在弹出的下拉菜单中选择【趋势线】选项，❹ 在弹出的下级子菜单中选择【移动平均】选项，如图 15-48 所示。

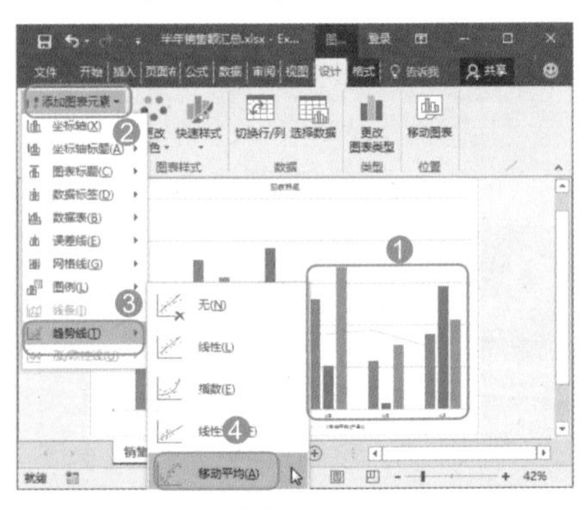

图 15-48

Step 06 经过上步操作，即可为产品 1 数据系列添加默认的移动平均趋势线效果。❶ 再次单击【添加图表元素】按钮，❷ 在弹出的下拉菜单中选择【趋势线】命令，❸ 在弹出的下级子菜单中选择【其他趋势线选项】命令，如图 15-49 所示。

Step 07 打开【设置趋势线格式】任务窗格，选中【移动平均】单选按钮后，在其后的【周期】数值框中设置数值为【3】，调整为使用 3 个数据点进行数据的平均计算，然后将该平均值作为趋势线中的一个点进行标记，如图 15-50 所示。

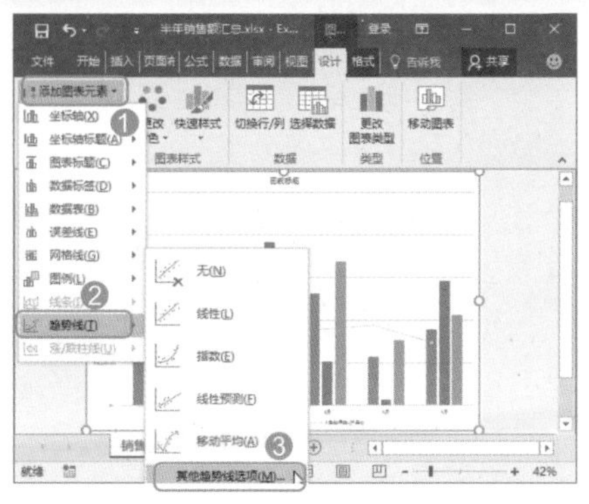
图 15-49

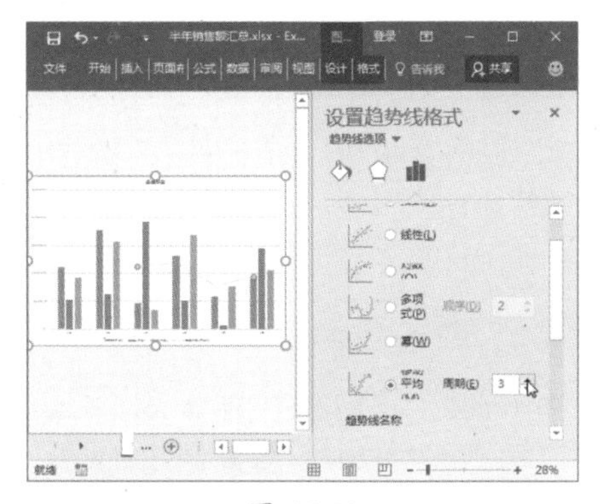
图 15-50

技术看板

为图表添加趋势线必须是基于某个数据系列完成的。如果在没有选择数据系列的情况下直接执行添加趋势线的操作，系统将打开【添加趋势线】对话框，在其中的【添加基于系列的趋势线】列表框中可以选择要添加趋势线基于的数据系列。

Step 08 经过以上操作，改变图表的趋势线效果，选择【图表标题】文本框，按【Delete】键将其删除，如图 15-51 所示。

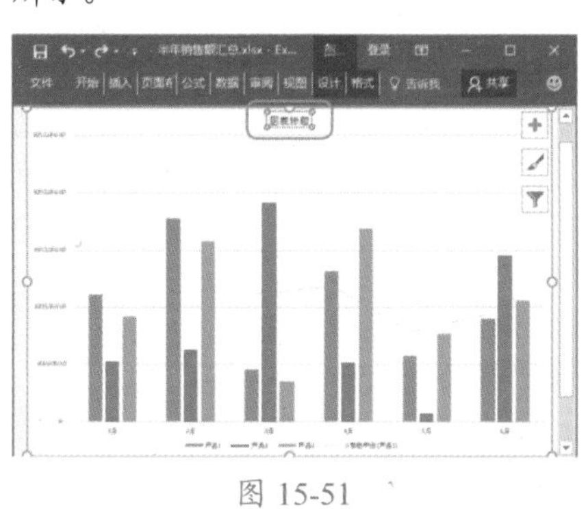
图 15-51

15.2.7 实战：为销售汇总图表添加误差线

实例门类	软件功能
教学视频	光盘\视频\第 15 章\15.2.7.mp4

误差线通常运用在统计或科学计数法数据中，误差线显示了相对序列中的每个数据标记的潜在误差或不确定度。

通过误差线来表达数据的有效区域是非常直观的。在 Excel 图表中，误差线可形象地表现所观察数据的随机波动。任何抽样数据的观察值都具有偶然性，误差线是代表数据系列中每一组数据标记中潜在误差的图形线条。

Excel 中误差线的类型有标准误差、百分比误差、标准偏差 3 种。

- **标准误差**：是各测量值误差的平方和的平均值的平方根。标准误差用于估计参数的可信区间，进行假设检验等。
- **百分比误差**：与标准误差基本相同，也用于估计参数的可信区间，进行假设检验等，只是百分比误差中使用百分比的方式来估算参数的可信范围。
- **标准偏差**：标准偏差可以与均数结合估计参考值范围，计算变异系数，计算标准误差等。

例如，要为销售汇总图表中的数据系列添加百分比误差线，具体操作步骤如下。

Step 01 ❶ 选择图表，❷ 单击【添加图表元素】按钮，❸ 在弹出的下拉菜单中选择【误差线】选项，❹ 在弹出的下级子菜单中选择【百分比】选项，即可看到为图表中的数据系列添加该类误差线的效果，如图 15-52 所示。

Step 02 ❶ 选择图表中的产品 2 数据系列，❷ 单击图表右侧的【图表元素】按钮＋，❸ 在弹出的下拉菜单中选中【误差线】复选框右侧的下拉按钮，❹ 在弹出的下级子菜单中选择【更多选项】选项，如图 15-53 所示。

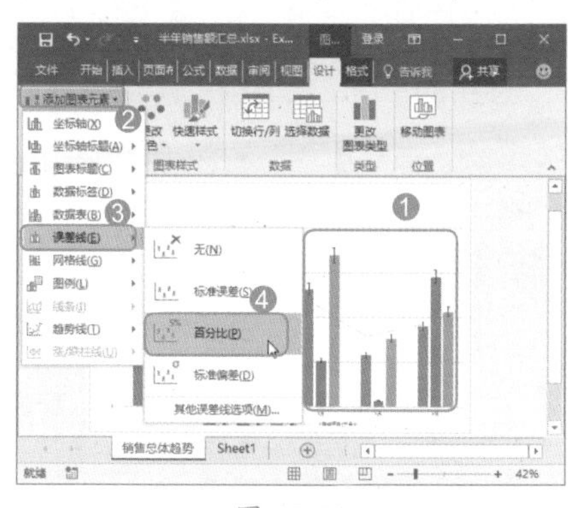
图 15-52

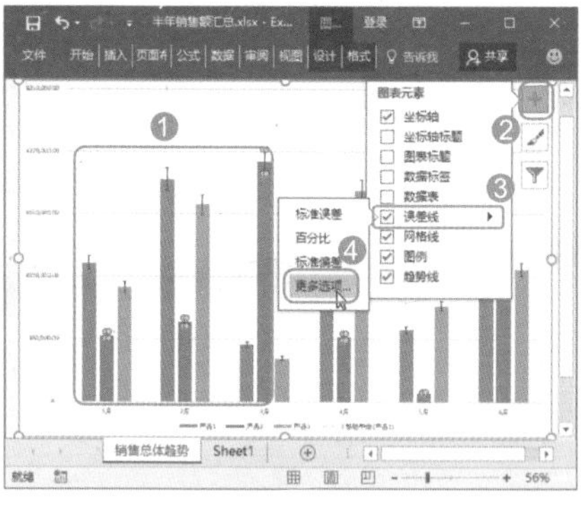
图 15-53

Step 03 显示出【设置误差线格式】任务窗格，在【误差量】栏中【百分比】单选按钮后的文本框中输入【3.0】，即可调整误差线的百分比，如图 15-54 所示。

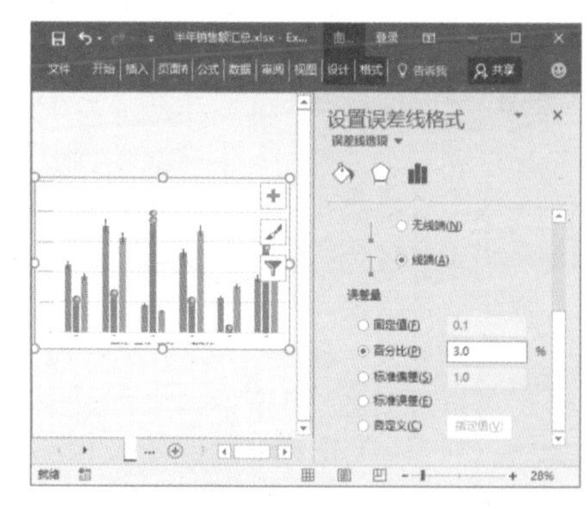
图 15-54

15.2.8 实战：为成绩统计图表添加系列线

实例门类	软件功能
教学视频	光盘\视频\第 15 章\15.2.8.mp4

为了帮助用户分析图表中显示的数据，Excel 2016 中还为某些图表类型提供了添加系列线的功能。例如，要为堆积柱形图的成绩统计图表添加系列线，以方便分析各系列的数据，具体操作步骤如下。

打开“光盘\素材文件\第 15 章\月考平均分统计.xlsx”文件，❶ 选择图表，❷ 单击【添加图表元素】按钮，❸ 在弹出的下拉菜单中选择【线条】选项，❹ 在弹出的下级子菜单中选择【系列线】选项，即可看到为图表中的数据系列添加系列线的效果，如图 15-55 所示。

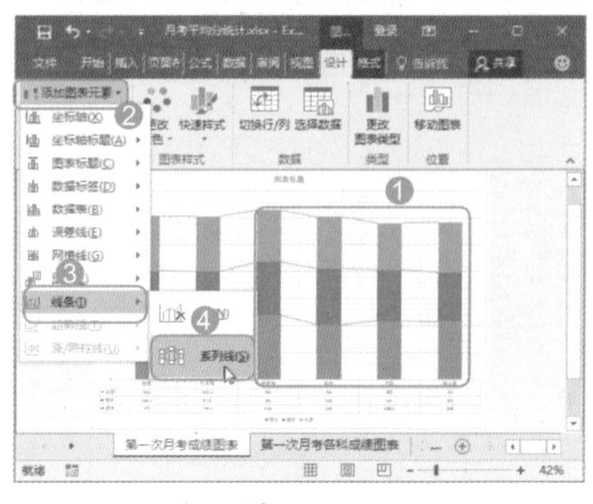

图 15-55

15.3 图表格式的设置

将数据创建为需要的图表后，为使图表更美观、数据更清晰，还可以对图表进行适当的美化，即为图表的相应部分设置适当的格式，如更改图表样式、形状样式、形状填充、形状轮廓、形状效果等。在图表中，用户可以设置图表区格式、绘图区格式、图例格式、标题等多种对象的格式。每种对象的格式设置方法基本上大同小异，本节将举例设置部分图表元素的格式设置方法。

15.3.1 实战：为销售汇总图表应用样式

实例门类	软件功能
教学视频	光盘\视频\第 15 章\15.3.1.mp4

通过前面的方法使用系统预设的图表样式快速设置图表样式，主要设置了图表区和数据系列的样式。如果需要单独设置图表样式，则必须通过手动的方法进行，即在【图表工具/格式】选项卡中进行设置。

例如，要更改销售汇总图表的图表样式，具体操作步骤如下。

Step 01 打开“光盘\素材文件\第 15 章\半年销售额汇总.xlsx”文件，❶ 选择图表，❷ 在【图表工具/格式】选项卡【形状样式】组中的列表框中选择需要的预定义形状样式，这里选择【细微效果 - 蓝色，强调颜色 1】样式，如图 15-56 所示。

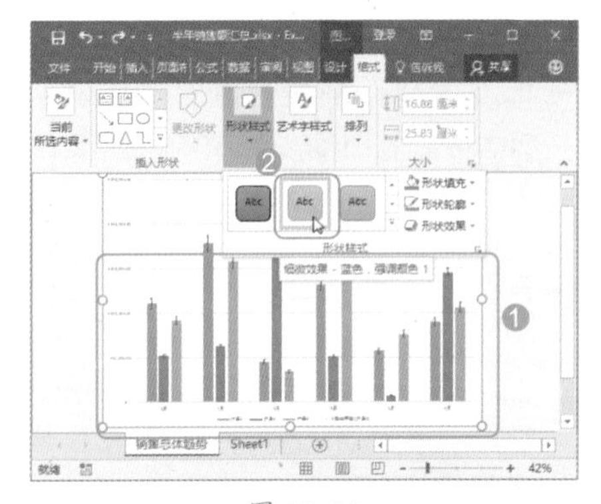

图 15-56

Step 02 经过以上操作，即可更改图表形状样式的效果，如图 15-57 所示。

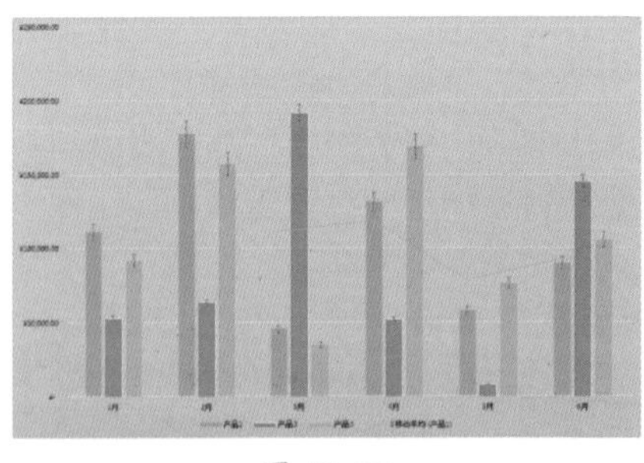

图 15-57

技术看板

在【形状填充】下拉菜单中选择【无填充颜色】命令，将使选择的形状保持透明色；选择【其他填充颜色】命令，可以在打开的对话框中自定义各种颜色；选择【图片】命令，可以设置形状填充为图片；选择【渐变】命令，可以设置形状填充为渐变色，渐变色也可以自定义设置；选择【纹理】命令，可以为形状填充纹理效果。

15.3.2 实战：设置图表数据系列填充颜色

实例门类	软件功能
教学视频	光盘\视频\第 15 章\15.3.2.mp4

如果对图表中形状的颜色不满意，可以在【图表工具/格式】选项卡中重新进行填充。例如，要更改销售汇总图表中数据系列的形状填充颜色，具体操作步骤如下。

Step 01 ❶ 选择需要修改填充颜色的产品 3 数据系列，❷ 单击【图表工具/格式】选项卡【形状样式】组中的【形状填充】按钮，❸ 在弹出的下拉列表中选择【绿色】选项，如图 15-58 所示。

Step 02 经过上步操作，即可更改产品 3 数据系列形状的填充色为绿色。❶ 选择需要修改填充颜色的产品 2 数据系列，❷ 单击【形状样式】组中的【形状填充】按钮，❸ 在弹出的下拉列表中选择【金色】选项，即可更改产品 2 数据系列形状的填充色为橙色，如图 15-59 所示。

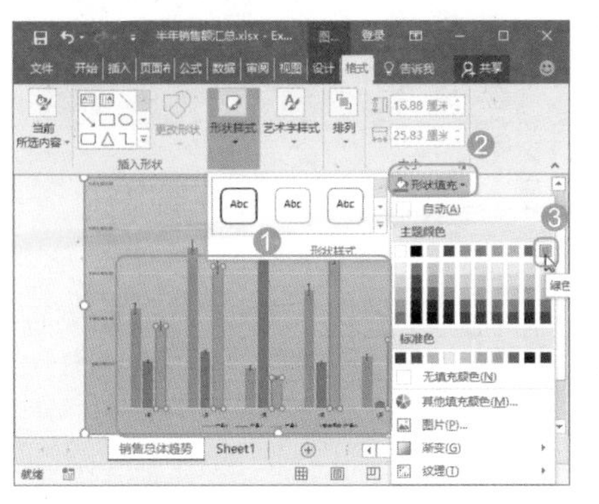

图 15-58

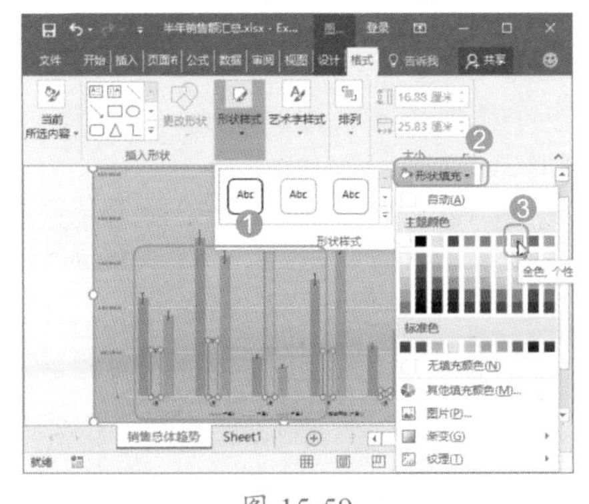

图 15-59

15.3.3 实战：更改趋势线的形状效果

实例门类	软件功能
教学视频	光盘\视频\第 15 章\15.3.3.mp4

在 Excel 2016 中，为了加强图表中各部分的修饰效果，可以使用【形状效果】命令为图表加上特殊效果。例如，要突出显示销售汇总图表中的趋势线，为其设置发光效果的具体操作步骤如下。

Step01 ❶ 选择图表中的趋势线，❷ 单击【图表工具 / 格式】选项卡【形状样式】组中的【形状效果】按钮，❸ 在弹出的下拉菜单中选中【发光】命令，❹ 在弹出的下级子菜单中选择需要的发光效果，如图 15-60 所示。

Step02 经过上步操作，即可看到为趋势线应用设置的发光效果后的效果，如图 15-61 所示。

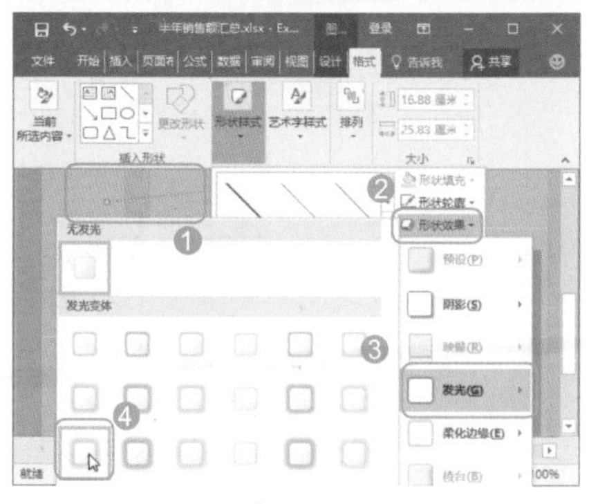

图 15-60

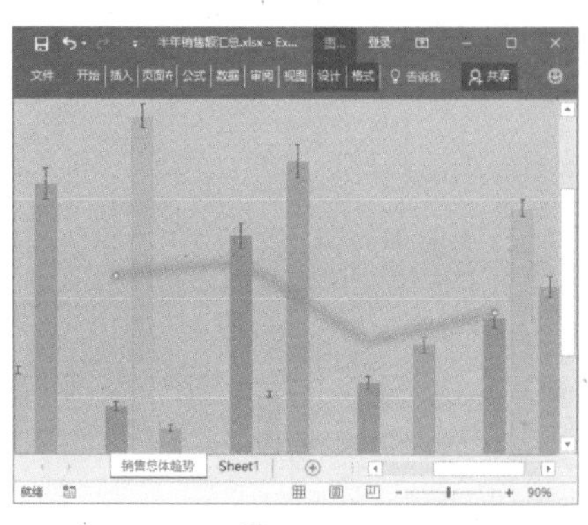

图 15-61

15.4 迷你图的使用

Excel 2016 中可以快速制作折线迷你图、柱形迷你图和盈亏迷你图，每种类型迷你图的创建方法基本相同。下面通过一组实例来讲解迷你图的使用方法。

★ 重点 15.4.1 实战：为销售表创建迷你图

实例门类	软件功能
教学视频	光盘\视频\第 15 章\15.4.1.mp4

在工作表中插入迷你图的方法与插入图表的方法基本相似，下面为【产品销售表】工作簿中的第一季度数据创建一个迷你图，具体操作步骤如下。

Step01 打开“光盘\素材文件\第 15 章\产品销售表.xlsx”文件，选择存放迷你图的目标单元格或单元格区域，如这里选择 G2 单元格，在【插入】选项卡【迷你图】组中选择迷你图类型，这里单击【柱形图】按钮，如图 15-62 所示。

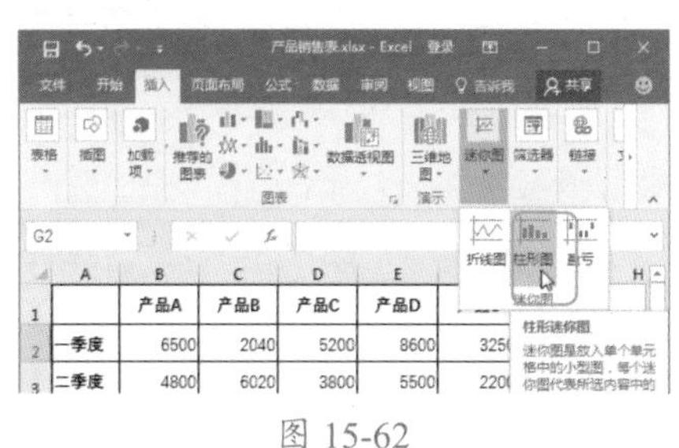

图 15-62

Step02 打开【创建迷你图】对话框，❶ 在【数据范围】文本框中引用需要创建迷你图的源数据区域，这里选择 B2:F2 单元格区域，❷ 单击【确定】按钮，如图 15-63 所示。

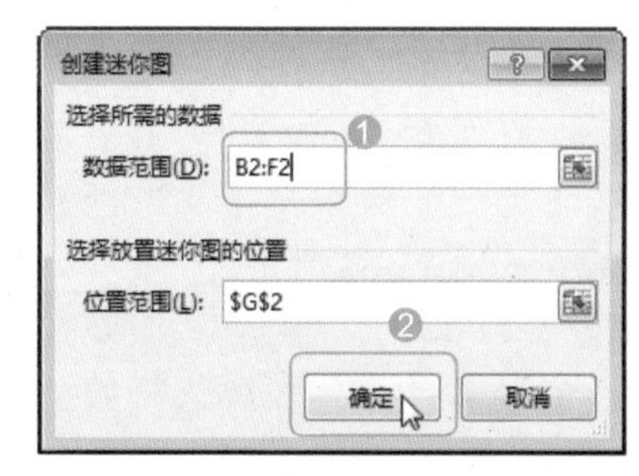

图 15-63

Step 03 经过上述操作即可为所选单元格区域创建对应的迷你图，效果如图15-64所示。

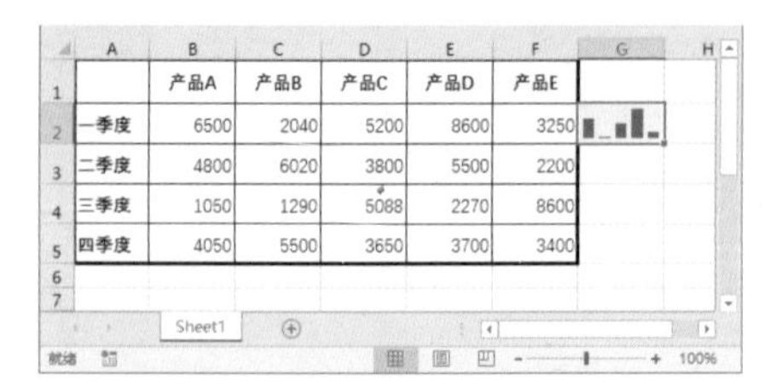

图 15-64

技术看板

单个迷你图只能使用一行或一列数据作为源数据，如果使用多行或多列数据创建单个迷你图，则 Excel 会打开提示对话框提示数据引用出错。

★ 重点 15.4.2 实战：更改销售表中迷你图的类型

实例门类	软件功能
教学视频	光盘\视频\第15章\15.4.2.mp4

如果创建的迷你图类型不能体现数据的走势，可以更改现有迷你图的类型。根据要改变图表类型的迷你图多少，可以分为改变一组和单个迷你图两种方式。

1. 更改一组迷你图的类型

如果要将某组迷你图类型统一更改为其他图表类型，操作很简单。

例如，要将【产品销售表】工作簿中的迷你图更改为柱形迷你图，具体操作步骤如下。

Step 01 ❶ 选择迷你图所在的任意单元格，此时相同组的迷你图会被关联选择，❷ 单击【迷你图工具/设计】选项卡【类型】组中的【柱形图】按钮，如图15-65所示。

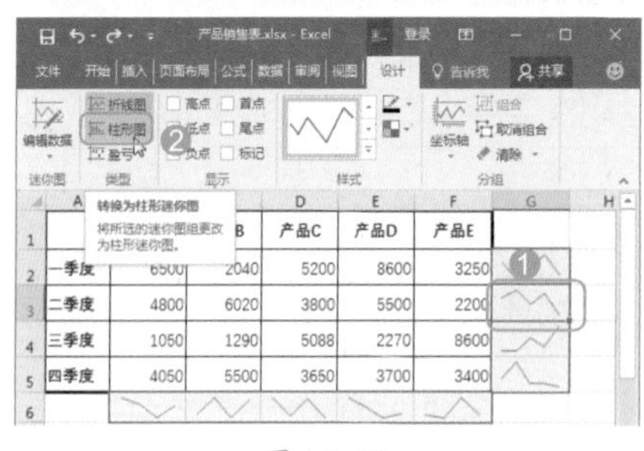

图 15-65

Step 02 经过上步操作，即可将该组迷你图全部更换为柱形图类型的迷你图，效果如图15-66所示。

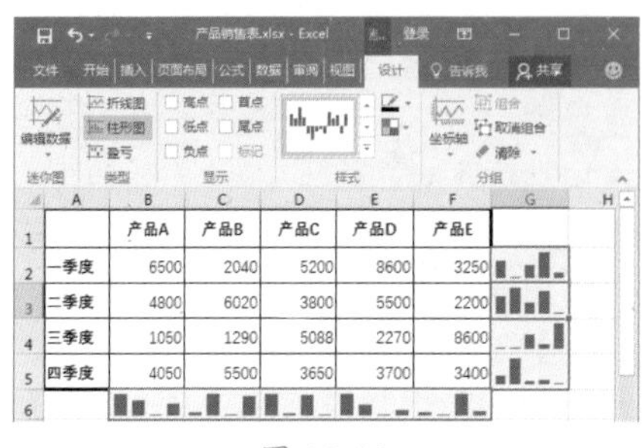

图 15-66

2. 更改单个迷你图的类型

当用户对一组迷你图中的某个迷你图进行设置时，该组其他迷你图也会进行相同的设置。若要单独设置某个迷你图效果，必须先取消该迷你图与原有迷你图组的关联关系。

例如，当只需要更改一组迷你图中某个迷你图的图表类型时，应该先将该迷你图独立出来，再修改图表类型。

例如，要将【产品销售表】工作簿中的某个迷你图更改为折线迷你图，具体操作步骤如下。

Step 01 ❶ 选择需要单独修改的迷你图所在的单元格，这里选择B6单元格，❷ 单击【迷你图工具/设计】选项卡【分组】组中的【取消组合】按钮，如图15-67所示。

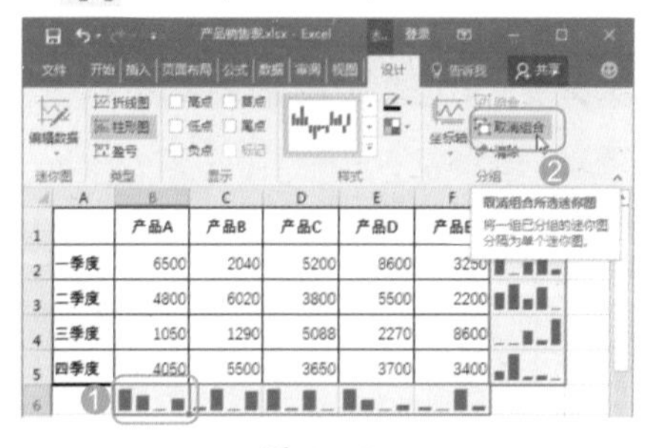

图 15-67

Step 02 可将选择的迷你图与原有迷你图组的关系断开，变成单个迷你图。保持单元格的选择状态，单击【类型】组中的【折线图】按钮，如图15-68所示。

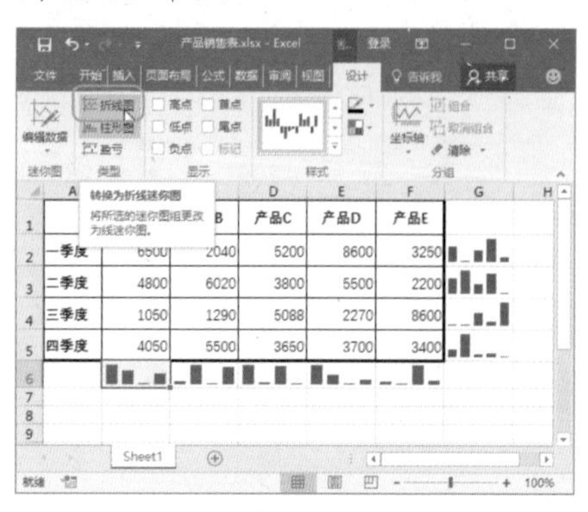

图 15-68

Step 03 经过上步操作，即可将选择的单个迷你图更换为折线图类型的迷你图，效果如图15-69所示。

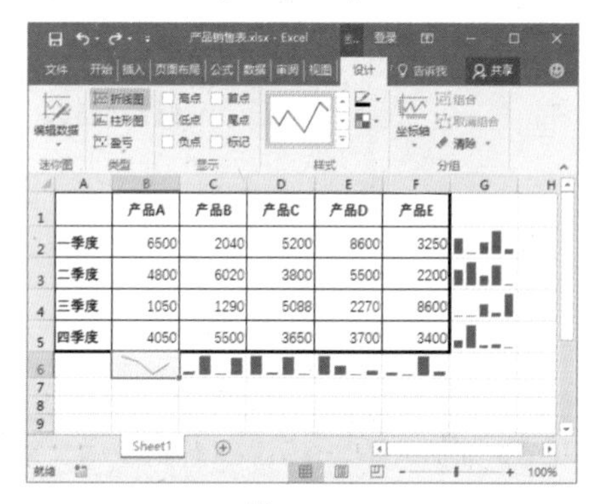

图 15-69

★ 重点 15.4.3 实战：为销售迷你图设置样式

实例门类	软件功能
教学视频	光盘\视频\第15章\15.4.3.mp4

在工作表中插入的迷你图样式并不是一成不变的，用户可以对其进行样式的应用或颜色的更改。

1. 应用内置样式

迷你图提供了多种常用的预定内置样式，在库中选择相应选项即可使迷你图快速应用选择的预定义样式。

例如，要为销售表中的折线迷你图设置预定义的样式，具体操作步骤如下。

Step01 ❶选择B6单元格中的迷你图，❷在【迷你图工具/设计】选项卡【样式】组中的列表框中选择需要的迷你图样式，如图 15-70 所示。

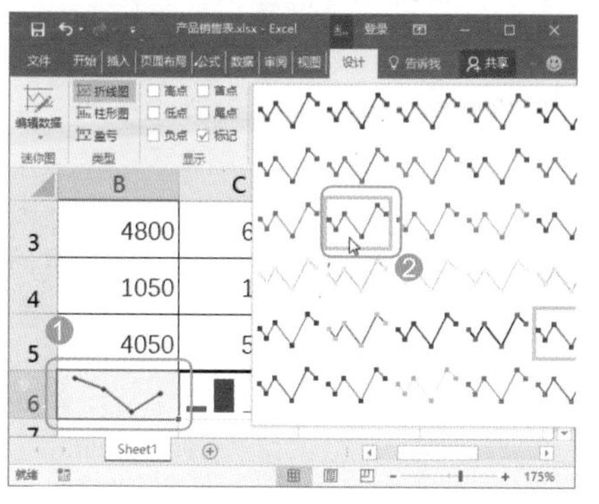

图 15-70

Step02 经过上步操作，即可为所选迷你图应用内置样式，效果如图 15-71 所示。

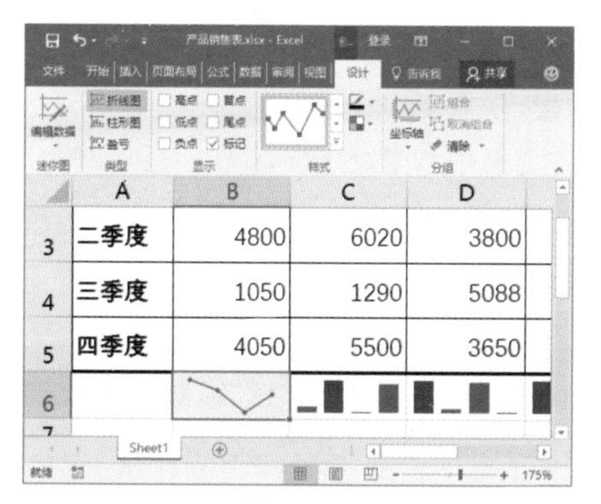

图 15-71

2. 手动设置样式

如果对预设的迷你图样式不满意，用户也可以根据需要自定义迷你图颜色。例如，要将销售表中的柱形迷你图的线条颜色设置为橙色，具体操作步骤如下。

Step01 ❶选择工作表中的一组迷你图，❷单击【样式】组中的【迷你图颜色】按钮，❸在弹出的下拉菜单中选择【橙色】选项，如图 15-72 所示。

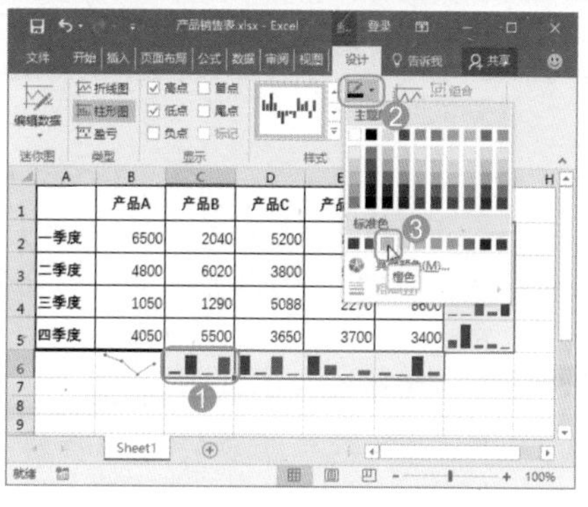

图 15-72

Step02 经过上述操作，即可修改该组迷你图的线条颜色，如图 15-73 所示。

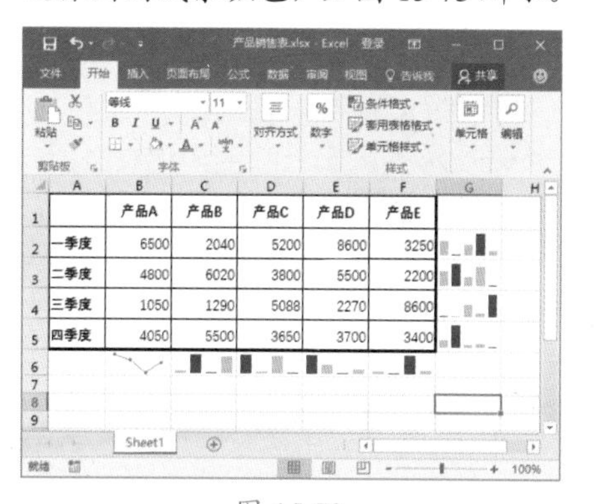

图 15-73

15.4.4 实战：突出显示销量的高点和低点

实例门类	软件功能
教学视频	光盘\视频\第 15 章\15.4.4.mp4

除了可以设置迷你图线条颜色外，用户还可以为迷你图的各种数据点自定义配色方案。例如，要为销售表中的柱形迷你图设置高点为浅绿色，低点为黑色，具体操作步骤如下。

Step01 ❶单击【样式】组中的【标记颜色】按钮，❷在弹出的下拉菜单中选择【高点】命令，❸在弹出的子菜单中选择高点需要设置的颜色，这里选择【浅绿】，如图 15-74 所示。

Step02 经过上步操作，即可改变高点的颜色为浅绿色。❶单击【标记颜色】按钮，❷在弹出的下拉菜单中选择【低点】命令，❸在弹出的下级子菜单中选择低点需要设置的颜色，这里选择【黑色】，如图 15-75 所示。

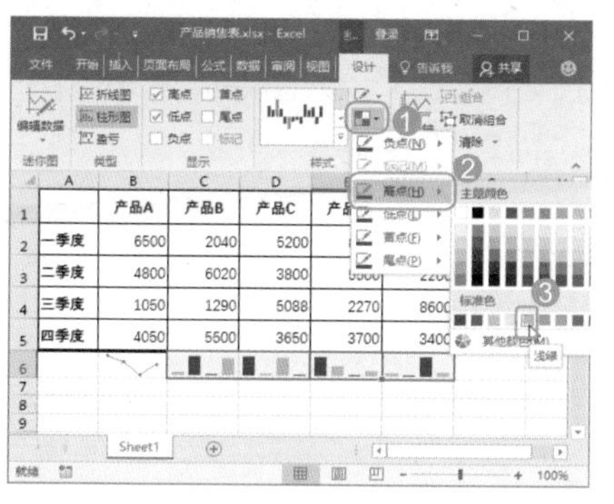

图 15-74

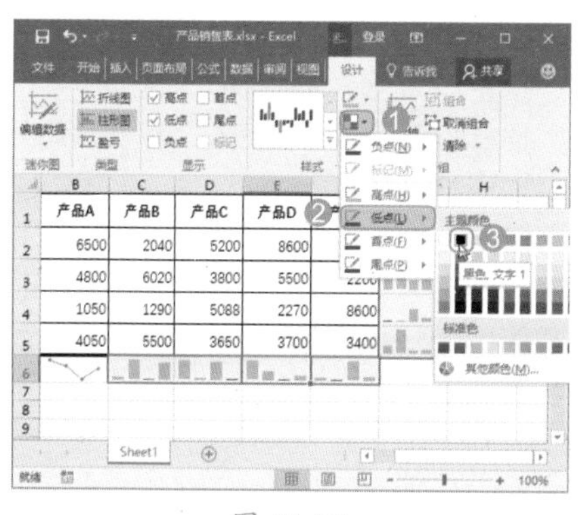

图 15-75

Step03 经过上步操作，即可改变低点的颜色为黑色，如图 15-76 所示。

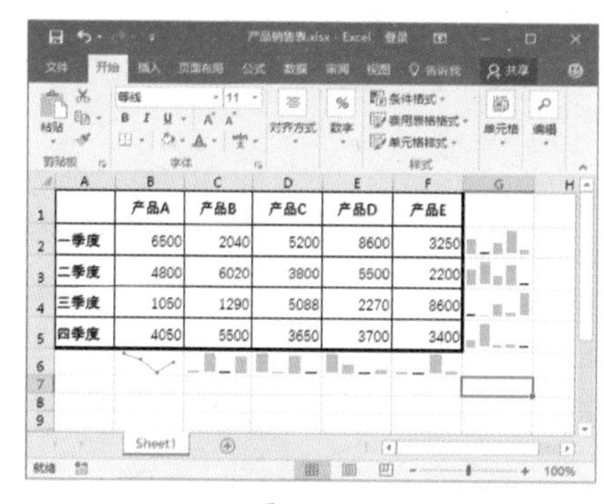

图 15-76

技术看板

在【标记颜色】下拉菜单中还可以设置迷你图中各种数据点的颜色，操作方法与高点和低点颜色的设置方法相同。

妙招技法

下面结合本章内容，给大家介绍一些实用技巧。

技巧 01：巧妙地将近零的百分比值的数据标签隐藏

教学视频	光盘 \ 视频 \ 第 15 章 \ 技巧 01.mp4

制作饼图时，有时会因为数据百分比相差悬殊，或某个数据本身靠近零值，而不能显示出相应的色块，只在图表中显示一个【0%】的数据标签，非常难看。且即使将其删除后，一旦更改表格中的数据，这个【0%】数据标签又会显示出来。此时，用户可以通过设置数字格式的方法对其进行隐藏。

例如，要将文具销量图表中靠近零值的数据标签隐藏起来，具体操作步骤如下。

Step 01 打开“光盘 \ 素材文件 \ 第 15 章 \ 文具销量 .xlsx”，❶ 选择图表，❷ 单击【图表工具 / 设计】选项卡【图表布局】组中的【添加图表元素】按钮，❸ 在弹出的下拉菜单中选择【数据标签】命令，❹ 在弹出的下级子菜单中选择【其他数据标签选项】命令，如图 15-77 所示。

图 15-77

Step 02 显示出【设置数据标签格式】任务窗格，❶ 选择【标签选项】选项卡，❷ 在下方单击【标签选项】按钮，❸ 在【数字】栏中的【类别】下拉列表框中选择【自定义】选项，❹ 在【格式代码】文本框中输入【[<0.01]"";0%】，❺ 单击【添加】按钮，如图 15-78 所示。

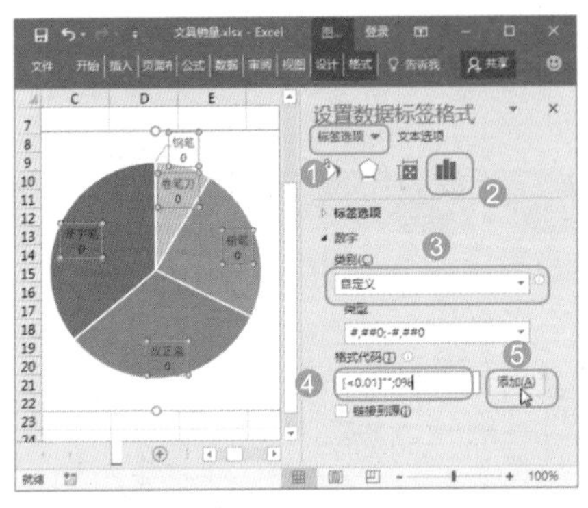

图 15-78

Step 03 经过上步操作，将把自定义的格式添加到【类别】列表框中，同时可看到图表中的【0%】数据标签已经消失了，如图 15-79 所示。

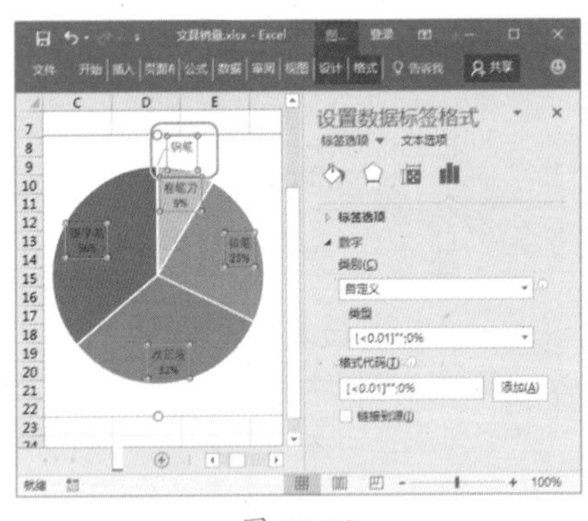

图 15-79

技术看板

【[<0.01]"";0%】自定义格式代码的含义是，当数值小于 0.01 时则不显示。

技巧 02：轻松地将图表变成图片

教学视频	光盘 \ 视频 \ 第 15 章 \ 技巧 02.mp4

图表是根据数据源来绘制显示图形，把抽象的数据直观化，帮助用户分析数据的发展规律或潜在问题。所以，数据源一旦发生变化，图表的绘制显示也会发生变化。因此，一些定型或最终确定的图表，特别是被动态控制的图表，为了防止变化，可将其转换为图片。

例如，在“业绩管理”文件中将自动筛选后的图表保存为图片，将当前数据分析结果定型，具体操作步骤如下。

Step 01 打开“光盘 \ 素材文件 \ 第 15 章 \ 业绩管理 .xlsx”文件，选择图表，❶ 单击【剪贴板】组中的【复制】按钮，❷ 选择图表粘贴为图片的放置起始位置单元格，如图 15-80 所示。

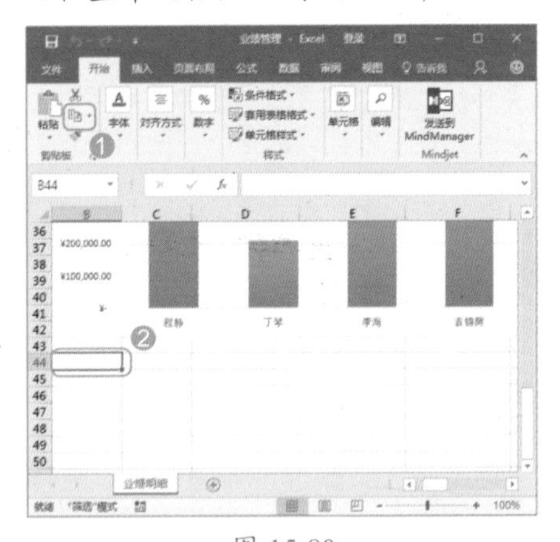

图 15-80

Step 02 ❶ 单击【粘贴】按钮下方的下拉按钮，❷ 在弹出的列表中选择【图片】选项，如图 15-81 所示。

图 15-81

技能拓展——将图表粘贴为指定格式图片

默认粘贴的图表图片是 JPG 格式，用户可复制图片后，按【Alt+E+S】组合键打开【选择性粘贴】对话框，在其中选择相应图片格式选项，最后单击【确定】按钮即可。

技巧 03：快速添加和减少图表数据系列

图表中数据系列是根据数据源生成绘制的。所以，要快速添加和减少图表的数据系列，一般不需要通过重新选择数据源（更换的数据列较多或是较为特殊除外）。

（1）添加数据系列：要在图表中添加数据系列，可在表格中复制相应的数据（带有表头的单列数据或带有行标题的单行数据），然后选择图表，按【Ctrl+V】组合键将复制的数据粘贴到图表中即可，图表自动生成绘制对应的数据系列。

（2）删除数据系列：要删除图表中的指定数据系列，只需选择该数据系列，按【Delete】键即可将其删除。

技巧 04：通过自定义格式为纵坐标数值添加指定单位

教学视频	光盘 \ 视频 \ 第 15 章 \ 技巧 04.mp4

在进行图表布局时，为纵坐标数值添加单位的具体操作步骤如下。

Step01 打开光盘 \ 素材文件 \ 第 15 章 \ 半年销售额汇总 .xlsx，❶ 选择图表中的垂直坐标轴，❷ 单击图表右侧的【图表元素】按钮，❸ 在弹出的下拉菜单中单击【坐标轴】右侧的下拉按钮，❹ 在弹出的下级子菜单中选择【更多选项】命令，如图 15-82 所示。

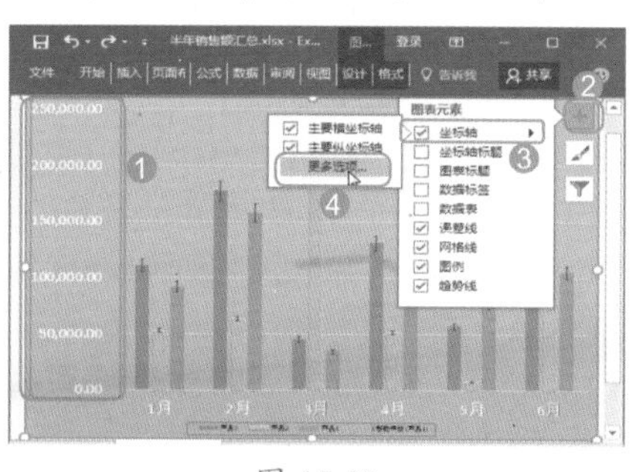

图 15-82

Step02 显示出【设置坐标轴格式】任务窗格，❶ 选择【坐标轴选项】选项卡，❷ 单击下方的【坐标轴选项】按钮，❸ 在【数字】栏中的下拉列表框中选择【数字】选项，❹ 在下方的【小数位数】文本框中输入【0】，如图 15-83 所示。

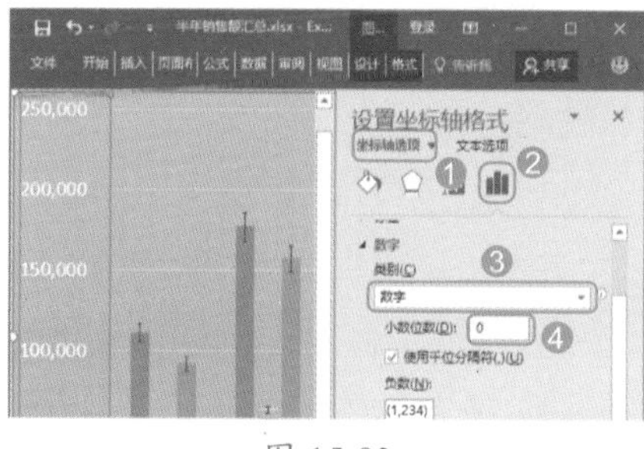

图 15-83

Step03 经过上述操作，即可让坐标轴中的数字不显示小数部分。❶ 单击【坐标轴选项】栏中的【显示单位】列表框右侧的下拉按钮，❷ 在弹出的下拉列表中选择【千】选项，即可让坐标轴中的刻度数据以千为单位进行缩写显示，如图 15-84 所示。

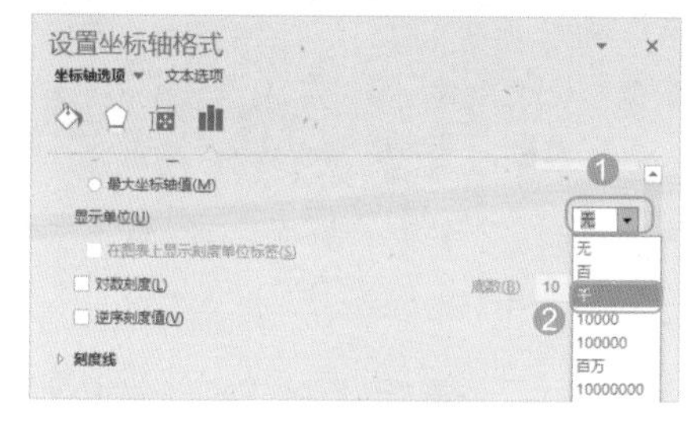

图 15-84

Step04 选中【坐标轴选项】栏中的【在图表上显示刻度单位标签】复选框，即可在坐标轴顶端左侧显示出单位标签，如图 15-85 所示。

图 15-85

Step05 ❶ 将文本插入点定位在单位标签文本框中，修改单位内容至如图 15-86 所示，❷ 在【设置显示刻度单位标签格式】任务窗格中选择【标签选项】选项卡，❸ 单击下方的【大小与属性】按钮，❹ 在【对齐方式】栏中的【文字方向】下拉列表框中选择【横排】选项，如图 15-86 所示。

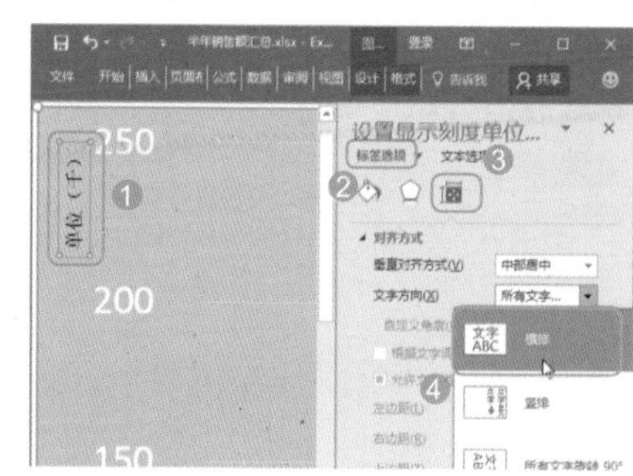

图 15-86

Step06 经过上步操作，即可让竖向的单位标签横向显示。通过拖动鼠标光标调整图表中绘图区的大小和位置，然后将单位标签移动到坐标轴的上方，完成后的效果如图 15-87 所示。

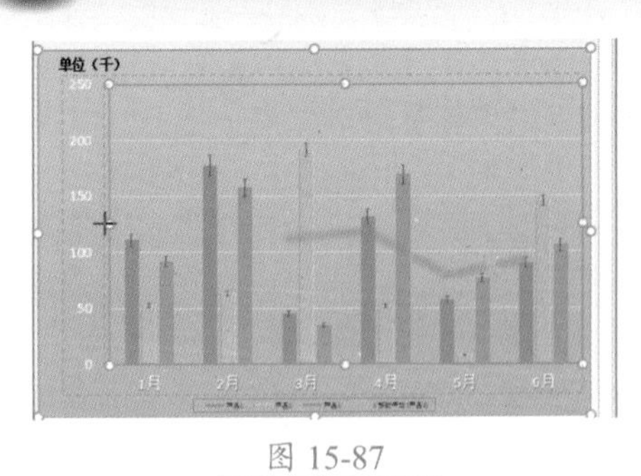

图 15-87

技巧 05：使用【预测工作表】功能预测数据

教学视频	光盘\视频\第 15 章\技巧 05.mp4

预测工作表是 Excel 2016 新增的一项功能，根据前面提供的数据，可以预测出后面一段时间的数据。例如，根据近期某天的温度，预测出未来十天的温度，具体操作步骤如下。

Step 01 打开光盘\素材文件\第 15 章\气象预测 .xlsx，❶ 选择 A1:B11 单元格区域，❷ 单击【数据】选项卡【预测】组中的【预测工作表】按钮，如图 15-88 所示。

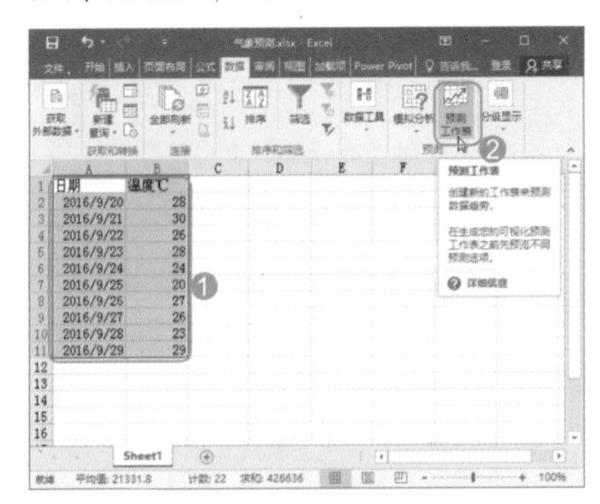

图 15-88

Step 02 打开【创建预测工作表】对话框，❶ 单击【选项】按钮，显示出整个对话框内容，❷ 在【预测结束】参数框中输入要预测的结束日期，❸ 在【使用以下方式聚合重复项】下拉列表框中选择【AVERAGE】选项，❹ 单击【创建】按钮，如图 15-89 所示。

Step 03 经过上述操作，即可制作出预测数据走势的图表，同时会自动在 Excel 原表格中将预测的数据填充出来，效果如图 15-90 所示。

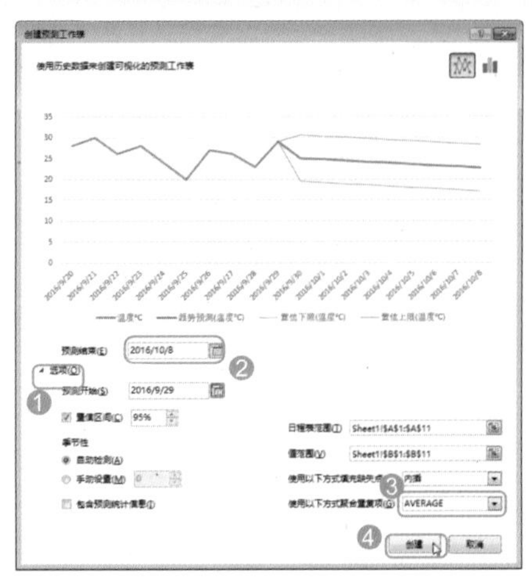

图 15-89

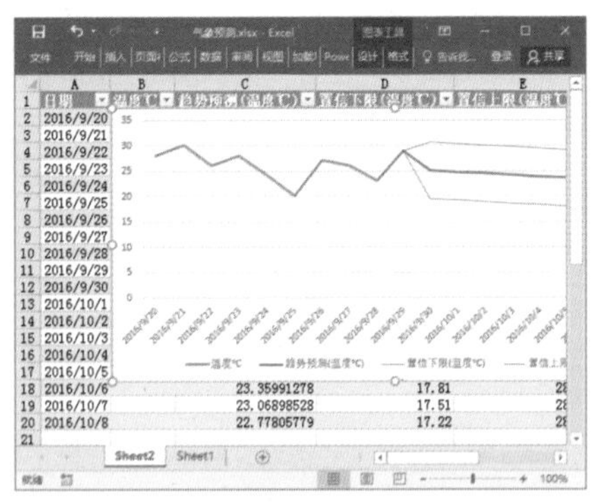

图 15-90

本章小结

图表是 Excel 重要的数据分析工具之一。工作中，不管是做销售业绩报表，还是进行年度数据汇总，抑或制作研究报告，都会用到 Excel 图表。一张漂亮的 Excel 图表往往会为报告增色不少。本章首先介绍了创建图表的方法和编辑图表的常用操作。但是通过系统默认制作的图表还是不尽完美，然后又介绍了图表布局的一些方法，让用户掌握了对图表中各组成部分进行设置，并选择性进行布局的操作方法。最后，将迷你图作为图表创建的一种拓展和补充。希望读者在学习本章知识后，能够突破常规的制图思路，制作出专业的图表。

第16章 Excel数据的透视分析

- 如何利用现有的数据透视表进行数据的多维透视？
- 数据透视的图表化，常用的方法有几种？
- 透视过程中能否实现排序和筛选？
- 切片器该如何使用？

本章将通过数据透视表和数据透视图以及切片器的创建与设置来学习如何对数据进行透视分析。相信读者在学习的过程中会找到以上问题的答案。

16.1 使用数据透视表

数据透视表（Pivot Table）是一种交互式表格，对数据进行多维度立体的数据透视分析，帮助用户发现数据潜在规律和问题，从而找到应对方法。

16.1.1 创建销售数据透视表

实例门类	软件功能
教学视频	光盘\视频\第16章\16.1.1.mp4

在Excel 2016中，用户既可以通过【推荐的数据透视表】功能快速创建相应的数据透视表，也可以根据需要手动创建数据透视表。

1. 使用推荐功能创建销售数据透视表

Excel 2016提供的【推荐的数据透视表】功能，会汇总选择的数据并提供各种数据透视表选项的预览，让用户直接选择某种最能体现其观点的数据透视表效果，并可生成相应的数据透视表，不必重新编辑字段列表，非常方便。

例如，要在销售表中为某个品牌的销售数据创建推荐的数据透视表，具体操作步骤如下。

Step 01 打开“光盘\素材文件\第16章\汽车销售表.xlsx”文件，❶ 选择任意包含数据的单元格，❷ 单击【插入】选项卡【表格】组中的【推荐的数据透视表】按钮，如图16-1所示。

图 16-1

Step 02 打开【推荐的数据透视表】对话框，❶ 在左侧选择需要的数据透视表效果，❷ 在右侧预览相应的透视表字段数据，满意后单击【确定】按钮，如图16-2所示。

Step 03 经过上述操作，即可在新工作表中创建对应的数据透视表，同时可以在右侧显示出的【数据透视表字段】任务窗格中查看到当前数据透视表的透视设置参数，如图16-3所示。

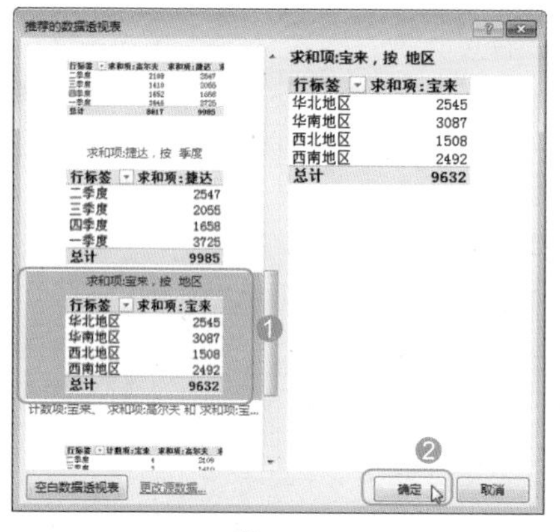

图 16-2

图 16-3

2. 手动创建库存数据透视表

由于数据透视表的创建本身是根据用户要查看数据的某个方面的信息而存在的，这要求用户的主观能动性很强，能根据需要作出恰当的字段形式判断，从而得到一堆在某方面有关联的数据。因此，掌握手动创建数据透视表的方法是学习数据透视表的最基本操作。

通过前面的介绍，用户知道数据透视表包括4类字段，分别为报表筛选字段、列字段、行字段和值字段。手动创建数据透视表就是要连接到数据源，在指定位置创建一个空白数据透视表，然后在【数据透视表字段】任务窗格中的【字段列表】列表框中，添加数据透视表中需要的数据字段，此时，系统会将这些字段放置在数据透视表的默认区域中，用户还需要手动调整字段在数据透视表中的区域。

例如，要创建数据透视表分析“产品库存表”中的数据，具体操作步骤如下。

Step 01 打开“光盘\素材文件\第16章\产品库存表.xlsx”文件，❶ 选择任意包含数据的单元格，❷ 单击【插入】选项卡【表格】组中的【数据透视表】按钮，如图16-4所示。

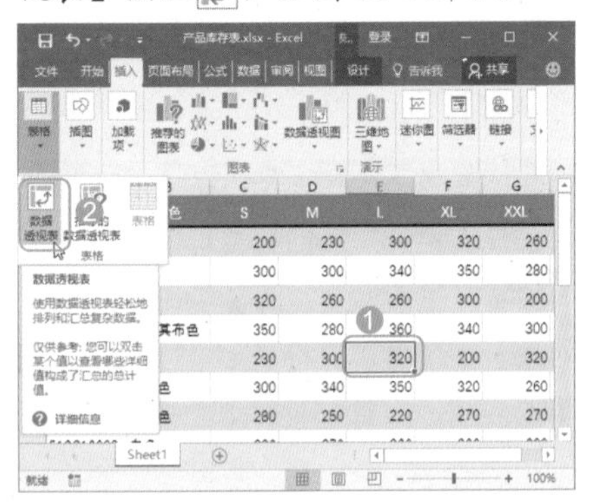

图 16-4

Step 02 打开【创建数据透视表】对话框，❶ 选中【选择一个表或区域】单选按钮，在【表/区域】文本框中会自动引用表格中所有包含数据的单元格区域（本例因为数据源设置了表格样式，自动定义样式所在区域的名称为【表1】），❷ 在【选择放置数据透视表的位置】栏中单击【新工作表】单选按钮，❸ 单击【确定】按钮，如图16-5所示。

图 16-5

Step 03 经过上述操作，即可在新工作表中创建一个空白数据透视表，并显示出【数据透视表字段】任务窗格。在任务窗格中的【字段列表】列表框中选中需要添加到数据透视表中的字段对应的复选框，这里选中所有复选框，系统会根据默认规则，自动将选择的字段显示在数据透视表的各区域中，效果如图16-6所示。

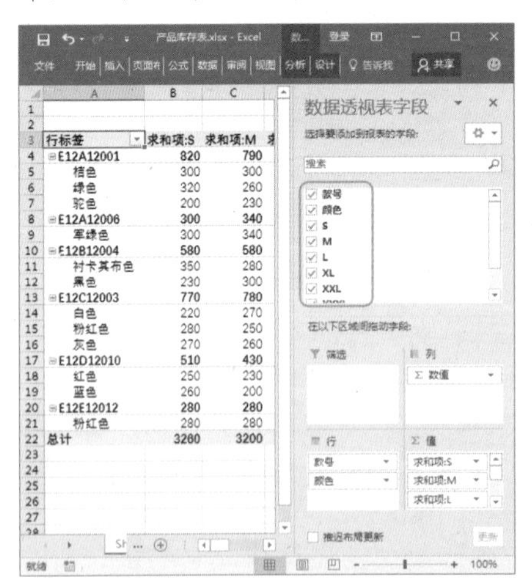

图 16-6

技术看板

如果要将创建的数据透视表存放到源数据所在的工作表中，可以在【创建数据透视表】对话框中的【选择放置数据透视表的位置】栏中单击【现有工作表】单选按钮，并在下方的【位置】文本框中选择要以哪个单元格作为起始位置存放数据透视表。

★ 重点 16.1.2 对库存数据透视表进行设置

实例门类	软件功能
教学视频	光盘\视频\第16章\16.1.2.mp4

创建数据透视表后，用户可根据分析数据的需要对透视表进行字段位置、汇总方式、显示方式及排序方式进行设置，从而对数据进行多维度透视分析。

1. 手动调整透视字段

创建数据透视表时，用户只是将相应的数据字段添加到数据透视表的默认区域中，进行具体数据分析时，还需要调整字段在数据透视表中的区域，主要通过以下3种方法进行调整。

- 通过拖动鼠标进行调整：在【数据透视表字段】任务窗格中直接通过鼠标将需要调整的字段名称拖动到相应的列表框中，即可更改数据透视表的布局。
- 通过菜单进行调整：在【数据透视表字段】任务窗格下方的4个列表框中选择并单击需要调整的字段名称按钮，在弹出的下拉菜单中选择需要移动到其他区域的命令，如【移动到行标签】【移动到列标签】等命令，即可在不同的区域之间移动字段。
- 通过快捷菜单进行调整：在【数据透视表字段】任务窗格的【字段列表】列表框中需要调整的字段名称上右击，在弹出的快捷菜单中选择【添加到报表筛选】【添加到列标签】【添加到行标签】或【添加到值】命令，即可将该字段放置在数据透视表中的某个特定区域中。

此外，在同一个字段属性中，还可以调整各数据项的顺序。此时，可以在【数据透视表字段】任务窗格下方的【报表筛选】【列标签】【行标签】或【数值】列表框中，通过拖动鼠标光标的方式或单击需要进行调整的字段名称按钮，在弹出的下拉菜单中选择【上移】【下移】【移至开头】或【移至末尾】命令来完成。

下面，为手动创建的库存数据透视表进行透视设置，使其符合实际分析需要，具体操作步骤如下。

Step01 ❶ 在【行】列表框中选择【款号】字段名称，❷ 按住鼠标左键不放将其拖动到【筛选】列表框中，如图 16-7 所示。

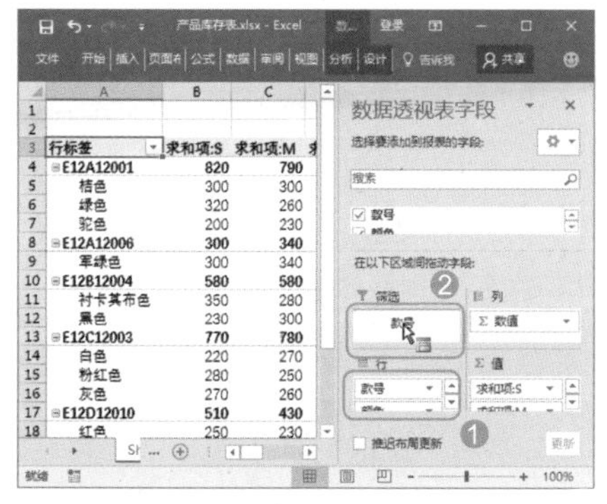

图 16-7

Step02 经过上述操作，可将【款号】字段移动到【筛选】列表框中，作为整个数据透视表的筛选项目，当然数据透视表的透视方式也发生了改变。❶ 单击【值】列表框中【求和项：M】字段名称右侧的下拉按钮，❷ 在弹出的下拉菜单中选择【移至开头】命令，如图 16-8 所示。

图 16-8

Step03 经过上述操作，即可将【求和项：M】字段移动到值字段的最顶层，同时数据透视表的透视方式发生了改变，完成后的效果如图 16-9 所示。

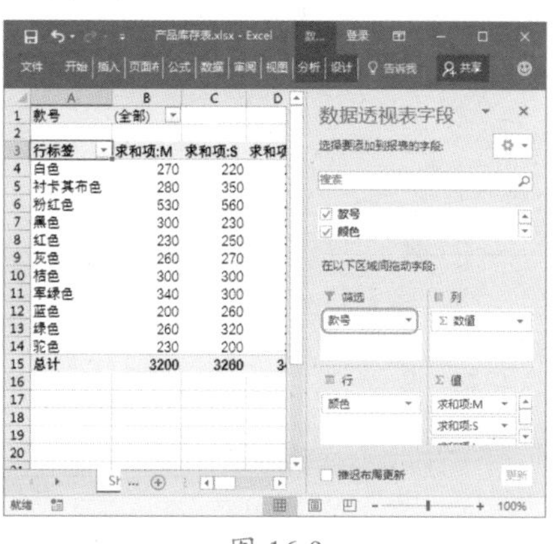

图 16-9

2. 更改数据透视表的汇总方式

在 Excel 2016 中，数据透视表的汇总数据默认按照“求和”的方式进行运算。如果用户不想使用这样的方式，也可以对汇总方式进行更改，如可以设置为计数、平均值、最大值、最小值、乘积、偏差和方差等，不同的汇总方式会使创建的数据透视表的汇总方式显示不同的数据结果。

例如，要更改库存数据透视表中【XXXL】字段的汇总方式为计数，【XXL】字段的汇总方式为求最大值，具体操作步骤如下。

Step01 ❶ 单击【数据透视表字段】任务窗格【值】列表框中【求和项：XXXL】字段名称右侧的下拉按钮，❷ 在弹出的下拉菜单中选择【值字段设置】命令，如图 16-10 所示。

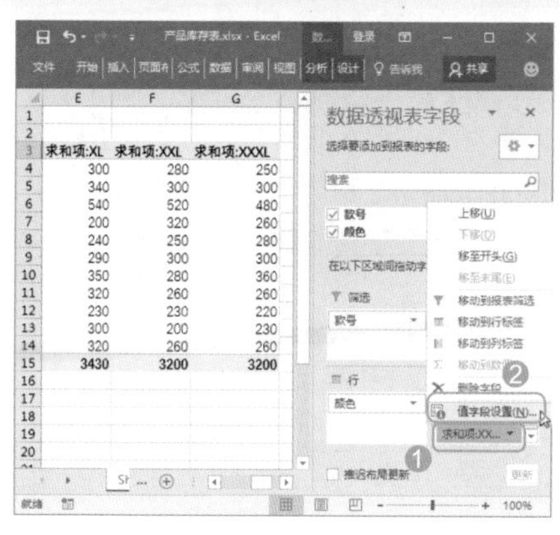

图 16-10

Step02 打开【值字段设置】对话框，❶ 选择【值汇总方式】选项卡，❷ 在【计算类型】列表框中选择需要的汇总方式，这里选择【计数】选项，❸ 单击【确定】按钮，如图 16-11 所示。

图 16-11

Step03 经过上述操作，在工作表中即可看到【求和项：XXXL】字段的汇总方式修改为计数了，统计出 XXXL 型号的衣服有 12 款。❶ 选择需要修改汇总方式的【XXL】字段中的任意单元格，❷ 单击【数据透视表工具 / 分析】选项卡【活动字段】组中的【字段设置】按钮，如图 16-12 所示。

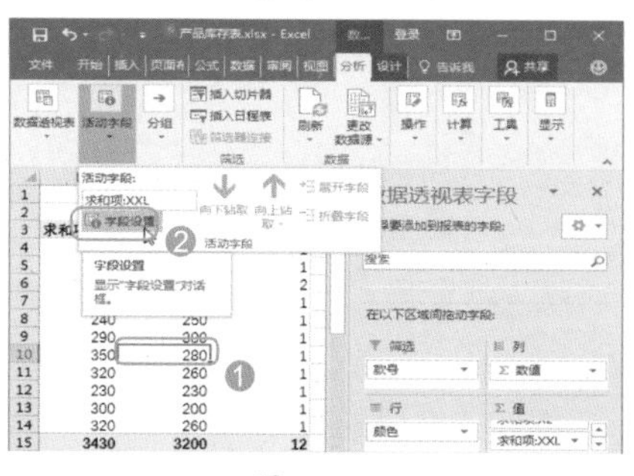

图 16-12

Step04 打开【值字段设置】对话框，❶ 选择【值汇总方式】选项卡，❷ 在【计算类型】列表框中选择【最大值】选项，❸ 单击【确定】按钮，如图 16-13 所示。

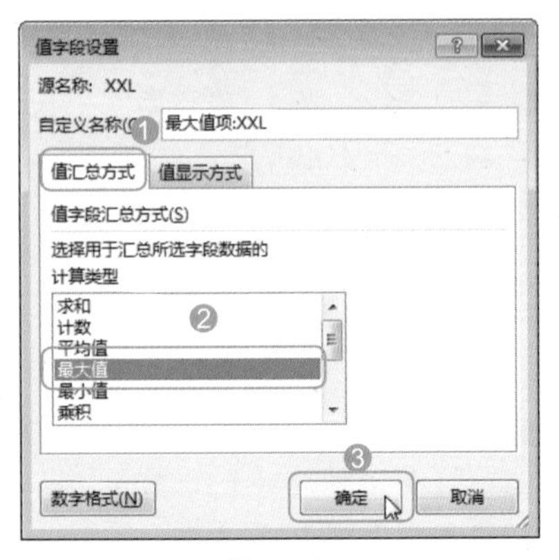

图 16-13

技能拓展——打开【值字段设置】对话框的其他方法

直接在数据透视表中值字段的字段名称单元格上双击，也可以打开【值字段设置】对话框。在【值字段设置】对话框的【自定义名称】文本框中可以对字段的名称进行重命名。

Step05 经过上述操作后，在工作表中即可看到【求和项：XXL】字段的汇总方式修改为求最大值了，统计出 XXL 型号的衣服中有一款剩余 320 件，是库存最多的一款，如图 16-14 所示。

图 16-14

3. 更改值字段的显示方式

数据透视表中数据字段值的显示方式也是可以改变的，如可以设置数据值显示的方式为普通、差异和百分比等。具体操作也需要通过【值字段设置】对话框来完成。下面在库存数据透视表中设置【XL】字段以百分比进行显示，具体操作步骤如下。

Step01 ❶ 选择需要修改值显示方式的【XL】字段，❷ 单击【数据透视表工具 / 分析】选项卡【活动字段】组中的【字段设置】按钮，如图 16-15 所示。

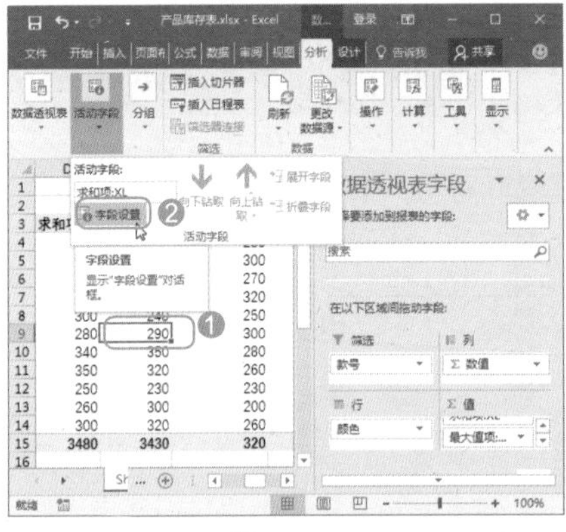

图 16-15

Step02 打开【值字段设置】对话框，❶ 选择【值显示方式】选项卡，❷ 在【值显示方式】下拉列表框中选择需要的显示方式，这里选择【列汇总的百分比】选项，❸ 单击【数字格式】按钮，如图 16-16 所示。

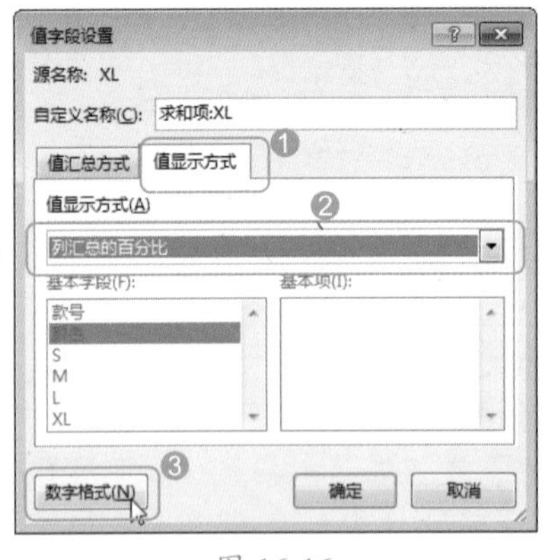

图 16-16

Step03 打开【设置单元格格式】对话框，❶ 在【分类】列表框中选择【百分比】选项，❷ 在【小数位数】数值框中设置小数位数为 1 位，❸ 单击【确定】按钮，如图 16-17 所示。

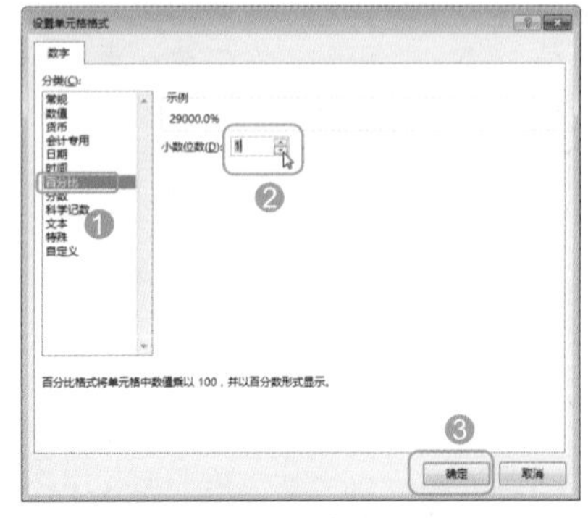

图 16-17

Step04 返回【值字段设置】对话框，单击【确定】按钮，如图 16-18 所示。

图 16-18

Step05 返回工作表中即可看到【XL】字段的数据均显示为小数位数为一位数的百分比数据，如图 16-19 所示。

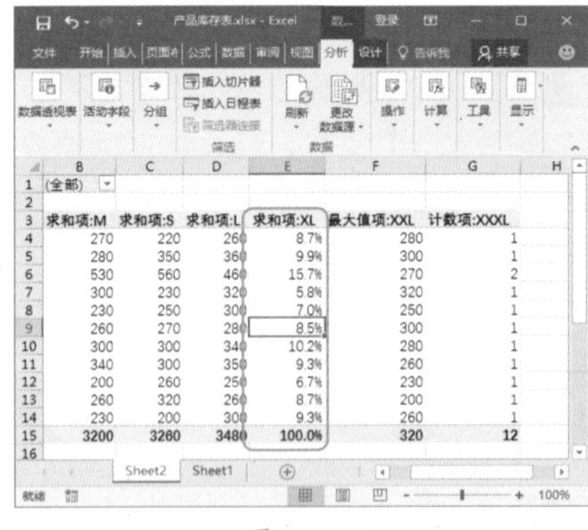

图 16-19

4. 更改值字段的排列方式

数据透视表中的数据已经进行了一些处理，因此，即使需要对表格中的数据进行排序，也不会像在普通数据表中进行排序那么复杂。数据透视表中的排序都比较简单，通常进行升序或降序排列即可。例如，要让库存数据透视表中的数据按照销量最好的码数的具体销量从大到小进行排列，具体操作步骤如下。

Step01 ❶ 重命名【sheet 2】工作表的名称为【畅销款】，❷ 选择数据透视表中总计行的任意单元格，❸ 单击【数据】选项卡【排序和筛选】组中的【降序】按钮，如图 16-20 所示。

图 16-20

Step02 经过上述操作，数据透视表中的数据会根据【总计】数据从大到小进行排列，且所有与这些数据有对应关系的单元格数据都自动进行了排列。❶ 选择数据透视表中总计排在第一列的【XL】字段列中的任意单元格，❷ 单击【数据】选项卡【排序和筛选】组中的【降序】按钮，如图 16-21 所示。

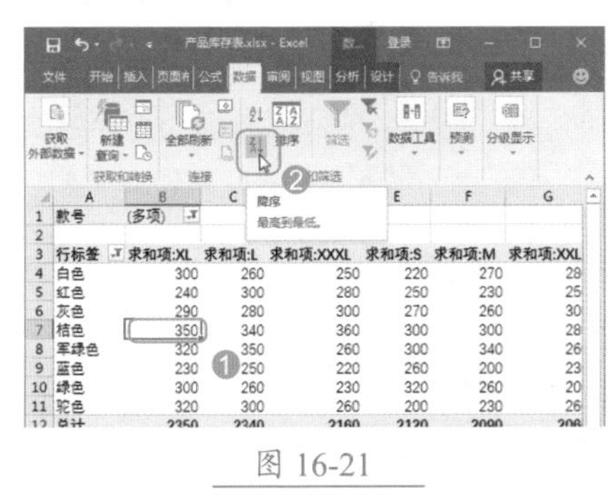

图 16-21

Step03 经过上述操作，可以看到数据透视表中的数据根据【XL】字段列从大到小进行排列，且所有与这些数据有对应关系的单元格数据都自动进行了排列，如图 16-22 所示。

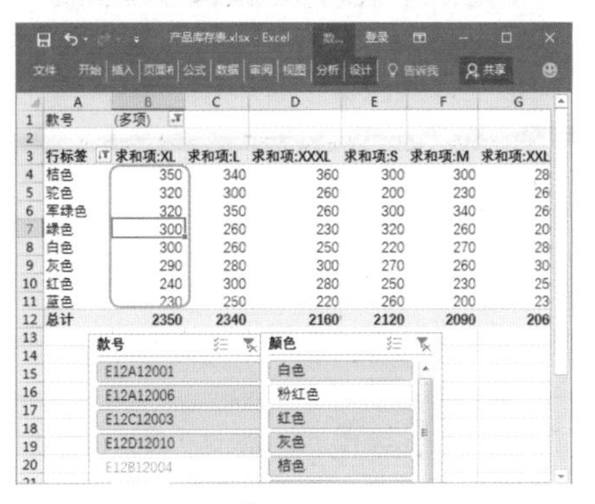

图 16-22

16.1.3 设置库存数据透视表布局样式

实例门类	软件功能
教学视频	光盘\视频\第 16 章\16.1.3.mp4

在 Excel 2016 中，默认情况下，创建的数据透视表都压缩在左边，不方便数据的查看。利用数据透视表布局功能可以更改数据透视表原有的布局效果。

例如，要为创建的数据透视表设置布局样式，具体操作步骤如下。

Step01 ❶ 选择数据透视表中的任意单元格，❷ 单击【数据透视表工具 / 设计】选项卡【布局】组中的【报表布局】按钮，❸ 在弹出的下拉列表中选择【以表格形式显示】选项，如图 16-23 所示。

图 16-23

技术看板

单击【布局】组中的【空行】按钮，在弹出的下拉列表中可以选择是否在每个汇总项目后插入空行。在【布局】组中还可以设置数据透视表的分类汇总形式、总计形式。

Step02 经过上述操作，即可更改数据透视表布局为表格格式，最明显的是行字段的名称改变为表格中相应的字段名称了，效果如图 16-24 所示。

图 16-24

16.1.4 更改库存数据透视表布局样式

实例门类	软件功能
教学视频	光盘\视频\第 16 章\16.1.4.mp4

Excel 2016 为数据透视表预定义了多种样式，用户可以使用样式库轻松更改数据透视表内容样式，达到美化数据透视表的效果。

下面为创建的数据透视表设置一种样式，并将样式应用到列标题、行标题和镶边行上，具体操作步骤如下。

Step01 ❶ 选择数据透视表中的任意单元格，❷ 在【数据透视表工具 / 设计】选项卡【数据透视表样式】组中的列表框中选择需要的数据透视表样式，即可为数据透视表应用选择的样式，效果如图 16-25 所示。

Step02 在【数据透视表样式选项】组中选中【镶边行】复选框，为数据透视表应用相应镶边行样式，如图16-26所示。

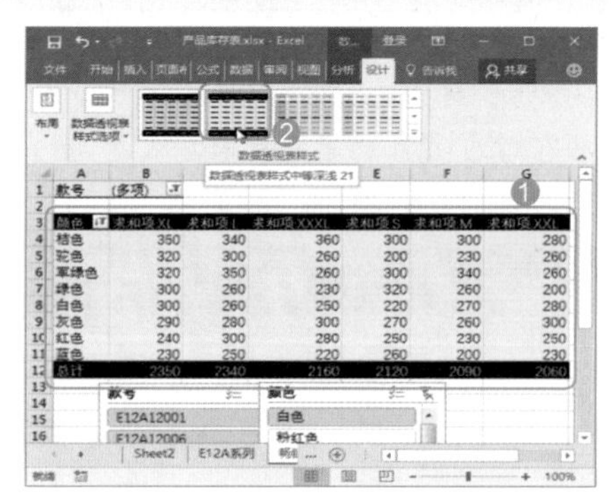
图 16-25

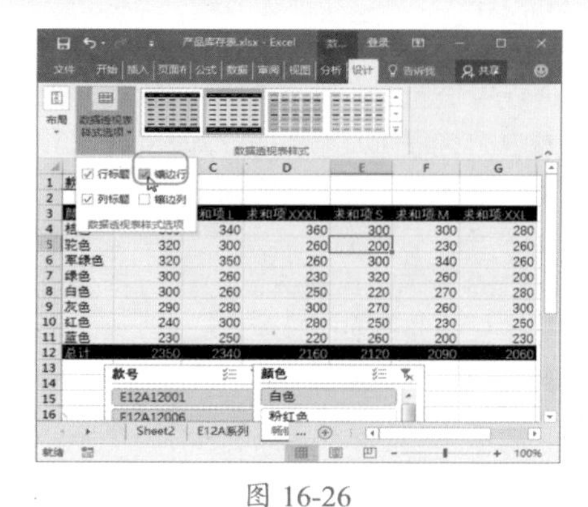
图 16-26

16.2 使用数据透视图

数据透视图是数据的另一种表现形式，与数据透视表的不同在于它可以选择适当的图表，并使用多种颜色来描述数据的特性，它能够更加直观地分析数据。本章主要讲解如何使用数据透视表与数据透视图分析数据。

★ 重点 16.2.1 在销售表中创建数据透视图

实例门类	软件功能
教学视频	光盘\视频\第16章\16.2.1.mp4

在 Excel 2016 中，可以使用【数据透视图】功能一次性创建数据的透视表和数据透视图。基于数据源创建数据透视图的方法与手动创建数据透视表的方法相似，都需要选择数据表中的字段作数据透视图表中的行字段、列字段及值字段。

例如，要用数据透视图展示“汽车销售表”中的销售数据，具体操作步骤如下。

Step01 打开“光盘\素材文件\第16章\汽车销售表.xlsx”文件，❶ 选择 Sheet1 工作表，❷ 选择包含数据的任意单元格，❸ 单击【插入】选项卡【图表】组中的【数据透视图】按钮，❹ 在弹出的下拉列表中选择【数据透视图】选项，如图16-27所示。

Step02 打开【创建数据透视图】对话框，❶ 在【表/区域】参数框中自动引用了该工作表中的 A1:F15 单元格区域，❷ 选中【新工作表】单选按钮，❸ 单击【确定】按钮，如图16-28所示。

图 16-27

图 16-28

Step03 经过上述操作，即可在新工作表中创建一个空白数据透视图。❶ 按照前面介绍的方法，在【数据透视图字段】任务窗格的【字段列表】列表框中选中需要添加到数据透视图中的字段对应的复选框，❷ 将合适的字段移动到下方的4个列表框中，根据设置的透视方式显示数据透视表和数据透视图，如图16-29所示。

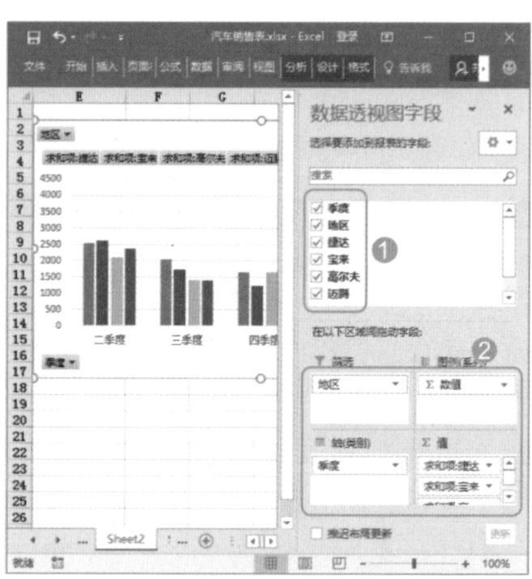
图 16-29

技术看板

数据透视表与数据透视图都是利用数据库进行创建的，但它们是两个不同的概念。数据透视表对于汇总、分析、浏览和呈现汇总数据非常有用。而数据透视图则有助于形象地呈现数据透视表中的汇总数据，以便用户能够轻松查看比较其中的模式和趋势。

★ 重点 16.2.2 实战：根据已有的销售数据透视表创建数据透视图

实例门类	软件功能
教学视频	光盘\视频\第16章\16.2.2.mp4

如果在工作表中已经创建了数据透视表，并添加了可用字段，可以直接根据数据透视表中的内容快速创建相应的数据透视图。根据已有的数据透视表创建出的数据透视图两者之间的字段是相互对应的，如果更改了某一报表的某个字段，这时另一个报表的相应字段也会随之发生变化。

例如，要根据之前在产品库存表中创建的畅销款数据透视表创建数据透视图，具体操作步骤如下。

Step01 打开"光盘\素材文件\第16章\产品库存表.xlsx"文件，❶ 选择【畅销款】工作表，❷ 选择数据透视表中的任意单元格，❸ 单击【数据透视图工具/分析】选项卡【工具】组中的【数据透视图】按钮，如图16-30所示。

图 16-30

Step02 打开【插入图表】对话框，❶ 在左侧选择需要展示的图表类型，这里选择【柱形图】选项，❷ 在右侧上方选择具体的图表分类，这里选择【堆积柱形图】选项，❸ 单击【确定】按钮，如图16-31所示。

图 16-31

Step03 经过以上操作，将在工作表中根据数据透视表创建一个堆积柱形图的数据透视图，效果如图16-32所示。

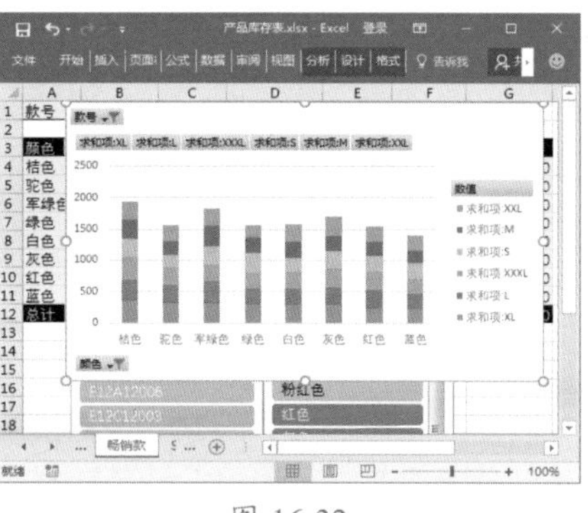

图 16-32

★ 重点 16.2.3 实战：对销售表中数据透视图进行筛选和排序

实例门类	软件功能
教学视频	光盘\视频\第16章\16.2.3.mp4

默认情况下创建的数据透视图，会根据数据字段的类别，显示出相应的【报表筛选字段】按钮、【图例字段】按钮、【坐标轴字段】按钮和【值字段】按钮，单击这些按钮中带▼图标的按钮时，在弹出的下拉菜单中可以对该字段数据进行排序和筛选，从而有利于对数据进行直观的分析。

此外，用户也可以为数据透视图插入切片器，其使用方法与数据透视表中的切片器使用方法相同，主要用于对数据进行筛选和排序。在【数据透视图工具/分析】选项卡的【筛选】组中单击【插入切片器】按钮，即可插入切片器，这里就不再赘述其使用方法。

下面通过使用数据透视图中的筛选按钮对产品库存表中的数据进行分析，具体操作步骤如下。

Step01 打开"光盘\素材文件\第16章\产品库存表.xlsx"文件，❶ 复制【畅销款】工作表，并重命名为【新款】，❷ 单击图表中的【款号】按钮，❸ 在弹出的下拉列表中仅选中最后两项对应的复选框，❹ 单击【确定】按钮，如图16-33所示。

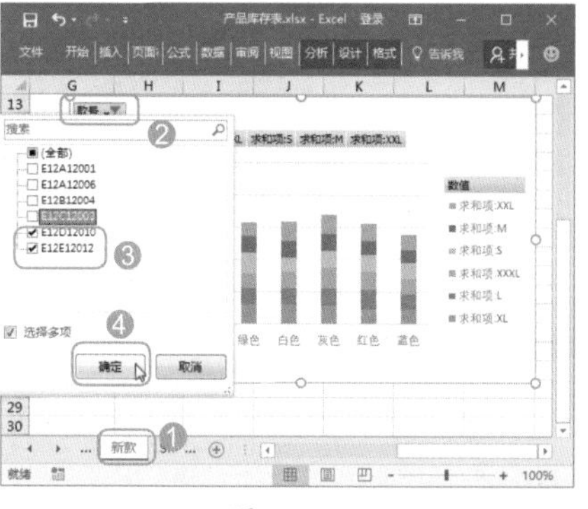

图 16-33

Step02 经过上述操作，即可筛选出相应款号的产品数据。单击图表左下角的【颜色】按钮，❶ 在弹出的下拉列表中仅选中【粉红色】和【红色】复选框，❷ 单击【确定】按钮，如图16-34所示。

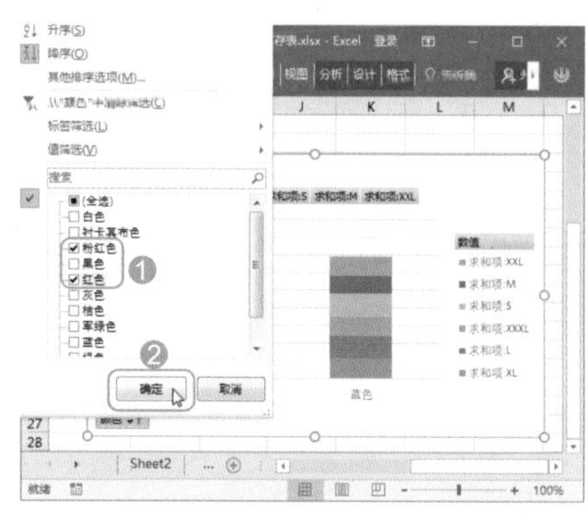

图 16-34

Step03 经过上述操作，即可筛选出这两款产品中的粉红色和红色数据，如图16-35所示。

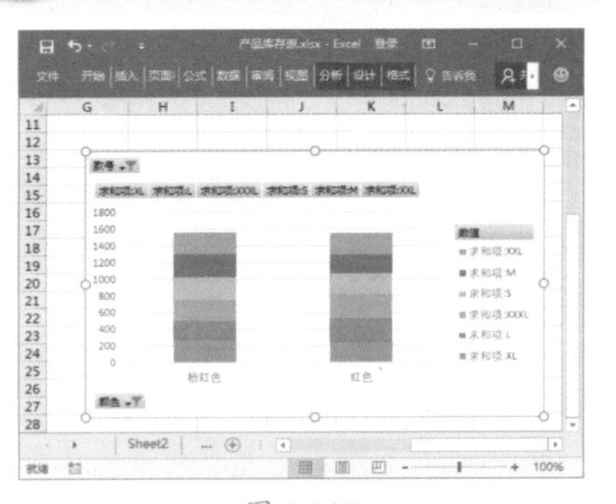

图 16-35

Step04 再次单击图表中的【颜色】按钮，在弹出的下拉列表中选择【升序】命令，如图 16-36 所示。

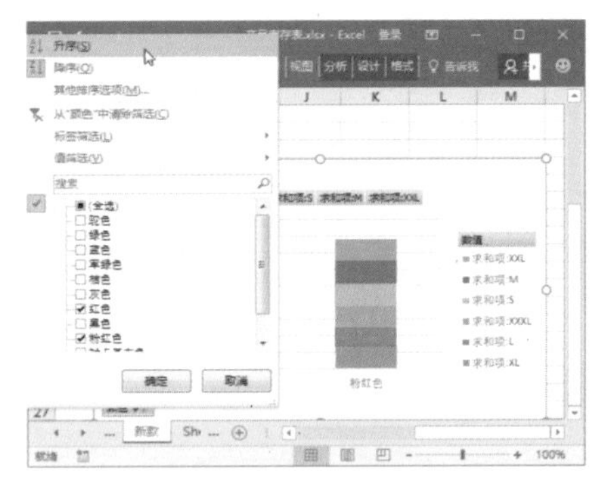

图 16-36

Step05 经过上述操作，即可对筛选后的数据进行升序排列，如图 16-37 所示。

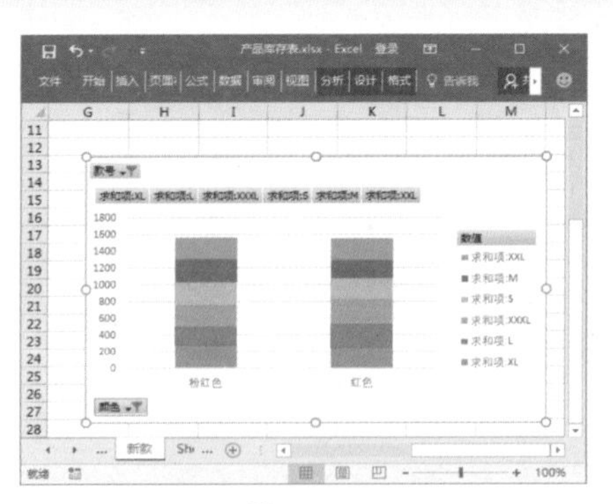

图 16-37

16.2.4 实战：移动数据透视图的位置

如果对已经制作好的数据透视图的位置不满意，可以通过复制或移动操作将其移动到同一工作簿或不同工作簿中，但是通过这种方法得到的数据透视图有可能会改变原有的性质，丢失某些组成部分。为了保证移动前后的数据透视图中的所有信息都不发生改变，可以使用 Excel 2016 提供的移动功能对其进行移动。即先选择需要移动的数据透视图，然后单击【数据透视图工具 / 分析】选项卡【操作】组中的【移动图表】按钮，在打开的【移动图表】对话框中设置要移动的位置即可，如图 16-38 所示。

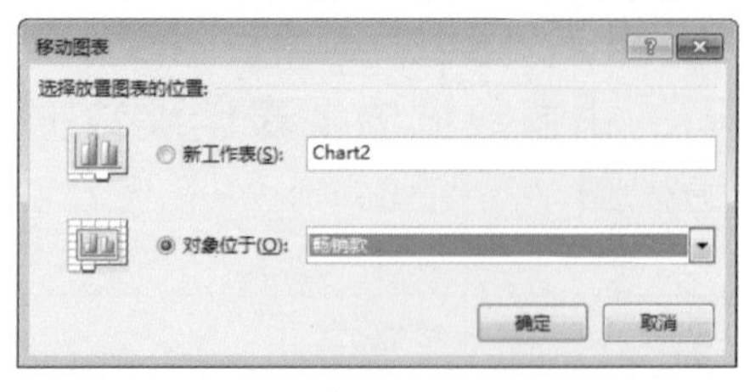

图 16-38

技能拓展——移动数据透视表的位置

如果需要移动数据透视表，可以先选择该数据透视表，然后单击【数据透视表工具 / 分析】选项卡【操作】组中的【移动数据透视表】按钮，在打开的【移动数据透视表】对话框中设置要移动的位置即可，如图 16-39 所示。

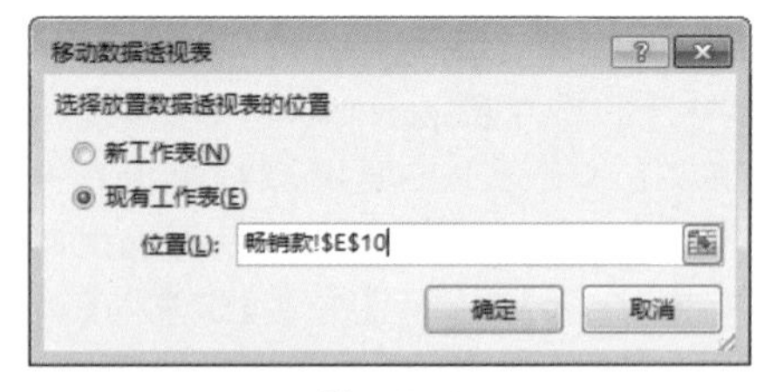

图 16-39

16.3 使用切片器

要对数据透视图表按指定字段进行筛选，默认的方法是通过筛选功能，虽然这种方法有效，但不够方便。不过，Excel 2016 提供了切片器。用户可通过插入切片器来控制数据透视图表的数据显示。

★ 重点 16.3.1 实战：在销售表中创建切片器

实例门类	软件功能
教学视频	光盘\视频\第 16 章\16.3.1.mp4

要对数据透视表按照指定字段进行筛选，默认的方法是通过筛选功能，虽然这种方法有效，但不够方便。所以，Excel 2016 提供了切片器。用户可通过插入切片器来控制数据透视表的数据显示。

例如，要在数据透视表中插入【商品类别】切片器来控制数据透视表的显示，具体操作步骤如下。

Step01 打开“光盘\素材文件\第 16 章\家电销售 .xlsx”文件，❶ 在数据透视表中选择任意单元格，❷ 单击【数据透视表工具 / 分析】选项卡【筛选】组中的【插入切片器】按钮，如图 16-40 所示。

Step02 打开【插入切片器】对话框，❶ 选中需要插入切片器的复选框，这里选中【商品类别】复选框，❷ 单击【确定】按钮，如图 16-41 所示。

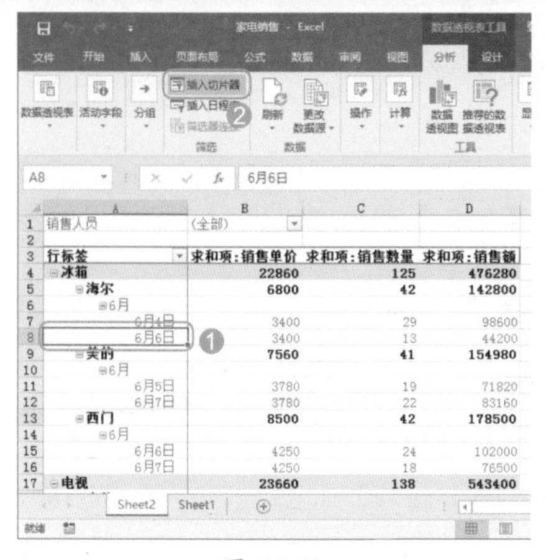
图 16-40

图 16-41

Step03 系统自动在表格中插入【商品类别】的切片器（要删除插入的切片器，可选择切片器，按【Delete】键将其删除），效果如图 16-42 所示。

图 16-42

16.3.2 实战：设置切片器样式

实例门类	软件功能
教学视频	光盘\视频\第 16 章\16.3.2.mp4

Excel 2016 还为切片器提供了预设的切片器样式，使用切片器样式可以快速更改切片器的外观，从而使切片器更突出、更美观。美化切片器的具体操作步骤如下。

Step01 ❶ 选择工作表中的【款号】切片器，❷ 单击【切片工具 / 选项】选项卡【切片器样式】组中的【快速样式】按钮，❸ 在弹出的下拉列表中选择需要的切片器样式，如图 16-43 所示。

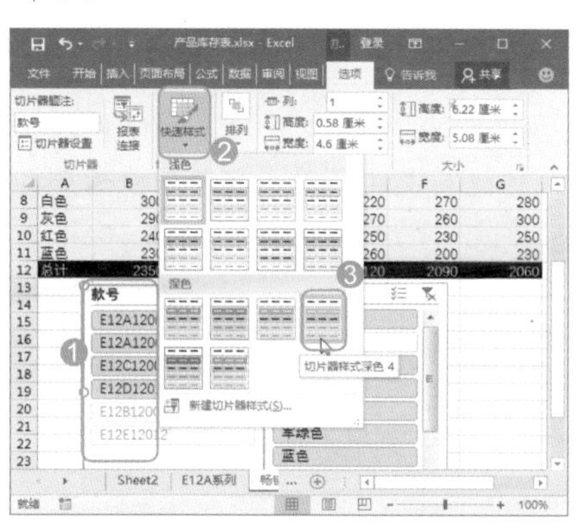
图 16-43

Step02 经过上述操作，即可为选择的切片器应用设置的样式。❶ 选择插入的【颜色】切片器，❷ 使用相同的方法在【切片器样式】组中单击【快速样式】按钮，❸ 在弹出的下拉列表中选择需要的切片器样式，如图 16-44 所示。

图 16-44

16.3.3 使用切片器控制数据透视图表显示

实例门类	软件功能
教学视频	光盘\视频\第 16 章\16.3.3.mp4

在数据透视图表中插入切片器不是用来作为一种装饰，用户可使用它来控制数据透视图表的数据筛选，帮助用户快速查阅相应的数据信息。

其方法非常简单，只需在切片器中单击相应的形状，如单击【E12A12006】形状，在数据透视图表中及时筛选出对应的数据，如图 16-45 所示。

图 16-45

技术看板

在切片器中单击【多选】按钮进入多选模式，在切片器中单击筛选形状，系统自动会将单击形状对应的数据全部筛选出来。

妙招技法

下面结合本章内容，给大家介绍一些实用技巧。

技巧 01：如何让数据透视表保持最新的数据

教学视频	光盘\视频\第 16 章\技巧 01.mp4

默认状态下，Excel 2016 不会自动刷新数据透视表和数据透视图中的数据。即当用户更改了数据源中的数据时，数据透视表和数据透视图不会随之发生改变。此时必须对数据透视表和数据透视图中的数据进行刷新操作，以保证数据透视表保持最新、最及时的数据。

如果需要手动刷新数据透视表中的数据源，可在【数据透视表工具/选项】选项卡的【数据】组中单击【刷新】按钮，具体操作步骤如下。

Step01 打开"光盘\素材文件\第 16 章\订单统计.xlsx"文件，❶ 选择数据透视表源数据所在的工作表，这里选择【原数据】工作表，❷ 修改作为数据透视表源数据区域中的任意单元格数据，这里将 I9 单元格中的数据修改为【2500】，如图 16-46 所示。

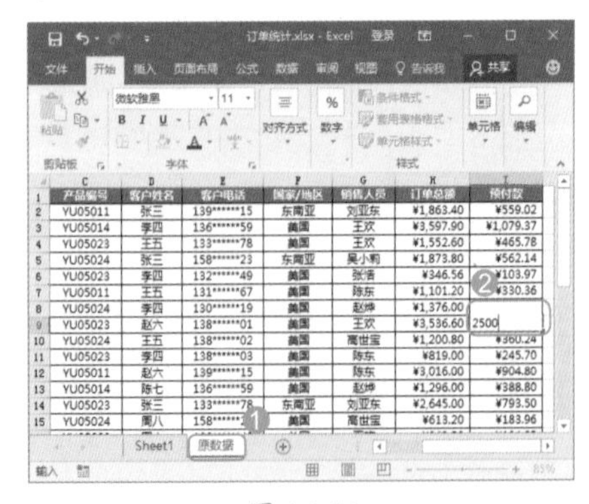

图 16-46

Step02 ❶ 选择数据透视表所在工作表，可以看到其中的数据并没有根据源数据的变化而发生改变。❷ 单击【数据透视表工具/分析】选项卡【数据】组中的【刷新】按钮，❸ 在弹出的下拉列表中选择【全部刷新】选项，如图 16-47 所示。

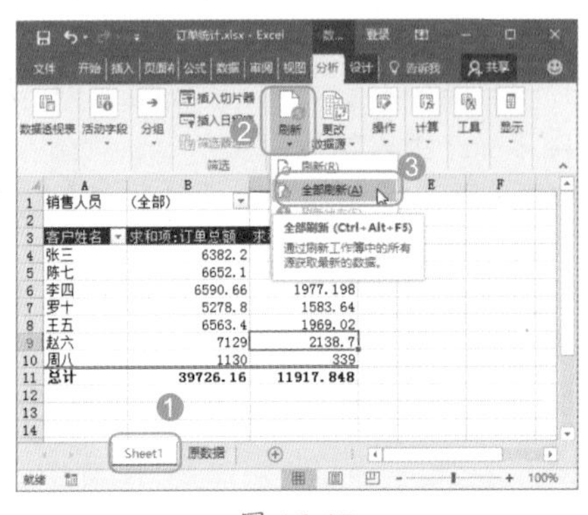

图 16-47

Step03 经过上述操作后，即可刷新数据透视表中的数据，同时可以看到相应单元格的数据变化，如图 16-48 所示。

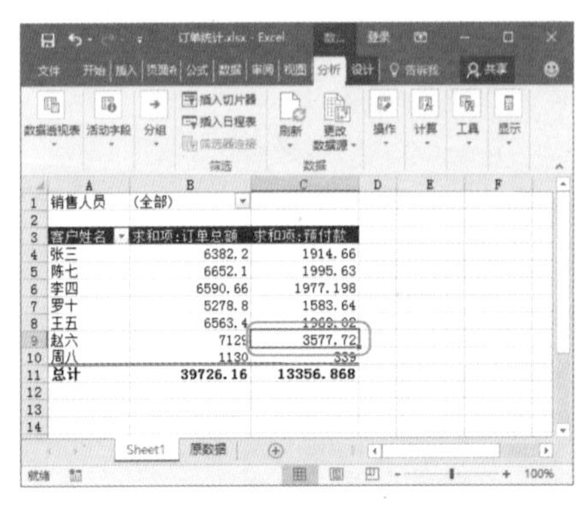

图 16-48

技巧 02：让一个切片器同时控制多张数据透视表

教学视频	光盘\视频\第 16 章\技巧 02.mp4

在同一个工作簿中，特别是工作表中，要用一个切片器控制多张数据透视表，只需将相应数据透视表与切片器相关联。例如，在【新款】工作表中让切片器同时控制【款号】和【颜色】数据透视表，其具体操作步骤如下。

Step01 打开"光盘\素材文件\第 16 章\产品库存表 1.xlsx"文件，❶ 选择切片器，❷ 单击【切片器工具/选项】选项卡【切片器】组中的【报表连接】按钮，如图 16-49 所示。

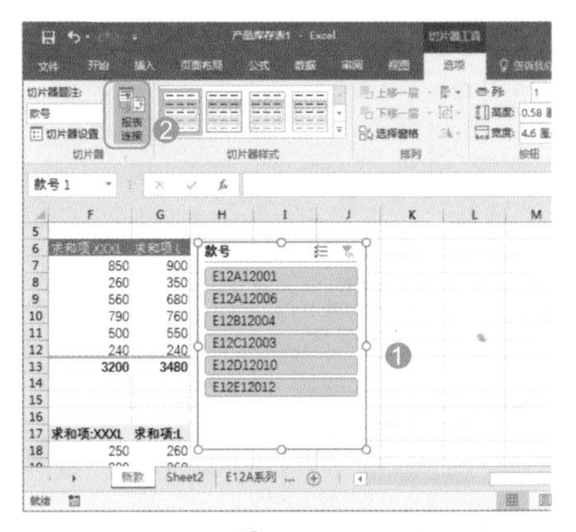

图 16-49

Step02 打开【数据透视表连接】对话框，❶ 选中要与切片器相关联的数据透视表复选框，这里选中【款号】和【颜色】复选框，❷ 单击【确定】按钮，如图 16-50 所示。

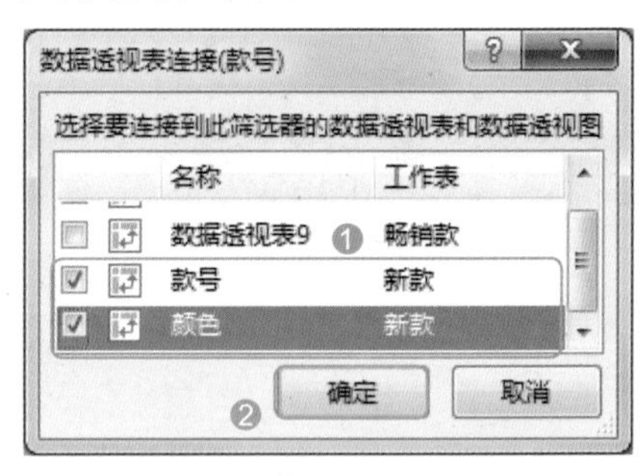

图 16-50

Step03 在切片器中单击相应的筛选形状，如这里单击【E12B12004】形状，如图 16-51 所示。

Step04 经过上述操作，即可查看到两张数据透视表同时筛选出相应的数据，如图 16-52 所示。

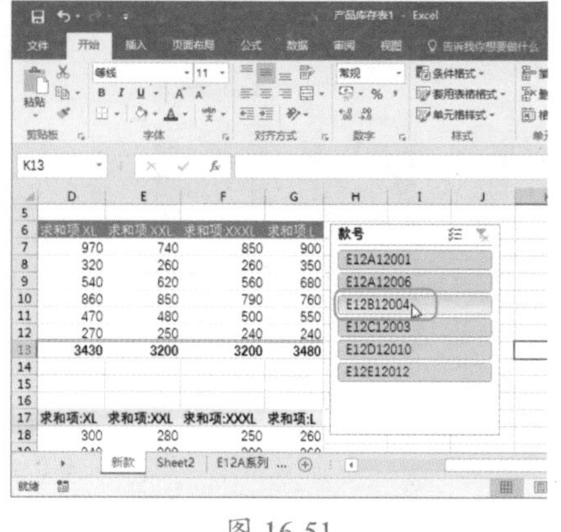

图 16-51

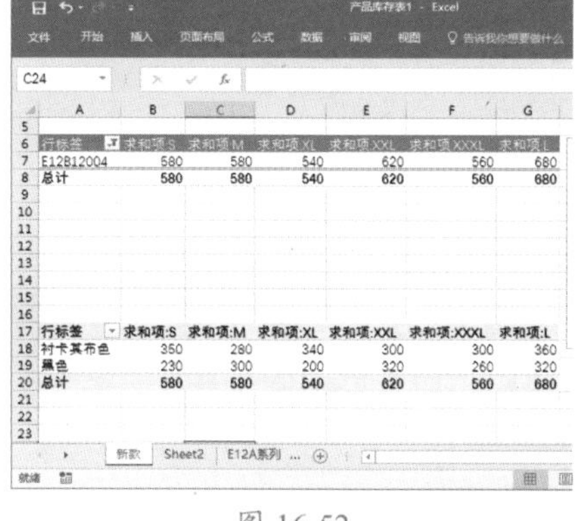

图 16-52

技能拓展——为数据透视表命名

在 Excel 2016 中数据透视表的默认名称是由【数据透视表】+【数字】构成的，用户可根据实际需要对数据透视表进行命名，只需选择数据透视表，在【数据透视表工具 / 分析】选项卡【数据透视表】组中的【数据透视表名称】文本框中输入相应名称即可。

技巧 03：怎样让数据透视表中的错误值显示为指定样式

教学视频	光盘 \ 视频 \ 第 16 章 \ 技巧 03.mp4

若数据源中存在计算错误值（由于公式或函数计算造成），数据透视表中仍然会显示出这些错误值，如 #VALUE!、#N/A 等，用户可将其指定为指定样式。

例如，要让数据透视表中显示的错误值【#VALUE!】所在单元格显示为【待修正】，具体操作步骤如下。

Step01 打开“光盘 \ 素材文件 \ 第 16 章 \ 家电销售 1.xlsx”文件，❶ 在数据透视表中选择任意单元格，❷ 在【数据透视表工具 / 分析】选项卡【数据透视表】组中的【选项】按钮，如图 16-53 所示。

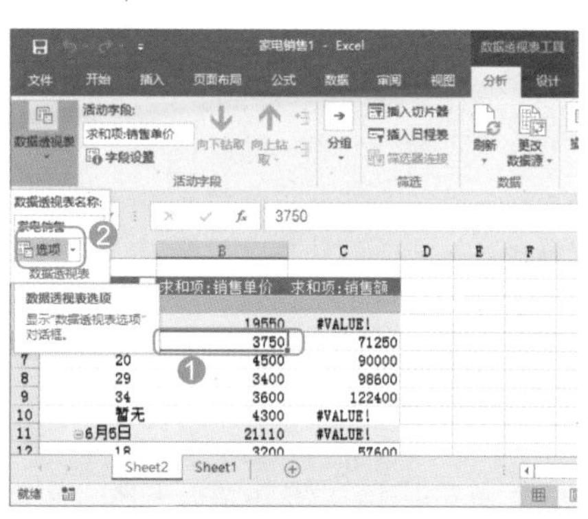

图 16-53

Step02 打开【数据透视表选项】对话框，❶ 选择【布局和格式】选项卡，❷ 选中【对于错误值，显示】复选框，并在激活的文本框中输入【待修正】，❸ 单击【确定】按钮，如图 16-54 所示。

图 16-54

Step03 经过上述操作，即可查看数据透视表中指定错误值显示的效果如图 16-55 所示。

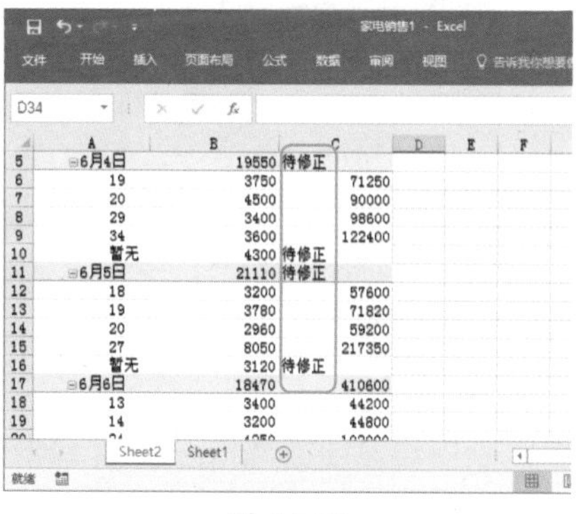

图 16-55

本章小结

当表格中拥有大量数据时，如果需要对这些数据进行多维分析，单纯使用前面介绍的数据分析方法和图表展示将会变得非常繁杂，使用数据透视表和数据透视图才是最合适的选择。本章主要介绍了 Excel 2016 中如何使用数据透视图表对表格中的数据进行多维度分析。读者在学习本章知识时，完全可以融会贯通来使用，重点就是要掌握如何使用透视数据。使用数据透视图表时，只有当清楚地知道最终要实现的目的并找出分析数据的角度，再结合数据透视图表的应用，才能对同一组数据进行各种交互显示，从而发现不同的规律或潜在的问题。

PowerPoint 2016 是用于制作和演示幻灯片的软件，被广泛应用到多个办公领域中。但要想通过 PowerPoint 制作出优秀的 PPT，不仅需要掌握 PowerPoint 软件的基础操作知识，还需要掌握一些设计知识，如排版、布局和配色等。本篇将对 PPT 幻灯片制作与设计的相关知识进行讲解。

第 17 章 优秀 PPT 的设计原则及相关要素

- 制作 PPT 需要遵循哪些原则？
- PPT 的结构包含哪些部分？
- 如何才能搜索、挑选出好的素材？
- 如何才能制作出好的 PPT ？
- 怎么才能让 PPT 演讲变得更顺利？

对于初次接触 PowerPoint 的用户来说，首先应该了解并掌握 PPT 制作的一些基础知识，如 PPT 的制作原则、常见结构及素材的收集、挑选和整理等。本章将对学习 PPT 前必须了解和掌握的知识进行讲解，以便于更好地学习 PPT。

17.1 PPT 制作原则

制作 PPT 时，如果盲目添加内容，容易造成主题混乱，让人无法抓住重点。用户在制作 PPT 时必须要遵循一些制作原则，才可能制作出好的 PPT。

17.1.1 主题要明确

无论 PPT 的内容多么丰富，最终的目标都是为了体现 PPT 的主题思想。所以，在制作之初就要先确定好 PPT 的主题。只有确定好 PPT 主题后，才能确定 PPT 中要添加的内容及采用什么形式讲解 PPT 等。说得更简单一点，就是在制作 PPT 之前要弄明白为什么要做 PPT，制作它的最终目的是什么。

在确定 PPT 主题时，还需要注意，一个 PPT 只允许拥有一个主题，如果有多个主题，很难确定 PPT 的中心思想，导致观众不能明白 PPT 所要传递的重点内容，所以，在确定 PPT 主题时，一定要坚持“一个 PPT，一个主题”的原则。

主题确定后，在 PPT 的制作过程中还需要注意以下 3 个方面，才能保证表达的是一个精准无误、鲜明、突出的主题。

- 明确中心，切实有料。在填充 PPT 内容时，一定要围绕已经确定好的中心思想进行。内容一定要是客观事实，能有效说明问题，引人深思，切忌让 PPT 变得空洞。
- 合理选材，材中显旨。在选择 PPT 素材时，一定要考虑所选素材对说明 PPT 主题是否有帮助，尽量选择本身就能体现 PPT 主题的素材，切记“宁少勿滥”。
- 精准表达，凸显中心。这一点主要体现在对素材加工方面，无论是对文字的描述，还是图片的修饰，又或者是动画的使用都要符合主题需要，否则就会变得华而不实。

17.1.2 逻辑要清晰

一个好的 PPT 必定有一个非常清晰的逻辑。只有逻辑清晰、严密，才能让制作出的 PPT 内容更具吸引力，才能让观众明白并认可 PPT。所以，在制作 PPT 时，要想使制作的 PPT 逻辑清晰，首先围绕确定的主题展开多个节点，并仔细推敲每一个节点内容是否符合主题；然后将符合主题的节点按照 PPT 构思过程中所列的大纲或思维导图罗列为大纲；接着再从多个方面思考节点之间的排布顺序、深浅程度、主次关系等；最后再从这些方面进行反复检查、确认，以保证每一部分的内容逻辑无误。如图 17-1 所示，先将内容分为五大点，然后再将每大点分为多个小点进行讲解。

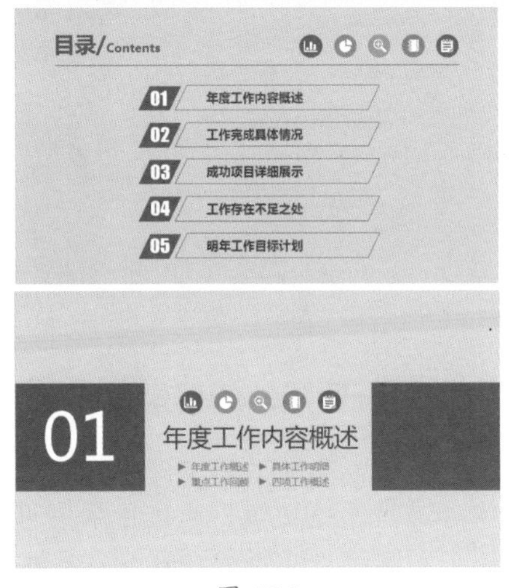

图 17-1

17.1.3 结构要完整

每个故事都有一个完整的情节，PPT 也一样，不仅要求 PPT 整体的外在形式结构完整，更重要的还包括内容结构的完整。一个完整的 PPT 一般由封面、前言、目录、过渡页、内容页、封底 6 个组成部分，如图 17-2 所示。其中封面、内容页、封底是一份 PPT 必不可少的部分；序言、目录、过渡页主要用于内容较多的 PPT，所以，可以根据 PPT 内容的多少来决定。

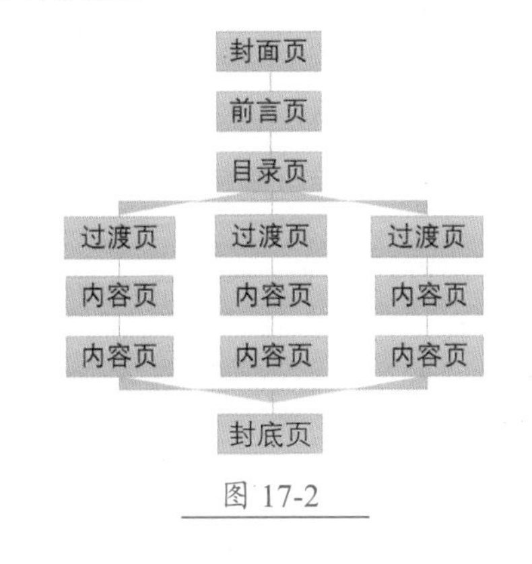

图 17-2

17.1.4 内容要简明

PPT 虽然与 Word 文档和 PDF 文档有些相似的地方，但是它并不像这些文档一样，一味地堆放内容。人们之所以会选择用 PPT 来呈现内容，是因为 PPT 的使用可以节省会议时间、提高演讲水平、清楚展示主题。所以，PPT 的制作一定要内容简洁、重点突出，这样才能有效地抓住观众的眼球，提高工作效率。

17.1.5 整体要统一

在制作幻灯片时，不仅要求幻灯片中的内容要完整，还要求整个幻灯片中的布局、色调、主题等都要统一。在设计幻灯片时，PPT 中每张幻灯片的布局，如字体颜色、字体大小等都要统一，而且幻灯片中采用的颜色尽量使用相近色和相邻色，尤其是在使用版式相同（即布局一致）的幻灯片时，相对应的版块一定要颜色一致，这样整体看起来比较统一、协调，便于观众更好地查看和接受传递的信息，如图 17-3 所示。

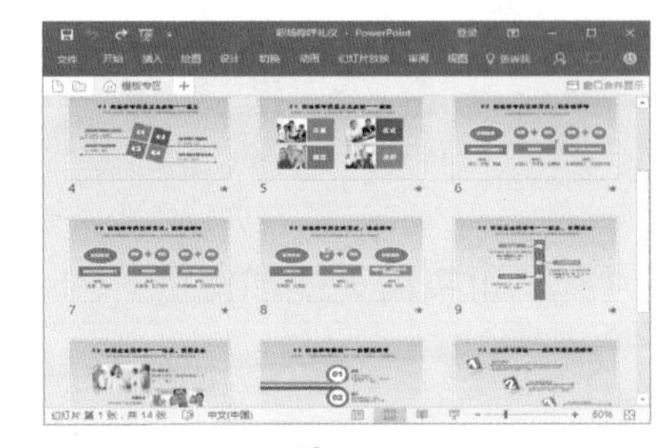

图 17-3

17.2 PPT 的常见结构

PPT 的结构是根据内容的多少来决定的，不同内容的 PPT，其包含的结构不一样。下面将对 PPT 中包含的结构进行介绍。

17.2.1 让人深刻的封面页

封面是 PPT 给观众的第一印象，使用 PPT 进行演示时，在做开场白时封面就会随之开始放映。一个好的封面应该能唤起观众的热情，使观众心甘情愿地留在现场并渴望看到后面的内容。

任何 PPT 都有一个主题，主题是整个 PPT 的核心，需要在封面中表现出整个 PPT 所要表达的主题，在第一时间让观众了解 PPT 将要演示的是什么。对 PPT 主题进行表述时，一般采用主标题加副标题的方式，特别在需要说服、激励、建议时，可以达到一矢中的的效果。

封面中除了主题之外，还需要列出 PPT 的一些主要信息，如添加企业元素（公司名称、LOGO）、日期时间、演讲人或制作人姓名等信息，如图 17-4 所示。

图 17-4

17.2.2 可有可无的前言页

前言也称为摘要页，主要用来说明 PPT 的制作目的，以及对 PPT 内容进行概述。在制作摘要页时，内容概括一定要完整，整个页面主要突出文本内容，少用图片等对象，如图 17-5 所示。

前言一般在较长的 PPT 中才会出现，而且主要用于浏览模式的 PPT，用于演讲的 PPT 基本不会使用前言，因为演讲者在演讲过程中可以对 PPT 进行概括和讲解。

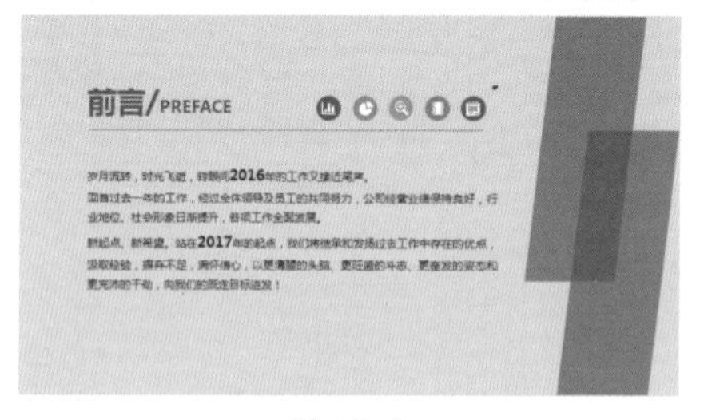

图 17-5

17.2.3 一目了然的目录页

目录主要是对 PPT 即将介绍的内容进行大纲提炼，通过目录页可以更清晰地展现内容，让观众对演讲内容有所了解，并做好相应的准备来吸收演讲者即将讲述的内容。但是，中规中矩的目录并不能引起观众的兴趣，用户可以通过添加形状、图片等对象来丰富目录页，如图 17-6 示。

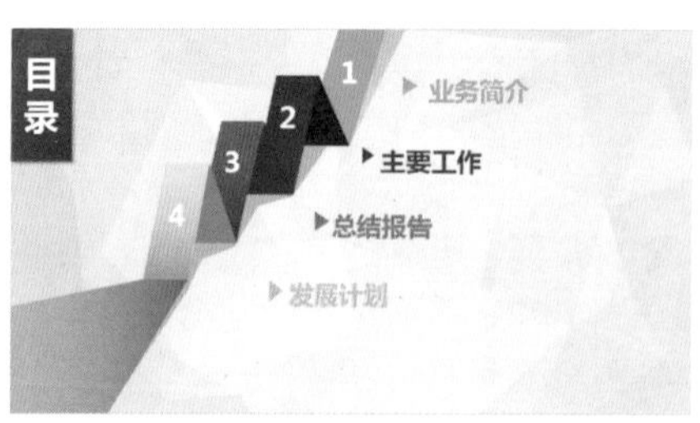

图 17-6

17.2.4 让跳转更自然的过渡页

过渡页也称为转场页，一般用于内容较多的 PPT。过渡页可以时刻提醒演讲者自己和观众即将讲解的内容。在设计过渡页时，一定要将标题内容突出，这样才能达到为观众提神的作用。过渡页主要分为章节过渡页和重点过渡页两类，分别介绍如下。

- 章节过渡页相当于对目录的再一次回顾，只是在过渡页中只突出目录中的某一点来提示 PPT 即将讲解的内容。所以在制作该类过渡页时尽可能与目录页的内容相关联，如图 17-7 所示。
- 重点过渡页用于对即将介绍的重点内容进行提醒或启示，制作此类过渡页时最重要的就是要有强烈的视觉冲击力，如图 17-8 所示。

图 17-7

图 17-8

17.2.5 撑起整个 PPT 的内容页

内容页是用来详细阐述幻灯片主题的，它占据了 PPT 中大部分的页面。内容页的形式多种多样，既可以是文字、图片、数据、图表，也可以是视频、动画、音频，只要能够充分说明 PPT 所要表明的观点都可以使用，但需要注意一点，章节与内容应该是相辅相成的，章节标题是目录的分段表现，所介绍的内容应该和章节标题相吻合，如图 17-9 所示。

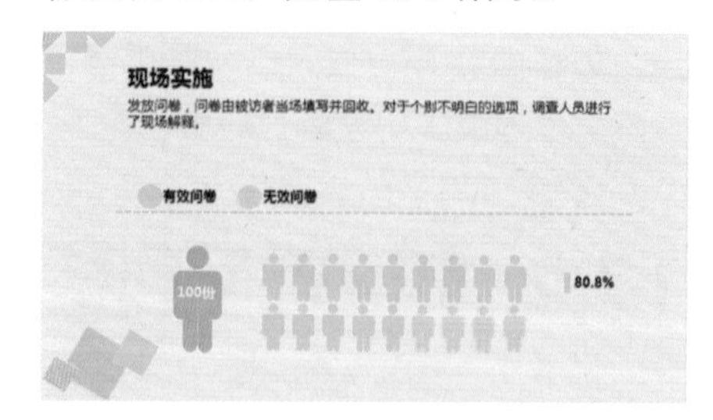

图 17-9

17.2.6 完美收尾的封底页

封底就是 PPT 的结束页，用于提醒观众 PPT 演示结束的页面。封底主要分为两类，一类是封闭式封底，另一类是开放式封底。

封闭式的封底常用于项目介绍或总结报告类的 PPT，一般 PPT 演示到封底，也意味着演讲者的讲解结束。此类封底的内容多使用启示语或致谢词，还可以包括 LOGO、联络方式等内容，如图 17-10 所示。

开放式的封底更多地运用于培训课件中。使用开放式封底的 PPT，即便演讲者演示完毕，但其讲述或指导工作不一定就结束了，因为开放式封底一般包括问题启发内容，后续紧接着可以进入互动环节，让观众进行讨论，也可以是互动，如图 17-11 所示。

图 17-10

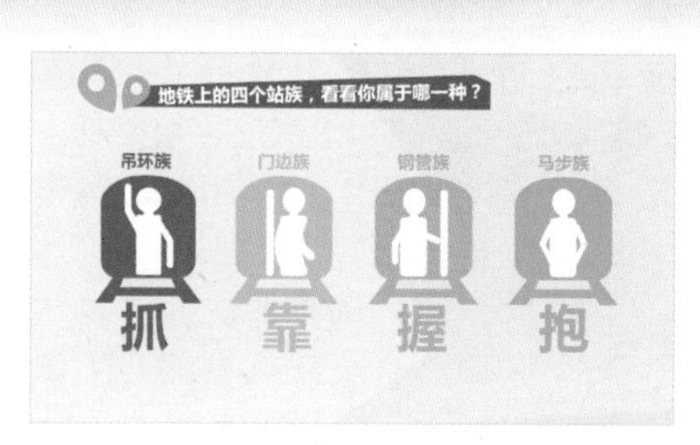

图 17-11

17.3 收集、挑选和整理 PPT 素材

制作 PPT 时，经常会用到很多素材，如图片、字体、模板、图示等，不同的素材会有不同的视觉感受，所以，素材的收集、挑选和整理，对于制作优秀的 PPT 来说非常重要。本节将对 PPT 素材的收集、挑选和整理的相关知识进行讲解。

17.3.1 搜索素材的渠道

PPT 中需要的素材很多都是借助互联网进行收集的，但要想在互联网中搜索到好的素材，那么需要知道搜集素材的一些渠道，这样不仅能收集到好的素材，还能提高工作效率。

1. 强大的搜索引擎

要想在海量的互联网信息中快速准确地搜索到需要的 PPT 素材，搜索引擎是必不可少的，它在通过互联网搜索信息的过程中扮演着重要角色。常用的搜索引擎有百度、360 和搜狗等。

搜索引擎主要是通过输入关键字来进行搜索，所以，要想精准地搜索到需要的素材，那么输入的关键字必须准确。如在百度搜索引擎中搜索“上升箭头”相关图片，可先打开百度（https://www.baidu.com/），在搜索框中输入关键字“上升箭头图片”，单击【百度一下】按钮，即可在互联网中进行搜索，并在页面中显示搜索的结果，如图 17-12 所示。

图 17-12

技术看板

如果输入的关键字不能准确搜索到需要的素材，那么可重新输入其他关键字，或多输入几个不同的关键字进行搜索。

2. 专业的 PPT 素材网站

在网络中有很多关于 PPT 素材资源的网站，用户可以借鉴或使用 PPT 网站中提供的一些资源，以帮助制作更加精美、专业的 PPT。常用的 PPT 素材网站介绍如下。

➥ 微软 OfficePLUS：微软 OfficePLUS（http://www.officeplus.cn/）是微软 Office 官方在线模板网站，该网站不仅提供了 PPT 模板，还提供了很多精美的 PPT 图表，而且提供的 PPT 模板和图表都是免费的，可以下载直接修改使用，非常方便，如图 17-13 所示。

图 17-13

➥ 锐普 PPT：锐普是目前提供 PPT 资源最全面的PPT交流平台之一，拥有强大的 PPT 创作团队，制作的 PPT 模板非常美观且实用，受到众多用户的推崇。而且该网站不仅提供了不同类别的 PPT 模板、PPT 图表和 PPT 素材等，还提供了 PPT 教程和 PPT 论坛，以供 PPT 爱好者学习和交流，如图 17-14 所示。

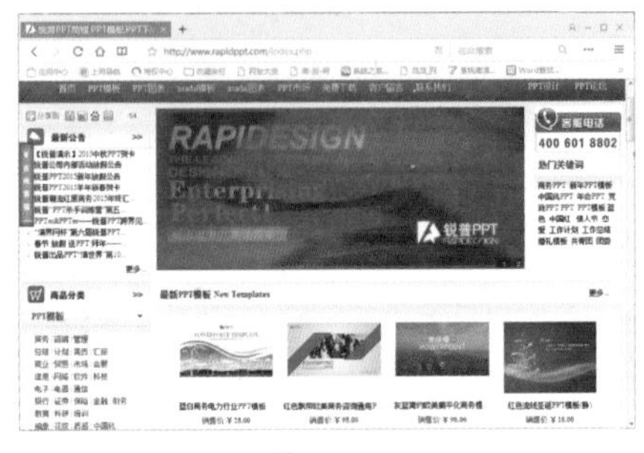

图 17-14

➥ 扑奔网：扑奔网是一个融 PPT 模板、PPT 图表、PPT 背景、矢量素材、PPT 教程、资料文档为一体的高质量 Office 文档资源在线分享平台。而且拥有 PPT 论坛，从论坛中不仅可以获得很多他人分享的 PPT 资源，还能认识很多 PPT 爱好者，和他们一起交流学习，如图 17-15 所示。

图 17-15

➥ 三联素材网：三联素材网提供了素材资源，包括矢量图、高清图、PSD 素材、PPT 模板、网页模板、图标、Flash 素材和字体下载等多个资源模块，虽然在 PPT 方面只提供了模板，但该网站中提供的字体、矢量图、高清图等在制作 PPT 的过程中经常会使用到。而且该网站提供的很多图片类型丰富，所以，对制作 PPT 来说，也是一个非常不错的交流平台，如图 17-16 所示。

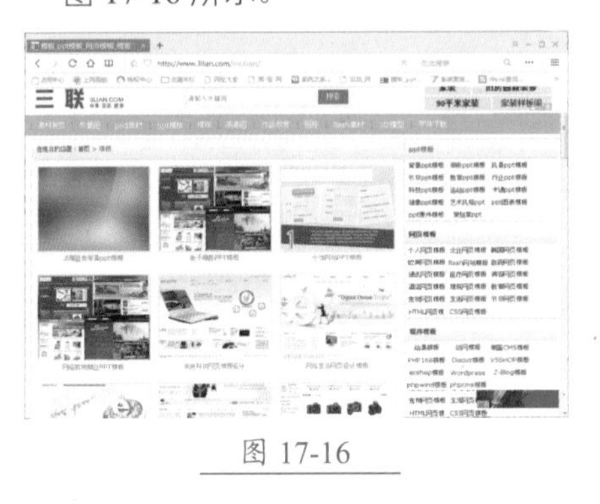

图 17-16

17.3.2 挑选模板有妙招

现在可以提供 PPT 模板的网站数不胜数，网站中各种类型的模板也层出不穷。制作者找到好的模板搜索网站还需要有一双“慧眼”，从众多的模板中找到最适合自己的那一个模板。制作者需结合 PPT 内容，从模板的风格、图片、布局等方面进行考虑，进行模板挑选。

1. 跟着潮流选模板

不同的时代有不同的流行元素，在挑选 PPT 模板时要充分考虑当下流行的 PPT 长宽比例、风格元素。

（1）长宽比选择。

现在很多投影仪、幕布、显示器都更改成 16:9 的比例了，因为在同等高度下对比，4:3 比例的尺寸会显得过于窄小，整个画面的空间比较拥挤，而 16:9 的比例更符合人眼的视觉习惯。所以，在挑选 PPT 模板时，除非确定播放演示文稿的器材显示器是 4:3，否则最好选择 16:9 比例的模板，这样有助于提升观众的视觉感。

现在 PPT 模板资源网站中最新提供的模板一般都是 16:9 比例的模板，如图 17-17 所示。

图 17-17

（2）风格选择。

PPT 的风格有很多种，对风格把握不好的制作者可以根据当下比较流行的几种风格来选择模板。

① 极简风。

极简风 PPT 带给受众一种轻松愉快的感觉，成为当下比较流行的一种风格。极简风 PPT 模板在制作时，会尽量去除与核心内容无关的元素，只用最少的图形、图片、文字来表达这一页幻灯片的精华内容，并用大量的留白让受众产生足够的想象空间。

为大众所知晓的苹果 CEO 乔布斯的发布会 PPT 就是极简风格，没有华丽的元素，只有精练的文字，如图 17-18 所示。极简风 PPT 是一种简洁但不简单的风格，适用于大多数类型的演讲汇报。

图 17-18

② 日式风。

日式风 PPT 比极简风的元素稍微多一点，但是同样追求界面简洁，日式风模板适用于受众是日本客户时的演讲，也适用于简洁主义的生活用品、科技产品。

日式风 PPT 模板不会使用对比明显的配色，常常选用不同饱和度的配色，如黑白灰三色搭配，呈现独特的美感，实现淡雅脱俗的效果。图 17-19 所示的是日式风 PPT 模板。

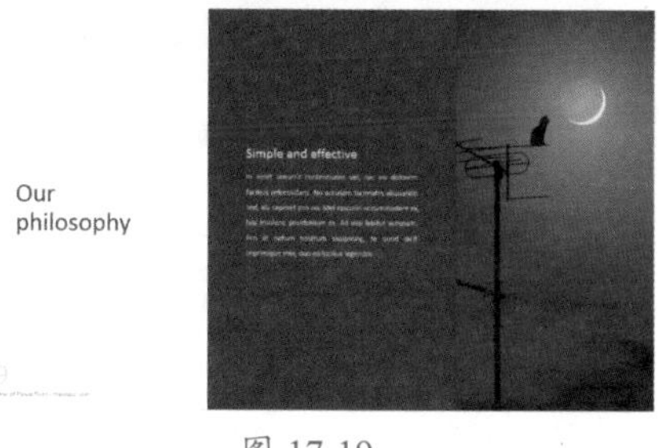

图 17-19

③ 复古风。

复古风 PPT 模板属于经典不过时的模板，无论哪个时代，只要将复古的元素呈现出来，就很容易引起受众的共鸣。

复古风 PPT 模板会选用一些与时光相关的元素进行搭配设计，也可以将复古元素与现代元素结合，形成轻复古的感觉。

复古风模板适合用在与时光或设计相关的演讲汇报中，如一家百年老店的企业宣传、怀旧商品的销售演讲等。图 17-20 所示的是复古风 PPT 模板，模板的背景使用了旧感的颜色。

图 17-20

④ 扁平风。

受简洁主义的影响，PPT 设计衍生出另一种简洁却十分有特色的模板——扁平风模板，扁平风 PPT 模板中，尽量使用简单的色块来布局，色块不会使用任何立体三维效果，整个页面中，无论是图片、文字还是图表都是平面展示的，非立体的。

扁平风 PPT 是当下的一种时尚，适合用在多种场合，如科技公司的工作汇报、网络产品发布会等。图 17-21 所示的是扁平风 PPT，页面中所有元素都是平面的，去除了一切效果添加。

图 17-21

2. 根据行业选择模板

挑选模板，一定要选择与主题相关性大的模板，减少后期对模板的修改，提高幻灯片制作效率。一般来说，制作者需要从行业出发，寻找包含行业元素的模板，这些元素包括颜色、图标、图形等。

不同的行业有不同的色调，如医务行业与白色相关；不同的行业也有不同的标志，如计算机行业，找自带计算机图标、图片的模板比较合适；又如财务行业，与数据相关，就需要找模板中有数字元素、图表元素、表格元素较多的模板进行修改。下面来看一些典型的行业例子。

（1）科技 /IT 行业。

科技行业或者 IT 行业的 PPT 模板可以选用蓝色调，如深蓝色和浅蓝色。这是因为蓝色会让人联想到天空、大海，随之使人产生广阔无边、博大精深的心理感受。再加上蓝色让人平静，也代表着智慧。因此在设计领域中，蓝色可以说是科技色，用在科技行业或 IT 行业中十分恰当。

科技 /IT 行业中，除了蓝色是一个选择方向外，在内容上也需要选择与时代、科技、进步概念相关的元素。如地球图片、科技商品图片等。有的 PPT 模板专门为行业设计了一个图片背景，这类模板也十分理想。

如图 17-22 所示，这套 PPT 模板的色调是深蓝色，背景是专门设计的具有艺术感的电路图，象征着芯片。再加上配图也是与科技、现代相关的内容，十分适合芯片行业的 PPT 设计。

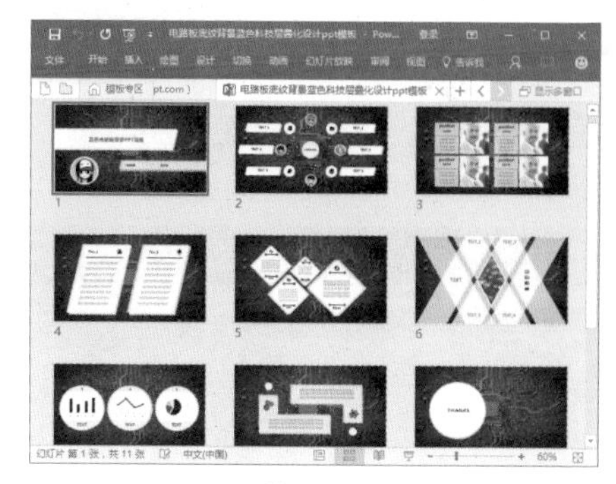

图 17-22

（2）房地产行业。

在房地产行业中，受众最关心的莫过于房子的质量、周边配套、未来规划、销量等数据。

要想表现房子的品质，就要选择严肃一点的主色调，如黑色、深蓝色。要添加周边配套、未来规划及销量内容，就需要通过图片 + 数据的方式来实现。因此选择的 PPT 模板要有图片展示页、数据展示页。如图 17-23 所示，这样的模板，风格相符、内容元素齐全，且有不少表现建筑的图片，十分适合。

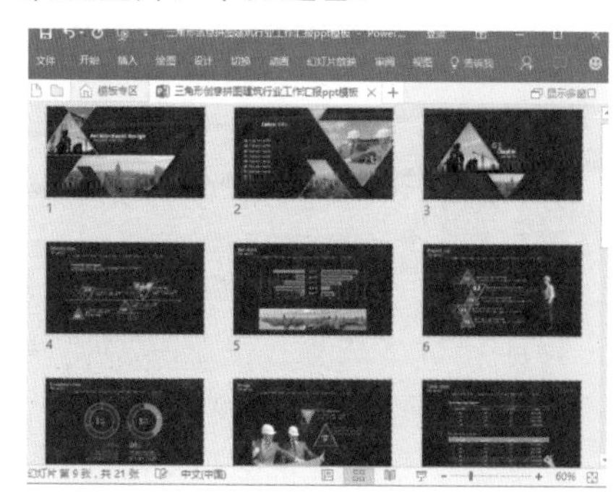

图 17-23

（3）设计 / 艺术行业。

设计 / 艺术行业对 PPT 模板的选择要求更高，制作者应该选择配色具有美感、元素有设计感的图表。

首先在配色上可以大胆一些、丰富一些、活泼鲜艳一些。如以鲜红色为主色调，或者是经典的艺术配色如橙色＋蓝色、黑色＋黄色、灰色＋玫红色；其次在内容元素的选择上，要有艺术行业的特色，如舞蹈行业可以选择带有跳舞小人、流线型图形的模板。又如绘画行业可以选择背景是插画的模板。图 17-24 所示的便是绘画行业的模板，颜色搭配大胆丰富，很吸引眼球。

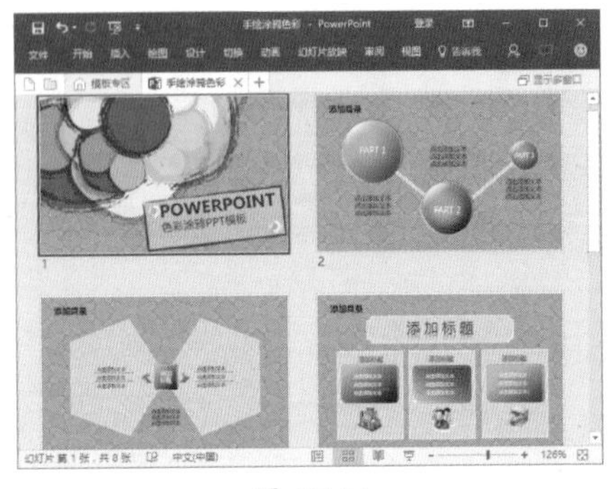

POWERPOINT
添加标题
图 17-24

3. 根据元素选模板

挑选模板时，不能仅从外观上考虑，还要结合内容分析模板是否实用。用户可从如下两个角度来选择实用的模板。

- 适合内容逻辑展现。在使用模板制作 PPT 前，制作者应该对要展现的内容列出提纲，做到心中有数，知道目标 PPT 中的内容有哪些逻辑关系，不同的逻辑关系有几点内容。然后在寻找模板时，分析模板中的图形、图片元素的排列是否与内容逻辑相符。
- 图表是否全面。图表的制作是相对比较复杂的事，尤其是要设计出精美的图表，因此挑选模板时，要选择图表类型足够丰富的模板，避免后期自己设计图表。尤其是财经类、工作汇报类演示文稿，制作者在挑选模板前，要列出需要表现的数据，为数据选定好模板。

17.3.3 收集的素材要加工

对于搜罗的素材，经常会遇到文本素材语句不通顺、有错别字等，图片和模板素材有水印等情况，所以，对于收集的素材，还需要对其进行加工，以提升 PPT 的整体质量。

1. 文本内容太啰嗦

如果 PPT 中需要的文本素材是从网上复制过来的，那么，就需要对文本内容进行检查和修改，因为网页中复制的文本内容并不能保证全都正确。

PPT 能承载的文字内容有限，所以，每张幻灯片中包含的文字内容不宜太多，如果文字内容较多，需要对文本内容进行梳理、精简，使其变成自己的语句，以便更好地传递信息。图 17-25 所示为直接复制文本粘贴到幻灯片中的效果；图 17-26 所示为修改、精简文字内容后的效果。

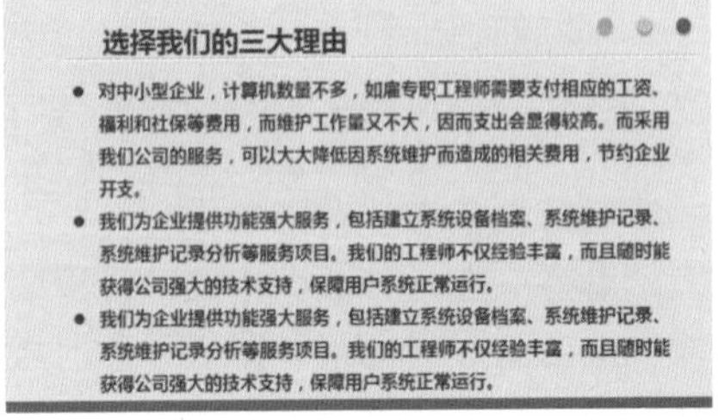

选择我们的三大理由
对中小型企业，计算机数量不多，如雇专职工程师需要支付相应的工资、福利和社保等费用，而维护工作量又不大，因而支出会显得较高。而采用我们公司的服务，可以大大降低因系统维护而造成的相关费用，节约企业开支。
我们为企业提供功能强大服务，包括建立系统设备档案、系统维护记录、系统维护记录分析等服务项目。我们的工程师不仅经验丰富，而且随时能获得公司强大的技术支持，保障用户系统正常运行。
我们为企业提供功能强大服务，包括建立系统设备档案、系统维护记录、系统维护记录分析等服务项目。我们的工程师不仅经验丰富，而且随时能获得公司强大的技术支持，保障用户系统正常运行。
图 17-25

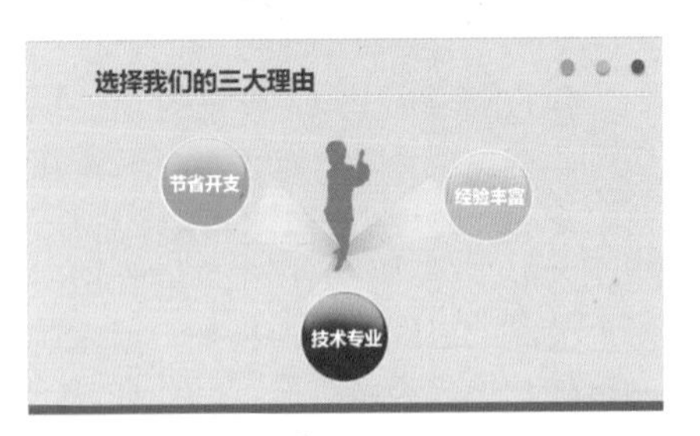

选择我们的三大理由
节省开支
经验丰富
技术专业
图 17-26

技术看板

网页中有些文字使用前请注意版权问题，不能直接复制到幻灯片中使用。

2. 图片有水印

网上的图片虽然多，但很多图片都有网址、图片编号等水印，有些图片还有一些说明文字，如图 17-27 所示，因此，下载后并不能直接使用，需要将图片中的水印删除，并将图片中不需要的文字也删除，如图 17-28 所示，这样制作的 PPT 才显得更专业。

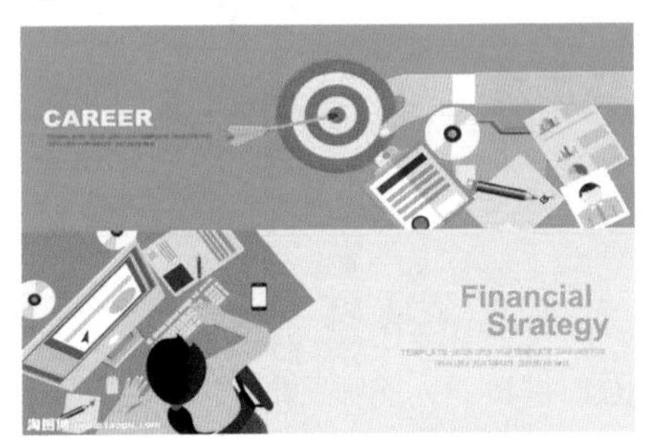

CAREER
Financial
Strategy
图 17-27

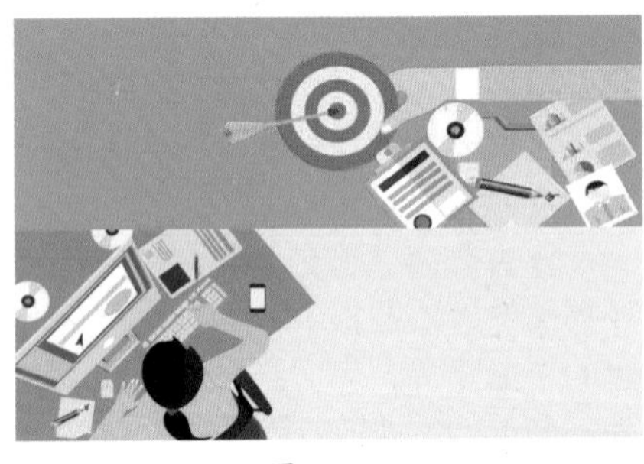

图 17-28

3. 模板有 LOGO

网上提供的 PPT 模板很多，而且进行了分类，用起来非常方便，但网上下载的模板很多都带有制作者、LOGO 等水印，如图 17-29 所示。所以，下载的模板并不能直接使用，需要将不要的 LOGO 删除，或对模板中的部分对象进行简单的编辑，将其变成自己的，这样编辑后的 PPT 模板才能满足需要，如图 17-30 所示。否则，会降低 PPT 的整体效果。

图 17-29

图 17-30

4. 图示颜色与 PPT 主题不搭配

在制作 PPT 的过程中，为了使幻灯片中的内容结构清晰，便于记忆，经常会使用一些图示来展示幻灯片中的内容。但一般都不会自己制作图示，而是从 PPT 网站中下载需要的图示。

从网上下载图示时，可以根据幻灯片中内容的层次结构来选择合适的图示，但网上下载的图示颜色都是根据当前的主题色来决定的，所以，下载的图示颜色可能与当前演示文稿的主题不搭配，这时就需要根据 PPT 当前的主题色来修改图示的颜色，这样才能使图示与 PPT 主题融为一体，图 17-31 所示为原图示效果；图 17-32 所示为修改图示颜色后的效果。

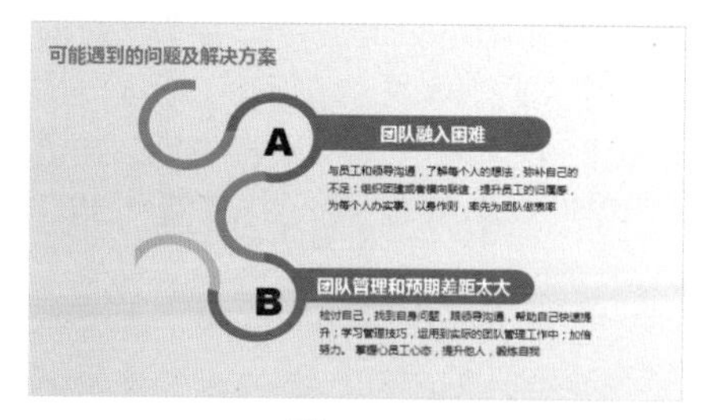

图 17-31

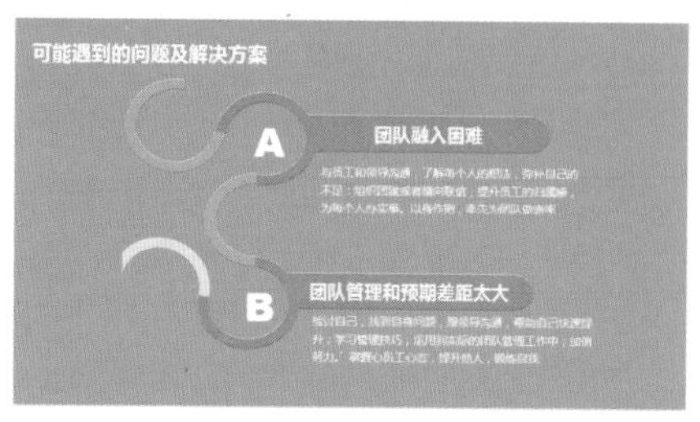

图 17-32

17.4 制作好 PPT 的 4 个步骤

不同类型、不同场合的 PPT，其制作的方式可能会有所不同，但一个优秀的 PPT，其具备的条件是相同的，要想快速制作出让观众青睐的 PPT，只要通过 4 个步骤就能快速实现。

17.4.1 选择好主题

对于 PPT 来说，选好主题很关键，因为主题是整个 PPT 的中心思想，PPT 中的所有内容都是围绕着主题进行展开的。PPT 要高效地传递出需要传递的信息，那么就必须要有一个鲜明而深刻的主题，主题深刻与否，是衡量 PPT 价值的主要标准。

如果 PPT 主题不明确，构思就无从着手；其次，它对 PPT 素材和内容具有统摄作用，材料的取舍，次序的安排，内容详略的处理，都必须受主题支配；再次，PPT 结构形式也必须根据主题表现的需要来决定，所以，选择一个好主题非常重要。

17.4.2 讲个好故事

每个 PPT 都是一个故事，要想使制作的 PPT 生动，能快速深入人心，那么，离不开一个好故事。

1. 明确讲述的目的

每一个故事都有一个存在的意义，也有一个讲述的目的，那就是为什么要讲这个故事，讲这个故事能给自己或者听众带来什么启发？制作 PPT 也一样，要想使制作的 PPT 像讲故事一样生动，就必须要明确制作 PPT 的目的。就以产品介绍 PPT 来说，不管是为了让客户了解产品，达成合作，还是为了向上司或公司展示公司的产品，其最终目的为了说服观众同意自己的观点，让受众更直观、方便、明了地了解自己要讲解的内容。所以，制作 PPT 的目的是在演讲者和观众之间架起桥梁，是辅助两者之间更好地相互传递所需要的信息，真正实现有效沟通。

2. 站在受众的角度讲故事

故事动不动听，不在于故事的内容有多感人，而在于讲故事的人是不是讲解得生动、形象。制作 PPT 也一样，制作的 PPT 好不好，不在于制作的 PPT 有多漂亮，而在于有没有实现有效沟通的目的，因为制作 PPT 的目的不是为了炫耀技术，而是为了更好地讲述内容，传递信息。那么，如何才能制作好 PPT 呢？关键取决于受众。

制作 PPT 时，要学会站在受众的角度，考虑他们是什么样的人，有哪些特征，用什么样的语言去跟他们沟通更有效，自己做的 PPT 能给他们带来哪些价值等，只有这样，才能感受到受众的需求，得到他们的认可，制作的 PPT 才能符合受众的要求，也能最大限度地吸引受众的注意力，将自己需要传递的内容传递给受众。

3. 为故事选个好线索

线索的作用主要是将故事按一

定顺序连起来。线索是贯穿整个PPT内容的，所以，面对有限的时间、复杂的问题、众多的内容、枯燥的话题，只有好的线索能让自己从PPT中解脱出来，提高制作PPT的效率。

虽然线索对于制作PPT来说有很多好处，但不是所有的线索都是好线索。好的线索需要满足以下三点。

- 主线容易理解。在选择PPT主线时，主线的特征要非常突出，而且要被大家所熟知，如果选择的主线需要解释半天受众才明白，那么，就不能引起受众的注意，达不到目的，所以，在选择PPT主线时，要根据受众的知识面、年龄、职业和文化差异等来进行选择，不能根据自己的想法和意愿来选择。
- 线索给PPT足够的拓展空间。线索是一个足够大的舞台，可以承载整个PPT的内容，所以，在选择主线时，也要想一想它是不是能够让自己制作的PPT内容结构更合理，表达更充分，不能将PPT内容主次、轻重的位置颠倒了。
- 线索要能表现出自己的特色。制作PPT时，选择的线索必须能够体现出公司或者制作者的风格特色，如公司的主题色、LOGO及LOGO的变形等。图17-33所示为公司LOGO图案，图17-34所示的幻灯片主题色是根据公司LOGO图中的颜色制作而成的。

图 17-33

公司简介

01 公司描述　03 服务宗旨

02 创业理论　04 竞争战略

图 17-34

17.4.3 写个好文案

文案就是指以文字形式来表现已经制定的创意策略，一提到文案，很多人立刻就会想到“广告策划”，不错，文案最先来源于广告行业，是“广告文案”的简称，但随着各行各业的发展，很多行业或很多工作都与文案存在着必然的联系，当然，制作PPT也一样，好的PPT离不开好的文案。

很多人会问：文案怎么会和PPT扯上关系呢？其实，文案和PPT存在很大的关系，文案是将策划人员的策划思路形成文字，而PPT则是将制作人的想法、思路等以文字内容表现出来，对于PPT来说，PPT中的文字内容就是文案的体现，一个好的PPT，其中的文字内容都是经过精心雕琢的，并不是随意复制和添加的，所以说，写个好文案对于PPT来说非常重要。

17.4.4 做个好设计

优秀的PPT并不是把PPT所有需要的元素添加到PPT中，然后合理地进行布局即可。优秀的PPT是需要设计的，这里所说的PPT设计是指以视觉为主，听觉为辅，对PPT中的对象进行美化、设计，PPT的设计过程就是PPT的制作过程，当PPT制作完成了，设计也就完成了。

很多人会问：PPT的设计意义何在，就是为了让PPT更好看一点？其实不然，制作PPT，大部分是为别人制作的，他们或许是客户、领导、消费者、员工、学员，要想让他们了解PPT要传达的信息，那么就需要提升受众的体验，只有这样，才能吸引受众的注意力，达到高效传递信息的目的，PPT设计的目的就是如此。但是，在设计PPT时一定要注意，提升信息传递的确是PPT设计的目标，但绝不是首要目的，PPT设计还是要以满足业务目标为首要任务。

17.5 让PPT演讲更顺利

完成PPT的制作只成功了一半，演示也是PPT制作的步骤之一，要想让PPT的演示更加顺利，那么，演示PPT时，还需要提前做好演示的准备工作，同时还需要掌握一些演讲的技巧，这样在演讲过程中才能引起观众的共鸣。

17.5.1 演讲前需要做的准备

在演讲演示文稿前，一定要做好准备工作，如准备讲义资料、检查演示文稿播放效果等，这样可以降低演讲过程中错误的出现概率。

1. 准备讲义资料

讲义是为演讲者准备的，作为演讲时的提示演讲稿，帮助演讲者按照预先设定的思路进行演讲，避免疏漏的出现。讲义可以以文档的形式存在，也可以单独打印出来，讲义中每页幻灯片都搭配显示了该页面的备注内容，方便演讲者查看。所以，为了演讲更顺利，演示者最好准备一份关于演讲的讲义资料，以供演讲过程中查看。

2. 检查演示文稿播放效果

演示 PPT 之前，演讲者最好进入播放状态从头到尾完整检查一次演示文稿，如检查幻灯片页面内容是否显示完整、幻灯片中动画的播放逻辑是否合理等。除此之外，还需要检查笔颜色、音频 / 视频等一些细节，以确保幻灯片放映万无一失，减少演讲过程中出现的错误。

17.5.2 成功演讲的要素

演讲是一门学问，幻灯片页面做得再精美，演讲效果也可能让观众失望。一场成功的演讲，是可以产生社会效应的，可以将幻灯片页面中死板的文字变为声音，还需要演讲者灵活机动，根据现场情况的不同改变演讲方式。

1. 直接产生社会效应

一场成功的演讲，是能说服听众、感染听众的演讲。如何让演讲变得有说服力，这并非是一蹴而就的过程，演讲者所演讲的内容首先应该满足的基本条件是让观众听懂，然后让观众产生兴趣，其次才是让观众信服。

（1）如何让观众听懂演讲。

不少演讲者在讲台上夸夸其谈，台下观众却不知所云。要做到准确有效地表达信息，演讲者可以尝试以下做法。

- 说话有逻辑。制作 PPT 时是按一定逻辑关系制作的，同样，配合 PPT 播放时的演讲也要有逻辑，这里所指的逻辑不仅要与当前展示的 PPT 页面内容逻辑相符，也要保证这段话内部的逻辑是正确的、有条有理的。如果演讲者演讲的逻辑不清晰，那么会让观众产生理解障碍。
- 化长句为短句。演讲者虽然能将长句一次性说出，但观众能记住的有效信息会很少。所以，演讲者在演讲时，最好将长句转化成多个短句，这样才更容易让观众记忆、理解。
- 少用术语。有的演讲者会使用术语来表现自己学识渊博，其实再高深的术语，如果观众听不懂，又有何意义呢？所以演讲者应该少用术语，即使是专业的知识也要琢磨如何用简单易懂的语言表达出来。就算特殊情况下要使用术语，也应该及时对术语进行解释。

（2）如何让观众产生兴趣。

当演讲者的演讲能让观众听懂后，接下来要做的就是让观众产生兴趣。那么如何让观众产生兴趣呢？演讲者可以在演讲时先讲一个故事，通过故事来贯穿整个演讲；或者讲与观众有关的事情，但这需要演讲者在演讲前做足功课，分析观众人群，找到与观众相关的点进行强化。

（3）如何让观众信服。

让演讲具有说服力，比较考验演讲者的个人气度。演讲者需要用事实说话，增加演讲的说服力。而且，在演讲过程中，需要演讲者传达出确定的信息，应少用不确定的词语，如“大概”“或许”“可能”等。

2. 变文字为有声语言

演讲者在真正进行演讲前需要写一份演讲稿，但是演讲不等于将演讲稿一字不差地念出来，而是将文字变成有感情的语言，产生感染力。将文字变成声音，需要从以下几方面来提高。

- 语调。文字是平面的，而语言是立体的，语言的立体常常体现在语调方面。演讲者需要根据内容的不同，调整声音的高低起伏、抑扬顿挫，将感情贯穿在声音中。
- 节奏。节奏太快的演讲会影响观众的信息有效接收，节奏太慢的演讲又可能让观众产生困意。演讲者需要根据 PPT 内定的主题来定一个基本的节奏。通常情况下，演讲者可以将节奏控制在 5 分钟内说三张 A4 的演讲稿内容。

3. 随机应变，临场发挥

计划不如变化，演讲过程常常出现这样或那样的异常状况，缺乏经验的演讲者就会自乱阵脚，甚至无法将演讲进行下去。下面针对演讲中出现的异常状况，提供一些解决办法。

（1）突然忘词怎么办。

讲着讲着突然想不起接下来要讲什么了，这个时候又不可能中止演讲。这时可以看一下幻灯片的备注，看是否有关键词提示。

如果备注没有提示，那么演讲者要先稳住自己的情绪，不能焦急，越焦急越会想不起接下来要讲的内容。在这个过程中，演讲者可以重复讲一下刚才说过的内容，不要让观众发现自己忘词。同时也给自己一点缓冲时间，理一下思路。

（2）说错话如何纠正。

讲出去的话犹如泼出去的水，不可能再收回。因此对于说错的话，要么直接向观众承认错误，要么使用巧妙的方法自圆其说。如果错误影响不大，可以大胆承认错误，或将错就错，根据错误临场发挥。如果错误较大，那么可及时改正错误，但是在语言描述上要尽量不要让观众因为演讲错误而产生负面情绪。

（3）遇到观众责问怎么办。

演讲过程中难免遇到一些较真的观众，对演讲进行质疑。这时演讲者要沉住气，不能生气，更不能批评观众。

这种情况下演讲者最好的做法是保持谦虚的态度表扬观众，并接着对观众的质疑进行解释。图 17-35 所示的是一个典型的例子，当观众对产品产生质疑时，先肯定观众的做法，再巧妙地将观众的质疑进行解释，为产品加分。

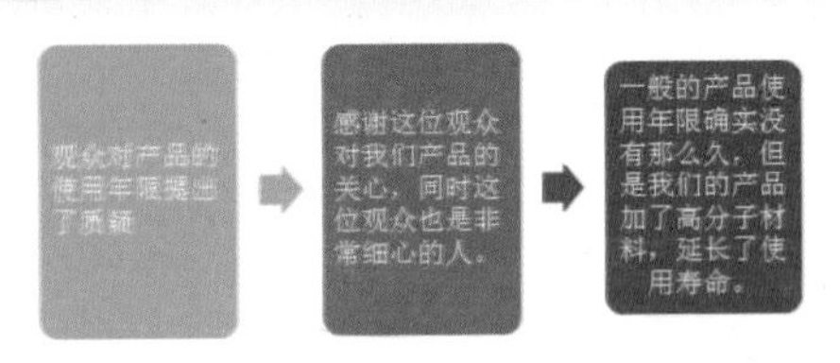

图 17-35

17.5.3 演讲时需要掌握的技巧

优秀的演讲者能在讲台上谈笑自如，其实并非天生就会这些演讲技能，而是通过后天学习练就出来的。下面就来看看演讲时有哪些常用的技巧。

1. 如何应对怯场

演讲时怯场是演讲者最常遇到的困难。演讲者产生紧张情绪，究其原因是因为把自己和演讲看得太重，或太追求完美，力求演讲每一个细节都达到完美，怕自己出差错。其实，将结果看得重要，反而越容易在演讲过程中产生怯场心理，演讲者在演讲时要以平常心对待，尽自己最大的努力演讲好，相信演讲者会大大减少怯场心理。

2. 扩展演讲空间

演讲者即使事先进行排练预演，也不能保证演讲时完全按照事先预定好的内容进行演讲。所以，演讲者在演讲过程中可根据时机、场合的不同，自由发挥，扩展演讲空间。

在一场儿童礼仪培训课堂上，一位小朋友因为邻座的小朋友碰撞了他，便生气地大闹。这时老师不可无视这种情况，需要根据现场情况扩展演讲空间。例如，讲两个朋友之间闹矛盾的故事，启发小朋友们，让小朋友明白在遇到矛盾时该怎样礼貌化解。

扩展演讲空间不等于脱缰的野马随意发挥，而是建立在主线上，合情合理地扩展内容。

3. 注意演讲时的仪态

演讲者的仪态也会影响演讲的效果，仪态包括姿势、手势、表情等方面，以得体的仪态出现在观众面前，可以有效增加演讲的效果。

（1）躯干要求。

演讲者整体的躯干形象应该是自然的、放松的，却又笔直的，演讲者可以从图17-36所示的细节进行调整。

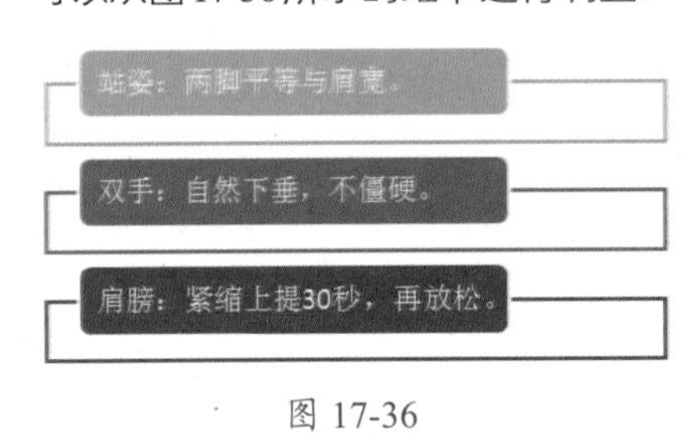

图 17-36

（2）眼神要求。

演讲时的眼神视线至关重要，演讲者不要一直盯着 PPT 看，可以适当扫视观众，并从观众中寻找有肯定目光或点头表示同意的人，与之四目相视。既让观众感受到演讲者对自己的注意，也能让演讲者增强信心。

（3）表情要求。

一场成功的演讲不能从头到尾都使用同一表情，更不能“垂头丧气”，面部表情首先要自然放松，其次要随内容变化，讲到严肃的内容时就使用严肃的表情。一般来说，演讲时应该多微笑，以平易近人的表情示人。

（4）手势要求。

演讲时配合手势能大大提高演讲效果，手势的基本要求是动作自然，结合表达的内容做不同的手势。不同的手势表达了不同的意义，演讲者可以在演讲前对着镜子练习，知道在哪个内容做哪个手势。

本章小结

本章主要讲解了 PPT 的相关基础知识，如 PPT 的制作原则、PPT 的结构、制作好 PPT 的步骤等，这对于 PPT 初学者来说非常重要，它能帮助用户更好地设计和制作 PPT，为后面学习 PPT 奠定基础。

第 18 章 PPT 的设计与布局

- 如何设计 PPT 才能吸引观众的注意力?
- 想知道别人的漂亮设计都是怎样做出来的?
- 关于 PPT 版式布局你还知道有哪些?
- 如何使 PPT 拥有一个好的配色方案?
- 文字、图片和图表在 PPT 排版中如何设计更具吸引力?

合理的设计与布局，可以让制作的 PPT 更具吸引力。本章将介绍一些关于 PPT 设计与布局的基础知识，包括如何设计 PPT、点线面的构成、常见的 PPT 布局样式、PPT 对象的布局设计等。

18.1 站在观众的角度设计 PPT

制作 PPT 的目的不是为了炫耀技术，而是为了向观众传递信息，所以，在制作 PPT 时，必须要站在观众的角度去设计 PPT，这样制作的 PPT 才能深入到观众的内心，引起共鸣。

18.1.1 学会策划报告

很多人制作 PPT 时，直接将需要的一堆素材整合在一起，根本就没想过在制作之前，先对 PPT 进行设计。其实，要想制作的 PPT 深入人心，制作过程简单有序，那么，就需要在准备制作 PPT 之前，先简单地写一个 PPT 的策划报告，也就是本次报告的主题、要点、演讲框架、PPT 视觉效果等，以便能在 PPT 中用更形象的方式表现出来。在制作 PPT 时，能快速知晓制作 PPT 的目的，这样才能有目的地选择素材，制作出来的 PPT 更能符合要求。

18.1.2 分析受众

因为制作的 PPT 是需要演示给受众的，所以，首先需要去了解受众，确定受众的需求，有针对性地去创作，这样，制作的 PPT 才更加有说服力。

1. PPT 的受众是谁

要了解受众，首先需要明确受众是谁，然后对受众的相关信息进行了解，包括受众的相关背景、行业、学历、经历等最基本的信息，甚至还需要了解受众的人数，以及在公司里的职务背景等，因为相同内容的 PPT，如果对不同的背景、职位的受众来说，所呈现的方式也是会有所不同的。图 18-1 所示为在企业内部宣传企业文化，而图 18-2 所示为针对目标客户宣传企业文化。

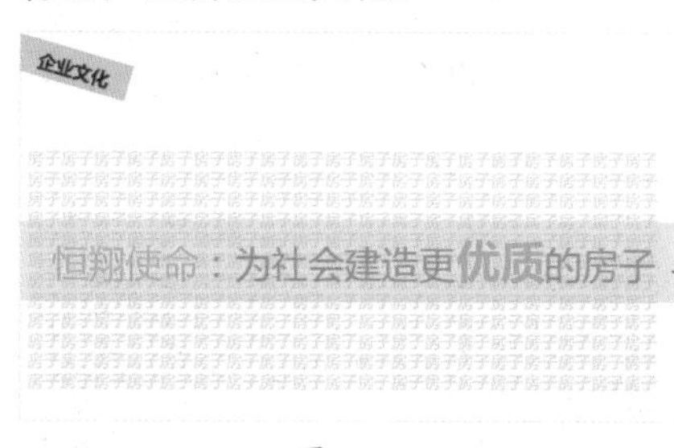

图 18-1

图 18-2

2. 受众对 PPT 主题的了解

对于 PPT 而言，要想更好地传递信息，那么受众对 PPT 主题内容的认识程度也是非常重要的，因为它决定了 PPT 内容制作的大方向，因为不同类型的 PPT，制作的目标不一样。如果要做市场的推广方案，那么制作 PPT 的目标是向上级清晰地传达自己的推广计划和思路，如图 18-3 所示；如果要做的 PPT 是产品介绍，那么制作 PPT 的目标就是向消费者清晰地传达该产品的卖点及特殊功能等，如图 18-4 所示。所以，知道

受众对主题的了解程度非常重要。

图 18-3

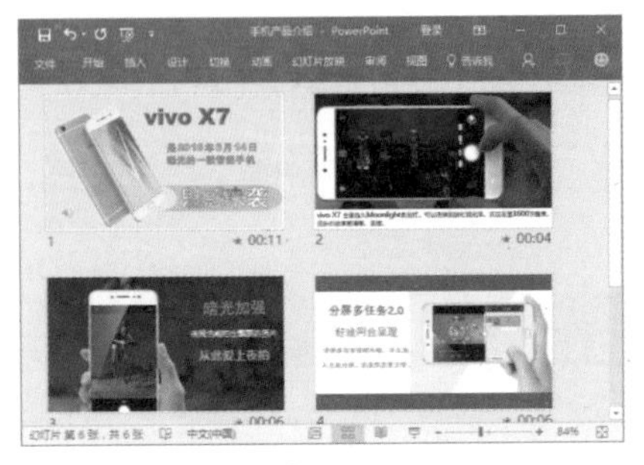

图 18-4

3. 受众的价值观

制作 PPT 时，不仅需要了解受众的背景，还需要了解受众的价值观。所谓价值观，也就是受众认为最重要的事情，每个公司或个人都是有价值观的，而且每个企业或个人所重视的都可能不一样，就以产品来说，有些受众重视产品带来的利润是高还是低，有些受众则重视该产品有没有发展空间，所以，了解受众的价值观，也是制作好 PPT 所要关心的问题。

4. 受众接受信息的风格

不同的受众，其接受信息的风格也是不一样的，可以根据受众的基本情况来推测受众接受信息的风格是听觉型、视觉性还是触觉型，听觉型的受众主要在意的是 PPT 的内容、演示的过程等；视觉性的受众主要在意的是 PPT 的设计是否精美；触觉型的受众则主要在意的是演示过程中的互动等，如图 18-5 所示。所以，了解受众接受信息的风格对于制作 PPT 来说非常重要。

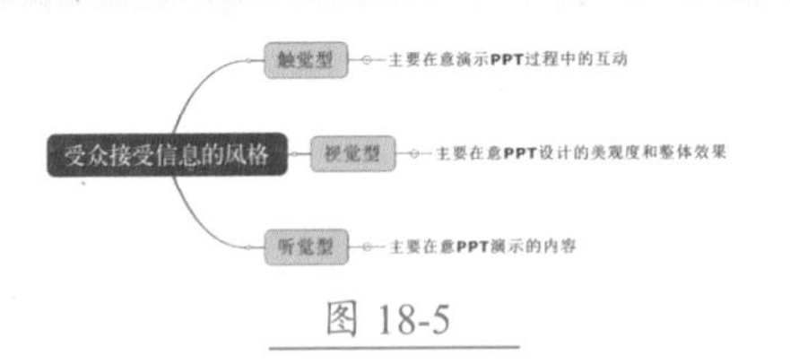

图 18-5

18.1.3 最实用的结构——总分总

总分总结构是制作 PPT 最常用的结构，因为该结构容易理解，观众也能快速明白和接受这种逻辑顺序，所以，制作 PPT 时经常被采用。在“总、分、总”结构中分别对应的是“概述、分论点、总结”，下面将对这个结构进行讲解。

1. 第一个“总”——概述

第一个“总”是对 PPT 主题进行概述，开门见山地告诉大家，这个 PPT 是讲什么的，这个“总”一般只有一页，而且是分条罗列出，这样能让受众快速知道这个 PPT 要讲解的内容。既然是分条写，那么多少条合适呢？可以根据 PPT 中幻灯片的多少来决定，当一个 PPT 超过 30 页幻灯片时，则可分成 3~5 个章节，开始一页只提出各个章节的要点，如图 18-6 所示。然后在每一章开始的地方再用同样的原则添加一个过渡页，对每个章节的内容进行概述，如图 18-7 所示。

图 18-6

图 18-7

当 PPT 中只有 20 多页时，就没必要细分章节，只要把分步的要点列出来即可，而且罗列的要点不宜过多，3~5 条即可，否则，会影响受众的接受度，图 18-8 所示为工作总结 PPT 中罗列出来的要点。

图 18-8

2. “分”——分论点

分是指分论点，也就是内容页中每一页的观点，通过从不同的观点来阐述或论证需要凸显的主题，这些观点可以是并列关系、递进关系，也可以是对比关系。内容页是通过每一页的标题来串联整个内容的，所以，要想通过标题就能明白 PPT 所讲的内容，那么，就必须告别常见的页标题，图 18-9 所示为常见的页标题。最好采用双重标题的形式，将章节信息与本页观点有机地结合起来，如图 18-10 所示。这样，只需要浏览页标题，就能快速把握整个 PPT 的结构及中心思想。

图 18-9

图 18-10

3. 第二个“总”——总结

第二个“总”是指当所有的分论点描述完成后，对PPT进行总结，但是，总结并不是把前面讲解的内容在机械地重复一遍，而是需要在原有的基础上进一步明确观点，提出下一步计划。总结是得到反馈的关键时刻，所以，总结对于PPT来说至关重要。

18.1.4 文字材料需提纲挈领，形象生动

PPT中的内容并不是天马行空，没有重点，PPT中并不需要将所有的内容全部展示出来，只需要将每个内容的关键点提取出来即可，如图18-11所示。而且在描述关键点时，不要让一些与主题无关或表现形式无关的内容展现在幻灯片版面中。讲解时可以抓住重点，围绕中心思想生动地讲解PPT的内容，让观众看到PPT后，有欲望地去了解更多的东西，吸引观众的注意力。

图 18-11

18.1.5 动画效果适量，切忌喧宾夺主

动画是PPT的一大亮点。但动画也一直是PPT中争议最大的，有些人认为PPT中添加动画反而会显得混乱，影响信息的传递；有些人则认为添加动画可以让PPT更生动。其实，在PPT中添加动画要根据PPT的类型和放映场合来决定，并不是所有的PPT都适合添加动画。而且在为PPT添加动画时，还要讲求一定的原则，不可胡乱添加，否则会适得其反，下面为大家介绍一下动画的使用原则。

1. 醒目原则

PPT动画的初衷在于强调一些重要内容，因此，PPT动画一定要醒目。强调该强调的、突出该突出的，哪怕动画制作得有些夸张也无所谓，主要是要让观众记忆深刻。千万不要因为担心观众看到动画太夸张会接受不了而制作一些平庸的动画。

2. 自然原则

动画是一个由许多帧静止的画面连续播放的过程，动画的本质在于以不动的图片表现动的物体，所以，制作的动画一定要符合常识，如由远及近的时候肯定也会由小到大；球形物体运动时往往伴随着旋转；场景的更换最好是无接缝效果，尽量做到连贯，在观众不知不觉中转换背景；物体的变化往往与阴影的变化同步发生；不断重复的动画往往让人感到厌倦。

3. 适当原则

一个PPT中的动画是否适当，主要体现在以下几个方面。

（1）动画的多少。

在一个PPT中添加动画的数量并不在于多，重在突出要点，过多的动画不仅体现不出播放效果，反而会使观众的注意力被动画牵制，冲淡了PPT的主题；过少的动画则效果平平，显得单薄。还有的人喜欢让动画变得烦琐，重复的动画一次次发生，有的动作每一页都要发生一次，重复的动作会快速消耗观众的耐心。应坚持使用最精致、专业的动画，无关联的动画应严禁使用。

（2）动画的方向。

动画播放始终保持方向一致，可以让观众对即将播放的内容能够提前作出预判，并很快适应PPT播放节奏，同时在潜意识中做好接受相关内容的准备。如果动画播放方向不相同，观众就会花费较多的精力来适应PPT的播放，这样不利于观众的长时间观看，容易产生疲乏感。

一般情况下动画应保持左进右出或下进上出，这样比较符合日常视觉习惯。当然也有例外，如果设置动画的对象本就具有方向性，那么在设置动画时一定要以对象的方向设置动画方向，如箭头图形。

（3）动画的强弱。

动画动的幅度必须与PPT演示的环境相吻合，该强调的强调、该忽略的忽略、该缓慢的缓慢、该随意的则一带而过。初学PPT动画者最容易犯的一个错误就是将动作制作得拖拉，生怕观众忽略了他精心制作的每个动作。

（4）不同场合的动画。

动画的添加也是要分PPT类型的，党政会议少用动画，老年人面前少用动画，否则会让人觉得是故弄玄虚，容易适得其反；但企业宣传、工作汇报、个人简介、婚礼庆典等则应多用动画。

4. 简洁原则

PPT中的“时间轴”是控制并掌握PPT动画时间的核心组成部分。在PPT动画演示过程中，任何一个环节所占的时间太多，便会感觉节奏太慢，观众的注意力将会分散。反之如果一个动画中的时间太短，那么在观众注意到它之前，动作已经结束，动画未能充分表达其中心主题，就浪费掉了。所以，添加动画时，动画数量和动画节奏都要适当。

5. 创意原则

PowerPoint本身提供了多种动画，但这些动画都是单一存在的，效果不够丰富、不够震撼。而且大家都采用这些默认动画时，就完全没有创意了。精彩的根本就在于创

意。其实，只需要将这些提供的效果进行组合应用，就可以得到更多的动画效果。进入动画、退出动画、强调动画、路径动画，四种动画的不同组合就会千变万化。几个对象同时发生动画时，为它们采用逆向的动画就会形成矛盾，采用同向动画就会壮大气势。

18.2 配色让 PPT 更出彩

如果说内容是 PPT 的灵魂，那么颜色就是 PPT 的生命。颜色对于 PPT 来说不仅是为了美观，颜色同样是一种内容，它可以向观众传达不同的信息，或者是强化信息体现。要搭配出既不失美观又不失内涵的颜色，大家需要先了解颜色的基本知识，再根据配色“公式”、配色技巧，快速搭配出合理的幻灯片颜色。

18.2.1 色彩的分类

认识颜色的分类有助于 PPT 设计时快速选择符合实际需求的配色。颜色的分类是根据不同颜色在色相环中的角度来定义的。所谓色相，说通俗点，就是什么颜色，是不同色彩的区分标准，如红色、绿色、蓝色等。

色相环根据中间色相的数量，可以做成十色相环、十二色相环或二十四色相环。图 18-12 所示的是十二色相环，而图 18-13 所示的是二十四色相环。

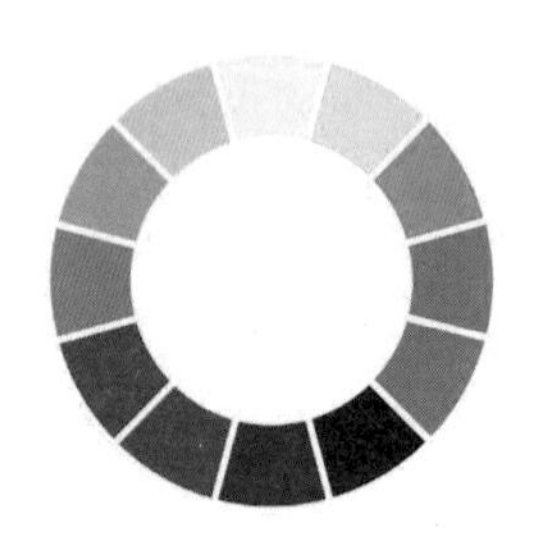

图 18-12

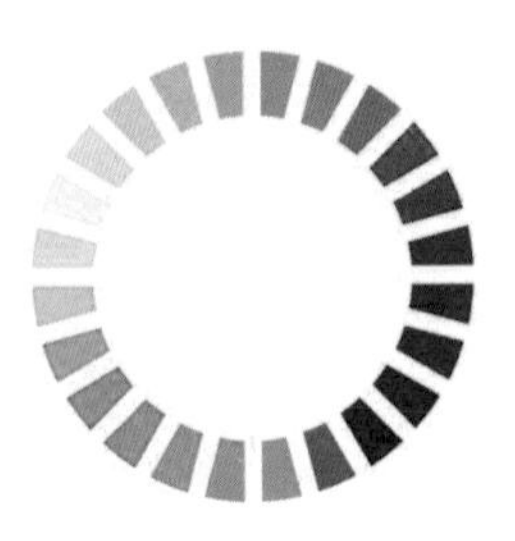

图 18-13

在色相环中，颜色与颜色之间形成一定的角度，利用角度的大小可以判断两个颜色属于哪个分类的颜色，从而正确地选择配色。图 18-14 所示的是不同角度的颜色分类。

颜色之间角度越小的则越相近，和谐性越强，对比越不明显。角度小的颜色适合用在对和谐性、统一性要求高的页面或页面元素中。

角度越大则统一性越差，对比强烈。角度大的颜色适合用来对比不同的内容，或者是分别用作背景色与文字颜色，从而较好地突出文字。

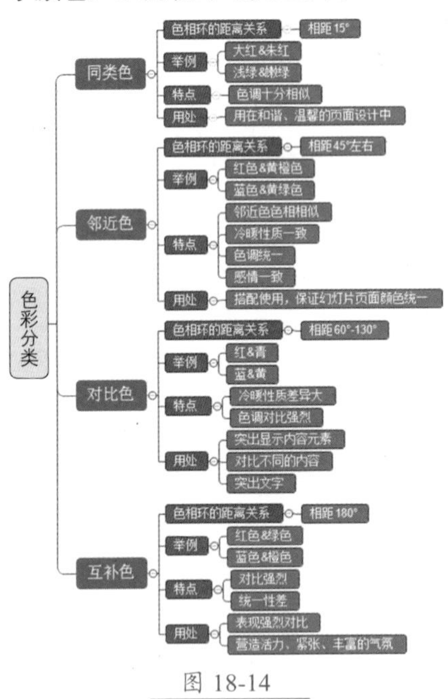

图 18-14

18.2.2 色彩三要素

颜色有 3 个重要的属性，即色相、饱和度和亮度，任何颜色效果都是由色彩的这 3 个要素综合而成的。PPT 设计者需要了解色彩三要素的知识，形成良好的配色理论知识体系。

1. 色相

色相是颜色的首要特征，它是区分不同颜色的主要依据。图 18-15 所示的是 6 个杯子图形，它们填充了不同的颜色，就可以说它们具有不同的色相。

图 18-15

2. 饱和度

颜色的饱和度是指颜色的鲜艳及深浅程度，纯度也被称为纯和度。代表了颜色的鲜艳程度，简单的区分方法是分析颜色中含有的灰色程度，灰色含得越多，饱和度越低，如图 18-16 所示，从左到右，杯子图形的饱和度越来越低。

通常情况下，饱和度越高的颜色就会越鲜艳，容易引起人的注意，让人兴奋。而饱和度越低的颜色则越暗淡，给人一种平和的视觉感受。

图 18-16

3. 亮度

颜色的亮度是指颜色的深浅和明暗变化程度，颜色的亮度是由反射光的强弱决定的。

颜色的亮度分为两种情况，一种是不同色相不同亮度。也就是说每一种颜色都有其对应的亮度。在色相环中，黄色的亮度最高，而蓝紫色的亮度最低；第二种情况是同一种色相不同的亮度。颜色在加入黑色后亮度会降低，而加入白色后亮度会变高。

图 18-17 所示的是同一色相的亮度变化。其中第一行的杯子图形颜色为黑到灰白的明暗变化。而第二行为绿色的明暗变化。

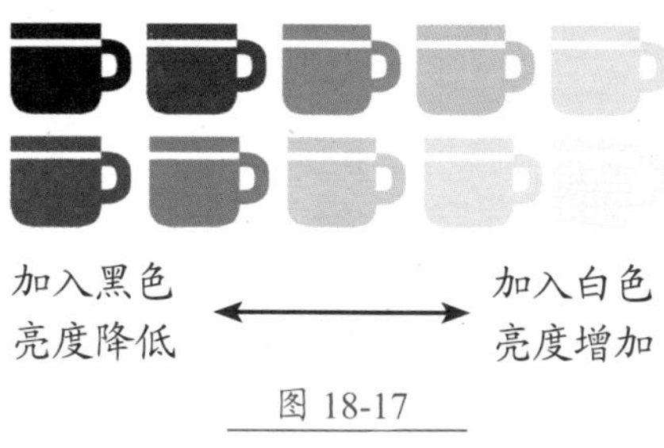

图 18-17

18.2.3 色彩的搭配原则

PPT 的色彩搭配有一定的原则需要制作者重视，依照这些原则配色可以保证大的配色方向不出问题。

1. 根据主题确定色调

PPT 配色最基本的原则便是根据主题来确定色调，主题与演示文稿的内容相关，根据主题的不同，颜色所需要传递的信息也不同。例如，职场训练课件，其主题是严肃的，就要选用冷色调的颜色。而公益演讲，主题是希望，就要选用与希望相关的颜色，如绿色。

这里建议制作者去思考一下与这项主题相关的事物是什么，然后从事物身上提取颜色搭配。

2. 确定主色和辅色

PPT 配色需要确定一个主色调，控制观众视线的中心点，确定页面的重心。辅色的作用在于与主色相搭配，起到点缀作用，不至于让观众产生视觉疲劳。

确定主色和辅色的方法是，根据 PPT 的内容主题选择一个主要颜色，然后再根据这个颜色，寻找与之搭配，或是能形成对比的颜色。如一份主题是高贵奢侈品宣传的 PPT，主色调是紫色，与紫色相搭配的颜色有红色、蓝色，与紫色形成对比的颜色有黄色、橙色。但是演示文稿整体需要呈现出统一和谐感，因此就不选用对比色，而是选用对比更小的红色。反之，如果演示文稿想要呈现冲击感，或是强调页面中的元素，那么就可以选用对比更强烈的黄色与紫色搭配。

3. 同一套 PPT 的颜色不超过 4 种

同一套 PPT 的配色最多不能超过 4 种，否则会显得杂乱无章，让人眼花缭乱。检查 PPT 颜色数量是否合理的方法是切换到幻灯片浏览视图下，观察页面中所用到的颜色。如图 18-18 所示，页面中的配色为黑色、黄色、绿色，再加上重点文字的颜色——红色，正好 4 种。

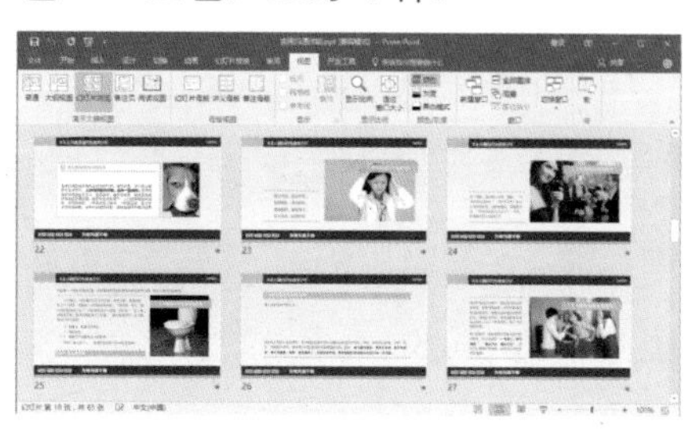

图 18-18

18.2.4 色彩选择注意事项

为 PPT 配色时，有的颜色搭配纵然美观，却不符合观众的审美需要。因此，在选择颜色时，制作者要站在观众的角度、行业的角度去考虑问题，分析色彩选择是否合理。

1. 注意观众的年龄

不同年龄段的观众有不同的颜色喜好，通常情况下，年龄越小的观众越喜欢鲜艳的配色，年龄越大的观众越喜欢严肃、深沉的配色。图 18-19 所示的是不同年龄段观众对颜色的常见偏好。

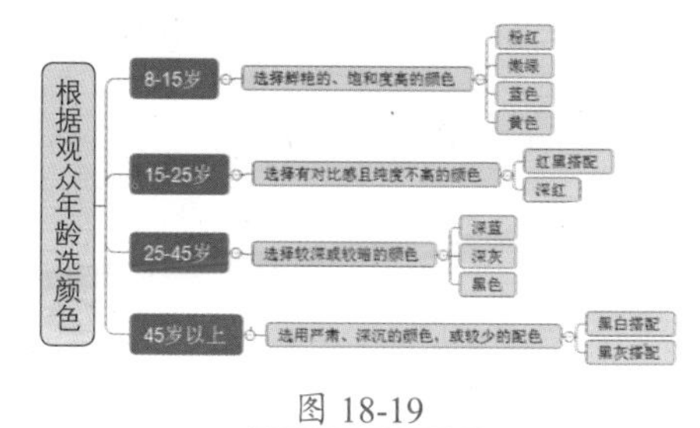

图 18-19

在设计幻灯片时，根据观众年龄的不同，更换颜色后就可以快速得到另一种风格，如图 18-20 和图 18-21 所示，分别是对年龄较大和年龄较小的观众看的幻灯片页面。

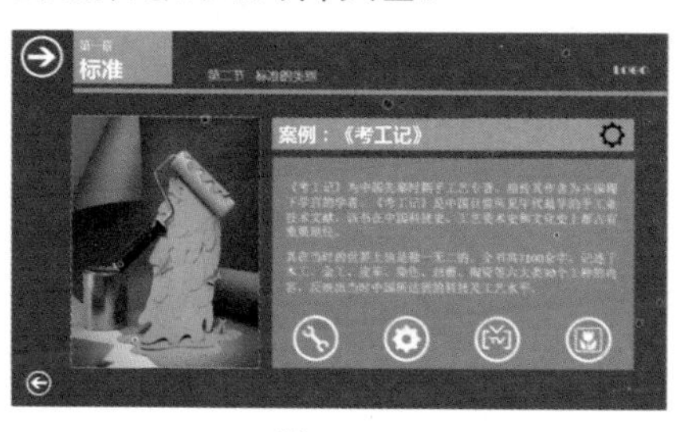

图 18-20

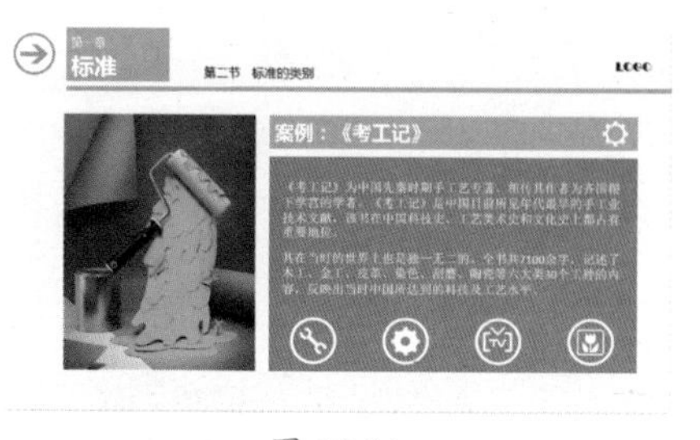

图 18-21

2. 注意行业的不同

不同行业有不同的代表颜色，在给 PPT 配色时要注意目标行业是什么。这是因为不少行业在长期发展的过程中，已经具有一定的象征色，只要看到这个颜色就能让观众联想到特定的行业，如红色，会让人想到政府机关、黄色会让人想到金融行业。除此之外，颜色会带给人不同的心理效应，制作者需要借助颜色来强化 PPT 的宣传效果。

图 18-22 所示的是常见行业的颜色选择要点。

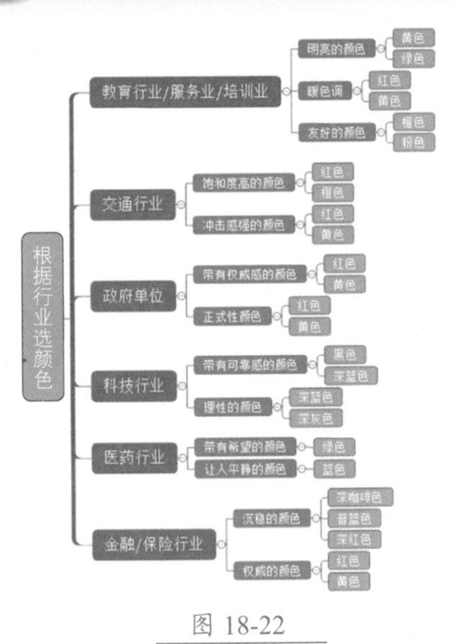

图 18-22

18.2.5 使用 Color Cube 配色神器快速取色

Color Cube 是一款安装方便，专门分析配色的工具，它可以轻松实现图片配色的分析、长网页截图、屏幕颜色吸取。

1. 分析图片的配色方案

打开 Color Cube 的界面，并添加一张图片，单击右下方的【分析】按钮，就能快速分析出配色方案，方案以【蜂巢图】【色板】【色彩索引】3 种方式呈现，如图 18-23 所示。

图 18-23

配色方案分析完成后，保存配色方案，如图 18-24 所示，不仅有原图，还有根据这张图分析出的配色，这样可以快速将配色方案运用到自己的 PPT 设计中。

图 18-24

2. 长网页截图

Color Cube 的配色方案分析是基于图片的分析，如果想分析一个长网页中的配色，则可利用 Color Cube 中的长网页截图功能，如图 18-25 所示，复制网页的网址。

图 18-25

复制网址后，单击 Color Cube 中的按钮，如图 18-26 所示，表示开始截取这个网址中的图片。如此一来就可以成功将整个网页都保存成一张长图。

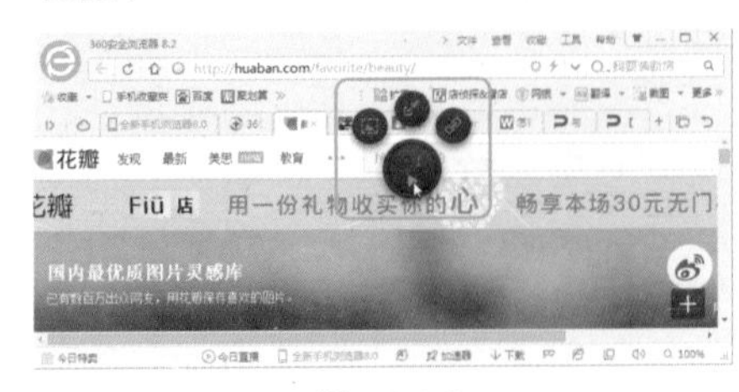

图 18-26

3. 屏幕取色

Color Cube 可以方便地进行屏幕取色。方法是单击吸管工具按钮，保证这个按钮是蓝色的。如图 18-27 所示。

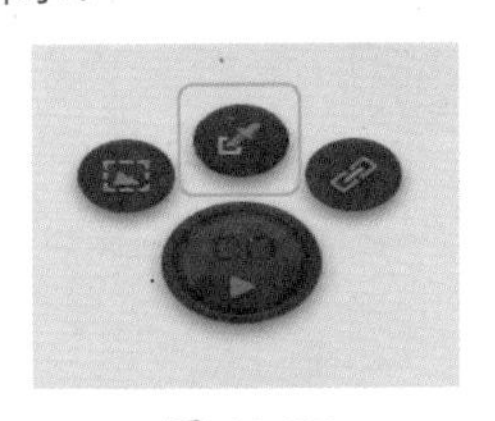

图 18-27

此时就可以将鼠标指针放在屏幕的任意位置，稍等片刻就会显示出这个位置的颜色参数，单击该颜色参数就能以文本形式保存参数了，如图 18-28 所示。

图 18-28

18.3 合理的布局让 PPT 更具吸引力

PPT 不同于一般的办公文档，它不仅要求内容丰富，还需要融入更多的设计灵感才能发挥其作用。布局是任何设计方案中都不可忽略的要点，PPT 的设计同样如此。本节将对 PPT 布局的相关知识进行讲解。

18.3.1 点、线、面的构成

点、线、面是构成视觉空间的基本元素，是表现视觉形象的基本设计语言。PPT 设计实际上就是如何经营好三者的关系，因为不管是任何视觉形象或者版式构成，归根到底，都可以归纳为点、线和面。下面对点、线、面的构成进行介绍。

1. 点

点是相对线和面而存在的视觉元素，一个单独而细小的形象就可以称之为点。而当页面中拥有不同的点，则会给人带来不同的视觉效果。所以，利用点的大小、形状与距离的变化，便可以设计出富于节奏韵律的页面。如图 18-29 所示，将水滴作为点的应用发挥得很好，使左侧的矢量图和右侧的文字得到更好的融合。

图 18-29

除此之外，可以利用点组成各种各样的具象的和抽象的图形，如图 18-30 所示。

图 18-30

2. 线

点的连续排列构成线，点与点之间的距离越近，线的特性就越显著。线的构成方式众多，不同的构成方式可以带给人不同的视觉感受。线在平面构成中起着非常重要的作用，是设计版面时经常使用的设计元素。

如图 18-31 所示幻灯片中的线起着引导作用，通过页面中的横向直线，会引导我们查看内容的方向是从左到右。

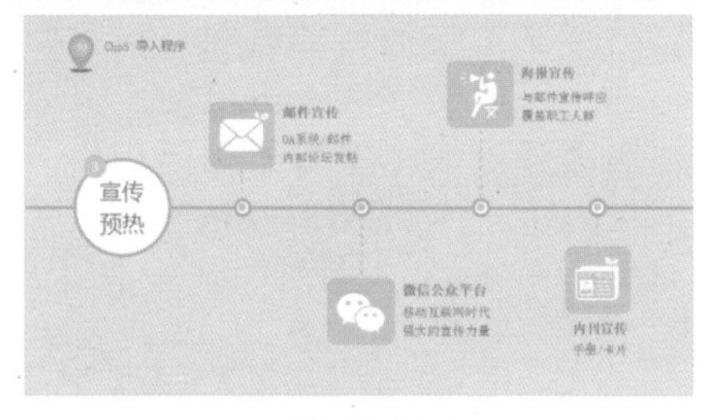

图 18-31

如图 18-32 所示，幻灯片中的线起着连接作用，通过线条将多个对象连接起来，使其被认为是一个整体，从而显得有条理。

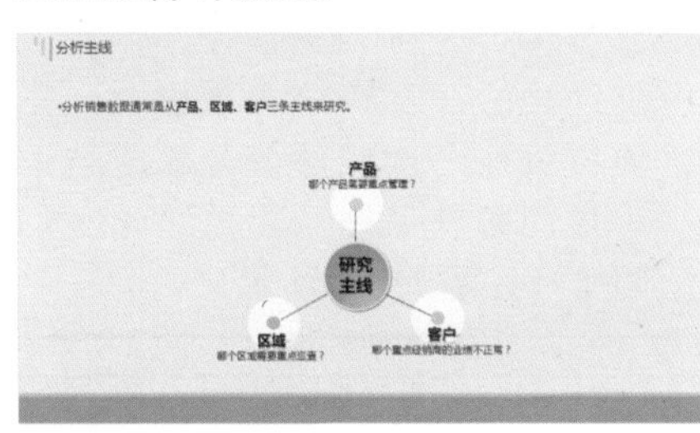

图 18-32

如图 18-33 所示，幻灯片中的线起着装饰作用，通过线条可以让版面效果更美观。

图 18-33

3. 面

面是无数点和线的组合，也可以看作是线的移动至终结而形成的。面具有一定的面积和质量，占据空间的位置更多，因而相比点和线来说，面的视觉冲击力更大更强烈。不同形态的面，在视觉上有着不同的作用和特征，面的构成方式很多，不同的构成方式可以带给人不同的视觉感觉，只有合理地安排好面的关系，才能设计出充满美感，艺术加实用的 PPT 作品。图 18-34 所示的幻灯片用色块展示不同内容的模块区域效果，显得很规整。

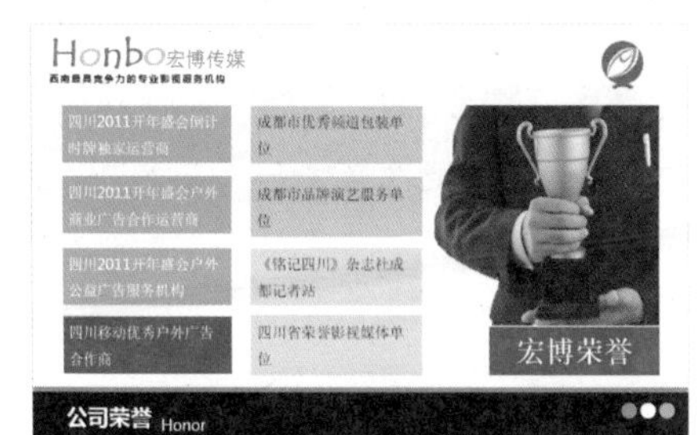

图 18-34

在 PPT 的视觉构成中，点、线、面既是最基本的造型元素，又是最重要的表现手段，所以，只有合理地处理好点线面的互相关系，才能设计出具有最佳视觉效果的页面。

18.3.2 常见的 PPT 版式布局

版式设计是 PPT 设计的重要组成部分，是视觉传达的重要手段。好的 PPT 布局可以清晰有效地传达信息，并能给观众一种身心愉悦的感觉，尽可能让观众从被动的接受 PPT 内容变为主动去挖掘。下面提供几种常见的 PPT 版式供大家欣赏。

- 满版型：以图像充满整版为效果，主要以图像为展示，视觉传达直观而强烈。文字配置压置在上下、左右或中部（边部和中心）的图像上，满版型设计给人大方、舒展的感觉，常用于设计 PPT 的封面，如图 18-35 所示。

图 18-35

- 中轴型：将整个版面作水平方向或垂直方向排列，是一种对称的构成形态。标题、图片、说明文字与标题图形放在轴心线或图形的两边，具有良好的平衡感。图 18-36 所示为水平方向排列的中轴型版面。

图 18-36

➥ 上下分割型：将整个版面分成上下两部分，在上半部或下半部配置图片或色块（可以是单幅或多幅），另一部分则配置文字，图片部分感性而有活力，而文字则理性而静止，上下分割型案例如图 18-37 所示。

图 18-37

➥ 左右分割型：将整个版面分割为左右两部分，分别配置文字和图片。左右两部分形成强弱对比时，会造成视觉心理的不平衡，如图 18-38 所示。

图 18-38

➥ 斜置型：斜置型的幻灯片布局方式是指，在构图时，将主体形象或多幅图像或全部构成要素向右边或左边作适当的倾斜。斜置型布局可以使视线上下流动，造成版面强烈的动感和不稳定因素，引人注目，如图 18-39 所示。

图 18-39

➥ 棋盘型：在安排这类版面时，需要将版面全部或部分分割成若干等量的方块形态，互相之间区别明显，如图 18-40 所示。

图 18-40

➥ 并置型：将相同或不同的图片作大小相同而位置不同的重复排列，并置构成的版面有比较、解说的意味，给予原本复杂喧闹的版面以秩序、安静、调和与节奏感，如图 18-41 所示。

图 18-41

➥ 散点型：在进行散点型布局时，需要将构成要素在版面上作不规则的排放，形成随意轻松的视觉效果。在布局时要注意统一气氛，进行色彩或图形的相似处理，避免杂乱无章。同时又要主体突出，符合视觉流程规律，这样方能取得最佳诉求效果，如图 18-42 所示。

图 18-42

18.3.3 文字的布局设计

文字是演示文稿的主体，演示文稿要展现的内容及要表达的思想，主要通过文字表达出来并让受众接受。要想使 PPT 中的文字具有阅读性，那么需要对文字的排版布局进行设计，使文字也能像图片一样具有观赏性。

1. 文本字体选用的原则

简洁、极简、扁平化（去掉多余的装饰，让信息本身作为核心凸显出来的设计理念）的风格符合当下大众的审美标准，在手机 UI、网页设计、包装设计……诸多行业设计领域这类风格都比较流行。在辅助演示，本来就崇尚简洁的 PPT 设计中，这类风格更成为一种时尚，这样的风格也影响着 PPT 设计在字体选择上趋于简洁。图 18-43 所示为凡客诚品 2014 年衬衫发布会的 PPT（来源于凡客网），整个 PPT 均采用纤细、简洁的字体。

图 18-43

（1）选无衬线字体，不选衬线字体。

传统中文印刷的字体可分为衬线字体和无衬线字体两种。衬线字体（Serif）是在字的笔画开始、结束的地方有额外的装饰，而且笔画的粗细会有所不同的一类字体，如宋体、Times New Roman。无衬线字体是没有这些额外的装饰，而且笔画的粗细差不多的一类字体，如微软雅黑、Arial。

无衬线字体由于粗细较为一致、无过细的笔锋、整饰干净，显示效果往往比衬线字体好，尤其在远距离观看状态下，效果尤其明显。因此，在设计 PPT 时，无论是标题或正文都应尽量使用无衬线字体。图 18-44 所示为采用的无衬线字体；图 18-45 所示为采用的衬线字体。

图 18-44

图 18-45

（2）选拓展字体，不选预置字体。

在安装系统或软件时，往往会提供一些预置的字体，比如 Windows 7 系统自带的微软雅黑字体、Office 2016 自带的等线字体等。由于这些系统、软件使用广泛，这些字体也比较普遍，因此在做设计时，使用这些预置的字体往往会显得比较普通，难以让人有眼前一亮的新鲜感。此时可以通过网络下载，拓展一些独特的、美观的字体，如图 18-46 所示。

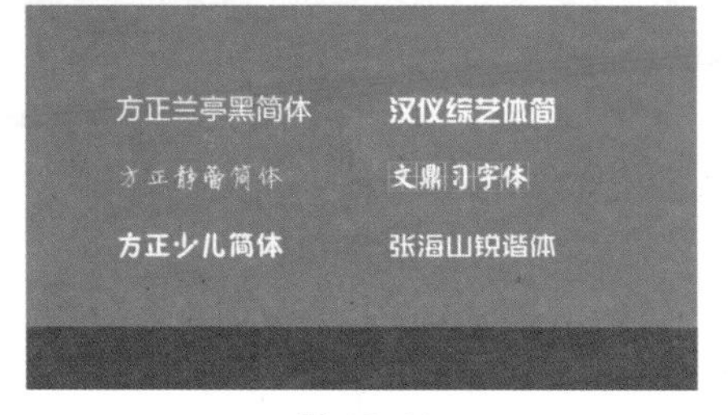

图 18-46

2. 6 种经典字体搭配

为了让 PPT 更规范，美观，同一份 PPT 一般选择不超过 3 种字体（标题、正文不同的字体）搭配使用即可。下面是一些经典的字体搭配方案。

（1）微软雅黑（加粗）+ 微软雅黑（常规）：Windows 系统自带的微软雅黑字体本身简洁、美观，作为一种无衬线字体，显示效果也非常不错。为了避免 PPT 文件复制到其他计算机播放时，出现因字体缺失导致的设计"走样"问题，标题采用微软雅黑加粗字体，正文采用微软雅黑常规字体的搭配方案也是不错的选择，如图 18-47 所示。

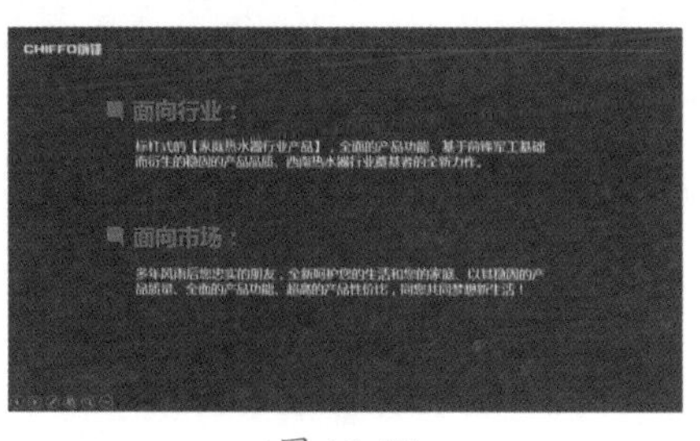

图 18-47

（2）方正粗雅宋简体 + 方正兰亭黑简体：这种字体搭配方案清晰、严整、明确，非常适合政府、事业单位公务汇报等较为严肃场合下的 PPT，如图 18-48 所示。

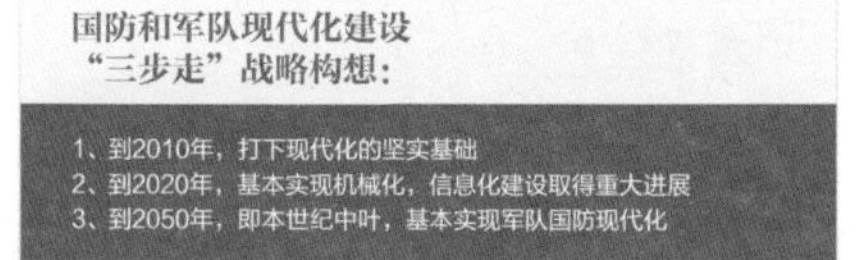

图 18-48

（3）汉仪综艺体简 + 微软雅黑：这种字体搭配适合学术报告、论文、教学课件等类型的 PPT 使用，如图 18-49 所示，右侧部分标题采用汉仪综艺体简，正文采用微软雅黑字体，既不失严谨，又不过于古板，简洁而清晰。

图 18-49

（4）方正兰亭黑体 +Arial：在设计中添加英文，能有效提升时尚感、国际范，PPT 的设计也一样。Arial 是 Windows 系统自带的一款不错的英文字体，它与方正兰亭黑体搭配，能够让 PPT 形成现代商务风格，间接展现公司的实力，如图 18-50 所示。

图 18-50

（5）文鼎习字体 + 方正兰亭黑体：该字体搭配方案适用于中国风类型的 PPT，主次分明，文化韵味强烈。图 18-51 所示为中医企业讲述企业文化的一页 PPT。

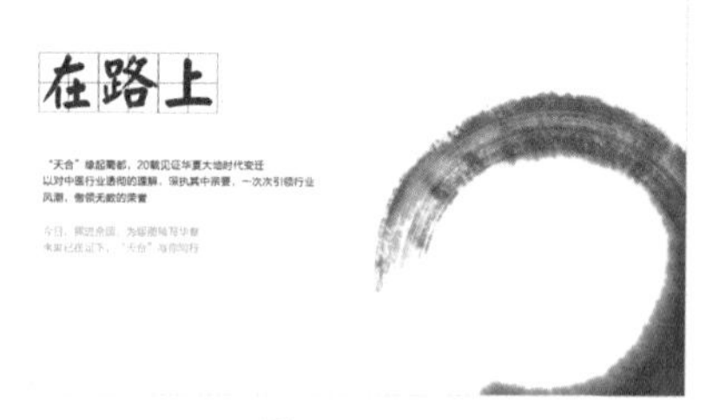

图 18-51

（6）方正胖娃简体 + 迷你简特细等线体：该字体搭配方案轻松、有趣，适用于儿童教育、漫画、卡通等轻松场合下的 PPT。图 18-52 所示为儿童节学校组织家庭亲子活动的一页 PPT。

图 18-52

技能拓展——粗细字体搭配

为了突出 PPT 中的重点内容，在为标题或正文段落选用字体时，也可选用粗细搭配，它能快速地在文本段落中显示出重要内容，带来不一样的视觉效果。

3. 大字号的妙用

在 PPT 中，为了使幻灯片中的重点内容突出，让人一眼能抓住重点，可以对重点内容使用大字号。大字号的使用通常是在正文段落进行，而不是标题。将某段文字以大字号显示后一般还要配上颜色，以进行区分，这样所要表述的观点就能一目了然，快速帮助观众抓住要点，如图 18-53 所示。

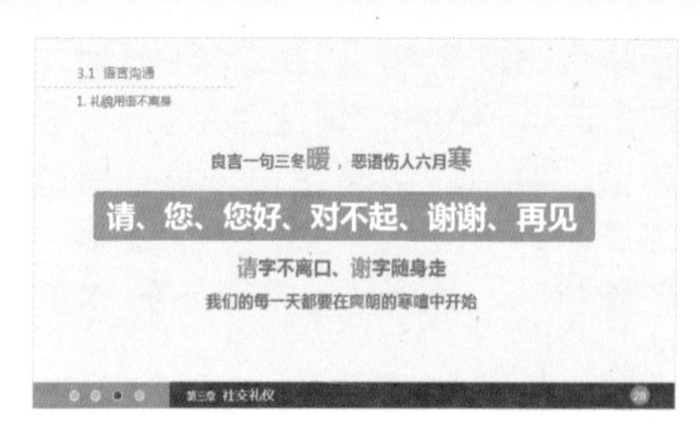

图 18-53

4. 段落排版四字诀

有时候做 PPT 可能无法避免某一页上出现大段文字的情况，为了让这样的页面阅读起来轻松、看起来美观，排版时应注意“齐”“分”“疏”“散”，分别介绍如下。

- 齐：指选择合适的对齐方式。一般情况下，在同一页面下应当保持对齐方式的统一，具体到每一段落内部的对齐方式，还应根据整个页面图、文、形状等混排情况选择对齐方式，使段落既符合逻辑又美观。图 18-54 所示 PPT 内容为左对齐（来自搜狐网《企鹅智酷：2016 年最新〈微信影响力报告〉》）。

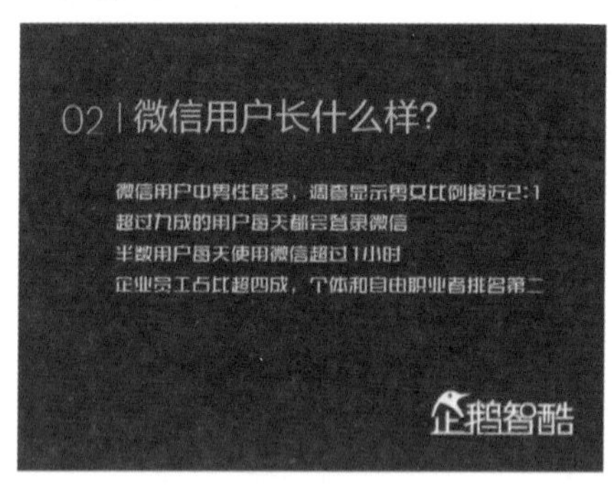

图 18-54

- 分：指理清内容的逻辑，将内容分解开来表现，将各段落分开，同一含义下的内容聚拢，以便观众理解。在 PowerPoint 中，并列关系的内容可以用项目符号来自动分解，先后关系的内容可以用编号来自动分解。图 18-55 所示为推广规划中的每一点有步骤的先后关系。

图 18-55

- 疏：指疏扩段落行距，制造合适的留白，避免文字密密麻麻堆积带来的压迫感。
- 散：指将原来的段落打散，在尊重内容逻辑的基础上，跳出 Word 的思维套路，以设计的思维对各个段落进行更为自由的排版。图 18-56 所示的正文内容即 Word 思维下的段落版式。图 18-57 所示为将一个文本框内的三段文字打散成三个文本框后的效果。

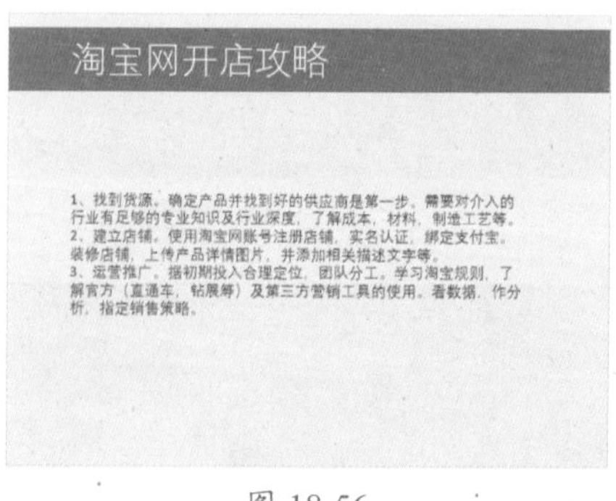

图 18-56

淘宝网开店攻略

01 找到货源

02 建立店铺

03 运营推广

图 18-57

18.3.4 图片的布局设计

相对于长篇大论的文字，图片更有优势，但要想通过图片吸引观众的眼球，抓住观众的心，那么，就必须要注意图片在 PPT 中的排版布局，合理的排版布局可以提升 PPT 的整体效果。

1. 巧妙裁剪图片

提到裁剪，很多人都知道这个功能，无非就是选择图片，然后单击【裁剪】按钮，即可快速完成。但是，要想使图片发挥最大的用处，那么，就需要根据图片的用途巧妙地裁剪图片。图 18-58 所示为按照原图大小制作的幻灯片效果，而图 18-59 所示为将图片裁剪放大后，并删除图片不需要的部分后制作的幻灯片效果，相对于裁剪前的效果，裁剪后的图片视觉效果更具冲击力。

图 18-58

图 18-59

一般情况下，图片默认是长方形的，但是有时候需要将图片裁剪成指定的形状，如圆形、三角形，或者六边形，以满足一些特殊的需要。图 18-60 所示为没有裁剪图片的效果，感觉图片与右上角的形状不搭，而且图片中的文字也看不清楚。

图 18-60

如图 18-61 所示，将幻灯片中的图片裁剪成了“流程图：多文档”形状，并对图片的效果进行了简单设置，使幻灯片中的图片和内容看起来更加直观。

图 18-61

2. 图多不能乱

当一页幻灯片上有多张图片时，最忌随意、凌乱。通过裁剪、对齐，让这些图片以同样的尺寸大小整齐的排列，页面干净、清爽，观众看起来更轻松。如图 18-62 所示，采用经典九宫格排版方式，每一张图片都是同样的大小。也可将其中一些图片替换为色块，做一些变化。

图 18-62

如图 18-63 所示，将图片裁剪为同样大小的圆形整齐排列，针对不同内容，也可裁剪为其他各种形状。

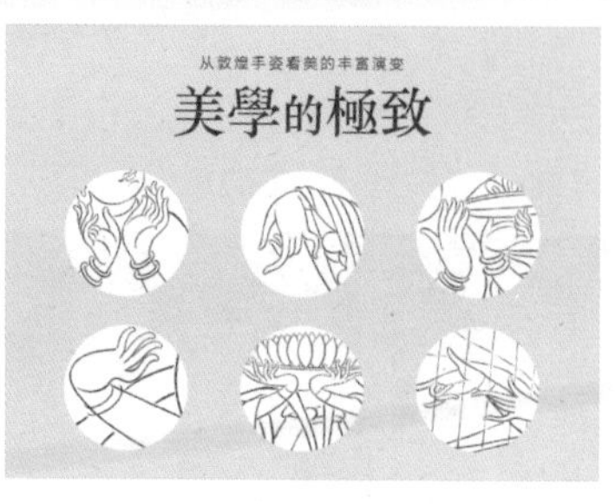

图 18-63

如图 18-64 所示，图片与形状、线条搭配，在整齐的基础上做出设计感。

图 18-64

但有时图片有主次、重要程度等方面的不同，可以在确保页面依然规整的前提下，打破常规、均衡的结构，单独将某些图片放大来排版，如图 18-65 所示。

图 18-65

某些内容还可以巧借形状，将图片排得更有造型。如图 18-66 所示，在电影胶片的形状上排 LOGO 图片，图片多的时候还可以让这些图片沿直线路径移动，展示所有图片。

图 18-66

如图 18-67 所示，图片沿着斜向上方向呈阶梯排版，图片大小变化，呈现更具真实感的透视效果。

图 18-67

图 18-68 所示为圆弧形图片排版，以“相交”的方法将图片裁剪在圆弧上。在较正式场合、轻松的场合均可使用。

图 18-68

当一页幻灯片上图片非常多时，还可以参考照片墙的排版方式，将图片排出更多花样。图 18-69 所示为心形排版，每一张图可等大，也可大小错落。能够表现亲密、温馨的感觉。

图 18-69

3. 一张图当 *N* 张用

当页面上仅有一张图片时，为了增强页面的表现力，通过多次的图片裁剪、重新着色等，也能排出多张图片的设计感。将猫咪图用平行四边形截成各自独立又相互联系的四张图，表现局部的美，又不失整体“萌”感，如图 18-70 所示。

图 18-70

图 18-71 所示为从一张完整的图片中截取多张并列关系的局部图片共同排版。

图 18-71

图 18-72 所示为将一张图片复制多份，选择不同的色调分别重新着色排版的效果。

图 18-72

4. 利用 SmartArt 图形排版

如果不擅排版，也可以用 SmartArt 图形。SmartArt 本身预置了各种形状、图片排版方式，只需要将形状全部或部分替换填充为图片，即可轻松将图片排出丰富多样的版式，图 18-73 所示为竖图版式；图 18-74 所示为蜂巢版式。

图 18-73

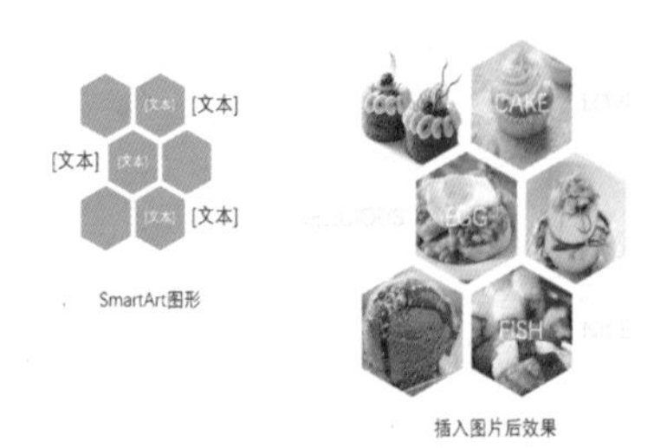

图 18-74

18.3.5 图表布局设计

在 PPT 中表现数据内容时，经常会使用到表格和图表，表格和图表的排版布局也会影响 PPT 的美观度。所以，在对 PPT 进行排版布局时，还要注意表格和图表的排列。

1. 表格中重要数据要强化

PPT 中每个表格体现的数据一般都较多，但在有限的时间内，观众能记忆的数据又比较有限，要想观众能快速记忆重要的数据，那么在制作表格时，一定要突出显示表格中的重要数据。突出表格数据时，既可通过字体、字号、字体颜色来突出显示，也可通过为表格添加底纹的方式来突出显示。图 18-75 所示为原表效果；图 18-76 所示为突出重要内容后的效果。

2016年销售额统计

	第一季度	第一季度	第一季度	第一季度	总销售额
北京	3596	3590	3634	3500	14320
上海	3620	3490	3588	3770	14468
深圳	3580	3500	3540	3460	14080
天津	3490	3428	4490	3539	14947
重庆	3485	3470	3437	3590	13982

图 18-75

2016年销售额统计

	第一季度	第一季度	第一季度	第一季度	总销售额
北京	3596	3590	3634	3500	14320
上海	3620	3490	3588	3770	14468
深圳	3580	3500	3540	3460	14080
天津	3490	3428	4490	3539	14947
重庆	3485	3470	3437	3590	13982

图 18-76

2. 表格美化有诀窍

在 PPT 设计中，表格是一个很棘手的设计元素，因为很多人在设计 PPT 其他页面时，设计得非常美观，但一遇到表格，就很难出彩。要想使表格页像其他页面一样美观，不能只是简单地为表格应用自带的样式，还需要根据整个幻灯片的色彩搭配风格，更换线条粗细、背景色彩等，自行进行调整美化。下面介绍 4 种经典的表格美化方法。

（1）头行突出。

很多情况下，表格的头行（或头行下的第一行）都要作为重点，这时可通过大字号、大行距、设置与表格其他行对比强烈的背景色等设计来进行突出。突出头行，也是增强表格设计感的一种方式。图 18-77 所示为头行行高增大，以单一色彩突出的表格效果。

图 18-77

图 18-78 所示为头行行高增大，以多种色彩突出的表格效果。

图 18-78

（2）行行区隔。

当表格的行数较多时，为便于查看，可对表格中的行设置两种色彩进行规范，相邻的行用不同的背景色，使行与行之间区别出来。若行数相对较少，且行高较大时，每一行用不同的颜色也有不错的效果，但这需要较好的色彩驾驭能力。图 18-79 所示为幻灯片中表格行数较多，头行以下的行采用灰色、乳白色两种颜色进行区别。

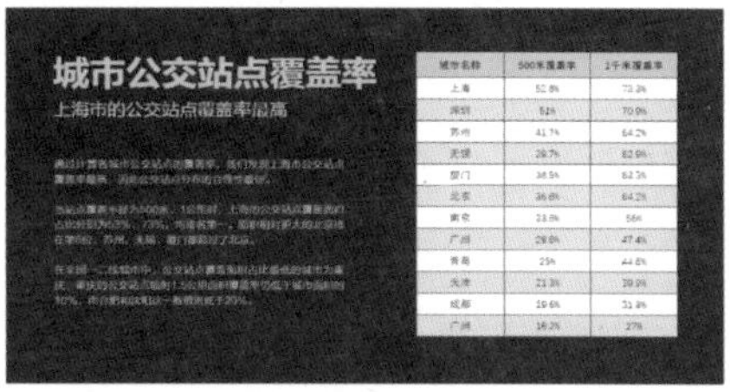

图 18-79

图 18-80 所示的幻灯片中表格头行下每一个部分的行分别采用一种颜色。

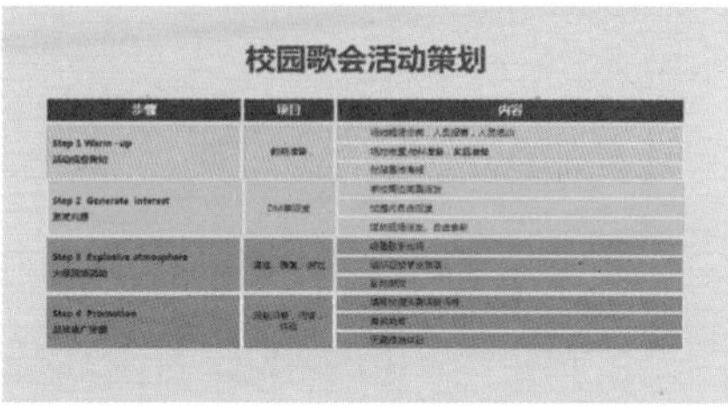

图 18-80

（3）列列区别。

当表格的目的在于表现表格各列信息的对比关系时，可对表格各列设置多种填充色（或同一色系下不同深浅度的多种颜色）。这样既便于查看列的信息，也实现了对表格的美化，图 18-81 所示为各列设置为不同的填充色。

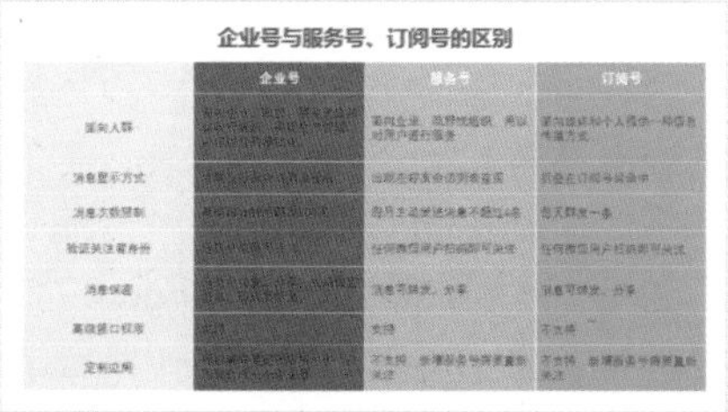

图 18-81

（4）简化。

当单元格中的内容相对简单时，可取消内部的边框以简化表格，也能达到美化的效果。医疗表格、学术报告中的表格等数据类表格多用简化型表格，如图 18-82 所示。

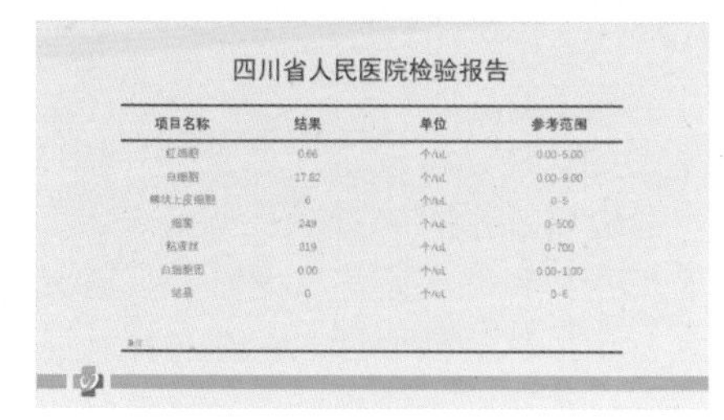

四川省人民医院检验报告

项目名称	结果	单位	参考范围
红细胞	0.66	个/uL	0.00-5.00
白细胞	17.82	个/uL	0.00-9.00
鳞状上皮细胞	6	个/uL	0-5
细菌	249	个/uL	0-500
粘液丝	319	个/uL	0-700
白细胞团	0.00	个/uL	0.00-1.00
结晶	0	个/uL	0-6

图 18-82

3. 图表美化的 3 个方向

要想使图表与表格一样既能准确表达内容，同时又能给人以美好的视觉感受，那么可以通过 3 个方向来对图表进行美化。

（1）统一配色。

根据整个 PPT 的色彩应用规范来设置 PPT 中所有图表的配色。配色统一，能够增强图表的设计感，显得比较专业。图 18-83 所示的同一份 PPT 的 4 页幻灯片出自 Talkingdata，其中的图表配色都采用了蓝、绿、白、灰的搭配方式，与整个幻灯片的色彩搭配相协调。

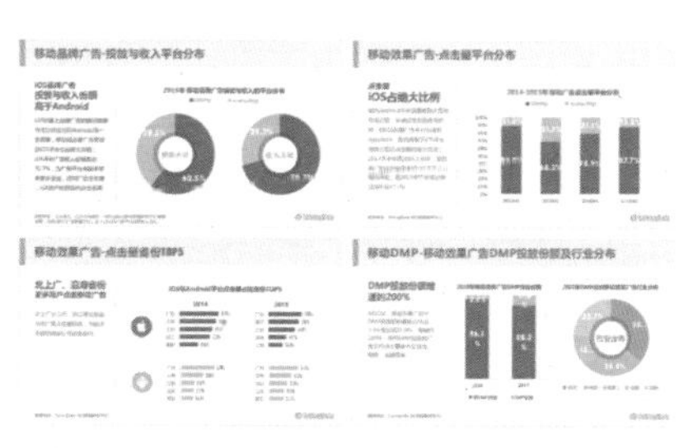

图 18-83

（2）图形或图片填充。

新手在制作折线图的时候可能都会碰到这样一个问题：折线的连接点不明显。图 18-84 所示的幻灯片数据来源于国家统计局，虽然幻灯片图表中添加了数据标签，但某些位置的连接点并不明确，如折线上 60~70 岁的位置。

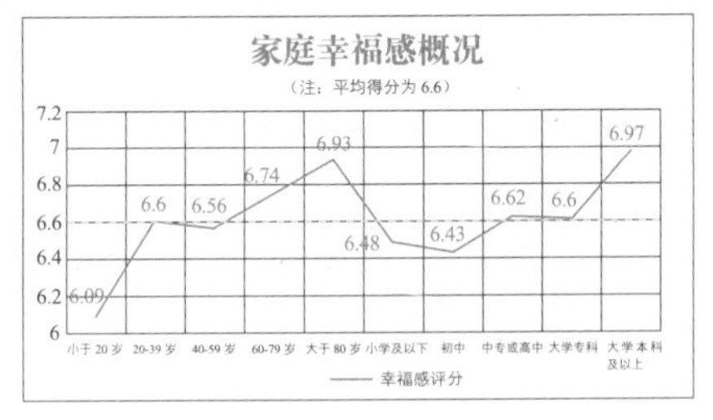

图 18-84

如何让这些连接点更明显一些？是通过添加形状的方式一个点一个点添加吗？当然不必这么麻烦。只需要画一个形状（如心形），然后复制这个形状至剪贴板，再选中折线上的所有连接点（单击一次其中的一个连接点），按【Ctrl+V】组合粘贴，即可将这个形状设置为折线的连接点，效果如图 18-85 所示。这就是利用图形填充的方法来实现对图表的美化。

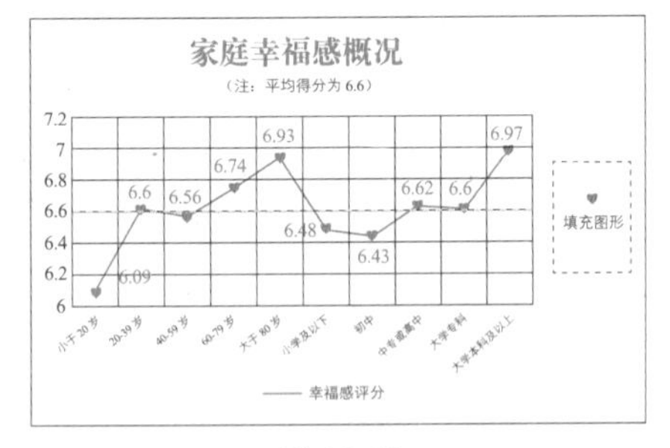

图 18-85

柱形图、条形图等其他各类图表都能以图形填充的方式来美化。例如，如图 18-86 所示（幻灯片数据来源于新华网数据新闻），将幻灯片中的条形图中的柱形分别以不同颜色的三角形复制、粘贴，图形填充，即可得到如图 18-87 所示的效果。

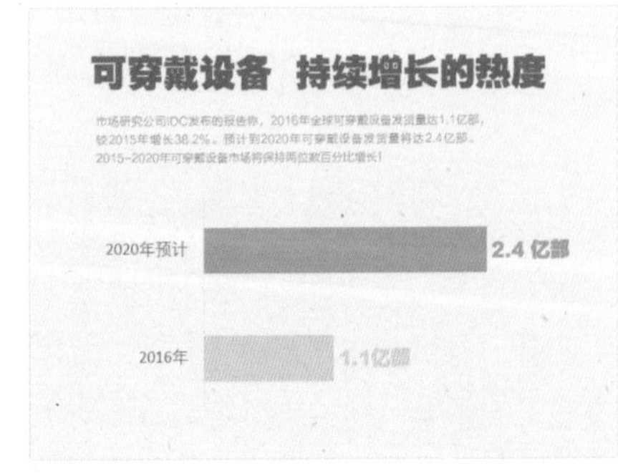

图 18-86

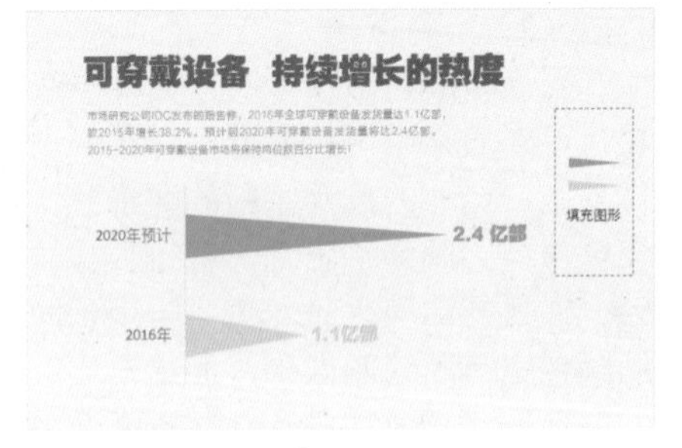

图 18-87

除了可使用图形对图表进行填充外，还可使用图片对图表进行填充，使图表更形象，观众看到图表就能快速想到对应的产品等。图 18-88 所示的是使用智能手环图片填充的图表效果。

图 18-88

（3）借图达意。

在 PPT 中，很多类型的图表都有立体感的子类型，将这种立体感的图表结合具有真实感的图片结合起来，巧妙将图片作为图表的背景使用，使图表场景化。这对于美化图表有时能够产生奇效，给人眼前一亮的感觉。如图 18-89 所示（幻灯片数据来源于腾讯大数据），在立体感的柱形图下添加一张平放的手机图片，再对图表的立体柱稍微添加一点阴影效果，这样就将图表与图巧妙地结合起来了。

此外，还可以将图片直接与数据紧密结合起来，图即是图表，图表即图，生动达意。图 18-90 所示的幻灯片是由俄罗斯人 Anton Egorov 制作的，看起来十分有趣的农业图表作品。

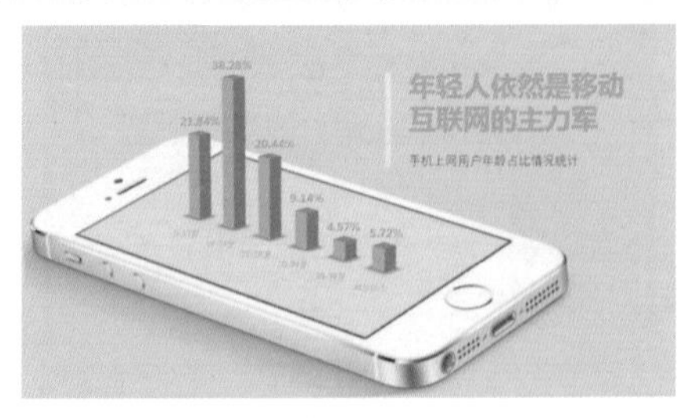

图 18-89

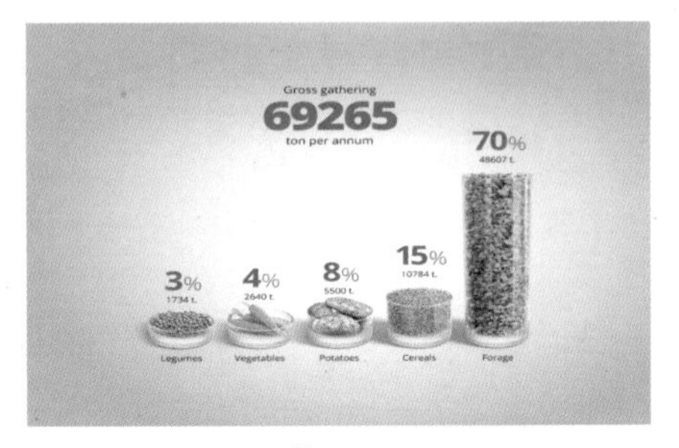

图 18-90

18.3.6 图文混排布局设计

图文混排是指将文字与图片混合排列，是 PPT 排版布局中极为重要的一项技术，它不仅影响 PPT 的美观度，还影响信息的传递，所以，合理的布局可以让 PPT 更出彩。

1. 为文字添加蒙版

PPT 中所说的蒙版是指半透明的模板，也就是将一个形状设置为无轮廓半透明状态，在 PPT 排版过程中经常使用。

在图文混排的 PPT 中，当需要突出显示文字内容时，就可为文字添加蒙版，使幻灯片中的文字内容突出显示。图 18-91 所示的是没有为文字添加蒙版的效果；图 18-92 所示的是为文字添加蒙版后的效果。

图 18-91

技术看板

蒙版并不局限于文字内容的多少，当幻灯片中的文字内容较多，且文字内容不易阅读和查看时，也可为文字内容添加蒙版进行突出显示。

图 18-92

2. 专门划出一块空间放置文字

当 PPT 页面中背景图片的颜色较丰富，在图片上放置的文字内容不能查看时，可以根据文字内容的多少将其置于不同的形状中，然后设置好文字和形状的效果，使形状、文字与图片完美地结合在一起。

当幻灯片中的文字内容较少时，可以采用在每个字下面添加色块的方式来使文字突出，也可以将所有文字放置在一个色块中进行显示。图 18-93 所示的就是将文字内容放置在圆形色块中显示。

图 18-93

当幻灯片中有大段文字时，可以用更大的色块遮盖图片上不重要的部分进行排版，效果如图 18-94 所示。

图 18-94

3. 虚化文字后面的图片

虚化图片是指将图片景深变浅，凸显出图片上的文字或图片中的重要部分。图 18-95 所示为没有虚化图片的幻灯片效果；图 18-96 所示为虚化图片后的幻灯片效果。

图 18-95

图 18-96

除了对图片的整体进行虚化外，还可只虚化图片中不重要的部分，将重要的部分凸显出来，如图 18-97 所示。

图 18-97

4. 为图片添加蒙版

在 PPT 页面中除了可通过为文本添加蒙版突出内容外，还可为图片添加蒙版，以降低图片的明亮度，使图片整体效果没那么鲜艳。图 18-98 所示的是没有为图片添加蒙版的效果。

图 18-98

图 18-99 所示的是为图片添加蒙版后的效果，凸显出了图片上的文字。

图 18-99

图片中除了可添加与图片相同大小的蒙版外，还可根据需要只为图片中需要的部分添加蒙版，并且一张图片可添加多个蒙版，如图 18-100 所示。

图 18-100

18.4 PPT 六大派作品赏析

对于不知道怎么制作出好 PPT 的初学者来说，可以多借鉴或欣赏网上一些好的 PPT 作品，以提高 PPT 制作水平。随着 PPT 的不断发展，PPT 形成了众多的流派，它们各具特色，用户也可多学习和借鉴。

18.4.1 全图风格——最震撼

全图风格是指整个 PPT 页面以一张图片为背景，配有少量文字或不配文字，全图风格的 PPT 类似于海报的效果，能带来强大的视觉冲击力，可以将观众的注意力迅速集中在一个主题上。图 18-101 所示为别克英朗 XT 的产品发布会 PPT。

图 18-101

全图风格的 PPT 具有以下几个特点。

- 页面直观易懂：全图风格的 PPT 页面冲击力强，视觉效果更震撼，也更能吸引观众的注意力，图片基本传递出文字需要传递的信息。
- 页数多，换页快：全图风格的 PPT 每页幻灯片中要传递的信息有限，所以，幻灯片的页数比较多，页面转换也非常快。
- 文字说明不多：全图风格的 PPT 主要以图片为主，文字为辅，所以，每页幻灯片中包含的文字内容较少，阅读起来也比较快。
- 图片质量要求较高：全图风格的 PPT 中图片是整页幻灯片的重点，图片中的细节需要让观众清楚看到，对图片本身的要求也较高，不仅需要图片的质量较高，还要求图片能体现出要传递的信息。
- 适用场合有限：全图风格的 PPT 主要适用于产品展示、企业宣传、作品赏析等 PPT，以及 PPT 封面。

18.4.2 图文风格——最常用

图文风格是指 PPT 页面中有图有文字，图片和文字基本上各占一半，图片主要辅助文字进行说明，是 PPT 中最常用的一种风格，主要以内容页幻灯片为主。图文风格 PPT 主要以上文下图、左文右图、右文左图为主。图 18-102 所示为右文左图的幻灯片。

图 18-102

18.4.3 扁平风格——最流行

扁平是指去除冗余、厚重和繁杂的装饰效果，让“信息”本身重新作为核心被凸显出来，所有元素看起来更加干净、简洁。据说其设计来源于手机操作系统的界面，是近年来最为流行的一种风格，也是设计界的一个流行趋势，受到很多设计师的喜爱和追捧。图 18-103 所示的 PPT 采用的就是扁平化风格。

扁平风格的 PPT 页面中一般选择字形纤细的字体，这样可以减少受众认识负荷，简化演示，突出内容。

图 18-103

18.4.4 大字风格——最另类

大字风格就是常说的高桥流风格，是一种与一般主流演示方式完全不同的方法，使用 HTML（一种网页设计语言）制作幻灯片，并用极快的节奏配上巨大的文字进行演示，为观众带来巨大的视觉冲击力，如图 18-104 所示。

图 18-104

大字风格的 PPT 不需要太多的美化，也不需要花费很多时间，制作起来非常简单，PPT 中的文字内容虽然不多，但却能带来强大的震撼力，快速将观众的注意力吸引到 PPT 中。但是，将大字风格用在商务演示 PPT 中，似乎过于另类，可能许多观众无法接受，而且，在演示这类风格的 PPT 时，演讲者一定要有清晰的逻辑和节奏，否则观众很难记住传达的观点。

18.4.5 复古风格——最怀旧

复古风格 PPT 是指页面中大量使用中国传统元素，如书法字体、水墨画、剪纸、油纸伞、梅花、中国结、宣纸等，它会给人大气、高雅的感觉。如图 18-105 所示（来源于睿创 PPT），幻灯片中的图片给人一种水墨画的感觉。

图 18-105

18.4.6 手绘风格——最轻松

手绘风格 PPT 给人一种很轻松的感觉，具有很强的亲和力，该类风格多用于培训教学、公益宣传等 PPT，如图 18-106 所示。

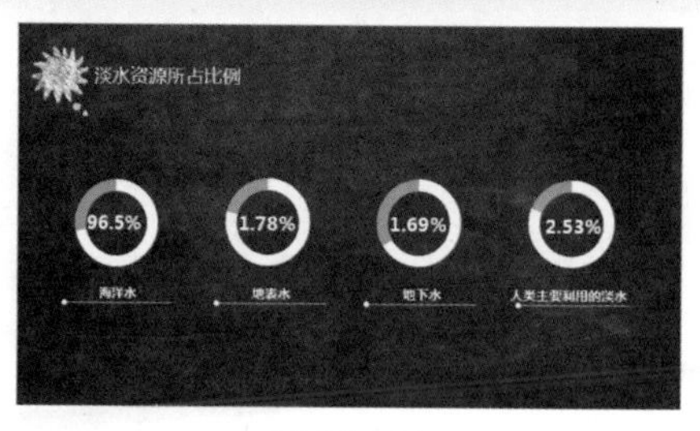

图 18-106

本章小结

本章主要讲解了 PPT 设计与排版布局的相关知识，通过本章内容的学习，相信读者能快速对 PPT 进行排版布局，制作出精美的 PPT。

第19章 PPT 的编辑与制作

- 在幻灯片中可以通过哪几种方式输入文本？
- 通过哪几种方式可以移动和复制幻灯片？
- 幻灯片中文本的字体格式和段落格式怎么设置？
- 演示文稿中的字体能不能进行替换？
- 怎么快速根据幻灯片中的内容设计出满意的幻灯片效果？

本章主要讲解幻灯片的基本操作方法、幻灯片页面与主题的设置方法、幻灯片文本的输入与格式设置方法以及幻灯片母版的设置等，以便用户快速制作出文本型的幻灯片。

19.1 幻灯片的基本操作

幻灯片是演示文稿的主体，所以，要想使用 PowerPoint 2016 制作演示文稿，就必须掌握幻灯片的一些基本操作，如新建、移动、复制和删除等。下面将对幻灯片的基本操作进行讲解。

19.1.1 选择幻灯片

在演示文稿中，要想对幻灯片进行操作，首先需要选择幻灯片。选择幻灯片主要包括 3 种情况，分别是选择单张幻灯片、选择多张幻灯片和选择所有幻灯片，下面分别进行介绍。

1. 选择单张幻灯片

选择单张幻灯片的操作最为简单，用户只需在演示文稿界面左侧幻灯片窗格中单击需要的幻灯片，即可将其选中，如图 19-1 所示。

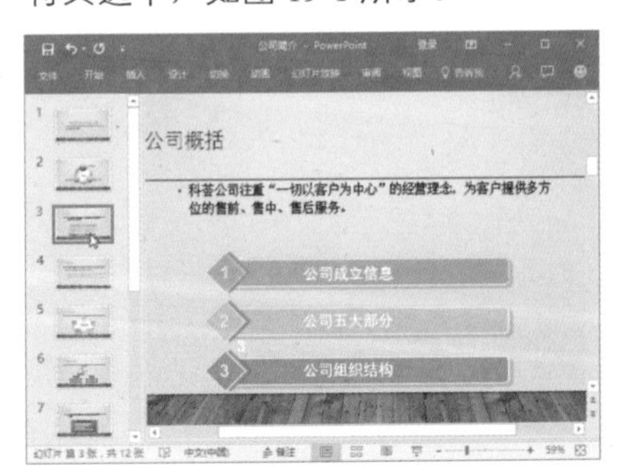

图 19-1

2. 选择多张幻灯片

选择多张幻灯片又分为选择多张连续的幻灯片和选择多张不连续的幻灯片两种，分别介绍如下。

- 选择多张不连续的幻灯片时，先按住【Ctrl】键不放，然后在幻灯片窗格中依次单击需要选择的幻灯片即可，如图 19-2 所示。

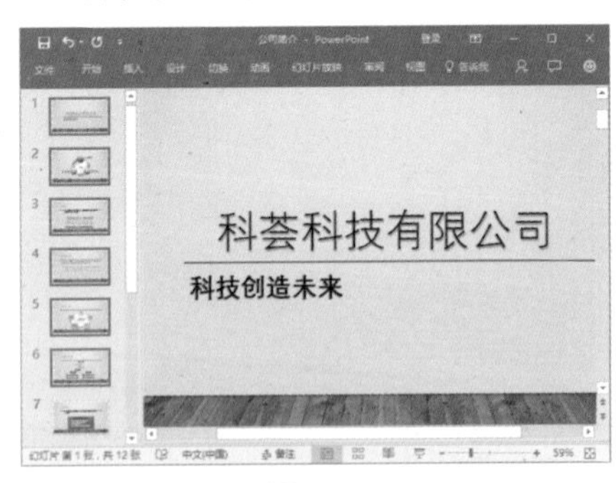

图 19-2

- 选择多张连续的幻灯片时，先选择第一张幻灯片，然后按住【Shift】键不放，在幻灯片窗格中单击最后一张幻灯片，即可选择这两张幻灯片之间的所有幻灯片，效果如图 19-3 所示。

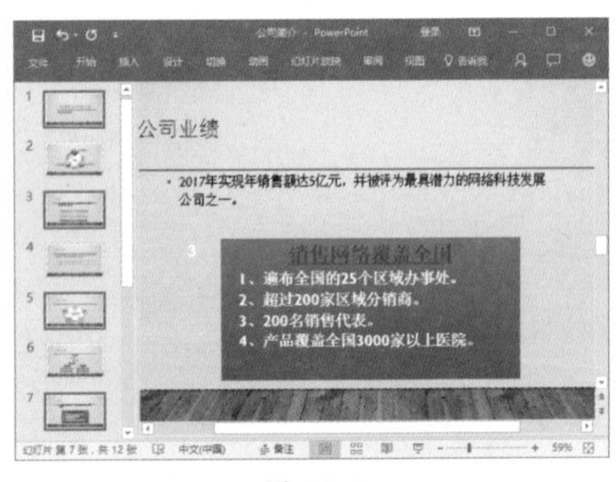

图 19-3

3. 选择所有幻灯片

如果需要选择所有幻灯片，可单击【开始】选项卡【编辑】组中的【选择】按钮，在弹出的下拉菜单中选择【全选】选项，如图 19-4 所示，即可选择演示文稿中的所有幻灯片。

技术看板

在幻灯片编辑区中按【Ctrl+A】组合键，或配合【Shift】键，也能快速选择演示文稿中的所有幻灯片。

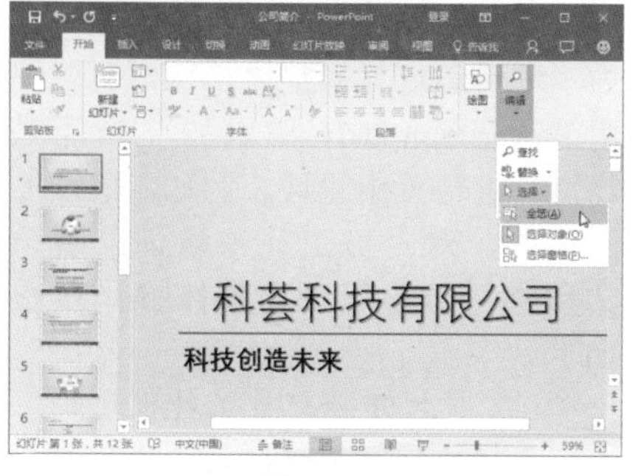

图 19-4

★ 重点 19.1.2 实战：新建幻灯片

实例门类	软件功能
教学视频	光盘\视频\第 19 章\19.1.2.mp4

在制作和编辑演示文稿的过程中，如果演示文稿中的幻灯片不够，用户可以根据需要进行新建。在 PowerPoint 2016 中既可新建默认版式的幻灯片，也可新建指定版式的幻灯片。例如，在“公司简介”演示文稿中新建两张幻灯片，具体操作步骤如下。

Step 01 打开“光盘\素材文件\第 19 章\公司简介.pptx”文件，❶ 选择第 1 张幻灯片，❷ 单击【开始】选项卡【幻灯片】组中的【新建幻灯片】按钮，如图 19-5 所示。

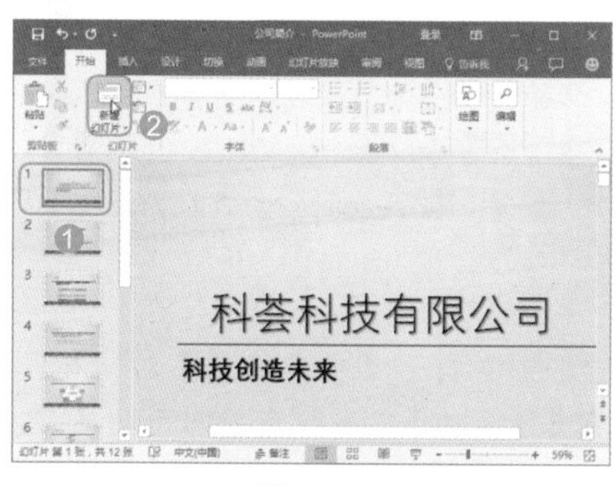

图 19-5

Step 02 即可在第 1 张幻灯片下面新建一张默认版式的幻灯片，如图 19-6 所示。

Step 03 ❶ 选择第 5 张幻灯片，❷ 单击【开始】选项卡【幻灯片】组中的【新建幻灯片】下拉按钮，❸ 在弹出的下拉列表中选择需要新建幻灯片的版式，如选择【两栏内容】命令，如图 19-7 所示。

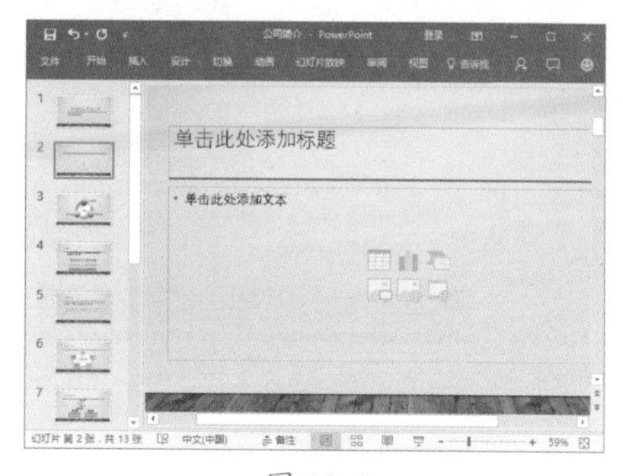

图 19-6

技术看板

新建默认版式的幻灯片是指根据上一张幻灯片的版式来决定新建幻灯片的版式，而不能自由决定新建幻灯片的版式。

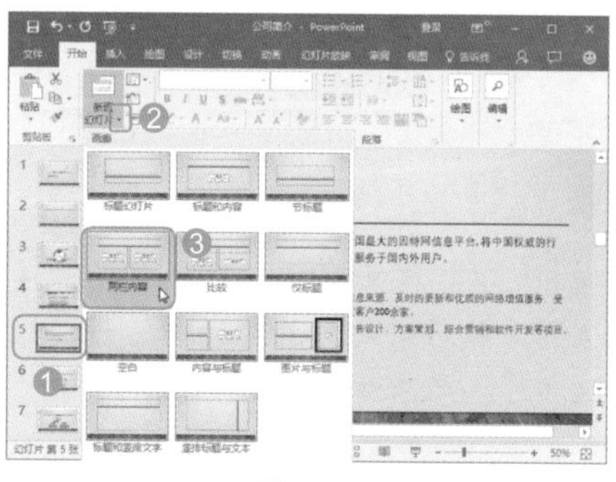
图 19-7

技术看板

新建幻灯片时，在幻灯片窗格空白区域右击，在弹出的快捷菜单中选择【新建幻灯片】命令，也可在所选幻灯片下面新建一张默认版式的幻灯片。

Step 04 即可在第 5 张幻灯片下面新建一张带两栏内容的幻灯片，效果如图 19-8 所示。

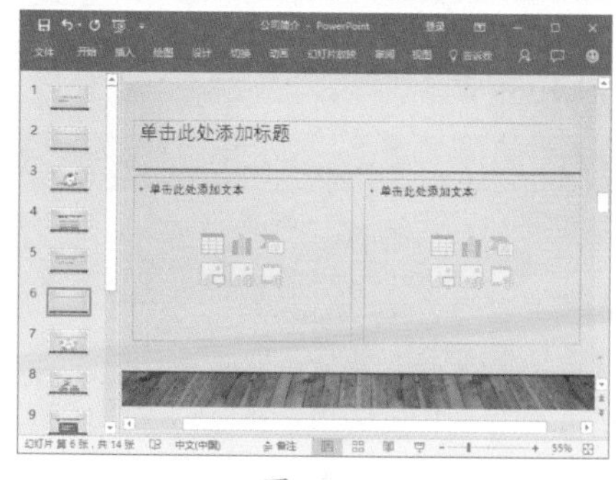

图 19-8

技能拓展——删除幻灯片

对于演示文稿中多余的幻灯片，可将其删除。其方法是：在幻灯片窗格中选中需要删除的幻灯片，然后按【Delete】键或【BackSpace】键即可。

★ 重点 19.1.3 实战：移动和复制幻灯片

实例门类	软件功能
教学视频	光盘\视频\第 19 章\19.1.3.mp4

当制作的幻灯片位置不正确时，可以通过移动幻灯片的方法将其移动到合适位置；而对于制作结构与格式相同的幻灯片时，可以直接复制幻灯片，然后对其内容进行修改，以达到快速创建幻灯片的目的。例如，在“员工礼仪培训”演示文稿中移动第 8 张幻灯片的位置，然后通过复制第 1 张幻灯片来制作第 12 张幻灯片，具体操作步骤如下。

Step 01 打开“光盘\素材文件\第 19 章\员工礼仪培训.pptx”文件，在幻灯片窗格中选择第 8 张幻灯片，将鼠标指针移动到所选幻灯片上，然后按住鼠标左键不放，将其拖动到第 10 张幻灯片下面，如图 19-9 所示。

Step 02 然后释放鼠标，即可将原来的第 8 张幻灯片移动到第 10 张幻灯片下面，并变成第 10 张幻灯片，如图 19-10 所示。

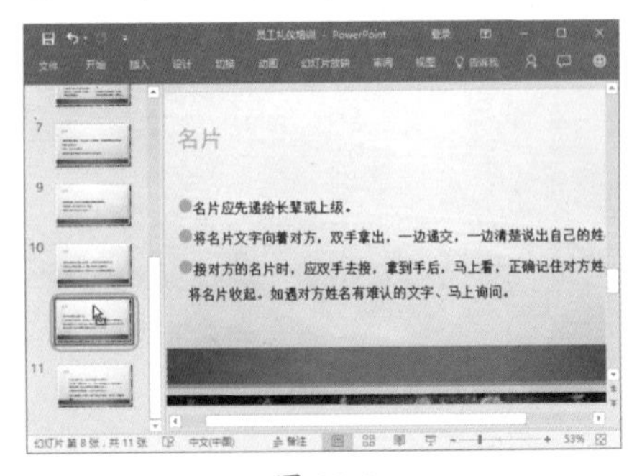

图 19-9

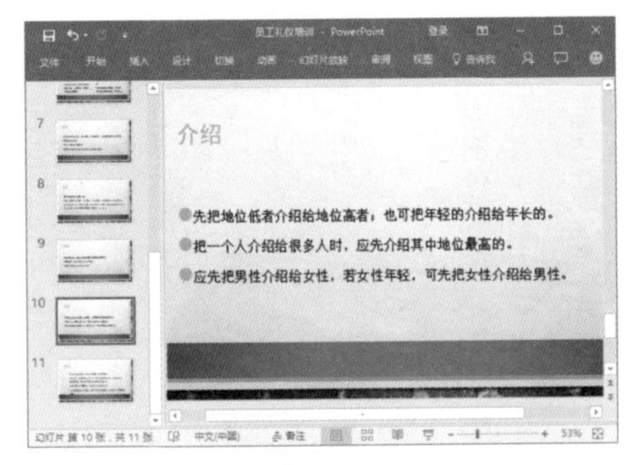

图 19-10

技术看板

拖动鼠标移动幻灯片的过程中按住【Ctrl】键，可复制幻灯片。

Step 03 选择第 1 张幻灯片并右击，在弹出的快捷菜单中选择【复制】命令，如图 19-11 所示。

图 19-11

技术看板

在快捷菜单中选择【复制幻灯片】命令，可直接在所选幻灯片下方粘贴复制的幻灯片。

Step 04 在幻灯片窗格中需要粘贴幻灯片的位置单击，即可出现一条红线，表示幻灯片粘贴的位置，如图 19-12 所示。

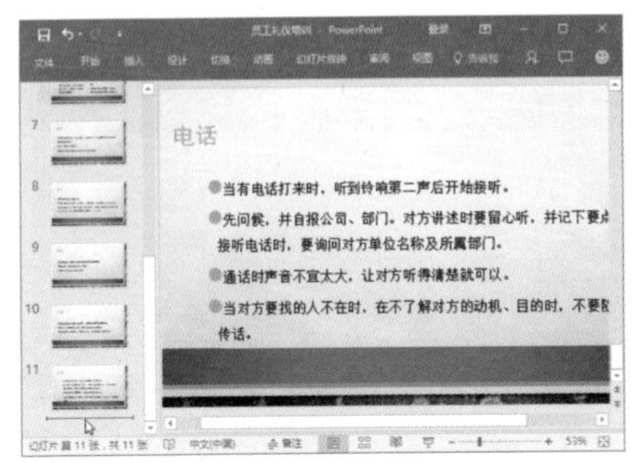

图 19-12

Step 05 在该位置右击，在弹出的快捷菜单中单击【保留源格式】图标，如图 19-13 所示。

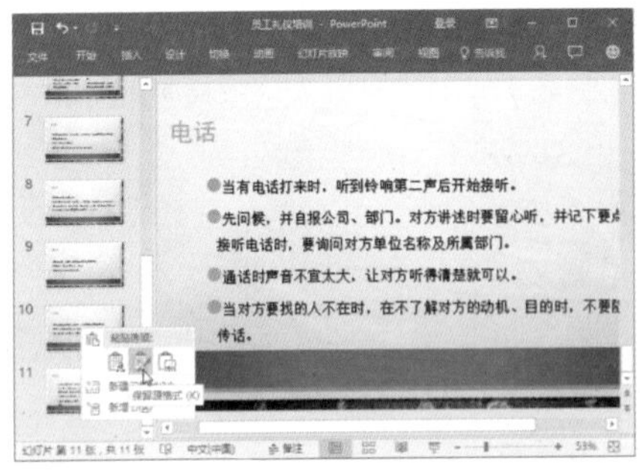

图 19-13

Step 06 即可将复制的幻灯片粘贴到该位置，然后对幻灯片中的内容进行修改即可，效果如图 19-14 所示。

图 19-14

19.1.4 实战：使用节管理幻灯片

实例门类	软件功能
教学视频	光盘\视频\第 19 章\19.1.4.mp4

当演示文稿中的幻灯片较多时，为了理清幻灯片的整体结构，可以使用 PowerPoint 2016 提供的节功能对幻灯片进行分组管理。例如，继续上例操作，对“员工礼仪培训”演示文稿进行分节管理，具体操作步骤如下。

Step 01 ❶ 在打开的“员工礼仪培训”演示文稿幻灯片窗格的第 1 张幻灯片前面的空白区域单击，出现一条红线，❷ 单击【开始】选项卡【幻灯片】组中的【节】按钮，❸ 在弹出的下拉菜单中选择【新增节】命令，如图 19-15 所示。

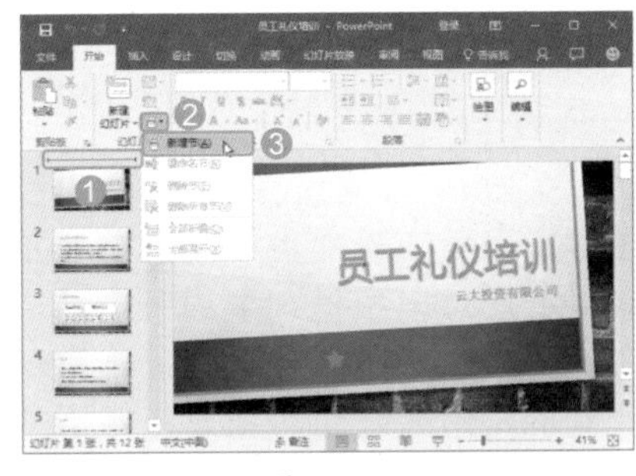

图 19-15

Step 02 此时，红线处增加一个节，在节上右击，在弹出的快捷菜单中选择【重命名节】命令，如图 19-16 所示。

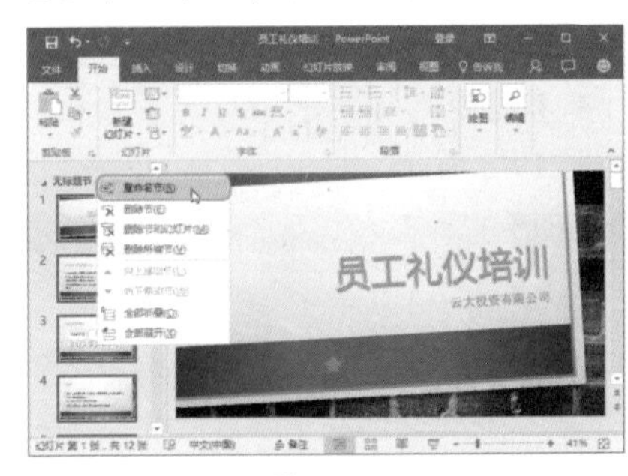

图 19-16

Step 03 ❶ 打开【重命名节】对话框，在【节名称】文本框中输入节的名称，如输入【第一节】，❷ 单击【重命名】按钮，如图 19-17 所示。

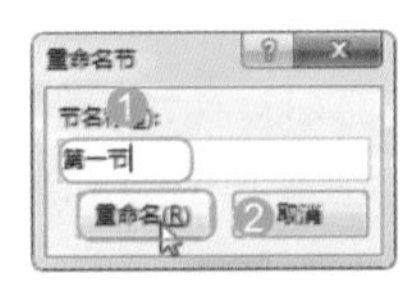

图 19-17

Step04 ❶ 此时，节的名称将发生变化，然后在第 3 张幻灯片后面单击，进行定位，❷ 单击【幻灯片】组中的【节】按钮，❸ 在弹出的下拉菜单中选择【新增节】命令，如图 19-18 所示。

Step05 即可新增一个节，并对节的名称进行命名，然后再在第 6 张幻灯片后面新增一个名为【第三节】的节，效果如图 19-19 所示。

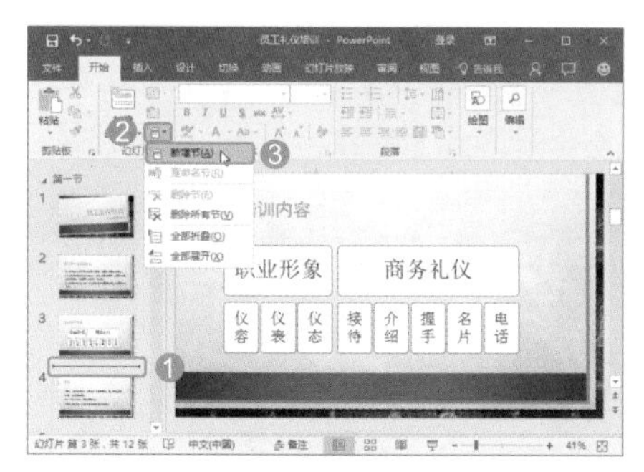

图 19-18

技术看板

单击节标题前的◢按钮，可折叠节；单击▷按钮，可展开节。

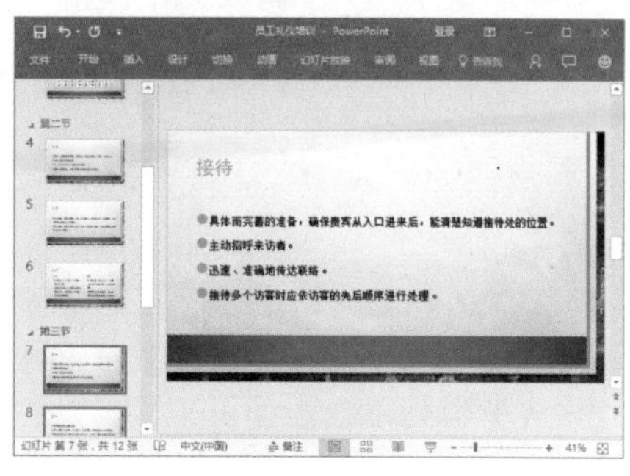

图 19-19

技能拓展——删除节

对于错误的节或不用的节，为了方便管理，可以将其删除。其方法是：选中需要删除的节并右击，在弹出的快捷菜单中选择【删除节】命令，可删除当前选择的节；若选中【删除所有节】命令，则会删除演示文稿中的所有节。

19.2 幻灯片页面与主题设置

掌握幻灯片的基本操作后，还需要对幻灯片的大小、幻灯片中的版式、背景格式、主题等进行相应的设置，使幻灯片页面效果能满足用户的需要。

19.2.1 设置幻灯片大小

实例门类	软件功能
教学视频	光盘\视频\第 19 章\19.2.1.mp4

PowerPoint 2016 中默认的幻灯片大小为宽屏（16 ： 9），当默认的幻灯片大小不能满足需要时，可以自定义幻灯片的大小。例如，自定义“企业介绍”演示文稿中的幻灯片大小，具体操作步骤如下。

Step01 打开“光盘\素材文件\第 10 章\企业介绍 .pptx”文件，❶ 单击【设计】选项卡【自定义】组中的【幻灯片大小】按钮，❷ 在弹出的下拉菜单中选择【自定义幻灯片大小】命令，如图 19-20 所示。

Step02 ❶ 打开【幻灯片大小】对话框，在【宽度】数值框中输入幻灯片宽度值，如输入【33】，❷ 在【高度】数值框中输入幻灯片高度值，如输入【19】，❸ 单击【确定】按钮，如图 19-21 所示。

图 19-20

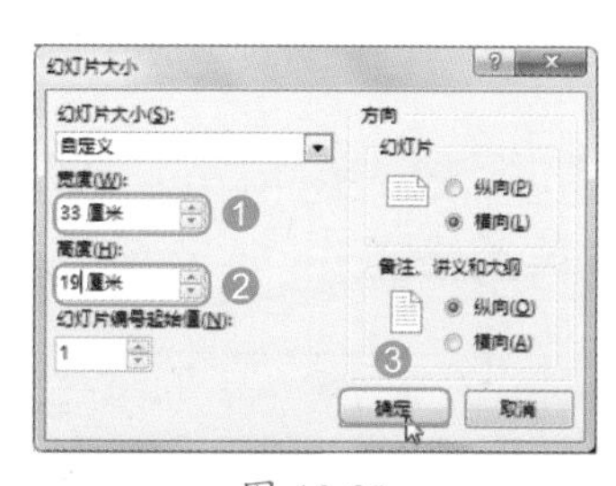

图 19-21

Step03 打开【Microsoft PowerPoint】对话框，提示是按最大化内容进行缩放还是按比例缩小，这里单击【确保适合】图标，如图 19-22 所示。

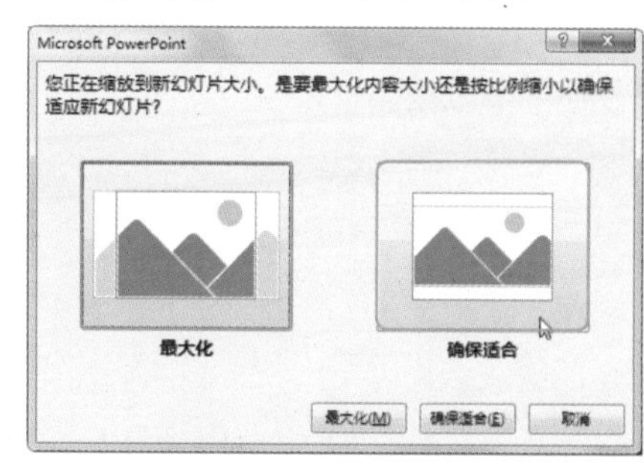

图 19-22

技术看板

【最大化】会使幻灯片内容充满整个页面；【确保适合】则会按比例缩放幻灯片大小，以确保幻灯片中的内容能适应新幻灯片大小。

Step04 即可将幻灯片调整到自定义的大小，效果如图 19-23 所示。

图 19-23

19.2.2 实战：更改幻灯片版式

实例门类	软件功能
教学视频	光盘\视频\第 19 章\19.2.2.mp4

用户可以根据幻灯片中的内容对幻灯片版式进行更改，使幻灯片中内容的排版更合理。例如，继续上例操作，对"企业介绍"演示文稿中部分幻灯片的版式进行修改，具体操作步骤如下。

Step01 ❶ 在打开的"企业介绍"演示文稿中选择需要更改版式的幻灯片，如选择第 12 张幻灯片，❷ 单击【开始】选项卡【幻灯片】组中的【版式】按钮，❸ 在弹出的下拉列表中选择需要的版式，如选择【1- 标题和内容】命令，如图 19-24 所示。

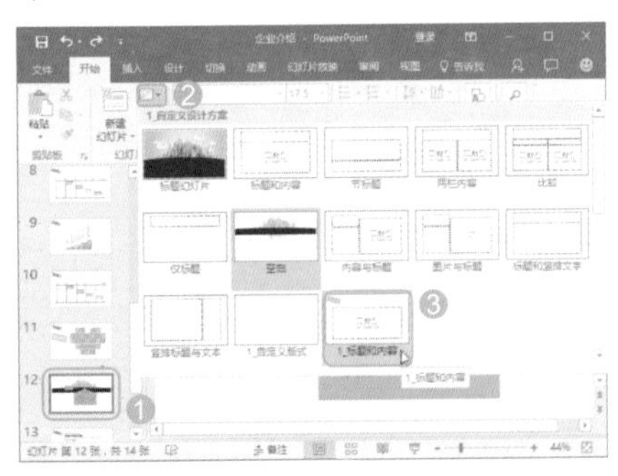

图 19-24

Step02 即可将所选版式应用于幻灯片，然后删除幻灯片中多余的占位符，效果如图 19-25 所示。

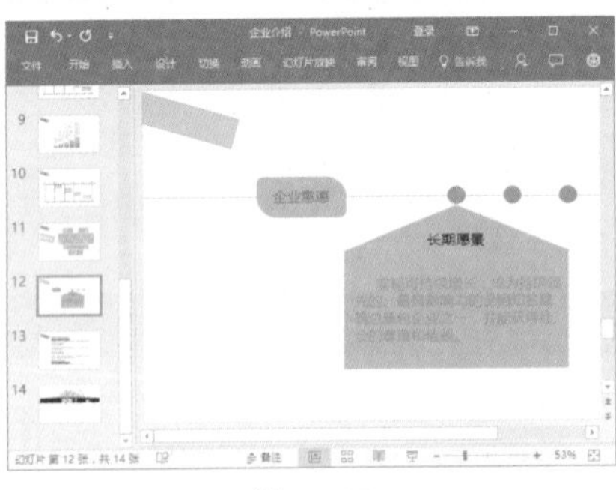

图 19-25

Step03 ❶ 选择第 14 张幻灯片，❷ 单击【开始】选项卡【幻灯片】组中的【版式】按钮，❸ 在弹出的下拉列表中选择【标题幻灯片】命令，如图 19-26 所示。

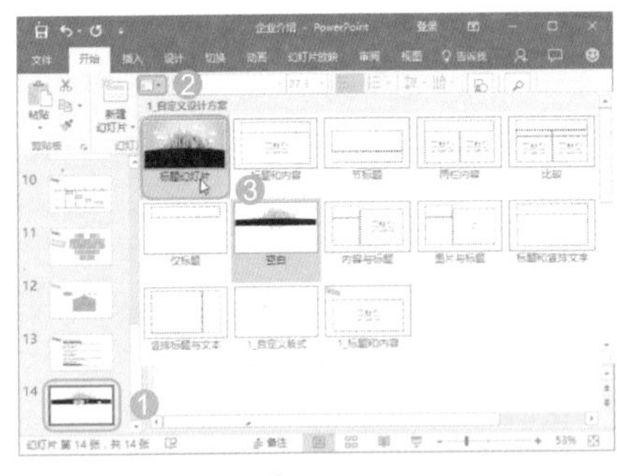

图 19-26

Step04 即可将所选版式应用于幻灯片，然后删除幻灯片中多余的占位符，并将【谢谢】文本移动到黑色背景上，效果如图 19-27 示。

图 19-27

★ 重点 19.2.3 实战：设置幻灯片背景格式

实例门类	软件功能
教学视频	光盘\视频\第 19 章\19.2.3.mp4

设置幻灯片背景格式是指将幻灯片默认的纯白色背景设置为其他填充效果，如纯色填充、渐变填充、图片或纹理填充、图案填充等，用户可根据自己的需求选择不同的填充效果，使幻灯片版面更美观。例如，在"电话礼仪培训"演示文稿中使用图片填充幻灯片背景，具体操作步骤如下。

Step01 打开"光盘\素材文件\第 19 章\电话礼仪培训 .pptx"文件，单击【设计】选项卡【自定义】组中的【设置背景格式】按钮，如图 19-28 所示。

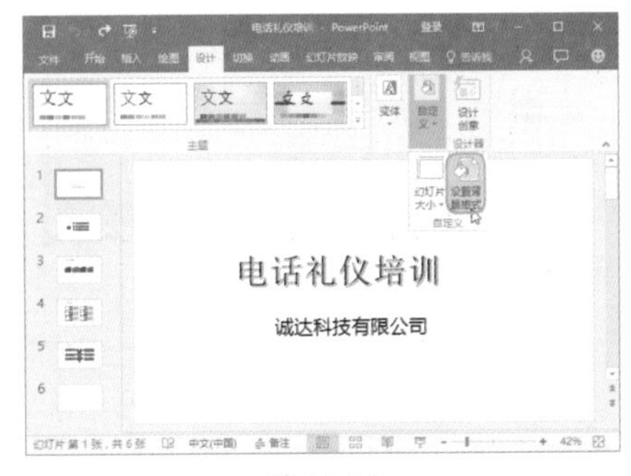

图 19-28

Step02 ❶ 打开【设置背景格式】任务窗格，在【填充】栏中选中【图片或纹理填充】单选按钮，❷ 在【插入图片来自】栏中单击【文件】按钮，如图 19-29 所示。

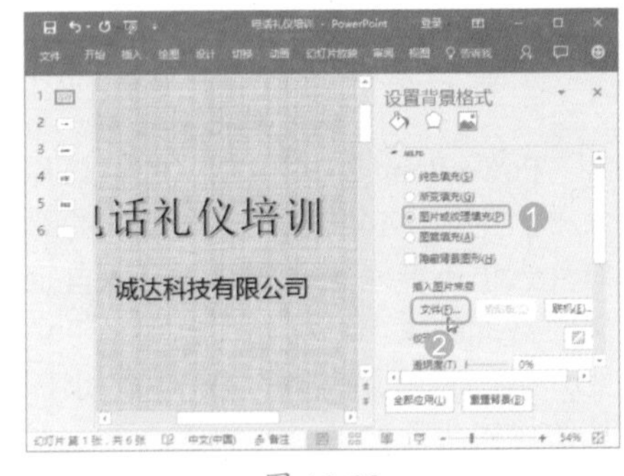

图 19-29

技术看板

若单击【联机】按钮，打开【插入图片】对话框，在搜索框中输入要查找图片的关键字，单击【搜索】按钮，即可在线搜索相关图片，并可将需要的图片填充为幻灯片背景。

Step03 ❶ 打开【插入图片】对话框，在地址栏中设置图片所保存的位置，❷ 选择需要插入的图片【背景】，❸ 单击【插入】按钮，如图 19-30 所示。

图 19-30

Step04 即可将选择的图片填充为第 1 张幻灯片的背景，然后单击【设置背景格式】任务窗格中的【全部应用】按钮，如图 19-31 所示。

图 19-31

Step05 即可将第 1 张幻灯片的背景效果应用到其他幻灯片中，然后选择第 2 张至第 6 张幻灯片，在【设置背景格式】任务窗格中将图片【透明度】调整为【60】，设置图片的透明度，效果如图 19-32 所示。

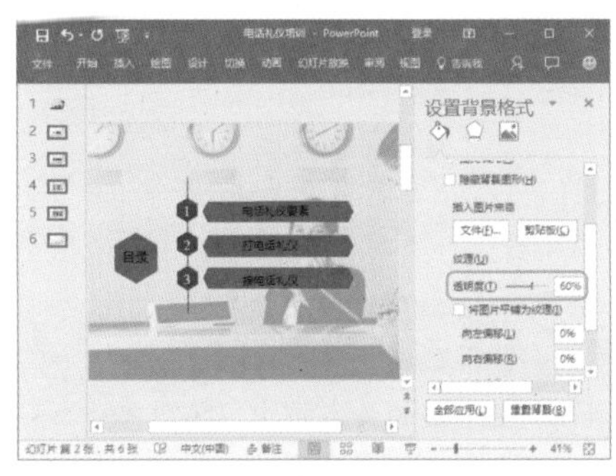

图 19-32

★ 重点 19.2.4 实战：为幻灯片应用内置主题

实例门类	软件功能
教学视频	光盘\视频\第 19 章\19.2.4.mp4

PowerPoint 2016 中提供了很多内置主题，通过应用这些主题，可快速改变幻灯片的整体效果。例如，为“会议简报”演示文稿应用内置的主题，具体操作步骤如下。

Step01 打开“光盘\素材文件\第 19 章\会议简报.pptx”文件，在【设计】选项卡【主题】组中单击【其他】按钮，在弹出的下拉列表中显示了提供的主题样式，选择需要的主题样式，如选择【视差】选项，如图 19-33 所示。

图 19-33

Step02 即可为演示文稿中的所有幻灯片应用选择的主题，效果如图 19-34 所示。

图 19-34

19.2.5 实战：更改主题的变体

实例门类	软件功能
教学视频	光盘\视频\第 19 章\19.2.5.mp4

有些主题还提供了变体功能，使用该功能可以在应用主题效果后，对其中设计的变体进行更改，如背景颜色、形状样式上的变化等。例如，继续上例操作，对“会议简报”演示文稿中主题的变体进行更改，具体操作步骤如下。

Step01 在打开的“会议简报”演示文稿中的【设计】选项卡【变体】组中的列表中选择需要的主题变体，如选择第 3 种，如图 19-35 所示。

图 19-35

Step02 即可将主题的变体更改为选择的变体，效果如图 19-36 所示。

图 19-36

技能拓展——设置变体颜色和字体

当默认的变体效果不能满足需要时，用户可自行对变体颜色和字体进行设置。其方法是：在【变体】下拉菜单中若选择【颜色】命令，在弹出的子菜单中可选择主题颜色；若选择【字体】命令，在弹出的子菜单中可选择主题需要的字体。

19.3 在幻灯片中输入文本

文本是演示文稿的主体，演示文稿要展现的内容及要表达的思想，主要通过文字表达出来并让受众接受，所以，在制作幻灯片时，首先需要做的就是在各张幻灯片中输入相应的文本内容。

★ 重点 19.3.1 实战：在标题占位符中输入文本

实例门类	软件功能
教学视频	光盘\视频\第 19 章\19.3.1.mp4

占位符是幻灯片自带的，并且输入的文本具有一定格式，所以通过占位符输入文本是最常用，也是最简单的方法。例如，在新建的"红酒会宣传方案"演示文稿第 1 张幻灯片的占位符中输入文本，具体操作步骤如下。

Step01 新建一个名为【红酒会宣传方案】的空白演示文稿，选择第 1 张幻灯片中的标题占位符，在该占位符中单击，即可将鼠标光标定位到占位符中，然后输入需要的文本，这里输入【红酒会宣传方案】，如图 19-37 所示。

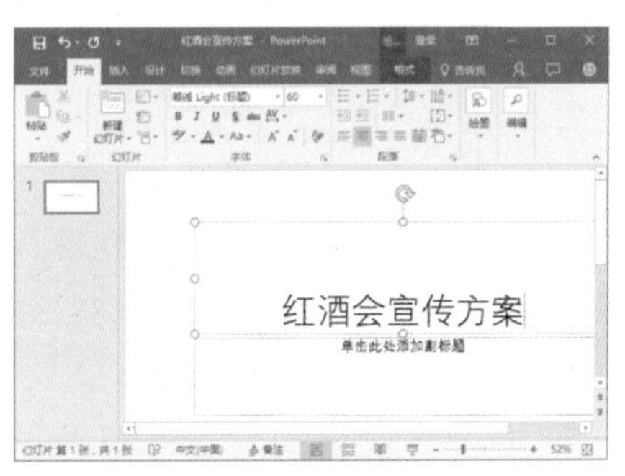

图 19-37

> **技术看板**
>
> 幻灯片中的占位符分为标题占位符（单击此处添加标题 / 单击此处添加副标题）、内容占位符（单击此处添加文本）两种，而且在内容占位符中还提供了一些对象图标，单击相应的图标，可快速添加一些对象。

Step02 选择第 1 张幻灯片中的副标题占位符，单击该占位符，即可将鼠标光标定位到占位符中，然后输入需要的文本，这里输入【中国酒业博览会】，效果如图 19-38 所示。

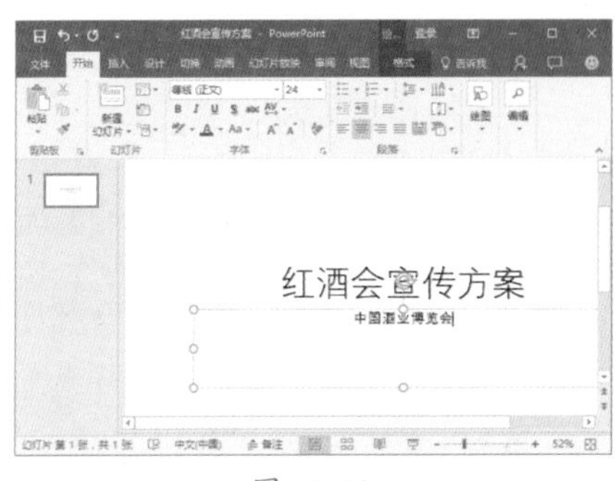

图 19-38

19.3.2 实战：通过文本框输入文本

实例门类	软件功能
教学视频	光盘\视频\第 19 章\19.3.2.mp4

当幻灯片中的占位符不够或需要在幻灯片中的其他位置输入文本时，则可使用文本框，相对于占位符来说，使用文本框可灵活创建各种形式的文本，但要使用文本框输入文本，首先需要绘制文本框，然后才能在其中输入文本。例如，继续上例操作，在"红酒会宣传方案"演示文稿的标题页幻灯片中绘制一个文本框，并在文本框中输入相应的文本，具体操作步骤如下。

Step01 在打开的"红酒会宣传方案"演示文稿中单击【插入】选项卡【文本】组中的【文本框】按钮，如图 19-39 所示。

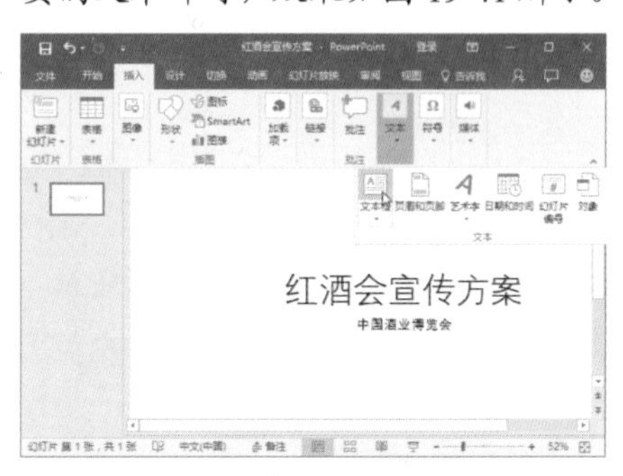

图 19-39

Step02 此时鼠标指针变成+形状，将鼠标指针移动到幻灯片需要绘制文本框的位置，然后按住鼠标左键不放进行拖动，如图 19-40 所示。

图 19-40

Step03 拖动到合适位置释放鼠标，即可绘制一个横排文本框，并将鼠标光标定位到横排文本框中，然后输入需要的文本即可，效果如图 19-41 所示。

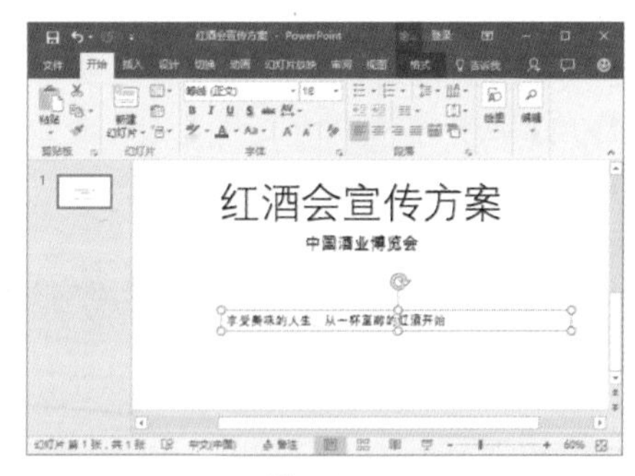

图 19-41

> **技术看板**
>
> 在绘制的文本框中，不仅可以输入文本，还可插入图片、形状、表格等对象。

19.3.3 实战：通过大纲窗格输入文本

实例门类	软件功能
教学视频	光盘\视频\第 19 章\19.3.3.mp4

当幻灯片中需要输入的文本内容较多，可通过大纲视图中的大纲窗格进行输入，这样方便查看和修改演示文稿中所有幻灯片中的文本内容。例如，继续上例操作，在“红酒会宣传方案”演示文稿大纲视图的大纲窗格中输入文本，创建第 2 张幻灯片，具体操作步骤如下。

Step01 在打开的“红酒会宣传方案”演示文稿中单击【视图】选项卡【演示文稿视图】组中的【大纲视图】按钮，如图 19-42 所示。

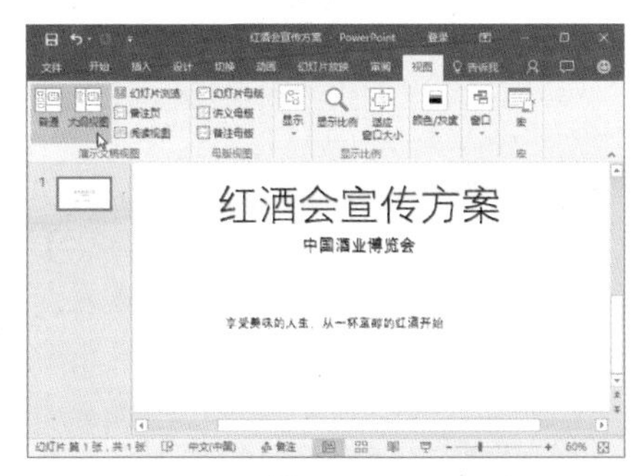

图 19-42

Step02 进入到大纲视图，将鼠标光标定位到左侧幻灯片大纲窗格的【中国酒业博览会】文本后面，如图 19-43 所示。

Step03 按【Ctrl+Enter】组合键，即可新建一张幻灯片，将鼠标光标定位到新建的幻灯片后面，输入幻灯片标题，如图 19-44 所示。

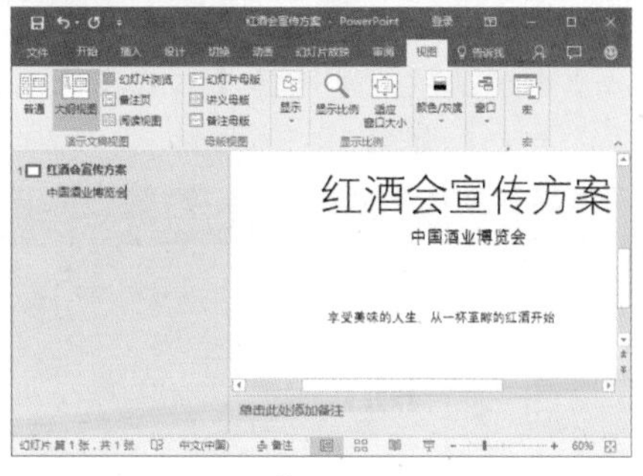

图 19-43

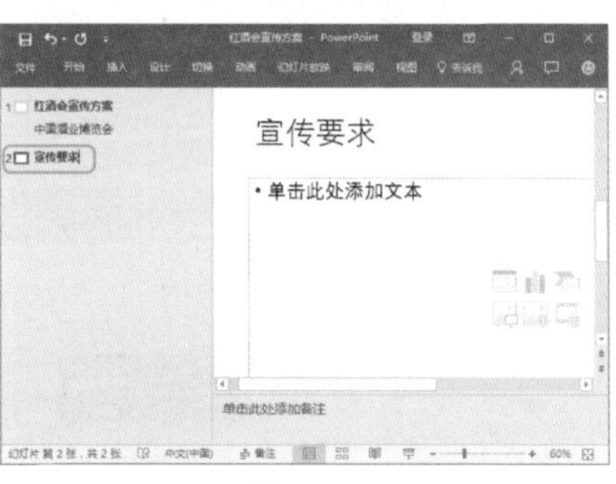

图 19-44

技术看板

在幻灯片大纲窗格中输入文本后，在幻灯片编辑区的占位符中将显示对应的文本。

Step04 按【Enter】键，即可在第 2 张幻灯片下面新建一张幻灯片，如图 19-45 所示。

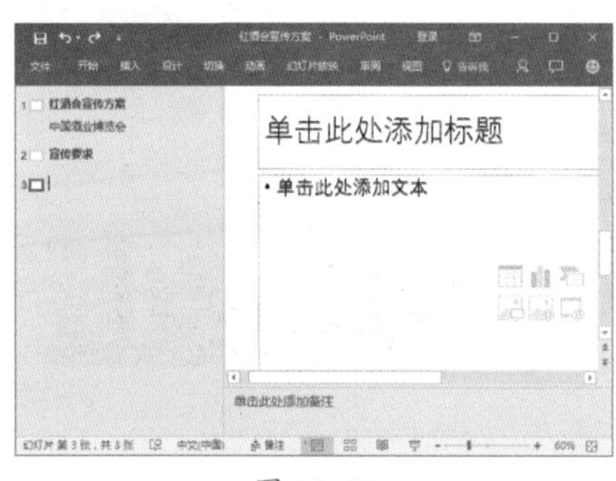

图 19-45

Step05 按【Tab】键，降低一级，原来的第 3 张幻灯片的标题占位符将变成第 2 张幻灯片的内容占位符，然后输入文本，效果如图 19-46 所示。

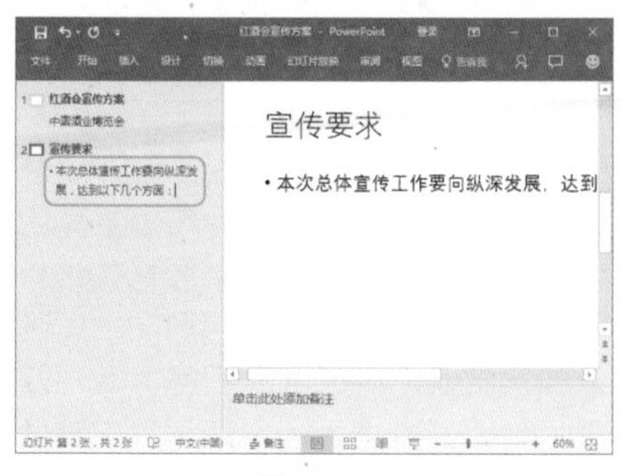

图 19-46

Step06 然后按【Enter】键进行分段，再按【Tab】键进行降级，然后继续输入幻灯片中需要的文本内容，效果如图 19-47 所示。

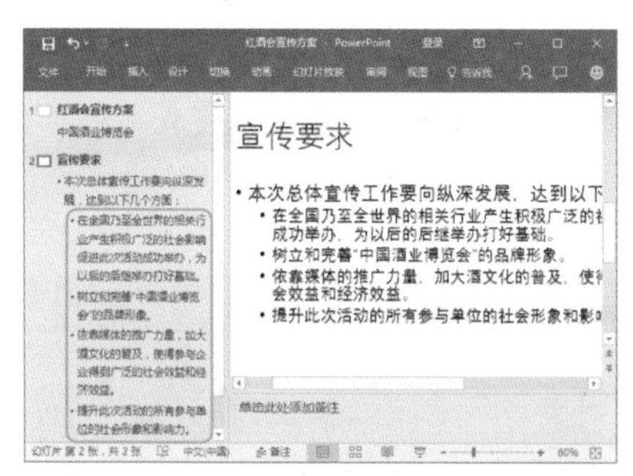

图 19-47

技术看板

在幻灯片大纲窗格中，只显示幻灯片占位符中的文本，不会显示幻灯片中的文本框、图片、形状、表格等对象。

19.4 设置幻灯片的文本格式

在幻灯片中输入文本后，还需要对文本的字体格式、段落格式等进行设置，以使幻灯片中的文本更规范、文本重点内容更突出。除此之外，还可结合艺术字的使用，使幻灯片中的文本更具艺术特色。

★ 重点 19.4.1 实战：设置幻灯片中文本的字体格式

实例门类	软件功能
教学视频	光盘\视频\第 19 章\19.4.1.mp4

在制作幻灯片的过程中，为了突出幻灯片中的标题、副标题等重点内容，通常需要对文本的字体格式进行设置，如字体、字号、字形和字体颜色等。例如，在“工程招标方案”演示文稿中设置文本的字体格式，具体操作步骤如下。

Step01 打开“光盘\素材文件\第 19 章\工程招标方案.pptx”文件，❶ 选择第 1 张幻灯片，❷ 选择标题占位符，在【开始】选项卡【字体】组中将字体设置为【微软雅黑】，❸ 将字号设置为【48】，❹ 单击【加粗】按钮B加粗文本，❺ 再单击【文字阴影】按钮S为占位符中的文本添加阴影效果，如图 19-48 所示。

图 19-48

Step02 ❶ 选择副标题占位符，将其字体设置为【微软雅黑】，❷ 字号设置为【28】，❸ 单击【字体】组中的【字体颜色】下拉按钮，❹ 在弹出的下拉列表中选择需要的字体颜色，如选择【标准色】栏中的【蓝色】命令，如图 19-49 所示。

Step03 ❶ 选择第 2 张幻灯片，选择【目录 Contents】文本，在【字体】组中将字体设置为【微软雅黑】，❷ 字号设置为【40】，❸ 单击【倾斜】按钮I倾斜文本，❹ 然后单击【更改大小写】按钮Aa，❺ 在弹出的下拉菜单中选择需要的选项，如选择【句首字母大写】命令，如图 19-50 所示。

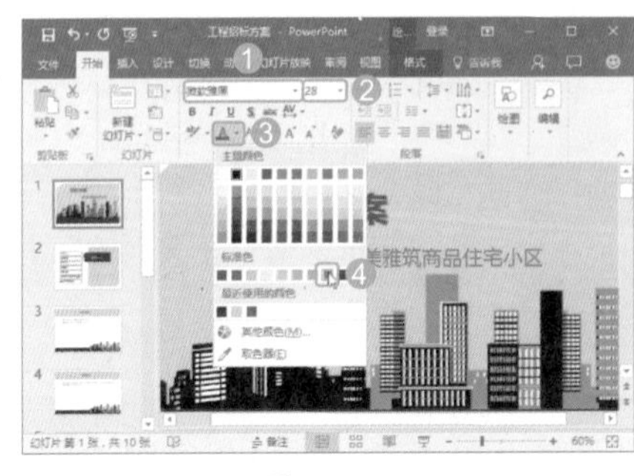

图 19-49

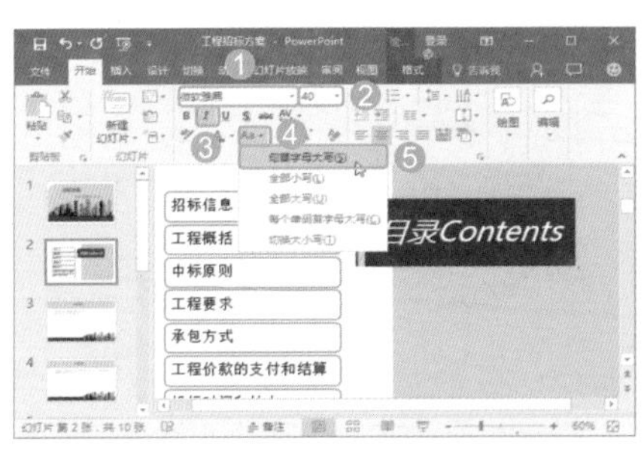

图 19-50

Step04 使用设置字体格式的方法，对演示文稿中其他幻灯片中文本的字体格式进行相应的设置，❶ 然后选择第 1 张幻灯片中的【招标方案】文本，❷ 单击【字体】组右下角的【功能扩展】按钮，如图 19-51 所示。

图 19-51

Step05 ❶ 打开【字体】对话框，选择【字符间距】选项卡，❷ 在【间距】下拉列表框中选择需要的间距设置选项，如选择【加宽】选项，❸ 在【度量值】数值框中设置加宽的大小，如输入【3】，❹ 单击【确定】按钮，如图 19-52 所示。

图 19-52

Step06 返回幻灯片编辑区，即可查看到设置【招标方案】字符间距后的效果，如图 19-53 所示。

图 19-53

Step07 ❶ 选择第 2 张幻灯片，❷ 选择【目录 Contents】文本，单击【字体】组中的【字符间距】按钮AV，❸ 在弹出的下拉菜单中选择需要的间距命令，如选择【很松】命令，所选文本的字符间距将随之发生变化，如图 19-54 所示。

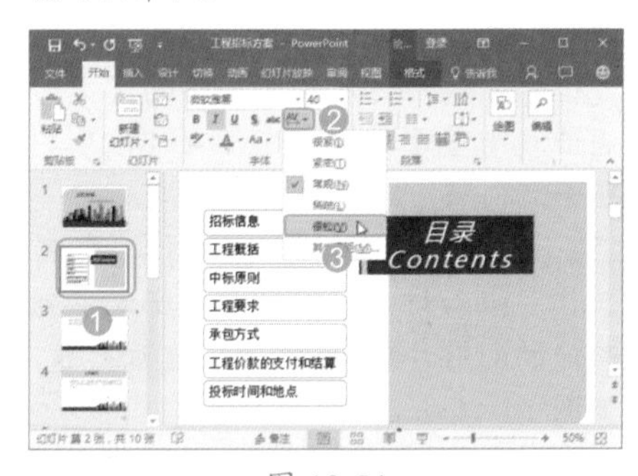

图 19-54

★ 重点 19.4.2 实战：设置幻灯片中文本的段落格式

实例门类	软件功能
教学视频	光盘\视频\第 19 章\19.4.2.mp4

除了需要对幻灯片中文本的字体格式进行设置外，还需要对文本的段落格式进行设置，包括对齐方式、段落缩进和间距、文字方向、项目符号和编号、分栏等，使各段落之间的层次结构更清晰。例如，在“市场拓展策划方案”演示文稿中对文本的段落格式进行相应的设置，具体操作步骤如下。

Step01 打开“光盘\素材文件\第 19 章\市场拓展策划方案.pptx”文件，❶ 选择第一张幻灯片中的标题占位符，单击【开始】选项卡【段落】组中的【居中】按钮，使文本居中对齐于占位符中，❷ 选择副标题占位符，单击【右对齐】按钮，即可使文本居于占位符右侧对齐，如图 19-55 所示。

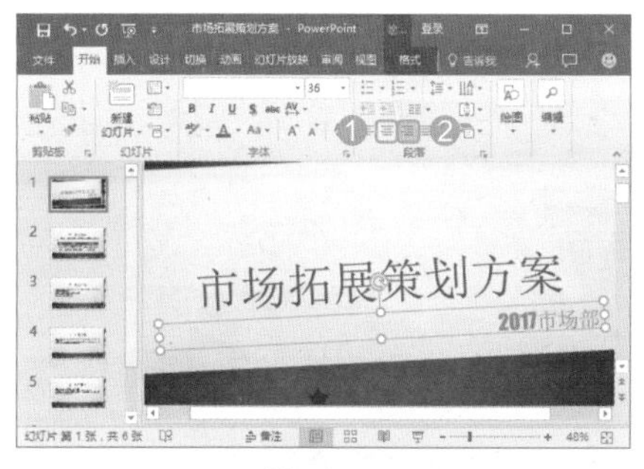

图 19-55

技术看板

设置幻灯片中段落的对齐方式时，其参考的对象是占位符，也就是说，段落会居于占位符的某一个方向对齐。

Step02 使用前面的方法对演示文稿中其他幻灯片段落设置不同的对齐方式，❶ 然后选择第 3 张幻灯片，❷ 选择内容占位符，❸ 单击【开始】选项卡【段落】组右下角的【功能扩展】按钮，如图 19-56 所示。

Step03 ❶ 打开【段落】对话框，在【缩进和间距】选项卡【文本之前】的数值框中输入文本缩进值，如输入【0.5】，❷ 在【特殊格式】下拉列表框中选择【首行缩进】选项，❸ 在其后的【度量值】数值框中输入首行缩进值，如输入【1.5】，❹【段前】和【段后】数值框中分别输入段落间距值，这里均输入【6】，❺ 单击【确定】按钮，如图 19-57 所示。

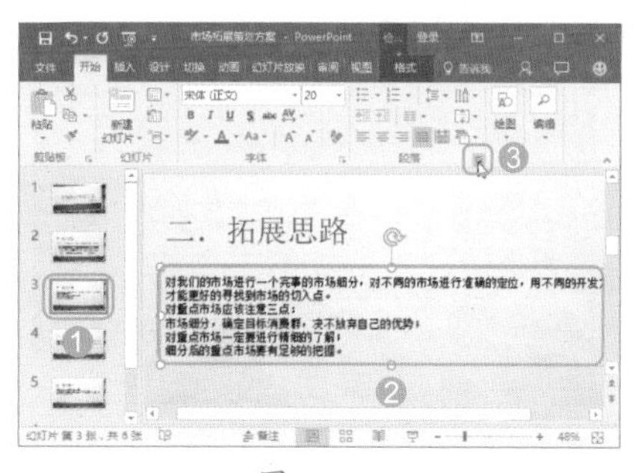

图 19-56

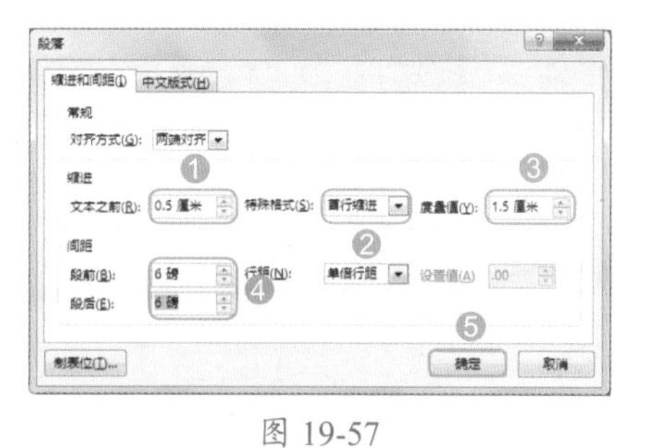

图 19-57

Step04 返回幻灯片编辑区，即可查看到设置段落缩进和间距的效果，❶ 然后单击【开始】选项卡【段落】组中的【行距】按钮，❷ 在弹出的下拉菜单中选择需要的行距命令，如选择【1.5】命令，如图 19-58 所示。

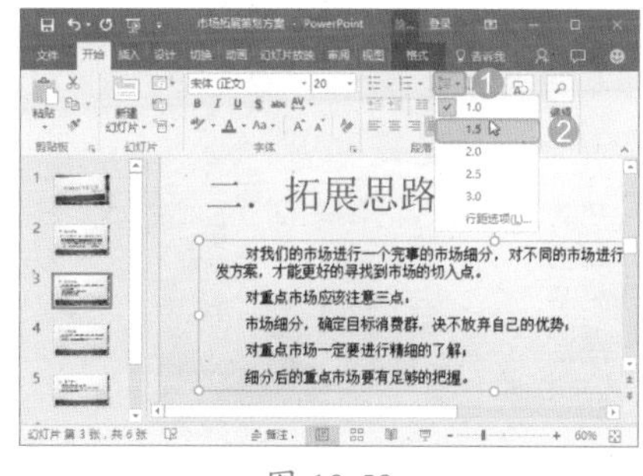

图 19-58

Step05 即可将幻灯片中段落行距设置为选择的行距，效果如图 19-59 所示。然后再使用前面的方法为其他幻灯片的段落设置相应的缩进、间距和行距。

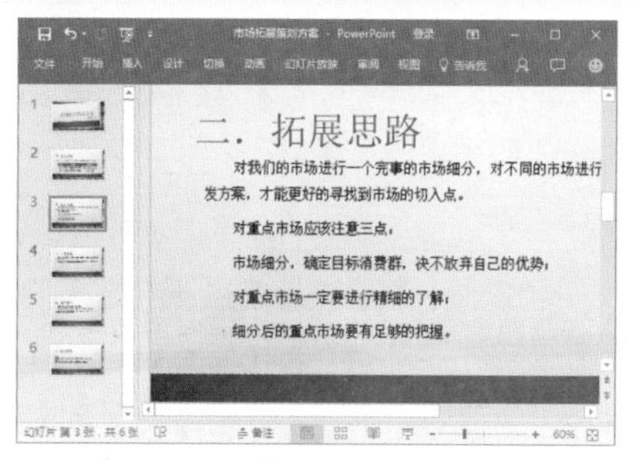

图 19-59

Step06 ❶ 选择第 4 张幻灯片，❷ 选择内容占位符，单击【段落】组中的【项目符号】下拉按钮，❸ 在弹出的下拉列表中显示了 PowerPoint 2016 内置的项目符号样式，选择需要的样式，如选择【箭头项目符号】命令，如图 19-60 所示。

图 19-60

Step07 选择第 5 张幻灯片，在【项目符号】下拉列表中选择【项目符号和编号】命令，打开【项目符号和编号】对话框，在【项目符号】对话框中单击【自定义】按钮，如图 19-61 所示。

图 19-61

Step08 ❶ 打开【符号】对话框，在【字体】下拉列表框中选择相应的字体选项，如选择【Wingdings】选项，

❷ 在其下方的列表中选择需要的符号，❸ 单击【确定】按钮，如图 19-62 所示。

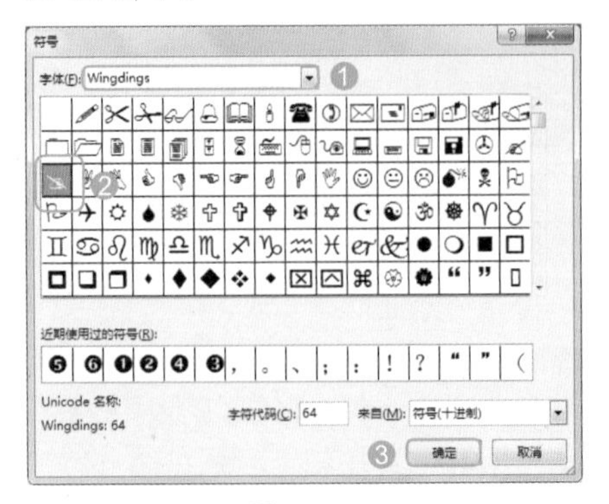

图 19-62

Step 09 返回【项目符号和编号】对话框，单击【确定】按钮，返回幻灯片编辑区，即可查看到为段落添加的项目符号效果，如图 19-63 所示。

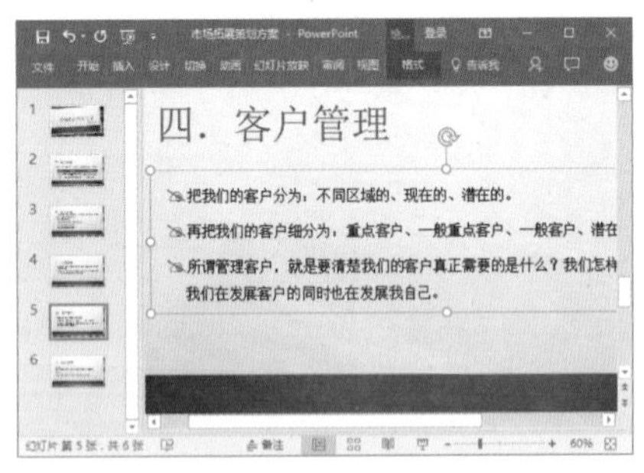

图 19-63

Step 10 ❶ 选择第 3 张幻灯片，❷ 选择内容占位符中需要添加编号的段落，单击【段落】组中的【编号】下拉按钮，❸ 在弹出的下拉列表中选择【项目符号和编号】命令，如图 19-64 所示。

图 19-64

Step 11 ❶ 打开【项目符号和编号】对话框，在【编号】选项卡中的列表框中选择需要的编号样式，❷ 在【大小】数值框中输入编号的大小值，如输入【140】，❸ 单击【确定】按钮，如图 19-65 所示。

图 19-65

Step 12 返回幻灯片编辑区，即可查看到添加编号后的效果，如图 19-66 所示。

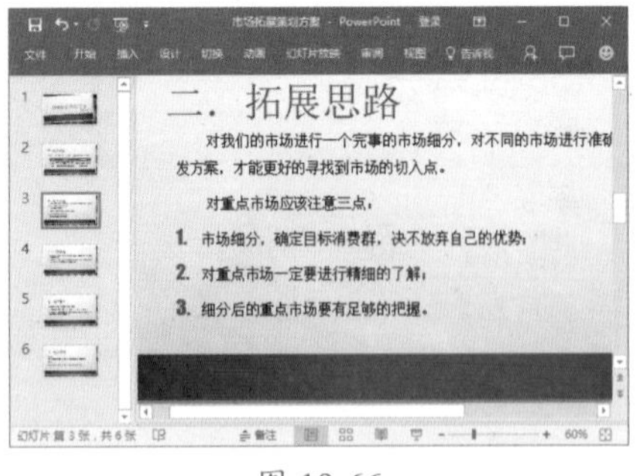

图 19-66

Step 13 ❶ 选择第 6 张幻灯片，❷ 选择内容占位符中需要添加编号的段落，单击【段落】组中的【编号】下拉按钮，❸ 在弹出的下拉列表中选择需要的编号样式，如图 19-67 所示。

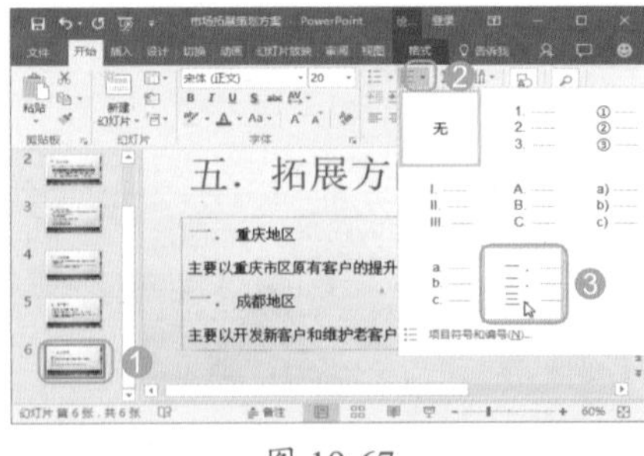

图 19-67

技术看板

由于选择添加编号的段落不是连续的，因此编号不能连续。

Step 14 ❶ 选择占位符中添加编号的第 2 段，打开【项目符号和编号】对话框，在【编号】选项卡中的【起始编号】数值框中输入编号的起始编号，这里输入【2】，❷ 单击【确定】按钮，如图 19-68 所示。

图 19-68

Step 15 返回幻灯片编辑区，即可查看到更改段落起始编号后的效果，如图 19-69 所示。

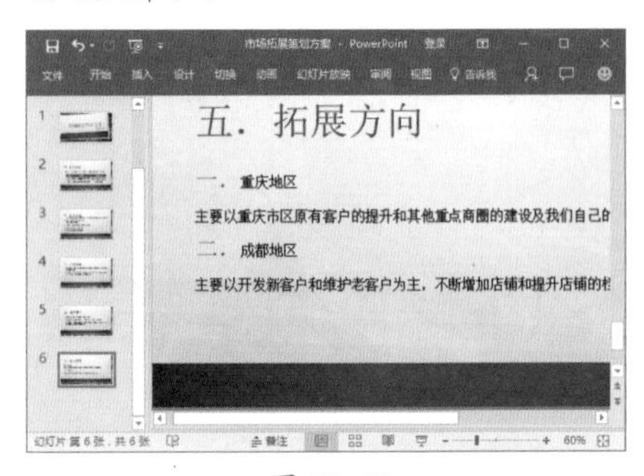

图 19-69

19.4.3 实战：在幻灯片中使用艺术字

实例门类	软件功能
教学视频	光盘\视频\第 19 章\19.4.3.mp4

PowerPoint 2016 提供了艺术字功能，通过该功能可以快速制作出具有特殊效果的文本，艺术字常用于制作并突出显示幻灯片的标题，吸引观众的注意力。例如，在“年终工作总结”演示文稿中插入艺术字，并对艺术字效果进行相应的设置，具体操作步骤如下。

Step01 ❶ 打开"光盘\素材文件\第 19 章\年终工作总结 .pptx"文件，❶ 选择第 1 张幻灯片，❷ 单击【插入】选项卡【文本】组中的【艺术字】按钮，❸ 在弹出的下拉列表中选择需要的艺术字样式，如选择【填充：白色，文本色 1；边框；黑色，背景色 1；清晰阴影；蓝色，主题色 5】命令，如图 19-70 所示。

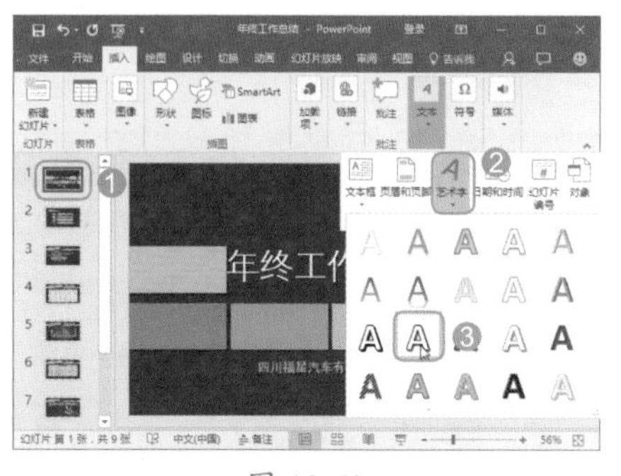

图 19-70

Step02 ❶ 即可在幻灯片中插入艺术字文本框，在其中输入【2016】，❷ 选择艺术字文本框，在【字体】组中将字号设置为【80】，效果如图 19-71 所示。

图 19-71

Step03 ❶ 选择【2016】艺术字，单击【格式】选项卡【艺术字样式】组中的【文本填充】下拉按钮，❷ 在弹出的下拉列表中选择需要的颜色，如选择【橙色】，如图 19-72 所示。

Step04 将艺术字填充为橙色，❶ 继续在【文本填充】下拉列表中选择【渐变】命令，❷ 在弹出的子菜单中选择需要的渐变效果，如选择【线型向右】选项，如图 19-73 所示。

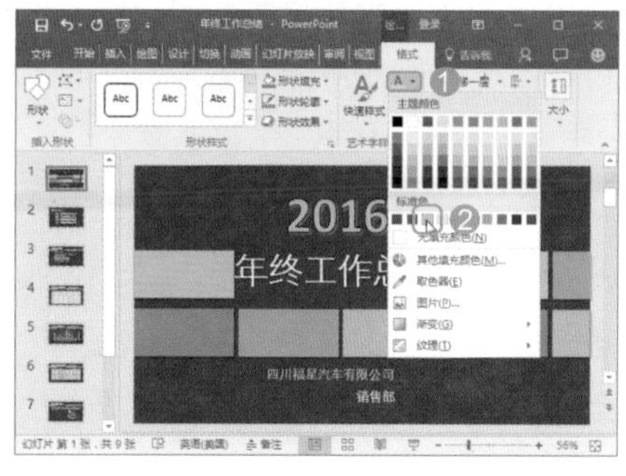

图 19-72

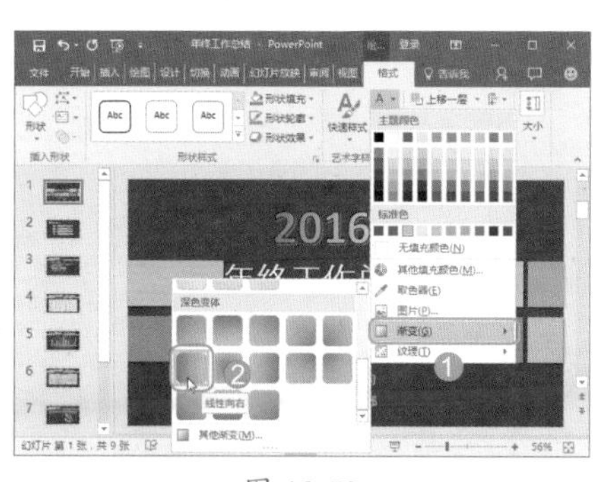

图 19-73

Step05 ❶ 渐变填充艺术字，然后单击【格式】选项卡【艺术字样式】组中的【文本轮廓】下拉按钮，❷ 在弹出的下拉列表中选择需要的轮廓填充颜色，如选择【无轮廓】选项，取消形状轮廓，如图 19-74 所示。

图 19-74

Step06 ❶ 选择【2016】艺术字，单击【格式】选项卡【艺术字样式】组中的【文本效果】按钮，❷ 在弹出的下拉列表中选择需要的文本效果，如选择【棱台】命令，❸ 在弹出的子菜单中选择棱台效果，如选择【柔圆】选项，如图 19-75 所示。

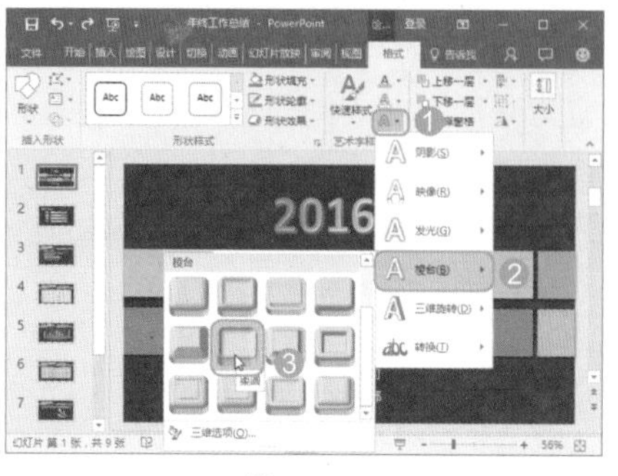

图 19-75

Step07 保持艺术字的选择状态，❶ 单击【格式】选项卡【艺术字样式】组中的【文本效果】按钮，❷ 在弹出的下拉列表中选择【转换】命令，❸ 在弹出的子菜单中选择需要的转换效果，如选择【波形：上】选项，设置艺术字的转换效果，如图 19-76 所示。

图 19-76

19.5 认识与编辑幻灯片母版

要想演示文稿中的所有幻灯片拥有相同的字体格式、段落格式、背景效果、页眉页脚、日期和时间等，那么可通过运用幻灯片母版快速实现。

19.5.1 认识幻灯片母版

幻灯片母版是制作幻灯片过程中应用最多的母版，它相当于一种模板，能够存储幻灯片的所有信息，包括文本和对象在幻灯片中放置的位置、文本和对象的大小、文本样式、背景、颜色、主题、效果和动画等，如图 19-77 所示。当幻灯片母版发生变化时，则对应的幻灯片中的效果也将随之发生变化。

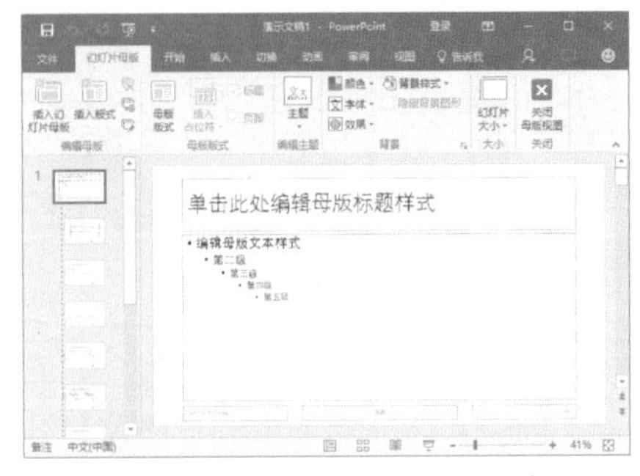

图 19-77

技能拓展——认识母版视图

在 PowerPoint 2016 中，母版视图分为幻灯片母版、讲义母版和备注母版 3 种类型，其中，使用最多的是幻灯片母版，它用于设置幻灯片的效果，而当需要将演示文稿以讲义的形式进行打印或输出时，则可通过讲义母版进行设置；当需要在演示文稿中插入域备注内容时，则可通过备注母版进行设置。

19.5.2 实战：设置幻灯片母版的背景格式

实例门类	软件功能
教学视频	光盘\视频\第 19 章\19.5.2.mp4

在幻灯片母版中设置背景格式的方法与在幻灯片中设置背景格式的方法相似，但在幻灯片母版中设置幻灯片背景格式时，首先需进入幻灯片母版视图，然后才能对幻灯片母版进行操作。例如，对“可行性研究报告”演示文稿的幻灯片母版背景格式进行设置，具体操作步骤如下。

Step 01 打开“光盘\素材文件\第 19 章\可行性研究报告.pptx”文件，单击【视图】选项卡【母版视图】组中的【幻灯片母版】按钮，如图 19-78 所示。

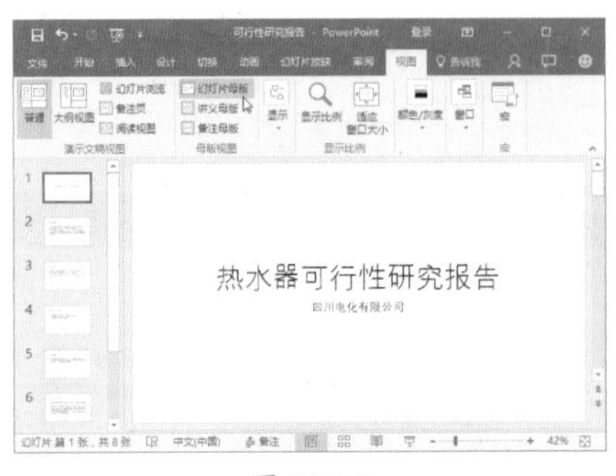

图 19-78

Step 02 即可进入幻灯片母版视图，❶ 选择幻灯片母版中的第一个版式，❷ 单击【幻灯片母版】选项卡【背景】组中的【背景样式】按钮，❸ 在弹出的下拉列表中提供了几种背景样式，选择需要的背景样式，如选择【样式 8】选项，如图 19-79 所示。

图 19-79

技术看板

幻灯片母版视图中的第一张幻灯片为幻灯片母版，而其余幻灯片为幻灯片母版版式，默认情况下，每个幻灯片母版中包含 11 张幻灯片母版版式，对幻灯片母版背景进行设置后，幻灯片母版和幻灯片母版版式的背景都将发生变化，但对幻灯片母版版式的背景进行设置后，只有所选幻灯片母版版式的背景发生变化，其余幻灯片母版版式和幻灯片母版背景都不会发生变化。

Step 03 即可为幻灯片母版中的所有版式添加相同的背景样式，效果如图 19-80 所示。

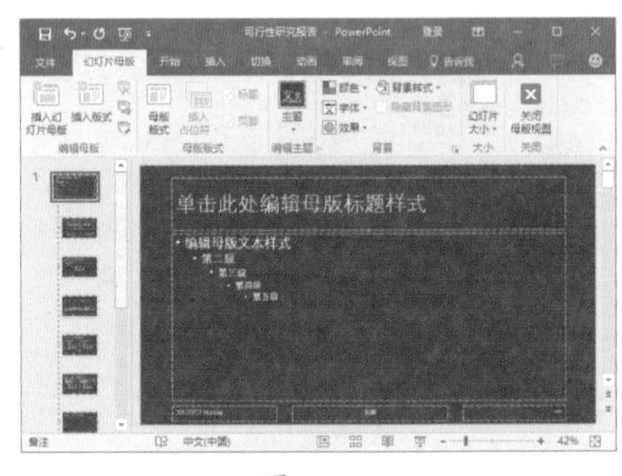

图 19-80

技术看板

如果【背景样式】下拉列表中没有需要的样式，那么可选择【设置背景格式】命令，打开【设置背景格式】任务窗格，在其中可设置幻灯片母版的背景格式为纯色填充、渐变填充、图片或纹理填充及图案填充等效果。

★ 重点 19.5.3 实战：设置幻灯片母版占位符格式

实例门类	软件功能
教学视频	光盘\视频\第 19 章\19.5.3.mp4

若希望演示文稿中的所有幻灯片拥有相同的字体格式、段落格式等，可以通过幻灯片母版进行统一设置，这样可以提高演示文稿的制作效率。例如，继续上例操作，在“可行性研究报告”演示文稿中通过幻灯片母版对占位符格式进行相应的设置，具体

操作步骤如下。

Step 01 ❶ 在打开的“可行性研究报告”演示文稿幻灯片母版视图中选择幻灯片母版，❷ 再选择标题占位符，在【开始】选项卡【字体】组中将字体设置为【微软雅黑】，❸ 单击【文字阴影】按钮S，为文字添加阴影，❹ 单击【字体颜色】下拉按钮▾，❺ 在弹出的下拉列表中选择【蓝色，个性色 1，淡色 60%】选项，如图 19-81 所示。

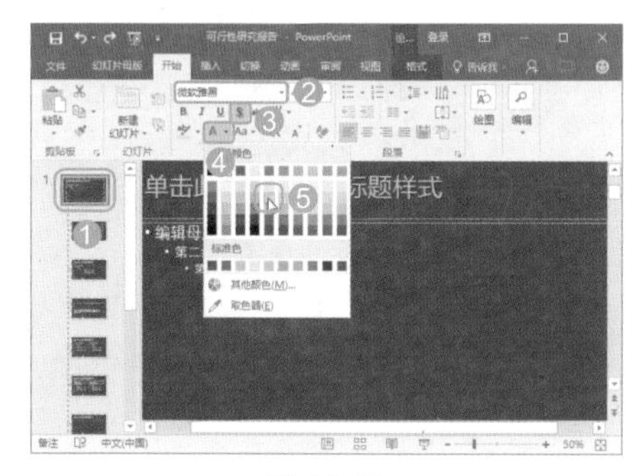

图 19-81

Step 02 ❶ 选择内容占位符，单击【字体】组中的【加粗】按钮B加粗文本，❷ 单击【段落】组中的【项目符号】下拉按钮▾，❸ 在弹出的下拉列表中选择需要的项目符号，如选择【选中标记项目符号】选项，如图 19-82 所示。

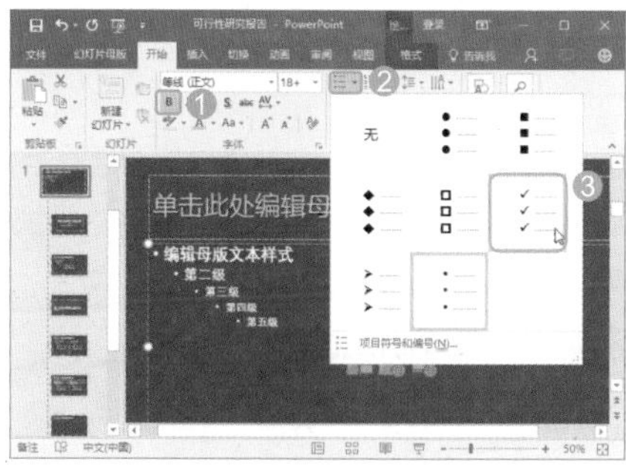

图 19-82

Step 03 即可将段落项目符号更改为选择的项目符号，保持内容占位符的选择状态，单击【段落】组中右下角的【功能扩展】按钮，如图 19-83 所示。

Step 04 打开【段落】对话框，❶ 在【缩进和间距】选项卡【间距】栏中的【段前】数值框中输入【6】，❷ 在【行距】下拉列表框中选择【1.5 倍行距】选项，❸ 单击【确定】按钮，如图 19-84 所示。

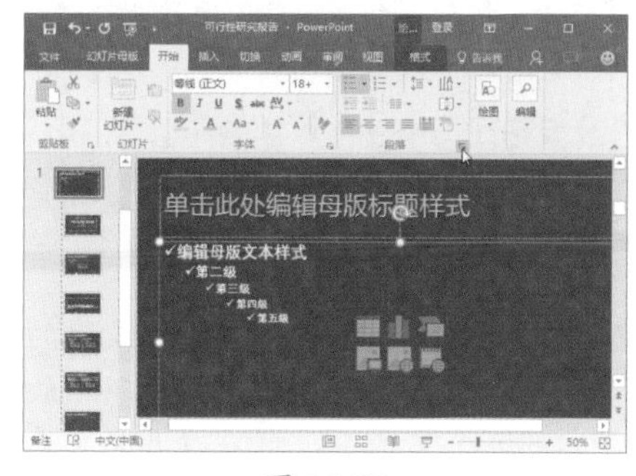

图 19-83

图 19-84

Step 05 返回幻灯片母版编辑区，即可查看到设置段前间距和行间距后的效果，如图 19-85 所示。

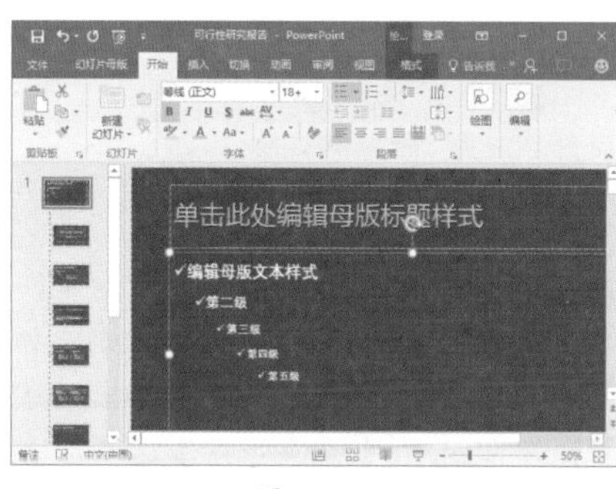

图 19-85

Step 06 ❶ 在幻灯片母版视图中选择第二个版式，❷ 在【字体】组中对副标题占位符的字体格式进行相应的设置，❸ 然后单击【幻灯片母版】选项卡【关闭】组中的【关闭母版视图】按钮，如图 19-86 所示。

Step 07 关闭幻灯片母版视图，返回普通视图，可查看到演示文稿中所有幻灯片中的占位符中的格式都发生变化，效果如图 19-87 所示。

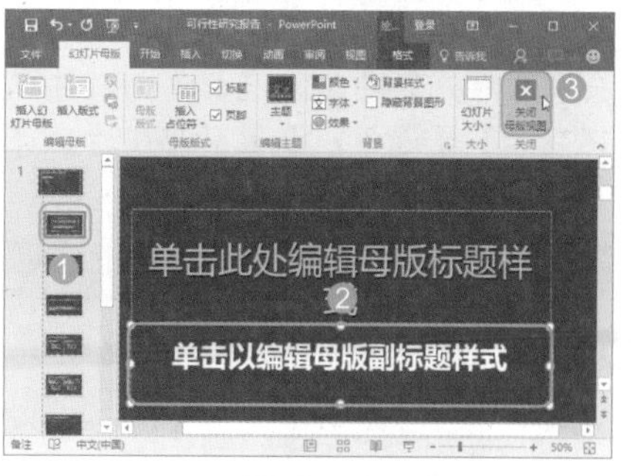

图 19-86

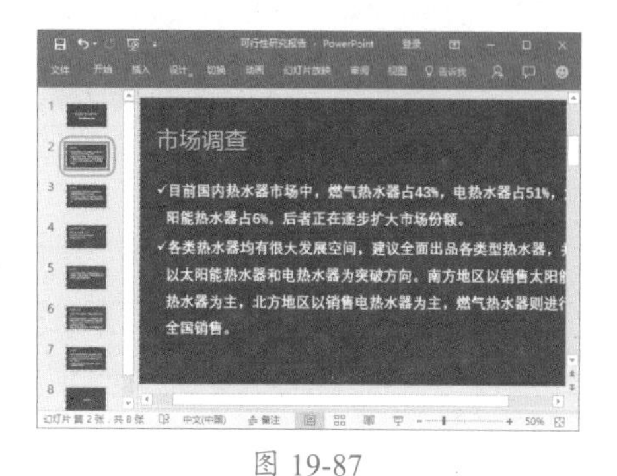

图 19-87

★ 重点 19.5.4 实战：设置幻灯片的页眉和页脚

实例门类	软件功能
教学视频	光盘\视频\第 19 章\19.5.4.mp4

当需要在演示文稿的所有幻灯片中添加统一的日期、时间、编号、公司名称等页眉页脚信息时，可以通过幻灯片母版来快速实现。例如，继续上例操作，在“可行性研究报告”演示文稿中通过幻灯片母版对页眉页脚进行设置，具体操作步骤如下。

Step 01 ❶ 在打开的“可行性研究报告”演示文稿幻灯片母版视图中选择幻灯片母版，❷ 单击【插入】选项卡【文本】组中的【页眉和页脚】按钮，如图 19-88 所示。

Step 02 打开【页眉和页脚】对话框，❶ 选中【日期和时间】复选框，❷ 选中【固定】单选按钮，在其下的文本框将显示系统当前的日期和时间，❸ 选中【幻灯片编号】复选框和【页脚】复选框，❹ 在【页脚】复选框下方的文本框中输入页脚信息，如输入公司名称，❺ 再选中【标题幻灯片中不显示】复选框，❻ 最后单击【全部应用】按钮，如图 19-89 所示。

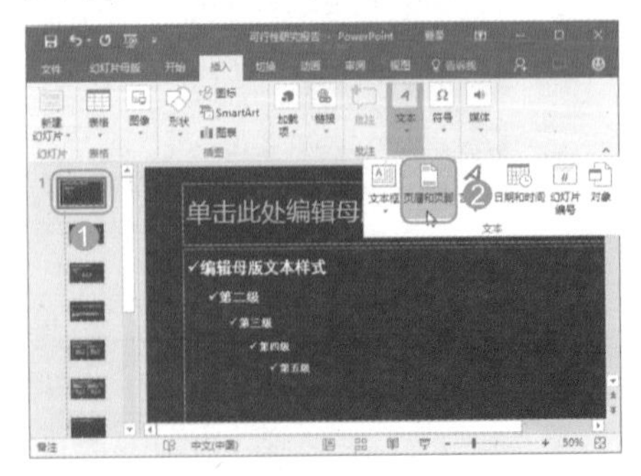

图 19-88

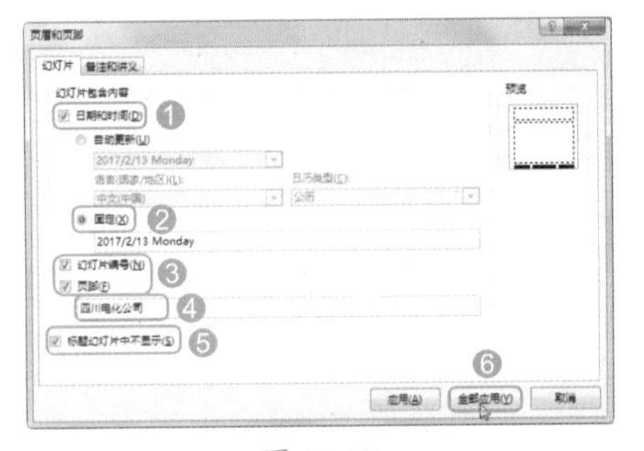
图 19-89

技术看板

选中【幻灯片编号】复选框，表示为幻灯片依次添加编号；选中【标题幻灯片中不显示】复选框，表示添加的日期、页脚和幻灯片编号等信息不在标题页幻灯片中显示。

Step 03 即可为所有幻灯片添加设置的日期和编号，❶ 选择幻灯片母版中最下方的 3 个文本框，❷ 在【开始】选项卡【字体】组中将字号设置为【14】，❸ 然后单击【加粗】按钮 B 加粗文本，如图 19-90 所示。

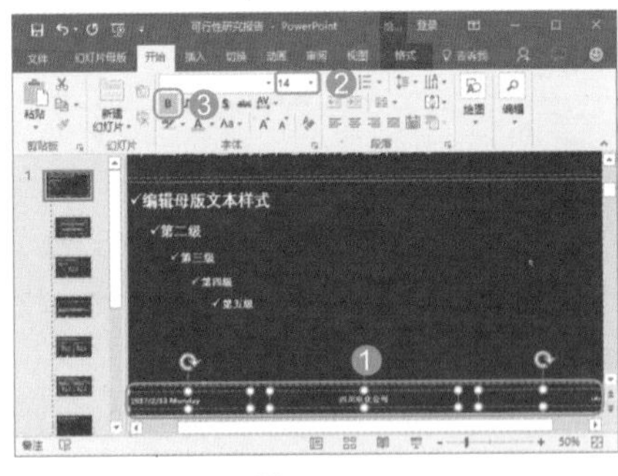

图 19-90

Step 04 返回幻灯片普通视图，即可查看设置的页眉页脚，如图 19-91 所示。

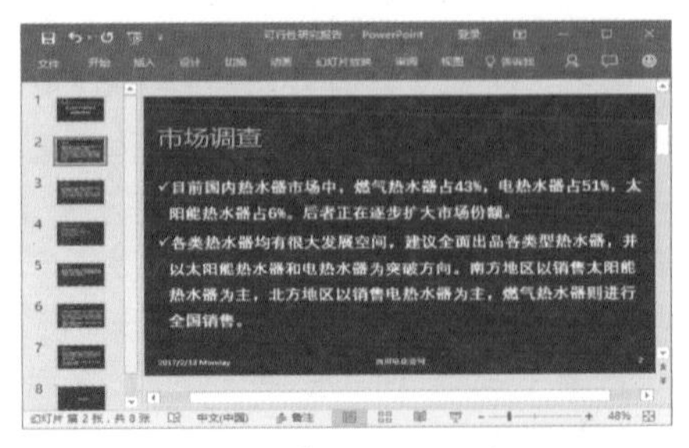

图 19-91

技能拓展——添加自动更新的日期和时间

在【页眉和页脚】对话框中选中【日期和时间】复选框，然后选中【自动更新】单选按钮，再对日期格式进行设置，完成后单击【应用】按钮，幻灯片中添加的日期和时间随着当前计算机系统的日期和时间而发生变化。

妙招技法

下面结合本章内容，给大家介绍一些实用技巧。

技巧 01：快速替换幻灯片中的字体格式

教学视频	光盘\视频\第 19 章\技巧 01.mp4

PowerPoint 2016 提供了替换字体功能，通过该功能可对幻灯片中指定的字体快速进行替换。例如，在“年终工作总结”演示文稿中使用替换字体功能将字体“等线 Light”替换成“方正宋黑简体”，具体操作步骤如下。

Step 01 打开“光盘\素材文件\第 19 章\年终工作总结 .pptx”文件，❶ 选择第 3 张幻灯片，❷ 将鼠标光标定位到应用【等线 Light】字体的标题中，单击【开始】选项卡【编辑】组中的【替换】下拉按钮，❸ 在弹出的下拉菜单中选择【替换字体】选项，如图 19-92 所示。

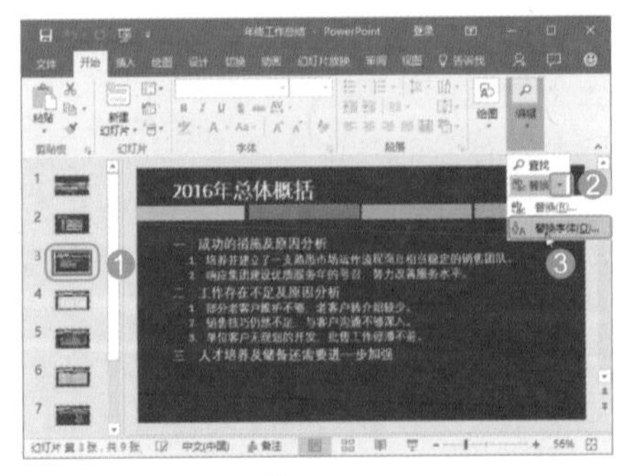

图 19-92

Step 02 打开【替换字体】对话框，在【替换】下拉列表框中选择需要替换的字体，如选择【等线 Light】选项，如图 19-93 所示。

图 19-93

Step 03 在【替换为】下拉列表框中选择需要替换成的字体，如选择【方正宋黑简体】选项，如图 19-94 所示。

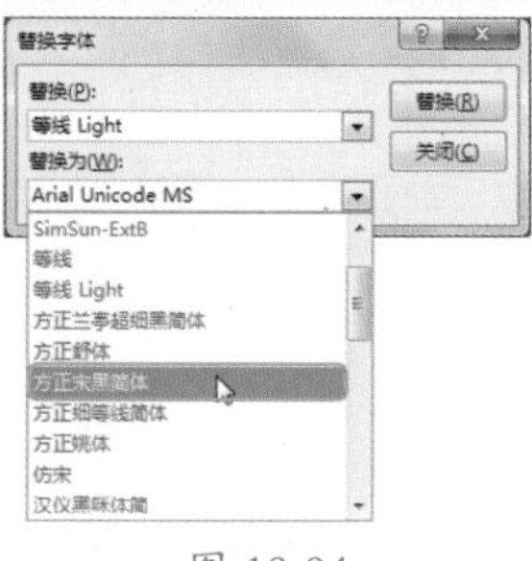

图 19-94

Step 04 然后单击【替换】按钮，如图 19-95 所示。

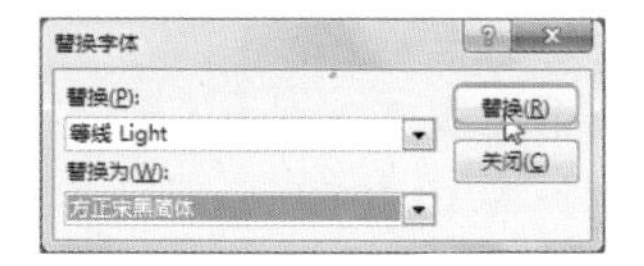

图 19-95

Step 05 即可将演示文稿中所有【等线 Light】字体替换成【方正宋黑简体】字体，效果如图 19-96 所示。

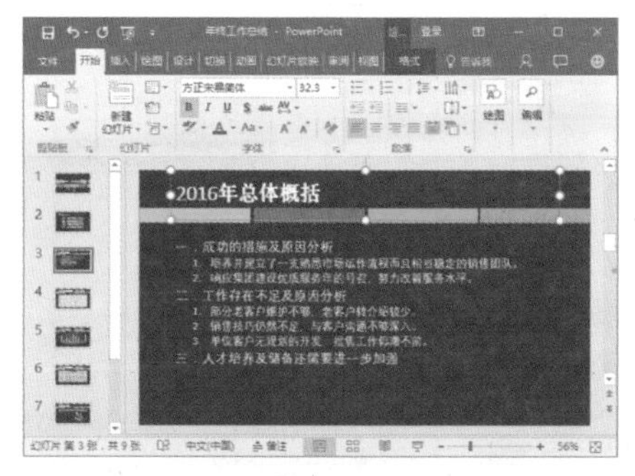

图 19-96

技术看板

在 PowerPoint 2016 中替换字体时需要注意，单字节字体不能替换成双字节字体，也就是说英文字符字体不能替换成中文字符字体。

技巧 02：保存演示文稿中的主题

教学视频	光盘 \ 视频 \ 第 19 章 \ 技巧 02.mp4

对于自定义的主题，用户可以将其保存下来，以方便下次制作相同效果的幻灯片时使用。例如，将“年终工作总结”演示文稿中的主题保存到计算机中，具体操作步骤如下。

Step 01 打开“光盘 \ 素材文件 \ 第 19 章 \ 年终工作总结 .pptx”文件，单击【设计】选项卡【主题】组中的【其他】按钮，在弹出的下拉列表中选择【保存当前主题】命令，如图 19-97 所示。

图 19-97

Step 02 打开【保存当前主题】对话框，❶ 在【文件名】文本框中输入主题保存的名称，如输入【色块】，❷ 其他保持默认设置不变，单击【保存】按钮，如图 19-98 所示。

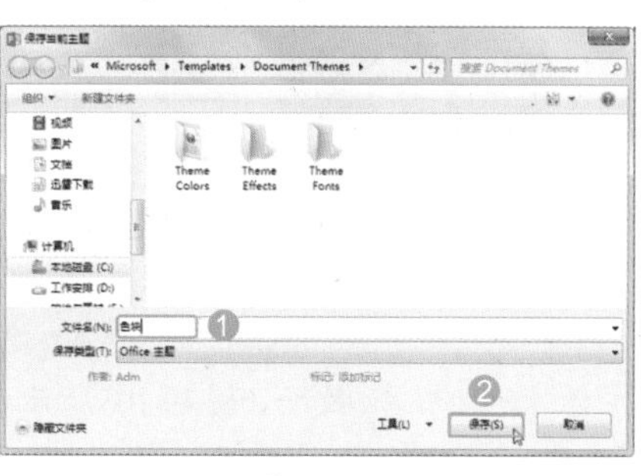

图 19-98

Step 03 即可将当前主题保存到默认位置，然后在【主题】下拉列表中显示保存的主题，如图 19-99 所示。

图 19-99

技能拓展——将其他演示文稿中的主题应用到当前演示文稿中

如果希望将其他演示文稿中的主题应用到当前演示文稿中，那么可在需要应用主题的演示文稿的【主题】下拉列表中选择【浏览主题】命令，打开【选择主题或主题文档】对话框，在地址栏中设置演示文稿所保存的位置，然后在中间的列表框中选择需要的演示文稿，单击【应用】按钮，即可将所选演示文稿中的主题应用到当前演示文稿中。

技巧 03：使用设计器设计幻灯片

教学视频	光盘 \ 视频 \ 第 19 章 \ 技巧 03.mp4

PowerPoint 设计器是 PowerPoint 2016 的新增功能之一，在计算机正常连接网络的情况下，可以根据幻灯片中的内容自动生成多种多样的设计方案供用户挑选，从而让幻灯片更为美观。例如，在“产品宣传画册”中使用 PowerPoint 设计器设计幻灯片效果，具体操作步骤如下。

Step 01 打开“光盘 \ 素材文件 \ 第 19 章 \ 产品宣传画册 .pptx”文件，❶ 选择演示文稿中的第一张幻灯片，❷ 单击【设计】选项卡【设计器】组中的【设计创意】按钮，如图 19-100 所示。

图 19-100

Step 02 打开【设计理念】任务窗格，首次使用设计器时将在任务窗格中显示一条消息，询问用户的权限，如果

用户想要使用设计器，就单击【让我们开始吧】按钮，如图 19-101 所示。

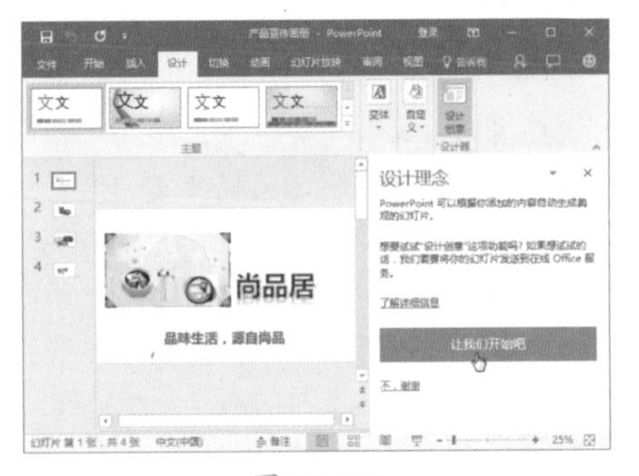

图 19-101

Step03 开始根据幻灯片中的内容生成设计创意，并将生成的设计创意显示在【设计理念】任务窗格中，然后选择需要的设计创意，如图 19-102 所示。

图 19-102

Step04 即可将选择的设计创意应用到选择的幻灯片中，效果如图 19-103 所示。

图 19-103

> **技术看板**
>
> 在使用设计器设计幻灯片时，有时会因为各种原因无法根据幻灯片中的内容生成设计创意，这时可使用其他方法对幻灯片进行设计。

Step05 ❶ 选择第 2 张幻灯片，❷ 单击【设计】选项卡【设计器】组中的【设计创意】按钮，如图 19-104 所示。

图 19-104

Step06 开始根据第 2 张幻灯片中的内容生成设计创意，并将生成的设计创意显示在【设计理念】任务窗格中，然后选择需要的设计创意应用到所选的幻灯片中，效果如图 19-105 所示。

图 19-105

Step07 使用相同的方法设计演示文稿中的其他幻灯片，效果如图 19-106 所示。

图 19-106

技巧 04：为同一演示文稿应用多种主题

教学视频	光盘 \ 视频 \ 第 19 章 \ 技巧 04.mp4

为演示文稿应用主题时，默认会为演示文稿中的所有幻灯片应用相同的主题，但在制作一些大型的演示文稿时，为了对演示文稿中幻灯片进行区分，有时需要为同一个演示文稿应用多个主题。例如，为“公司简介”演示文稿应用多个主题，具体操作步骤如下。

Step01 打开“光盘 \ 素材文件 \ 第 19 章 \ 公司简介 .pptx”文件，选择第 3 至第 6 张幻灯片，在【主题】下拉列表中需要的主题上右击，在弹出的快捷菜单中选择【应用于选定幻灯片】命令，如图 19-107 所示。

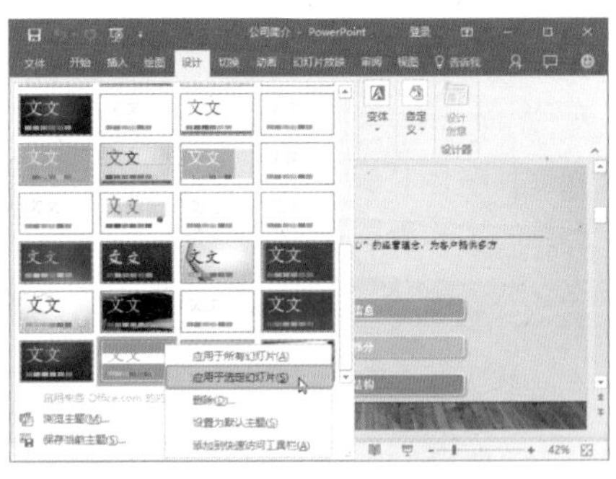

图 19-107

Step02 即可将主题应用于选择的多张幻灯片中，效果如图 19-108 所示。

图 19-108

Step03 ❶ 选择第 7 至第 12 张幻灯片，❷ 在【设计】选项卡【主题】组中的列表框中需要的主题上右击，在弹出的快捷菜单中选择【应用于选定幻灯片】命令，如图 19-109 所示。

Step04 即可将主题应用于选择的多张幻灯片中，效果如图 19-110 所示。

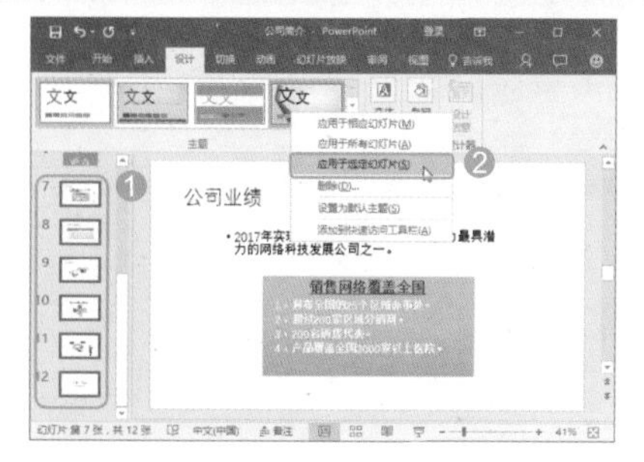

图 19-109

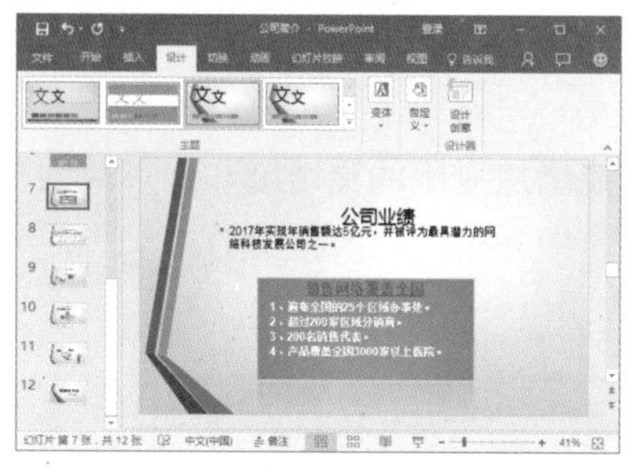

图 19-110

技术看板

在快捷菜单中选择【应用于相应幻灯片】命令，表示将该主题应用于与所选幻灯片主题相同的幻灯片中；【应用于所有幻灯片】命令，表示将该主题应用到演示文稿的所有幻灯片中。

技巧 05：为一个演示文稿应用多个幻灯片母版

教学视频	光盘 \ 视频 \ 第 19 章 \ 技巧 05.mp4

对于大型的演示文稿来说，有时为使演示文稿的效果更加丰富，幻灯片更具吸引力，会为同一个演示文稿应用多个幻灯片母版。例如，在“公司年终会议”演示文稿中设计两种幻灯片母版，并将其应用到幻灯片中，具体操作步骤如下。

Step01 打开“光盘 \ 素材文件 \ 第 19 章 \ 公司年终会议 .pptx”文件，进入幻灯片母版视图，单击【幻灯片母版】选项卡【编辑母版】组中的【插入幻灯片母版】按钮，如图 19-111 所示。

图 19-111

Step02 即可在默认的幻灯片母版版式后插入一个幻灯片母版，然后对插入的幻灯片母版版式进行设计，效果如图 19-112 所示。

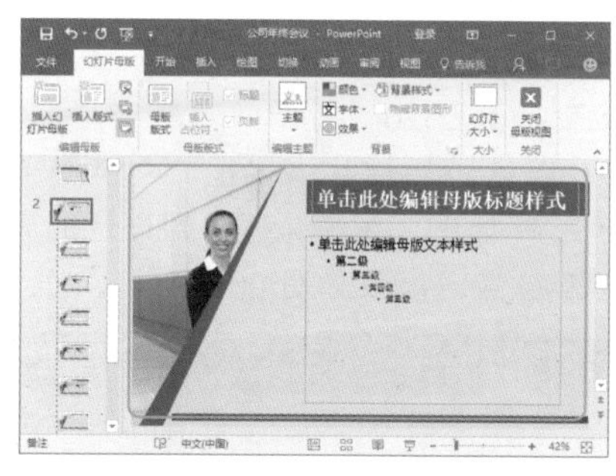

图 19-112

Step03 关闭幻灯片母版视图，❶ 选择需要应用第二个幻灯片母版效果的幻灯片，这里选择第六张幻灯片，❷ 单击【开始】选项卡【幻灯片】组中的【版式】按钮，如图 19-113 所示。

Step04 在弹出的下拉列表中显示了两种幻灯片母版的版式，在【自定义设计方案】栏中选择需要的版式，如选择【标题和内容】选项，如图 19-114 所示。

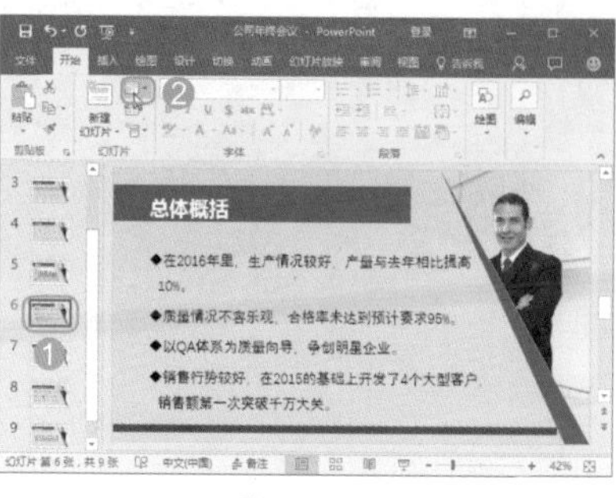

图 19-113

图 19-114

Step05 即可将所选的幻灯片版式应用到选择的幻灯片中，然后使用相同的方法为后面的幻灯片应用版式，效果如图 19-115 所示。

图 19-115

本章小结

本章介绍了文本型幻灯片制作的基本操作内容，如文本的输入、编辑，字体格式和段落格式的设置，以及艺术字的使用和幻灯片母版版式的设置等。通过本章内容的学习，用户可以快速制作出纯文本型的演示文稿。本章在最后还讲解了幻灯片中幻灯片编辑与设计的一些操作技巧，以帮助用户更好地制作幻灯片。

第20章 在 PPT 中添加对象丰富幻灯片内容

- 图标有什么作用，在幻灯片中怎么使用？
- 怎么制作出电子相册效果？
- 如何在幻灯片中插入声音文件？
- 插入的视频太长了，怎么办？
- 能不能将幻灯片中的多个形状组合成一个新的形状？

图形对象和多媒体文件在 PowerPoint 中使用比较频繁，因为图形对象不仅能增加排版的灵活度和幻灯片的美观度，还能更有效地传递信息，而多媒体文件则可增加幻灯片的听觉和视觉效果，提升幻灯片的感染力。

20.1 在幻灯片中插入图形对象

在幻灯片中可插入的图形对象包括图片、图标、形状、SmartArt 图形、表格和图表等，其插入与编辑方法与在 Word 和 Excel 中插入与编辑的方法基本相同。本节将只对图形对象的插入方法进行讲解，其编辑和美化方法可借鉴 Word 和 Excel 中的相关部分。

★ 重点 20.1.1 实战：在幻灯片中插入图片

实例门类	软件功能
教学视频	光盘\视频\第 20 章\20.1.1.mp4

在幻灯片中既可插入计算机中保存的图片，也可插入联机图片和屏幕截取的图片，用户可以根据实际需要来选择插入图片的方式。例如，在"着装礼仪培训"演示文稿中插入计算机中保存的图片和截取的图片，具体操作步骤如下。

Step01 打开"光盘\素材文件\第 20 章\着装礼仪\着装礼仪培训 .pptx"文件，❶ 选择第 1 张幻灯片，❷ 单击【插入】选项卡【图像】组中的【图片】按钮，如图 20-1 所示。

Step02 打开【插入图片】对话框，❶ 在地址栏中设置图片保存的位置，❷ 在对话框中选择需要插入的图片，如选择【图片 2】选项，❸ 单击【插入】按钮，如图 20-2 所示。

Step03 返回幻灯片编辑区，即可查看插入的图片，并将其调整到合适的大小和位置，效果如图 20-3 所示。

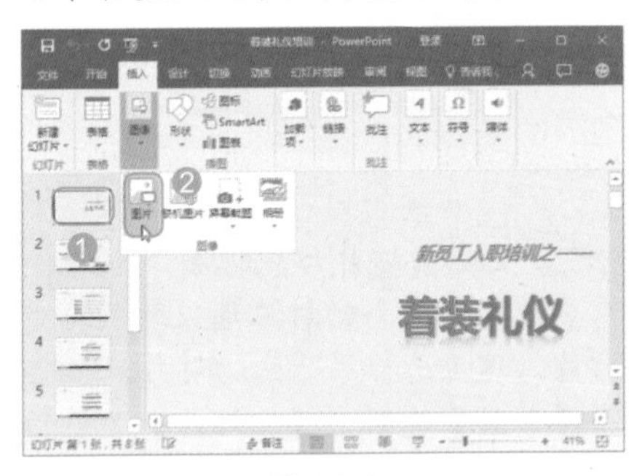

图 20-1

技术看板

如果是在幻灯片内容占位符中插入图片，那么可直接在内容占位符中单击【图片】图标，也可打开【插入图片】对话框。

Step04 使用前面插入图片的方法，在第 3、4、5、6 张和第 8 张幻灯片中分别插入需要的图片，效果如图 20-4 所示。

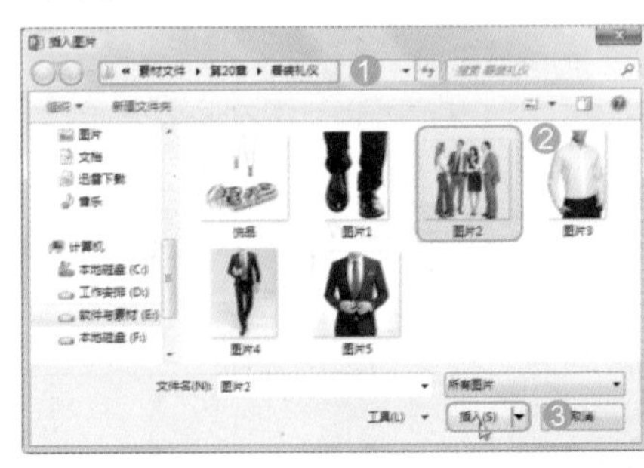

图 20-2

图 20-3

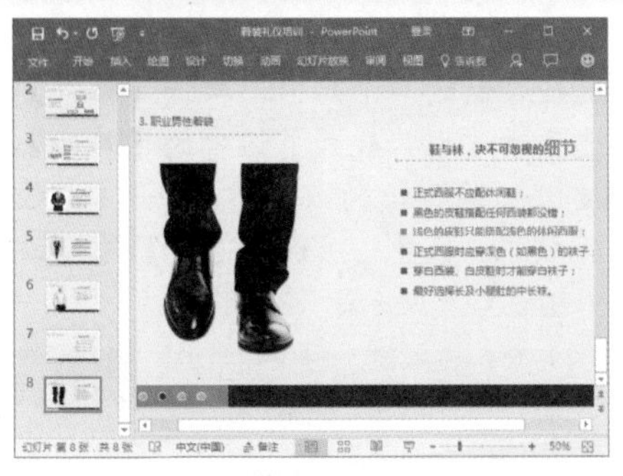

图 20-4

Step05 ❶ 选择第 7 张幻灯片，❷ 单击【插入】选项卡【图像】组中的【屏幕截图】下拉按钮 ▾，❸ 在弹出的下拉列表中选择【屏幕剪辑】命令，如图 20-5 所示。

图 20-5

技术看板

在【屏幕截图】下拉列表中的【可用的视窗】栏中显示了当前打开的活动窗口，如果需要插入窗口图，可直接选择相应的窗口选项插入幻灯片中。

Step06 此时当前打开的窗口将成半透明状态显示，鼠标指针变成+形状，拖动鼠标选择需要截取的部分，所选部分将呈正常状态显示，如图 20-6 所示。

技术看板

屏幕截图时，需要截取的窗口必须显示在计算机桌面上，这样才能截取。

Step07 截取完所需的部分，释放鼠标，即可将截取的部分插入幻灯片中，效果如图 20-7 所示。

图 20-6

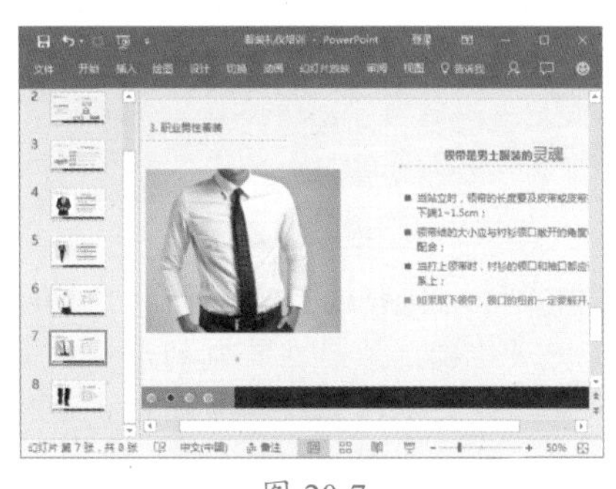

图 20-7

★ 新功能 重点 20.1.2 实战：在幻灯片中插入图标

实例门类	软件功能
教学视频	光盘 \ 视频 \ 第 20 章 \20.1.2.mp4

图标是 PowerPoint 2016 的一个新功能，通过图标可以以符号的形式直观地传递信息。PowerPoint 2016 中提供了如人、技术和电子、山谷、分析、教育、箭等多种类型的图标，用户可根据需要在幻灯片中插入所需的图标。例如，在“销售工作计划”演示文稿中插入需要的图标，具体操作步骤如下。

Step01 打开“光盘 \ 素材文件 \ 第 20 章 \ 销售工作计划 .pptx”文件，❶ 选择第 3 张幻灯片，❷ 单击【插入】选项卡【插图】组中的【图标】按钮，如图 20-8 所示。

Step02 打开【插入图标】对话框，❶ 在左侧选择需要图标的类型，如选择【分析】选项，❷ 在右侧的【分析】栏中选中图标对应的复选框，这里选中第一个图标对应的复选框，❸ 单击【插入】按钮，如图 20-9 所示。

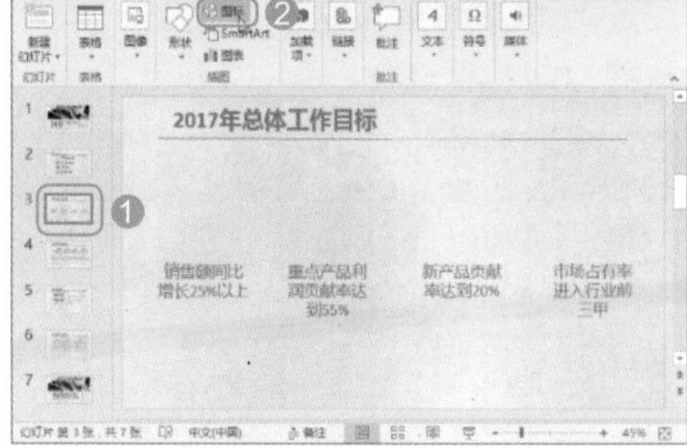

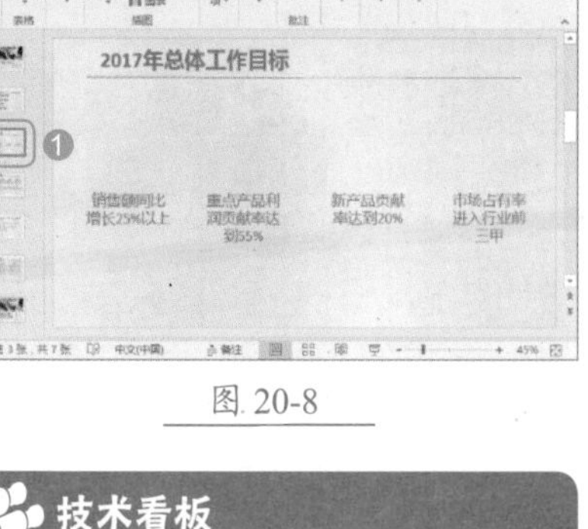

图 20-8

技术看板

使用 PowerPoint 2016 提供的图标功能，需要使计算机正常连接网络，这样才能搜索到提供的图标。

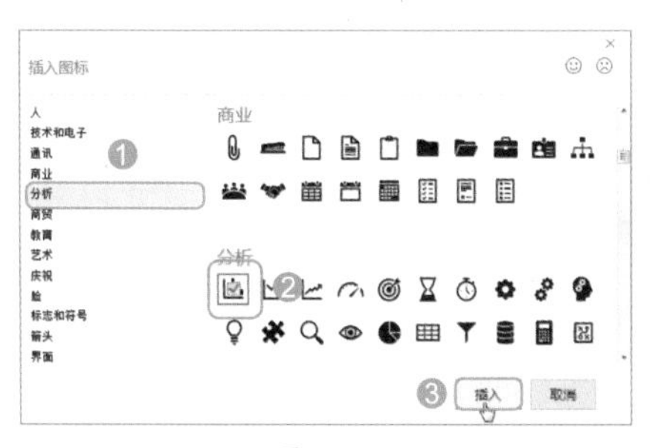

图 20-9

技术看板

若在【插入图标】对话框中一次性选中多个复选框，单击【插入】按钮后，可同时对选择的多个图标进行下载，并同时插入到幻灯片中。

Step03 开始下载图标，下载完成后将返回幻灯片编辑区，在其中可查看到插入图标的效果，如图 20-10 所示。

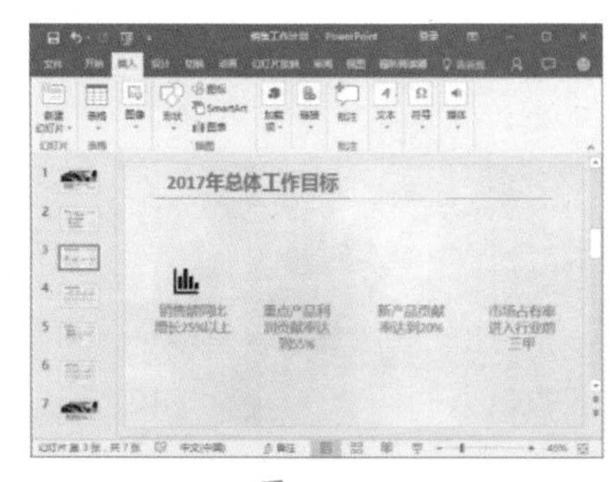

图 20-10

Step04 使用前面插入图标的方法继续在该幻灯片中插入需要的图标，效果如图 20-11 所示。

图 20-11

★ 重点 20.1.3 实战：在幻灯片中插入形状

实例门类	软件功能
教学视频	光盘\视频\第 20 章\20.1.3.mp4

PowerPoint 2016 中提供了形状功能，通过该功能可在幻灯片中绘制一些规则或不规则的形状，并且还可对绘制的形状进行编辑，使绘制的形状能符合各种需要。例如，在“工作总结”演示文稿中绘制需要的形状，并对形状进行编辑，具体操作步骤如下。

Step01 打开“光盘\素材文件\第 20 章\工作总结.pptx”文件，选择第 3 张幻灯片，❶单击【插入】选项卡【插图】组中的【形状】按钮，❷在弹出的下拉列表中选择需要的形状，如选择【矩形】栏中的【矩形】选项，如图 20-12 所示。

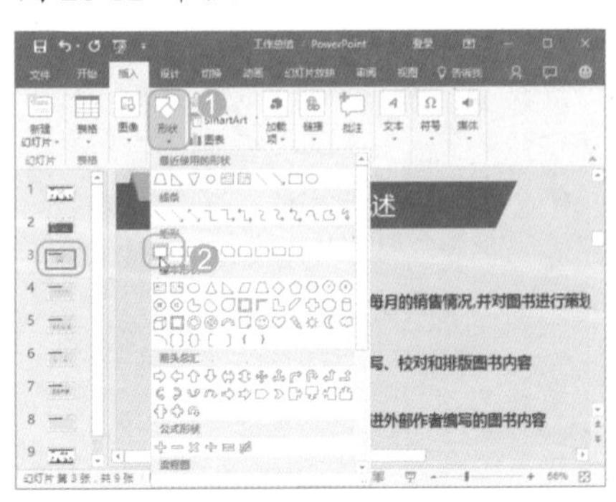

图 20-12

Step02 此时，鼠标指针将变成+形状，将鼠标指针移动到幻灯片中需要绘制形状的位置，然后按住鼠标左键不放进行拖动，如图 20-13 所示。

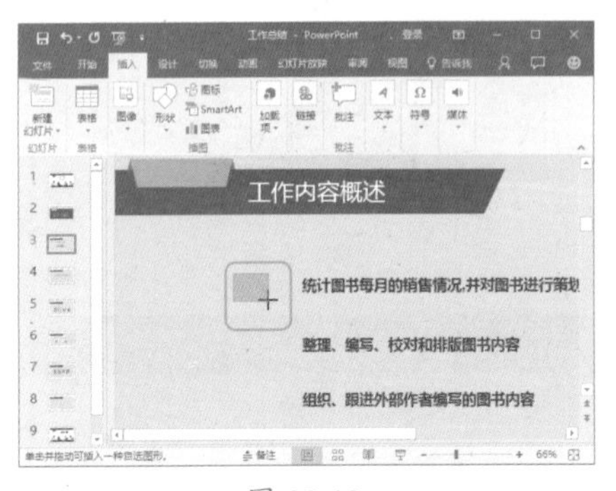

图 20-13

Step03 拖动到合适位置后释放鼠标即可完成绘制，然后在绘制的形状中输入需要的文本，并对其字体格式进行设置，效果如图 20-14 所示。

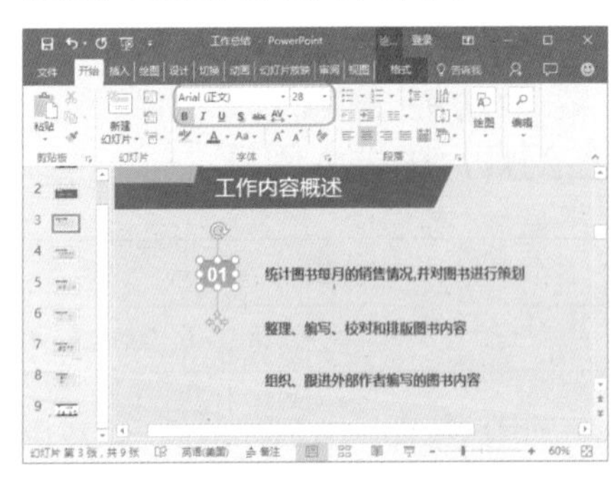

图 20-14

Step04 在小矩形后绘制一个长矩形，❶选择绘制的长矩形，❷单击【格式】选项卡【排列】组中的【下移一层】下拉按钮，❸在弹出的下拉菜单中选择【置于底层】命令，如图 20-15 所示。

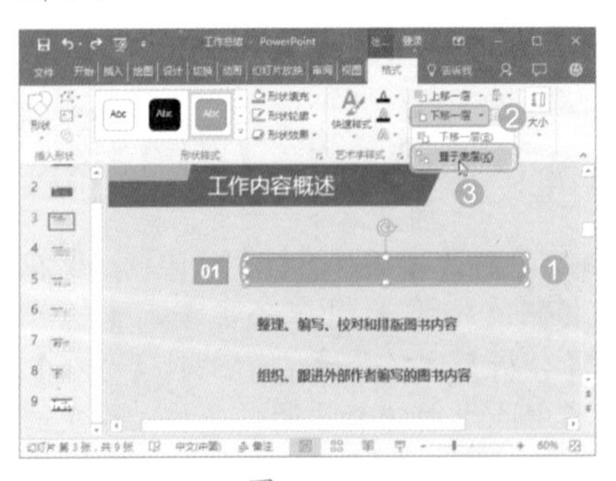

图 20-15

Step05 所选的形状将置于文字下方，选择绘制的两个矩形，单击【格式】选项卡【形状样式】组中的【其他】按钮，在弹出的下拉列表中选择【强烈效果 - 蓝色，强调颜色 1】选项，如图 20-16 所示。

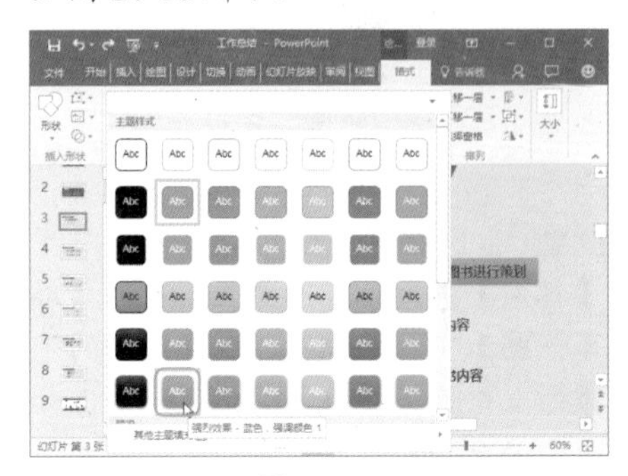

图 20-16

Step06 即可为形状应用样式，❶然后选择左侧的小矩形，❷单击【格式】选项卡【形状样式】组中的【形状填充】下拉按钮，❸在弹出的下拉列表中选择【取色器】命令，如图 20-17 所示。

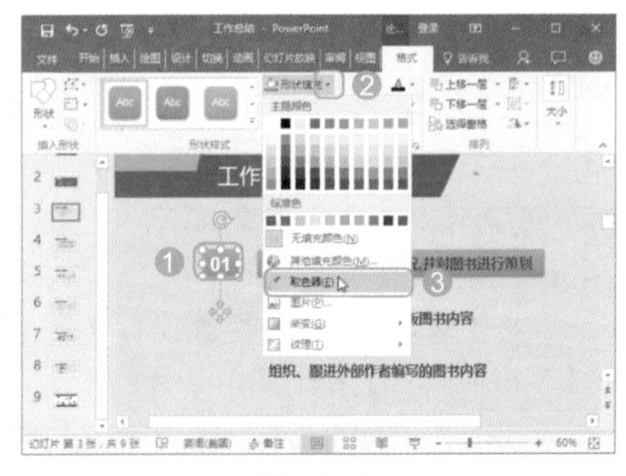

图 20-17

Step07 此时鼠标指针将变成形状，将鼠标指针移动到幻灯片中需要应用的颜色上，即可显示所吸取颜色的 RGB 颜色值，如图 20-18 所示。

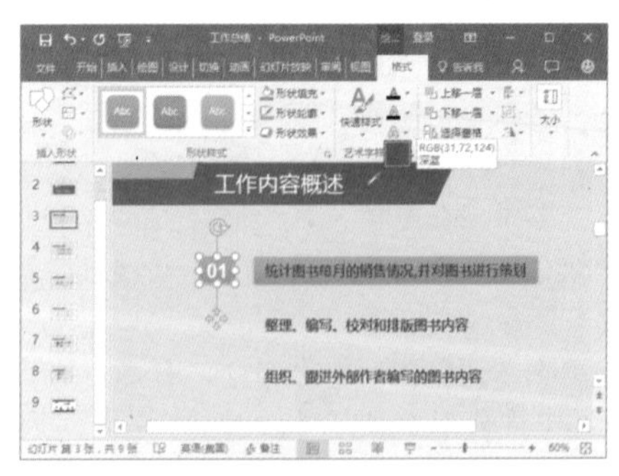

图 20-18

Step08 在颜色上单击，即可将吸取的颜色应用到选择的形状中，❶ 然后选择幻灯片右侧的长矩形，❷ 选择【取色器】命令，将鼠标指针移动到需要吸取的颜色上，如图 20-19 所示。

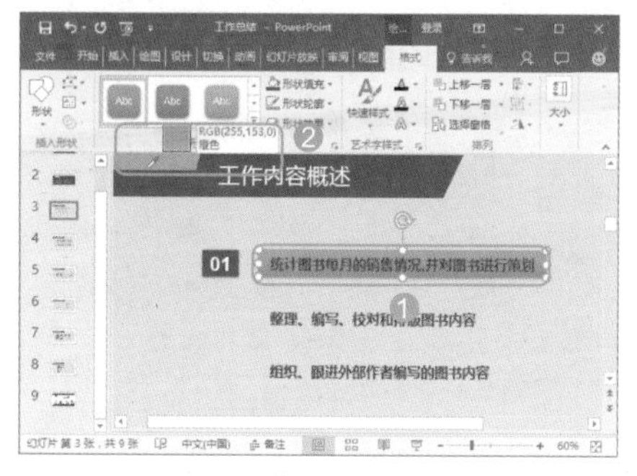

图 20-19

Step09 即可将吸取的颜色应用到选择的形状中，然后选择绘制的两个形状，对其进行复制，并对小形状中的文本进行修改，效果如图 20-20 所示。

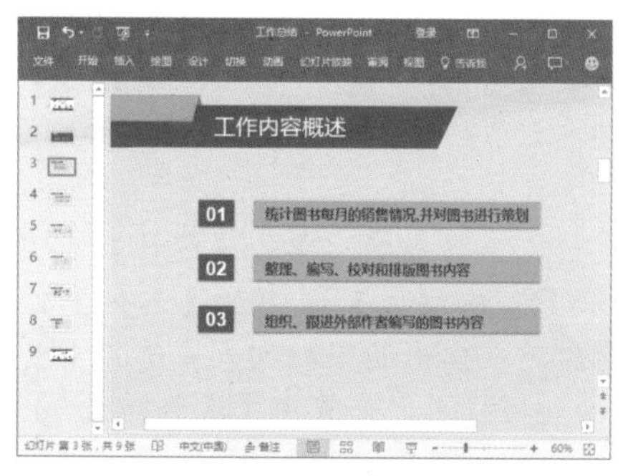

图 20-20

Step10 使用前面绘制和编辑形状的方法，在第 4、6、7 张和第 8 张幻灯片中分别添加需要的形状，并对形状效果进行相应的设置，如图 20-21 所示。

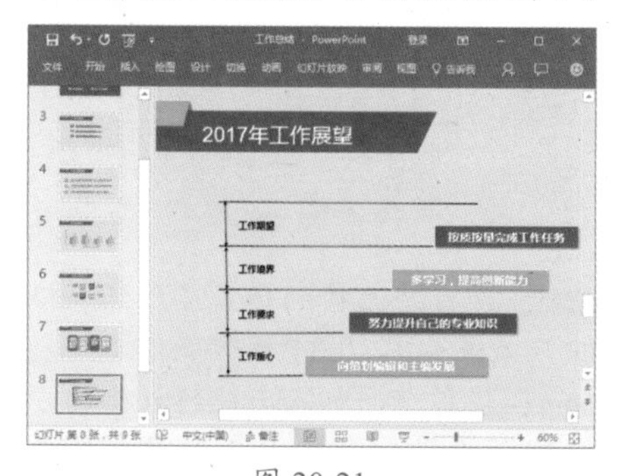

图 20-21

★ 重点 20.1.4 实战：在幻灯片中插入 SmartArt 图形

实例门类	软件功能
教学视频	光盘\视频\第 20 章\20.1.4.mp4

PowerPoint 2016 中提供了 SmartArt 图形功能，通过 SmartArt 图形可以非常直观地说明层级关系、附属关系、并列关系，以及循环关系等各种常见关系，而且制作出来的图形美观精美，具有很强的立体感和画面感。例如，在“公司简介”演示文稿中插入 SmartArt 图形，并对其进行相应的编辑，具体操作步骤如下。

Step01 打开“光盘\素材文件\第 20 章\公司简介 .pptx”文件，❶ 选择第 5 张幻灯片，❷ 单击【插入】选项卡【插图】组中的【SmartArt】按钮，如图 20-22 所示。

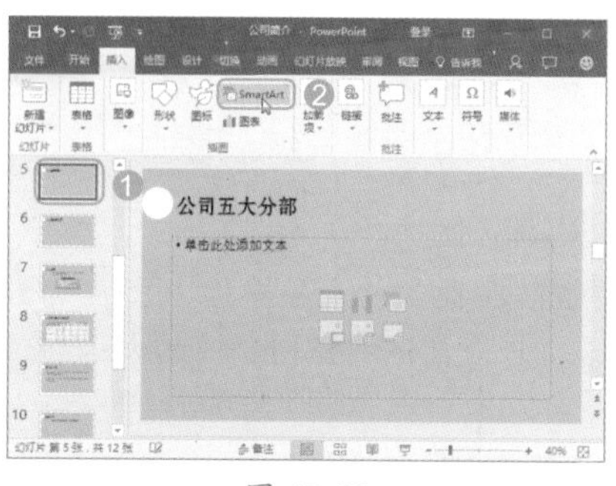

图 20-22

Step02 打开【选择 SmartArt 图形】对话框，❶ 在左侧选择所需 SmartArt 图形所属类型，如选择【循环】选项，❷ 在对话框中将显示该类型下的所有 SmartArt 图形，选择【射线循环】选项，❸ 单击【确定】按钮，如图 20-23 所示。

技术看板

在幻灯片内容占位符中单击【插入 SmartArt 图形】图标，也可以打开【选择 SmartArt 图形】对话框。

Step03 返回幻灯片编辑区，即可查看插入的 SmartArt 图形，然后在 SmartArt 图形中输入需要的文本，❶ 选择【天津】形状，❷ 单击【设计】选项卡【创建图形】组中的【添加形状】下拉按钮，❸ 在弹出的下拉菜单中选择【在前面添加形状】命令，如图 20-24 所示。

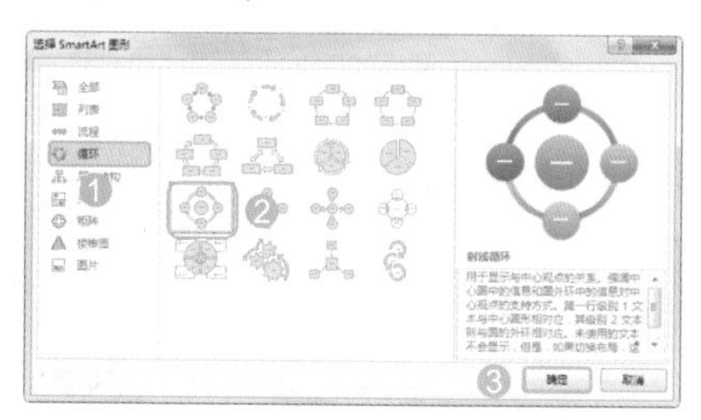

图 20-23

图 20-24

Step04 ❶ 即可在【天津】和【深圳】形状之间添加一个形状，并输入相应的文本，❷ 然后选择 SmartArt 图形，单击【设计】选项卡【SmartArt 样式】组中的【快速样式】按钮，❸ 在弹出的下拉列表中选择需要的 SmartArt 样式，如选择【卡通】选项，为 Smart Art 图形应用样式，如图 20-25 所示。

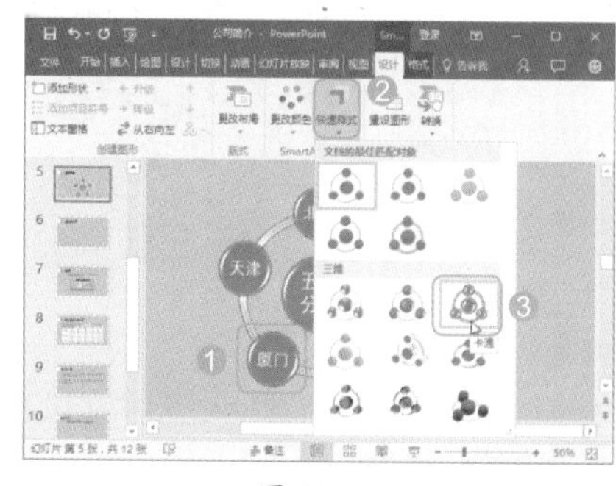

图 20-25

Step05 ❶ 保持 SmartArt 图形的选择状态，单击【设计】选项卡【SmartArt 样式】组中的【更改颜色】按钮，

❷ 在弹出的下拉列表中选择需要的 SmartArt 样式，如选择【深色 2- 填充】选项，如图 20-26 所示。

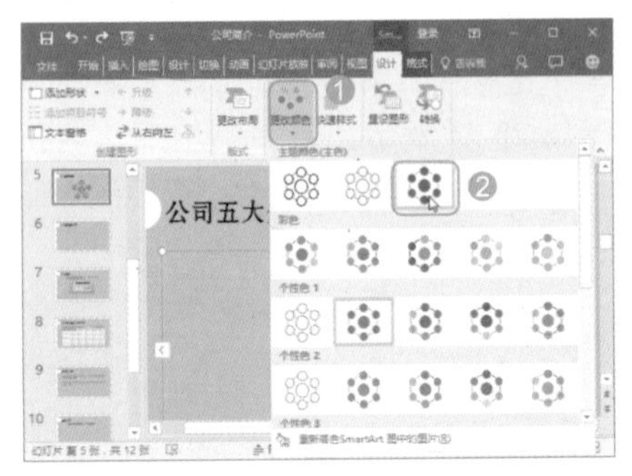

图 20-26

Step06 即可查看到更改 SmartArt 图形颜色后的效果，如图 20-27 所示。

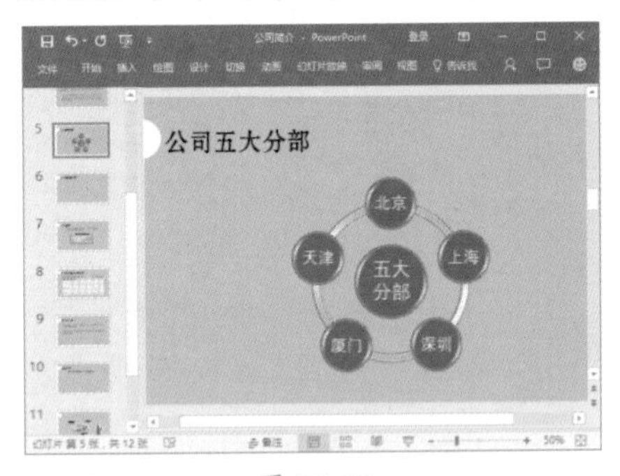

图 20-27

Step07 使用前面插入和编辑 SmartArt 图形的方法在其他幻灯片中插入需要的 SmartArt 图形，效果如图 20-28 所示。

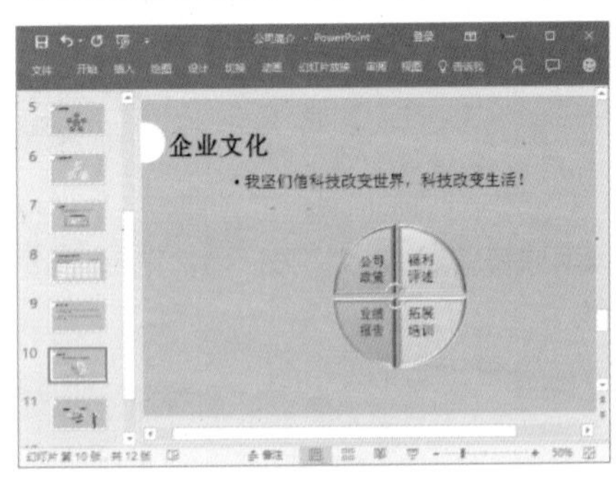

图 20-28

★ 重点 20.1.5 实战：在幻灯片中插入表格

实例门类	软件功能
教学视频	光盘\视频\第 20 章\20.1.5.mp4

当需要在幻灯片中展示大量数据时，最好使用表格，这样可以使数据显示更加规范。在幻灯片中插入与编辑表格的方法与在 Word 中一样，例如，在“销售工作计划 1”演示文稿中插入表格，并对其进行相应的编辑，具体操作步骤如下。

Step01 打开“光盘\素材文件\第 20 章\销售工作计划 1.pptx”文件，❶ 选择第 4 张幻灯片，单击【插入】选项卡【表格】组中的【表格】按钮，❷ 在弹出的下拉列表中拖动鼠标选择【5×4 表格】，即可在幻灯片中创建一个 5 列 4 行的表格，如图 20-29 所示。

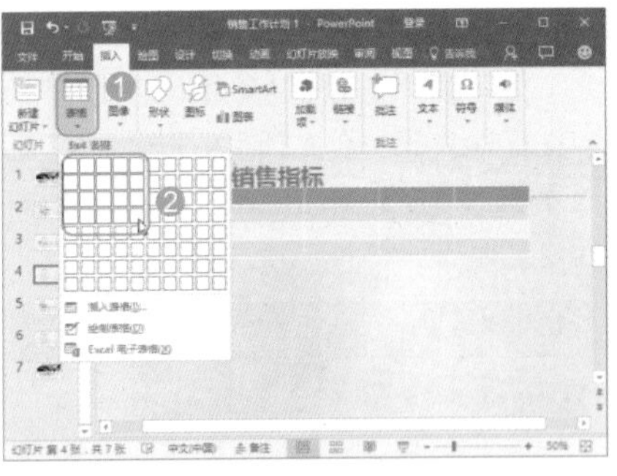

图 20-29

Step02 在插入的表格中输入相应的数据，并将表格调整到合适的大小和位置，效果如图 20-30 所示。

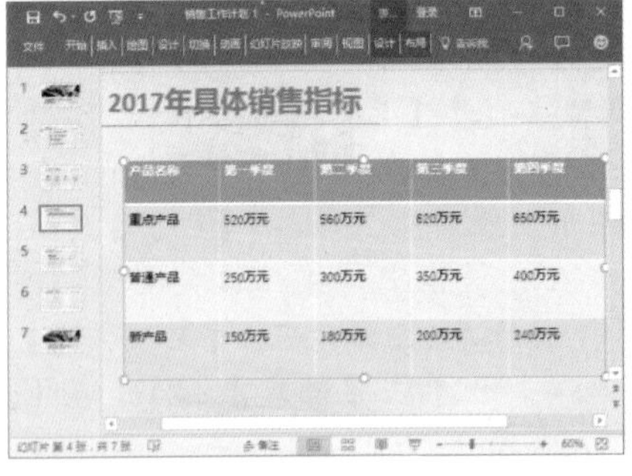

图 20-30

Step03 ❶ 选择表格中的所有文本，❷ 在【开始】选项卡【字体】组中将字号设置为【20】，❸ 单击【加粗】按钮 B 加粗文本，如图 20-31 所示。

Step04 ❶ 保持表格文本的选择状态，❷ 单击【布局】选项卡【对齐方式】组中的【居中】按钮 和【垂直居中】按钮 ，使表格中的文本居于单元格中间对齐，并使文本垂直居中对齐于单元格中，如图 20-32 所示。

图 20-31

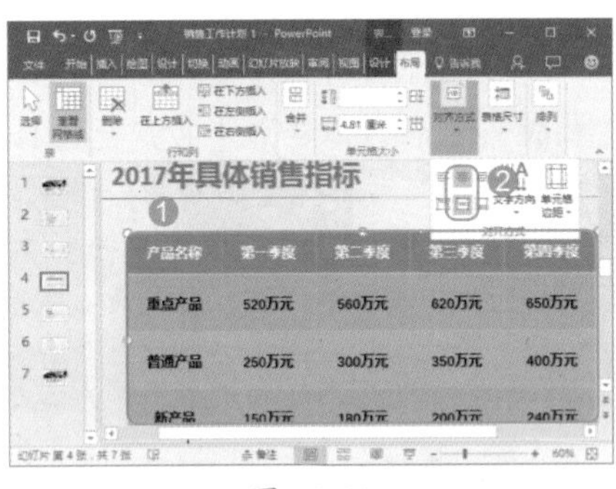

图 20-32

Step05 选择表格，单击【设计】选项卡【表格样式】组中的【其他】按钮 ，在弹出的下拉列表中选择需要的表格样式，如选择【浅色样式 3】选项，如图 20-33 所示。

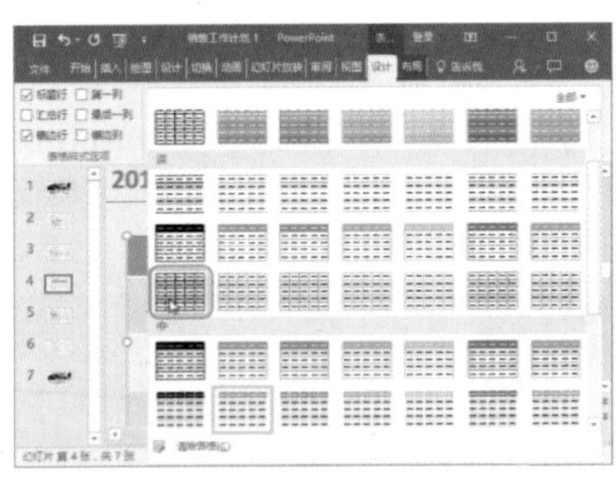

图 20-33

Step06 即可将选择的样式应用到表格中，效果如图 20-34 所示。

Step07 使用前面插入与编辑表格的方法在第 6 张幻灯片中插入需要的表格，效果如图 20-35 所示。

2017年具体销售指标

产品名称	第一季度	第二季度	第三季度	第四季度
重点产品	520万元	560万元	620万元	650万元
普通产品	250万元	300万元	350万元	400万元
新产品	150万元	180万元	200万元	240万元

图 20-34

重点促销产品确定

产品名称	促销政策	促销目标
产品A	折扣、返利	市场占有率达到25%
产品B	折扣、返利	月销售额达到100万元
产品C	折扣、返利、现场体验	市场占有率达到10%
产品D	折扣、返利、现场体验	月销售额达到70万元
产品E	折扣、返利	市场占有率达到5%

图 20-35

★ 重点 20.1.6 实战：在幻灯片中插入图表

实例门类	软件功能
教学视频	光盘\视频\第 20 章\20.1.6.mp4

图表是将表格中的数据以图形化的形式进行显示，通过图表可以更直观地体现表格中的数据，让烦琐的数据更形象，PowerPoint 2016 中提供了多种类型的图表，用户可以根据数据选择合适的图表来展现。例如，在“工作总结 1”演示文稿中插入图表，具体操作步骤如下。

Step01 打开“光盘\素材文件\第 20 章\工作总结 1.pptx”文件，❶ 选择第 5 张幻灯片，❷ 然后单击【插入】选项卡【插图】组中的【图表】按钮，如图 20-36 所示。

Step02 打开【插入图表】对话框，❶ 在左侧显示了提供的图表类型，选择需要的图表类型，如选择【柱形图】选项，❷ 在右侧选择【三维簇状柱形图】选项，❸ 单击【确定】按钮，如图 20-37 所示。

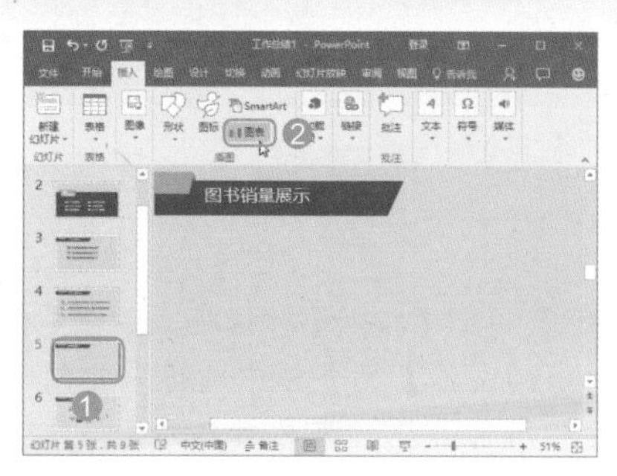

图 20-36

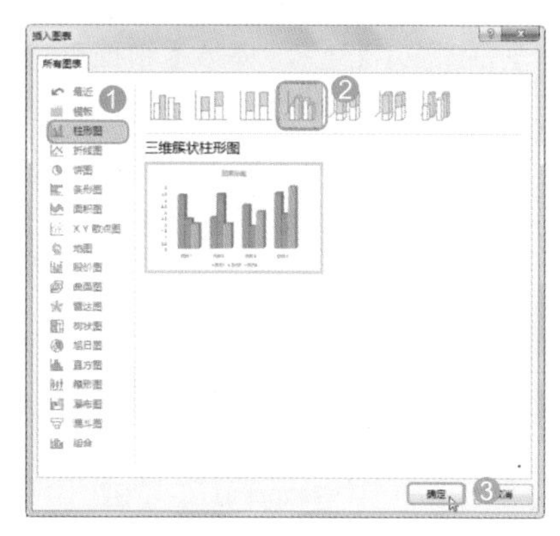

图 20-37

Step03 ❶ 打开【Microsoft PowerPoint 中的图表】对话框，在单元格中输入相应的图表数据，❷ 输入完成后单击右上角的【关闭】按钮×关闭对话框，如图 20-38 所示。

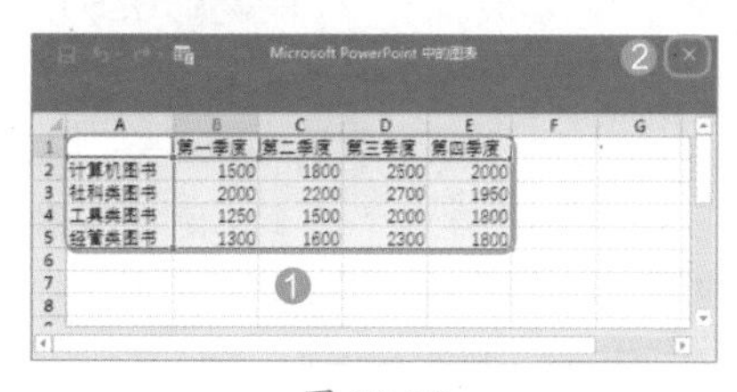

	第一季度	第二季度	第三季度	第四季度
计算机图书	1500	1800	2500	2000
社科类图书	2000	2200	2700	1950
工具类图书	1250	1500	2000	1800
经管类图书	1300	1600	2300	1800

图 20-38

Step04 返回幻灯片编辑区，即可查看插入的图表，效果如图 20-39 所示。

Step05 选择图表，单击【设计】选项卡【图表样式】组中的【其他】按钮，在弹出的下拉列表中选择需要的图表样式，如选择【样式 5】选项，为图表应用选择的样式，如图 20-40 所示。

Step06 选择横坐标轴，在【开始】选项卡【字体】组中对横坐标轴中文本的字体格式进行设置，设置完成后继续对纵坐标轴和图例中文本的字体格式进行设置，效果如图 20-41 所示。

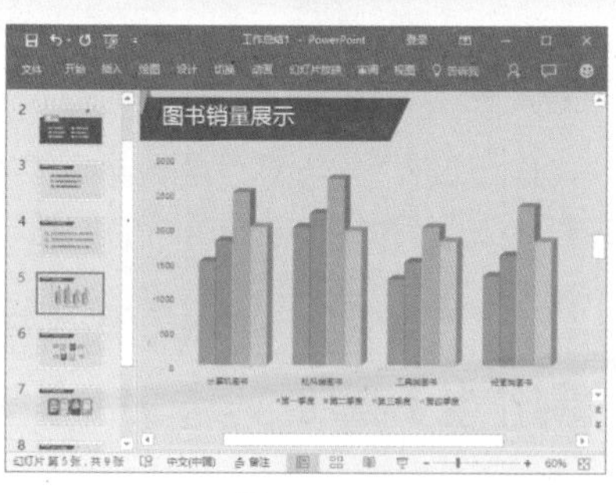

图 20-39

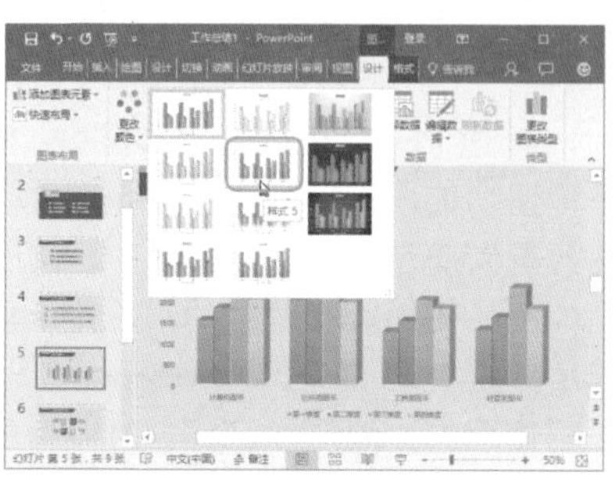

图 20-40

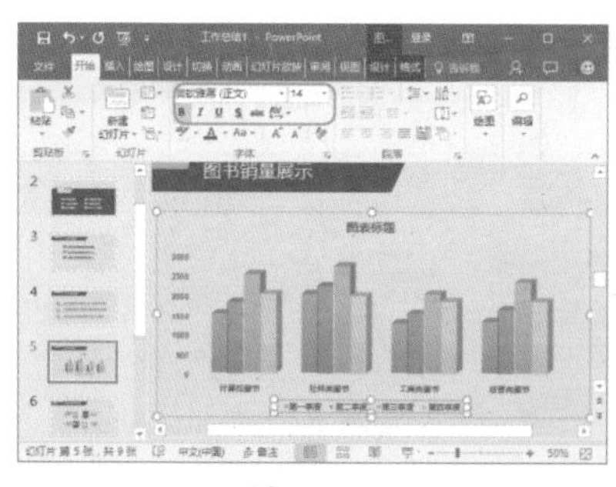

图 20-41

Step07 选择图表，❶ 单击【设计】选项卡【图表布局】组中的【添加图表元素】按钮，❷ 在弹出的下拉菜单中选择添加的元素，如选择【图表标题】命令，❸ 在弹出的子菜单中选择元素添加的位置，如选择【无】命令，取消图表标题，如图 20-42 所示。

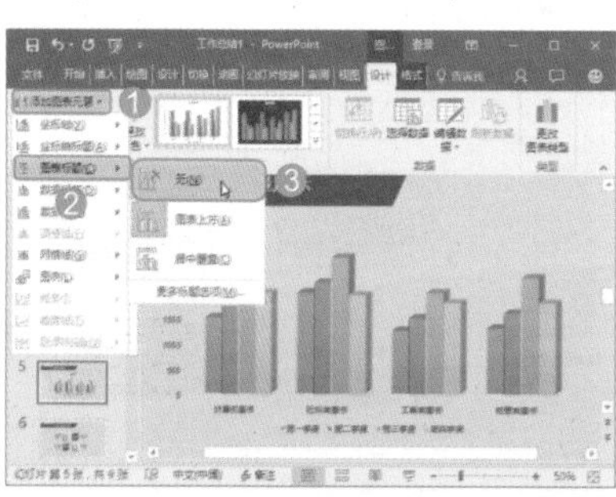

图 20-42

20.2 制作电子相册

当需要制作全图片型的演示文稿时，可以通过 PowerPoint 2016 提供的电子相册功能，快速将图片分配到演示文稿的每张幻灯片中，以提高制作幻灯片的效率。

★ 重点 20.2.1 实战：插入图片制作电子相册

实例门类	软件功能
教学视频	光盘\视频\第 20 章\20.2.1.mp4

通过 PowerPoint 2016 提供的电子相册功能，可以快速将多张图片平均分配到演示文稿的幻灯片中，对于制作产品相册等图片型的幻灯片来说非常方便。例如，在 PowerPoint 2016 中制作产品相册演示文稿，具体操作步骤如下。

Step 01 在新建的空白演示文稿中单击【插入】选项卡【图像】组中的【相册】按钮，如图 20-43 所示。

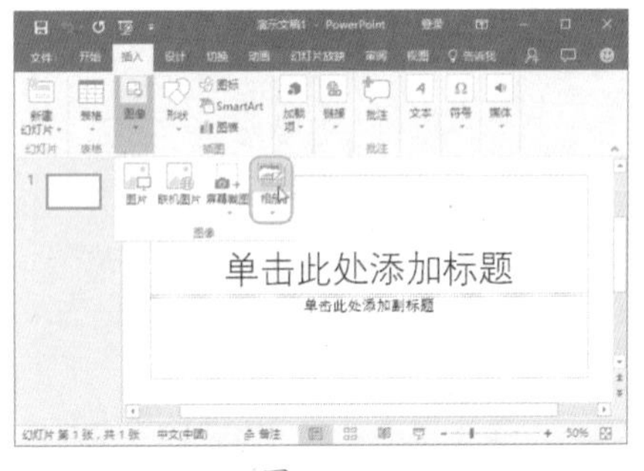

图 20-43

Step 02 打开【相册】对话框，单击【文件 / 磁盘】按钮，❶ 打开【插入图片】对话框，在地址栏中设置图片保存的位置，❷ 然后选择所有的图片，❸ 单击【插入】按钮，如图 20-44 所示。

图 20-44

Step 03 返回【相册】对话框，❶ 在【相册中的图片】列表框中选择需要创建为相册的图片，这里选中所有图片对应的复选框，❷ 在【图片版式】下拉列表框中选择需要的图片版式，如选择【1 张图片】选项，❸ 在【相框形状】下拉列表框中选择需要的相框形状，如选择【圆角矩形】选项，❹ 单击【浏览】按钮，如图 20-45 所示。

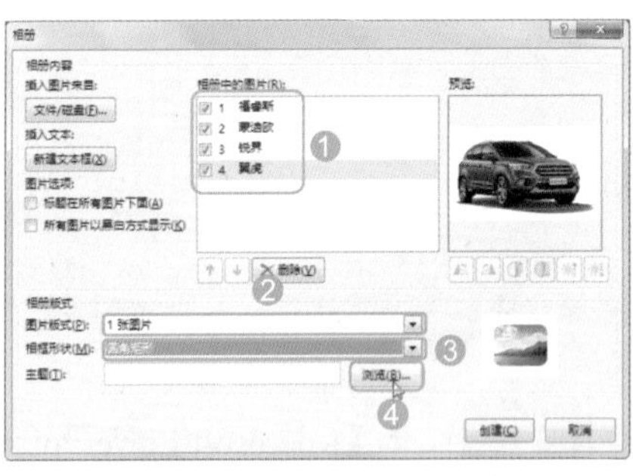

图 20-45

技能拓展——调整图片效果

如果需要对相册中某张图片的亮度、对比度等效果进行调整，可以在【相册】对话框中的【相册中的图片】列表框中选中需要调整的图片，在右侧的【预览】栏下提供了多个调整图片效果的按钮，单击相应的按钮，即可对图片旋转角度、亮度和对比度等效果进行相应的调整。

Step 04 ❶ 打开【选择主题】对话框，选择需要应用的幻灯片主题，如选择【Retrospect】选项，❷ 单击【选择】按钮，如图 20-46 所示。

Step 05 返回【相册】对话框，单击【创建】按钮，即可创建一个新演示文稿，在其中显示了创建的相册效果，并且该演示文稿保存为“产品相册”，然后选择第 1 张幻灯片，对占位符中的文本和字体格式进行修改，效果如图 20-47 所示。

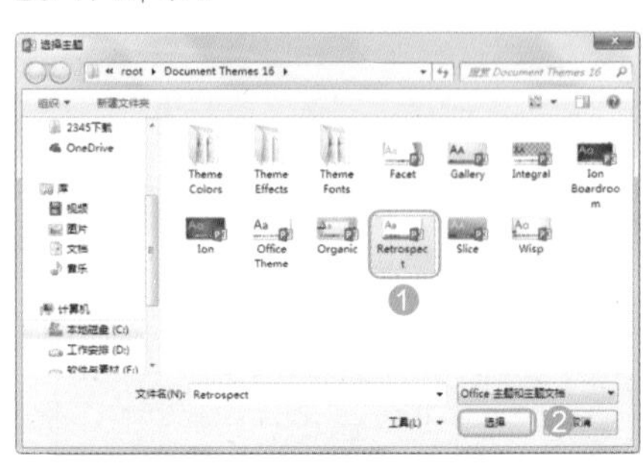

图 20-46

图 20-47

20.2.2 实战：编辑电子相册

实例门类	软件功能
教学视频	光盘\视频\第 20 章\20.2.2.mp4

如果对制作的相册版式、主题等不满意，用户还可根据需要对其进行编辑。例如，继续上例操作，在“产品相册”演示文稿中对相册的主题和文本框进行修改，具体操作步骤如下。

Step 01 ❶ 在打开的“产品相册”演示文稿中单击【插入】选项卡【图像】组中的【相册】下拉按钮，❷ 在弹出的下拉菜单中选择【编辑相册】命令，如图 20-48 所示。

Step 02 打开【编辑相册】对话框，❶ 在【图片选项】栏中选中【标题在所有图片下面】复选框，❷ 在【相框形状】下拉列表中选择【复杂框架，黑色】选项，❸ 单击【主题】后的【浏览】按钮，如图 20-49 所示。

Step03 ❶ 打开【选择主题】对话框，选择需要应用的幻灯片主题，这里选择【Ion】选项，❷ 单击【选择】按钮，如图 20-50 所示。

Step04 返回【编辑相册】对话框，单击【更新】按钮，即可更改相册的主题，并在每张图片下面自动添加一个标题，效果如图 20-51 所示。

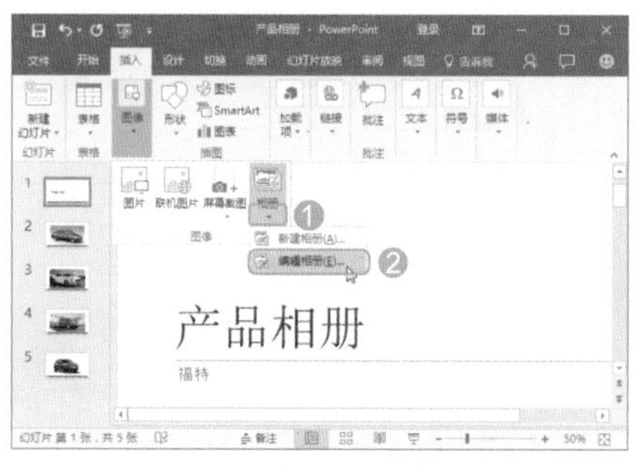

图 20-48

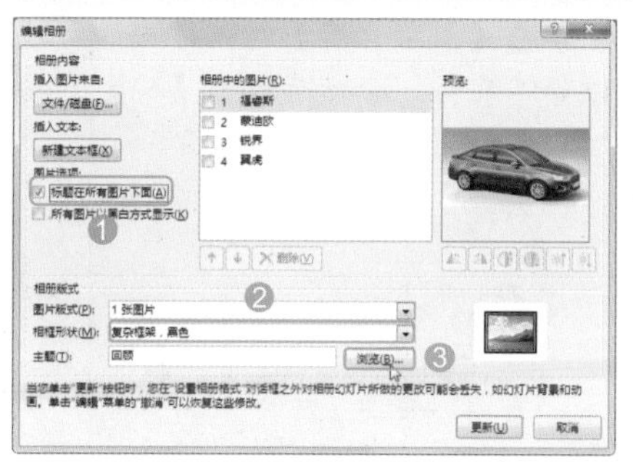

图 20-49

图 20-50

图 20-51

技能拓展——快速更改图片版式和相册主题

如果只需要更改相册的相框形状和主题，也可直接在【格式】选项卡【图片样式】组中设置图片的样式，在【设计】选项卡【主题】组中应用需要的主题。

20.3 在幻灯片中插入音频文件

PowerPoint 2016 提供了音频功能，通过该功能可快速在幻灯片中插入保存或录制的音频文件，并且还可对音频文件的播放效果进行设置，以增加幻灯片放映的听觉效果。

★ 重点 20.3.1 实战：在幻灯片中插入计算机中保存的音频文件

实例门类	软件功能
教学视频	光盘\视频\第 20 章\20.3.1.mp4

当需要在幻灯片中插入计算机中保存的音频文件时，可以通过 PowerPoint 2016 提供的 PC 上的音频功能快速插入。例如，在“公司介绍”演示文稿中插入音频文件，具体操作步骤如下。

Step01 打开“光盘\素材文件\第 20 章\公司介绍.pptx”文件，❶ 选择第一张幻灯片，❷ 单击【插入】选项卡【媒体】组中的【音频】按钮，❸ 在弹出的下拉菜单中选择【PC 上的音频】命令，如图 20-52 所示。

图 20-52

Step02 ❶ 打开【插入音频】对话框，在地址栏中设置插入的音频保存的位置，❷ 选择需要插入的音频文件【安妮的仙境】，❸ 单击【插入】按钮，如图 20-53 所示。

Step03 即可将选择的音频文件插入幻灯片中，并在幻灯片中显示音频文件的图标，效果如图 20-54 所示。

图 20-53

图 20-54

20.3.2 实战：在幻灯片中插入录制的音频

实例门类	软件功能
教学视频	光盘\视频\第20章\20.3.2.mp4

使用 PowerPoint 2016 提供的录制音频功能可以为演示文稿添加解说词，以帮助观众理解传递的信息。例如，在“益新家居”演示文稿中插入录制的音频，具体操作步骤如下。

Step 01 打开“光盘\素材文件\第20章\益新家居.pptx”文件，❶选择第一张幻灯片，❷单击【插入】选项卡【媒体】组中的【音频】按钮，❸在弹出的下拉菜单中选择【录制音频】命令，如图 20-55 所示。

图 20-55

技术看板

如果要录制音频，首先要保证计算机安装有声卡和录制声音的设备，否则将不能进行录制。

Step 02 打开【录制声音】对话框，❶在【名称】文本框中输入录制的音频名称，如输入【公司介绍】，❷然后单击●按钮，如图 20-56 所示。

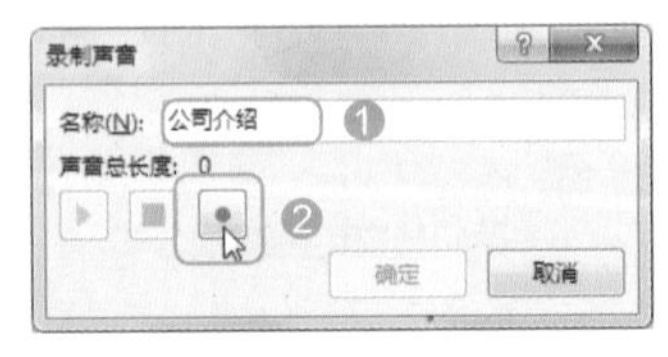

图 20-56

Step 03 开始录制声音，录制完成后，❶单击【录制声音】对话框中的■按钮暂停录制，❷然后单击【确定】按钮，如图 20-57 所示。

图 20-57

技术看板

在【录制声音】对话框中单击▶按钮，可对录制的音频进行试听。

Step 04 即可将录制的声音插入幻灯片中，选择音频图标，在出现的播放控制条上单击▶按钮，如图 20-58 所示。

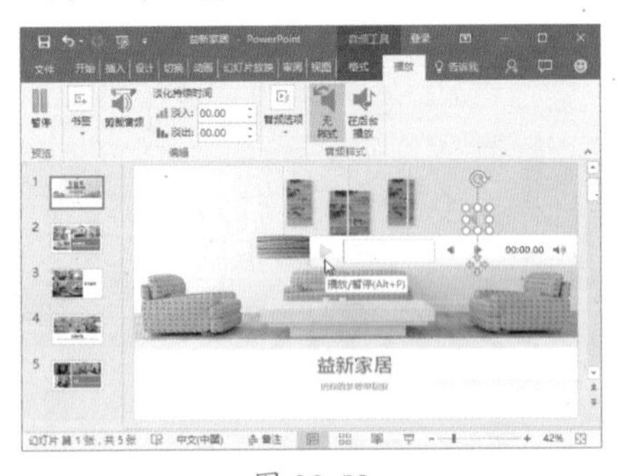

图 20-58

Step 05 即可开始播放录制的音频，如图 20-59 所示。

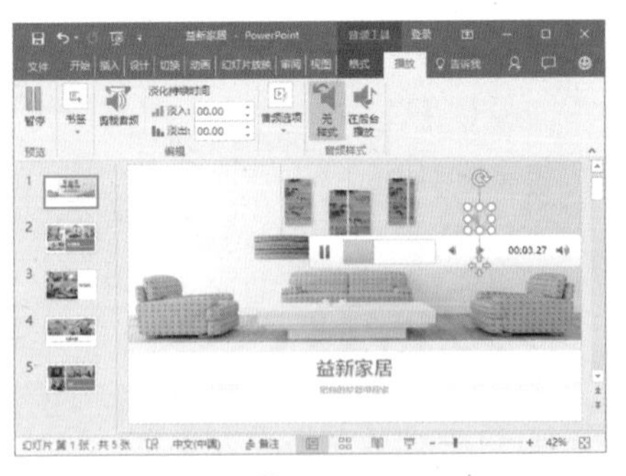

图 20-59

20.3.3 实战：对音频进行剪裁

实例门类	软件功能
教学视频	光盘\视频\第20章\20.3.3.mp4

如果插入幻灯片中的音频文件长短不能满足当前需要，那么可通过 PowerPoint 2016 提供的剪裁音频功能对音频文件进行剪辑。例如，对“公司介绍 1”演示文稿中的音频文件进行剪辑，具体操作步骤如下。

Step 01 打开“光盘\素材文件\第20章\公司介绍 1.pptx”文件，❶选择第1张幻灯片中的音频图标，❷单击【播放】选项卡【编辑】组中的【剪裁音频】按钮，如图 20-60 所示。

图 20-60

Step 02 打开【剪裁音频】对话框，将鼠标指针移动到▌图标上，当鼠标指针变成⟺形状时，按住鼠标左键不放向右拖动调整声音播放的开始时间，效果如图 20-61 所示。

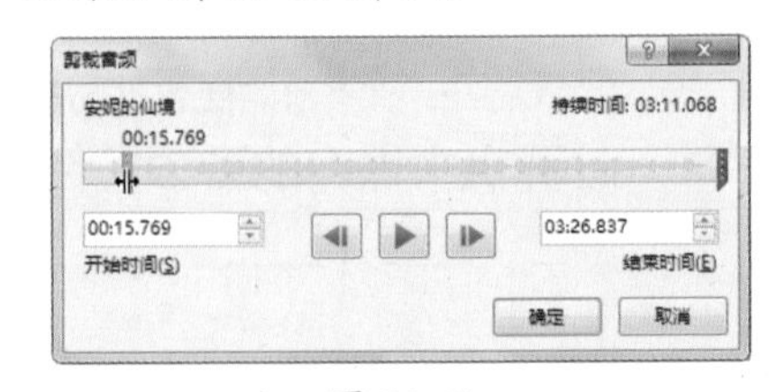

图 20-61

Step 03 ❶再将鼠标指针移动到▌图标上，当鼠标指针变成⟺形状时，按住鼠标左键不放向左拖动调整声音播放的结束时间，❷然后单击▶按钮，如图 20-62 所示。

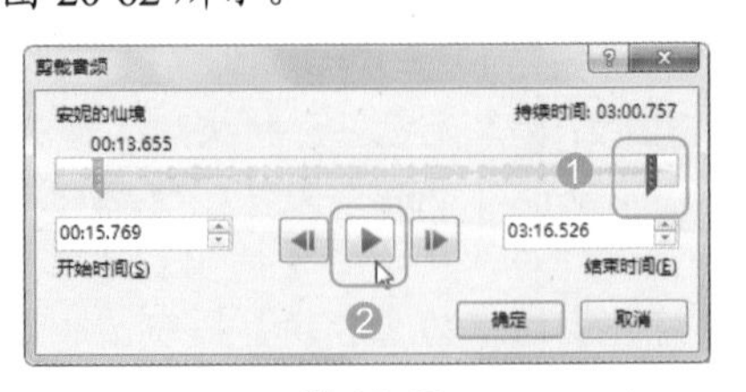

图 20-62

Step 04 开始对剪裁的音频进行试听，试听完成后，确认不再剪裁后，单击【确定】按钮确认即可，如图 20-63 所示。

图 20-63

> **技术看板**
>
> 剪裁音频时，在【剪裁音频】对话框中的【开始时间】和【结束时间】数值框中可直接输入音频的开始时间和结束时间进行剪裁。

★ 重点 20.3.4 实战：设置音频的属性

实例门类	软件功能
教学视频	光盘 \ 视频 \ 第 20 章 \20.3.4.mp4

在幻灯片中插入音频文件后，用户还可通过【播放】选项卡对音频文件的音量、播放时间、播放方式等属性进行设置。例如，继续上例操作，在“公司介绍 1”演示文稿中对音频属性进行设置，具体操作步骤如下。

Step 01 ❶ 在打开的“公司介绍 1”演示文稿中选择第 1 张幻灯片中的音频图标，❷ 单击【播放】选项卡【音频选项】组中的【音量】按钮，❸ 在弹出的下拉菜单中选择播放的音量，如选择【中】命令，如图 20-64 所示。

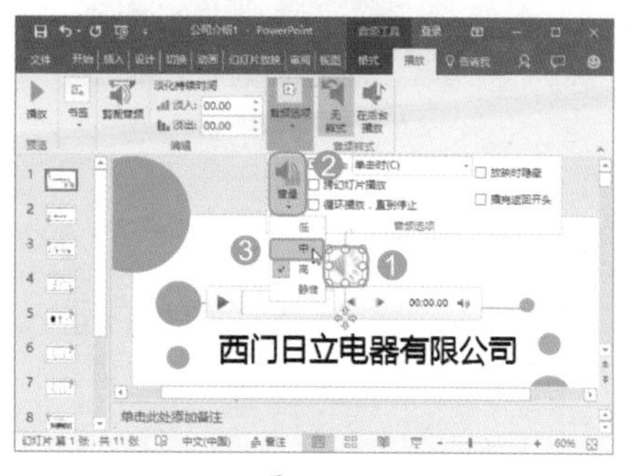

图 20-64

Step 02 ❶ 单击【播放】选项卡【音频选项】组中的【开始】下拉按钮，❷ 在弹出的下拉菜单中选择开始播放的时间，如选择【自动】命令，如图 20-65 所示。

图 20-65

Step 03 ❶ 在【音频选项】组中选中【跨幻灯片播放】和【循环播放，直到停止】复选框，❷ 再选中【放映时隐藏】复选框，完成声音属性的设置，如图 20-66 所示。

> **技术看板**
>
> 在【开始】下拉菜单中选择【自动】命令，表示放映幻灯片时自动播放音频；选择【单击时】命令，表示在放映幻灯片时，只有执行音频播放操作后，才会播放音频。

图 20-66

> **技术看板**
>
> 在【音频选项】组中选中【跨幻灯片播放】复选框，可在播放其他幻灯片时播放音频；选中【循环播放，直到停止】复选框，会循环播放音频；选中【放映时隐藏】复选框，表示放映时隐藏声音图标；选中【播完返回开头】复选框，表示音频播放完后，将返回到开头。

20.4 在幻灯片中插入视频文件

除了可在幻灯片中插入音频文件外，还可插入需要的视频文件，并且还可根据需要对视频文件的长短、播放属性等进行设置，以满足不同的播放需要。

★ 重点 20.4.1 实战：在幻灯片中插入计算机中保存的视频

实例门类	软件功能
教学视频	光盘 \ 视频 \ 第 20 章 \20.4.1.mp4

如果计算机中保存有幻灯片需要的视频文件，则可直接将其插入幻灯片中，以提高效率。例如，在“汽车宣传”演示文稿中插入计算机中保存的视频文件，具体操作步骤如下。

Step 01 打开“光盘 \ 素材文件 \ 第 20 章 \ 汽车宣传 .pptx”文件，❶ 选择第 2 张幻灯片，❷ 单击【插入】选项卡【媒体】组中的【视频】按钮，❸ 在弹出的下拉菜单中选择【PC 上的视频】

命令，如图 20-67 所示。

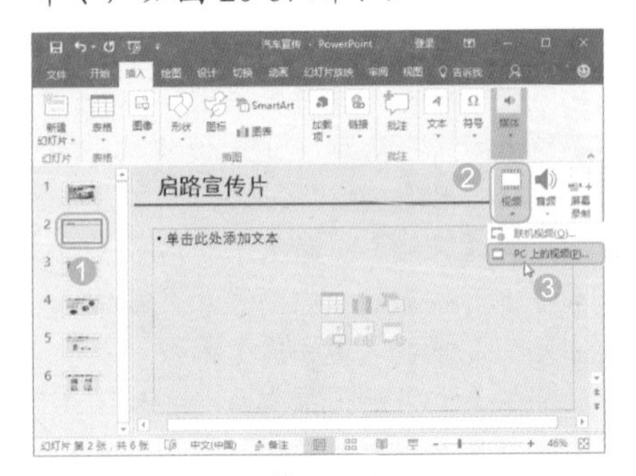

图 20-67

Step02 ❶ 打开【插入视频文件】对话框，在地址栏中设置计算机中视频保存的位置，❷ 然后选择需要插入的视频文件，这里选择【汽车宣传片】，❸ 单击【插入】按钮，如图 20-68 所示。

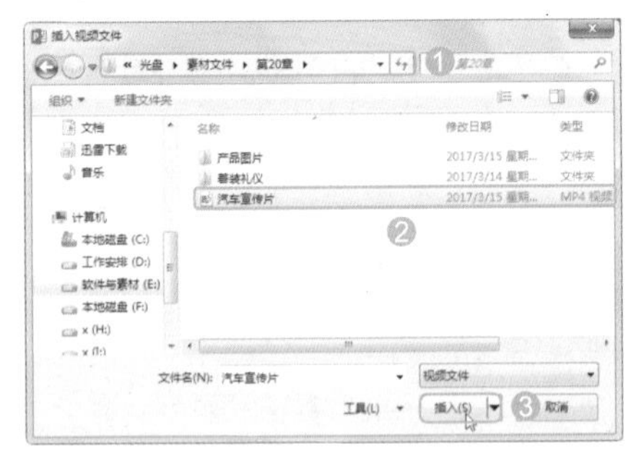

图 20-68

Step03 即可将选择的视频文件插入幻灯片中，选择视频图标，单击出现的播放控制条中的▶按钮，如图 20-69 所示。

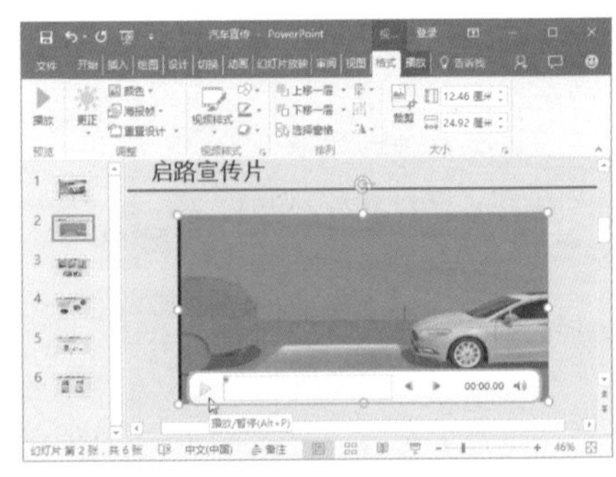

图 20-69

Step04 即可对插入的视频文件进行播放，效果如图 20-70 所示。

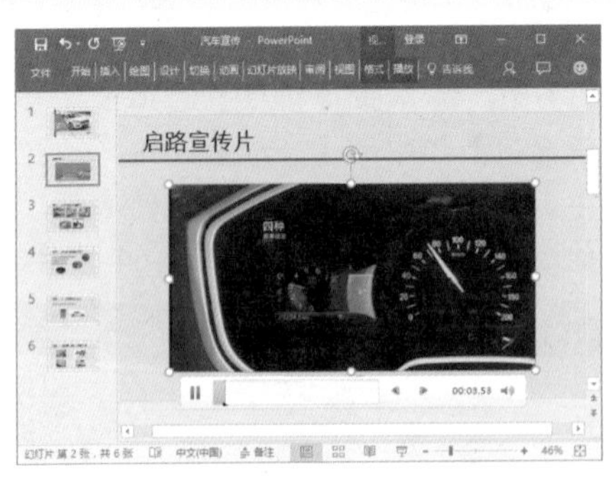

图 20-70

20.4.2 实战：在幻灯片中插入联机视频

在 PowerPoint 2016 中，如果计算机正常连接网络，那么通过联机功能，不仅可插入通过关键字搜索的网络视频，也可通过视频代码快速插入网络中的视频，具体操作步骤如下。

Step01 先在网络中搜索需要插入幻灯片中的视频，然后进入播放页面，在视频播放的代码后单击【复制】按钮，复制视频代码，如图 20-71 所示。

图 20-71

技术看板

并不是所有的视频网站都提供视频代码，只有部分视频网站提供了视频代码，如土豆网（http://www.tu dou.com/）、优酷网（http://www.youku.com/）等。

Step02 打开"光盘\素材文件\第 20 章\景点宣传 .pptx"文件，❶ 选择第 3 张幻灯片，❷ 单击【媒体】组中的【视频】按钮，❸ 在弹出的下拉菜单中选择【联机视频】命令，如图 20-72 所示。

图 20-72

Step03 在打开的提示对话框中单击【是】按钮，打开【插入视频】对话框，❶ 在【来自视频嵌入代码】文本框中右击，❷ 在弹出的快捷菜单中选择【粘贴】命令，如图 20-73 所示。

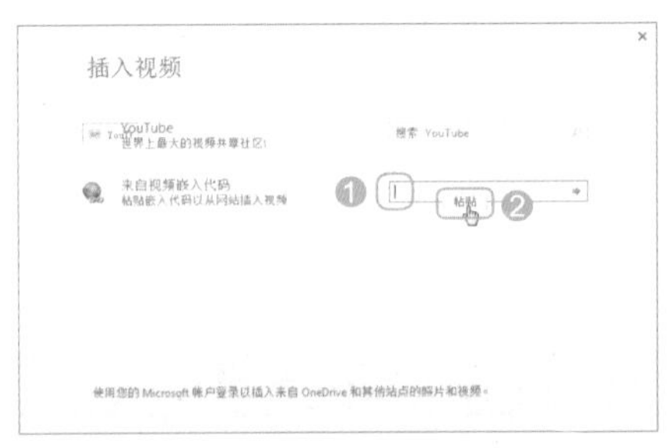

图 20-73

Step04 即可将复制的视频代码粘贴到文本框中，单击其后的【插入】按钮，如图 20-74 所示。

图 20-74

技能拓展——插入网络中搜索到的视频

在【插入视频】对话框【YouTube】文本框中输入要搜索视频的关键字，单击其后的【搜索】按钮，即可从 YouTube 网站中搜索与关键字相关的视频，并在打开的搜索结果对话框中显示搜索到的视频，选择需要插入的视频，单击【插入】按钮，即可将选择的视频插入到幻灯片中。

Step05 即可将网站中的视频插入到幻灯片中，返回到幻灯片编辑区，将幻灯片中的视频图标调整到合适大小，单击【播放】选项卡【预览】组中的【播放】按钮，如图 20-75 所示。

图 20-75

技术看板

将鼠标指针移动到视频图标上并双击，也可对插入的视频进行播放。

Step06 即可对插入的视频文件进行播放，效果如图 20-76 所示。

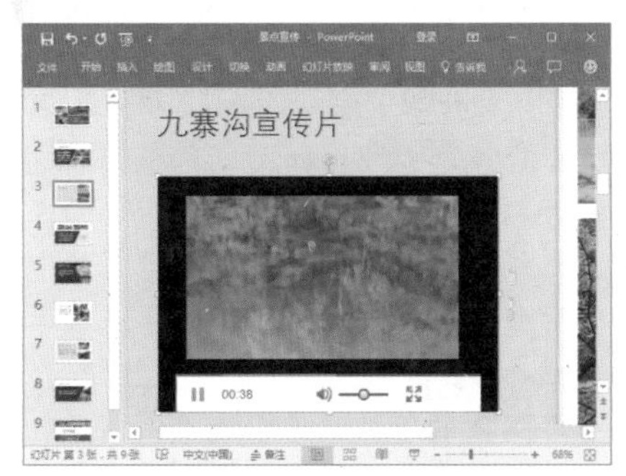

图 20-76

20.4.3 实战：对幻灯片中的视频进行剪辑

实例门类	软件功能
教学视频	光盘\视频\第 20 章\20.4.3.mp4

如果在幻灯片中插入的是保存在计算机中的视频，那么还可像声音一样进行剪裁。例如，在“汽车宣传 1”演示文稿中对视频进行剪裁，具体操作步骤如下。

Step01 打开“光盘\素材文件\第 20 章\汽车宣传 1.pptx”文件，❶ 选择第 2 张幻灯片中的视频图标，❷ 单击【播放】选项卡【编辑】组中的【剪裁视频】按钮，如图 20-77 所示。

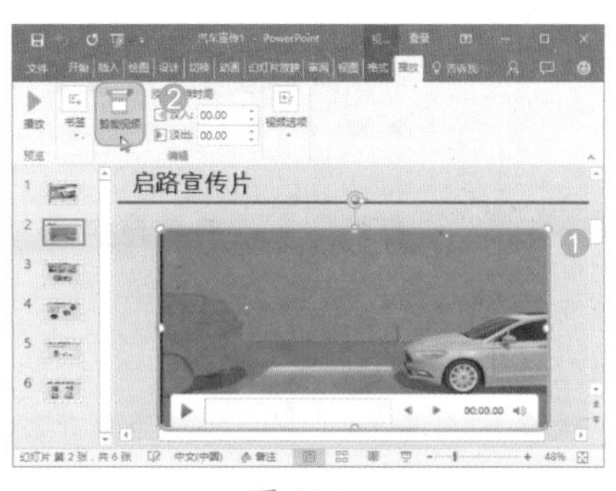

图 20-77

技术看板

对于插入的联机视频，不能对其进行剪裁操作。

Step02 打开【剪裁视频】对话框，❶ 在【开始时间】数值框中输入视频开始播放的时间，如输入【00:01.618】，❷ 在【结束时间】数值框中输入视频结束播放的时间，如输入【00:36. 762】，❸ 单击【确定】按钮，如图 20-78 所示。

技能拓展——设置视频淡入淡出效果

在 PowerPoint 2016 中还可对视频开始播放时的进入效果和结束后的退出效果进行设置。在【播放】选项卡【编辑】组中的【淡入】和【淡出】数值框中输入相应的淡入和淡出时间即可。

Step03 返回幻灯片编辑区，单击播放控制条中的▶按钮，即可对视频进行播放，查看效果，如图 20-79 所示。

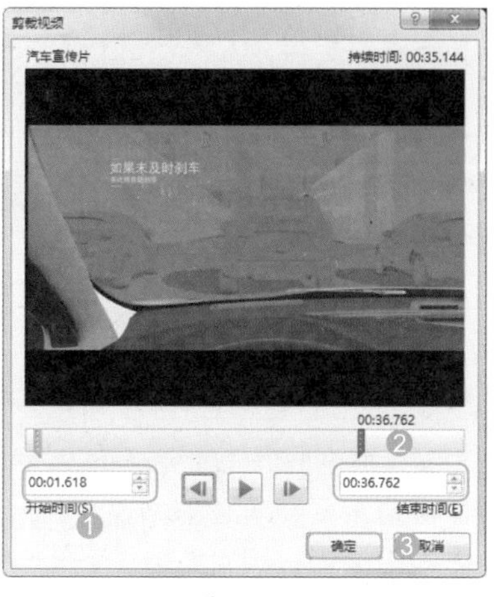

图 20-78

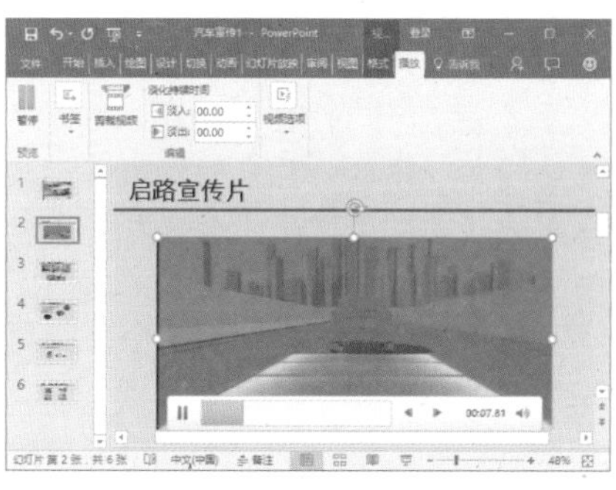

图 20-79

★ 重点 20.4.4 实战：对幻灯片中视频的播放属性进行设置

实例门类	软件功能
教学视频	光盘\视频\第 20 章\20.4.4.mp4

与音频一样，要使视频的播放与幻灯片放映相结合，还需要对视频的播放属性进行设置。例如，继续上例操作，在“汽车宣传 1”演示文稿中对视频的播放属性进行设置，具体操作步骤如下。

Step01 在打开的“汽车宣传 1”演示

文稿的幻灯片中选择视频图标，❶ 单击【播放】选项卡【视频选项】组中的【音量】按钮，❷ 在弹出的下拉菜单中选择【中】命令，如图 20-80 所示。

Step 02 保持视频图标的选择状态，在【视频选项】组中选中【全屏播放】复选框，这样在放映幻灯片时，将全屏放映视频文件，如图 20-81 所示。

图 20-80

图 20-81

妙招技法

下面结合本章内容，给大家介绍一些实用技巧。

技巧 01：快速更改插入的图标

对于幻灯片中插入的图标，用户还可将其更改为其他图标。例如，在“销售工作计划 2”演示文稿中对插入的图标进行更改，具体操作步骤如下。

Step 01 打开“光盘\素材文件\第 20 章\销售工作计划 2.pptx”文件，❶ 选择第 3 张幻灯片中的箭头图标，❷ 单击【格式】选项卡【更改】组中的【更改图形】按钮，❸ 在弹出的下拉菜单中选择【从图标】命令，如图 20-82 所示。

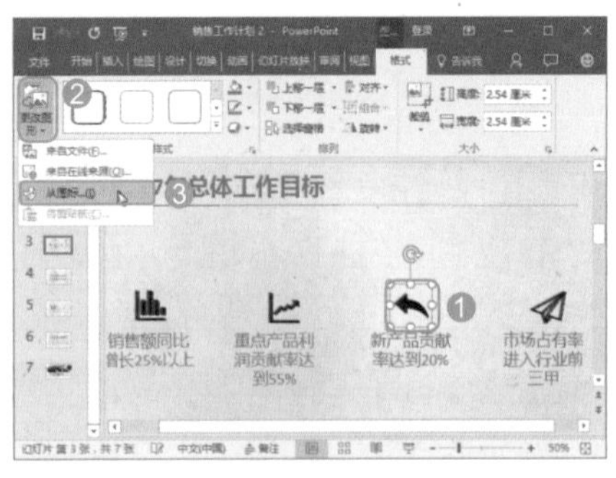

图 20-82

Step 02 ❶ 打开【插入图标】对话框，在左侧选择【通讯】选项，❷ 在右侧的【通讯】栏中选中图标复选框，❸ 单击【插入】按钮，如图 20-83 所示。

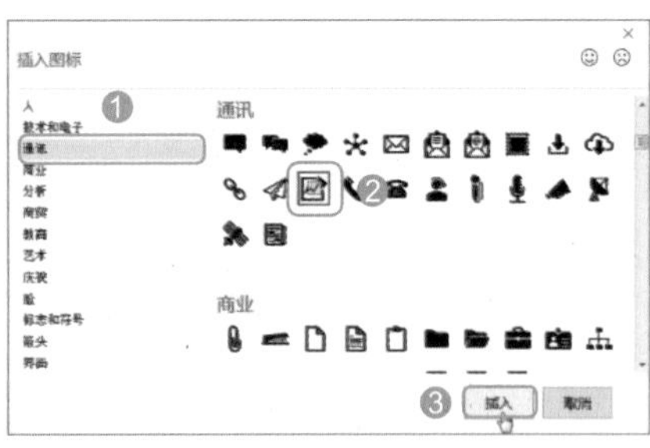

图 20-83

Step 03 即可开始下载图标，并更改图标，效果如图 20-84 所示。

图 20-84

技能拓展——将图标更改为图片

除了可将图标更改为其他图标外，还可将图标更改为图片。其方法是：在幻灯片中选择需要更改的图标，单击【格式】选项卡【更改】组中的【更改图形】按钮，在弹出的下拉菜单中选择【来自文件】命令，打开【插入图片】对话框，选择相应的图片文件，单击【插入】按钮即可。

技巧 02：快速将多个形状合并为一个形状

教学视频	光盘\视频\第 20 章\技巧 02.mp4

对于一些复杂的形状或特殊的形状，如果 PowerPoint 中没有直接提供，那么也可通过 PowerPoint 2016 提供的合并形状功能，将两个或两个以上形状合并成一个新的形状。例如，在“工作总结 2”演示文稿中将两个正圆合并为一个形状，具体操作步骤如下。

Step 01 打开“光盘\素材文件\第 20 章\工作总结 2.pptx”文件，在第 4 张幻灯片中绘制两个大小不等的正圆，并重合排列在一起，❶ 选择绘制的两个正圆，❷ 单击【格式】选项卡【插入形状】组中的【合并】按钮，❸ 在弹出的下拉菜单中选择需要的合并命令，如选择【组合】命令，如图

20-85 所示。

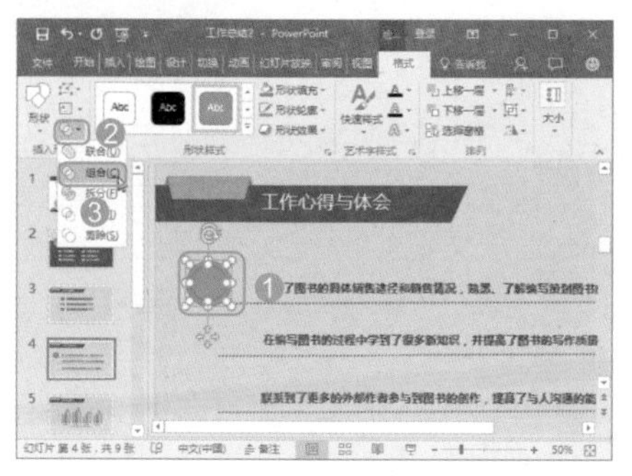

图 20-85

技术看板

在【合并】下拉菜单中的【联合】命令，表示将多个相互重叠或分离的形状结合生成一个新的形状；【组合】命令，表示将多个相互重叠或分离的形状结合生成一个新的形状，但形状的重合部分将被剪除；【拆分】命令，表示将多个形状重合或未重合的部分拆分为多个形状；【相交】命令，表示多个形状未重叠的部分被剪除；重叠的部分将被保留；【剪除】命令，表示将被剪除的形状覆盖或被其他对象覆盖的部分清除所产生新的对象。

Step 02 即可将选择的两个正圆合并为一个正圆，并且重合的部分将被裁剪掉，只保留未重合的部分，效果如图 20-86 所示。

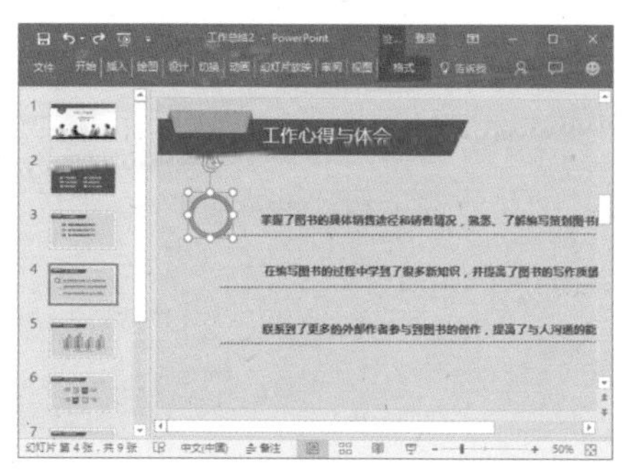

图 20-86

Step 03 对组合的正圆效果进行设置，并对其进行复制，使其达到如图 20-87 所示的效果。

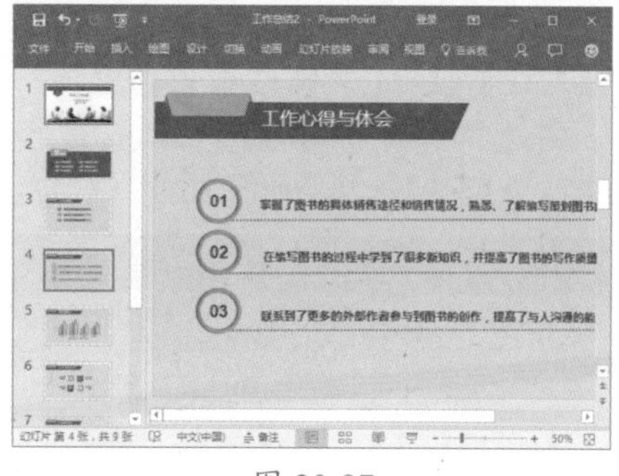

图 20-87

技巧 03：在幻灯片中插入屏幕录制

教学视频	光盘 \ 视频 \ 第 20 章 \ 技巧 03.mp4

屏幕录制是 PowerPoint 2016 的一个新功能，通过该功能可将正在进行的操作、播放的视频和正在播放的音频录制下来，并插入到幻灯片中。例如，在“汽车宣传 2”演示文稿中插入录制的视频，具体操作步骤如下。

Step 01 先打开需要录制的视频，打开“光盘 \ 素材文件 \ 第 20 章 \ 汽车宣传 2.pptx”文件，❶ 选择第 2 张幻灯片，❷ 单击【插入】选项卡【媒体】组中的【屏幕录制】按钮，如图 20-88 所示。

图 20-88

Step 02 切换计算机屏幕，在打开的屏幕录制对话框中单击【选择区域】按钮，如图 20-89 所示。

Step 03 此时鼠标指针将变成+形状，然后拖动鼠标在屏幕中绘制录制的区域，如图 20-90 所示。

Step 04 录制区域绘制完成后，单击录制区域中的视频的播放按钮进行播放，然后单击屏幕录制对话框中的【录制】按钮，如图 20-91 所示。

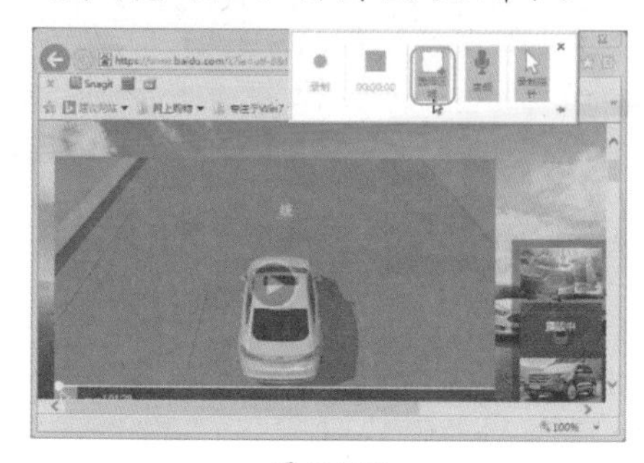

图 20-89

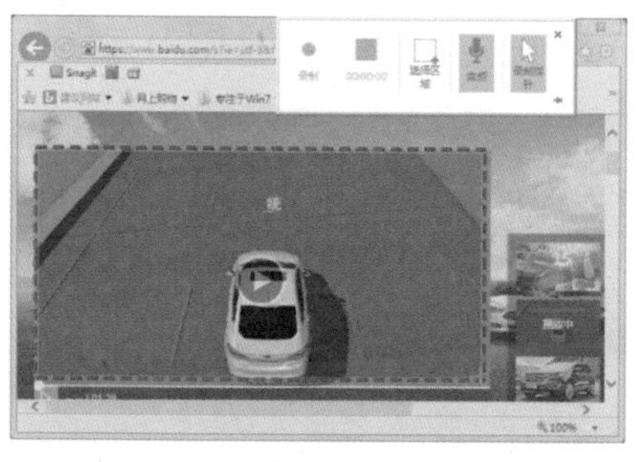

图 20-90

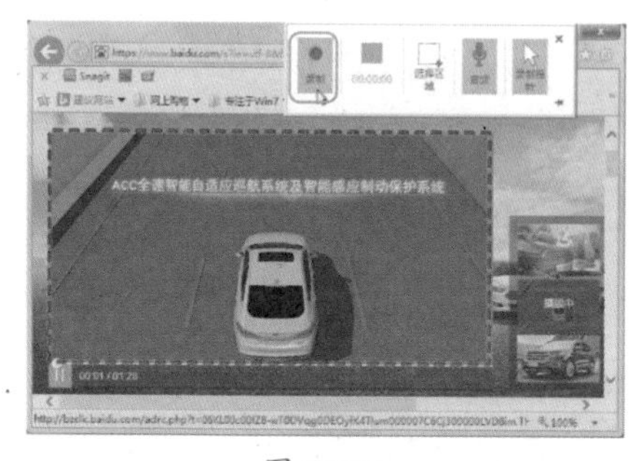

图 20-91

Step 05 开始对屏幕中播放的视频进行录制，如图 20-92 所示。

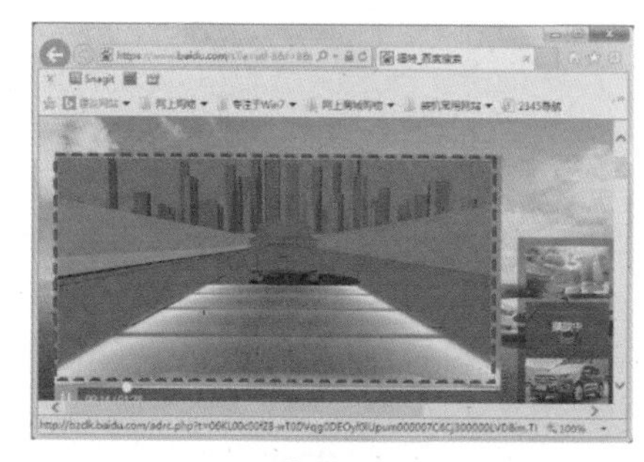

图 20-92

Step06 录制完成，按【Windows+Shift+Q】组合键停止录制，即可将录制的视频插入到幻灯片中，并切换到PowerPoint窗口，在幻灯片中即可查看录制的视频，效果如图20-93所示。

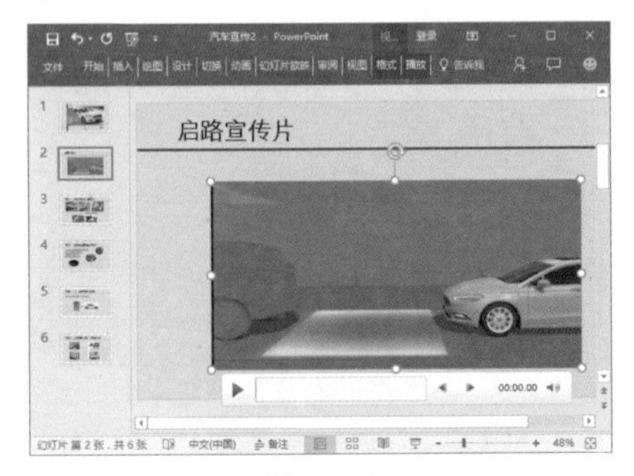

图 20-93

技术看板

默认情况下，录制视频时会自动录制视频的声音，如果不想录制视频的声音，那么执行屏幕录制操作后，在屏幕录制对话框中单击【音频】按钮，则可取消声音录制。

技巧04：快速美化视频图标形状

教学视频	光盘\视频\第20章\技巧04.mp4

对于幻灯片中的视频图标，还可通过更改视频图标形状、应用视频样式、设置视频效果等操作对视频图标进行美化。例如，在“汽车宣传3”演示文稿中对视频图标进行美化，具体操作步骤如下。

Step01 打开“光盘\素材文件\第20章\汽车宣传3.pptx”文件，❶ 选择幻灯片中的视频图标，单击【格式】选项卡【视频样式】组中的【视频样式】按钮，❷ 在弹出的下拉列表中选择需要的视频样式，如选择【棱台框架，渐变】选项，为视频图标应用选择的样式，如图20-94所示。

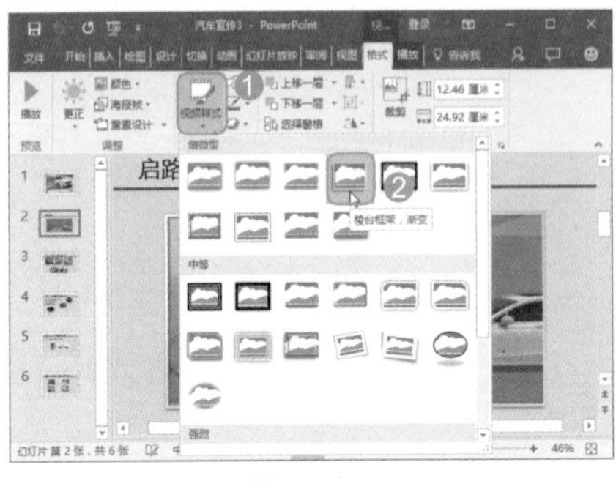

图 20-94

Step02 ❶ 单击【视频样式】组中的【视频形状】按钮，❷ 在弹出的下拉列表中选择需要的视频形状，如选择【圆角矩形】选项，如图20-95所示。

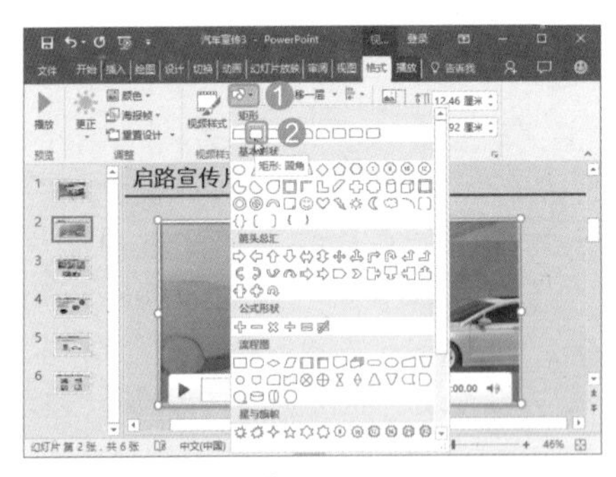

图 20-95

Step03 即可将视频图标更改为圆角矩形，效果如图20-96所示。

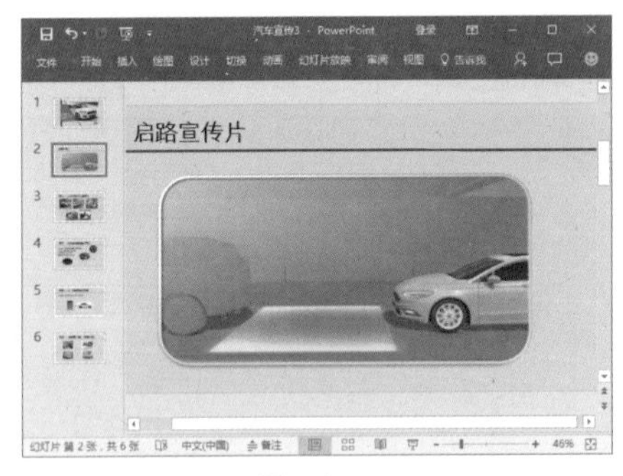

图 20-96

技巧05：如何将喜欢的图片设置为视频图标封面

教学视频	光盘\视频\第12章\技巧05.mp4

在幻灯片中插入视频后，其视频图标上的画面将显示视频中的第一个场景，为了让幻灯片整体效果更加美观，可以将视频图标的显示画面更改为其他图片。例如，将“汽车宣传4”演示文稿中的视频图标画面更改为计算机中保存的图片，具体操作步骤如下。

Step01 打开“光盘\素材文件\第20章\汽车宣传4.pptx”文件，❶ 选择第2张幻灯片中的视频图标，❷ 单击【格式】选项卡【调整】组中的【海报帧】按钮，❸ 在弹出的下拉菜单中选择【文件中的图像】命令，如图20-97所示。

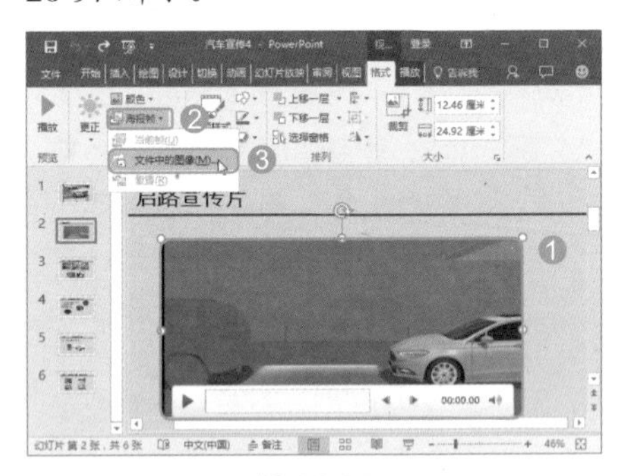

图 20-97

Step02 在打开的对话框中单击【浏览】按钮，❶ 打开【插入图片】对话框，在地址栏中选择图片保存的位置，❷ 然后选择需要插入的图片，这里选择【车】选项，❸ 单击【插入】按钮，如图20-98所示。

图 20-98

Step03 即可将插入的图片设置为视频图标的显示画面，效果如图20-99所示。

图 20-99

技能拓展——将视频图标显示画面更改为视频中的某一画面

除了可将计算机中保存的图片设置为视频图标的显示画面外，还可将视频当前播放的画面设置为视频图标的显示画面。恢复到未设置前的状态。其方法是：播放视频，当播放到需要设置为视频图标封面的画面时，暂停视频播放，单击【格式】选项卡【调整】组中的【海报帧】按钮，在弹出的下拉菜单中选择【当前框架】命令，即可将当前画面标记为视频图标的显示画面。

本章小结

通过本章知识的学习，相信读者已经掌握了图片、图标、形状、SmartArt 图形、表格、图表等图形对象在幻灯片中的使用方法，以及音频和视频多媒体文件的插入与编辑方法。在实际应用过程中，多应用图形对象，可以使幻灯片的排版更灵活，效果更美观。本章在最后还讲解了图形对象和多媒体的编辑方法，以帮助用户制作出更加精美的幻灯片。

第21章 在 PPT 中添加链接和动画效果实现交互

- 在幻灯片中能不能实现单击某一对象跳转到另一对象或另一幻灯片中呢？
- 动作按钮和动作是不是一样的？
- PowerPoint 2016 提供的缩放定位新功能是干什么的？
- 能不能为同一个对象添加多个动画效果呢？
- 怎么能让动画之间的播放更流畅？

在放映幻灯片的过程中，要想快速实现幻灯片对象与幻灯片、幻灯片与幻灯片之间的交互，那么可通过为幻灯片或幻灯片中的对象添加超链接、切换动画和动画效果来实现。本章将讲解超链接、动作按钮、动作、缩放定位、切换动画及动画等知识。

21.1 添加链接实现幻灯片交互

PowerPoint 2016 提供了超链接、动作按钮和动作等交互功能，通过为对象创建交互，在放映幻灯片时，单击交互对象，即可快速跳转到链接的幻灯片，对其进行放映。

★ 重点 21.1.1 实战：为幻灯片中的文本添加超链接

实例门类	软件功能
教学视频	教学视频：光盘\视频\第 21 章\21.1.1.mp4

PowerPoint 2016 提供了超链接功能，通过该功能可为幻灯片中的对象添加链接，以便在放映幻灯片的过程中快速跳转到指定位置。例如，在“旅游信息化”演示文稿中将对第 2 张幻灯片中的文本内容分别链接到对应的幻灯片，具体操作步骤如下。

Step 01 打开“光盘\素材文件\第 21 章\旅游信息化 .pptx”文件，❶ 选择第 2 张幻灯片，❷ 然后选择【旅游信息化的概念】文本，❸ 单击【插入】选项卡【链接】组中的【超链接】按钮，如图 21-1 所示。

Step 02 打开【插入超链接】对话框，❶ 在【链接到】栏中选择链接的位置，如选择【本文档中的位置】选项，❷ 在【请选择文档中的位置】列表框中显示了当前演示文稿的所有幻灯片，选择需要链接的幻灯片，如选择【3. 幻灯片 3】选项，❸ 在【幻灯片预览】栏中显示了链接的幻灯片效果，确认无误后单击【确定】按钮，如图 21-2 所示。

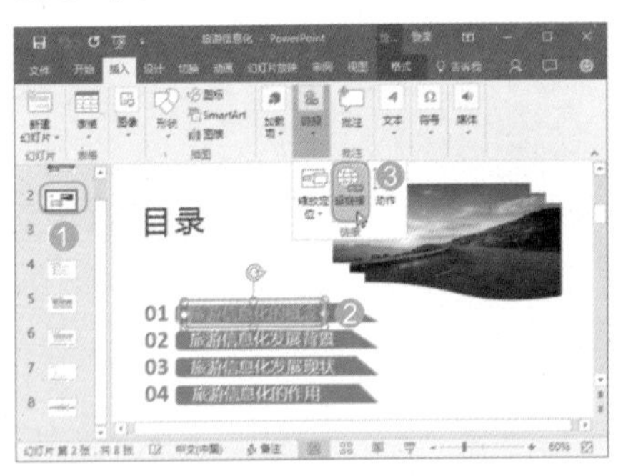

图 21-1

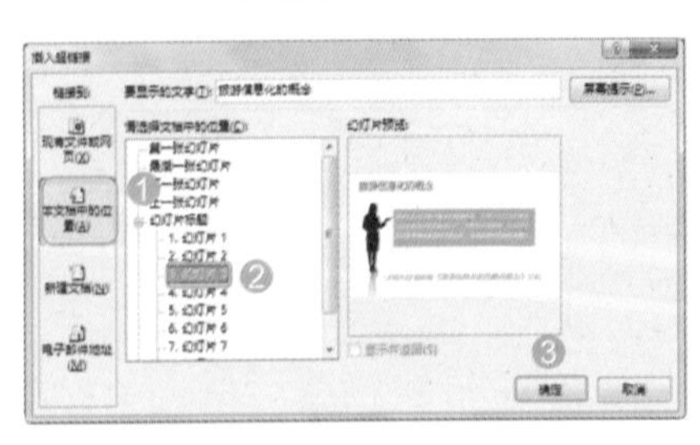
图 21-2

技术看板

若在【链接到】栏中选择【现有文件或网页】选项，可链接到当前文件或计算机中保存的文件，以及浏览过的网页；若选择【新建文档】选项，可新建一个文档，并链接到新建的文档中；若选择【电子邮件地址】选项，可链接到某个电子邮件地址。

Step 03 返回幻灯片编辑区，即可查看到添加超链接的文本颜色发生了变化，而且还为文本添加了下画线，效果如图 21-3 所示。

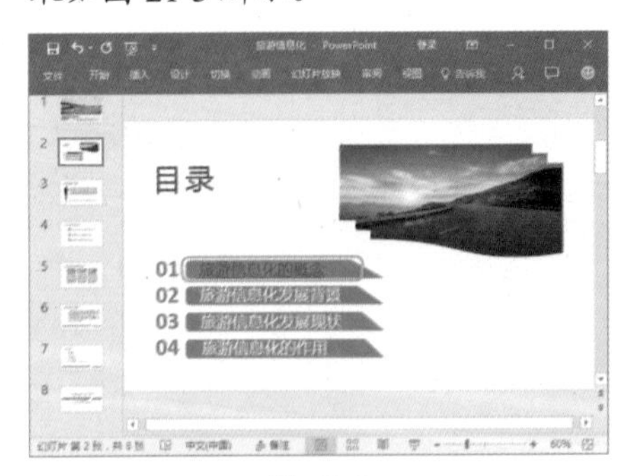

图 21-3

Step04 使用相同的方法，继续为幻灯片中其他需要添加超链接的文本添加超链接，效果如图 21-4 所示。

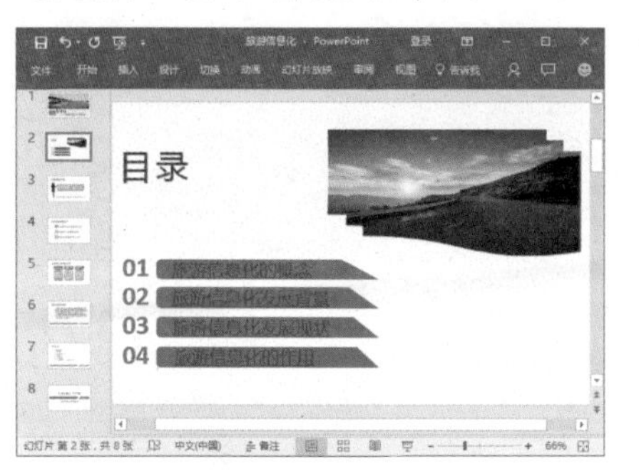

图 21-4

技能拓展——编辑超链接

如果添加的超链接链接的位置不正确，那么可对其进行编辑更改。其方法是：选择需要编辑的超链接，单击【超链接】按钮，打开【编辑超链接】对话框，在其中可对链接的对象和位置进行更改。

Step05 在放映幻灯片过程中，若单击添加超链接的文本，如单击【旅游信息化发展背景】文本，如图 21-5 所示。

图 21-5

Step06 即可快速跳转到链接的幻灯片，并对其进行放映，效果如图 21-6 所示。

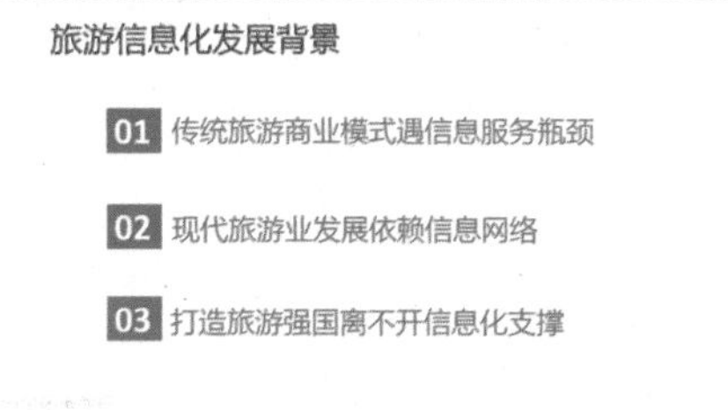

旅游信息化发展背景

01 传统旅游商业模式遇信息服务瓶颈

02 现代旅游业发展依赖信息网络

03 打造旅游强国离不开信息化支撑

图 21-6

技能拓展——取消或删除超链接

当不需要添加的超链接时，可以将其取消或删除。其方法是：选择需要取消或删除的超链接并右击，在弹出的快捷菜单中选择【取消超链接】命令或【删除超链接】命令，即可取消或删除选择的超链接。

21.1.2 实战：在幻灯片中绘制动作按钮

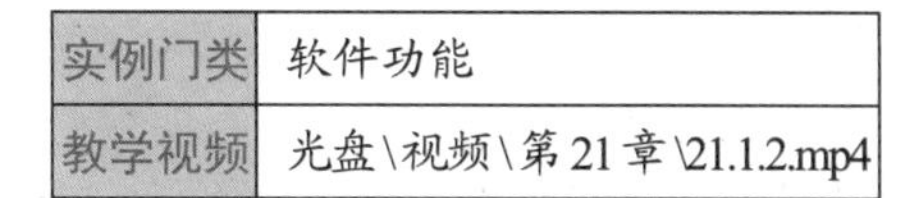

实例门类	软件功能
教学视频	光盘 \ 视频 \ 第 21 章 \21.1.2.mp4

动作按钮是一些被理解为用于转到下一张、上一张、最后一张等的按钮，通过这些按钮，在放映幻灯片时，也可实现幻灯片之间的跳转。例如，在“销售工作计划”演示文稿的第 2 张幻灯片中添加 4 个动作按钮，并对其效果进行设置，具体操作步骤如下。

Step01 打开“光盘 \ 素材文件 \ 第 21 章 \ 销售工作计划 .pptx”文件，❶ 选择第 2 张幻灯片，❷ 单击【插入】选项卡【插图】组中的【形状】按钮，❸ 在弹出的下拉列表中的【动作按钮】栏中选择需要的动作按钮，如选择【动作按钮 : 后退或前一项】选项，如图 21-7 所示。

图 21-7

Step02 此时鼠标指针变成+形状，在需要绘制的位置拖动鼠标绘制动作按钮，如图 21-8 所示。

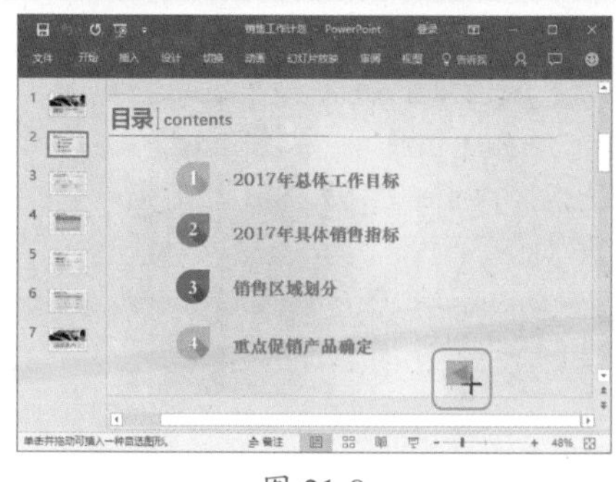

图 21-8

Step03 绘制完成后，释放鼠标，即可自动打开【操作设置】对话框，在其中对链接位置进行设置，这里保持默认设置，单击【确定】按钮，如图 21-9 所示。

图 21-9

Step04 返回幻灯片编辑区，继续绘制需要的动作按钮，❶ 然后选择绘制的动作按钮，❷ 在【格式】选项卡【大小】组中的【高度】数值框中输入动作按钮的高度，如输入【1.4】，按【Enter】键，所选动作按钮的高度将随之变化，如图 21-10 所示。

图 21-10

Step 05 然后在【大小】组中的【宽度】数值框中输入动作按钮的宽度，如输入【1.6】，按【Enter】键，所选动作按钮的宽度将随之变化，如图21-11所示。

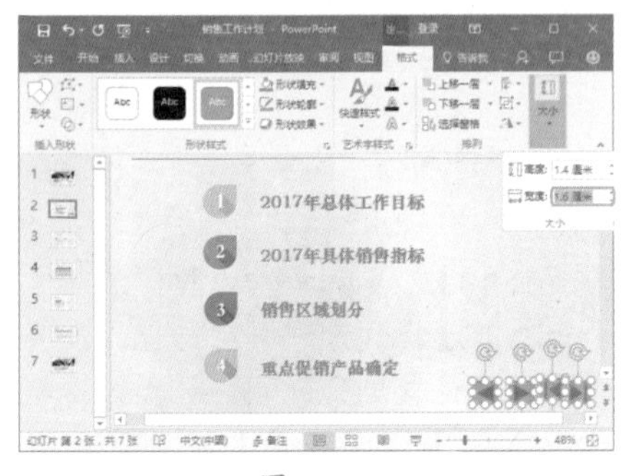

图 21-11

Step 06 保持动作按钮的选择状态，❶ 单击【格式】选项卡【排列】组中的【对齐】按钮，❷ 在弹出的下拉菜单中选择【底端对齐】命令，如图21-12所示。

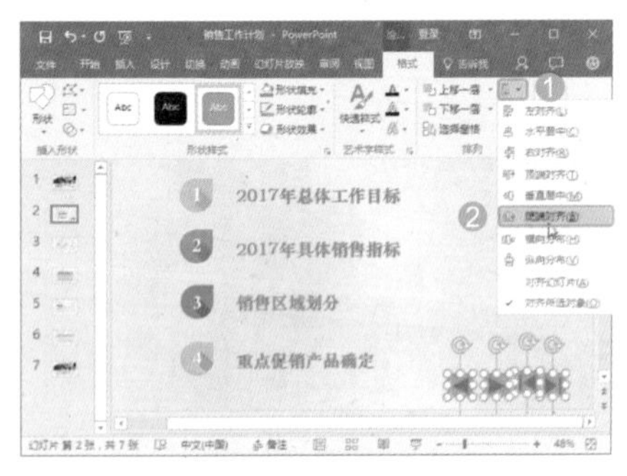

图 21-12

Step 07 使选择的动作按钮对齐，然后对动作按钮之间的间距进行调整，完成后选择动作按钮，在【格式】选项卡【形状样式】组中的下拉列表框中选择【浅色 1 轮廓，彩色填充 - 灰色，强调颜色 3】选项，如图21-13所示。

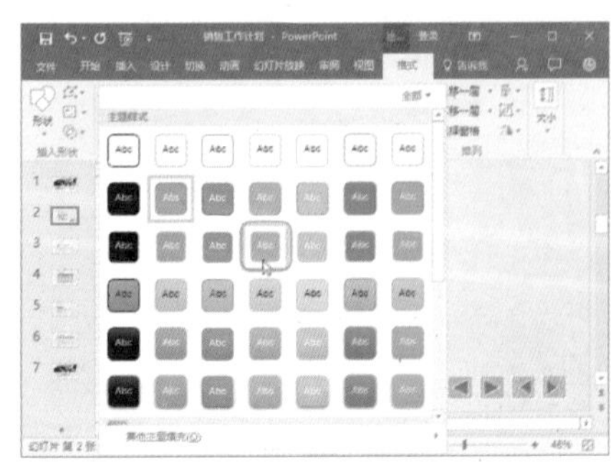

图 21-13

Step 08 进入幻灯片放映状态，单击动作按钮，如单击【动作按钮：转到开头】，如图21-14所示。

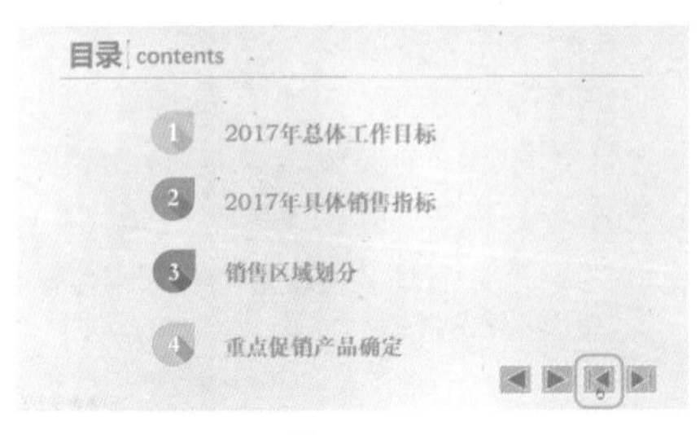

图 21-14

Step 09 即可快速跳转到首页幻灯片进行放映，效果如图21-15所示。

图 21-15

技术看板

如果需要为演示文稿中的每张幻灯片添加相同的动作按钮，可通过幻灯片母版进行设置。其方法是：进入幻灯片母版视图，选择幻灯片母版，然后绘制相应的动作按钮，并对其动作进行设置，完成后退出幻灯片母版视图即可。若要删除通过幻灯片母版添加的动作按钮，就必须进入幻灯片母版中进行删除。

21.1.3 实战：为幻灯片中的文本添加动作

实例门类	软件功能
教学视频	光盘\视频\第21章\21.1.3.mp4

PowerPoint 2016 中还提供了动作功能，通过该功能可为所选对象提供当单击或鼠标悬停时要执行的操作，实现对象与幻灯片或对象与对象之间的交互，以方便放映者对幻灯片进行切换。例如，继续上例操作，在“销售工作计划”演示文稿的第2张幻灯片中为部分文本添加动作，具体操作步骤如下。

Step 01 ❶ 在打开的“销售工作计划”演示文稿的第2张幻灯片中选择【2017年总体工作目标】文本，❷ 单击【插入】选项卡【链接】组中的【动作】按钮，如图21-16所示。

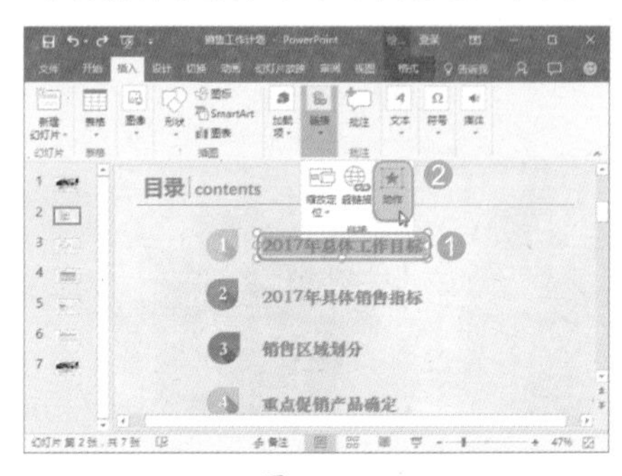

图 21-16

Step 02 ❶ 打开【操作设置】对话框，在【单击鼠标】选项卡中选中【超链接到】单选按钮，❷ 在下方的下拉列表框中选择动作链接的对象，如选择【幻灯片】选项，如图21-17所示。

图 21-17

技术看板

若在【操作设置】对话框中选择【鼠标悬停】选项卡，那么可对鼠标悬停动作进行添加。

Step03 ❶ 打开【超链接到幻灯片】对话框，在【幻灯片标题】列表框中选择【3. 幻灯片 3】选项，❷ 单击【确定】按钮，如图 21-18 所示。

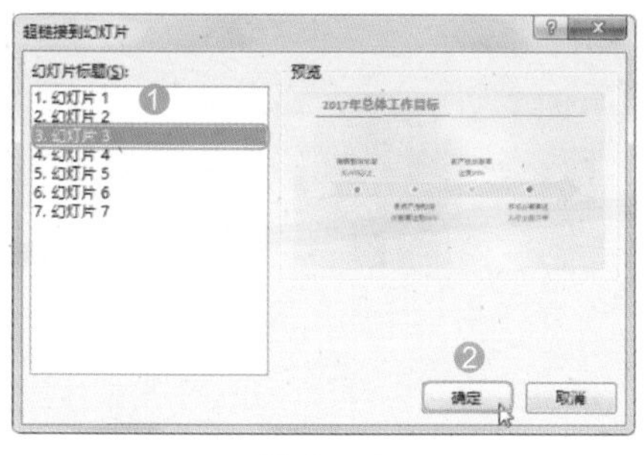

图 21-18

Step04 返回【操作设置】对话框，单击【确定】按钮，返回幻灯片编辑区，即可查看到为选择的文本添加了动作，添加动作后的文本与添加超链接后的文本颜色效果一样，如图 21-19 所示。

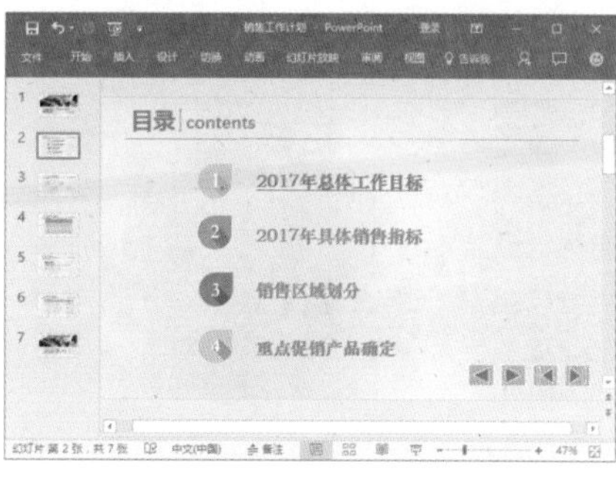

图 21-19

Step05 使用前面添加动作的方法，继续为第 2 张幻灯片中其他需要添加动作的文本添加动作，效果如图 21-20 所示。

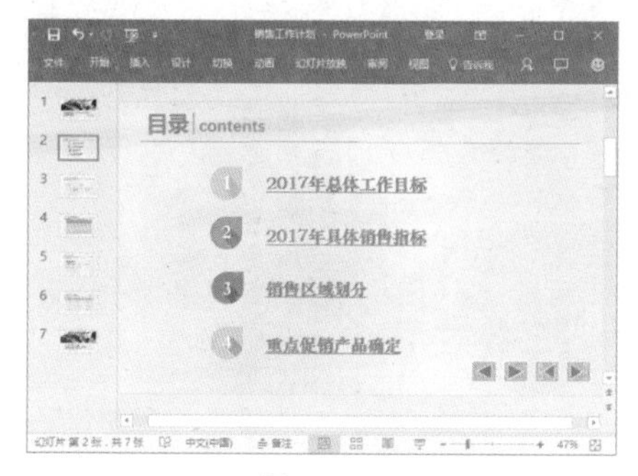

图 21-20

21.2 缩放定位幻灯片

缩放定位是 PowerPoint 2016 的一个新功能，通过该功能可以跳转到特定幻灯片和分区进行演示。缩放定位包括摘要缩放定位、节缩放定位和幻灯片缩放定位 3 种，下面分别进行介绍。

★ 新功能 21.2.1 实战：在幻灯片中插入摘要缩放定位

实例门类	软件功能
教学视频	光盘\视频\第 21 章\21.2.1.mp4

摘要缩放定位是针对整个演示文稿而言的，可以将选择的节或幻灯片生成一个“目录”，这样演示时，可以使用缩放从一个页面跳转到另一个页面进行放映。例如，在“年终工作总结”演示文稿中创建摘要，然后按摘要缩放幻灯片，具体操作步骤如下。

Step01 打开“光盘\素材文件\第 21 章\年终工作总结.pptx”文件，❶ 选择第 2 张幻灯片，❷ 单击【插入】选项卡【链接】组中的【缩放定位】按钮，❸ 在弹出的下拉菜单中选择【摘要缩放定位】命令，如图 21-21 所示。

Step02 打开【插入摘要缩放定位】对话框，❶ 在列表框中选择需要创建为摘要的幻灯片，这里选择每节的首张幻灯片，❷ 单击【插入】按钮，如图 21-22 所示。

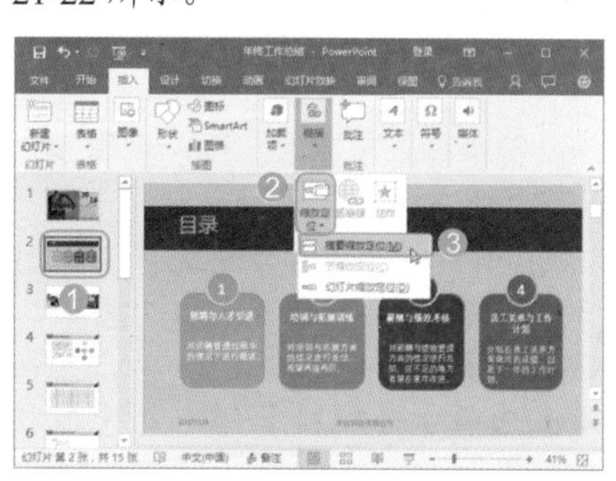

图 21-21

图 21-22

技术看板

如果演示文稿中没有节，则节缩放功能不能用。如果演示文稿是分节的，那么执行【摘要缩放定位】命令后，在【插入摘要缩放定位】对话框的列表框中将自动选择每节的首张幻灯片。

Step03 即可在选择的幻灯片下方创建一张摘要页幻灯片，并默认按摘要页进行分节管理，然后在摘要页幻灯片中的标题占位符中输入标题，这里输入【摘要】，效果如图 21-23 所示。

图 21-23

Step04 放映幻灯片时，选择摘要页中的某节的幻灯片缩略图，如选择第 1 个幻灯片缩略图，如图 21-24 所示。

图 21-24

技能拓展——删除摘要

当摘要页中有多余的摘要时，可选择摘要缩略图，按【Delete】键即可删除。

Step05 即可放大选择的幻灯片，并开始放映该节的幻灯片，如图 21-25 所示。

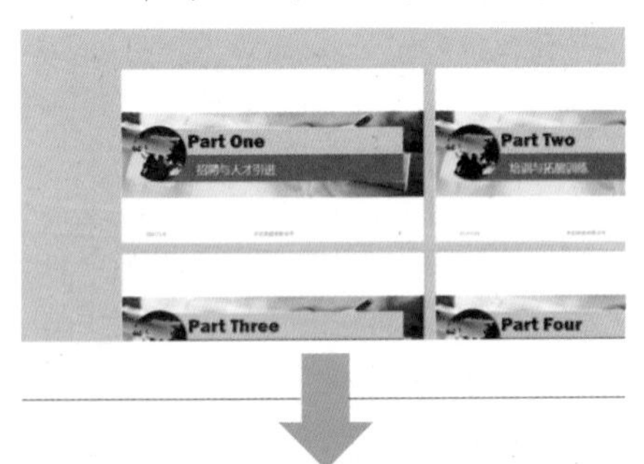

图 21-25

Step06 演示完节中的幻灯片后，将自动缩放到摘要页，效果如图 21-26 所示。

图 21-26

技能拓展——编辑摘要

对于插入的摘要缩放幻灯片，用户还可根据需要进行编辑。其方法是：选择幻灯片中的摘要文本框，单击【格式】选项卡【缩放选项】组中的【编辑摘要】按钮，打开【编辑摘要缩放定位】对话框，在其中进行相应的编辑，单击【更新】按钮，即可对摘要进行更新。

★ 新功能 21.2.2 实战：在幻灯片中插入节缩放定位

实例门类	软件功能
教学视频	光盘\视频\第 21 章\21.2.2.mp4

如果演示文稿中创建了节，那么可通过节缩放定位创建指向某个节的链接。演示时，选择该链接就可以快速跳转到该节中的幻灯片进行放映。但插入节缩放定位时，不会插入新幻灯片，而是插入当前选择的幻灯片中。例如，在“年终工作总结 1”演示文稿中插入节缩放定位，具体操作步骤如下。

Step01 打开“光盘\素材文件\第 21 章\年终工作总结 1.pptx”文件，❶ 选择第 3 张幻灯片，❷ 单击【插入】选项卡【链接】组中的【缩放定位】按钮，❸ 在弹出的下拉菜单中选择【节缩放定位】命令，如图 21-27 所示。

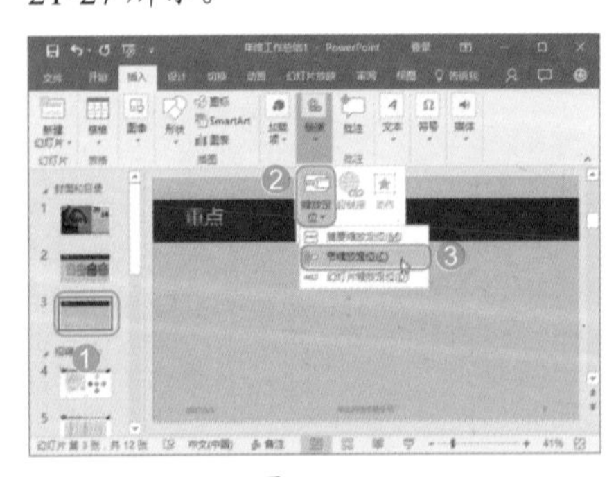

图 21-27

Step02 打开【插入节缩放定位】对话框，在列表框中选择要插入的一个或多个节，这里选择第 2 个和第 4 个节，单击【插入】按钮，如图 21-28 所示。

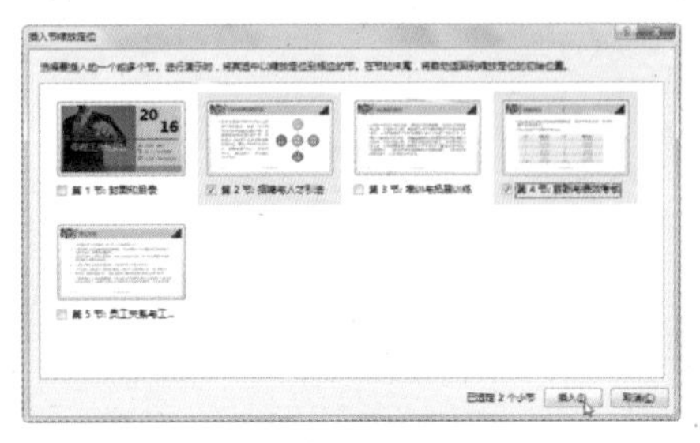
图 21-28

Step03 即可在选择的幻灯片中插入选择的节缩略图，并像调整图片那样将节缩略图调整到合适的大小和位置，效果如图 21-29 所示。

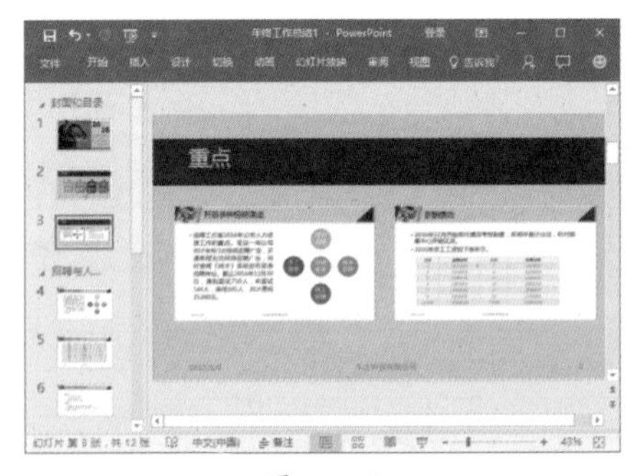

图 21-29

Step04 放映幻灯片时，单击某节的幻灯片缩略图，如单击第 2 个节的缩略图，如图 21-30 所示。

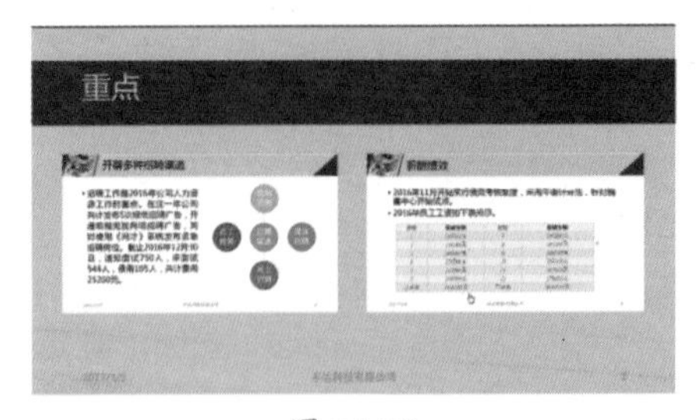

图 21-30

Step05 即可放大演示该节中的幻灯片，演示完成后将返回放置节缩略图的幻灯片，如图 21-31 所示。

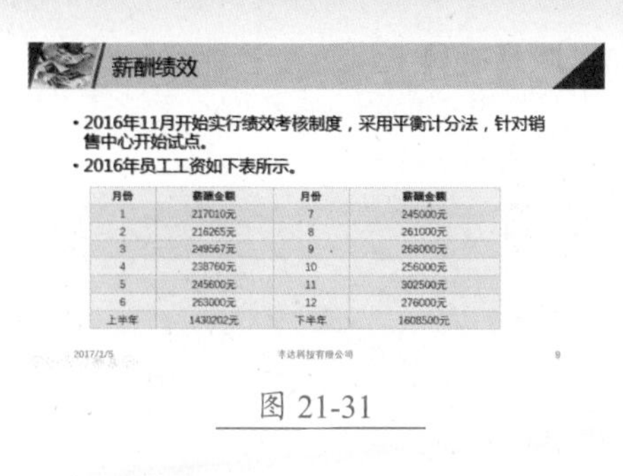

月份	薪酬金额	月份	薪酬金额
1	217010元	7	245000元
2	216265元	8	261000元
3	249567元	9	268000元
4	238760元	10	256000元
5	245600元	11	302500元
6	263000元	12	276000元
上半年	1430202元	下半年	1608500元

图 21-31

★ 新功能 21.2.3 实战：在幻灯片中插入幻灯片缩放定位

实例门类	软件功能
教学视频	光盘 \ 视频 \ 第 21 章 \21.2.3.mp4

幻灯片缩放定位是指在演示文稿中创建某个指向幻灯片的链接并且在放映时，只能按幻灯片顺序放大演示，演示完后返回当前幻灯片。例如，在“年终工作总结 2”演示文稿中插入幻灯片缩放定位，具体操作步骤如下。

Step 01 打开“光盘 \ 素材文件 \ 第 21 章 \ 年终工作总结 2.pptx”文件，❶ 选择第 2 张幻灯片，❷ 单击【插入】选项卡【链接】组中的【缩放定位】按钮，❸ 在弹出的下拉菜单中选择【幻灯片缩放定位】命令，如图 21-32 示。

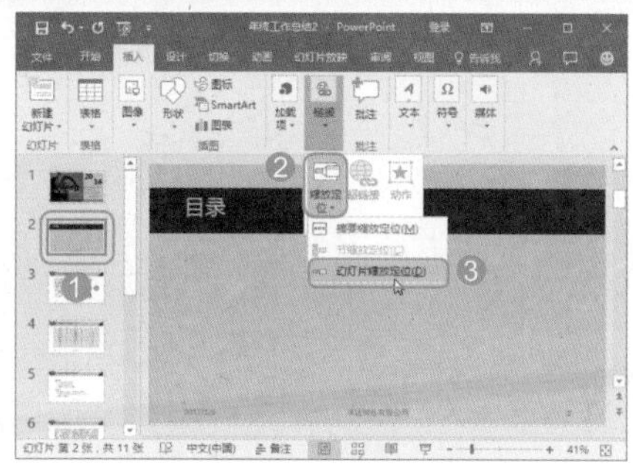

图 21-32

Step 02 打开【插入幻灯片缩放定位】对话框，❶ 在列表框中选择要插入的一张或多张幻灯片，❷ 单击【插入】按钮，如图 21-33 所示。

图 21-33

Step 03 即可在选择的幻灯片中插入选择的幻灯片缩略图，将幻灯片缩略图调整到合适的大小和位置，如图 21-34 所示。

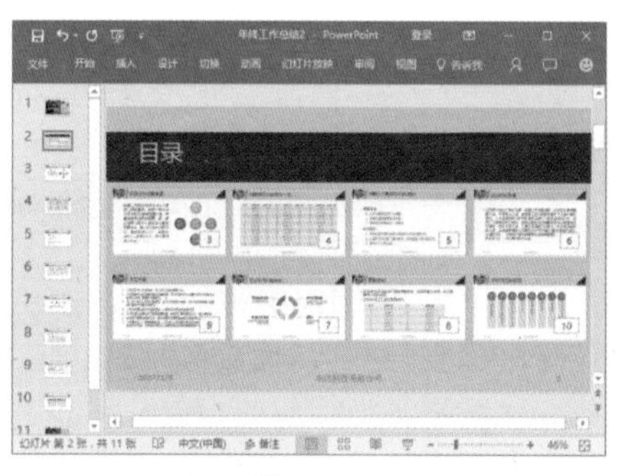

图 21-34

Step 04 放映幻灯片时，选择某张幻灯片的缩略图，如选择第 6 张幻灯片的缩略图，如图 21-35 所示。

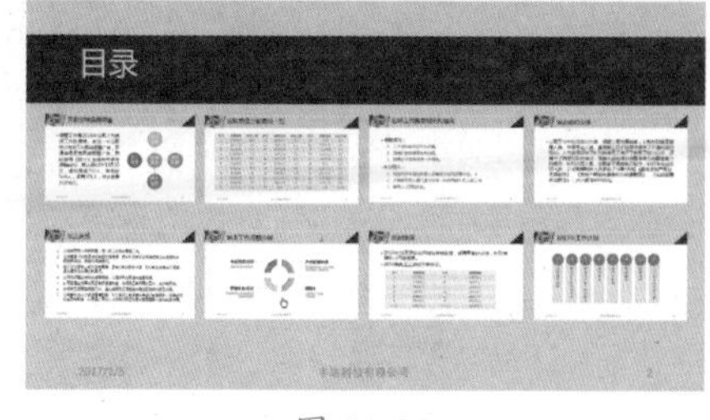

图 21-35

Step 05 即可放大演示该幻灯片，该幻灯片放映完后，继续按顺序放映该幻灯片后的幻灯片，放映结束后，返回幻灯片缩略图，如图 21-36 所示。

图 21-36

21.3 为幻灯片添加切换动画

切换动画是指幻灯片与幻灯片之间进行切换的一种动画效果，使上一幻灯片与下一幻灯片的切换更自然。本节将对为幻灯片添加切换动画的相关知识进行讲解。

★ 重点 21.3.1 实战：为幻灯片添加切换动画

实例门类	软件功能
教学视频	光盘 \ 视频 \ 第 21 章 \21.3.1.mp4

PowerPoint 2016 中提供了很多幻灯片切换动画效果，用户可以选择需要的切换动画添加到幻灯片中，使幻灯片之间的切换更自然。例如，在“手机上市宣传”演示文稿中为幻灯片添加切换动画，具体操作步骤如下。

Step 01 打开“光盘 \ 素材文件 \ 第 21 章 \ 手机上市宣传 .pptx”文件，❶ 选择第 1 张幻灯片，单击【切换】选项卡【切换到此幻灯片】组中的【切换效果】按钮，❷ 在弹出的下拉列表中选择需要的切换动画效果，如选择【擦除】选项，如图 21-37 所示。

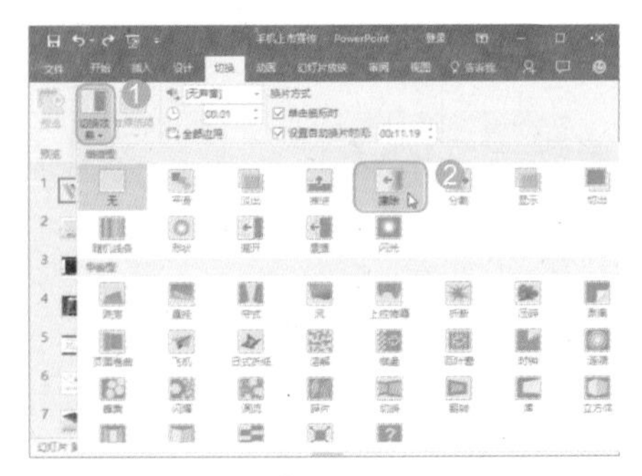

图 21-37

Step02 即可为幻灯片添加选择的切换效果，并在幻灯片窗格中的幻灯片编号下添加★图标，单击【切换】选项卡【预览】组中的【预览】按钮，如图 21-38 所示。

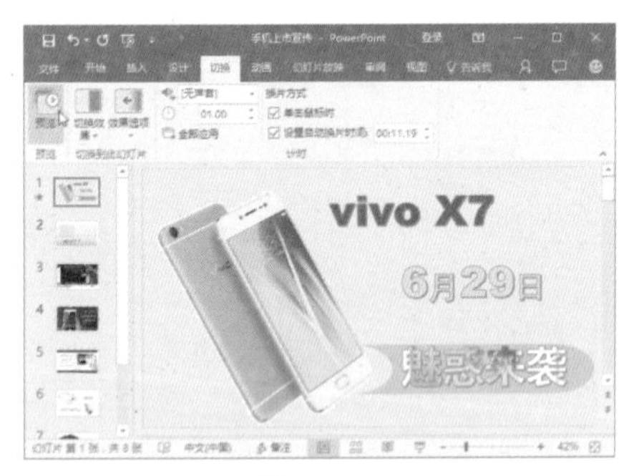

图 21-38

Step03 即可对添加的切换动画效果进行播放预览，如图 21-39 所示。

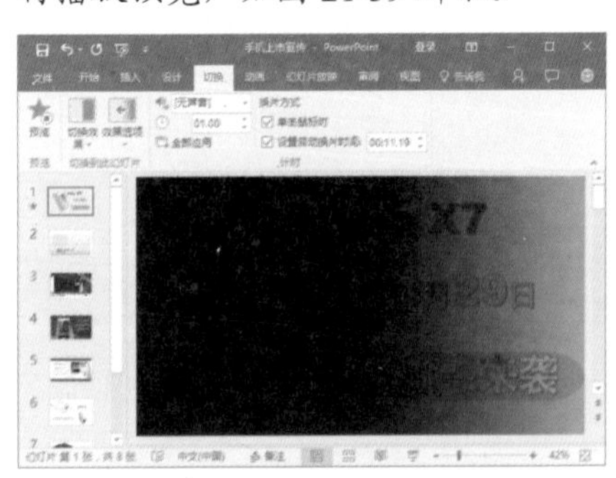

图 21-39

Step04 然后使用相同的方法为其他幻灯片添加需要的切换动画，如图 21-40 所示。

图 21-40

技能拓展——快速为每张幻灯片添加相同的切换动画效果

如果需要为演示文稿中的所有幻灯片添加相同的页面切换效果，那么可先为演示文稿的第 1 张幻灯片添加切换效果，然后单击【切换】选项卡【计时】组中的【全部应用】按钮，即可将第 1 张幻灯片的切换效果应用到演示文稿的其他幻灯片中。

21.3.2 实战：对幻灯片切换效果进行设置

实例门类	软件功能
教学视频	光盘\视频\第 21 章\21.3.2.mp4

为幻灯片添加切换动画后，用户还可根据实际需要对幻灯片切换动画的切换效果进行相应的设置。例如，继续上例操作，在“手机上市宣传”演示文稿中对幻灯片切换动画的切换效果进行设置，具体操作步骤如下。

Step01 ❶ 在打开的“手机上市宣传”演示文稿中选择第 1 张幻灯片，❷ 单击【切换】选项卡【切换到此幻灯片】组中的【效果选项】按钮，❸ 在弹出的下拉列表中选择需要的切换效果，如选择【自左侧】命令，如图 21-41 所示。

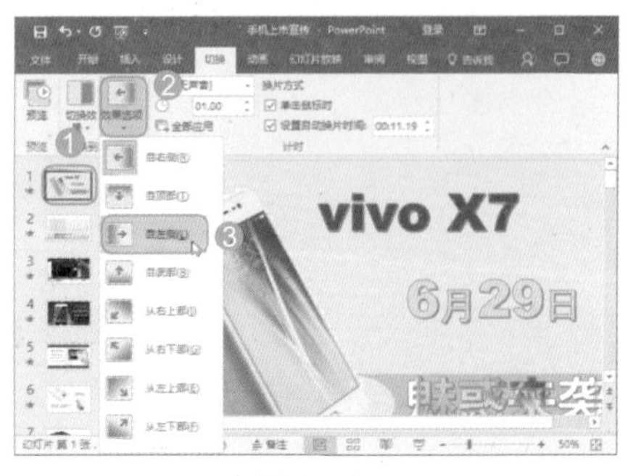

图 21-41

Step02 此时，该幻灯片的切换动画方向将发生变化，❶ 然后选择 2 张幻灯片，❷ 单击【切换】选项卡【切换到此幻灯片】组中的【效果选项】按钮，❸ 在弹出的下拉列表中选择【中央向上下展开】命令，完成动画效果设置，如图 21-42 所示。

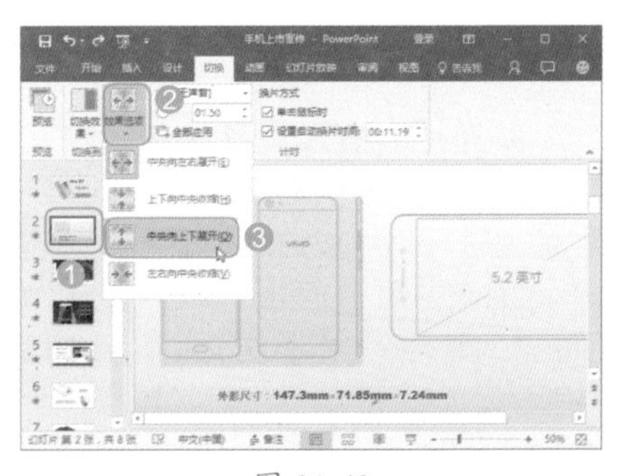

图 21-42

技术看板

不同的幻灯片切换动画，其提供的切换效果是不相同的。

★ 重点 21.3.3 实战：设置幻灯片切换时间和切换方式

实例门类	软件功能
教学视频	光盘\视频\第 21 章\21.3.3.mp4

对于为幻灯片添加的切换动画效果，用户可以根据实际情况对幻灯片的切换时间和切换方式进行设置，以使幻灯片之间的切换更流畅。例如，继续上例操作，在“手机上市宣传”演示文稿中对幻灯片的切换时间和切换方式进行设置，具体操作步骤如下。

Step01 ❶ 在打开的“手机上市宣传”演示文稿中选择第 1 张幻灯片，❷ 在【切换】选项卡【计时】组中的【持续时间】数值框中输入幻灯片切换的时间，如输入【01.50】，如图 21-43 所示。

图 21-43

Step02 ❶ 在【计时】组中取消选中【设置自动换片时间】复选框，❷ 然后单击【切换】选项卡【预览】组中的【预览】按钮，如图 21-44 所示。

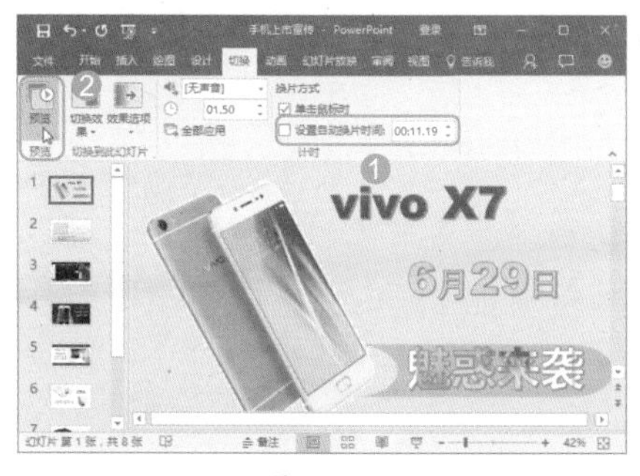

图 21-44

技术看板

若在【切换】选项卡【计时】组中选中【设置自动换片时间】复选框，在其后的数值框中输入自动换片的时间，那么在进行幻灯片切换时，即可根据设置的换片时间进行自动切换。

Step03 即可对幻灯片的页面切换动画效果进行播放，效果如图 21-45 所示。

图 21-45

21.3.4 实战：设置幻灯片切换声音

实例门类	软件功能
教学视频	光盘\视频\第 21 章\21.3.4.mp4

为了使幻灯片放映时更生动，可以在幻灯片切换动画播放的同时添加音效。PowerPoint 2016 中预设了爆炸、抽气、风声等多种声音，用户可根据幻灯片的内容和页面切换动画效果选择适当的声音。例如，继续上例操作，在“手机上市宣传”演示文稿中对幻灯片的切换声音进行设置，具体操作步骤如下。

Step01 ❶ 在打开的“手机上市宣传”演示文稿中选择第 1 张幻灯片，❷ 在【切换】选项卡【计时】组中单击【声音】下拉按钮，❸ 在弹出的下拉菜单中选择需要的声音，如选择【风铃】命令，如图 21-46 所示。

Step02 即可为幻灯片添加选择的切换声音，❶ 选择第 8 张幻灯片，❷ 在【切换】选项卡【计时】组中单击【声音】下拉按钮，❸ 在弹出的下拉菜单中选择【鼓掌】命令即可，如图 21-47 所示。

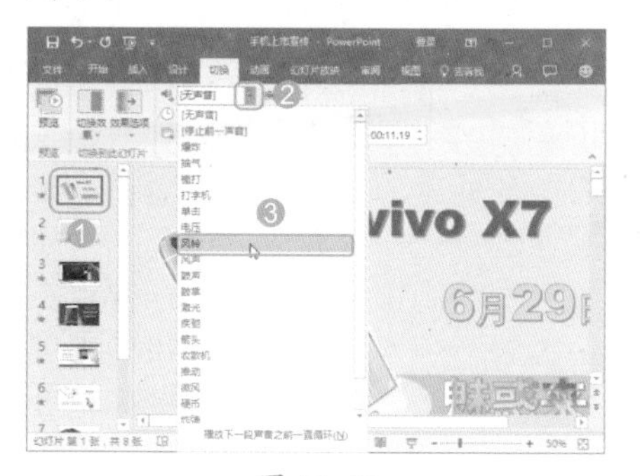

图 21-46

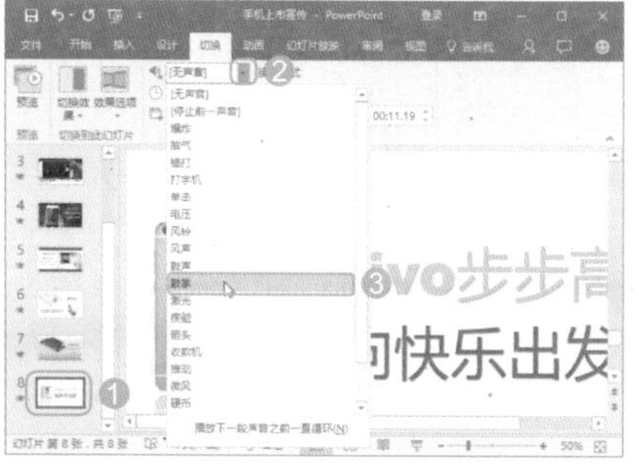

图 21-47

技能拓展——将计算机保存的声音添加为切换声音

选择幻灯片，单击【计时】组中的【声音】下拉按钮，在弹出的下拉菜单中选择【其他声音】命令，打开【添加音频】对话框，在其中选择音频文件，单击【插入】按钮，即可将选择的音频设置为幻灯片切换的声音。

21.4 为幻灯片对象添加动画

PowerPoint 2016 中不仅内置了多种动画效果，还可以绘制动作路径动画，用户可根据实际情况为幻灯片中的对象添加单个或多个需要的动画效果，使幻灯片显得更具吸引力。

★ 重点 21.4.1 了解动画的分类

PowerPoint 2016 提供了进入、强调、退出及动作路径 4 种类型的动画效果，每种动画效果下又包含了多种相关的动画，不同的动画效果能带来不一样的效果。动画类型分别介绍如下。

➥ 进入动画：指对象进入幻灯片的

动作效果，可以实现多种对象从无到有、陆续展现的动画效果，主要包括出现、淡出、飞入、浮入、形状、回旋、中心旋转等动画。

- 强调动画：指对象从初始状态变化到另一个状态，再回到初始状态的效果。主要用于对象已出现在屏幕上，需要以动态的方式作为提醒的视觉效果情况，常用在需要特别说明或强调突出的内容上。主要包括脉冲、跷跷板、补色、陀螺旋、波浪形等动画。
- 退出动画：让对象从有到无、逐渐消失的一种动画效果。退出动画实现了换面的连贯过渡，是不可或缺的动画效果，主要包括消失、飞出、浮出、向外溶解、层叠等动画。
- 动作路径动画：让对象按照绘制的路径运动的一种高级动画效果，可以实现动画的灵活变化，主要包括直线、弧形、六边形、漏斗、衰减波等动画。

21.4.2 实战：为幻灯片中的对象添加单个动画效果

实例门类	软件功能
教学视频	光盘\视频\第 21 章\21.4.2.mp4

添加单个动画效果是指为幻灯片中的每个对象只添加一种动画效果。例如，在“工作总结”演示文稿中为幻灯片中的对象添加单个合适的动画效果，具体操作步骤如下。

Step01 打开“光盘\素材文件\第 21 章\工作总结 .pptx”文件，❶ 选择第 1 张幻灯片中的【2016】文本，单击【动画】选项卡【动画】组中的【动画样式】按钮，❷ 在弹出的下拉列表中选择需要的动画效果，如选择【进入】栏中的【翻转式由远及近】选项，如图 21-48 所示。

Step02 为文本添加选择的进入动画，然后选择标题文本，为其添加【缩放】进入动画，❶ 选择标题占位符，单击【动画】组中的【动画样式】按钮，❷ 在弹出的下拉列表中选择【强调】栏中的【放大 / 缩小】选项，如图 21-49 所示。

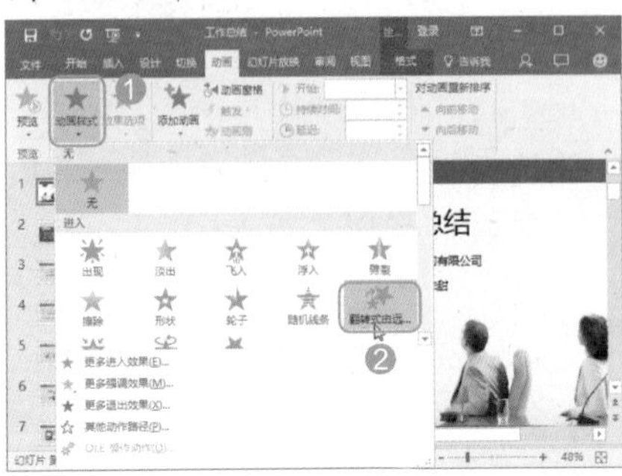

图 21-48

技术看板

若在【动画样式】下拉列表中选择【更多进入效果】命令，可打开【更改进入效果】对话框，在其中提供了更多的进入动画效果，用户可根据需要进行选择。

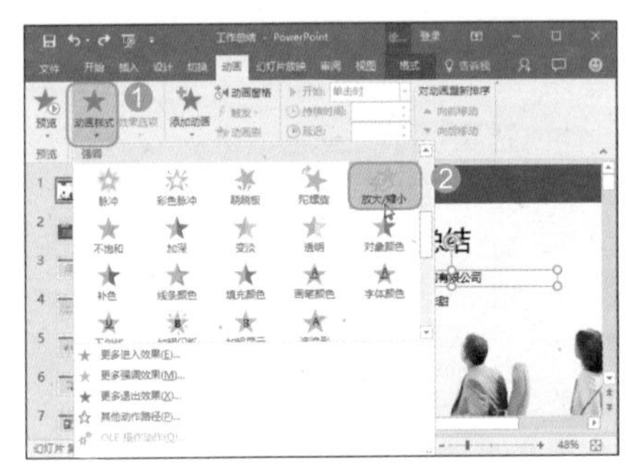

图 21-49

Step03 为文本添加选择的强调动画，然后选中人物图标，❶ 单击【动画】组中的【动画样式】按钮，❷ 在弹出的下拉列表中选择【退出】栏中的【消失】选项，如图 21-50 所示。

Step04 为图标添加选择的退出动画，然后选择【汇报人：李甜】文本，❶ 单击【动画】组中的【动画样式】按钮，❷ 在弹出的下拉列表中选择【动作路径】栏中的【直线】选项，如图 21-51 所示。

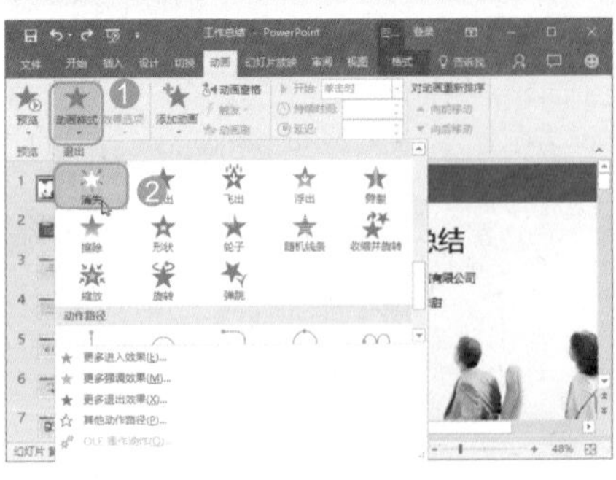

图 21-50

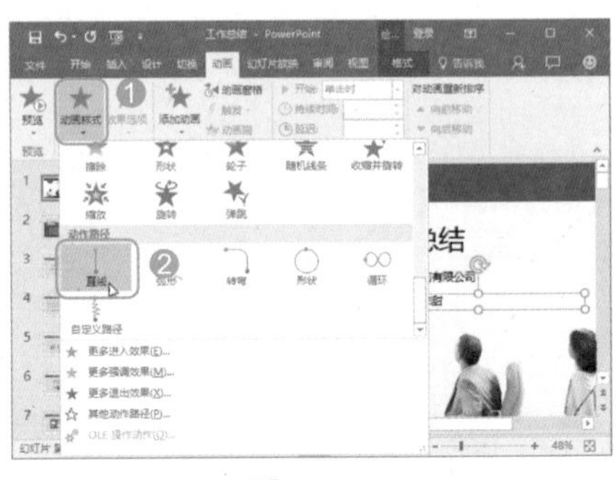

图 21-51

Step05 为选择的对象添加选择的路径动画，单击【动画】选项卡【预览】组中的【预览】按钮，如图 21-52 所示。

图 21-52

技术看板

为幻灯片中的对象添加动画效果后，则会在对象前面显示动画序号，如 1 、2 等，它表示动画播放的顺序。

Step06 对所选幻灯片中对象的动画效果进行播放，播放效果如图 21-53 和图 21-54 所示。

图 21-53

图 21-54

技术看板

单击幻灯片窗格中序号下方的★图标，也可对幻灯片中的动画效果进行预览。

★ 重点 21.4.3 实战：在幻灯片中为同一对象添加多个动画效果

实例门类	软件功能
教学视频	光盘\视频\第 21 章\21.4.3.mp4

PowerPoint 2016 提供了高级动画功能，通过该功能可为幻灯片中的同一个对象添加多个动画效果。例如，继续上例操作，在“工作总结”演示文稿的幻灯片中为同一对象添加多个动画，具体操作步骤如下。

Step01 在打开的“工作总结”演示文稿的第 1 张幻灯片中选择标题占位符，❶ 单击【动画】选项卡【高级动画】组中的【添加动画】按钮，❷ 在弹出的下拉列表中选择需要的动画，如选择【强调】栏中的【画笔颜色】选项，如图 21-55 所示。

Step02 为标题文本添加第 2 个动画，然后选择副标题文本，❶ 单击【动画】选项卡【高级动画】组中的【添加动画】按钮，❷ 在弹出的下拉列表中选择【进入】栏中的【擦除】选项，如图 21-56 所示。

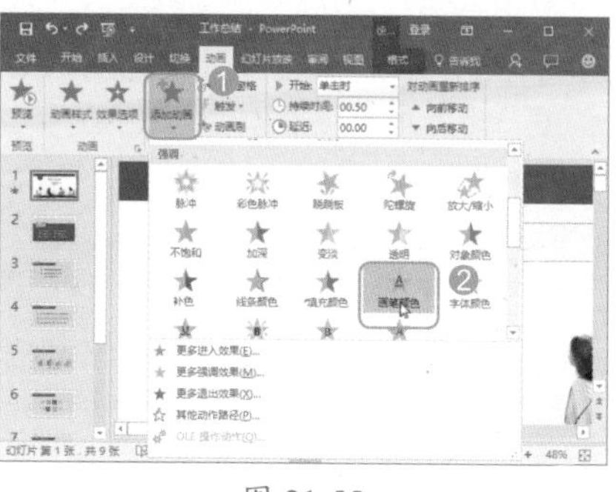

图 21-55

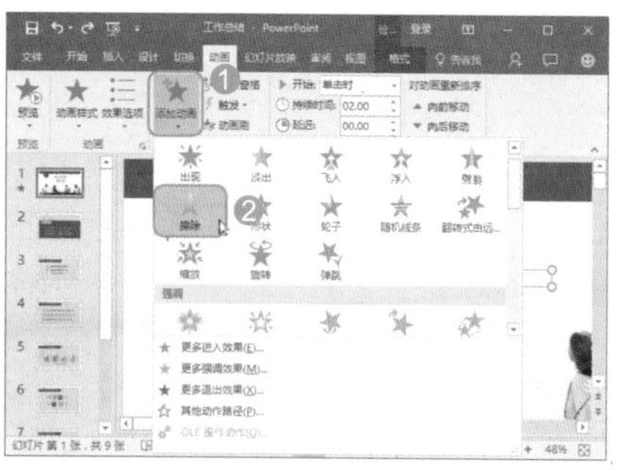

图 21-56

Step03 为副标题文本添加两个动画效果，如图 21-57 所示。

图 21-57

技术看板

如果要为幻灯片中的同一个对象添加多个动画效果，那么从添加第 2 个动画效果时起，都需要通过【添加动画】按钮才能实现，否则将会替换前一动画效果。

Step04 使用前面添加单个和多个动画的方法，为其他幻灯片中需要添加动画的对象添加需要的动画，如图 21-58 所示。

图 21-58

★ 重点 21.4.4 实战：为幻灯片中的对象添加自定义的路径

实例门类	软件功能
教学视频	光盘\视频\第 21 章\21.4.4.mp4

当 PowerPoint 2016 中内置的动画不能满足需要时，用户也可为幻灯片中的对象添加自定义的路径动画。例如，继续上例操作，在“工作总结”演示文稿中为第 5 张和第 6 张幻灯片中的部分对象添加绘制的动作路径动画，具体操作步骤如下。

Step01 在打开的“工作总结”演示文稿中选择第 5 张幻灯片中的图表，❶ 单击【动画】选项卡【动画】组中的【动画样式】按钮，❷ 在弹出的下拉列表中选择【动作路径】栏中的【自定义路径】选项，如图 21-59 所示。

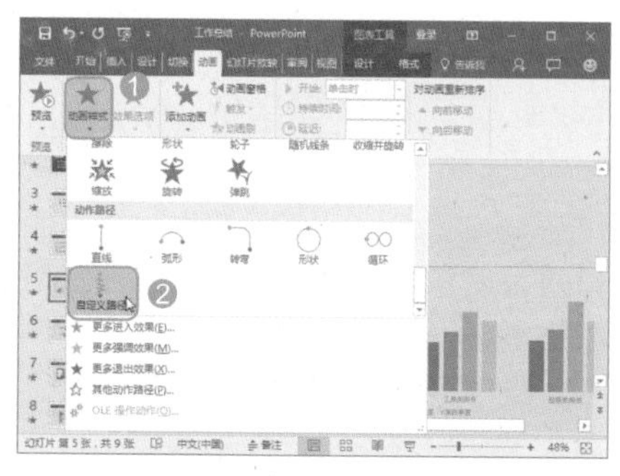

图 21-59

Step02 当鼠标指针将变成+形状，在需要绘制动作路径的开始处拖动鼠标绘制动作路径，如图 21-60 所示。

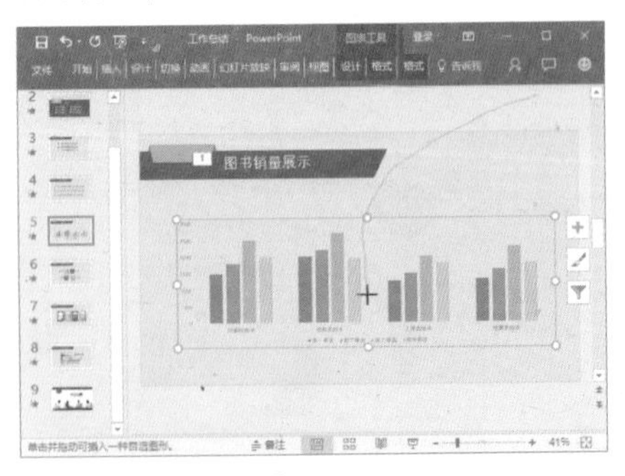

图 21-60

Step03 绘制到合适位置后双击鼠标，即可完成路径的绘制，如图 21-61 所示。

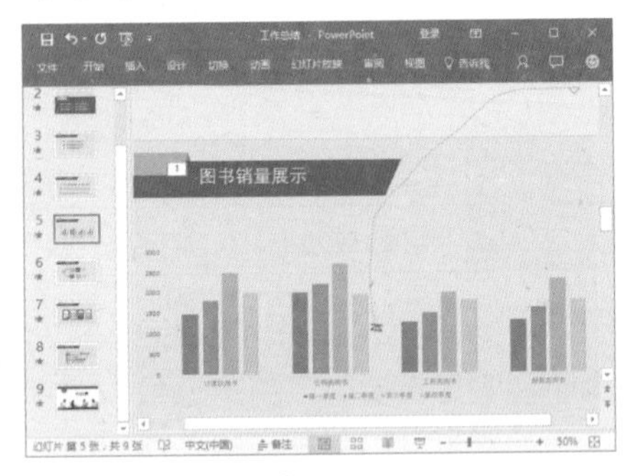

图 21-61

技术看板

动作路径中绿色的三角形表示路径动画的开始位置；红色的三角形表示路径动画的结束位置。

Step04 选择第 6 张幻灯片中的【01】形状，为其绘制一条自定义的动作路径，效果如图 21-62 所示。

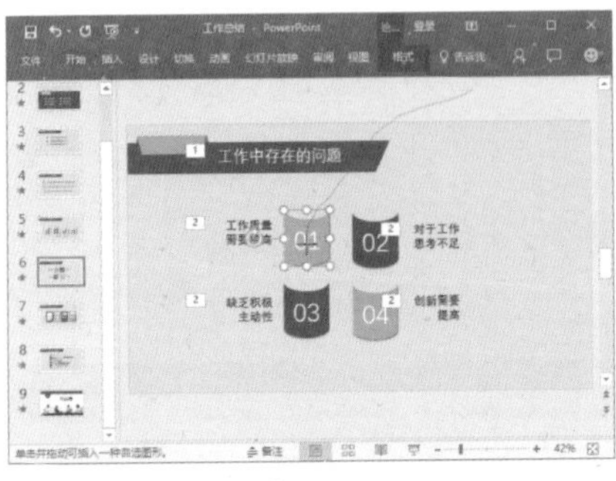

图 21-62

Step05 使用前面绘制动作路径的方法再为幻灯片中的其他形状绘制动作路径，效果如图 21-63 所示。

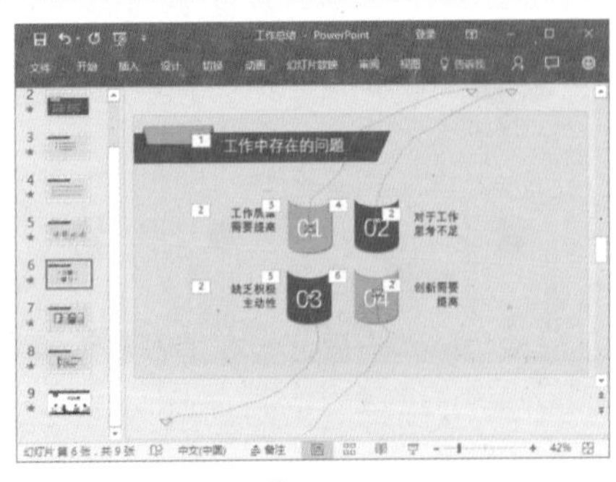

图 21-63

技能拓展——调整动作路径长短

绘制的动作路径就是动画运动的轨迹，但动画的路径长短并不是固定的，用户可以根据实际情况对绘制的路径长短进行调整。其方法是：选择绘制的动作路径，此时动作路径四周将显示控制点，将鼠标指针移动到任意控制点上，然后拖动鼠标进行调整即可。

21.5 编辑幻灯片对象动画

为幻灯片中的对象添加动画效果后，还需要对动画的动画效果选项、动画的播放顺序及动画的计时等进行设置，使幻灯片对象中各动画的衔接更自然，播放更流畅。

21.5.1 实战：设置幻灯片对象的动画效果选项

实例门类	软件功能
教学视频	光盘\视频\第 21 章\21.5.1.mp4

与设置幻灯片切换效果一样，为幻灯片对象添加动画后，用户还可以根据需要对动画的效果进行设置。例如，继续上例操作，在“工作总结”演示文稿中对幻灯片对象的动画效果进行设置，具体操作步骤如下。

Step01 ❶ 在打开的“工作总结”演示文稿中选择第 1 张幻灯片，❷ 然后选择【汇报人：李甜】文本框，❸ 单击【动画】选项卡【动画】组中的【效果选项】按钮，❹ 在弹出的下拉列表中选择动画需要的效果选项，如选择【右】选项，如图 21-64 所示。

技术看板

【动画】组中的【效果选项】按钮并不是固定的，它是根据动画效果的变化而变化的。

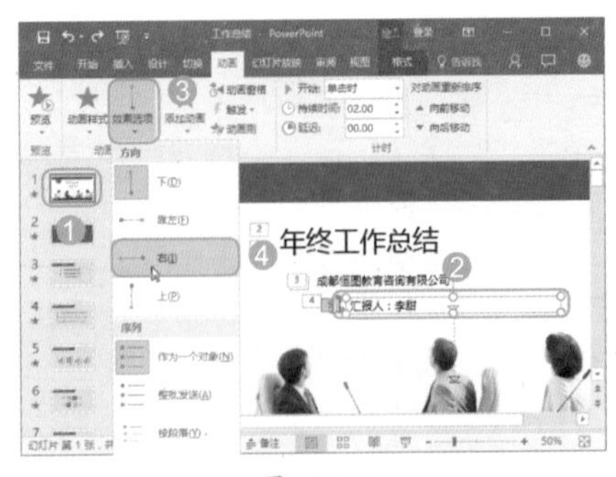

图 21-64

Step02 此时，动作路径的路径方向将发生变化，并对动作路径的长短进行相应的调整，效果如图 21-65 所示。

图 21-65

Step03 ❶ 选择第 2 张幻灯片所有添加动画的对象，❷ 单击【动画】选项卡【动画】组中的【效果选项】按钮，❸ 在弹出的下拉列表中选择【自左侧】选项，如图 21-66 所示。

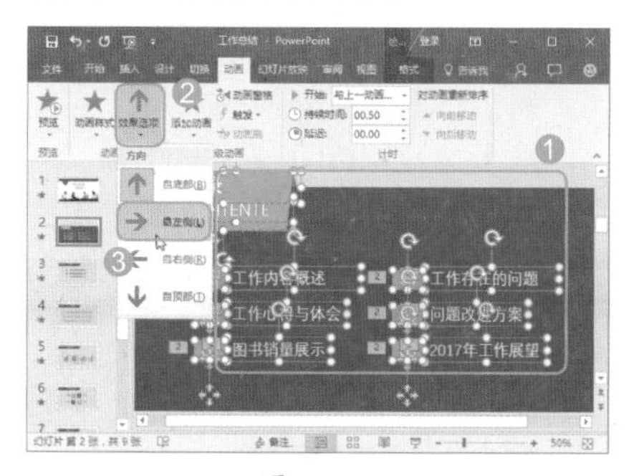

图 21-66

Step04 动画效果将自左侧进入，效果如图 21-67 所示。然后使用相同的方法对其他动画的动画效果选项进行相应的设置。

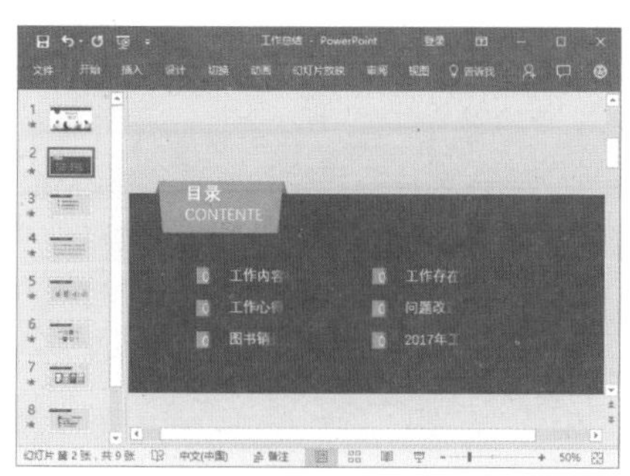

图 21-67

★ 重点 21.5.2 实战：调整动画的播放顺序

实例门类	软件功能
教学视频	光盘\视频\第 21 章\21.5.2.mp4

默认情况下，幻灯片中对象的播放顺序是根据动画添加的先后顺序来决定的，但为了使各动画能衔接起来，还需要对动画的播放顺序进行调整。例如，继续上例操作，在“工作总结”演示文稿中对幻灯片对象的动画播放顺序进行相应的调整，具体操作步骤如下。

Step01 ❶ 在打开的“工作总结”演示文稿中选择第 1 张幻灯片，❷ 单击【动画】选项卡【高级动画】组中的【动画窗格】按钮，如图 21-68 所示。

图 21-68

Step02 ❶ 打开【动画窗格】任务窗格，在其中选择需要调整顺序的动画效果选项，如选择【文本框 22】选项，❷ 按住鼠标左键不放，向上拖动，将其拖动到第 2 个动画效果选项后，如图 21-69 所示。

图 21-69

Step03 ❶ 待出现红色直线连接符时，释放鼠标，即可将所选动画效果选项移动到直线连接符处，❷ 然后选择第 7 个动画效果选项，❸ 按住鼠标左键不放向上拖动，如图 21-70 所示。

Step04 拖动到合适位置后释放鼠标，即可将所选动画效果选项移动到目标位置，效果如图 21-71 所示。

图 21-70

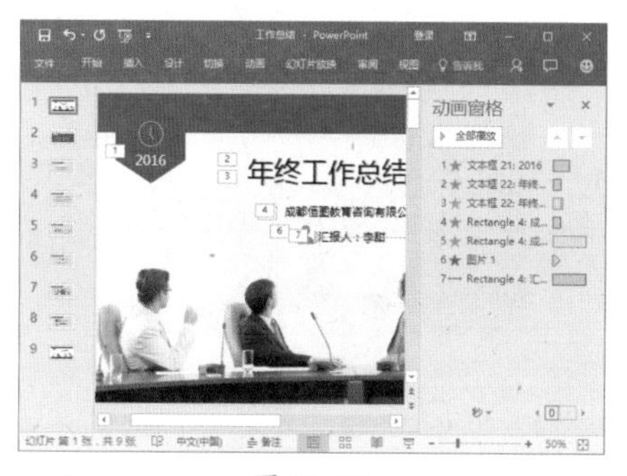

图 21-71

Step05 选择第 2 张幻灯片，❶ 在【动画窗格】中选择【矩形 8：01】动画效果选项，❷ 单击▲按钮，如图 21-72 所示。

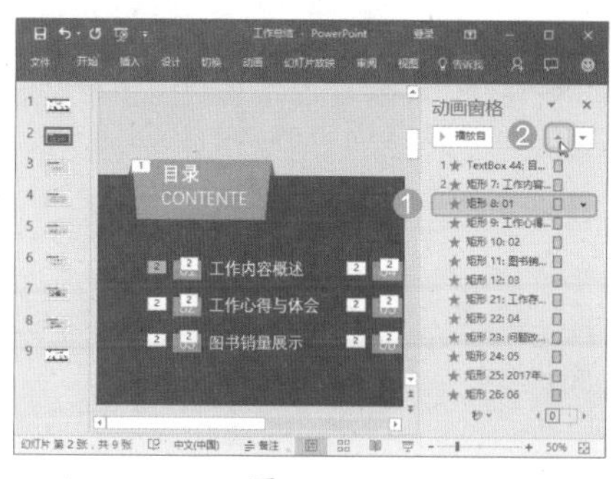

图 21-72

Step06 即可将选择的动画效果选项向前移动一步，❶ 然后选择【矩形 9：工作心得与体会】效果选项，❷ 单击▼按钮，如图 21-73 所示。

Step07 即可将所选的动画效果选项向后移动一步，使用前面移动效果选项的方法继续对该张幻灯片或其他幻灯片中的动画效果选项位置进行调整，如图 21-74 所示。

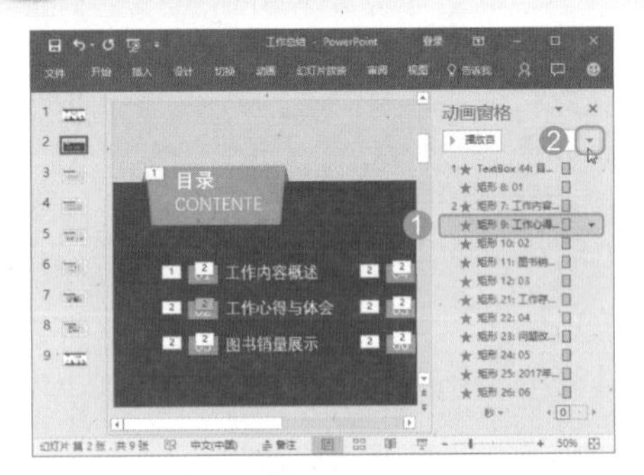
图 21-73

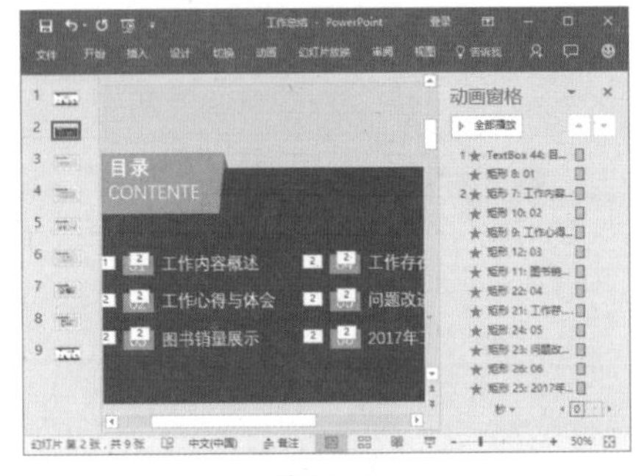
图 21-74

技能拓展——通过【计时】组调整动画播放顺序

在【动画窗格】中选择需要调整顺序的动画效果选项，单击【动画】选项卡【计时】组中的【向前移动】按钮▲，可将动画效果选项向前移动一步；单击【向后移动】按钮▼，可将动画效果选项向后移动一步。

★ 重点 21.5.3 实战：设置动画计时

实例门类	软件功能
教学视频	光盘\视频\第 21 章\21.5.3.mp4

为幻灯片对象添加动画后，还需要对动画计时进行设置，如动画播放方式、持续时间、延迟时间等，使幻灯片中的动画衔接更自然，播放更流畅。例如，继续上例操作，对“工作总结”演示文稿幻灯片中动画的计时进行设置，具体操作步骤如下。

Step01 ❶ 在打开的“工作总结”演示文稿中选择第 1 张幻灯片，❷ 在【动画窗格】中选择第 2 至第 7 个动画效果选项，❸ 单击【动画】选项卡【计时】组中的【开始】下拉按钮▾，❹ 在弹出的下拉菜单中选择开始播放选项，如选择【上一动画之后】选项，如图 21-75 所示。

图 21-75

技术看板

【计时】组中的【开始】下拉列表框中提供的【单击时】选项表示单击鼠标后，才开始播放动画；【与上一动画同时】选项表示当前动画与上一动画同时开始播放；【上一动画之后】选项表示上一动画播放完成后，才开始进行播放。

Step02 ❶ 在【动画窗格】中选择第 2 至第 6 个动画效果选项，❷ 在【动画】选项卡【计时】组中的【持续时间】数值框中输入动画的播放时间，如输入【01.00】，如图 21-76 所示。

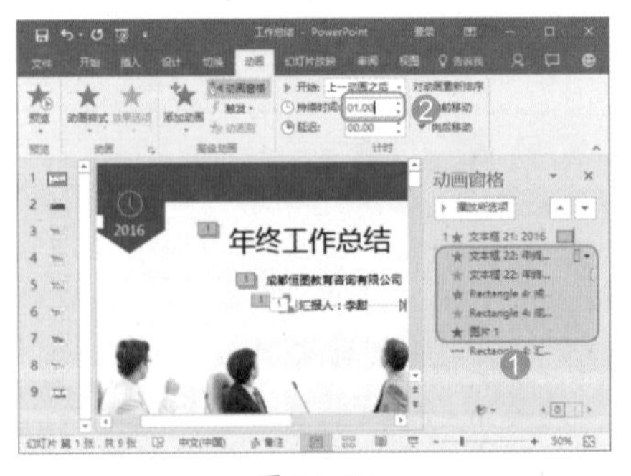
图 21-76

Step03 即可更改动画的播放时间，❶ 然后选择第 3 个和第 5 个动画效果选项，❷ 在【动画】选项卡【计时】组中的【延迟】数值框中输入动画的延迟播放时间，如输入【00.50】，如图 21-77 所示。

图 21-77

Step04 选择第 2 张幻灯片，❶ 在【动画窗格】中选择需要设置动画计时的动画效果选项，❷ 在【计时】组中的【开始】下拉列表框中选择【上一动画之后】选项，❸ 在【延迟】数值框中输入【00.25】，如图 21-78 所示。

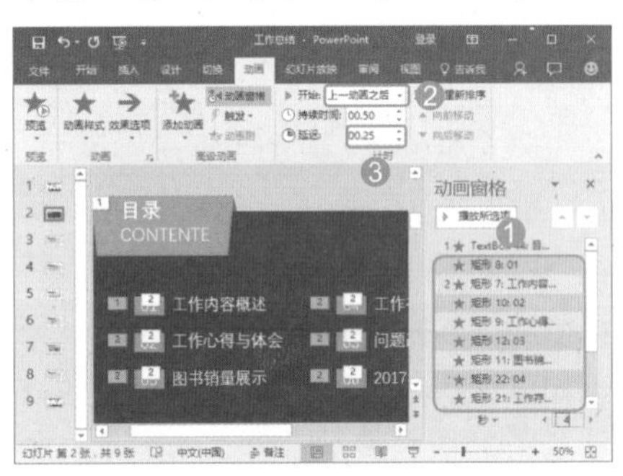
图 21-78

技术看板

在设置动画计时过程中，可以通过单击【动画窗格】中的【播放自】按钮或【全部播放】按钮，及时对设置的动画效果进行预览，以便及时调整动画的播放顺序和计时等。

Step05 再在【动画窗格】中选择带文本内容的动画效果选项并右击，在弹出的快捷菜单中选择【计时】命令，如图 21-79 所示。

Step06 ❶ 打开【擦除】对话框，默认选择【计时】选项卡，在【开始】下拉列表框中选择动画开始播放的时间，如选择【上一动画之后】选项，

❷ 在【延迟】数值框中输入延迟播放时间，如输入【0.5】，❸ 在【期间】下拉列表框中选择动画持续播放的时间，如选择【中速(2秒)】选项，❹ 单击【确定】按钮，如图21-80所示。

Step07 然后使用相同的方法对其他幻灯片中的动画效果的计时进行相应的设置，如图21-81所示。

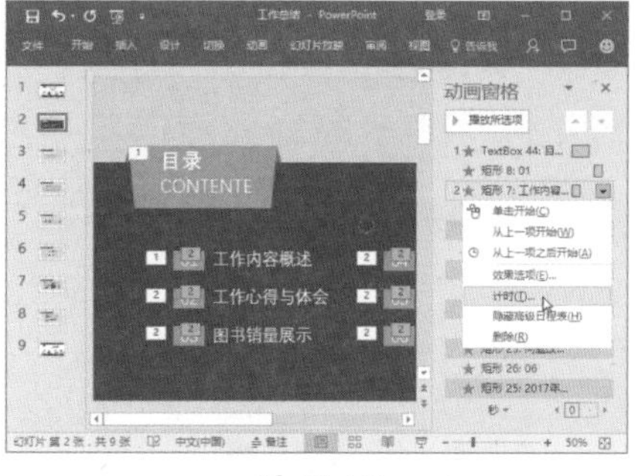

图 21-79

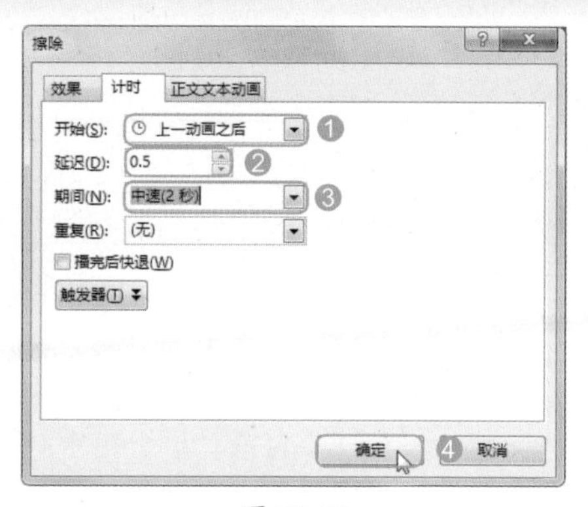

图 21-80

技术看板

【擦除】对话框【计时】选项卡中的【重复】下拉列表框用于设置动画重复播放的时间。

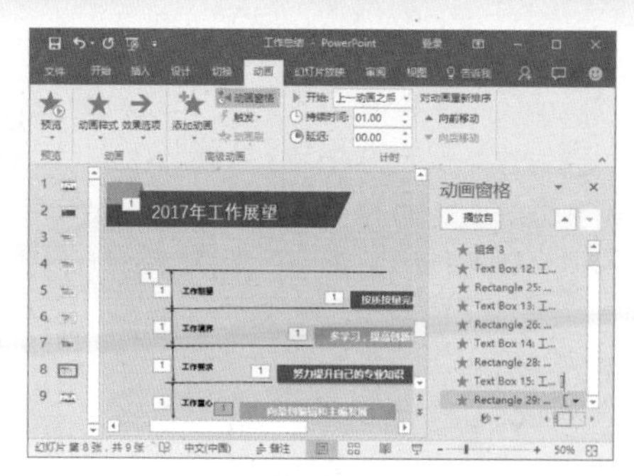

图 21-81

21.6 使用触发器触发动画

触发器就是通过单击一个对象，触发另一个对象或动画的发生。在幻灯片中，触发器可以是图片、图形、按钮，甚至可以是一个段落或文本框。下面对触发器的使用进行讲解。

★ 重点 21.6.1 实战：在幻灯片中添加触发器

实例门类	软件功能
教学视频	光盘\视频\第21章\21.6.1.mp4

只要在幻灯片中包含动画、视频或声音，就可通过PowerPoint 2016中提供的触发器功能，触发其他对象的发生。例如，在“工作总结1”演示文稿第7张幻灯片中使用触发器来触发对象的发生，具体操作步骤如下。

Step01 打开“光盘\素材文件\第21章\工作总结1.pptx”文件，❶ 选择第7张幻灯片中需要添加触发器的文本框，❷ 单击【动画】选项卡【高级动画】组中的【触发】按钮，❸ 在弹出的下拉列表中选择【单击】选项，❹ 在弹出的子列表中选择需要单击的对象，如选择【Text Box 9】选项，如图21-82所示。

Step02 即在所选文本框前面添加一个触发器，效果如图21-83所示。

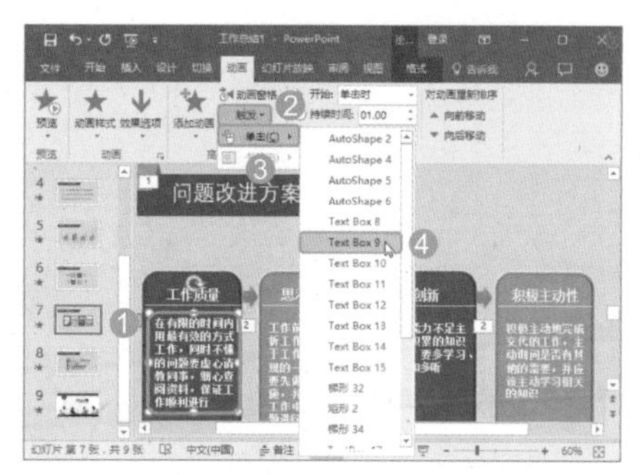

图 21-82

技术看板

要为对象添加触发器（除视频和音频文件外），首先需要为对象添加动画效果，然后才能激活触发器功能。

Step03 ❶ 选择第2个需要添加触发器的文本框，单击【高级动画】组中的【触发】按钮，❷ 在弹出的下拉列表中选择【单击】选项，❸ 在弹出的子列表中选择【Text Box 10】选项，如图21-84所示。

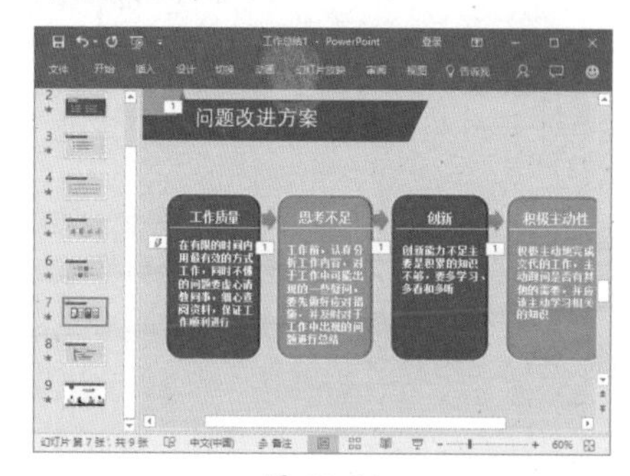

图 21-83

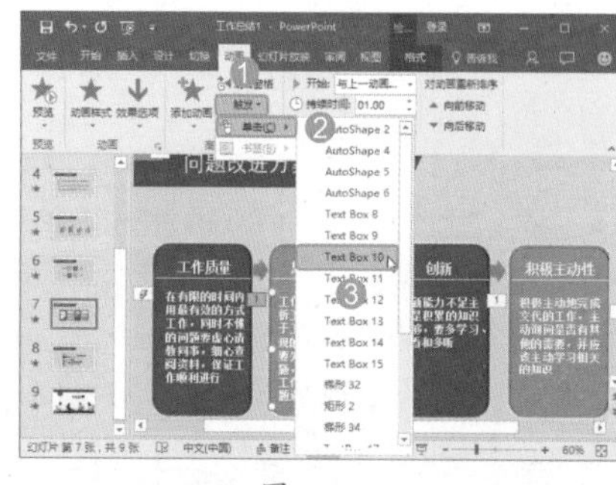

图 21-84

Step 04 使用相同的方法为该幻灯片中其他需要添加触发器的文本框添加触发器，效果如图 21-85 所示。

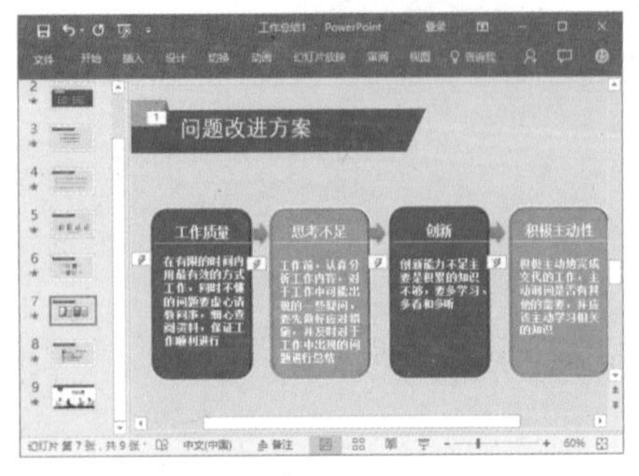

图 21-85

> **技能拓展——通过【擦除】对话框添加触发器**
>
> 在幻灯片中为需要添加触发器的对象添加动画效果后，在【动画窗格】的动画效果选项上右击，在弹出的快捷菜单中选择【计时】命令，打开【擦除】对话框，在【计时】选项卡中单击【触发器】按钮，展开触发器选项，选中【单击下拉对象时启动效果】单选按钮，在其后的下拉列表框中选择对象，单击【确定】按钮即可。

21.6.2 实战：预览触发器效果

实例门类	软件功能
教学视频	光盘\视频\第 21 章\21.6.2.mp4

对于幻灯片中添加的触发器，在放映幻灯片的过程中，可对其触发效果进行预览。例如，继续上例操作，在“工作总结 1”演示文稿中预览触发器效果，具体操作步骤如下。

Step 01 在“工作总结 1”演示文稿中放映第 7 张幻灯片，将鼠标指针移动到【工作质量】文本上，然后单击鼠标，如图 21-86 所示。

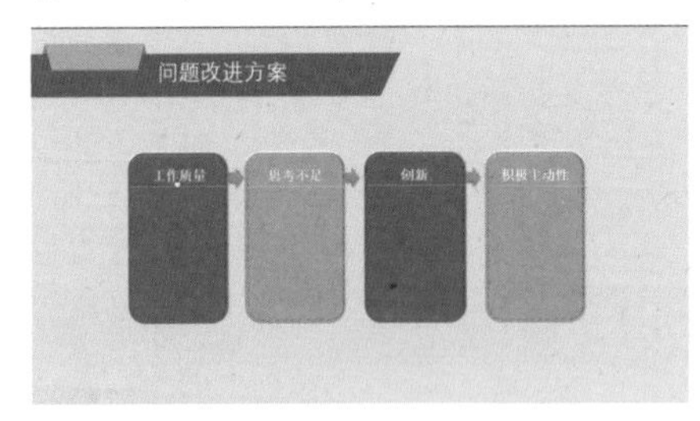

图 21-86

Step 02 即可弹出直线下方的文本，如图 21-87 所示。

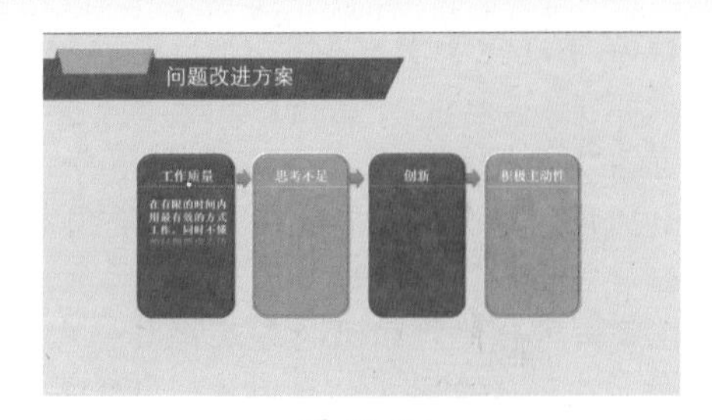

图 21-87

Step 03 将鼠标指针移动到【创新】文本上，然后单击，即可弹出直线下方的文本，效果如图 21-88 所示。

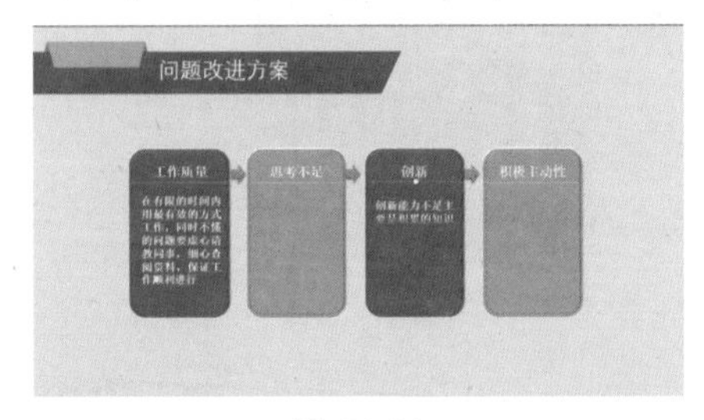

图 21-88

> **技能拓展——取消添加的触发效果**
>
> 在幻灯片中选择已添加触发器的对象，单击【高级动画】组中的【触发】按钮，在弹出的下拉列表中选择【单击】选项，在弹出的子列表中取消选择触发的对象即可。

妙招技法

下面结合本章内容，给大家介绍一些实用技巧。

技巧 01：快速打开超链接内容进行查看

教学视频	光盘\视频\第 21 章\技巧 01.mp4

通过 PowerPoint 2016 提供的打开超链接功能，不放映幻灯片就能查看超链接内容。例如，对“旅游行业信息化”演示文稿第 2 张幻灯片中添加的超链接进行查看，具体操作步骤如下。

Step 01 打开“光盘\素材文件\第 21 章\旅游行业信息化 .pptx”文件，❶ 选择第 2 张幻灯片，选择添加超链接的文本并右击，❷ 在弹出的快捷菜单中选择【打开超链接】命令，如图 21-89 所示。

Step 02 即可跳转到文本链接的幻灯片，如图 21-90 所示。

Step 03 返回第 2 张幻灯片中，即可查看打开链接的文本颜色和下画线颜色已变成了紫色，效果如图 21-91 所示。

图 21-89

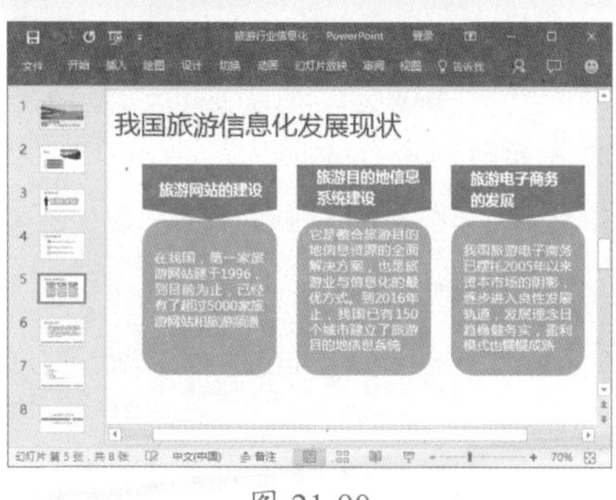

图 21-90

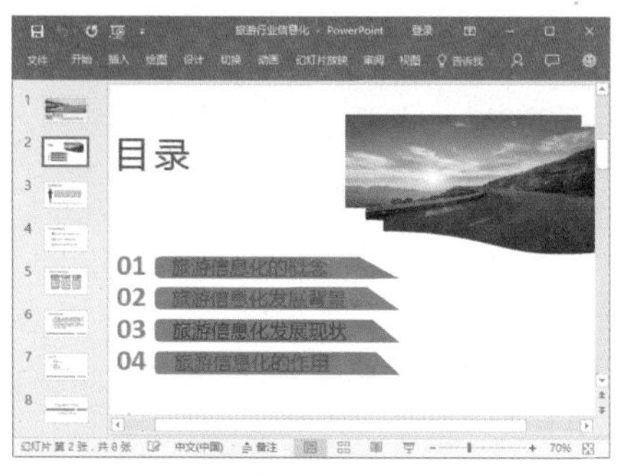

图 21-91

技术看板

虽然访问后，超链接的颜色将发生变化，关闭演示文稿并重新启动后，已访问的超链接颜色将恢复到未访问时的颜色。

技巧 02：设置缩放选项

教学视频	光盘 \ 视频 \ 第 21 章 \ 技巧 02.mp4

设置缩放定位幻灯片后，用户还可根据需要对幻灯片缩放选项进行设置，如缩放时间、幻灯片缩放图像等。例如，在“年终工作总结 3”演示文稿中设置幻灯片缩放选项，具体操作步骤如下。

Step01 打开“光盘 \ 素材文件 \ 第 21 章 \ 年终工作总结 3.pptx”文件，❶ 选择第 3 张幻灯片中缩放定位中的第 1 张幻灯片，❷ 单击【格式】选项卡【缩放选项】组中的【更改图像】按钮，❸ 在弹出的下拉菜单中选择【更改图像】选项，如图 21-92 所示。

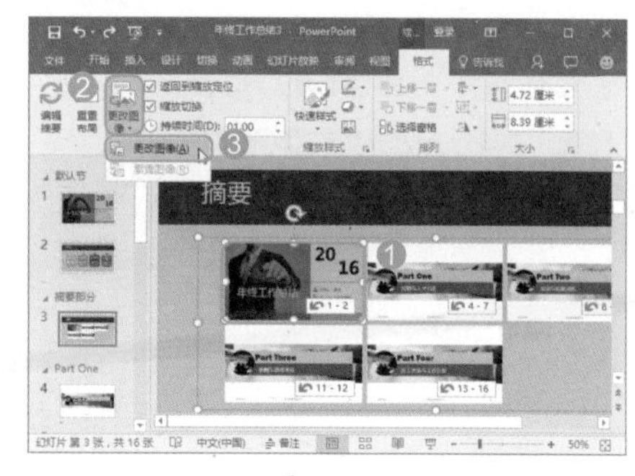

图 21-92

Step02 在打开的对话框中单击【浏览】按钮，❶ 打开【插入图片】对话框，在地址栏中选择图片所保存的位置，❷ 然后选择需要插入的图片，❸ 单击【插入】按钮，如图 21-93 所示。

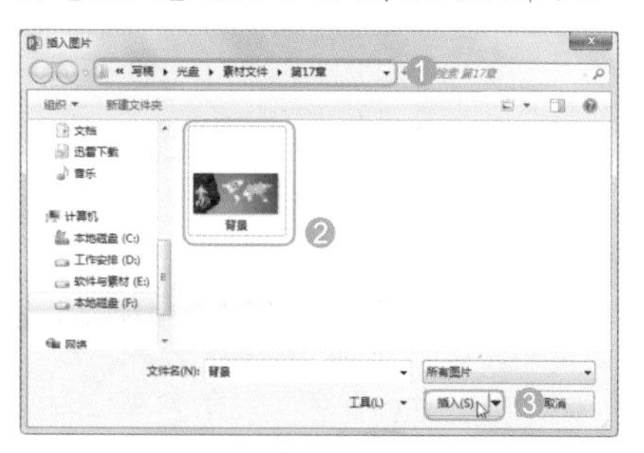

图 21-93

Step03 即可将选择的图片作为幻灯片缩放定位的封面，选择缩放定位文本框，取消选中【缩放切换】复选框，如图 21-94 所示。

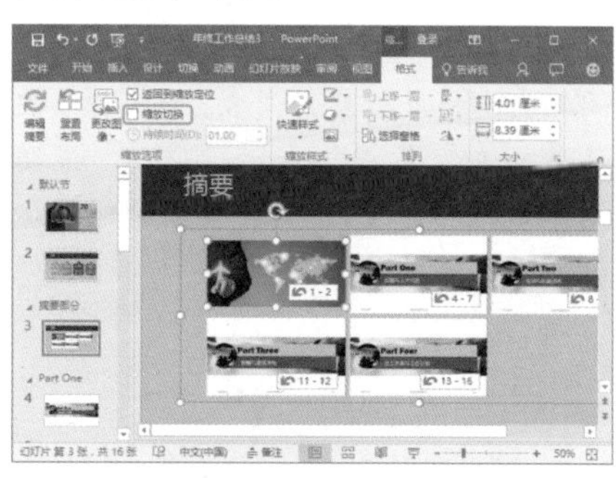

图 21-94

技术看板

若选中【缩放切换】复选框，那么在【持续时间】数值框中可设置缩放切换的时间。

Step04 取消幻灯片缩放定位的缩放切换，这样放映幻灯片时，单击幻灯片缩放，即可直接切换到需要放映的幻灯片中，如图 21-95 所示。

图 21-95

技巧 03：使用动画刷快速复制动画

教学视频	光盘 \ 视频 \ 第 21 章 \ 技巧 03.mp4

如果要幻灯片中的其他对象或其他幻灯片中的对象应用相同的动画效果，可通过动画刷复制动画，使对象快速拥有相同的动画效果。例如，在“工作总结 2”演示文稿中使用动画刷复制动画，具体操作步骤如下。

Step01 打开“光盘 \ 素材文件 \ 第 21 章 \ 工作总结 2.pptx”文件，❶ 选择第 1 张幻灯片已设置好动画效果的标题占位符，❷ 单击【动画】选项卡【高级动画】组中的【动画刷】按钮，如图 21-96 所示。

图 21-96

Step02 此时鼠标指针将变成刷子形状，将鼠标指针移动到需要应用复制的动画效果的对象上，如图 21-97 所示。

Step03 即可为文本应用复制的动画效

果，如图 21-98 所示。

图 21-97

图 21-98

技术看板

选择已设置好动画效果的对象后，按【Alt+Shift+C】组合键，也可对对象的动画效果进行复制。

技巧 04：通过拖动时间轴调整动画计时

教学视频	光盘\视频\第 21 章\技巧 04.mp4

【动画窗格】中每个动画效果选项后都有一个颜色块，也就是时间轴，颜色块的长短决定动画播放的时间长短，因此，通过拖动时间轴也可调整动画的开始时间和结束时间。例如，在"公司片头动画"演示文稿中通过时间轴调整动画计时，具体操作步骤如下。

Step01 打开"光盘\素材文件\第 21 章\公司片头动画 .pptx"文件，打开【动画窗格】，在动画效果选项后面显示的颜色块就是时间轴，将鼠标指针移动到第 1 个动画效果选项的时间轴上，即可显示该动画的开始时间和结束时间，如图 21-99 所示。

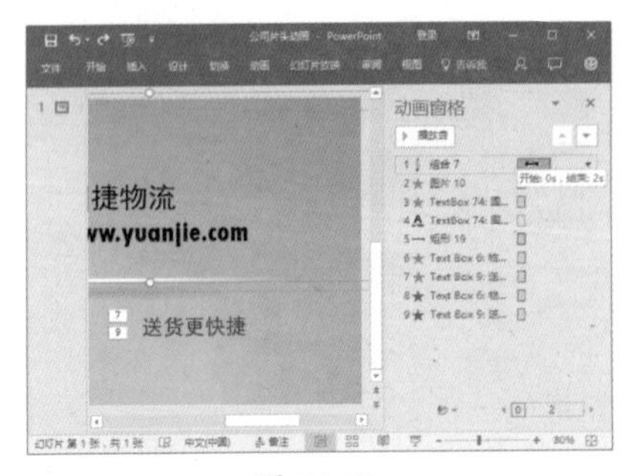

图 21-99

Step02 将鼠标指针移动到需要调整结束时间的时间轴上，当鼠标指针变成⟺形状时，按住鼠标左键不放向右拖动，如图 21-100 所示。

图 21-100

Step03 拖动时会显示结束时间，拖动到合适时间后，释放鼠标，然后将鼠标指针移动到第 2 个动画效果选项的时间轴上，当鼠标指针变成⟷形状时，按住鼠标左键不放向右进行拖动，拖动到开始时间为【4.0s】时释放鼠标，如图 21-101 所示。

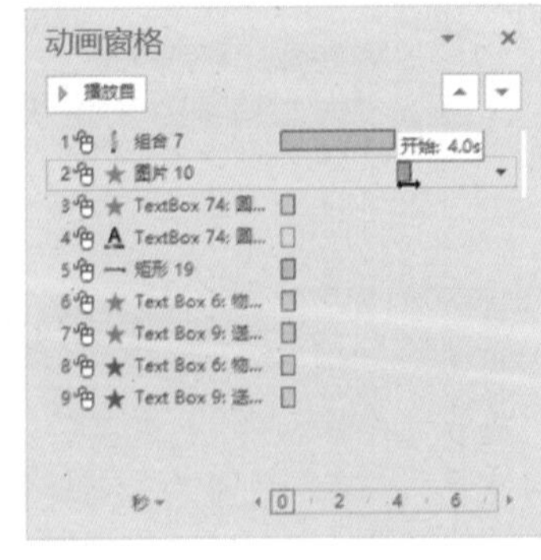

图 21-101

Step04 将鼠标指针移动到第 3 个动画效果的时间轴上，拖动鼠标调整动画的开始时间和结束时间，如图 21-102 所示。

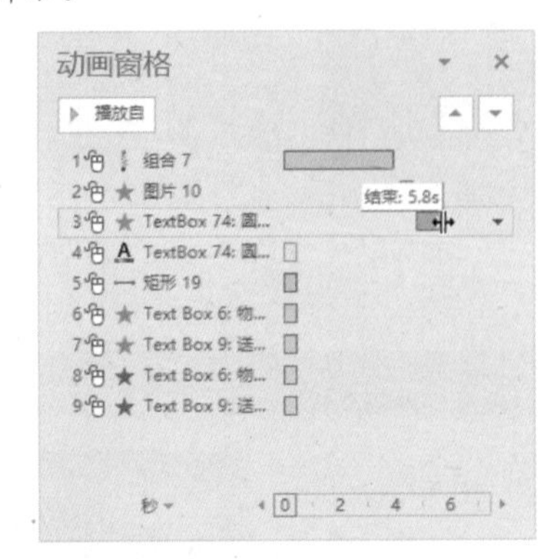

图 21-102

Step05 使用前面调整时间轴的方法调整其他动画效果选项的时间轴，如图 21-103 所示。

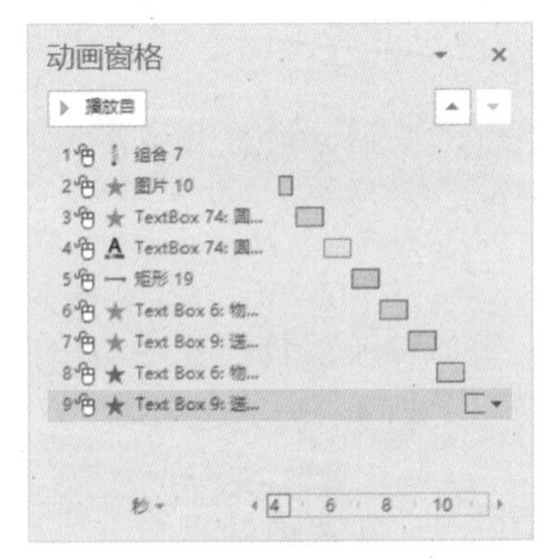

图 21-103

Step06 选择除第 1 个动画效果选项外的所有动画效果选项，将其开始时间设置为【上一动画之后】，如图 21-104 所示。

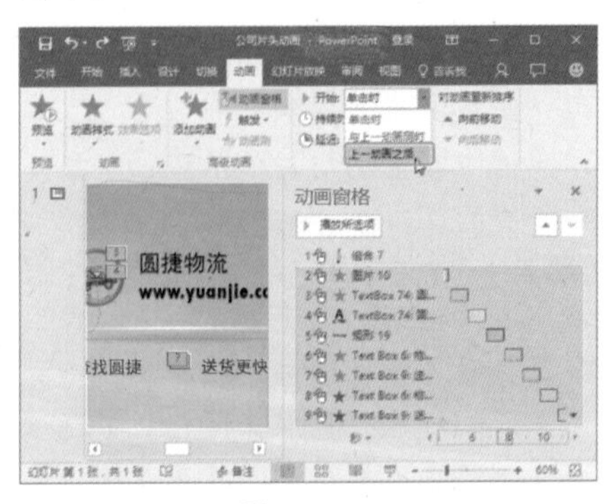

图 21-104

技术看板

不同类型的动画效果，其时间轴会以不同的颜色显示。

Step07 此时，【动画窗格】中动画效果选项中的时间轴将根据设置的开始时间而随之变化，效果如图 21-105 所示。

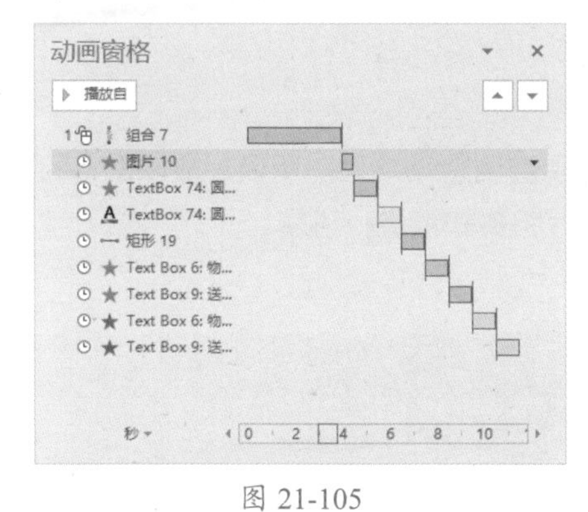

图 21-105

技能拓展——隐藏动画效果选项后的时间轴

默认情况下，在【动画窗格】中会显示动画效果选项的时间轴，如果不想在动画效果选项后显示时间轴，可在【动画窗格】的任意一个动画效果选项上右击，在弹出的快捷菜单中选择【隐藏高级日程表】命令，即可将所有动画效果选项的时间轴隐藏。

技巧 05：设置动画播放后的效果

教学视频	光盘\视频\第 21 章\技巧 05.mp4

除了可对动画的播放声音进行设置外，还可对动画播放后的效果进行设置。例如，在“工作总结 3”演示文稿中对部分文本动画播放后的效果进行设置，具体操作步骤如下。

Step01 打开“光盘\素材文件\第 21 章\工作总结 3.pptx”文件，❶ 选择第 3 张幻灯片，❷ 在【动画窗格】中选择相应的动画效果选项并右击，在弹出的快捷菜单中选择【效果选项】命令，如图 21-106 所示。

图 21-106

Step02 打开【擦除】对话框，默认选择【效果】选项卡，❶ 单击【动画播放后】下拉按钮，❷ 在弹出的下拉列表框中选择动画播放后的效果，如选择【紫色】选项，❸ 然后单击【确定】按钮，如图 21-107 所示。

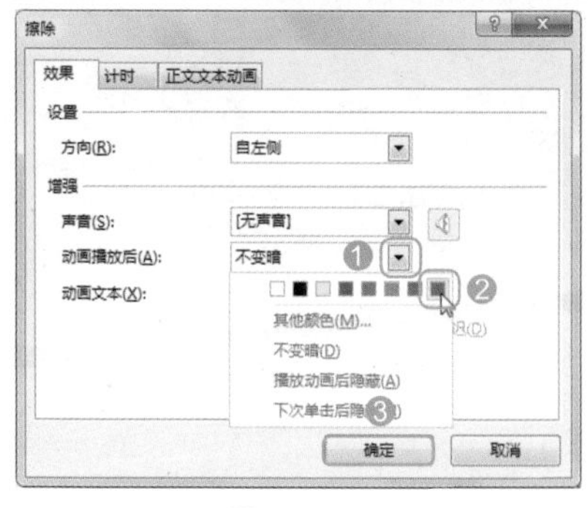

图 21-107

Step03 返回幻灯片编辑区，对动画效果进行预览，待文字动画播放完成后，文字的颜色将变成设置的紫色，效果如图 21-108 所示。

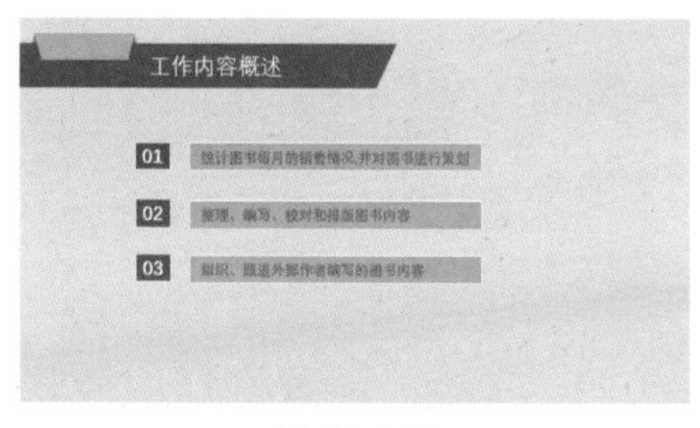

图 21-108

Step04 使用相同的方法将第 4 张幻灯片文本动画播放后的文字颜色设置为橙色，效果如图 21-109 所示。

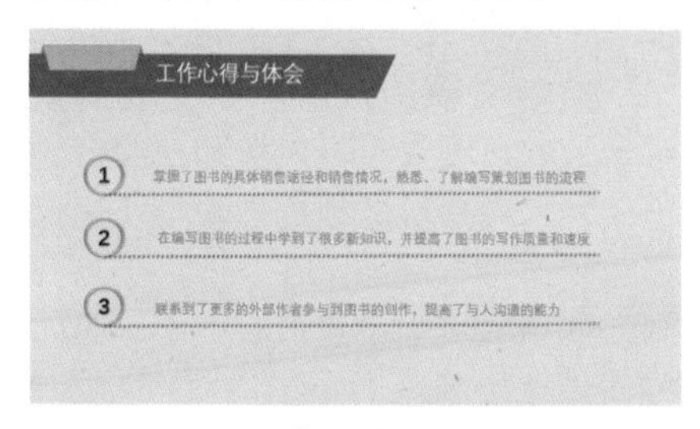

图 21-109

本章小结

通过本章知识的学习，相信读者已经掌握了在演示文稿实现跳转、缩放定位及添加动画的操作方法了，在实际应用过程中，合理运用动画可以提升幻灯片的整体效果，使幻灯片更具视觉冲击力。本章在最后还讲解了超链接、缩放定位和动画的一些技巧，以帮助用户更好地实现幻灯片对象与幻灯片或幻灯片与幻灯片之间的交互和快速定位。

第22章 PPT 的放映、共享和输出

- 放映演示文稿前应该做哪些准备呢？
- 能不能指定放映演示文稿中的部分幻灯片呢？
- 放映过程中怎么有效控制幻灯片的放映过程呢？
- 能不能让其他人查看演示文稿的放映过程呢？
- 演示文稿可以导出为哪些文件？

为幻灯片中添加的多媒体文件、链接、动画等都只有在放映幻灯片时才能观赏到整体效果，所以，放映幻灯片是必不可少的。本章将对放映前应做的准备、放映过程中的控制及共享、导出等相关知识进行讲解。

22.1 做好放映前的准备

为了查看演示文稿的整体效果，制作完演示文稿后还需要进行放映，但为了满足不同的放映场合，在放映之前，还需要做一些准备工作。

22.1.1 实战：设置幻灯片放映类型

实例门类	软件功能
教学视频	光盘\视频\第22章\22.1.1.mp4

演示文稿的放映类型主要有演讲者放映、观众自行浏览和在展台浏览3种，用户可以根据放映场所来选择放映类型。例如，在“楼盘项目介绍”演示文稿中设置放映类型，具体操作步骤如下。

Step01 打开“光盘\素材文件\第22章\楼盘项目介绍.pptx”文件，单击【幻灯片放映】选项卡【设置】组中的【设置幻灯片放映】按钮，如图22-1所示。

Step02 ❶ 打开【设置放映方式】对话框，在【放映类型】栏中选择放映类型，如选中【观众自行浏览(窗口)】单选按钮，❷ 再单击【确定】按钮，如图22-2所示。

Step03 此时，放映幻灯片时，将以窗口的形式进行放映，效果如图22-3所示。

图 22-1

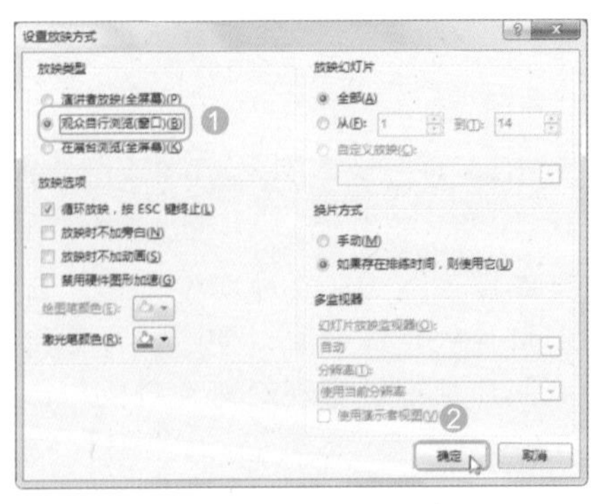

图 22-2

图 22-3

技术看板

在【设置放映方式】对话框中除了可对放映类型进行设置外，在【放映选项】栏中可指定放映时的声音文件、解说或动画在演示文稿中的运行方式等；在【放映幻灯片】栏中可对放映幻灯片的数量进行设置，如放映全部幻灯片，放映连续几张幻灯片，或自定义放映指定的幻灯片；在【换片方式】栏中可对幻灯片动画的切换方式进行设置。

22.1.2 实战：隐藏不需要放映的幻灯片

实例门类	软件功能
教学视频	光盘\视频\第22章\22.1.2.mp4

对于演示文稿中不需要放映的幻灯片，在放映之前可先将其隐藏，待需要放映时再将其显示出来即可。例如，继续上例操作，在“楼盘项目介绍”演示文稿中隐藏不需要放映的幻灯片，具体操作步骤如下。

Step01 ❶ 在打开的“楼盘项目介绍”演示文稿中选择第3张幻灯片，❷ 单击【幻灯片放映】选项卡【设置】组中的【隐藏幻灯片】按钮，如图22-4所示。

图 22-4

Step02 即可在幻灯片窗格所选幻灯片的序号上添加斜线【\】，表示隐藏该幻灯片，并且在放映幻灯片时不会放映，如图22-5所示。

Step03 使用前面隐藏幻灯片的方法隐藏演示文稿中其他不需要放映的幻灯片，效果如图22-6所示。

图 22-5

技术看板

在幻灯片窗格中选择需要隐藏的幻灯片并右击，在弹出的快捷菜单中选择【隐藏幻灯片】命令，也可隐藏不需要放映的幻灯片。

图 22-6

技能拓展——显示隐藏的幻灯片

如果需要将隐藏的幻灯片显示出来，那么首先选择隐藏的幻灯片，再次单击【幻灯片放映】选项卡【设置】组中的【隐藏幻灯片】按钮，即可取消幻灯片的隐藏。

★ 重点 22.1.3 实战：通过排练计时记录幻灯片播放时间

实例门类	软件功能
教学视频	光盘\视频\第22章\22.1.3.mp4

如果希望幻灯片按照规定的时间进行自动播放，那么可通过PowerPoint 2016提供的排练计时功能来记录每张幻灯片放映的时间。例如，继续上例操作，在“楼盘项目介绍”演示文稿中使用排练计时，具体操作步骤如下。

Step01 在“楼盘项目介绍”演示文稿中单击【幻灯片放映】选项卡【设置】组中的【排练计时】按钮，如图22-7所示。

Step02 进入幻灯片放映状态，并打开【录制】窗格记录第1张幻灯片的播放时间，如图22-8所示。

图 22-7

图 22-8

技术看板

若在排练计时过程中出现错误，可以单击【录制】窗格中的【重复】按钮↺，可重新开始当前幻灯片的录制；单击【暂停】按钮⏸，可以暂停当前排练计时的录制。

Step03 第1张幻灯片录制完成后，单击，进行第2张幻灯片的录制，效果如图22-9所示。

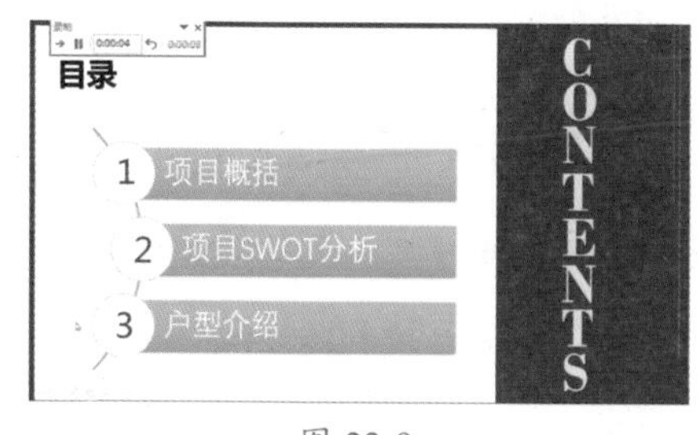

图 22-9

技术看板

对于隐藏的幻灯片，将不能对其进行排练计时。

Step04 继续单击，进行下一张幻灯片的录制，直至录制完最后一张幻灯片的播放时间后，按【Esc】键，打开提示对话框，在其中显示了录制的总时间，单击【是】按钮进行保存，如图 22-10 所示。

图 22-10

Step05 返回幻灯片编辑区，单击【视图】选项卡【演示文稿视图】组中的【幻灯片浏览】按钮，如图 22-11 所示。

图 22-11

Step06 进入幻灯片浏览视图，在每张幻灯片下方将显示录制的时间，如图 22-12 所示。

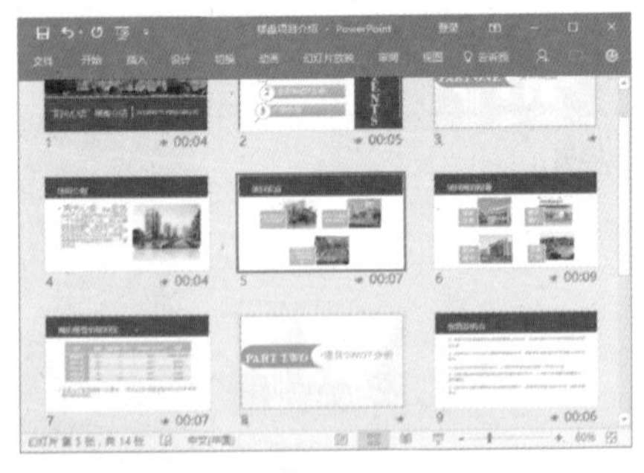

图 22-12

技术看板

设置了排练计时后，打开【设置放映方式】对话框，选中【如果存在排练时间，则使用它】单选按钮，此时放映演示文稿时，才能自动放映演示文稿。

★ 重点 22.1.4 实战：放映幻灯片

实例门类	软件功能
教学视频	光盘\视频\第 22 章\22.1.4.mp4

PowerPoint 2016 提供了从头开始放映和从当前幻灯片开始放映两种放映方式。从头开始放映就是从演示文稿的第 1 张幻灯片开始进行放映；从当前幻灯片开始放映是指从演示文稿当前选择的幻灯片开始进行放映，用户可以根据需要选择放映。例如，在“楼盘项目介绍”演示文稿中从头开始放映幻灯片，具体操作步骤如下。

Step01 打开“光盘\素材文件\第 22 章\楼盘项目介绍.pptx”文件，单击【幻灯片放映】选项卡【开始放映幻灯片】组中的【从头开始】按钮，如图 22-13 所示。

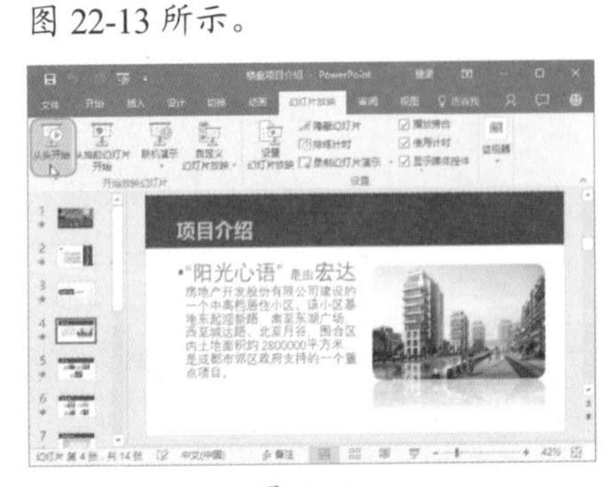

图 22-13

Step02 即可进入幻灯片放映状态，并从演示文稿第 1 张幻灯片开始进行全屏放映，效果如图 22-14 所示。

图 22-14

Step03 第 1 张幻灯片放映完成后，单击鼠标左键，即可进入第 2 张幻灯片的放映状态，效果如图 22-15 所示。

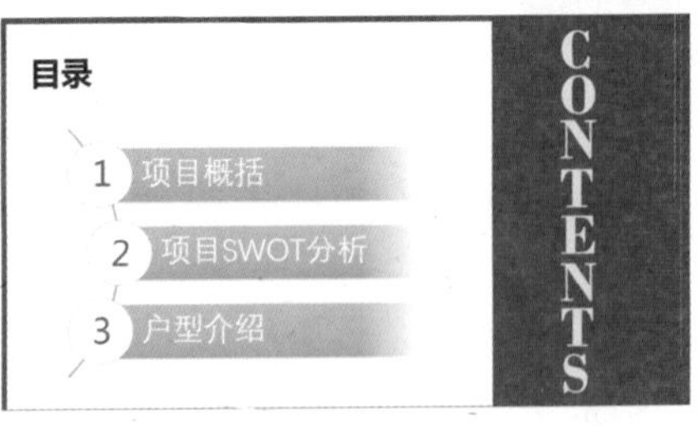

图 22-15

技术看板

在幻灯片放映过程中，如果动画的开始方式为【单击时】，那么单击鼠标后，才会播放下一个动画。

Step04 继续对其他幻灯片进行放映，放映完成后，进入到黑屏状态，并提示【放映结束，单击鼠标退出】信息，如图 22-16 所示。然后单击鼠标左键，即可退出幻灯片放映状态，返回普通视图。

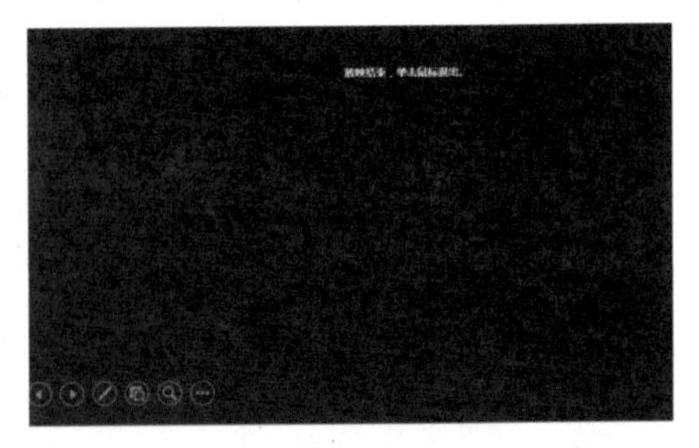

图 22-16

技术看板

退出幻灯片放映时，按【Esc】键也能退出。

★ 重点 22.1.5 实战：指定要放映的幻灯片

实例门类	软件功能
教学视频	光盘\视频\第 22 章\22.1.5.mp4

放映幻灯片时，用户也可根据需要指定演示文稿中要放映的幻灯片。例如，继续上例操作，在“年终工作总结”演示文稿中指定要放映的幻灯

片，具体操作步骤如下。

Step01 打开“光盘\素材文件\第 22 章\年终工作总结 .pptx”文件，❶ 单击【幻灯片放映】选项卡【开始放映幻灯片】组中的【自定义幻灯片放映】按钮，❷ 在弹出的下拉菜单中选择【自定义放映】命令，如图 22-17 所示。

图 22-17

Step02 打开【自定义放映】对话框，单击【新建】按钮，打开【定义自定义放映】对话框，❶ 在【幻灯片放映名称】文本框中输入放映名称，如输入【主要内容】，❷ 在【在演示文稿中的幻灯片】列表框中选中需要放映幻灯片前面的复选框，❸ 单击【添加】按钮，如图 22-18 所示。

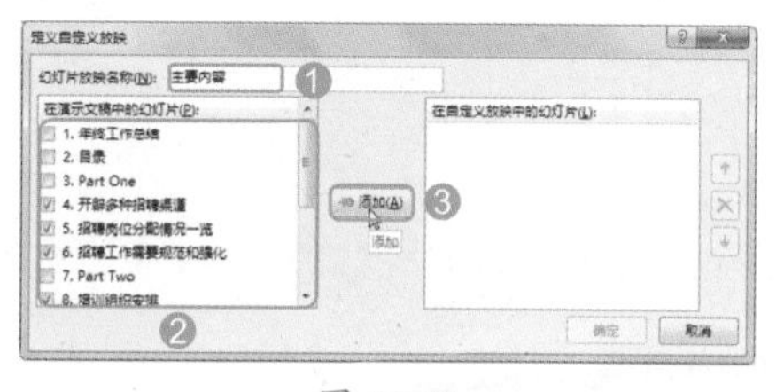

图 22-18

Step03 即可将选择的幻灯片添加到【在自定义放映中的幻灯片】列表框中，单击【确定】按钮，如图 22-19 所示。

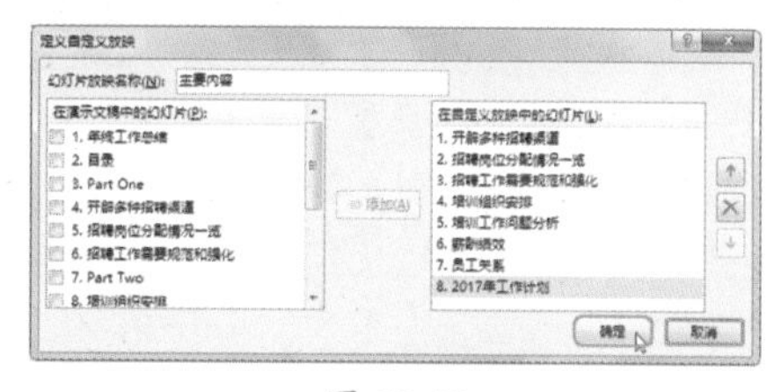

图 22-19

Step04 返回【自定义放映】对话框，在其中显示了自定义放映幻灯片的名称，单击【放映】按钮，如图 22-20 所示。

Step05 即可对指定的幻灯片进行放映，效果如图 22-21 所示。

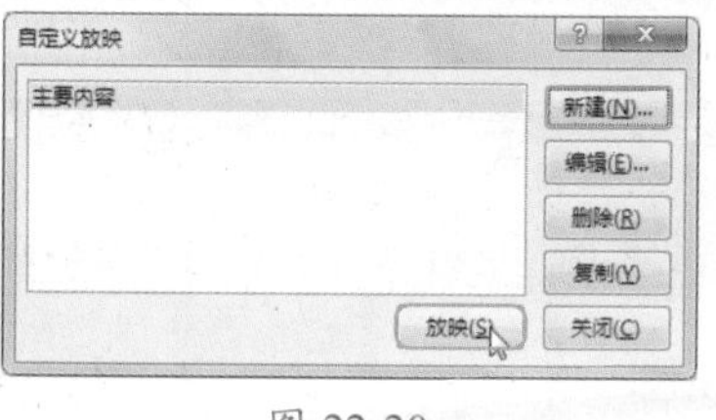

图 22-20

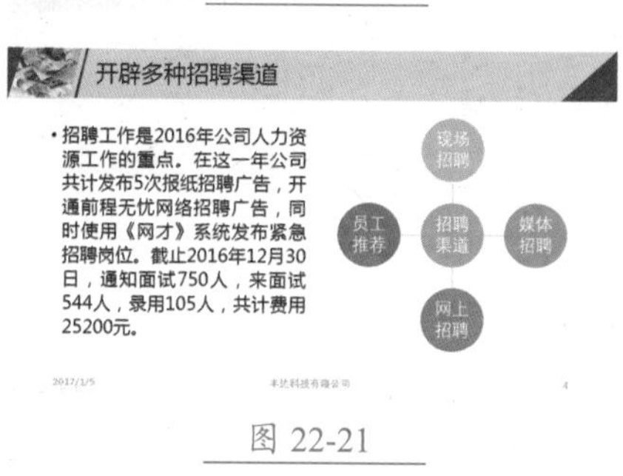

图 22-21

技术看板

指定要放映的幻灯片后，在【自定义幻灯片放映】下拉菜单中显示了自定义放映的幻灯片名称，选择该名称，即可进行放映。

22.2 有效控制幻灯片的放映过程

在放映演示文稿的过程中，要想有效传递幻灯片中的信息，那么演示者对幻灯片放映过程的控制非常重要。下面对幻灯片放映过程中的一些控制手段进行讲解。

★ 重点 22.2.1 实战：在幻灯片放映过程中快速跳转到指定的幻灯片

实例门类	软件功能
教学视频	光盘\视频\第 22 章\22.2.1.mp4

在放映幻灯片的过程中，如果不按顺序进行放映，那么可通过右键菜单快速跳转到指定的幻灯片进行放映。例如，继续上例操作，在“年终工作总结”演示文稿中快速跳转到指定的幻灯片进行放映，具体操作步骤如下。

Step01 打开“光盘\素材文件\第 22 章\年终工作总结 .pptx”文件，进入幻灯片放映状态，在放映的幻灯片上右击，在弹出的快捷菜单中选择【下一张】命令，如图 22-22 所示。

图 22-22

Step02 即可放映下一张幻灯片，在该幻灯片上右击，在弹出的快捷菜单中选择【查看所有幻灯片】命令，如图 22-23 所示。

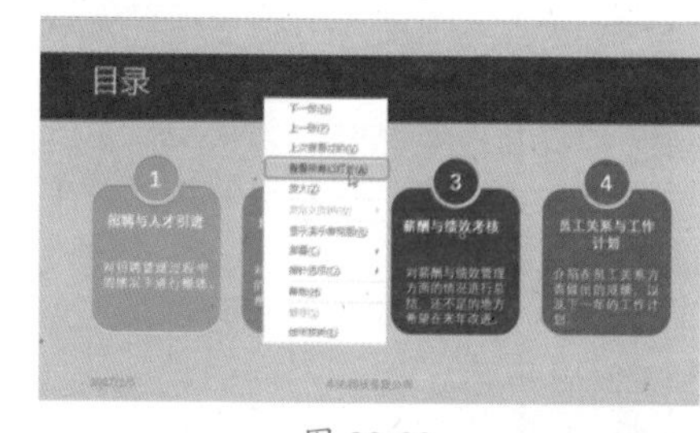

图 22-23

Step03 在打开的页面中显示了演示文稿中的所有幻灯片，选择需要查看的幻灯片，如选择第 9 张幻灯片，如图

22-24 所示。

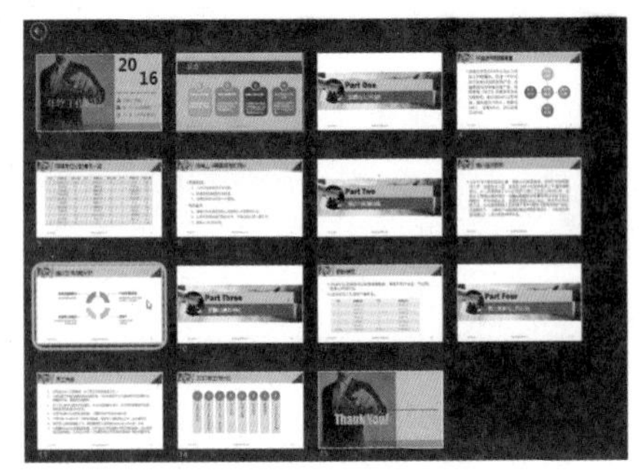

图 22-24

Step04 即可切换到第 9 张幻灯片，并对其进行放映，效果如图 22-25 所示。

图 22-25

★ 重点 22.2.2 实战：为幻灯片重要的内容添加标注

实例门类	软件功能
教学视频	光盘\视频\第 22 章\22.2.2.mp4

在放映过程中，还可根据需要为幻灯片中的重点内容添加标注。例如，在“销售工作计划”演示文稿的放映状态下为幻灯片中的重要内容添加标注，具体操作步骤如下。

Step01 打开“光盘\素材文件\第 22 章\销售工作计划 .pptx”文件，开始放映幻灯片，❶ 放映到需要标注重点的幻灯片上右击，在弹出的快捷菜单中选择【指针选项】选项，❷ 在弹出的子菜单中选择【荧光笔】命令，如图 22-26 所示。

Step02 ❶ 再单击鼠标右键，在弹出的快捷菜单中选择【指针选项】选项，❷ 在弹出的子菜单中选择【墨迹颜色】命令，❸ 再在弹出的下一级菜单中选择荧光笔需要的颜色，如选择【紫色】选项，如图 22-27 所示。

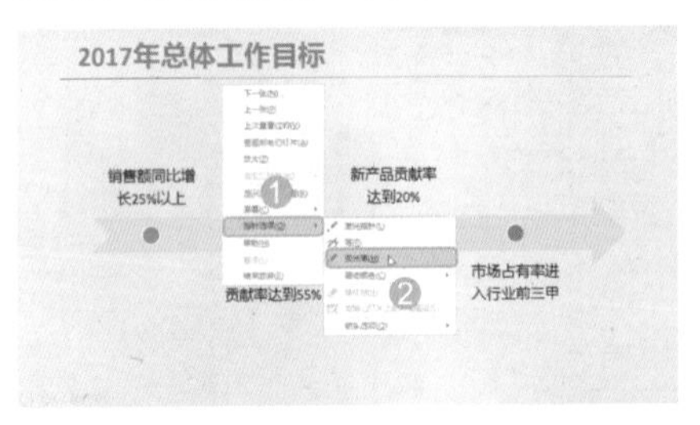

图 22-26

技术看板

在【指针选项】子菜单中选择【笔】命令，可使用笔对幻灯片中的重点内容进行标注。

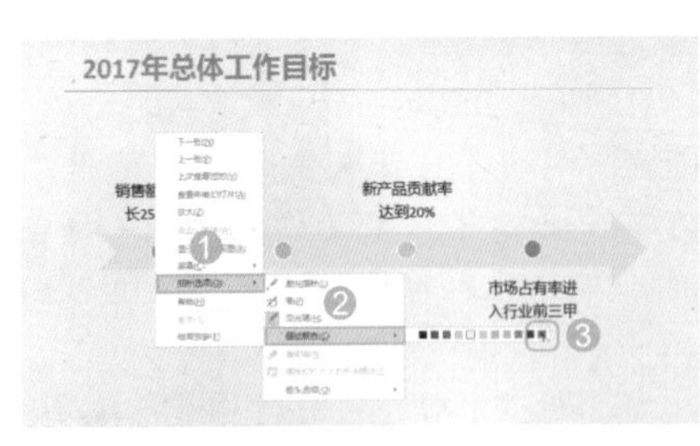

图 22-27

Step03 此时，鼠标指针将变成▌形状，然后拖动鼠标，在需要标注的文本上拖动鼠标圈出来，如图 22-28 所示。

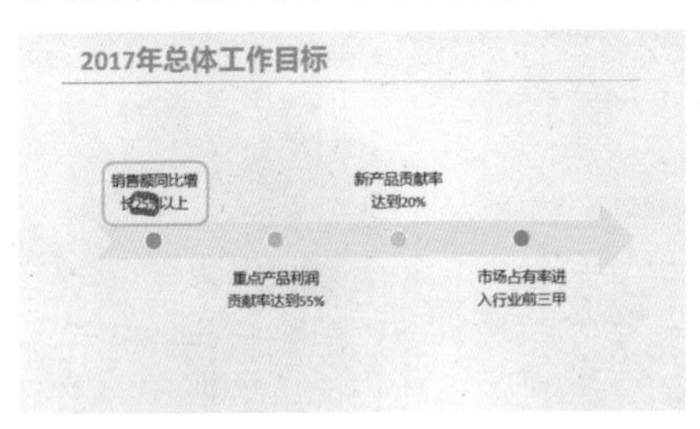

图 22-28

Step04 继续在该幻灯片中拖动鼠标标注重点内容，❶ 标注完成后，单击鼠标右键，在弹出的快捷菜单中选择【指针选项】选项，❷ 在弹出的子菜单中选择【荧光笔】选项，如图 22-29 所示。

Step05 待鼠标指针恢复到正常状态，然后单击鼠标继续进行放映，放映完成后，单击鼠标，可打开【Microsoft PowerPoint】对话框，提示是否保留墨迹注释，这里单击【保留】按钮，如图 22-30 所示。

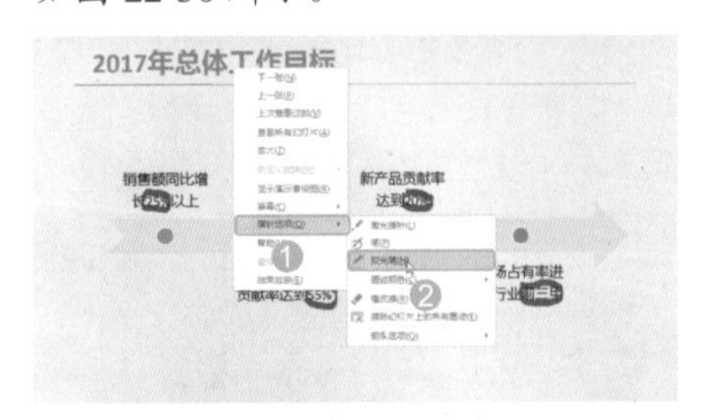

图 22-29

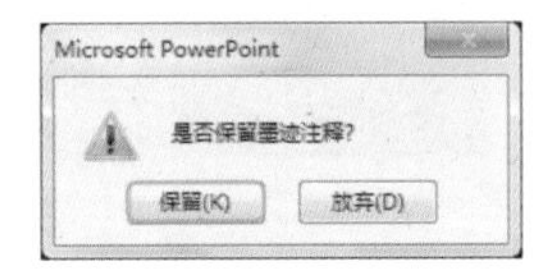

图 22-30

Step06 对标注墨迹进行保存，返回普通视图，也可查看保存的标注墨迹，效果如图 22-31 所示。

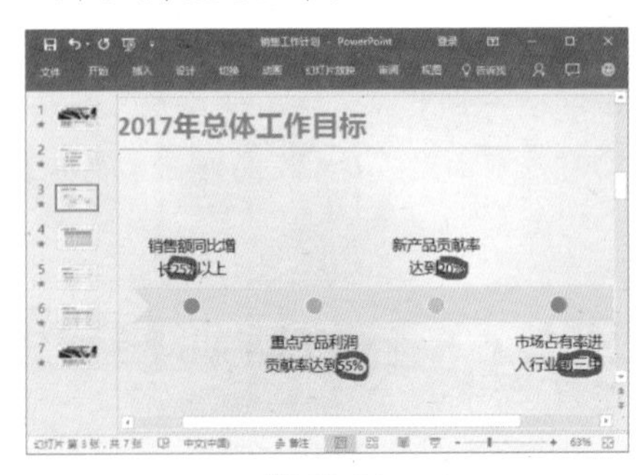

图 22-31

技能拓展——删除幻灯片中的标注墨迹

当不要幻灯片中的标注墨迹时，可将其删除。其方法是：在普通视图中选择幻灯片中的标注墨迹，按【Delete】键即可删除。

22.2.3 实战：使用演示者视图进行放映

实例门类	软件功能
教学视频	光盘\视频\第 22 章\22.2.3.mp4

PowerPoint 2016 中还提供了演示者视图功能，通过该功能可以在一个监视器上全屏放映幻灯片，而在另一个监视器左侧显示正在放映的幻灯片、计时器和一些简单操作按钮，而在显示器右侧显示下一张幻灯片和研究者备注。例如，在“销售工作计划”演示文稿中使用演示者视图进行放映，具体操作步骤如下。

Step01 打开“光盘\素材文件\第22章\销售工作计划.pptx”文件，从头开始放映幻灯片，在第1张幻灯片上右击，在弹出的快捷菜单中选择【显示演示者视图】命令，如图22-32所示。

图 22-32

Step02 打开演示者视图窗口，如图22-33所示。

图 22-33

Step03 在幻灯片放映区域单击，可切换到下一张幻灯片进行放映，在放映到需要放大显示的幻灯片时，单击【放大】按钮，如图22-34所示。

图 22-34

Step04 此时鼠标指针将变成形状，并自带一个半透明框，将鼠标指针移动到放映的幻灯片上，将半透明框移动到需要放大查看的内容上，如图22-35所示。

图 22-35

Step05 单击鼠标，即可放大显示半透明框中的内容，效果如图22-36所示。

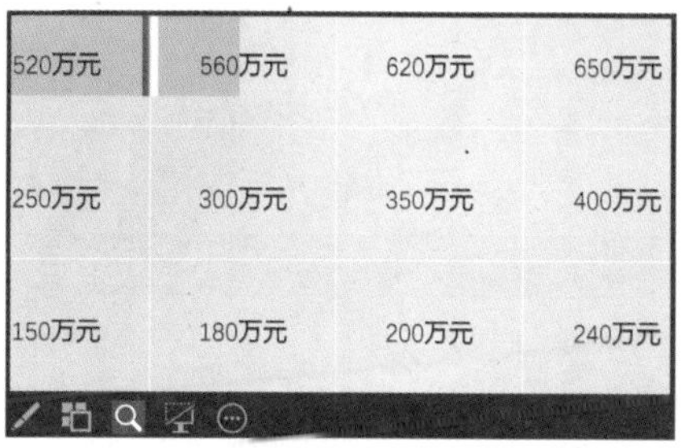

520万元	560万元	620万元	650万元
250万元	300万元	350万元	400万元
150万元	180万元	200万元	240万元

图 22-36

Step06 将鼠标指针移动到放映的幻灯片上，鼠标将变成形状，按住鼠标左键不放，拖动放映的幻灯片，可调整放大显示的区域，效果如图22-37所示。

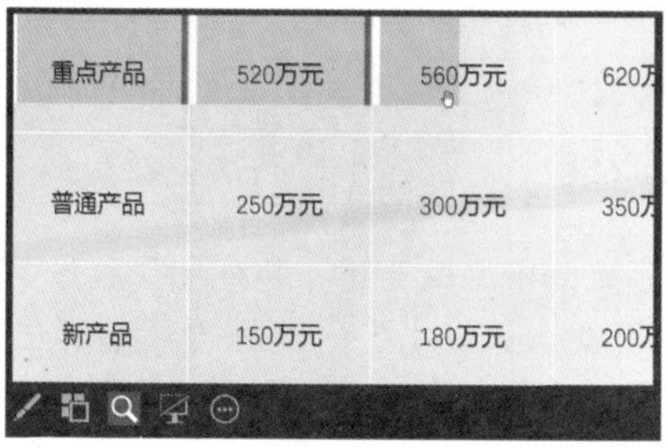

重点产品	520万元	560万元	620万
普通产品	250万元	300万元	350万
新产品	150万元	180万元	200万

图 22-37

Step07 查看完成后，再次单击【放大】按钮，使幻灯片恢复到正常大小，继续对其他幻灯片进行放映，放映完成后，将显示黑屏，再次单击鼠标，即可退出演示者视图，如图22-38所示。

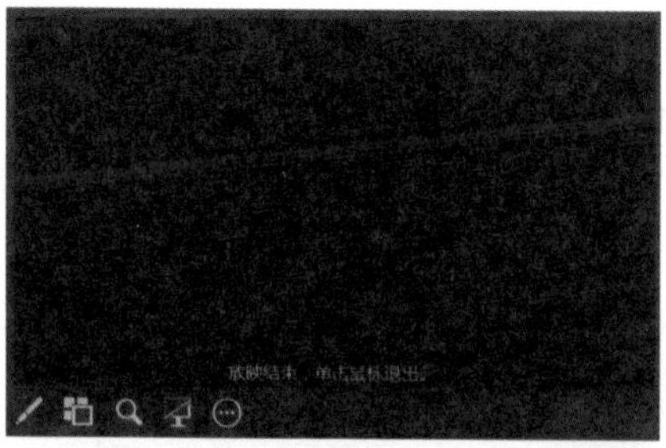

图 22-38

技术看板

在演示者视图中单击【笔和荧光笔工具】按钮，可在该视图中标记重点内容；单击【请查看所有幻灯片】按钮，可查看演示文稿中的所有幻灯片；单击【变黑或还原幻灯片】按钮，放映幻灯片的区域将变黑，再次单击可还原；单击【更多放映选项】按钮，可执行隐藏演示者视图、结束放映等操作。

22.3 共享演示文稿

如果需要将制作好的演示文稿共享给他人，那么可通过 PowerPoint 提供的共享功能来实现。共享演示文稿的方式有多种，用户可根据实际情况选择共享的方式。

22.3.1 实战：将演示文稿与他人共享

实例门类	软件功能
教学视频	光盘\视频\第 22 章\22.3.1.mp4

与他人共享是指将演示文稿先保存到 OneDrive 中，然后再将保存的演示文稿共享给他人即可。例如，将“销售工作计划”演示文稿共享给他人，具体操作步骤如下。

Step01 打开“光盘\素材文件\第 22 章\销售工作计划 .pptx”文件，登录到用户账户，❶ 单击【文件】菜单，在打开的页面左侧选择【共享】选项，❷ 在中间的【共享】栏中选择【与人共享】选项，❸ 在右侧单击【保存到云】按钮，如图 22-39 所示。

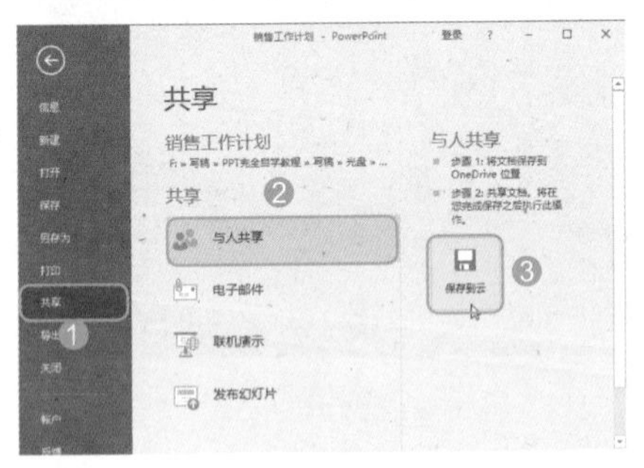

图 22-39

Step02 在【另存为】页面右侧将显示保存的位置，单击【保存】按钮，如图 22-40 所示。

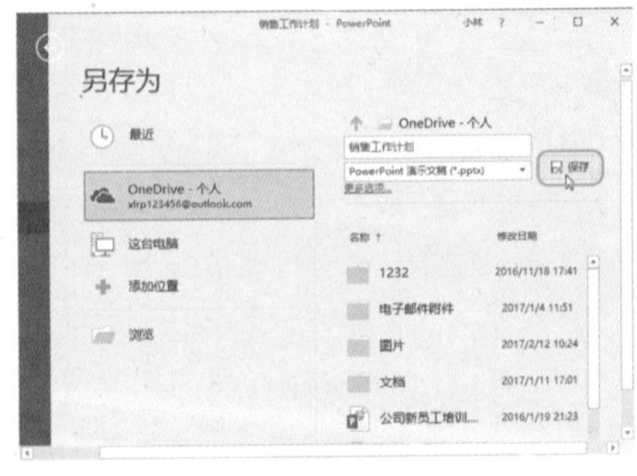

图 22-40

Step03 保存完成后，打开【共享】页面，单击【与人共享】按钮，如图 22-41 所示。

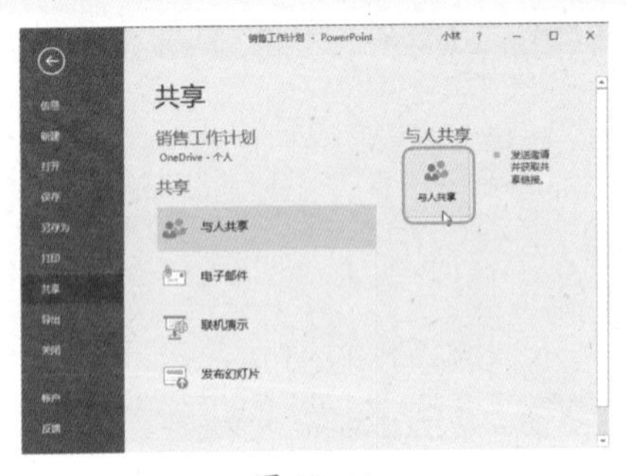

图 22-41

Step04 返回普通视图，打开【共享】任务窗格，❶ 在【邀请人员】文本框中输入邀请人员的电子邮箱地址，❷ 然后单击【可编辑】下拉按钮，❸ 在弹出的下拉菜单中选择共享演示文稿的权限，如选择【可查看】命令，如图 22-42 所示。

图 22-42

Step05 然后单击【共享】按钮，即可给共享的人发送电子邮件邀请他人进行共享，如图 22-43 所示。

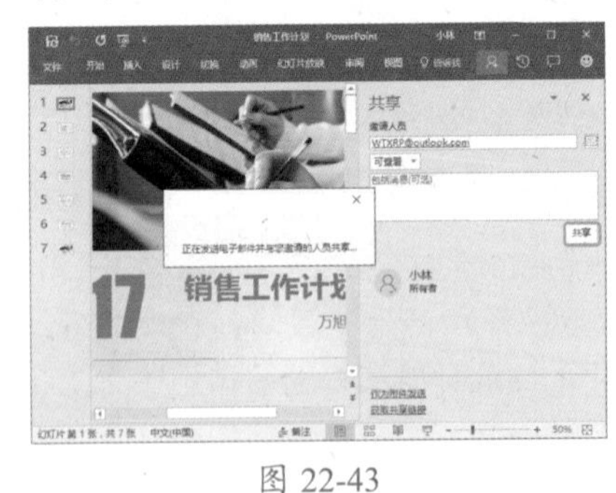

图 22-43

22.3.2 实战：通过电子邮件共享演示文稿

实例门类	软件功能
教学视频	光盘\视频\第 22 章\22.3.2.mp4

当需要将制作好的演示文稿以邮件的形式发送给客户或他人，那么可通过电子邮件共享方式共享给他人。例如，通过电子邮件共享“销售工作计划”演示文稿，具体操作步骤如下。

Step01 打开“光盘\素材文件\第 22 章\销售工作计划 .pptx”文件，❶ 单击【文件】菜单，在打开的页面左侧选择【共享】选项，❷ 在中间的【共享】栏中选择【电子邮件】选项，❸ 在右侧选择电子邮件发送的方式，如单击【作为附件发送】按钮，如图 22-44 所示。

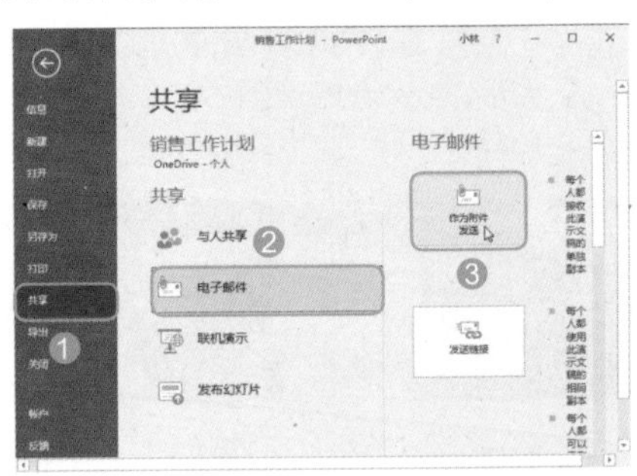

图 22-44

Step02 打开【选择配置文件】对话框，保持默认设置，单击【确定】按钮，如图 22-45 所示。

图 22-45

Step03 即可启动 Outlook 程序，❶ 并在邮件页面中显示发送的主题和附件，在【收件人】文本框中输入收件人邮件地址，❷ 单击【发送】按钮，即可对邮件进行发送，如图 22-46 所示。

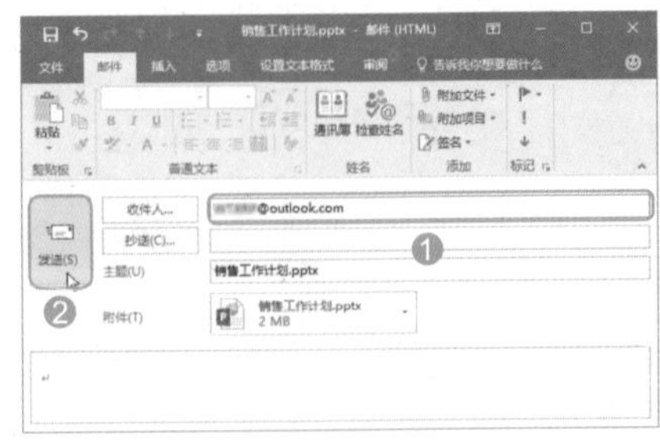

图 22-46

★ 重点 22.3.3 实战：联机放映演示文稿

实例门类	软件功能
教学视频	光盘\视频\第 22 章\22.3.3.mp4

PowerPoint 2016 中提供了联机放映幻灯片的功能，通过该功能，演示者可以在任意位置通过 Web 与任何人共享幻灯片放映。例如，对“销售工作计划”演示文稿进行远程放映，具体操作步骤如下。

Step01 打开“光盘\素材文件\第 22 章\销售工作计划 .pptx”文件，登录到 PowerPoint 账户，❶ 单击【文件】菜单，在打开的页面左侧选择【共享】选项，❷ 在中间的【共享】栏中选择【联机演示】选项，❸ 在右侧单击【联机演示】按钮，如图 22-47 所示。

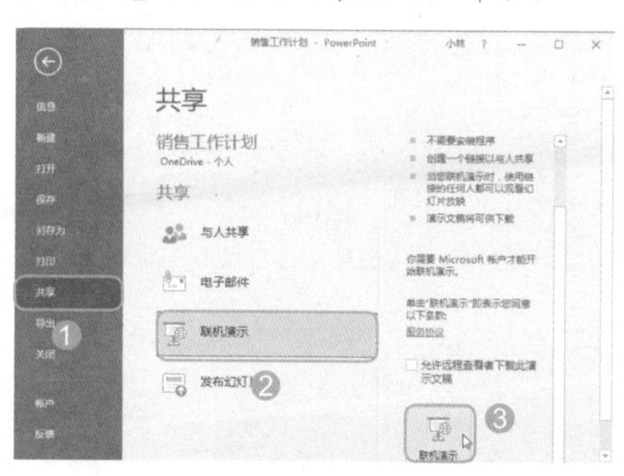

图 22-47

Step02 开始准备联机演示文稿，准备完成后，在【联机演示】对话框中显示连接地址，❶ 单击【复制链接】超链接，复制链接地址，将地址发给访问群体，当访问群体打开链接地址后，❷ 单击【开始演示】按钮，如图 22-48 所示。

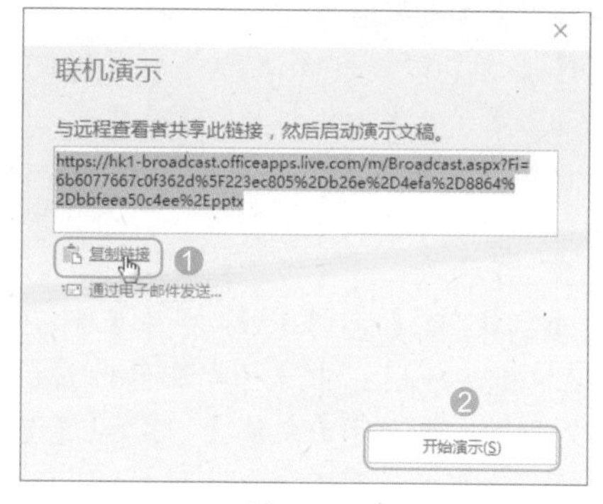

图 22-48

Step03 进入幻灯片全屏放映状态，开始对演示文稿进行放映，如图 22-49 所示。

图 22-49

Step04 访问群体打开地址后，就可查看到放映的过程，如图 22-50 所示。

图 22-50

Step05 放映结束后，退出演示文稿放映状态，❶ 单击【联机演示】选项卡【联机演示】组中的【结束联机演示】按钮，❷ 打开提示对话框，单击【结束联机演示】按钮即可，如图 22-51 所示。

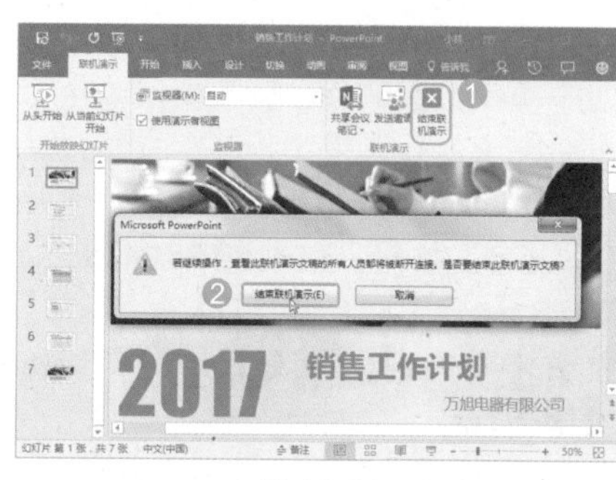

图 22-51

技术看板

在联机演示过程中，只有发起联机演示的用户才能控制演示文稿的放映过程。

Step06 结束联机演示后，访问者访问的地址页面中将提示【演示文稿已结束】，如图 22-52 所示。

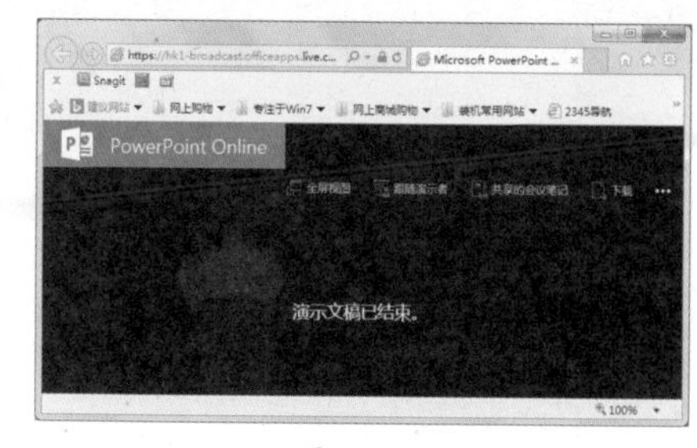

图 22-52

技能拓展——通过【开始放映幻灯片】组中的联机演示实现

单击【幻灯片放映】选项卡【开始放映幻灯片】组中的【联机演示】按钮，打开【联机演示】对话框，选中【启用远程查看器下载演示文稿】复选框，单击【链接】按钮，账户通过验证后，会在【联机演示】对话框中显示链接进度，链接成功后，在【联机演示】对话框中显示链接地址，然后按照提示进行相应的操作即可。

22.3.4 实战：发布的幻灯片到库或 SharePoint 网站

实例门类	软件功能
教学视频	光盘\视频\第 22 章\22.3.4.mp4

将演示文稿中的幻灯片发布到幻灯片库或 SharePoint 网站等共享地址，也可实现与他人共享。例如，将“销售工作计划”演示文稿中的幻灯片发布到幻灯片库，具体操作步骤如下。

Step01 打开“光盘\素材文件\第 22 章\销售工作计划 .pptx”文件，❶ 单击【文件】菜单，在打开的页面左侧选择【共享】选项，❷ 在中间的【共享】栏中选择【发布幻灯片】选项，❸ 在右侧单击【发布幻灯片】按钮，如图 22-53 所示。

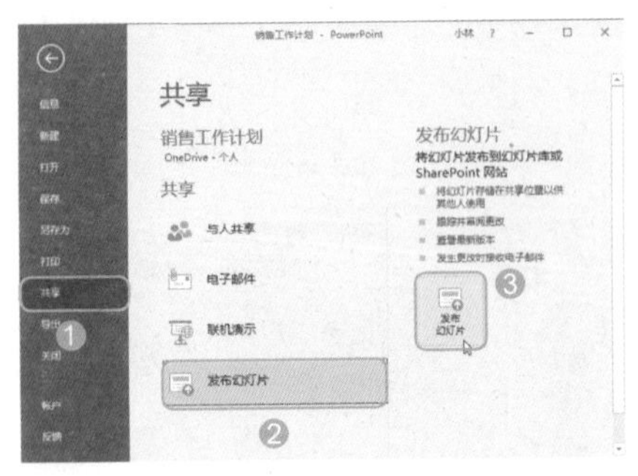

图 22-53

Step 02 打开【发布幻灯片】对话框，❶ 在【选择要发布的幻灯片】列表框中选择需要发布的幻灯片，❷ 单击【浏览】按钮，如图 22-54 所示。

图 22-54

技术看板

在【发布幻灯片】对话框中单击【全选】按钮可全选幻灯片；选中【只显示选定的幻灯片】复选框，表示将只选择演示文稿中已选择的幻灯片。

Step 03 打开【选择幻灯片库】对话框，❶ 在地址栏中选择发布的位置，❷ 然后选择保存的文件夹，❸ 单击【选择】按钮，如图 22-55 所示。

图 22-55

Step 04 返回【发布幻灯片】对话框，在【发布到】下拉列表框中显示发布的位置，单击【发布】按钮，如图 22-56 所示。

图 22-56

Step 05 开始发布幻灯片，发布完成后，程序会自动将原来演示文稿中的幻灯片单独分配到一个独立的演示文稿中，如图 22-57 所示。

图 22-57

22.4 打包和导出演示文稿

制作好的演示文稿往往需要在不同的情况下进行放映或查看，所需要的文件格式也不一定相同，因此，需要根据不同使用情况合理地导出幻灯片文件。在 PowerPoint 2016 中，用户可以将制作好的演示文稿输出为多种形式，如将幻灯片进行打包、保存为图形文件、幻灯片大纲、视频文件或进行发布等。

★ 重点 22.4.1 实战：打包演示文稿

实例门类	软件功能
教学视频	光盘 \ 视频 \ 第 22 章 \22.4.1.mp4

打包演示文稿是指将演示文稿打包到一个文件夹中，包括演示文稿和一些必要的数据文件（如链接文件），以供在没有安装 PowerPoint 的计算机中观看。例如，对“楼盘项目介绍”演示文稿进行打包，具体操作步骤如下。

Step 01 打开“光盘 \ 素材文件 \ 第 22 章 \ 楼盘项目介绍 .pptx”文件，单击【文件】菜单，❶ 在打开的页面左侧选择【导出】命令，❷ 在中间选择导出的类型，如选择【将演示文稿打包成 CD】选项，❸ 在页面右侧单击【打包成 CD】按钮，如图 22-58 所示。

Step 02 打开【打包成 CD】对话框，单击【复制到文件夹】按钮，如图 22-59 所示。

Step 03 打开【复制到文件夹】对话框，❶ 在【文件夹名称】文本框中输入文件夹的名称，如输入【楼盘项目介绍】，❷ 单击【浏览】按钮，如图 22-60 所示。

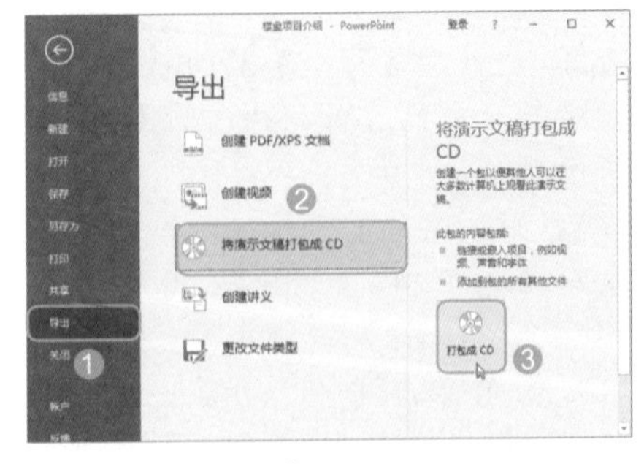

图 22-58

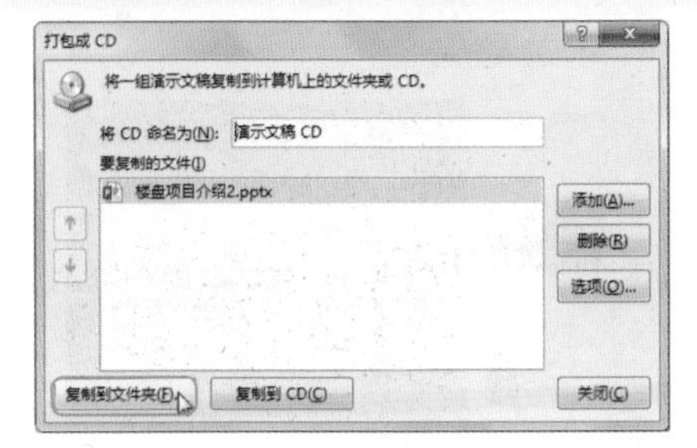

图 22-59

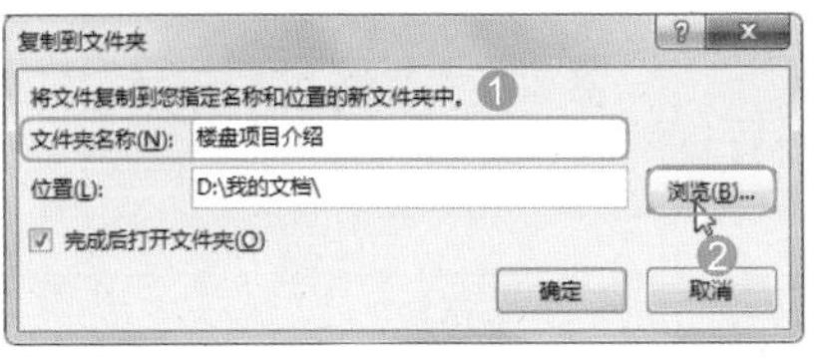

图 22-60

Step04 打开【选择位置】对话框，❶ 在地址栏中设置演示文稿打包后保存的位置，❷ 然后单击【选择】按钮，如图 22-61 所示。

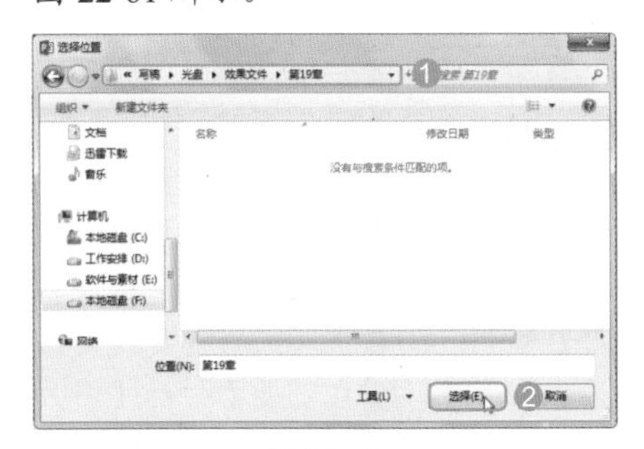

图 22-61

Step05 返回【复制到文件夹】对话框，在【位置】文本框中显示打包后的保存位置，单击【确定】按钮，如图 22-62 所示。

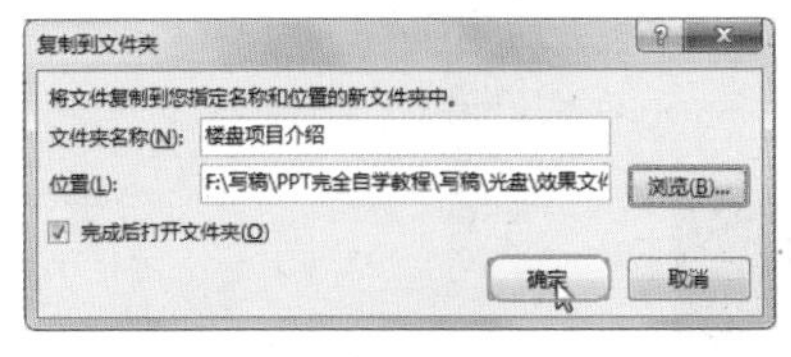

图 22-62

技术看板

在【复制到文件夹】对话框中选中【完成后打开文件夹】复选框，表示打包完成后，将自动打开文件夹。

Step06 打开提示对话框，提示用户是否选择打包演示文稿中的所有链接文件，这里单击【是】按钮，如图 22-63 所示。

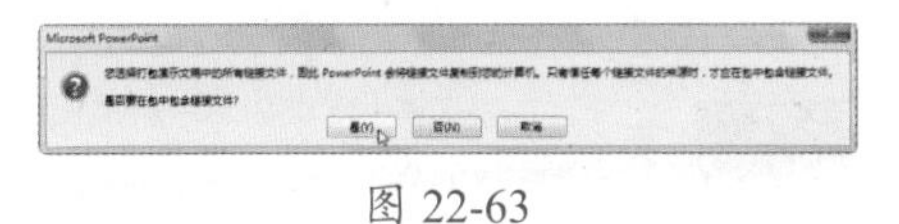

图 22-63

Step07 开始打包演示文稿，打包完成后将自动打开保存的文件夹，在其中可查看到打包的文件，如图 22-64 所示。

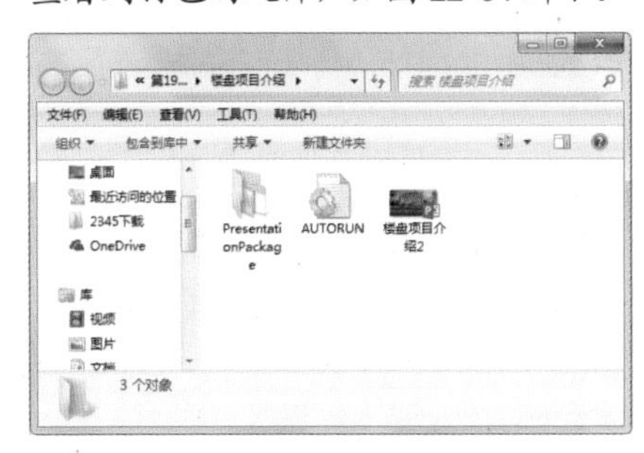

图 22-64

技术看板

如果计算机安装有刻录机，还可将演示文稿打包到 CD 中，其方法是：准备一张空白光盘，打开【打包成 CD】对话框，单击【复制到 CD】按钮即可。

★ 重点 22.4.2 实战：将演示文稿导出为视频文件

实例门类	软件功能
教学视频	光盘 \ 视频 \ 第 22 章 \22.4.2.mp4

如果需要在视频播放器上播放演示文稿，或在没有安装 PowerPoint 2016 软件的计算机中播放，可以将演示文稿导出为视频文件，这样既可以播放幻灯片中的动画效果，还可以保护幻灯片中的内容不被他人利用。例如，将“楼盘项目介绍”演示文稿导出为视频文件，具体操作步骤如下。

Step01 打开“光盘 \ 素材文件 \ 第 22 章 \ 楼盘项目介绍 .pptx”文件，单击【文件】菜单，❶ 在打开的页面左侧选择【导出】命令，❷ 在中间选择导出的类型，如选择【创建视频】选项，❸ 单击右侧的【创建视频】按钮，如图 22-65 所示。

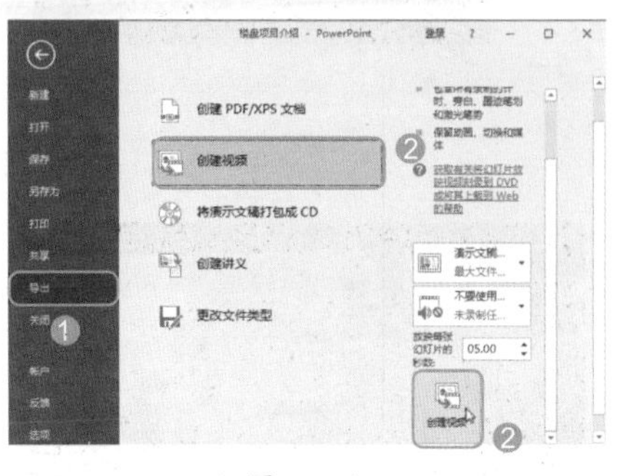

图 22-65

Step02 打开【另存为】对话框，❶ 在地址栏中设置视频保存的位置，❷ 其他保持默认设置，单击【保存】按钮，如图 22-66 所示。

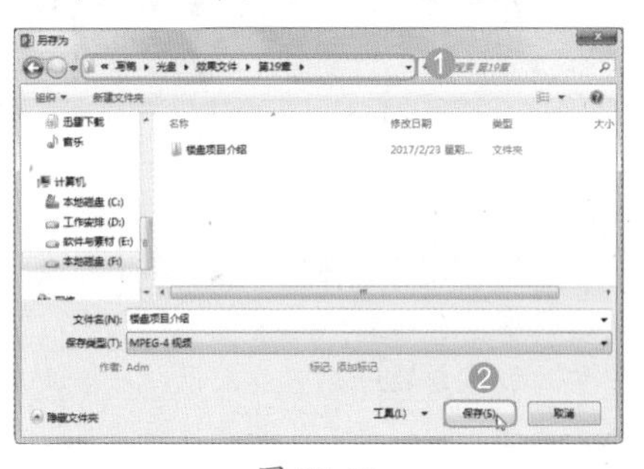

图 22-66

技术看板

如果需要将演示文稿导出为其他视频格式，那么可在【另存为】对话框的【保存类型】下拉菜单中选择需要的视频格式选项即可。

Step03 开始制作视频，并在 PowerPoint 2016 工作界面的状态栏中显示视频导出进度，如图 22-67 所示。

Step04 导出完成后，即可使用视频播放器将其打开，预览演示文稿的播放效果，如图 22-68 所示。

图 22-67

图 22-68

技能拓展——设置幻灯片导出为视频的秒数

默认将幻灯片导出为视频后，每张幻灯片播放的时间为 5 秒，用户可以根据幻灯片中动画的多少在【创建为视频】页面右侧的【放映每张幻灯片的秒数】数值框中输入幻灯片播放的时间，然后单击【创建视频】按钮进行创建即可。

22.4.3 实战：将楼盘项目介绍演示文稿导出为 PDF 文件

实例门类	软件功能
教学视频	光盘\视频\第 22 章\22.4.3.mp4

在 PowerPoint 2016 中，也可将演示文稿导出为 PDF 文件，这样演示文稿中的内容就不能被修改。例如，将“楼盘项目介绍”演示文稿导出为 PDF 文件，具体操作步骤如下。

Step01 打开“光盘\素材文件\第 22 章\楼盘项目介绍.pptx”文件，单击【文件】菜单，❶ 在打开的页面左侧选择【导出】命令，❷ 在中间选择导出的类型，如选择【创建 PDF/XPS 文档】选项，❸ 单击右侧的【创建 PDF/XPS】按钮，如图 22-69 所示。

图 22-69

Step02 打开【发布为 PDF 或 XPS】对话框，❶ 在地址栏中设置发布后文件的保存位置，❷ 然后单击【发布】按钮，如图 22-70 所示。

图 22-70

Step03 打开【正在发布】对话框，在其中显示发布的进度，如图 22-71 所示。

图 22-71

Step04 发布完成后，即可打开发布的 PDF 文件，效果如图 22-72 所示。

技术看板

在【发布为 PDF 或 XPS】对话框中单击【选项】按钮，打开【选项】对话框，在其中可对发布的范围、发布选项、发布内容等进行相应的设置。

图 22-72

22.4.4 实战：将幻灯片导出为图片

实例门类	软件功能
教学视频	光盘\视频\第 22 章\22.4.4.mp4

有时需将演示文稿中的多张幻灯片（包含背景）导出，此时，可以通过提供的导出为图片功能，将演示文稿中的幻灯片导出为图片。例如，将“汽车宣传”演示文稿中的幻灯片导出为图片，具体操作步骤如下。

Step01 打开“光盘\素材文件\第 22 章\汽车宣传.pptx”文件，单击【文件】菜单，❶ 在打开的页面左侧选择【导出】命令，❷ 在中间选择【更改文件类型】选项，❸ 在页面右侧的【图片文件类型】栏中选择导出的图片格式，如选择【JPEG 文件交换格式】选项，❹ 单击【另存为】按钮，如图 22-73 所示。

Step02 打开【另存为】对话框，❶ 在地址栏中设置导出的位置，其他保持默认设置，❷ 单击【保存】按钮，如图 22-74 所示。

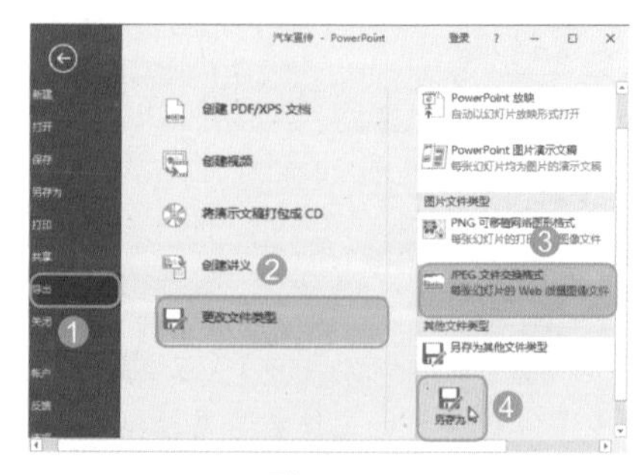

图 22-73

技术看板

在【更改文件类型】页面右侧的【演示文稿类型】栏中还提供了模板、PowerPoint放映等多种类型，用户也可选择需要的演示文稿类型进行导出。

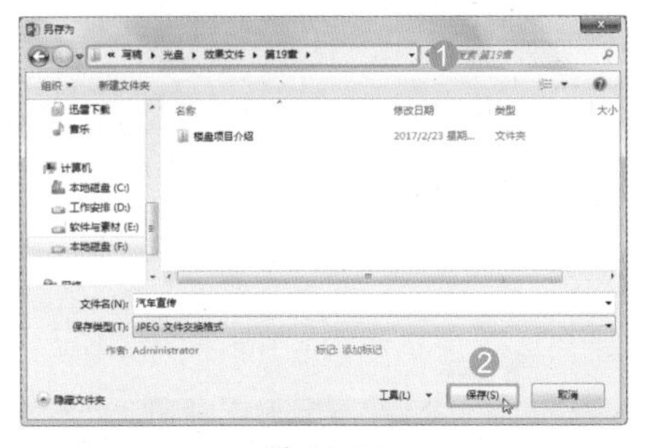

图 22-74

Step 03 打开【Microsoft PowerPoint】对话框，提示用户【您希望导出哪些幻灯片？】，这里单击【所有幻灯片】按钮，如图 22-75 所示。

图 22-75

技术看板

若在【Microsoft PowerPoint】对话框中单击【仅当前幻灯片】按钮，只将演示文稿中选择的幻灯片导出为图片。

Step 04 在打开的提示对话框中单击【确定】按钮，即可将演示文稿中的所有幻灯片导出为图片文件，如图 22-76 所示。

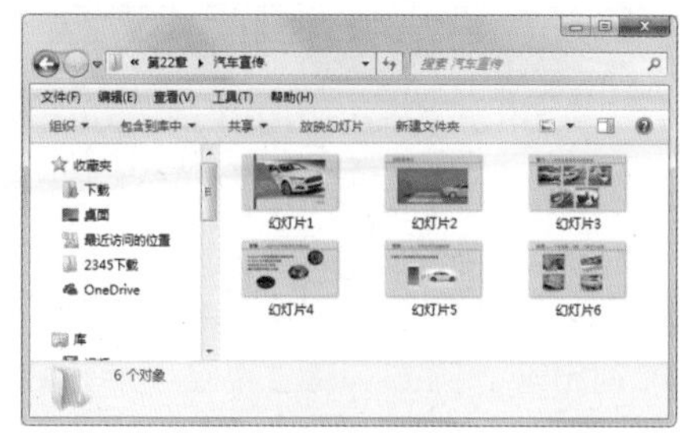

图 22-76

妙招技法

下面结合本章内容，给大家介绍一些实用技巧。

技巧 01：快速清除幻灯片中的排练计时和旁白

教学视频	光盘\视频\第 22 章\技巧 01.mp4

当不需要使用幻灯片中录制的排练计时和旁白时，可将其删除，以免放映幻灯片时放映旁白或使用排练计时进行放映。例如，清除“楼盘项目介绍 1”演示文稿中的排练计时和旁白，具体操作步骤如下。

Step 01 打开“光盘\素材文件\第 22 章\楼盘项目介绍 1.pptx”文件，❶ 进入幻灯片浏览视图中，单击【幻灯片放映】选项卡【设置】组中的【录制幻灯片演示】下拉按钮，❷ 在弹出的下拉列表中选择【清除】选项，❸ 在弹出的子菜单中选择所需的清除选项，如选择【清除所有幻灯片中的计时】选项，如图 22-77 所示。

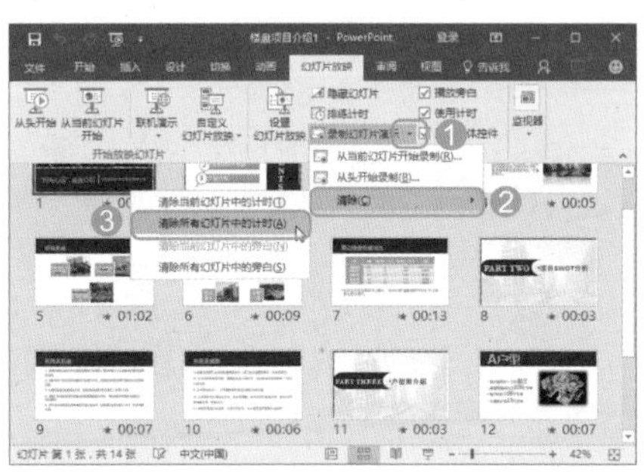

图 22-77

Step 02 即可清除演示文稿中所有幻灯片的计时，❶ 选择第 5 张幻灯片，❷ 单击【设置】组中的【录制幻灯片演示】下拉按钮，❸ 在弹出的下拉列表中选择【清除】选项，❹ 在弹出的子菜单中选择【清除当前幻灯片中的旁白】选项，如图 22-78 所示。

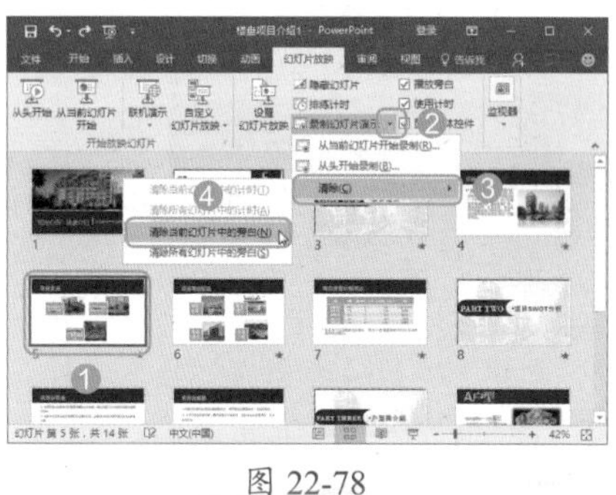

图 22-78

Step 03 即可清除所选幻灯片中的标注墨迹，效果如图 22-79 所示。

图 22-79

技巧 02：通过墨迹书写功能快速添加标注

教学视频	光盘\视频\第 22 章\技巧 02.mp4

除了可在放映幻灯片的过程中添加标注，还可在编辑幻灯片时通过墨迹书写功能将幻灯片中的重要内容标注出来。例如，在“楼盘项目介绍 2”演示文稿中通过墨迹书写功能标注重点内容，具体操作步骤如下。

Step01 打开“光盘\素材文件\第 22 章\楼盘项目介绍 2.pptx”文件，❶选择第 5 张幻灯片，❷在【绘图】选项卡【笔】组中的列表框中选择需要的笔样式，如选择【红色笔（0.5mm）】选项，如图 22-80 所示。

图 22-80

Step02 此时鼠标指针变成形状，❶单击【笔】组中的【粗细】按钮，❷在弹出的下拉列表中选择需要的笔粗细，如选择【2.25 磅】选项，如图 22-81 所示。

图 22-81

Step03 此时，在需要标注的文本下方拖动鼠标，绘制线条，如图 22-82 所示。

图 22-82

Step04 继续在需要添加标注的文本下方拖动鼠标绘制线条，如图 22-83 所示。

图 22-83

技术看板

如果【绘图】选项卡未在 PowerPoint 2016 工作界面中显示，那么可在【PowerPoint 选项】对话框的【自定义功能区】中选择【绘图】选项卡，单击【确定】按钮，即可将【绘图】选项卡显示出来。

Step05 ❶选择第 7 张幻灯片，❷单击【笔】组中的【其他】按钮，在弹出的下拉列表中选择【紫色 荧光笔（5.0mm）】选项，如图 22-84 所示。

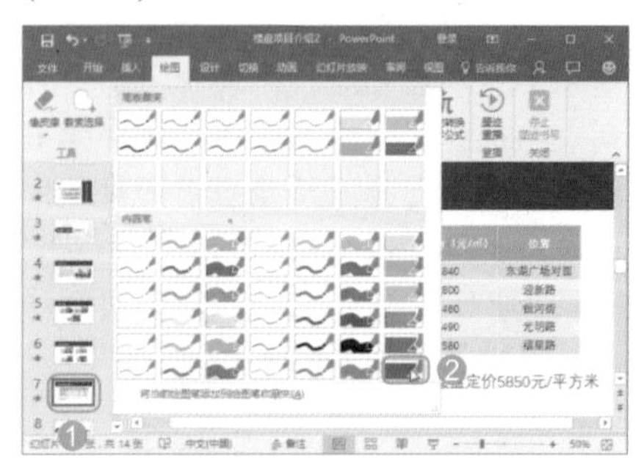

图 22-84

Step06 此时，鼠标指针将变成形状，然后在需要圈释的文本处拖动鼠标进行画圈，效果如图 22-85 所示。

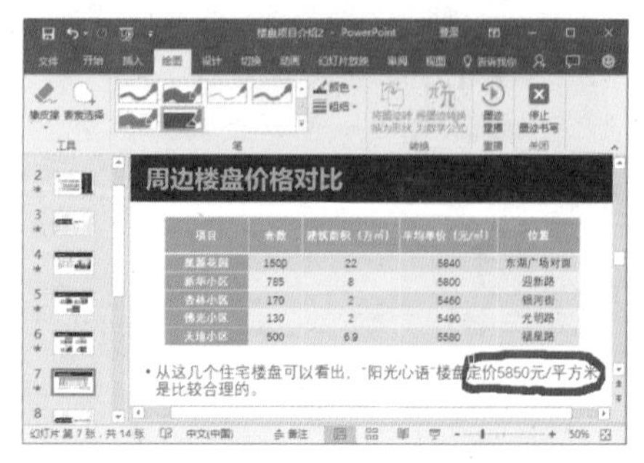

图 22-85

Step07 在放映幻灯片的过程中，也会进行显示，效果如图 22-86 所示。

周边楼盘价格对比

项目	套数	建筑面积（万㎡）	平均单价（元/㎡）	位置
[illegible]	1500	22	5840	东湖广场对面
新华小区	785	8	5800	迎新路
[illegible]	170	2	5460	银河街
[illegible]	130	2	5490	光明路
天地小区	500	6.9	5580	福星路

• 从这几个住宅楼盘可以看出，“阳光心语”楼盘定价5850元/平方米是比较合理的。

图 22-86

技能拓展——使用橡皮擦擦除墨迹

如果绘制的墨迹错误需要重新绘制，那么可将原有的墨迹擦除。其方法是：在【绘图】选项卡【工具】组中单击【橡皮擦】按钮，此时鼠标指针变成形状，拖动鼠标在需要删除的墨迹上单击，即可擦除。

技巧 03：不打开演示文稿就能放映幻灯片

教学视频	光盘\视频\第 22 章\技巧 03.mp4

要想快速对演示文稿进行放映，通过【显示】命令，不打开演示文稿就能直接对演示文稿进行放映。例如，对“年终工作总结”演示文稿进行放映，具体操作步骤如下。

Step 01 ❶ 在文件窗口中选择需要放映的演示文稿，❷ 右击，在弹出的快捷菜单中选择【显示】命令，如图 22-87 所示。

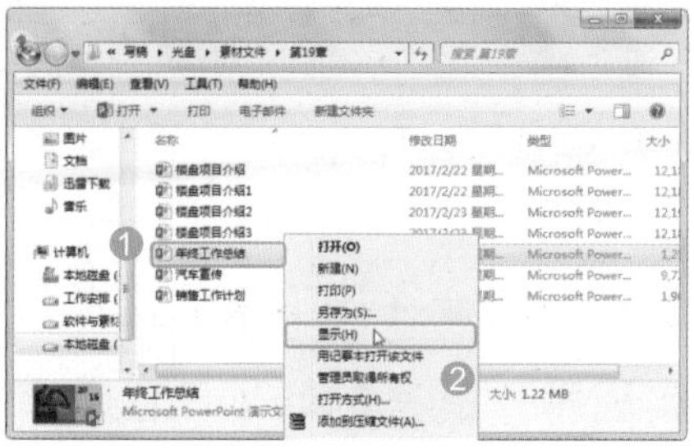

图 22-87

Step 02 即可直接进入演示文稿的放映状态，效果如图 22-88 所示。

图 22-88

技巧 04：使用快捷键，让放映更加方便

教学视频	光盘 \ 视频 \ 第 22 章 \ 技巧 04.mp4

在放映演示文稿的过程中，为了使放映变得更加简单和高效，可以通过 PowerPoint 2016 提供的幻灯片放映快捷键来实现。如果不知道放映的快捷键，那么可在幻灯片全屏放映状态下按【F1】键，打开【幻灯片放映帮助】对话框，在其中显示了放映过程中需要用到的快捷键，如图 22-89 所示。

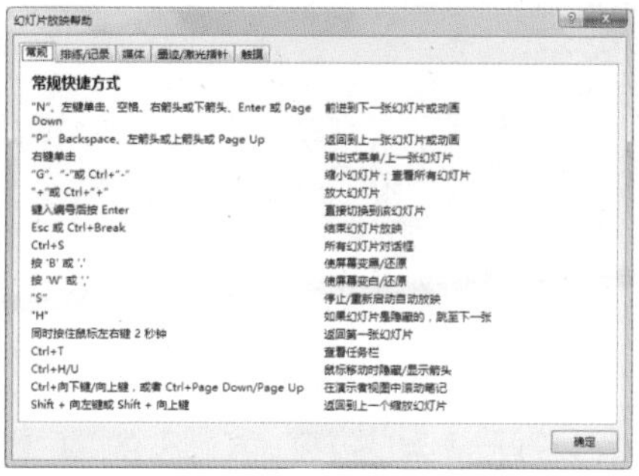

图 22-89

技巧 05：如何将字体嵌入演示文稿中

教学视频	光盘 \ 视频 \ 第 22 章 \ 技巧 05.mp4

如果制作的演示文稿中使用了系统自带字体之外的其他字体，那么将演示文稿发送到其他计算机中进行浏览时，若该计算机没有安装演示文稿中使用的字体，那演示文稿中使用该字体的文字将使用系统默认的其他字体进行代替，原有的字体样式将发生变化。如果希望幻灯片中的字体在未安装原有字体的计算机中也能正常显示出原字体的样式，保存时，可以将字体嵌入到演示文稿中，这样在没有安装字体的计算机中也能正常显示。例如，在“汽车宣传”演示文稿中嵌入字体，具体操作步骤如下。

Step 01 打开“光盘 \ 素材文件 \ 第 22 章 \ 汽车宣传 .pptx”文件，❶ 打开【PowerPoint 选项】对话框，在左侧选择【保存】选项，❷ 在右侧选中【将字体嵌入文件】复选框，❸ 单击【确定】按钮，如图 22-90 所示。

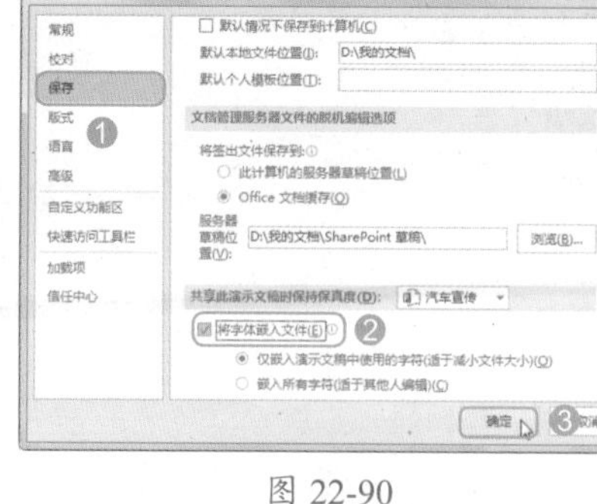

图 22-90

技术看板

在【PowerPoint 选项】对话框中选中【将字体嵌入文件】复选框后，若选中【仅嵌入演示文稿中使用的字符（适于减小文件大小）】单选按钮，表示只将演示文稿中使用的字体嵌入到文件中；若选中【嵌入所有字符（适于其他人编辑）】单选按钮，将会把演示文稿中使用的所有字体、符号等字符都嵌入到文件中。

Step 02 再对演示文稿进行保存，即可将使用的字体嵌入到演示文稿中，如图 22-91 所示。

图 22-91

本章小结

通过本章知识的学习，相信读者已经掌握了幻灯片放映、共享和输出等相关知识，在放映演示文稿时，要想有效控制幻灯片的放映过程，那么需要演示者合理地进行操作。本章在最后还介绍了放映、输出的一些技巧，以帮助用户快速放映、输出幻灯片。

第5篇 办公实战

为了更好地理解和掌握 Word、Excel 和 PPT 2016 的基本知识和技巧，在接下来的几章中分别制作几个较为完整的实用案例，通过整个制作过程，帮读者实现举一反三的效果，让读者轻松使用 Word、Excel 和 PPT 高效办公。

第23章 实战应用：制作述职报告

- 怎样使用 Word、Excel 和 PPT 制作一个完整项目？
- 在演示文稿中如何快速调用 Word 和 Excel 中的文本和数据？
- 如何协调和整理一个由 Word、Excel 和 PPT 制作的项目内容？

本章通过对述职报告的实例制作来展示 Word、Excel 和 PPT 的综合应用，认真学习本章，读者不仅能找到以上问题的答案，同时更能掌握使用 Word、Excel 和 PPT 制作项目的思路和方法。

23.1 使用 Word 制作述职报告文档

实例门类	页面排版 + 文档视图类
教学视频	光盘 \ 视频 \ 第 23 章 \23.1.mp4

述职报告是职场人士对一定时期内的工作回顾和总结分析，特别是成绩的展示，从而得到领导认可和赞同，同时找出工作中存在的不足和问题，分析问题并找出解决办法，以指导以后的工作和实践。述职报告的内容包括自我认识、岗位职责、成绩、存在的不足和问题、今后工作重点和方向。其主要结构通常由封面、正文和落款部分构成，如果内容较多，可插入目录，作为引导。以销售经理制作述职报告为例，完成后的效果如图 23-1 所示。

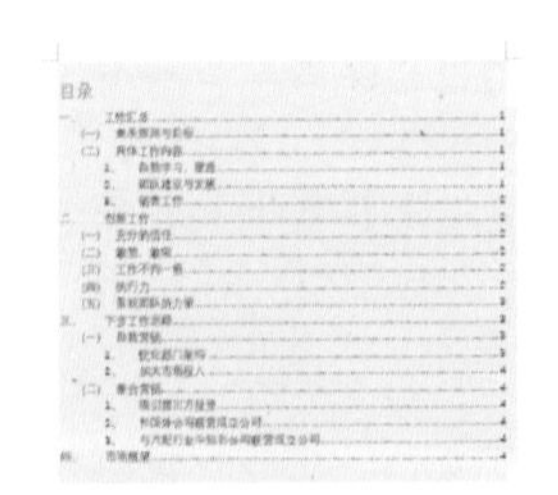

图 23-1

23.1.1 输入述职文档内容

述职内容是述职者本人对上岗就职后一段时间的认知和总结，它需要用户手动进行输入，无法通过复制来完成。在整个过程中，有 3 个主要步骤：一是新建空白文档并将其保存为“述职报告”；二是输入文档内容，同时，开启拼写检查防止错误；三是保存文档。具体操作步骤如下。

Step 01 启动 Word 2016 程序，在欢迎界面单击【空白文档】图标新建空白文档，如图 23-2 所示，然后按【F12】键。

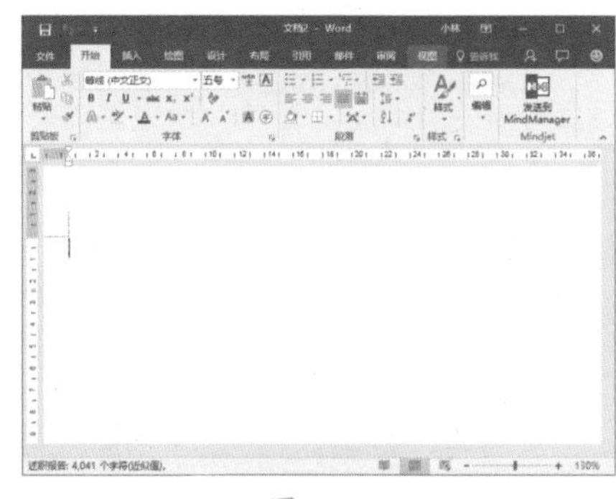

图 23-2

Step 02 ❶ 在打开的【另存为】对话框中选择保存路径，❷ 设置保存名称，❸ 单击【保存】按钮确认保存，如图 23-3 所示。

Step 03 打开【Word 选项】对话框，❶ 选择【校对】选项，❷ 在【在 Word 中更正拼写和语法时】栏中选中相应的校对复选框，❸ 单击【确定】按钮，如图 23-4 所示。

Step 04 将文本插入点定位在文档起始位置，切换到相应的输入法中，输入报告标题文本【述职报告】，按【Space】键输入，然后按【Enter】键分行，如图 23-5 所示。

图 23-3

图 23-4

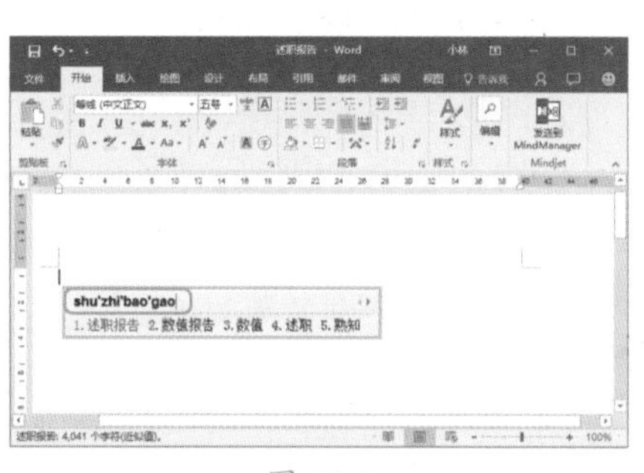

图 23-5

Step 05 以同样的方法输入述职报告的其他内容，如图 23-6 所示。

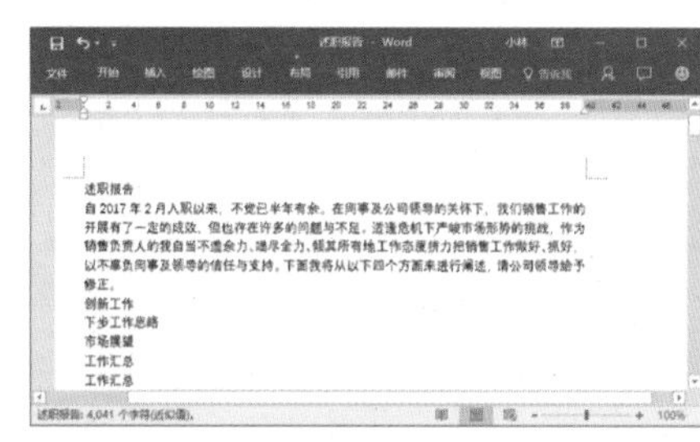

图 23-6

23.1.2 设置文档内容格式

输入述职报告的内容后，须对其格式进行设置，从而让整个文档具有可读性和规范性。

1. 设置字体格式

手动输入述职报告内容后，系统会为其应用默认的字体格式【等线】，为了文档整体样式更加规范和协调，这里将中文字体更改为【新宋体】、西文字体更改为【Arial】，其具体操作步骤如下。

Step 01 按【Ctrl+A】组合键选择文档全部内容，❶ 按【Ctrl+D】组合键打开【字体】对话框，❷ 在【字体】选项卡中分别设置【中文字体】为【新宋体】，【西文字体】为【Arial】，❸ 单击【确定】按钮，设置如图 23-7 所示。

图 23-7

Step 02 ❶ 选择标题文本，❷ 设置【字号】为【二号】，❸ 单击【加粗】按钮B，设置如图 23-8 所示。

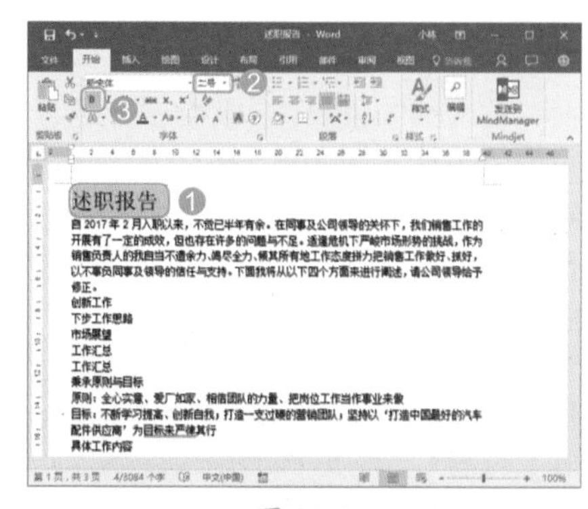

图 23-8

2. 设置标题和落款对齐方式

述职报告的标题和落款是文档的“头”和“尾”，它们的对齐方式稍微显得特殊，标题要水平居中，落款要右对齐。用户需要手动对其进行设置，其具体操作步骤如下。

Step 01 ❶ 将文本插入点定位在标题文本位置，❷ 单击【居中】按钮，如图 23-9 所示。

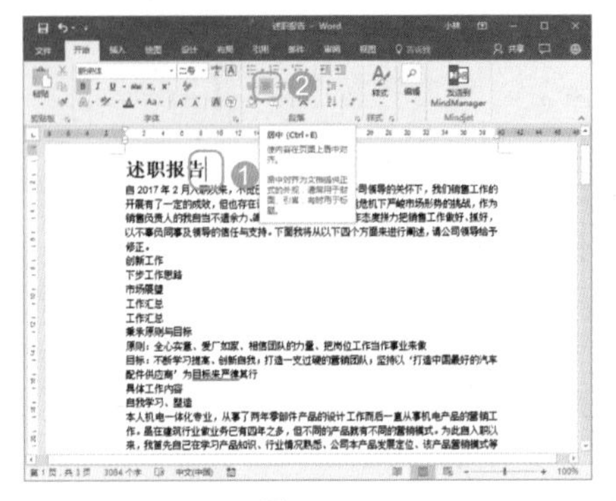

图 23-9

Step 02 ❶ 选择落款文本，❷ 单击【右对齐】按钮，如图 23-10 所示。

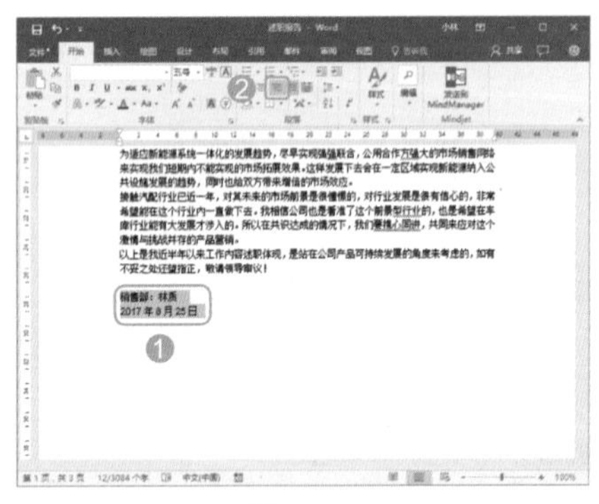

图 23-10

3. 设置段前段后行距和首行缩进

在文档中可以明显看到整个述职报告的内容显得拥挤，看上去密密麻麻的，这时，需要对段前段后行距进行调整，首行进行缩进，其具体操作步骤如下。

Step 01 ❶ 选择述职报告文本内容，❷ 单击【段落】组中的【对话框启动器】按钮，如图 23-11 所示。

Step 02 打开【段落】对话框，❶ 设置 2 个字符的首行缩进，❷ 设置段前段后间距为 0.5 行，单倍行距，❸ 单击【确定】按钮，如图 23-12 所示。

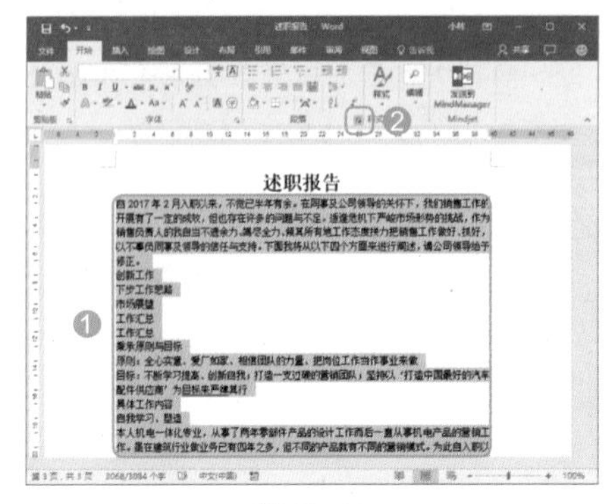

图 23-11

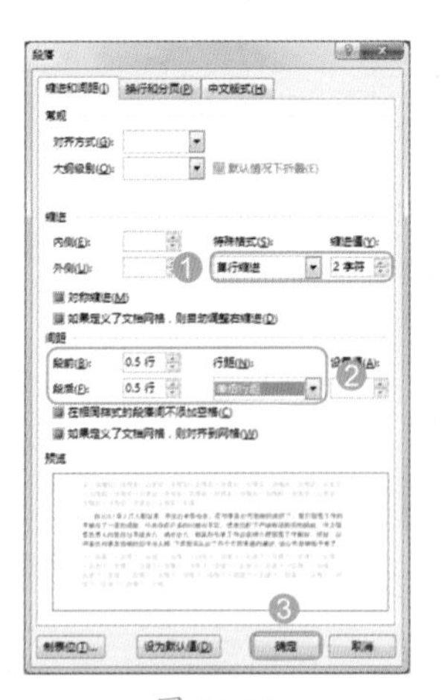

图 23-12

4. 新建 2 级和 3 级标题样式

要让整个报告层次分明，结构清晰，还需为相应的标题文本添加标题样式，如 2 级标题样式、3 级标题样式等，这里通过样式来快速实现，其具体操作步骤如下。

Step 01 在【样式】列表框中的【标题 1】样式选项上右击，在弹出的快捷菜单中选择【修改】命令，如图 23-13 所示。

Step 02 打开【修改样式】对话框，❶ 设置【字体】【字号】为【等线（中文正文）】【三号】，❷ 单击【格式】下拉按钮，❸ 在弹出的菜单中选择【段落】选项，如图 23-14 所示。

图 23-13

图 23-14

Step 03 打开【段落】对话框，❶ 设置段前段后间距为 12 磅，单倍行距，❷ 单击【确定】按钮，如图 23-15 所示。

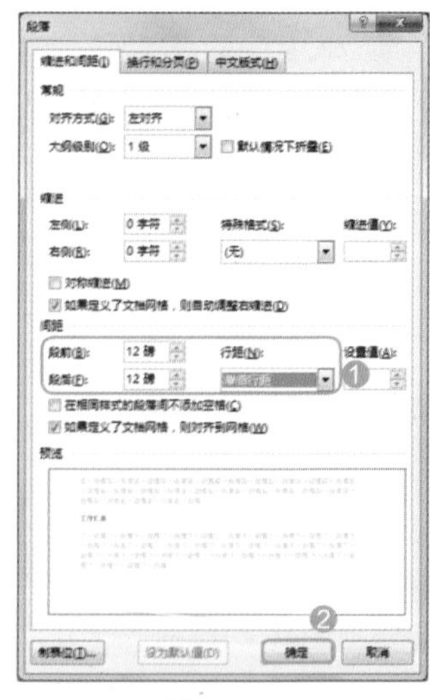

图 23-15

Step 04 返回【修改样式】对话框，❶单击【格式】下拉按钮，❷在弹出的菜单中选择【编号】选项，如图23-16所示。

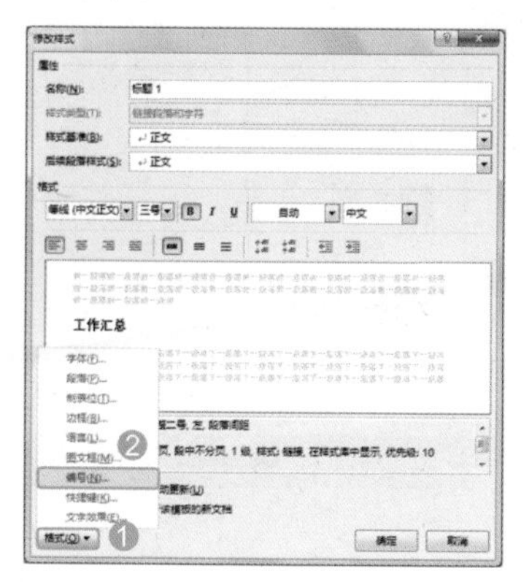

图 23-16

Step 05 打开【编号和项目符号】对话框，❶选择中文大写编号，❷单击【确定】按钮，如图23-17所示。

图 23-17

Step 06 以同样的方法修改【标题2】和【标题3】的样式，如图23-18和图23-19所示。

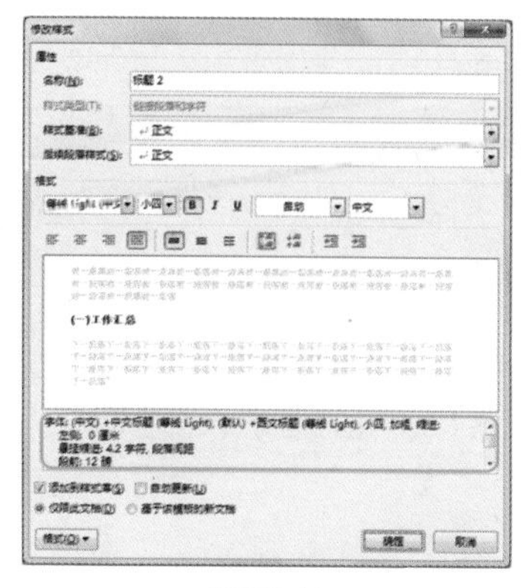

图 23-18

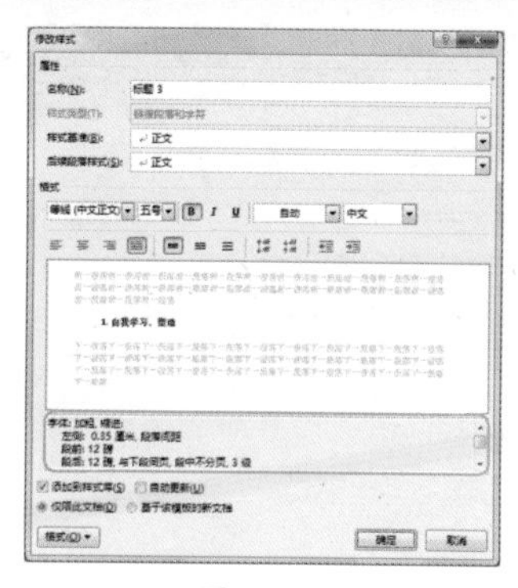

图 23-19

5. 应用标题样式

修改标题样式时，系统不会自动对相应标题文本进行样式应用，需要用户手动操作，其具体操作步骤如下。

Step 01 ❶选择【工作汇总】1级标题文本，❷在【样式】列表框中选择【标题1】选项应用样式，如图23-20所示。

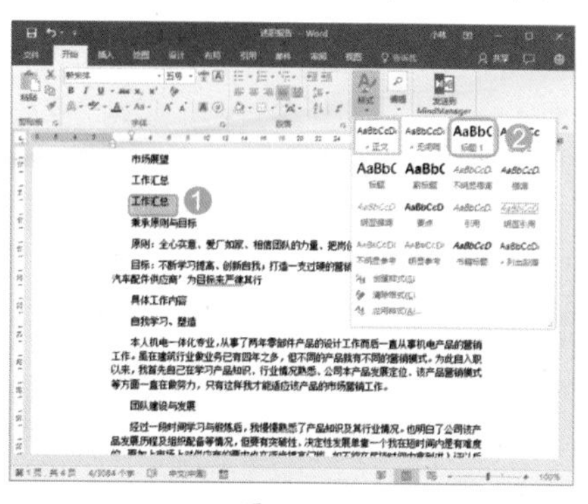

图 23-20

Step 02 ❶保持文本插入点在1级标题段落位置，❷单击【格式刷】按钮，如图23-21所示。

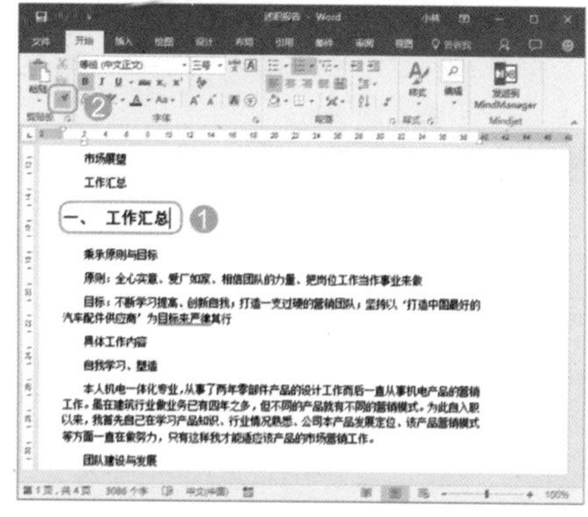

图 23-21

Step 03 选择相应的1级标题文本应用样式，如图23-22所示。

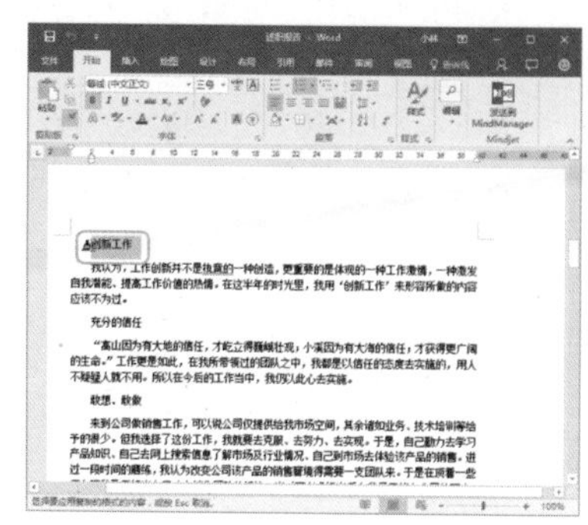

图 23-22

Step 04 用同样的方法为报告中其他标题应用样式，如图23-23所示。

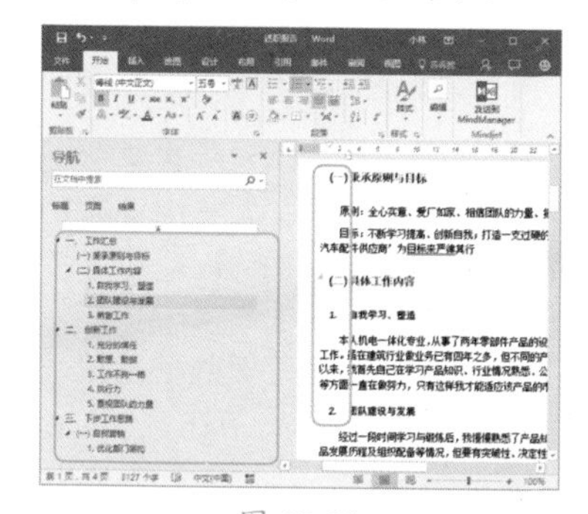

图 23-23

6. 微调标题缩进

述职报告中各级标题都是左对齐，层级关系没有梯度感，特别是3级标题和4级标题之间，这时，可通过微调标题缩进来轻松解决，其具体操作步骤如下。

Step 01 ❶选择任一4级标题编号，❷在标尺中拖动【首行缩进】滑块▽，如图23-24所示。

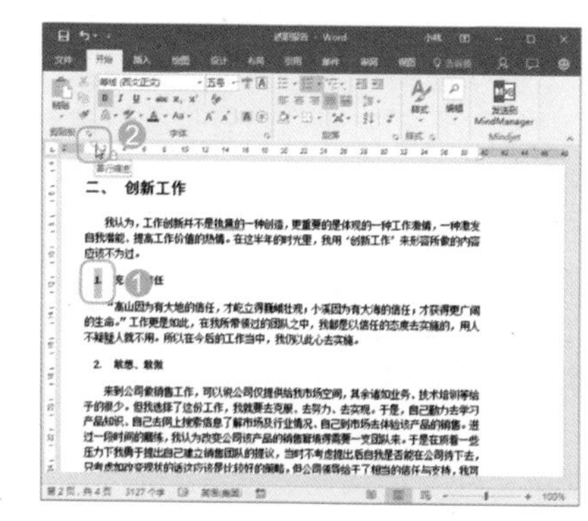

图 23-24

Step 02 使用格式刷工具为报告中其他 4 级标题应用相同的格式，如图 23-25 所示。

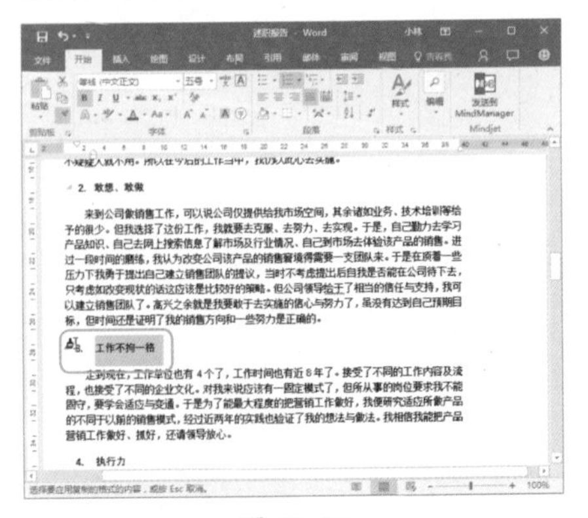

图 23-25

7. 为并列条款添加项目符号

为了让并列条款更加直观明了，可为其添加项目符号，其方法为：❶ 选择文本，❷ 单击【项目符号】按钮 右侧的下拉按钮，❸ 在弹出的下拉列表中选择需要的项目符号选项，如图 23-26 所示。

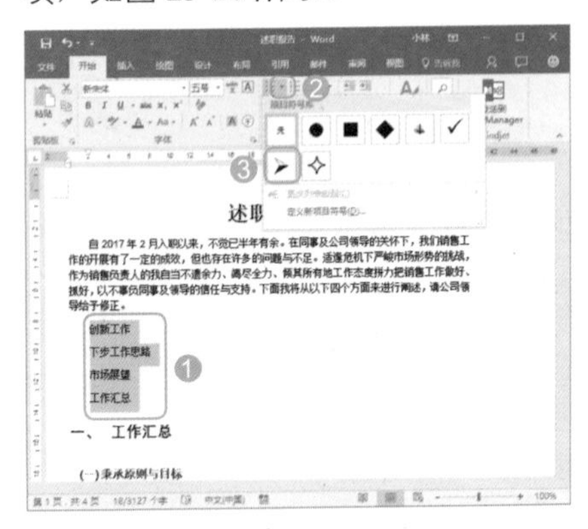

图 23-26

8. 为条款添加数字编号

在述职报告中有多处条款文本，而且这些条款具有一定的先后顺序，这时，需要为其添加项目编号，让其直观展示，其具体操作步骤如下。

Step 01 ❶ 选择具有先后顺序的条款文本，❷ 单击【编号】按钮 右侧的下拉按钮，❸ 在弹出的下拉列表中选择相应的编号选项，如图 23-27 所示。

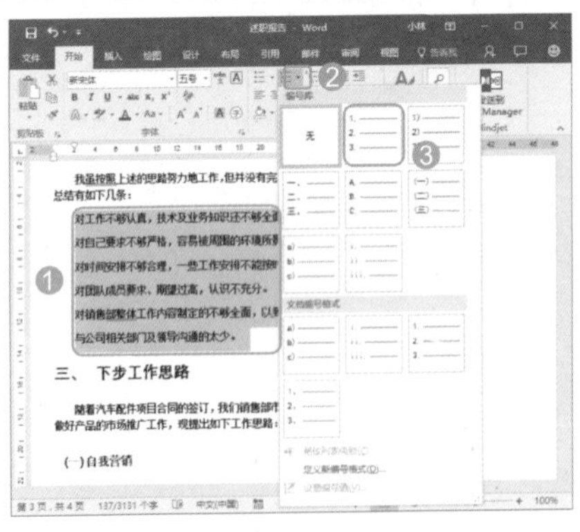

图 23-27

Step 02 以同样的方法为报告中的其他条款文本添加编号，如图 23-28 所示。

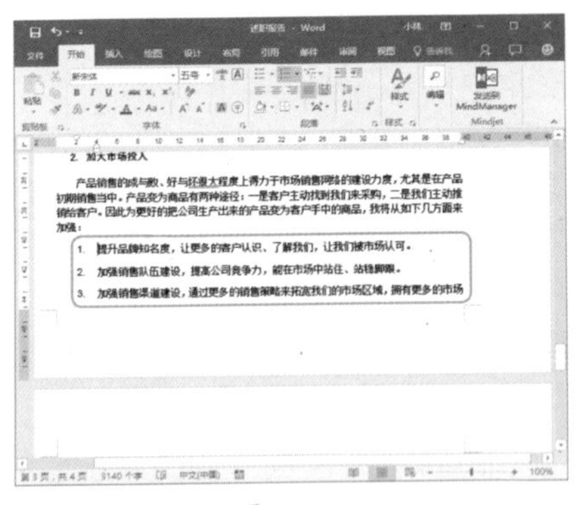

图 23-28

23.1.3 完善和打印文档

由于本篇述职报告内容较多，因此，需要为其添加封面、目录，并将其打印分发给相应的受众。

1. 插入封面

述职报告封面样式一般都比较简洁，不要太花哨或是太复杂，因此 Word 中自带的封面样式完全可用，这里直接插入“边线型”封面，其具体操作步骤如下。

Step 01 ❶ 单击【插入】选项卡【页面】组中的【封面】下拉按钮，❷ 在弹出下拉列表中选择【边线型】选项，如图 23-29 所示。

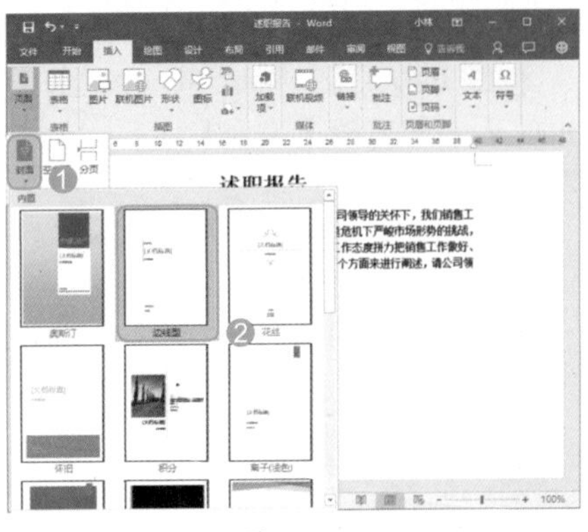

图 23-29

Step 02 在封面中输入相应内容，如图 23-30 所示。

图 23-30

2. 插入目录

为了让读者能对述职报告有一个快速和直观的了解，并方便引导其阅读，需要为报告插入目录，其具体操作步骤如下。

Step 01 ❶ 将文本插入点定位在标题【述职报告】前的位置，❷ 单击【插入】选项卡【页面】组中的【空白页】按钮，在封面和内容之间插入空白页用来放置目录，如图 23-31 所示。

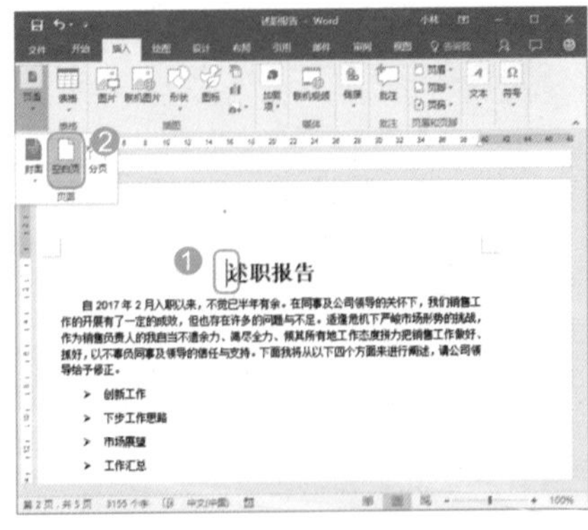

图 23-31

Step 02 将文本插入点定位在空白页中，❶单击【引用】选项卡【目录】组中的【目录】下拉按钮，❷在弹出的下拉列表中选择【自动目录 1】选项，如图 23-32 所示。

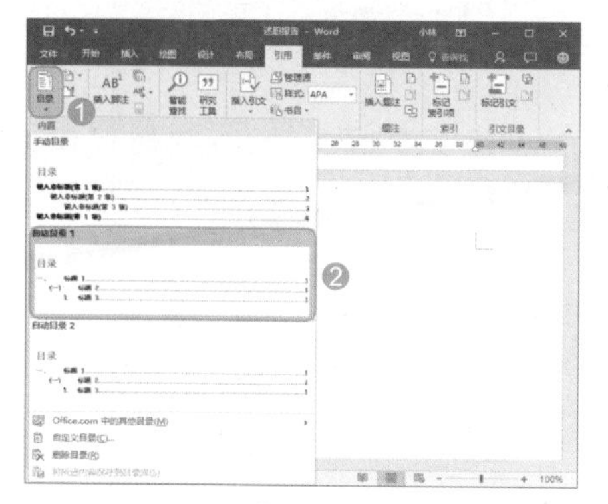

图 23-32

3. 从内容页开始插入页码

在报告中插入目录页码并不准确，因为目录页自身占有页码，这时，需要重新插入不包括目录页的页码，也就是从报告内容页开始页码编号，其具体操作步骤如下。

Step 01 将文本插入点定位在封面页的最后位置，❶单击【布局】选项卡【页面设置】组中的【分隔符】下拉按钮，❷在弹出的下拉列表中选择【下一页】选项，如图 23-33 所示。

图 23-33

Step 02 在页脚位置双击进入页眉页脚编辑状态，❶单击【链接到前一条页眉】按钮，❷将文本插入点定位在页脚文本框中，如图 23-34 所示。

Step 03 ❶单击【页码】下拉按钮，❷在弹出的下拉列表中选择【页面底端】→【普通数字 2】选项，如图 23-35 所示。

Step 04 ❶在目录页中选择插入的页码【0】，❷取消选中【首页不同】复选框，让封面和目录页中的页码隐藏，如图 23-36 所示。

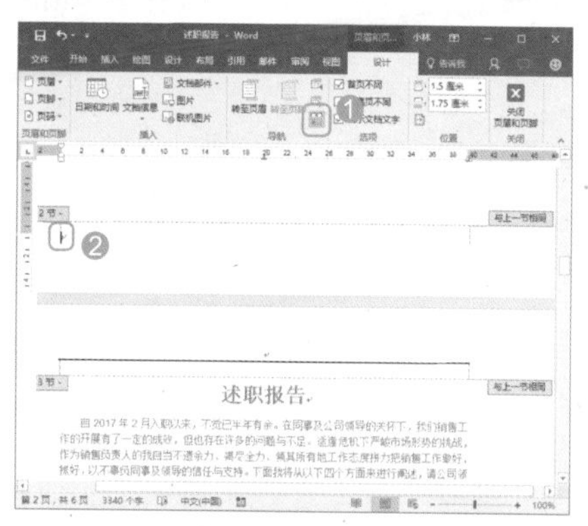

图 23-34

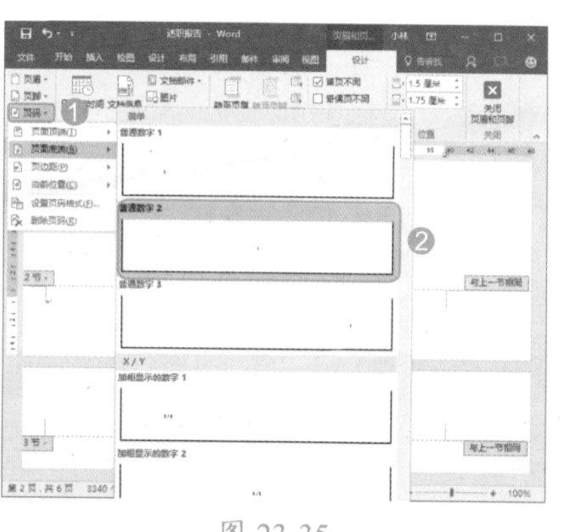

图 23-35

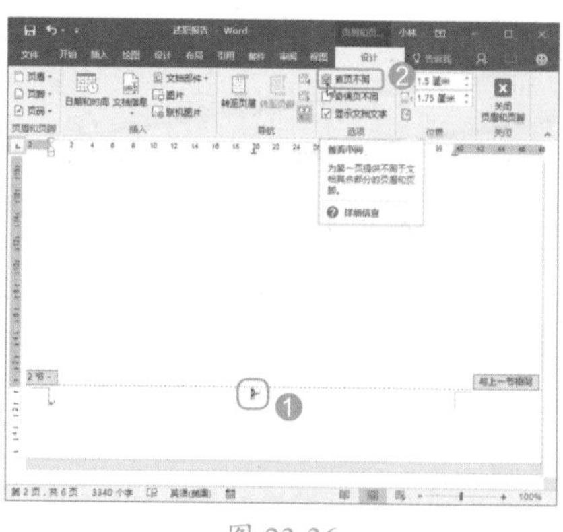

图 23-36

4. 更新目录

随着页码的变化，目录中对应的页码需要及时变化，以保证其正确。其具体操作步骤如下。

Step 01 选择目录并右击，在弹出的快捷菜单中选择【更新域】命令，如图 23-37 所示。

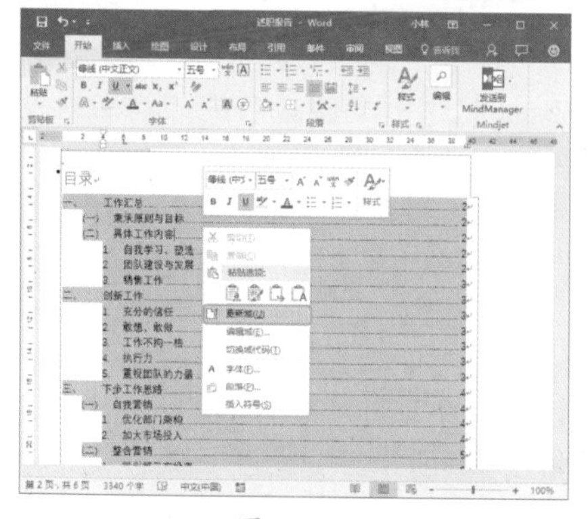

图 23-37

Step 02 ❶在打开的【更新目录】对话框中选中【只更新页码】单选按钮，❷单击【确定】按钮，如图 23-38 所示。

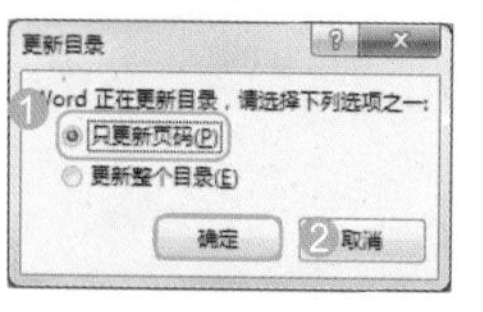

图 23-38

5. 打印指定份数文档

述职报告通常需要打印一份自己使用或是交于领导查阅或是其他人员，其方法为：❶选择【文件】选项卡，再选择【打印】选项，❷设置打印份数，❸单击【打印】按钮，如图 23-39 所示。

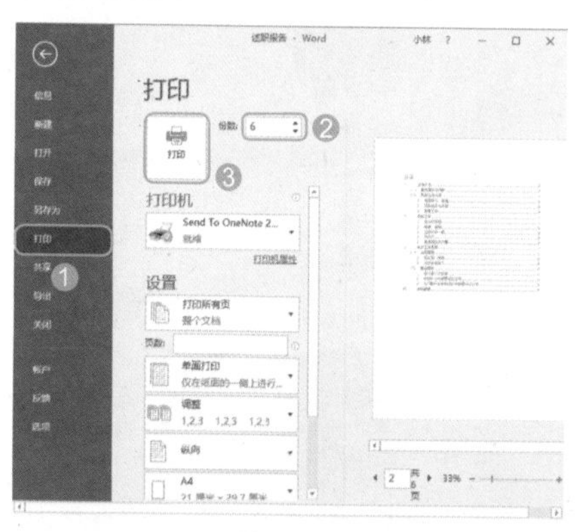

图 23-39

23.2 使用 Excel 展示销售情况

实例门类	页面排版 + 文档视图类
教学视频	光盘 \ 视频 \ 第 23 章 \23.2.mp4

在述职项目中员工需要使用 Excel 制作出类似报表的东西来向领导或相关人员展示自己的成绩及与工作相关的数据，以此显示对工作岗位的真正认识及认知程度，从而展示出自己的能力，获得领导或相关人员的信任和支持等。以销售经理制作销售数据分析表格为例，完成后的效果如图 23-40 所示。

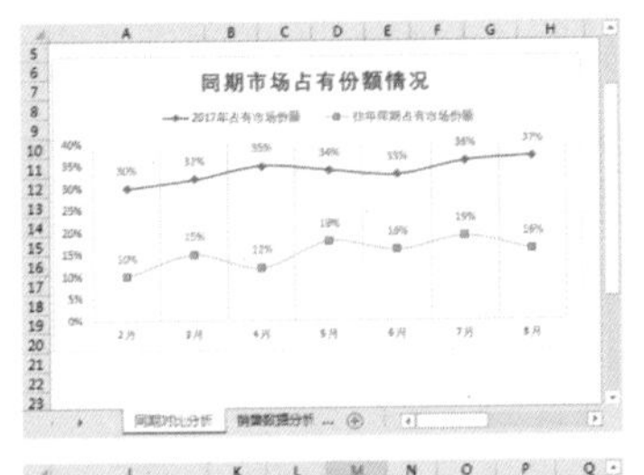

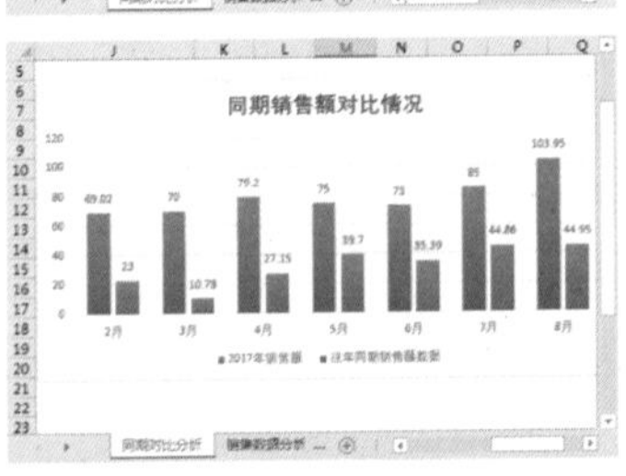

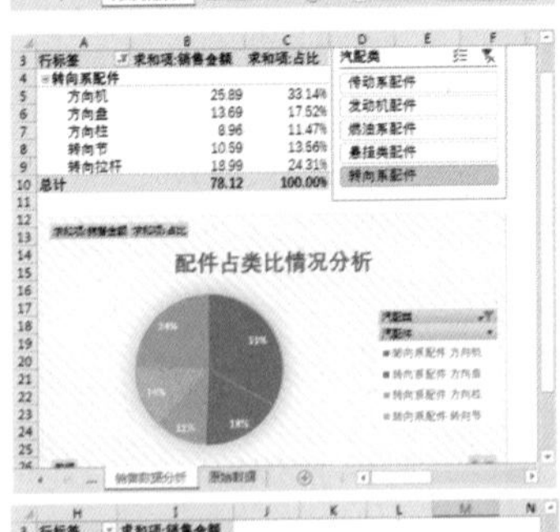

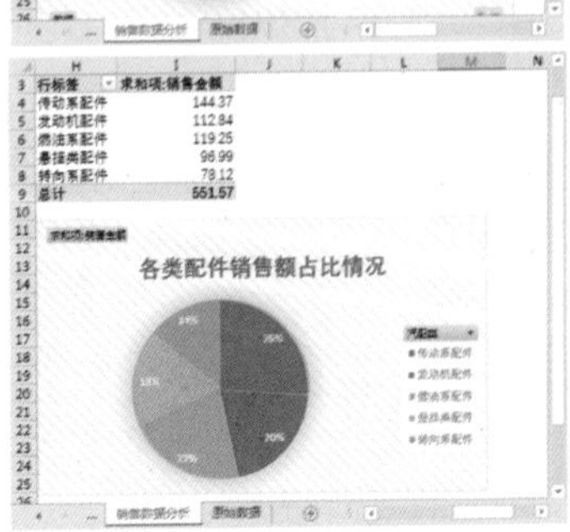

图 23-40

23.2.1 使用透视图分析汽车配件销售情况

销售经理作为团队的带头人，在述职项目中必须清楚展示自家公司的汽车配件的销售情况：总体销售额、各大类配件的销售额，以及各个类中各个配件的销售额和销售占比等。

1. 创建汽配部件数据透视图表

要对汽配销售数据进行透视分析，可从 3 个方面入手：一是各大类配件的销售额；二是各大类数据占销售总额的比例；三是各个配件销售额占同类的比例并以图表展示，其具体操作步骤如下。

Step 01 打开“光盘 / 素材文件 / 第 23 章 / 销售情况分析 .xlsx”文件，❶ 选择【原始数据】工作表中的任一数据单元格，❷ 单击【插入】选项卡【表格】组中的【数据透视表】按钮，打开【创建数据透视表】对话框，如图 23-41 所示。

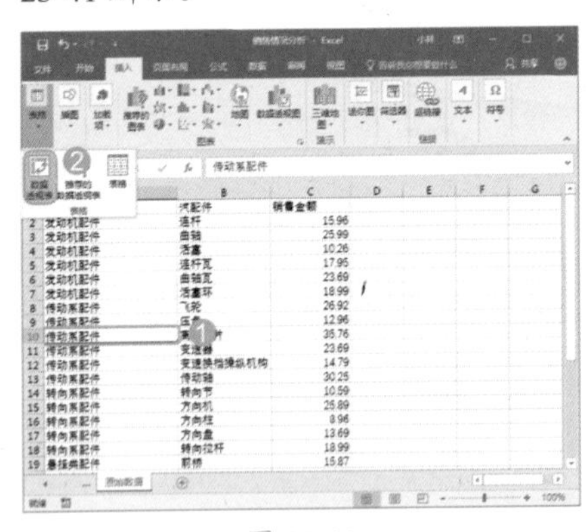

图 23-41

Step 02 ❶ 选中【新工作表】单选按钮，❷ 单击【确定】按钮，如图 23-42 所示。

Step 03 在【数据透视表字段】窗格中依次选中【汽配类】【汽配件】和【销售金额】复选框，如图 23-43 所示。

Step 04 ❶ 以同样的方法在当前工作表中创建透视表并添加【汽配类】和【销售金额】字段，❷ 重命名工作表为【销售数据分析】，如图 23-44 所示。

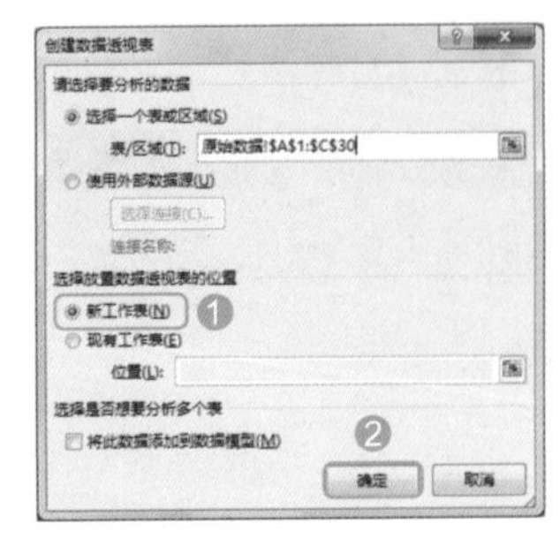

图 23-42

图 23-43

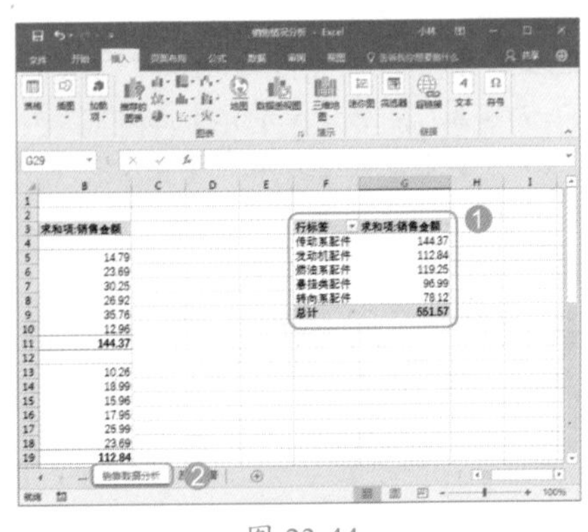

图 23-44

2. 添加占比字段

要展示各类汽配销售额占销售总额的比例及各个配件销售占同类配件销售额的比例，同时显示其销售额，可通过添加辅助字段【占比】来轻松解决，其具体操作步骤如下。

Step 01 ❶ 在左侧的数据透视表中选择任一单元格，❷ 单击【数据透视表工具 分析】选项卡【计算】组中的【字段、项目和集】下拉按钮，❸ 在弹出的下拉列表中选择【计算字段】命令，如图23-45所示。

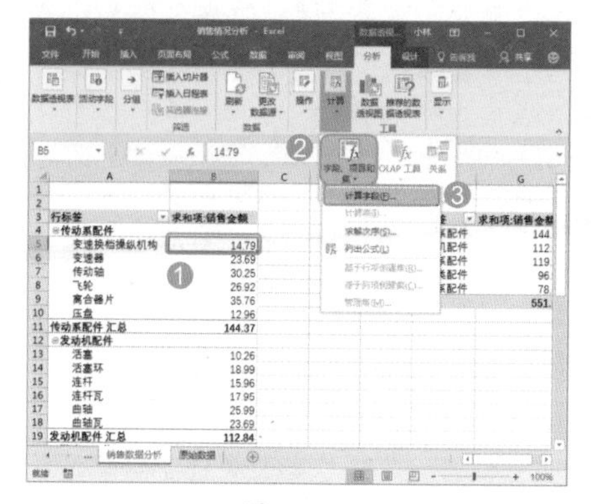

图 23-45

Step 02 打开【插入计算字段】对话框，❶设置插入字段名称，❷在【字段】列表框中选择【销售全部】选项，❸单击【插入字段】按钮，❹单击【确定】按钮插入占比字段，如图23-46所示。

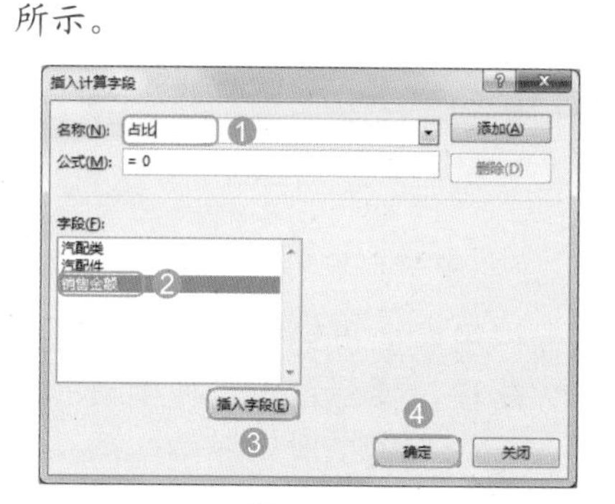

图 23-46

3. 以父行百分比显示占比大小

添加的字段完全会与销售额字段数据一模一样，要想让其显示出两组占比关系（各类汽配占销售额的百分比、配件销售额占该类销售额百分比），可让该字段以父行百分比显示占比大小，其具体操作步骤如下。

Step 01 在添加的【占比】字段列的任意位置右击，在弹出的快捷菜单中选择【值显示方式】→【父行汇总的百分比】命令，如图23-47所示。

Step 02 系统自动更改该列的值显示方式，清楚显示两组汽配销售额数据的占比情况，如图23-48所示。

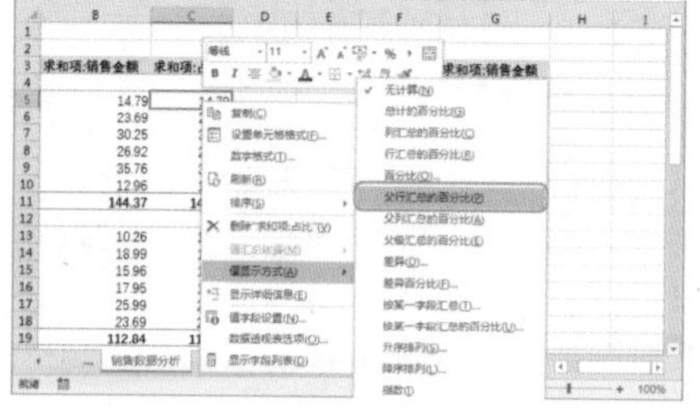

图 23-47

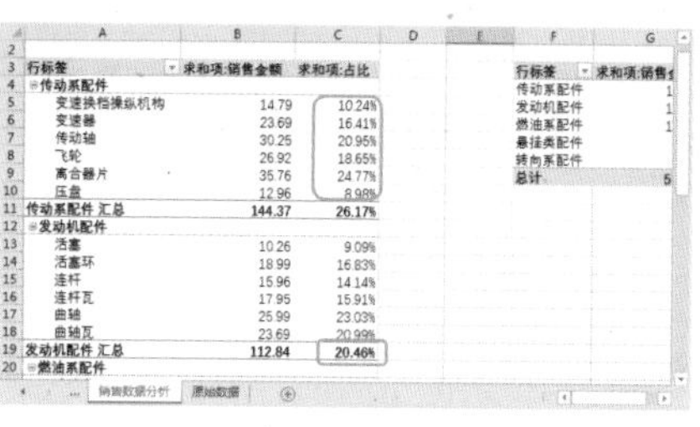

图 23-48

4. 插入类别切片器

要控制数据透视表的显示汽配类的销售情况及其明细数据，以方便查看，可插入类别切片器，其具体操作步骤如下。

Step 01 ❶在左侧的数据透视表中选择任一数据单元格，❷单击【插入】选项卡【筛选器】组中的【切片器】按钮，如图23-49所示。

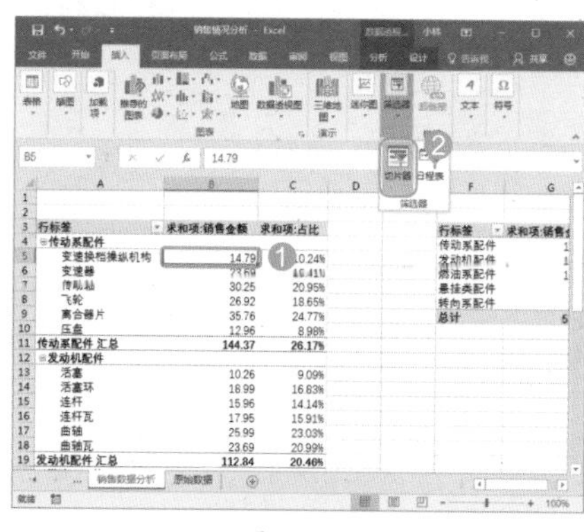

图 23-49

Step 02 打开【插入切片器】对话框，❶选中【汽配类】复选框，❷单击【确定】按钮，如图23-50所示。

Step 03 移动切片器位置并调整其大小，单击相应类别筛选形状进行数据筛选，如图23-51所示。

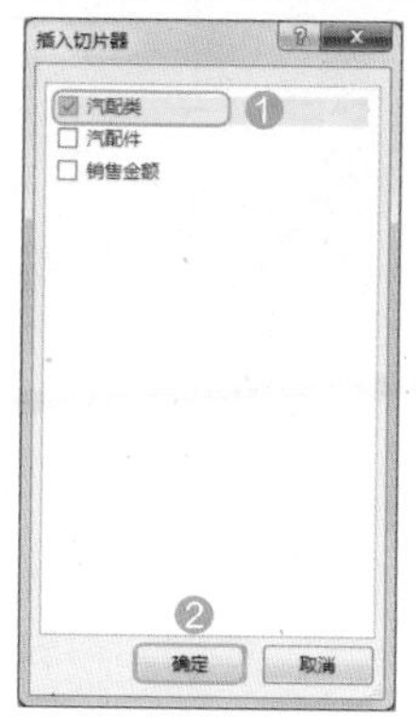

图 23-50

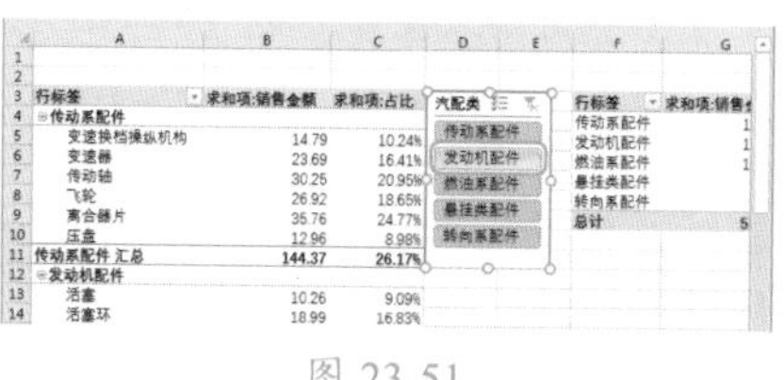

图 23-51

5. 使用数据透视图直观展示配件销售占比

要直观展示配件占当前类的比重，以及各大类汽配件占总销售的销售比重，用数据透视图非常方便，其具体操作步骤如下。

Step 01 ❶在筛选数据的数据透视表中选择任一数据单元格，❷单击【插入】选项卡图表组中的【数据透视图】按钮，如图23-52所示。

图 23-52

Step 02 打开【插入图表】对话框，❶选择二维饼图，❷单击【确定】按钮将其插入，如图23-53所示。

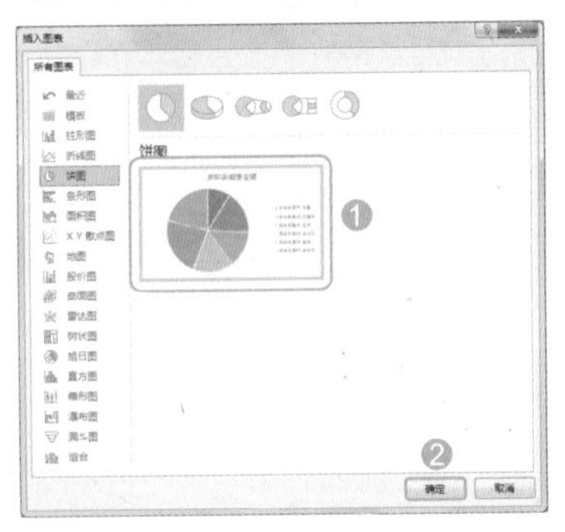

图 23-53

Step03 将插入的数据透视图移到合适位置，重新输入图表标题【同类配件销售额占比】，并在【图表样式】列表框中选择【样式 11】选项让系统自动设置数据透视图格式并添加百分比数据标签，如图 23-54 所示。

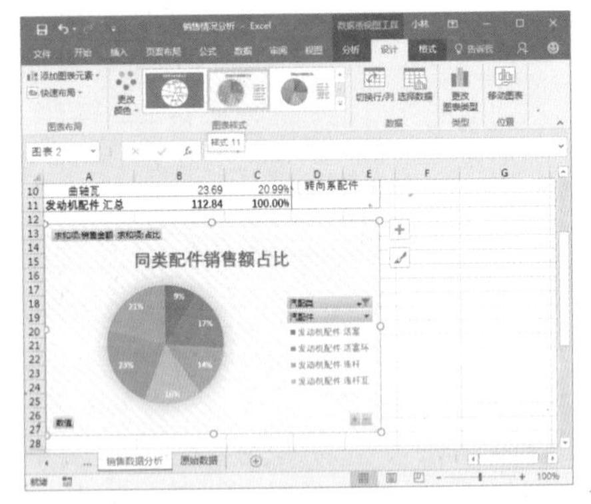

图 23-54

Step04 以同样的方法为右侧数据透视表添加数据透视图，直观展示各类配件的销售占比情况，与数据透视表中各类销售额数据形成配套，如图 23-55 所示。

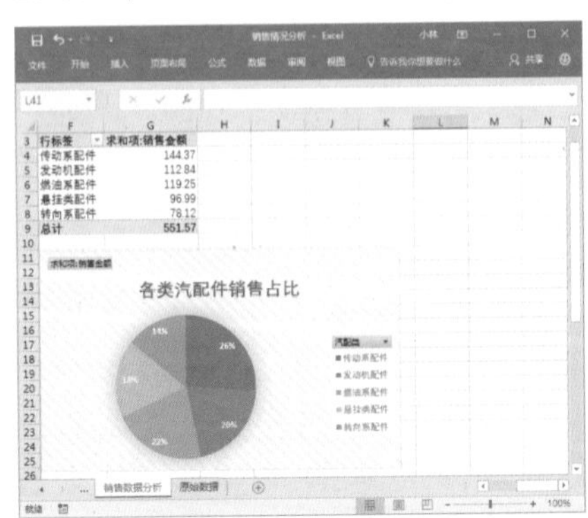

图 23-55

23.2.2 对比分析同期市场份额占比及走势

作为销售经理，在业绩展示时，一定要突出自己的优势和作用，赢得领导或公司的夸奖和赞誉，让他们更放心地把当前工作全权授予自己。

突出自己成绩、优势或能力最有效的方法就是与往期业绩进行对比。下面将围绕 2017 年 2 到 8 月业绩与往年同期业绩市场占比和趋势进行直观对比。

1. 使用折线图展示同期市场份额占比情况和走势

对于两组数据大小对比和走势展示，最直观有效的方式就是使用折线图，其具体操作步骤如下。

Step01 ❶ 在【同期对比分析】工作表中选择 A2:H4 单元格区域，❷ 单击【插入】选项卡【图表】组中的【折线图】按钮，❸ 在弹出的下拉列表中选择【带数据标记的折线图】选项，如图 23-56 所示。

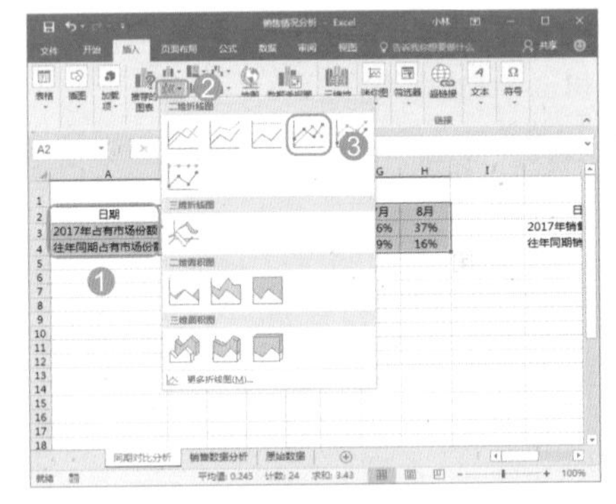

图 23-56

Step02 将折线图移到合适位置，并重新输入图表标题【同期市场占有份额情况】，如图 23-57 所示。

Step03 ❶ 选择图表，❷ 选择【图表工具 设计】选项卡，❸ 在【图表样式】列表框中选择【样式 11】，快速更改图表布局方式和外观样式，如图 23-58 所示。

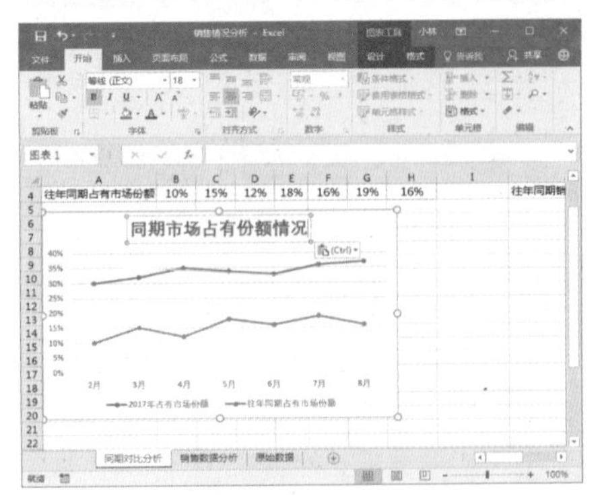

图 23-57

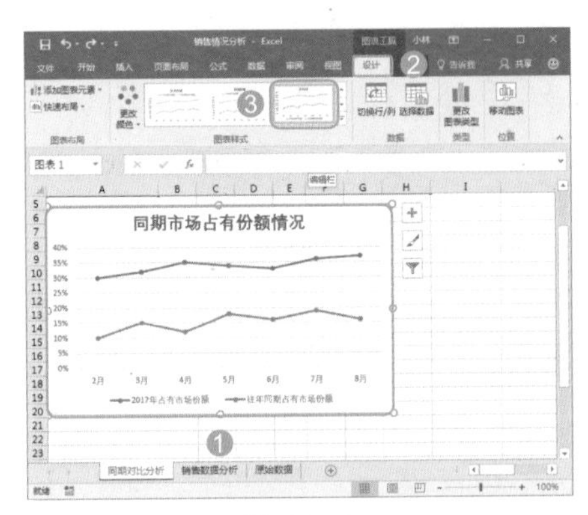

图 23-58

2. 让数据系列折线平滑显示

在图表中折线走势看起来显得较为生硬，要想给人一种柔顺的感觉，可让其以平滑线显示，其具体操作步骤如下。

Step01 在任一数据系列上右击，在弹出的快捷菜单中选择【设置数据系列格式】命令，如图 23-59 所示。

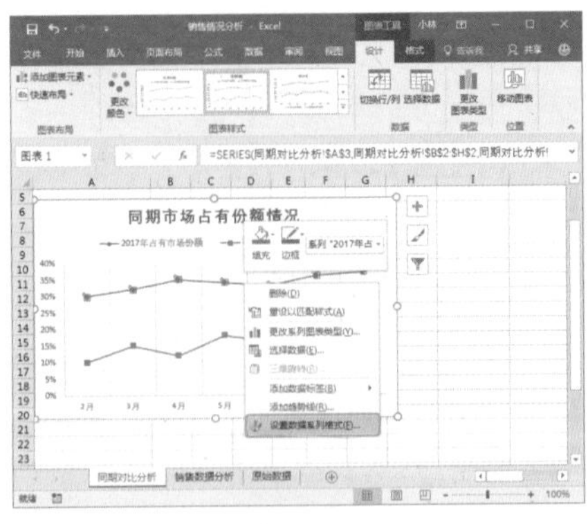

图 23-59

Step02 打开【设置数据系列格式】任务窗格，❶ 单击【填充和线条】图标，❷ 选中【平滑线】复选框，如图 23-60 所示。

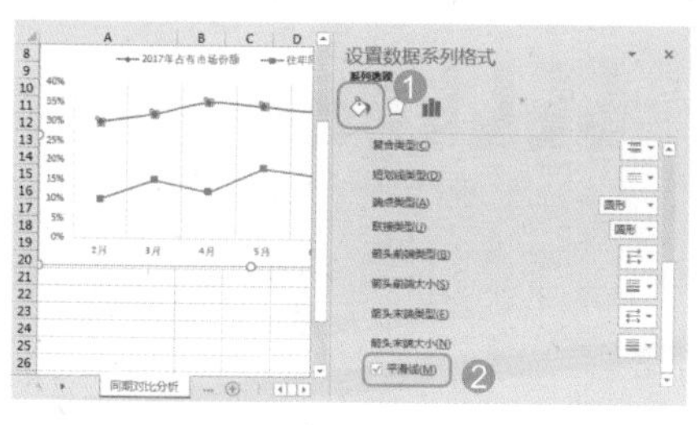

图 23-60

Step03 ❶ 在图表中选择另一条数据系列，❷ 选中【平滑线】复选框让其平滑显示，如图 23-61 所示。

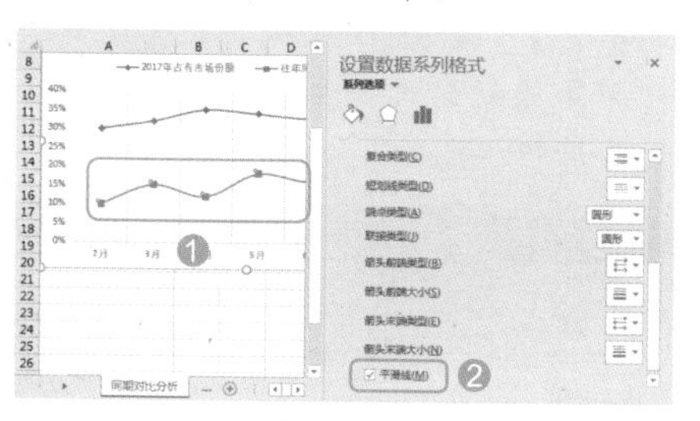

图 23-61

3. 暗化往期数据系列

要让当前数据系列更加显眼，更引人注目，同时，还需要往期数据系列陪衬，可以将往期数据系列暗化，其具体操作步骤如下。

Step01 选择【往年同期占有市场份额】数据系列，❶ 选择【图表工具 格式】选项卡，❷ 单击【形状轮廓】下拉按钮，❸ 在弹出的下拉列表中选择25%的灰色选项，如图 23-62 所示。

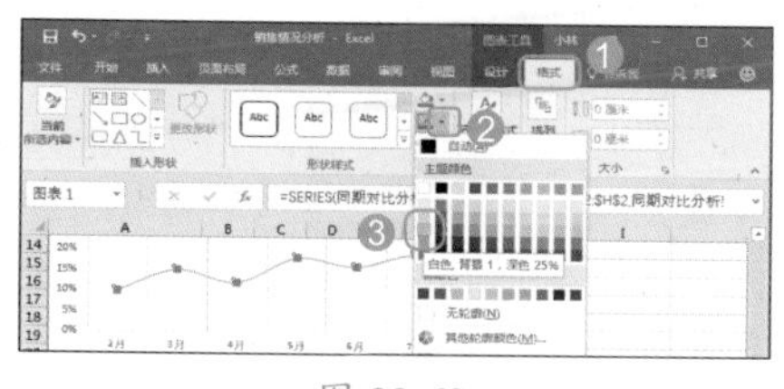

图 23-62

Step02 保持【往年同期占有市场份额】数据系列的选择状态，❶ 单击【形状填充】下拉按钮，❷ 在弹出的下拉列表中选择淡色 60% 的橙色选项，如图 23-63 所示。

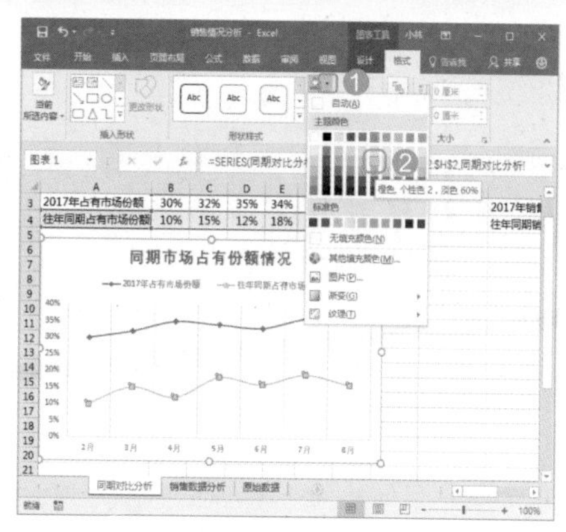

图 23-63

4. 添加和设置数据标签

要让图表展示市场份额更加直观，只需添加数据标签，其具体操作步骤如下。

Step01 选择整个图表，❶ 单击出现的【添加元素】按钮＋，❷ 单击【数据标签】下拉按钮，❸ 在弹出的列表框中选择【上方】选项，添加数据标签，如图 23-64 所示。

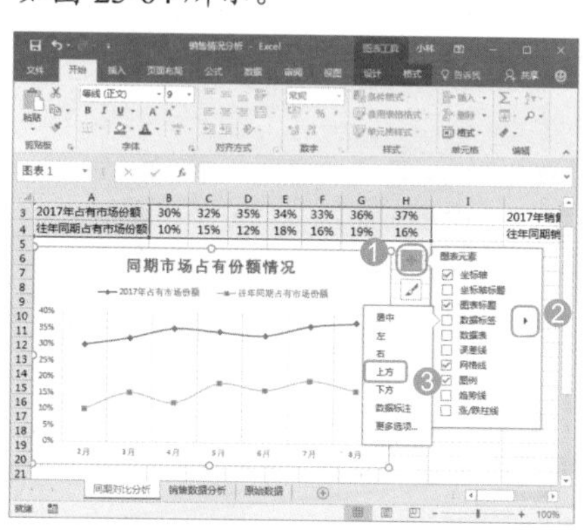

图 23-64

Step02 系统自动为两条数据系列添加数据标签，并在数据标记点上方显示，如图 23-65 所示。

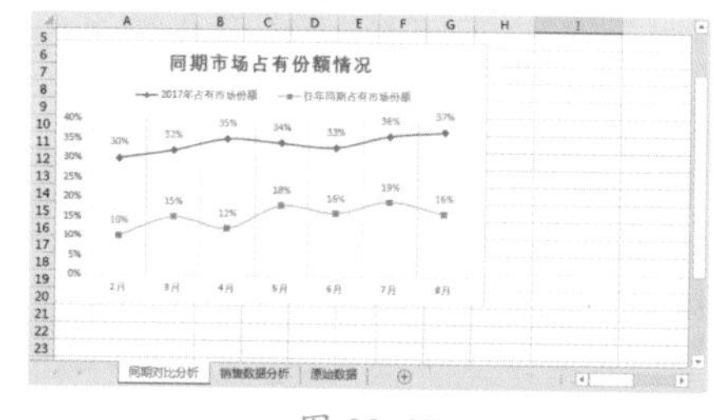

图 23-65

23.2.3 同期销售数据对比

同期市场份额的占比和走势不一定能够完全确定自己的业绩是高于或优于往年同期，为了不让领导和其他人员存疑，可以用直观的销售额数据对比来展示。

1. 创建柱形图对比展示同期销售额情况

要对比自己近期销售额成绩与往年同期的销售额，最直观的方式就是用柱形图，其具体操作步骤如下。

Step01 ❶ 选择 J2:Q4 单元格区域，❷ 单击【插入】选项卡【图表】组中的【柱形图】按钮，❸ 在弹出的下拉列表中选择【簇状柱形图】选项，如图 23-66 所示。

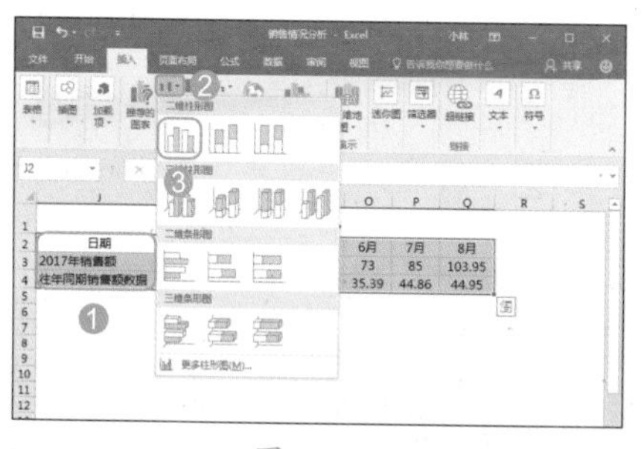

图 23-66

Step02 将图表移到合适位置并重新输入图表标题【同期销售额对比情况】，如图 23-67 所示。

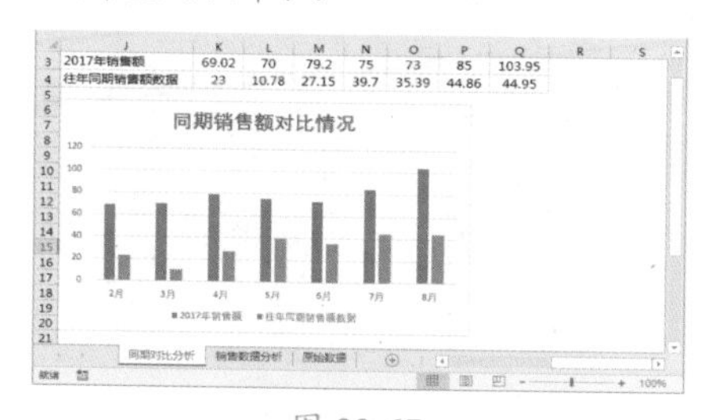

图 23-67

2. 设置图表格式

创建的图表不仅要直观展示数据，传达信息，同时，还要美观，并与市场份额占比情况和走势图表协调，配成一套，其具体操作步骤如下。

Step01 选择整个图表，❶ 单击出现的

【添加元素】按钮+，❷ 单击【数据标签】下拉按钮，❸ 在弹出的列表框中选择【数据标签外】选项，如图 23-68 所示。

Step 02 为整个图表应用图表样式【样式 14】，效果如图 23-69 所示。

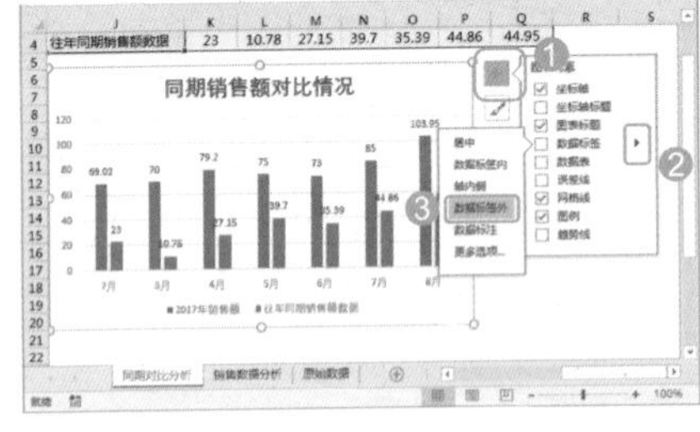

图 23-68

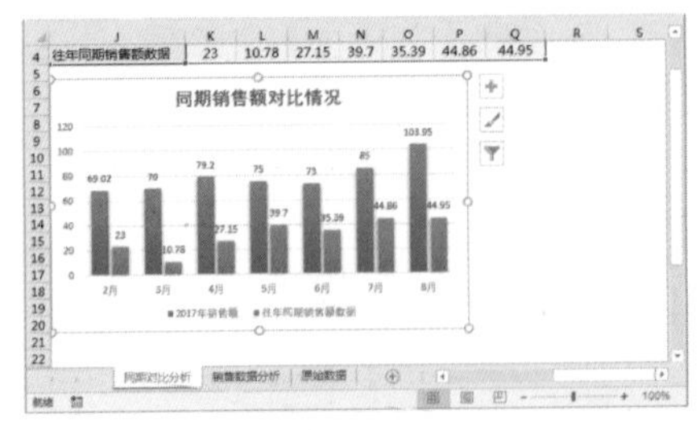

图 23-69

23.3 使用 PPT 制作述职报告演示文稿

实例门类	页面排版 + 文档视图类
教学视频	光盘 \ 视频 \ 第 23 章 \23.3.mp

以 Word 制作的述职报告和 Excel 制作的销售数据分析通常只适合“看”，而不适合“观赏”，特别是对于要“展示”给大家看时，用户最好将一些关键内容和数据形象化，以幻灯片放映的方式展示，让受众一目了然。以销售经理制作的述职报告为例，完成后的效果如图 23-70 所示。

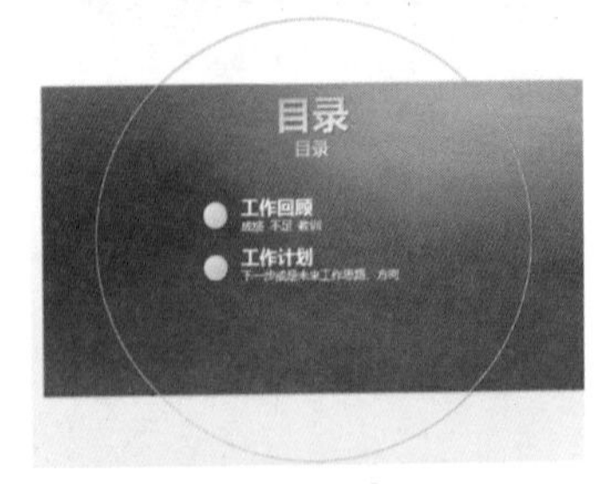

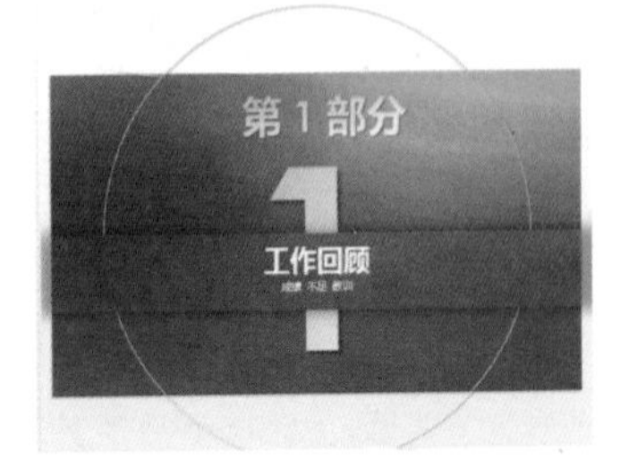

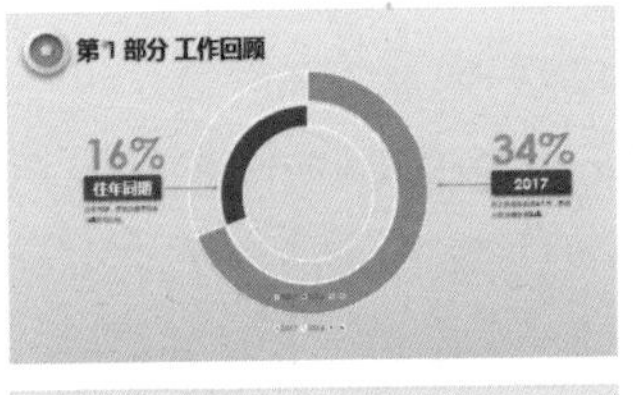

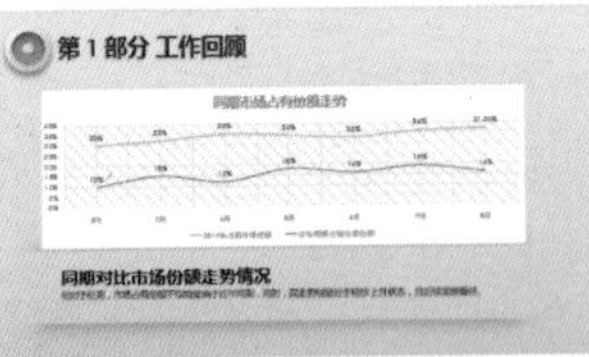

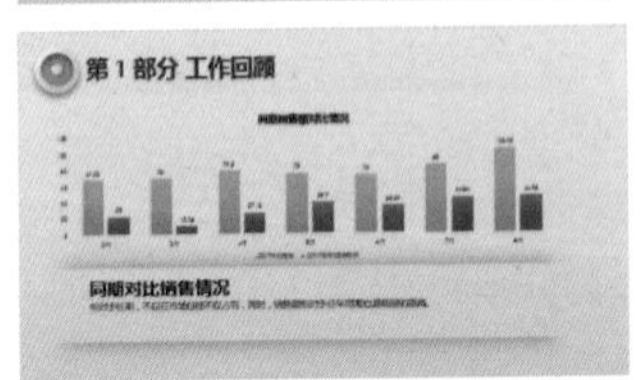

图 23-70

23.3.1 使用母版统一样式和主题

要统一演示文稿的样式、主题和风格，如统一背景、字符格式、LOGO 标志等，使用母版是非常省时省力的。

1. 设置幻灯片背景

要让演示文稿形成统一风格，其中背景样式将起到不容忽视的作用，有时，可能还会直接决定演示文稿的成败。下面就在幻灯片母版中设置封面页、目录页和内容页的背景样式，其具体操作步骤如下。

Step 01 启动 PowerPoint 2016 程序，新建空白演示文稿，并将其保存为【述职报告】，❶ 选择【视图】选项卡，❷ 单击【幻灯片母版】按钮切换到幻灯片母版视图中，如图 23-71 所示。

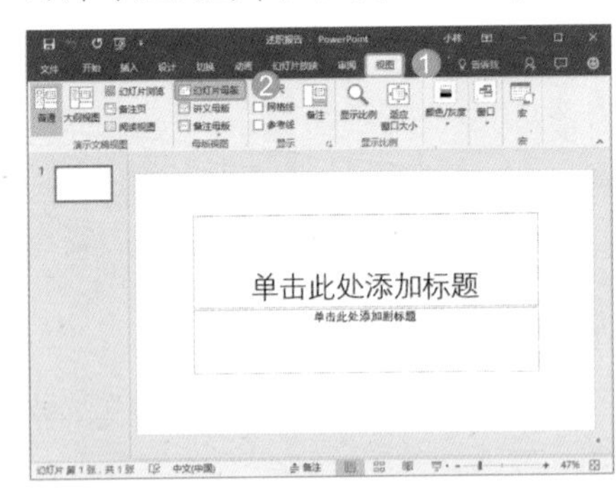

图 23-71

Step 02 ❶ 选择第 2 张母版幻灯片，❷ 单击【重命名】按钮，打开【重命名版式】对话框，❸ 设置版式名称，❹ 单击【重命名】按钮，如图 23-72 所示。

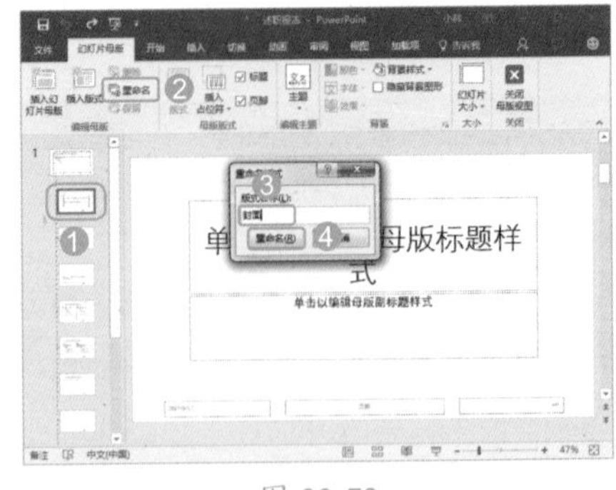

图 23-72

Step 03 ❶ 单击【背景】组中的【设置背景格式】按钮，打开【设置背景格式】任务窗格，❷ 在【填充】选项卡中选中【图片或纹理填充】单选按钮，❸ 单击【文件】按钮，如图 23-73 所示。

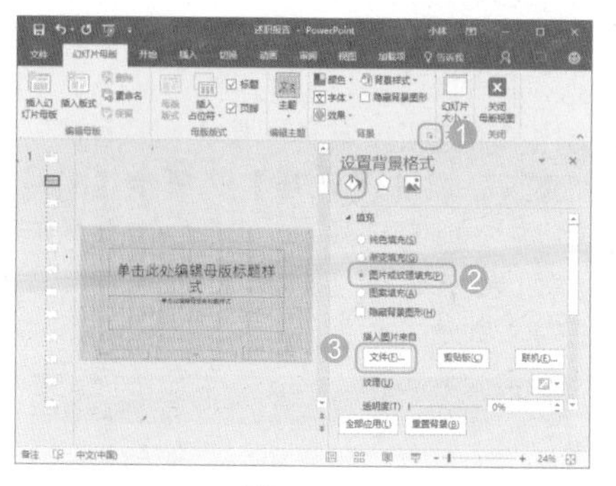

图 23-73

Step04 打开【插入图片】对话框，❶ 选择要插入的背景图片，❷ 单击【插入】按钮，如图 23-74 所示。

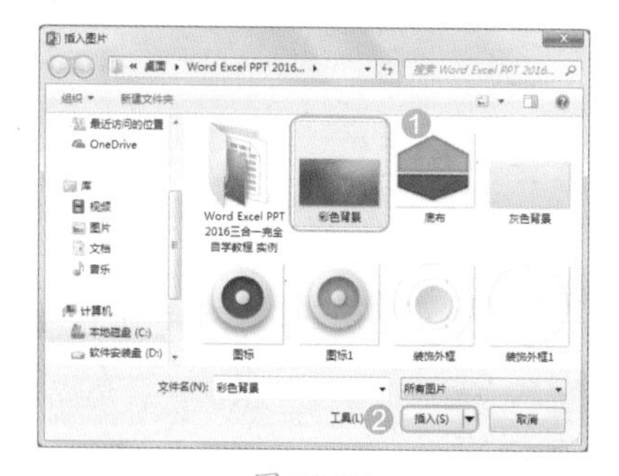

图 23-74

Step05 重复第 2~4 步操作重命名其他的母版幻灯片，并为其添加彩色背景和灰色背景（目录、标题和结尾页是彩色背景，内容页是灰色背景），效果如图 23-75 所示。

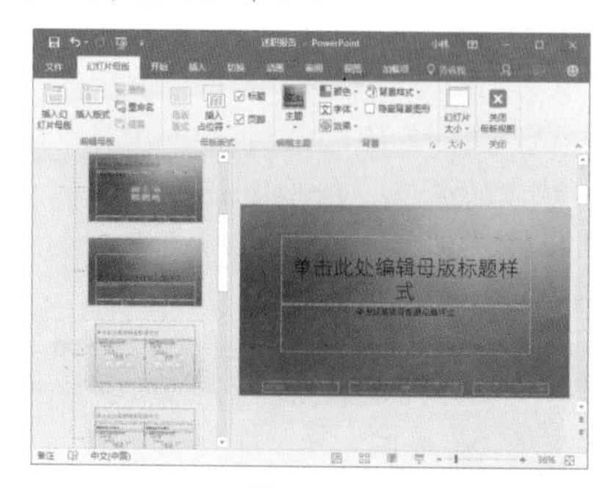

图 23-75

2. 添加装饰图片和 LOGO 图片

母版封面页、母版目录页和母版内容页中会有一些装饰性图片和 LOGO 图片，需要用户手动将其添加，其具体操作步骤如下。

Step01 ❶ 选择母版封面页，❷ 单击【插入】选项卡【图像】组中的【图片】按钮，如图 23-76 所示。

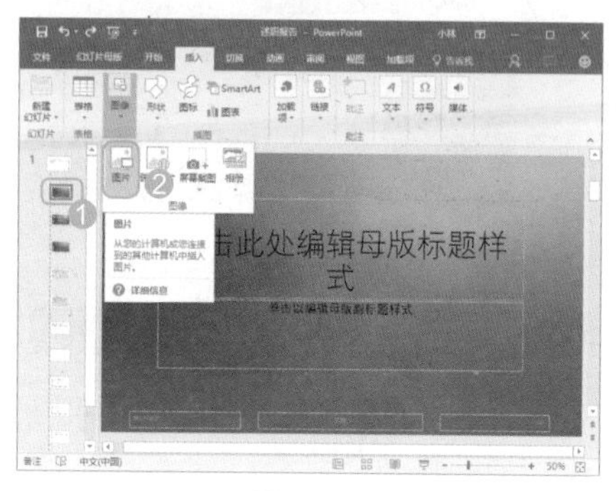

图 23-76

Step02 打开【插入图片】对话框，❶ 选择【装饰外框】选项，❷ 单击【插入】按钮，插入该图片作为封面装饰图片，如图 23-77 所示。

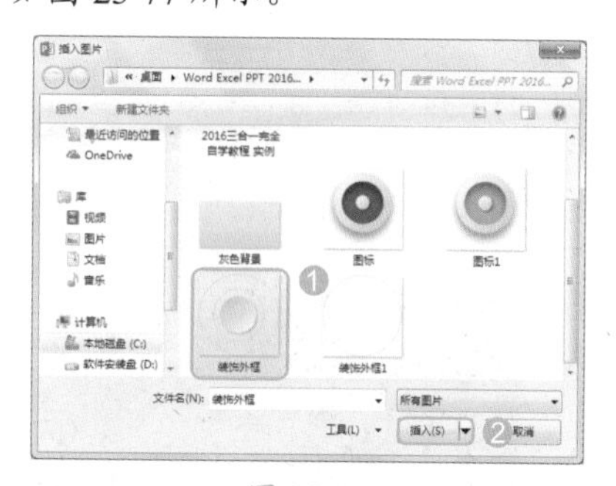

图 23-77

Step03 调整插入图片的大小和位置，并在其上右击，在弹出的快捷菜单中选择【置于底层】命令，将其置于底部，让其他对象显示在上面，利于操作，如图 23-78 所示。

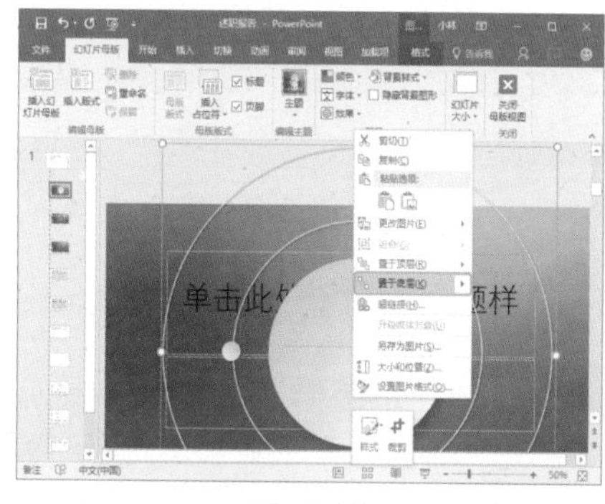
图 23-78

Step04 以同样的方法插入其他母版幻灯片中的装饰图片和 LOGO 图片，将它们放置在合适位置，并将其放置在底层，如图 23-79 所示。

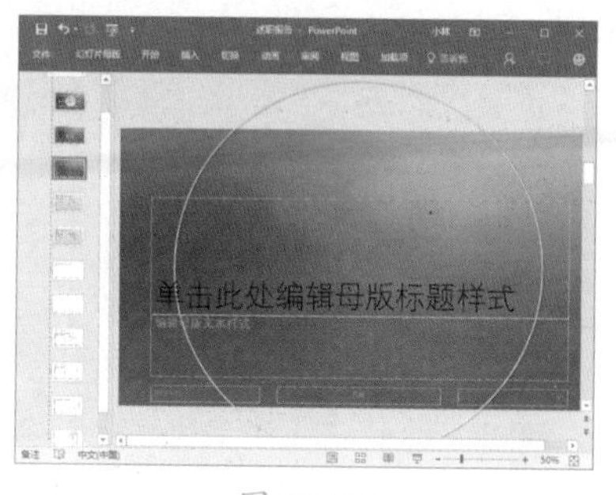

图 23-79

3. 设置字符格式

母版幻灯片中的字符格式需要手动对其进行设置，默认的样式不能满足本例的要求，其具体操作步骤如下。

Step01 ❶ 选择母版封面页，❷ 删除幻灯片底部的日期和时间占位符，❸ 选择幻灯片中任一占位符中的文本，❹ 在【开始】选项卡中设置字体、字号、字体颜色、加粗和文字阴影，如图 23-80 所示。

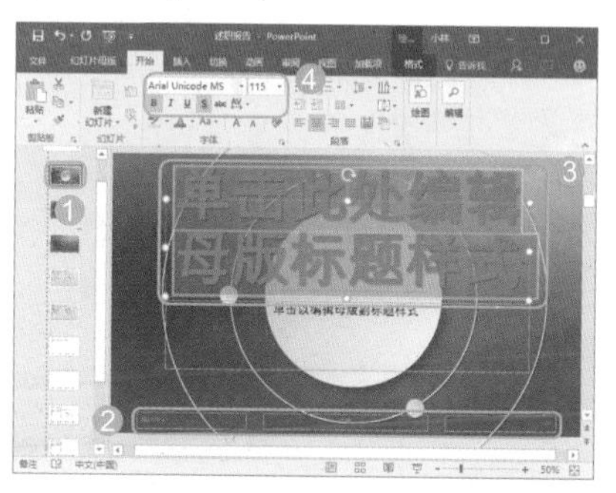

图 23-80

Step02 在其中输入【2017】并调整文本占位符大小和位置，如图 23-81 所示。

图 23-81

Step 03 以同样的方法分别在封面、标题、目录和内容页中设置字符格式并调整其相应位置，输入相应说明文本，如图 23-82 所示。

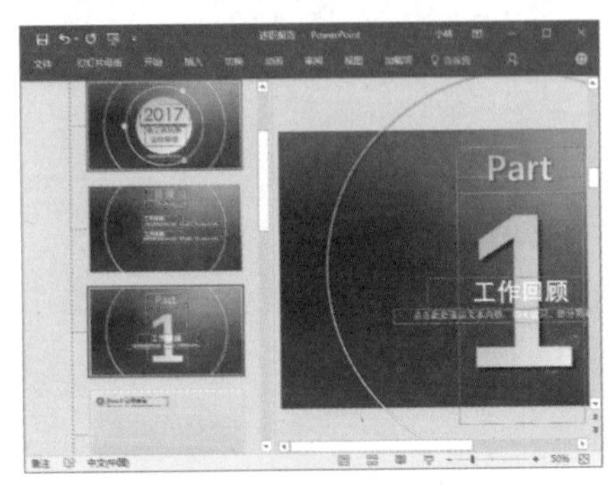

图 23-82

4. 绘制装饰形状

在母版目录页中，需要在目录项前添加椭圆形状，让目录项更加美观，其具体操作步骤如下。

Step 01 ❶ 选择母版目录幻灯片，❷ 单击【插入】选项卡【形状】下拉按钮，❸ 在弹出的下拉列表中选择【椭圆】选项，如图 23-83 所示。

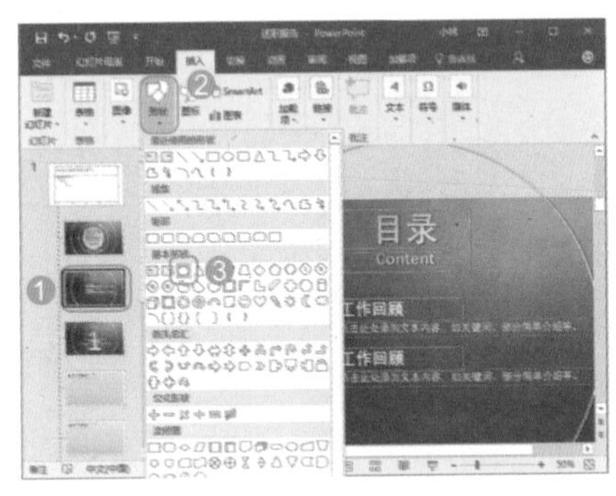

图 23-83

Step 02 ❶ 在合适位置绘制椭圆形状，❷ 在【绘图工具格式】选项卡中单击【形状填充】下拉按钮，❸ 在弹出的下拉列表中选择深色 25% 的背景色，如图 23-84 所示。

Step 03 ❶ 再次单击【形状填充】下拉按钮，❷ 在弹出的下拉列表中选择【渐变】→【线性向右】选项，为椭圆形状填充渐变色，如图 23-85 所示。

Step 04 复制粘贴绘制的椭圆形状，并将其移到下一个目录项目的左侧居中位置，如图 23-86 所示。

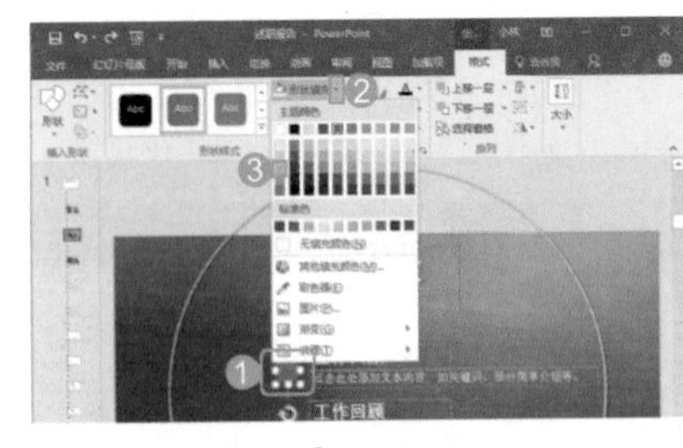

图 23-84

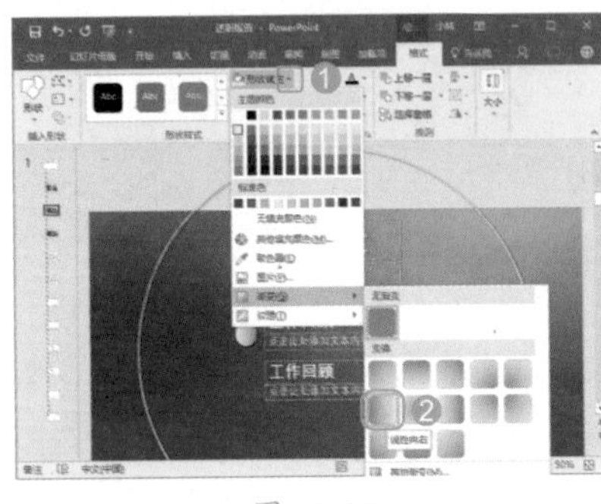

图 23-85

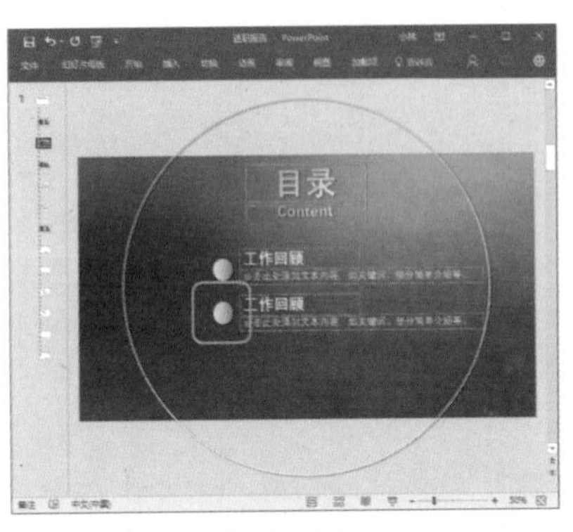

图 23-86

Step 05 以同样的方法制作其他幻灯片并添加对应的对象。单击【普通】按钮退出母版视图，如图 23-87 所示。

图 23-87

23.3.2 为幻灯片添加内容

幻灯片母版制作完毕后，就可以在母版样式的基础上添加内容，从而让演示文稿内容充实，且符合实际需要。

1. 插入幻灯片构建演示文稿结构

演示文稿中默认的是没有幻灯片和相应的内容，用户需要手动进行插入，同时，在其中输入相应内容，绘制相应的图形，其具体操作步骤如下。

Step 01 ❶ 单击【开始】选项卡【新建幻灯片】下拉按钮，❷ 在弹出的下拉列表中选择【封面】选项，如图 23-88 所示。

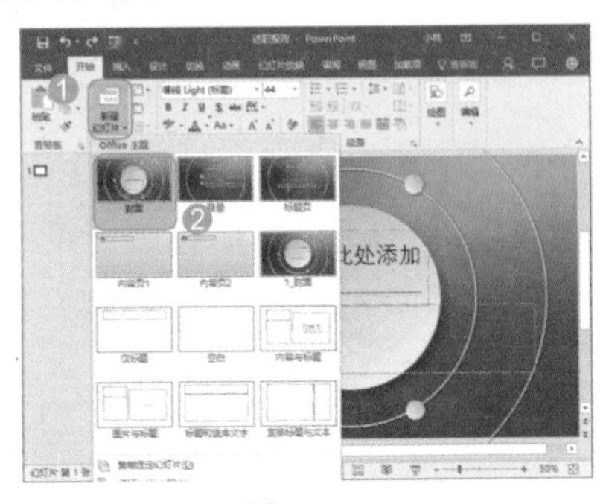

图 23-88

Step 02 ❶ 在封面幻灯片中输入相应的内容，❷ 选择第 1 张幻灯片，按【Delete】键将其删除，如图 23-89 所示。

图 23-89

Step 03 插入其他幻灯片，并在其中输入对应的内容、绘制和设置相应的形状，以及添加相应占位符文本，如图 23-90 所示。

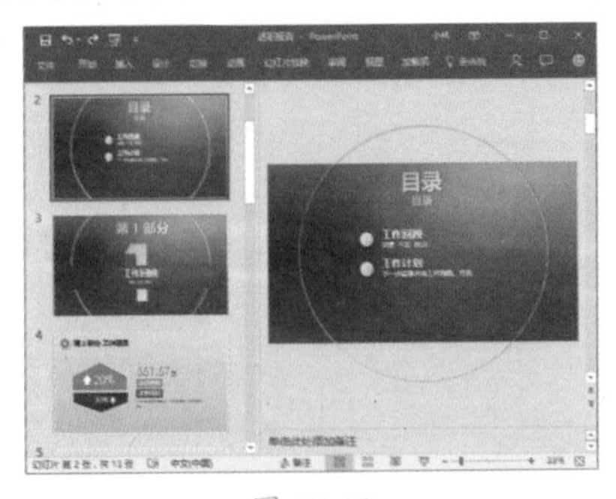

图 23-90

2. 插入圆环图表对比市场份额

在第 5 张幻灯片中为了直观展示过去几个月的市场占有份额比例和往年同期市场占有份额比例，可借助于圆环图，其具体操作步骤如下。

Step 01 ❶ 选择第 5 张幻灯片，❷ 单击【插入】选项卡【插图】组中的【图表】按钮，如图 23-91 所示。

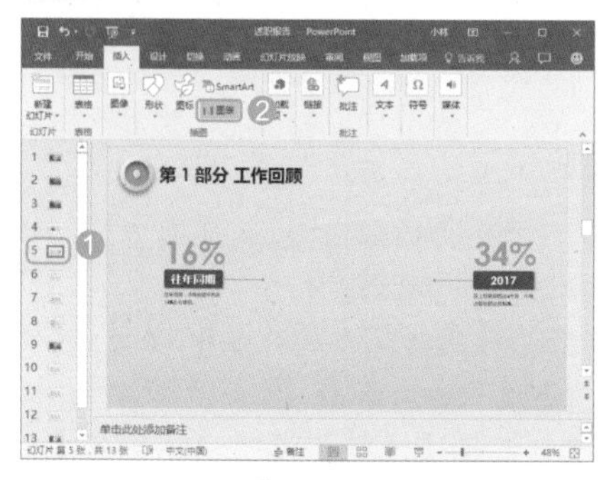

图 23-91

Step 02 打开【插入图表】对话框，❶ 在左侧选择【饼图】选项，❷ 在右侧选择【圆环图】选项，❸ 单击【确定】按钮，如图 23-92 所示。

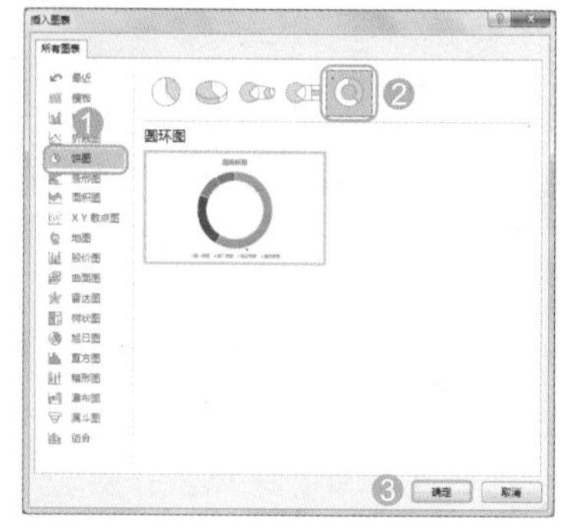

图 23-92

Step 03 ❶ 在打开的 Excel 窗口中输入数据，❷ 单击【关闭】按钮，如图 23-93 所示。

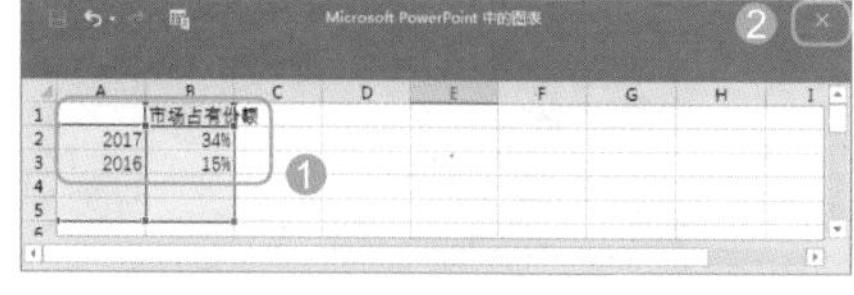

图 23-93

Step 04 选择图表标题和图例，按【Delete】键将其删除，然后调整图表大小，如图 23-94 所示。

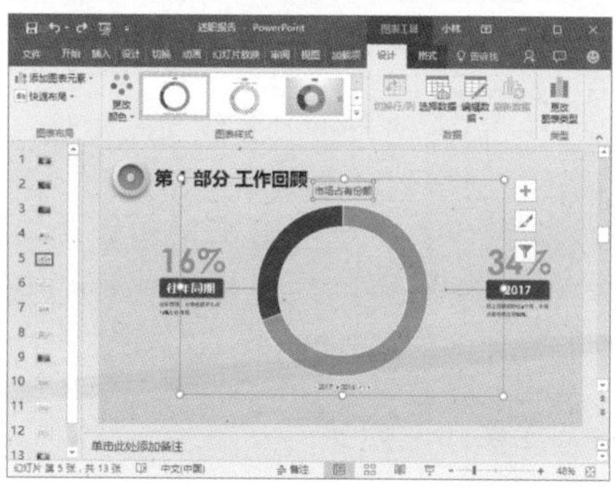

图 23-94

Step 05 ❶ 在图表中选择绿色数据系列，❷ 单击【图表工具 格式】选项卡，❸ 单击【形状填充】下拉按钮，❹ 在弹出的下拉列表中选择【无填充颜色】选项，如图 23-95 所示。

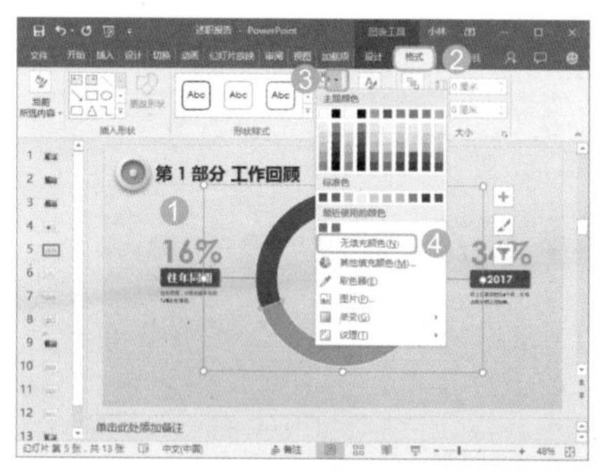

图 23-95

Step 06 以同样的方法插入另一圆环图表，删除图表标题和图例，取消橙色部分填充并调整其相对大小，然后移动两张圆环图的相对位置，如图 23-96 所示。

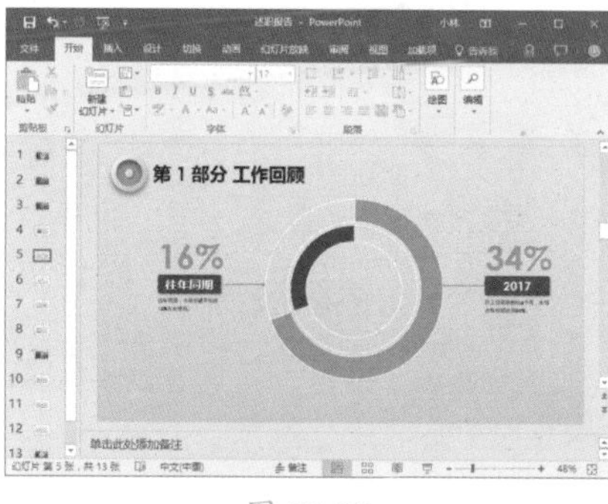

图 23-96

3. 插入和设置 Excel 图表对象

对于幻灯片中要用到的“销售情况分析”工作簿中的图表，无须再进行手动制作，可将其直接插入，其具体操作步骤如下。

Step 01 切换到“销售情况分析”工作簿中，复制【同期对比分析】工作表中的折线图表，如图 23-97 所示。

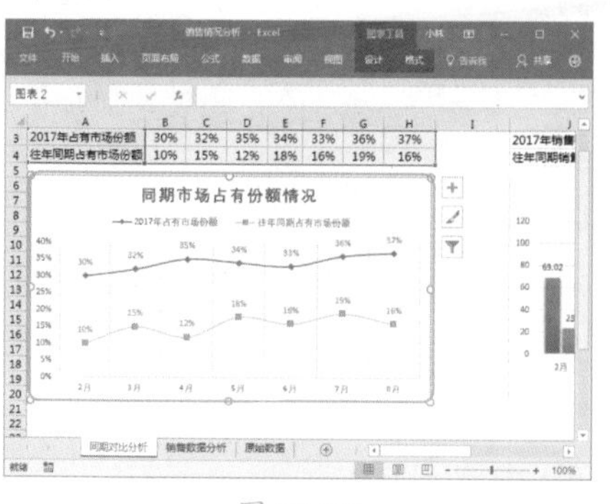

图 23-97

Step 02 切换到“述职报告”PPT 中，❶ 选择第 6 张幻灯片，❷ 粘贴折线图表，调整其大小并应用图表样式【样式 5】，如图 23-98 所示。

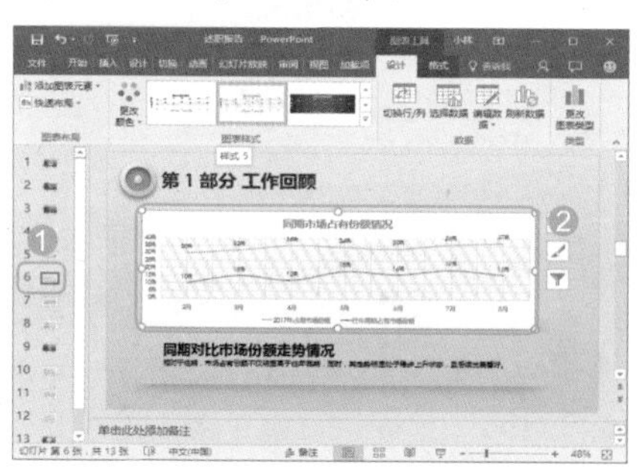

图 23-98

Step 03 以同样的方法将“销售情况分析”工作簿“同期对比分析”工作表中的【同期销售额对比情况】图表粘贴到第 7 张幻灯片，如图 23-99 所示。

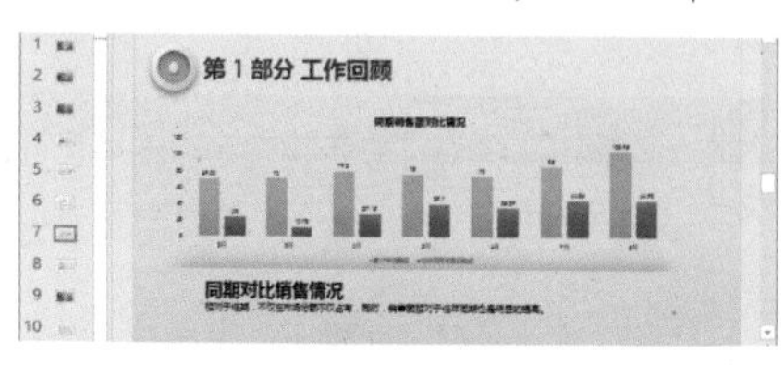

图 23-99

4. 复制述职报告内容到文档中

在“述职报告”演示文稿的第 2 部分是对未来工作的计划安排，这一部分文本内容可直接从“述职报告”文档中复制到其中，不需要手动进行输入，以保障整个述职报告项目同步，其具体操作步骤如下。

Step01 切换到“述职报告”文档中，复制第5页中的6点总结文本，如图23-100所示。

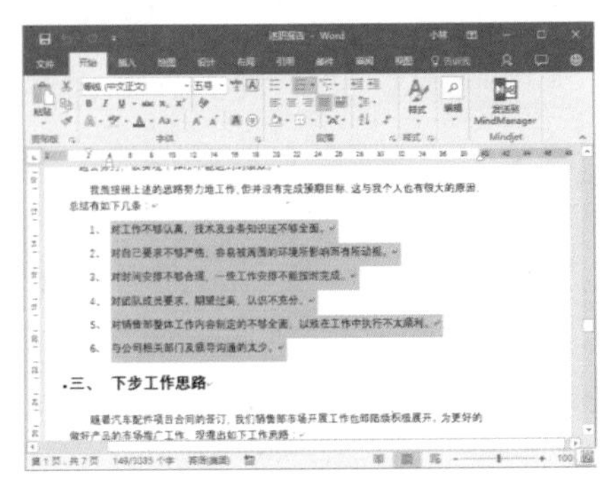

图 23-100

Step02 切换到“述职报告”PPT中，在第8页中粘贴复制的文本并调整整个文本框宽度，让其中的文本全部单行显示，如图23-101所示。

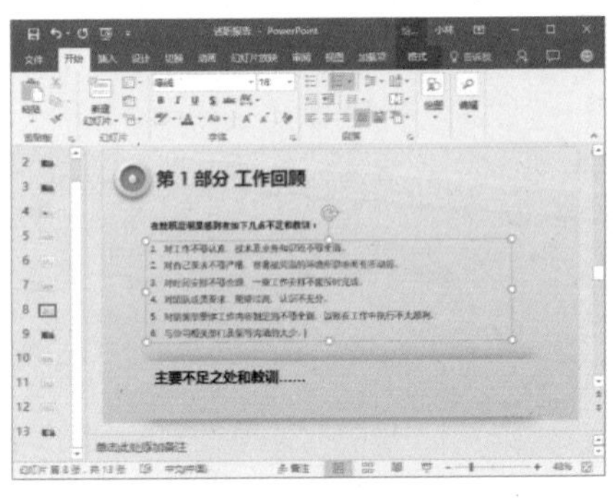

图 23-101

Step03 以同样的方法从“述职报告”文档中复制粘贴文本内容到对应的幻灯片中，如图23-102所示。

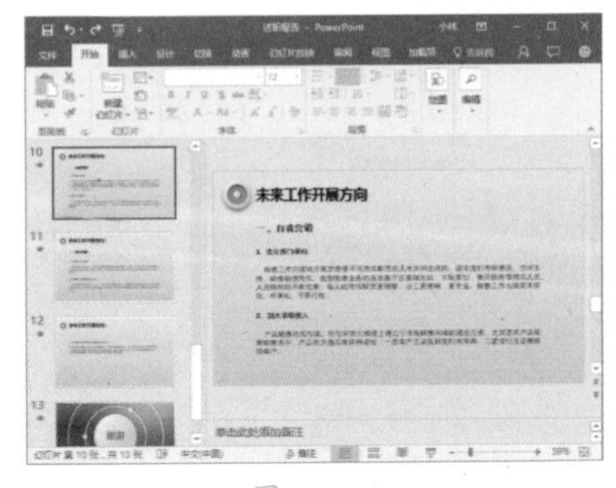

图 23-102

23.3.3 设置播放动画

一篇完整有吸引力的演示文稿，离不开必要的动画效果。下面在“述职报告”演示文稿中为相应对象和幻灯片添加动画，其具体操作步骤如下。

1. 添加动画效果

为幻灯片中的对象添加动画效果，并设置其播放时间，其具体操作步骤如下。

Step01 选择封面幻灯片，❶ 选择【2017】文本，单击【动画】选项卡【动画】组中的【动画样式】按钮，❷ 在弹出的下拉列表中选择【飞旋】进入动画，如图23-103所示。

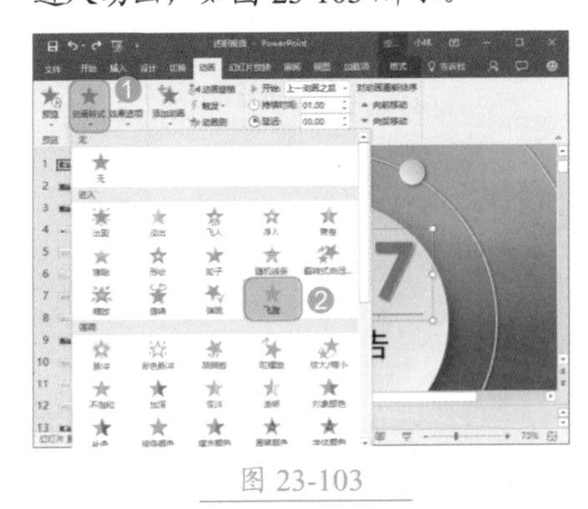

图 23-103

Step02 ❶ 单击【开始】下拉按钮，❷ 在弹出的下拉菜列表选择【上一动画之后】选项，如图23-104所示。

图 23-104

Step03 以同样的方法为演示文稿中的其他对象添加对应的动画效果并设置播放方式，如图23-105所示。

图 23-105

2. 设置幻灯片的切换方式

下面为幻灯片设置切换方式，其具体操作步骤如下。

Step01 ❶ 选择第1张幻灯片，❷ 单击【切换】选项卡，❸ 在【切换到此幻灯片】组中选择【涟漪】选项，❹ 单击【全部应用】按钮，如图23-106所示。

图 23-106

Step02 ❶ 按住【Ctrl】键选择第3、第9张幻灯片，❷ 在【切换到此幻灯片】组中选择【剥离】选项，如图23-107所示。

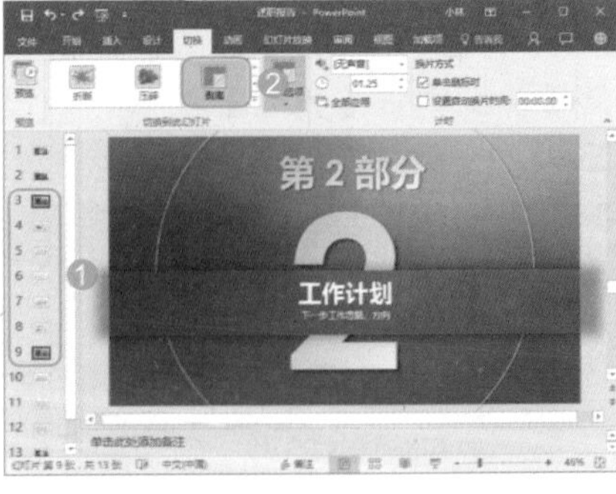

图 23-107

Step03 ❶ 选择第13张幻灯片，❷ 在【切换到此幻灯片】组中选择【帘式】选项，如图 23-108 所示。

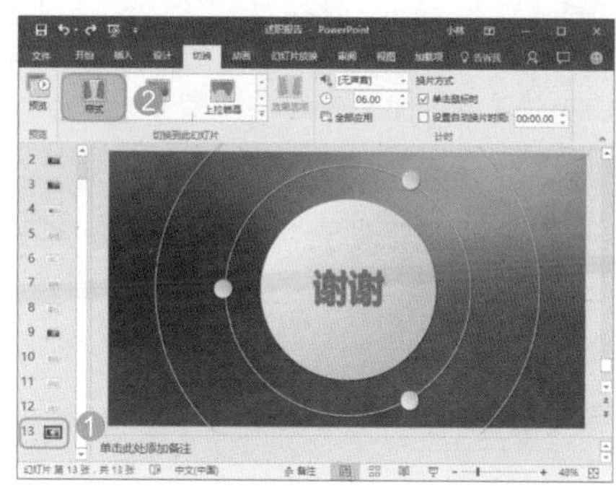

图 23-108

本章小结

在本章中使用 Word、Excel 和 PPT 制作了一个销售经理的述职报告项目，其中用 Word 制作文档，Excel 用于分析销售数据，使用 Excel 中的销售数据和图表及 Word 文档中的文本构成一个绘声绘色的述职报告演示文稿，将自己的优势、能力、不足及未来工作安排生动地“讲述”给领导或是相应人员。在这个过程中，用户需要注意的是，幻灯片中的数据有时候需要手动计算，当然，这些计算是以 Excel 中的数据为依据的，从而保证展示内容的正确性和严谨性。

第24章 实战应用：制作新员工入职培训项目

➥ 怎么结合 Word、Excel 和 PowerPoint 完成一个项目相关文档的制作？
➥ 如何在幻灯片中创建图形化的目录？

通过本章实例的制作，不仅能巩固学习过的 Word、Excel 和 PowerPoint 相关的一些知识，还能掌握一个项目相关文档的制作思路。

24.1 使用 Word 制作新员工入职培训制度文档

实例门类	页面排版 + 文档视图类
教学视频	光盘\视频\第 24 章\24.1.mp4

新员工入职培训是员工进入企业后工作的第一个环节，是企业将聘用的员工从社会人转变成为企业人的过程，同时也是员工从组织外部融入到组织或团队内部并成为团队一员的过程。成功的新员工入职培训可以起到传递企业价值观和核心理念，塑造员工行为的作用，它在新员工和企业以及企业内部其他员工之间架起了沟通和理解的桥梁，并为新员工迅速适应企业环境，并与其他团队成员展开良性互动打下坚实的基础。本节将使用 Word 制作新员工入职培训制度文档，完成后的效果如图 24-1 所示。

新员工入职培训制度

四川微训电器有限公司

部门：人力资源

公司地址：四川省成都市锦江区新路街286号银光大厦806室

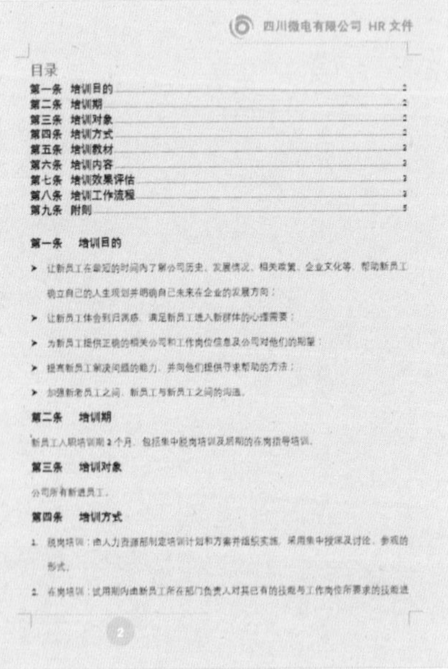
四川微电有限公司 HR 文件

目录

第一条 培训目的
第二条 培训期
第三条 培训对象
第四条 培训方式
第五条 培训教材
第六条 培训内容
第七条 培训效果评估
第八条 培训工作流程
第九条 附则

第一条 培训目的

第二条 培训期

第三条 培训对象

第四条 培训方式

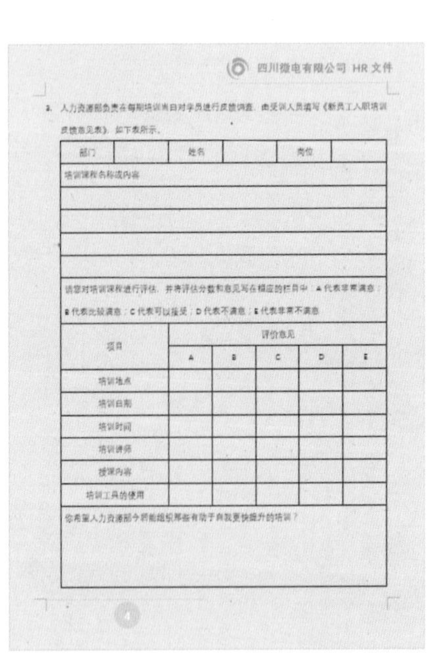
四川微电有限公司 HR 文件

部门		姓名		岗位	
培训课程名称或内容					
项目	评价意见				
	A	B	C	D	E
培训地点					
培训时间					
培训讲师					
授课内容					
培训工具的使用					

图 24-1

24.1.1 设置文档页面和格式

不同的文档，对页面的要求不一样，所以，使用 Word 制作文档，首先需要对文档页面大小、纸张方向、页边距和页面背景等进行相应的设置，然后再输入文档内容，并对文档中文本的字体格式、段落格式等进行设置。下面将对文档的页边距和页面背景进行设置，然后对文档内容的字体格式和段落格式进行设置，其具体操作步骤如下。

Step 01 打开“光盘/素材文件/第 24 章/新员工入职培训制度.docx”文件，❶ 单击【布局】选项卡【页面设置】

组中的【页边距】按钮，❷ 在弹出的下拉列表中选择【适中】选项，如图 24-2 所示。

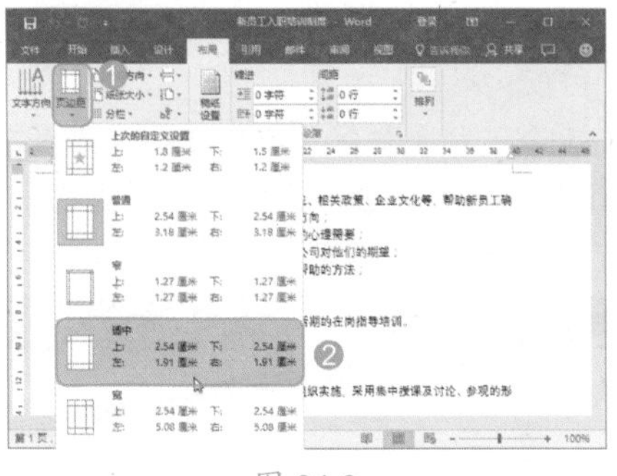

图 24-2

Step02 对页面页边距进行调整，❶ 单击【设计】选项卡【页面背景】组中的【页面颜色】按钮，❷ 在弹出的下拉列表中选择【浅灰色，背景 2】选项，如图 24-3 所示。

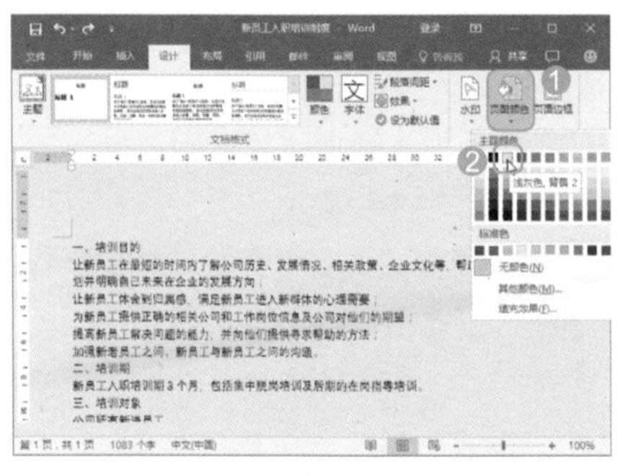

图 24-3

Step03 选择【培训目的】段落，❶ 在【开始】选项卡【字体】组中将字号设置为【四号】，再单击【加粗】按钮B加粗文本，❷选择段落前的编号，单击【段落】组中的【编号】下拉按钮▾，❸ 在弹出的下拉列表中选择【定义新编号格式】命令，如图 24-4 所示。

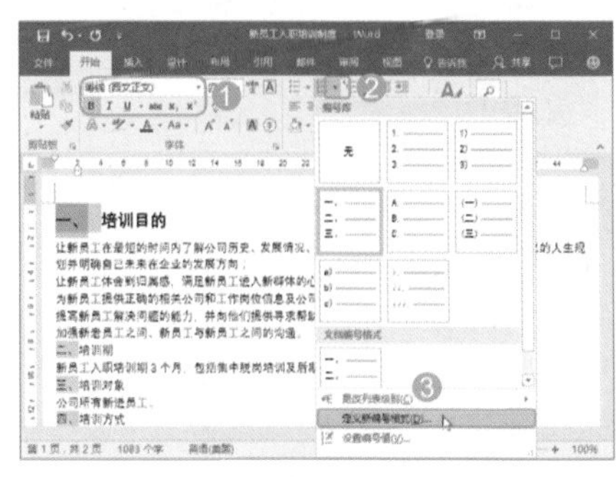

图 24-4

Step04 打开【定义新编号格式】对话框，保持编号样式不变，❶ 在【编号格式】文本框中删除顿号【、】，再在【一】前后分别输入【第】和【条】，在【预览】栏中将显示自定义的编号样式，❷ 单击【确定】按钮，如图 24-5 所示。

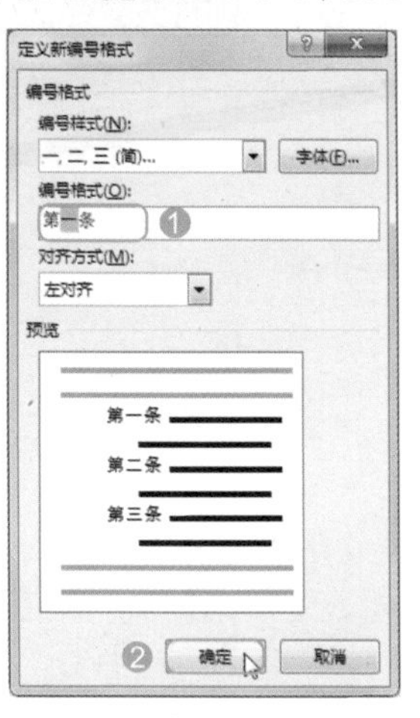

图 24-5

技术看板

在自定义编号时，不能删除【编号格式】文本框中的编号，否则将不能自动编号。

Step05 将文档中与所选编号连续的编号格式进行更改，复制【培训目的】段落，使用格式刷为其他自动编号的段落应用相同的格式，然后将文档中其他文本的字体设置为【小四】，选择第一条下的所有段落，为其应用需要的项目符号，效果如图 24-6 所示。

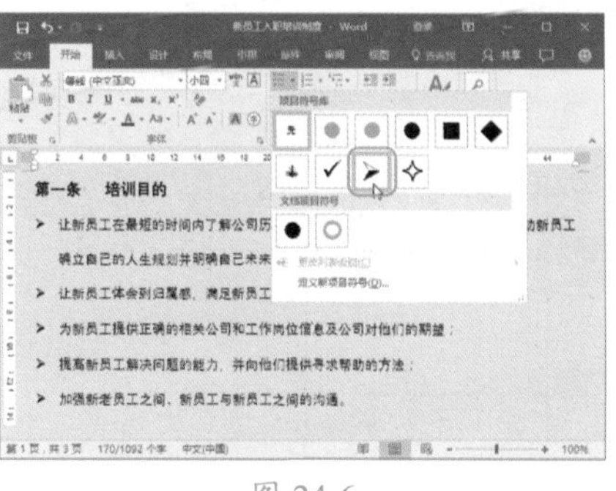

图 24-6

Step06 使用相同的方法，为第六条下的段落应用相同的编号，然后选择第四条下的所有段落，❶ 单击【段落】组中的【编号】下拉按钮▾，❷ 在弹出的下拉列表中选择需要的编号样式，即可为选择的段落应用相应的编号样式，效果如图 24-7 所示。

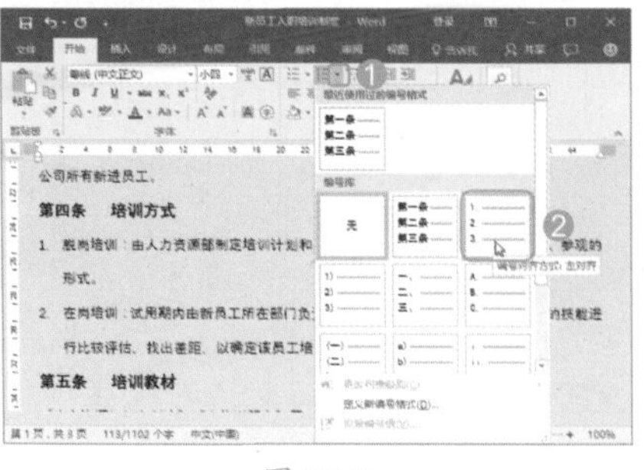

图 24-7

Step07 继续使用相同的方法为其他需要应用编号样式的段落应用需要的编号，效果如图 24-8 所示。

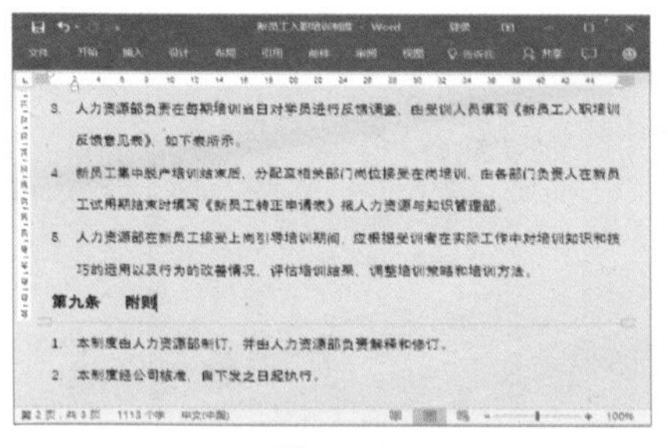

图 24-8

24.1.2 在文档中插入新员工入职培训反馈意见表

文档格式设置完成后，就可在文档中插入新员工入职培训反馈表，并根据实际情况，对表格进行编辑和美化，使表格中的数据更加规范。

1. 插入表格

由于插入的表格行数较多，不能通过拖动鼠标选择行列数插入，因此，下面将通过【插入表格】对话框来插入表格，其具体操作步骤如下。

Step01 ❶ 将鼠标光标定位到【如下表所示。】文本后，按【Enter】键分段，然后按【BackSpace】键删除自动编号，❷ 单击【插入】选项卡【表格】组中的【表格】按钮，❸ 在弹出的下拉列表中选择【插入表格】命令，如图 24-9 所示。

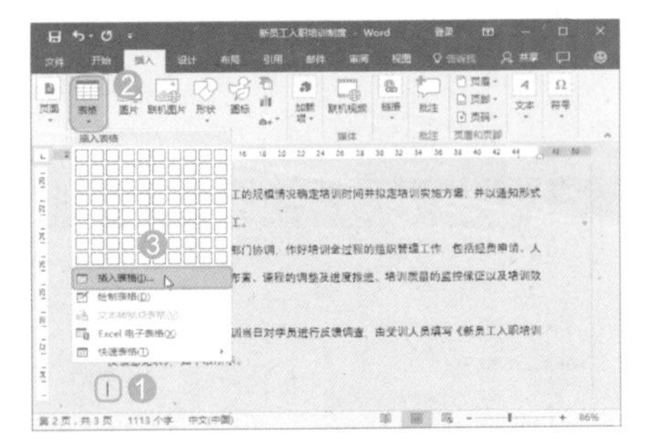

图 24-9

Step 02 ❶ 打开【插入表格】对话框，在【列数】数值框中输入【6】，❷ 在【行数】数值框中输入【19】，❸ 单击【确定】按钮，如图 24-10 所示，即可在鼠标光标处插入表格。

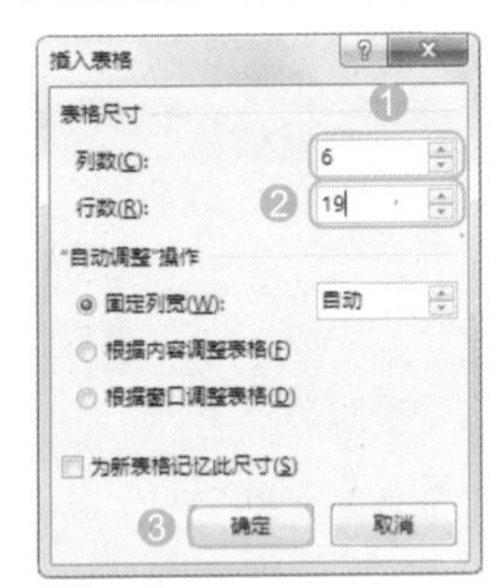

图 24-10

2. 合并与拆分表格中的单元格

如果需要插入的表格是不规则的，那么需要对表格中的单元格执行合并与拆分操作，其具体操作步骤如下。

Step 01 ❶ 选择表格第 2 行，❷ 单击【布局】选项卡【合并】组中的【合并单元格】按钮，如图 24-11 所示。

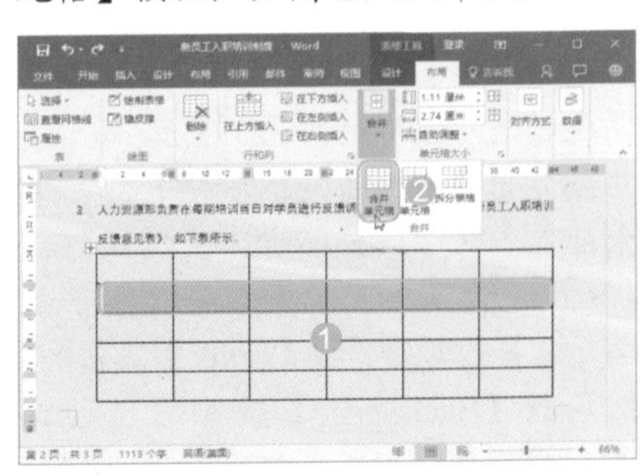

图 24-11

Step 02 即可将选择的多个单元格合并为一个单元格，然后使用相同的方法继续对表格中需要合并的单元格执行合并操作，并在单元格中输入需要的文本，效果如图 24-12 所示。

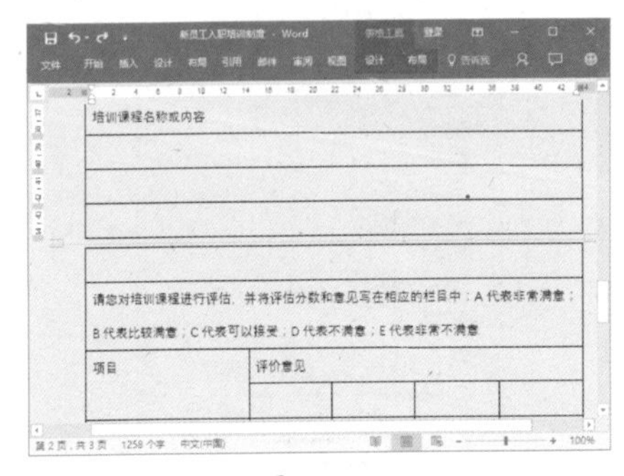

图 24-12

Step 03 在表格中选择需要拆分的单元格，❶ 单击【合并】组中的【拆分单元格】按钮，❷ 打开【拆分单元格】对话框，在【列数】数值框中输入【5】，其他保持默认设置，❸ 单击【确定】按钮，如图 24-13 所示。

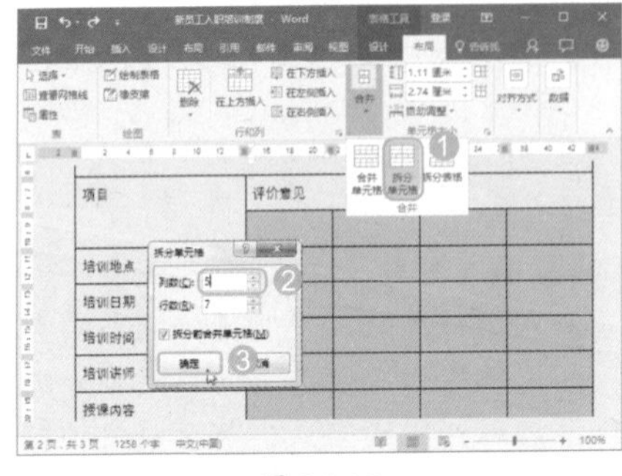

图 24-13

Step 04 即可将选择的 4 列单元格拆分为 6 列，并在单元格中输入需要的文本，效果如图 24-14 所示。

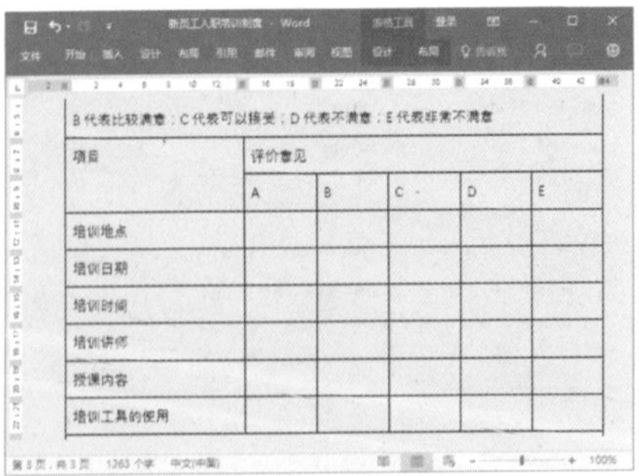

图 24-14

3. 设置单元格中文本的对齐方式

为了使表格中的文本排列更规整，则需要对表格单元格中文本的对齐方式进行相应的设置，其具体操作步骤如下。

Step 01 选择表格第 1 行，单击【布局】选项卡【对齐方式】组中的【垂直居中】按钮，如图 24-15 所示。

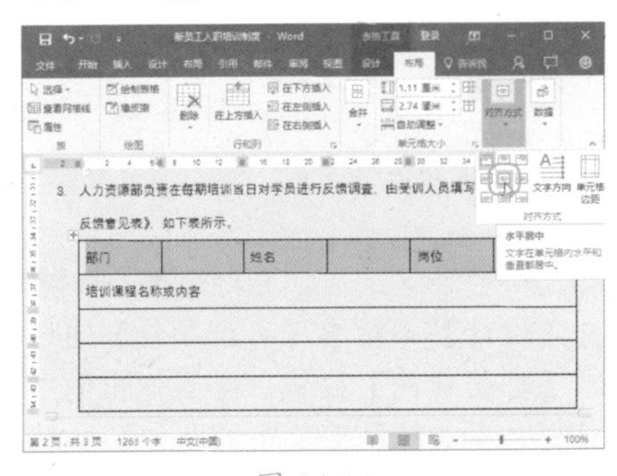

图 24-15

Step 02 即可让文本水平和垂直居中于单元格中，然后使用相同的方法继续设置其他单元格中文本的对齐方式，效果如图 24-16 所示。

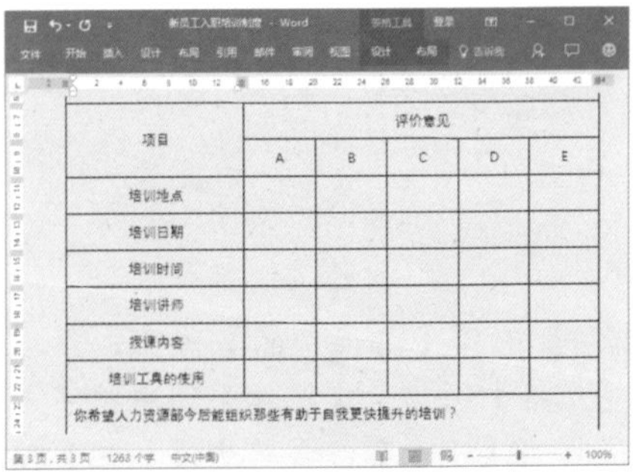

图 24-16

24.1.3 制作文档封面和目录

对于页数较多的文档来说，一般都需要添加封面和目录，使文档看起来更加正规。

1. 自定义封面

在 Word 中既可对添加的内置封面进行修改，也可根据需要添加对象自定义封面。下面将通过添加形状和文本框自定义封面效果，其具体操作步骤如下。

Step 01 ❶ 选择【第一条】编号，❷ 单击【插入】选项卡【页面】组中的【空白页】按钮，如图 24-17 所示。

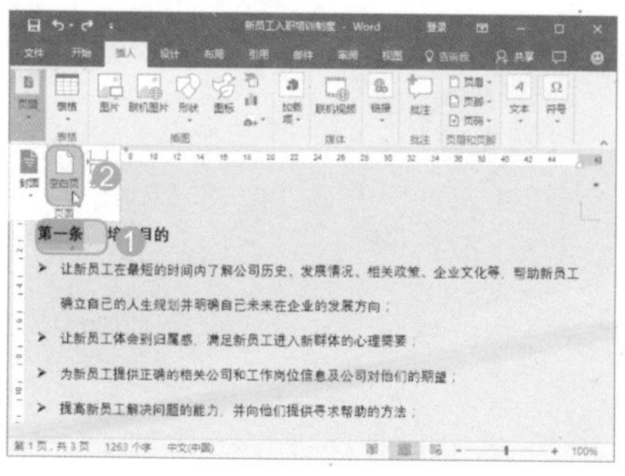

图 24-17

Step 02 即可在文档最前面插入一页，选择页面中的编号，将其删除，然后在空白页中绘制一个长矩形，将其填充色设置为【蓝 - 灰，文字 2】，如图 24-18 所示。

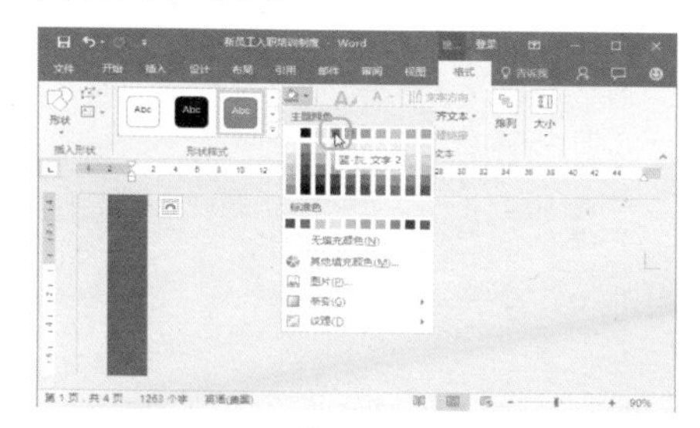

图 24-18

Step 03 复制矩形，并将其调整到合适的大小和位置，❶ 然后单击【插入】选项卡【文本】组中的【文本框】按钮，❷ 在弹出的下拉列表中选择【绘制文本框】命令，如图 24-19 所示。

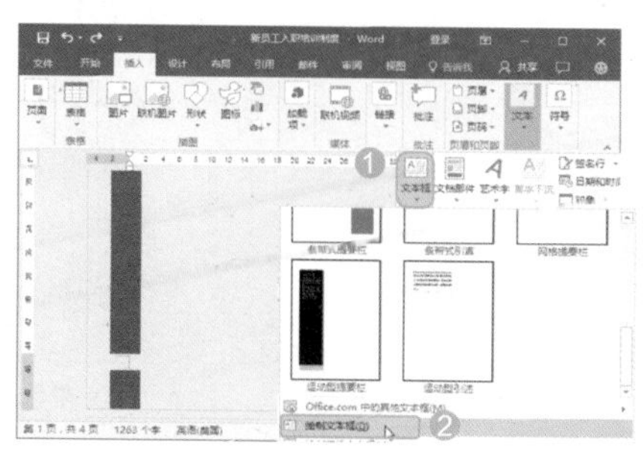

图 24-19

Step 04 在第 1 页中绘制一个文本框，在其中输入相应的文本，并对其字体、字号、加粗和字体颜色等效果进行设置，如图 24-20 所示。

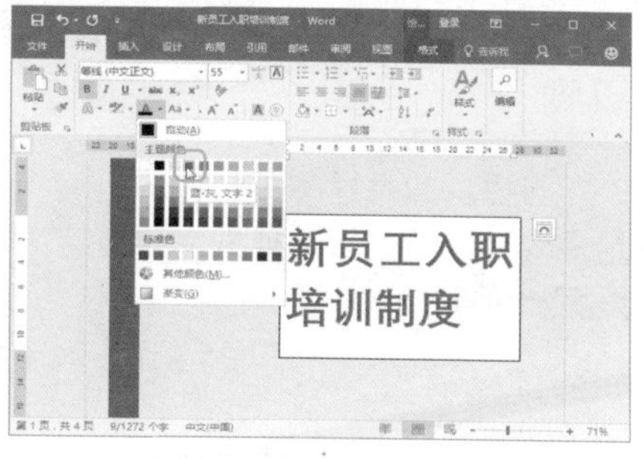

图 24-20

Step 05 取消文本框的填充色和轮廓，然后复制文本框，对其中的文本和格式进行相应的修改，效果如图 24-21 所示。

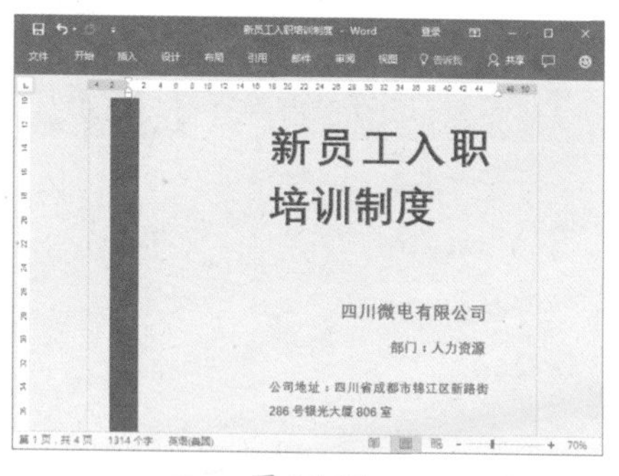

图 24-21

2. 在大纲视图中设置段落级别

在提取目录时，如果想自动提取，需要让提取的段落应用样式或为段落设置段落级别。下面将在大纲视图中对段落级别进行设置，其具体操作步骤如下。

Step 01 进入大纲视图中，❶ 将鼠标光标定位到【培训目的】段落后，❷ 单击【大纲】选项卡【大纲工具】组中的【大纲级别】下拉按钮，❸ 在弹出的下拉列表中选择【1 级】命令，如图 24-22 所示。

Step 02 即可将鼠标光标所在段落的级别由【正文文本】变成【1 级】，继续使用相同的方法对其他需要提取为目录的段落级别进行设置，然后在【显示级别】下拉列表中选择【1 级】命令，即可在大纲视图中只显示 1 级的段落，效果如图 24-23 所示。

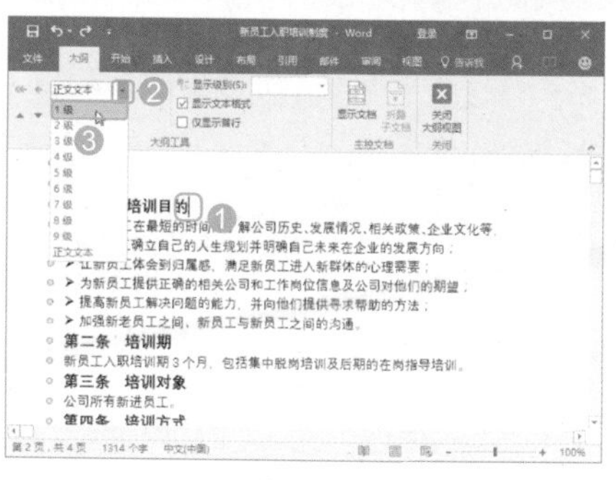

图 24-22

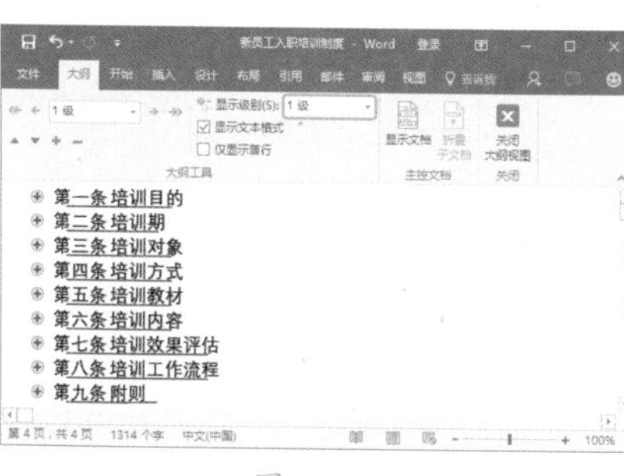

图 24-23

3. 插入自动目录

设置段落的级别后，就可根据 Word 2016 提供的目录功能自动生成目录，其具体操作步骤如下。

Step 01 返回普通视图，将鼠标光标定位到第 2 页的最前面，按【Enter】键分段，删除第一行中的自动编号，❶ 然后单击【引用】选项卡【目录】组中的【目录】按钮，❷ 在弹出的下拉列表中选择【自动目录 1】选项，如图 24-24 所示。

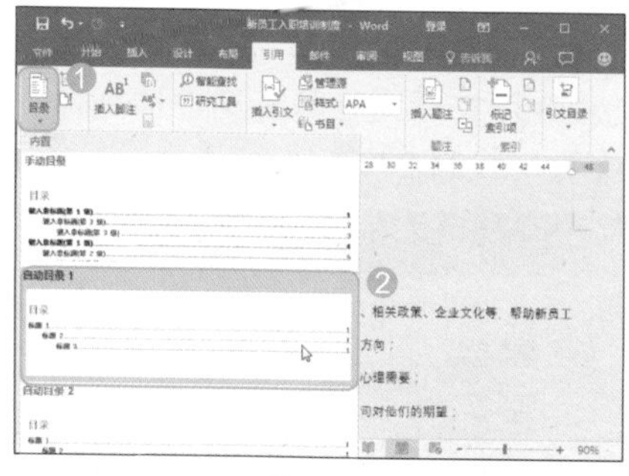

图 24-24

Step 02 即可在第 2 页最前面插入目录，然后选择插入的目录，在【开始】选项卡【字体】组中对目录的字体格式

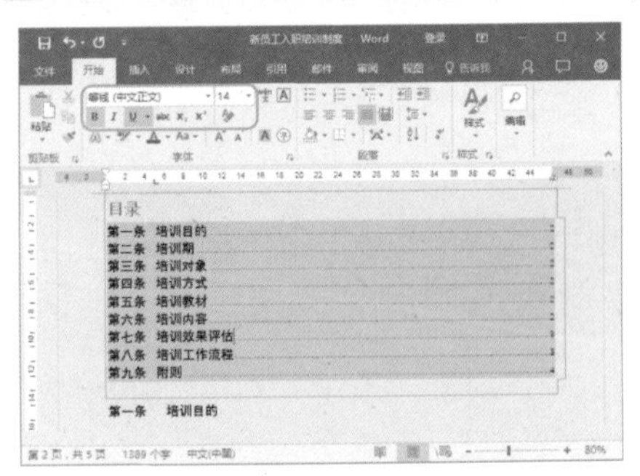

图 24-25

4. 更新目录

由于在第2页最前面插入了目录，因此，正文内容都将后移，提取目录中标题的页码可能发生了变化，为了使页码中的内容显示正确，还需要对页码进行更新，其具体操作步骤如下。

Step01 ❶ 选择目录，单击【引用】选项卡【目录】组中的【更新目录】按钮，❷ 打开【更新目录】对话框，保持选中【只更新页码】单选按钮，❸ 然后单击【确定】按钮，如图 24-26 所示。

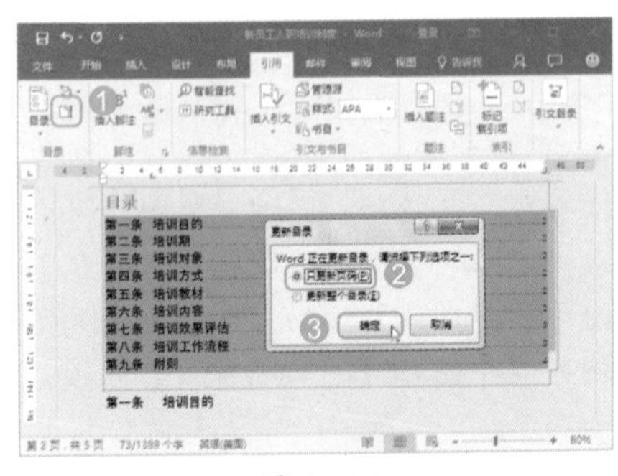

图 24-26

Step02 即可对文档的页码进行更新，效果如图 24-27 所示。

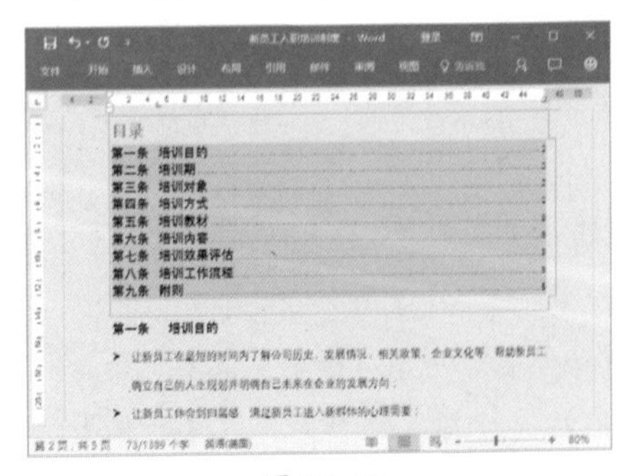

图 24-27

24.1.4 自定义文档的页眉和页脚

当提供的页眉和页脚样式不能满足需要时，用户可以根据需要自定义页眉和页脚。

1. 自定义页眉

很多公司文档都包含有公司 LOGO、公司或部门名称，用户可自定义文档的页眉对其进行设置。其具体操作步骤如下。

Step01 进入页眉页脚编辑状态后，在【设计】选项卡【选项】组中选中【首页不同】复选框，如图 24-28 所示。

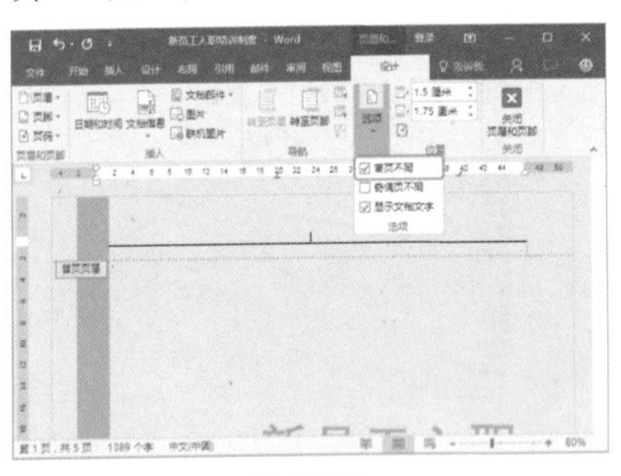

图 24-28

Step02 ❶ 单击【字体】组中的【清除所有格式】按钮，删除页眉中的分隔线，将鼠标光标定位到第 2 页的页眉处，❷ 单击【设计】选项卡【插入】组中的【图片】按钮，如图 24-29 所示。

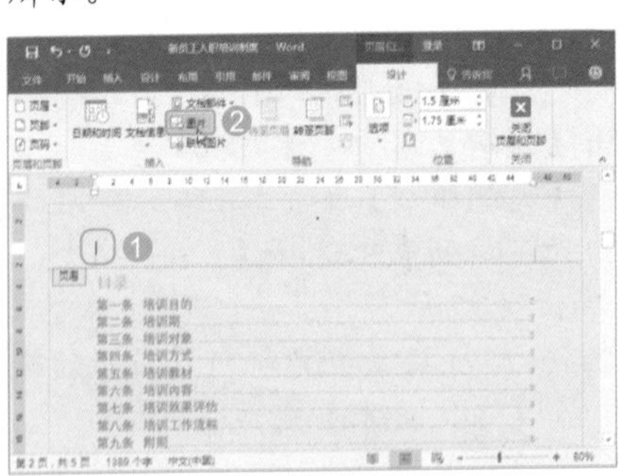

图 24-29

Step03 打开【插入图片】对话框，在其中选择需要的图片，单击【插入】按钮，即可将选择的图片插入到页眉处，效果如图 24-30 所示。

图 24-30

Step04 将图片背景设置为透明色，然后将图片调整到合适的大小，并将图片的环绕方式设置为【浮于文字上方】，如图 24-31 所示。

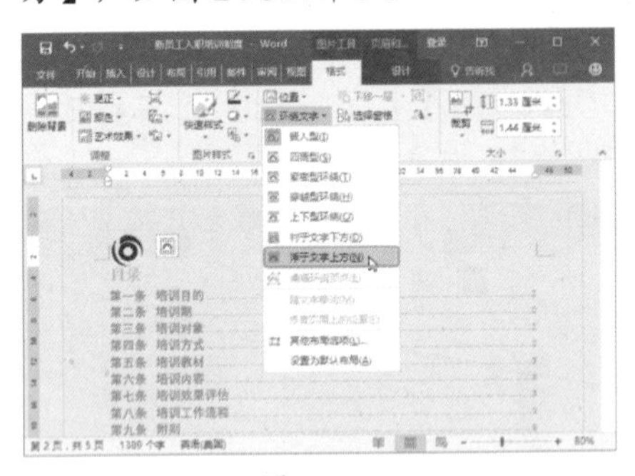

图 24-31

Step05 将图片调整到合适的位置，然后在图片右侧绘制一个横排文本框，在其中输入相应的文本，并对其字体格式进行设置，效果如图 24-32 所示。

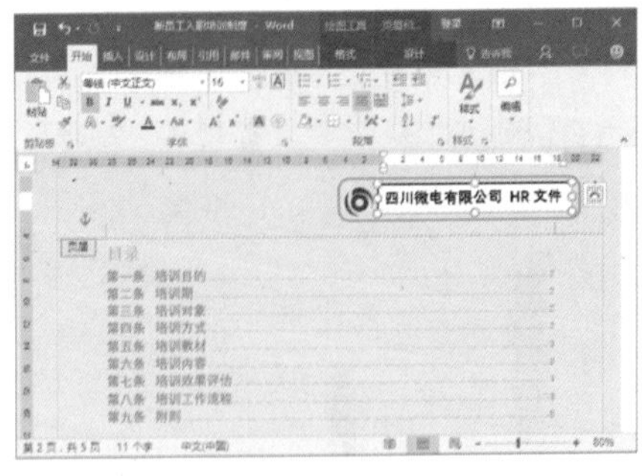

图 24-32

Step06 取消文本框的填充色和轮廓，在图片和文本下方绘制一条直线，将直线样式设置为【粗线 - 强调颜色 3】，如图 24-33 所示。

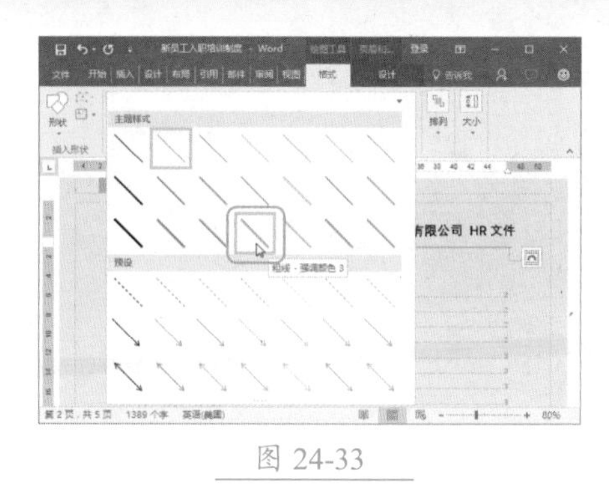

图 24-33

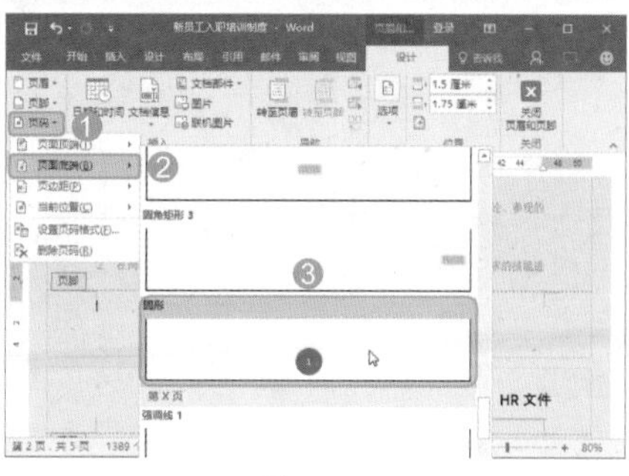

图 24-34

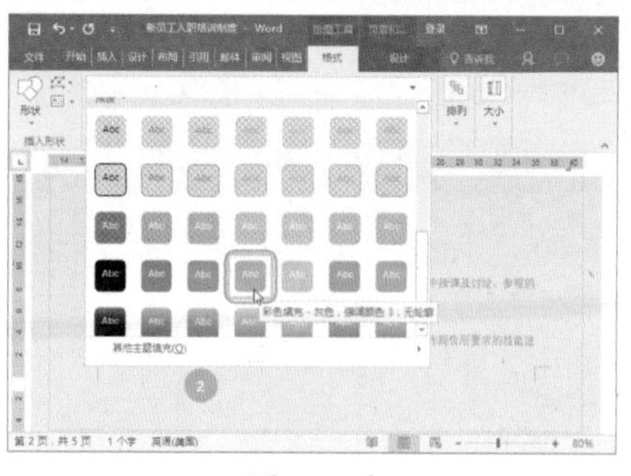

图 24-36

2. 自定义页脚

下面将在页脚处插入页码，然后对页码样式进行编辑，最后再对页脚效果进行编辑，使制作的页脚更能满足需要，其具体操作步骤如下。

Step 01 将鼠标光标定位到第 2 页页脚处，❶ 单击【设计】选项卡【页眉和页脚】组中的【页码】按钮，❷ 在弹出的下拉菜单中选择【页面底端】命令，❸ 在弹出的子菜单中选择需要的页码样式，如图 24-34 所示。

Step 02 即可在页脚处插入选择的页码样式，效果如图 24-35 所示。

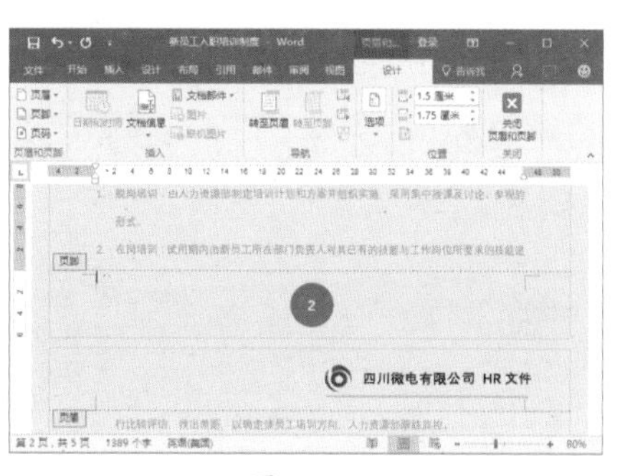

图 24-35

Step 03 选择插入的页码，调整合适的大小和位置，然后为页码样式中的圆应用【彩色填充 - 灰色，强调颜色 3，无轮廓】样式，效果如图 24-36 所示。

Step 04 复制页眉中的直线形状，将其粘贴到页脚处，单击【关闭页眉和页脚】按钮，如图 24-37 所示，退出页眉页脚编辑状态，完成文档的制作。

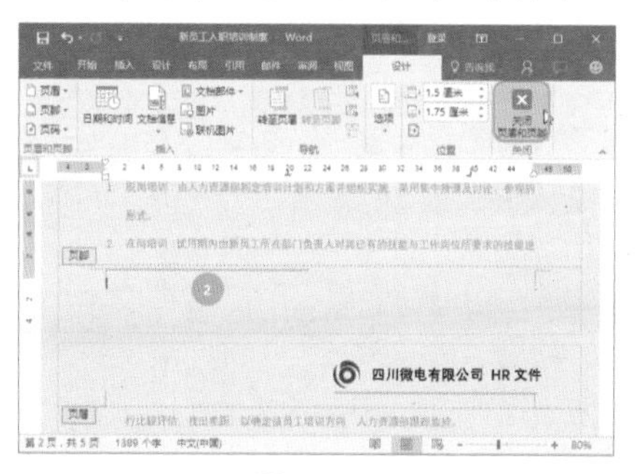

图 24-37

24.2 使用 Excel 制作新员工培训成绩表

实例门类	页面排版 + 文档视图类
教学视频	光盘 \ 视频 \ 第 24 章 \24.2.mp4

新员工入职培训是每个公司人力资源部最重要的一项工作，而培训成绩则是通过考试，对培训效果进行检查，以便快速挑选出各项考核都符合公司要求的员工。本例将通过 Excel 制作出新员工培训成绩表，通过培训成绩表可以看出，哪些员工通过考核，哪些员工没有通过考核，完成后的效果如图 24-38 所示。

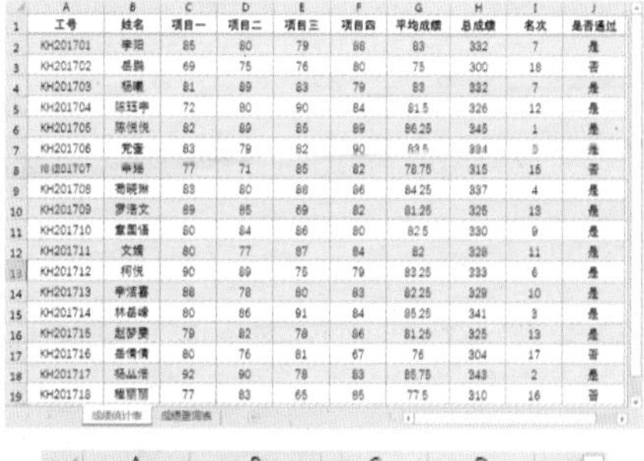

工号	姓名	项目一	项目二	项目三	项目四	平均成绩	总成绩	名次	是否通过
KH201701	李阳	85	80	79	88	83	332	7	是
KH201702	岳鹏	69	75	76	80	75	300	18	否
KH201703	杨曦	81	89	83	79	83	332	7	是
KH201704	陈珏华	72	80	90	84	81.5	326	12	是
KH201705	陈悦悦	82	89	85	89	86.25	345	1	是
KH201706	党童	83	79	82	90	83.5	334	5	是
KH201707	申扬	77	71	85	82	78.75	315	15	否
KH201708	葛晓琳	83	80	88	86	84.25	337	4	是
KH201709	罗浩文	89	85	69	82	81.25	325	13	是
KH201710	章国语	80	84	86	80	82.5	330	9	是
KH201711	文娟	80	77	87	84	82	328	11	是
KH201712	柯悦	90	89	75	79	83.25	333	6	是
KH201713	申语嘉	88	78	80	83	82.25	329	10	是
KH201714	林磊峰	80	86	91	84	85.25	341	3	是
KH201715	赵梦雯	79	82	78	86	81.25	325	13	是
KH201716	岳倩倩	80	76	81	67	76	304	17	否
KH201717	杨丛倩	92	90	78	83	85.75	343	2	是
KH201718	崔丽丽	77	83	65	85	77.5	310	16	否

A	B
工号	KH201716
姓名	岳倩倩
项目一	80
项目二	76
项目三	81
项目四	67
平均成绩	76
总成绩	304
名次	17
是否通过	否

图 24-38

24.2.1 创建新员工培训成绩表

对于任何一个表格来说，数据的输入是必不可少的，如果想让新员工培训成绩表中的数据显示更直观，还需要对表格格式进行设置。

1. 输入成绩统计表数据

员工的工号如果是按一定的顺序进行编排的，那么在输入员工工号列的数据时，可以通过填充数据的方式进行快速输入，其具体操作步骤如下。

Step 01 启动 Excel 2016，❶ 新建一个名为【新员工培训成绩表】的工作簿，❷ 并将【Sheet1】工作表命名为【成绩统计表】，③ 然后在 A1:J1 单元格区域中输入表头数据，如图 24-39 所示。

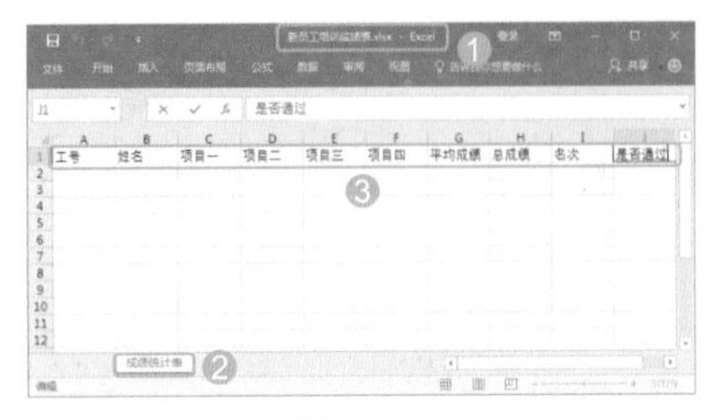

图 24-39

Step02 在 A2 单元格中输入【KH201701】，然后将鼠标指针移动到 A2 单元格右下角，当其变成+形状时，按住鼠标左键不放向下拖动至 A19 单元格，如图 24-40 所示。

图 24-40

Step03 释放鼠标，即可在 A3:A19 单元格区域中填充有规律的数据，效果如图 24-41 所示。

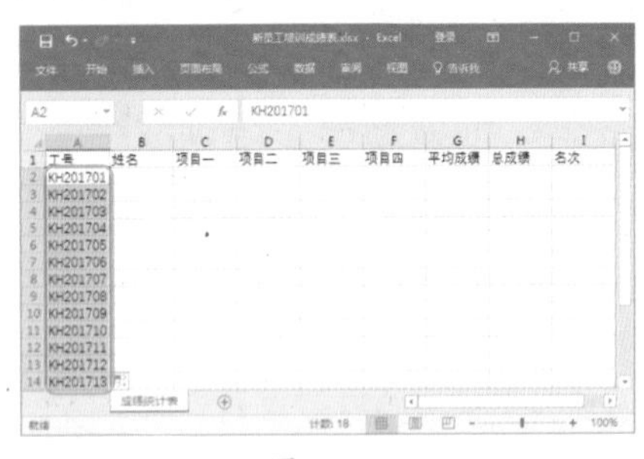

图 24-41

Step04 继续在 B2:F19 单元格区域中输入需要的数据，效果如图 24-42 所示。

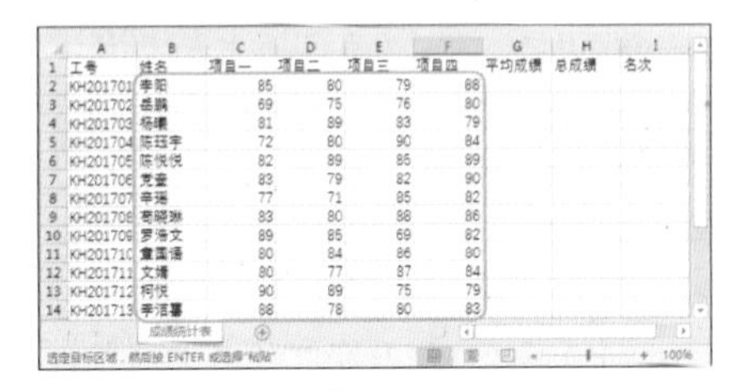

图 24-42

2. 设置单元格格式和单元格大小

这里设置单元格格式是指对单元格中文本的字体格式和对齐方式进行设置，而单元格大小是指对单元格的列宽和行高进行设置，其具体操作步骤如下。

Step01 ① 选择 A1:J1 单元格区域，单击【开始】选项卡【字体】组中的【加粗】按钮B，② 在【对齐方式】组中单击【居中】按钮≡，居中对齐于单元格中，如图 24-43 所示。

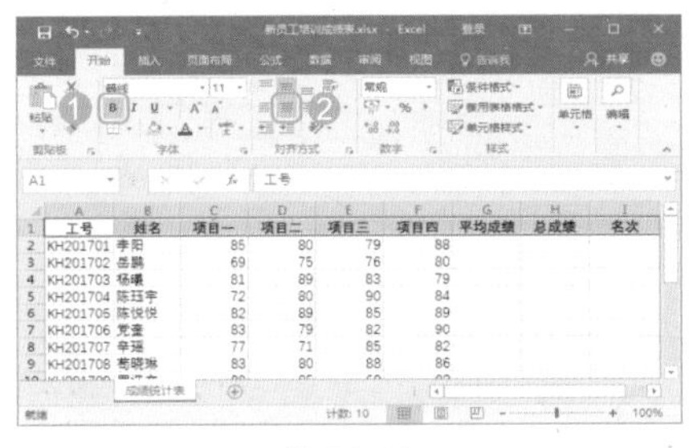

图 24-43

Step02 使 A2:J19 单元格区域中的文本居中对齐于单元格中，然后将鼠标指针移动到 A 列和 B 列的分隔线上，按住鼠标左键不放向右进行拖动，即可调整 A 列的列宽，如图 24-44 所示。

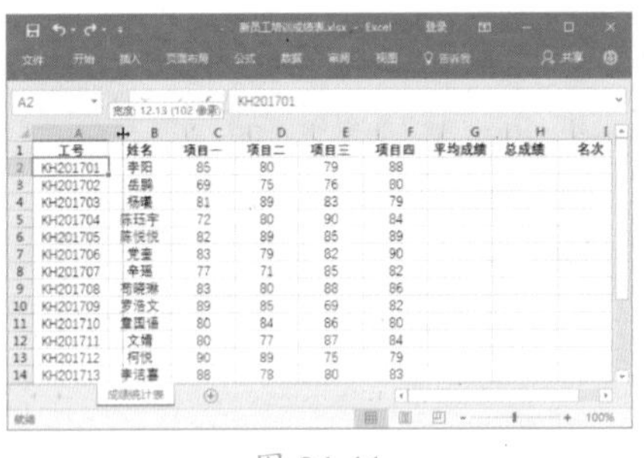

图 24-44

Step03 ① 选择 A1:J19 单元格区域，单击【单元格】组中的【格式】按钮，② 在弹出的下拉菜单中选择【行高】命令，如图 24-45 所示。

Step04 ① 打开【行高】对话框，在【行高】数值框中输入【20】，② 单击【确定】按钮，如图 24-46 所示。

Step05 即可将选择的单元格区域的行高调整到设置的大小，效果如图 24-47 所示。

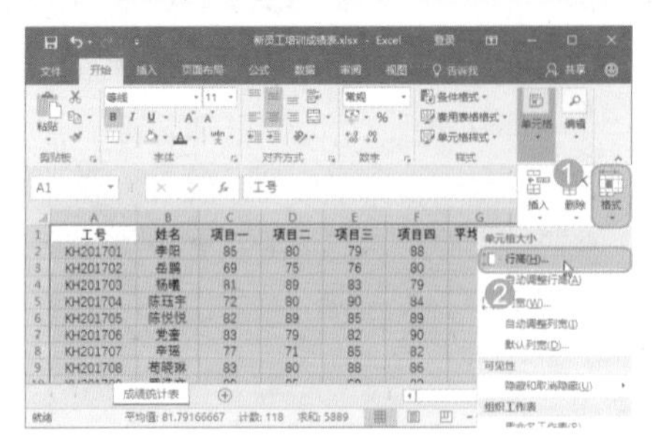

图 24-45

图 24-46

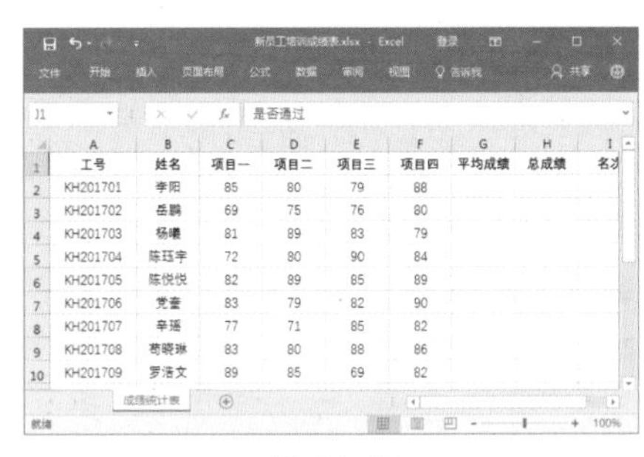

图 24-47

24.2.2 计算和美化成绩统计表

输入成绩统计表数据后，还需要使用公式和函数对成绩进行计算，根据计算结果判断出哪些员工通过培训考核，哪些员工没通过培训考核。数据输入和计算完成后，还可根据需要对工作表进行美化，使表格数据更利于查看，让表格整体更加美观。

1. 使用 AVERAGE 函数求培训平均成绩

下面将使用 AVERAGE 函数对员工培训成绩的平均成绩进行计算，其具体操作步骤如下。

Step01 选择 G2 单元格，在编辑栏中输入公式【=AVERAGE(C2:F2)】，按【Enter】键计算出结果，如图 24-48 所示。

Step02 使用填充柄在 G2 单元格中向下拖动，填充 G3:G19 单元格区域，计算出该区域的结果，效果如图 24-49 所示。

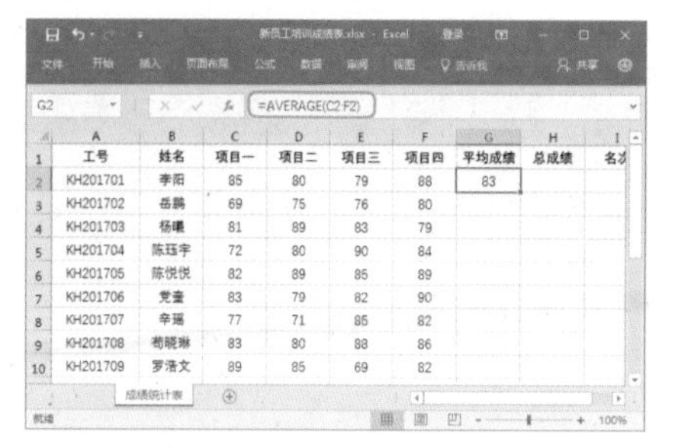

图 24-48

图 24-49

2. 使用 SUM 函数计算各项目总成绩

下面将使用 SUM 函数计算各位员工培训的总成绩，其具体操作步骤如下。

Step 01 选择 H2 单元格，在编辑栏中输入公式【=SUM(C2:F2)】，按【Enter】键计算出结果，如图 24-50 所示。

图 24-50

Step 02 使用填充柄在 H2 单元格中向下拖动，填充 H3:H19 单元格区域，计算出该区域的结果，效果如图 24-51 所示。

图 24-51

3. 使用 RANK 函数计算排名

下面将使用 RANK 函数根据员工培训总成绩来计算排名，其具体操作步骤如下。

Step 01 选择 I2 单元格，在编辑栏中输入公式【=RANK(H2,$H$2:$H$19,0)】，按【Enter】键计算出结果，如图 24-52 所示。

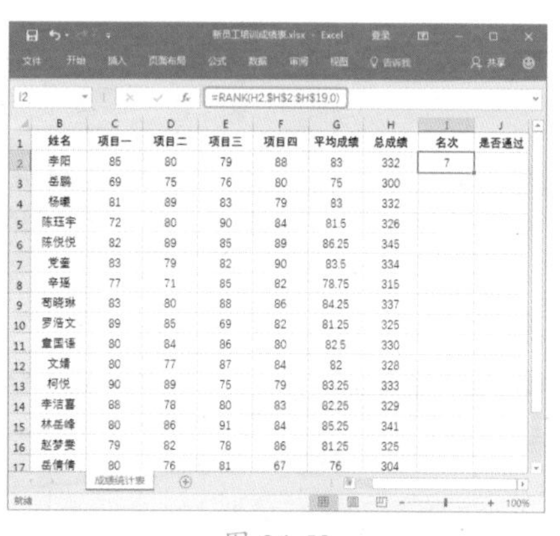

图 24-52

Step 02 使用填充柄在 I2 单元格中向下拖动，填充 I3:I19 单元格区域，计算出该区域的结果，效果如图 24-53 所示。

技术看板

使用 RANK 函数计算排名，当有两个或两个以上相同排名时，紧接着的下一个排名或下下一个排名将会被替换。

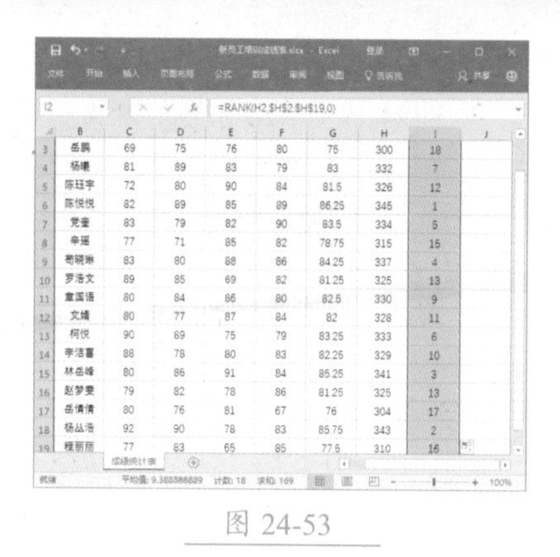

图 24-53

4. 使用 IF 函数判断是否通过培训考核

下面将通过 IF 函数根据员工的平均分数来判断是否通过培训考核，其具体操作步骤如下。

Step 01 选择 J2 单元格，在编辑栏中输入公式【=IF(G2>=80," 是 "," 否 ")】，按【Enter】键计算出结果，如图 24-54 所示。

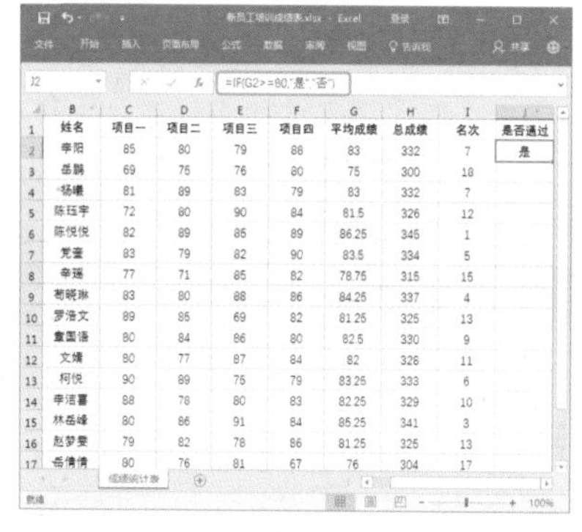

图 24-54

Step 02 使用填充柄在 J2 单元格中向下拖动，填充 J3:J19 单元格区域，计算出该区域的结果，效果如图 24-55 所示。

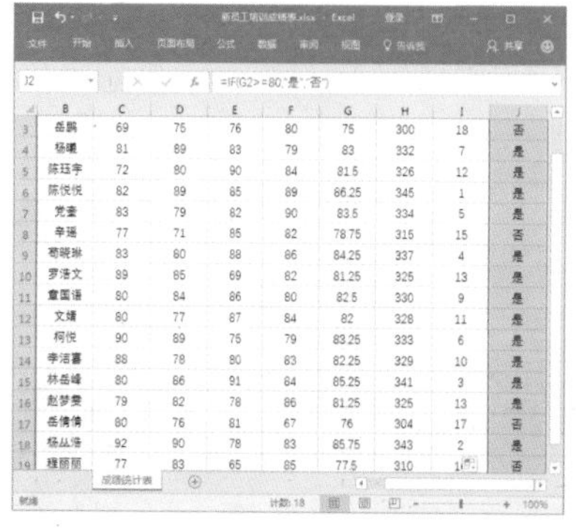

图 24-55

5. 为成绩统计表工作表套用表样式

下面将为成绩统计表工作表中的数据区域套用表格样式，使表格更加美观，其具体操作步骤如下。

Step 01 ❶ 选择 A1:J19 单元格区域，单击【开始】选项卡【样式】组中的【套用表格格式】按钮，❷ 在弹出的下拉列表中选择【浅绿，表样式浅色 21】选项，如图 24-56 所示。

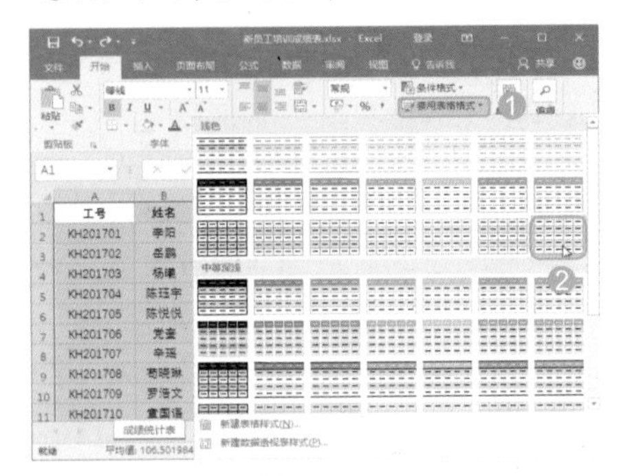

图 24-56

Step 02 在打开的对话框中单击【确定】按钮，❶ 然后单击【设计】选项卡【工具】组中的【转换为区域】按钮，❷ 在打开的提示对话框中单击【是】按钮，如图 24-57 所示。

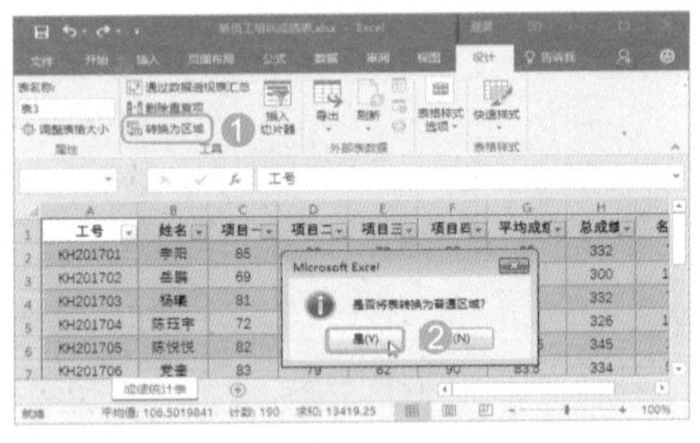

图 24-57

Step 03 删除所选单元格区域中第一行单元格中的下拉箭头，效果如图 24-58 所示。

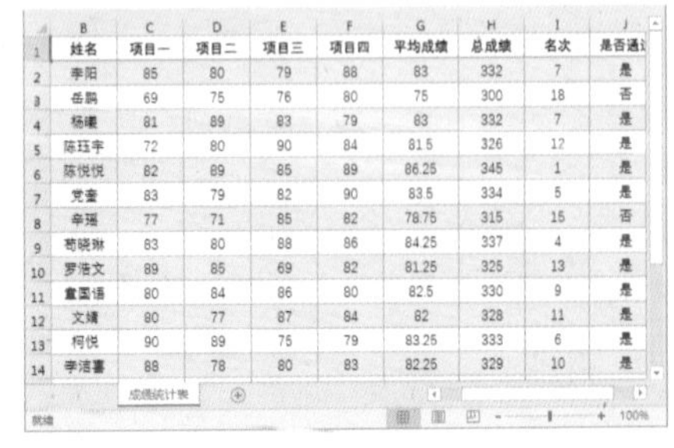

图 24-58

24.2.3 制作成绩查询工作表

成绩查询工作表主要是根据员工编号对培训成绩进行查询，为单独对某个员工的培训成绩查看提供了便利。

1. 新建成绩查询工作表

下面将在工作簿中新建一个名为“成绩查询表”的工作表，其具体操作步骤如下。

Step 01 在工作表标签中单击【新建工作表】按钮，在当前工作表后插入一个名为【Sheet2】的工作表，在该工作表标签上右击，在弹出的快捷菜单中选择【重命名】命令，如图 24-59 所示。

图 24-59

Step 02 此时工作表名称呈可编辑状态，将其更改为【成绩查询表】，并按【Enter】键进行确认，效果如图 24-60 所示。

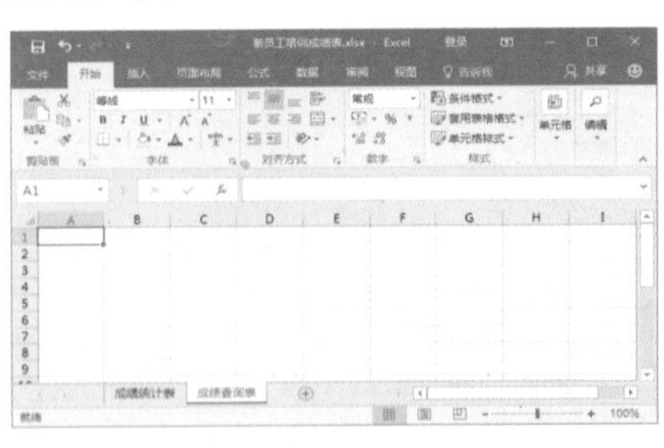

图 24-60

2. 复制粘贴数据

下面将通过复制成绩统计表工作表中的数据来搭建成绩查询表工作表的框架，其具体操作步骤如下。

Step 01 ❶ 在【成绩统计表】中选择 A1:J2 单元格区域，❷ 单击【开始】选项卡【剪贴板】组中的【复制】按钮，如图 24-61 所示。

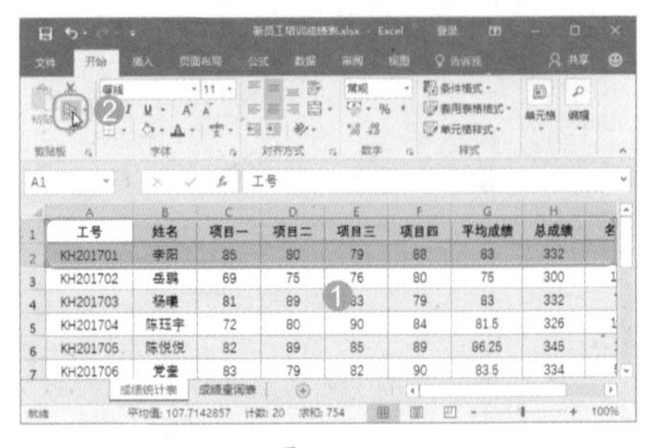

图 24-61

Step 02 切换到【成绩查询表】工作表中，❶ 单击【剪贴板】组中的【粘贴】下拉按钮，❷ 在弹出的下拉列表中选择【转置】选项，如图 24-62 所示。

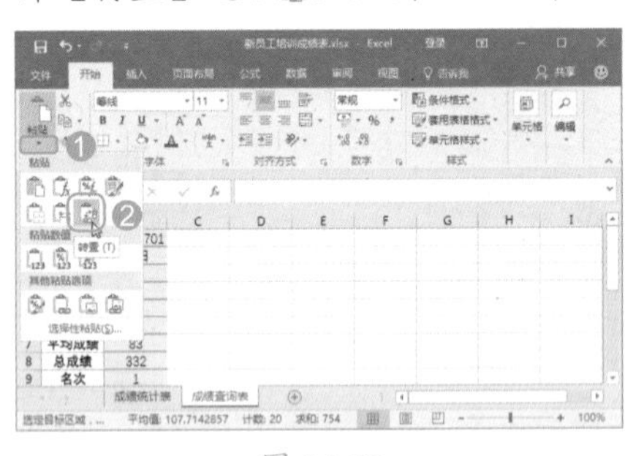

图 24-62

Step 03 即可将复制的单元格区域行列颠倒粘贴到工作表中，然后将不需要的数据删除，并对单元格的格式进行相应的设置，效果如图 24-63 所示。

图 24-63

3. 使用 VLOOKUP 函数查找与引用员工培训成绩

下面将使用 VLOOKUP 函数在成绩查询表工作表中查询与引用成绩统计表工作表中的数据，其具体操作步骤如下。

Step 01 选择 B2 单元格，在编辑栏中输入公式【=VLOOKUP($B$1, 成绩统计表 !$A$1:$J$19,2,0)】，按【Enter】键计算出结果，如图 24-64 所示。

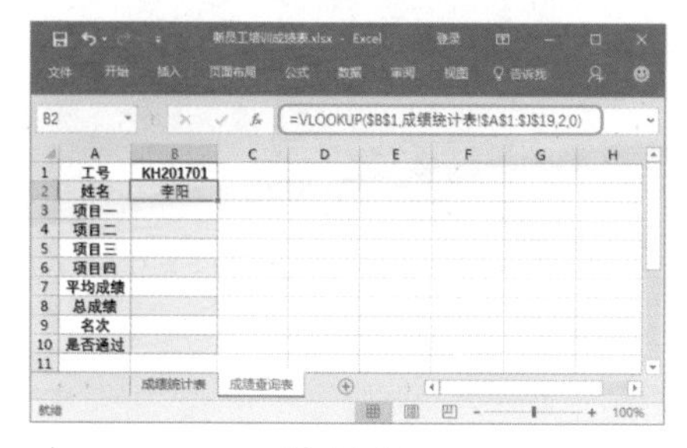

图 24-64

Step 02 复制 B2 单元格中的公式，将其粘贴到 B3 单元格中，将查找的列数更改为【3】，如图 24-65 所示。

Step 03 按【Enter】键计算出结果，然后复制公式，并对公式中的列数进行更改，以便计算出正确的结果，效果如图 24-66 所示。

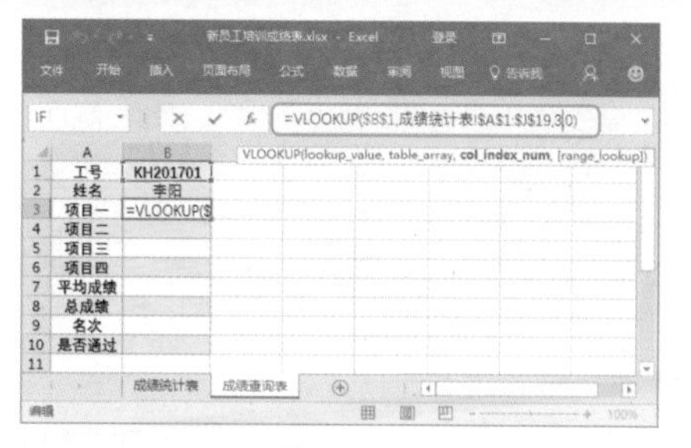

图 24-65

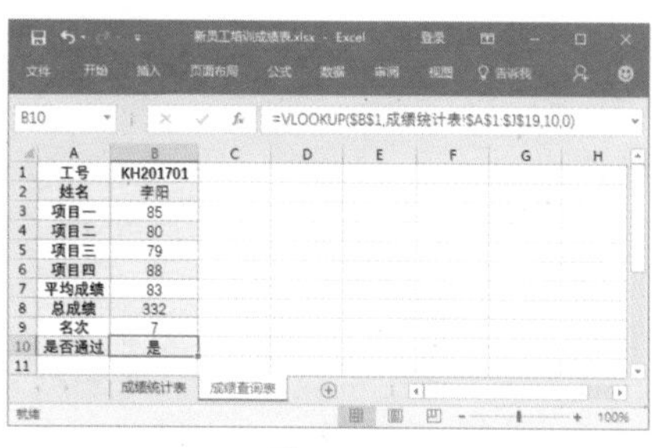

图 24-66

Step 04 将 B2 单元格中的工号更改为【KH201705】，按【Enter】键，即可查看该员工的培训成绩，效果如图 24-67 所示。

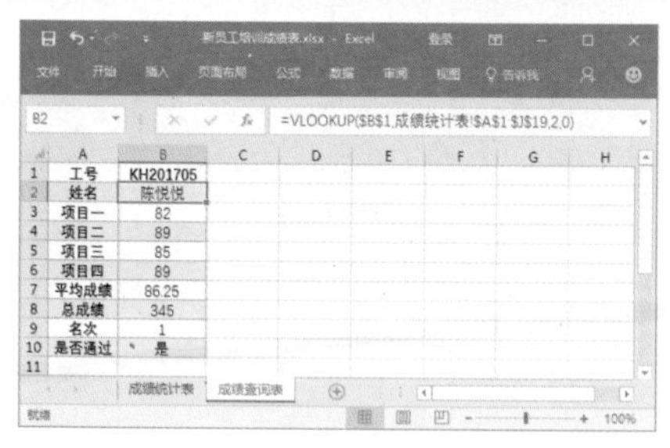

图 24-67

Step 05 将 B2 单元格中的工号更改为【KH201716】，按【Enter】键，即可查看该员工的培训成绩，效果如图 24-68 所示。

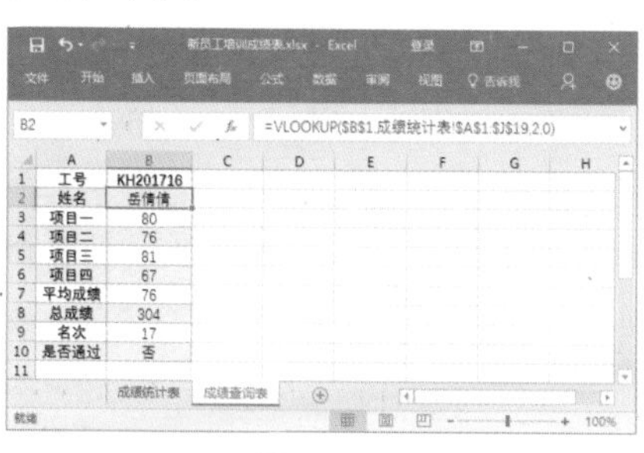

图 24-68

24.3 使用 PPT 制作新员工入职培训演示文稿

实例门类	页面排版 + 文档视图类
教学视频	光盘 \ 视频 \ 第 24 章 \24.3.mp4

公司对新进员工进行培训时，一般会采用以 PPT 的形式呈现出要培训的内容，这样不仅可以让新员工快速了解培训的大致内容，还能让培训变得更生动、形象，有意义，并增加新进员工之间的感情。本例将使用 PowerPoint 制作新员工入职培训，完成后部分幻灯片的效果如图 24-69 所示。

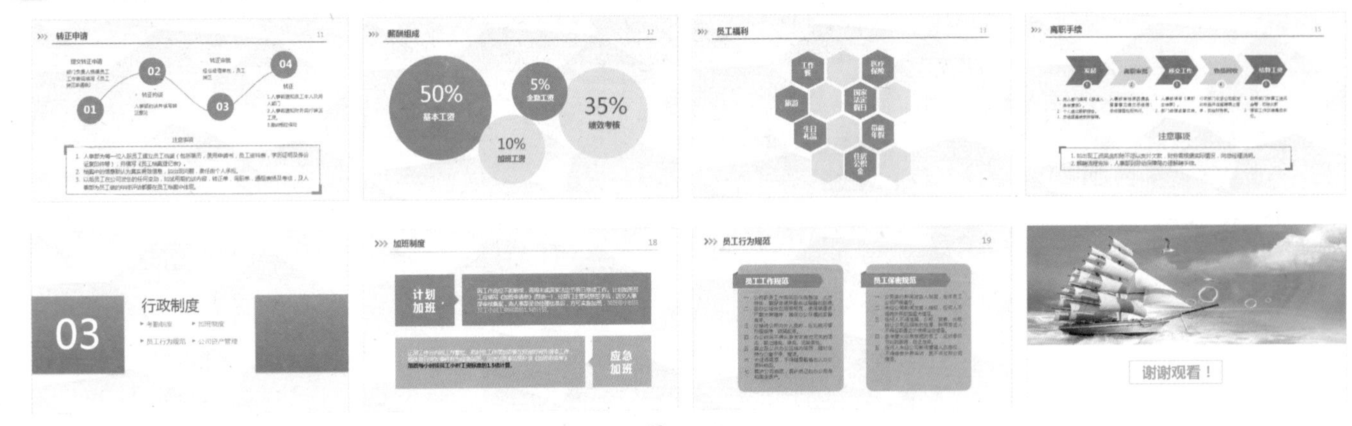

图 24-69

24.3.1 通过幻灯片母版设置背景和占位符格式

通过幻灯片母版设置背景和占位符格式，可以让整个演示文稿拥有相同的背景和格式。

1. 设置幻灯片母版的背景效果

下面将通过幻灯片母版设计内容页和标题页幻灯片的背景效果，其具体操作步骤如下。

Step 01 启动 PowerPoint 2016 程序，新建一个名为【新员工入职培训】的空白演示文稿，❶ 进入幻灯片母版视图，打开【设置背景格式】任务窗格，在【填充】栏中选中【图片或纹理填充】单选按钮，❷ 再单击【文件】按钮，如图 24-70 所示。

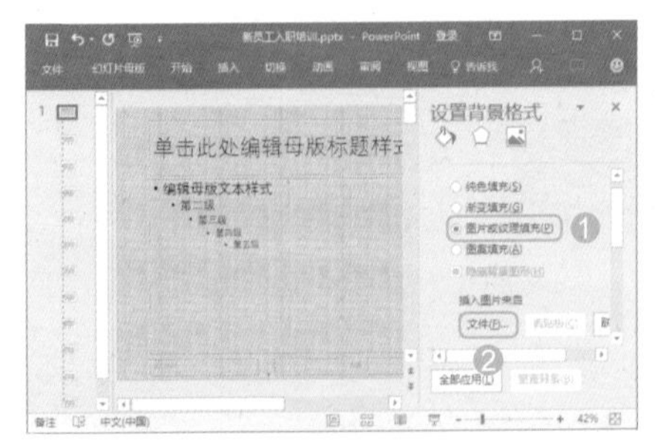

图 24-70

Step 02 打开【插入图片】对话框，❶ 在地址栏中选择需要插入的图片的保存位置，❷ 然后选择要插入的背景图片，❸ 单击【插入】按钮，如图 24-71 所示。

图 24-71

Step 03 为幻灯片母版中所有版式应用相同的背景格式，然后选择第 2 个版式，❶ 单击【背景】组中的【背景样式】按钮，❷ 在弹出的下拉列表中选择需要的样式，如图 24-72 所示。

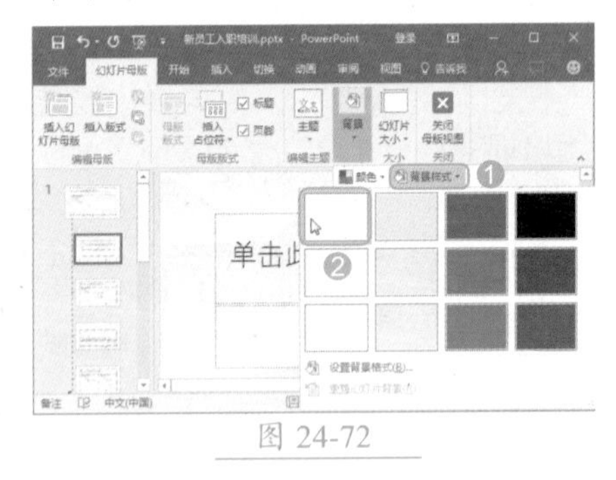

图 24-72

Step 04 即可将所选版式的背景应用为选择的样式，效果如图 24-73 所示。

图 24-73

2. 通过幻灯片母版设置占位符格式

下面将通过幻灯片母版对标题占位符和内容占位符的字体格式进行设置，其具体操作步骤如下。

Step 01 ❶ 选择幻灯片母版第 1 个版式中的标题占位符，在【开始】选项卡【字体】组中将字体设置为【微软雅黑】，字号设置为【24】，❷ 然后单击【加粗】按钮 B 加粗文本，❸ 再将字体颜色设置为【黑色，文字 1，淡色 25%】，如图 27-74 所示。

图 24-74

Step 02 选择内容占位符，❶ 在【字体】组中将字体设置为【微软雅黑】，❷ 字号设置为【12】，效果如图 24-75 所示。

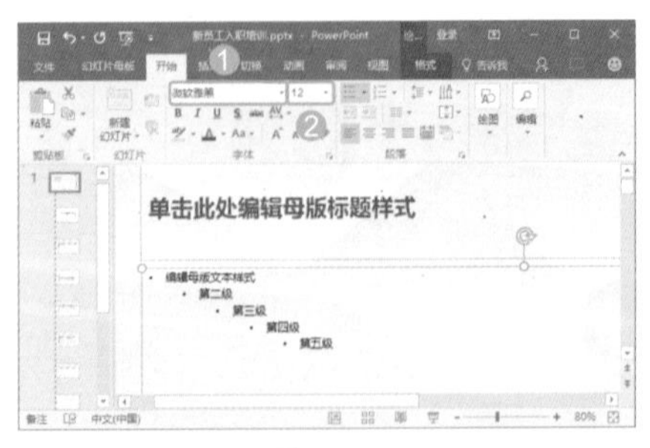

图 24-75

24.3.2 为幻灯片添加需要的对象

幻灯片中最重要的部分就是幻灯片对象的添加，下面将根据不同的幻灯片版式来讲解添加幻灯片图片、形状、文本和 SmartArt 图形等对象。

1. 为封面页添加对象

下面将通过添加图片、形状和文本对象来制作幻灯片封面页，其具体操作步骤如下。

Step01 退出幻灯片母版视图，返回到普通视图中，❶ 在幻灯片中插入需要的图片，选择插入的图片，❷ 单击【格式】选项卡【排列】组中的【下移一层】下拉按钮，❸ 在弹出的下拉菜单中选择【置于底层】命令，如图 24-76 所示。

图 24-76

Step02 即可将图片置于占位符下方，在幻灯片下方的空白区域绘制两条水平直线和垂直直线，然后将标题和副标题占位符移动到合适的位置，并对字体格式进行相应的设置，效果如图 24-77 所示。

图 24-77

Step03 复制【梦想起航】占位符，将其文本更改为【制作人：陈悦】，并对文本的字体格式进行更改，最后再将文本移动到合适的位置，效果如图 24-78 所示。

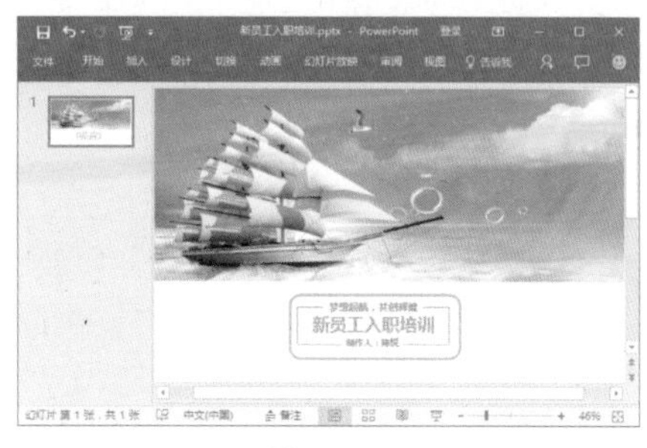

图 24-78

2. 为过渡页添加对象

下面将通过添加形状、文本框和文本等对象制作过渡页，其具体操作步骤如下。

Step01 按【Enter】键新建一张幻灯片，删除幻灯片中的内容占位符，绘制两个大小相同的矩形，然后在第一个矩形中输入文本【01】，并对其字体格式进行相应的设置，最后选择绘制的矩形，为其应用【强列效果 - 蓝色，强调颜色 1】样式，如图 24-79 所示。

图 24-79

Step02 在幻灯片标题占位符中输入【公司介绍】，并对文本字体格式和位置进行设置，❶ 然后在文本下方绘制一个【等腰三角形】形状，选择绘制的形状，单击【排列】组中的【旋转】按钮，❷ 在弹出的下拉菜单中选择【向右旋转 90°】命令，如图 24-80 所示。

Step03 在形状后绘制一个文本框，在其中输入相应的文本，并对文本格式进行设置，然后复制等腰三角形形状和文本框，并对复制的文本内容进行更改，效果如图 24-81 所示。

图 24-80

图 24-81

3. 为内容页添加对象

下面将通过添加形状、文本框、SmartArt 图形和图片等对象制作过渡页，其具体操作步骤如下。

Step01 新建一张幻灯片，在标题占位符中输入【公司简介】文本，然后在文本下方绘制一条直线，为其应用【细线 - 深色 1】样式，再在标题文本左侧绘制三个【箭头：V 形】形状，并对形状效果进行相应的设置，如图 24-82 所示。

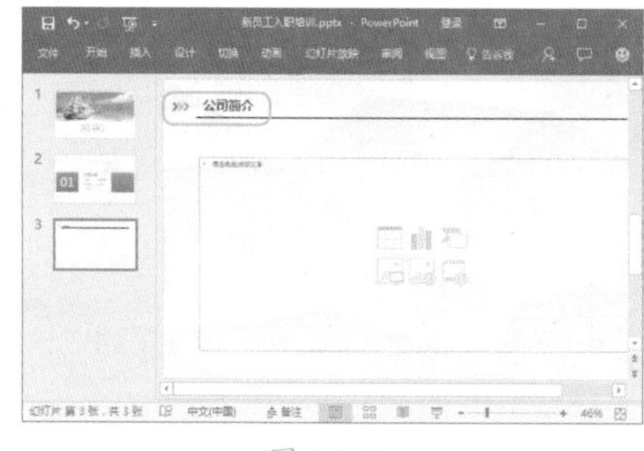

图 24-82

Step02 在【开始】选项卡【文本】组中单击【幻灯片编号】按钮，打开【页眉和页脚】对话框，❶ 在【幻灯片】选项卡中选中【幻灯片编号】复选框，❷ 单击【应用】按钮，如图 24-83 所示。

图 24-83

Step03 即可在该幻灯片右下方添加幻灯片编号，将幻灯片编号移动到合适位置，并对其字体格式进行相应的设置，然后在内容占位符中输入相应的文本，并对文本的格式进行设置，效果如图 24-84 所示。

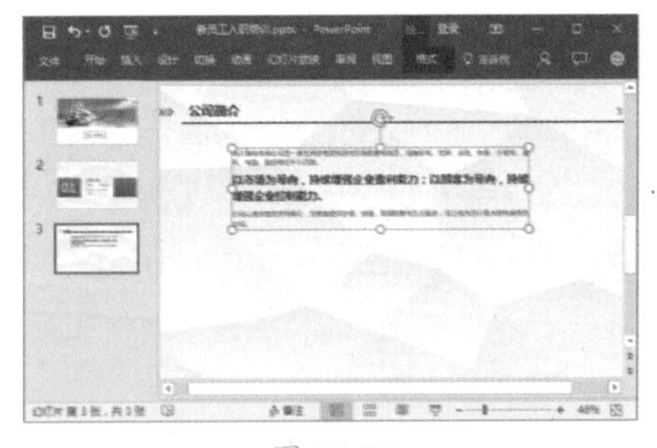

图 24-84

Step04 在幻灯片中绘制一个矩形、两个 L 形状和 4 个正圆形状，然后对形状的效果等进行相应的设置，效果如图 24-85 所示。

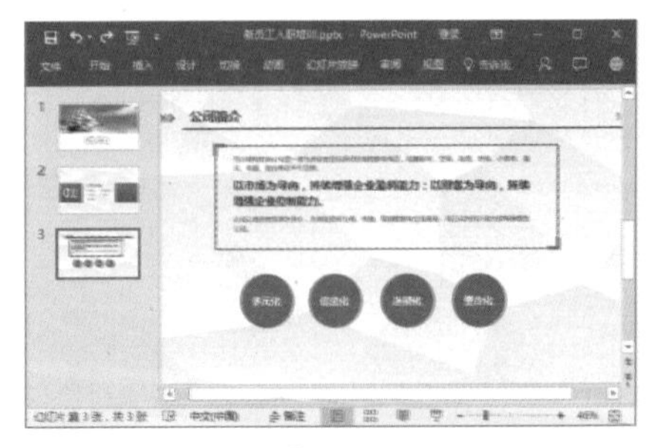

图 24-85

Step05 复制第 3 张幻灯片，对标题文本进行修改，然后删除幻灯片中多余的占位符和形状，单击内容占位符中的【插入 SmartArt 图形】图标，如图 24-86 所示。

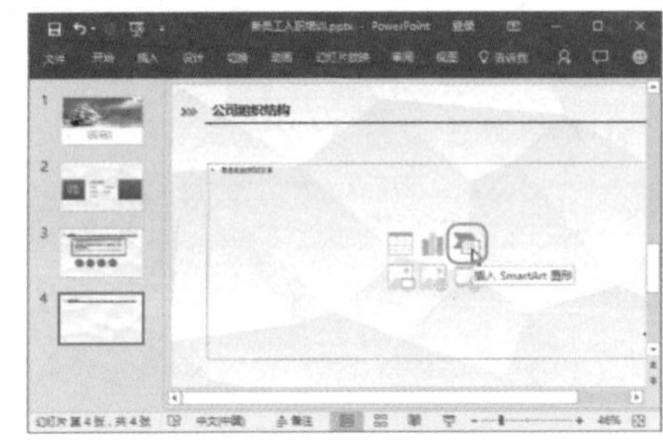

图 24-86

Step06 打开【选择 SmartArt 图形】对话框，❶ 在左侧选择【层次结构】选项，❷ 在中间选择【组织结构图】选项，❸ 单击【确定】按钮，如图 24-87 所示。

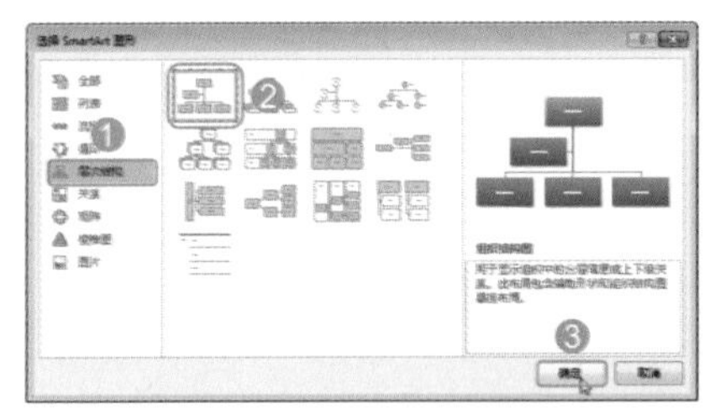

图 24-87

Step07 即可在幻灯片中插入组织结构图，然后在文本窗格中输入 SmartArt 图形中需要的文本，并在最后一个文本后按两次【Enter】键，新增两个形状，效果如图 24-88 所示。

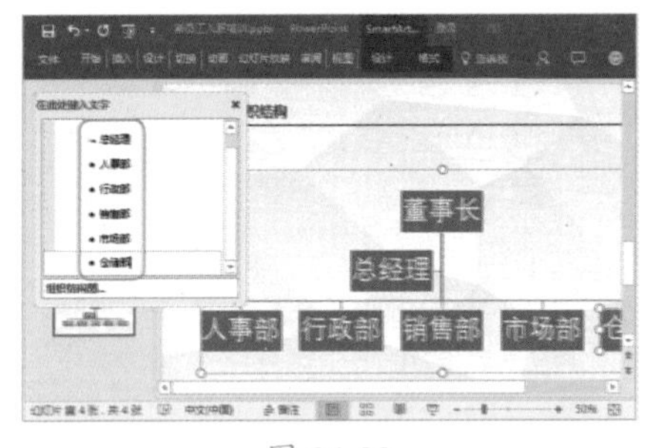

图 24-88

Step08 选择 SmartArt 图形，为其应用【粉末】SmartArt 样式，如图 24-89 所示。

Step09 使用制作第 4 张幻灯片的方法制作第 5 和第 6 张幻灯片，然后在第 7 张幻灯片中插入需要的 3 张图片，选择两张带人物的图片，为其应用【柔化边缘矩形】样式，如图 24-90 所示。

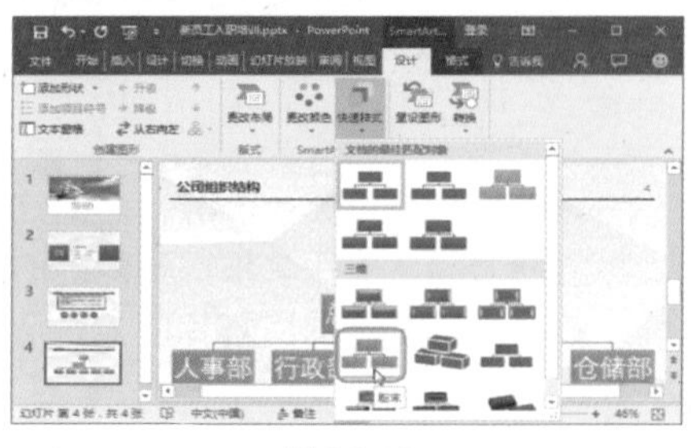

图 24-89

图 24-90

Step10 复制 3 张齿轮图片，并对其大小和位置进行调整，然后选择两张小一点的齿轮图片，将颜色更改为【浅灰色，背景色 2 浅色】，如图 24-91 所示。

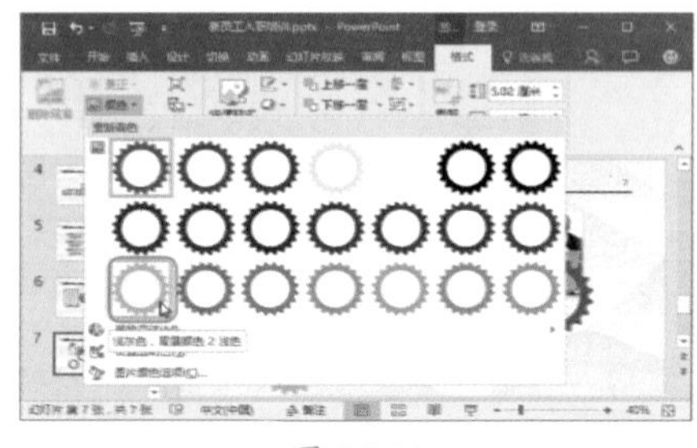

图 24-91

Step11 在齿轮图片上绘制文本框，并在文本框中输入需要的文本，然后对文本的格式进行相应的设置，效果如图 24-92 所示。

图 24-92

4. 为其他幻灯片和结束页幻灯片添加对象

下面将使用复制的方法制作演示文稿其他过渡页和内容页及结束页幻灯片，其具体操作步骤如下。

Step01 复制第 2 张幻灯片，将其粘贴两次，并对粘贴的幻灯片中的文本进行修改，制作其他两张过渡页幻灯片，然后复制内容页幻灯片，在其中插入【向上箭头】SmartArt 图形，❶ 最后单击【转换】组中的【转换】按钮，❷ 在弹出的下拉菜单中选择【转换为形状】命令，如图 24-93 所示。

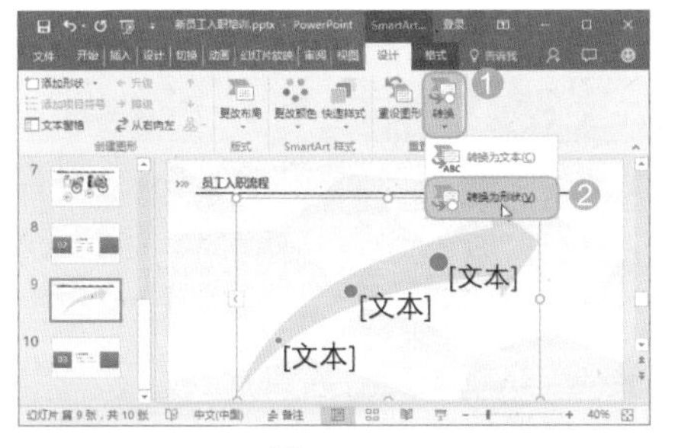

图 24-93

Step02 即可将 SmartArt 图形转换为形状，然后再在幻灯片中绘制其他需要的形状，并输入相应的文本，效果如图 24-94 所示。

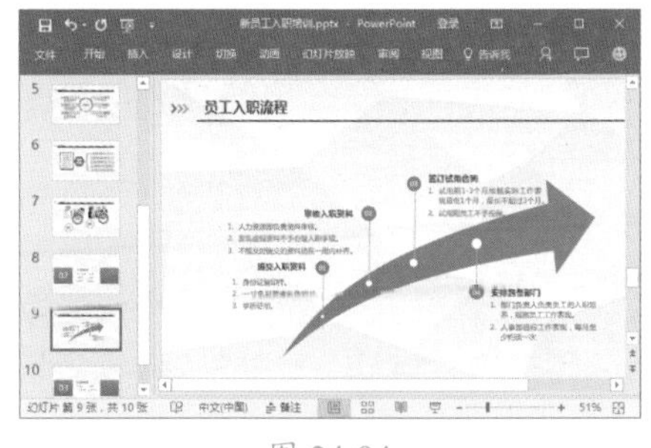

图 24-94

Step03 使用前面制作幻灯片的方法制作演示文稿中的其他幻灯片，效果如图 24-95 所示。

图 24-95

24.3.3 通过缩放定位创建目录页幻灯片

通过缩放定位不仅可以创建目录页幻灯片需要的内容，还可快速定位到相应的幻灯片，对于大型演示文稿来说，更加便于查看。

1. 为演示文稿创建节

下面将对演示文稿中的幻灯片进行分节管理，这样便于使用节缩放功能创建目录页幻灯片，其具体操作步骤如下。

Step01 ❶ 在幻灯片窗格第 1 张幻灯片最前方的空白区域单击鼠标进行定位，❷ 然后单击【幻灯片】组中的【节】按钮，❸ 在弹出的下拉列表中选择【新增节】命令，如图 24-96 所示。

图 24-96

Step02 在第 1 张幻灯片前面新增一个节，在节名称上右击，在弹出的快捷菜单中选择【重命名节】命令，❶ 打开【重命名节】对话框，在【节名称】文本框中输入【封面】，❷ 单击【重命名】按钮，如图 24-97 所示。

Step03 即可重命名节名称，然后使用相同的方法继续增加节，并对节的名称进行重命名，效果如图 24-98 所示。

图 24-97

图 24-98

2. 创建目录页幻灯片

下面将使用节缩放定位功能制作目录页幻灯片，其具体操作步骤如下。

Step01 复制第 3 张幻灯片，将其粘贴到第 1 张幻灯片后面，并对幻灯片中的文本进行修改，❶ 然后选择第 2 张幻灯片，单击【插入】选项卡【链接】组中的【缩放定位】按钮，❷ 在弹出的下拉列表中选择【节缩放定位】命令，如图 24-99 所示。

图 24-99

Step02 打开【插入节缩放定位】对话框，❶ 选中所有的复选框，❷ 单击【插入】按钮，如图 24-100 所示。

Step03 即可在第 2 张幻灯片中以图形对象的方式插入每节的第 1 张幻灯

片，将插入的对象调整到合适的大小和位置，❶ 然后选择插入的对象，单击【格式】选项卡【缩放定位样式】组中的【快速样式】按钮，❷ 在弹出的下拉列表中选择【旋转,白色】选项，如图 24-101 所示。

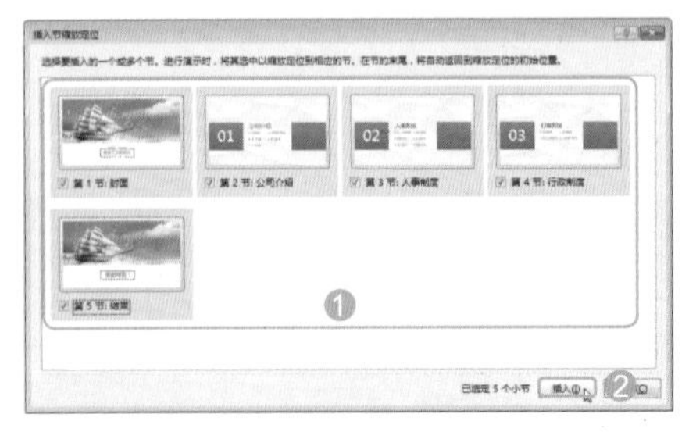

图 24-100

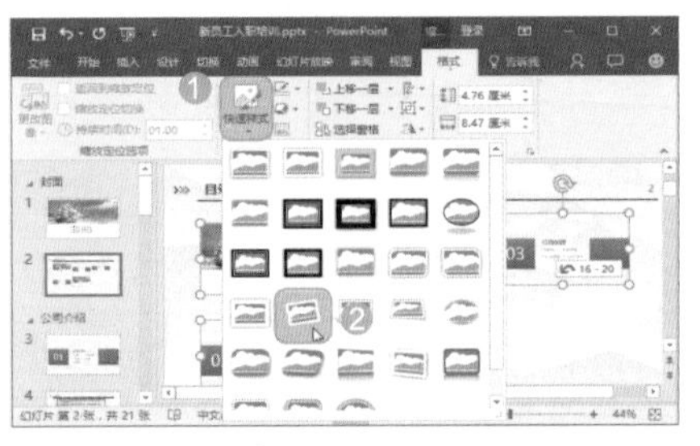

图 24-101

Step 04 即可将为插入的对象应用选择的缩放定位样式，效果如图 24-102 所示。

图 24-102

24.3.4 为幻灯片添加相同的切换效果

当需要为演示文稿中的所有幻灯片应用相同的切换效果时，为了提高设置效率，那么可以先为一张幻灯片添加切换效果，然后再将该幻灯片中的切换效果应用到演示文稿的其他幻灯片中，其具体操作步骤如下。

Step 01 选择第 1 张幻灯片，❶ 单击【切换】选项卡【切换到此幻灯片】组中的【切换效果】按钮，❷ 在弹出的下拉列表中选择【擦除】切换效果，如图 24-103 所示。

图 24-103

Step 02 ❶ 单击【切换到此幻灯片】组中的【效果选项】按钮，❷ 在弹出的下拉菜单中选择【自左侧】命令，如图 24-104 所示。

图 24-104

Step 03 ❶ 在【计时】组中的【持续时间】数值框中输入【01.50】，❷ 然后单击【全部应用】按钮，如图 24-105 所示。

图 24-105

Step 04 即可将第 1 张幻灯片的切换效果应用到该演示文稿的其他幻灯片中，如图 24-106 所示。

图 24-106

本章小结

在本章中使用 Word、Excel 和 PowerPoint 制作了一个新员工入职培训项目，其中使用 Word 制作新员工入职培训制度、使用 Excel 制作培训成绩的统计与查询，使用 PowerPoint 制作了关于新员工入职培训的演示文稿，用于对新员工进行培训。在制作过程中，需要注意在 Excel 中输入数据和计算数据的正确性。

第25章 实战应用：制作产品宣传推广方案

- 如何使用 Word 制作宣传单？
- 如何使用 Excel 对推广渠道进行直观分析并得出结论？
- 如何让 PPT 自动进行宣传展示的循环放映？

本章将通过产品宣传推广方案实例的制作，进一步巩固前面学习的 Word、Excel、PPT 的相关知识，在学习过程中，读者不仅能找到以上问题的答案，同时还能掌握使用 Word、Excel 和 PPT 制作一个项目的思路和方法。

25.1 使用 Word 制作产品宣传推广单文档

实例门类	页面排版 + 文档视图类
教学视频	光盘\视频\第 25 章\25.1.mp4

产品宣传推广单是直接面向客户或是用户的，要求简洁明了，传播主要信息，吸引客户或用户，激发其购买欲望，因此，它的制作更加倾向于平面设计，其中，文本内容必须是简要和关键的，且占有篇幅较少，图形图像是关键构成元素。以铁观音茶叶推广宣传单为例，完成后的效果如图 25-1 所示。

图 25-1

25.1.1 设置文档页面大小

宣传单与普通文档不一样，通常都需要自定义页面大小和方向，让整个版面更加适合设计及内容的放置，具体操作步骤如下。

Step 01 新建文档并将其保存为“宣传推广单”，单击【布局】选项卡【页面设置】组中右下角的按钮，如图 25-2 所示。

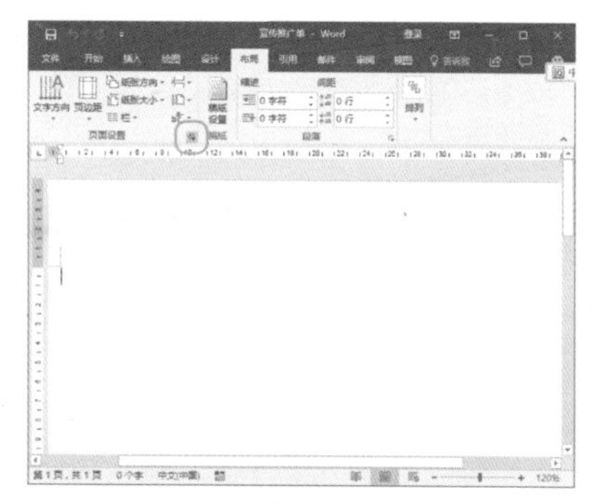

图 25-2

Step 02 打开【页面设置】对话框，在【页边距】选项卡中的【纸张方向】栏中选择【横向】选项，如图 25-3 所示。

图 25-3

Step 03 ❶ 选择【纸张】选项卡，❷ 在【宽度】数值框中输入【33】；在【高度】数值框中输入【19】，❸ 单击【确定】按钮，如图 25-4 所示。

图 25-4

25.1.2 用渐变色作为文档底纹

茶叶往往给人一种生机盎然的感觉，所以，这里用绿色渐变色作为页面的背景色，其具体操作步骤如下。

Step 01 ❶ 单击【设计】选项卡【页面背景】组中的【页面颜色】下拉按钮，❷ 在弹出的下拉列表中选择【填充效果】选项，如图 25-5 所示。

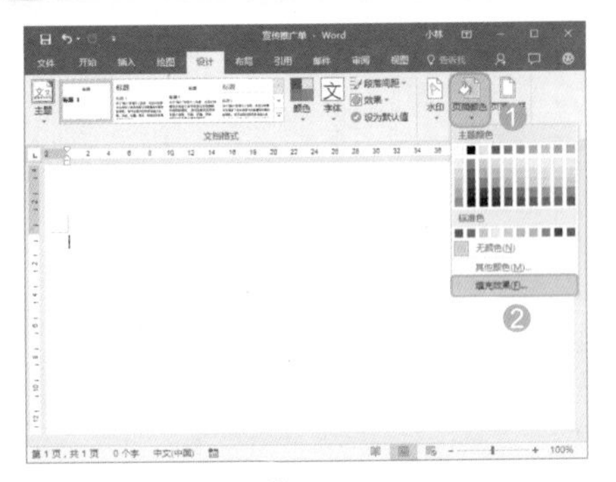

图 25-5

Step 02 打开【填充效果】对话框，❶ 在【渐变】选项卡的【颜色】栏中选中【双色】单选按钮，❷ 设置【颜色 1】为【绿色，个性 6，深色 50%】；设置【颜色 2】为【绿色，个性 6】，❸ 选中【斜上】单选按钮，❹ 单击【确定】按钮，如图 25-6 所示。

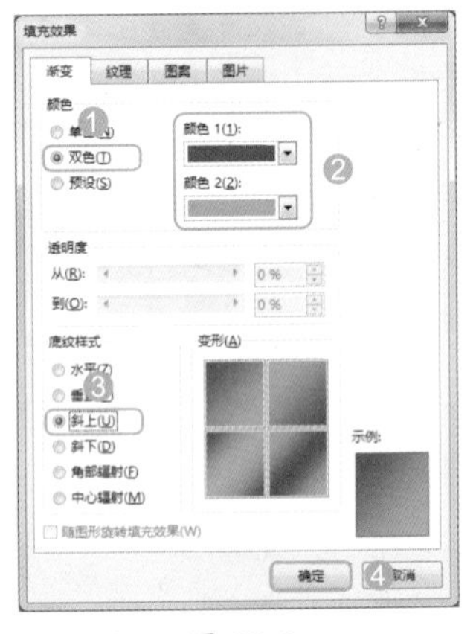

图 25-6

25.1.3 用艺术字制作标题

在宣传单中，要推出的产品名称，可以使用艺术字让其突出显示并放置在合适位置，其具体操作步骤如下。

Step 01 ❶ 单击【插入】选项卡【文本】组中的【艺术字】下拉按钮，❷ 在弹出的下拉列表中选择【填充；黑色，文本色 1；阴影】选项，如图 25-7 所示。

Step 02 ❶ 在艺术字文本框中输入【铁观音】，❷ 在激活的【绘图工具 格式】选项卡中单击【文字方向】下拉按钮，❸ 在弹出的下拉列表中选择【垂直】选项，如图 25-8 所示。

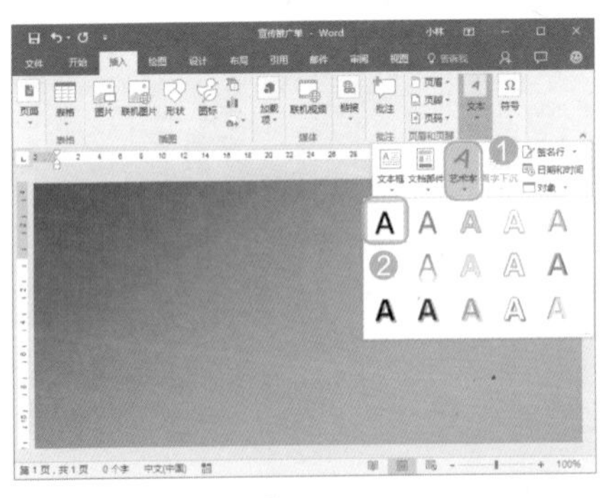

图 25-7

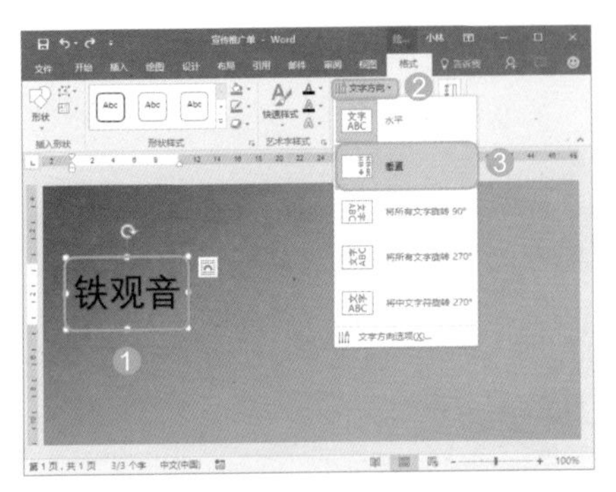

图 25-8

Step 03 ❶ 设置字体、字号和字体颜色为【李旭科毛笔行书】【72】和【白色，背景 1】，❷ 移动整个艺术字到页面的合适位置，如图 25-9 所示。

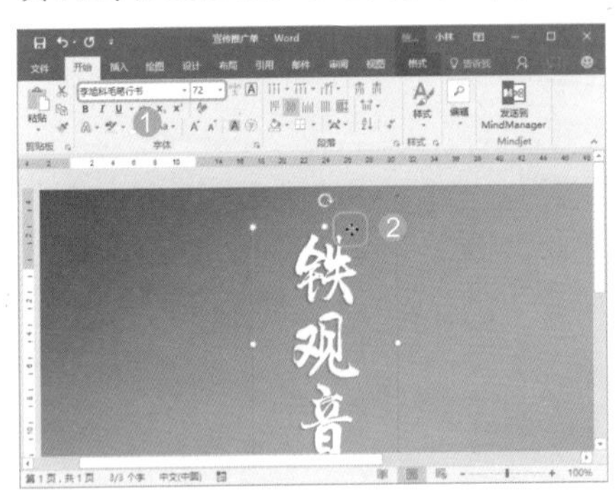

图 25-9

25.1.4 使用文本框添加介绍文本

产品的推广介绍文本是必不可少的，不过，又不能直接在文档中进行输入，因为，它们放置的位置相对灵活和随意，完全根据整体设计框架而定。下面使用文本框来放置铁观音推广介绍文本的位置，其具体操作步骤如下。

Step 01 ❶ 单击【插入】选项卡【文本】组中的【文本框】按钮，❷ 在弹出的下拉列表中选择【绘制文本框】选项，如图 25-10 所示。

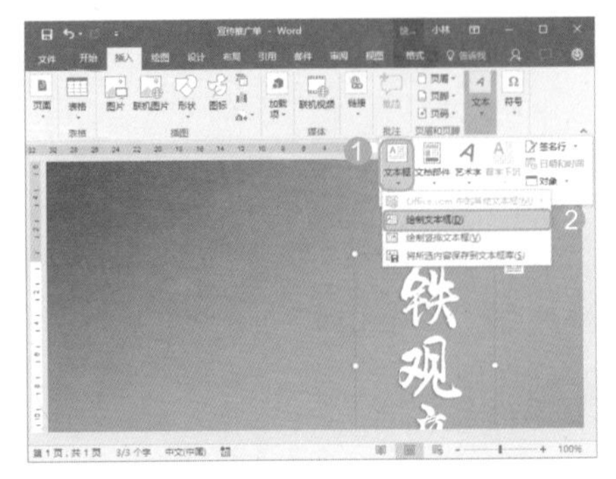

图 25-10

Step 02 绘制文本框并在其中输入铁观音的营养成分文本，如图 25-11 所示。

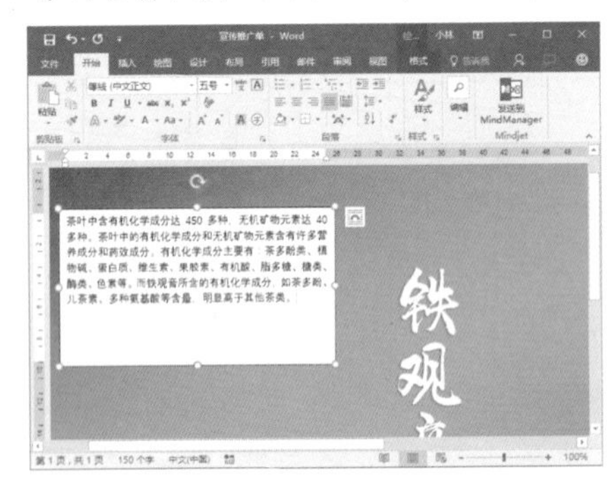

图 25-11

Step 03 ❶ 字号设置为【10】，❷ 单击【加粗】按钮 B，❸ 字体颜色设置为【白色，背景 1】，如图 25-12 所示。

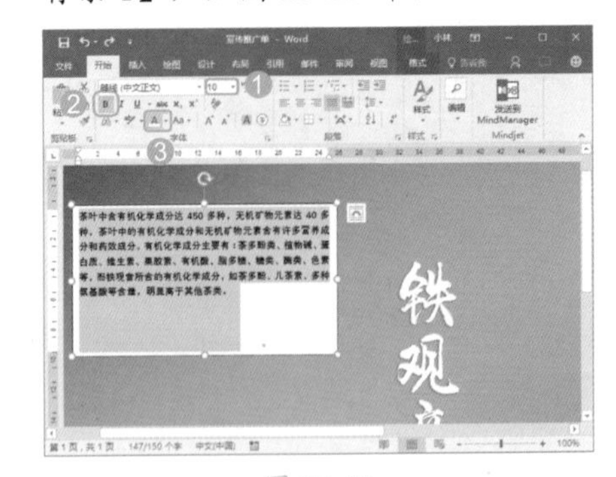

图 25-12

Step 04 保持文本框内文本的选择状态，打开【段落】对话框，❶ 设置首行缩进两个字符，❷ 单击【确定】按钮，如图 25-13 所示。

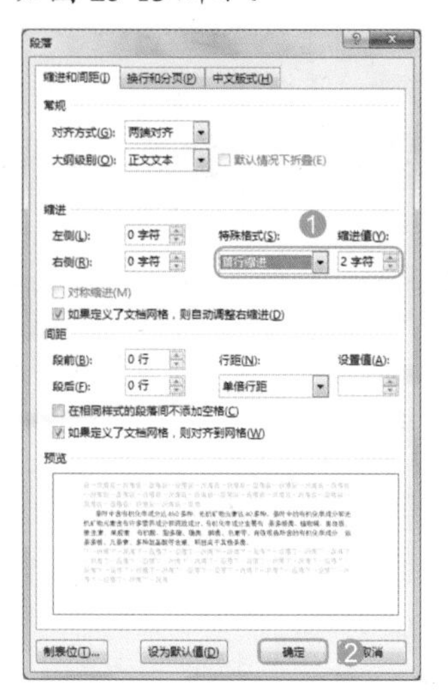

图 25-13

Step05 设置文本框的【形状填充】和【轮廓形状】为【无填充颜色】和【无轮廓】，效果如图 25-14 所示。

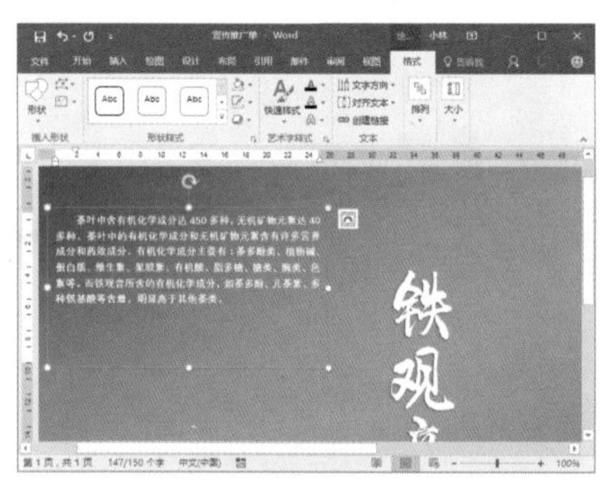

图 25-14

Step06 ❶ 再次选择文本框中的内容，❷ 单击【开始】选项卡【段落】组中的【行和段落间距】按钮，❸ 在弹出的列表中选择【1.5】选项，如图 25-15 所示。

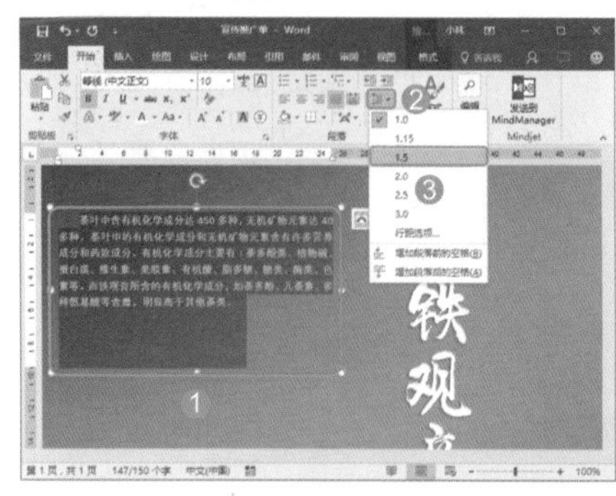

图 25-15

Step07 以同样的方法添加和设置其他的文本内容，并放置在合适位置，效果如图 25-16 所示。

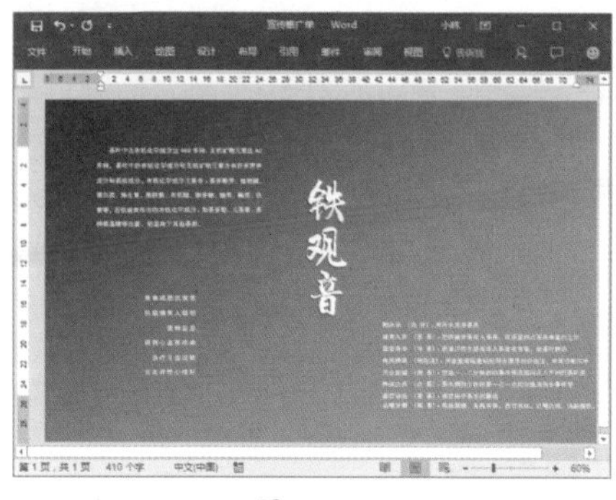

图 25-16

25.1.5 更改文字方向并添加项目符号

为了增加宣传单的“活性”和文本说明性，可以更改部分文本的方向、为部分文本添加项目符号，其具体操作步骤如下。

Step01 ❶ 选择目标文本框，❷ 在激活的【绘图工具 格式】选项卡中单击【文字方向】下拉按钮，❸ 在弹出的下拉列表中选择【垂直】选项，如图 25-17 所示。

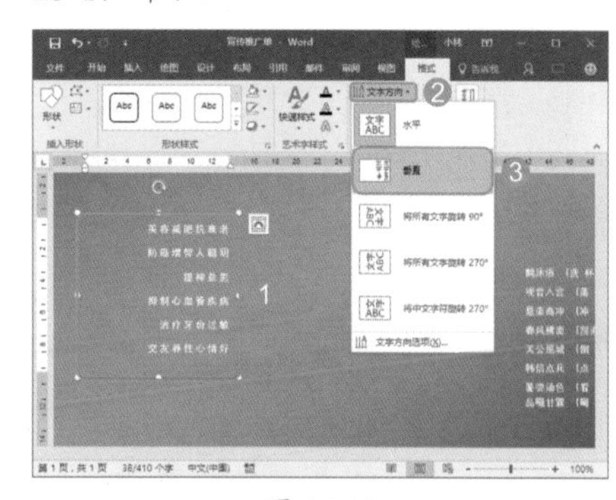

图 25-17

Step02 ❶ 在冲泡步骤文本框中选择文本内容，❷ 在【开始】选项卡中单击【编号】按钮右侧的下拉按钮，❸ 在弹出的下拉列表中选择合适的编号选项，如图 25-18 所示。

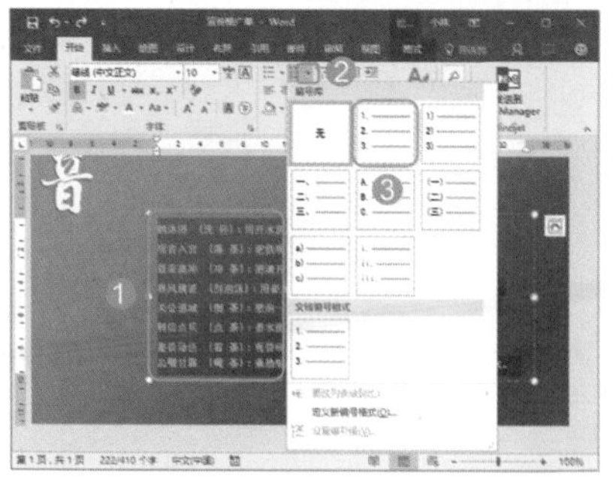

图 25-18

25.1.6 添加和设置装饰形状

为了让宣传推广单更美观，同时，让每一个文本框中的内容更加具有主题效果，可以通过添加形状来轻松实现，其具体操作步骤如下。

Step01 ❶ 单击【插入】选项卡中的【形状】下拉按钮，❷ 在弹出的下拉列表中选择【线条】选项，在合适位置绘制线条形状，如图 25-19 所示。

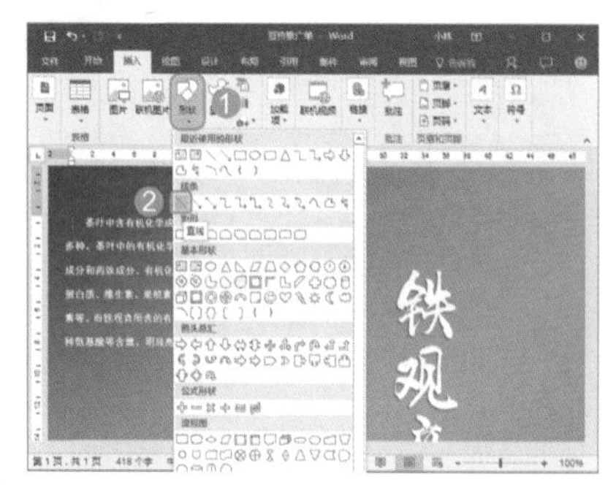

图 25-19

Step02 选择绘制的线条形状，❶ 在激活的【绘图工具 格式】选项卡中单击【形状轮廓】下拉按钮，❷ 在弹出的下拉列表中选择【粗细】→【2.25 磅】选项，如图 25-20 所示。

图 25-20

Step 03 保持线条形状的选择状态，❶ 在激活的【绘图工具 格式】选项卡中单击【形状轮廓】下拉按钮，❷ 在弹出的下拉列表中选择【白色，背景 1】选项，如图 25-21 所示。

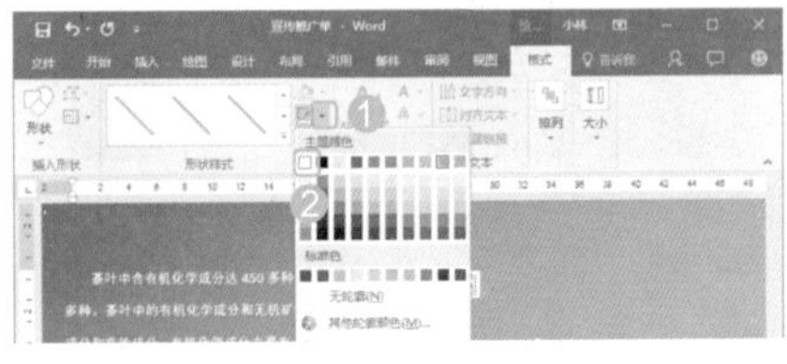

图 25-21

Step 04 绘制矩形形状，去掉其轮廓边框并设置其填充底纹为【橙色，个性色 2，深色 50%】，如图 25-22 所示。

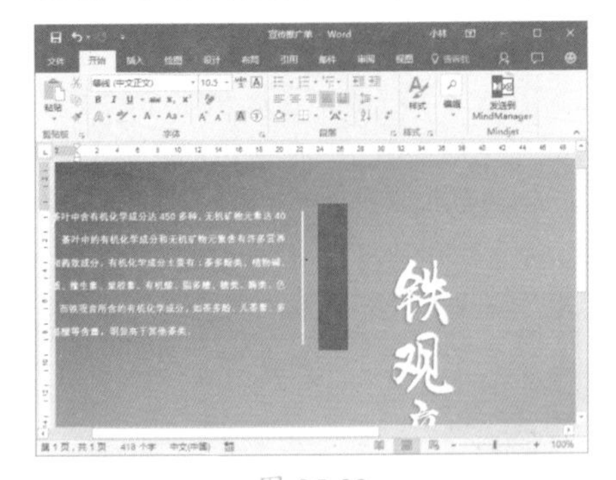

图 25-22

Step 05 在形状上右击，在弹出的快捷菜单中选择【编辑文字】选项，进入编辑状态，如图 25-23 所示。

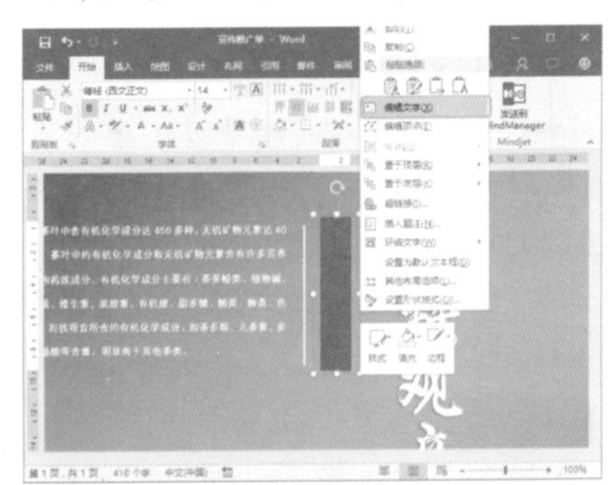

图 25-23

Step 06 输入【观音茶营养成分】，并设置其字体、字号和颜色为【等线 (西文正文)】【14】和【黄色】并将其加粗，如图 25-24 所示。

Step 07 以同样的方法添加和设置其他需要的形状，效果如图 25-25 所示。

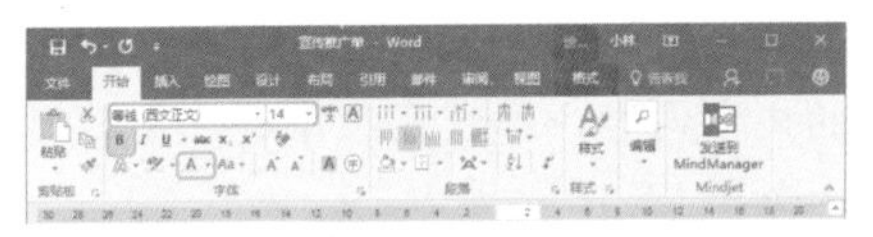

图 25-24

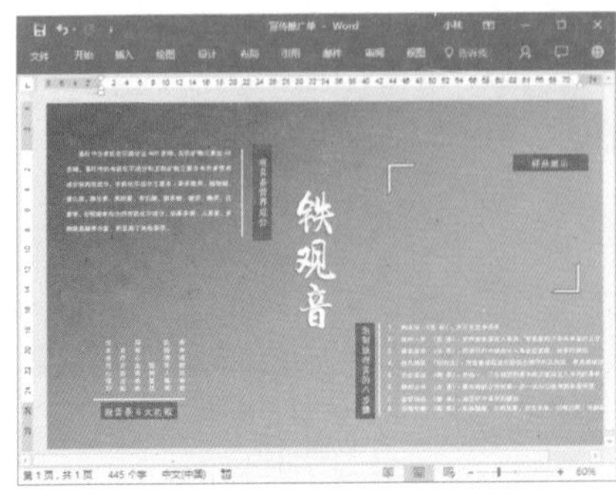

图 25-25

25.1.7 插入和设置图片

为了更加直观地展示产品，提升宣传效果，可在其中添加一些产品图片，其具体操作步骤如下。

Step 01 单击【插入】选项卡【插图】组中的【图片】按钮，如图 25-26 所示。

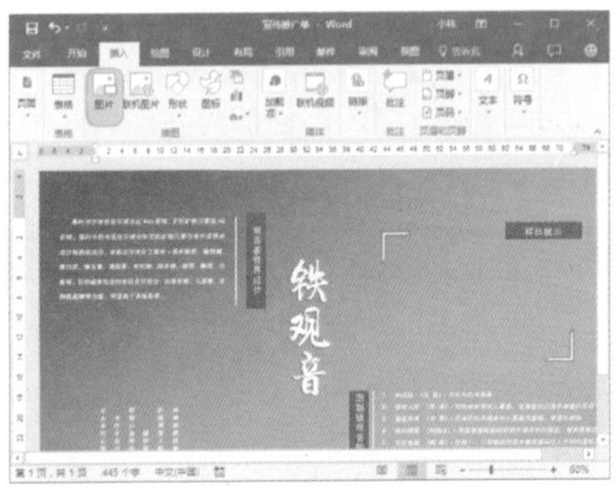

图 25-26

Step 02 打开【插入图片】对话框，❶ 选择图片保存的位置，❷ 按【Ctrl+A】组合键选择文件夹中的所有图片，❸ 单击【插入】按钮，如图 25-27 所示。

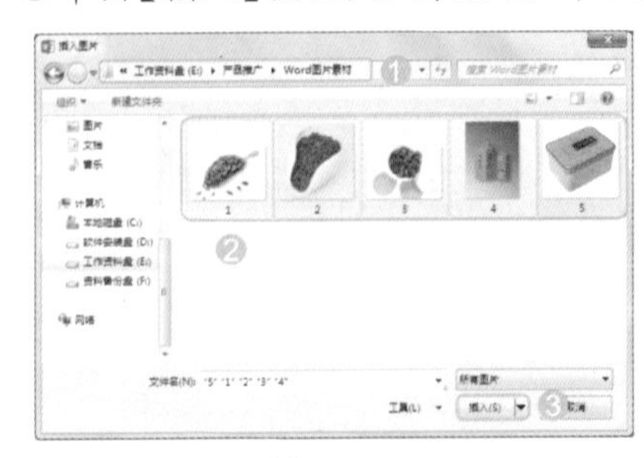

图 25-27

Step 03 在目标图片上右击，在弹出的快捷菜单中选择【环绕文字】→【浮于文字上方】命令，如图 25-28 所示。

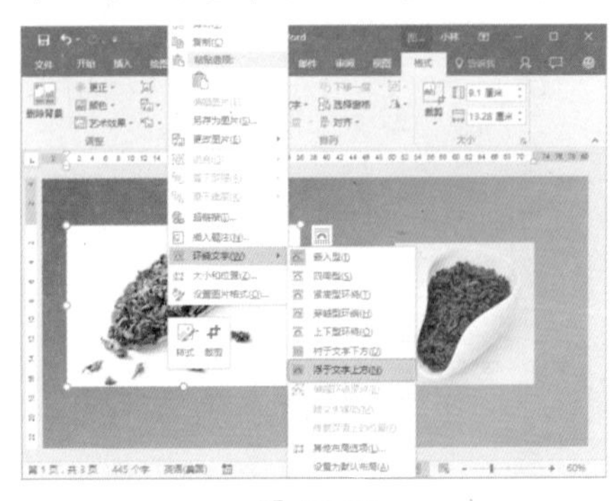

图 25-28

Step 04 在【大小】组中调整图片的高度和宽度都为【2.6 厘米】，如图 25-29 所示。

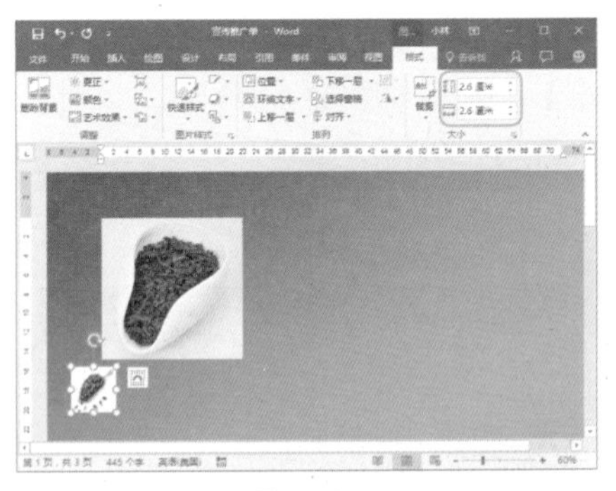

图 25-29

Step 05 以同样的方法调整图片宽度和高度，并将其【环绕方式】设置为【浮于文字上方】，然后，将图片移到合适的位置，如图 25-30 所示。

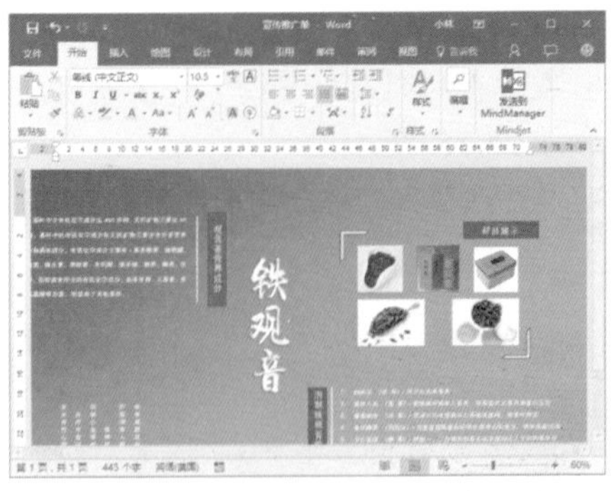

图 25-30

25.2 使用 Excel 制作市场推广数据分析图表

实例门类	页面排版 + 文档视图类
教学视频	光盘 \ 视频 \ 第 25 章 \25.2.mp4

产品推广不是盲目的，也不是随意的，需要对产品的规格、定位及渠道进行分析，这样才能打一场有把握的“胜仗”，把产品成功地推向市场，获得收益。以分析铁观音茶叶行业定价、规格及销售渠道，并得出分析结果为例，完成后的效果如图 25-31 所示。

价格与销售额关系分析

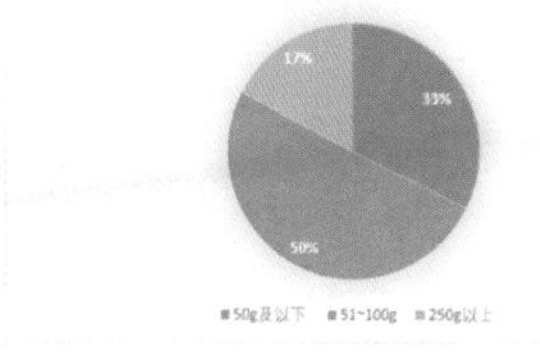

包装规格与销量关系分析

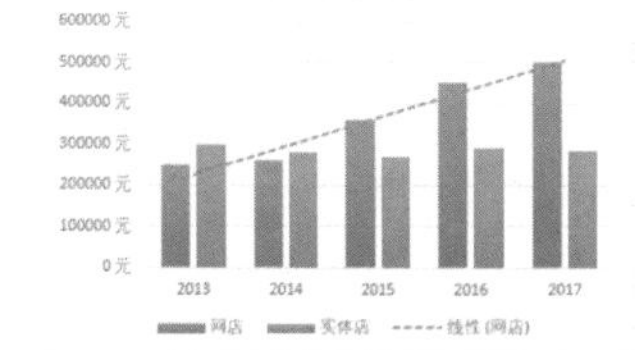

购买渠道分析

2013　2014　2015　2016　2017

网店　实体店　线性 (网店)

分析：从图标中可以明显看出：加个在 101~300，规格在的 51~100g 之间的铁观音市场反映较好，同时，在迷你图中可以看出在该范围价格和规格市场销量和销售额金额均处于上升阶段。
结论：重点推广价格在 101~300，规格在的 51~100g 之间的铁观音产品。

分析：从图表中可以看出通过网店购买铁观音茶叶的金额逐年增加，且有增大的趋势，而实体店面相对平稳并低于网店。
结论：推广渠道的重点倾向于网店，并保持适当的实体店投入推广。

图 25-31

25.2.1 使用 AVERAGE 函数计算销量平均值

下面使用 AVERAGE 函数对产品 2015 年到 2017 年这 3 年销量的平均值进行计算，具体操作步骤如下。

Step 01 打开“光盘 \ 素材文件 \ 第 25 章 \ 市场推广分析 .xlsx”文件，❶ 选择 E2:E4 单元格区域，❷ 单击【公式】选项卡中的【自动求和】下拉按钮，❸ 在弹出的下拉列表中选择【平均值】选项，如图 25-32 所示。

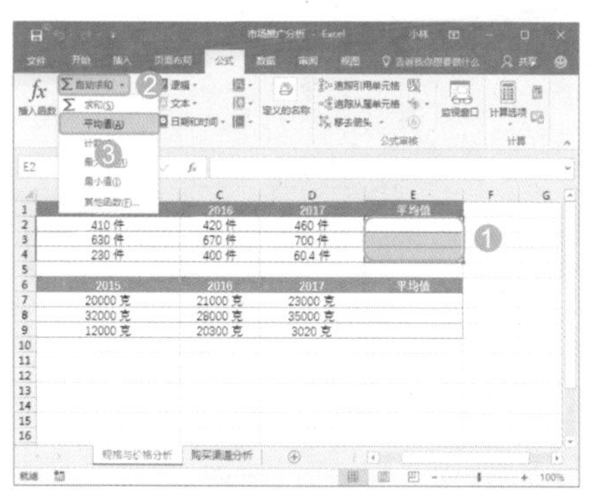

图 25-32

Step 02 以同样的方法使用 AVERAGE 函数在 E7:E9 单元格区域中计算出平均值，如图 25-33 所示。

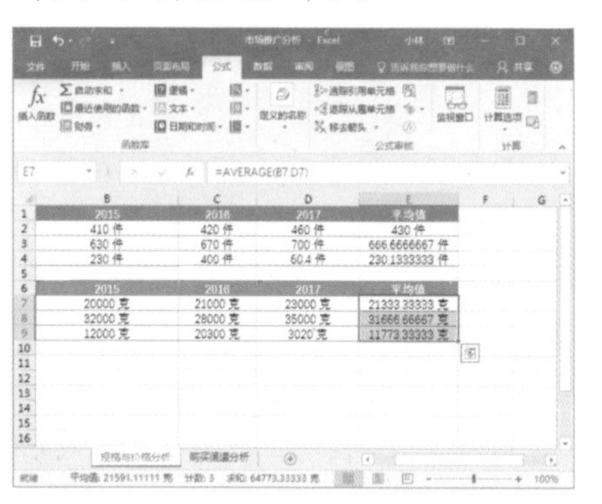

图 25-33

25.2.2 使用折线迷你图展示销售走势情况

为了更好地将产品打入市场，需要对市场上各类规格和价格的铁观音茶叶销售情况进行简单展示和分析，从而有助于制定自己产品的价格和规格定位，可以通过折线迷你图的方式来实现，具体操作步骤如下。

Step 01 ❶ 选择 F2:F4 单元格区域，❷ 单击【插入】选项卡【迷你图】组中的【折线图】按钮，如图 25-34 所示。

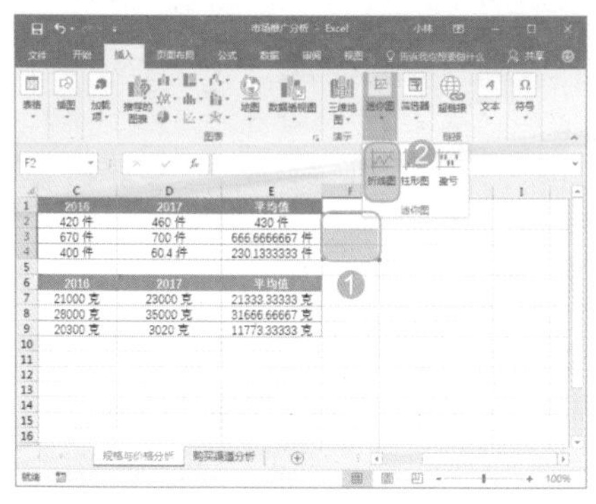

图 25-34

Step 02 打开【创建迷你图】对话框，❶ 设置【数据范围】为 B2:D4 单元格区域，❷ 单击【确定】按钮，如图 25-35 所示。

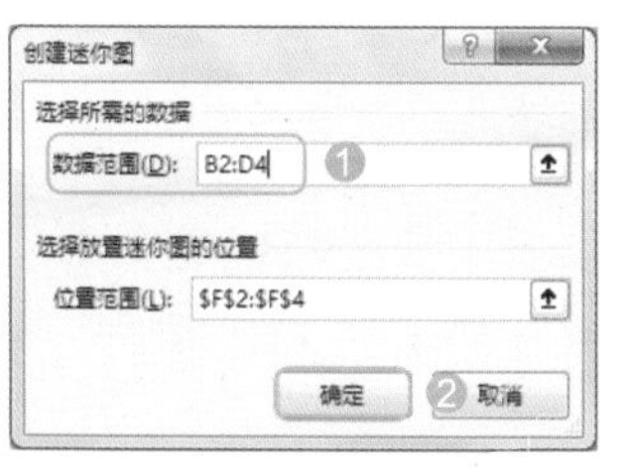

图 25-35

Step 03 系统自动插入折线迷你图，在【迷你图工具设计】选项卡【显示】组中选中【标记】复选框，为折线图添加标记，如图 25-36 所示。

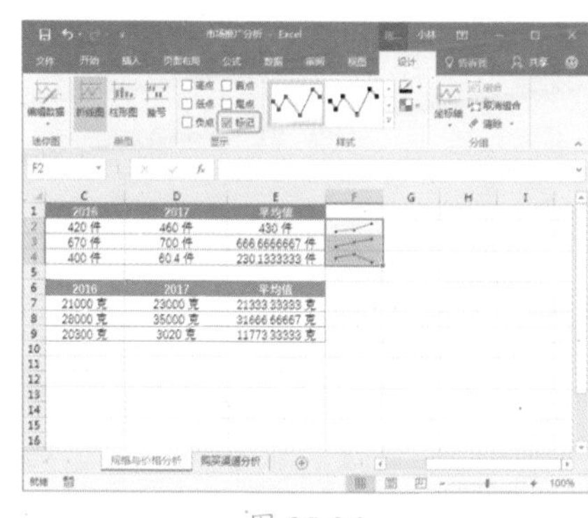

图 25-36

Step 04 以同样的方法在 F7:F9 单元格区域插入迷你图直观展示不同价位的茶叶销售情况，如图 25-37 所示。

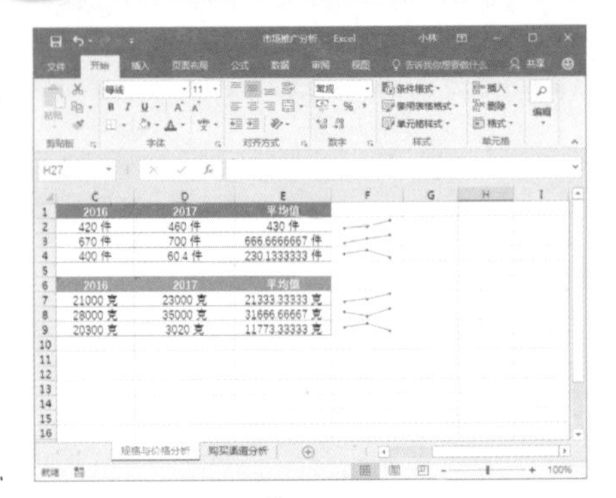

图 25-37

25.2.3 使用饼图展示和分析规格、价格与销售情况

对茶叶销售情况的分析不仅要看大体的销售走势情况，同时，还要分析出哪个规格和价格的茶叶销售情况更好，从而更准确地进行产品的加工制作，具体操作步骤如下。

Step 01 ❶ 选择 E4 单元格，❷ 单击【插入】选项卡【插入饼图和圆环图】下拉按钮，❸ 在弹出的下拉列表中选择【饼图】选项，如图 25-38 所示。

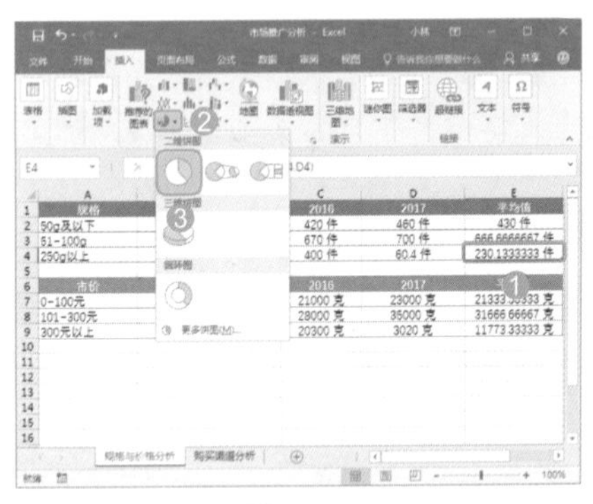

图 25-38

Step 02 将图表移到合适位置，❶ 重新输入图表标题【价格与销售额关系分析】，❷ 在【图表工具 设计】选项卡【图表样式】列表框中选择【样式 11】选项，如图 25-39 所示。

Step 03 以同样的方法添加和设置"包装规格与销量关系分析"饼图，效果如图 25-40 所示。

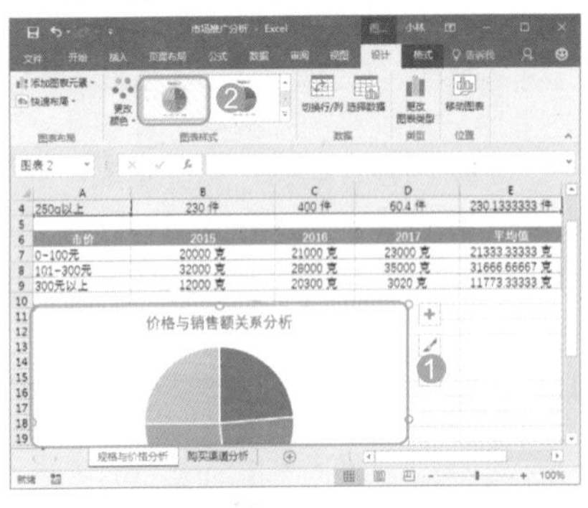

图 25-39

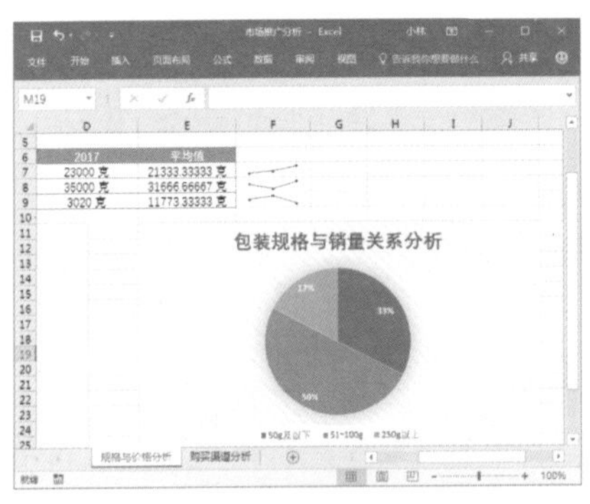

图 25-40

25.2.4 使用圆角矩形得出分析结论

通过迷你图和两张饼图的展示分析，可以对市场上的铁观音茶叶销售情况进行综合分析并得出结论。下面使用圆角矩形来放置这些分析和结论的内容，帮助决策者得出理性结论，具体操作步骤如下。

Step 01 ❶ 单击【插入】选项卡【插图】组中的【形状】按钮，❷ 在弹出的下拉列表中选择【矩形：圆角】选项，如图 25-41 所示。

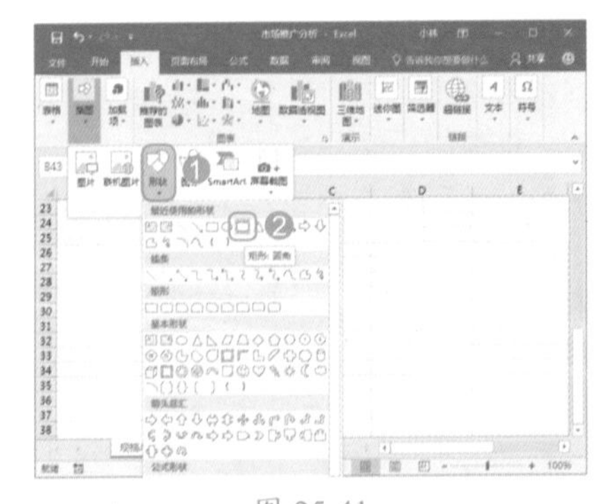

图 25-41

Step 02 ❶ 在合适位置绘制圆角矩形，并在其中输入分析和结论内容（其方法与在 Word 中操作方法完全一样），❷ 应用【彩色填充 - 绿色，强调颜色 6】样式，如图 25-42 所示。

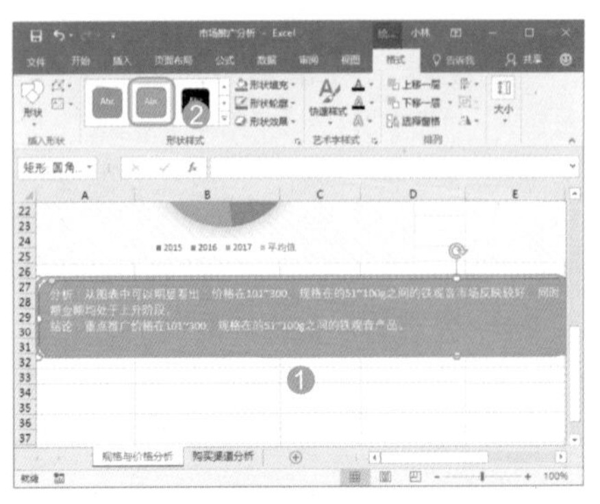

图 25-42

25.2.5 使用柱形图对比展示购买渠道

网店和实体店是商品销售的两大渠道，不过，这两种渠道的销售市场可不是均分的。这时，可以对两种销售渠道进行分析，以判定哪种渠道销售情况更加乐观，值得长远投资，以及投资的比例分配等。下面使用柱形图进行展示和分析，具体操作步骤如下。

Step 01 ❶ 选择 B2 单元格，❷ 单击【插入】选项卡【图表】组中的【柱形图和条形图】下拉按钮，❸ 在弹出的下拉列表中选择【簇状柱形图】选项，如图 25-43 所示。

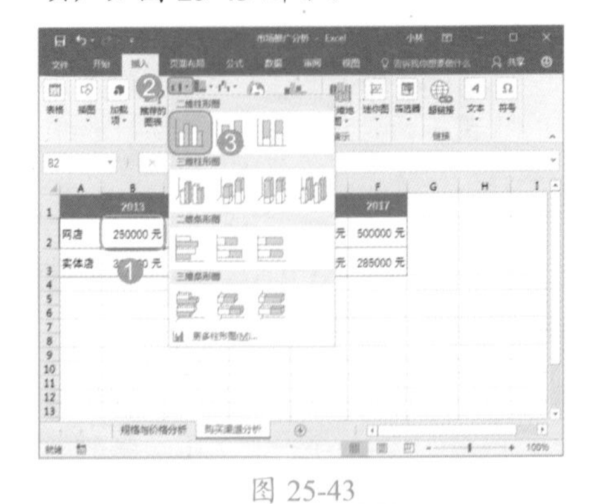

图 25-43

Step 02 将图表移到合适位置，❶ 重新

输入图表标题【购买渠道分析】，❷ 在【图表工具 设计】选项卡【图表样式】列表框中选择【样式 14】选项，如图 25-44 所示。

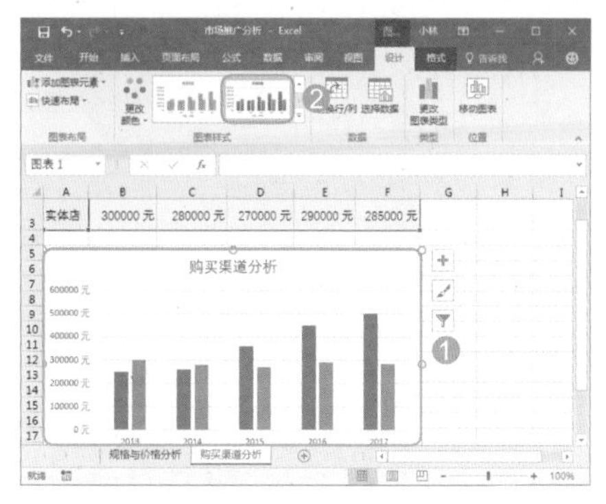

图 25-44

25.2.6 添加趋势线直观展示购买渠道的未来走势

对渠道优劣的分析，不仅局限于对比，还需要看其长远的发展情况，从而制定出符合市场变化的决策，以保证产品推广的顺利。下面在柱形图中添加趋势线来展示网店的销售情况走势，具体操作步骤如下。

Step01 切换到【购买渠道分析】工作表中，在【网店】数据系列上右击，在弹出的快捷菜单中选择【添加趋势线】命令，如图 25-45 所示。

Step02 在打开的【设置趋势线】任务窗格中选中【多项式】单选按钮添加趋势线，如图 25-46 所示。

图 25-45

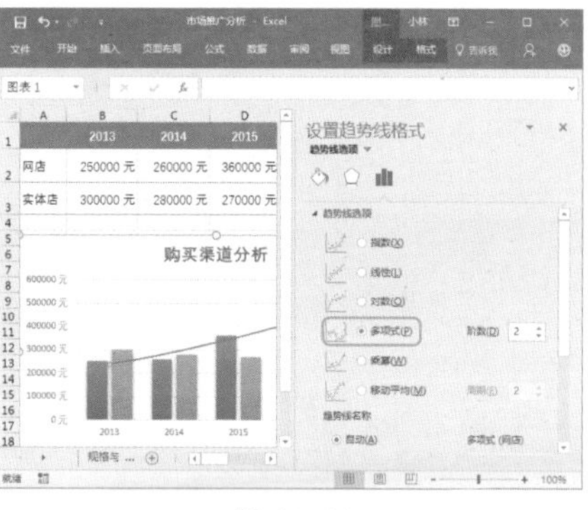

图 25-46

25.2.7 使用文本框得出分析和结论

对于销售渠道分析，同样可以为其添加分析和结论，这里用文本框作为载体，具体操作步骤如下。

Step01 单击【插入】选项卡【文本】组中的【文本框】按钮，如图 25-47 所示。

Step02 ❶ 在合适位置绘制文本框，并在其中输入相应的分析与结论内容，然后选择整个文本框，❷ 单击【开始】选项卡【对齐方式】组中的【垂直居中】按钮，如图 25-48 所示。

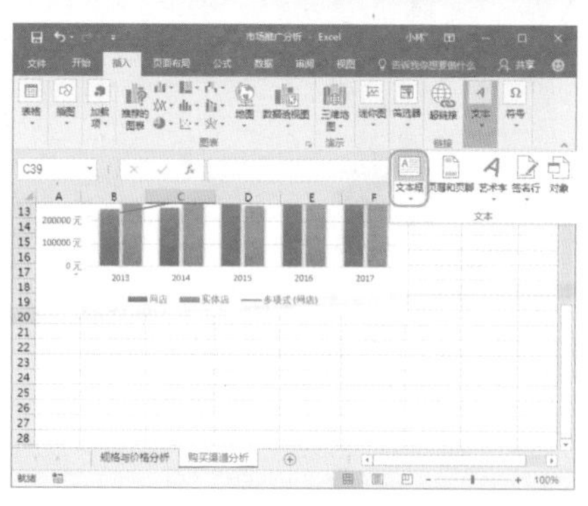

图 25-47

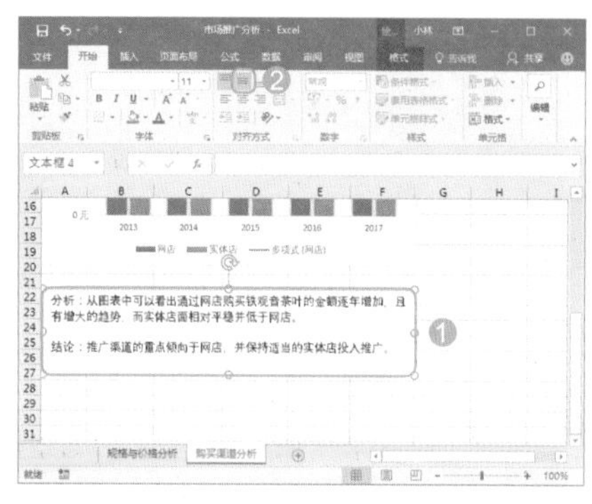

图 25-48

Step03 保持文本框的选择状态，在【绘图工具 格式】选项卡【形状样式】列表框中选择【彩色填充 - 橙色，强调颜色 2】选项，如图 25-49 所示。

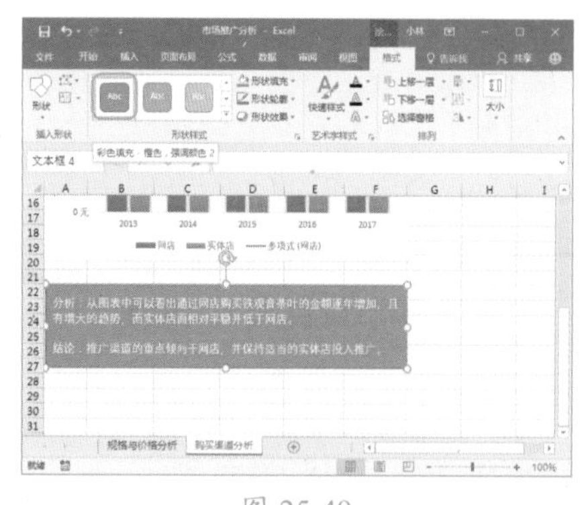

图 25-49

25.3 使用 PPT 制作产品宣传推广演示文稿

实例门类	页面排版 + 文档视图类
教学视频	光盘 \ 视频 \ 第 25 章 \25.3.mp4

产品宣传推广演示文稿通常都是在一些公共场合播放，如地铁站里的视频广告机、电梯里的移动媒体播放机等。因此，这种演示文稿不需要用户手动控制，要完全让其自行进行放映，同时，还是循环放映，以达到产品宣传推广的目的。以宣传推广铁观音茶叶为例，完成后的效果如图 25-50 所示。

图 25-50

25.3.1 自定义幻灯片大小

这里制作的铁观音推广宣传演示文稿需要用到指定大小的图片作为背景，为了保证图片的放映质量，需要对幻灯片母版大小进行自定义，具体操作步骤如下。

Step 01 启动 PowerPoint 2016 程序，新建【铁观音推广宣传】演示文稿，单击【视图】选项卡【母版视图】组中的【幻灯片母版】按钮切换到幻灯片母版视图中，如图 25-51 所示。

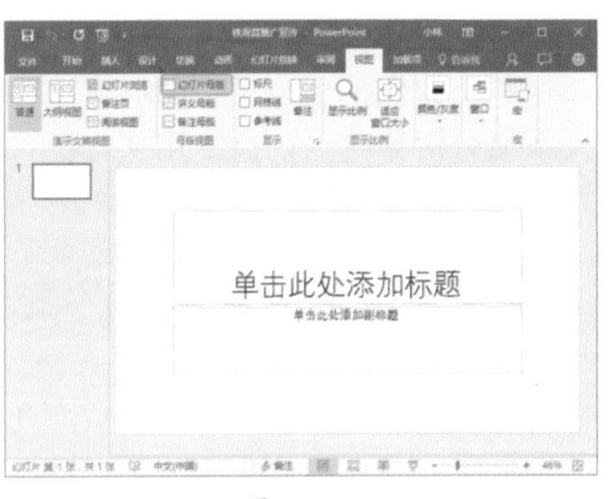

图 25-51

Step 02 单击【幻灯片大小】下拉按钮，在弹出的下拉列表中选择【自定义幻灯片大小】命令，如图 25-52 所示。

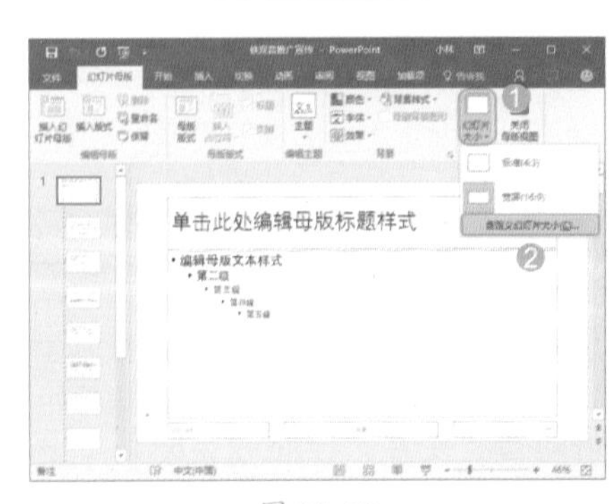

图 25-52

Step 03 打开【幻灯片大小】对话框，❶设置【宽度】和【高度】分别为【25.4 厘米】和【15.875 厘米】，❷单击【确定】按钮，如图 25-53 所示。

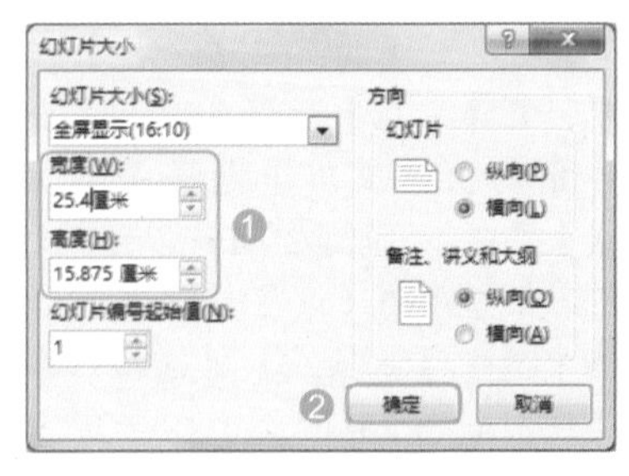

图 25-53

Step 04 在打开的提示对话框中单击【确保适合】按钮，如图 25-54 所示。

图 25-54

25.3.2 在母版中添加图片作为背景

幻灯片大小确定后，就可以将外部图片插入到母版中，作为幻灯片内容页的背景，具体操作步骤如下。

Step01 ❶ 选择【标题幻灯片】，清除其中的所有占位符，❷ 单击【插入】选项卡【图像】组中的【图片】按钮，如图 25-55 所示。

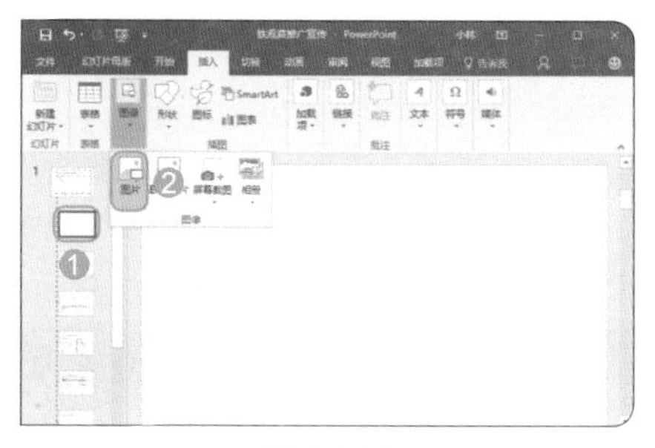

图 25-55

Step02 打开【插入图片】对话框，❶ 选择图片保存路径，❷ 选择【背景 1】选项，❸ 单击【插入】按钮，如图 25-56 所示。

图 25-56

Step03 以同样的方法在其他母版幻灯片中插入对应的图片并调整大小，然后切换到普通视图中，如图 25-57 所示。

图 25-57

25.3.3 使用文本框随意设计文本

由于是用于宣传和推广的演示文稿，因此，幻灯片中的文本通常是一些有特色且随意放置的文本内容，这时，可借助文本框来轻松解决，具体操作步骤如下。

Step01 ❶ 选择【标题幻灯片】，清除其中的所有占位符，❷ 单击【插入】选项卡【文本】组中的【文本框】按钮，如图 25-58 所示。

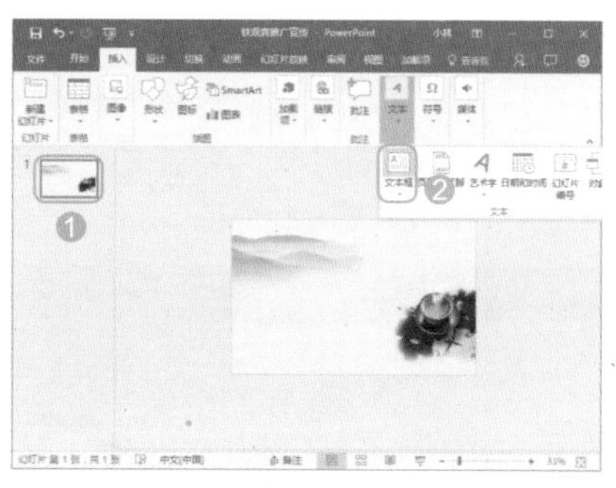

图 25-58

Step02 在文本框中输入【铁】，如图 25-59 所示。

图 25-59

Step03 ❶ 选择文本框，❷ 设置其【字体】【字号】分别为【李旭科毛笔行书】【166】，如图 25-60 所示。

图 25-60

Step04 以同样的方法插入其他文本框并输入相应内容，然后设置其字体格式，并调整它们的相对位置，如图 25-61 所示。

图 25-61

25.3.4 插入虚线装饰文本

在幻灯片中若只有文本会显得较为单调，同时，由于说明文本以竖排方式显示，因此，需要插入线条类形状来分栏，同时，引导读者的阅读顺序和方向切入点。下面在幻灯片中插入虚线形状，具体操作步骤如下。

Step01 ❶ 单击【插入】选项卡【插图】组中的【形状】下拉按钮，❷ 在弹出的下拉列表中选择【直线】选项，如图 25-62 所示。

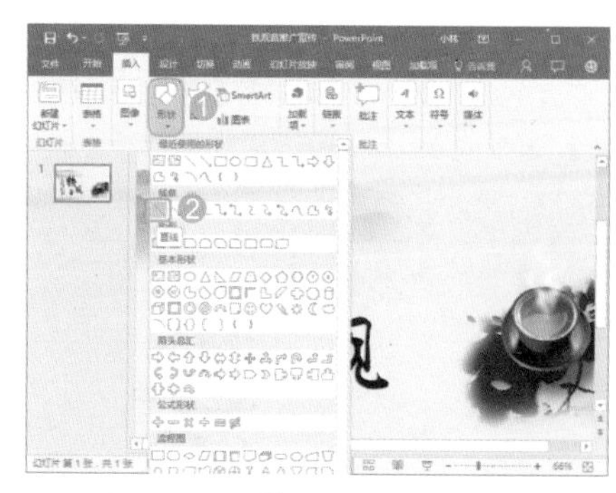

图 25-62

Step02 ❶ 在合适位置绘制直线形状，❷ 单击【绘图工具 格式】选项卡【形状样式】组中的【形状轮廓】按钮右侧的下拉按钮，❸ 在弹出的下拉列表中选择【虚线】→【短画线】选项，如图 25-63 所示。

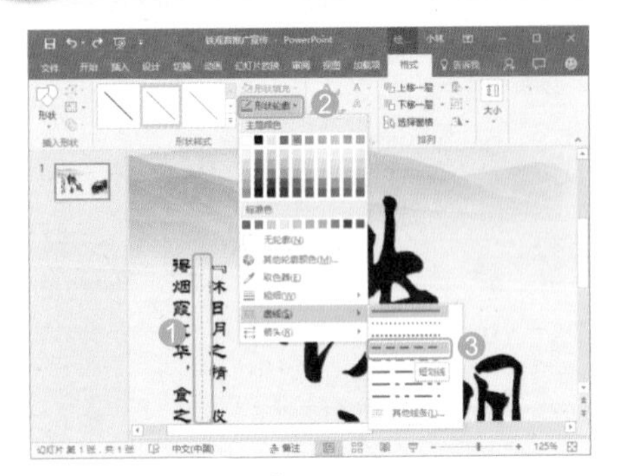
图 25-63

Step03 ❶ 再次单击【绘图工具 格式】选项卡【形状样式】组中的【形状轮廓】按钮右侧的下拉按钮，❷ 在弹出的下拉列表中选择【粗细】→【0.75 磅】选项，如图 25-64 所示。

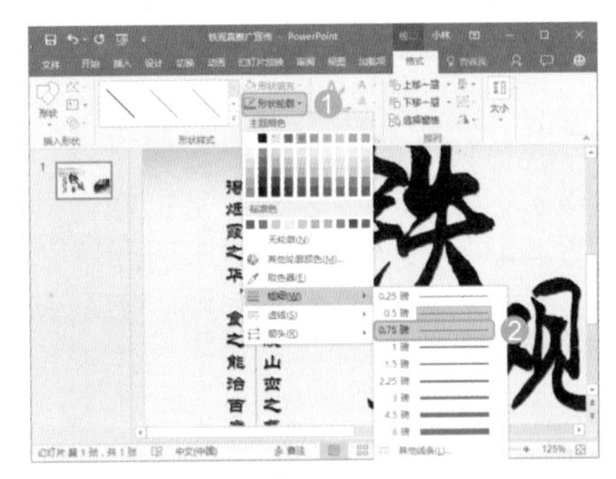
图 25-64

Step04 ❶ 再次单击【绘图工具 格式】选项卡【形状样式】组中的【形状轮廓】按钮右侧的下拉按钮，❷ 在弹出的下拉列表中选择【黑色，文字 1】选项，如图 25-65 所示。

图 25-65

Step05 复制线条形状并将其移到【得烟霞之华，食之能治百病】左侧适当距离处，如图 25-66 所示。

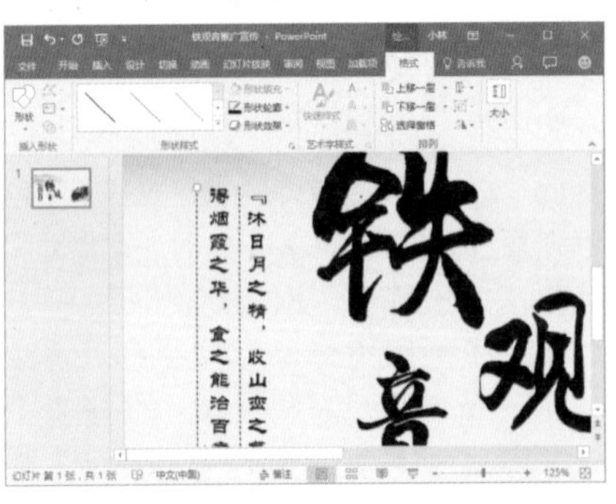
图 25-66

Step06 以同样的方法制作其他幻灯片（先插入相应版式的幻灯片，然后添加相应的文本和形状，并放置在合适位置），如图 25-67 所示。

图 25-67

25.3.5 为对象添加动画效果

宣传推广演示文稿中的对象虽然不多，但是需要为它们分别添加相应的动画，让它们全部“动”起来，具体操作步骤如下。

Step01 ❶ 选择第 1 张幻灯片，❷ 按住【Shift】键选择【铁】【观】【音】3 个文本框，❸ 切换到【动画】选项卡中，如图 25-68 所示。

图 25-68

Step02 在【动画样式】列表框中选择【霹雳】选项，如图 25-69 所示。

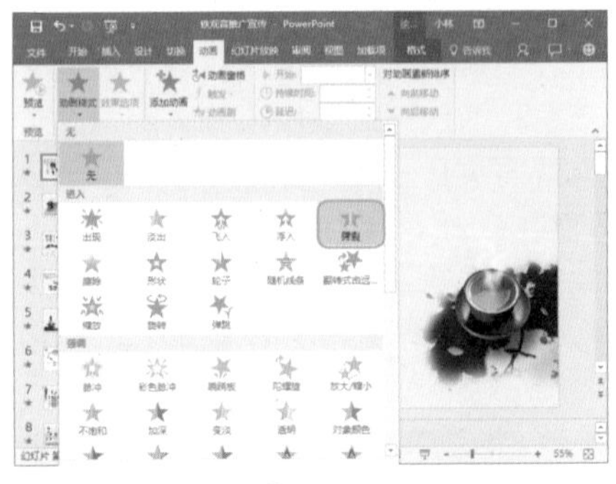
图 25-69

Step03 ❶ 单击【效果选项】下拉按钮，❷ 在弹出的下拉列表中选择【上下向中央收缩】选项，如图 25-70 所示。

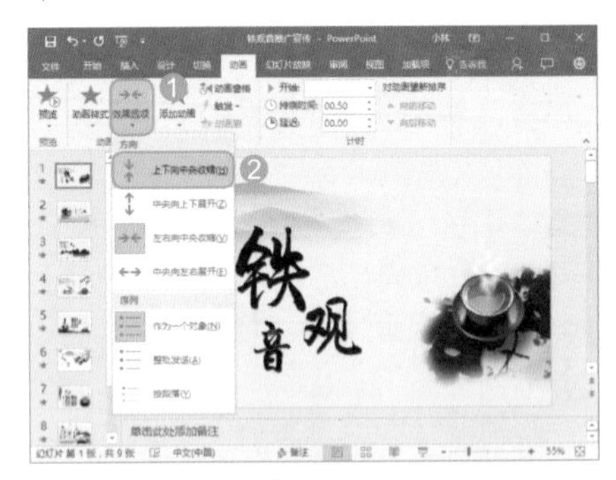
图 25-70

Step04 ❶ 单击【开始】下拉按钮，❷ 在弹出的下拉列表中选择【上一动画之后】选项，如图 25-71 所示。

图 25-71

Step05 分别为虚线形状和描述文本框添加【浮入】和【飞入】动画，❶ 选择描述文本框，❷ 单击【动画窗格】按钮，如图 25-72 所示。

图 25-72

Step 06 打开【飞入】对话框，❶ 在【效果】选项卡中分别设置【方向】和【动画文本】为【自左侧】和【按字 / 词】，❷ 单击【确定】按钮，如图 25-73 所示。

图 25-73

Step 07 以同样的方法为其他幻灯片中的对象添加动画效果，如图 25-74 所示。

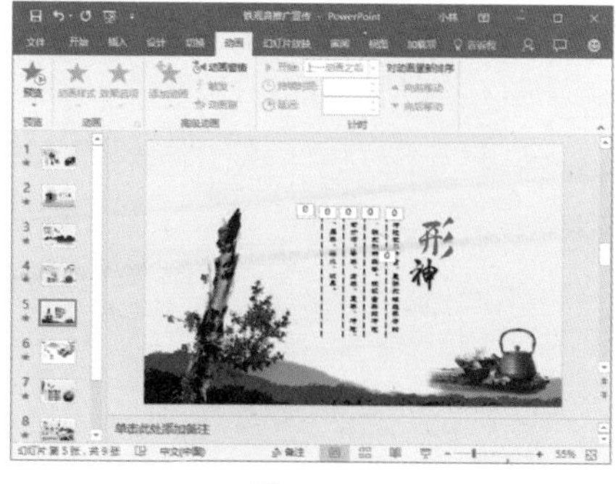

图 25-74

25.3.6 为幻灯片添加切换动画

对于完全自己放映的演示文稿，需要为每一张幻灯片添加切换动画，这样会让幻灯片之间的切换更加自然，增加观赏性，具体操作步骤如下。

Step 01 ❶ 选择第 1 张幻灯片，❷ 在【切换】选项卡【切换到此幻灯片】列表框中选择【百叶窗】选项，❸ 设置【持续时间】为【01.50】，如图 25-75 所示。

图 25-75

Step 02 用同样的方法为其他幻灯片添加切换动画，并设置对应的持续时间，如图 25-76 所示。

图 25-76

25.3.7 排练计时

为了让整个演示文稿播放效果更佳，可以对整个演示文稿的放映进行彩排，也就是排练计时，具体操作步骤如下。

Step 01 ❶ 选择第 1 张幻灯片，❷ 单击【幻灯片放映】选项卡中的【排练计时】按钮，如图 25-77 所示。

Step 02 进入放映排练，按正常顺序和操作对幻灯片进行放映，并在合适时间切换幻灯片（幻灯片之间切换间隔时间必须要保证受众能看完其中的内容），如图 25-78 所示。

Step 03 放映结束后，在打开的对话框中单击【是】按钮，保存排练计时，如图 25-79 所示。

图 25-77

图 25-78

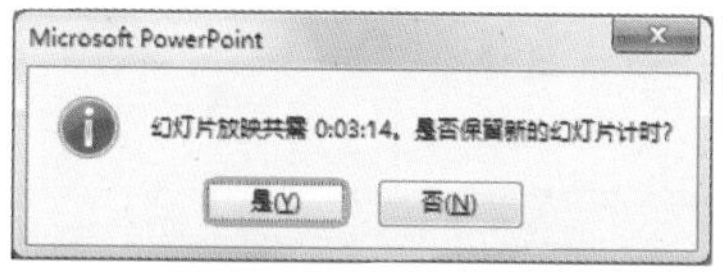

图 25-79

25.3.8 设置放映方式为展台方式

要让整个演示文稿自动循环播放，需要设置其放映方式为“展台”，具体操作步骤如下。

Step 01 ❶ 选择第 1 张幻灯片，❷ 单击【幻灯片放映】选项卡中的【设置幻灯片放映】按钮，如图 25-80 所示。

图 25-80

Step 02 打开【设置放映方式】对话框，

❶ 在【放映类型】栏中选中【在展台浏览（全屏幕）】单选按钮，❷ 单击【确定】按钮，如图 25-81 所示。

图 25-81

25.3.9 将演示文稿导出为视频文件

要在公共场合的移动媒体上播放宣传推广演示文稿，可以将茶叶宣传推广演示文稿导出为视频文件，具体操作步骤如下。

Step01 选择【文件】选项卡，❶ 选择【导出】选项，❷ 在右侧的界面中双击【创建视频】图标，如图 25-82 所示。

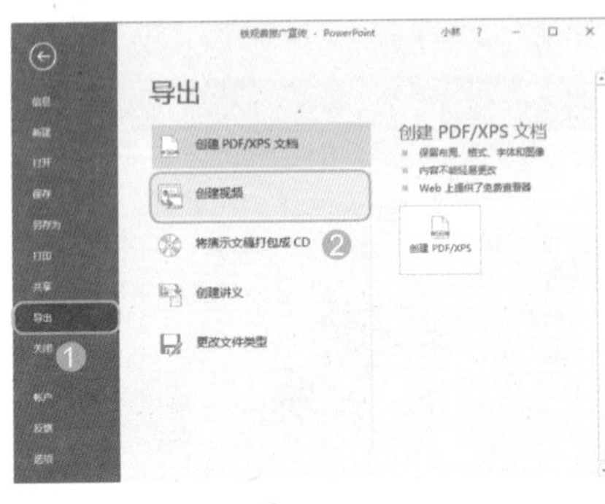

图 25-82

Step02 打开【另存为】对话框，❶ 设置视频导出文件的位置和名称，❷ 单击【保存】按钮，如图 25-83 所示。

Step03 返回主界面，系统自动进行视频文件导出，在状态栏中即可查看到进度，如图 25-84 所示。

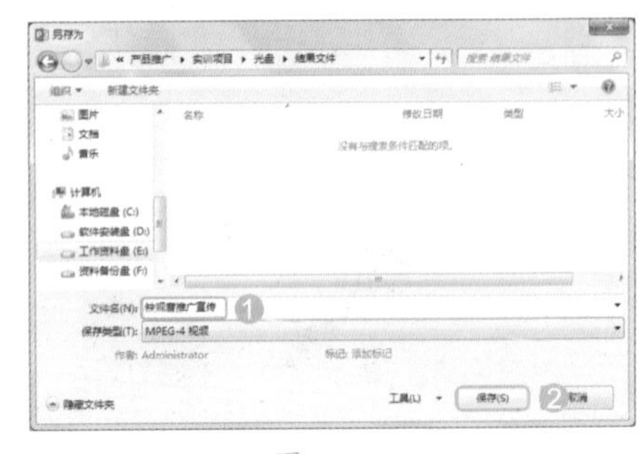

图 25-83

图 25-84

本章总结

在本案例的实战应用中，主要总结以下两点。

（1）在 Excel 中两个图表的分析和结论内容放置的载体虽然不一样（一个是形状，一个是文本框），但目的都是一样。

（2）在 PPT 演示文稿中可能会由于图片不能完全适应幻灯片的大小，需要对图片部分进行相应裁剪，保留哪些部分完全根据用户自己的需求与当时的环境来决定；一些幻灯片中会出现“『』”符号，是通过软件盘【标点符号】插入的，不是按照常规方法直接输入的。在为幻灯片中的对象添加动画时，需要弄清楚动画添加的先后顺序，因为它将直接影响播放质量。

附录 A Word、Excel、PPT 十大必备快捷键

A.1 Word 十大必备快捷键

Word 对于办公人员来说，是不可缺少的常用软件，通过它可以完成各种办公文档的制作。为了提高工作效率，在制作办公文档的过程中，用户可通过使用快捷键来完成各种操作。这里列出了 Word 常用的快捷键，适用于 Word 2003、Word 2007、Word 2010、Word 2013、Word 2016 等版本。

一、Word 文档基本操作快捷键

快捷键	作用	快捷键	作用
Ctrl+N	创建空白文档	Ctrl+O	打开文档
Ctrl+W	关闭文档	Ctrl+S	保存文档
F12	打开【另存为】对话框	Ctrl+F12	打开【打开】对话框
Ctrl+Shift+F12	选择【打印】命令	F1	打开 Word 帮助文档
Ctrl+P	打印文档	Alt+Ctrl+I	切换到打印预览
Esc	取消当前操作	Ctrl+Z	取消上一步操作
Ctrl+Y	恢复或重复操作	Delete	删除所选对象
Ctrl+F10	将文档窗口最大化	Alt+F5	还原窗口大小

二、复制、移动和选择快捷键

快捷键	作用	快捷键	作用
Ctrl+C	复制文本或对象	Ctrl+V	粘贴文本或对象
Alt+Ctrl+V	选择性粘贴	Ctrl+F3	剪切至【图文场】
Ctrl+X	剪切文本或对象	Ctrl +Shift+C	格式复制
Ctrl +Shift+V	格式粘贴	Ctrl+Shift+F3	粘贴【图文场】的内容
Ctrl+A	全选对象		

三、查找、替换和浏览快捷键

快捷键	作用	快捷键	作用
Ctrl+F	打开【查找】导航窗格	Ctrl+H	替换文字、特定格式和特殊项
Alt+Ctrl+Y	重复查找（在关闭【查找和替换】对话框之后）	Ctrl+G	定位至页、书签、脚注、注释、图形或其他位置
Shift+F4	重复【查找】或【定位】操作		

四、字体格式设置快捷键

快捷键	作用	快捷键	作用
Ctrl+Shift+F	打开【字体】对话框更改字体	Ctrl+Shift+>	将字号增大一个值
Ctrl+Shift+<	将字号减小一个值	Ctrl+]	逐磅增大字号
Ctrl+[	逐磅减小字号	Ctrl+B	应用加粗格式
Ctrl+U	应用下画线	Ctrl+Shift+D	给文字添加双下画线
Ctrl+I	应用倾斜格式	Ctrl+D	打开【字体】对话框更改字符格式
Ctrl+Shift++	应用上标格式	Ctrl+=	应用下标格式
Shift+F3	切换字母大小写	Ctrl+Shift+A	将所选字母设为大写
Ctrl+Shift+H	应用隐藏格式		

五、段落格式设置快捷键

快捷键	作用	快捷键	作用
Enter	分段	Ctrl+L	使段落左对齐
Ctrl+E	使段落居中对齐	Ctrl+R	使段落右对齐
Ctrl+J	使段落两端对齐	Ctrl+Shift+J	使段落分散对齐
Ctrl+T	创建悬挂缩进	Ctrl+Shift+T	减小悬挂缩进量
Ctrl+M	左侧段落缩进	Ctrl+Space	删除段落或字符格式
Ctrl+1	单倍行距	Ctrl+2	双倍行距
Ctrl+5	1.5 倍行距	Ctrl+0	添加或删除一行间距

六、特殊字符插入快捷键

快捷键	作用	快捷键	作用
Ctrl+F9	域	Shift+Enter	换行符
Ctrl+Enter	分页符	Ctrl+Shift+Enter	分栏符
Alt+Ctrl+-（减号）	长破折号	Ctrl+-（减号）	短破折号
Ctrl+Shift+Space	不间断空格	Alt+Ctrl+C	版权符号
Alt+Ctrl+R	注册商标符号	Alt+Ctrl+T	商标符号
Alt+Ctrl+ 句号	省略号		

七、应用样式的快捷键

快捷键	作用	快捷键	作用
Ctrl+Shift+S	打开【应用样式】任务窗格	Alt+Ctrl+shift+S	打开【样式】任务窗格
Alt+Ctrl+K	启动【自动套用格式】	Ctrl+Shift+N	应用【正文】样式
Alt+Ctrl+1	应用【标题1】样式	Alt+Ctrl+2	应用【标题2】样式
Alt+Ctrl+3	应用【标题3】样式		

八、在大纲视图中操作的快捷键

快捷键	作用	快捷键	作用
Alt+Shift+ ←	提升段落级别	Alt+Shift+ →	降低段落级别
Alt+Shift+N	降级为正文	Alt+Shift+ ↑	上移所选段落
Alt+Shift+ ↓	下移所选段落	Alt+Shift+ +	扩展标题下的文本
Alt+Shift+ -（减号）	折叠标题下的文本	Alt+Shift+A	扩展或折叠所有文本或标题
Alt+Shift+L	只显示首行正文或显示全部正文	Alt+Shift+1	显示所有具有【标题1】样式的标题
Ctrl+Tab	插入制表符		

九、审阅和修订快捷键

快捷键	作用	快捷键	作用
F7	拼写检查文档内容	Ctrl+Shift+G	打开【字数统计】对话框
Alt+Ctrl+M	插入批注	Home	定位至批注开始
End	定位至批注结尾	Ctrl+Home	定位至一组批注的起始处
Ctrl+ End	定位至一组批注的结尾处	Ctrl+Shift+G	修订
Ctrl+Shift+E	打开或关闭修订	Alt+Shift+C	如果【审阅窗格】打开，则将其关闭

十、邮件合并快捷键

快捷键	作用	快捷键	作用
Alt+Shift+K	预览邮件合并	Alt+Shift+N	合并文档
Alt+Shift+M	打印已合并的文档	Alt+Shift+E	编辑邮件合并数据文档
Alt+Shift+F	插入邮件合并域		

A.2 Excel 十大必备快捷键

在办公过程中，经常会需要制作各种表格，而 Excel 则是专门制作电子表格的软件，通过它可快速制作出需要的各种电子表格。下面列出了 Excel 常用的快捷键，适用于 Excel 2003、Excel 2007、Excel 2010、Excel 2013、Excel 2016 等版本。

一、操作工作表的快捷键

快捷键	作用	快捷键	作用
Shift+F11 或 Alt+Shift+F11	插入新工作表	Ctrl+PageDown	移动到工作簿中的下一张工作表
Ctrl+PageUp	移动到工作簿中的上一张工作表	Shift+Ctrl+PageDown	选定当前工作表和下一张工作表
Ctrl+ PageDown	取消选定多张工作表	Ctrl+PageUp	选定其他的工作表
Shift+Ctrl+PageUp	选定当前工作表和上一张工作表	Alt+O+H+R	对当前工作表重命名
Alt+E+M	移动或复制当前工作表	Alt+E+L	删除当前工作表

二、选择单元格、行或列的快捷键

快捷键	作用	快捷键	作用
Ctrl+Space	选定整列	Shift+Space	选定整行
Ctrl+A	选择工作表中的所有单元格	Shift+BackSpace	在选定了多个单元格的情况下，只选定活动单元格
Ctrl+Shift+*（星号）	选定活动单元格周围的当前区域	Ctrl+/	选定包含活动单元格的数组
Ctrl+Shift+O	选定含有批注的所有单元格	Alt+;	选取当前选定区域中的可见单元格

三、单元格插入、复制和粘贴操作的快捷键

快捷键	作用	快捷键	作用
Ctrl+Shift+ +	插入空白单元格	Ctrl+ -	删除选定的单元格
Delete	清除选定单元格的内容	Ctrl+Shift+=	插入单元格
Ctrl+X	剪切选定的单元格	Ctrl+V	粘贴复制的单元格
Ctrl+C	复制选定的单元格		

四、通过【边框】对话框设置边框的快捷键

快捷键	作用	快捷键	作用
Alt+T	应用或取消上框线	Alt+B	应用或取消下框线
Alt+L	应用或取消左框线	Alt+R	应用或取消右框线
Alt+H	如果选定了多行中的单元格，则应用或取消水平分隔线	Alt+V	如果选定了多列中的单元格，则应用或取消垂直分隔线
Alt+D	应用或取消下对角框线	Alt+U	应用或取消上对角框线

五、数字格式设置快捷键

快捷键	作用	快捷键	作用
Ctrl+1	打开【设置单元格格式】对话框	Ctrl+Shift+～	应用【常规】数字格式
Ctrl+Shift+$	应用带有两个小数位的“贷币”格式（负数放在括号中）	Ctrl+Shift+%	应用不带小数位的“百分比”格式
Ctrl+Shift+^	应用带两位小数位的“科学记数”数字格式	Ctrl+Shift+#	应用含有年、月、日的“日期”格式
Ctrl+Shift+@	应用含小时和分钟并标明上午（AM）或下午（PM）的“时间”格式	Ctrl+Shift+!	应用带两位小数位、使用千位分隔符且负数用负号 (–) 表示的“数字”格式

六、输入并计算公式的快捷键

快捷键	作用	快捷键	作用
=	输入公式	F2	关闭单元格的编辑状态后，将插入点移动到编辑栏内
Enter	在单元格或编辑栏中完成单元格输入	Ctrl+Shift+Enter	将公式作为数组公式输入
Shift+F3	在公式中，打开【插入函数】对话框	Ctrl+A	当插入点位于公式中公式名称的右侧时，打开“函数参数”对话框
Ctrl+Shift+A	当插入点位于公式中函数名称的右侧时，插入参数名和括号	F3	将定义的名称粘贴到公式中
Alt+=	用 SUM 函数插入“自动求和”公式	Ctrl+′	将活动单元格上方单元格中的公式复制到当前单元格或编辑栏
Ctrl+`（重音符）	在显示单元格值和显示公式之间切换	F9	计算所有打开的工作簿中的所有工作表
Shift+F9	计算活动工作表	Ctrl+Alt+Shift+F9	重新检查公式，计算打开的工作簿中的所有单元格，包括未标记而需要计算的单元格

七、输入与编辑数据的快捷键

快捷键	作用	快捷键	作用
Ctrl+;（分号）	输入日期	Ctrl+Shift+:（冒号）	输入时间
Ctrl+D	向下填充	Ctrl+R	向右填充
Ctrl+K	插入超链接	Ctrl+F3	定义名称
Alt+Enter	在单元格中换行	Ctrl+Delete	删除插入点到行末的文本

八、创建图表和选定图表元素的快捷键

快捷键	作用	快捷键	作用
F11 或 Alt+F1	创建当前区域中数据的图表	Shift+F10+V	移动图表
↓	选定图表中的上一组元素	↑	选择图表中的下一组元素
←	选择分组中的上一个元素	→	选择分组中的下一个元素
Ctrl + PageDown	选择工作簿中的下一张工作表	Ctrl +PageUp	选择工作簿中的上一个工作表

九、筛选快捷键

快捷键	作用	快捷键	作用
Ctrl+Shift+L	添加筛选下拉箭头	Alt+ ↓	在包含下拉箭头的单元格中，显示当前列的“自动筛选”列表
↓	选择“自动筛选”列表中的下一项	↑	选择“自动筛选”列表中的上一项
Alt+ ↑	关闭当前列的“自动筛选”列表	Home	选择“自动筛选”列表中的第一项（“全部”）
End	选择“自动筛选”列表中的最后一项	Enter	根据“自动筛选”列表中的选项筛选区域

十、显示、隐藏和分级显示数据的快捷键

快捷键	作用	快捷键	作用
Alt+Shift+ →	对行或列分组	Alt+Shift+ ←	取消行或列分组
Ctrl+8	显示或隐藏分级显示符号	Ctrl+9	隐藏选定的行
Ctrl+Shift+(	取消选定区域内的所有隐藏行的隐藏状态	Ctrl+0（零）	隐藏选定的列
Ctrl+Shift+)	取消选定区域内的所有隐藏列的隐藏状态		

A.3 PowerPoint 十大必备快捷键

熟练掌握 PowerPoint 快捷键可以更快速地制作幻灯片，大大节约时间成本。下面列出了 PowerPoint 常用的快捷键，适用于 PowerPoint 2003、PowerPoint 2007、PowerPoint 2010、PowerPoint 2013、PowerPoint 2016 等版本。

一、幻灯片操作快捷键

快捷键	作用	快捷键	作用
Enter 或 Ctrl+M	新建幻灯片	Delete	删除选择的幻灯片
Ctrl+D	复制选定的幻灯片	Shift+F10+H	隐藏或取消隐藏幻灯片
Shift+F10+A	新增幻灯片节	Shift+F10+S	发布幻灯片

二、幻灯片编辑快捷键

快捷键	作用	快捷键	作用
Ctrl+T	在句子，小写或大写之间更改字符格式	Shift+F3	更改字母大小写
Ctrl+B	应用粗体格式	Ctrl+U	应用下画线
Ctrl+I	应用斜体格式	Ctrl+=	应用上标格式
Ctrl+Shift++（加号）	应用下标格式	Ctrl+E	居中对齐段落
Ctrl+J	使段落两端对齐	Ctrl+L	使段落左对齐
Ctrl+R	使段落右对齐		

三、在幻灯片文本或单元格中移动的快捷键

快捷键	作用	快捷键	作用
←	向左移动一个字符	→	向右移动一个字符
↑	向上移动一行	↓	向下移动一行
Ctrl+ ←	向左移动一个字词	Ctrl+ →	向右移动一个字词
End	移至行尾	Home	移至行首
Ctrl+ ↑	向上移动一个段落	Ctrl+ ↓	向下移动一个段落
Ctrl+End	移至文本框的末尾	Ctrl+Home	移至文本框的开头

四、幻灯片对象排列的快捷键

快捷键	作用	快捷键	作用
Ctrl+G	组合选择的多个对象	Shift+F10+R+Enter	将选择的对象置于顶层
Shift+F10+F+Enter	将选择的对象上移一层	Shift+F10+K+Enter	将选择的对象置于底层
Shift+F10+B+Enter	将选择的对象下移一层	Shift+F10+S	将所选对象另存为图片

五、调整 SmartArt 图形中的形状的快捷键

快捷键	作用	快捷键	作用
Tab	选择 SmartArt 图形中的下一元素	Shift+ Tab	选择 SmartArt 图形中的上一元素
↑	向上微移所选的形状	↓	向下微移所选的形状
←	向左微移所选的形状	→	向右微移所选的形状
Enter 或 F2	编辑所选形状中的文字	Delete 或 BackSpace	删除所选的形状
Ctrl+ →	水平放大所选的形状	Ctrl+ ←	水平缩小所选的形状
Shift+ ↑	垂直放大所选的形状	Shift+ ↓	垂直缩小所选的形状
Alt+ →	向右旋转所选的形状	Alt+ ←	向左旋转所选的形状

六、显示辅助工具和功能区的快捷键

快捷键	作用	快捷键	作用
Ctrl+F1	折叠功能区	Shift+F9	显示 / 隐藏网格线
Alt+F9	显示 / 隐藏参考线	Alt+F10	显示选择窗格
Alt+F5	显示演示者视图	F10	显示功能区标签快捷键

七、浏览 Web 演示文稿的快捷键

快捷键	作用	快捷键	作用
Tab	在 Web 演示文稿中的超链接、地址栏和链接栏之间进行正向切换	Shift+Tab	在 Web 演示文稿中的超链接、地址栏和链接栏之间进行反向切换
Enter	对所选的超链接执行【鼠标单击】操作	Space	转到下一张幻灯片

八、多媒体操作快捷键

快捷键	作用	快捷键	作用
Alt+Q	停止媒体播放	Alt+P	在播放和暂停之间切换
Alt+End	转到下一个书签	Alt+Home	转到上一个书签
Alt+Up	提高声音音量	Alt+ ↓	降低声音音量
Alt+U	静音		

九、幻灯片放映快捷键

快捷键	作用	快捷键	作用
F5	从头开始放映演示文稿	Shift + F5	从当前幻灯片开始放映
Ctrl+F5	联机演示演示文稿	Esc	结束演示文稿放映

十、控制幻灯片放映的快捷键

快捷键	作用	快捷键	作用
N、Enter、Page Down、Space、向右键或向下键	执行下一个动画或前进到下一张幻灯片	P、Page Up、Space、向左键或向上键	执行上一个动画或返回到上一张幻灯片
B 或句号	显示空白的黑色幻灯片，或者从空白的黑色幻灯片返回到演示文稿	W 或逗号	显示空白的白色幻灯片，或者从空白的白色幻灯片返回到演示文稿
E	擦除屏幕上的注释	H	转到下一张隐藏的幻灯片
T	排练时设置新的排练时间	O	排练时使用原排练时间
M	排练时通过鼠标单击前进	R	重新记录幻灯片旁白和计时
A 或 =	显示或隐藏箭头指针	Ctrl+P	将指针更改为笔
Ctrl+A	将指针更改为箭头	Ctrl+E	将指针更改为橡皮擦
Ctrl+M	显示或隐藏墨迹标记	Ctrl+H	立即隐藏指针和导航按钮

附录 B Word、Excel、PPT 2016 实战案例索引表

一、软件功能学习类

续表

续表

续表

续表

二、商务办公实战类

附录 C Word、Excel、PPT 2016 功能及命令应用索引表

C.1 Word 功能及命令应用索引选项卡

一、【文件】选项卡

二、【开始】选项卡

三、【插入】选项卡

四、【设计】选项卡

命令	所在页	命令	所在页	命令	所在页
◆【文档格式】组		颜色	59	效果	59
文档格式	59	颜色 > 自定义字体	60	设为默认值	63
主题	59	字体	59	◆【页面背景】组	
主题 > 保存当前主题	61	字体 > 自定义字体	60	水印	47

五、【布局】选项卡

命令	所在页	命令	所在页	命令	所在页
◆【页面设置】组		纸张方向	42	分隔符 > 下一页	97
页边距	43	分栏	46		
纸张大小	41	分隔符 > 分页符	96		

六、【引用】选项卡

命令	所在页	命令	所在页	命令	所在页
◆【目录】组		◆【脚注】组		插入表目录	103
目录 > 自动目录	103	插入脚注	99	◆【索引】组	
目录 > 删除目录	106	插入尾注	100	标记索引项	107
目录 > 自定义目录	104	◆【题注】组		插入索引	108
更新目录	105	插入题注	97	更新索引	109

七、【邮件】选项卡

命令	所在页	命令	所在页	命令	所在页
◆【创建】组		选择收件人 > 使用现有列表	119	预览结果	120
中文信封 > 单个信封	113	选择收件人 > 键入新列表	118	上一记录 / 下一记录	121
中文信封 > 批量信封	114	编辑收件人列表	121	检查错误	122
信封	115	◆【编写和插入域】组		◆【完成】组	
标签	117	插入合并域	119	完成并合并	119
◆【开始邮件合并】组		◆【预览结果】组			

八、【审阅】选项卡

命令	所在页	命令	所在页	命令	所在页
◆【校对】组		修订 > 锁定修订	132	下一条	126
字数统计	124	审阅窗格	133	◆【比较】组	
拼写和语法	123	修订 > 更改修订标记格式	125	比较 > 合并	128
◆【批注】组		显示标记	127	比较 > 比较	130
新建批注	127	◆【更改】组		◆【保护】组	
删除	128	接受	126	限制编辑	131
◆【修订】组		拒绝	125		
修订	124	拒绝 > 拒绝所有	126		

九、【页眉和页脚工具 / 设计】选项卡

命令	所在页	命令	所在页	命令	所在页
◆【页眉和页脚】组		转至页脚	43	◆【选项】组	
页脚	43	下一节	44	首页不同	43
页码 > 设置页码格式	101	转至页眉	44	奇偶页不同	44
◆【导航】组		链接到前一条页眉	110		

十、【图片工具 / 格式】选项卡

命令	所在页	命令	所在页	命令	所在页
◆【调整】组		图片效果	71	◆【大小】组	
删除背景	69	图片版式	77	裁剪	67
更改图片	77	◆【排列】组		高度 / 宽度	68
◆【图片样式】组		环绕文字	70		
图片样式	70	旋转	69		

十一、【绘图工具 / 格式】选项卡

命令	所在页	命令	所在页	命令	所在页
◆【插入形状】组		◆【艺术字样式】组		创建链接	74
编辑形状	64	文本填充	72	◆【排列】组	
◆【形状样式】组		文本轮廓	72	对齐	65
形状填充	74	文本效果	72	旋转	65
形状轮廓	74	◆【文本】组			

十二、【表格工具 / 设计】选项卡

命令	所在页	命令	所在页	命令	所在页
◆【表格样式】组		◆【边框】组		底纹	89
表格样式	88	边框	82		

十三、【表格工具 / 布局】选项卡

命令	所在页	命令	所在页	命令	所在页
◆【表】组		删除 > 删除列	84	转换为文本	94
属性	87	◆【合并】组		◆【单元格大小】组	
◆【行和列】组		合并单元格	85	分布行	87
在上方插入	83	拆分单元格	85	分布列	87
在右侧插入	83	◆【数据】组		自动调整	95
删除 > 删除单元格	84	公式	90		
删除 > 删除行	84	排序	92		

十四、【SmartArt 工具 / 设计】选项卡

命令	所在页	命令	所在页	命令	所在页
◆【创建图形】组		从左向右	76	更改颜色	77
添加形状	75	◆【SmartArt 样式】组			
升级 / 降级	76	SmartArt 样式	77		

C.2 Excel 功能及命令应用索引选项卡

一、【开始】选项卡

命令	所在页	命令	所在页	命令	所在页
◆【剪贴板】组		减少字号	149	跨越合并	165
粘贴 > 转置	160	填充颜色	154	◆【数字】组	
粘贴 > 值	180	◆【对齐方式】组		数字格式 > 分数	137
粘贴 > 选择性粘贴	193	居中	152	数字格式 > 自定义	150
◆【字体】组		左对齐	152	数字格式 > 长日期	151
边框 > 所有框线	153	自动换行	152	数字格式 > 货币	151
增大字号	149	合并后居中	164	百分比样式	151

续表

命令	所在页	命令	所在页	命令	所在页
◆【样式】组		条件格式 > 新建规则	245	删除 > 删除工作表	171
套用表格格式	157	条件格式 > 清除规则	247	格式 > 隐藏和取消隐藏行 / 列	169
套用表格格式 > 修改表样式	158	◆【单元格】组		格式 > 移动或复制工作表	172
单元格样式	154	插入	137	格式 > 保护工作表	193
单元格样式 > 修改样式	155	插入 > 插入工作表	171	格式 > 行高	167
单元格样式 > 合并样式	156	插入 > 插入单元格	163	格式 > 自动调整列宽	167
条件格式 > 突出显示单元格规则	241	插入 > 插入工作表行	166	格式 > 撤销工作表保护	173
条件格式 > 数据条	242	插入 > 插入工作表列	166	◆【编辑】组	
条件格式 > 色阶	242	删除 > 删除单元格	164	查找和替换 > 数据验证	160
条件格式 > 图标集	243	删除 > 删除工作表行	166	查找和替换 > 定位条件	248
条件格式 > 管理规则		删除 > 删除工作表列	166	填充 > 序列	138

二、【插入】选项卡

命令	所在页	命令	所在页	命令	所在页
◆【表格】组		◆【图表】组		数据透视图	272
数据透视表	268	插入饼图或圆环图	250	◆【迷你图】组	
推荐的数据透视表	267	推荐的图表	250	柱形图	261

三、【公式】选项卡

命令	所在页	命令	所在页	命令	所在页
◆【函数库】组		财务函数 >PV	203	财务函数 >XIRR	209
插入函数	196	财务函数 >RATE	204	财务函数 >DB	209
自动求和 > 求和	198	财务函数 >NPER	204	财务函数 >SLN	209
自动求和 > 计数	199	财务函数 >PMT	205	财务函数 >SYD	209
逻辑函数 >IF	201	财务函数 >IPMT	206	文本函数 > LEN	213
逻辑函数 >TRUE	211	财务函数 > PPMT	206	文本函数 > CONCATENATE	213
逻辑函数 >FALSE	211	财务函数 > ISPMT	206	文本函数 > LEFT	214
逻辑函数 >AND	212	财务函数 >FVSCHEDULE	207	文本函数 > RIGHT	214
逻辑函数 >OR	212	财务函数 >NPV	207	文本函数 > TEXT	215
逻辑函数 >NOT	213	财务函数 >XNPV	207	文本函数 > MID	215
逻辑函数 >IFERROR	232	财务函数 >IRR	208	文本函数 > T	216
财务函数 >FV	203	财务函数 >MIRR	209	文本函数 > FIND	216

续表

四、【数据】选项卡

五、【视图】选项卡

命令	所在页	命令	所在页	命令	所在页
◆【窗口】组		拆分	174	冻结窗格	174

六、【表格工具 / 设计】选项卡

命令	所在页	命令	所在页	命令	所在页
◆【工具】组		◆【表格样式】组		镶边列	158
转换为区域	158	标题行	158		

七、【图表工具 / 设计】选项卡

命令	所在页	命令	所在页	命令	所在页
◆【图表布局】组		添加图表元素 > 线条	260	选择数据	252
添加图表元素 > 图表标题	255	快速布局	254	◆【类型】组	
添加图表元素 > 坐标轴标题	255	◆【图表样式】组		更改图表类型	253
添加图表元素 > 数据标签	256	图表样式	254	◆【位置】组	
添加图表元素 > 图例	257	更改颜色	254	移动图表	251
添加图表元素 > 趋势线	257	◆【数据】组			
添加图表元素 > 误差线	259	切换行 / 列	252		

八、【迷你图工具 / 设计】选项卡

命令	所在页	命令	所在页	命令	所在页
◆【类型】组		◆【样式】组		迷你图颜色	263
柱形图	262	迷你图样式	262	◆【分组】组	
折线图	262	标记颜色	263	取消组合	262

九、【数据透视表工具 / 分析】选项卡

命令	所在页	命令	所在页	命令	所在页
◆【数据透视表】组		◆【筛选】组		◆【工具】组	
选项	277	插入切片器	274	数据透视图	273
◆【活动字段】组		◆【数据】组			
字段设置	270	刷新	276		

十、【数据透视表工具 / 设计】选项卡

命令	所在页	命令	所在页
◆【布局】组		◆【数据透视表样式】组	
报表布局	271	数据透视表样式	271

C.3 PowerPoint 功能及命令应用索引选项卡

二、【文件】选项卡

命令	所在页	命令	所在页	命令	所在页
新建	5	共享 > 电子邮件	364	导出 > 创建视频	367
保护	7	共享 > 联机演示	365	导出 > 将演示文稿打包成 CD	366
打印	10	共享 > 发布幻灯片	365	导出 > 更改文件类型	368
共享 > 与人共享	364	导出 > 创建 PDF/XPS 文档	368		

二、【开始】选项卡

命令	所在页	命令	所在页	命令	所在页
◆【幻灯片】组		节 > 删除节	308	◆【段落】组	
新建幻灯片	307	◆【字体】组		行距	315
版式	310	文字阴影	314	◆【编辑】组	
节 > 新增节	308	更改大小写	314	选择	306
节 > 重命名节	308	字符间距	314	替换 > 替换字体	320

三、【插入】选项卡

命令	所在页	命令	所在页	命令	所在页
◆【图像】组		缩放定位 > 摘要缩放定位	343	音频 > PC 上的音频	331
图片	324	缩放定位 > 节缩放定位	344	音频 > 录制音频	332
相册	330	缩放定位 > 幻灯片缩放定位	345	屏幕录制	337
相册 > 编辑相册	330	超链接	340	◆【文本】组	
◆【插图】组		动作	342	文本框	312
图标	325	◆【媒体】组		艺术字	316
图表	329	视频 >PC 上的视频	333	页眉和页脚	319
◆【链接】组		视频 > 联机视频	334		

四、【设计】选项卡

命令	所在页	命令	所在页	命令	所在页
◆【主题】组		变体样式	311	设置背景格式	310
主题	311	变体 > 颜色和字体	311	◆【设计器】组	
主题 > 保存当前主题	321	◆【自定义】组		设计创意	321
◆【变体】组		幻灯片大小	309		

五、【切换】选项卡

命令	所在页	命令	所在页	命令	所在页
◆【预览】组		效果选项	346	全部应用	346
预览	346	◆【计时】组		声音	347
◆【切换到此幻灯片】组		持续时间	346		
切换效果	345	设置自动换片时间	347		

六、【动画】选项卡

命令	所在页	命令	所在页	命令	所在页
◆【预览】组		效果选项	350	动画刷	355
预览	348	◆【高级动画】组		◆【计时】组	
◆【动画】组		添加动画	349	开始	352
动画 > 进入动画	348	动画窗格	351		
动画 > 路径动画	348	触发	353		

七、【幻灯片放映】选项卡

命令	所在页	命令	所在页	命令	所在页
◆【开始放映幻灯片】组		◆【设置】组		录制幻灯片演示 > 清除当前幻灯片中的旁白	369
从头开始	360	设置幻灯片放映 > 设置放映类型	358	排练计时	359
自定义幻灯片放映	360	录制幻灯片演示 > 清除所有幻灯片中的计时	369	隐藏幻灯片	359

八、【视图】选项卡

命令	所在页	命令	所在页
◆【母版视图】组		◆【演示文稿视图】组	
幻灯片母版	318	大纲视图	313

九、【音频工具 / 播放】选项卡

命令	所在页	命令	所在页	命令	所在页
◆【编辑】组		音量	333	放映时隐藏	333
剪裁音频	332	跨幻灯片播放	333		
◆【音频选项】组		循环播放，直到停止	333		

十、【视频工具 / 播放】选项卡

命令	所在页	命令	所在页	命令	所在页
◆【编辑】组		◆【音频选项】组		全屏播放	336
剪裁视频	335	音量	335		